Lexikon der BIENEN KUNDE

Dozent Dr. sc. nat. Rudolf Bährmann, Deutschland
Dipl.-Vet. Bernd Barthel, Deutschland
Dr. rer. nat. Joachim Bauer, Deutschland
Dipl.-Chem. Rolf Bremer, Deutschland
Prof. Dr. Remy Chauvin, Frankreich
Dr. agr. Gisela Droege, Deutschland
Imkermeisterin Eva Englert, Deutschland
VR Dr. med. vet. habil. Wolfgang Fritzsch, Deutschland
Prof. Dr. sc. Hans Georg Herbst, Deutschland
Prof. em. Dr. phil. agr. habil. Johannes Otto Hüsing †, Deutschland
Prof. Dr. rer. nat. habil. Werner Kloft, Deutschland
Adalbert Kraus, Deutschland
Josef Kraus, Deutschland
Prof. em. Dr. rer. nat. Dr. h. c. Martin Lindauer, Deutschland
Prof. Dr. G. A. Mazokhin, Rußland
Prof. em. Dr. rer. nat. habil. Joachim Nitschmann, Deutschland
Dr. Jainine Pain-Zambon, Frankreich
Dr. A. A. Panov, Rußland
Prof. Dr. sc. agr. Günter Pritsch, Deutschland
Dr. phil. Helmut Reim, Deutschland
Prof. Dr. rer. nat. habil. Heinz Rembold, Deutschland
Dipl.-Biol. Werner Schadwinkel, Deutschland
Dr. rer. nat. Stephan Scheurer, Deutschland
Rechtsanwalt Axel Schüssler, Deutschland
Schriftleiter Simon Stolz, Österreich
Dipl.-Ing. Friedrich-Karl Tiesler, Deutschland
Alois Trapper, Österreich
Dr. rer. nat. Hayo H. W. Velthuis, Niederlande
Dr. rer. nat. Harda Voigt, Deutschland
Dr. rer. nat. Waltraud Werner-Meyer, Deutschland
Prof. Dr. habil. Jerzy Woyke, Polen

Lexikon der BIENENKUNDE

Herausgegeben von Joachim Nitschmann
und Johannes Otto Hüsing †

tosa

Die Autoren bearbeiteten folgende Sachgebiete:

BÄHRMANN: Anatomie (ohne Sinnesorgane, Flügel, Morphologie der Hormondrüsen) Ökologie der Biene und Thermoregulation

BARTHEL: Parasitosen und Großfeinde der Bienen

BAUER: Drohnenbrütigkeit

BREMER: Biene und Pflanzenschutz

CHAWIN: Stoffwechsel

DROEGE: Ausstellungen, Schrifttum, Honig und Verwendung durch den Menschen, Biografien

FRITZSCH: Infektiöse Bienenkrankheiten, Bienengesundheitsdienst

HERBST: Flügel und Flug

HUSING: Geschichte der Bienenhaltung, Pollen

KLOFT: System der Bienenartigen und Rassen der Honigbiene

KRAUS und KRAUS: Wanderung

LINDAUER: Verhalten und Orientierung

MAZOKHIN: Sinnes- und Neurophysiologie

NITSCHMANN: Entwicklung der Bienenwesen, Bienengift und Verwendung, Bienenjahr

PAIN-ZAMBON: Gelee royale

PANOV: Inkretorische Drüsen der Honigbiene

PRITSCH: Biene und Blüte, Bestäubung und Bestäubungstätigkeit, Körwesen, Züchtung, Selektion, Trachtverbesserung in der Feldflur

REIM: Wildbienennutzung durch den Menschen, Australien

REMBOLD: Biochemie und Endokrinologie der Kastenentwicklung

SCHADWINKEL: Betriebsweisen, Umgang mit Bienen, Techniken, Instrumente, Beobachtungswesen

SCHEURER: Waldkacht

SCHÜSSLER: Bienenrecht und Imkerorganisation in Deutschland

STOLZ: Österreichische Bienenzeitungen (außer Bienenvater), österreichisches Bienenrecht, Landesverbände

TIESLER und ENGLERT: Königinnenzucht, Belegstellen

TRAPPER: Österreichischer Dachverband, Bienenvater

VELTHUIS: Biologie der Pheromone

VOIGT: Trachtpilanzen, Nektarmessung in Blüten, Pollenanalyse, Entwicklung der Bienenwohnungen

WERNER-MEYER: Schwarmvorgang als Grundlage der Vermehrung des Bienenvolkes, Wachs, Propolis

WOYKE: diploide Drohnen

Originaltitel: *Lexikon der Bienenkunde*

Die Edition Leipzig ist ein Unternehmen der Verlagsgruppe Dornier
Umschlaggestaltung: Peter Engel, München

Printed in Slovenia

Vorwort

Die Biene dürfte dasjenige Insekt sein, mit dem sich Menschen seit alters her am meisten beschäftigt haben und es auch noch heute tun. Das kommt vielleicht am deutlichsten in der großen Zahl von Vereinigungen zum Ausdruck, zu denen sich diejenigen zusammengeschlossen haben, die mit Bienen arbeiten, zu Zeidler-Innungen im europäischen Raum früher und zu Imkerverbänden in aller Welt mit einer Welt-Dachorganisation in Form der Apimondia heute. Aber auch in rein wissenschaftlichen Zwecken dienenden Vereinigungen, wie der International Union for the Study of Social Insects (IUSSI) stellt die Honigbiene naturgemäß als zoologische Species das wohl wichtigste Studienobjekt dar.

Sicher waren es Honig und Wachs, die das Interesse des Menschen an den zu Sozietäten oder «Völkern» zusammengeschlossenen Tieren auf sich gezogen haben. So konnte die Biene bald zur Symbolfigur avancieren, die das Sinnbild für Fleiß und Gemeinsamkeit, aber auch für Wehrhaftigkeit darstellte. Sie ist so schon in frühen Kulturen Objekt der darstellenden und dichterischen Kunst geworden. Mit dem Aufblühen der Naturwissenschaften zu Beginn der Neuzeit finden wir die Biene wiederum als Gegenstand exakt beschreibender Forschung in vorderer Linie. Sie blieb es bis in unsere Tage, und zwar sowohl als Einzelwesen («die Biene») als auch als Sozietät, gleichsam als Superorganismus («der Bien»). Sie ist in die Laboratorien der verschiedensten biologischen Wissenschaftszweige als Testobjekt und zur Lösung allgemein-zoologischer Fragestellungen einbezogen, ohne den Beobachtungen ihrer Tätigkeit im freien Lebensraum ihre Attraktivität zu nehmen. Dort hat sie z. B. in ihrem sinnesphysiologischen Verhalten dem genialen Frager nobelpreisgewürdigte Geheimnisse preisgegeben. In gleicher Zeit liefen Arbeiten auf die Praxis ausgerichteter Bienenhalter, die die Bienenzucht durch Nutzung vieler, immer wieder aufeinander aufbauender Entdeckungen an der Bienenbeute, am Stand und im Bienenhaus zu dem machten, was wir heute eine leistungsfähige Bienenwirtschaft nennen.

Neben vielen veröffentlichten Einzelbeobachtungen – in Imkerzeitschriften und wissenschaftlichen Publikationsorganen – gibt es auch eine stattliche Anzahl von Monographien und Lehrbüchern über die Biene und ihre Haltung. Lediglich solche Bücher, die in lexikalischer Form Antwort auf eine bestimmte Frage aus dem weiten Gebiet der Bienenkunde geben, sind relativ selten, und dann auch oft einseitig ausgerichtet, z.B. nur auf die Belange des praktischen Bienenzüchters. Das gilt im Grunde für alle uns zugänglichen entsprechenden Bücher aus den verschiedenen Sprachgebieten. Diese Lücke zu schließen, trat der Verlag an die Herausgeber mit dem Projekt eines größeren Lexikons heran. Dabei sollte sowohl den Belangen des Wissenschaftlers als auch des praktisch tätigen Imkers Rechnung getragen werden. In diesem Sinne nannten wir das im Entstehen begriffene Werk bereits «Lexikon der Bienen**kunde**». Dementsprechend kommen als Autoren nicht nur namhafte Bienenwissenschaftler, sondern auch erfahrene Praktiker der Bienenhaltung und -zucht aus dem europäischen Raum zu Wort. Von ihnen werden jeweils bestimmte Sachgebiete aus den größeren hier kurz genannten Komplexen bearbeitet, so u. a. die Biene als Individuum (die Honigbiene im System, ihre Anatomie, Fortpflanzung, Genetik und Entwicklung sowie biochemische und physiologische Besonderheiten); die Biene in der Sozietät (Biologie des Bienenvolkes, Verhalten [Ethologie] und Ökologie der Biene); Bienenhaltung (Betriebsweisen, Techniken, Instrumente); der Nutzen der Biene (Bestäubungstätigkeit, Bienenweide und -wanderung, Pollen, Honig, Wachs, Propolis, Gelée royale, Bienengift); Bienen und ihre Feinde (infektiöse und nichtinfektiöse Krankheiten, Parasitosen, Bienen und Pflanzenschutz, Bienengesundheitsdienst); Beobachtungswesen; Geschichte der Bienenhaltung; Entwicklung der Bienenwohnungen; Propagierung der Bienenhaltung; Bienenrecht. – Dieser Gesamtstoff wurde in unterschiedlich große Stichwörter aufgenommen und sowohl durch zahlreiche Querverweise lexikalisch aufgearbeitet als auch durch Zeichnungen und (vornehmlich) Farbfotos illustriert. So hoffen wir, daß alle Benutzer des Lexikons, die ebenso wie die Bienenhalter insgesamt aus den verschiedensten Berufen kommen werden und die die Natur lieben, sich an ihr erfreuen und in immer tieferen Kontakt zu ihr über die Beschäftigung mit den Bienen gelangen wollen, in diesem Lexikon das geeignete Werk finden, um Antwort auf ihre Fragen zu erhalten und ihr Wissen um Pflege, Vermehrung und Nutzung der Bienenvölker erweitern zu können. Ebenso sollen Fachleute, die sich mit der Biene von der wissenschaftlichen Seite bzw. der Lehrtätigkeit her befassen und nach tiefer gehender Auskunft suchen, in unserem Lexikon ein geeignetes Nachschlagewerk erblicken. Sicher sind mit der vorliegenden Auflage noch nicht alle Wünsche erfüllt. Wir bleiben deshalb aufgeschlossen für jeden diesbezüglichen Hinweis. Zunächst legen wir jedoch das Werk vertrauensvoll in die Hände aller Benutzer.

Inzwischen hat das «Lexikon der Bienenkunde» seit etwa 15 Jahren in den Händen der Benutzer gelegen, und ich habe es nach dem Tode meines damaligen Mitherausgebers Prof. Hüsing weiterhin betreut und kann hier eine weitere Sonderausgabe vorlegen. Ich bin froh, dass wenigstens einige der auffallendsten Lücken ausgefüllt und manche neue Gedanken und Abbildungen eingebracht werden konnten.

Nach vielen Anfragen, die u. a. aus dem Ausland, gerade auch nach der Auszeichnung des Werkes mit der Goldmedaille beim Apimondia-Kongreß in Lausanne bei mir ankamen, wird das Buch nun in deutlich verbesserter Form weiterhin zur Verfügung stehen. Vor allem konnten viele Begriffe aus der Zeitepoche vor der Wiedervereinigung herausgenommen und manche Illustrationen überarbeitet werden.

Aus drucktechnischen Gründen musste andererseits häufig die ursprüngliche Form beibehalten (zu oft «Weisel» statt «Königin»; Vermeidung von «vor oder nach Chr. Geb.») und manche nicht optimale Formulierung geduldet werden.

Möge das Buch sich nun in der vorliegenden Form weiterhin bewähren zum Nutzen der Imker und der von ihnen betreuten Bienen.

Kleinmachnow, im Januar 2002

PROF. DR. JOACHIM NITSCHMANN

Hinweise für den Benutzer

Die Stichworte wurden in mechanischer Reihenfolge nach dem Alphabet geordnet. Die Umlaute ä, ö, ü sind wie a, o und u und ae, oe, ue als alphabetisch getrennte Buchstaben behandelt. Innerhalb eines Stichwortes erfolgt eine Abkürzung mit Anfangsbuchstaben und Punkt, Verweispfeile – im Stichwortartikel oder als Querverweis – deuten auf zusätzliche Informationen hin. Um dem Leser die Aussagen übersichtlich zu bringen, wurde nicht generell auf jedes Stichwort verwiesen, das im Lexikon enthalten ist.

Wichtigste Abkürzungen

A	Art
Abb.	Abbildung
ad.	adult (Alttier)
afrikan.	afrikanisch
anschl.	anschließend
austral.	australisch
biol.	biologisch
d. h.	das heißt
einschl.	einschließlich
europ.	europäisch
F	Familie
G	Gattung
ggf.	gegebenenfalls
i. d. R.	in der Regel
immat.	immature, jugendlich
im Vergl.	im Vergleich
Inst.	Institut
i. U.	im Unterschied
jähr.	jährlich
Jh.	Jahrhundert
juv.	juvenil, jugendlich (Jungtier)
M-	Mittel-
N-	Nord-
NN	veralteter Name

NO-	Nordost-
nö.	nördlich
NW-	Nordwest-
O-	Ost-
O	Ordnung
od.	oder
OS	Oberseite
öst.	östlich
RS	Rückseite
russ.	russisch
s.	siehe
S.	Seite
S-	Süd-
schweiz.	schweizerisch
SO-	Südost-
sog.	sogenannt
sü.	südlich
SW-	Südwest-
Temp.	Temperatur
u.	und
u. dgl.	und dergleichen
Univ.	Universität
ü. NN	über dem Meeresspiegel
UO	Unterordnung
US	Unterseite

usw.	und so weiter
u. U.	unter Umständen
Verbr.	Verbreitung
VS	Vorderseite
W-	West-
we.	westlich
z. B.	zum Beispiel
zool.	zoologisch
z. T.	zum Teil
zw.	zwischen
z. Z.	zur Zeit
♂	Männchen, männlich
♀	Weibchen, weiblich, Königin
☿	Arbeiterin
±	mehr oder weniger

Die Mehrzahl wird durch Anfügen eines n gebildet, z. B. A, Mehrzahl An. Abkürzungen, die als Stichwort erscheinen, werden nicht extra erwähnt.

Abbaumechanismus. Wirkstoffe von Pflanzenschutzmitteln ↗ u. Arzneimitteln werden sowohl vom pflanzl. als auch vom tierischen Organismus bis zu nichttoxischen Endprodukten abgebaut. Der A. umfaßt alle Wege u. Möglichkeiten mit den entspr. Metaboliten.

Abdomen, Hinterleib. Bei der ad. Biene beweglich mit dem Thorax ↗ verbunden, zeichnet sich durch eine regelmäßige Segmentierung aus. Das A. enthält einen großen Teil der inneren Organe des Bienenkörpers (Darmkanal ↗, Herzschlauch ↗, Geschlechtsorgane ↗, Fettkörper ↗, Muskulatur ↗ u. Tracheen [Tracheensystem ↗]). Die einzelnen Organe werden von Haemolymphe ↗ umspült. Das erste Abdominalsegment ist dem dritten Thoraxsegment fest angefügt u. liegt noch vor der für die Bienen charakteristischen Einkerbung («Taille») des Körpers zw. dem zweiten u. dritten Körperabschnitt. Das zweite Abdominalsegment schließt sich an das erste über eine stielförmige Verengung (Petiolus) an. Das A. der beiden ♀♀ Bienenwesen läuft nach hinten spitz zu, während das A.-Ende der Drohnen gerundet ist. Die große Beweglichkeit des A.s wird einerseits durch die stielartige Verengung, andererseits aber auch durch das teleskopartige Übereinandergreifen der einzelnen Körperringe (Segmente) gewährleistet, deren sklerotisierte Rükkenschuppen (Tergite) u. Bauchschuppen (Sternite) über biegsame Intersegmentalmembranen miteinander verbunden sind. Außerdem ermöglichen die membranösen Flankenhäute zw. Rücken- u. Bauchschuppen eine Erweiterung des A.s innerhalb der einzelnen Segmente. Durch die Abdominalmuskulatur ist eine schnelle u. z. B. für den Gebrauch des Wehrstachels (Stachelapparat ↗) nach allen Seiten mögliche Bewegung des A.s garantiert. – Bei Arbeitsbienen u. Weiseln sind die Segmente 3–6, bei den Drohnen die Segmente 3–7 bes. ähnl. gebaut. Rücken- u. Bauchschuppen besitzen allerdings eine unterschiedl. Gestalt. Bei Arbeitsbienen tragen letztere die Wachsspiegel (Wachsdrüsen ↗). Die Rückenschuppen sind durch die seitl. gelegenen Stigmen ausgezeichnet. Die ♀♀ Abdominalsegmente 8–10 sind reduziert bzw. zu Teilen des Stachelapparates umgebildet, der in der Stachelkammer des A.s verborgen liegt. Bei Drohnen sind äußerlich acht Abdominalsegmente zu erkennen. Vom neunten Segment ist lediglich das Sternit sichtbar, das Tergit besteht nur aus einem Paar kleiner

Sammelbiene auf Ginster. Das Abdomen zeigt deutliche Segmentierung.

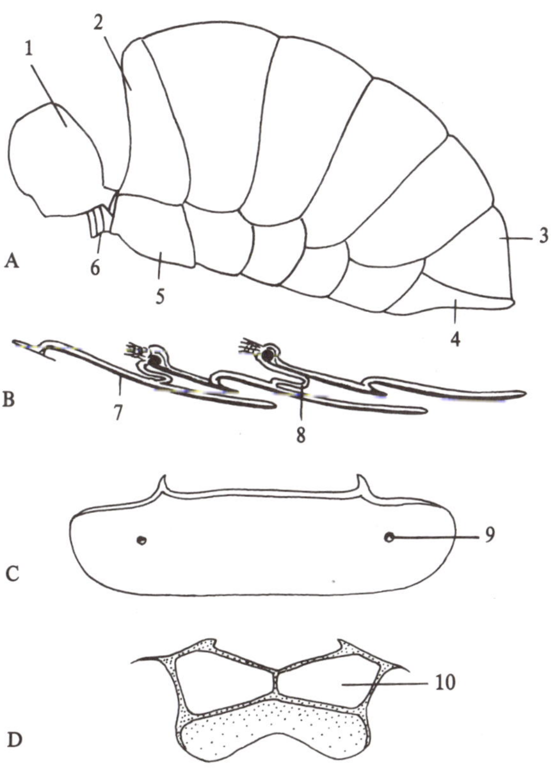

Abdomen der Arbeitsbiene. A Seitenansicht; B Längsschnitt durch einige Abdominalsternite (4, 5, 6, 7) zur Demonstration der Intersegmentalhäute (8); C Tergit mit seitlich gelegenen Stigmen (9); D Sternit mit Wachsspiegeln (10); 1, 2, 3 Tergite. A und B nach SNODGRASS (1956), verändert; C und D nach BÄHRMANN (1959)

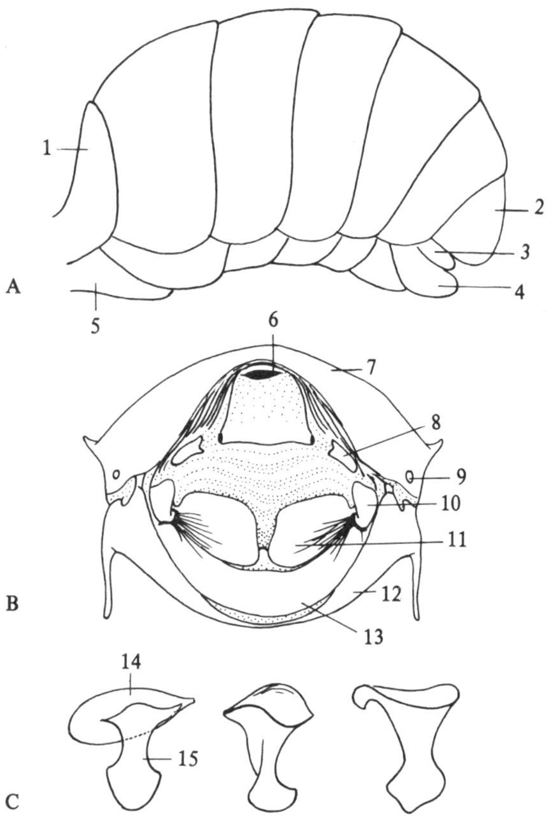

Männliches Abdomen. A Seitenansicht; B Abdomenende; C verschiedene Ausbildungsformen der Reste des 9. Tergits; 6 After, 1, 2, 7, 8 Tergit, 9 Stigma, 10 Parameralplatten, Parameren, 3, 11 Penisvalven der äußeren Geschlechtsorgane, 4, 5, 12, 13 Sternit, 14 Dorsalteil des 9. Tergits, 15 Apodem. A nach BÄHRMANN (1966), verändert; B nach SNODGRASS (1956); C nach BÄHRMANN (1961)

Sklerite, die sich unter dem achten Tergit befinden. Diese Sklerite setzen sich aus einem dorsalen, flächenhaften Teil u. einem darunter gelegenen Fortsatz (Apodem) zusammen. An beiden Abschnitten greifen Muskeln an. Das achte Segment der ♀♀ Bienen formt einen unter dem siebenten Tergit gelegenen membranösen chitinigen Halbring, dessen Seitenteile sklerotisiert u. als Stigmenplatten ausgebildet sind. Diese Stigmenplatten sind bei Arbeitsbienen im Vergl. zu denen der Weiseln etwas reduziert. Formunterschiede bestehen zw. den Stigmenplatten u. bei den versch. geographischen Bienenrassen. Die Stigmenplatten bieten Ansatzflächen für Muskulatur, u. es mündet auf ihnen das letzte abdominale Tracheenpaar. Das neunte Segment des ♀ A.s ist zu Bestandteilen des Stachelapparates umgebildet. Vom zehnten Segment ist in beiden Geschlechtern nur noch eine feine Chitinmembran vorhanden, die die Afteröffnung umgibt. Gelegentl. entstehen Verformungen als Mißbildungen an den einzelnen Abdominalsegmenten, vor allem im Bereich der Rückenschuppen, aber auch an den Bauchschuppen erscheinen sie z. B. als Perforationen. Derartige Deformationen beruhen auf Entwicklungs- bzw. Häutungsstörungen; es können auch genetische Ursachen zugrunde liegen.

Verschiedene Formen der Stigmenplatten bei Arbeitsbienen. 1 Stigma. Nach BÄHRMANN (1961). Vergleiche auch Stachelapparat

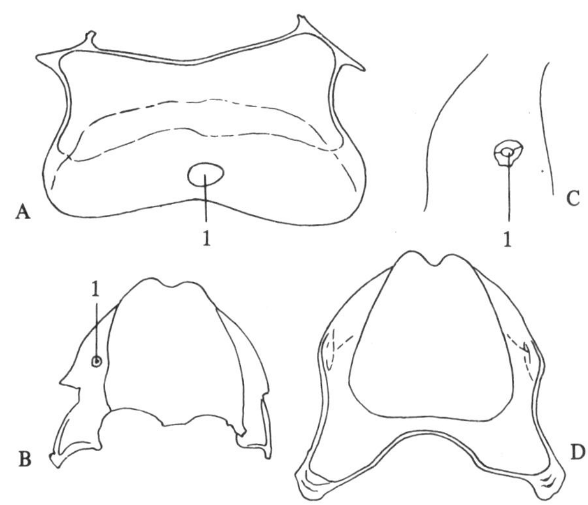

Deformationen an Abdominalsterniten einer Weisel. A 5. Sternit; B 7. Sternit; C vergrößerte Darstellung der umrandeten Aushöhlung (1); D normal geformtes 7. Sternit. Nach BÄHRMANN (1965)

Abdrift. Verwehung von Pflanzenschutzmitteln durch Luftströmung während der Ausbringung aus der vorgesehenen Arbeitsbreite. A. ist abhängig von Arbeitshöhe, Windgeschwindigkeit u. Windrichtung. Bei Pflanzenschutzmaßnahmen mit Luftfahrzeugen kann die A. bei unzulässigen Windgeschwindigkeiten bis zu mehreren hundert Metern betragen. Zur Vermeidung von A.en werden deshalb die Arbeitshöhen u. noch zulässige Windgeschwindigkeiten in den meisten Ländern zwingend vorgeschrieben.

Aberglauben u. Biene. Der Fleiß der Bienen, ihr «Staatswesen» u. die bis ins 18. Jh. nicht geklärte Paarung der Weisel mit den Drohnen führten zu recht abergläubigen Volksmeinungen. Es ist der Brauch bekannt, daß Bienen der Tod des Hausvaters angesagt werden muß: Mit dem Zeigefinger wird an jedes Flugloch geklopft, um den Gang zur Kirche anzusagen, «ihnen Kirchen sagen». Stellt sich der Erbe nicht vor, sollen im nächsten Winter die Bienenstöcke eingehen. – Außerdem schreibt man den Bienen übernatürl. Fähigkeiten zu, so zeigen sie die Unberührtheit einer Braut an, wenn sie sich auf den Brautkranz setzen, stechen keine Jungfrauen, dafür aber Gottlose, Trinker u. Flucher bes. gern, u. als Krönung sollen sie sogar in der Christnacht reden können. Es gibt auch einen sog. Bienensegen, der die Bienen beim Bienenvater halten soll. Dieser beruht wahrscheinl. auf der Marienlegende, nach der Maria einen Schwarm in einem von Joseph gefertigten Faß einfing. Deshalb sollen sie nicht ohne Gottes u. Marias Einverständnis ausfliegen, da sie nach Gottes Willen ja vor allem neben dem Honig das Wachs für die Kirchenkerzen, ohne die keine Messe stattfinden kann, produzieren müssen.

Abfangzange. Weiselfanggerät aus dünnem Blech in Zangenform. Der Käfig hat Schlitze in Absperrgitterweite, so daß mitgefangene Arbeiterinnen entweichen können. Eine abgefangene Weisel kann während der Arbeit an einem Volk mit der A. auf die Waben im Wabenbock gelegt u. hier weiter von den Bienen versorgt werden.

Abfegen, abkehren. Bei versch. Arbeiten ist es erforderlich, Waben bienenfrei zu machen. Dies kann durch Abstoßen, Abklopfen u. A. geschehen. Zum Abstoßen wird die Wabe an zwei Ecken festgefaßt u. ohne anzustoßen mit einem kurzen, kräftigen Ruck,

Abfegen der Jungbienen

der erforderlichenfalls mehrmals wiederholt wird, in Richtung auf den Ansatecktisch ↗ od. den Abkehrtrichter ↗ die Mehrzahl der Bienen von der Wabe entfernt. Zum Abklopfen wird die Wabe an einer Ecke festgefaßt u. mit der freien Hand ein od. mehrere Schläge auf die haltende ausgeführt. Bei richtiger Ausführung fällt der größte Teil der Bienen von der Wabe ab, der Rest wird abgefegt. Abstoßen u. Abklopfen ist hauptsächl. bei Honigwaben anzuwenden, da bei Brutwaben eine Schädigung der Brut durch zu starke Erschütterung nicht ausgeschlossen ist. Brutwaben sollten, wenn überhaupt, nur «sanft» abgestoßen, sonst aber abgefegt werden. Die hierzu im Handel angebotenen Besen sind weniger geeignet, besser ist eine Abkehrfeder ↗.

Abfüllkübel. Zylindrisches Gefäß aus Weißblech mit Deckel u. einem Quetschhahn ↗ direkt über dem Boden mit einem Fassungsvermögen von 20–30 kg. Der A. dient zum kurzzeitigen Aufbewahren u. Abfüllen von Honig in Gläser od. andere Kleingefäße.

abgestorbenes Bienenvolk. Während des Winters od. im Frühjahr können Bienenvölker von Bienenkrankheiten ↗, vor allem von Nosematose ↗ od. Varroatose ↗, seltener durch Verhungern, absterben. Ein Bienenvolk kann z. B. auf vollen Futterwaben verhungern, wenn die Wintertraube wegen zu großer Kälte dem Winterfutter in den Wabenzellen nicht nachrükken konnte.

Abhorchen der Bienenvölker. Während der Überwinterung, wenn die Bienenvölker keine optisch wahrnehmbaren Zeichen ihres Befindens abgeben, möchte mancher Imker doch wenigstens ein akustisches Lebenszeichen erhalten. Dies ist durch das A. d. B. mit einem Bienenstethoskop od. auch mit einem einfachen Gummischlauch möglich. Das Bienenstethoskop

besteht aus einem flachen, dünnwandigen Holztrichter, dessen vordere Öffnung vor das Flugloch gehalten u. in den hinten ein Gummischlauch in eine Bohrung eingesetzt ist. Hält man den Schlauch direkt an den äußeren Gehörgang, können die Lautäußerungen des Volkes deutl. wahrgenommen werden. Ein tiefer, gleichmäßiger u. nicht zu lauter Summton wird als Zeichen des Wohlbefindens gewertet. Völker mit im Vergl. zu anderen abweichenden Lautäußerungen werden für eine Kontrolle bei nächster Gelegenheit vorgemerkt.

Abkehrbesen. Handfeger mit nur einer Reihe weißer Borsten. Er dient zum Abfegen ↗ der Bienen von den Waben. Besser geeignet hierzu ist eine Abkehrfeder ↗.

Abkehren → Abfegen.

Abkehrfeder. Schwungfeder von weißen Gänsen od. Flugenten, deren Fahne etwa um die Hälfte eingekürzt wurde. Sie dient zum Abfegen ↗ der Bienen von den Waben, bes. der nach dem Abstoßen ↗ noch verbliebenen. Sollen Waben ohne vorheriges Abstoßen abgefegt werden, ist die A. vorher u. zwischendurch in Wasser zu tauchen. Zur Vermeidung der Übertragung von Krankheiten von Volk zu Volk ist es erforderlich, die A. häufig zu reinigen u. zu desinfizieren. Aus den meist erhältlichen ganzen Flügeln lassen sich die Einzelfedern erst herausziehen, nachdem sie einige Zeit gekocht worden sind. Zur besseren Handhabung kann man den Federkiel in ein Stückchen Holunderzweig stecken.

Abkehrtrichter. Trichter aus Blech mit einem oberen Durchmesser von etwa 45 cm u. einem Auslaufstutzen von 5 cm Durchmesser. In die entspr. Öffnung eines Feglingskastens ↗ od. mittels eines Zwischenstücks auf ein Begattungskästchen ↗ od. dgl. gesetzt, bewirkt der A., daß die abgestoßenen od. abgefegten Bienen in den vorgesehenen Behälter gelangen.

Abklopfen → Abfegen.

Ableger, Brutableger ↗. Werden zur Völkervermehrung, zur Schwarmverhinderung, zur Unterbringung von begatteten u. unbegatteten Weiseln gebildet. Um in geringem Umfang Weiseln heranzuziehen, können abgeschwärmte Völker in mehrere A. mit je einer Weiselzelle aufgeteilt werden. Beim Entweiseln starker Pflegevölker kann die Weisel mit einem A. entnommen werden. Voraussetzung für die Bildung von A.n ist das Vorhandensein von Weiseln od. verdeckelten Weiselzellen. Je nach Größe des Kastens werden 1–3 möglichst verdeckelte Brutwaben (od. mehr), eine Futterwabe u. eine Wabe mit etwas Wasser verwendet. Dazu gibt man so viele Bienen, daß auch nach Abflug der Flugbienen alle Waben gut besetzt sind. A. können auch ohne Brutwaben nur mit Jungbienen gebildet werden. S. auch Fegling, Flugling, Weiselableger, Zellenableger.

Ablegerkasten. Für fast jedes Beutensystem ↗ u. für jedes gebräuchliche Wabenrahmenmaß ↗ sind einräumige A. in Gebrauch. Form u. Größe richten sich nach dem vorgesehenen Verwendungszweck. Von mehreren 3–6 Wabenabteilen in einem Kasten bis zu A. in Beutentiefe gibt es alle Zwischengrößen. Auch von der Bearbeitungsrichtung wie von der Wabenstellung ↗ her sind die A. dem jeweiligen Beutensystem angepaßt. Bei Magazinbetrieb wird die Einzelzarge (Zarge ↗) als A. verwendet. Solange auf einem Bienenstand ↗ noch leere Beuten vorhanden sind od. durch Auflösen von Völkern freigemacht werden, ist es auch möglich, in jeder Beute zwei Ableger unterzubringen.

Abnehmen des Honigraums. Erfolgt mit der letzten Schleuderung. Das Absperrgitter wird entnommen u. die Öffnung mit einer Platte od. mit Deckbrettchen verschlossen. In modernen Betriebsweisen erfolgt kein A. d. H., sondern ein Funktionswechsel. Das Absperrgitter wird ebenfalls entnommen, der bisherige Honigraum wird Teil des Doppelraums, der dem Volk zur Verfügung steht, bis er im nächsten Jahr durch Einlegen des Absperrgitters wieder abgetrennt wird (Doppelraumüberwinterung ↗).

Abschlußwabe → Randwabe.

Abschwefeln. Tötung der Bienenvölker durch Raucheinwirkung von brennendem Schwefel bei Volksresten, bei behandlungsunwürdigen Bienenvölkern u. als angeordnete Maßnahme bei meldepflichtigen Bienenkrankheiten. Tote Bienen vernichten; die ausgeräumte Beute ist mechanisch zu reinigen u. zu desinfizieren.

Absperren. Das Beschränken der Weisel auf bestimmte Waben mit Hilfe des Absperrgitters ↗. Der Zweck des A.s kann die brutfreie Honigentnahme sowie die Bruteinschränkung ↗ sein. Das Absperrgitter im Zwischenboden ↗ beschränkt die Weisel auf den Brutraum. In den Honigraum gehängte od. gestellte Brutwaben sind nach 21 Tagen brutfrei u. können von der Weisel nicht wieder bestiftet (Stiften ↗) werden.

Weisel-Absperrgitter

Zur Bruteinschränkung ↗ kann die Weisel durch ein senkrechtes Absperrschied (Schied ↗) auf wenige Waben od. auf nur eine Wabe in einer Wabentasche ↗ abgesperrt werden. Beuten, in deren Betriebsweise ↗ das A. vorgesehen ist, haben einen durch ein fest eingebautes Absperrschied in zwei ungleiche Räume geteilten Brutraum, z. B. versch. Ausführungen der Kuntzschbeute u. die Frauenberger Dickwabenbeute. Zur Bruteinschränkung wird die Weisel in den kleineren Raum gebracht.

Absperren der Weisel → Aufzuchtverfahren.

Absperrgitter. Eines der wichtigsten Geräte der modernen Imkerei. Es gestattet u. a. die Weisel auf einen bestimmten Bereich der Beute ↗ zu beschränken (Bruteinschränkung ↗) u. ermöglicht eine brutfreie Honigentnahme. A. können aus Draht- od. Holzstäben sowie aus gestanztem Blech od. Plastematerial hergestellt sein. Die lichte Weite der Durchgänge beträgt 4,2 mm. A. können ohne od. in Holzrahmen gefaßt verwendet werden (Schied ↗).

Absperrschied → Schied.

Abstammung → Abstammungsnachweis.

Abstammungsnachweis. Nachweis der Abstammung einer Rasseweisel von gekörten Vorfahren auf der Grundlage des Abstammungsschemas ↗. Er wird bei unbegatteten Weiseln od. bei den – beliebig begatteten – Weiseln einer Drohnenvolksippe ↗ bis zu den Großeltern der Weisel, bei den auf einer Belegeinrichtung begatteten od. künstl. besamten Weiseln außerdem bis zu den Großeltern der genetischen Gattenweiseln – das sind die Weiseln der angepaarten Drohnenvolksippe – geführt.

Abstammungsschema. Stammbaum einer Weisel u. deren Gatten bis zu den Großeltern, auf dem in Ahnenreihen angeordneten Stammbaum nach Goetze basierend. Wegen der parthenogenetischen Entstehung der Drohnen ist das A. auf der väterlichen Seite um jeweils eine Generation erweitert. Zur Nummer der Ahnenreihe tragen die Weiseln von Muttervölkern ↗ den Buchstaben «a», die Weiseln der Gattenvölker (Drohnenvölker ↗) den Buchstaben «b». – Es

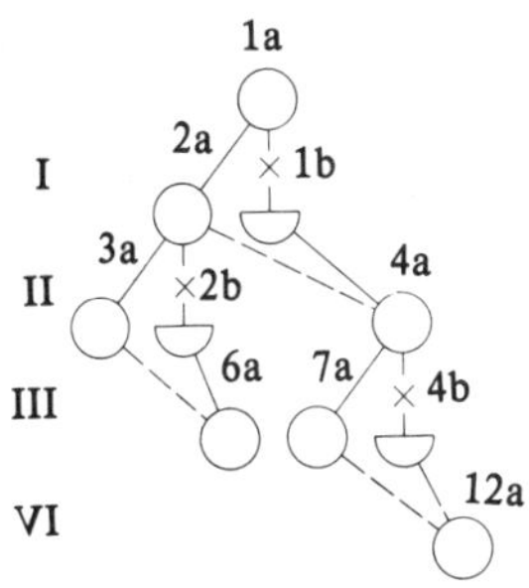

Abstammungsschema, gekörtes Volk. I–IV Ahnenreihe

befinden sich: in der *ersten* Ahnenreihe der betreffenden Weisel (1a) die Weisel 2a des Muttervolkes; die Mutterweisel, bei einer Drohnenvolksippe die Mutterweiseln (genetischen Gatten) 1b der Gattendrohnen der Weisel 1a; in der *zweiten* Ahnenreihe die Weisel 3a des Muttervolkes der Weisel 2a. Sie ist die Großmutter mütterlicherseits von 1a; die Mutterweisel 2b der Gattendrohnen der Weisel 2a (genetischer Gatte), bei Drohnenvolksippe als Mehrzahl; die Weisel 4a des Muttervolkes der Weisel(n) 1b. Sie ist die Weisel des genetischen Vatervolkes der weiblichen Nachkommen aus 1a; in der *dritten* Ahnenreihe die Weisel 6a des Muttervolkes der Weisel(n) 2b. Sie ist die Großmutter väterlicherseits von 1a; die Weisel 7a des Muttervolkes der Weisel 4a. Sie ist die Großmutter mütterlicherseits von 1b; die Mutterweisel(n) 4b der Gattendrohnen von 4a; in der *vierten* Ahnenreihe die Weisel 12a des Muttervolkes der Weisel(n) 4b. Sie ist die Großmutter väterlicherseits von 1b.

1b		12b
		12a
	4a	7b
		7a
1a	2b	6b
		6a
	2a	3b
		3a

Ahnentafel für das Abstammungsschema. Der Nachweis erfolgt jeweils bis zu den Großeltern.

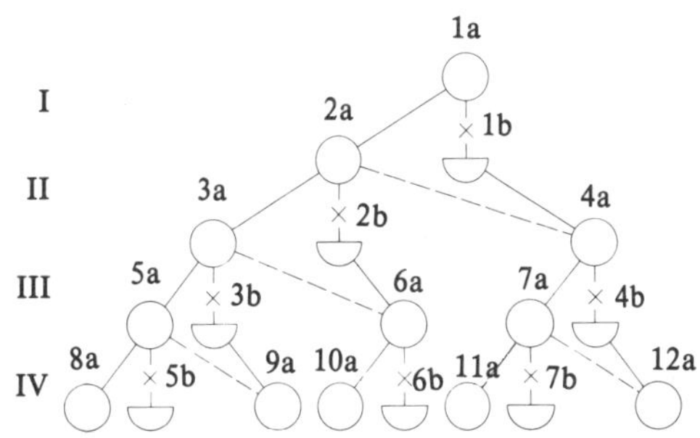

Abstammungsschema mit den vier vollständigen Ahnenreihen nach Goetze, gekörtes Volk. In diesem Fall wird eine ungleiche Anzahl von Vorfahrengenerationen nachgewiesen: auf der jeweils mütterlichen Seite der 1a bereits die vierte Vorfahrengeneration 8a, auf der jeweils väterlichen Seite des Partners 1b erst die zweite Vorfahrengeneration 12a. I–IV Ahnenreihe

Abstandbügel → Wabenrahmen.

Abstandknöpfe → Wabenrahmen.

Abstandrechen. Rechenförmiger Blechstreifen zur Abstandregulierung zw. Waben ↗ in Blätterbeuten ↗, deren Wabenrahmen ↗ keine Abstandvorrichtungen haben. Es werden je zwei A. an der Beutenvorderwand u. am Beutenfenster angebracht. Außerdem werden A. im Wabenschrank ↗, im Wabenbock ↗ u. an Wabenschlitten ↗ zur Verhinderung des Umkippens der Waben benötigt. A. gibt es in der Ausführung für Wabenrahmen mit abgeschrägten u. mit glatten Seitenleisten.

Abstoßen → Abfegen.

Abtrommeln. Ein in der Korbimkerei angewandtes Verfahren, die Bienen zum Verlassen des Wabenbaus zu veranlassen. Hierzu wird auf einem besetzten, umgekehrten Korb ein leerer befestigt. Nach längerem Trommeln mit Holzstöcken gegen den besetzten ziehen die Bienen u. die Weisel in den leeren Korb. Der Trommelschwarm wird wie ein Naturschwarm verwendet.

Acanthopanax senticosus (Rupr. et Maxim.) Harms, Stachelkraftwurz. A der G *Acanthopanax* – mit 20–30 An vor allem in Japan, M-China u. im Himalaja verbr. – der F der Araliaceae ↗. N-China, in Japan auf Hondo, im Ussuri- u. Amurgebiet. In schattigen u. feuchten Laubwäldern. Als Solitärstrauch angepflanzt. Der in seiner Heimat bis 8 m hohe Strauch blüht im Juli in vielblütigen Kugeldolden an den Enden der Triebe. ♀♀ Blüten gelblich, ♂♂ od. Zwitterblüten blaßviolett. Benötigt gute Böden, empfindlich gegen Frühjahrsfröste. Vermehrung durch Aussaat, Wurzelschnittlinge od. Abtrennen der Ausläufer. Nektar- u. Pollenspender. Nach Untersuchungen von Progunkow (1975) gehört A. s. von den über 250 nektar- u. pollenliefernden An des Amurgebietes u. Primorje zu der geringen Zahl von Spezies, die als nektarliefernde Pflanzen für die Bienen in diesem Gebiet eine wichtige Rolle spielen.

Acarapidose, auch Akarinose, Akariose, Milbenseuche, Milbenkrankheit. Übertragbare Krankheit der ad. Biene, hervorgerufen durch die Innenmilbe *Acara-*

pis woodi ↗. Milbe parasitiert im ersten Tracheenpaar, durchsticht die Tracheenwand u. saugt Haemolymphe. Flugunfähigkeit der befallenen Biene im Frühjahr bes. nach dem Reinigungsausflug. Ruhrerscheinungen ↗,

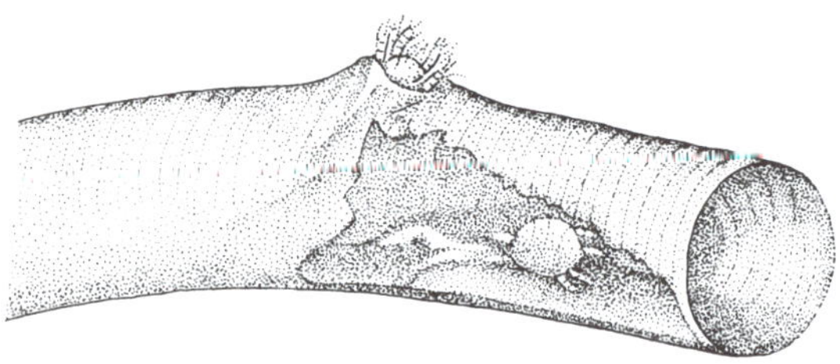

Tracheenast mit Milbenbefall

erhöhter Totenfall, zögernde Volksentwicklung. Nachweis mikroskopisch im Wintertotenfall ↗. Bekämpfung mit milbentötenden Medikamenten in der Gas- od. Dampfphase, zusätzl. Reizfütterung.

Acarapismilben → Außenmilbe → *Acarapis woodi.*

Acarapis woodi, Innenmilbe. Parasitiert im ersten Tracheenpaar der ad. Bienen, ruft Acarapidose ↗ hervor. A. w. ist 0,1 mm groß, dringt in die Tracheen von bis zu acht Tage alten Jungbienen ein, deren Reusenhaare noch biegsam sind. Das Milben-♀ legt 5–8 Eier, aus denen sich nach 3–4 Tagen Vorstadien (sechsbeinige Larven, achtbeinige Nymphen) u. nach weiteren zehn Tagen fertige Milben entwickeln. Diese durchstechen die Tracheenwände u. saugen Haemolymphe, die Stichwunden verkrusten u. engen gemeinsam mit den Milben die Tracheen ein. Dadurch Atembehinderung, schlechte Versorgung der Flugmuskulatur mit Frischluft, Flugunfähigkeit der Bienen, Hüpfer ↗ u. Krabbler ↗ vor den Beuten. Die befruchteten Milben-♀♀ verlassen kranke Bienen u. suchen junge, gesunde auf. A. w. ist morphol. ähnl. der Außenmilbe ↗.

Aceraceae, Ahorngewächse. Die F umfaßt nur die Gn *Acer*, Ahorn u. *Dipteronia* (nur in Zentral-China) mit einer A. Insges. existieren ca. 150 An, von denen

Blühender Ahorn

Ahorngewächse sind eine gute Bienenweide und werden oft zur Trachtverbesserung genutzt.

einige im Himalaja noch in 3 500 m ü. NN anzutreffen sind. Verbr. vom Himalaja bis Zentral-Asien (Mannigfaltigkeitszentrum), mit zahlreichen An auch in Japan, im Mittelmeergebiet einschl. N-Afrika, mit wenigen An in M-Europa; in Amerika vom sü. Kanada bis M-Amerika. Bäume od. Sträucher. Die radiär gebauten Blüten – in Dolden, Trauben, Ähren od. Rispen angeordnet – besitzen meist eine in Kelch u. Krone gegliederte, vier- od. fünfzählige Blütenhülle. Am Grund der Blüte wird in unmittelbarer Nähe der Staubblätter ein ringförmiger Diskus gebildet, der durch seine Nektarproduktion zur Insektenanlockung beiträgt. Der Nektar sammelt sich in großen Tropfen auf der Scheibe des Nektariums u. ist allen Insekten zugänglich. Die Ahornblüten besitzen einen eigenen, durch Amine hervorgerufenen Duft. Obgleich alle An gute Nektarspender sind, bleibt der (Berg-)Ahorn-Sortenhonig i. d. R. auf Berglagen beschränkt, in welchen der Bergahorn (*Acer pseudoplatanus* ↗) als wichtiger Bestandteil der Laubmischwälder auftritt. Die Pollenproduktion der Ahornblüten ist verhältnismäßig spärlich. Honige mit Ahorn als Leitpollen (nach MAURIZIO u. GRAFL) sind bisher aus Oberbayern (Bundesrepublik Deutschland), Österreich u. der Schweiz (Berner Oberland, Jura, O-Schweiz) bekannt geworden. Äußerl. erinnern die Ahornhonige an Obsthonig. Sie sind hellgelb, mild in Geschmack u. Aroma u. kristallisieren feinkörnig-pastenförmig. Für die Honigbiene von bes. Bedeutung sind neben dem Bergahorn (*Acer pseudoplatanus*) der Spitzahorn (*A. platanoides* ↗), der Zuckerahorn (*A. saccharum* MARSH; N-Amerika), der Eschenahorn (*A. negundo* ↗) u. der Feldahorn (*A. campestre* ↗). Die *Acer*-An werden u. a. wegen des Holzes geschätzt, das sich außer für die Möbelindustrie auch zum Bau von Musikinstrumenten eignet; einige An (Zuckerahorn, Eschenahorn) sind auch Zucker- od. Gewürzlieferanten (*A. macrophyllum*). In Park- u. Grünanlagen findet man neben dem Silberahorn (*A. saccharinum* ↗) auch kleinere, meist strauchförmige An wie *A. tataricum, A. palmatum, A. japonicum.*

Spitzahorn

Acer campestre L., Feldahorn. A der G *Acer* der F der Aceraceae ↗. Weit verbr. in Europa u. W-Asien. In Ebenen u. Hügellandschaften, nicht waldbildend. Dieser Strauch bis Baum erreicht seine Blühreife etwa mit 15 Jahren (±5) u. kann etwa 200 Jahre alt werden. Er blüht im Mai, Anfang Juni. Seine meist zweihäusigen, grünlichen Blüten sind zu Doldentrauben vereinigt. Er gedeiht auf sandig-lehmigen Böden u. ist als Heckenpflanze u. zum Anbau auf Windschutzstreifen geeignet. A. c. ist sowohl Nektar- als auch Pollenspender (Pollenhöschenfarbe blaßgelb) u. liefert den Bienen Honigtau.

Acer ginnala Maxim., Feuer- od. Mandschurischer Ahorn. A der G *Acer* der F der Aceraceae ↗. N-China, Mandschurei, in Japan weit verbr., Vorkommen auch im Amurgebiet u. Primorje (Sowjetunion). Als Zierstrauch in Gärten u. Park- u. Grünanlagen ↗ in Europa zu finden. Der bis 6 m hohe Strauch blüht Ende Mai. Die gelblichweißen Blüten stehen in Rispen. Hart gegenüber Witterungsunbilden u. Luftverunreinigungen. Für normale, nicht zu nasse Böden. Vermehrung durch Aussaat. Nektar- u. Pollenspender. Zählt nach Untersuchungen von Progunkow (1975) im Fernen Osten zu der geringen Zahl von Spezies, die als nektarliefernde Pflanzen für die Bienen eine bedeutende Rolle spielen. Gehört zu den hölzernen Nektarpflanzen, die dort neben Linde, Amurkorkbaum u. einigen Weide-An den größten Nektarertrag sichern. A. g. zählt auch in Ungarn zu den wichtigen Pflanzen-An, die für eine gute Bienenweide geeignet erscheinen.

Acer mono Maxim., Nippon-Ahorn. A der G *Acer* der F der Aceraceae ↗. Japan, Sachalin, Amurgebiet. Einzeln im Mischwald, an trockenen Hängen. An warmen Orten als Parkbaum geeignet (in Europa nur bis 10 m hoch). Blüht Ende April bis Anfang Mai gleichzeitig mit dem Blattausbruch. Die grünlichgelben Blüten stehen in hängenden, wenigblütigen Doldentrauben. Nektar- u. Pollenspender. Nach Untersuchungen von Progunkow (1975) gehört er im Fernen Osten zu der geringen Zahl von Spezies, die neben Linde, Amurkorkbaum u. einigen Weide-An den größten Nektarertrag von den höheren Nektarpflanzen liefern.

Acer negundo L., Eschenahorn. A der G *Acer* der F der Aceraceae ↗. N-Amerika. A. n. ist ein Frühblüher (März, April). Während die Blüten der mitteleurop. Ahorn-An meist einhäusig sind – in den einzelnen Blüten sind entweder die ♂♂ od. die ♀♀ Organe funktionsfähig –, bildet A. n. mit zweihäusigen Blüten eine Ausnahme. Die ♂♂ Blüten stehen in Büscheln, die ♀♀ Blüten in Trauben. Der oft mehrstämmige A. n. ist für feuchte u. für trockene Böden geeignet. Er ist frost- u. industriehart, aber lichtbedürftig. Pollen- (Pollenhöschenfarbe blaßgelb) u. Honigtaulieferant.

Acer platanoides L., Spitzahorn. A der G *Acer* der F der Aceraceae ↗. O-Europa bis Ural (von den Pyrenäen bis Norwegen; von der Tiefebene bis auf 1000 m ü. NN). Er ist ein geschätzter, etwa 30 m hoher Straßenbaum in Großstädten. Seine Blühreife setzt nach dem 15. Jahr ein. Er wird sehr viel kultiviert, da er schnell wächst, obwohl er kaum älter als 50 Jahre wird. A. p. blüht im April, Mai. Die meist zwittrigen, grüngelben Blüten sind zu Doldentrauben vereinigt. Es existieren auch rot- u. buntblättrige Gartenformen wie A.p. «Reichenbachii», A. p. «Schwedler», A. p. «Purpureus». Anspruchslos, gedeiht noch auf trockenen Standorten u. leichten Böden. Er ist Nektar- u. Pollenspender (Pollenhöschenfarbe gelbgrün) u. liefert den Bienen auch Honigtau.

Acer pseudoplatanus L., Bergahorn. A der G *Acer* der F der Aceraceae ↗. Natürl. verbr. von Vorderasien bis M-Europa in kühlfeuchtem Gebirgsklima. Kommt nur eingestreut od. einzelstehend vor, ist nicht waldbildend. In Niederungen findet man ihn vor allem in größeren Siedlungen, auch in Park- u. Grünanlagen ↗. Sein Hauptverbr.s-Gebiet sind die mitteleurop. Gebirge, im norddeutschen Flachland fehlt er vollkommen. Von N nach S nimmt seine Höhengrenze zu; im Harz (DDR) geht er z. B. bis 800 m ü. NN, im Tessin bis 1800 m ü. NN. A. p. kann bis 600 Jahre alt werden, die Blühreife setzt erst nach dem 20. Jahr ein. Er blüht im Mai. Seine Blüten sind meist getrenntgeschlechtlich, gelbgrün in hängenden Rispen. A. p. bevorzugt frische, nährstoffreiche Böden u. offene Lage u. ist auch (s. o.) für rauhes Klima geeignet. Er ist ein besserer Nektar- als Pollenspender (Pollenhöschenfarbe blaßgelb). Die A.p.-Blüten sondern durchschnittl. in 24 h 0,9–1,16 mg Nektar ab mit einem mittl. Zuckergehalt von 37–46 %; das entspr. einem Zuckerwert von 0,31–0,54 mg, wobei zw. ♀♀ u. ♂♂ Blüten gewisse Unterschiede in der Zuckerproduktion bestehen. Da der A. p. während der Blütezeit oft von Blattläusen besiedelt wird, sammeln die Bienen gleichzeitig Nektar aus den Blüten u. Honigtau von den Blütenstielen.

Acer saccharinum L., Silberahorn. A der G *Acer* der F der Aceraceae ↗. Öst. N-Amerika. Ausgezeichnet durch seine Schnellwüchsigkeit u. seine überhängenden Zweige, findet man ihn als Park- u. Alleebaum, der frühblühend (März, April) großen Anreiz auf die Bienen ausübt. Blüte grünlich bis rötlich in

Büscheln, lange vor dem Blattaustrieb. A. s. ist frosthart, bevorzugt Bodenfeuchtigkeit u. Licht u. ist auch für genügend feuchte Sandböden geeignet. Sowohl Nektar- als auch Pollenspender (blaßgelbe Pollenhöschenfarbe), Honigtauerzeuger.

Acherontia atropos → Totenkopfschwärmer.

Achroea grisella → Wachsmotte.

Achromobacter eurydice. Begleiterreger bei Gutartiger Faulbrut ↗. Zartes, schlankes, unbewegliches, grampositives bis gramlabiles Bakterium, gut auf einfachen Nährböden wachsend. Empfindlich gegen Penizillin, Streptomyzin u. Terramyzin.

Äcker: A. Unkräuter: Die Zahl der Getreidewildkräuter ist außerordentl. groß, doch haben nur wenige für die Bienenzucht Bedeutung. Der Windenknöterich (*Polygonum convolvulus* L.) wird wahrscheinl. nur bei bes. günstigem Wetter etwas stärker von Bienen beflogen. Auch wurden an der Ackerdistel (*Cirsium arvense* Scop.) nach Berner u. Ewert niemals Bienen beobachtet. So sind nach Zander u. Berner als Zwischenpflanzen des Getreides nur die Kornblume (*Centaurea cyanus* ↗), der Hederich (*Raphanus raphanistrum* ↗) u. der Ackersenf (*Sinapis arvensis* ↗) als Trachtpflanzen von Bedeutung. Hederich u. Ackersenf kommen vor allem im Sommergetreide vor. Der Honig von beiden ähnelt dem Rapshonig. Nicht ausschl., aber meist im Wintergetreide wächst die Kornblume. Die Trachtbedeutung aller drei Pflanzen war bis vor kurzem noch außerordentl. groß, ist aber durch die Bekämpfung der Ackerunkräuter mit chemischen Mitteln stark zurückgedrängt worden. – Nach dem Schnitt des Getreides können Stoppelunkräuter einen Beitrag zur Honigernte liefern. So sind in Österreich u. weiter öst. die Stoppelfelder mit *Stachys annua* L. (Ackerziest) bedeckt, das eine geschätzte Späternte liefert. Die Rote Taubnessel (*Lamium purpureum* L.) sieht man oft im Frühjahr vor der Bestellung. Um diese Zeit wird sie ziemlich stark von Bienen besucht u. findet daher als Anreiztracht Erwähnung (Zander u. Berner). – B. Ölfrüchte, Handelsgewächse u. Gewürzkräuter: Außer den Getreide-An gibt es bes. bei den Kreuz- u. Schmetterlingsblütlern (Cruciferae ↗ u. Leguminosae ↗) Pflanzen, die z. T. für die Bienen von Bedeutung sind. Bei den Ölfrüchten steht an erster Stelle der Raps ↗, der statistisch mit dem Rübsen erfaßt wird. Die Sonnenblume (*Helianthus annuus* ↗) wird in O- u. S-Europa viel zur Ölgewinnung angebaut u. spielt dort als Trachtpflanze eine erhebliche Rolle, während sie in M-Europa nur als Futterpflanze angebaut wird u. dadurch für die Bienen keine Bedeutung hat. Die Gruppe der Handelsgewächse umfaßt u. a. Flachs, Hopfen, Tabak-, Mohn-, Heil- u. Gewürzpflanzen. Der Schlafmohn (*Papaver somniferum*) spielt als Trachtpflanze in M-Europa keine Rolle, wird jedoch in S- u. O-Europa bes. zur Samengewinnung u. in der Türkei, Kleinasien, Persien u. Indien zur Opiumgewinnung angebaut. Sein Pollen übt auf die Bienen eine große Anziehungskraft aus. Er liefert jedoch keinen Nektar. Der Trachtwert der Blüten des Flachses (*Linum usitatissimum* L.), der im Juni/Juli von den Bienen besucht wird, ist nach Zander u. Berner für die Bundesrepublik Deutschland geringer als der des Rapses. Je nach Anbauart u. dichterer od. dünnerer Aussaat werden entweder die Flachsfasern od. der ölhaltige Samen gewonnen. Früher eine sehr wichtige Kulturpflanze, hat er durch die Konkurrenz von ausländischem Flachs, Baumwolle u. Chemiefasern an Bedeutung verloren. – Tabak (Blüte Juli bis September), vor allem von der A *Nicotiana rustica* L., der vorrangig in Privatgärten von Rauchern angebaut wird, wird gern von den Bienen beflogen. Nach Zander u. Berner scheinen einige Kulturen des Tabaks bienengünstiger zu sein als andere. – Von einwandfreiem Trachtwert sind viele Gewürz- u. Heilkräuter, so u. a. Bohnenkraut, Fenchel, Majoran, Pfefferminze, Thymian. Der Majoran in der Aschersleben Gegend liefert nicht selten eine Spähonigernte, ebenso ist aus dem Leipziger Gebiet Fenchelhonig und aus der Magdeburger Umgebung Zwie-

An einer Blüte saugende Honigbiene zeigt die deutliche Gliederung des Insektenkörpers in Kopf (Caput), Brust (Thorax) und Hinterleib (Abdomen)

Tabakpflanze

belhonig bekannt. – C. Hülsenfrüchte u. Feldgemüse: Nach ZANDER u. BERNER kommen in M-Europa vor allem die drei Wicken-An Saatwicke (Vicia sativa), Zottel- od. Sandwicke (*Vicia villosa* ↗) u. Pferde- od. Sautohne (*Vicia faba* ↗) als Bienenweide in Betracht. Auch die an den Nebenblättern befindlichen extrafloralen Nektarien werden von den Bienen genutzt. Alle Wicken-An scheinen eine erregende Wirkung auf die Bienen auszuüben, wovon ihre Stechlust während der Blütezeit Zeugnis ablegt. Auf Erbsen (*Pisam sativum* L.) u. Bohnen (*Phaseolus vulgaris* L.) wird nach ZANDER u. BERNER für Deutschland gelegentlich ein Beflug vorgenommen, doch scheinen das Ausnahmen zu sein, während die Feuerbohne (*Phaseolus cocci neas*↗) von den Bienen eifrig besucht wird. Letztere findet man jedoch vornehmlich nur in Hausgärten. – Die meisten feldmäßig angebauten Gemüse liefern den Bienen wenig Nahrung, aber Spargel u. Zwiebeln befanden sich nach ZANDER in der Bundesrepublik Deutschland darunter. – D. Futter- u. Gründüngungspflanzen: Neben dem Wiesenwuchs spielt auch der Anbau von Futterpflanzen wie Klee u. Kleegras, Luzerne usw. eine gewichtige Rolle. Über die Trachtbedeutung dieser Flächen könnte man jedoch nur dann eindeutig eine Aussage treffen, wenn man wüßte, welchen Anteil die bienengünstigen Klee-An wie Weißklee (*Trifolium repens* ↗), Schwedenklee (*T. hybridum* ↗), Hornschotenklee (*Lotus corniculatus* ↗), Gelbklee (*Medicago lupulina* ↗), Inkarnatklee (*T. incarnatum* ↗) usw. an der Gesamtmenge im Verhältnis zu den anderen Futterpflanzen haben. Auch ist entscheidend, wann der Klee geschnitten wird, bei Beginn der Blüte od. etwas danach. Die Esparsette (*Onobrychis viciifolia* ↗), die zu den besten Bienengewächsen (ZANDER) gehört, nicht nur wegen der reichl. Nektarproduktion der Blüten, sondern auch durch die späte Ernte bei vollentfalteter Blüte, wird immer mehr durch die Luzerne verdrängt. Ihr Anbau in M-Europa beschränkt sich fast nur noch auf trockene, kalkhaltige, flachgründige Lage, wo die Luzerne sich schlecht entwickeln kann. – Eine bes. Stellung unter den Futterpflanzen nimmt der Ölrettich (*Raphanus sativus* var. *oleiformis* PERS.) ein. Seine kurze Vegetationsperiode ermöglicht einen zweimaligen Anbau im selben Jahr auf dem selben Feld, u. sein relativ später Schnitt ist für die Bienenzucht von Bedeutung. Nach ZANDER u. BERNER werden auch die versch. An der angebauten Komfreyblüten (*Symphytum*), Blütezeit Juni bis August, deren Nektar den Bienen erst durch die Bißlöcher der Hummeln zugängig wird, recht lebhaft genutzt. Die genannten Pflanzen sind natürl. erst vollwertige Bienenpflanzen, wenn sie zur Samengewinnung angebaut werden.

Ackerbohne → *Vicia faba* → Leguminosae.

Acker-Hahnenfuß, *Ranunculus arvensis* → Ranunculaceae.

Acker-Hornkraut → *Cerastium arvense.*

Acker-Kratzdistel, *Circium arvense* → Compositae.

Ackerminze, *Mentha arvensis* → Labiatae.

Ackersenf → *Sinapis arvensis* → Cruciferae.

Ackerziest, *Stachys annua* → Labiatae.

Adultizid. Insektizide ↗, die vornehmlich auf die ad. Stadien der zu bekämpfenden Insekten wirken.

adynamische Phase. In der Vergiftungsphänologie ↗ Stadium der Bewegungslosigkeit bis zum Eintritt des Todes.

Aerodynamik → Flugdynamik.

Aerosol. Fein verteiltes System fester od. flüssiger Teilchen in einem gasförmigen Medium (Teilchengrößen unter 5 µm). Pflanzenschutzmittel zur Anwendung unter Glas u. Plasten. Desinfektionsmittel zur Stalldesinfektion u. auch bestimmte Arzneimittel werden oft als A.e formuliert.

Aerosprühmittel. Sprühmittel, die unverdünnt durch Luftfahrzeuge im Sprühverfahren ausgebracht werden.

Aesculus x carnea HAYNE (*A. hippocastanum* ↗ x *A. pavia* ↗), Rotblühende Roßkastanie. A. der G *Aesculus* der F der Hippocastanaceae ↗. Bis 12 m hoher Park u. Straßenbaum.

Kastanienbäume werden bei freiem Stand besonders groß.

Nektarmessung in den Blüten:

Pflanzenname botanisch	*Pflanzenname deutsch*	*Nektarmenge je Blüte in 24 h (mg)*	*Zuckerkonzentration des Nektars (%)*	*Zuckerwert je Blüte in 24 h (mg)*
Aesculus × carnea	Rotblühende Roßkastanie	6,4	42,5	2,0
Aesculus hippocastanum	Gemeine Roßkastanie	1,0–5,0	55,0–75,0	0,7–3,0

Rotblühende Kastanie

Aesculus hippocastanum L., Gemeine Roßkastanie. A der G *Aesculus* der F der Hippocastanaceae ↗. In den Gebirgen N-Griechenlands, Albaniens, Bulgariens Wälder bildend. Seit dem 16. Jh. in Kultur. Als Allee- u. Zierbaum in M-Europa weit verbr. Der bis 30 m hohe Baum erreicht seine Blühreife mit 10–15 Jahren u. ein Alter von 200 Jahren. Blüht Anfang Mai. Weißer, kerzenartiger Blütenstand bis 30 cm. Anspruchslos. Nektar-, Pollen- u. Kittharzspender. Das Nektarium liegt als unregelmäßiger, oben gestutzter Höcker im hinteren Blütenteil, zw. Kron- u. Staubblättern, sondert aber trotz seiner Ergiebigkeit weniger hochkonzentrierten Nektar ab als z. B. *A. pavia* ↗.

Aesculus pavia L., Rote Roßkastanie. A der G *Aesculus* der F der Hippocastanaceae ↗. In den öst. USA von Virginia bis Arkansas an Flußufern beheimatet. Als Ziergehölz in Park- u. Grünanlagen angepflanzt.

Afrikanische Bienen → Apidae.

Afrikanische Rassen der Westlichen Honigbiene. Wie die Karte der natürl. Verbr. der vier An der G *Apis* zeigt, umfaßt Afrika rund zwei Drittel des natürl. Verbr.-Gebietes der We. Honigbiene. In seiner neuesten Darstellung faßt Dietz (1982) zusammen, daß Ruttner (1975) drei Hauptgruppen morphometrisch charakterisieren konnte, die zwölf Rassen enthalten. Zur NW-afrikan. Gruppe gehört *Apis mellifera intermissa* (Buttel-Reepen, 1906), *Apis mellifera sahariensis* (Baldensperger, 1924) u. *Apis mellifera major* (Ruttner, 1975). Die NO-afrikan. Gruppe (Ägypten u. Sudan) besteht aus *Apis mellifera lamarckii* u. *Apis mellifera nubica* (Ruttner, 1975) als neuer geographischer Form. Die Zentral- u. S-afrikan. Gruppe enthält die größte Anzahl von Rassen: *Apis mellifera adansonii* (Latreille, 1804) ist davon am besten bekannt, hinzu kommen *Apis mellifera scutellata* (Lepeletier, 1836), *Apis mellifera littorea* (Smith, 1961), *Apis mellifera monticola* (Smith, 1961), *Apis mellifera unicolor* (Latreille, 1804), *Apis mellifera jementica* (Ruttner, 1975). – Die südafrikan. Kapbiene (*Apis mellifera capensis* Escholtz) ist deutl. von allen anderen Rassen versch., da die Arbeiterinnen meist sehr viele Ovariolen u. recht häufig eine wohlausgebildete Samenblase besitzen. Nach Ruttner (1977) besteht die Gefahr, daß die klassische Kapbiene infolge ihrer geringen Koloniezahl (1977 geschätzte Zahl etwa 20000) u. durch die zunehmende Wanderaktivität der Imker allmähl. verschwindet. Die Kapbiene wird dadurch zu einer Art von «parasitischer Biene», weil Arbeiterinnen in Nester von *Apis mellifera adansonii* eindringen können. Sie werden dann infolge der Produktion von Königinnensubstanz (chromatographisch nachgewiesen von Ruttner u. Königer, 1976) wie Weiseln behandelt, es bildet sich um sie herum ein kleiner Hofstaat. Die von diesen «Pseudo-Weiseln» gelegten Eier sollen sich zumeist zu Arbeiterinnen entwickeln. Tatsächlich besteht nach Ruttner (1976) bei allen Rassen von *Apis mellifera* die Tendenz zum Vorkommen diploider Parthenogenese, der sog. Thelytokie. Bei den Arbeiterinnen der europ. Rassen sind 2 % der von ihnen gelegten Eier diploid, entwickeln sich also zu Arbeiterinnen. Warum sich bei Inzucht von *Apis mellifera capensis* die Thelytokie bei Arbeiterinnen erhöht u. der diploide Nachwuchs großenteils über Spermatheken verfügt, bedarf noch näherer Untersuchung. – Als weitere afrikan. Rasse wird *Apis mellifera nigritarum* (Lepeletier, 1836) genannt. Die Variationsbreite der a.n R. d. W. H. ist beachtl., wir finden hier sowohl die kleinsten u. die größten als auch die hellsten u. dunkelsten bekannten Bienen. Außerdem sind sie nach Ruttner (1975) die einzigen Formen, die gut an die klimatischen Bedingungen des tropischen Afrika angepaßt sind.

Afrikanisierte Bienen. 1956 wurden eine Wiesel der afrikan. *Apis mellifera scutellata* aus Tanganjika sowie weiterhin 48 südafrikanische Weiseln aus Pretoria u. Johannisburg nach Brasilien als neues Zuchtmaterial eingeführt. Man hoffte mit diesen bes. an die tropischen Bedingungen Afrikas angepaßten Bienen die Honigernte zu verbessern. Als ein Jahr später 26 Bienenschwärme mit in Afrika begatteten Weiseln der Quarantäne bei Rio Claro, São Paulo, entkamen, begann die bisher dramatischste Folgerung auf die vom Menschen verursachten Veränderungen der rein altweltlichen natürl. Verbr. der Westlichen Honigbiene ↗: In Brasilien hielt man bis zu diesem Zeitpunkt die europ. Rassen *Apis mellifera mellifera* u. *Apis mellifera ligustica*. Durch Kreuzungen zw. afrikan. u. den seit langem etablierten europ. Bienenrassen entstanden Hybriden mit sowohl morphologisch als auch verhaltensmäßig intermediären Eigenschaften. Infolge natürl. Selektion – bessere Anpassung an die klimatischen Bedingungen u. tropischen bzw. subtropischen Trachtverhältnisse – entstanden intermediäre Formen, in denen jedoch nicht, wie man angenommen hatte, bevorzugt afrikan. Merkmale zur Ausprägung gekommen waren. Die dann in der vierten od. fünften Folgegeneration dominant hervorgetretenen afrikan. Züge dieser Hybriden sind eine Folge natürl. Selektion. Man kann sie trotz großer Variabilität in Färbung u. Verhalten mit Recht als eigene Form, «Afrikanisierte» od. auch «Brasilianische» Honigbienen, bezeichnen. Sie haben inzwischen vielfach die europ. Bienen öst. der Anden verdrängt u. breiten sich mit einer Geschwindigkeit von 250–400 km/Jahr aus. TAYLOR (1977) hat geschätzt, daß sie etwa in 13–20 Jahren über M-Amerika die USA erreicht haben würden. Indes sind bereits verschiedentl. (z. B. 1984 im Hafen von New Orleans) Kleinschwärme in der Takelage von Schiffen passiv auf dem Seewege über die Karibik u. den Golf von Mexiko nach den USA verfrachtet worden. Man sieht darin trotz positiver Eigenschaften der Hybridbienen (bessere Honigproduktion unter tropischen Bedingungen als bei europ. Rassen; früher beginnende u. länger anhaltende Trachttätigkeit, die auch bei ungünstigen Wetterbedingungen anhält; rascheres Einstellen auf Änderungen in der Nektarproduktion, deshalb auch Ausnutzung örtl. od. zeitl. begrenzter Trachtverhältnisse) eine Gefahr für die etablierte Bienenzucht u. hat Alarmpläne ausgearbeitet. Obwohl die a.n B. in der Honigproduktion klar überlegen sind (zweimal soviel wie die Italienische Biene *Apis mellifera ligustica*, nahezu viermal soviel wie die Dunkle Biene *Apis mellifera mellifera*), haben sie auch unerwünschte Eigenschaften. Letztere liegen vor allem in ihrer hohen Aggressivität begründet, weswegen sie auch als «Mörderbienen» od. «Killerbees» bezeichnet werden. Dies schreckt vor allem kleinere Imker ab; Imkern ist im Gegensatz zu sanften Rassen nur mit guter Schutzkleidung möglich. Auch Herstellung u. Versand von «Paketbienen» sind außerordentl. erschwert. Der Genfluß afrikan. Merkmale u. Eigenschaften in die vorhandenen Populationen erfolgt außerordentl. rasch, wofür versch. Faktoren verantwortl. sein dürften: 1) Die Hybriddrohnen schwärmen tageszeitl. früher, so daß rein statistisch die Wahrscheinlichkeit einer Paarung mit solchen ♂♂ erhöht ist. 2) Hybridbienen ziehen mehr Drohnen als europ. Rassen auf. 3) Hybridbienen ziehen auch mehr Jungweiseln nach – wie immer verläßt die alte Weisel mit einem Schwarm den Stock. Aber bei der hohen Nachzuchtrate fallen auch Minischwärme an, die oft nur aus 1 ♀ u. 20–30 ☿☿ bestehen. Solche Kleinschwärme setzen sich oft unter Beuten von Bienenvölkern an u. nutzen die Zeit unmittelbar nach Auszug der alten Weisel mit einem Schwarm zum Eindringen in die Beute. Da die Jungweisel unmittelbar nach dem Schlüpfen noch nicht in der Legephase ist u. wohl noch nicht genügend Königinnensubstanz ↗ produziert, dürfte die Hybridkönigin attraktiver sein. – Zwar sind Kämpfe od. Töten der Jungweisel noch nicht beobachtet worden, doch darf man vermuten, daß infolge eines «indirekten Sozialparasitismus» ein Verdrängungseffekt vorliegt. – Außerordentl. wichtig sind Methoden zur raschen Identifikation a.r B. Während die morphometrische Diskriminierungsanalyse der Bienenrassen außerordentl. zeitaufwendig ist u. viele Individuen erfordert, ist die chemische Identifikation der a.n B. auf Grund von Allozymen u. epicutilären Substanzen vor allem mit gaschromatographischen Methoden selbst an Einzelindividuen sehr rasch möglich (RINDERER, BOLTEN).

Afterdrohnen → Afterweisel.

Afterskorpion, bes. Bücherskorpion *(Chelifer cancroides).* O der Arachnoidea (Spinnentiere), nützlicher Mitbewohner ↗ in der Bienenbeute. Ca. 6 mm groß, mit mächtigen Scheren am zweiten Mundgliedmaßenpaar, kein schwanzförmiger Hinterleibsanhang wie bei echten Skorpionen. A. ernährt sich in der Bienenbeute von jungen Wachsmottenlarven, Bienenläusen u. Gemüllmilben.

Afterweisel, Afterdrohne, Drohnenmütterchen. Eierlegende Arbeitsbiene, die sich äußerl. kaum von den gewöhnl. Arbeitsbienen unterscheidet. A. legt unbefruchtete Eier, aus denen sich Drohnen entwickeln, oft mehrere Eier in einer Zelle, Buckelbrut ↗. Arbeiterinnen werden zu A.n, wenn bei Verlust der Weisel keine nachgezogen werden kann. Bienenvolk muß aufgelöst werden.

Agargelpräzipitation → chronische Paralyse → *Bacillus larvae* WHITE.

Agavaceae, Agavengewächse. Die F umfaßt 18 Gn mit ca. 560 An. Vorwiegend in den ariden Gebieten der Tropen u. Subtropen verbr. Vor allem Pflanzen mit dicken, z. T. sukkulenten Laubblattrosetten u. oft meterhohen, terminalen Blütenständen mit meist zahlreichen Blüten. Die G *Agave* mit 300 An ist von den mittl. Staaten der USA bis in die nö. Gebiete S-Amerikas verbr. *Agave americana* L., die als Zierpflanze in allen tropischen u. subtropischen Gebieten zu finden ist u. auch eine Charakterpflanze des Mittelmeergebietes darstellt, wird neben der Sisal-Agave (*Agave sisalana* PERRINE) – vorwiegend auf den Bahamas, den Westindischen Inseln, in Brasilien, O- u. W-Afrika; neuerdings auch im Mittelmeerraum in Kultur – als ausgiebige Nektarquelle angegeben. Sie zählen neben anderen *Agave*-An, u. a. in Mexiko, Israel, den USA (Kalifornien, Arizona) zu den guten Trachtpflanzen, die eine Honigernte bis zu 45 kg je Volk liefern können.

Agaven, *Agave* → Agavaceae.

Agavengewächse → Agavaceae.

Ahnenfolge. Bienenzüchterischer Begriff für die Anzahl der nachweislich gekörten Generationen der erstmalig erfolgten Körung ↗ der mütterlichen Vorfahren einer Weisel. Wird in den Körunterlagen, wie Abstammungsnachweis ↗, Körbericht ↗ u. Körschein, im allgemeinen zusammen mit der Zuchtfolge ↗ angegeben. Z. B. bedeutet Ahnenfolge/Zuchtfolge 8/V, daß das Bienenvolk in der achten Generation gekört ist u. beim letzten Züchter in der fünften Generation gekört wurde.

Ahorngewächse → Aceraceae.

Ährige Rapunzel → *Phyteuma spicatum.*

Ähriger Ehrenpreis → *Veronica spicata* → Scrophulariaceae.

Ährige Teufelskralle → *Phyteuma spicatum.*

Ailanthus altissima SWINGLE, Götterbaum. A der G *Ailanthus* der F der Simaroubaceae ↗. China, in M-Europa kultiviert; dort u. a. in Park- u. Grünanlagen vorkommend. Da er gegenüber Rauchschäden sehr widerstandsfähig ist, eignet er sich vorzüglich zur Anpflanzung in Industriezentren. Blüht im Juni, Juli. Ist i. d. R. zweihäusig, hat zuweilen auch zwittrige Blüten

– zehn anstatt nur zwei bis drei Staubblätter enthaltend –, die grünlichweiß (-gelb) sind. Sie befinden sich in 10–20 cm großen, endständigen Rispen, die Einzelblüten sind etwa 6 mm groß. Das Nektarium liegt als ringförmiger, zehnlappiger Wulst am Grunde des Fruchtknotens; außerflorale Nektarien sitzen zusätzl. an der US von Öhrchen am Grunde der Fiederblättchen. Letztere werden jedoch von den Bienen kaum, dafür aber von den Ameisen beachtet. A. a. liefert den Bienen Nektar u. Pollen (Pollenhöschenfarbe gelbrötlich). In der Schweiz u. in anderen europ. Ländern liegt durch die geringe Verbr. der Anteil von A. a.-Höschen unter 1 %, u. die A. a.-Befunde im Honig sind hauptsächl. auf Stadtgebiete beschränkt. In London, Zürich, Heidelberg wurden Honige mit stärkerem A. a.-Anteil (Leit- od. Begleitpollen) gefunden. Sie haben im flüssigen Zustand eine grünlichbraune Farbe, kristallisieren erst nach einigen Monaten. Nach längerer Lagerung verschwindet ein an Holunderblüten erinnerndes Aroma, u. der A. a.-Honig wird genießbar (MAURIZIO u. GRAFL).

Akarizide. Pflanzenschutz- u. Schädlingsbekämpfungsmittel ↗ zur Bekämpfung von Milben; verwendet im Pflanzenschutz u. in der Veterinärmedizin.

Akarizidresistenz. Resistenz ↗ gegenüber Akariziden ↗, entsteht bei Milben infolge der kurzen Entwicklungszyklen sehr häufig.

Akazie → Klebrige Akazie → Scheinakazie → Falsche Akazie → Robinie → Leguminosae.

Akelei-Wiesenraute → *Thalictrum aquilegifolium* → Ranunculaceae.

Akkumulation. Anreicherung eines od. mehrerer Wirkstoffe ↗ im Boden od. in pflanzl. u. tierischen Organismen. Kann durch langjährige Anwendung von Pflanzenschutzmitteln ↗ od. durch stetige Aufnahme von kontaminierter Nahrung erfolgen. – Infolge von Nahrungsketten ↗ kann es zu Anreicherungen von Rückständen in Organismen kommen, die nicht direkt mit Pflanzenschutzmitteln in Berührung kommen, z. B. kann Bienenbrut über kontaminierten Honig od. Pollen vergiftet werden.

Aktionsradius → Flugdauer.

akute Paralyse. Durch ein kugelförmiges, isometrisches RNA-Virus mit 30 nm Durchmesser – das *Acute Bee Paralysis* Virus (ABPV) – hervorgerufen. Serologisch deutl. von dem der chronischen Paralyse ↗ zu differenzieren, konnte auch in Fettkörperzellen sowie in Thoraxdrüsen u. Pollenladungen von Pollensammlern, jedoch nicht in Pflanzenpollen nachgewiesen werden. Infizierte Bienen sterben schon nach 3–4 Tagen, manchmal ohne Krankheitserscheinungen. Der Krankheitsverlauf ist also schneller als bei chronischer Paralyse. Das Virus der a. P. wirkt wahrscheinl. erst tödlich, wenn einige Viren in die Haemolymphe ↗ der Bienen gelangen u. eine Vermehrung in den Organen stattfindet, die lebenswichtig für die Bienen sind. Das Virus wird vermutlich über Speichelsekret, Nahrung u. Pollen weitergegeben. Es konnte auch bei Hummeln nachgewiesen werden, ohne aber offensichtl. Krankheitserscheinungen zu verursachen. Das Virus der a. P. kommt nicht gemeinsam mit *Nosema apis* ↗ vor. Es wurde jedoch in toten Bienen aus Bienenvölkern nachgewiesen, die mit *Varroa jacobsoni* ↗ infiziert waren u. z. T. daran zugrunde gegangen sind. Varroamilben vermögen auch dieses Virus zu übertragen, wenn sie zur Aufnahme von Haemolymphe die Körperwand der Bienen durchstechen. Beweise für eine solche Beziehung zur Tracheenmilbe *Acarapis woodi* ↗ gibt es nicht.

akute Toxizität. Giftwirkung einer Substanz nach einmaliger Verabreichung. Als vergleichbare Werte werden meist die LD_{50} ↗ an bestimmten Testtieren, wie Laborratten, festgestellt. Zur Beurteilung der Giftwirkung von Pflanzenschutzmitteln ↗ Ermittlung dieser Werte auch an Bienen.

Alarmsystem → Nahrungssuche.

Albertiblätterstock. Ursprüngl. für die halbe Normalmaß-Hochwabe konstruierte Blätterbeute ↗. Später hat der A. als Breitwabenblätterstock im Normalmaß mit zehn Waben im allseitig doppelwandigen Brutraum u. 14 Waben im seitl. einfachwandigen Honigraum weite Verbr. gefunden. Die Abstandregulierung der Rähmchen erfolgt durch je zwei Abstandrechen ↗ an der Vorderwand der Räume u. an den Fenstern.

Albertizange. Spez. für das Arbeiten in Blätterbeuten ↗ bestimmtes Werkzeug. Mit der A. werden die Waben an der oberen Ecke gefaßt u. aus der Beute herausgezogen (Rähmchenzieher).

Algiermalve, *Malva sylvestris* → Malvaceae.

Alkaloide. Pflanzenbasen, in versch. Teilen zahlreicher Pflanzen vorkommend. Meist stark giftig. Können über den Nektar bei Bienen zu Honigtauintoxikation ↗ führen.

Alkohol zum Beweiseln → Zusetzen von Weiseln.

allatotropes Hormon → Insektenhormone.

Alleen → Gehölze als Bienenweide.

Allel. Mutativ entstandene Zustandsform eines Gens ↗; Erbfaktorenpaarling, der zur unterschiedl. Ausprägung eines Merkmals u. damit zum verschiedenartigen Merkmalspaar führt. Die Gene sind im Chromosom ↗ linear angeordnet, jedes an einer bestimmten Stelle, dem Genort (Locus). Sein A. («Gegen-Gen») befindet sich am gleichen Genort des homologen Gens.

Allergie → Bienengift.

Allermannsharnisch → *Allium victorialis* → Liliaceae.

Allium caeruleum PALL. A der G *Allium* der F der Liliaceae ↗. Vorwiegend im asiat. Teil der Sowjetunion beheimatet. In Gärten als Zierpflanze. Blüht Juni/Juli. Himmelblaue Blüten. Nektar- u. Pollenspender.

Allium ursinum L., Bärenlauch. A der G *Allium* der F der Liliaceae ↗. Europa u. Sibirien bis Kamtschatka. In lichten Laubwäldern u. Auenwäldern größere Bestände bildend, auch in feuchten Parkanlagen zu finden. Ausdauernd. Blüht im Mai. Weiße Blüten in Scheindolden. Nektar- u. Pollenspender (Pollenhöschenfarbe gelblich). Die Pollenproduktion der A. u.-Blüten wird mit 0,4 mg angegeben, die Pollendarbietung erfolgt über den ganzen Tag (7–17 Uhr) mit einem Maximum in den Mittagsstunden (11–14 Uhr); nach MAURIZIO u. GRAFL.

Allium victorialis L., Allermannsharnisch. A der G *Allium* der F der Liliaceae ↗. Europ.-asiat. Gebirge (Altai, China), N-Amerika. Truppweise in Krummholz, Hochstaudenfluren, Magerrasen, in warmen Zwergstrauchheiden über Kalk u. Silikat; von 1900–2600 m ü. NN vorkommend. Zierpflanze in Gärten. Die bis 70 cm große Staude blüht je nach Standort Juni bis August. Rötliche Blüten, kugeliger Blütenstand. Nektar- u. Pollenspender.

Almenrausch → *Rhododendron hirsutum* → Ericaceae.

Almrausch → *Rhododendron hirsutum* → Ericaceae.

Alnus glutinosa (L.) GAERTN., Schwarzerle. A der G *Alnus* der F der Betulaceae ↗. Europa bis Kaukasus, Sibirien (Sowjetunion), auch in N-Afrika. Weit verbr., zeichnet sich in ökologischer Hinsicht vor allem durch die Besiedlung feuchter Niederungen, wie Ufer von Bächen u. Flüssen, sowie sumpfigen Stellen aus. Sie kommt bestandsbildend in den sog. Erlenbrüchen (z. B. norddeutsche Tiefebene) vor u. wird forstlich sowie bei Kippenbepflanzungen kultiviert. Ihre Blühreife liegt bei 12–15 Jahren, u. sie wird 100–120 Jahre alt. A. g. blüht im März, Anfang April. Die Blüten sind einhäusig. Die ♂♂ Kätzchen hängen zu mehreren vereint an den Enden kurzer Triebe, die ♀♀ stehen ± aufrecht. Die Einzelblüten stehen in Trugdöldchen (je drei in den ♂♂, je zwei in den ♀♀ Kätzchen). Da die Blüten bereits im Frühsommer des vergangenen Jahres angelegt sind, kann die Blütezeit sogar schon im Februar eintreten. A. g. liebt nährstoffreiche, aber kalkarme Böden u. liefert den Bienen bräunlichgelben Pollen u. Honigtau.

Alnus incana (L.) MOENCH, Grauerle, Weißerle. A der G *Alnus* der F Betulaceae ↗. N-Amerika, in Europa bis Kaukasus. In den Auenwäldern entlang von Flußläufen u. Bächen; oft künstl. zur Befestigung von Flußufern angepflanzt. Hat sich auch als Pioniergehölz zur Kippenbegrünung, als Windschutzgehölz u. zur Dünenbepflanzung bewährt. Unempfindlich gegen Luftverunreinigung. Der 10–20 m hohe Baum hat seine Blühreife mit 15 Jahren, wird jedoch kaum älter als 40–50 Jahre. Da die Blüten wie bei der Schwarzerle ↗ schon im Frühsommer des vorhergehenden Jahres angelegt sind, kann die Blütezeit – lange bevor das Laub hervorgebracht wird – schon im Februar eintreten, aber meist Anfang März, April, je nach Witterung. Die Blüten sind einhäusig u. windblütig. ♂♂ Blüten in hängenden Kätzchen. A. i. ist kalkliebend u. lichtbedürftig, kann jedoch auf trockenem, tonigem Kies- u. Schotterboden wachsen; verträgt keine stehende Nässe. Pollen- u. Honigtaulieferant.

Alpenjohannisbeere → *Ribes alpinum* → Saxifragaceae.

«Alpenländische Bienenzeitung». Erschien erstmals im Januar 1912 als «Tiroler Bienenzeitung» unter dem Schriftleiter Ferdinand Koch, Schulleiter in Pfaffenhofen. Mit großen finanziellen Opfern konnte das Fachblatt über die Zeit nach dem ersten Weltkrieg u. die Inflation hinübergerettet werden. 1923 wurde die «Tiroler Bienenzeitung» in «Tiroler-Vorarlberger Bienenzeitung» umbenannt u. erhielt am 8. Dezember 1925 vom Imkerbund das Recht, den Titel «Fachorgan des Österreichischen Imkerbundes» zu tragen. 1930 wurde mit dem Zeitungsbezug die Haftpflicht-, Einbruch- u. Diebstahlversicherung verbunden, u. 1933 erwählte der Landesverband Salzburg diese Fachzeitschrift zu seinem Verbandsorgan. Sie führt daher seit Januar 1934 obengenannten Titel. Erscheint seit Januar 1959 im Leopold Stocker Verlag in Graz. Eigentümer u. Herausgeber ist der Landesverband für Bienenzüchter in Innsbruck (Tirol). Der Umfang beträgt mindestens 24 Seiten pro Heft und 11 Ausgaben in jedem Jahr. (Ein Doppelheft für die Monate August und September.)

Alpenseidelbast → *Daphne alpina* → Thymelaeaceae.

Alpensüßklee → *Hedysarum hedysaroides* → Leguminosae.

Alpenvergißmeinnicht → *Myosotis alpestris* → Boraginaceae.

Altwaben. Waben, die älter als drei Jahre od. so dunkel sind, daß die Umrisse einer dahintergehaltenen Hand im Gegenlicht nicht mehr deutl. zu erkennen sind. Die Zellen dieser Waben sind durch wiederholte Brutaufzucht mit einer Vielzahl von Nymphenhäuten ausgekleidet, zw. denen sich zur Mittelwand hin noch der Larvenkot befindet. In diesen ± verkleinerten Zellen aufwachsende Larven u. die sich daraus entwickelnden Bienen sind im Verhältnis kleiner als die aus wenig bebrüteten Waben. Außerdem können durch A. Krankheitserreger übertragen werden.

Amaryllidaceae, Amaryllisgewächse. Die F umfaßt etwa 65 Gn mit ca. 850 An. Vor allem in den Steppengebieten der Tropen u. Subtropen der Erde bis in die nö. gemäßigte Zone vorkommend. Kräuter mit wenigen od. zahlreichen, doldenartig angeordneten Blüten. Die G *Leucojum* mit 11 An (verbr. vom Mittelmeergebiet bis zum Iran) ist u. a. in M-Europa mit dem frühblühenden Märzenbecher (*Leucojum vernum* ↗) vertreten u. die G *Galanthus* mit 10 An (vor allem in Kleinasien u. dem Balkan, aber auch in M-Europa bis Frankreich, NO-Spanien u. Italien zu finden) mit dem Kleinen Schneeglöckchen (*Galanthus nivalis* ↗). Die Nektarsekretion ist bei den genannten Gn gering, so daß sie mehr als frühe Pollenspender für die Bienen in Frage kommen. *Galanthus-* u. *Leucojum*-Befunde sind nicht nur wegen der geringen Nektarsekretion, sondern sicherlich auch bedingt durch die frühe Blütezeit der An bisher nicht bekannt.

Amaryllisgewächse → Amaryllidaceae.

Ambrosius, Valerius Aurelius. Geb. 339 bei Trier, gest. 4. 4. 397. Studierte Jurisprudenz, wurde 370 als Statthalter von Oberitalien eingesetzt mit Sitz in Mailand. Am 7. 12. 374 zum Bischof von Mailand geweiht. War als kaiserlicher Beamter u. als Vertreter der Kirche gleichermaßen angesehen u. beliebt, galt durch seine Reden u. Schriften als bedeutender Kirchenlehrer. – Wird stets mit dem Bienenkorb als Attribut dargestellt. Dieser galt als Sinnbild der Gelehrsamkeit u. der Kraft des Wortes. Die Legende erzählt, daß ein Bienenschwarm sich auf das Gesicht des schlafenden Säuglings gesetzt habe u. später weitergeflogen sei, ohne das Kind zu stechen. Dies wurde als Vorzeichen

Ambrosius, Holzfigur. Höhe 70 cm. (mit Stab 78 cm). Herkunft Niederbayern.

für künftige Größe u. Beredsamkeit gedeutet. In der katholischen Kirche wird der 7. 12. (Weihe zum Bischof) als sein Namensfest gefeiert. Der Beiname Ambrosius deutet auf die Götterspeise Ambrosia hin, die man sich überwiegend aus Honig bestehend vorstellte. Seine gelehrten Reden wurden mit fließendem Honig verglichen. A. gilt als Schutzheiliger der Imker.

Ameise, bes. Kleine Gartenameise (*Tetramorium* spec.) u. Rote Waldameise (*Formica rufa*), Hautflügler. Staatenbildendes Insekt, Innenschädling ↗. – A. ist am Bienenstand lästig, beunruhigt als Honignäscher die Bienenvölker. Aber nützlich durch das Vertilgen von großen Mengen schädlicher Insekten. Massenhaftes Auftreten muß bekämpft werden.

Ameisensäure. Organische Säure, die in Konzentrationen über 85 % als Tierarzneimittel ↗ gegen Varroatose angewendet wird.

Amerikanische Linde → *Tilia americana.*

Amitraz. Wirkstoff, der sowohl in akariziden Pflanzenschutzmitteln ↗ als auch in Tierarzneimitteln ↗ gegen ektoparasitäre Milben in der Veterinärmedizin

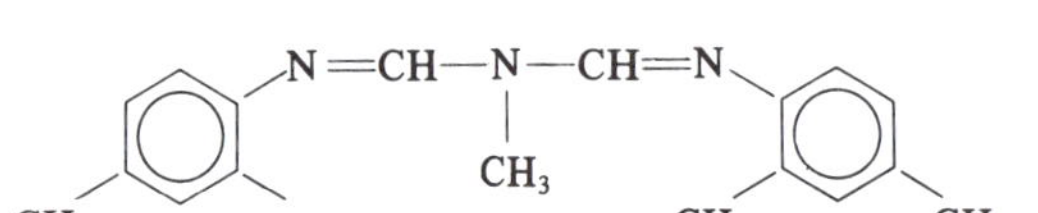

Amitraz. Chemische Bezeichnung 1,5-di-(2,4-Dimethylphenyl)-3-methyl-1,3,5-triazapenta-1.4-diene

Anwendung findet. A. wird z. B. in Präparaten zur Bekämpfung der Varroatose der Bienen eingesetzt, z. B. Varreszenz-Räucherstreifen, A.-Räucherstreifen u. Anti-Varroa-Schering.

Ammenbienen → Pflegevolk.

Amöbenkrankheit, Malpighamöbiose, Amöbenseuche. Weit verbr., ansteckende Erkrankung der ad. Bienen. Durch die in den Wandepithelien u. im Lumen der Malpighischen Gefäße ↗ (Harngefäße) parasitierende Amöbe *Malpighamoeba mellificae* ↗ hervorgerufen. Das Epithel der infizierten Harngefäße kann atrophieren, wird funktionsunfähig u. dadurch die Exkretionsleistung herabgesetzt. Die gegen Umwelteinflüsse ziemlich widerstandsfähigen Dauerzysten (reife Amöbenzysten) werden von den kranken Bienen mit dem Kot ausgeschieden u. von gesunden Bienen aufgenommen. Infizierte Bienenvölker brechen unter ruhrartigen Erscheinungen zusammen. Im Winter u. auch im zeitigen Frühjahr ist starker Totenfall festzustellen. An heißen u. trockenen Sommertagen findet man vor dem Flugloch u. vor dem Bienenstand flugunfähige, krabbelnde u. hüpfende Bienen (A.sverdächtig). Amöbeninfizierte Bienen setzen den Kot meist in gelblichen, dünnflüssigen u. kleinen, stecknadelkopfgroßen Spritzern in der Umgebung des Flugloches u. im Inneren der Bienenwohnung ab. Diese Spritzer laufen später zu gelben Flecken zusammen u. trocknen ein. Das Krankheitsbild der A. hat große Ähnlichkeit mit dem der Nosematose ↗, der Schwarzsucht ↗, u. dem von Vergiftungen. Gelegentl. tritt A. vergesellschaftet mit Nosematose auf. Bei diesen Mischinfektionen durch *Malpighamoeba mellificae* u. *Nosema apis* ↗ können schwere Völkerverluste eintreten. Im Vordergrund der Behandlung stehen bienenwirtschaftlich-imkerliche Maßnahmen ↗, z. B. Brutablegerbildung, da eine wirkungsvolle medikamentelle Behandlung

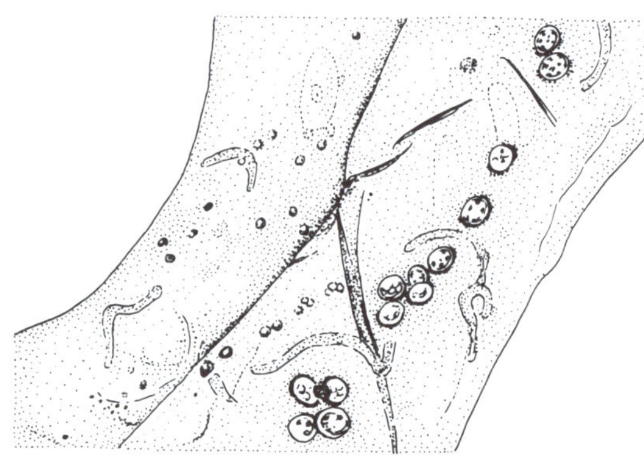

Dauerzysten in den Malpighischen Gefäßen. Nach Jordan

der A. bisher nicht bekannt ist. Mit amöbenzystenhaltigem Kot verunreinigte Futterwaben sind durch saubere Waben zu ersetzen. Bei infiziertem Wabenmaterial erfolgt Wabendesinfektion ↗ mit Essigsäure wie bei Nosematose. Bienenwohnungen u. Geräte werden wie bei Bösartiger Faulbrut ↗ gereinigt u. desinfiziert.

Amöbenseuche → Amöbenkrankheit.

Amöbenzyste → Amöbenkrankheit.

Amöboidkeim → *Nosema apis.*

Ampfer, *Rumex* → Polygonaceae.

Amurkorkbaum → *Phellodendron amurense.*

Anacardiaceae, Sumachgewächse. Die F umfaßt 79 Gn mit ca. 600 An, die hauptsächl. tropisch u. subtropisch verbr. sind. Diese Holzgewächse haben in rispenartigen Blütenständen angeordnete, zwittrige od.

eingeschlechtige Blüten mit z. T. zweihäusiger Verteilung beider Geschlechter. Als eine der wichtigsten Obstpflanzen, die in den Tropen zu den bedeutendsten zählt, aus S- u. SO-Asien stammt u. seit 4000 Jahren in Indien kultiviert wird, gehört in diese F der Mangobaum (*Mangifera indica* L.). Er wird auch in anderen tropischen Ländern genutzt. – Von den Bienen gern beflogen wird auch die sowohl in Asien u. in N-Amerika bis in gemäßigte Bereiche vordringende G *Rhus*, von der versch. An kultiviert u. genutzt werden. In Europa kultiviert wird z. B. der Essigbaum (*Rhus typhina* ↗). Nahe verwandt ist der Perückenstrauch (*Cotinus coggygria* ↗), an dem ebenfalls Bienenbeflug beobachtet wurde.

Analis → Flügeladerung.

Analytik. Im vorgegebenen Sinn chemische u. biologische Untersuchungen. Dazu gehören Nachweisverfahren für Rückstände von Pflanzenschutzmitteln ↗ in Pflanzen bzw. in Bienen, Bienenhonig u. Pollen; ebenso wie biologische Testverfahren zum Nachweis von toxischen Stoffen in Bienenprodukten bzw. in Substanzen, die als Bienennahrung Verwendung finden.

anaphylaktischer Schock → Bienengift.

Anästhesiephase. In der Vergiftungsphänologie ↗ Bezeichnung für das Stadium, in dem die Schreitbewegungen ungeordnet erfolgen u. die Adhäsionskraft der Tarsensensoren nachläßt. Bei Honigbienen wird das Vermögen, an den Beutenfenstern emporzulaufen, eingeschränkt.

Anatolische Biene, *Apis mellifera anatolica* → Rassen der Westlichen Honigbiene im Mittl. Orient.

Anbrüter → Aufzuchtverfahren.

Anemone nemorosa L., Buschwindröschen. A der G *Anemone* der F der Ranunculaceae ↗. In M-Europa in Laubwäldern, an Waldrändern, Gebüschen u. auf Wiesen zu finden. Ausdauernd. Blüht im Frühjahr ab Ende März/April. Blüten weiß. Oft in großen Beständen anzutreffen. Pollenspender.

Anerkennungsverfahren. Pflanzenschutzmittel ↗ u. Tierarzneimittel ↗ unterliegen in den meisten Ländern der staatlichen Zulassung, wobei Art u. Umfang der erforderlichen Prüfungen bis zur Zulassung gesetzlich geregelt sind. Für die Anerkennung von Pflanzenschutzmitteln gibt es Zulassungsausschüsse; für die Anerkennung u. Registrierung von Tierarzneimitteln werden in den meisten Ländern zentrale Gutachtergremien berufen.

Anflugklappe. Um den Bienen das Landen vor dem Flugloch ↗ zu erleichtern, sind an Beuten ↗, Ableger- ↗ u. Begattungskästen ↗ A.n angebracht. Sie können waagerecht od. leicht nach unten geneigt sein, sollen, um den anfliegenden Bienen die Orientierung zu erleichtern, in der Farbe der Beute (Beutenanstrich) gestrichen u. möglichst groß sein. An vielen Beuten ist die A. mittels Scharnieren befestigt u. dient gleichzeitig zum Verschließen der Fluglochnische bzw. des Wandervorsatzes.

Anlötbrett. Holz- od. Hartfaserplatte von 12 mm Stärke, etwas kleiner als die Innenmaße der jeweiligen Wabenrahmen, mit zwei untergenagelten Querleisten als Auflage für das Rähmchen (Einlöten der Mittelwände ↗).

Anlöten → Zuchtstoff.

Anpassungsfähigkeit der Bienen an Blütenformen → Blütenbau.

Anstecktisch. Die Bearbeitung der Bienenvölker in Hinterbehandlungsbeuten ↗ erfordert an der geöffneten Beute ↗ einen A., um die herabfallenden bzw. von den Waben sowie sonst abgefegten od. abgestoßenen Bienen aufzufangen u. wieder in die Beute zu leiten. Der A. besteht bei Beuten mit einer durchgehenden Tür aus einer Holzplatte mit Randleisten an drei Seiten u. bei Beuten mit einer an einer Kette od. sonst waagerecht gehaltenen, Brutraumklappe nur aus einer Verlängerung dieser Klappe u. ist ebenfalls mit Randleisten versehen.

Antennen, Fühler. Paarige Anhänge des Kopfes ↗

Anemone narcissiflora

Anemone ranunculoides

mit auffälligen Größenunterschieden zw. ♀♀ Bienenwesen u. Drohnen. Bereits während der Larvalentwicklung treten A.-Anlagen auf. Die A. der ad. Biene bestehen aus einem länglichen Schaftglied (Scapus), das

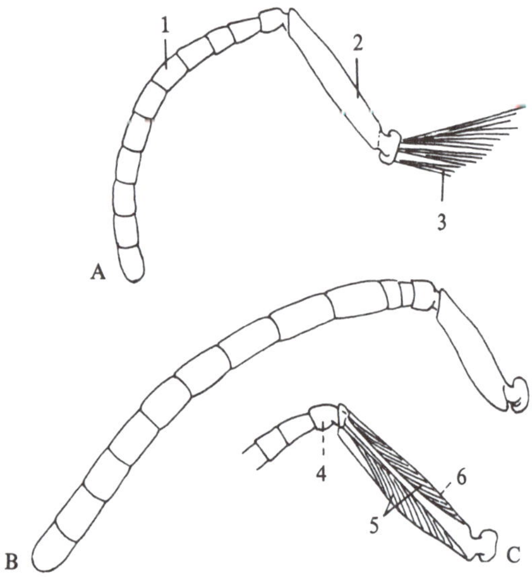

Antenne. A einer Arbeitsbiene; B eines Drohns; C proximaler Antennenabschnitt zur Darstellung der Muskulatur im Scapus, die am Pedicellus ansetzt. 1 Fühlergeißel, 4 Pedicellus, 2 Scapus, 3, 5, 6 Muskulatur. Nach SNODGRASS (1956)

mit einem knopfartigen Ende über eine Chitinmembran an der Kopfkapsel befestigt ist u. zwei Muskelzüge enthält. Sie dienen der Beweglichkeit des zweiten A.-Abschnittes, der bei den ♀♀ Tieren aus elf, bei den Drohnen aus zwölf einzelnen Gliedern besteht. Auf das erste dieser Glieder, das Wendeglied (Pedicellus), folgt die Fühlergeißel (Funiculus), die an ihrer

Der Kopf der Biene ist durch seinen Rüssel und die Sinnesorgane bestens für die Nektaraufnahme geeignet.

Oberfläche viele Sinnesorgane, insbes. Chemo ↗- u. Mechano ↗-Rezeptoren trägt. Im Wendeglied befindet sich außerdem das Johnstonsche Organ. Die Fühlergeißel zeichnet sich durch eine hohe Beweglichkeit nach allen Seiten aus.

Anthriscus cerefolium (L.) HOFFM. var. *Arichospermus* WIMM. et GRAB., Wiesenkerbel, Wilder Kerbel. A der G *Anthriscus* – umfaßt 13 An in Europa u. dem Orient – der F der Umbelliferae ↗. Im Mittelmeergebiet u. in Vorderasien beheimatet, in W- u. M-Europa, N-Afrika, O-Asien, Amerika u. Neuseeland kultiviert. Gehört zu den verbreitetsten Wiesenpflanzen M-Europas. An Wegrändern, Zäunen. Zweijährig bis ausdauernd. Blüht von April bis Juli. Weiße Blütendolden. Gedeiht bes. in tiefgründigen, relativ feuchten Wiesen bei starker Stickstoffdüngung (Gülle). Nektar- u. Pollenspender (Pollenhöschenfarbe gelblichweiß).

Anthyllis vulneraria L., Wundklee, Tannenklee. A der G *Anthyllis* der F der Leguminosae ↗. M- u. S-Europa, in zahlreichen Varietäten von den Dünen der Nord- u. Ostsee bis in die Kalkschutt- u. Rasenzonen der subalpinen u. alpinen Stufe (1500–2900 m ü. NN). Wild u. angesät zur Berasung von Schuttböden u. Rutschflächen. Ausdauernd. Blüht von Juni bis Juli, Anfang August. Gelbe Blüten in Köpfen. Auf trockenem, leichtem Boden, kalkliebend. Nektar- u. Pollenspender.

Antibiogramm → Heilmittelresistenztest.

Antihistaminica → Bienengift.

Antimykotikum, auch Fungizid. Pilztötendes Medikament, wirkt gegen Pilzkrankheiten, bei Bienen gegen die Hartbrut ↗.

Anwender. A. von Pflanzenschutzmitteln ↗ sind im juristischen Sinne alle Personen, die Pflanzenschutzmittel ausbringen bzw. auf ihren Nutzflächen Pflanzenschutzmaßnahmen auf Vertragsbasis durchführen lassen. A. können Werke, Einrichtungen u. Bürger sein, die auf land- u. forstwirtschaftlich, für den Gartenbau od. zu Erholungszwecken genutzten Flächen Pflanzenschutzmittel ausbringen. Die A. haften für alle Verletzungen von Rechtspflichten bei der Ausbringung von Pflanzenschutzmitteln nach den Bestimmungen der jeweiligen Zivilgesetzgebung. Das gilt auch für durch Pflanzenschutzmaßnahmen verursachte Bienenschäden. Die Pflicht zur Verhütung liegt primär beim A.

Anwendungsvorschrift. Die A. für Pflanzenschutzmittel ↗ wird vom Hersteller jeder Abfüllung beigegeben. Sie enthält die erforderlichen Angaben zur sicheren Anwendung des Mittels, wie z. B. Anwendungskonzentration, Menge/Fläche, Wirksamkeit gegen bestimmte Schaderreger, Nebenwirkungen gegenüber Nützlingen, wie z. B. Bienen, Hinweise zum Schutz des Anwenders ↗.

Anzeigepflicht → Meldepflicht.

Apamin → Bienengift.

Apenninen-Sonnenröschen → *Helianthemum apenninum* → Cistaceae.

Apfel → *Malus sylvestris* → Rosaceae.

Apidae. F der Echten Bienen mit 3 UFn: Euglossinae (Prachtbienen, tropische solitäre Bienen), Bombinae ↗ (Hummeln u. Schmarotzerhummeln), Apinae (Honigbienen mit dem Tribus Meliponini = Stachellose Bienen ↗ u. dem Tribus Apini = Eigentliche Ho-

Honigbienen auf der Wabe. Drohnen- und Arbeiterinnenbrut.

nigbienen der G *Apis*). In der erst 1984 von E. CRANE zusammengestellten Karte ist die natürl. Weltverbr. der vier An der Eigentlichen Honigbienen (Apini) dargestellt. In die «Neue Welt» (von S-, M- u. N-Europa) sowie nach Australien u. Neuseeland wurden Honigbienen der A *Apis mellifera* erst durch europ. Siedler eingeführt. In jüngerer Zeit sind koordiniert durch die GTZ (Deutsche Gesellschaft für Technische Zusammenarbeit) in zahlreichen Ländern der Welt, vor allem in Entwicklungsländern, der sog. Dritten Welt, Entwicklungshilfeprogramme zur Förderung od. auch Ersteinfuhr von Honigbienen der A *Apis mellifera* angelaufen. Eine relativ aktuelle Zusammenstellung aller technischen Entwicklungsprogramme auf dem Gebiet der Bienenzucht haben DRESCHER u. CRANE (1982) zusammengestellt. Wegen der zumeist gegebenen Überlegenheit u. verfahrenstechnisch am besten bekannten We. Honigbiene werden vorzugsweise die vier Rassen von *Apis mellifera* verbr. bzw. gefördert. Die afrikan. Bienen (*Apis mellifera adansonii* u. verwandte Typen) nehmen in Afrika sü. der Sahara den größten Teil ein. Auf Madagaskar findet sich eine bes. Rasse *Apis mellifera unicolor*, in der Kapprovinz die etwas abweichende Kapbiene ↗ *Apis mellifera capensis.* Die stachellosen Bienen (Meliponini ↗) sind weltweit zw. den Wendekreisen des Krebses u. des Steinbocks verbr., wenngleich in SO-Australien die Verbr.s-Grenze dieser vorwiegend tropischen Bienen weiter nach S reicht.

APIMONDIA. Internat. Verband der Bienenzüchtervereinigungen. Der Name ist hergeleitet aus «Féderation d'Apiculture mondiale». Wurde 1949 während des XIII. Internat. Bienenzüchterkongresses in Amsterdam gegründet. Z. Z. sind über 80 nationale Imkervereinigungen aus 74 Ländern in der A. Sie vereint damit etwa 5 Mio Imker, die rund 50 Mio Bienenvölker betreuen. Das Generalsekretariat der A. hat seinen Sitz seit 1956 in Rom. An der Spitze der A. stehen der Präsident, der Generalsekretär u. zwei Vizepräsidenten. Organe der A. sind: A. Die Generalversammlung. Ihr gehören an: Von jedem Mitgliedsland ein stimmberechtigter Delegierter, als Ehrenmitglied alle Präsidenten vorhergegangener A.-Kongresse sowie als gewählte Mitglieder hervorragende Imker od. Wissenschaftler, die zur Entwicklung der Weltbienenzucht einen außergewöhnl. Beitrag geleistet haben. Die Generalversammlung tagt alle zwei Jahre anläßlich der A.-Kongresse. B. Der Exekutivrat. Er ist das führende Organ des Verbandes zw. zwei Generalversammlungen u. tagt meist zweimal im Jahr. Ihm gehören an: Präsident, Generalsekretär u. Vizepräsidenten der A., zwölf gewählte Mitglieder u. die Kommission der Rechnungsprüfer, bestehend aus vier rechtlichen Mitgliedern. Jedes Mandat gilt für vier Jahre. Bei jeder Generalversammlung wird die Hälfte der gewählten Mitglieder neu gewählt. C. Die sieben Ständigen Fachkommissionen für Bienenwirtschaft, Bienenbiologie, Bienenpathologie, Nektarflora u. Bestäubung, Bienentechnologie u. Imkereigeräte, Apitherapie, Bienenzucht in Entwicklungsländern. Die Ständigen Kommissionen werden von jeweils einem Präsidenten u. vier Mitgliedern repräsentiert. Sie arbeiten in spez. Arbeitsgruppen u. veranstalten in unregelmäßigen Abständen, je nach Notwendigkeit, Symposien, zu denen Experten eingeladen u. anstehende spezifische Probleme erörtert werden. – Die A. veranstaltet meist im Abstand von zwei Jahren internat. Bienenzüchterkongresse. Vor der Gründung der A. fanden sie 1897 in

Arbeiterinnen der 4 Arten der Gattung *Apis*. V. l. n. r.: *Apis florea, Apis dorsata, Apis cerana, Apis mellifera.* Die asiatischen Bienen stammen aus Sri Lanka (Ceylon), die *A. mellifera*-Arbeiterin gehört der Rasse *A. m. carnica* an. Aus KOENIGER (1976)

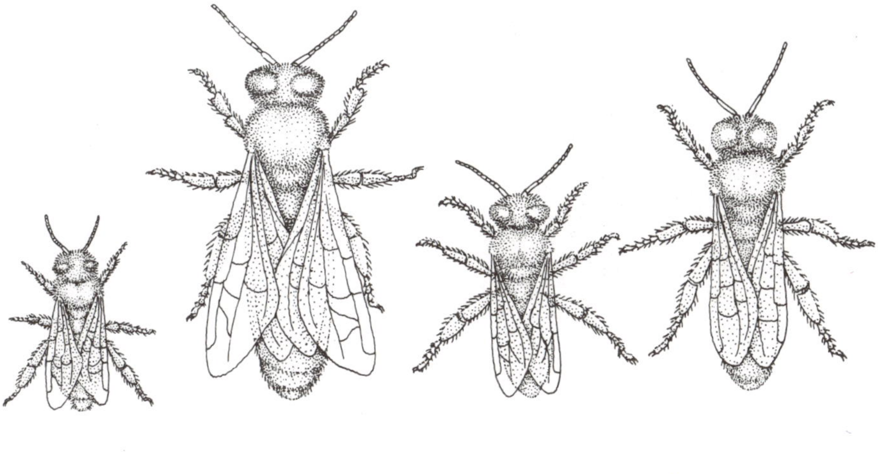

Brüssel, 1900 in Paris, 1902 in Hertogenbosch (Niederlande), 1910 in Brüssel, 1911 in Turin, 1922 in Marseille, 1924 in Quebec (Kanada), 1928 in Turin, 1932 in Paris, 1935 in Brüssel, 1937 in Paris, 1939 in Zürich statt. Der XIII. Kongreß war 1949 in Amsterdam. Es folgten: 1951 Leamington (Großbritannien), 1954 Kopenhagen, 1956 Wien, 1958 Rom, 1961 Madrid, 1963 Prag, 1965 Bukarest, 1967 Maryland (USA), 1969 München, 1971 Moskau, 1973 Buenos Aires (Argentinien), 1975 Grenoble (Frankreich), 1977 Adelaide (Australien), 1979 Athen, 1981 Acapulco (Mexiko), 1983 Budapest, 1985 Nagoya (Japan), 1987 Warschau, 1989 Rio de Janeiro, 1993 Peking, 1995 Lausanne, 1997 Antwerpen, 1999 Vancouver, 2001 Durban, 2003 Ljubljana (geplant). Die Anzahl der an den Kongressen teilnehmenden Imker aus allen Erdteilen wächst ständig. – Alle internat. Bienenzüchterkongresse sind stets mit umfangreichen Ausstellungen ↗ verbunden gewesen. – In Vorbereitung der Kongresse werden unterschiedl. Wettbewerbe mit zu verleihenden Ehrenpreisen ausgeschrieben. Stets sind die Kongresse auch mit Exkursionen zu Bienenständen, Lehr- u. Forschungsinstituten verbunden. Erklärtes Ziel der A. ist die Förderung der Bienenzucht in allen Ländern. Sie unterhält deshalb enge Beziehungen zu vielen Organisationen u. Institutionen, z. B. seit 1956 zur FAO, der Weltzentrale für Ernährung u. Landwirtschaft der UNO, hauptsächl. in Hinsicht auf Umweltschutz, ökologisches Gleichgewicht, Verwendung von Pflanzenschutzmitteln u. Schutz der Bienenweide, u. zum Internat. Handelszentrum UNCTAD/GATT (Import u. Export von Honig u. Wachs, Transport, Lagerung u. Verarbeitung des Honigs, Förderung der Honigproduktion). Die A. unterhält einen eigenen Verlag im Internat. Institut für Imkereitechnologie u. -wirtschaft mit Sitz in Bukarest, der die Drucklegung aller Kongreß- u. Symposienmaterialien in den fünf offiziellen Kongreßsprachen Französisch, Englisch, Deutsch, Russisch, Spanisch u. in der Sprache des jeweiligen Gastlandes übernimmt, außerdem Dokumentationen zu spez. Fachthemen. Im A.-Verlag erscheint seit 1965 die Zeitschrift «Apiacta», das Verbandsorgan der A. – Ein Dokumentations- u. Austauschzentrum der A. in Dol (Tschechien) gibt Referate von Zeitschriftenaufsätzen vor allem zu praktischen imkerlichen Problemen aus aller Welt in Dokumentationen heraus. –

Hosenbiene (*Dasypoda hirtypes*-♀)

Hosenbiene (*Dasypoda argenta*-♀)

Holzbiene (*Xylocopa violacea*-♀)

Die A. richtet seit 1981 in Mechelen (Belgien) ein internat. Bienenmuseum «Apicultura» ein. – 1983 wurde von der A. eine «Weltakademie der Bienenwissenschaften» mit Hauptsitz in Bukarest gegründet. Dieses wissenschaftl. Forum soll internat. die Forschungen koordinieren u. sich um die Ausbildung von Fachexperten kümmern. Ein internat. wissenschaftl. Spitzengremium, in dem auch den Honigbienen eine wichtige Bedeutung beigemessen wird, ist die «Union zum Studium der sozialen Insekten» (IUSSI). In der «Internationalen Union der Biologischen Wissenschaften» (I. U. B. S.) befassen sich die Mitglieder der «Internationalen Kommission für Bienenbotanik» mit Honig- u. Honigtauforschung, Bienenschutz, Bestäubung u. Bienenweide.

Apini. Eigentliche Honigbienen der G *Apis*, die sich in vier rezente «gute» An gliedern: We. Honigbiene, *Apis mellifera* ↗ L. 1758 (= *Apis mellifica* L. 1761); Öst. Honigbiene, *Apis cerana* ↗ FABR. 1793; Riesenhonigbiene, *Apis dorsata* ↗ FABR. 1793; Zwerghonigbiene, *Apis florea* ↗ FABR. 1787. Hinzugekommen sind einige asiatische Arten: *Apis koschevnikovi, Rote Honigbiene Borneos,* neben *Apis cerana; Apis baboriosa,* Riesenbergbiene, neben *Apis dorsata; Apis andreniformes,* Busbiene neben *Apis florea.* Noch 1968 (RUTTNER) hat man nur von drei «guten» An gesprochen u. *Apis cerana*, die Öst. Honigbiene, unter dem Namen *Apis indica* FABR. (Indische Honigbiene) als UA von *Apis mellifera* L. aufgefaßt. – Es ist wichtig zu erwähnen daß die zuerst von BOCH u. Mitarbeitern (1962) im Giftapparat identifizierte Hauptkomponente des Alarmpheromons von *Apis mellifera*, das Iso-amylazetat, von MORSE et al. (1967) auch bei *Apis cerana, Apis dorsata* u. *Apis florea* nachgewiesen werden konnte. Nach MASCHWITZ (1964) wurde das 2-Heptanon als weiteres Alarmpheromon in den Mandibulardrüsen von *Apis mellifera* gefunden. Auch dieses 2-Heptanon löst interspezifisch bei den anderen *Apis*-An Alarmreaktionen aus, obwohl es bisher nur bei *Apis mellifera* nachgewiesen wurde.

Interessant ist auch, daß das Fersenglied des dritten Beinpaares bei der Zwergbiene, *Apis florea* durch Spaltung zu einem Klammerorgan entwickelt ist. Ein biegsamer, zapfenartiger Anhang liegt einem mit Hafthaaren überzogenem Bezirk des metatarsalen Stammteiles gegenüber. Man vermutet, daß mit diesen Klammereinrichtungen die Hinterextremitäten der Weisel bei der Kopulation festgehalten werden.

Apis cerana FABRICIUS, 1793, Öst. Honigbiene (Indische Honigbiene ↗). Nach LINDAUER u. KERR (1960) hat FABRICIUS 1793 die Chinesische Biene A. c. u. 1798 die Indische Biene *A. indica* benannt. Sie sind jedoch beide als Subspecies der gleichen A aufzufassen, die aus Gründen der Priorität A. c. FABRICIUS

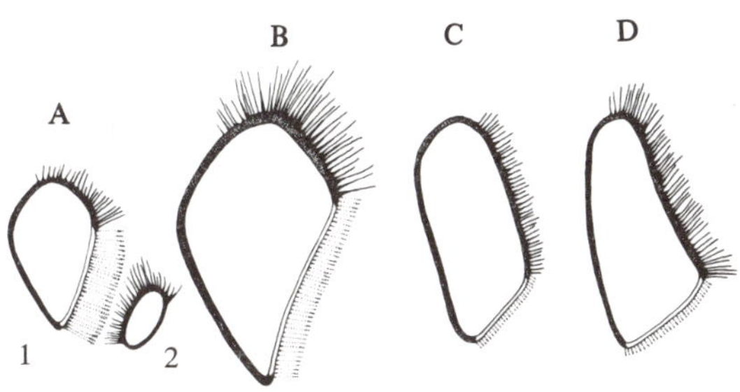

Querschnitt durch den Metatarsus des dritten Beinpaares von Drohnen der vier *Apis*-Arten. A *A. florea*; B *A. dorsata*; C *A. cerana*; D *A. mellifera.* 1 Hand, 2 Daumen

Furchenbiene (*Halicutus quadricinctus*-♀) Sexualdimorphismus bei der Fühlerausbildung
Furchenbiene (*Halicutus quadricinctus*-♂)

1793 heißen muß. Der korrekte Name der Indischen Biene ist entspr. *A. c. indica.* Natürl. Nistorte sind Baumhöhlen, Erdhöhlen u. Felsspalten, die Nester enthalten mehrere parallel angeordnete Waben wie bei *A. mellifera.* Arbeiter-, Drohnen- u. Weiselzellen sind leicht unterscheidbar, der Durchmesser von Arbeiter- u. Drohnenzellen verhält sich wie 1:1,2. Entscheidend ist, daß A. c. ebenso wie *A. mellifera* beim Schwänzeltanz ↗ auf der senkrechten Wabe im dunklen Nest die Richtung zur Sonne auf die Richtung zum Erdmittelpunkt transponieren kann (Richtungsweisung ↗). Aufgrund dieser Fähigkeit zur Transposition sind die Öst. u. We. Honigbiene als höher evolutiert als Riesen ↗- u. Zwerghonigbiene ↗ anzusehen. Wahrscheinl. gibt es versch. geographische Rassen, aber gesicherte Unterschiede bestehen nicht. Die nö. Grenze ist wahrscheinl. die Linie Afghanistan–Belutschistan. A. c. kommt vor in Pakistan, Indien, Sri Lanka, Malaysia, Indochina, auf den Philippinen, in China, in den fernöst. Gebieten der Sowjetunion, in Japan u. im Inselgebiet von Indonesien. Man findet sie bis 2500 m Höhe. Die A ist sanft bis mäßig aggressiv u. neigt bei heftigen Störungen od. Trachtmangel zum Verlassen der Nester. Während der Schwarmperiode entwickelt sich ein gewisses Wanderverhalten. Es gibt mehrere geographische Rassen von A. c., spez. *A. c. sinensis* (SMITH, 1865), die vor allem in China zu finden ist, u. *A. c. japonica* (RADESZKOWSKY, 1887), die in Japan nachgewiesen wurde. Letztere, die in Japan vorkommende Form, fliegt nach GOETZE (1964) auch noch bei relativ niedrigen Temp.en aus. – Die A. c. ist heute vielfach durch die Westliche Honigbiene ↗ verdrängt worden. Sie wurde ursprüngl. (u. wird in unwegsamen Gebieten noch heute) von Wildhonigsammlern genutzt. In vielen Gebieten wird sie kommerziell in modernen Bauten mit Wechselrähmchen gehalten, die Technik entspricht der Haltung der We. Honigbiene, alle Maße sind jedoch etwas verkleinert. Unter Bedingungen ihres Lebensraumes ist sie jedoch durch ihr Gruppenverteidigungsverhalten, z. B. gegen Hornissen *(Vespa orientalis)*, überlegen. Beim Angriff von Hornissen formieren sich die Wächterinnen der A. c. zu geschlossenen Gruppen, die sich optisch nach dem im Lauerflug schwirrenden Feind orientieren (KLOFT u. SCHNEIDER, 1969). Unterfliegt die Hornisse eine kritische Distanz, dann werfen die Bienen gleichzeitig ihr Abdomen hoch u. schwingen die Körper heftig um die Beinachse, wobei 1–2 Nachschwingungen auftreten können. Die Dauer einer solchen Körperschwingung (begleitet von einem zischenden Geräusch, das SAKAGAMI, 1960, als «hissing» bezeichnete) liegt zw. 0,17–0,28 s. Bei Attrappenversuchen konnte als Auslöser für dieses Körperschütteln die Flug- u. Abdomenhaltung des Feindes ermittelt werden. Bei weiterer Annäherung der Hornissenattrappe erzeugen einzelne Bienen mit den Flügeln einen Verteidigungston (270–298 Hz, 0,03–0,07 s). Ein gruppenähnl. Abwehrverhalten schildern ROEPKE (1930) u. LINDAUER (1956) bei der Riesenhonigbiene *A. dorsata* ↗. Die Tiere vollführen auf der offenen Wabe fast wie auf Kommando gleichzeitig wippende Bewegungen, die von einem Brausen begleitet sind.

Gruppenverteidigungsverhalten bei der Östlichen Honigbiene *A. cerana.* Das Wildbienennest wurde in Nuristan (Afghanistan) in einer senkrechten Felswand – in einer horizontalen Spalte – entdeckt (ca. 2000 m ü. NN). Vor der Felswand schwebt eine orientalische Hornisse als Angreiferin (unscharf), die Bienen formieren sich zu einer Gruppe, die jeweils den Bewegungen der Hornisse folgt. Die Abdomina werden nach oben geworfen (s. Tier in der Mitte), die Flügel werden weit nach außen geschlagen. Oben links (dunkler Bereich) ist die Felsspalte zu sehen, die den Nesteingang darstellt. Aus SCHNEIDER u. KLOFT (1971)

Apis dorsata FABRICIUS, 1798, Riesenhonigbiene. Das Verbr.s-Gebiet umfaßt nach DRESCHER u. CRANE (1982) Indien, Pakistan, Sri Lanka, Malaysia, Indochina, Indonesien mit umliegender Inselwelt, die Philippinen u. S-China. Im Gebirge bis 1200 m ü. NN hoch, zuweilen sogar bis 2100 m ü. NN. Baut ihr aus einer einzigen, offenen Wabe bestehendes Nest an einem Ast hängend, in einer offenen Höhle od. unter einem Dach od. Felsen-Überhang (wegen letzterem engl. auch als «Rock Honeybee» bezeichnet), geschützt gegen Regen od. direkte Sonneneinstrahlung. Diese größte bekannte Honigbiene hat eine Flügellänge von 12,5–14,5 mm u. eine Rüssellänge von ungefähr 6,7 mm. Eine Arbeiterin hat etwa die gleiche Größe wie eine Weisel von *A. mellifera ligustica.* Die Körperfarbe ist gelb, die zweiten u. dritten Abdominaltergite sind jedoch braun. Die einzige, senkrecht herabhängende Wabe hat eine Fläche von bis zu 1 m^2 od. sogar mehr. Manchmal hängen in Gegenden mit gutem Nektar- u. Pollenangebot in einem einzigen großen «Bienenbaum» mehr als 50 (sogar fast bis 100!) Kolonien. Arbeiter- u. Drohnenzellen haben etwa die gleiche Größe, 4–6 birnenförmige Weiselzellen werden zu gegebener Zeit an der unteren Wabenkante gebaut. Die Masse der Arbeiterinnen bedeckt die offene Wabe wie ein Vorhang, wobei ihre Körper nach oben gerichtet sind. Bei Störungen besteht eine starke Tendenz, die Wabe fluchtartig zu verlassen od. das Nest zurückzulassen, wenn Futtermangel das Überleben bedroht. In manchen Gebieten (N-Indien, Sri Lanka) erfolgt dies zu vorhersagbaren Zeiten durch Wegziehen in bestimmte Richtungen, so daß man von Wanderungen sprechen kann. Dadurch wird das Überleben der Kolonien u. das Erlangen von Honigtrachten in unterschiedl. Gebieten während des Jahresver-

Volk der Riesenhonigbiene *Apis dorsata*

laufes gewährleistet. Honigjäger erkunden ausbeutbare Nester; da gestörte Kolonien jedoch außerordentl. aggressiv reagieren, ist Honigraub nur während der Nacht möglich. Die wirtschaftl. Nutzung erfolgt nach Drescher u. Crane (1982) in Form von Ausbeutung durch Honigjäger. Der durchschnittl. Honigertrag liegt bei 5–10 kg pro Kolonie, aus Indien wird jedoch von Ausbeuten bis zu 50 kg berichtet. In Indien stammt nach einem Bericht aus dem Jahre 1950 ungefähr 75 % der gesamten Honigernte von A. d., das gewonnene Wachs kam 1960 sogar zu 80 % von der Riesenhonigbiene. Da die A zudem ein wichtiger Bestäuber landwirtschaftl. Nutzpflanzen ist, bemüht man sich um ein Management. Jedoch sind Versuche mit spez. konstruierten offenen Rahmen noch nicht sehr erfolgreich – es dürfte jedoch möglich sein, die durch die Anlage des Honigspeicherbereichs am oberen Rande der Wabe bedingten Schwierigkeiten zu überwinden.

Apis florea Fabricius, 1787, Zwerghonigbiene, Kleine Honigbiene. Die geographische Verbr. reicht im W bis zum S-Iran u. nach Oman, umfaßt Indien, Pakistan, Sri Lanka, die Region von Indochina, Malaysia, den Philippinen u. die Indonesische Inselwelt – jedoch nicht höher als 500 m ü. NN. Die Flügellänge beträgt nur 6,3–7 mm, der Rüssel ist 3,44 mm lang. Das erste u. zweite Abdominalsegment sind ziegelrot, während das 3.–6. Segment glänzend weiße Tomenta (Haarbinden) aufweisen. Das Nest besteht aus einer einzigen Wabe (max. 50 cm hoch, 35 cm breit), die an einem horizontal verlaufenden Ast so fixiert wird, daß sie sich im oberen Bereich zu einer kleinen Plattform (Tanzboden nach Lindauer, 1975) erweitert. Honig wird im oberen Bereich abgelagert, darunter kommen die Arbeiterinnenzellen u. dann an der unteren Kante die Drohnenzellen. Die Durchmesser von Arbeiterinnen- u. Drohnenzellen verhalten sich wie 1:1,55. A. f. sucht während des heißen Sommers einen beschatteten Nestplatz, wohingegen sie später in einer kurzen Wanderung zu einem schattenlosen Ort umzieht. Die Wabe ist ständig durch eine Lage von Bienen bedeckt, von denen sich in einer Kolonie bis zu 30000 Individuen finden. Die recht sanften Bienen verlassen bei Störungen die Wabe, zu der sie häufig nach kurzer Zeit zurückkehren. Wanderungen über größere Entfernungen sind unbekannt. Nach Drescher (Crane, 1982) spielt die Biene eine Rolle bei der Bestäubung von Kulturpflanzen, jedoch liegt ihre Hauptbedeutung in der Honiggewinnung. Honigjäger sammeln ganze Waben. In Thailand werden zu bestimmten Zeiten mehrere tausend Kolonien zerstört, um den Markt von Bangkok zu versorgen. Auf den Märkten erzielt der weitaus bevorzugte Honig von A. f. einen höheren Preis als Importhonig aus China. In Oman, wo man sehr hohe Preise für diesen Honig bezahlt, bemüht man sich um die Erhaltung der Kolonien nach der Honigentnahme.

Wildbienennester. Corbet National Park, Indien.

Apis Iridescent Virus. Einziges Iridovirus bei Hymenopteren u. einziges Virus bei Bienen in der Gruppe der DNA-Viren. Bildet – wie die Iridoviren – in gereinigtem Zustand kristalline Massen u. erscheint nach Vermehrung im Gewebe im hellen Licht blauviolett od. grün. Elektronenmikroskopisch am besten in frisch infiziertem Gewebe, aber auch in formalin- od. alkoholfixiertem Material sichtbar. Infizierte Gewebe bes. im Hinterleib erscheinen hellblau im Kontrast zu dem cremeweißen umliegenden Gewebe. Einzelne infizierte Zellen können deutl. vom umliegenden Gewebe unterschieden werden. Es ähnelt den Irideszentviren, die bei vielen versch. Insekten-An gefunden wurden. Serologisch ist es mit diesen jedoch nicht verwandt. A. I. V. wurde bisher nur aus Bienen von *Apis cerana* aus Kashmir u. N-Indien isoliert. Es ist sehr groß (150 nm), etwa fünfmal so groß wie das Sackbrut ↗-Virus, u. verursacht die sog. «clustering disease» (Traubenkrankheit) von *Apis cerana* in Indien. Hauptsächl. Krankheitsanzeichen sind die ungewöhnl. Inaktivität der Völker bes. im Sommer u. die Bildung kleiner abgesonderter Häufchen od. Trauben flugunfähiger u. auf dem Boden krabbelnder Bienen. Starke Völker gehen zwei Monate nach Auftreten der ersten Krankheitserscheinungen zugrunde. Ursprüngl. glaubte man, daß die Traubenkrankheit von *Acarapis woodi* ↗ od. einer ähnl. Milbenspezies verursacht würde, die bei *Apis cerana* vorkommt. *Acarapis woodi* war aber in vielen Proben kranker Bienen selten od. gar nicht nachzuweisen, während das A. I. V. regelmäßig festgestellt wurde. A. I. V. kann sich auch in *Apis mellifera* in versch. Geweben vermehren (Fettkörper, Verdauungskanal, Hypopharynxdrüsen, Ovarien). Es wird durch Kot, Eier, Drüsensekret u. auch durch Ektoparasiten, jedoch nicht durch die Tracheenmilbe *Acarapis woodi* übertragen.

Apis mellifera carnica POLLMANN, 1879, Krainer Biene, Kärntner Biene, K-Rasse. Neben der Italienischen Biene ↗ die auf der Welt am weitesten verbr. Nutzbienenrasse. A. m. c. findet sich ursprüngl. in Oberkrain (W-Teil Sloweniens) sowie im angrenzenden Kärnten, auch in der Steiermark, hat sich aber darüber hinaus weit in Jugoslawien, Rumänien, Bulgarien, Ungarn sowie im größten Teil Österreichs verbr. Seit den ersten Importen dieser Biene in englischsprachige Länder, ausgehend von Oberkrain, ist die Bezeichnung «Carnica» bzw. «Carniola» (in engl. Sprache) über die ganze Bienenzucht treibende Welt verbr. Sie gilt als die grauschwarze Version der *A. m. ligustica* ↗, der Italiener Biene, muß aber ohne Zweifel als eine distinkte Rasse von *Apis mellifera* angesehen werden. Sie ist schlank, hat eine ziemlich große Rüssellänge (6,4–6,8 mm) u. ist auffällig durch die breiten Haarbinden auf der Dorsalseite des Abdomens. Oft finden sich bei dem ziemlich dunklen Tier braune Flecken auf dem zweiten u. dritten Tergit des Abdomens. Ihre außergewöhnl. Sanftheit, Langlebigkeit, Winterhärte u. gutes Trachtverhalten zeichnen sie bes. aus. Sie bildet im Herbst kleine Kolonien, die mit einem min. Wintervorrat auskommen. Brutaufzucht u. Verfügbarkeit von Pollentracht sind gut korreliert, denn sie unterhalten ein großes Brutnest, wenn Pollen im Überfluß vorhanden ist. Die A. m. c. ist nicht nur ein hervorragender Honigproduzent, sondern verdekkelt auch ihre Honigzellen mit ganz weißen Wachskappen. Die mit einem bes. guten Orientierungssinn ausgestattete Rasse tendiert nicht zum Honigraub u. sammelt weniger Propolis als irgendeine andere der vier «Europäischen Rassen» (*A. m. caucasica,* A. m. c., *A. m. ligustica, A. m. mellifera*). Der Hauptmangel der A. m. c. liegt indessen in ihrer starken Disposition zum Schwärmen, bedingt durch große Vitalität u. rasche Kolonie-Entwicklung. Zwar ist sie in der Bundesrepublik Deutschland, wo sie die Heidebiene u. andere Rassen weitgehend verdrängt hat, die populärste Bienenrasse, aber in den USA ist sie infolge ihrer Tendenz zum Schwärmen u. ihrer dunklen Farbe (dunkle Weiseln sind schwieriger zu lokalisieren als heller gefärbte Individuen) nicht favorisiert worden.

Apis mellifera caucasica (GORBATSCHEV, 1916), Kaukasische Biene. Eine der wirtschaftl. wichtigsten Bienenrassen. Nach RUTTNER (1960, 1975) ist ihr ursprüngl. Heimatgebiet in den Hochtälern des Zentral-Kaukasus zu finden, wo es allerdings viele Lokalformen gibt u. daher kein einheitl. Farbbild vorliegt. A. m. c. ist im allgemeinen dunkel bis schwarz mit vielfach braunen Flecken auf den ersten Binden des Abdomens. Die Haare der Arbeiterinnen sind kurz u. grau, die Thorakalhaare der Drohnen dagegen schwarz. A. m. c. weist von allen wirtschaftl. bedeutsamen Bienenrassen die größte Rüssellänge auf. Äußerl. sieht sie der *A. m. carnica* sehr ähnl., mit Ausnahme allerdings der Flügeläderung u. des Wachsspiegels. A. m. c. ist ziemlich sanft u. ruhig auf der Wabe, neigt nicht sehr stark zu vorzeitigem Schwärmen u. entwikkelt sich daher bis zum Frühsommer zu starken Kolonien. Nach DIETZ (1968) bringen diese Bienen bei niedrigerem Angebot u. ungünstigeren Klimabedingungen weniger Ertrag als die *A. m. ligustica* ↗, die Italienische Biene. Nach RUTTNER neigt die Rasse zum

Ursprüngliche Verbreitungsgrenze der Krainer Biene (*A. m. carnica*) im östlichen Mitteleuropa. Aus RUTTNER (1973)

Verfliegen u. Räubern, ihre Überwinterungsfähigkeit ist in nö. Regionen infolge ihrer Anfälligkeit gegen Nosematose ↗ nicht allzu gut. In der Benutzung großer Mengen von Propolis, einerseits zur Befestigung der Waben, andererseits zur Verkleinerung des Flugloches, ist ebenso wie in der Tendenz zum Bau von Wirrbau wohl die Hauptursache dafür zu sehen, daß sie von den meisten Bienenzüchtern in den USA wieder aufgegeben wurde. In der Sowjetunion ist sie ein besserer Honigproduzent als *A. m. mellifera* ↗, in W-Europa war ihr Honigertrag allerdings kleiner als bei *A. m. carnica* ↗, der Krainer Biene. Nach Ruttner (1975) liegt die Hauptbedeutung dieser Rasse infolge vieler wertvoller Eigenschaften jedoch in ihrer Verwendbarkeit zur Zuchtverbesserung.

Apis mellifera L. 1758, Apis mellifica L. 1761, We. Honigbiene. Der zuerst gegebene Name *A. mellifera*, d. h. die «honigtragende», ist wohl inkorrekt, da man die Biene als Nektarträgerin bezeichnen müßte. Deshalb hat wohl Linné in einer späteren Auflage (1761) den Namen *A. mellifica* gewählt, da tatsächl. aus dem Nektar durch Zufügung von Enzym (bes. Invertase)

Vor dem Flugloch fächelnde Bienen (Westliche Honigbiene, *Apis mellifera*). Nach *Six*, 1983

die Invertierung als erster Schritt zur Honigbereitung erfolgt. Die amerik. Literatur richtet sich jedoch nach der Prioritätsregel [*A. mellifera* in «The Hive and the Honeybee», Dadant (ed.), 20. Ed. 1975]. Wilson (1971) benutzt *A. mellifera*, auch sagt Dietz (1983) in Social Insects, Vol. III (H.R. Hermann, ed.), A.m. Die europ. Autoren, genannt seien nur Chauvin, von Frisch, Lindauer, Ruttner, sprechen in der Mehrzahl von *A. mellifica.* Allerdings benutzt H. Bischoff («Biene u. Bienenzucht», Ehrenwirth Verlag München) in 1. Aufl. (1960) wie auch 2. Aufl. (1976) A. m. Gleiches gilt auch für K. A. Gorbatschev (1916) u. J. O. Hüsing (1951). Es heißt also korrekt nach der Prioritätsregel, die auch durch Benutzung in der Lit. unterstützt wird, A. m. L. 1758.

Da sich für die Benennung der Rasse *A. mellifica mellifica* (Dunkle Biene, Deutsche Biene, Heidebiene) Konsequenzen im Sinne einer Änderung ergeben müßten, sollte durch eine von der Internat. Nomenklaturkommission getragene u. von allen Bienenwissenschaftlern anerkannte Vereinbarung eine verbindliche nomenklatorische Klärung herbeigeführt werden.

Apis mellifica L. 1761 = Apis mellifera L. 1758. Über die wissenschaftl. Kennzeichnung der Honigbiene orientiere man sich unter *Apis mellifera* u. *Apis mellifera mellifera.*

Apis mellifera ligustica Spinola, 1808, Italienische Biene, Italiener Biene. Weltweit die bekannteste u. verbreitetste Honigbiene. Schon Dzierzon hat 1853 die ersten «Gelben Bienen» aus Venedig nach Deutschland verbracht, u. aufgrund seiner enthusiastischen Berichte gelangten erste erfolgreiche Importe ab 1860 nach den USA, der Verkauf von Italiener-Bienen-Zuchtweiseln nach den USA begann dann 1861. Es gibt nach Bruder u. Adam (1951) drei Varietäten der Gelbfärbung: lederfarben, hellgelb u. blaßzitronengelb. Eine sehr hell gefärbte Form ist als «Goldene Biene» od. «Aurea» bekannt, sie hat nach Ruttner (1975) nur einen kleinen dunklen Fleck an der Spitze des Abdomens. Nach Goetze (1964) ist sie das Ergebnis von Zuchtauswahl, mag aber gelegentl. auch als Spontanmutation auftreten. Die A. m. l. ist ziemlich sanft u. verhält sich recht ruhig bei Kolonie-Kontrollen. Infolge starker Brutaufzucht ergeben sich große Kolonien mit der Fähigkeit zum Eintrag großer Nektarmengen in relativ kurzer Zeit. Ihre Tendenz zum Schwärmen ist nicht sehr ausgeprägt, zudem verwendet sie wenig Propolis u. verdeckelt den Honig mit glänzendweißen Wachskappen. Eine Reihe von Nachteilen hat ihre Etablierung in Europa nö. der Alpen erschwert: A. m. l. tendiert zum exzessiven Brüten gegen Ende des Hauptnektarflusses, was nicht nur zu starken Überwinterungskolonien, sondern vor allem zu starkem Futterverbrauch führt. Daher überwintert diese Biene nicht gut in Gegenden mit langen u. kalten Wintern, es ergibt sich infolge frühen Brutbeginns ein Verlust von Arbeiterinnen, der als Frühjahrsschwund bekannt ist u. nur in sehr langsamer Kolonie-Entwicklung resultiert. Da die USA sehr weit sü. liegen (New York liegt auf dem gleichen Breitengrad wie Neapel!), ist der große Erfolg der A. m. l. in der Neuen Welt auch klimatisch bedingt.

Apis mellifera mellifera, Dunkle Biene, Deutsche Biene, Heidebiene. Zwar ist in der Literatur über die Rassen der We. Honigbiene diese Rasse allgemein als *Apis mellifica mellifica* bezeichnet worden, aber F. Ruttner hat als führende Weltkapazität die Prioritätsregel angewandt u. in dem Kapitel «Races of Bees» in der Auflage 1975 von «The Hive and the Honeybee» (Dadant, ed.) gemäß der Prioritätsregel diese Rasse als *Apis mellifera mellifera* L. gekennzeichnet – man sollte daher an dieser Nomenklatur festhalten. Die A. m. m. ist eine große Biene mit relativ kurzem Rüssel (5,7–6,4 mm). Entspr. ihrem Namen Dunkle Biene ist sie einheitl. dunkel mit kleinen gelben Flekken auf dem zweiten u. dritten abdominalen Tergit. Nach Ruttner (1975) fehlen gelbe Bänderungen völlig. Sie entwickelt sich ziemlich langsam im Frühjahr, bildet aber starke Kolonien im Spätsommer (wodurch sie auch späte Trachten gut nutzen kann) sowie während des Winters. A. m. m. überwintert gut unter strengen Klimabedingungen, ist häufig aggressiv u. anfällig sowohl gegen Brutkrankheiten als auch Wachsmotten-Befall. Beim Öffnen der Beute ist die Biene sehr nervös u. läuft bei Manipulation von den Waben herunter. Diese Nachteile sind vorwiegend dafür verantwortl., daß diese Rasse von den Imkern sowohl in den USA (wohin sie vielfach von den ersten Siedlern verbracht worden war) als auch in anderen Ländern durch andere Rassen ersetzt wird – in der Bundesrepublik Deutschland meist durch die «Carnica», in Dänemark durch «Ligustica». In schlechten Jahren ist sie brutlustigeren Rassen im Ertrag oft überlegen (wird als «sparsamer Hünglertyp» bezeichnet), in der Heidetracht ist sie hervorragend. In der Lüneburger Heide u. vielen Heidegebieten Skandinaviens findet man sie noch in Korbbienenhaltung. A. m. m. sind sehr stechlustig u. ausgesprochene Schwärmer. Die Imker vermehren sie während des Sommers stark durch Schwärme u. nutzen damit im Herbst die Heidetracht. Die bekanntesten Zuchtstämme finden sich unter der Bezeichnung «nigra» seit über 75 Jahren in der Schweiz.

Apodem → Chitincuticula.

Applikation. Im vorgegebenen Sinn Anwendungsweise von Pflanzenschutzmitteln ↗. Man unterscheidet z. B. zw. Sprüh-A., Spritz-A., Bandspritzverfahren u. Flugzeug-A.

Aprikose → *Prunus armeniaca* → Rosaceae.

Arabis caucasica WILLD., Gänsekresse. A der G *Arabis* der F der Cruciferae ↗. Kommt in Park- u. Grünanlagen ↗ (Steingärten, Einfassungen, Böschungen) vor. Blüht März, April, örtl. bis Mai. Blüten weiß bis rosa. Vermehrung durch Aussaat, Teilung od. Stecklinge. Für die Bienenzucht von Bedeutung. A. c. ist Nektar- u. Pollenspender.

Araliaceae, Efeugewächse. Die F umfaßt 70 Gn mit ca. 700 An. Drei Verbr.s-Zentren: Indonesien (ca. 150 An), Polynesien u. Australien (ca. 350 An), tropisches Amerika (ca. 150 An); mehrere An dringen in die gemäßigten Zonen vor, bes. in O-Asien; auf vielen Inseln endemisch. Bäume od. Sträucher, selten Kräuter od. Lianen. Die meist kleinen Blüten stehen überwiegend in Köpfchen, Dolden od. Ähren, die wiederum zu Trauben od. Rispen vereint sind. Sie sind zwittrig od. eingeschlechtig, meist fünf- bis vierzählig u. weisen schwach entwickelten Kelch u. Blumenkrone auf. Der Reispapierbaum [*Tetrapanax papyriferum* (HOOK.) C. KOCH] mit kleinen, grünlichen u. unansehnlichen Blüten ist in S-China u. auf Taiwan in Kultur. Die in Vorderindien bis Polynesien verbr. *Polysciasis fructicosa* (L.) HARMS. wird viel als Heckenpflanze in Dörfern gepflanzt, u. aus der ostasiat. G *Acanthopanax* (*Acanthopanax senticosus* ↗) wird der japanische *Acanthopanax spinosus* MIQ., ein stachliger Strauch, gelegentl. als Parkpflanze kultiviert. Die G *Kalopanax* mit *Kalopanax septemlobus* ↗ hat im Fernen Osten als Bienenweide Bedeutung. Die G *Hedera* umfaßt sechs An, die in Europa, auf den Kanarischen Inseln u. in N-Afrika bis Zentral- u. O-Asien vorkommen, wozu auch der in Europa u. N-Afrika beheimatete Efeu (*Hedera helix* ↗) gehört, die einzige A, die in M-Europa vorkommt. Wegen der späten Blütezeit (er blüht auch erst in höherem Alter) trägt der Efeu nach MAURIZIO u. GRAFL nur selten zur Honigernte bei, wobei er nach ZANDER große Massen von wertvollem Herbstpollen liefert. Der Anteil an Pollenhöschen beträgt in der Schweiz etwa 1 %, in England etwa 4 % der Gesamternte, während er in Italien (Abruzzen u. Umbrien) höher liegt.

Arbeitsgerät. Zur Bearbeitung der Bienenvölker sind eine Reihe Werkzeuge, Geräte u. Vorrichtungen erforderlich, die auf jedem Bienenstand, unabhängig von der Völkeranzahl, vorhanden sein sollten. Nicht jedes im Handel angebotene A. ist zweckmäßig u. notwendig. Die Auswahl ist dem Imker überlassen; sie richtet sich nach den vorhandenen od. anzuschaffenden Beuten, nach der Betriebsweise u. nicht zuletzt nach der Intensität, mit der er die Imkerei zu betreiben beabsichtigt. Der Anfänger sollte sich vor od. in der Anfangszeit seiner imkerlichen Tätigkeit von erfahrenen Praktikern beraten lassen. Ein gewisses Lehrgeld wird sicher jeder, auch bei der Anschaffung von A., zahlen müssen (Erstausstattung einer Bienenhaltung ↗).

Arbeitsraum. In den meisten Bienenhäusern ↗ der Raum, dessen eine Wand die Rückfront des Beutenstapels bildet; in ihm erfolgt die hauptsächlichste Bearbeitung der Bienen. Auch bei Freiaufstellung von Beuten ↗ ist für die Durchführung z. B. der Zuchtarbeiten ein entspr. A. erforderlich, zumal wenn sich der Bienenstand ↗ in größerer Entfernung von der Wohnung befindet. Zur Einrichtung des A.es gehören u. a. ein Wabenschrank ↗, ein stabiler großer Arbeitstisch, ein kleiner beweglicher, sog. Rolltisch, eine Sitzgelegenheit, bei dreietagiger Aufstellung ein stabiler Tritt für die Bearbeitung der obersten Beutenreihe, eine Waschgelegenheit, u. wenn möglich sollte ein Stromanschluß vorhanden sein.

Arbeitsteilung. Die Urahnen der *Apis mellifera* waren Einsiedlerbienen, von denen heute noch mehrere tausend An leben. Bei ihnen übernimmt das ♀ nach der Begattung sämtliche Aufgaben für Nestgründung u. Brutpflege. Vorratsbildung u. Überwinterung sind nicht möglich; daher muß im Frühjahr immer wieder ein Nest neu gegründet werden. Ganz anders im Bienenstaat: Die Weisel lebt mit 40000–100000 Arbeitsbienen zusammen; im Frühjahr gesellen sich einige hundert Drohnen als ♂♂ Wesen hinzu. Damit ist bereits der Grundstock zu einer A. gelegt: Weisel u. Drohnen als Vollgeschlechtstiere vollziehen die Begattung, die überzähligen Drohnen werden im Juli u. August ausgehungert u. in der sog. Drohnenschlacht aus dem Stock gejagt. Die Weisel beginnt wenige Tage nach dem Hochzeitsflug mit der Eiablage, u. dies bleibt ihr Leben lang, das etwa sechs Jahre dauert, ihre einzige Tätigkeit. Alle übrigen Arbeiten, die zur Nestgründung, für die Aufzucht der Larven, für die Vorratsbildung durch Honig notwendig sind, werden von den Arbeiterinnen übernommen, deren effektiver Tätigkeit eine harmonische, hochorganisierte A. zugrunde liegt. Man ist dabei versucht, eine Parallele zur Organisation der A. in der menschl. Gesellschaft zu suchen. Auch im Bienenstaat gibt es versch. Berufsgruppen, die auf bestimmte Tätigkeiten sozusagen als «Facharbeiter» spezialisiert sind. Da gibt es die *Bau-*

bienen ↗, die aus den Wachsdrüsen auf der Bauchseite Wachsschuppen ausschwitzen u. diese dann zum Wabenbau verwenden. In seiner Architektur u. Ökonomie ist dieser einzigartig: Das Sechseckmuster nutzt den Raum am besten von allen anderen geometrischen Mustern aus. Es benötigt bei gleichem Fassungsvermögen am wenigsten Baumaterial u. garantiert eine hohe Tragkraft. Eine Wabe mit den Maßen 37 × 22,5 cm kann 2–3 kg Honig aufnehmen u. braucht zum Bau nur 40 g Wachs! Eine 2. «Berufsgruppe» wird durch die *Brutammen* gestellt. Sie haben die Kinderstube, d. h. die Larven zu versorgen. Es gibt

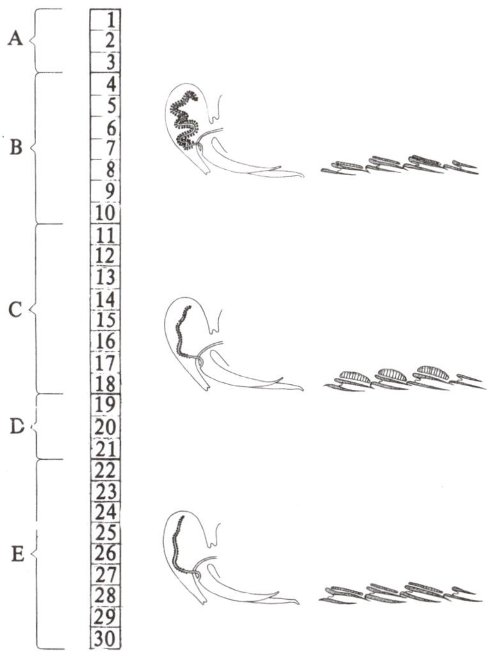

Der Arbeitskalender einer Biene vom 1–30. Tag. Ihre Tätigkeiten sind altersmäßig festgelegt, dabei sind ihre Arbeiten mit der Entwicklung bestimmter Drüsensysteme korreliert: Die Brutammen (B) haben hochentwickelte Ammendrüsen, die Baubienen (C) stark entwickelte Wachsdrüsen. Bei den Sammelbienen (E) sind beide Drüsensysteme degeneriert; A Stockbienen, D Wächterbienen

Eine Brutamme inspiziert eine Larvenzelle. Anschließend wird sie der Larve Futter in Form von Honig oder Pollen verabreichen; außerdem erhält diese junge Larve noch Futtersaft aus den Kopfdrüsen.

Kontaktaufnahme zweier Arbeiterinnen vor der Futterübergabe

keine Kinderklinik in der ganzen Welt u. kein Säuglingsheim, das in hygienischer wie in pflegerischer Hinsicht den Bienen gleichkommen würde. Die Brutzellen sind vor der Eiablage mit einem eigenen Firnisbelag austapeziert u. sterilisiert worden. Dazu wird Sekret aus der Mandibeldrüse ↗ u. vielleicht aus anderen Kopfdrüsen verwendet. Wenn man heutzutage in zunehmendem Maße den sog. Scheibenhonig gegen Allergien verwendet, wobei man jeden Morgen mit einem Teelöffel ein kleines Stück aus einer gedeckelten Wabe herausstanzt u. mitsamt dem Wachs 5 min intensiv im Munde kaut, dann ist sicherlich die antiallergische Wirkung auf die Vorbehandlung der Wabenzellen durch die Bienen zurückzuführen. Im Brutnest wird weiterhin eine konstante Temp. von 35 °C gehalten, die Luftfeuchte ist ebenfalls geregelt; u. die Verpflegung ist so optimal, daß die Gewichtszunahme der Larven so schnell vor sich geht, daß schon in sechs Tagen die Verpuppung, d. h. die Umwandlung in eine fertige Biene, vorbereitet werden kann. Würde ein menschl. Säugling so intensiv mit hochwertiger Nahrung versorgt wie eine Bienenlarve, dann würde er in sechs Tagen ein Gewicht von 32 Zentnern erreichen! Das hochwertige Futter stammt aus eigenen Ammendrüsen im Kopf (Caput ↗), dem bei älteren Larven auch Honig u. Pollen beigegeben werden. Bewundernswert ist die Tätigkeit der Brutpflegerinnen aber noch in einem anderen Punkt: Die Zusammensetzung ihres Larvenfutters entscheidet, ob aus einer ♀ Larve eine Weisel od. eine Arbeitsbiene wird. Das Geschlecht selber wird ja schon bei der Eiablage determiniert. Je nachdem, ob die Weisel aus der Samenpumpe dem vorbeigleitenden Ei Spermien beigibt od. nicht, wird sich hernach ein ♀ Individuum – wenn das Ei besamt wurde – od. ein Drohn – wenn das Ei unbesamt bleibt – entwickeln. Aus den ♀♀ Eiern werden i. d. R. Arbeiterinnen herangezogen. Wenn aber im Mai immer mehr junge Bienen schlüpfen u. es im Stock zu eng wird, dann werden von den Baubienen am Wabenrand »Weiselnäpfchen» angelegt, in denen die Brutammen aus einem ♀ Ei eine Weisel zur Reife bringen. Dies geschieht auch, wenn die Weisel er-

Eine Sammelbiene streift den Blütenstaub von den Weidenkätzchen, der dann später im Flug in die Vertiefungen der Hinterbeinschienen gelangt und zu Pollenhöschen geformt wird

krankt od. an Altersschwäche eingeht. Die Weichen für eine Entwicklung zur Arbeitsbiene od. Weisel müssen vor dem vierten Larventag gestellt werden. Der «Zauberstoff» ist ein Hormon, das sog. Juvenilhormon ↗, das die Brutammen fein dosiert dem Larvenfutter beigeben – einige wenige Milligramm im Überschuß machen den Weg zur Weisel frei. Dieser Weiselfuttersaft, auch als Gelée royale ↗ bekannt, interessiert zunehmend die Medizin u. Kosmetik; leider sind die wissenschaftl. Grundlagen u. klinischen Prüfungen noch nicht so weit gediehen, daß man seine Anwendung unbedenklich empfehlen könnte. Ein Stoff wird auch von der Weisel selbst produziert, die sogenannte Königinnensubstanz, die Tag und Nacht ohne Unterbrechung an die Hofstaatbienen in kleinsten Mengen abgegeben wird. Man hatte früher angenommen, die Hofstaatbienen hätten allein die Aufgabe, die Weisel zu füttern u. sauberzuhalten. Viel wichtiger aber ist ihre Funktion darin zu sehen, daß sie immer wieder kleinste Mengen dieser Königinnensubstanz, die von den Mandibeldrüsen der Weisel stammt, im gegenseitigen Futteraustausch abnehmen u. sofort an das ganze Volk verteilen. Diese Substanz hat bei Arbeitsbienen die Wirkung, die Entwicklung der an sich verkümmerten ♀♀ Geschlechtsorgane zu verhindern. Der Imker kennt diese tragische Notsituation: Wenn die Weisel verlorengeht u. keine junge Brut mehr vorhanden ist, wird das Volk drohnenbrütig, d. h. die sog. Afterweisel ↗ legen unbesamte Drohneneier ab, u. damit ist das Volk dem Untergang geweiht. In diesem Königinnenhormon steckt also eine wichtige Botschaft: «Wir haben eine gesunde Königin.» Im April, Mai aber, wenn sich das Volk stark vermehrt, reicht die Konzentration dieser Substanz nicht mehr aus, um alle Wabengassen zu versorgen. Dann werden, wie schon beschrieben, Weiselzellen ↗ angesetzt, u. das Volk bereitet sich zum Schwärmen vor. Nicht zu vergessen sind die *Wächterbienen*, die tagaus, tagein das Flugloch vor allerlei Räubern, d. h. vor fremden Bienen, Wespen usw. zu schützen haben. Ihre Aufgabe ist nicht ganz einfach: Wie soll man die fremden Bienen vom Nachbarstock, die sich über die Honigvorräte heranmachen wollen, von den eigenen Stockgenossinnen unterscheiden? Jede ankommende Biene wird vor dem Einlaß in den Stock aufgehalten und sehr sorgfältig geprüft. Es ist der Stockduft, der im Haarkleid u. am Chitinpanzer haftet u. durch genetische Komponenten sowie aus den versch. Düften der eingebrachten Tracht zusammengesetzt ist. Die letzte, für den Imker wichtigste «Berufsgruppe» im Bienenstock ist die große Schar der *Sammelbienen* ↗. Unermüdlich tragen sie bei warmem, sonnigem Wetter Nektar u. Pollen mit solchem Eifer ein, daß wir Menschen vom Überfluß genießen dürfen. Der biologische Sinn dieses Überflusses ist aber der, daß für magere Zeiten, insbes. für die Wintermonate, vorsorglich Honig u. Pollen gespeichert werden. Man sollte gelegentl., wenn man den Honig auf das Frühstücksbrot streicht, bedenken, welche Sammelleistung die Bienen zu vollbringen haben. Um ein Kilo Honig zu speichern u. einzudicken, müssen sie mindestens 4 Mio Blüten besuchen u. dabei eine Wegstrecke hinter sich bringen, die einem sechsfachen Weg um den Erdball gleichkommt. Der Hauptnutzen der Sammelbienen liegt aber nicht im Honigertrag, sondern in der Bestäubung wichtiger Nutzpflanzen. Die eben geschilderten «Berufsgruppen» werden in einzigartiger Weise in den «Arbeitsmarkt» des Bienenstaates eingefügt: Die einzelne Biene absolviert im Laufe ihres Lebens sämtliche Tätigkeiten, die in einem Bienenvolk anfallen – mit Ausnahme eben des Eierlegens. Jede Biene beginnt gleich nach dem Schlüpfen mit dem Reinigungsdienst u. geht nach etwa drei Tagen zur Brutpflege über, ab dem zehnten Lebenstag etwa betätigt sie sich eine Woche lang als Bauarbeiterin. Schließl. nimmt sie ihren Posten als Wächter vor dem Flugloch ein, bleibt da einige Tage, u. unvermittelt kommt sie dann mit Pollen od. Nektar beladen als Sammelbiene

Sammelbienen auf der Wabe

nach Hause. Bei dieser Tätigkeit bleibt sie bis zu ihrem Lebensende (Lebensdauer ↗). Mit dem Wechsel von einer Arbeit zu einer anderen werden versch. Drüsensysteme im Körper der Biene aktiviert, die Ammendrüsen im Kopf zur Zeit der Brutpflege u. die Wachsdrüsen an der Bauchseite des Abdomens ↗ für die Baubienen. Das geschilderte Schema der A. kann, sofern es die soziale Situation erfordert, abgeändert werden. Bei einem Versuch wurden einem Volk in einem Umstellungsversuch alle Jungbienen, d. h. alle Brutammen u. Baubienen, weggenommen. Daraufhin haben sich die Sammelbienen, die sich noch einigermaßen jugendlich «fühlten», einer Verjüngungskur unterzogen: Sie gingen an die Pollentöpfe, regenerierten in wenigen Tagen durch die eiweißreiche Pollennahrung u. vielleicht auch durch Zusatz von Drüsensekret ihrer Stockgenossinnen ihre Ammendrüsen u. ihre Wachsdrüsen u. wiederholten ihr Lebenspro-

Wächterbienen

gramm, angefangen von ihrer Jugendzeit, noch einmal. Umgekehrt, wenn man ein Volk durch Verstellen des Stockes kahlfliegen ließ, wobei es alle Sammelbienen verlor, weil die älteren Bienen beim Heimflug genau an der alten Stelle ihr Flugloch suchten, dann wagten sich schon in den ersten Tagen nach der Umstellung jene Stockbienen, die mit dem 5.–6. Lebenstag ihre ersten Orientierungsflüge hinter sich gebracht hatten u. einige Geländeerfahrung besaßen, ins Freie u. kamen alsbald mit Nektar u. Pollen beladen in den Stock. Sie wurden also in ihren frühen Jugendtagen schon zu betagten Feldbienen. Diese Labilität u. Anpassungsfähigkeit in der A. des Bienenstaates wirft die schwierige Frage auf: Wer informiert die einzelne Biene, welche Tätigkeit sie an jedem Tag auszuführen hat? Es ist eine denkbar einfache Kommunikationsmethode, die hier die Lösung bringt. Die einzelne Biene informiert sich selbständig über die jeweiligen Bedürfnisse im Verband. In ausgedehnten «Patrouillengängen», die bei Stockbienen bis zu 60 % der gesamten Tätigkeit ausmachen, inspizieren die Bienen immer wieder die versch. «Arbeitsplätze» – Brutwaben, Bautraube u. a. – u. wo Hilfe nötig ist, springen sie ein, soweit ihr physiologischer Zustand dies irgendwie erlaubt. Es ist eine unilaterale Kommunikation, die besagt, daß die Bienen ihre eigene Arbeit nicht dirigieren; sie werden vom Fortgang dieser ihrer Arbeit selbst dirigiert. Das Werk ihrer Arbeit fordert zum logischen Weiterhandeln auf.

Arbeitstisch. Im Bienenhaus ↗ sollte für die anfallenden mannigfachen Arbeiten ein stabiler, ausreichend großer A. vorhanden sein. Günstig ist, wenn er ein od. mehrere Schubfächer enthält, in denen Kleingeräte griffbereit untergebracht werden können. Sein Platz ist meist an der Rückwand des Bienenhauses, möglichst unter einem Fenster. Die Nutzung eines tischhohen Wabenschrankes als A. ist nicht günstig, da hier die Fußfreiheit für Arbeit im Sitzen fehlt. Neben dem beschriebenen A. sollte im Bienenhaus ein kleiner Rolltisch vorhanden sein, der unmittelbar an die zu bearbeitende Beute ↗ herangefahren werden kann u. auf dem die Arbeitsgeräte ↗, ein Wabenbock ↗ sowie Mittelwände ↗ u. Waben griffbereit untergebracht werden können.

Aretit. Herbizides ↗ Pflanzenschutzmittel mit Bienengefährdung. Infolge unsachgemäßer Anwendung kann es zu schweren Bienenschäden führen.

Arkansas Bee Virus. Zuerst in Arkansas, später aber auch in anderen Staaten der USA u. bisher nur dort nachgewiesenes Virus mit einem Durchmesser von 30 nm. Besitzt eine lebensverkürzende Wirkung, wurde häufig zusammen mit dem Virus der chronischen Paralyse ↗ von toten Bienen aus Völkern mit ungenügender Entwicklung isoliert.

Armbruster, Ludwig, Prof. Dr. Geb. 7. 9. 1886 in Markdorf in Baden, gest. 4. 6. 1973 in Lindau am Bodensee. Studierte Theologie u. Naturwissenschaften. Privatdozent, später Professor an der Landwirtschaftlichen Hochschule Berlin. Baute das Institut für Bienenkunde in Berlin-Dahlem auf, war ab 1923 sein Direktor. 1934 zwangspensioniert. – Rege schriftstellerische Tätigkeit über Betriebsformen, Bienenstand als völkerkundliches Denkmal, Betriebslehre, Honigherkunftsbestimmung (Pollenanalyse). Gründete 1919 die Zeitschrift «Archiv für Bienenkunde».

Armenische Biene, *Apis mellifera armenica* → Rassen der Westlichen Honigbiene im Mittl. Orient.

Armeria maritima (MILL.) WILLD., Strand-Grasnelke. A der G *Armeria* der F der Plumbaginaceae ↗. Küste des Atlantik, der Nord- u. der we. Ostsee. Besiedelt Sandheiden des Binnenlandes, insbes. der Flußtäler, lichte Kiefernwälder. Die var. *elongata* DC dringt bis in die ungarische Steppenheide vor. Diese Rosettenstaude blüht von Mai bis September. Ihre rosafarbigen, zwittrigen Blüten bilden kugelige, von hellen Hüllblättern umgebene Köpfchen. Das Nektarium liegt am Grunde des oberständigen Fruchtknotens, der fünf freie Griffel trägt. Der sezernierte Nektar wird von den Haaren der Griffel bedeckt. Es kommen lang- u. kurzgrifflige Blüten mit versch. großen u. versch. geformten Pollen vor. Die A. m. ist Nektar- u. Pollenspender (Pollenhöschenfarbe gelblich), relativ häufiger Bienenbeflug wurde beobachtet.

Arnhardt-Drüse → Tarsaldrüse.

Arsentoxikose. Vergiftung durch arsenhaltige Schadstoffe. Honigbienen sind gegenüber Arsenverbindungen sehr anfällig. Sie werden daher als «Merktiere» für Umweltbelastungen bezeichnet. Arsenhaltige Schadstoffe werden als Aerosol ↗ über ein größeres Gebiet verbr. u. u. a. auf Pflanzenteilen abgeschieden. Dabei können sowohl Blatt- als auch Blütenteile kontaminiert werden. Bes. gut werden diese arsenhaltigen Stäube von für Bienen wichtigen Pollenträgern (z. B. kätzchentragende Weiden, Haselnuß) u. honigtaufeuchten Blättern festgehalten. Damit gerät die Honigbiene in Gefahr, in belasteten Gebieten arsenkontaminierten Honigtau bzw. Pollen einzutragen u. damit den gesamten Bienenorganismus zu vergiften. Bei A.n wird primär die Funktionstätigkeit des Mitteldarmepithels beeinträchtigt. Die Resorption von Arsenverbindungen führt zur Blockade aktiver Enzymgruppierungen. Die Symptome lassen sich nicht als typisches Schadbild formulieren. Auffällig sind stark angeschwollene Hinterleiber u. starke Vergrößerung der Kotblasen. Gegenmittel sind nicht bekannt. Bei Beobachtung dieser Symptome kann nur eine sofortige Verlegung der betroffenen Bienenvölker aus dem Gefahrenbereich Erfolg versprechen.

Arsentrioxid. Entsteht durch die Oxidation von Arsen, im technischen Bereich bei der Verhüttung arsenhaltiger Mineralien u. bei der Verfeuerung fossiler Brennstoffe. Gelangt sehr häufig als «Hüttenrauch» od. «Giftrauch» in die Umwelt. Bienengefährlich.

Art. Letzte Stufe des von Linné aufgestellten Systems, das die Tier- u. die Pflanzenwelt in Gruppen von Individuen einteilt, die durch bestimmte gemeinsame morphologische u. physiologische Merkmale gekennzeichnet sind. Größte u. umfassendste potentielle Fortpflanzungsgemeinschaft von sexuellen, kreuzbefruchteten Individuen, bei der Honigbiene *Apis mellifera.* Die An sind in großen Zeiträumen durch Mutation ↗ u. Selektion ↗ entstanden. Die ältesten fossilen Bienen stammen aus dem Bernstein der Tertiärzeit (ca. 50 Mio Jahre); die ältesten gefundenen Vertreter der G *Apis* sind 30 Mio Jahre alt. Die Honigbiene scheint das Endglied einer Entwicklung von der solitär lebenden Biene zum Familienverband (Bienenstaat) zu sein, dessen Zeit der Entstehung nicht genau bekannt ist.

Ascosphaera apis, früher *Pericystis apis.* Pilzlicher Erreger der Kalkbrut ↗ der Bienen, führt zum Absterben der Bienenbrut u. zur Bildung von Kalkbrutmumien ohne Fruchtkörper (weiß) od. mit Fruchtkörper (braungrün). Ungeschlechtliche Vermehrung durch Bildung von Conidien ↗ od. geschlechtliche Vermehrung durch Bildung von Fruchtkörpern, darin Sporenballen. Übertragung durch Sporen. Pilzwachstum nur in u. auf der Wabe.

Ascosphaeriose → Kalkbrut.

Aspargus officinalis L., Spargel, Speisespargel. A der G *Aspargus* der F der Liliaceae ↗. Europa, N-Afrika, W-Asien. Seit dem 16. Jh. in M-Europa in Kultur. Zier- u. Gemüsepflanze. Mehrjährig. Blüht Ende Juli, Anfang August bis September. Die ♂♂ Blüten blühen etwas früher als die ♀♀. Unscheinbare, grünliche Blüten. Gedeiht auf sandigen, salzhaltigen, etwas steinigen Böden. Nektar- u. Pollenspender (Pollenhöschenfarbe orangerot). Die drei Nektarien liegen bei den ♀♀ Blüten zw. den Scheidewänden des oberständigen Fruchtknotens; in den ♂♂ Blüten findet man an verkümmerten Fruchtknoten außer den drei inneren noch drei äußere Nektarien. Die ♂♂ A. o.-Blüten liefern beträchtliche Mengen eiweißreichen Pollens.

Aspergillose → Steinbrut.

Aspergillus flavus. Pilzlicher Erreger der Steinbrut ↗, führt zum Absterben der Bienenbrut u. zur Bildung von Steinbrutmumien. Bei Bildung von Fruchtkörpern gelbgrün, ohne Fruchtkörper grau. Geschlechtliche u. ungeschlechtliche Vermehrung, Sporen weihwedelähnl. auf dem Fruchtkörper. Übertragung durch Sporen, Pilzwachstum in u. auf der Bienenmade u. auf der Wabe. Erreger gefährlich für Menschen, ruft Schleimhautentzündungen hervor. Vorsicht beim Umgang mit erkrankten Völkern!

Aspergillus niger. Schimmelpilz, verwandt mit *Aspergillus flavus* ↗. Gefährlich für die Bienenbrut, bildet schwarze Fruchtkörper. Bisher selten nachgewiesen.

Astern, *Aster* → Compositae.

Aster trifolium L., Strandaster. A der G *Aster* der F der Compositae ↗. Eurasien. Meeresküste, bes. häufig an Nord- u. Ostsee, auch in salzhaltigen Gebieten u. bei Mineralquellen. Zweijährig, je nach Standort 10–70 cm hoch. Blüht Juni bis September. Die Blütenköpfe bestehen aus rein ♀♀, randständigen, blauen bis violetten Zungenblüten u. scheibenständigen, zwittrigen, gelb- bis orangefarbenen Röhrenblüten. Benötigt stark kochsalzhaltigen Boden. Nektar- u. Pollenspender (Pollenhöschenfarbe gelblich bis orange). Das Nektarium liegt als Diskus am Blütengrund. Kann an der Küste lokal eine gute Spättracht liefern.

Winteraster. Gartenform

Asuntol. Präparat gegen Ektoparasiten. Auf der Grundlage dieses Wirkstoffes werden Arzneimittel zur Bekämpfung der Varroatose («Perizin») formuliert.

Atemgift. Stoffe, die durch Eindringen in das Atmungssystem eines Lebewesens tödlich wirken. A.e für Bienen sind zahlreiche Pflanzenschutzmittel ↗, aber auch Luftschadstoffe wie Fluorwasserstoff ↗.

Atemgiftwirkung. Direkte Einwirkung eines Giftes über das Atmungssystem. Bei Honigbienen ist der Weg des Giftes ↗ durch das Tracheensystem bis zu den vitalen Zentren sehr kurz. Daher treten die Vergiftungserscheinungen bei Einwirkung von Atemgiften ↗ i. d. R. viel schneller ein als bei Fraßgiften ↗. Bei betroffenen Bienenvölkern erreichen z. B. die Sammelbienen die Beuten nicht mehr. Bei starker A. können nahezu sämtliche Flugbienen eines Bienenvolkes vernichtet werden. Der vor solchen geschädigten Bienenständen zu beobachtende geringe Totenfall steht in keinem Verhältnis zum Bienendefizit.

Atemorgan → Tracheensystem.

Atemschutzgerät. Atemschutzmaske für die Arbeit mit hochtoxischen Pflanzenschutz- u. Schädlingsbekämpfungsmitteln ↗. Bei der Gewinnung von Bienengift ↗ anzuraten.

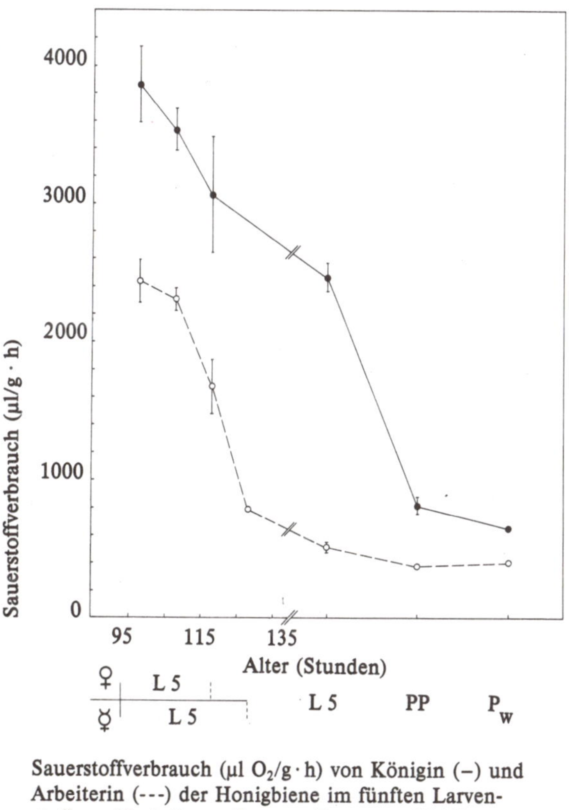

Sauerstoffverbrauch (µl O_2/g · h) von Königin (–) und Arbeiterin (---) der Honigbiene im fünften Larvenstadium. Nach Eder, Kremer, Rembold (1983)

Atmung. Wird üblicherweise dem Sauerstoffverbrauch gleichgesetzt. Ihre Bestimmung erfolgt in einem geschlossenen System (z. B. Warburg-Gefäß) unter ständiger Absorption des ausgeatmeten Kohlendioxids (Lauge) u. Messung der Volumenreduktion, welche dem Sauerstoffverbrauch gleichgesetzt wird. Auf diese Weise haben Melampy u. Willis schon 1939 einen großen Unterschied zw. der A. der Weisel u. der Arbeiterinlarve nachgewiesen. Obenstehende Abb. zeigt das Ergebnis aus A.-s-Messungen für das letzte Larvenstadium (L_5-PP) u. das Stadium der frischen Puppe (Pw). Der relative Sauerstoffverbrauch, ausgedrückt in Volumen pro Gramm Tiergewicht u. Stunde, ist während der Spinnphase (LS) bei der Weisel beispielsweise fünfmal höher als bei der Arbeiterinlarve. Bei Erreichen der Puppenruhe stellt sich ein

Auch die Blaukissen-Arten werden von den Bienen häufig beflogen

A.s-Minimum ein, welches keine auffälligen Kastenunterschiede mehr zeigt. Das Maximum des A.s-Unterschiedes fällt mit dem Maximum des Juvenilhormontiters zusammen (Kastenentwicklung ↗) u. dürfte aus ihm erklärbar sein (Biochemie ↗).

Atmungsstoffwechsel der Biene → Sauerstoffverbrauch der Biene.

Aubrieta deltoides (L.), Blaukissen. A der G *Aubrieta* der F der Cruciferae ↗. Mit zahlreichen Gartenformen, kommt in Park- u. Grünanlagen ↗ (Steingärten, Einfassungen) vor. Blüht, je nach Witterung, März bis Mai, bzw. April, Mai. Blüten blau, rot od. rosa. Kalkliebend, bevorzugt auf sandigen Böden in warmer, sonniger Lage. Vermehrung durch Teilung. Für die Bienenzucht von Bedeutung. Sowohl Nektarals auch Pollenspender.

Aufarbeiten der Wabenrahmen. Die nach dem Ausschneiden der Waben anfallenden leeren Rähmchen sind, wenn sie keine Mängel aufweisen, wieder verwendbar. Dazu werden erst die Reste des Rähmchendrahts u. dessen Befestigungsnägel entfernt, dann innen u. außen das noch anhaftende Wachs u. Propolis sauber abgekratzt u. die Löcher für den Rähmchendraht durchstoßen. Diese Wabenrahmen sind wie neue einsetzbar.

Auffangstreifen. Ein etwa 2 cm breiter Mittelwandstreifen, der an der Oberleiste von Wabenrahmen mit flüssigem Wachs angelötet wird. Der A. findet hauptsächl. Anwendung im Baurahmen u. in Begattungskästchen.

Wabenbock mit Schutzbrettern zum Abstellen der Waben während der Behandlung des Volkes

Aufketten. Gegenseitiges Verhaken zahlreicher Bienen mit den Füßen zu ketten-, vorhang- od. traubenförmigen Formationen, wobei die sich an der jeweiligen Ansatzstelle festhaltenden das Gewicht der übrigen zu tragen haben. Die wachserzeugenden Bienen ketten sich im Baurahmen unterhalb der «Baustelle», der Schwarm kettet sich an der Ansatzstelle zu einer Traube, u. die beschäftigungslosen Trachtbienen ketten sich in leeren Bereichen der Beute, bei warmem Wetter vor dem Flugloch an der Beutenvorderwand od. der Anflugklappe auf (Vorliegen ↗).

Aufsatzkasten. Für Beuten ↗, die keinen in den Beutenkörper integrierten Honigraum ↗ haben, wie z. B. Ober- u. Hinter/Oberbehandlungsbeuten ↗, werden ein od. mehrere, meist einfachwandige Kästen ohne Boden mit losem Deckel, im Standmaß od. halbhoch als Honigraum benutzt.

Aufsteckkäfig → Zusetzen von Weiseln.

Aufwandmenge. Im Pflanzenschutz die pro Flächeneinheit benötigte Präparatmenge. Die Angaben erfolgen in kg/ha, bzw. l/ha.

Aufzeichnungen. Zu einer sachgerechten Behandlung der Bienenvölker gehört es, daß nach jedem Eingriff A. gemacht werden. Im einfachsten Fall sind dies Kreidestriche u. Zeichen auf der Beutentür. Die Vielzahl der zu dokumentierenden Einzelheiten läßt diese Methode aber schnell versagen, u. jeder Imker, der auf eine saubere, ordentlich geführte u. auch wirtschaftlich übersehbare Bienenhaltung Wert legt, wird von vornherein alles bemerkens- u. behaltenswerte jedes einzelnen Bienenvolkes auf eine Stockkarte ↗ od. in ein Standbuch eintragen (Symbolschrift ↗). Darüber hinaus sollten A. über allgemeine, alle Völker betr. Ereignisse, Termine usw. gemacht werden. Es sollten u. a. aufgezeichnet werden: – alle Eingriffe in ein Volk u. die wesentlichsten Feststellungen dabei, wie z. B. Anzahl der Brutwaben, Umfang der Vorräte, Schwarmstimmung, zugegebene Waben bzw. Mittelwände, ausgeschnittene Baurahmen (in Teilen der Ganzwabe = ¼, ½, ¾, $^1/_1$), deren Inhalt, entnommene Bienen, Brut- od. sonstige Waben; – gesondert in tabellarischer Aufstellung: Menge u. Zustand des Wintergemülls; Feststellungen beim Reinigungsflug; Beginn der Bautätigkeit; die jedem Volk entnommenen Honigwaben, evtl. ihr Gewicht vor u. nach dem Schleudern; die jedem Volk verfütterte Zuckermenge; – A. über die Weiselzucht; – Medikamentenanwendung bei Krankheiten. Zur Schaffung von Unterlagen für eine an der Witterung u. der Entwicklung der Pflanzen orientierten Betriebsweise sind darüber hinaus noch A. über die Flugtätigkeit (Flugtage ↗) u. meteorologische ↗ sowie phänologische Beobachtungen ↗ zu machen. Ist auf dem Bienenstand ein Waagstock ↗ vorhanden, sollten die tägl. Zu- od. Abnahmen (Trachttage ↗) aufgezeichnet werden. Nach Abschluß des Bienenjahres ↗ sollten die gemachten A. ausgewertet u. mit denen vorhergehender Jahre verglichen werden (Auswertung der imkerlichen Beobachtung ↗).

Aufzuchtverfahren. Im Laufe der Jahre wurden eine Vielzahl von A. entwickelt. Daher können hier nur einige wenige Grundverfahren geschildert werden, die ± nach Betriebsweise modifizierbar sind. Das alte Verfahren (nach ZANDER) geht davon aus, die Weisel des Pflegevolkes zu entfernen u. nach neun Tagen alle Nachschaffungszellen auszubrechen. Dem somit «hoffnungslos weisellosen» Volk wird der Zuchtstoff ↗ aus dem Zuchtvolk gegeben, über dem nun Weiselzellen errichtet werden. Der Nachteil dieses Verfahrens liegt darin, daß ein so lange weiselloses Volk ohne offene Brut seine Futtersaftproduktion erheblich verringert u. die Volkskraft vorwiegend auf die Pflege wilder, unerwünschter Weiselzellen verschwendet. Daher wird dieses Verfahren heute nicht mehr empfohlen. Es hat lediglich historische Bedeutung. – Die Zucht im weisellosen Volk ist bes. dort geeignet, wo in Blätterbeuten gearbeitet wird. Dieses Verfahren beruht darauf, die Weisel neun Tage vor Zuchtbeginn im Honigraum abzusperren, um sie dann unmittelbar vor dem Einhängen der Zuchtserie mit der offenen Brut ganz zu entfernen. Somit ist das Pflegevolk gezwungen, über dem gereichten Zuchtstoff – ob Bogenschnittwabe, Zellstreifen od. belarvte Näpfchen – Weiselzellen zu errichten. – Für den Transport von Zuchtstoff eignet sich das Verfahren über den sog. An- od. Vorbrütekasten (nach FISCHLEIN) am besten. Man schafft außerhalb des Pflegevolkes, in dem Anbrütekasten, einen weisellosen Volksteil, dem man die Zellen mit dem Zuchtstoff für die erste Pflege übergibt. Nach 24 Stunden bringt man dann die angenommenen, mit Weiselfuttersaft versorgten Zellen mit den Pflegebienen in die Honigräume weiselrichtiger Völker, bei denen durch Umhängen offener Brutwaben dafür gesorgt ist, daß sich im Honigraum genügend Ammenbienen befinden. Dort werden die Zellen bis zur Verdeckelung bzw. zum Schlupf weiter gepflegt, obwohl sich im Brutraum eine Weisel befindet. Aber auch weisellose Pflegevölker sind für die weitere Pflege geeignet. Zunächst benötigt man einen Vor- od. Anbrütekasten. Es handelt sich dabei um einen einfachwandigen Kasten, der 3–5 Waben im Standmaß faßt. Am Boden verfügt er über eine großflächige Lüftung aus Gaze. Der Deckel ist abnehmbar u. nimmt die Lochleisten auf, in die

die Stopfen mit dem Zuchtstoff gegeben werden. Zu beachten ist, daß die Waben während des Transports fest sitzen u. die Lochleisten einen Abstand von 3–4 cm zu den Rähmchenoberträgern aufweisen, damit die Ammenbienen auch gut an den Zuchtstoff – i. d. R. belarvte Näpfchen – gelangen können. – Eine Aufzucht über das Startervolk wird vorwiegend von kommerziellen Zuchtbetrieben angewendet, also dort, wo jährl. eine große Zahl von Weiseln benötigt wird. Dieses Verfahren wurde in den USA entwickelt u. ist bes. für Magazine geeignet. Es geht ebenso wie die Zucht über den Vorbrüter von einer geteilten Pflege der Zellen aus. Die erste Pflege erfolgt im sog. Starter-(Brüter-)Volk, die Endpflege wird in anderen Völkern (Finishern) durchgeführt. Im Gegensatz zu dem vorgenannten Verfahren handelt es sich bei dem Starter um ein ganzes Volk, das auf einer Zarge zusammengestaucht wurde. Wichtig ist dabei das Verhältnis Bienen u. Raum (viele Bienen auf engstem Raum!). Der Starter erhält für jede Pflege zwei Zuchtrahmen mit je

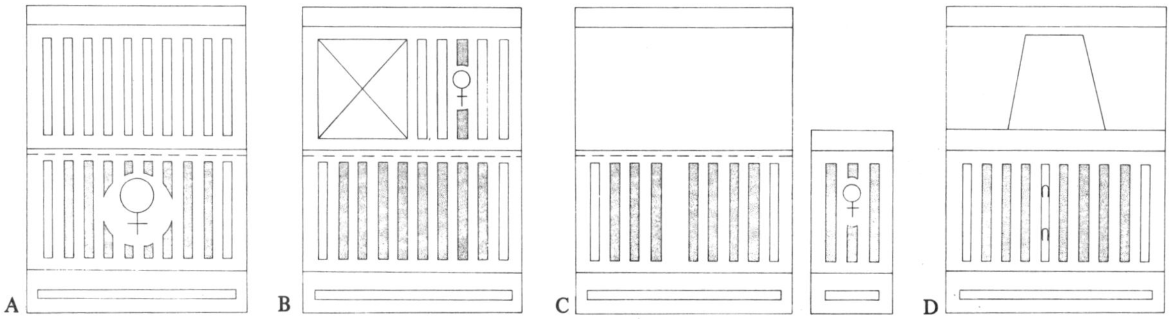

Zucht im weisellosen Volk

A	B	C	D
Auswahl eines gesunden starken Volkes als Pflegevolk	Vorbereiten des Pflegevolkes neun Tage vor Zuchtbeginn 1. Der Honigraum wird leergeräumt. 2. Die Weisel gelangt mit einer Brutwabe und vier Leerwaben in den Honigraum. 3. Der restliche freie Raum wird mit einem Schied abgesperrt.	Entweiseln des Volkes 1. Die Weisel kommt mit den Waben aus dem Honigraum in einen Ableger. 2. Der Honigraum wird abgesperrt. 3. Im Brutraum sind alle Weiselzellen zu entfernen. 4. Im Brutraum wird eine Wabengasse gebildet.	Einhängen der Zuchtserie 1. Der Zuchtrahmen mit dem Zuchtstoff wird gegeben. 2. Bei fehlender Tracht ist zu füttern.

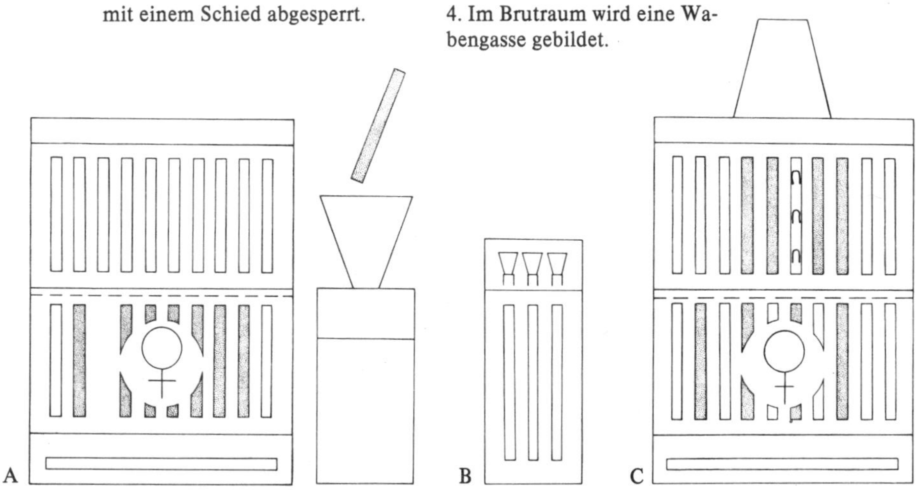

Zucht über den Vorbrütekasten

A	B	C
Vorbereitung des Vorbrüters 1. Auswahl eines gesunden, starken Volkes als Pflegevolk. 2. Von 6–8 Waben werden die Jungbienen in den Vorbrütekasten gefegt. (Achtung! Weisel bleibt im Volk.) Der Vorbrüter soll zu ⅓ mit Bienen (lose Masse) gefüllt sein.	Belarven des Vorbrüters und erste Pflege der Zellen 1. Der mit einer Wasser-, Pollen- und Futterwabe gefüllte Vorbrütekasten wird nach Eintreten der Weiselunruhe belarvt. 2. Die Larven bleiben zur ersten Pflege 24 Stunden im Vorbrüter.	Endpflege der Zellen im Pflegevolk 1. Drei bis vier Waben mit offener Brut werden in den HR gehängt. 2. Zw. die offene Brut werden die vorgepflegten Zellen (max. 20 Stück) gegeben. 3. Bei fehlender Tracht ist zu füttern.

zwei Zuchtlatten (ca. 40 Zellen). Sie verbleiben etwa 24 h in diesem Volk, um dann auf die Honigräume weiselrichtiger Völker (Finisher-Völker) verteilt zu werden. Ein Starter kann hintereinander etwa 4–5 Zuchtserien pflegen. Die letzte Serie verbleibt bis zum Verschulen bzw. Schlupf im Starter. – Dem Praktiker beschrieben – verteilt. Dem Pflegevolk wird eine neue Serie gegeben. Die Pflegevölker können die ganze Saison über im Einsatz bleiben. Es ist jedoch durch Umhängen ständig dafür Sorge zu tragen, daß sich genügend (vier Waben) offene Brut im Pflegeabteil befindet. Die ersten Serien werden häufig weniger gut gepflegt, die folgenden, wenn die Völker auf die Pflege «abgerichtet» sind, weit besser. Da sich die Pflegevölker nicht verbrauchen, ist diese Methode geeignet zur gleichmäßigen Dauerproduktion von Weiseln.

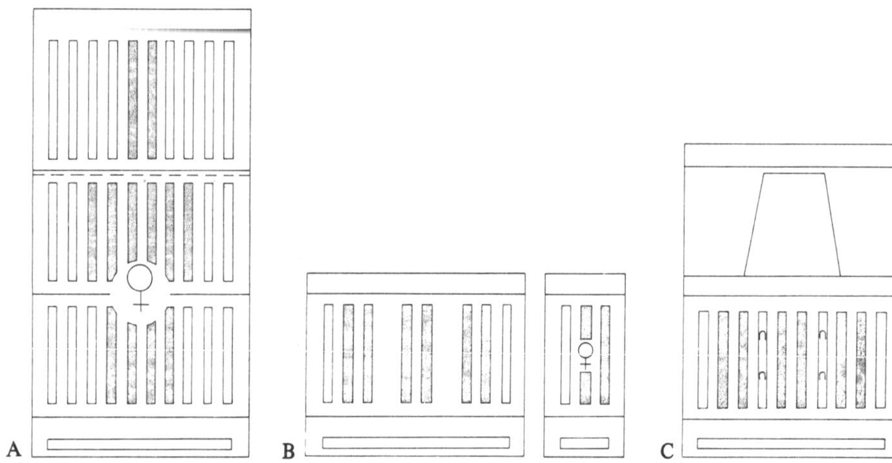

Aufzucht über das Startervolk

A	B	C
Auswahl eines gesunden, starken Volkes als Starter	Vorbereiten des Starters 1. Mit der Weisel wird ein Ableger gebildet. 2. Das Volk wird auf eine Zarge zusammengestaucht. 3. In den Starter gelangen nur Futter- und verdeckelte Brutwaben.	Einhängen der Zuchtserien 1. In die Wabengassen werden zwei Zuchtserien gegeben. 2. Bei fehlender Tracht ist zu füttern.

ist bekannt, daß im Honigraum in einigem räumlichen Abstand zur Weisel beim Vorhandensein genügend offener Brut bisweilen Nachschaffungszellen herangezogen werden. Diese Erfahrung liegt der Zucht im weiselrichtigen Volk zugrunde. Bes. gut funktioniert dieses Verfahren in wärmeren Regionen. Deshalb wird es von den kommerziellen Weiselzüchtern gern angewandt. In den USA (Roberts; Mackensen) arbeitet man mit Magazinen, in Italien (Piana) u. der S-UdSSR (Zuchtstation Krasnaja Poljana) in Lagerbeuten. Schematisch läßt sich dieses Verfahren wie folgt beschreiben: Zunächst wird ein starkes, mindestens 20 Waben belagerndes Pflegevolk in einer Lagerbeute ausgewählt. Der Wabenbestand wird geordnet. 2–3 Pollen- u. Futterwaben kommen an die Stirnseite der Beute, dann folgt die Brut. Die restlichen Futterwaben bilden den Abschluß. Durch ein senkrechtes Schied mit einem 8 × 15 cm großen Absperrgitter wird der Brutkörper getrennt. In dem vorderen Teil befindet sich die Weisel. Im hinteren Teil wird zw. zwei Waben mit offener Brut eine Wabengasse geschaffen, in die man einen Zuchtrahmen mit ca. 15 belarvten Zellen gibt. Mit Honiglösung ist ständig über die Zuchtserie zu füttern. Nach 24–36 h werden die angenommenen Zellen auf Honigräume weiselrichtiger Völker zur Endpflege – wie bei den vorangegangenen Verfahren

Augen. Die Bienen haben, wie auch die Mehrzahl der anderen Insekten, zwei Typen von Sehorganen: Komplex-A. u. Punkt-A. (Ocellen). Die Komplex- od. Facetten-A. sind die paarigen Sehorgane, die einen großen Teil der Kopffläche beanspruchen. Sie sind aus Ommatidien zusammengesetzt, Strukturelementen mit selbständigem Dioptrie-, Photorezeptor- u. Abbildungsapparat. Die Ommatidienanzahl ist bei den versch. Bienenwesen nicht gleich u. unterscheidet sich auch bei den Vertretern versch. Rassen. Durchschnittl. haben die Arbeitsbienen 4000–5000, die Weisel 3000–4000, der Drohn 7000–8000 u. mehr Ommatidien. Durch die Rasteroptik der Komplex-A. entsteht eine Mosaikabbildung des Gegenstandes, die in so

Schema des Punktauges der Honigbiene.
1 Ocellarnerv,
2 Pigment,
3 Pigmentzellen,
4 Cuticula,
5 Linse,
6 Epidermis,
7 (Retinula-)Sehzelle,
8 Interstitialzellen

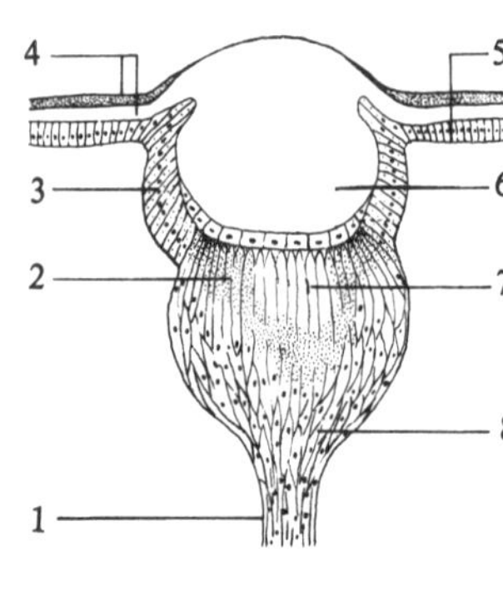

viele Punkte zerlegt ist, wie dem Gegenstand Ommatidien zugeordnet sind. Jedes Ommatidium besitzt eine dicke Cornealinse u. im Kristallkegel (gemeinsam bilden sie das dioptrische System) neun retinulare sensible Zellen, zwei Hauptpigmentzellen (von der Abstammung her corneagene Zellen) u. sechs u. mehr Anhangspigmentzellen (Nebenpigmentzellen). Acht retinulare Zellen erstrecken sich über die gesamte Ommatidienlänge, die neunte, basale, jedoch ist kürzer u. liegt am proximalen Ende des Ommatidiums nahe der Basalmembran, die als A.-Boden dient. Die nach innen einander zugewandten Wände der retinularen Zellen bilden eine sehr wichtige Struktur aus fest verpackten Mikrovilli bzw. Rhabdomeren; die Rhabdomeren aller retinularer Zellen fügen sich zu einem palisadenförmigen zusammengeschmolzenen Rhabdom. Parallele Reihen von Mikrovilli, die senkrecht zur optischen Achse des Ommatidiums orientiert sind, bilden ein Muster aus vier spiegelsymmetrischen Quadranten. Das optisch konzentrierte Bild fällt auf die distale Spitze des Rhabdoms. In der Membran der Mikrovilli ist das Sehpigment eingeschlossen, deshalb erfüllt das Rhabdom eigentl. selbst die photorezeptorische Funktion. Die Granuli (Körnchen) des dunklen Abschirmungspigmentes der langgezogenen Pigmentzellen schützen das Rhabdom vor seitl. Licht.

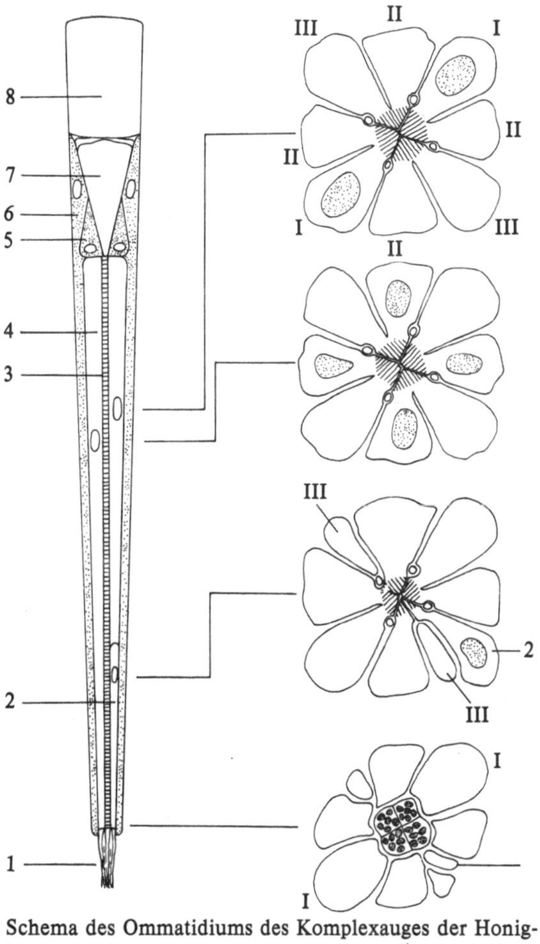

Schema des Ommatidiums des Komplexauges der Honigbiene mit Querschnitten in verschiedenen Regionen.
1 Axon, 2 9. Retinulazelle, 3 Rhabdom, 4 Retinula-(Seh-)zelle, 5 Hauptpigmentzelle, 6 Nebenpigmentzelle, 7 Kristallkegel, 8 Cornealinse; I, II, III, drei Typen der Sehzellen. Nach Gribakin (1975)

Die Axone sechs retinularer Zellen eines Ommatidiums enden in ein u. derselben optischen Patrone der Lamina des Oberschlundganglions, die drei anderen, unter ihnen auch die Basalzelle, treten durch das äußere Chiasma in die Medulla ein. In den Ommatidien befinden sich drei grundlegende Spektraltypen retinularer Zellen: $\lambda max = 340$, 430–460 u. 530 nm, die der Biene ein vollständiges trichromatisches Farbsehen ermöglichen. Das für die Biene sichtbare Spektrum erstreckt sich von den UV-Strahlen mit $\lambda < 300$ nm bis hin zu den orangeroten mit $\lambda = 650$ nm; für dunkelrote Strahlen ist die Biene blind. Bes. gut unterscheiden die Bienen kurzwelliges Licht. Die Farben können sie nach dem Farbton, dem Sättigungsgrad u. der Helligkeit erkennen, wie es auch der Mensch vermag. Für den Menschen weiße Flächen, die keine UV-Strahlen reflektieren, wie z. B. Zinkweiß, sehen für die Biene blaugrün aus. Für das menschl. Auge nicht sichtbare ultraviolette Muster sehen die Bienen auf einigen gelben, orangefarbigen u. anderen Blüten. Die optischen Achsen angrenzender Ommatidien gehen unter einem Winkel von 1–3,5° auseinander; deshalb beträgt die Sehschärfe der Bienen im besten Falle 2°. Aber die Empfindlichkeit der Bienen zur vorübergehenden Lichtmodulation ist hoch, das Zusammenfließen von Flimmern tritt bei 250–265 Blitzen in der Sekunde auf. Als Polarisationsdetektor dient die retinulare Basalzelle, sie reagiert auf Drehung der Polarisationsebene des Lichtes, z. B. des blauen Himmels. Die Bienen nehmen die Tiefe eines Raumes, Volumen, Größe u. Form von Gegenständen wahr u. nutzen das Sehen geschickt bei Suchflügen u. bei der Orientierung ↗. Auf dem Scheitel liegen drei kleine einfache A., die Ocellen. Der äußere Teil jeder Ocelle wird von einer dicken doppelkonvexen Linse gebildet, die eine Cuticulaverdickung darstellt. Unter dem Mittelteil der Linse liegt eine Schicht durchsichtiger Zellen, der sog. Glaskörper. Die verdickten hypodermalen Zellen an den Seiten der Linse erfüllen die Rolle von Pigmentzellen, sie enthalten vielzählige Granuli des dunklen Abschirmungspigments. Hinter dem Glaskörper befindet sich eine zwiebelförmige Zellmasse, die in den Ocellarnerv übergeht. Seine äußere Schicht, die aus gestreckten, entlang der A.-Achse u. parallel zueinander verlaufenden lichtempfindlichen od. retinularen Zellen besteht, bildet die Retinula. Die retinularen Zellen, ungefähr 800, sind in Gruppen zu je zwei od. drei angeordnet. Ihre inneren Flächen bilden ein palisadenförmiges Rhabdom, das das Sehpigment enthält, eine Abart des Rhodopsins. Die retinularen Axone sind kurz u. kontaminieren im zwiebelartigen Teil des A. synaptisch mit Interneuronen, deren Körper sich im intercerebralen Teil des Protocerebrums befindet. Der Ocellarnerv, der von diesen Interneuronen gebildet wird, enthält im Ganzen 8–12 dicke (ungefähr 10 µm) u. eine kleine Anzahl dünner Fasern. Die Axone retinularer Zellen sind von Glia-(interstitiellen) Zellen umgeben. Es wird das Vorhandensein zweier Spektraltypen von retinularen Zellen mit einem Maximum der Empfind-

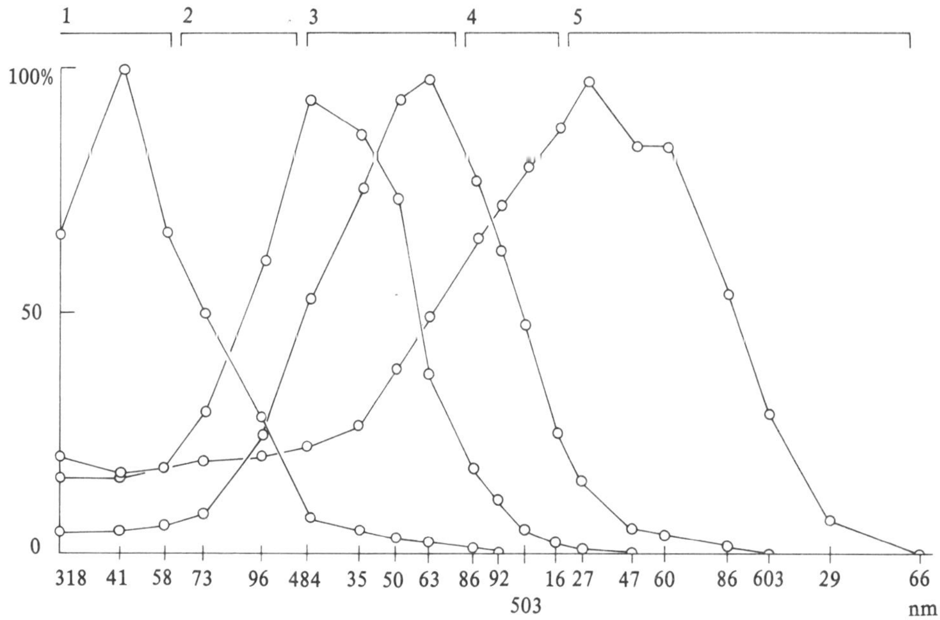

Spektraltypen der Sehzellen der Bienenarbeiterin mit den Maxima bei 340, 430–460 und 530 Nanometer (nm). Ordinate: % der maximalen Empfindlichkeit; 1–5 Hauptfarbbereiche der Bienenfarben: 1 UV-Bereich, 2 UV-Violett-Bereich, 3 Blau-Bereich, 4 Blau-Grün-Bereich, 5 Gelb-Bereich

lichkeit bei 340 od. 490 nm vermutet. Die einfachen A. sind dem Gegenständlichen nicht angepaßt. Sie senden phasige u. tonische Informationen ins Gehirn u. dienen zur Messung der absoluten Beleuchtung, zur Stimulierung des Zentralnervensystems ↗ u. Regulierung einiger phototaktischer Bewegungen.

Ausbreitungsgeschwindigkeit der Afrikanisierten Bienen → Afrikanisierte Bienen.

Ausdauernder Wiesenknöterich, *Polygonum bistorta* → Polygonaceae.

Außenflugloch. Bei Beuten ↗ mit Doppelboden ↗ die Öffnung in der Vorderwand, die aus dem Raum unter dem Doppelboden ins Freie führt (Innenflugloch ↗).

Außenmilbe, Ektoparasit ↗. Milbe, die auf der Körperoberfläche der Honigbiene parasitiert. Zur Ernährung sticht die A. den Chitinpanzer an u. saugt Haemolymphe. Entspr. dem Brutplatz gibt es versch. An: *Acarapis dorsalis* auf dem Rücken der Biene, *A. externus* in der Halsfurche u. *A. vagans* am Hinterleib. Außer der *Acarapis*-Milbe gibt es noch weitere A.n: *Varroa jacobsoni* ↗, *Tropilaelaps claerae, Tyrophagus putrescentiae, Pyemotes ventricosus, Sennertia shimanukii, Sennertia faini, Acarus siro, Mellitiphis alvearius, Tarsonemus indoapis, Euvarroa sinhai, Aeroglyphus robustus, Mellittobia acosta, Parasitus* spec., *Cheyletus aversor, Cheyletus eruditus, Blatisocius tarsalis, Macrochelos glaber.*

Außenreizfütterung → Frühjahrsreizfütterung.

Außenschädling. Schädling, der den Bienen außerhalb der Beute nachstellt: Bienenwolf ↗, Raubfliege ↗, Spinne ↗, Vogel ↗, Wespe ↗.

Außenskelett → Chitincuticula.

Außenstand. Außerhalb des Flugkreises ↗ des Hauptstandes gelegener Aufstellungsplatz für Bienenvölker ↗ u. Ableger ↗. A.e können ständig besetzt sein, um eine Übervölkerung am Hauptstand zu verhindern, od. als fester Wanderplatz ↗ während einer bestimmten Tracht u. auch als Ablegerstand nur vorübergehend besetzt sein.

Ausflugrichtung. Die Richtung, in der die Bienen ausfliegen, ist abhängig von der Konstruktion des Bienenhauses ↗ bzw. des Wanderwagens u. von der Art u. Aufstellung der Beuten ↗. Bienenhäuser haben meist nur eine, Wanderwagen zwei entgegengesetzte A.en. Bei der Freiaufstellung ↗ ist es möglich, den Beuten unterschiedl. A. zu geben (Verfliegen ↗). Von den Himmelsrichtungen wird SO als günstigste angesehen, da hierbei die Völker von der wärmenden Vormittagssonne zu frühem Ausflug angeregt, aber von der die Beutenfront stark erwärmenden Mittagssonne nicht getroffen werden. Bei zweiseitigem Ausflug wird die N-S-Orientierung empfohlen. Ist S-Flug nicht zu vermeiden, sollte durch ein langes Vordach u./od. durch Anpflanzung von Bäumen eine Beschattung der Beutenfront erreicht werden. Die Erfahrung zeigt, daß der Ausflug in jede Himmelsrichtung Vor- u. Nachteile hat. Neben allen fachlichen Gesichtspunkten zur A. sollte beachtet werden, daß sie immer über das eigene Grundstück gerichtet sein muß, um Nachbarn u. Passanten öffentlicher Straßen u. Wege nicht durch die Bienen zu gefährden u. so wenig wie möglich zu belästigen.

Ausgleichen. Eine im Frühjahr durchzuführende Maßnahme, um die Völker eines Standes etwa auf gleiche Stärke zu bringen, damit sie dann alle einheitl. behandelt werden können. Das A. ist auch eine Schwarmverhinderungsmaßnahme, da allgemein die stärkeren Völker als erste in Schwarmstimmung kommen. Das A. erfolgt, indem den stärksten Völkern weitgehend verdeckelte Brutwaben mit ansitzenden Bienen entnommen u. den schwächeren zugegeben werden. Bei der in Frage kommenden Obstblütentracht muß der Imker entscheiden, ob er das A. vornimmt od. versucht, von den starken, ungeschwächten Völkern schon aus dieser Tracht eine Ernte zu erzielen.

Ausleckenlassen der Waben. Das früher praktizierte Ausleckenlassen der ausgeschleuderten Honigwaben im Freien ist abzulehnen. Selbst bei entspr. Vorsicht entsteht in den Völkern eine große Unruhe, die Anlaß zu Räuberei sein kann. Auch wegen der Möglichkeit der Übertragung von Krankheiten sollte das A. d. W. unterbleiben. Geschleuderte Waben, die aufbewahrt werden sollen, kommen honigfeucht in den Wabenschrank. Im Frühjahr den Völkern zugehängt, sind sie jedesmal eine kleine Reizfütterung (Aufbewahren der Waben). Waben, die eingeschmolzen werden sollen, können im Herbst nach der Einfütterung hinter das Beutenfenster mit etwas geöffnetem Verschlußbrettchen eingehängt werden. In Magazinbeuten setzt man eine Zarge mit den auszuleckenden Waben obenauf, nachdem das Wachstuch an einer Ecke etwas eingeschlagen wurde. Haben sich die Bienen beim ersten Kälteeinbruch zurückgezogen, können die Waben bzw. die Zarge entnommen werden.

Aussieben. Auch als Absieben od. Durchsieben bezeichnetes Durchlaufenlassen von Arbeitsbienen durch ein Absperrgitter ↗. Weiseln u. Drohnen können das Absperrgitter nicht passieren u. werden auf diese Art u. Weise von den Arbeiterinnen abgetrennt (Schwarmsiebkasten ↗).

Ausstellungen. Bienenkundliche A. fanden bereits bei einigen Welt-A. statt, z. B. 1862 in London, 1867 in Paris, 1873 in Wien, 1897 in Brüssel. Die Imker stellten vor allem neueste Erfindungen u. Entdeckungen aus. Bei den Wanderversammlungen (Imkerorganisationen ↗) wurde alles Neue vorgeführt (z. B. bewegliches Rähmchen, erste Mittelwand, erste Honigschleuder). Diese Tradition wird gepflegt. Bei allen «Imkertagen» in Deutschland sind auch stets entsprechende Ausstellungen aufgebaut. Zum Beispiel beim Großimkertag in Soltau des Deutschen Berufs- und Erwerbsimkerbundes bei der Wanderversammlung (Kongreß) deutschsprachiger Imker, u. a. in Wien, Tramin (Südtirol) oder in Clervaux (Luxemburg). Dort dienen u. a. die Lehr-und Leistungsschauen der Information über den Stand der Imkerei. – In Rußland gibt es auf der Ausstellung der Errungenschaften der Volkswirtschaft (früher Allunionsausstellung) in Moskau einen ganzjährig geöffneten Pavillon «Bienenzucht», wo man sich mit dem jeweils neuesten Stand der Bienenwirtschaft vertraut machen kann. Es werden außerdem wechselnde Ausstellungen zu bestimmten Themen aufgebaut und dazu auch Seminare abgehalten. – Internat. finden anläßlich der APIMONDIA-Kongresse Imkermessen statt, seit 1965 unter dem Namen APIEXPO mit hinzugefügter Jahreszahl.

Austriebsbehandlung. Anwendung von Pflanzenschutzmitteln ↗ zum Zeitpunkt des Austriebs der Knospen. Bes. häufig zum Schutz von Obstanlagen erforderlich.

Auswertung der imkerlichen Beobachtung. Die Ergebnisse der imkerlichen Beobachtung werden in Aufzeichnungen ↗ festgehalten, die für die eigene Bienenhaltung u. für das imkerliche Beobachtungswesen ausgewertet werden sollten. Ihr Nutzen besteht *kurzfristig* in der unmittelbaren Anwendung bei der Bearbeitung der Völker u. z. B. bei der Festlegung von Terminen für das Umhängen, die Wanderung, das Schleudern, die Weiselzucht. *Längerfristig* (langjährige Mittel ↗) besteht ihr Nutzen in der Schaffung von Unterlagen für eine den meteorologischen u. phänologischen Bedingungen des Standorts angepaßte Betriebsweise ↗ u. in der statistischen Auswertung für Vorträge u. Veröffentlichungen.

Auswinterung. Bezeichnung für die Arbeiten an den Bienenvölkern, die unmittelbar vor u. nach dem Reinigungsausflug ↗ durchzuführen sind. Dazu gehören vor allem das Ziehen der Windeln ↗ u. die Kontrolle des Wintergemülls. Bei Magazinvölkern wird entweder ebenfalls die Windel gezogen od. der Magazinboden ausgetauscht. Eine Kontrolle auf Futtervorrat sollte bei ausreichender Einfütterung jetzt noch nicht erforderlich sein. Einengen ↗ ist nur bei starkem Schwund der Volkstärke notwendig. In diesem Fall ist die Ursache zu ermitteln u. zu entscheiden, ob es nicht zweckmäßiger wäre, das Restvolk mit einem normalstarken zu vereinigen. S. Gemüll, Bienenjahr, Magazinbeuten.

Ausziehbeute. Hinterbehandlungsbeute mit einer Ausziehvorrichtung ↗ für die im Querbau hängenden Waben im Brut- u./od. Honigraum.

Ausziehvorrichtung. Eine Vorrichtung, um bei Hinterbehandlungsbeuten ↗ die Brutraum- u./od. Honigraumwaben insges. in einen an die Beute angehängten Kasten zu ziehen bzw. in einem in die Beute integrierten Kasten (Stapelbeute Schulze ↗) herauszuziehen. In diesem Kasten können dann die Waben von oben behandelt werden. Auf diese Weise sollen die Vorteile der Hinterbehandlungs- mit denen der Oberbehandlungsbeute ↗ z. T. verbunden werden. Dieses System wird auch als indirekte Oberbehandlung bezeichnet. Die Funktionsfähigkeit von A.en über längere Zeit u. unter allen Umständen wird oft bestritten (Zwischenbau ↗). Zu den A.en sind auch die Schlitten ↗ zu rechnen.

Aus Zwei mach Drei. Eine Methode der Vermehrung, bei der aus Teilen von zwei starken, aber noch nicht in Schwarmstimmung gekommenen Völkern Ende Mai/Anfang Juni ein drittes gebildet wird. Sie ist gleichzeitig eine Methode der vorbeugenden Schwarmverhinderung. – Volk A wird aus seiner Beute entnommen u. diese mit Leer- u. einigen Futterwaben ausgestattet. Darauf werden die Bienen in ihre Beute zurückgefegt, die Weisel entspr. vorsichtig umgesetzt. Die bienenfreien Waben kommen in die Beute von Volk B, das in eine leere Beute umgehängt wurde u. jetzt das neue Volk C ist. Im Ergebnis dieser Verfahrensweise ist das Volk A ohne Brut; es wird in kurzer Zeit ein neues Brutnest anlegen u. kann später mit einigen Waben verdeckelter Brut unterstützt werden. Volk B ist weisellos; es hat die Brut aus Volk A u. die Flugbienen aus dem jetzigen Volk C. Die Beweiselung sollte man nicht dem Volk durch Nachschaffung überlassen, sondern nach neun Tagen die angesetzten Zellen entfernen u. eine begattete Weisel od. ein Begattungsvölkchen zusetzen (Umweiseln ↗). Volk C ist einige Tage ohne Flugbienen u. muß getränkt werden (Stocktränke), das Flugloch ist vorübergehend zu verengen.

Autozidtechnik. Methode zur Selbstvernichtung einer Schaderregerpopulation durch Sterilisation, letztere z. B. durch Chemosterilantien od. durch ionisierende Strahlen bewirkt.

Axillare → Flügelgelenkung.

Bach-Nelkenwurz → *Geum rivale* → Rosaceae.

Bacillus alvei CHESHIRE et CHEYNE. Gehört zur Gruppe von Erregern, die die ansteckende Gutartige Faulbrut ↗ hervorrufen. Es ist gramlabil u. peritrich begeißelt, wächst nach 1–2 Tagen leicht auf Einfachagar u. a. gewöhnl. Nährböden u. bildet Sporen. Der Erreger ist gegen Erythromyzin, Biomyzin u. Streptomyzin sowie gegen B.-a.-Bakteriophagen empfindlich. Mit spezifischen Antiseren vom Kaninchen gegen B. a., *Streptococcus pluton* ↗ u. *Bacillus larvae* ↗ können durch Präzipitation u. Agglutination die Erreger der Gutartigen u. Bösartigen Faulbrut ↗ serologisch nachgewiesen werden. Die Antigenextrakte zur Agargelpräzipitation werden aus toten Bienenlarven hergestellt. Zum Nachweis von Gutartiger u. Bösartiger Faulbrut in verdächtigem Wabenmaterial u. evtl. im Honig kann auch die Immunfluoreszenzmethode mit spezifischen Hyperimmunseren vom Kaninchen gegen B. a. u. *B. larvae* benutzt werden.

Bacillus larvae WHITE. Erreger der im allgemeinen seuchenhaft verlaufenden Bösartigen Faulbrut ↗. Grampositives, peritrich begeißeltes Bakterium, welches nach 2–3 Tagen bei 37 °C aerob auf Traubenzuckerblutagar wächst. B. l. bildet terminal od. subterminal liegende, sehr widerstandsfähige Sporen, die mit dem Futtersaft von den Bienenlarven aufgenommen werden. Infolge des Bakterienwachstums sterben die Larven ab u. werden zu brauner, leimartig fadenziehender Masse (Streichholzprobe ↗). Diese trocknet schließl. zu dunkelbraunen, fast schwarzen, schwer ablösbaren Schorfen – die massenhaft Faulbrutsporen enthalten – in der unteren Zellrinne ein. Die Schorfe reichen nicht bis zum Oberrand der Wabenzellen. In der Routinediagnostik u. zur Aufklärung von Mischinfektionen werden spezifische Bakteriophagen gegen B. l. verwendet. Mit spezifischen Antiseren vom Kaninchen gegen B. l., *Bacillus alvei* ↗ u. *Streptococcus pluton* ↗ kann – durch Präzipitation od. Agglutination – der Erreger der Bösartigen Faulbrut u. der Gutartigen Faulbrut ↗ serologisch nachgewiesen werden. Die Antigenextrakte zur Agargelpräzipitation werden aus toten Bienenlarven hergestellt. Zum Nachweis von Bösartiger u. Gutartiger Faulbrut in verdächtigem Wabenmaterial u. evtl. im Honig kann auch die Immunfluoreszenzmethode mit spezifischen Hyperimmunseren vom Kaninchen gegen B. l. u. *Bacillus alvei* benutzt werden. B. l. ist empfindlich gegen Sulfathiazol-Natrium u. Tetrazyklin.

Elektronenmikroskopische Aufnahme eines Teilungsstadiums von *Bacillus larvae* WHITE. Vergrößert ca. 20000:1

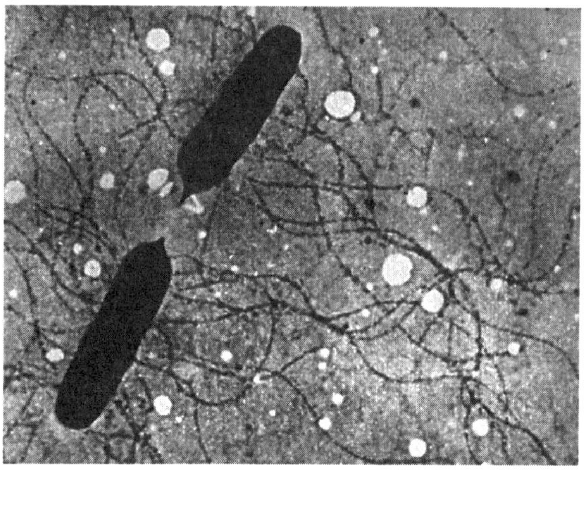

Bacillus laterosporus LAUBACH, *Bacillus orpheus*, NN. Begleiterreger bei Gutartiger Faulbrut ↗. Gerades, gramlabiles Bakterium, bildet Sporen in der Mitte, wobei das Bakterienstäbchen gekrümmt ist u. der Spore eng anliegt. B. l. ist empfindlich gegen Erythromyzin u. Penizillin.

Bacillus thuringiensis BERLINER. Wegen seiner Insektenpathogenität zur biologischen Schädlingsbekämpfung verwendet. Bekannte Präparate sind Turizid, Entobakterien, SAN 401.

Bakterienspore → Spore.

Bakterizide. Stoffe bzw. Präparate mit einer bakterientötenden Wirkung; z. B. im Bienenhonig u. bes. in der Propolis enthalten.

Balsaminaceae, Springkrautgewächse. Die F umfaßt zwei Gn mit ca. 450 An. Vor allem Vorderindien, tropisches Afrika, wenige An in N-Amerika u. in der nö. gemäßigten Zone Eurasiens. Ein- od. mehrjährige Pflanzen mit krautartigem Wuchs. Bevorzugen quellige Standorte mit ausgeglichenem Wasserhaushalt, z. B. Gebirgswälder. Die zweiseitig-symmetrischen Blüten der G Springkraut, Balsamine, *Impatiens*, zeigen vielfältige Gestaltungsmöglichkeiten der Kelch- u. Blütenblätter; *Impatiens*-An mit einem stark erweiterten medianen Kelchblatt u. einem kurzen Sporn, in dessen Innern stets eine Nektardrüse entwickelt ist, weisen auf eine Bestäubung durch Bienen od. bienenähnl. Insekten hin, An mit einem stark verlängerten Sporn (bis 10 cm) u. mit farbigen Blütenformen auf Bestäubung durch Tag- u. mit langem Sporn u. weißen Blütenformen auf Bestäubung durch Nachtfalter. Bei den in Europa verbr. An hat der Sporn eine Länge von 5–7 mm, da jedoch der Nektar oft den ganzen Sporn füllt, können ihn nicht nur Hummeln, sondern auch kurzrüsselige Honigbienen nutzen. – Außer Blütennektarien besitzen die *Impatiens*-An im Bereich des Blattstieles u. der Blattspreite extraflorale Nektarien. Eine Höhe bis zu 2 m erreicht das aus dem Himalaja stammende, einjährige, rotblühende Drüsige Springkraut (*Impatiens glandulifera* ROYLE), das in Gärten u. verwildert anzutreffen ist, aber auch als Bienenfutter angebaut wird. Bekannt ist auch die in zahlreichen Gartenformen vorkommende, aus Indien stammende Garten-Balsamine (*Impatiens balsamina* L.), die als Topf- u. Freilandpflanze in Europa kultiviert wird. Die *Impatiens*-An liefern den Bienen vor allem Nektar, seltener wird auch Pollen eingetragen. Honige mit *Impatiens* als Leitpollen wurden u. a. aus der Schweiz, England u. der Bundesrepublik Deutschland gemeldet.

Bannwabe. Eine Wabe mit offener Brut, die dem in eine Beute eingeschlagenen Schwarm (Einschlagen eines Schwarms ↗) zugegeben wird. Der Brutpflegeinstinkt fesselt den Schwarm an die neue Wohnung u. verhindert sein evtl. Ausziehen.

Bärenklau → *Heracleum sphondylium* → Umbelliferae.

Bärenlauch → *Allium ursinum* → Liliaceae.

Barrierebehandlung. Konzentrierte Anwendung von Pflanzenschutzmitteln ↗ in einem Vegetationsstreifen, die das Durch- bzw. Einwandern von Schaderregern verhindern soll. Oft zum Schutz großer Rapsflächen als Randbehandlung gegen einwandernde Schaderreger angewendet. Damit werden die Bestäubungsinsekten, insbes. Honigbienen, geschont.

Basalare → Flügelgelenkung.

Basilienkraut, *Ocimum basilicum* → Labiatae.

Bastardklee → *Trifolium hybridum* → Leguminosae.

Baubienen. Die Fähigkeit zum Wabenbau ↗ (in der Bautraube) sowie zur Verrichtung von Kleinbauarbeiten ↗ (außerhalb der Bautraube) ist weder an ein bestimmtes Alter der Arbeitsbienen gebunden noch

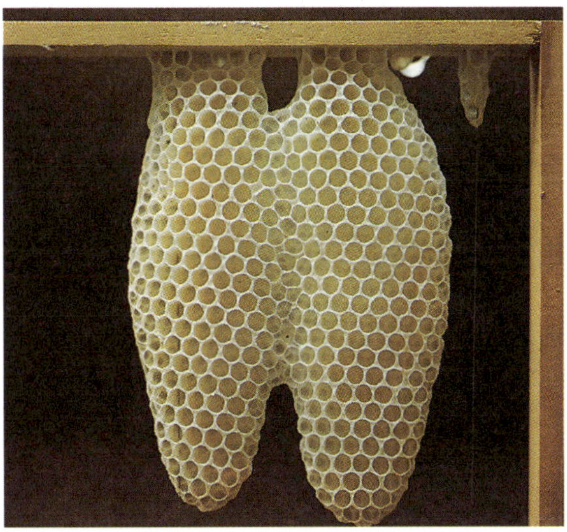

Von zwei Bautrauben hergestellte Waben, die an der Verbindungsstelle des Wabenbaus unregelmäßige Zellen aufweisen.

an den Entwicklungszustand der Wachsdrüsen ↗, die im allgemeinen vom 12.–18. Lebenstag funktionsfähig sind. Jede Arbeiterin (ausgenommen wahrscheinl. die frisch geschlüpften) beherrscht alle Bautechniken ↗ u. kann sie nach Bedarf anwenden. I. d. R. ist das Bauen jedoch in den versch. Bereichen weitgehend einer bestimmten Phase der altersmäßigen Arbeitsfolge (Arbeitsteilung ↗) zugeordnet: Die Wabenbaubienen sind überwiegend 5–22 Tage alt mit einem Hauptanteil der Bienen im Alter zw. 12–18 Tagen. Unter extremen Verhältnissen – wie im bauenden Schwarm (Schwarmbienen ↗), im Experiment, aber auch z. Z. der Frühjahrsentwicklung – sind eine ± große Anzahl von Bienen des Trachtalters u. ebenso mehr jüngere am Wabenbau beteiligt, wie auch bei Bedarf der Altersbereich der wachsabscheidenden Bienen nach beiden Seiten hin erweitert ist. Diese verarbeiten ihre Wachsschüppchen nur selten selbst bis zu Ende, sondern überlassen diese Arbeit anderen Bienen, die sich ohne eigenes Baumaterial an der Baustelle einfinden. Die Kleinbauarbeiterinnen im Bereich der Brutzellen gehören einer fest umschriebenen Altersgruppe an, es sind die Brutpflegebienen der ersten Stockperiode, die auch das Füttern der Larven besorgen. Sie sind im allgemeinen 3–9 Tage alt, haben durchweg noch unentwickelte Wachsdrüsen ↗ mit einer durchschnittl. Höhe von 20 µm u. verwenden zum Bauen nur bereits vorhandenes Wabenwachs. Die Kleinbauarbeiten im Honigzellbereich werden durch die jeweils anfallende Tracht fällig u. dadurch vorwiegend von Gelegenheitsarbeiterinnen verrichtet, die auf anderen Arbeitsplätzen frei wurden u. allen Altersstadien angehören können. Im Frühjahr sind es bes. Bienen der 1. Stockperiode, während zum Hochsommer hin in zunehmendem Maße auch ältere Arbeiterinnen hinzukommen. An der Verdeckelung des Winterfutters beteiligen sich auch viele Bienen, die bereits im Trachtalter stehen. Etwa die Hälfte der Honigzell-Kleinbauarbeiterinnen besitzt die Fähigkeit, Wachsschüppchen zu erzeugen. – Waben-B. wie Kleinbauarbeiterinnen folgen dem gleichen Arbeitsprinzip: Immer handelt es sich (1.) um die Tätigkeit von Einzelbienen, die (2.) mehrere Verrichtungen in (3.) beliebiger Reihenfolge u. an (4.) versch. Stellen ihres Bereiches ausführen u. dabei (5.) unabhängig voneinander arbeiten. Ein weiteres Merkmal ist (6.) die Unstetigkeit des Arbeitens. Nur selten ist eine Biene für längere Zeit an einer bestimmten Stelle beschäftigt (Ausnahme: Schließen des Brutzelldeckels), meist wechseln sie ihren Arbeitsplatz häufig. Nach LAU (1959) war beispielsweise eine B. innerhalb von 20 min an 13 versch. Zellen tätig, an einigen mehrmals während dieser Zeit. Vielfach laufen sie auch erst lange herum, ständig mit Fühlern u. Vorderbeinen tastend, bevor sie eine Arbeit aufnehmen. Jede Biene holt sich so selbst die Information über den Stand der Arbeit u. führt sie richtig weiter.

Bauen. Erzeugen von Wachs u. sein Verarbeiten zu Waben. Die Einzelbiene erzeugt Wachs u. baut in einem bestimmten Stadium ihres physiologischen Entwicklungsablaufs. Diese Baubienen sammeln sich in einem wabenfreien Bereich der Beute, z. B. im Baurahmen od. zu beiden Seiten einer Mittelwand zur

Bautraube im Frühjahr

Bautraube. Das B. setzt im Frühjahr ein, wenn eine ausreichend große Anzahl Jungbienen vorhanden ist, um eine Bautraube zu bilden, meist z. Z. der Süßkirschenblüte, u. hört nach der Schwarmzeit Ende Juni meist auf. Durch Entnahme des gesamten Wabenbaus u. Fütterung lassen sich Bienen aller Altersstufen zur Wachsproduktion u. zum B. anregen. Weder das Unterdrücken noch das übermäßige Fördern des Wabenbauens wirken sich steigernd auf die Honigleistung eines Volkes aus.

Bauerneuerung. Erneuerung des Wabenbaus ist im Mobilbau durch den Wabenumtrieb zu realisieren, d. h. für auszuschneidende Altwaben ↗ werden den Völkern Mittelwände ↗ gegeben, die sie zu Waben ausbauen. Jedes Wirtschaftsvolk in Hinterbehandlungsbeuten sollte im Jahr mindestens 6–8 Mittelwände, Großraumvölker in Magazinbeuten mindestens die Wabenanzahl einer Zarge ausbauen. Bei Stabilbau (Strohkörbe usw.) wird jährl. od. nach dem zweiten Jahr der gesamte Wabenbau neu ausgeführt. S. auch bienenwirtschaftlich-imkerliche Maßnahmen.

Baumheide → *Erica arborea* → Ericaceae.

Baumkraftwurz → *Kalopanax septemlobus.*

Baumschutz → Landeskultur.

Baumwolle, *Gossypium* → *Malvaceae.*

Baurahmen. Wabenrahmen ↗ im Standmaß ↗, in dem an der Oberleiste ein 2–3 cm breiter Streifen Mittelwand ↗ angelötet ist. In diesem Rahmen können die Bienen frei bauen. Die Geschwindigkeit, mit der gebaut wird, die Art u. der Inhalt der Zellen u. ein evtl. Baustopp geben Auskunft über die innere Verfassung eines Volkes u. die herrschende Tracht. Allgemein gilt, daß, wenn bei vorhandener Tracht nicht mehr gebaut wird, an den Rändern des Drohnenbaus Weiselnäpfchen angesetzt werden, das Volk in Schwarmstimmung ↗ ist. Meist werden heute 2–3 B. je Volk gegeben u. wechselweise der meist ausgeführte Drohnenbau ausgeschnitten. Zum Abfangen der Varroa-Milben ist der B. jeweils erst nach dem Verdekkeln der Drohnenbrut auszuschneiden. Eine dem B. bei regelmäßigem Ausschneiden zugeschriebene, schwarmverhindernde od. mindestens das Eintreten der Schwarmstimmung hinauszögernde Wirkung ist bisher nicht nachgewiesen worden. In Magazinbeuten hat der B. nicht die Bedeutung wie in Hinterbehandlungsbeuten, da hier die einfache ständige Kontrolle durch das Beutenfenster nicht möglich ist, sondern die Beute jeweils geöffnet werden muß. Als Baugelegenheit wird hier der hohe Magazinboden genutzt. Die Bienen bauen an den Wabenunterleisten der untersten Zarge od. an darunter eingelegten Bauleisten in den freien Raum.

Baurahmenblätterbeute → Paschkebeute.

Baurahmenfenster. Spez. Fenster für Hinterbehandlungsbeuten, bestehend aus einem 3,5 cm tiefen Holzrahmen. In seiner ursprüngl. Form von Paschke für seine Baurahmenblätterbeute ↗ entwickelt. Es kann entweder einen kleinen Baurahmen aufnehmen od. in neuerer Ausführung auch als Futtergerät, sowohl als Futtertasche, u. a. für Feuchtzucker, od. mit

Wabe aus einem Volk, im Juli entnommen. Neben einem relativ geschlossenen Brutnest von Arbeiterinnenbrut in allen Stadien befindet sich rechts verdeckelte Drohnenbrut und am unteren Wabenrand ein unbestiftetes Weiselnäpfchen.

einem eingesetzten Futtertrog auch zur Flüssigfütterung dienen. Durch die Anwendung von gleichzeitig mehreren Baurahmen im Standmaß hat das B. an Bedeutung verloren.

Baurahmenfensterfuttertrog. Ein in Verbindung mit dem Baurahmenfenster ↗ zu verwendender, 2 l fassender Blech- od. Plastetrog, in dem Zuckerlösung ↗ u. Feuchtzucker ↗ verfüttert werden können.

Baurahmenwachs. In der Zeit, in der die Bienenvölker im Baurahmen bauen, fällt Waben-, meist Drohnenbau mit versch. Inhalt wie Eier, offene Brut, verdeckelte Brut, Nektar/Honig an; entspr. unterschiedl. ist die Verarbeitung. Waben ohne Inhalt kön-

Wabe zur Trachtzeit. Sie hing unmittelbar am Brutnest, worauf der konzentriert eingelagerte Pollen hinweist, über dem sich verdeckelter und unverdeckelter Honig befindet.

nen zusammengedrückt u. beliebig aufbewahrt od. verarbeitet werden. Waben mit Eiern u. jüngsten Larven können ebenfalls zusammengedrückt werden, müssen aber umgehend eingeschmolzen werden, z. B. im Sonnenwachsschmelzer ↗. Waben mit älteren Larven u. verdeckelter Brut müssen sofort, z. B. im Dampfwachsschmelzer ↗, eingeschmolzen werden. Waben mit Nektar/Honig sind am besten im Warmwasserkochtopf einzuschmelzen. Dabei gewinnt man neben dem Wachs noch Seimhonig. Zur Verarbeitung der im Zusammenhang mit der Bekämpfung der Varroatose anfallenden verdeckelten Drohnenwaben ist entweder der Dampfwachsschmelzer od. folgendes Verfahren geeignet: Die ausgeschnittenen Drohnenwaben werden mit reichl. Wasser in einem geeigneten Gefäß bis zum Schmelzen des Wachses erhitzt u. die entstehende Masse heiß durch ein Sieb gegossen. Das Wachs erstarrt auf dem Wasser zu einem Wachsboden. Die abgesiebte Brut kann an Hühner verfüttert od. als Dünger in den Kompost eingegraben werden.

Baustoffe der Bienen. Die Honigbienen verwenden zwei versch. Baustoffe. Der wichtigste, der Wabenbaustoff, ist das körpereigene Wachs (Bienenwachs ↗, Wachserzeugung ↗). Pflanzlicher Herkunft ist der zweite Baustoff, das Kittharz ↗ (Propolis), das hauptsächl. aus eingetragenen Baumharzen besteht u. u. a. dem Verkitten von Ritzen u. Fugen od. dem Überziehen der Stockwände dient u. ein wichtiges Hygienemittel darstellt. Beide Baustoffe können auch teilweise vermischt verwendet werden. Natürl. Bienenwachs enthält 5–10 % Kittharzbestandteile. Hummeln fügen ihrem Wachs, das einen sehr niedrigen Schmelzpunkt (30–40 °C) hat, stets beachtliche Mengen Pollen u. auch Harz hinzu, wodurch sich dieser erhöht. Die stachellosen Bienen (Meliponiden) verwenden ebenfalls körpereigenes Wachs, aber mit einem starken Zusatz von Fremdmaterialien, wie Erde u. Lehm od. Stoffen pflanzl. Herkunft, außerdem verarbeiten sie auch Baustoffe, die nur aus Fremdmaterial verschiedenster Art bestehen. Eine seltene Ausnahme ist die Verwendung von Wachs bei den solitär lebenden Bienen. Groß ist hier die Vielfalt der körperfremden Baustoffe, wie u. a. zerkaute Pflanzenteile, Blattstücke, Harze sowie Mörtel der verschiedensten Zusammensetzungen.

Bautechnik der Bienen. Jede Biene arbeitet am Wabenwerk ↗ allein u. unabhängig von anderen u. wechselt ihren Arbeitsplatz häufig (Baubienen ↗). Ein Weiterreichen von Baumaterial kommt nicht vor. Das wichtigste Bauwerkzeug sind die Oberkiefer (Mandibeln), eine bedeutende Rolle kommt den Fühlern (Antennen ↗) zu. Als Lösungsmittel dient das Sekret der Oberkieferdrüsen, das ölige Sekret der Kopfspeicheldrüsen wird beim Bauen u. a. unter die Wachsschüppchen gemengt, was den Baustoff geschmeidiger macht. – Zu den vielfältigen Baustrukturen u. -formen gelangen die Bienen durch Kombination u. verschiedenartige Verwendung von nur vier Grundbautechniken, die in anscheinend beliebiger Reihenfolge an versch. Stellen angewendet werden können: 1. Abnagen u. Abschaben des Baustoffes; dabei wird das Material entweder vom Wabenwerk abgenagt, od. es werden von einer ausgeschwitzten Wachsschuppe Stückchen abgenagt u. durchgekaut. Das Abschaben dient der Verdünnung des vorhandenen Baugefüges.

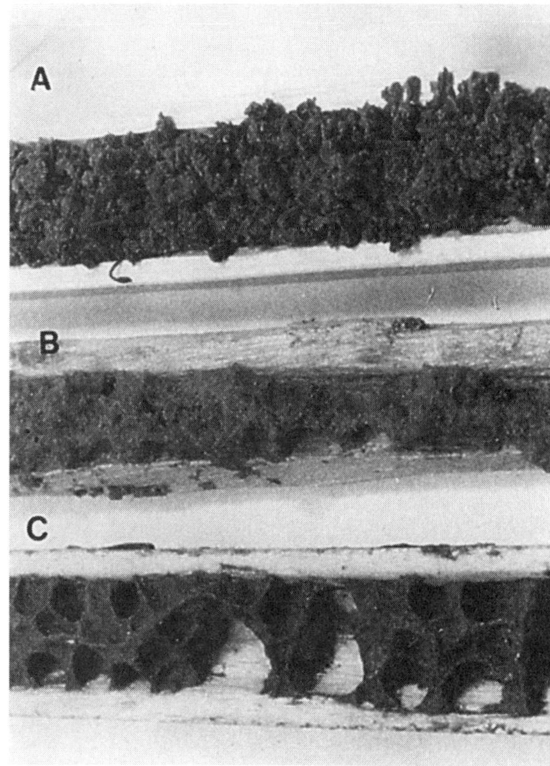

«Kühlen», Bearbeitung von im Stock dargebotenem Wachs. A Wachsrinne frisch gefüllt, B nach 2 Stunden, C nach 2 Tagen

Die Bienen setzen dabei meist an einer Stelle an u. schieben dann unter kauenden Bewegungen den Kopf od. den ganzen Körper langsam nach vorn. Das abgeschabte Wachs tritt hinten zw. den Kiefern als krümeliges Bändchen aus. 2. Anheften des Baustoffes durch Anpressen; die Kiefer drücken die Berührungsfläche des Wachskrümchens mit der Anheftungsstelle fest gegen diese u. verschweißen so beide Teile miteinander. Der Kopf der Arbeiterin führt dabei, wie meist auch beim Abnagen, ganz typische Rechts-Linksdrehungen aus. Solch Vorgang kann 4–10 min dauern, aber bei eiliger Tätigkeit auch schon in 45 s beendet sein (Lau 1959). 3. Feinverteilung durch Aufteilung der angehefteten Baustoffkrümchen. 4. Glätten durch kurzes Schieben der halbgeöffneten, kauende Bewegungen ausführenden Kiefer über den Untergrund. Hierbei wird weder Wachs abgetragen noch angeheftet. Kleinste Unebenheiten werden beseitigt u. die Oberfläche verfestigt. – Eine bestimmte Art des Wachsabtragens, das noch zusätzl. ein Formprinzip enthält, ist das «Kuhlen» der Bienen, das zum Sechseckmuster führt (Wabenbau ↗). Jegliche Beschäftigung der Bienen mit Wachs führt zu diesem Muster od. fügt sich einem bereits vorhandenen Sechseckgefüge ein. Wachs, das man den Bienen in den Stock schiebt, zeigt, sofern es nicht an anderen Stellen verbaut wird, nach gewisser Zeit wabenartiges Muster, ebenso die Oberfläche vieler Weiselzellen. – Der Mündungswulst am Zellrand, der die Zellen in der

Aufsicht rund erscheinen läßt, dient nicht nur der Stabilisierung der Wabe u. als Wachsspeicher, sondern es handelt sich hierbei auch um eine bautechnische Notwendigkeit, eine im Bauvorgang erforderliche Zwischenphase. Durch Abnagen u. bes. Abschaben wird der Randwulst stets von unten her verdünnt u. durch Anheften des so gewonnenen Materials nach oben wieder verdickt u. erhöht. Die Zelle wächst auf diese Art u. Weise in die Länge. – Die Zellwandstärke (72 µm bei Arbeiter- u. 95 µm bei Drohnenzellen!!) wird ständig kontrolliert u. überschüssiges Wachs abgeschabt. Als Meßinstrument dienen ihnen die Fühler (Antennen). An ihrer Spitze befindet sich ein Spezialsinnesorgan, das aus drei Kränzen von Tastzellen mit gebogenen Borstenspitzen besteht, in deren Zentrum eine Sinneszelle mit einer Spießborste liegt, die in die Zellwand eingestochen wird. Während nun die Mandibeln die Zellwand mit einem bestimmten Druck (4 dyn) um etwa 5 µm tief eindrücken, registrieren die Fühlerspitzen die Gegenbewegung. Dieser Schwingungsvorgang ist unter den vorhandenen Bedingungen (gleiche Wachsbeschaffenheit u. Temp. von 35 °C) genau von der Wandstärke abhängig. Im Experiment erhielt man von Bienen mit amputierten Fühlerspitzen teilweise viel zu dicke od. zu dünne u. durchlöcherte Zellwände (LAU 1959). – Die B. d. B. (Um-, Auf- u.

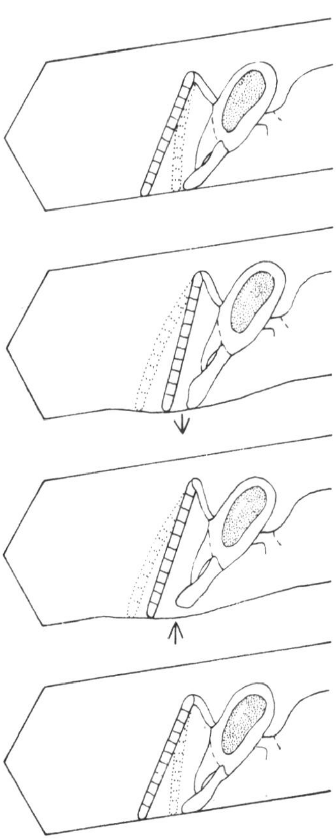

Prüfung der Zellwandstärke. Mit den Fühlerspitzen wird die Rückschwingung einer durch die Vorderkiefer eingedellten Stelle der Zellwand gemessen. Nach LINDAUER u. MARTIN

Wegtragen von Wachs), die Unstetigkeit ihres Arbeitens (s. Baubienen) sowie ihr äußerst sparsamer Umgang mit dem Baumaterial (Wabenbau ↗, Kleinbauarbeiten ↗) führt zu erheblichen Verlagerungen des Wachses innerhalb des Bienenstockes. Es findet ein ständiger Wachsumtrieb statt. Unebenheiten werden laufend beseitigt, u. bes. unbenutzter freier Baustoff

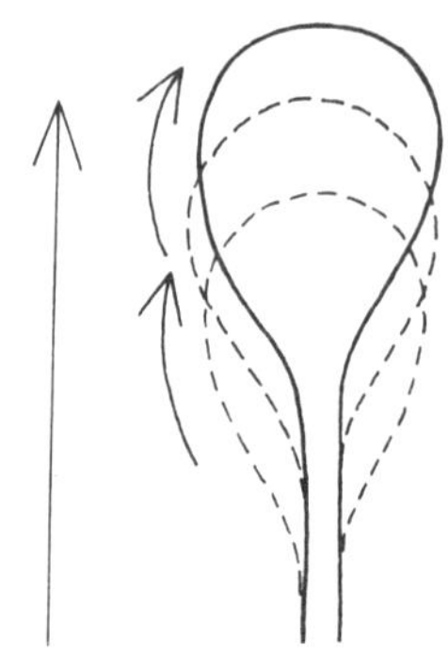

Materialumlagerung bei Zellverlängerung

(z.B. alte Weiselzellen, Zelldeckel, Zellrandverdickungen, Honigzellverkürzungen) wird immer wieder zu solchen Stellen auf der Wabe, wo gerade Bauarbeiten im Gange sind, umgelagert. Übersteigt das Angebot von Altmaterial den augenblicklichen Bedarf, so wird es in Form starker Zellrandverdickungen vorübergehend gespeichert. Das Ausmaß dieser Verlagerungen ist beträchtlich, wie man mit Hilfe von gefärbtem Wachs (ULRICH, MEYER 1951, 1953) u. später mit radioaktiven Markern (DARCHEN. 1980) feststellen konnte. Die naturgemäß unregelmäßige Verteilung erfolgte innerhalb von 24 h bereits auf alle Waben des Brut- u. Honigraumes eines Volkes.

Bautraube → Bienentraube.

Bautrieb. In unseren gemäßigten Klimazonen erwacht der B. im Bienenvolk im Frühjahr, wenn es wieder wärmer geworden ist u. die Nektarquellen reichl. fließen. Die Völker erstarken, u. Raumnot stellt sich ein. Hauptbauzeit u. Höhepunkt der aufsteigenden Volksentwicklung – April, Mai, Anfang Juni – fallen somit zusammen. Nicht alle Völker sind in gleichem Maße baufreudig; recht bauträge wie auch bes. baulustige Bienenvölker kommen vor. Die treibenden Kräfte, die zur Entfaltung des B.s führen, sind Wärme (Außentemp.en von mindestens 15 °C, optimal 20–25 °C) u. damit verbunden Fluggelegenheit, Nahrung (reichl. natürl. od. auch künstl. Tracht) u. Bedarf an Wabenraum, d. h. leerer Raum (am besten in Brutnestnähe). Raumenge hemmt den B. Eine ausreichende Anzahl Bienen sowie die Anwesenheit einer Weisel sind ebenfalls von Bedeutung für die Bautätigkeit. Im Experiment baute eine kleine Gruppe von Arbeitsbienen nicht ohne Weisel od. Vortäuschung (Weiselstoff) einer solchen, während bereits 50 Bienen mit einer begatteten Weisel in der Lage waren, Zellen auszuziehen (DARCHEN 1957). Über 500 allerdings sind zum Wabenbau nötig. Ohne Weisel beginnt die Bautätigkeit erst bei einer weitaus größeren Anzahl von Arbeitsbienen (über 10000). Durch den physiologischen Zustand der Weisel (Königinnensubstanz ↗) werden Bauaktivität u. der Bau der versch. Zellarten gesteuert (Schwarmtrieb ↗). – Naturgemäß am stärksten entwickelt ist der B. bei den Schwarmbienen ↗.

Wächterbienen am Stockeingang. Mit dem Erstarken der Völker im Frühjahr wird auch das Flugloch wieder mit Wächtern besetzt.

Bereits ½ h nach Festsetzen der Traube kann man an der Ansatzstelle Wachsklümpchen finden, u. in wenigen Tagen wird in der neuen Wohnung ein vollständiger Wabenbau errichtet. Der Imker sollte diese Baufreudigkeit nutzen, denn ein Schwarm will u. soll bauen. Schwärme ohne Baugelegenheit, die man auf ausgebaute Waben gibt, bleiben in ihrer Entwicklung zurück (HOFFMANN u. MEYER 1960). Auch Völker in der aufsteigenden Frühjahrsentwicklung brauchen Baugelegenheit. In diesen Zeiten ist Bauen Triebbefriedigung, es regt den Arbeitseifer an, fördert Brut- u. Sammeltrieb, dämpft hingegen die Schwarmlust (s. Schwarmtrieb). Das bedeutet stärkere Völker u. höhere Honigerträge, obwohl ein Teil des Honigs für die Wachserzeugung ↗ verbraucht wird. Bei guter Tracht können in einer Nacht mitunter 1–2 Mittelwände ausgebaut werden. Etwa acht ausgebaute Mittelwände pro Jahr führen in 2–3 Jahren zu einer völligen Erneuerung des gesamten Wabenbaues.

Bearbeitung der Bienen. Zur Realisierung einer Betriebsweise ↗ u. aus anderen Gründen wird es im Laufe eines Jahres mehrmals erforderlich, das einzelne Volk zu bearbeiten. Um die damit verbundene Störung des Volkes u. auch die Gefahr für den Imker, gestochen zu werden, so gering wie möglich zu halten, sind vor dem Eingriff eine Reihe Überlegungen anzustellen u. Vorbereitungen zu treffen, u. bei der Arbeit selbst sind bestimmte Regeln einzuhalten. Für den fortgeschrittenen Imker sind dies Selbstverständlichkeiten, sie werden meist unbewußt erledigt bzw. beachtet. Nachstehende Hinweise sind daher für den Anfänger in der Imkerei gedacht.

Zur Vorbereitung:

- Das Ziel eines Eingriffs u. seine Durchführung sind vorher zu durchdenken (Durchsicht ↗, Nachschau ↗), damit die Störung des Volkes so kurz wie möglich ist. Aus dem gleichen Grund ist die Arbeit zügig, aber trotzdem ruhig u. überlegt durchzuführen, da mit der Länge der Störung die Aggressivität der Bienen zunimmt (Umgang mit Bienen ↗).
- Als Bearbeitungszeitpunkt ist, falls möglich, der Vormittag eines guten Flugtages zu wählen, weil dann die bes. verteidigungsbereiten Altbienen zum größten Teil außerhalb der Beute sind. Größere Eingriffe sollen nicht bei regnerischem, schwülem od. stark windigem Wetter, auch nicht bei Gewitterstimmung u. bei einer Temp. unter 18 °C, vorgenommen werden. Auch die Mittagszeit eines guten Flugtages ist nicht geeignet, da sich in dieser Zeit meist die Jungbienen einfliegen. Öffnet man dann eine Beute, fliegen viele Jungbienen ab u. finden bei der Rückkehr die Beute verschlossen. Für Magazinbeuten trifft das nicht zu.
- Arbeitsgeräte, Waben, eingelötete Mittelwände usw. müssen griffbereit liegen, Rauchgerät u. Wasserzerstäuber betriebsbereit sein, ein bienendichter Behälter zur Aufnahme des ausgeschnittenen Baurahmenwachses, ein Behälter für Propolis u. der Wabenbock müssen bereitstehen, mehrere saubere, nasse Lappen bereitliegen u. eine Gelegenheit, sich bei Bedarf od. nach der Behandlung jedes Volkes die Hände zu waschen, muß vorhanden sein.
- Der Imkerschutzanzug od. -kittel ist anzuziehen, Imkerhut, -schleier u. -handschuhe sind entweder anzuziehen od. müssen griffbereit sein.

Zur Arbeit am Volk:

- An Hinterbehandlungsbeuten ist das Schiebebrettchen am Fenster etwas zu öffnen u. ein kurzer Rauchstoß in die Beute zu geben. Danach wird das Fenster mit möglichst wenig Erschütterungen aus

Durch Einhängen von Mittelwänden wird im Mai für dauerndes Raumangebot gesorgt. Die frisch ausgebaute Mittelwand wird von der Weisel bestiftet und ist am oberen und seitlichen Rand mit Honig gefüllt. Um diese Zeit sind Drohnen in größerer Anzahl vorhanden.

der Verkittung gelöst u. mit einer Seite etwas voran aus der Beute gezogen.

- Die Entnahme der Waben bei Querbau erfolgt, indem die jeweils letzte Wabe mit der Wabenzange an der unteren Rähmchenleiste zum Lösen der Verkittung leicht angezogen, dann an der Oberleiste im rechten Drittel gefaßt, langsam die Verkittung der Tragohren gelöst u. mit der rechten Seite voran aus der Beute genommen wird. Die seitl. Abstandknöpfe (Wabenrahmen ↗) verhindern dabei, daß zw. Rähmchenseitenleisten u. Beutenwand Bienen eingeklemmt od. gequetscht werden. Um zu verhindern, daß durch die Ober- u. Unterleisten der Waben Bienen geschädigt werden, muß nach oben u. unten ein möglichst gleichmäßiger Abstand eingehalten werden. Hierzu schiebt man im Brutraum eine 20 mm hohe, im Honigraum eine 8 mm hohe Dreieckleiste, die so lang wie die Beute tief ist, unter die Waben, um diese beim Herausziehen auf der Leiste wie auf einer Kufe gleiten zu lassen. Das Einhängen der Waben erfolgt analog.
- Bei Blätterbeuten wird links od. rechts die erste Wabe mit einem Rähmchenzieher od. der Albertizange ↗ herausgezogen, die weiteren können dann, nach dem Lösen der Verkittung mit dem Stockmeißel ↗, ohne Werkzeug mit der Hand entnommen od. zur Seite gerückt werden, um in die erweiterten Wabengassen hineinsehen zu können. Beim Herausziehen der Waben ist darauf zu achten, daß sie nicht vom letzten Roststab ↗ auf den Beutenboden fallen u. hier Bienen zerquetschen. Die herausgleitende Wabe ist deshalb an der Unterleiste mit der freien Hand zu unterstützen.
- Bei Schlittenbetrieb gelangen alle auf einem Schlitten ↗ stehenden Waben gleichzeitig aus der Beute. Am rationellsten ist der Zehnwabenschlitten; mit ihm wird das gesamte Beutennest aus der Beute entnommen. Hierbei ist es zweckmäßig, ein sog. Schlittentablett ↗ zu benutzen, auf das der Schlitten gezogen u. auf den Arbeitstisch gestellt wird.
- Die einzeln aus der Beute entnommenen Waben werden im Wabenbock sicher abgestellt. Wird die Weisel beim Herausnehmen gefunden, ist die Wabe durch Auflegen eines Gegenstandes zu kennzeichnen od. bei Völkern, die nicht ruhig auf den Waben sitzen (Wabenstetigkeit ↗), ist die Weisel abzufangen, sicher zu verwahren u. beim Zurückgeben wieder auf die Wabe laufen zu lassen.
- Bei Oberbehandlungs- einschl. Magazinbeuten wird nach Abnahme des Deckels u. teilweisem od. vollständigem Abziehen der Wachstuchdecke etwas Rauch od. Wassernebel über die freien Wabenoberleisten gegeben u. nach dem Lösen der Verkittung eine Wabe der Beute entnommen. Nun kann jede beliebige Wabe gezogen u. wieder zurückgehängt werden. Zur Durchsicht der unteren Räume od. Zargen sind die darüberstehenden entweder abzukippen (Kippvorrichtung ↗) od. abzuheben. Die freien Ober- u. Unterleisten der Waben sowie die Zargenränder sind mit Wasser zu besprühen, damit die Bienen etwas zurückweichen u. nicht so schnell über die Zargenränder laufen. Besteht in trachtloser Zeit die Gefahr der Räuberei ↗, sollten über die offenen Zargen feuchte Tücher gehängt werden. Beim Zusammenstellen der Magazine ist darauf zu achten, daß möglichst wenig Bienen zw. die Zargenränder geraten.
- Nach Abschluß der Arbeiten an einem Bienenvolk sind auf der Stockkarte ↗ od. im Standbuch ↗ die Feststellungen u. durchgeführten Arbeiten mit einer Symbolschrift ↗ zu vermerken.

Bechermethode → Verschulen.

Bee Research Association → Imkerorganisationen.

Bee Virus X. Kommt bei ad. Bienen im Darmkanal vor, ist vor allem während des Winters nachweisbar, wahrscheinl. wird es bei starker Kontamination des Kotes verbr. u. übertragen. B. V. X besitzt einen Durchmesser von 35 nm, ist mit dem *Bee Virus Y* verwandt, wurde jahrelang mit diesem verwechselt, wird jedoch seltener als dieses nachgewiesen. Es wirkt nur infektiös u. lebensverkürzend, wenn es an ad. Bienen verfüttert wird. *Nosema apis* ↗ besitzt keinen Einfluß auf die Infektiosität dieses Virus. B. V. X steht jedoch in Beziehung zu *Malpighamoeba mellificae* ↗, beide kommen häufiger im Spätwinter vor u. scheinen gemeinsam eine größere Virulenz zu besitzen. Zusätzl. müssen aber noch andere Faktoren wirksam sein, sonst würde B. V. X zusammen mit *Bee Virus Y* u. *Nosema apis* nachzuweisen sein. B. V. X ist schließl. ebenso schädigend für Einzelbienen wie *Nosema apis* u. *Malpighamoeba mellificae* u. wahrscheinl. höher pathogen als einer dieser beiden gut bekannten Parasiten. In Kombination mit dem Virus der Sackbrut ↗ soll B. V. X äußerst gefährlich sein.

Bee Virus Y. In Bienen aus N-Amerika u. Australien nachgewiesenes, meist im Darm vorkommendes Virus mit einem Durchmesser von 35 nm, am häufigsten bei ad. Bienen im Mai od. Juni nachgewiesen. Die künstl. Infektion ad. Bienen gelingt nur mit der Nahrung, die Vermehrung erfolgt im Darmkanal. B. V. Y kommt auch bei einzelnen Bienen gemeinsam mit *Nosema apis* ↗ vor, u. in Laborversuchen infiziert das Virus zusammen mit *Nosema apis* die Bienen schneller als allein. *Nosema apis* senkt vermutlich die Widerstandskraft der Bienen gegen eine Infektion mit diesem Virus. Allein ist das B. V. Y weniger schädigend als *Nosema apis*, trägt aber gemeinsam mit *Nosema apis* erheblich zum Zugrundegehen der Bienenvölker bei.

Beflugsbeobachtungen an Bienenweidepflanzen → Bienenweidewert.

Befruchtung → Ei.

Begasen. Ausbringung von gasentwickelnden od. gasförmigen Präparaten im Vorratsschutz u. zur Bekämpfung von Hygieneschädlingen.

Begattungsableger. Auch als Begattungsvölkchen bezeichneter Brutableger ↗ od. Fegling ↗, dessen primäre Aufgabe darin besteht, eine Jungweisel während der Paarungszeit bis zum Beginn der Eiablage, evtl. auch noch danach, zu beherbergen. Dem B. kann eine schlüpfreife Weiselzelle od. eine geschlüpfte Weisel zugesetzt werden; er kann aber auch aus Waben mit einer Weiselzelle eines nachzuchtwürdigen Volkes gehalten werden (Zellenableger ↗). Der B. wird wegen der Unsicherheit des Paarungserfolges meist relativ klein gehalten. Er muß aber andererseits auch so groß sein, daß eine optimale Pflege der Weisel gewährleistet ist. Die B. sind ausreichend mit Futter zu versorgen. Brutableger erhalten ein bis zwei Futterwaben. Feglinge sind mit Teig zu füttern. Damit begattete Weiseln möglichst früh im Jahr zur Verfügung stehen, sind die B. etwa Ende Mai zu bilden. Die Paarungszeit (Anfang Juni) fällt dann in die sicherste Schönwetterperiode des Jahres. Nach dem Beginn der Eiablage kann der B. als ganze Einheit zum Be- od. Umweiseln ↗ dienen; es kann die Weisel entnommen u. dafür eine schlüpfreife Weiselzelle zugegeben od. aber auch als Kernvolk ↗ weiter gepflegt werden.

Begattungskästchen. Kleiner, meist transportabler od. versandfähiger Behälter, in dem das Begattungsvölkchen ↗ mit der Jungweisel untergebracht ist. Das B. wird zum Zweck der Begattung der Weisel auf einer Belegeinrichtung aufgestellt od. dient der Unterbringung der künstl. zu besamenden Weisel. Verbr. ist das Einwabenkästchen (EWK) mit Räumen für die Aufnahme des Futterteigs, zum Zusetzen der Weisel u. einem Hauptraum für die Unterbringung des Begattungsvölkchens, das hier eine Wabe ausbaut. In neuerer Zeit setzen sich Formen von biologisch günstigeren Mehrwabenkästchen (MWK) durch, das EWK für ⅓ Normal- u. ½ Zandermaß u. das MWK für drei od. zwei Waben (3-WK u. 2-WK). Auf vielen Belegstellen sind nur EWK zugelassen, weil durch die beidseitigen Glasscheiben Drohnenfreiheit u. Eiablage leicht festzustellen sind, ohne mit den Bienen in Berührung zu kommen. In den Brutraum des EWKs kommt ein gedrahtetes Rähmchen mit einem eingelöteten Mittelwandstreifen (Leitwachsstreifen). Das Flugloch ist mit einer Metallscheibe (nach Vorbau) verschließbar. Sie hat ein großes Flugloch u. ein schmales von Absperrgitterweite. Je zwei EWK werden mit entgegengesetzten Fluglöchern in isolierten Schutzkästen untergebracht. Für den Transport werden Transportgestelle od. mit Drahtgitter versehene Transportkästen für je sechs EWK verwendet. In Gebrauch sind auch rähmchenlose Klein-EWK, von denen jeweils zwei od. vier in einem gut isolierten Schutzkasten untergebracht werden. Zur Füllung genügen 50–60 g Bienen. MWK gibt es in versch. Formen aus Holz (Pütscher, Schweizer Ordonnanzkästchen) od. aus Schaumstoff (Österreichisches od. Lunzer Schaumstoffkästchen, Kirchhainer u. Niestetaler B.). Diese Kästchen können einfach auf dem Boden aufgestellt werden. MWK haben den Vorteil, daß man die Weisel darin länger belassen kann. Es empfiehlt sich, MWK u. Schutzkästen für EWK mit einem Anstrich, Fluglochmarkierungen u. Nummern zu versehen. – Außerdem finden B. aus bituminierter Pappe u. Blumentöpfe aus Styropor Verwendung. Vor dem Besiedeln müssen die B. mit Leitwachsstreifen u. Futter versehen werden. Am besten eignet sich Honigzuckerteig in Pergamentpapier eingelegt. Bei Beschickung von Belegstellen ist der Zusatz eines Nosemaheilmittels dringend zu empfehlen.

Begattungsschlauch → Geschlechtsorgane.

Begattungsvölkchen, Paarungsvölkchen. In einem zum Zwecke der Belegung ↗ der Weisel aufzustellenden Begattungskästchen ↗ untergebrachter kleiner Kunstschwarm od. Ableger von Jungbienen mit einer unbegatteten Weisel. Die Bienen für die B. müssen gesund sein u. größtenteils aus Jungbienen bestehen. Man kann die Bienen des Pflegevolkes verwenden od. Jungbienen starker Wirtschaftsvölker, die sich aber nicht in Schwarmstimmung ↗ befinden dürfen. Das Abkehren erfolgt am besten bei gutem Flug, um die Altbienen auszuschalten. Sollen die B. auf einer Belegstelle aufgestellt werden, müssen sie absolut drohnenfrei sein. Zum Abkehren u. Absieben der Drohnen ↗ eignen sich am besten der «Marburger» u. «Grinzinger» Feglingskasten. Der übliche Schwarmsiebkasten ist nicht so gut, während der Siebkasten «Rutschrin-Rutschrut» problemlos zu handhaben ist. Vor dem Füllen der Kästchen werden die Bienen mit Wasser besprüht; sie mit Äther od. Lachgas zu betäuben, ist nicht zu empfehlen. Mit einer Schöpfkelle (am besten eckig) werden die Bienen auf die ausgelegten Kästchen verteilt. Ein gestrichener Schöpflöffel, ¼ Liter (250 ccm = 100 – 150 g Bienen), reicht für ein Einwabenkästchen (⅓ Normalmaß), ein gehäufter Schöpflöffel (300 ccm) für ein Mehrwabenkästchen. Die B. dürfen weder zu stark noch zu schwach gebildet werden. Die Weisel kann sofort zugegeben werden. Man gibt sie in die Beweiselungskammer, zu den Bienen in den Brutraum od. läßt sie durch das Flugloch zulaufen. Vorher kann sie in lauwarmes Wasser getaucht werden. Eine andere Möglichkeit ist, sie nach 2–3 h im Käfig unter Zuckerteigverschluß zuzusetzen. Vor dem Transport zur Belegstelle muß der Käfig wieder entnommen werden. – In B. Weiselzellen unterzubringen, ist nicht zu empfehlen, da sie nicht immer schlüpfen u. man die Weiseln nicht kontrollieren u. zeichnen kann. Die B. kommen 2–5 Tage in einen kühlen dunklen Raum zur Kellerhaft. Besser stellt man sie auf einem anderen Standplatz in tiefem Schatten auf u. läßt sie durch das kleine Flugloch ausfliegen. Sollen die B. verschickt werden, empfiehlt es sich, sie am Abend vorher unter Absperrgitterverschluß fliegen zu lassen. Stellt man sie auf dem Stand auf, aus dem die Bienen stammen, müssen sie stärker gebildet werden, weil ein Teil der Bienen zurückfliegt. B. können auch als Ableger (Begattungsableger) im Standmaß od. mit Halbrähmchen (Kernvölker) gebildet werden. In allen größeren B. können mehrere Weiseln nacheinander zur Paarung kommen. Ein Austausch – begattete gegen unbegattete Weisel – ist jedoch problematisch. Besser ist es, nach der Entnahme der begatteten Weisel neun Tage zu warten u. vor dem Zusetzen der nächsten Weisel die Nachschaffungszellen auszubrechen. Das Zugeben gedeckelter Weiselzellen ist problemloser. Es ist möglich, die B. allmähl. zu Völkchen heranwachsen zu lassen (Nuclei). Wenn die Weiseln allein verwendet werden u. viele entweiselte B. anfallen, können aus den Bienen Sammelschwärme gebildet werden, soweit nicht seuchenhygienische Vorschriften ein Abtöten verlangen.

Beginn einer Bienenhaltung. Besteht die Absicht, Bienen zu halten, sollte sich der angehende Imker, falls er nicht schon eine entspr. Vorbildung hat, zunächst theoretisch mit der Bienenhaltung beschäftigen.

Er sollte weiterhin versuchen, einen praktischen Kurs auf einem Lehrbienenstand zu besuchen u. einen bekannten od. benachbarten Imker als Paten zu gewinnen, der ihm bei den ersten Schritten in die Praxis behilflich ist, denn der Umgang mit Bienen ↗ muß wie alles erst erlernt werden. Ist ein geeignetes Grundstück für die Bienenhaltung vorhanden od. gefunden (Standortwahl ↗), muß vor der Beschaffung von Bienen noch entschieden werden, ob ein Bienenhaus für die Aufstellung von Hinterbehandlungsbeuten gebaut od. ob Magazin- od. andere Beuten für Freiaufstellung ↗ angeschafft werden sollen. Der angehende Imker tut gut daran, sich bei dieser Entscheidung nicht nur an den im Umkreis vorhandenen Beuten- u. Betriebsformen zu orientieren, sondern sich auch von versierten Fachleuten beraten zu lassen. Ist diese Frage entschieden, kann an die Beschaffung von Beuten u. Bienen gedacht werden. Beginnen sollte man mit wenigstens zwei u. nicht mehr als fünf Völkern. Mit dem Wachsen der Erfahrung, des Wissens u. der Fertigkeit kann dann eine schrittweise Vermehrung des Bestandes einhergehen. Auch der fortgeschrittene Imker sollte immer davon ausgehen, daß es nicht darauf ankommt, möglichst viele, sondern nur so viele Völker zu halten, wie optimal gepflegt u. genutzt werden können. Sollte man mit neuen od. gebrauchten, möglicherweise besetzten Beuten beginnen? So verlockend die Vorstellung ist, einige Völker gleich in Beuten zu bekommen u. aufzustellen, so dringend muß hier zur Vorsicht geraten werden. Zu viele unzweckmäßige u. unzeitgemäße Modelle sind vorhanden, u. nichts könnte einen Anfänger mehr entmutigen als ein Fehlgriff. Wenn nicht gewichtige Gründe dagegen sprechen, sollte mit neuen Beuten (Neue Beute ↗), die dann mit *Carnica*-Völkern, -ablegern od. -schwärmen aus einem garantiert seuchenfreien Bestand besetzt werden, begonnen werden. Die ersten Beuten werden, wenn sie nicht zur Freiaufstellung geeignet sind u. ein Bienenhaus noch nicht zur Verfügung steht, in einem Freistand ↗ untergebracht. Zur Bearbeitung u. Pflege der Bienen sind eine Reihe von Gegenständen erforderlich, deren Anschaffung nach u. nach erfolgen muß (Erstausstattung einer Bienenhaltung ↗).

Begleitbienen → Versand von Weiseln.

Behaarte Alpenrose → *Rhododendron hirsutum* → Ericaceae.

Behaarung. Alle drei Körperabschnitte der Honigbiene (Caput ↗, Thorax ↗ u. Abdomen ↗) tragen eine charakteristische B., die zw. gelben, grauen, braunen u. schwarzbraunen Tönen schwankt. Bes. dicht stehen die einzelnen Haare im thorakalen Bereich. Die B. wirkt wie ein Staubfänger, der beim Blütenbesuch Pollen aufnimmt u. festhält. Auf diese Weise kann eine wirkungsvolle Blütenbestäubung durch die Sammelbienen ermöglicht u. Blütenstaub auch in den Stock transportiert werden. Die Härchen stellen cuticulare Gebilde dar. Auf dem Abdomen befinden sich zwei Gruppen versch. B.s-Typen, aufrecht stehende Haare, die das Überhaar bilden, u. ein der Chitincuticula ↗ eng anliegender Haarfilz, das Unterhaar (Tomentbinden). Die Länge des auf den abdominalen Rückenschuppen befindlichen Überhaares schwankt je nach Bienenrasse zw. 0,16 mm u. 0,70 mm. Die Einzelhaare können fieder- od. stichelförmig gestaltet sein. Man spricht daher auch von Fieder- od. von Stichelhaar. Zw. beiden Formen sind versch. Übergänge bekannt. Das Fiederhaar ist über den ganzen Bienenkörper verteilt. Die Fiederung kommt einer effektiven Pollenaufnahme beim Blütenbesuch entgegen. Auch das Unterhaar kann mit Fiedern, Haken od. Zähnchen versehen sein. Beträchtliche Unterschiede bestehen in der B. zw. Arbeitsbienen, Drohnen u. Weiseln. Letztere besitzen einen verhältnismäßig schwach behaarten Hinterleib. Für Drohnen ist eine bes. dichte Brust-B. charakteristisch. Die stets reichl. B. des Bienenkopfes tritt nur unterhalb der Fühler etwas zurück. Selbst zw. den einzelnen Facetten der Komplexaugen (Augen ↗)

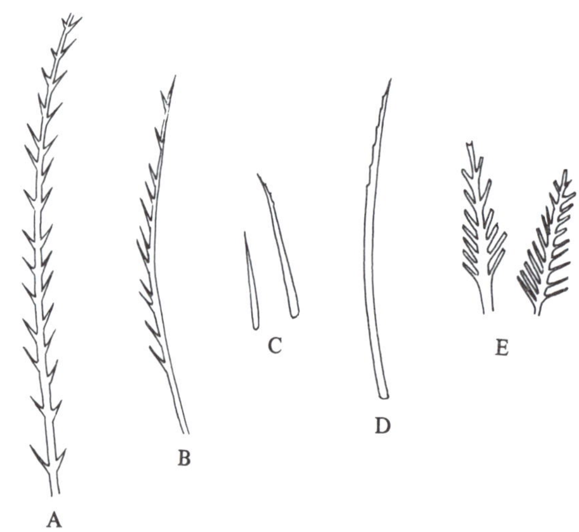

Haarformen vom Abdomen der Arbeitsbienen. A zweiseitig gefiedert; B einseitig gefiedert; C kurzes Stichelhaar; D langes Stichelhaar; E Unterhaar. Nach BÄHRMANN (1965)

Trennbleche nach SCHADWINKEL

Drohn

Arbeiterin

befinden sich feine Härchen, so daß auch die Augen insges. eine dichte B. tragen. Die Sinneshaare auf Fühlern u. Mundwerkzeugen ↗ der ad. Bienen lassen sich aus einfachen Haarformen ableiten. Der Haarbesatz von Zunge bzw. Rüssel (Mundwerkzeuge ↗) ist bei der Wasser- u. Nektaraufnahme von funktioneller Bedeutung. Er dient der Oberflächenvergrößerung dieser Organe, u. die Kapillarwirkung des Haarbesatzes unterstützt den Saugakt. Andererseits werden durch die B. der Mundteile Schmutzpartikeln zurückgehalten, die sonst leicht in den Darmkanal ↗ geraten könnten. An den Brustanhängen befinden sich hoch spezialisierte Haarformen im Bereich der Flügel ↗ u. der Extremitäten ↗. Bes. hervorgehoben sei das dritte Beinpaar. Die hier vorhandenen Haarbildungen stehen ganz im Dienste der Pollensammeltätigkeit. Sie formen einen Pollensammelapparat, der für einen effektiven Pollentransport noch viel besser geeignet ist als die übrige Körper-B. Aber nicht nur bei Arbeitsbienen, auch bei Drohnen treten an den Fußgliedern des dritten Beinpaares spezialisierte Haare auf, die einen Haftapparat darstellen, der bei der Paarung eine Rolle spielt. Die B. des Hinterleibes der Arbeiterinnen fällt vor allem durch die vom Unterhaar gebildeten Filzbinden u. das rassenspezifisch unterschiedl. lange Überhaar der hinteren Rückenschuppen auf. Behaart sind auch die in den hinteren Teil des Abdomens verlagerten Teile des Stachelapparates sowie Teile der äußeren ♂♂ Geschlechtsorgane ↗. Weiseln besitzen eine schwächere B. als Arbeitsbienen. Das Abdomen trägt nur kleine, im wesentl. unverzweigte Härchen u. erscheint daher nahezu kahl. Diese B. geht aus nur geringfügig polyploiden Zellen (Endomitose ↗) hervor, während die größeren u. oft deutl. verzweigten Haare der Arbeitsbienen hochpolyploiden Zellen entstammen. Unterschiede in der B. der geographischen Rassen bestehen z. B. im dichten Fiederhaar für die nö. u. im Stichelhaar für die sü. verbr. Bienenrassen. Bei versch. Rassen, wie der *Carnica, Cypria* u. *Caucasica* u. a., sind die Filzbinden bes. markant gegen die dunkle Chitincuticula abgesetzt. Rassenunterschiede werden auch in der Anordnung der Einzelhaare in den Fersenbürsten der Arbeiterinnen u. in der Haarfärbung deutl. Haarfärbung u. Länge des Überhaares auf der vorletzten Rückenschuppe der Arbeiterinnen spielen bei der Zuchtauslese eine Rolle. Die Bildungszellen dieses Überhaares sind bei den langhaarigen i. U. zu den kurzhaarigen Bienenrassen wiederum hochpolyploid.

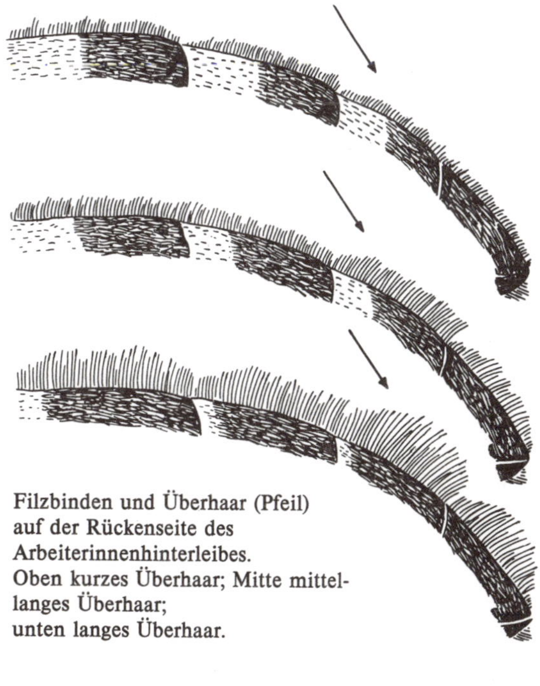

Filzbinden und Überhaar (Pfeil)
auf der Rückenseite des
Arbeiterinnenhinterleibes.
Oben kurzes Überhaar; Mitte mittellanges Überhaar;
unten langes Überhaar.

Bisweilen treten krankhafte Abnutzungserscheinungen des Haarkleides auf u. führen zur sog. Schwarzsucht ↗, einer Krankheit, von der es auch eine erbliche Form gibt.

Behandlung von Bienenstichen. Sticht eine Biene einen Menschen od. anderen Warmblüter, bleibt der Stachel in der Haut stecken u. injiziert noch einige Zeit weiter Gift in die Wunde, er muß daher so schnell wie möglich entfernt werden (Bienenstich ↗). Dies erfolgt, indem man mit einem Messer od. Fingernagel über die Stichstelle schabt, nicht aber versucht, den Stachel zu erfassen. Anschl. sollte die Stichstelle mit einem sauberen nassen Lappen abgewischt werden. Das lindert etwas den Schmerz u. entfernt gleichzeitig Geruchsstoffe, die evtl. weitere Bienen zum Stechen reizen könnten. Mehr ist nach erfolgter Gewöhnung an das Bienengift nicht erforderlich. Zur weiteren Schmerzlinderung u. vor allem zur Verhinderung od. Minderung der zu erwartenden Schwellung bei bes. gegen Bienengift Empfindlichen werden die verschiedensten Mittel empfohlen: Neutralisierend auf die Säure im Bienengift soll das Betupfen mit Ammoniaklösung (Salmiakgeist) wirken. Entgegengesetzt wirkt das Auflegen der frischen Schnittstelle von Rhabarber durch die in ihm enthaltenen Säuren. Osmotische Wirkung übt das Auftragen von Kochsalzbrei aus. Durch die hohe Konzentration des Salzbreies wird aus der Stichstelle Flüssigkeit mit geringerer Konzentration u. damit evtl. auch ein Teil des Bienengiftes angezogen. Gleiche Wirkung kann man an Körperstellen, die erreichbar sind, durch Aussaugen mit dem Mund erzielen. Ein erprobtes Mittel ist das Auflegen der frischen Schnittstelle einer Zwiebel solange, bis der Schmerz abgeklungen ist. Bei Anzeichen von Überempfindlichkeit gegen Bienengift sowie bei Stichen in den Mund- u. Rachenraum ist unverzüglich ärztl. Versorgung zu gewährleisten (Empfindlichkeit gegen Bienengift ↗).

Beine → Extremitäten.

Beistoffe. Zur Formulierung ↗ von Pflanzenschutzpräparaten dem Wirkstoff ↗ zugefügt. Als B. finden Lösungsmittel, Gesteinsmehle, Netzmittel, Haftmittel, Warnstoffe Verwendung. Damit werden dem Präparat zielgerichtete physikalische Eigenschaften verliehen.

Belegnachweis. Begattungs- od. Besamungsnachweis. Der B. ist die Bescheinigung über die erfolgreiche Belegung ↗ einer Weisel auf einer Belegeinrichtung. Er enthält im allgemeinen Angaben über den Namen der Belegeinrichtung, das angepaarte Vatertiermaterial ↗, die Zuchtbuchnummer ↗ u. das Zeichen der Weisel sowie das Datum des Beginns der Eiablage.

Belegstand → Belegstelle.

Belegstation → Belegstelle.

Belegstelle, Belegstation. Weiseln u. Drohnen fliegen über große Entfernungen u. überwinden Höhendifferenzen bis zu 800 m. Es wurden max. Paarungsdistanzen von 10–12 km nachgewiesen. Daher bereitet die Paarungskontrolle bei der Honigbiene im Gegensatz zur übrigen Tierzucht große Probleme. Aus diesem Grunde ging man daran, B.n einzurichten, die der Paarung von Weiseln mit ausgewählten Drohnen dienen. Das System der B.n beruht auf einer Isolierung der Geschlechtstiere in möglichst bienenfreien Gebieten, so daß kontrollierte Paarungen zu erzielen sind. Nach ihrer Sicherheit werden folgende B.n unterschieden:

Insel-B.: mit einer bienenfreien Insel, die mindestens 3 km über Wasser vom Festland entfernt ist. Insel-B.n sind sehr sicher. *Land-B.:* Der Abstand von den nächsten Bienenständen mit frei fliegenden, die Zucht störenden fremden Drohnen muß mindestens 6 (besser 7–10) km betragen. Dieser Gürtel wird als Schutzbereich der B. bezeichnet. Land-B.n können geführt werden als Linien-B.n u. Rasse-B.n. Bei Linien-B.n muß die Gewähr dafür gegeben sein, daß alle im Schutzbereich der B. aufgestellten Völker mit Weiseln versehen sind, die von gekörten Zuchtmüttern der Zuchtlinie der B. abstammen. Bei Rasse-B.n werden die Anforderungen insoweit abgewandelt, als nur die Paarung mit rassereinen Drohnen gewährleistet sein muß. Die zuvor genannten B.n werden durch die Imkerorganisationen anerkannt. Auf den B.n dürfen nur gekörte Drohnenvölker aufgestellt werden. Für je 25–50 Paarungsvölkchen, die sich auf der B. befinden, muß ein gekörtes Drohnenvolk aufgestellt werden. Die Paarungsvölkchen sollen im EWK auf die B. angeliefert werden. Bei Land-B.n sind mit Zustimmung auch Mehrwabenkästchen zugelassen. Sie müssen völlig drohnenfrei sein. Bei der Beschickung der B.n sind die Bienenseuchen-Bestimmungen einzuhalten. Für den B.n-Betrieb ist ein B.n-Leiter verantwortl. Neben den B.n, die i. d. R. anerkannt sind, gibt es noch Belegstände u. Reinzuchtgebiete. Belegstände verfügen

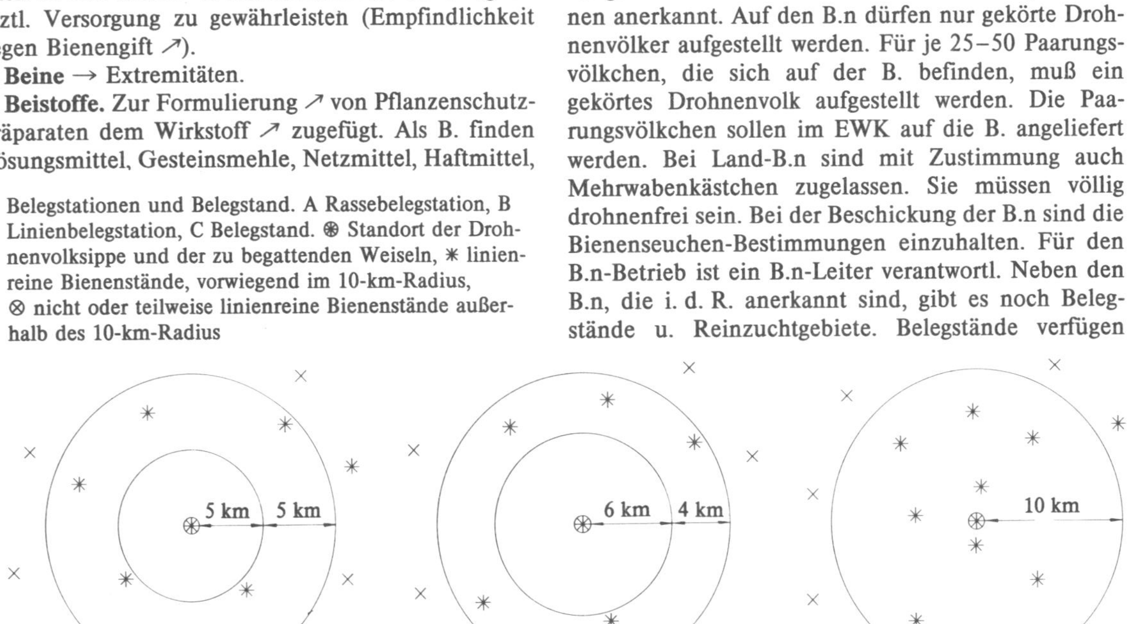

Belegstationen und Belegstand. A Rassebelegstation, B Linienbelegstation, C Belegstand. ⊛ Standort der Drohnenvolksippe und der zu begattenden Weiseln, ✳ linienreine Bienenstände, vorwiegend im 10-km-Radius, ⊗ nicht oder teilweise linienreine Bienenstände außerhalb des 10-km-Radius

Blick auf die Inselbelegstelle Langeoog vor der ostfriesischen Nordseeküste

meist über einen relativ geringen bienenfreien Umkreis. Lediglich eine große Zahl von reinrassigen Drohnenvölkern soll für eine Paarung innerhalb der erwünschten Rasse sorgen. Reinzuchtgebiete sind relativ große, geschlossene Gebiete, in denen alle Völker planmäßig auf eine Rasse umgeweiselt wurden u. in deren Zentrum kontrollierte Paarungen innerhalb des Rassestandards stattfinden.

Belegung. Natürl. Begattung od. künstl. Besamung einer Weisel mit dem Erfolg der Füllung ihrer Samenblase mit Drohnensperma. Als Kriterium der erfolgreichen B. dient im allgemeinen der Beginn der Eiablage der Weisel. Sicherer Beweis ist die Entwicklung ♀♀ Nachkommen (gedeckelte Arbeiterinnenbrut).

Bellis perennis L., Gänseblümchen, Maßliebchen, Tausendschönchen. A der G *Bellis* der F der Compositae ↗. Vorwiegend Europa. Auf Wiesen, Weiden, Feldwegen, an Wegrändern. Sehr häufig. Die 3–10 cm große Pflanze ist ausdauernd. Blüht von Februar bis November. Die außen weißen od. rötlich überlaufenen Zungenblüten befinden sich einzeln an einem blattlosen Stengel, innen gelbe Röhrenblüten. Das Körbchen reagiert wie eine Einzelblüte u. schließt sich nachts u. bei feuchter Witterung. Im Vorfrühling schon blühend, daher für die Bienen – u. a. in der Schweiz u. der DDR – vor allem in dieser Zeit als Pollenspender wichtig. Wird meist nur im März/April beflogen, später oft nicht mehr beachtet. Bildet eine Ersatzpollenquelle, die nur in Zeiten großen Pollenbedarfs u. geringen Pollenangebots von den Bienen besucht wird.

Benzaldehyd. Künstl. Bittermandelöl; wird bes. in der Magazinimkerei als Repellent ↗ eingesetzt. Im Vergl. mit anderen Repellents hat sich B. als am wirksamsten erwiesen. Außerdem soll es Brut u. Bienen nicht schädigen u. natürl. auch nicht in den Honig eindringen.

Benzylethylformiat (BEF). In einigen Ländern als Tierarzneimittel ↗ zur Bekämpfung der Acarapidose eingesetzt, wird als Verdunstungsmittel angewendet.

Berberidaceae, Berberitzengewächse. Die F umfaßt 14 Gn u. ca. 650 An u. ist vorwiegend in den gemäßigten Gebieten verbr. Meist strauchartige Holzgewächse od. Kräuter. Nach Zander sind alle An der G, z. B. *Berberis amurensis* ↗, *B. buxifolia* ↗, *B. concinna* ↗, *B. dictyophylla* ↗, *B. thunbergii* ↗, gleichzeitig gute Bienenpflanzen u. Ziersträucher. Die G *Berberis* ist mit Ausnahme von Australien über die ganze Erde verbr. In M-Europa ist nur eine A, die Gemeine Berberitze (*Berberis vulgaris* ↗), beheimatet. Die Blütenstände der G *Berberis* können doldig, traubig od. rispenartig verzweigt sein. Auch gibt es An, bei denen die Blüten einzeln erscheinen. Die inneren Blätter der Blütenhülle entwickeln an ihrer Basis zwei Nektarien, die oft auffällig orangefarben sind u. zur Anlockung von Insekten dienen. Ebenfalls nach Zander ist die G *Mahonia* mit der aus dem pazifischen N-Amerika stammenden u. in Europa angepflanzten Stechdornblättrigen Mahonie (*Mahonia aquifolium* ↗) eine gute Bienenpflanze neben der Japanischen Mahonie (*M. japonica* ↗) u. der Kriechenden Mahonie (*Mahonia repens* ↗).

Berberis amurensis Rupr. A der G *Berberis* der F der Berberidaceae ↗. Heilongjiang (Mandschurei, China), Amurgebiet. In Europa als Zierstrauch angepflanzt. Blüht im Mai. Hellgelbe Blüten in langen, hängenden Trauben. Nektar- u. Pollenspender.

Berberis buxifolia Lam. ex Poir. A der G *Berberis* der F der Berberidaceae ↗. Von S-Chile, Feuerland. Mittelhoher Zierstrauch. Blüht April/Mai. Die großen, leuchtenden orangegelben Blüten sind zu je 1–2 zusammen u. hängen an langen, rötlichen Stielen. Anspruchslos. Nektar- u. Pollenspender.

Berberis concinna Hock. A der G *Berberis* der F der Berberidaceae ↗. Aus dem Himalaja. Für Steingärten, in sonnigen, geschützten Lagen. Der etwa 1 m hohe Strauch blüht im Mai/Juni. Die großen, goldgelben Blüten stehen einzeln od. zu zweit. Nektar- u. Pollenspender.

Berberis dictyophylla Franch., Netzblättrige Berberitze. A der G *Berberis* der F der Berberidaceae ↗. China: Jünnan, im Gebirge bis 3000 m ü. NN. Zierstrauch für Gärten, Park- u. Grünanlagen. Blüht im Mai. Die großen, hellgelben Blüten stehen einzeln. Nektar- u. Pollenspender.

Berberis thunbergii DC. A der G *Berberis* der F der Berberidaceae ↗. In Japan (auf Hondo) an Gebirgshängen. Viele Sorten. Gut als Vorstrauch, zur Flächenbepflanzung, als freiwachsende Hecke geeignet. Der 1,5 m hohe Strauch blüht im Mai. Die großen, gelben Blüten stehen einzeln od. bis fünf in kleinen Büscheln. Die der Sonne ausgesetzten Blüten sind außen gerötet.

Berberis vulgaris L., Gemeine Berberitze, Sauerdorn. A der G *Berberis* der F der Berberidaceae ↗. Europa u. N-Amerika. Versch. Sorten. Zierstrauch, darf aber als Zwischenwirt des für den Getreideanbau schädlichen Schwarzrostes nicht in der Nähe von Getreidefeldern gepflanzt werden. Blüht im Mai. Die gelben Blüten stehen bis zu 22 in langen Trauben. Nektar- u. Pollenspender.

Berberitze, *Berberis* → Berberidaceae.

Berberitzengewächse → Berberidaceae.

Bergahorn → *Acer pseudoplatanus* → Aceraceae.

Berggamander → *Teucrium montanum* → Labiatae.

Bergnelkenwurz → *Geum montanum.*

Bergthymian, *Satureja calamintha* → Labiatae.

Berlepsch, August, Baron von. Geb. 28. 6. 1815 in Schloß Seebach bei Langensalza, gest. 17. 9. 1877 in München. Studierte Jurisprudenz, Philosophie u. Theologie. Bewirtschaftete 17 Jahre lang das Familiengut u. hielt dabei über 100 Bienenvölker in Strohkörben. Zog 1858 nach Gotha u. widmete sich der Bienenhaltung u. -forschung. Empfahl Aufbau von Lehrbienenständen, propagierte rentable Bienenhaltung u. Wanderung mit Bienen. Vervollständigte das von DZIERZON ↗ erfundene Stäbchen zum Rähmchen (unabhängig von LANGSTROTH ↗ u. PROKOPOWITSCH ↗). Imkerte in dreietagigen Ständerbeuten (Türen zur besseren Beobachtung aus Glas) im 28fächerigen Pavillon (Urbild des Bienenhauses). Schrieb «Apistische Briefe» u. andere Beiträge in der «Eichstädter (Nördlinger) Bienenzeitung» sowie mehrere Lehrbücher. Hauptwerk: «Die Biene und ihre Zucht mit beweglichen Waben, in Gegenden ohne Spätsommertracht».

Besamungsapparat. Gerät zur routinemäßigen Durchführung der künstl. Besamung von Bienenweiseln ↗. Das in seinen Prinzipien noch heute verwendete Standardgerät nach der Konstruktion von MACKENSEN u. ROBERTS (1948) hat folgende Bestandteile: Stativ mit einer Grundplatte u. zwei Säulen als Geräteträger; Weiselblock mit Zuleitung für das Betäubungsgas (Kohlendioxid) über Verbindungsschlauch, Stopper u. Weiselhalter; dient der Festlegung u. Narkotisierung der Weisel; linker u. rechter Hakenhalterblock mit Hakenhalter, dorsalem Stachelhaken u. Ventralhaken, auf jeweils einer Stativsäule nach allen Seiten beweglich befestigt, dienen dem Öffnen der Stachelkammer; Spritzenblock zur Befestigung u. mechanischen Führung der Spritze; Narkotisierungseinrichtung mit CO_2 aus Hochdruckflasche u. Reduzierventil (stationäre Besamungseinrichtung bei größeren Stückzahlen zu besamender Weiseln) od. CO_2-Patronen über Druckausgleichbehälter (Fußballblase), letztere bes. geeignet für mobile Besamungseinrichtung, mit Zuleitung zum Weiselblock od. zum Narkosegefäß durch eine dazwischengeschaltete, wassergefüllte Flasche; Stereo-Präpariermikroskop mit 15–20facher Vergrößerung. – Der B. hat inzwischen eine Reihe von Verbesserungen erfahren, die vor allem der leichteren u. schnelleren Handhabung dienen, so einen verbesserten Weiselhalter, bessere Führung der Besamungsspritze, Großraumspritze für die Besamung einer größeren Anzahl von Weiseln u. Kolbenspritze zur exakten Dosierung des Spermas in Verbindung mit abnehmbaren Spritzenspitzen für Spermakonservierung, -transport u. -versand ↗.

Sumpfporst

Besamungserfolg. Rate der Weiseln mit ♀♀ Nachkommenschaft in Prozent der künstl. besamten Weiseln. Bei hinreichender Erfahrung, Anwendung sorgfältiger Technik u. günstigen Umweltbedingungen sind B.e von mehr als 90 % möglich. Im allgemeinen rechnet man mit einem mittl. B. von 75 %, in etwa dem Mittel der Ergebnisse aus natürl. Paarung.

Besamungsspritze. Die von MACKENSEN (1948) für den Besamungsapparat konstruierte B. ist eine einfache Membranspritze, deren Prinzip darauf beruht, daß sich statt des Kolbens im Spritzenhohlraum eine Flüssigkeit befindet. Die Druckänderungen zum Ansaugen bzw. Herausdrücken des Spermas werden durch die Bewegungen einer Gummimembran mittels eines Druckstempels bewirkt. Die feine Spritzenspitze besteht aus Glas od. Acryl. Von versch. Konstrukteuren, zuerst HARBO (1973), wurden auch Kolbenspritzen für die Aufnahme größerer Spermamengen, bessere Dosierung u. Möglichkeit der Spermakonservierung ↗ entwickelt.

Besänftigen der Bienen. Bei der Bearbeitung der Bienen ↗ ist es erforderlich, ihre ± stark ausgeprägten, natürl. Abwehrreaktionen gegen tatsächl. od. vermeintliche Störungen in ihrem Nest od. dessen unmittelbarer Umgebung durch entspr. Verhalten des Imkers nicht zu provozieren (Umgang mit Bienen ↗) sowie durch die Anwendung von Rauch, Wasser u. Repellents ↗ die Bienen in die Defensive zu drängen, denn tatsächl. besänftigen lassen sie sich nicht. Rauch ist immer nur mäßig u. gezielt anzuwenden, bei übermäßiger Raucheinwirkung werden die Bienen stark beunruhigt.

Besiedlung von Begattungskästchen → Begattungskästchen.

Bestäubungsabhängigkeit. Eine große Anzahl von Gewächsen, darunter auch Nutzpflanzen, ist ± von der Fremdbestäubung der Blüten durch Insekten abhängig. Ausgehend von Beobachtungsergebnissen über Samenertragsunterschiede bei Anwesenheit od. Fehlen von Bienenvölkern werden seit vielen Jahrzehnten von Wissenschaftlern u. Praktikern Untersuchungen über den Grad der Abhängigkeit der versch. Nutzpflanzen-An von der Blütenbestäubung durch Insekten durchgeführt. Dabei kamen unterschiedl. Methoden zur Anwendung. Versch. Autoren ermittelten die Samenertragsunterschiede in versch. Entfernungen vom Bienenstand, z. B. bei Rotklee:

Entfernung vom Bienenstand in m	*Samenerträge des Rotklees in %*
0–250	100
350	91
400–450	67–81
850	24–50
1000–2000	23–56

In vielen Untersuchungen wurden Ertragsvergleiche zw. vollkommen isolierten u. frei abgeblühten Pflanzen angestellt. Bei anderen Versuchen wurde weitmaschige Drahtgaze verwendet, die es kleineren Wildinsekten als Honigbienen ermöglichte, durch die Maschen der Gaze zu den überkäfigten Pflanzen zu gelangen, womit die ertragsteigernde Wirkung der Honigbienen auch gegenüber kleineren Wildbienen abgegrenzt werden konnte. Bei Isolierversuchen werden unter den Gazekäfigen – bes. bei den Pflanzen-An mit langen Blütezeiten – ungünstige kleinklimatische Faktoren, wie Mangel an Licht u. Luftbewegung, wirksam. Dort hat der Vergleich zw. den Varianten unter Käfigen mit Honigbienen u. ohne Honigbienen die größte Aussagekraft. – Bei Pflanzen, die frei abblühen konnten, sind, gefolgt von den Varianten unter Käfigen mit Honigbienen, die Erträge am höchsten. Bei Ausschluß der Honigbienen, aber freiem Zugang für kleinere Insekten, liegen die Erträge weit niedriger. Die geringsten Ernten sind bei Ausschluß aller Insekten zu verzeichnen. Je stärker der Ertragsabfall ist, desto größer ist die B. Mit um so mehr Sicherheit muß der Einsatz von Bienenvölkern in ausreichender Anzahl gewährleistet sein. Aus den zahlreichen Untersuchungsergebnissen lassen sich Faustzahlen für die Praxis ableiten. Dafür wird im allgemeinen der Prozentsatz des Ertrages ohne Bieneneinsatz verwendet, der gegenüber den Erträgen der mit Bienenvölkern besetzten Flächen (= 100%) zu erwarten ist. Da die Anzahl der vorhandenen Wildinsekten einschl. der Hummeln sowie die Befruchtungsverhältnisse standort- u. witterungsbedingt schwanken, werden Von-bis-Zahlen eingesetzt:

Abhängigkeit ausgewählter Nutzpflanzen von der Fremdbestäubung der Blüten durch Honigbienen in Prozent

Malus sylvestris ↗, Apfelbaum	10–30
Prunus cerasus ↗, Sauerkirsche	30–60
Prunus avium ↗, Süßkirsche	10–20
Ribes spec., ↗, Johannisbeeren	40–70
Ribes uva-crispa ↗, Stachelbeere	30–50
Brassica napus ↗, Raps	60–90
Medicago sativa ↗, Luzerne	30–60
Melilotus albus ↗, Steinklee	10–30
Ornithopus sativus ↗, Serradella	40–70
Phacelia tanacetifolia ↗, Büschelschön	30–60
Trifolium pratense ↗, Rotklee	10–40
Trifolium repens ↗, Weißklee	10–30
Vicia faba ↗, Ackerbohne	60–80
Vicia villosa ↗, Winterwicke	10–40

Bestäubungseinsatz von Bienen → Bestäubungstüchtigkeit.

Bestäubungsmechanismus → Blütenbau.

Bestäubungstätigkeit → Bestäubungstüchtigkeit.

Bestäubungstüchtigkeit. Genetisch bedingte, ausgeprägte Fähigkeit eines Bienenvolkes, die Blüten von Nutzpflanzen zu bestäuben. Die B. dient als Selektionskriterium ↗ bes. im Hinblick auf die Blütenbestäubung von Rotklee (*Trifolium pratense* ↗) u. Luzerne (*Medicago sativa* ↗). Als rotkleetüchtige Rasse wird die *Carnica*-Biene (*Apis mellifera carnica*) unter Berücksichtigung der Nutzung der Rotkleetracht züchterisch bearbeitet. Züchter in den USA haben bei der Selektion von Honigbienen Erfolge erzielt, die den Bestäubungsmechanismus der Luzerneblüte zu einem relativ hohen Prozentsatz auslösen.

bestäubungswirksame Entfernung von Bienenvölkern → Bestäubungsabhängigkeit.

Bestiften → Ei.

Betriebsweise. Art u. Weise, in der Bienenvölker nach einem bestimmten Plan unter gegebenen Bedingungen zum Erreichen einer bestimmten Zielstellung behandelt werden. Alle imkerlichen Maßnahmen sollen darauf gerichtet sein, die Entwicklung der Bienen zu fördern, denn nur von starken, gesunden u. harmonischen Völkern sind Höchsterträge zu erzielen. Faktoren, die die B. bestimmen, sind u. a. die Konstruktion der Beute, die Tracht, das Klima, die Höhenlage, die Eigenschaften der gehaltenen Bienen, weiterhin, ob die Imkerei ganzjährig an einem Standort verbleibt od. als Wanderimkerei betrieben wird, ob mit dem Abgang von Schwärmen gerechnet od. schwarmlos geimkert werden soll, ob vornehmlich Honig produziert od. auch andere Bienenprodukte in größerem Umfang geerntet, ob Ableger u. Weisel verkauft u. ob die Völker auch zur Blütenbestäubung entomophiler Kulturen eingesetzt werden sollen. Mitbestimmend für die B. ist auch die Intensität, mit der die Imkerei betrieben, d.h. welche Gewinnvorstellungen realisiert werden sollen. Eine unter den gegebenen Bedingungen die Absichten voll realisierende B. läßt sich nur durch Erfah-

Klotzbeute

rung u. die Auswertung von längerfristigen Aufzeichnungen über den Entwicklungsverlauf der Bienenvölker, die Blühtermine der Trachtpflanzen u. über Erträge aus den einzelnen Trachten erarbeiten.

Bettlacher Krankheit. Form der Maikrankheit ↗ durch Verzehr von Pollen einiger Hahnenfuß-An, bes. *Ranunculus puberculus* u. *R. auricomus.*

Betulaceae, Birkengewächse. Die laubabwerfenden Bäume u. Sträucher dieser F umfassen 6 Gn mit etwa 130 An. Gemäßigte bis subarktische Gebiete Eurasiens u. N-Amerikas; einige Gn dringen im S bis zum Himalaja, Burma, Vietnam u. in Amerika über M-Amerika bis in die Gebirgswälder der Anden Argentiniens u. Chiles vor. Vorkommen in sehr versch. Wald- u. Gebüschformationen der Tundren – Nadel- u. Laubwaldzone bis etwa 1900 m ü. NN, auch im Hoch-, Niedermoor- u. (die *Betula*-An) in Heidegebieten. Die Birken-An – mit über 40 An die größte G der F – (für M-Europa sind vor allem die Weiß- od. Hängebirke, *Betula pendula* ↗, die Moorbirke, *B. pubescens* EHRH., die Strauchbirke, *B. humilis* SCHRANK, u. die Zwergbirke *B. nana* L., für die Bienen wichtig) sind im Frühjahr gute Pollenspender u. gelegentl. Honigtauquellen im Sommer. Außerdem liefern sie den Bienen Kittharz, das eine fast schwarze Farbe hat. Blühende Birken werden von den Bienen stark beflogen. Der Pollen ↗ wird in mittelgroßen gelben Höschen gesammelt. Der Anteil von Birkenpollen an der Jahresernte beträgt in der Schweiz, je nach Lage des Standes, 1–10 % (nach MAURIZIO u. GRAFL). Seine biologische Wirksamkeit erwies sich als sehr gut, so daß in Gegenden mit ausgedehnten Birkenwäldern eine gute Versorgung der Bienenvölker mit diesem Pollen möglich ist. – Die Erlen-An – im allgemeinen mehr nach S u. weniger nach N verbr. als die G *Betula* – stoßen als einzige der F nach S-Amerika vor, wo sie z. B. die Aliso-Wälder (*Alnus jorullensis* H.B.K.) im südandinen Gebiet zw. 1400 u. 2700 m ü. NN aufbauen u. gleichzeitig die obere Waldgrenze bilden. Die Erlen zeichnen sich durch den Besitz von verzweigten Wurzelknöllchen aus, in denen stickstoffbindende Mikroorganismen leben, so daß sie den Stickstoff der Luft verwerten können. Von den mitteleurop. An sind neben der Schwarzerle (*A. glutinosa* ↗) die Grauerle (*A. incana* ↗) u. die Grünerle [*A. viridis* (CHAIX)DC] für die Bienen von Bedeutung. Die Grünerle entfaltet ihre Blüten später als die erstgenannten zusammen mit den Blättern, in alpinen Lagen oft erst im Frühsommer. Die Erlenpollen, in der Niederung vor allem von *Alnus glutinosa*, in Berglagen von *A. viridis* u. *A. incana*, werden von den Bienen in grünlichgelben, mittelgroßen Höschen gesammelt. Der Pollen gehört für Bienen zu den biologisch mäßig wirksamen Pollen-An. Durch seine i. d. R. frühe Blütezeit im Februar, März, trägt er jedoch zur Frühjahrsentwicklung der Bienenvölker bei. Auch liefern die Erlen den Bienen das gelbe Kittharz. – Die etwa 15 An der Haselnuß, *Corylus*, kommen in allen gemäßigten Gebieten der nö. Hemisphäre vor. Am häufigsten findet man sie als Unterholz in Laubmischwäldern. *Corylus*-An brauchen einen kräftigen, frischen Boden, warme Sommer u. eine nicht zu trockene Lage. Die Pollenproduktion eines Haselkätzchens wird auf 4 Mio Pollenkörner geschätzt. Im Fütterungsversuch erwies sich der Haselpollen (nach MAURIZIO u. GRAFL), der in mittelgroßen, stumpfgelben Höschen eingetragen wird, als biologisch mäßig wirksam. Durch seine frühe Blütezeit, gelegentl. schon Ende Januar, liefert er den Bienen jedoch den ersten frischen Pollen des Jahres u. ist so für die Bienenzucht von unschätzbarem Wert. Nach ZANDER u. BERNER darf ein Haselstrauch im Imkergarten nicht fehlen. Da er oft verblüht, ehe Flugwetter eintritt, sollte man möglichst spätblühende Sorten wie etwa die «Hallesche Riesennuß» neben eine Garten-A od. Wildpflanze setzen, weil die Kulturhaseln selbststeril sind.

Betula pendula ROTH, Weiß- od. Hängebirke. A der G *Betula* der F der Betulaceae ↗. Europa u. Asien. Vor allem einzeln od. in lockeren Wäldern. Hat sich als Pioniergehölz für Kippen u. sonstige Ödlandbegrünung u. als Straßenbaum für leichte Böden bewährt. Wird gern in Gärten u. Anlagen verwendet. Die Blühreife tritt mit 10–15 Jahren ein. Die Blüten, in Kätzchen, erscheinen mit dem Laub im zeitigen Frühjahr (März, April) u. sind schon im Frühsommer des vorangegangenen Jahres angelegt worden. Sie sind meist einhäusig; die ♂♂ Kätzchen sind bräunlich u. erreichen eine Länge von 10 cm, zu ⅓ hängend. Während die ♂♂ Blüten den Winter ungeschützt überdauern, überwintern die ♀♀ Kätzchen in Knospenschuppen an der Spitze kurzer Seitenäste u. entfalten im Frühjahr – kurz vor den ♂♂ Blüten – die zwei purpurnen Narben, wodurch die Fremdbestäubung begünstigt wird. B. p. gedeiht auf ärmsten Böden, ist aber lichtbedürftig. Die Pollenproduktion wird für B. p. auf 10000 Pollenkörner je Staubblatt, 20000 je Blüte u. 5,4 Mio je Kätzchen geschätzt. Auf eine bestäubungsfähige Samenanlage entfallen 6700 Pollenkörner. Reine Birkenbestände produzieren pro ha 5600 Mio Pollenkörner (MAURIZIO u. GRAFL). Neben Pollen (Pollenhöschenfarbe bräunlichgelb) ist B. p. als Honigtaulieferant ausgewiesen.

Beute. Allgemeine Bezeichnung für eine Bienenwohnung aus Holz, entweder als Klotzbeute aus einem Baumstamm od. aus Brettern gefertigt. Im Gegensatz zu den Körben u. Walzen, die aus Stroh od. Ruten geflochten sind. Eine Zwischenstellung nehmen B.n aus Stroh ein, die für den Mobilbau ↗ eingerichtet sind, z. B. Bogenstülper ↗, quadratischer Kanitzkorb ↗. Andere Materialien, wie Plaste u. Holzfaserplatten, werden nur gelegentl. im Beutenbau verwendet. Es ist eine Vielzahl von B.n der unterschiedlichsten Form u. Größe konstruiert u. gebaut worden (Beutentypen ↗), viele mit einem eigenen Rähmchenmaß. Die meisten haben nur regionale od. kurzzeitig Bedeutung erlangt. Ursache für diese Vielfalt sind u. a. das Fehlen von objektiven Bewertungskriterien für B.n, die unterschiedl. Anforderungen der Imker u. nicht zuletzt die Anpassungsfähigkeit der Bienen. Es hat aber auch nicht an Bemühungen zur Vereinheitlichung der Beutenkonstruktionen gefehlt. Beispiele hierfür sind die Einheitsblätterbeute ↗ u. die Standardbeute für Hinterbehandlung. Unabhängig vom jeweiligen Konstruktionsprinzip sind B.n so eingerichtet, daß, entspr. den natürl. Verhältnissen, der in der Nähe des Fluglochs gelegene Teil des Innenraumes vorrangig der Bruterzeugung (Brutraum ↗), der andere, vom Flugloch weiter entfernt vorwiegend der Honigspeicherung (Honigraum ↗) dient. Zur Beschränkung der Weisel auf den Brutraum werden die Räume durch ein Absperrgitter ↗ getrennt. B.n werden entweder einfach-, teilweise doppel- od. ganz doppelwandig hergestellt.

Beutenbank. Gestell, Sockel, Balkenlage od. ähnl. zum Aufstellen von Beuten. Die B. muß sowohl in Längsrichtung als auch quer waagerecht ausgerichtet sein. In Bienenhaus ↗ u. Freistand ↗ integrierte Doppelbalkenlage im Abstand der Beutentiefe, meist mit quer untergenagelten Brettern. Der so entstandene Trog wird mit wärmedämmendem Material ausgefüllt. Zur Flugfront hin ist die B. bienendicht verkleidet. Bei zweietagiger Aufstellung der Beuten kann die B. 50–60 cm, bei dreietagiger sollte sie mindestens 40 cm hoch sein. Der Raum unter der B. kann zweckmäßigerweise durch Kästen, die auf niedrigen Rollen laufen, zur Unterbringung der verschiedensten Geräte u. Materialien genutzt werden.

Beutenbeschläge. Die aus Holz gefertigten Beuten ↗, bes. die Hinter- u. Hinter/Oberbehandlungsbeuten ↗, benötigen Beschlagteile aus Metall. Außer Nägeln u. Schrauben sind dies Tragschienen (L- u. U-Form) für Querbau- ↗, Roststäbe ↗ für Blätterbeuten ↗, Abstandrechen ↗ bei Verwendung von Wabenrahmen ohne Abstandvorrichtungen, Scharniere, Vorreiber, Streichdraht u. Lüftungsgitter für Tür, Klappe u. Wandervorsatz. Magazinbeuten ↗ benötigen je nach Konstruktion Scharniere u. Vorreiber für die Anflugklappe ↗, Lüftungsgitter ↗ für den Boden u. einen Blechbeschlag für den Deckel ↗.

Beutenfenster. In Hinter- u. Hinter/Oberbehandlungsbeuten begrenzt das B. den Wabenraum im Brut- u. Honigraum. Meist mit einer Glasscheibe versehen zur begrenzten Beobachtung der Vorgänge im Volk. Vor der Einführung des Wandervorsatzes ↗ an der Vorderseite der Beuten dienten B. mit Lüftungsgitter ↗ in Verbindung mit Öffnungen in der Beutentür zur Luftversorgung der Völker während der Wanderung ↗. Das eingesetzte B. reicht nicht ganz auf den Beuten- bzw. Zwischenboden ↗. Der verbleibende, im Brut- u. Honigraum versch. hohe Spalt wird mit einem außen am B. durch zwei sog. Fensterfedern verschiebbar festgehaltenen Brettchen verschlossen. Zur Handhabung des B.s ist an jeder Seite in versch. Höhe ein Splintring u. zum Festklemmen in der Beute, bes. während der Wanderung, je ein Exzenter angebracht.

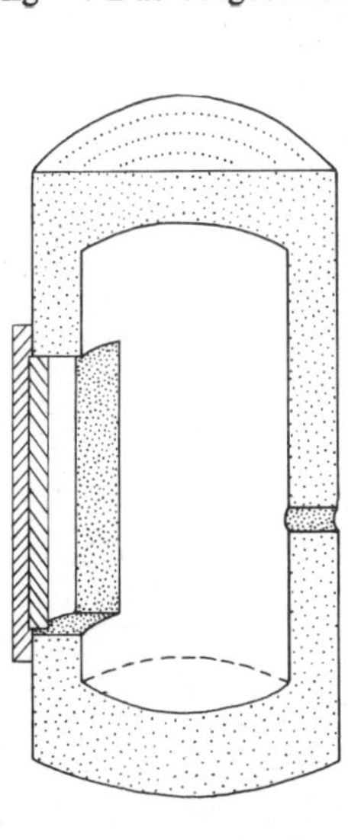

Klotzbeute aus Mähren. Aus Schier (1939)

Beutengröße. Kuntzsch schrieb 1912: «Ich denke da zunächst an meine Reisen im In- u. Auslande. Wenn man monatelang von Dorf zu Dorf, von Land zu Land dahinradelt, bei jeder Bienenbude die Beuten, hier die Größe der Zigarrenkisten, dort die der Kleiderschränke, u. die dazugehörigen Begründungen der Besitzer vergleicht, da begreift man die Unmöglichkeit, alle Imker mit einem Einheitsmaß unter einen Hut zu bringen.» Dieser Feststellung ist auch heute nichts hinzuzufügen. Entscheidend ist, daß die Beute ↗ dem Bienenvolk ausreichend Platz für eine ungehinderte Entwicklung bietet. So betrachtet ist ein großer Teil der z. Z. in Gebrauch befindlichen Beuten zu klein. Im Doppelraum überwinterte u. ohne Brutbeschränkung gehaltene Völker überschreiten schon früh im Jahr das Fassungsvermögen der meisten Beuten. Der nutzbare Inhalt z. Z. produzierter bzw. noch in Gebrauch befindlicher Beuten schwankt in weiten Grenzen. Einige Beispiele: Freudenstein-Blätterbeute (20 Waben) 55 l, Dreietager im Normalmaß (1½ NM-Wabe stehend) 66 l, Kuntzschbeute-Original 74 l, Einheitsblätterbeute 78 l, Standardbeute für Hinterbehandlung 85 l, Normalmaß-Magazin (4 Zargen je 8 Waben) 110 l, Langstroth-Flachzargenmagazin (5 Zargen je 10 Waben) 130 l. Der Trend in der Beutenentwicklung geht in Richtung auf einen größeren Nutzraum. Bei Hinterbehandlungsbeuten zur Dreiraumbeute im Normalmaß mit 12–15 Waben je Raum. Bei Magazinbeuten zu Zargen mit 10 Waben im Zander- od. Langstroth-Maß, bei ohnehin gegebener beliebiger Erweiterungsmöglichkeit.

Beutenheizung. Nicht mehr od. kaum noch angewandte Förderung der Frühjahrsentwicklung ↗ der Bienenvölker. Die B. erfolgte durch schwache elektrische Heizkörper, die zw. Beutenfenster u. Verpackung gestellt wurden.

Beutenkissen → Wärmedämmung.

Beutenstapel. Der B. bildet das Zentrum des Bienenhauses ↗ für Hinterbehandlungsbeuten. Doppelwandige Beuten ↗ können in der Reihe einfach aneinander geschoben werden. Einfachwandige müssen gegeneinander u. nach außen abgedichtet werden.

Beutentypen. Lassen sich nach versch. Prinzipien gliedern, u. a. nach der Anordnung der Räume in Lagerbeuten ↗ u. Ständerbeuten ↗; nach dem Zugang zu den Räumen in Hinterbehandlungsbeuten ↗, Oberbehandlungsbeuten ↗ u. Hinter/Oberbehandlungsbeuten ↗; nach der Stellung der Waben zum Flugloch in Beuten mit Querbau ↗ u. Beuten mit Längsbau ↗.

Beweiseln → Zusetzen von Weiseln.

Bien. Bes. von Gerstung (1905) benutzte Bezeichnung für das Bienenvolk in seiner organischen Ge-

Bienenstand im Winter

samtheit aus Arbeitsbienen, Drohnen, Weisel, Brut, Waben u. Vorräten. «Der Bien ist ein Organismus, welcher besteht durch das harmonisch-zweckmäßige Zusammenwirken aller seiner Teile oder Glieder, und bei welchem jeder Teil das Ganze als Ursprung und Träger seiner Existenz voraussetzt.»

Bienenameise, auch Spinnenameise, bes. *Mutilla europaea* u. *M. differens* aus der F der Aculeata (Stechwespen). Flügelloses, rotschwarz gefärbtes ♀ dringt zur Eiablage u. zur Futtersuche in Bienenbeuten ein, verursacht Bienenverluste u. Unruhe.

Bienenbärte → Thermoregulation.

Bienenbeute → Beute.

Bienenbrot → Pollen.

Bienenfeinde, Bienenschädlinge. Neben Krankheitserregern können Vertreter von höher entwickelten Tieren erheblichen Schaden im Bienenvolk anrichten. Dazu zählt man u. a. Wespen ↗, Hornissen ↗, den Bienenwolf ↗, einige Spinnen ↗-An, versch. Vogel ↗-An. Die gefährlichsten Schädlinge der Imkerei sind die Große u. Kleine Wachsmotte ↗, deren gefräßige Raupen große Mengen von Wachs u. Waben vernichten. Zu den Waben- u. Pollenschädlingen gehören auch versch. Milben ↗-An u. die Bienenlaus ↗, auch Ameisen ↗ sind oft recht unangenehm, neuerdings gehört auch der Bienenbeutenkäfer ↗ dazu. Im Winter kann auch die Hausmaus – wird im Sommer von den Bienen am Eindringen gehindert –, sobald sich die Bienen in der Wintertraube ↗ gesammelt haben, leicht in den Stock eindringen, Schaden an Waben u. Vorräten anrichten u. die Bienen beunruhigen (dadurch kann die Ruhr ↗ ausgelöst werden). Auffällige Wachsbröcklein am Flugloch weisen auf eingedrungene Hausmäuse hin. Auch Spitzmäuse suchen im Winter Bienenstöcke auf u. fangen Bienen von der Traube weg u. verspeisen sie (vorwiegend die Brustmuskulatur, während Kopf u. Hinterleib verschmäht werden). In N-Amerika stellen den Bienen u. a. größere Säugetiere, wie der dachs, der Bär, der Skunks nach.

Bienenbeutenkäfer, kleiner *tethina tumida*, 5 bis 7 mm lang. Eier entwickeln sich über 11 mm lange Larven und Puppen in 4 Wochen zum Käfer. Ursprünglich aus Afrika kommend, schädigt er jetzt durch die pollen- und honigfressenden Larven die Völker in Amerika intensiv. Großer B. leicht abfangbar, nicht so schädlich (Südafrika).

Kleiner Bienenbeutenkäfer

Bienenflucht. Eine Vorrichtung od. eine Kombination von Vorrichtungen u. Maßnahmen, die bewirken, daß der Honigraum frei od. weitgehend frei von Bienen wird. Anzuwenden ist die B. bei der Honigentnahme u. zur Wegnahme des Honigraumes ↗. In Hinterbehandlungsbeuten wird das Absperrgitter mit Folie, Blech, Glasscheibe, Pappe od. ähnl. bienendicht abgedeckt. Die sich bei brutfreiem Honigraum bald weisellos fühlenden Bienen suchen einen Ausweg, den sie finden, entweder durch eine fest in die Beute eingebaute, in die Fluglochnische mündende Bienenfluchtröhre od. durch eine Öffnung in der Vorderwand der Beute, in die ein nach außen 4–5 cm herausragendes Glasröhrchen gesteckt wurde, das zwar das Aus-

Krabbenspinne, ein Bienenfeind

Arbeiterin der Hornisse. Zwischen den beiden nierenförmigen Facettenaugen sind die drei Ocellen zu erkennen.

wandern der Bienen gestattet, sie aber an der Rückkehr in den Honigraum hindert. – Bei Magazinbeuten wird zur Honigentnahme statt des Absperrgitters ein Schied zw. Brut- u. Honigraum eingelegt, in das eine B.-Einrichtung eingebaut ist. Sie gestattet nur ein Überwechseln der Bienen vom Honig- in den Brutraum, nicht aber in umgekehrter Richtung.

Bienenfresser. Außenschädling ↗, prächtig bunt gefärbter Vogel. Versch. An in den tropischen Ländern, ernähren sich ausschl. von Insekten, auch Bienen.

Bienengefährdung. Die B. durch Pflanzenschutzmittel ↗ wird in den meisten Ländern durch die Kategorien «bienenungefährlich», «minderbienengefährlich» u. «bienengefährlich» charakterisiert. In den USA erfolgt darüber hinaus noch eine Einstufung als «höchstbienengefährlich». Diese Einstufungen – Bestandteil des Anerkennungsverfahrens ↗ – erfolgen auf der Grundlage der ermittelten Fraßgift- u. Kontaktgiftwirkung, nach der Beurteilung von Freilandversuchen auf überkäfigten Parzellen u. nach Feldversuchen. B.s-Angaben sind den jeweils gültigen Pflanzenschutzmittelverzeichnissen, der Etikettierung u. den Gebrauchsvorschriften der Pflanzenschutzmittel ↗ zu entnehmen.

bienengefährlich. Die Anwendung «b.er» Pflanzenschutz- u. Schädlingsbekämpfungsmittel ist in vielen Ländern durch Schutzgesetze begrenzt. B.e Präparate sind in nektar-, pollen- u. honigtauspendenden Pflanzenbeständen untersagt. Bei der Anwendung in nicht blühenden Pflanzenbeständen sind Abdrifte ↗ auf benachbarte blühende Kulturen bzw. die Mitbehandlung blühender Unterkulturen zu vermeiden. Blühende Unkräuter in zu behandelnden Kulturen sind als mögliche Ursache von Bienenschäden zu beachten u. erforderlichenfalls vorher zu entfernen.

Bienengenetik → Vererbungsgesetze bei der Honigbiene.

Bienengesundheitsdienst. Die Gesunderhaltung der Bienenvölker ist nicht nur für den Imker bes. wichtig, sondern sie hat durch die Bedeutung der Bienenhaltung allgemeines staatliches Interesse erlangt. Deshalb müssen in einem gut organisierten B. die Grundsätze einer einfachen, richtigen, hygienischen u. auf Gesundheit ausgerichteten Bienenpflege im Vordergrund stehen. In den versch. Ländern sind seit langem Gesetze u. Verordnungen erlassen, um die Entwicklung u. Ausbreitung bestimmter ansteckender Bienenkrankheiten durch Vorbeuge- u. Bekämpfungsmaßnahmen zu verhindern. In der Welt treten verbr. Nosematose ↗, Amöbenkrankheit ↗, Bösartige u. Gutartige Faulbrut ↗, Varroatose ↗ u. Acarapidose ↗ seuchenhaft auf. In zahlreichen Ländern, u.a. auch in den meisten europ. Staaten, ist die Bekämpfung von drei der gefährlichsten Bienenseuchen staatlich geregelt: Bösartige Faulbrut, Varroatose u. Acarapidose. Es gibt detaillierte staatliche Tierseuchenverordnungen (so z. B. in der Schweiz oder in Japan), Bienenseuchenverordnungen (z. B. Deutschland und Österreich) und Weisungen (u. a. Rußland und Ungarn), in denen im wesentlichen vorbeugende Maßnahmen, Meldepflicht ↗, Sperrmaßnahmen nach Seuchenfeststellung u. Maßnahmen zur unmittelbaren Bekämpfung der Bienenseuchen festgelegt sind. Diese Rahmenverordnungen vieler Staaten sind, von einigen Ausnahmen hinsichtlich des Umfangs der Anzeige- od. Meldepflicht abgesehen, untereinander sehr ähnl. Hingegen haben aber z. B. in der Bundesrepublik Deutschland die einzelnen Bundesländer z. T. sehr versch. Ausfuhrbestimmungen erlassen. Auf der Grundlage vorhandener gesetzlicher Regelungen arbeiten in vielen Staaten Amtstierärzte, Veterinäringenieure, Bienenseuchensachverständige, Sachverständige in der Bienenzucht, Bieneninspektoren, Zootechniker u. a. im B. Die Organisation Internationale des Épizooties (OIE) bemüht sich seit vielen Jahren um internat. Vereinbarungen über die Bekämpfung der Bienenkrankheiten im B. Aufgabe u. Ziel des B.es ist die Förderung der allgemeinen Gesundheitspflege bei Bienenvölkern. Dabei müssen Maßnahmen, die der Vorbeuge dienen, im Vordergrund stehen u. die

Bienenhaus im Frühling

Bekämpfung der Bienenkrankheiten erleichtert werden. Der B. ist Bestandteil des veterinärmedizinischen Sicherungssystems. Bereits bei der Pflege u. Haltung der Bienen durch den Imker sind Grundsätze der Gesunderhaltung maßgebend (Hygiene am Bienenstand ↗). Bei der Beurteilung der Schäden durch Bienenkrankheiten, bes. bei Nosematose u. Varroatose, sind nicht nur die akuten Krankheitsfälle zu erfassen, sondern auch die Schäden zu berücksichtigen, die durch mangelhafte Entwicklung der Bienenvölker, die damit verbundenen Leistungsminderungen, Ertragsausfälle u. die geringe Bestäubungsleistung bedingt werden. Vor allem unter den Bedingungen der Vorbeuge- u. Bekämpfungsmaßnahmen gegen die Varroatose wird eine intensivere veterinärmedizinische Betreuung der Bienenstände erforderlich. Auf Grund der Erfahrungen von Tiergesundheitsdiensten ist der erfolgreiche Einsatz eines Gesundheitsdienstes auch bei Faktorenkrankheiten ↗ notwendig. Ein funktionsfähiger B. kann durch organisierte Prophylaxe erheblich zur Intensivierung der Produktion u. deren Stabilität in der Bienenwirtschaft beitragen. Beim Schutz der Honigbiene vor besonderen Gefahren, z.B. vor Vergiftungen, kommt es vor allem darauf an, Pflanzenschutzmittelvergiftungen zu vermeiden. Der B. umfaßt die Gesamtheit aller Maßnahmen, die der Gesunderhaltung der Bienenbestände u. der Prophylaxe u. Bekämpfung der Bienenkrankheiten sowie der Sicherung der Produktion in der Bienenwirtschaft dienen. Je früher der Verdacht auf krankhafte Erscheinungen in den Bienenvölkern dem zuständigen beamteten Tierarzt gemeldet wird, um so besser gelingt es, die Ausbreitung u. die damit verbundenen Verluste an Bienenvölkern durch die Einleitung sofortiger Abwehrmaßnahmen zu vermeiden. Wenn sich der Verdacht durch die Befunde der labordiagnostischen Untersuchungen von Bienen- u./od. Wabenproben in einer veterinärmedizinischen Untersuchungseinrichtung ↗ bestätigt hat, erfolgt durch den Amtstierarzt die staatliche Feststellung der meldepflichtigen Bienenseuche, u. es werden Maßnahmen zur Einschränkung der Ausbreitung u. zur Bekämpfung dieser Bienenkrankheit eingeleitet. Der Amtstierarzt ist für die Anweisung, Durchführung u. Kontrolle entspr. Bekämpfungsmaßnahmen verantwortl. In jeder Imkersparte sind je nach Völkerzahl mehrere Bienensachverständige ↗ tätig, die den Tierarzt unterstützen. In den gesetzlichen Bestimmungen, Verordnungen u. Weisungen sind alle Einzelmaßnahmen zur Vorbeuge, bei Verdacht, staatlicher Feststellung u. Erlöschen einer Bienenseuche, Anweisung von Bekämpfungsmaßnahmen, Behandlungsverfahren bzw. zur Abtötung von Bienenvölkern, Sperr- u. Desinfektionsbestimmungen sowie Nachuntersuchungen ↗ u. Verfolgungsuntersuchungen, Standkontrollen, zur turnusmäßigen Reihenuntersuchung der Bienenvölker auf Brutkrankheiten ↗ u. Entnahme von Gemüll-, Bienen- bzw. Wabenproben sowie Maßnahmen zum Schutze der Bienen vor Vergiftungen festgelegt. Entschädigungen aus der Tierseuchenversicherung sollten erst dann geleistet werden, wenn die Bekämpfungsmaßnahmen einschl. Desinfektion abgeschlossen sind. Die Ein- u. Ausfuhr von Bienen u. Weiseln, Bienenbrut, Wabenbau, gebrauchten Bienenwohnungen u. Imkereigerätschaften sowie der Umgang mit Wachs u. Honig aus verseuchten Imkereien sind gesetzlich geregelt. Das anfallende Seuchenwachs wird nur in einem zentralen Wachswerk verarbeitet. Bienenwachs verarbeitende Betriebe sowie Honig be- u. verarbeitende Betriebe unterliegen der veterinärhygienischen Kontrolle durch den Amtstierarzt, um mögliche Verseuchungen durch Wachs u. Importhonig zu vermeiden.

Zur Verhinderung der Einschleppung ansteckender Krankheiten gibt es in einzelnen Ländern sehr strenge gesetzliche Bestimmungen zur Einfuhr und Durchfuhr von Bienen, Bienen- und Imkereierzeugnissen, Rohstoffen sowie Gegenständen, die Träger von Ansteckungsstoffen für Bienen sein können.

So z.B. Deutschland (Bieneneinfuhrverordnung vom 6. 12. 1972, Neufassung dieser Verordnung vom 19. 6. 1983); Kanada (Bundesgesetz März 1974); Schweiz, Sowjetunion, Japan, USA (Bundesgesetz 1976). Zur Vermeidung der Verschleppung ansteckender Bienenkrankheiten ist eine Verlegung von Bienenvölkern u. deren Teilen sowie von gebrauchten Bienenwohnungen nur aus Beständen gestattet, die nicht wegen Bienenseuchen gesperrt sind. Für die Verlegung (vorübergehende Veränderung des Standortes) von Bienenvölkern bei Wanderung zur Trachtnutzung, für die Beschickung von Belegeinrichtungen u. Ausstellungen mit lebenden Bienen, bei Verkauf, Tausch od. Verschenken (ständige Veränderung des Standortes von Bienenvölkern) sind Veterinärzeugnisse, Seuchenfreiheitsbescheinigungen, Gesundheitszeugnisse u. -zertifikate verbindlich, die die Freiheit der Bienenvölker von meldepflichtigen Krankheiten bestätigen müssen. In den Bienenständen wird ein Gesundheitspaß ↗ geführt. Erforderliche Heilmittel zur Durchführung der Behandlungsmaßnahmen erhalten die Imker vom Tierarzt. Um lückenlose turnusmäßige Untersuchungen von Bienenvölkern, die Entnahme von Gemüll-, Bienen- u. Wabenproben sowie Behandlungsmaßnahmen bei allen Bienenvölkern bestimmter Territorien zu sichern, müssen die Bienenvölker aller Imker erfaßt, gemeldet u. in diese Aktionen einbezogen werden. In einer Hygieneordnung für Belegeinrichtungen für Bienen sind veterinärmedizinische u. tierhygienische Normen u. Verfahren zur Gewährleistung der Sicherheit u. Maßnahmen zum Schutze vor Seuchen, Parasitosen u. anderen bes. Gefahren festgelegt. Die Kontrolle der veterinärmedizinischen Absicherung u. der Tierhygienemaßnahmen obliegt dem Amtstierarzt. Der Leiter der Belegeinrichtung ist als Bienenseuchensachverständiger auszubilden u. für die gesundheitliche Überwachung der Bienenvölker (Drohnenvölker) u. der angelieferten Begattungskästchen verantwortl. Entsprechend sind gemäß Tierseuchenverordnung alle Abweichungen vom Normalverhalten bei Bienenvölkern, schnell um sich greifenden Leistungsminderungen, Erkrankungen u. Zugrundegehen von Bienenvölkern u. sinngemäß auch jedes aus ungeklärter Ursache abgestorbene Bienenvolk dem zuständigen Tierarzt zu melden. Zur Früherkennung von

Anfangsschäden u. Produktionsminderungen ist eine Untersuchung auf Faulbrut, Varroatose u. Acarapidose einzuleiten. Neben der Bekämpfung der Bienenkrankheiten besitzen die Durchführung hygienisch-prophylaktischer Maßnahmen u. die vorbeugende Bienenpflege eine große Bedeutung. Die organisierte Vorbeuge u. die Vermittlung pflegerischer Grundsätze bilden das Kernstück des B.es. Frühes Erkennen u. Beseitigung der Mängel in der Bienenhaltung sowie Durchführung bienenwirtschaftlich-imkerlicher Maßnahmen ↗ zur Vermeidung haltungsbedingter Schäden u. zur Vorbeuge u. Bekämpfung von Bienenkrankheiten sind der Zweck von Standkontrollen u. Standbegehungen. Die sich aus den gesetzlichen Bestimmungen bezüglich der Bienenwirtschaft ergebenden Aufgaben haben zu einer viel stärkeren Einbeziehung der Tierärzte in einem staatlich geleiteten B. geführt, wie das zum Beispiel in Rußland und in Ungarn der Fall ist. Dort werden bestimmte Tierärzte als Spezialtierärzte mit diesbezüglichen Sonderaufgaben betraut.

Bienengift. Von der Giftdrüse ↗ produzierte wasserklare Flüssigkeit von scharfem bitteren Geschmack u. eigenartigem aromatischen Geruch. Nach Forster enthält das B. etwa 30 % Trockensubstanz u. 3,67 % Asche, darin hauptsächl. Calcium, Magnesium u. Phosphor. Schwefel liegt nur in organischen Verbindungen vor. 75 % der Gift-Trockensubstanz bestehen aus Polypeptiden. Ameisensäure ist wohlgemerkt nicht nachzuweisen. Verglichen mit anderen tierischen Giften hat B. eine relativ einfache Zusammensetzung. Man findet nur fünf Polypeptide in Mengen von mehr als einem Prozent. Von Wichtigkeit sind die Enzyme Phospholipase A_2 u. Hyaluronidase u. die physiologisch aktiven Peptide Melittin (Hauptkomponente, 50–70 % Anteil an der Trockensubstanz), Apamin u. MCD- (Mast Cell Degranulating) Peptid. Hinzu kommen weitere Polypeptide wie Gecapin, Tertiapin u. a. Außerdem enthält B. biogene Amine wie Histamin u. Serotonin. Durch B. können lokale Entzündungserregung (Quaddelbildung, später Schwellung), Gewebeschädigung, z. B. Zytolyse (Auflösung von Zellmembranen), bes. der roten Blutkörperchen, hervorgerufen werden. Außerdem wirkt es auf Nerven u. Nervenzentren u. soll angeblich den Blutdruck senkende, die Darmperistaltik anregende u. bakterizide Wirkung haben. – Die lokale Entzündung ist in erster Linie auf Freisetzung von Histamin aus Gewebe-Mastzellen durch Melittin u. MCD-Peptid zurückzuführen. Letzteres ist bes. aktiv, das weniger aktive Melittin hat wegen seiner hohen Anreicherung im B. jedoch einen großen Anteil an der Histaminausschüttung. Melittin besteht aus 26 Aminosäuren. Es besitzt neben der Fähigkeit zur Histaminfreisetzung auch eine starke unspezifische haemolytische Wirkung. Insofern bewirkt injiziertes B. nicht nur Freisetzung von Histamin, sondern zusätzl. eine unspezifische Zellzerstörung, was offensichtl. die entzündliche Aktivität im Bereich des Bienenstichs ausmacht. – Das Apamin, ein neuerdings vollständig synthetisiertes Polypeptid aus 18 Aminosäuren mit zwei intramolekularen Disulfidbrücken, ist eines der giftigsten Neurotoxine mit Angriffspunkt am Zentralnervensystem. Beim Stich einer Biene wird etwa 1 µl des Giftes unter die Haut injiziert. Normalerweise kommt es zu oben geschilderter lokaler Entzündung u. anschl. ± leichten Schwellung, gegen die übrigens Hausmittel wie Auftragen von Salmiakgeist, Seife, Zwiebel, Kartoffel- u. Apfelschnitzel wohl nur symptomatisch wirken u. durch Kühlung u. Kompression etwas Linderung verschaffen. Der Stichkanal schließt sich schnell, nachdem der Stachenapparat entfernt worden ist, u. mögliche Heilmittel (z. B. Oxidationsmittel) können nicht eindringen. Man überläßt diese ausgelösten Reaktionen am besten der bald danach einsetzenden Heilung, bei der die geschilderten Erscheinungen in etwa 24 h zurückgehen. Es sind genügend Fälle bekannt, bei denen ein einzelner Mensch Dutzende von Stichen ertragen u. überlebt hat. Das B. ist also offensichtl. nicht so hoch toxisch. – Im Gegensatz dazu gibt es aber Menschen, bei denen ein einziger Stich zu einer anaphylaktischen Reaktion (Schock) mit u. U. tödlichem Ausgang führen kann. Der Pharmakologe Habermann hat im Hinblick auf diese allergischen Reaktionen die Biene einmal «das gefährlichste Gifttier Mitteleuropas» genannt. Bei allergisch veranlagten Personen kann der Bienenstich auch Nesselsucht, Erbrechen, Schweißausbruch, Durchfall, Schwindel, Angstgefühl u. Ohnmachtsanfälle auslösen. Es kann zum alarmierenden Absinken der Herztätigkeit kommen, od. Schleimhautschwellung kann zu Erstickungsanfällen führen. In diesen Fällen muß vom Arzt mit Antihistaminpräparaten, Calcium u. kreislaufördernden Mitteln eingegriffen werden. Die allergischen Reaktionen scheinen in erster Linie gegen die Phospholipase gerichtet zu sein. – Andererseits weiß man, daß Imker, denen man eine gewisse «Immunität» gegen B. zuschreibt, Antikörper gegen die Phospholipase besitzen, da sie nach längerer Beschäftigung mit den Bienen in den meisten Fällen schwächer od. überhaupt nicht mehr auf Bienenstiche reagieren. Sie fühlen zwar den

Gemeine Wespe

Schmerz, aber es fehlen die sonst auftretenden Allgemeinerscheinungen. Wenn die Zahl der Stiche, etwa an einem schwülen Tage, 200–300 übersteigt, reagiert der Körper evtl. mit leichten Kopfschmerzen. Es gibt Hinweise dafür, daß Körperstellen, die normalerweise oft gestochen werden (Hände, Unterarme), weitgehend reaktionslos bleiben u. offenbar das Gift wirkungslos machen, während Stiche od. Injektionen von B. beim gleichen Individuum beispielsweise in der normalerweise nicht von Stichen getroffenen Schulterblattgegend starke Lokal- u. Allgemeinreaktionen bis hin zu Übelkeit verursachen. Insofern läßt sich im klassischen Sinne nicht von Immunität sprechen, sondern höchstens von lokaler Unschädlichmachung, Resorption u. Weiterleitungsblockade. – Noch nicht geklärt ist der beobachtete Vorgang einer Desensibilisierung gegen B. bei überempfindlichen Personen mit Hilfe von Injektionen steigender B.-Dosierung. Nur in einem Teil der Fälle wird dabei die Überempfindlichkeit beseitigt. Auch scheint die Desensibilisierung nur selten von bleibender Dauer zu sein. In diesem Zusammenhang sollte erwähnt werden, daß alte erfahrene Imker nach vielen Jahren erfolgreicher Arbeit mit Bienen plötzlich eine solche Empfindlichkeit, selbst gegen Gift- od. gar Stockgeruch, entwickeln, daß sie die ihnen liebgewordene Imkerei aufgeben müssen. – Neben den unangenehmen, mit entzündlichen u. anderen Erscheinungen einhergehenden Wirkungen wurde B. schon im alten Ägypten als Arzneimittel verwendet u. blieb auch später Bestandteil der Volksmedizin. Vor allem machte man sich die Erfahrung zunutze, daß Imker offensichtl. nicht so leicht an rheumatischen Leiden erkranken, bzw. daß B. bei rheumatischen Erkrankungen schmerzlindernde Wirkung verspüren läßt. B. wird heute in Form von Salben, Liniment (Flüssigkeit) zum Einreiben u. Lösungen zum Einspritzen bei rheumatischen Muskel-, Nerven- u. Gelenkerkrankungen sowie bei Kälteschäden angewandt. Es zeigte sich bei wissenschaftl. Untersuchungen, daß MCD-Peptid neben seinen entzündlichen Eigenschaften im Tierversuch bei experimentell erzeugter Arthritis (Gelenkentzündung) positive Effekte zeigt. Es gibt Hinweise dafür, daß die Cortisonbildung (Hormon der Nebennierenrinde) durch B. angeregt wird. Somit wird eine Verbindung hergestellt zu der von der Medizin heute z. T. gegen Rheuma angewandten Cortisonbehandlung. – Die Gewinnung des B.es für Heilzwecke erfolgt heute im großen Umfang. Man läßt Bienen nach mechanischem Druck auf den Hinterleib in eine geeignete Unterlage stechen od. zwingt sie durch elektrische Reizung zw. zwei Drähten zur Abgabe des Giftes, das aus der Unterlage durch Extraktion gewonnen bzw. in physiologischer Kochsalzlösung aufgefangen wird, od. es wird als Trockengift von einer Stichmembran abgekratzt u. dann weiterverarbeitet. – Innerhalb der vier *Apis*-An unterscheidet sich die Zusammensetzung des Melittins bei *Apis mellifera* nicht von derjenigen der Indischen Honigbiene *(Apis cerana indica)*. Die Melittinstruktur der Zwergbiene *(Apis florea)* stimmt jedoch mit der der

Wespennest nach Entfernung der Hülle

beiden genannten *Apis*-An nicht überein. – Stiche von Hummeln sind zwar selten, doch nicht minder schmerzhaft. Ihr Gift ist nur wenig erforscht. Neuerdings wurde im Gift der Erdhummel *(Bombus terrestris)* als Hauptbestandteil Acetylcholin nachgewiesen, wobei eine Konzentration von etwa 30 µg in der Giftblase bestimmt wurde. Acetylcholin in solch hoher Konzentration wird relativ langsam hydrolysiert u. bewirkt einen starken lokalen Schmerzreiz. Da es häufig vorkommt, daß im Augenblick des Stiches ein Insekt nicht genau erkannt u. dann meist «den Bienen» zugeordnet wird, sollen hier einige Angaben über Stechverhalten u. Giftwirkung bei verwandten Tieren, spez. Faltenwespen, angegeben werden. Nach FLURY u. HÜSING sollen Hornissen *(Vespa crabro)* bei einem Stich bis zu 1,2 mg Gift injizieren können. Angaben über die Zusammensetzung des Vespiden-Gifts sind relativ spärlich. Aus ihnen geht jedoch eine gewisse Ähnlich-

Erdhummel auf Mignon-Dahlie

keit mit dem der Biene hervor. Nach KAISER u. MICHL kommt im Gift der Gewöhnlichen Wespe *(Vespa vulgaris)* u. der Hornisse *(Vespa crabro)* Histamin vor, daneben konnten aber auch 5-Hydroxytryptamin u. freie Aminosäuren sowie bei der Hornisse erhebliche Mengen von Acetylcholin nachgewiesen werden. Vespiden-Gift besitzt Hyaluronidase-Aktivität wie auch Cholinesterase u. Phospholipase B. Die Hornissen werden auch als «Pferdewespen» bezeichnet, u. die Ansicht war weit verbr., daß neun (od. sieben) ihrer Stiche ein Pferd u. drei einen Menschen töten könnten. Diese Angaben sind weit überzogen, u. nach allgemeiner Erfahrung läßt sich sagen, daß sich der Hornissenstich nicht wesentl. gefährlicher als der anderer Vespiden auswirkt. Auch für Vespiden gilt, daß die Wirkung am stärksten von der Konstitution der Stichempfänger abhängig ist. Auch nach Wespenstichen werden zuweilen schwere Fälle von anaphylaktischem Schock beobachtet. Todesfälle sind aber insges. sehr selten. Das Gift der Feuerameisen der G *Solenopsis* besteht vornehmlich aus Transisomeren einer Reihe von Dialkylpiperidinen, die für die toxischen Eigenschaften der Giftsekrete verantwortl. sein dürften.

Bienenhaus. Das massive B. sowie das B. auf Rädern, der Wanderwagen, sind im deutschsprachigen Raum die vorherrschende Form der Beutenaufstellung. Die meist vorhandenen Hinter- bzw. Hinter/Oberbehandlungsbeuten benötigen einen Wetterschutz u. sind nur im B. effektiv nutzbar. Das B. dient neben der Aufstellung der Beuten zur Durchführung sämtlicher mit der Bienenhaltung zusammenhängender Arbeiten sowie der Unterbringung der hierfür erforderlichen Werkzeuge, Geräte, Materialien (z.B. des Futterzuckers) u. zeitweilig auch der Ernte. Neben dem eigentl. Arbeitsraum ↗ ist oft noch ein Schleuderraum ↗ vorhanden. B.er werden meist in Holzbauweise ausgeführt, da Mauerwerk sich nur langsam erwärmt u. dadurch eine Entwicklungsverzögerung der Bienenvölker eintreten kann. Der Fußboden sollte sich gut reinigen lassen; am zweckmäßigsten sind geglätteter Beton od. Holzdielen mit einem glatten Kunststoffbelag. Zur Beobachtung der Trachtsituation sollte möglichst ein Waagstock ↗ in das B. integriert u. zur ungestörten Beobachtung der Beutenfront ein

Bartblume

Fenster in eine der seitl. Windblenden eingebaut sein (Grundriß eines Bienenhauses ↗). Die Notwendigkeit, für die Unterbringung von Beuten ein ± massives Gebäude errichten zu müssen, wird oft als Nachteil angesehen u. als Argument gegen die Hinterbehandlungsbeuten ↗ angeführt. Aber ein B. hat neben einer unbestreitbaren emotionalen Komponente auch reale Vorteile. Dies sind u. a. ein wettergeschützter Raum, in dem auch bei nicht günstigem Wetter an den Bienen gearbeitet u. geschleudert werden kann. Die Arbeit an den Völkern ist ohne Belästigung durch die Bienen durchführbar. Durch Schließen der Fenster u. schubweises Herauslassen der abgeflogenen Bienen zw. der Bearbeitung der einzelnen Völker kann in trachtloser Zeit an ihnen gearbeitet werden (Standortwahl ↗).

Bienenjahr. Formal vom 1. 10. eines Jahres bis zum

(Februar)	*März*	*April*
Auswinterung		
	Frühjahrsentwicklung	
Entwicklungsphasen im Bienenvolk		
Großer Reinigungsausflug		
Mit Beginn der Bruttätigkeit Einsatz des Fett-Eiweiß-Polsters der Winterbienen zum Aufbau des Volkes bei gleichzeitiger Temp.-Erhöhung		Nutzung des vorhandenen Futtervorrats zur ständigen Erweiterung des Brutnestes Zunahme der Volkstärke Beginn der Bautätigkeit u. der Drohnenaufzucht
Arbeiten des Imkers		
Endgültige Entnahme der Bodeneinlage, Kontrolle des Wintergemülls auf allgemeinen Totenfall, Zuckerkristalle, Varroa Beobachtung des Reinigungsfluges	Regelmäßige Flugbeobachtungen (Polleneintrag; Nosematose) Kurze Volkkontrolle Bei starkem Schwund der Volkstärke Einengung od. Vereinigung Warmhaltende Verpackung der Völker Einrichtung von Tränke und Höselhaus mit Pollenersatz	Bei steigender Bienenzahl Erweiterung der Völker durch Reizfütterung mit entdeckelten Futterwaben Einhängen des Baurahmens

31. 9. des folgendes Jahres. In der imkerlichen Praxis ist diese Terminisierung weder zweckmäßig noch erforderlich, da sich der Ablauf hier nur nach der phänologischen Entwicklung u. der der Bienenvölker rich-

Mai	*Juni*	*Juli*
Trachtzeit		Schwarmzeit

Entwicklungsphasen im Bienenvolk

Mai/Juni	Juli
Schnelle Entwicklung des Volkes durch hohes Trachtangebot Erzeugung von Geschlechtstieren (Drohnenbrut u. Anlage von Weiselzellen)	Bei lückenlosem Trachtangebot Vermehrung der Honigreserven Vorbereitung zur Teilung (Schwärmen) als Folge des erreichten Höhepunktes im Volkreichtum
Erwachen des Schwarmtriebs	Abklingen des Bau- u. Pflegetriebs bei nachlassender Tracht

Arbeiten des Imkers

Mai	Juni	Juli
Freigabe des Honigraumes Regelmäßiges Raumangebot für Eiablage durch Einhängen von Mittelwänden in den Brutraum Fortgesetzte Kontrolle der Baurahmen, bes. der Drohnenbrut auf Varroa	Schwarmverhinderung durch Erweiterung des Brutraumes in Verbindung mit Umhängen von Brutwaben in den Honigraum Schröpfen des Volkes Bildung von Brutablegern	Umweiseln der Völker bei gleichzeitiger Reizfütterung (Nachtrachtpflege) Erzielung eines großen Brutansatzes als Voraussetzung für starke Wintervölker

August	*September*	*Oktober*
Nachtrachtpflege	Wintereinfütterung	Einwinterung

Entwicklungsphase im Bienenvolk

Ende des Drohnenabtriebs
Schlüpfende Bienen bilden späteren Kern des Wintervolkes. Junge Bienen mit Fett-Eiweiß-Polster im Fettkörper als Vorbedingung für größere Lebensdauer
Durch Wintereinfütterung stärkere Eilegetätigkeit der Weisel
Brutnesterweiterung
Ablagerung von invertiertem Winterfutter u. eingetragenem Pollen im Wintersitz
Rückgang der Brutflächen
Übergang zur Winterruhe
Letztes Vorspielen von Jungbienen an Sonnentagen

Arbeiten des Imkers

August	September	Oktober
Reizfütterung an Trachtende («Nachtrachtpflege» mit Maische od. Futterteig)	Abschluß der Wintereinfütterung (Mitte September)	

Letzte Kontrolle auf Weiselrichtigkeit, Volkstärke u. gut bebrütete (keine zu jungen!) Waben im Wintersitz
Winterfeste Verpackung der Völker. Ordnen u. Sichten von Geräten u. Waben

November	*Dezember/Januar*	*Februar*
	Winterruhe	

Entwicklungsphase im Bienenvolk

November	Dezember/Januar	Februar
Mit ersten Nachtfrösten Zusammenschluß zur Wintertraube	Herabsetzung der Volktemp. bei Erhaltung der Temp.-Regulation	Wiederbeginn der Bruttätigkeit – evtl. Reinigungsflug

Arbeiten des Imkers

November	Dezember/Januar	Februar
Einschieben der Bodeneinlagen («Windeln») in die Beuten Anbringen von Fluglochblenden	Ruhe am Stand	Ruhe am Stand

Vorbereitung der kommenden Vegetationsperiode (Planung, Reparaturen, Arbeitsmittelbereitstellung)
Regelmäßige Kontrollgänge zum Stand
Vorsichtige Kontrolle der Bodeneinlagen
Vorbereitung des Reinigungsfluges (schneefreie Fläche vor Stand; Entnahme der Bodeneinlagen kurz vor Ausflug)

tet. Allgemein wird heute, für den einzelnen Bienenstand sehr unterschiedl., mit der letzten Schleuderung das B. als beendet angesehen. Alle Maßnahmen, die sich anschließen, aber auch schon frühere, wie z. B. die Ablegerbildung u. das Umweiseln, dienen der Vorbereitung des kommenden Jahres. Das B. läßt sich allgemein in folgende ungleiche Abschnitte einteilen: Nachtrachtpflege ↗, Einwinterung ↗, Überwinterung ↗, Auswinterung ↗, Frühjahrsentwicklung ↗, Tracht-Schwarmzeit ↗. – Auf die Monate im Jahreslauf bezogen, ergeben sich unter den angegebenen Vorbehalten folgende vier Abschnitte, in denen sich allerding viele Erscheinungen, den jeweiligen Tracht- u. Klimabedingungen entspr., überlappen u. auf die sich der Imker mit seinen Arbeiten einstellen muß: 1. August-Oktober, 2. November-Februar, 3. (Februar) März-April, 4. Mai-Juli.

Ein Jahresplan für die Bekämpfung der Milbe Varroa schützt vor dem Zusammenbruch der Völker:

gelb: während der Trachtenzeit nur biotechnische Verfahren (Drohnenbrutausschneiden; Ablegerbildung

rot: Nach Trachtenende: Mittel gegen Milben in der Bienenbrut (z. B. Ameisensäure)

blau: Brutfreie Völker im Winter: Verfahren mit Milch-, Oxalsäure oder Perizin.

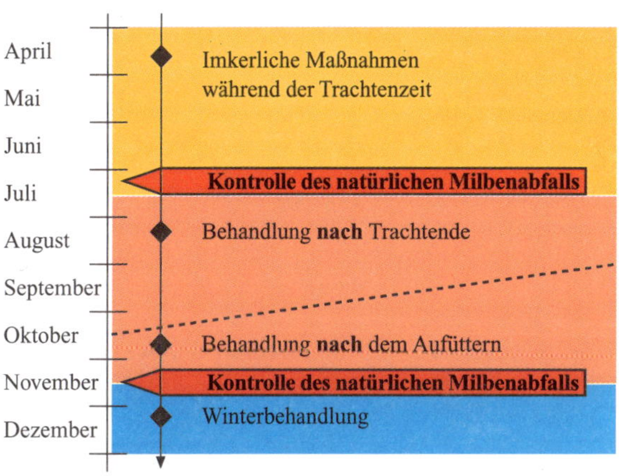

Ein Jahresplan für die Bekämpfung der Milbe Varroa

Bienenkorb. Bezeichnung für Bienenwohnungen aus Stroh, Schilf od. Ruten, meist in Form von stehenden od. liegenden Walzen od. eines Kegelstumpfs. Ein in einen B. eingeschlagener Schwarm baut entweder völlig frei od. von vorher eingebrachten Leitwachsstreifen ausgehend seine Waben. Einige B.e sind auch für Mobilbau eingerichtet. B.e, die zur Bearbeitung umgekehrt werden müssen, werden als Stülper bezeichnet.

Bienenkrankheiten. Infektiöse u. nichtinfektiöse Krankheiten, die bei Bienen auftreten u. Ertragsminderung od. Absterben der Bienenvölker verursachen. Man unterscheidet Brutkrankheiten ↗, Krankheiten der ad. Bienen (Varroatose ↗, Nosematose ↗, Amöbenkrankheit ↗, Acarapidose ↗, Maikrankheit ↗, Rickettsiose, Paralyse ↗, Pollentoxikose ↗, Nektartoxikose ↗, Honigtanintoxikation ↗, Dysenterie ↗, Schwarzsucht ↗, Viruskrankheiten ↗), Weiselerkrankungen sowie Bienenschäden ↗ u. Bienenschädlinge. Vorbeuge u. Bekämpfung der B. erfolgen im Bienengesundheitsdienst.

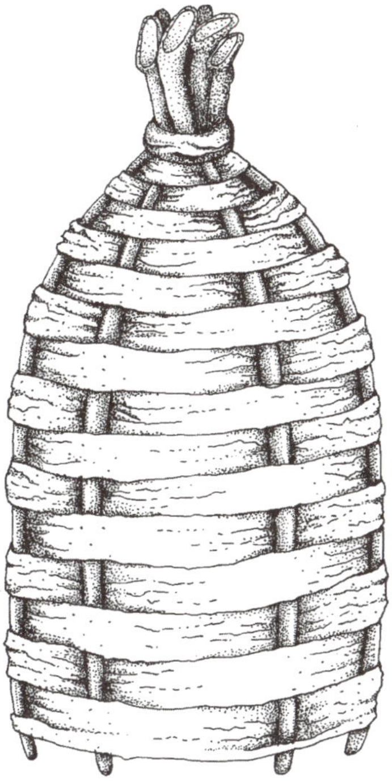

Rutenstülper aus Bulgarien. Aus KUNTZSCH (1914)

Bienenlaus. *Braula coeca*, seltener B. *schmitzi, B. orientalis* u. B. pretoriensis, aus der UO der Fliegen. Innenschädling ↗. Flügellos, ovipar, befällt hauptsächl. Weisel als Nahrungsparasit. B. ist hellbraun, längsoval, ca. 1,5 mm, Entwicklung unter dem Honigzelldeckel. Unruhe im Bienenvolk u. nachlassende Legetätigkeit der Weisel. Bekämpfung durch Tabakrauch, Räuchermittel od. Naphthalin u. Entdeckeln der Honigzellen. Begriff B. auch für Trinnguline ↗ benutzt.

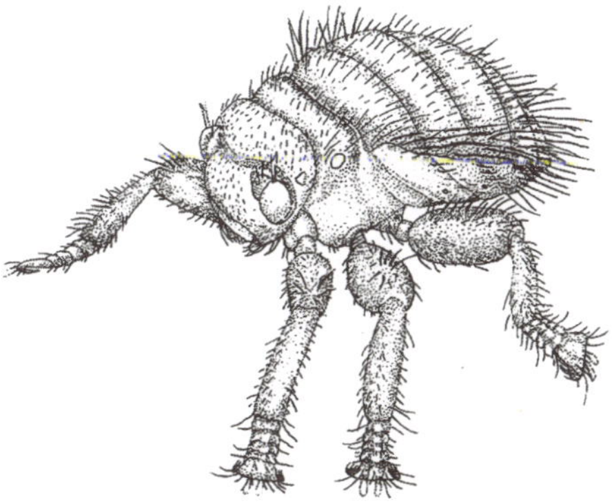

Ein Insekt aus der Verwandschaft der Fliegen besitzt drei Beinpaare (im Gegensatz zur Milbe Varroa!)

Bienenmuseen. Das wahrscheinl. erste B. wurde 1900 nahe der Wiener Imkerschule (Imkerausbildung ↗) gegründet. Es verbrannte 1937 u. wird in Schloß Orth neu aufgebaut. - 1902 riefen F. GERSTUNG u. A. LUDWIG zu einer großen Sammlung historischer Gegenstände der Imkerei auf. 1907 wurde mit diesem Material das «Reichsbienenmuseum» in Weimar als Abteilung des Naturwissenschaftlichen Museums eröffnet. 1957 erhielt die Sammlung ein eigenes Gebäude u. heißt von da an «Deutsches Bienenmuseum». Entspr. der Konzeption von Gerstung umfaßt es eine historische Abteilung, eine permanente Ausstellung alles Neuen auf dem Gebiet der Bienenzucht u. eine Lehrmittelsammlung. Neben vielen kleineren bienenkundlichen Sammlungen, die meist von heimatkundlichen od. agrarhistorischen Museen ausgestellt werden od. im Besitz von Imkerverbänden sind, gibt es einige spez. B., die erwähnenswert sind, so in Celle, Freiburg i. Br., Münstertal, sü. Schwarzwald, Wien, Bern sowie das Bienenzuchtmuseum ↗ Kalmthout in Belgien u. das Bienenzuchtmuseum Radovljica in Jugoslawien. In Swarzędz (Polen) entstand 1967 der erste ethnographische bienenkundliche Park mit vielen, auch künstlerisch wertvollen Bienenbeuten aus versch. Gegenden u. Jh.en, z. T. sogar mit Bienen besetzt. Skansen mit bienenwirtschaftlichem Teil befinden sich u. a. in Rožnov, Nordmähren (Tschechien) u. Král'ová, SW-Slowakei. S. auch Freilandmuseum Swarzęds, Museen.

Bienenpaket. Bezeichnung für einen Fegling ↗ von etwa 1–1,5 kg Gewicht mit einer begatteten Weisel in einer mit Lüftungsgitter versehenen Holzkiste. In der UdSSR u. den USA werden im Frühjahr in sü. Gebieten B.e in großer Anzahl produziert u. nach N versandt. Durch das in höheren Breiten später einsetzende Frühjahr können die aus den B.en innerhalb kurzer Zeit entwickelten Völker noch zur Obstblütenbestäubung eingesetzt werden.

Bienenpavillon. Eine nach der Einführung der beweglichen Wabe im deutschsprachigen Raum gebräuchl. Form des Bienenhauses ↗. Im Original heute nur noch vereinzelt vorhanden. Der Ausflug war meist nach drei Seiten gerichtet. Bei den Beuten handelte es sich um Ober- bzw. Ober/Hinterbehandlungsbeuten mit abnehmbarem Honigraum ↗. Über jeder der ein od. zwei Beutenetagen waren in der ganzen Länge der Bienenhauswand Fenster ↗ angeordnet.

Bienenrecht in der Bundesrepublik Deutschland. Immissionsrecht u. Unterlassung. Im Bereich des privaten Nachbarrechts kann das massive Eindringen von Bienen zu Beeinträchtigungen des Nachbarn führen (§ 906 BGB [Bürgerliches Gesetzbuch v. 18. 8. 1896]); der Nachbar hat dann einen Unterlassungsanspruch gegen den Imker (§ 1004 BGB). Im Sinne des § 906 BGB ist das Eindringen von Bienen auf das Nachbargrundstück eine Immission. Eine Bienenimmission auf dem nachbarlichen Grundstück kann nur insoweit nicht verboten werden, als die Einwirkung die Benutzung des Grundstücks nicht od. nur unwesentl. beeinträchtigt. Liegt jedoch eine wesentl. Beeinträchtigung vor, dann muß eine solche in der Nachbarschaft gehaltene Bienenzucht auch dann hingenommen werden, wenn die Bienenzucht ortsüblich ist u. nicht durch Maßnahmen des Imkers verhindert werden kann, die als solche zu ergreifen wirtschaftlich zumutbar sind. Die Ortsüblichkeit ist in aller Regel dadurch gegeben, daß im näheren Bereich auch andere Imker Bienen halten, wobei die Voraussetzungen im tatsächlichen – also z. B. der Lage der Grundstücke, die Art der Besiedlung – Bereich vergleichbar mit dem störenden Grundstück sein müssen. Muß unter den vorstehend genannten Voraussetzungen eine wesentl. Beeinträchtigung durch den nicht imkerlichen Nachbarn hingenommen werden, so hat dieser Anspruch auf einen angemessenen Geldausgleich. Sind jedoch die Voraussetzungen einer wesentl., nicht hinzunehmenden Beeinträchtigung zugunsten des Nachbarn gegeben, so steht diesem nach § 1004 BGB ein Beseitigungs- u. Unterlassungsanspruch zu. **Bienenverfolgungsrecht.** Die Biene ist das einzige Tier, dessen Rechtsverhältnisse der Gesetzgeber in den §§ 961–964 BGB – wenigstens teilweise – geregelt hat. Die Herrenlosigkeit eines Bienenschwarmes wurde in § 961 BGB festgelegt u. bestimmt, daß, wenn ein Bienenschwarm auszieht, dieser herrenlos ist, wenn nicht der Eigentümer ihn unverzüglich verfolgt, od. wenn der Eigentümer die Verfolgung aufgibt. Im Rahmen des Verfolgungsrechts eines Bienenschwarmes darf nach § 962 BGB der Eigentümer fremde Grundstücke betreten; zieht der Schwarm in eine fremde, nicht besetzte Bienenwohnung ein, so ist der Imker berechtigt, zum Zwecke des Einfangens die Wohnung zu öffnen u. die Waben herauszunehmen, wobei er den etwa entstehenden Schaden dem Fremdimker zu ersetzen hat. Dem Imker wird damit eine bes. Selbsthilfebefugnis gestattet: Er darf selbst mit körperlicher Gewalt das Betretungsrecht unmittelbar durchsetzen u. erzwingen. Da das Betreten nicht widerrechtlich ist, gibt es hiergegen keine verbotene Eigenmacht. Notwehr gegen dieses Betreten ist nicht zulässig. Voraussetzung ist jedoch, daß die Verfolgung sofort aufgenommen wird. Muß der Imker jedoch in eine fremde Bienenwohnung eingreifen, so ist er verpflichtet, ohne daß es auf ein Verschulden ankäme, Schadensersatz an den Dritten zu leisten. Ist die fremde Bienenwohnung, in die der Schwarm zieht, jedoch mit Bienen bereits besetzt, so erlischt das Verfolgungsrecht u. die Rechte an dem fremden Schwarm; dieser Schwarm gehört demjenigen, der Eigentümer der besetzten Bienenwohnung ist (§ 964 BGB). Vereinigen sich mehrere ausgezogene Bienenschwärme versch. Imker, so erlangen diese Miteigentum entspr. der jeweils verfolgten Schwärme, es sei denn, die übrigen Imker nehmen ihr sofortiges Verfolgungsrecht nicht wahr; im letzten Fall erwirbt der verfolgende Imker dann Alleineigentum an allen ausgezogenen Bienenschwärmen. **Schadensersatzrecht.** Nach §§ 823ff. BGB regelt sich das Recht bei Schäden an Bienen u. durch Bienen. Eine von Bienen gestochene Person kann Schmerzensgeldansprüche nach § 847 BGB stellen. Der Imker ist deshalb in aller Regel gegen Haftpflichtansprüche versichert. Der Haftpflichtversicherer hat den Imker von solchen Ersatzansprüchen Dritter freizustellen. Bei bes. allergischen Reaktionen sind in der Vergangenheit auch Todesfälle bekannt geworden. Dadurch entstehende Folgeschäden sind ebenfalls im Rahmen des § 823 BGB dem Geschädigten, zum Teil auch dem mittelbar Geschädigten, zu erstatten. Wesentl. häufiger sind Schäden an Bienenvölkern. Völkerschädigungen führen zu Verlusten in der Honigerzeugung u. zu zusätzl. Aufwendungen in der Wiederherstellung der ursprüngl. Völkerstärke. Diese Schadenspositionen sind in vollem Umfang von dem Schädiger zu ersetzen. § 823 Abs. I BGB findet unmittelbar Anwendung bei Bienenvernichtung durch Maßnahmen von Fabriken, auf Messen, Märkten, Konditoreien, bei Frevel u. Räubereien. § 823 Abs. II BGB i. V. mit einem Schutzgesetz findet bei Bienenvernichtungen als Folge von Schädlingsbekämpfungsaktionen in Forst u. Landwirtschaft Anwendung. Als wesentlichstes Schutzgesetz ist die Bienenschutzverordnung vom 19. 12. 1972 (BGB I S. 2515) anzusehen. Hintergrund dieser Verordnung ist die Stellung eines wirksamen Schutzes vor Gefahren durch Pflanzenschutzmittel zugunsten der Bienen aus volkswirtschaftlichen u. volksgesundheitlichen Gründen. Diese Verordnung führte im übrigen zu einer verstärkten Zusammenarbeit zw. dem Pflanzenschutzdienst u. den Anwendern von Pflanzenschutzmitteln einerseits u. den Imkern andererseits; eine erhebliche Verringerung der Bienenschäden ist eingetreten. Nach § 2 BSchVO dürfen bienengefährliche Pflanzenschutzmittel nicht an blühenden Pflanzen angewandt werden; bzw. es sind bienengefährliche Pflanzenschutzmittel so anzuwenden, daß blühende Pflanzen nicht mitbetroffen werden. Wer gegen diese Vorschriften verstößt, ist zum Schadensersatz verpflichtet. § 823 Abs. II BGB i. V. § 2 BSchVO stellt in den letzten Jahren in vielen Fällen die Anspruchsgrundlage für Schadensersatzansprüche von Imkern gegen Anwender von Pflanzenschutzmitteln im Weinanbau dar. **Gewerblicher Rechtsschutz.** Welche Erzeugnisse als «Honig» bezeichnet werden dürfen, regelt die Honigverordnung vom 13. 12. 1976, die am 1. 1. 1977 in Kraft trat. Danach muß Honig in seiner Beschaffenheit bestimmten Anforderungen entsprechen, darf keine organischen u. anorganischen Verunreinigungen enthalten, keinen künstl. veränderten Säuregrad besitzen, nicht in Gärung übergegangen sein u. keinen artfremden Geruch od. Geschmack aufweisen. Dem Honig dürfen weder Stoffe zugesetzt noch honigeigene Bestandteile – z. B. Pollen – entzogen werden. Eine Sortenbezeichnung darf angebracht werden, wenn die betr. Honige überwiegend den genannten Blüten od. Pflanzen entstammen u. entspr. sensorische, physikalisch-chemische u. mikroskopische Merkmale aufweisen. Wird für den Honig als Zusatzbezeichnung ein regionaler, territorialer od. topographischer Name genutzt, so muß der so bezeichnete Honig ausschl. die angegebene Herkunft aufweisen. Nach dieser Honigverordnung ist der Wassergehalt generell auf 21% begrenzt mit Ausnahme für Klee- u. Heidehonig, die 23% aufweisen dürfen, der Diastase(= Amylase-)Wert muß mindestens 8 (mit bestimmten Ausnahmen), der HMF-Wert (Hydroxylmethylfurfural) höchstens 40 ppm (4 mg%) betragen. Verboten ist eine Werbung, die dem Honig Wirkungen zuschreibt, die in bezug auf eine bestimmte Gesundheit bzw. Krankheit fördernd sind; hierunter fällt aber auch eine Etikettenaufmachung, beispielsweise in Form von Tannen u. Schwarzwaldhäusern, die den Eindruck erwecken, es handle sich um Schwarzwaldhonig, od. Stülpkörbe in der Lüneburger Heide, den Eindruck hinterlassen, es handle sich um Heidehonig aus der Lüneburger Heide, während diese Honige jedoch von außerdeutschen Landen kommen. Unzulässige Nachahmungen der Warenzeichen des Deutschen Imker-Bundes führen zu Schadensersatz u. Unterlassungsansprüchen. **Öffentliches Recht.** a) Öffentliches Bauplanungsrecht. Jeder Imker, der beabsichtigt, im Außenbereich ein Bienenhaus zu errichten, bedarf der Genehmigung seines Vorhabens. Jedoch genießt ein Imker, der – auch nebenberuflich – die berufsmäßige Imkerei betreibt, eine Privilegierung in den Voraussetzungen der Errichtung eines Bienenhauses im Außenbereich. An den Begriff der Berufsmäßigkeit sind dabei qualitative u. quantitative Anforderungen gestellt. Die Privilegierungstatbestände selbst ergeben sich aus § 35 BBauG. Die wesentl. Voraussetzungen dabei sind, daß ein Bienenhaus nur zulässig ist, wenn öffentliche Belange nicht entgegenstehen, eine ausreichende Erschließung gesichert ist u. wenn es einem landwirtschaftl. Betrieb dient u. nur einen untergeordneten Teil der Betriebsfläche einnimmt. Die Verunstaltung des Orts- u. Landschaftsbildes darf ebensowenig vorliegen wie die Beeinträchtigung der natürl. Eigenart der Landschaft od. ihrer Aufgabe als Erholungsgebiet. b) Baurechtliche Genehmigungsvorschriften der Länder in Form der jeweiligen Landesbauordnung. Die Länder haben jeweils Gesetze in Form von Landesbauordnungen erlassen mit dem Inhalt, daß dort baupolizeiliche Verfahrensdinge geregelt werden. Man findet in den Landesbauordnungen die Vorschriften über die Errichtung baulicher Anlagen im Innenbereich, wie sie anzuordnen sind, wie die baulichen Anlagen zu errichten u. zu unterhalten sind. Unter diese Gesichtspunkte fällt die Regelung der Grenzabstände, Fensterabstände, Gebäudeabstände, Standsicherheiten, Brandschutzvorschriften, Wärme- u. Schallschutz, Verwendung bes. Bauteile u. Gründungsvoraussetzungen. Wie für den zivilrechtlichen Bereich bereits darauf hingewiesen wurde, daß nachbarrechtliche Ansprüche sich aus §§ 906, 1004 BGB bei wesentl. Beeinträchtigungen eines Grundstücks ergeben können, finden wir im baupolizeirechtlichen Bereich durch die massierte Besiedlung Probleme u. – zum Teil übersensibilisierte – Empfindlichkeiten. Der Nachbar wälzt gern das Kostenrisiko einer nachbarrechtlichen Unterlassungsklage auf die Ordnungsbehörde ab mit der Maßgabe, gegen den Imker einen Verwaltungsakt zu erlassen, die Bienenhaltung zu unterlassen od. überhaupt nicht zuzulassen. Diesbezügliche verwaltungsrechtliche Verfügungen sind nach einem verwaltungsrechtlichen Vorverfahren in drei Instanzen im Verwaltungsgerichtsverfahren überprüfbar. **Bienenseuchenverordnung.** Stellt im wesentl. Hygienevorschriften auf, um das Aufkommen von Seuchen zu verhindern. So müssen Betriebe, die gewerbsmäßig Honig lagern u. behandeln, die Mittelwände für Bienenwaben herstellen, die Seuchenwachs be- od. verarbeiten – alle diese Betriebe unterliegen der Beaufsichtigung der Veterinärbehörde – Gerätschaften mit kochendem Wasser gründlich reinigen, für mindestens 20 min einer Temp. von mindestens 200 °C aussetzen u. so aufbewahren, daß sie Bienen nicht zugänglich sind. In Fällen, in denen Seuchen zu befürchten sind – Bösartige Faulbrut, Akariose (Milbenseuche) od. Varroatose –, ist eine amtstierärztliche Untersuchung der Bienenvölker u. Bienenstände des verdächtigen Gebietes anzuordnen; bei Wanderungen mit Bienenvölkern od. Versetzungen von Bienenständen muß ein amtstierärztliches Gesundheitszeugnis ausgestellt werden. Bei amtlich festgestellter Bösartiger Faulbrut unterliegt die Zugänglichkeit des Bienenstandes u. der Bienenvölker Beschränkungen; Tötungsanordnungen finden ihre Rechtsgrundlage in der Bienenseuchenverordnung. Schutzmaßregeln sind darüber hinaus gegen die Varroatose vorgesehen, einer Milbenkrankheit, die erst zu Beginn der 70er Jahre in die Bundesrepublik Deutschland eingeschleppt u. erstmals im Februar 1977 als solche dort diagnostiziert wurde. § 16c der Bienenseuchenverordnung statuiert eine Behandlungsverpflichtung u. anschl. Untersuchungsnotwendigkeit durch den Amtstierarzt. Die zuständige Veterinärbehörde bestimmt darüber hinaus Beobachtungs- u. Sperrgebiete. **Bieneneinfuhrverordnung.** Will die Einfuhr von Bienenköniginnen mit ihren Begleitbienen im Hinblick auf deren Gesundheitszustand einer Kontrolle unterziehen. Das Einschleppen von Seuchen soll durch eine kontrollierte Einfuhr deshalb verhindert werden. Die Einfuhr ist meist nur mit einem Gesundheitszeugnis gestattet.

Bienenrepellent. Präparat zur Abschreckung der Bienen, das Insektiziden ↗ zur Vermeidung von Bienenschäden ↗ beigemengt wird.

Bienensachverständiger, Bienenseuchensachverständiger, Bieneninspektor, Sachverständiger in der Bienenzucht. Wegen der Eigenart der Bienenhaltung u. der Spezifität der Bienenkrankheiten ↗ ist im praktischen Bienengesundheitsdienst ↗ die Mitwirkung erfahrener u. bes. ausgebildeter, sachkundiger imkerlicher Fachkräfte erforderlich. Auf der Basis der in den einzelnen Ländern gültigen gesetzlichen Bestimmungen (Tierseuchenverordnungen, Bienenseuchenverordnungen u. Weisungen) arbeiten die Bienenseuchensachverständigen (Polen) bzw. Bienensachverständigen (Deutschland, Tschechien), Bieneninspektoren (Kanada, Schweiz, USA u. Ungarn), Sachverständigen in der Bienenzucht (Österreich, Frankreich) im Auftrag u. auf Weisung beamteter Tierärzte (Kreistierarzt, Amtstierarzt, Kantonstierarzt). Bei der gesundheitlichen Überwachung der Bienenvölker u. der Durchführung der von den Veterinärbehörden angewiesenen bzw. angeordneten Untersuchungs- u. Bekämpfungsmaßnahmen werden die Tierärzte durch diese imkerlichen Fachkräfte unterstützt. In regelmäßig stattfindenden Weiterbildungsveranstaltungen werden diese B. mit den neuesten Erkenntnissen auf dem Gebiet der Bienenkrankheiten u. deren Bekämpfung vertraut gemacht, Tätigkeit u. Arbeitsweise der B. im Bienengesundheitsdienst sind in bes. Arbeitsanweisungen festgelegt. In jeder Imkersparte sind je nach Anzahl der Bienenvölker mehrere B. tätig. Nach Abschluß ihrer Ausbildung u. nach ihrer Berufung erhalten die B. einen Dienstausweis sowie einen Tätigkeitsbereich zugewiesen. Jeder neuausgebildete B. verpflichtet sich zur aktiven Mitarbeit im Bienengesundheitsdienst. Diese Tätigkeit verlangt vor allem gute imkerliche Kenntnisse. Der B. muß sich in bes. Weise mit Bienenkrankheiten u. -seuchen befassen u. ständig zur Erweiterung seines Wissens bereit sein. Die wichtigsten Aufgaben des B.n bestehen in der sachgerechten u. energischen Durchführung der vom Amtstierarzt im Bienengesundheitsdienst angewiesenen Maßnahmen. Dazu gehören die gesundheitliche Überwachung der Bienenstände, die Untersuchung von Bienenvölkern auf Brutkrankheiten ↗, Standkontrollen, die Meldung von Verdacht u. Ausbruch von Bienenkrankheiten an den zuständigen Tierarzt, die Entnahme von Gemüll-, Bienen- u. Wabenproben zur Einsendung an die veterinärmedizinische Untersuchungseinrichtung ↗ u. die praktische Durchführung von Bekämpfungsmaßnahmen, Heilbehandlungen, Desinfektionsmaßnahmen u. Nachuntersuchungen ↗. Bei gemeldetem Verdacht od. Ausbruch einer Bienenseuche hat der B. unverzüglich Ermittlungen über deren Stand, deren Ursprung u. ihre Weiterverbr. anzustellen u. seine Untersuchungen auf die Bienenvölker der umliegenden Bienenstände in der Sperrzone bzw. im Sperrgebiet, im Sperrbezirk od. in der Beobachtungszone auszudehnen. Alle Untersuchungsergebnisse u. durchgeführte Vorbeuge- und Bekämpfungsmaßnahmen zur Sicherung der Bienengesundheit wurden vom B. in der DDR z. B. in den Gesundheitspaß ↗ des Bienenstandes eingetragen. Neben praktischer Bekämpfungsarbeit bei meldepflichtigen Bienenkrankheiten muß der B. im Bienengesundheitsdienst auch im Sinne der Prophylaxe der Bienenkrankheiten in der nach hygienischen Grundsätzen durchgeführten Bienenhaltung u. -pflege aktiv wirksam werden (→ bienenwirtschaftlich-imkerliche Maßnahmen) u. dem Imker ein Berater sein (z.B. Ratschläge für gute Völkerführung geben, Hinweise zur sachgemäßen Pflege der Bienen). Bei der Durchführung angewiesener Bekämpfungs- u. Behandlungsmaßnahmen unterstützt der B. den betroffenen Imker. Wenn das Abtöten von Bienenvölkern notwendig ist, so wird es sachkundig u. zum richtigen Zeitpunkt vorgenommen. Unter Anleitung u. Aufsicht des B.n wird vom geschädigten Imker das Ausräumen der verseuchten Bienenwohnungen, das Verbrennen der toten Bienen u. des wertlosen verdächtigen Materials, das ordnungsgemäße Verpacken des Seuchenwachses sowie die darauffolgende Desinfektion von Bienenwohnungen u. Imkergeräten durchgeführt. Wenn die Behandlung von Bienenvölkern mit Heilmitteln vorgesehen ist, muß der B. die damit verbundene Vorbereitung der zu behandelnden Völker (Entnahme verseuchter Waben, Zubereitung des Heilfutters) praktisch vorführen u. überwachen. Auch die ordnungsgemäße Durchführung von Räucherbehandlungen gegen Varroatose ↗ od. Acarapidose ↗ bzw. die Anwendung von Behandlungsmitteln gegen Varroatose muß den Imkern praktisch gezeigt werden. Bei Standkontrollen, die aus Gründen der Vorbeuge u. zur Ermittlung des Gesundheitszustandes der Bienenvölker in bestimmten Bereichen als turnusmäßig wiederkehrende Reihenuntersuchung (Flächenuntersuchungen, Standbegehungen) angewiesen sind, müssen vom B. die Bienenvölker der Stände aller Imker untersucht werden. Im Verdachtsfall werden Gemüll-, Bienen- od. Wabenproben mit Begleitbericht an die zuständige veterinärmedizinische Untersuchungseinrichtung zur labordiagnostischen Untersuchung geschickt. Die Kontrolle erstreckt sich bei seuchenverdächtigen Bienenständen auch auf die Wabenvorräte. In dringenden Fällen darf der B. vorläufige Schutzmaßnahmen selbst einleiten. Darüber hat er dem Amtstierarzt zu berichten. B. u. Imker müssen verwaiste, verlassene, verfallene u. vernachlässigte Bienenstände dem zuständigen Arzt melden, der dann deren Beseitigung anweist. Auch bei der Ausstellung von Seuchenfreiheitsbescheinigungen bzw. von Gesundheitszeugnissen für die Wanderung mit Bienen, zum Beschicken von Belegeinrichtungen od. Ausstellungen spielt der B. eine Rolle. Arbeitet in der Schadenskommission bei Vergiftungsfällen mit.

Bienenschaden. Der Verlust an Bienenvölkern u. Teilen von ihnen infolge von Intoxikationen ↗, verursacht z. B. durch bienengefährliche Pflanzenschutz- u. Schädlingsbekämpfungsmittel ↗ sowie durch bienengefährliche, in Luft u. Wasser gelangte Schadstoffe.

Bienenschutz. Gesamtheit aller organisatorischen, vorbeugenden u. direkten Maßnahmen zur Verhütung von Bienenschäden ↗. In zahlreichen Ländern durch spez. Gesetze geregelt.

Bienenschutzbeauftragter. In zahlreichen Imkerverbänden mit der Organisation des Bienenschutzes in festgelegten Gebieten beauftragt. Diese spez. ausgebildeten Personen fungieren gleichzeitig als Sachverständige bei der Regulierung von Bienenschäden ↗.

Bienenseuchen → Bienenkrankheiten.

Bienenseuchensachverständiger → Bienensachverständiger.

Bienensprache → Nahrungssuche.

Bienenstand. I. e. S. ein Bienenhaus, i. w. S. das Grundstück, auf dem sich das Bienenhaus ↗ od. der Freistand ↗ befindet bzw. die Beuten im Freien aufgestellt sind (Standortwahl ↗). Die an einem Standort aufzustellende Völkeranzahl ist begrenzt. Sie hängt von der Trachtsituation, bes. dem Pollenangebot, ab. Allgemein werden heute bei ganzjährigem Verbleib 30–40 Völker als max. angesehen. Bei darüber hinaus gehender Völkeranzahl ist es möglich, daß schon eine Aufstellung im Abstand von etwa 0,5 bis 1 km eine Ertragsminderung durch Überbevölkerung verhindern.

Bienenstich. Die natürl. Verteidigungsreaktion der Bienen gegen tatsächliche od. vermeintliche Störungen im Nest u. dessen unmittelbarer Umgebung ist das Stechen (Bienengift ↗). Der B. ist schmerzhaft u. führt zu ± heftigen Reaktionen des Körpers (Empfindlichkeit gegen Bienengift ↗). Der in die elastische Haut eines Menschen od. anderen Warmblüters eingedrungene Stachel verhakt sich mit seinen Widerhaken u. reißt bei der Flucht der Biene aus ihrem Körper heraus. An dem Stachel verbleibt der gesamte Stachelapparat, bestehend aus Muskeln, Giftblase mit Giftdrüse u. dem letzten Paar Nervenknoten des Strickleiternervensystems. Durch die nervale Versorgung ist der Stachelapparat autonom u. funktioniert auch ohne den Restkörper der Biene weiter. Dies äußert sich darin, daß die beiden Stechborsten, aus denen der Stachel besteht, sich wechselweise weiter in die Haut einbohren. Dabei wird weiter Gift in die Wunde injiziert, bis die Giftblase entleert ist (Behandlung von Bienenstichen ↗). Eine Biene, die gestochen u. dabei ihren Stachelapparat verloren hat, stirbt aufgrund der erheblichen Verletzung nach einiger Zeit. Es ist daher richtig, sie sofort zu töten, falls man ihrer habhaft werden kann. Damit wird auch verhindert, daß die verletzte Biene andere ebenfalls zum Stechen reizt. Für den Imker ist das Gestochenwerden etwas, an das er sich im Laufe der Zeit gewöhnt. Er hat es gelernt od. wird es lernen, auf einen B. nicht schreckhaft mit unkontrollierten Bewegungen zu reagieren, um nicht weitere Stiche zu provozieren (Umgang mit Bienen ↗)! Nach 1–2 Jahren, abhängig von der Anzahl der erhaltenen B.e, wird der Körper nicht mehr mit extremen Schwellungen reagieren, die Schmerzempfindung aber bleibt.

Wanderwagen in der Dobrudscha

Bienenstock. Nicht mehr allgemein gebräuchl. Bezeichnung für die Einheit aus Bienenvolk u. Beute ↗. Ursprüngl. vermutlich die Bezeichnung für den aus einem Baumstamm herausgeschnittenen Teil, in dessen Höhlung sich ein Bienenvolk befand. Wird in der heutigen Zeit z. B. noch durch die Begriffe Waagstock ↗, Blätterstock ↗ u. Stockkarte vorausgedrückt.

Bienentee. Um den Bienen die an Duft- u. Aromastoffen freie Zuckerlösung attraktiver u. dem Nektar ähnlicher zu machen, wird verschiedentlich empfohlen, einen Teeaufguß zuzusetzen. Auch dem Tränkwasser kann B. zugesetzt werden. Die bekannteste Teemischung ist die nach Sklenar ↗. Sie besteht aus Schafgarbe, Zitronenmelisse, Wermut, Kamille, Poleiminze u. Apfelsinenschalen (letztere sollten wegen der möglichen chemischen Behandlung der Früchte nicht genommen werden). Schneider empfahl noch folgende Zusätze zum Sklenartee: Thymian, Feldthymian, Salbei, Dost, Ringelblume u. Lindenblüten.

Bienentoxizität. Giftigkeit eines Präparates gegenüber Bienen.

Bienentransport → Wanderung mit Bienen.

Bienentraube. Hoch organisierte Gruppe von Bienen, die als Sozialverband in der Lage ist, physikalische Faktoren, wie Temp., Durchlüftung, Feuchtegehalt, mit Hilfe einer spezifischen Strukturierung u. durch Bewegungsvorgänge im Inneren der Traube zu regulieren. Der äußere Mantel der B. besteht aus mehreren Lagen von Hüllbienen, die bei niedriger Umge-

Hüllbienen an der Bautraube

bungstemp. zum Zweck der Wärmespeicherung fester zusammengeschlossen sind als die Bienen im Traubeninneren. Normalerweise befindet sich die Weisel im Zentrum der Traube. Eine B. kann sich allerdings auch ohne Weisel formieren, wenn sie aus mindestens 75 Bienen besteht, die sich durch olfaktorische Reize zusammenschließen. Typische Ausbildungsformen der B. stellen die Wintertraube, Schwarmtraube u. Bautraube dar. *Wintertraube:* Sinken die durchschnittl. Außentemp.en unter 14 °C, beginnen sich die Bienen in der Beute gruppenweise zusammenzuschließen. Bei einem weiteren Temp.-Rückgang entsteht dann eine einheitl. B. Die Traubenbildung dient in erster Linie der Thermoregulation ↗. Die Oberflächentemp. des Traubenmantels sinkt nicht unter 7–8 °C. Bei niedrigeren Temp.en würden die Bienen als poikilotherme Einzelorganismen ihre Bewegungsfähigkeit einbüßen. Die Temp.en im Traubeninneren belaufen sich in der brutlosen Zeit der Überwinterung ↗ auf 20–30 °C, liegen aber meistens 30 °C näher als 20 °C. Mit Brutbeginn ausgangs des Winters erhöht sich die Traubentemp. rasch auf 33–36 °C. Durch die Wärmeerzeugung im Traubeninneren wird zugleich auch die Feuchteregulation günstig beeinflußt. Der Kohlendioxid-Gehalt (CO_2) der Wintertraube ist relativ hoch u. steigt mit sinkender Temp. an. Eine zunehmende Konzentration des CO_2-Gehaltes vermindert die Bereitschaft zur Nahrungsaufnahme, so daß auch die Kotansammlung in der Kotblase (Darmkanal ↗) nur langsam zunimmt u. die Bienen dadurch in die Lage versetzt werden, den Winter im Stock zu überstehen, ohne während der Überwinterung Kot abgeben zu müssen. *Schwarmtraube:* Läßt sich ein Schwarm im Freien nieder, bilden die Bienen schnell eine Traube, die eine Zeitlang ihre Position nicht verändert. Die meisten Schwärme bestehen aus 5000–30000 Bienen. Bei einem Zusammenschluß von Bienen in dieser Größenordnung sind sie im Sozialverband dann auch zur Thermoregulation ↗ befähigt. *Bautraube:* Werden in einem Bienenvolk Waben gebaut, bilden die Baubienen eine Traube, indem sie sich mit nach oben gerichteten Köpfen aneinanderhängen.

Bienentränke → Tränke.

Bienenumsatz. Das Absterben der Winterbienen im Frühjahr u. der Sommerbienen im Alter von etwa 40 Tagen bedingt einen ständigen Nachschub an Jungbienen. Die Anzahl der schlüpfenden Jungbienen muß im Frühjahr größer als der Abgang sein, damit das Volk wachsen kann. Tracht u. Reizfütterung fördern den Brutansatz, Brutpflege ihrerseits führt zu früherer Alterung u. Absterben der Altbienen u. somit zu schnellerem B.

bienenungefährlich. B.e Präparate dürfen – im Rahmen der erteilten Zulassungen, wie Anwendungsvorschrift ↗ u. Aufwandmenge – in nektar-, pollen- u. honigtauspendenden Pflanzenbeständen angewendet werden. Überdosierungen können Schäden an Bienen verursachen.

«Bienenvater». Zeitschrift, gegr. 1867. Auflagenhöhe 30000. Sitz: 1010 Wien, Georg-Coch-Platz 3/11a. Unter Berücksichtigung der durch zwei Weltkriege ausgelösten Unterbrechungen erschien 1986 die 107. Auflage. Verleger u. Eigentümer ist der Österreichische Imkerbund (ÖIB). In den meisten Landesverbänden ist der Bezug obligat. Der Schriftleiter wird vom ÖIB auf unbestimmte Zeit bestellt. Die Tendenz ist Volkstümlichkeit. Jeder Imker soll angesprochen werden. Wissenschaftl. Beiträge werden nur in allgemeinverständlicher Form publiziert. Der «Bienenvater» soll spezifisch österreichischen Charakter tragen u. für alle seine Leser glaubwürdig sein. Er erscheint elfmal im Jahr, wobei die Sommerausgabe eine Doppelnummer ist. Die Gliederung erfolgt in einen Text- u. Anzeigenteil u. die Mitteilungen des ÖIB u. der Landesverbände. Er ist zugleich das Sprachrohr des staatlichen Instituts für Bienenkunde.

Bienenvergiftung. Durch Einwirkung von Schadstoffen auf Bienenvölker ausgelöste Erkrankung od. verursachtes Absterben. Primär werden von der Vergiftung Flug- u. Sammelbienen betroffen. Durch Aufnahme u. Eintragen von Fraßgiften ↗ od. von mit diesen kontaminiertem Nektar, Pollen od. Honigtau kann die Vergiftung auch auf alle anderen Bienenwesen einschl. der Brutstadien übergreifen. – Als erste B.s-Symptome durch Fraßgifte sind starke Erregung, Aggressivität u. rasch zunehmender Totenfall vor den Beuten zu beobachten. Im fortgeschrittenen Stadium kommt es zum Verbrausen u. Absterben des gesamten betroffenen Bienenvolkes. – Bei einer B. durch Atemgifte ↗ u. einige schnellwirkende Kontaktgifte kommt es zu teilweise erheblichen Bienenverlusten. Zunächst wird stark nachlassender Bienenflug ohne wesentl. Totenfall beobachtet. Nach 1–2 Tagen wird verstärktes Einfliegen von Jungbienen u. das Verlassen frisch begonnenen Wabenbaues, z.B. in den Baurahmen, beobachtet. Die Bienenvölker mit noch intaktem Regulationsvermögen gleichen infolge ihres Brutpflegeinstinktes den Flugbienenverlust aus, um zumindest die Wasserversorgung zu gewährleisten. Demzufolge rükken die Baubienen als Ammenbienen nach. Bei starken Flugbienenverlusten wird oft Brut, die nicht gepflegt werden kann, von den dezimierten Völkern hinausgetragen. – B.en durch bienengefährliche Pflanzenschutzmittel ↗ haben meist einen akuten, durch Schadstoffe aus Industrie-Emissionen ↗ meist einen chronischen Verlauf. Letztere treten in größeren Territorien auf. – Die Vergiftung der betroffenen Einzelbienen ist nicht heilbar, jedoch kann ein anteilweise vergiftetes Bienenvolk bei noch intaktem Regulationsvermögen durch stützende Maßnahmen des Imkers u. durch Verhütung von erregerbedingten Erkrankungen, wie Nosematose u. Kalkbrut, ausgeglichen werden. Die Regenerierung zur Normalstärke muß man nach 4–6 Wochen erreichen, ansonsten müssen die Schwächlinge aufgelöst werden.

Bienenverluste durch Krankheiten → Bienenkrankheiten.

Bienenvolk. Fn-Verband der Honigbiene (*Apis mellifera* L.); nach dem Erscheinungsbild eine Mutter-F, bestehend aus einer gepaarten Weisel als Mutter, den Arbeitsbienen als Töchtern u. den Drohnen als Söhnen, letztere normalerweise nur im Sommerhalbjahr vorhanden; genetisch eine Eltern-F, wobei die Väter als Sperma in der Samenblase der Weisel vertreten sind; die haploiden Drohnen sind in ihrer Gesamtheit wie ihre Mutter veranlagt. Bei Ausscheiden der alten Weisel durch Schwärmen od. stilles Umweiseln Übergang zur Geschwister-F, bestehend aus Jungweiseln, Arbeitsbienen u. Drohnen; nach Einigung auf eine Weisel u. deren Begattung allmähl. Übergang zur Mutter- od. Eltern-F; enthält Arbeiterinnen- u. Drohnenbrut in allen Stadien; bedingt durch den jahreszeitl. Rhythmus im Winter brutlos od. Übergangsstadien.

Bienenvolk, abgestorbenes → abgestorbenes Bienenvolk.

Bienenwachs. Stoffwechselprodukt der Honigbiene; wird in spez. Drüsen, den Wachsdrüsen ↗, erzeugt u. zum Wabenbau ↗ verwendet. Zunächst ist das von den Bienen erzeugte Wachs reinweiß, sog. Jungfernwachs. Im Stock gewinnen die Waben einen gelben Anflug durch fettlösliche Pollenbestandteile (Pollenbalsam) sowie durch Kittharz ↗, das in natürl. Bienenwachs zu etwa 5–10% enthalten ist. Das durch Ausschmelzen aus den Waben gewonnene Wachs ist von hellgelber bis dunkelbraungelber Farbe, je nach Alter der Waben ↗ u. Herkunft des Wachses. Afrikan. Wachs ist bes. dunkel u. türkisches lebhaft rot gefärbt. Die Wachse versch. Herkunft unterscheiden sich auch durch den Geruch. Begehrt ist das Lüneburger-Heide-Wachs ob seines angenehm süßlich-milden Honiggeruches. I.d.R. ist das Wachsaroma je nach den Blüten, die die Bienenvölker besuchten, versch. Auch Wachse mit unangenehmem Geruch, z. B. manche afrikan., kommen vor. – B., wie es in Blöcken od. Scheiben als Rohwachs in den Handel kommt, hat einen körnigen, großmuscheligen Bruch. Unter dem Polarisationsmikroskop zeigen die Kristalle eine negative, relative Doppelbrechung. In der Kälte ist Wachs spröde, bei Handwärme knetbar, ohne zu kleben. Es verdampft bei 250 °C, schmilzt zw. 62 u. 64 °C u. erstarrt bei 58 °C. Sein spezifisches Gewicht beträgt 0,95–0,97. – Nicht alle Stoffe, die die Bezeichnung Wachs tragen, sind es im Sinne des Chemikers. Wachse sind Ester – organische Verbindungen von Säuren mit Alkoholen – höhermolekularer Fettsäuren mit höhermolekularen einwertigen Alkoholen, außerdem enthalten sie stets noch freie Säuren, freie Alkohole u. häufig Kohlenwasserstoffe. B. ist in seinen Hauptbestandteilen ein Gemisch aus Myricin (= Palmitinsäureester des Myricilalkohols, $C_{15}H_{31}COO-C_{30}H_{61}$) u. Cerin (= freie Cerotinsäure, $C_{25}H_{51}COOH$). Als weitere Bestandteile kommen kleinere Mengen von Melissinsäure ($C_{29}H_{59}COOH$) u. höheren Alkoholen sowie Kohlenwasserstoffe hinzu. – Sehr detaillierte Angaben über die Chemie des B.es, gewonnen aufgrund komplizierter moderner Untersuchungsmethoden (Gas- u. Dünnschichtchromatographie), findet man bei Tulloch 1980. Danach sind mehr als 300 Bestandteile im B. enthalten, aber nur 4 davon mit über 5%. Zusammengefaßt sind es im wesentl. 14% Kohlenwasserstoffe, 35% Einfachester, 14% Doppelester, 15% sonstige Ester u. 15% Fettsäuren. Die Wachse der asiat. *Apis*-An unterscheiden sich vom Wachs der *Apis mellifera* u. a. im prozentualen Anteil an Kohlenwasserstoffen, Estern u. freien Fettsäuren. Kombinierte gaschromatographische u. massenspektrometrische Analysen der Aromastoffe des B.es (Ferber u. Nursten 1977) erbrachten 28 identifizierte Komponenten sowie weitere 20 Substanzen weitgehend unbekannter Konstitution. Anorganische Elemente befinden sich in kleinsten Spuren im B. 31 versch. wurden ermittelt (Minarik u. Vizvary 1979), davon 10 mit 1 ppm u. mehr (1 ppm = 1 Teil auf 1 Mio Teile): Fe, Ba, K, Na, Sr, Zn, Sb, Hg, Cr u. Br. – Für den allgemeinen Gebrauch zur chemischen Charakterisierung des B.es gelten nach Weber 1982 folgende Kennzahlen: Neutralisationszahl (Säurezahl) 17,5–21, Esterzahl 70–75, Verseifungszahl 87,5–96, Verhältniszahl 3,5–4, Jodzahl 12. B. ist unlöslich in Wasser u. kaltem Alkohol, z.T. löslich in heißem Alkohol u. löslich u.a. in Äther, heißen Fetten, ätherischen Ölen, erwärmtem Benzin, Chloroform, Schwefelkohlenstoff, Tetrachlorkohlenstoff u. Terpentinöl. – Wachse sind chemisch sehr beständige Stoffe, wodurch sie ihre Schutzaufgaben in der Natur erfüllen. So fand man u.a. im Ösebergschiff aus der Wikingerzeit (um 800 v. u. Z.) Wachsblöcke, die im Innern noch fast die gleichen Kennzahlen aufwiesen wie das heutige B. Durch die Verdauungssäfte von Magen u. Darm werden sie nicht abgebaut. Eine Ausnahme hiervon machen jedoch die Larven der Wachsmotten. – Die Prüfung von B. erfolgt nach einfachen Prüfverfahren, die von jedermann ausgeführt werden können, u. nach Laboratoriumsprüfverfahren (physikalische u. chemische Verfahren). Einfache Prüfverfahren, durchzuführen bei einer Raumtemp. von 20 °C, sind nach Weber 1982: *Erhitzungsprüfung:* Ein erbsengroßes Stück der Probe auf einer unverbrennbaren Unterlage erhitzen. Geruch soll angenehm u. nicht belästigend sein. *Kauprüfung:* Ein erbsengroßes Stück zw. den Zähnen kauen. Probe darf nicht zw. den Zähnen kleben. *Bruchprüfung:* Von einer Probe ein Stück abbrechen. Der Bruch muß feinkörnig, stumpf, nicht kristallin sein. *Schnittprüfung:* Probe mit einem scharfen Messer durchschneiden. Weder die Schnittfläche noch die Messerfläche dürfen klebrig sein. *Ritzprüfung:* Probe mit Fingernagel, Spatel od. Messerspitze ritzen. Abfallende Späne müssen spiralartig aussehen. *Kreideprüfung:* Einen Kreidestrich auf der Probe anbringen. Kreidestrich muß auf der Probe haften bleiben. *Knetprüfung:* Ein erbsengroßes Stück

Arnikawiese. Apuseni-Gebirge, Rumänien

etwa 10 min lang zw. Daumen u. Zeigefinger kneten. Probe muß plastisch knetbar sein u. darf die Finger nicht beschmutzen. Ferner muß diese Probe beim Ziehen stumpf, nicht glänzend aussehen u. kurz abreißen. – Die von den versch. Autoren gefundenen chemischen u. physikalischen Unterschiede versch. B.-Proben beruhen neben den genannten Pollen- u. Propolisbeimischungen auch auf Verunreinigungen mit z. B. Honig, Brutrückständen u. Staub.

Bienenwanderung → Wanderung mit Bienen.

Bienenweide. Ernährungsgrundlage der Bienen. Die B. besteht aus den Pflanzen, die vor allem über die Nektarien der Blüten, zuweilen auch über extraflorale Nektarien Nektar ↗ od. über pflanzensaugende Insekten als Honigtau, zuckerhaltige Säfte absondern, u. aus den Pflanzen, deren Blütenstaub durch die Honigbiene genutzt werden kann. – Aus Nektar u. Honigtau bereiten die Bienen durch Eindicken u. Versetzen mit körpereigenen Stoffen den Bienenhonig als energiespendende Kohlenhydratnahrung. Der von den Staubgefäßen der Blüten gesammelte u. in den «Körbchen» der Hinterbeine als «Höschen» eingetragene Pollen ↗ stellt die Eiweißnahrung der Honigbienen dar. Er dient als Aufbaustoff, vor allem für die Bienenbrut, ferner für die Anlage eines Eiweiß- u. Fettpolsters als Voraussetzung für die Überwinterungsfähigkeit der im Spätsommer u. Herbst geschlüpften Bienen. Eine gute B. fördert als Entwicklungstracht (Tracht ↗) das Erstarken der Bienenvölker im Frühjahr u. bildet als Haupt- od. Massentracht die Grundlage für gute Honigernten. – Bedingt duch die Kultur-An- u. Anbauverhältnisse, wie Nadel- od. Laubwälder (Gehölze als Bienenweide ↗), Wiesen (Wildkräuter als B.), Obstplantagen, Ölfruchtbau, Saatguterzeugung entomophiler Pflanzen (landwirtschaftl. Nutzpflanzen als B.), städtische Grünanlagen, können die B.-Verhältnisse örtl. u. jahreszeitl. sehr unterschiedl. sein. – Die Imker sind in Zusammenarbeit mit öffentlichen Einrichtungen u. auch an Umweltpflege interessierten Gruppen um die Verbesserung der B. durch Aussaat u. Pflanzung von B.-Pflanzen, vor allem im Zusammenhang mit Maßnahmen der Landeskultur ↗, bemüht. Auf den kleinen Flächen des eigenen Grundstücks pflanzen sie vor allem Frühjahrs- u. Herbstpollenspender (Gartenstauden u. Einjahresblumen) als B.

Bienenweideverbesserung → Bienenweide.

Bienenweideverhältnis → Bienenweide.

Bienenweidewert. Der B. einer Pflanze, auch als Trachtwert bezeichnet, ist ein Maßstab für die Menge von Nektar ↗ od. Pollen ↗, die den Bienen durch die einzelne Pflanze bzw. den Pflanzenbestand einer Flächeneinheit (ha) geboten wird, während die Trachtbedeutung (Tracht ↗) vom B. u. der Anzahl der vorhandenen Pflanzen bestimmt wird. Der B. kann nach versch. Methoden ermittelt werden. Vor einer Verallgemeinerung der Ergebnisse ist auf Grund der unterschiedl. Einflußfaktoren der Umwelt, wie Boden, Klima, Jahreswitterung, die wiederholte Untersuchung möglichst an versch. Standorten u. in versch. Jahren erforderlich. – Bes. exakt ist die Bestimmung der Nektarwerte durch Untersuchung des mit Hilfe von Kapillarröhrchen abgesaugten Blütennektars. Es wird die Tagesproduktion nach Menge, Zuckergehalt u. Zuckerzusammensetzung des Nektars ermittelt u. in Zuckerwerten (mg je Blüte in 24 h) ausgedrückt. Abgeleitet von der geschätzten Blütenanzahl je Flächeneinheit u. der Blühdauer der Einzelblüte können daraus auch die Zuckererzeugung u. der theoretische Honigertrag je ha errechnet werden.

Als Maßstab des B.es kann auch die Attraktivität einer Pflanzen-A auf Honigbienen herangezogen werden. So lassen sich bes. bei krautartigen Pflanzen (Nutz- u. Zierpflanzen) Messungen der Beflugstärke, z. B. Auszählungen der auf einer bestimmten Fläche angetrof-

Magazine am Rapsfeld

Scheiden-Wollgras

fenen Honigbienen, od. der Besuchshäufigkeit von Einzelblüten od. -pflanzen in einer bestimmten Zeit durchführen. Einhergehend mit phänologischen u. Beflugs-Beobachtungen können auch mit Hilfe von Waagstockmessungen Aussagen über die Qualität der beflogenen Nektartracht getroffen werden. Herkunftsbestimmungen (Pollenanalysen ↗) bei Bienenhonig u. Pollenhöschen ermöglichen die Ermittlung der Pflanzen, die zur Nektar- od. Pollentracht beigetragen haben. – Bei der Bestimmung des Pollenwertes wird im allgemeinen die Menge des Pollenangebotes u. die von den Bienen entspr. eingetragene Pollenmenge bewertet. Darüber hinaus liegen Untersuchungsergebnisse über die Qualität des Pollens versch. Pflanzen-An vor (Eiweißgehalt u. -zusammensetzung, Einfluß auf die Lebensdauer der Bienen bei Verfütterung). – Der B. wird in Wertzahlen von 1 bis 4 (4 = sehr gut) od. in entspr. Symbolen ausgedrückt u. in dieser Form beim Trachtkalender ↗ in die Spalten der Blühmonate eingesetzt.

«Bienenwelt». Unabhängige Fachzeitschrift für den Erwerbsimker u. den Bienenfreund. Erscheint seit 1959 mit zahlreichen Originalartikeln in einem Umfang von mindestens 24 Seiten u. elfmal im Jahr (August/September als Doppelheft). Erreicht im besonderen den fortschrittlichen Imker, dem an der Weiterentwicklung in natur- u. zeitgemäßer Bienenzucht bes. gelegen ist. Die «B.» ist mit ihren Fachbeiträgen der zahlreichen Mitarbeiter aus Forschung u. Praxis eine Entscheidungshilfe beim Aufbau od. Übergang zu wirtschaftsorientierten Imkereien als Nebenerwerb od. Beruf. Eigentümer, Herausgeber u. Verleger ist der Leopold Stocker Verlag in A 8010 Graz. Schriftleiter Simon Stolz. Gesamtauflage 10000 Exemplare.

bienenwirtschaftlich-imkerliche Maßnahmen. Zur Ergänzung der allgemeinen, auf die Gesundheit der Bienenvölker ausgerichteten Pflege- u. Vorbeugemaßnahmen durch den Imker (Hygiene am Bienenstand ↗) sind neben den bekannten Imkerarbeiten

Nektarerzeugung versch. Bienenweidepflanzen:

Pflanzennamen	*Zuckerkonzentration des Nektars in %*	*Honig in kg/ha*
Landwirtschaftliche Nutzpflanzen		
Brassica napus, Raps	44–59	50–120
Medicago sativa, Luzerne	17–48	50
Melilotus alba, Weißer Steinklee	35	250–600
Onobrychis viciifolia, Esparsette	26–45	75–120
Phacelia tanacetifolia, Büschelschön	40–43	150–215
Sinapis alba, Weißer Senf	19–68	22– 28
Trifolium incarnatum, Inkarnatklee	31–44	60– 80
Trifolium pratense, Rotklee	17–57	100–150
Trifolium repens, Weißklee	25–52	100
Beerenobstgehölze		
Ribes nigrum, Schwarze Johannisbeere	9–26	29
Rubus idaeus, Himbeere	34–42	39–110
Gehölze		
Acer platanoides, Spitzahorn	34–50	420
Acer pseudoplatanus, Bergahorn	41	550
Aesculus× carnea, Rote Roßkastanie	43	120
Caragana arborescens, Erbsenstrauch	34	50–350
Chaenomeles spec., Japanische Quitte	49	306
Elaeagnus angustifolia, Ölweide	33	100
Hedera helix, Efeu	13–16	230
Ligustrum vulgare, Liguster	34–40	20
Lonicera tatarica, Tatarische Heckenkirsche	38	26
Parthenocissus spec., Jungfernrebe	29–67	188–262
Rhamnus frangula, Faulbaum	32–57	35
Robinia pseudacacia, Robinie	34–67	195–1000
Salix spec., Weiden	12–60	150
Sophora japonica, Schnurbaum	39–48	110–300
Symphoricarpus spec., Schneebeere	23	200–400
Vaccinium myrtillus, Heidelbeere	50–61	30–130
Stauden		
Epilobium angustifolium, Waldweidenröschen	44–63	140–240
Thymus spec., Thymian	27–45	125–185
Geranium pratense, Wiesenstorchschnabel	57–71	20– 50
Ein- u. zweijährige Gartenpflanzen		
Anchusa officinalis Ochsenzunge	40–58	400–500
Borago officinalis, Borretsch	19–52	59–211
Brassica oleracea, Kohlrabi	30–31	123–171
Cynoglossum officinale, Hundszunge	36–65	120–160
Dracocephalum spec., Drachenkopf	36–42	129–650
Echium vulgare, Natterkopf	17–43	182–492
Helianthus annuus, Sonnenblume	35–38	50– 80

(Betriebsweise ↗) zur bes. Vorbeuge u. Bekämpfung einzelner Bienenkrankheiten ↗ u. zur Unterstützung der Abwehrbereitschaft bestimmte b.-i. M. im Bienengesundheitsdienst ↗ notwendig. Bei Bösartiger Faulbrut ↗ wird mit Erfolg das Kunstschwarmverfahren mit Verabreichung einer Sulfathiazol-Futterlösung angewendet. Bei gut voranschreitender Brut- u. Bautätigkeit wird der Brutraum mit ausgebauten Reservewaben erweitert, u. zur Vorbeuge gegen Brutkrankheiten ↗ werden vorgeprägte Wachsmittelwände zur Nutzung des Bautriebes (Bauerneuerung) eingehängt. Man läßt die Völker bauen. Bei Nosematose ↗ u. Amöbenkrankheit ↗ kann ein Ablegerverfahren (Brutableger) durchgeführt werden, welches auf der Trennung der in der Mehrzahl erkrankten Altbienen (Entzug der Flugbienen) von der gesunden Brut u. den noch ± gesunden Jungbienen beruht. Mit der im Juli abflauenden Tracht beginnt am Ende des Bienenjahres der Zeitabschnitt der Nacherntepflege, in dem der Imker vieles zur Gesunderhaltung seiner Völker tun muß. Im Frühjahr, vor dem Reinigungsausflug, u. während des Sommers erfolgt die Kontrolle der mit Gaze abgedeckten Bodeneinlagen in den Bienenvölkern auf Varroamilben. Um rechtzeitig Drohnenbau zur Untersuchung auf Befall mit Varroamilben zur Verfügung zu haben, werden Baurahmen eingehängt. Da bei Varroatose ↗ alle chemischen Behandlungsmethoden nur entspr. Erfolg bringen, wenn sie im brutfreien Zustand des Bienenvolkes angewendet werden, wird versucht, die Völker durch b.-i. M. künstl. brutfrei zu machen. Nach der Einfütterung für den Winter werden die Völker möglichst kühl gehalten u. vor allem in der Übergangsphase von Oktober zu November die Verpackung in den Bienenwohnungen auf ein Mindestmaß reduziert (Kaltüberwinterung). Durch zeitweiliges Absperren der Weisel mittels Wabentasche od. Bannwabenmethode kann man eine Bruteinschränkung bzw. einen brutlosen Zustand im varroabefallenen Bienenvolk erzielen, den Entwicklungszyklus der Varroamilben unterbrechen u. den Parasitenbefall vermindern. Diesem Ziel dient auch die fortwährende Entnahme der befallenen verdeckelten Drohnenbrut aus dem Baurahmen u. die Fangwabenmethode. Mit Erfolg können varroafreie Nachwuchsvölker durch Bildung von Kunstschwärmen ↗ od. Feglingen ↗ u. Anwendung eines akariziden (milbentötenden) Behandlungsmittels im kombinierten Verfahren geschaffen werden. Die Brut der Bienenvölker ist regelmäßig auf Varroatose u. Brutkrankheiten zu untersuchen. Bei Verdacht auf Vorliegen einer Bienenkrankheit ist der zuständige Tierarzt zu informieren u. Gemüll-, Bienen- u./od. Wabenproben mit Begleitbericht der zuständigen veterinärmedizinischen Untersuchungseinrichtung ↗ zur diagnostischen Untersuchung zu übersenden.

bienenwissenschaftliche Forschungsanstalten. Die erste Forschungsanstalt für Bienenkunde, wahrscheinl. die erste in der Welt, wurde 1907 in Erlangen als «Königliche Anstalt für Bienenzucht» eröffnet. Nach dem ersten Weltkrieg entstanden weitere Lehranstalten, 1923 in Berlin, 1925 in Mayen, 1926 in Freiburg, 1927 in Celle, 1928 in Marburg. Z. Z. gibt es in der Bundesrepublik Deutschland 16 Forschungsanstalten für Bienenkunde. Es sind Landesanstalten, Universitäts- bzw. Hochschulinstitute od. selbständige Abteilungen an anderen Forschungseinrichtungen. – Zur Koordinierung u. Förderung der Lösung dringender wissenschaftl. Fragen wurde 1949 in Marburg die «Arbeitsgemeinschaft der Institute für Bienenforschung» gegründet. Die Vertreter der Lehr- u. Forschungsstätten für Bienenzucht kommen jährl. einmal zu einer 2–3tägigen Beratung zusammen. Es werden gemeinsame Versuche geplant, noch laufende Forschungsarbeiten referiert u. über neueste Forschungsergebnisse berichtet. Eine enge Verbindung zur Praxis wird angestrebt. Eine Form dafür sind die «Gesellschaft der Freunde der Landesanstalt für Bienenkunde an der Universität Hohenheim» u. die «Gesellschaft der Freunde des Niedersächsischen Landesinstituts für Bienenforschung Celle». Die Mitglieder dieser eingetragenen Vereine kommen als Bindeglieder zur Praxis einmal jährl. an der jeweiligen Anstalt zu einer Tagung zusammen u. tauschen Erfahrungen u. Erkenntnisse der Wissenschaft u. der Praxis aus. In Hohen Neuendorf bei Berlin bestand seit 1970 die Forschungsstelle für Bienenwirtschaft für die Koordinierung der Forschungsaufgaben in der Bienenwirtschaft u. für alle Maßnahmen auf dem Gebiet der Bienenzucht. Es ist zugleich die zentrale Herdbuchstelle für Bienen. In Potsdam existierte seit 1956 die Bienenschutzstelle der DDR im Bezirksinstitut für Veterinärwesen, Potsdam. Ihre Aufgabe war es, Gutachten bei Bienenschäden durch Pflanzenschutzmaßnahmen, Industrieabgase u. andere Gifte zu erstatten, mit denen die geschädigten Imker Schadensersatzansprüche geltend machen konnten. Der Bienenschutzstelle oblag auch die Prüfung von Pflanzenschutzmitteln.
In vielen Ländern gibt es größere zentrale Institute, die die wissenschaftlichen Arbeiten aller Forschungseinrichtungen u. Lehrstätten für Bienenkunde koordinieren. In Rußland ist in Rybnoje eine Art Bienenforschungsstadt herangewachsen mit zahlreichen Versuchsstationen u. -wirtschaften in den versch. Klimazonen des Landes. Ähnl. zentrale Institute gibt es z. B. in Tschechien (Dol bei Libčice), Frankreich (Bures-sur-Yvette), Schweiz (Liebefeld bei Bern), Rumänien (Bukarest-Băneasa), Großbritannien (Rothamstedt), Österreich (Wien).

Bienenwohnung. Oberbegriff für alle von Bienen bewohnten od. bewohnbaren natürl. od. künstl. Höhlungen. I. e. S. die von Menschen für die Besiedlung mit Bienen hergerichteten od. hergestellten Höhlungen, wie Körbe, Beuten ↗ u. a.

Bienenwolf. *Philanthus triangulum* aus der F der Sphegidae (Grabwespen). Außenschädling ↗, ♂ 10–11 mm, ♀ 12–16 mm, gelbschwarz gefärbt. B. fängt Flugbienen, lähmt u. schafft sie – als Aufzuchtfutter für die Larven – in die Brutkammer. Massenhaftes Auftreten mit hohen Bienenverlusten, bes. im sandigen Gelände. Abwandern mit den Bienenvölkern notwendig.

Bienenzucht → Stand der Bienenzucht

Bienenzuchtmuseum Kalmthout, Belgien (Le musée d'apiculture de Kalmthout). Es wurde anläßlich

Korbbeuten. Frühes 19. Jh.

einer Akademietagung 1973 eröffnet. Es besteht aus einer historischen Abteilung, die einerseits die Geschichte der Imkerei in Europa u. Afrika zeigt u. andererseits über Bienen, Bienenzucht u. Bienenbau berichtet, aus einer biologischen u. wissenschaftl. Abteilung, einer Abteilung Philatelie u. Heraldik sowie einer Abteilung über Bienenprodukte u. einer Bibliothek über Bienen u. Bienenhaltung vom 16. Jh. bis zur Gegenwart (nach O. van Laere).

Bienenzuchtmuseum Radovljica, Jugoslawien. Einziges Bienenzuchtmuseum in Jugoslawien. Es veranschaulicht die Entwicklung der slowenischen Bienenzucht, welche bes. im 18. u. 19. Jh. einen sehr bedeutenden Teil der bäuerlichen Wirtschaft ausmachte. Darüber hinaus zeigen die Sammlungen die Arbeit großer slowenischer Imker, allen voran A. Janscha, der es zum ersten Lehrer der Imkerei im mariatheresianischen Wien gebracht hat. Neben versch. Vorkommen der Bienen in freier Natur u. daraus entwickelten An der heimischen Zucht werden das Leben u. die Arbeit der Bienen sowie versch. Typen von Bienenstöcken, die ehemals in Slowenien angewendet wurden, u. Bienenstockstirnbretter, verzierte Bienenstöcke, alte Fütterungsvorrichtungen, Abbildungen versch. Typen slowenischer Bienenhäuser, alte Imkereiausstattungen u. Werkzeuge präsentiert. Eine bes. Attraktion des Bienenzuchtmuseums sind aber die bemalten Bienenstockstirnbretter, eine ganz spez. Art der slowenischen Volkskunst des 18. u. 19. Jh.s, die aus der Geschichte der slowenischen Bienenzucht u. Geisteskultur überhaupt nicht wegzudenken sind (nach M. Auguštin).

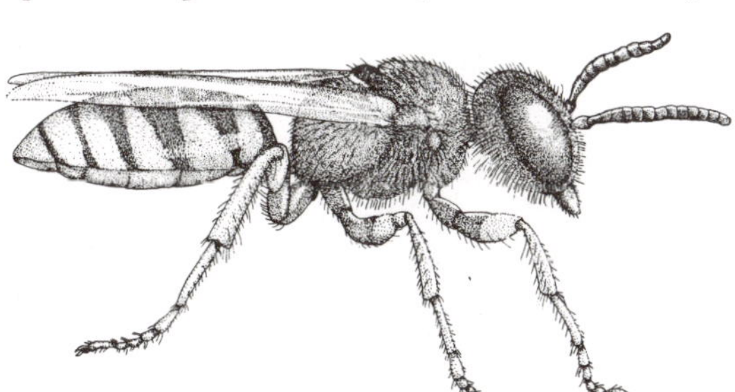

Bienenwolf

Biochemie der Kastenentwicklung. Für eine ♀ Bienenkaste charakteristische qualitative biochemische Unterschiede sind nicht bekannt. Dies ist auch nicht zu erwarten, nachdem Arbeiterin u. Weisel das gleiche Erbgut besitzen. Auch die quantitativen Unterschiede sind, abgesehen von den versch. arbeiterin- u. königinspezifischen Funktionen wie bei den Pheromonen, Gonaden, Futtersaft- od. Giftdrüsen, bei genauerer Betrachtung wenig überzeugend. Eine charakteristische Ausnahme von dieser Regel ist nachfolgend dargestellt. Es ist schon lange bekannt, daß die Atmung ↗ der Bienenlarven kastenspezifisch versch. ist. Von einer Komponente der zellulären Atmungskette, dem Cytochrom c, hat man die im fünften Larvenstadium (L_5-PP) u. in der frischen Puppe (Pw) vorhandenen Cytochrom-Konzentrationen verglichen: Ähnl. den Unterschieden in der Atmung ist auch hier in der Spinnphase (LS) der Unterschied in den Werten der beiden Kasten am höchsten. Betrachtet man noch das Gewicht (Wachstum ↗) als einen Faktor, der direkt mit der Entwicklung gekoppelt ist, ergibt sich die in der Abb. gezeigte Beziehung zw. Atmung (R), dem Logarithmus der Konzentration von Cytochrom c (log Cyt c) u. dem Gewicht (W). Die Kastenunterschiede sind bemerkenswert: Wenn man den Faktor für die Königin ($C_{Königin} = 3{,}78$) mit dem für die Arbeiterin ($C_{Arbeiterin} = 0{,}62$) vergleicht, ergibt sich ein sechsfacher Unterschied! Das Ergebnis belegt, zumindest für den gemessenen Bereich, daß ein biochemischer Faktor (Cytochrom c) kastenspezifisch synthetisiert werden

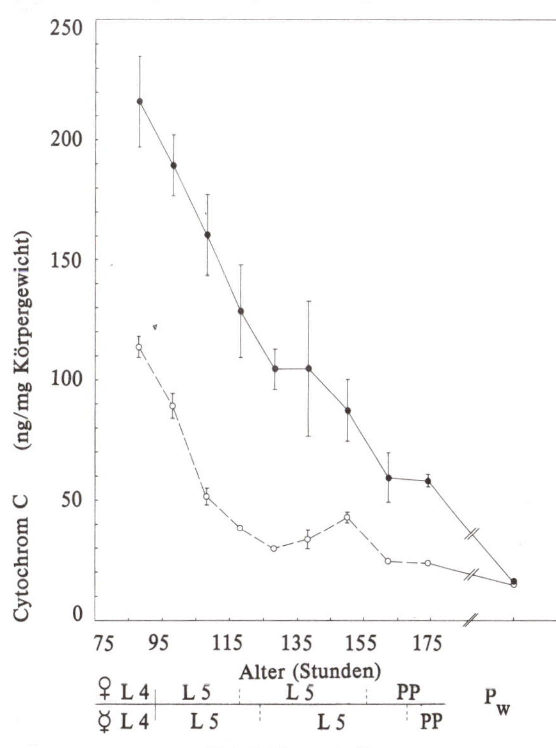

Cytochrom c-Gehalt (ng/mg Körpergewicht) von Königin (–) und Arbeiterin (---) der Honigbiene im fünften Larvenstudium. Nach Eder, Kremer, Rembold (1983)

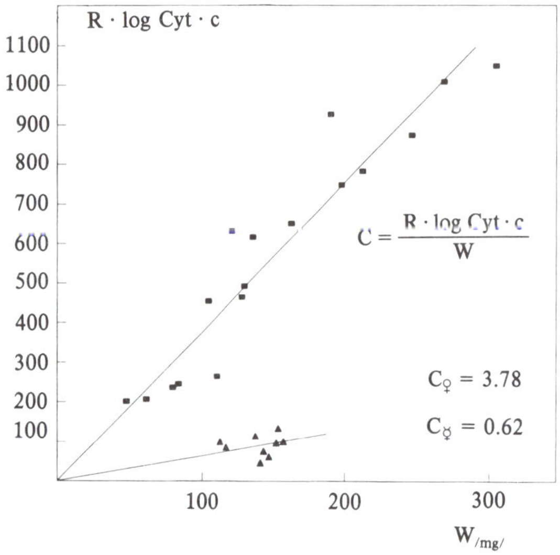

Zusammenhang zwischen Atmung (R), Cytochrom c-Gehalt (Cyt c) und Körpergewicht von Königin (■) und Arbeiterin (▲) der Honigbiene. Jedes Zeichen entspricht einer Einzeltiermessung. Nach EDER, KREMER, REMBOLD (1983)

kann, ohne die Grundbedingung einer an das Wachstum angepaßten Atmung zu verletzen – eine für das Verständnis der Kastenentwicklung fundamentale Erkenntnis!

biologische Bekämpfung. Schaderregerbekämpfung ohne chemische Präparate. Beinhaltet die Anwendung von natürl. Feinden, von Pathogenen u. Sterilantien.

Biorhythmik → Zeitsinn.

Birkengewächse → Betulaceae.

Birne → *Pyrus communis* → Rosaceae.

Bitterholzgewächse → Simaroubaceae.

Black Queen Cell Virus. In Großbritannien, N-Amerika u. Australien nachgewiesenes, gewöhnl. im Darm vorkommendes Virus mit einem Durchmesser von 30 nm. Mit keinem anderen der bei Bienen vorkommenden Viren verwandt. Dieses Virus der schwarzen Weiselzellen wurde aus – ähnl. wie bei Sackbrut ↗ – abgestorbenen Larven od. Puppen in Weiselzellen mit dunkelbraunen bis schwarzen Flecken an den Zellwänden isoliert. Es tritt bes. im Frühling u. im zeitigen Sommer meist in Bienenvölkern auf, die zur Zucht vieler Weiselzellen benutzt werden; greift jedoch selten Larven der Arbeitsbienen an; diese können aber künstl. infiziert werden. Das Virus vermehrt sich gut in ad. Bienen, die mit *Nosema apis* ↗ infiziert sind, u. wirkt dabei stärker lebensverkürzend, als wenn diese nur mit *Nosema apis* allein infiziert sind. *Nosema apis* senkt vermutlich die Widerstandskraft der Bienen gegen eine Infektion mit diesem Virus. Das Auftreten von Verlusten im Winter u. das unterschiedl. starke Vorkommen von Nosematose ↗ wird mit dem zusätzl. Vorhandensein od. auch Fehlen des B. Q. C. V. in Verbindung gebracht. Zuchtvölker sind im allgemeinen stärker mit *Nosema apis* u. auch mit B. Q. C. V. infiziert. Das Virus wird möglicherweise auf die Weisellarven durch den Futtersaft aus den Drüsen infizierter Arbeitsbienen übertragen.

Blasenbaum → *Koelreuteria paniculata.*

Blasenkäfer → Ölkäfer.

Blastoderm → Embryonalentwicklung.

Blätterbeute. Hinterbehandlungsbeuten mit 10–14 Waben je Raum in Längsstellung, meist in Freudenstein- od. Normalmaß. Die Waben stehen auf Roststäben ↗, die Abstandregulierung erfolgt entweder durch Abstandrechen an der Vorderwand der Räume u. an den Beutenfenstern od. durch Abstandbügel an den Wabenrahmen u. deren Trageohren. Statt auf den eingebauten Roststäben können die Waben im Brutraum auch auf einem Schlitten ↗ stehen u. mit diesem im Block aus der Beute gezogen werden. Benötigt ein Volk in einer B. nicht die volle Wabenanzahl, ist der Leerraum mit Blindwaben ↗ auszufüllen.

Blaubeere → *Vaccinium myrtillus* → Ericaceae.

Blauer Natterkopf → *Echium vulgare.*

Blaukissen → *Aubrieta deltoides.*

Blaustern → Zweiblättriger Blaustern.

Bleiwurzgewächse → Plumbaginaceae.

Blindwaben. Benötigt ein Volk in einer Blätterbeute ↗ nicht die volle Wabenanzahl, muß der Leerraum mit B. ausgefüllt werden. Dies sind dünnwandige, allseitig geschlossene Holzkästen mit den Abmessungen des jeweiligen Rähmchenmaßes u. der Breite von ein, zwei od. drei Waben, letztere einschl. ein od. zwei Wabengassen. Die B. sind mit den entspr. Abstandvorrichtungen versehen.

Blühtermine → phänologische Beobachtungen.

Blühzeiten → Trachtkalender.

Blumenesche → *Fraxinus ornus* → Oleaceae.

Blumenhartriegel → *Cornus florida* → Cornaceae.

Blütenbau. Die Blüte setzt sich aus unterschiedl. Blattgebilden zusammen, die der Fortpflanzung die-

Schwanenblume oder Wasserliesch

Roter Fingerhut

nen. Außen befinden sich die als Kreis angeordneten, meist grünen Kelchblätter. Sie bilden den Blütenkelch. Innerhalb des Kelches stellen die unterschiedl. gefärbten Blumenblätter einen zweiten Kreis, die Blütenkrone, dar. Eine Anzahl von Gewächsen, z.B. Weiden, bilden keine Blütenkrone. – Im Blüteninneren befinden sich die Staubblätter, bestehend aus den Staubfäden u. den paarigen Staubbeuteln. Jeder Staubbeutel enthält zwei Pollensäcke, aus denen bei der Reife die Pollenkörner hervortreten. Von den Staubblättern werden häufig die Fruchtblätter umschlossen. Diese haben sich bei den meisten Blütenpflanzen (Bedecktsamern) zu einem geschlossenen Stempel entwickelt. Der Stempel setzt sich aus dem bauchigen Fruchtknoten, der die Samenanlage enthält, dem stielartigen Griffel u. der darauf verbreitert befindlichen Narbe zusammen. Diese dient der Aufnahme des Pollens bei der Bestäubung. Der bei den entomophilen Pflanzen mit Hilfe eines Insekts auf die Narbe gelangte Pollen bildet einen Pollenschlauch, wächst in den Griffel des Stempels ein u. dringt bis zu einer Samenanlage vor, in der die Befruchtung, das ist die Vereinigung des Zellkerns des Pollens (Samenzelle) mit dem Kern der im Fruchtknoten befindlichen Eizelle, vor sich geht. Die Blüten zahlreicher Pflanzen sind zu Blütenständen mit unterschiedl. Aufbau, z.B. Trauben, Ähren, Kätzchen, Rispen, Dolden, Köpfen od. Körben, vereinigt. – Wie der B., so ist auch die Bestäubungsvorrichtung der Blüten sehr unterschiedl. Manche Pflanzen können ohne Befruchtung Samen ausbilden, andere werden teilweise od. gänzlich auf Grund von Selbstbestäubung befruchtet. Bei zahlreichen An ist nur Fremdbestäubung, die Übertragung des Pollens von einer anderen Blüte, Pflanze od. (z. B. Apfel) einer anderen Sorte, erfolgreich. Die Fremdbestäubung erfolgt durch den Wind (anemophile Pflanzen) od. durch Insekten (entomophile Pflanzen). Die Blumenblätter der Insektenblüten sind zur Anlockung der Bestäuber häufig auffallend gefärbt u. sondern Nektar u. Duftstoffe ab. Die Insekten, bes. auch die Honigbienen, können sich den verschiedensten Blütenformen anpassen u. beim Sammeln von Nektar u. Pollen Bestäubungsdienste verrichten (Bestäubungstüchtigkeit ↗). – Der B. ist bei den versch. Pflanzen-Fn sehr unterschiedl., zw. den Angehörigen einer Pflanzen-F aber meist sehr ähnl. Der B. u. die Bestäubungsvorrichtung seien am Beispiel dreier Pflanzen-Fn erläutert. Zahlreiche Bienenweidepflanzen gehören zur F der Kreuzblütler (Cruciferae ↗), mit Nutzpflanzen wie Raps (*Brassica napus* ↗), Rübsen (*Brassica rapa* ↗), Senf (*Sinapis alba* ↗), Rettich (*Raphanus sativus*) u. allen Kohlarten sowie mit Zierpflanzen, z. B. Gänsekresse (*Arabis* spec.). Die größte Trachtbedeutung (Tracht ↗) hat der Raps. Dessen Blüte besitzt vier gelbgrüne Kelchblätter u. vier gelbe, kreuzweise gestellte Blütenblätter. Von den sechs Staubblättern sind zwei kürzer als die vier anderen, in deren Mitte der langgestreckte Griffel steht. Am Grund der beiden kurzen Staubblätter befinden sich funktionstüchtige Nektardrüsen (Nektarien). Beim Blütenbesuch saugt die Biene von beiden Nektarien den Nektar auf u. bestäubt dabei mit Stirn u. Bauchseite die Narbe. Mit diesen beiden Körperteilen streift sie von den kurzen u. den langen Staubblättern Pollen ab. – Eine Anzahl von Bienenweidepflanzen gehört der F der Hülsengewächse (Leguminosae ↗) an, die eine zweiseitige symmetrische Blüte mit fünf Kronblättern, der Fahne, den beiden Flügeln u. den zwei zum Schiffchen zusammengewachsenen Blumenblättern besitzen. Das Schiffchen umschließt die oft zu einer Röhre zusammengewachsenen Staubgefäße u. den darin befindlichen Griffel. Wenn sich eine Biene auf die Blüte setzt, betätigt sie eine Bestäubungsvorrichtung. Diese kann bestehen aus einer Klappvorrichtung (wie bei den Klee-An Rotklee ↗, Weißklee ↗, Schwedenklee ↗, Inkarnatklee ↗, Steinklee ↗ u. Serradella ↗) od. einer Schnellvorrichtung (z.B. bei Luzerne ↗ u. Gelbklee ↗) od. einer Pumpen-

Weißdorn

vorrichtung (z. B. bei Hornklee ↗, Wundklee ↗ u. Lupine ↗) od. einer Bürsteneinrichtung (z. B. bei Wikken, Ackerbohnen, Platterbsen u. Robinie ↗). – Die meisten Obst-An u. viele Zierpflanzen gehören der Pflanzen-F der Rosengewächse (Rosaceae ↗) an. Ihnen sind die jeweils fünf Kelch- u. Blumenblätter gemeinsam. Der aus fünf Fruchtblättern bestehende Fruchtknoten ist bei den Kernobstgewächsen, wie Apfel u. Birne, mit dem Blütenboden verwachsen (unterständig). Um den Griffel stehen im Kreis etwa 20 Staubblätter. Zw. Griffel u. Staubfäden befindet sich das ringförmige Nektarium. Der Fruchtknoten der Steinobstgewächse, z. B. Kirschen, steht inmitten zahlreicher Staubblätter frei auf dem Grund des Blütenbodens (oberständig). Die Nektarien sind an der Innenwand des tiefen Kelches verteilt. Bei den Blüten der rosenartigen Gewächse, z. B. Himbeeren, stehen zahlreiche, aus je einem Fruchtblatt bestehende Fruchtknoten frei oberständig auf dem Blütenboden. Zw. dem hervorragenden Griffel u. den Staubgefäßen befindet sich ringförmig das Nektarium. – Beim Sammeln von Nektar u. Pollen kommen die Bienen bei allen Rosengewächsen mit Narbe u. Staubgefäßen in enge Berührung u. vollziehen die erforderliche Fremdbestäubung.

Blütenbehandlung. Anwendung eines Pflanzenschutzmittels ↗ während der Blüte, aber nur bienenungefährliche ↗ u. minderbienengefährliche ↗ Präparate zugelassen.

Blütenbestäubung → Bestäubungstüchtigkeit.

Blütenform → Blütenbau.

Blütenstetigkeit → Bestäubungstüchtigkeit.

Blütentracht → Tracht.

Blutflüssigkeit → Haemolymphe.

Blutjohannisbeere → *Ribes sanguineum* → Saxifragaceae.

Blutroter Hartriegel → *Cornus sanguinea* → Cornaceae.

Blutweiderich → *Lythrum salicaria.*

Hummel auf Dahlie

Bocksdorn → Gemeiner Bocksdorn.

Bodenbehandlung. Gezielte Ausbringung von Pflanzenschutzmitteln ↗ auf od. in den Boden. Diese Maßnahmen in der Regel sind für Bienen ungefährlich.

Bodenlüftung. Magazinbeuten ↗ werden zunehmend mit einer B. ausgestattet. Der Magazinboden ↗ wird hierzu unten entweder mit einer geschlitzten Holzplatte od. mit Lüftungsgitter ↗ versehen. Die B. bleibt ganzjährig in Funktion, so daß z. B. zur Wanderfertigmachung nur die Anflugklappe geschlossen werden muß. Entgegen allen früheren Vorstellungen über erforderliche Wärmedämmung ↗ von Beuten hat sich die B. auch für die Überwinterung ↗ bewährt. Voraussetzung ist allerdings, daß starke Völker in mindestens zwei Zargen eingewintert werden.

Bodenreiniger. Gerät zum Entfernen des auf dem Boden von Hinterbehandlungsbeuten angesammelten Gemülls, bes. des nach dem Ziehen der Windeln noch verbliebenen (Wintergemüll ↗). Der B. besteht aus einem 50–60 cm langen stabilen Draht mit abgekröpftem Griff an einem u. einer schmalen, quer angebrachten Ziehklinge am anderen Ende.

Bogenschnitt → Zuchtstoff.

Bohnenkraut, *Satureja hortensis* → Labiatae.

Bombinae, Hummeln u. Schmarotzerhummeln. Sie müssen in einem Lexikon der Bienenkunde aus zweierlei Gründen erwähnt werden. Sie stellen eine UF der Apidae dar, die zumindest in gemäßigten Klimaten noch nicht die volle Eusozialität, also die höchste Stufe des sozialen Zusammenlebens von Insekten, erreicht hat. Hierzu gehört neben funktioneller Arbeitsteilung auch deren morphologische Ausprägung (Kastenbildung, Kastenpolymorphismus) sowie Mehrjährigkeit. Gerade letztere wird jedoch nicht erreicht, da in gemäßigten bis kalten Klimazonen nur die begatteten Jungweiseln an geschützten Stellen überwintern können, um dann im darauffolgenden Jahre mit der Gründung eines Nestes u. dem Aufbau eines neuen Hummelvolkes befaßt zu sein. Es gibt etwa 200 An der G *Bombus,* zumeist in den gemäßigten Zonen von N-Amerika u. Eurasien – bis hin zum Polarkreis, u. bis in große Höhen. Wenige An erreichen im S Indonesien od. sogar Feuerland am sü. Ende von S-Amerika. Eine einzige A *(Bombus atratus)* ist im Regenwald des Amazonas-Gebietes verbr. Die Larvenbrutzellen sind irreguläre Gemeinschaftszellen. Die in senkrechter Position verpuppten Larven schlüpfen nach oben. Die Zellen dienen nach dem Schlüpfen als von oben beschickte Honigtöpfe. Der zweite wichtige Grund für die Behandlung der Hummeln liegt darin, daß man in zunehmendem Maße das Management von Hummelvölkern als landwirtschaftl. äußerst wichtigen Bestäubern betreibt u. methodisch schon recht weit entwickelt hat. Hummeln können auf Grund ihrer größeren Rüssellänge bzw. ihres größeren Gewichtes u. kräftigeren Körperbaues auch wichtige Kulturpflanzen bestäuben, bei denen die Honigbiene nur wenig erreichen kann. Neben der G *Bombus* gibt es noch die zweite G *Psithyrus,* die als arbeiterlose Inquilinen in *Bombus*-Nestern parasitisch leben. Aber auch bei *Bombus*-An gibt es fakultativen, temporären u. darüber hinaus in einem bekannt gewordenen Fall sogar obligatorischen u. permanenten Sozialparasitismus.

Boraginaceae, Borretschgewächse, Rauhblattgewächse. Etwa 100 Gn mit ca. 2000 An; davon in M-Europa etwa 30 Gn, wovon noch 14 Gn nö. der Alpen vorkommen. Einen großen An-Reichtum findet man im Mittelmeerraum, in Vorder- u. M-Asien sowie im pazifischen N-Amerika, jedoch ist die F vorzugsweise in der gemäßigten Zone der nö. Hemisphäre vertreten. Die verschiedensten Biotope werden besiedelt, es gibt Sumpfpflanzen, Pflanzen sommergrüner Laubwälder, alpine Matten- u. Felspflanzen, Unkraut- u. Ruderal-An. Die dichte rauhe Behaarung ist für die F charakteristisch. Viele ausgiebige Nektarspender wie Borretsch (*Borago officinalis* ↗), Natterkopf (*Echium vulgare* ↗), Hundszunge (*Cynoglossum officinale* ↗), Lungenkraut (*Pulmonaria officinalis* ↗) u. Vergißmeinnicht ↗ (*Myosotis* spec.) kommen jedoch in der gemäßigten Klimazone nicht in so großen Beständen vor, daß sie die Honigernte wesentl. beeinflussen würden. Da die Kronröhren der B. eine ziemlich beträchtliche Länge erreichen, z. B. Beinwell ↗ u. Lungenkraut 10 mm, u. der Kronröhrenschlund oft durch die Schuppen u. den Staubbeutelkegel verschlossen ist, bleibt der Nektar meist nur langrüsseligen Bienen vorbehalten. Bei starker Sekretion kann er aber so weit in den Blütenröhren steigen, daß er auch für kurzrüsselige Bienen erreichbar wird. Auch Bißlöcher von Hummeln werden genutzt. Als eigentl. Bienenpflanzen sind also Pflanzen-An mit kurzen Kronröhren besser geeignet, wie z. B. das Vergißmeinnicht (3 mm lange Kronröhre), obwohl der Pollen u. der Nektar biologisch weniger wirksam sind als der von anderen Pflanzen der B. Die Nektarsekretion ist vom Alter der Blüten u. ihrem Sekretionsrhythmus abhängig. Im allgemeinen sondern junge Blüten bis zur Vollentwicklung mehr Nektar u. Zucker ab als im Verblühen begriffene. Als Pollenquelle spielen die B. in Europa keine wichtige Rolle. Beinwell *(Symphytum)* wird in der Wisłanehrung bei Gdansk als Pollenquelle angegeben.

Nektarzuckerwert versch. B.:

Pflanzen-A	*Nektarmenge je Blüte in 24 h (mg)*	*Zuckerkonzentration des Nektars (%)*	*Zuckerwert (mg)*
Borago officinalis (Borretsch)	5,0–8,1	19–52	0,4–3,5
Cynoglossum officinale (Hundszunge)	0,9–3,5	36–65	1,33
Echium vulgare (Natterkopf)	0,5–8,8	17–43	0,23–2,56
Symphytum (Beinwell)	1,7–5,0	35–39	0,7–1,8
Anchusa officinalis Ochsenzunge	1,3–4,4	40–58	0,6–2,5

Nach Zander wird die Ochsenzunge (*Anchusa officinalis* L.) zu Unrecht regelmäßig in Bienenweidebüchern geführt, da sowohl Ewert als auch Berner nie eine Biene an ihr haben beobachten können, letzterer nur Hummeln. Der Honigwert reiner Bestände wird für

Biene an Borretsch

Borretsch auf 59–211 kg/ha, für Natterkopf auf 182–429, für Hundszunge 120–160, für Ochsenzunge auf 400–500 kg/ha geschätzt. Angaben über Vergißmeinnicht-An fehlen (nach Maurizio u. Grafl). Vergißmeinnichthonig gehört zu den umstrittensten Honigsorten (*Myosotis* ↗). Er ist mit einem bis zu 99 % betragenden Leitpollen sowohl in Europa (Belgien, Holland, England, Frankreich, Dänemark u. a.) als auch in N-Amerika häufig. Es ist ein Niederungshonig (von *Myosotis scorpioides* ↗ u. *M. sylvatica* ↗) u. ein Berghonig (von *M. alpestris* ↗) unterscheidbar; auch an Stadthonigen ist *Myosotis* beteiligt. Nach bisherigen Erfahrungen scheinen die *Myosotis*-An nur in schlechten Trachtjahren beflogen zu werden («Ersatztracht»), während in guten Trachtjahren andere Pflanzen wie Obst u. Löwenzahn bevorzugt werden. Die äußeren Merkmale der Vergißmeinnichthonige werden meist durch Begleittrachten geprägt (in Niederungen z. B. durch Löwenzahn). Der Natterkopf kommt als eigentl. *Echium*-Honig u. a. in Spanien, N-Afrika u. S-Amerika zur Ernte. Er stammt von versch. *Echium*-An u. führt *Echium* als Leit- u. Begleitpollen. In Europa (z. B. Ungarn, Jugoslawien, DDR, Bundesrepublik Deutschland, Frankreich, Österreich, Schweiz) ist er an vielen Honigen beteiligt. – Hundszungenhonige sind aus den Dünengebieten von Holland u. Belgien bekannt. Sie sind sehr pollenreich (absoluter Pollengehalt 1–4 Mio in 10 g) u. erinnern an Vergißmeinnichthonige. – Honige mit vermehrtem Anteil von *Cerinthe minor* ↗ fand man in Österreich u. Ungarn. Beinwell u. Ochsenzunge sind u. a. in Honigen aus Ungarn, Jugoslawien, der Schweiz vorhanden (nach Maurizio u. Grafl).

Borago officinalis L., Borretsch, Gurkenkraut. A der G *Borago* der F der Boraginaceae ↗. Ursprüngl. wohl nur im we. Mittelmeergebiet beheimatete Gemüsepflanze, als Heil- u. Gewürzpflanze jetzt in ganz Europa u. N-Amerika gärtnerisch kultivierte A. Blüht von Juni bis September. Hellblaue Streukegelblüten, d. h., in den abwärts gerichteten Blüten bilden die mit den Rändern aneinanderliegenden Staubblätter einen Kegel, in dessen Innern der Pollen entleert wird. Langrüsselige Bienen od. Hummeln können den am Grunde dieses Kegels liegenden u. von den verdickten Basen der Staubfäden umgebenen Nektarring gut erreichen. Die Blütenfarbe wechselt je nach dem Entwicklungsstand von Rosa zu Blau. Anspruchslos. Gute Bienenweidepflanze, die auch von MAURIZIO u. GRAFL sowie ZANDER u. BERNER für den Imkergarten empfohlen wird. Die Bestzeit der Nektarsekretion u. des Bienenbesuches fällt in die Mittagsstunden. Besserer Nektar- als Pollenspender (Pollenhöschenfarbe grau).

Borretsch → *Borago officinalis* → Boraginaceae.

Borretschgewächse → Boraginaceae.

Borsten. Sonderform der Haare, die als cuticulare Bildungen an sämtlichen Teilen des Bienenkörpers bzw. seinen Anhängen auftreten. Bes. vielseitig geformte B. befinden sich am Sammelapparat des dritten Beinpaares der Arbeiterinnen (Extremitäten ↗), der Putzvorrichtung für die Fühler am ersten Beinpaar sowie als Sinnes-B. am Kopf, dem Nacken u. der stielförmigen Verengung (Petiolus). Von auffälliger Größe sind die als Schienensporne ausgebildeten B. am Schienenende des zweiten Beinpaares.

Bösartige Amerikanische Faulbrut. Ansteckende, melde- und bekämpfungspflichtige, durch *Paenibacillus larvae larvae* ↗ hervorgerufene Erkrankung der Bienenbrut ↗. Meist seuchenhaft verlaufend, verursachen oft erhebliche Verluste. Nach dem Absterben der Bienenlarven werden sie zur fadenziehenden Masse (Streichholzprobe ↗), die schließl. zu Schorfen eintrocknet, welche in der unteren Rinne der Wabenzellen fest anhaften. In den Schorfen sind Bakteriensporen in sehr großer Zahl enthalten. B.r F. verdächtig sind eingesunkene Zelldeckel ↗, die sich dunkler färben, Löcher u. Risse zeigen. Infolge des Absterbens der Bienenlarven sieht man stehengebliebene Zellen u. lückenhafte Brut. B. F. kann durch infiziertes Wabenmaterial, mit Faulbrutmaterial kontaminierte Bienenwohnungen ↗, Imkergeräte, infizierten Honig, Hände u. Kleidung des Imkers, durch räubernde Bienen u. solche, die sich verflogen haben, weiterverbr. werden. Nach Entnahme des infektiösen Wabenmaterials (Seuchenwachs) erhalten auf Anweisung des Tierarztes kranke, jedoch noch erhaltungswürdige starke Völker eine Sulfathiazol-Zuckerlösung (Sulfathiazol-Heilverfahren). Außerdem kann das Kunstschwarmverfahren ↗ durchgeführt werden. Stark geschwächte Bienenvölker werden abgetötet. Verseuchte, aber noch gebrauchsfähige Bienenwohnungen, Rähmchen u. Imkergeräte werden mechanisch gereinigt, mit heißer 4%iger Gr.-Virex-Lösung gewaschen, mit Wasser abgespült u. nach Trocknung mit Lötlampe od. Propangasbreitbrenner abgeflammt. 6–8 Wochen nach Abschluß der Behandlung od. im darauffolgenden Frühjahr muß eine Nachuntersuchung ↗ der Völker erfolgen. Honig aus erkrankten Völkern keinesfalls an andere Bienenvölker verfüttern! Prophylaxe: Bei allen Brutkrankheiten ↗ den Wabenbau ↗ regelmäßig erneuern, die Brut der Bienenvölker regelmäßig auf Brutkrankheiten u. Varroatose ↗ untersuchen.

Wabe bei Bösartiger Faulbrut mit Veränderung der Zelldeckel

Brackwespe, auch Schlupfwespe. Große B. *Meteorus salicorniae* aus der UO der Terebrantes (Schlupf- u. Gallwespen), Feind der Wachsmotte ↗.

Brandschutz auf dem Bienenstand. Versch. Arbeiten auf dem Bienenstand sind mit dem Gebrauch offenen Feuers od. glimmenden Materials verbunden, so u. a.: Rauchanwendung bei der Behandlung der Völker; Verflüssigen von Wachs über einer Spiritus- od. sonstigen Flamme, z. B. für das Anlöten von Mittelwandstreifen u. Weiselnäpfchen; Schwefeln von Waben; Abschwefeln von Völkern; Ausflammen von Beuten mit der Lötlampe. Andererseits sind Bienenhäuser, Beuten u. zahlreiche Einrichtungsgegenstände aus Holz od. anderem brennbaren Material, so daß dem B.a.d.B. größte Beachtung geschenkt werden muß. Offene Flammen od. Glut dürfen nie unbeaufsichtigt bleiben u. müssen vor dem Verlassen des Bienenhau-

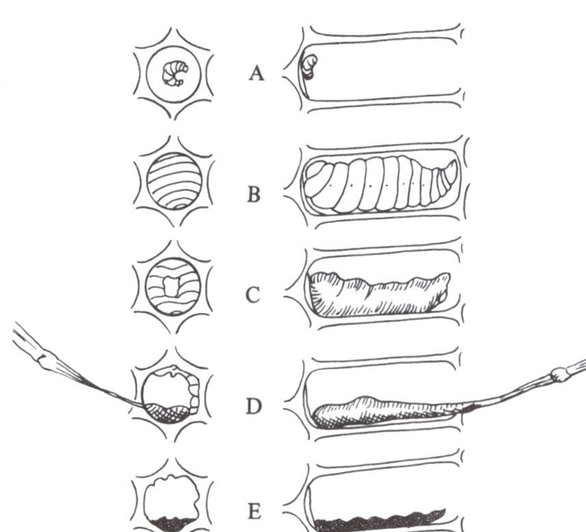

Krankheitsverlauf bei Bösartiger Amerikanischen Faulbrut.
A Ansteckungsstadium; B Strecklarve/Vorpuppe;
C Larve stirbt ab, Zelldeckel brechen ein;
D Zellinhalt wird fadenziehend;
E schwer ablösbarer Schorf in der unteren Zellrinne

ses einwandfrei gelöscht sein. Entspr. Vorsichtsmaßnahmen sind auch beim Gebrauch elektrischer Heizgeräte einzuhalten. Elektrische Anlagen dürfen nur von autorisierten Fachleuten angelegt od. verändert werden. In Bienenhäusern ohne Wasseranschluß sollte ein Feuerlöscher vorhanden sein.

Brasilianische Bienen → Afrikanisierte Bienen.

Brassica napus var. napobrassica (L.) 'R CHB., Kohlrübe, Steckrübe. A der G Brassica der F der Cruciferae. Varietät des Rapses, dient u. a. der Ernährung des Menschen (Kochgemüse) und in Form roher Schnitzel als Viehfutter. Vorwiegend in feuchtkühlen Küsten- u. Gebirgslagen, überwiegend als Zweitfrucht nach Winterzwischenfrüchten angebaut, wobei die Aussaat bis Mitte April erfolgt. Zur Samengewinnung über Stecklinge wird Mitte Mai bis Mitte Juni ausgesät. Überwinterung in Mieten bzw. Überwinterung am Wuchsort, dann Aussaat Ende Juli/Anfang August. Blüte im Folgejahr goldgelb. Blütezeit i. d. R. Mai, Juni. Nektar- u. Pollenspender. Pollenröschenfarbe zitronengelb, wie auch bei den anderen Brassica-Vertretern. Bieneneinsatz steigert den Bestäubungseffekt.

Brassica napus var. *napus* L., Raps. A der G *Brassica* der F der Cruciferae ↗. Verbr. vor allem in Eurasien, dort spez. im Mittelmeerraum; Hauptanbaugebiete sind Frankreich, UdSSR, Belgien, Rumänien, Schweden, Norwegen, Polen, Tschechoslowakei, China, Japan, Indien, Pakistan, Kanada, Schweiz, Bundesrepublik Deutschland, DDR. B. n. ist – im Vergl. zum Rübsen – sowohl ein besserer Nektar- als auch ein besserer Pollenspender. Ist nicht im Wildzustand, sondern lediglich aus Kulturen bekannt; nur selten verwildert anzutreffen. Langtagpflanze. Die Öltypen des B. n. werden als zwei bes. Formen der Varietät *napus* aufgefaßt u. als f. *annua* (Sommerraps, Aussaat März) u. f. *biennis* (Winterraps, Aussaat Anfang August) unterschieden. Ist dem Rübsen ↗ sehr ähnl., unterscheidet sich aber außer in der Blattfärbung – Blätter dunkelgrün, bläulich bereift bei B. n. u. bei Rübsen, *Brassica rapa* grasgrün mit stark behaarter Blatt-US – vor allem durch den Aufbau des Blütenstandes – bei B. n. überragen die Blütenknospen eindeutig die bereits geöffneten gelben Blüten, beim Rübsen stehen die geöffneten gelben Blüten höher als die Knospen. Gegenüber dem Rübsen ist B. n. kälteempfindlicher u. wintert in M-Europa in strengeren od. schneearmen Wintern oft aus. Winterraps fällt mit seiner Blütezeit noch in die Zeit der Spätfröste, seine Blütezeit ist etwa 8–10 Tage länger als die der Apfelblüte, also Mai, Anfang Juni, während die Blütezeit beim Sommerraps Mai bis Anfang Juli ist. Meist wird B. n. u. Rübsen in der Schweiz, der DDR u. der BRD als Winterfrucht angebaut, selten als Sommerfrucht, wobei sich dann die Blüte vom Mai zum Juni/Juli verschiebt. Der Rübsenanbau ist statistisch zusammen oft mit B. n. erfaßt. Sein gleichzeitiger Anbau wirkt sich günstig für die Verlängerung der Tracht aus, da er etwas früher blüht. – Die Nektar- u. Zuckerabsonderung ist bei B. n. stark von den Boden- u. Klimabedingungen abhängig. Nach Untersuchungen in der DDR, der Bundesrepublik Deutschland, Dänemark, Polen u. der Schweiz sondern die einzelnen Blüten innerhalb von 24 h durchschnittl. 0,6 mg Nektar ab, das ist entspr. 0,29–0,9 mg produzierter Zucker. Nimmt man an, daß sich an einer Rapspflanze 200–300 Blüten befinden u. die beanspruchte Fläche 150 cm^2 je Pflanze beträgt u. daß an jeder Pflanze etwa 10 Blüten gleichzeitig blühen u. jede Blüte durchschnittl. zweimal honigt, so liefert ein blühendes B. n.-Feld den Bienen tägl. ca. 6 kg Zucker/ha u. 40–200 kg/ha während der ganzen Blütezeit. Die großen Anbauflächen u. der hohe Trachtwert haben dadurch, bes. in N-Europa, rege Bienenwanderung während der B. n.-Blüte zur Folge. Die direkt an die B. n.-Felder gestellten Völker

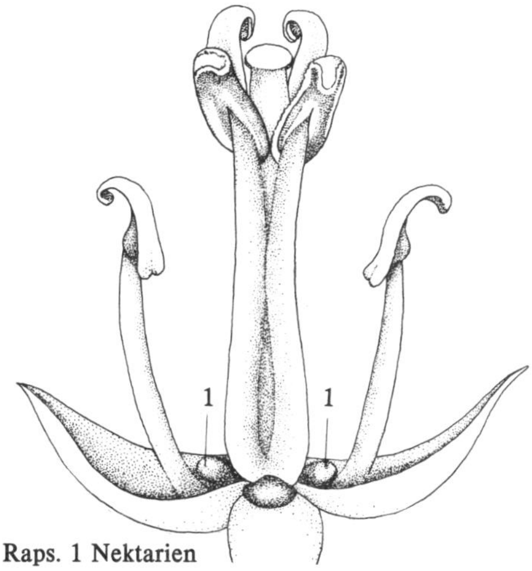

Raps. 1 Nektarien

tragen einseitigen B. n.-Sortenhonig ein, dessen Sediment bis zu 90–100 % Rapspollen enthalten kann (MAURIZIO u. GRAFL). B. n.-Sortenhonige sind im flüssigen Zustand nach den in St. Veit an der Glau erstellten Kriterien mild, sehr hell, fast farblos, flüssig, sehr schnell kandiert (nach NIETSCH, 1985). Sie werden in Europa vor allem in N-Deutschland, Holland, Dänemark, Schweden, Belgien, Luxemburg, Polen, der Tschechoslowakei, der W-Schweiz, Frankreich u. Italien geerntet. B. n.-Mischhonige sind in ganz Europa häufig, wobei die charakteristischen äußeren Merkmale oft durch andere Trachten wie Löwenzahn od. Obstbäume überdeckt werden (MAURIZIO u. GRAFL). Die Frage, ob durch Bienenwanderung der Samenertrag bei B. n. erheblich gesteigert wird, ist z. Z. noch nicht ganz sicher abgeklärt. Intensiver Bienenbeflug scheint aber auf alle Fälle das Abblühen der B. n.-Felder zu beschleunigen, was offensichtl. zu einer gleichmäßigeren Samenreifung führt.

Brassica nigra (L.) KOCH, Schwarzer Senf, auch Roter, Brauner, Französischer, Holländischer Senf. A der G *Brassica* der F der Cruciferae ↗. Durch Kultur u. wegen der nicht platzfesten Schoten vielerorts verwildert, fast über die gesamte Erde verbr. Das Anbaugebiet erstreckt sich von Europa u. dem Mittelmeergebiet bis Tibet u. Abessinien. Einjährige Pflanze. Die Nebennutzung als Bienennahrung, Futter- od. Gründüngungspflanze tritt stark hinter der Verwendung der Samen als Gewürz (Senf, Mostrich) zurück.

Brassica oleraceas L., Gemüsekohl. A der G *Brassica* der F Cruciferae ↗. Als Kulturpflanze weltweit verbr., als Wildform auf den Inseln des Mittelmeergebietes u. den atlantischen Küsten Europas von der Girondemündung bis S-England. Höhere od. niedere Halbsträucher mit meist eiförmigen Basalblättern; durch züchterische Maßnahmen außerordentl. große Vielfalt an morphologisch recht unterschiedl. Sippen hervorgegangen. Da die Kohl-An meist erst im zweiten Jahr blühen u. vor der Bildung von Blüten für die menschl. u. tierische Ernährung Verwendung finden, spielen sie für die Bienen nur in den Ländern eine Rolle, wo die Samen genutzt werden: Frankreich, England, N-Deutschland, Dänemark, Holland.

Brassica rapa var. *sylvestris* (LAM) BRIGGS, Rübsen. A der G *Brassica* der F der Cruciferae ↗. Als Unkraut mediterran-eurasisch verbr., als Kulturpflanze in allen gemäßigten Klimaten, auch in Japan. Im Gegensatz zum Raps ↗ ist von B. r. die Wildform var. *sylvestris* bekannt, die man jedoch von den aus Kulturen verwilderten Pflanzen nicht sicher unterscheiden kann. Die Bienen befliegen den Winterrübsen im April/Mai. Sommerrübsen wird dagegen zu seiner Blütezeit Mai, Anfang Juni, beflogen. Blüten gelb. B. r. ist in dieser Zeit in gleichem Maße Nektar- u. Pollenspender. Obwohl der Ölgehalt der Samen etwas geringer als beim Raps ist – früher wurde das Öl beider Pflanzen vornehmlich für Beleuchtungszwecke verwertet –, bietet B. r. den Vorteil, daß die Samen 10–14 Tage früher reifen. Deshalb können die Pflanzen auch noch in rauheren u. nördlicheren Lagen angebaut werden u. ergeben auch auf leichteren Böden noch gute Erträge. Analog dem Raps werden ein Sommerrübsen f. *praecox* – der sich auch zum Anbau auf Moorböden eignet – u. ein Winterrübsen f. *autumnalis* unterschieden. Da der B. r.-Anbau statistisch meist mit dem Raps zusammengefaßt ist, s. dort u. Cruciferae.

Braula → Bienenlaus.

Braunwurzgewächse → Scrophulariaceae.

Breitwabe. Die Form der Wabe ↗ entspricht dem liegenden Rechteck, d.h. die Wabe ist breiter als hoch. Gegensatz: Hochwabe (Wabenform ↗).

Breitwaben-Dreietager. Beute, in der drei gleichgroße Räume übereinander angeordnet sind. Das Wabenmaß ist entweder Freudenstein od. Normal. Diese Beutenform ist eine Alternative zur heute allgemein als zu klein angesehenen Zweiraumbeute, mit der Möglichkeit, die Hinterbehandlung u. das Bienenhaus beizubehalten.

Brombeere → *Rubus fructicosus* → Rosaceae.

Bromophos. Pflanzenschutzmittelwirkstoff mit insektizider Wirkung, wird zu Präparaten mit geringen Karenzzeiten ↗ formuliert. Bienengefährlich!

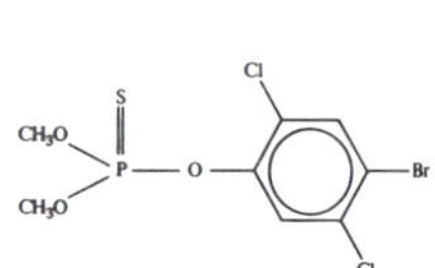

Bromophos. Chemische Bezeichnung: 0,0-Dimethyl-0-(4-brom-2,5-dichlorphenyl)-monothiophosphat

Brompropylat. Wirkstoff ↗ mit akariziden Eigenschaften. Als Tierarzneimittel ↗ zur Bekämpfung der Varroatose u. der Acarapidose der Bienen verwendet. Bienenungefährlich!

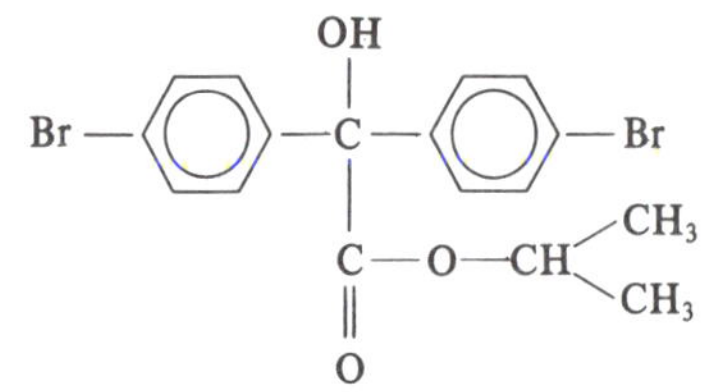

Brompropylat. Chemische Bezeichnung: 4,4'-Dibrombenzilsäureisopropylester

Brustabschnitt → Thorax.

Brutableger. Die gebräuchlichste Form des Ablegers. Vorbereitend zur Bildung von B. werden Völkern, die geschröpft werden sollen, neun Tage vorher 1–3 Waben mit großen Flächen offener Brut in den Honigraum gehängt. Bei gutem Flugwetter werden diese Waben entnommen, auf angesetzte Weiselzellen untersucht u. in den Wabenbock gehängt. 3–6, evtl. auch noch mehr Brutwaben aus versch. Völkern (Sammelbrutableger ↗) u. 1–2 bienenbesetzte Futterwaben, in deren leere Zellen etwas Wasser gegossen wurde, kommen in einen Ablegerkasten od. in ein leeres Beutenabteil. Als Ausgleich für die zu ihren Völkern zurückfliegenden, werden noch Bienen von soviel Brutwaben gegeben, wie sie der Ableger enthält. Nach Eintritt der Weisellosigkeitsunruhe, spätestens am Abend, wird eine begattete Weisel unter Teigverschluß od. ein komplettes Begattungsvölkchen (Umweiseln ↗) zugesetzt. Das Flugloch ist solange, bis der B. eigene Flugbienen hat, sehr klein zu halten. Günstig ist es, den B. außerhalb des bisherigen Flugkreises aufzustellen. Er hat dann vom ersten Tag an einige Flugbienen, die sonst zu ihren Völkern zurückgekehrt wären. Zur Förderung einer zügigen Entwicklung ist der B. ständig, am besten mit Futterteig ↗, zu füttern. Frühestens nach einer Woche darf die erste Nachschau nach Brut, nicht nach der Weisel, erfolgen. Erforderliche Erweiterungen können, je nach Jahreszeit, mit Waben od. Mittelwänden erfolgen.

Brutammen → Arbeitsteilung.

Brutbeginn. Termin des Beginns der Eiablage durch die Weisel im Frühjahr. Die ersten Eier werden im Januar/Februar abgelegt. Produziert die Weisel mehr Eier als von den Bienen in Pflege genommen werden – anfänglich oft der Fall –, kann man die überzähligen gelegentl. im Wintergemüll ↗ finden. Eine merkbare Zunahme des Brutumfangs setzt erst nach dem Reinigungsausflug ↗ u. Einsetzen der Pollentracht ein.

Bruteinschränkung. Das Beschränken des Brutnestumfangs auf eine od. wenige Waben. Die B. wird durchgeführt zur Schwarmverhinderung ↗ u. zum Erzielen max. Honigerträge. Im zweiten Fall geht man davon aus, daß bei möglichst wenig zu pflegender Brut mehr Bienen zum Ausnutzen einer lohnenden Tracht zur Verfügung stehen. Die B. ist von bekannten Imkern wie PREUSS, KUNTZSCH ↗ u. SCHWEIER in ihre Betriebsweisen aufgenommen worden. Die Nachteile der B. überwiegen insges. gegenüber den Vorteilen. Durch die entstehende Brutlücke fehlen Bienen für eine evtl. spätere Tracht od. auch als Pflegerinnen für die Erzeugung der Winterbienen. Natürl. B. ergibt sich durch gute Tracht, wenn die Bienen alle im Brutnest freiwerdenden Zellen mit Nektar od. Pollen füllen. In diesem Fall muß der Imker eingreifen, soll es nicht zu den genannten negativen Folgen der B. kommen.

Brüter → Aufzuchtverfahren → Hüngler.

Brutkrankheiten. Infektiöse u. nichtinfektiöse Krankheiten der Bienenbrut ↗. Man unterscheidet Bösartige u. Gutartige Faulbrut ↗ (meldepflichtig), Varroatose ↗ (meldepflichtig), Sackbrut ↗, Kalkbrut ↗, Steinbrut ↗ u. verkühlte Brut ↗. Vorbeuge u. Bekämpfung der B. erfolgen im Bienengesundheitsdienst ↗.

Brutnest. Bereich des Wabenbaus eines Volkes, in dem die Brutaufzucht erfolgt. Der Umfang des B.es unterliegt jahreszeitl. u. entwicklungsbedingten Schwankungen (Brutnestordnung ↗). Die Anlage des B.es im Frühjahr erfolgt im Zentrum des Wintersitzes ↗ unterhalb u. zw. den Vorräten. Im Verlauf einer ungestörten Entwicklung verlagert es sich, verdrängt durch die oberhalb der Brut abgelagerten Vorräte, immer weiter zum Flugloch hin. Auf der einzelnen Brutwabe wird über der Brut in einem ± breiten Gürtel sowie in den seitl. Randrahmen des B.es Pollen abgelagert, so daß die Brut von einem Pollenkranz umgeben ist, der seinerseits an die Futter- bzw. Honigvorräte anschließt (Brutnestordnung ↗).

Brutnesterweiterung. Bienen erweitern im Frühjahr das Brutnest bei vorhandener Ausdehnungsmöglichkeit entspr. ihren Bedürfnissen. Steigende Temp., Nektar- u. Pollentracht sowie Reizfütterung führen zu vermehrter Eiablage durch die Weisel u. somit zur B. Hat der Imker seine Völker eingeengt, muß er ständig das Wachsen des Brutnestes beobachten. Spätestens wenn in Hinterbehandlungsbeuten in der Fensterseite der letzten Wabe vermehrt Pollen abgelagert od. von der Weisel gestiftet wird, muß erweitert werden. Eine od. zwei möglichst honigfeuchte Waben werden an das Brutnest angeschlossen. Nach erwachtem Bautrieb ↗ kann die B. mit Mittelwänden erfolgen. In Magazinbeuten wird mit ganzen Zargen, die mit ausgebauten Waben, Mittelwänden u. 2–3 Brutwaben ausgestattet sind, erweitert, wenn das Volk in den Magazinboden durchhängt. Die Erweiterungszarge kommt entweder auf od. zw. vorhandene Brutzargen.

Brutnestordnung. Von Gerstung ↗ wurde erstmals die Auffassung vertreten, daß alle Teile eines Bienenvolkes ↗ eine organische Einheit, den Organismus «Bien» ↗, darstellen u. daß im Brutnest ↗ bei ungestörter Entwicklung eine strenge Ordnung herrscht. Diese Ordnung ist nicht auf den ersten Blick erkennbar. Erst die systematische Aufgliederung nach dem Alter der Brut in den einzelnen Waben zeigt, daß die Eiablage ↗ der Weisel vom Zentrum des Wintersitzes ↗ ausgeht, in konzentrischen Kreisen erst die Anfangswabe, dann nach u. nach weitere Waben einbezieht u. dabei annähernde Kugelgestalt beibehält. Im Rhythmus von 21 Tagen werden die Zellen erneut bestiftet, gleichzeitig aber auch der Umfang des Brutnestes erweitert, bis die Grenzen an Rähmchenleisten, an Pollen-, Futter- od. Honigzellen bzw. -waben stoßen (Bruteinschränkung ↗). Im Laufe des Jahres geht die Erkennbarkeit der B. u.a. auch durch die Eingriffe des Imkers immer mehr verloren.

Brutnesttemperatur → Thermoregulation.

Brutraum. Raum der Beute ↗, in dem sich i.d.R. das Brutnest ↗ befindet. Es ist immer der Raum, der unmittelbar am Hauptflugloch liegt. Bei Hinterbehandlungsbeuten wird der untere Raum als B. bezeichnet. Ober- u. Hinter/Oberbehandlungsbeuten mit abnehmbarem Honigraum ↗ bestehen nur aus dem B. Bei Magazinbeuten ergibt sich die Funktion der einzelnen Zargen ↗, also auch die als B., aus ihrer Stellung zueinander bzw. zum Flugloch ↗. Das Streben nach starken Völkern zu jeder Jahreszeit hat dazu geführt, daß zeitweilig od. ständig, je nach Wabenhöhe, zwei od. mehr Räume bzw. Zargen zur max. Ausdehnung des Brutnestes genutzt werden.

Brutraumschied → Absperrschied.

Brutschaden. Krankhafte Veränderung der Bienenbrut durch Befall mit Bakterien, Pilzen od. Schädlingen, z.B. Hartbrut ↗, Wachsmotte ↗, Varroatose ↗ od. durch physikalische Noxen, verkühlte Brut ↗.

Brutschrank → Verschulen.

Brutstopp. Bezeichnung für das vollständige Unterbrechen od. starkes Einschränken der Bruttätigkeit bei vorhandener u. intakter Weisel. B. kann u.a. ausgelöst werden durch Kälteeinbrüche im Frühjahr od. Sommer, durch Trachtlosigkeit bei fehlender Reizfütterung, od. auch durch den Imker beabsichtigt herbeigeführt werden (Bruteinschränkung ↗).

Bruttafel → Brutwabe.

Brutuntersuchung → Bienengesundheitsdienst.

Brut, erkältete → erkältete Brut.

Brutwabe. Eine ± Brut enthaltende Wabe. Eine Wabe, die bis auf kleine Flächen Futter od. Honig u. einen schmalen Pollenkranz, überwiegend verdeckelte Arbeiterinnenbrut, enthält, wird als Bruttafel bezeichnet.

Brutwabenaustausch. Zur Bekämpfung der Schwarmstimmung werden starken Völkern alle Waben mit verdeckelter od. meist verdeckelter Brut entnommen u. gegen Waben mit Eiern od. jüngster Brut aus schwachen Völkern, jeweils ohne ansitzende Bienen, ausgetauscht. Durch die großen Flächen von Futtersaftabnehmern u. das Fehlen des Nachschubs an schlüpfenden Jungbienen für einige Zeit kann Schwarmstimmung zum Abklingen gebracht od. ihr Auftreten verhindert werden. Ob sich allerdings der erhebliche Arbeitsaufwand lohnt, hängt von den Eigenschaften des in Schwarmstimmung geratenen Volkes ab u. davon, ob eine gute Tracht bevorsteht, die die Unterdrückung der Schwarmstimmung unterstützt. B. darf nur bei Völkern mit einwandfreiem Gesundheitszustand erfolgen.

Brutzeit → Entwicklungsdauer.

Buchen → Fagaceae.

Buchengewächse → Fagaceae.

Bücherskorpion → Afterskorpion.

Buchweizen → *Fagopyrum esculentum* → Polygonaceae.

Buckelbrut. Drohnenbrut in Arbeiterinnenzellen, entsteht bei Drohnenbrütigkeit ↗, Fehlbrütigkeit ↗ od. bei einer Afterweisel. Deckel der Brutzellen ragen

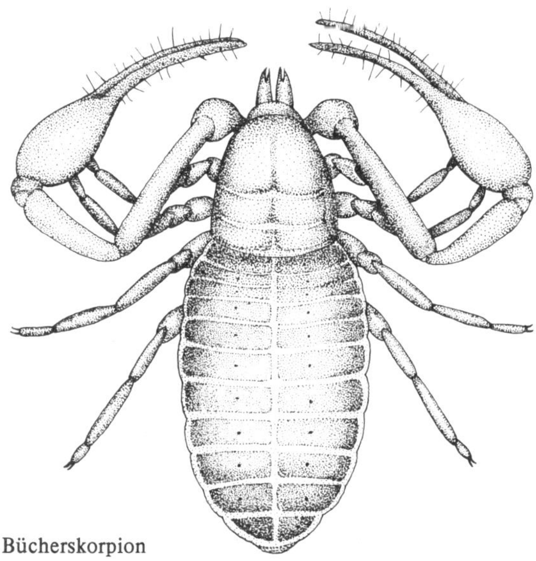

Bücherskorpion

buckelförmig über die übrigen normalen Zellen hinaus.

Buckelbrütigkeit. Erscheinung im Bienenvolk, die beim Vorhandensein von legeaktiven Arbeitsbienen, einer fehlbrütigen Weisel (Fehlbrütigkeit ↗) od. einer drohnenbrütigen Weisel (Drohnenbrütigkeit ↗) auftritt.

Buckelfliege. Auch Rennfliege *Phora incrassata*, aus der F der Phoridae (Buckelfliegen). Innenschädling ↗, 0,5 mm, grau, Brustkorb buckelförmig, lange Beine. Parasitiert in Bienen u. in der Brut als Larve. Bes. in schwachen Bienenvölkern, im Gemüll auf dem Beutenboden Tönnchenpuppen. Zur Bekämpfung starke Bienenvölker u. Putztrieb anregen.

Buntkäfer → Immenkäfer.

Büschelschön, *Phacelia* → Hydrophyllaceae.

Buschwindröschen → *Anemone nemorosa* → Ranunculaceae.

Buttel-Reepen, Hugo von, Prof. Dr. Geb. 11.2.1860 in Oldenburg, gest. 7.11.1933. Ursprüngl. Landwirt. Studierte 38jährig Naturwissenschaften, promovierte in Freiberg. Zahlreiche Studienreisen, u.a. nach Indien, Ägypten, Ceylon. – Errichtete 1888 Bienenstand in Ingenheim a.d. Bergstraße. Erkannte die Lernfähigkeit, den Geruchs-, Farben- u. Formensinn der Bienen, untersuchte die Fortpflanzungsvorgänge, forschte nach dem Ursprung der sozialen Bienen, schrieb über die Geschichte der Imkerei, z.B. in Ägypten. Wurde 1890 Präsident des Oldenburgischen Bienenwirtschaftlichen Zentralvereins, förderte die Bildung von Imkervereinen u. deren Mitgliederwerbung. Zeitweilig Leiter der Oldenburger Imkerschule. Schrieb viele Fachbeiträge für Imker- u. wissenschaftl. Zeitschriften. Hauptwerk: «Leben und Wesen der Bienen».

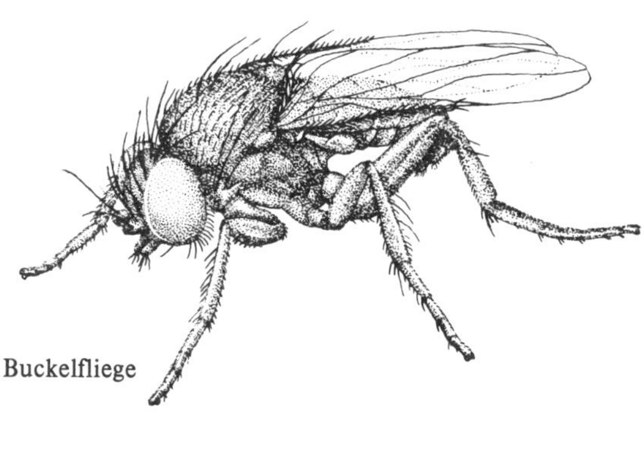

Buckelfliege

Butonate. Wirkstoffe mit insektiziden u. akariziden Eigenschaften. In Pflanzenschutzmitteln ↗ u. Mitteln gegen Ektoparasiten verwendet. Minderbienengefährlich ↗.

Calluna vulgaris (L.) Hull., Heidekraut, Besenheide. A der G *Calluna* der F der Ericaceae ↗. Eurasien bis we. Sibirien, atlantische Hälfte N-Amerikas. Im Gebirge bis 2400 m ü. NN, in der Ebene größere Heiden bildend, in Sand- u. Moorgegenden oft in Massen, in trockenen Wäldern u. an Hängen. Stark verzweigter, immergrüner Strauch, erreicht selten 80 cm (30–70 cm). Dient zur Begrünung. Die Lebensdauer wechselt je nach dem Standort. In der Bundesrepublik Deutschland (Norddeutschland) läßt die Blühfähigkeit ab 10.–15. Jahr merklich nach, so daß man die Bestände abbrennen u. durch keimenden Samen erneuern muß, wenn sie vom Imker genutzt werden. Im Gebirge kann C.v. bis 40 Jahre erreichen (nach Maurizio u. Grafl). Blüht Juli/August, manchmal bis September. Die Blüten kommen aus den Blattwinkeln in einseitswendigen, langen, aufrechten Scheintrauben. Die rosalila od. rotlila Blüten haben eine vierteilige Krone u. einen rosa Kelch. Anspruchslos, auf nährstoffarmen, kalkfreien Böden. Vermehrung durch Aussaat. Nektar- u. Pollenspender (Pollenhöschenfarbe weißgelb). Nach Trachtwert u. Trachtbedeutung sehr wichtig für die Bienen (Zander u. Berner).

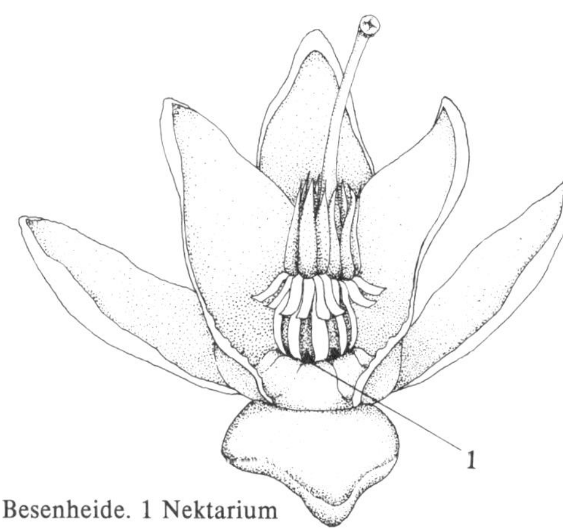

Besenheide. 1 Nektarium

Caltha palustris L., Sumpfdotterblume. A der G *Caltha* der F Ranunculaceae ↗. Von der Ebene bis in die alpine Region in Europa, Amerika u. dem nö. Asien vorkommend. Auf sumpfigen Wiesen, an Ufern von Bächen, Flüssen u. Teichen, Gräben. Ausdauernd. Blüht von März bis Mai. Gelbe Blüten. C. p. besitzt keine Honigblätter, der Nektar wird durch das an der Seitenflanke des Fruchtknotens liegende Polster sezerniert. Nektar- u. Pollenspender (Pollenhöschenfarbe rotgelb).

Besenheide

Campanulaceae, Glockenblumengewächse. Die F umfaßt etwa 70 Gn mit ca. 2000 An. In gemäßigten u. tropischen Breiten. Die etwa 300 An der G *Campanula* sind vor allem in den Gebirgen u. Hochgebirgen Europas, des Mittelmeergebietes u. Vorderasiens verbr. Viele Sippen stellen charakteristische Vertreter von alpinen Steinschutt- u. Felsgesellschaften od. von den oberhalb der Baumgrenze liegenden Mattenfluren dar. In tieferen Lagen findet man sie in Wäldern, auf Wiesen, offenen Trockenrasen u. Steppen sowie als Unkräuter der Getreidefelder. In M-Europa ist vor allem die Rundblättrige Glockenblume (*Campanula rotundifolia* ↗) bekannt u. die Marienglockenblume (*C. medium*), die schon im 16. Jh. aus S-Europa in die mitteleurop. Gärten eingeführt wurde u. sich noch heute in blauen, weißen u. rötlichen Farbvarianten im Anbau befindet. In Gärten trifft man auch die in krautreichen Laubwäldern der Mittelgebirge heimische A *C. latifolia* L. – In ihrem Vorkommen auf Europa beschränkt sind die Teufelskrallen *Phyteuma* mit abweichender Gestalt der Blütenkrone u. der Blütenstände. – Vom Bild einer Glockenblume durch die zu dichten Köpfchen zusammengefaßten Blüten abweichend sind die Sandknöpfchen- od. *Jasione*-An, denen man in Gebieten mit sandigen Böden – auch häufig in der mitteleurop. Flora – begegnet. Auf tropisch-amerik. Gebirge beschränkt ist die G *Siphocampylus* mit über 200 An, während die G *Lobelia* mit ca. 400 An in subtropisch-tropischen Gebieten – bes. im öst. N-Amerika – u. in den gemäßigten Breiten vorkommt. Diese Gn bevorzugen feucht-schattige Standorte. Die zweilippigen Blüten der G *Lobelia* erkennt man an den gekrümmten, hinten geschlitzten Kronröhren. Auf Grund ihrer Form u. auffallenden Blütenfarbe (meist rot) sind sie oft als Zierstauden kultiviert. Bei allen C. liegt das Nektarium als Scheibe über dem unterständigen Fruchtknoten, zw. dem Griffel u. dem Staubblattkreis. Das Nektariumgewebe wird durch ein dichtes Netz von Phloemsträngen versorgt. Die verbreiterten Staubblattbasen verdecken u. schützen den ausgeschiedenen Nektar, der lang- u. kurzrüsseligen Insekten zugänglich ist. Die Griffel der C. tragen auf ihren Außenseiten eine Bürste kleiner Härchen, auf denen der Pollen der bereits in der Blütenknospe geplatzten Staubbeutel gesammelt wird. Beim Eindringen eines Insekts in die Blüten (der Nektar wird – s. o. – von den Drüsen am Blütengrund abgeschieden u. der Weg dorthin durch den sich zum Grunde intensivierenden Duft gewiesen) kann dann der Blütenstaub leicht auf den Bestäuber abgestreift werden. – Befunde von *Campanula*- u. *Phyteuma*-An findet man in europ. Ho-

Gemeiner Natterkopf

Sumpfdotterblume

nigen häufig. Meist als Einzelpollen treten sie in Honigen z. B. aus dem Alpengebiet öfters als Begleitpollen auf. Atlantische Küstengebiete, u. a. von Frankreich u. Portugal, meldeten *Jasione*-Befunde in Honigen, auch in nordeurop. Heidehonigen von Holland, Norwegen u. a. wurden sie nachgewiesen. – Die Pollentracht von *Campanula* dauert den ganzen Tag (8–17 Uhr), der in der Bundesrepublik Deutschland beobachtete Tagesanteil betrug 0,2–1 %. In Berglagen der Schweiz sind *Campanula* u. *Phyteuma* mit ca. 1 % an der Gesamtpollenernte beteiligt, während *Jasione*-Pollen in der Wisłanehrung bei Gdańsk zu den ausgiebigsten Pollenspendern gehört (nach MAURIZIO u. GRAFL).

Campanula persicifolia L., Pfirsichblättrige Glokkenblume. A der G *Campanula* der F der Campanulaceae ↗. Eurasien. In Trocken-, Laub- u. Mischwäldern, trockenen Gebüschen, an Waldrändern. Hochwüchsig (70–120 cm), ausdauernd. Blüht Juni/Juli. Einseitswendige, himmelblaue, halbkugelige Blüten (2,5–4 cm). Kalk- u. wärmeliebend. Bevorzugt lokkere, nährstoffreiche Böden. Nektar- u. Pollenspender.

Campanula rotundifolia L., Rundblättrige Glokkenblume. A der G *Campanula* der F der Campanulaceae ↗. Vor allem M-Europa. Niedrige, etwa 15–50 cm große Pflanzen, ausdauernde Wiesenblume, auch auf Halbtrockenrasen, Heiden, in lichten Wäldern. Blüht von Juni bis Anfang August/September – je nach Witterung. Die meist blau gefärbten Kronblätter bilden eine Glocke, wobei die fünf Kelchblätter mit dem unterständigen Fruchtknoten verwachsen sind. Bei der Entfaltung der Krone liegen die fünf Staubblätter schon zusammengeschrumpft am Blütenboden, u. der Pollen befindet sich schon auf dem stark behaarten Griffel. Bei der Nektarsuche wird das Insekt bei Berührung der Griffelbürste gleich mit Pollen bepudert. Bevorzugt kalkarmen, etwas sandigen Boden. Nektar- u. Pollenspender (Pollenhöschen gelblich).

Campanula trachelium L., Nesselblättrige Glokkenblume. A der G *Campanula* der F der Campanulaceae ↗. Vorwiegend Europa u. Asien. In Auen-, Laub-, Misch-, Schlucht-, seltener Nadelwäldern. Häufig. 5–10 cm große Pflanze, ausdauernd. Blüht Juli/August. Blaue Blüten 3,5–4,5 cm, an den Zipfeln bewimpert, in allseitswendiger Traube stehend. Bevorzugt lockere, etwas feuchte u. leicht steinige Lehmböden. Nektar- u. Pollenspender. An «Bergwiesenhonigen», aus Mischtracht von versch. Wiesenpflanzen stammend, beteiligt.

Capsella bursa-pastoris (L.) MEDIC., Hirtentäschel, Gemeines Hirtentäschelkraut. A der G *Capsella* der F der Cruciferae ↗. Ursprüngl. im Mittelmeergebiet verbr., jetzt als kulturbegleitendes Unkraut fast weltweit, vielerorts eingebürgert. Auf Schuttplätzen, Bahndämmen, an Wegen, in Gärten, Weinbergen. Unkrautbestände auf Äckern. Sehr häufig. 20–40 cm hohe Pflanze, ein- bis zweijährig. Blüht von März bis Oktober. Weiße Blüten in lockerer Traube mit endständiger Trugdolde. Auf unterschiedl. Sand-, Lehm- u. Kiesböden. Wichtiger Pollenspender in der Vorfrühlingstracht. Wird von den Bienen meist nur März/April beflogen u. später überwiegend unbeachtet gelassen. Nur in Zeiten großen Pollenbedarfs u. geringen Pollenangebots als Ersatzpollenquelle von den Bienen genutzt.

Caput, Kopf. Einheitl., sklerotisierte, flache Kapsel, im Stirn-Scheitel-Bereich sowie an den Seiten deutl. gewölbt, dadurch eine große Festigkeit erhaltend. Diese wird aber nicht nur durch die geschlossene Form u. die Wölbung, sondern zusätzl. noch durch feste chitinige Verstrebungen innerhalb des C.s (Tentorium) gewährleistet. Darüber hinaus bietet das Tentorium Ansatzflächen für die C.-Muskulatur. Die Kopfkapsel umgibt das Gehirn, das Unterschlundganglion u. die bei den ad. Bienen mit den Mundwerkzeugen ↗ in Verbindung stehenden Drüsenkomplexe (Hypopharynx- ↗, Labial- ↗ u. Mandibeldrüsen ↗). Über die an der RS der Kopfkapsel gelegene Hinterhauptsöffnung wird die Verbindung zw. C. u. Brustabschnitt (Thorax ↗) geschaffen. Beide Körperteile sind durch feste Chitinmembranen, aber auch sklerotisierte chitinige Bestandteile, miteinander verbunden. Die Chitinmembran umhüllt die Speiseröhre (Darmkanal ↗), den Herzschlauch ↗, das Nervensystem ↗, Labialdrüsengänge u. Tracheen (Tracheensystem ↗), Organe, die zw. beiden Körperabschnitten vermitteln. Hinzu kommen Muskeln, die vom Prothorax über die Hinterhauptsöffnung zur Rückwand der Kopfkapsel ziehen u. für deren Beweglichkeit sorgen. Der C. ist bei den einzelnen Bienenwesen spezifisch geformt. Arbeitsbienen besitzen einen frontal stärker gerundeten C. als Weiseln. Der beinahe kreisrunde C. der Drohnen ist deutl. größer als der der ♀♀ Bienenwesen. Auffällig sind bei Drohnen auch die großen Komplexaugen (Augen ↗), die am Scheitel zusammenstoßen. Die Größe des C.s ist nicht nur vom Geschlecht abhängig, sie weist auch bei den einzelnen geographischen Bienenrassen Differenzen auf. Aber selbst innerhalb einer Bienenrasse sind Größendifferenzen versch. C.-Strukturen zu beobachten. So haben z.B. die einzelnen Facetten im Komplexauge der Weisel einen größeren Durchmesser als diejenigen bei Arbeitsbienen. Auch die Oberlippe (Labrum) ist bei der Weisel länger u. breiter als bei der Arbeiterin. Größenunterschiede bestehen schließl. auch an C.-Strukturen zw. den normalerweise haploiden u. diploiden Drohnen. Kopfkapsellänge u. -breite, der Durchmesser des mittl. Ocellus u. der der Facetten sowie die Länge der Fühlergeißel zeigen bei diploiden Drohnen höhere Werte als bei den haploiden Drohnen.

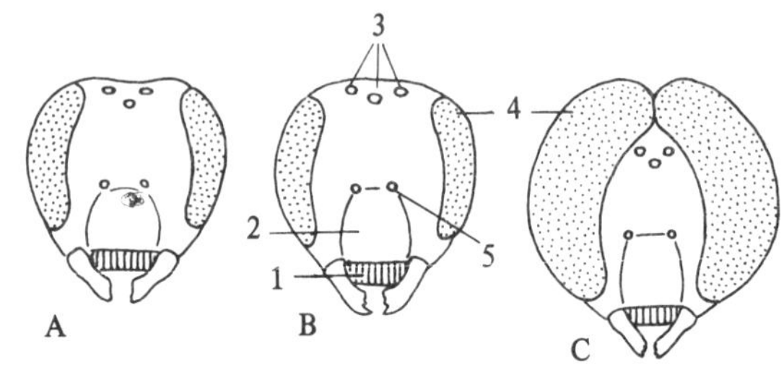

Bienenkopf. A Arbeitsbiene; B Weisel; C Drohne. 1 Labrum, 2 Clypeus, 3 Ocellen, 4 Komplexaugen, 5 Fühleransatz. Nach ZANDER (1946)

Carbaryl. Wirkstoff aus der Gruppe der Carbamate

mit insektiziden Eigenschaften. In Insektiziden ↗ angewendet. Bienengefährlich!

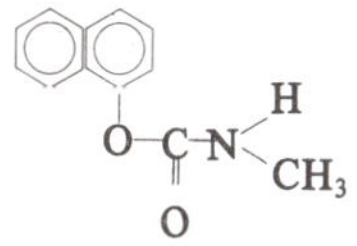

Carbaryl. Chemische Bezeichnung: 1-Naphtyl-N-methylcarbamat

Castanea sativa MILL., Edelkastanie, Eßkastanie, A der G *Castanea* der F der Fagaceae ↗. S-Europa, N-Afrika, Kleinasien. Bestände durch Pilzkrankheiten gefährdet. Häufig in lichten Hainen. Kann als Niederwald kultiviert werden. Der bis 30 m hohe Baum erreicht ein Alter von mindestens 200 Jahren u. seine Blühreife zw. dem 20. u. 30. Jahr, einzelstehend u. in Beständen im 40. Jahr. Blüht – je nach Witterung – ab Mai bzw. Juni, Juli. Die gelblichen ♂♂ Blüten sind etwa 20 cm lang; es stehen jeweils viele beieinander, ährig u. bilden erst aufrechte u. dann niederhängende Kätzchen. Das Nektarium findet sich in Form von drei kleinen, drüsigen Höckern inmitten des Blütengrundes der ♂ Blüte. Manchmal entstehen durch Erweiterung der zentralen Längsfurchen sechs getrennte Nektarienhöcker, die durch die benachbarten Staubblattleitbündel versorgt werden. Die Nektarien werden als Überreste der ♀♀ Organe angesehen. Die grünlichen ♀♀ Blüten befinden sich einzeln od. zu zwei bis drei am Grunde der ♂♂ Blütenstände. Die Nektarsekretion erfolgt nur durch die ♂♂ Blüten. Nektar-, Honigtau- u. Pollenlieferant (Pollenhöschenfarbe schwefelgelb). Die Pollentracht verteilt sich gleichmäßig über den ganzen Tag (7–19 Uhr) mit zwei schwachen Gipfeln zw. 9 u. 11 Uhr u. zw. 15 u. 17 Uhr. Offenbar öffnen sich die Staubbeutel der

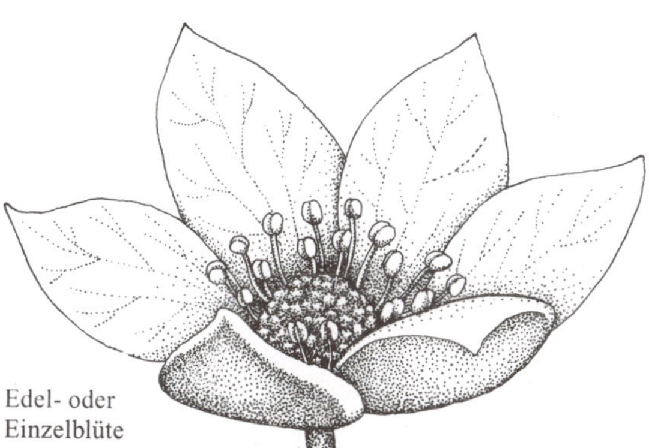

Edel- oder Einzelblüte der Esskastanie

♂♂ Blüten nach u. nach. C. s.-Honige werden vor allem in Frankreich, Italien, Ungarn, Jugoslawien u. Spanien geerntet, in der Schweiz im Tessin, den Alpensüdtälern u. auf der Alpennordseite in den Föhntälern, in Österreich in der Steiermark u. in der Bundesrepublik Deutschland in Baden, Rheinhessen, Rheinpfalz. Gelegentl. auch in England, Belgien, Holland, Dänemark vorkommend. C. s.-Honige gehören zu den pollenreichen Honigsorten. Der absolute Pollengehalt liegt meist über 100000 in 10 g Honig u. kann bis über 1 Mio ansteigen. Im Honigsediment tritt C. s. meist als Leit- od. Begleitpollen auf (bis zu

Blühende Edelkastanie

99 % des Gesamtpollens). Pollen ist biologisch für die Bienen gut wirksam. C. s. wird sowohl im sü. Europa als auch in M-Frankreich u. in England zu den wichtigsten Pollenspendern des Jahres gezählt (nach MAURIZIO u. GRAFL).

Centaurea cyanus L., Kornblume, Kornflockenblume. A der G *Centaurea* der F der Compositae ↗. In M-Europa früher weit verbr. Unkraut in Getreidefeldern, heute auch als Gartenpflanze mit weißen u. rosa Blüten anzutreffen. Einjährig. Blüht je nach Standort Juni bis August. Blaue Röhrenblüten. Nektar- u. Pollenspender (Pollenhöschenfarbe gelblichweiß). Die Nektarsekretion erfolgt über den ganzen Tag.

Nektarmessung in den Blüten

		Nektarmenge je Blüte in 24 h (mg)	*Zuckerkonzentration des Nektars (%)*	*Zuckerwert (mg)*
Centaurea cyanus	Kornblume	0,43	31–35(–60)	1,15
Centaurea jacea	Wiesenflockenblume	0,42	45	0,19

Centaurea jacea L., Wiesenflockenblume. A der G *Centaurea* der F der Compositae ↗. In Europa weit verbr. Auf trockenen Wiesen, an Wegrändern, Gebüschen; Charakterpflanze der Fromental- u. Magerwiesen. Sehr häufig. 30–100 cm hohe Pflanze. Ausdauernd, blüht im 2. Jahr. Blütezeit von Juni bis August/September, Anfang Oktober. Die violettroten, zwittrigen, rein ♀♀ u. rein ♂♂ Röhrenblüten stehen an versch. Pflanzen. Nektar- u. Pollenspender (Pollenhös-

Flockenblume

chenfarbe gelblichweiß). Die Pollenentleerung geschieht bei C. j. durch Verkürzung der mechanisch reizbaren Filamente: Bei Berührungen, meist durch die bestäubenden Insekten, kontrahieren die Staubfäden, wobei die reizaufnehmenden Organe die Haare der Staubfäden darstellen. Durch diese innerhalb weniger Sekunden stattfindende Verkürzung um 20–30% der ursprüngl. Länge wird die Staubbeutelröhre ruckartig nach unten gezogen u. der bis dahin von ihr umschlossene Griffel mit dem auf den Fegehaaren abgelagerten Pollen wie ein Pumpkolben herausgedrückt u. gegen das Insekt gepreßt. Auf diese Weise wird der Pollen zielgerichtet auf dem Bestäuber deponiert. Die auf plötzlichen Turgorveränderungen der Staubfadenzellen beruhende Bewegung wird innerhalb einer Minute wieder rückgängig gemacht u. die Staubfäden von neuem reaktionsfähig. – Die Nektarien liegen als Diskus im Blütengrund zw. dem Griffel u. der Kronblatt-Staubblattröhre. Der Nektar sammelt sich in der bauchigen Erweiterung der Blütenröhre.

Centaurea scabiosa L., Skabiosen-Flockenblume, Wind-Flockenblume. A der G *Centaurea* – mit über 500, meist im Mittelmeerraum u. Vorderasien beheimateten Sippen – der F der Compositae ↗. Eurasien. Auf Trocken- u. Halbtrockenrasen, Wiesen. Häufig. Blüht Juli/August. Rötliche Röhrenblüten in großen kugeligen Körbchen, Randblüten vergrößert. Bevorzugt trockenen Boden. Relativ ergiebiger Nektar- u. Pollenspender.

Cerastium arvense L., Acker-Hornkraut. A der G *Cerastium* der F der Caryophyllaceae. Weltweit, bes. häufig in Eurasien. An Wegrainen, auf Halbtrockenrasen, in Mauernischen, Unkrautbestände auf Äckern. 10–30 cm hohe Pflanze, ausdauernd. Blüht April bis Juni. Weiße Blüten stehen in Trugdolden. Bevorzugt kalkhaltige, lockere Böden. Zählt im Schweiz. Mittelland u. im Jura als Pollenlieferant zur Vorfrühlingstracht.

Cerastium tomentosum L., Filziges Hornkraut. A der G *Cerastium* – mit über 100 An weltweit, bes. häufig in Eurasien – der F der Caryophyllaceae. Auf Äkkern, Wiesen, an Wegrainen. Ausdauernd. Blüht Mai/Juni. Weiße Blüten. Kann trocken stehen. Trägt zur Pollentracht bei.

Cercis siliquastrium L., Judasbaum. A der G *Cercis* der F der Leguminosae ↗. Vor allem Mittelmeergebiet, auch in Parkanlagen M-Europas. Kleiner Baum. Blüht April/Mai. Die rosafarbenen Blüten brechen vor dem Blattaustrieb aus ruhenden Knospen in Büscheln hervor. Nektar- u. Pollenspender.

Cerinthe minor L., Kleine Wachsblume. A der G *Cerinthe* der F der Boraginaceae ↗. SO-Europa; in M-Europa vereinzelt auf trockenen Böden in Weinberggebieten. Blühzeit April, Mai.

Chamaenerion angustifolia (L.) Scop., Schmalblättriges Weidenröschen. A der G *Chamaenerion* der F der Onagraceae ↗. Eurasien, N-Amerika, Grönland. Eine Waldlichtungen, Kahlschläge u. Brandflächen oftmals in dichten Beständen überziehende A, an Bergbächen, an sandigen Hängen von Waldwegeinschnitten, auf Heiden, in trockenen Mooren. Charakteristische Trümmerpflanze. Ausdauernde Staude. Blüht je nach Standort Juli bis September od. Juni bis August. Die rötlichen, zwittrigen Blüten bilden große aufrechtstehende, traubige Blütenstände. Nektar- u. Pollenspender. Die Blüten dieser A entfalten sich nur bei Sonnenschein. Der Nektar wird an der OS des unterständigen Fruchtknotens ausgeschieden. Die größten Nektarmengen werden in der Nacht abgegeben, aber die höchste Zuckerkonzentration des Nektars liegt zw. 10–14 Uhr. In dieser Zeit ist auch starker Bienenbeflug festzustellen. Die von einer Blüte in 24 h abgegebene Nektarmenge beträgt 1,06–2,9 mg, die Zuckerkonzentration des Nektars während der Bestzeit 44–63% (nachts 13%), der Zuckerwert 0,6–1,6 mg. Der Honigwert reiner Bestände wird mit 140–240 kg/ha angegeben (nach Maurizio u. Grafl).

Chelifer → Afterskorpion.

chemische Identifikation der Afrikanisierten Bie-

Judasbaum

nen (Allozyme u. epicuticulare Substanzen) → Afrikanisierte Bienen.

Chemorezeptoren. Die Geschmacksorgane od. Kontakt-C. der Bienen sind vor allem an den Mundwerkzeugen konzentriert, aber auch an den Antennen vorhanden. Als grundlegende Geschmacksorgane dienen bei allen Insekten dickwandige Sinneshaare u. dickwandige Sinneskegel. Der Kegel der dickwandigen Sinneshaare ist innen durch eine Längsscheidewand in zwei Hohlräume geteilt. Einer von ihnen wird bis zur Spitze des Kegels, wo sich eine od. mehrere Poren befinden, von peripheren Fortsätzen sensibler Zellen durchzogen. Hier findet man auch manchmal Filamentbündel, die an ein porig-röhrenartiges Rezeptorensystem von Geruchssensillen erinnern. Das dickwandige Sinneshaar besteht aus bis zu fünf sensiblen Zellen, von denen eine auf mechanische Einwirkungen reagiert. Im Sinneskegel mit kontaktchemorezeptorischer Funktion gibt es keine Scheidewand im Innern des Cuticularkegels. Die peripheren Fortsätze sensibler Zellen, die von einer skolopoiden Haut umhüllt sind, reichen ins Kegelzentrum zu einer Terminalpore mit einem Durchmesser von ungefähr 300 Å. Versch. sensible Zellen der Geschmacksorgane der Bienen sind zweifellos durch unterschiedl. Spezialisierung gekennzeichnet. So gibt es bei den mit Hilfe der elektrophysiologischen Methode gut untersuchten Geschmacksborsten der Fliegen nicht weniger als vier Typen von Rezeptorzellen, nämlich L-Rezeptor, S-Rezeptor, W-Rezeptor u. M-Rezeptor, die entspr. auf Natriumchlorid, Saccharose, destilliertes Wasser u. mechanische Stimuli reagieren. Ihre Erregungskombination bestimmt die Reaktion der Annahme od. Ablehnung von Wasser durch Insekten. Die Geschmackswahrnehmung der Bienen ist in einigen Beziehungen mit der menschl. vergleichbar. Die Konzentrationsschwelle von Geschmacksstoffen für Mensch u. Biene beträgt in Mol/l:

Geschmacksstoff	*Mensch*	*Biene*
Natriumchlorid	0,09	0,24
Salzsäure	0,001	0,001
Saccharose	0,02	0,06
Chinin	$1 \cdot 10^{-7}$	$1 \cdot 10^{-5}$

Die Bienen erkennen süß, salzig, sauer u. bitter. Aber Sacharin-, Dulcitlösung u. andere für uns süße Stoffe unterscheiden sie nicht von reinem Wasser. Die Funktion der Geruchsorgane od. Distanz-C. erfüllen bei der Biene einige Arten von Sensillen, die sich an den Antennen befinden. In erster Linie sind das dünnwandige Sinneskegel u. Sinnesplatten sowie Grubenkegel, kleine trichoide Sinneshaare u. einige andere Sensillen. Der grundsätzl. Charakter besteht darin, daß sich viele Sensillen der Insekten durch Polymodalität unterscheiden. Die Sinneshaare können z. B. auf mechanische, chemische u. möglicherweise auch auf andere Stimuli reagieren. Als charakteristischstes Merkmal der Geruchssensillen gelten die vielzähligen (von 4500–15000) Poren im Cuticularabschnitt. Im dünnwandigen Sinneskegel wird eine kurze Borste (Kegel), in deren Innerem sich kleinste Dendritenfortsätze vieler sensibler Zellen verästeln, von Poren durchdrungen. Die Fortsätze haben Kontakt zu Bündeln poriger Filamente mit einem Durchmesser von ungefähr 200 Å, die aus jeder Pore heraustreten. Es wird vermutet, daß das porig-röhrenartige System zur Leitung von Molekülen des Duftstoffes zu den peripheren Fortsätzen der sensiblen Zellen dient. Der Cuticularabschnitt der Sinnesplatte hat die Form eines ovalen Plättchens mit 12–14 µm im Durchmesser u. 120–150 radialen Verdickungen, zw. denen die Poren sitzen. Das Plättchen ist von einer Verbindungsmembran umgeben, unter der die Dendritenfortsätze sensibler Zellen enden. Die Fortsätze haben Kontakt mit den Poren (rund 100 Å), die das Plättchen durchdringen. Auf den acht distalen Gliedern jeder Antenne der Weisel werden etwa 3000 Sinnesplatten gezählt, bei der Arbeitsbiene bis 6000, bei dem Drohn bis 30000. Verhaltens- u. elektrophysiologische Versuche zeigen, daß die Biene einen feinen Geruchssinn besitzt u. gut Blumen- u. andere Gerüche unterscheidet. Die Konzentrationsschwelle (in Mol/l) z. B. von Phenylpropionalkohol, Skatol u. Buttersäure beträgt für die Biene $3{,}8 \cdot 10^{-12}$, $2{,}3 \cdot 10^{-8}$ und $1{,}7 \cdot 10^{-9}$, für den Menschen entspr. $1{,}1 \cdot 10^{-11}$, $3{,}0 \cdot 10^{-12}$ u. $1{,}1 \cdot 10^{-11}$. Hierbei werden die Gerüche z. T. von spezialisierten Zellen der Sensillen aufgenommen, z. T. aber auch von Zellen mit allgemeiner Empfindlichkeit. In der Sinnesplatte des Drohns wurden spezialisierte Zellen zweier Typen entdeckt. Der eine Typ reagiert auf den Geruch der Weisel, der andere auf den Geruch der Nassanoffschen Drüse. Zellen, die bis zu zehn versch. Gerüche wahrnehmen, wurden bei der Arbeitsbiene entdeckt.

Pheromone der Arbeiterin

1 Pharynxdrüse — 2 Mandibeldrüse — 3 Giftdrüse — 4 Nassanoffsche Drüse

Allgemeine Bezeichnung	Futtersaft 1 u. 2 (Kein echtes Pheromon)		Alarmstoff 2		Sterzelduft 4 (melissenartig)
Chemische Komponenten	Erhöhter Biopterin- u. Pantothensäuregehalt bei Weiselsaftproduktion	Keine Konzentrationsänderung in den Futtersäften	Heptanon-2	Isoamylacetat	Geraniol cis- und trans-Geraniumsäure (Terpene) u. Citral
Wirkung	Königin-Determinator, bisher nur durch biol. Test erfaßt		Anlockung von Bienen zur Gefahrenquelle (Information von Ammenbienen über bereits gefütterte Larven)		Anlockung zur sterzelnden Biene

Eine breite Anwendung finden die Geruchsorgane der Arbeiterin in erster Linie bei der Suche nach blühenden Pflanzen zwecks Nahrungsbeschaffung. Bienen kann man leicht auf Pflanzen mit bestimmtem Geruch dressieren. Dies dient der sicheren Bestäubungstätigkeit.

Chitincuticula, Chitinpanzer. Außenskelett mit Stütz- u. Schutzfunktion. Chitin ist eine Gerüstsubstanz, die chemisch der Zellulose nahesteht. Sie setzt sich aus N-Acetylglukosaminen zusammen. Auf seiner Innenfläche bietet die C. zahlreichen Muskeln Ansatzflächen, die die Stützfunktion dieses Außenskelettes bes. verdeutlichen. Die C. ist ein Produkt der Epidermiszellen (Epidermis ↗), die als einzellige Schicht den ganzen Bienenkörper umgibt. Die von den Epidermiszellen nach außen abgeschiedene C. zeigt je nach Körperabschnitt u. Entwicklungsstadium in ihrer Stärke, Struktur u. Zusammensetzung Unterschiede.

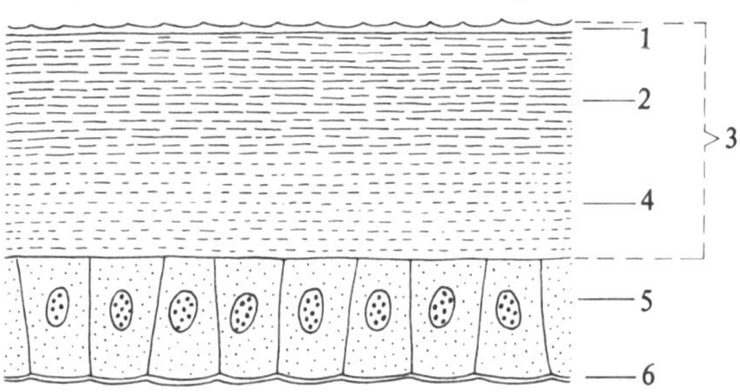

Schematisches Schnittbild durch die innen von der Basalmembran begrenzte Epidermis und die von ihr nach außen abgeschiedene Chitincuticula. 1 Epicuticula, 2 Exocuticula, 3 Chitincuticula, 4 Endocuticula, 5 Epidermis, 6 Basalmembran. Nach SNODGRASS (1956)

Sie besteht aus zwei Schichten, einer Pro- u. einer Epicuticula. Letztere stellt eine dünne Lage aus Lipoproteinen dar, die mit Chinonen gegerbt sind. Die C. ist außerdem von einer hydrophoben Wachsschicht überzogen, die eine Benetzbarkeit der Körperoberfläche verhindert. In der Epicuticula fehlt Chitin. An der Procuticula lassen sich wiederum zwei Schichten voneinander unterscheiden, eine innere Endo- u. eine äußere Exocuticula, die Chitin enthalten. Die festen plattenförmigen Bestandteile werden in erster Linie von der Exocuticula gebildet, während die biegsamen Membranen innerhalb der C. hauptsächl. auf die Endocuticula zurückgehen. Die für die Exocuticula charakteristische Sklerotisierung, die während der Puppenruhe erfolgt (Puppe ↗), beruht auf einem Gerbungsvorgang der Proteine mit Phenolderivaten, der ihre bes. Festigkeit bewirkt. Die Festigkeit der C. verändert sich mit dem Alter der Bienen, ist aber auch bei den einzelnen geographischen Bienenrassen unterschiedl. ausgeprägt, so zeigt die C. nö. Rassen i. d. R. eine stärkere Sklerotisierung als die sü. verbr. Formen. Die C. entsendet auch Fortsätze (Apodeme) ins Körperinnere, wodurch die Stabilität des Bienenkörpers noch zusätzl. erhöht wird. Während die einheitl. Larvalcuticula dünn u. biegsam bleibt, sind an der Puppencuticula bereits deutl. Unterschiede zw. Endo- u. Exocuticula zu erkennen, vor allem eine zunehmende Mächtigkeit der Endocuticula. Den einheitl. gestalteten Larvensegmenten steht die sich während der Puppenphase ausbildende sekundäre Segmentierung des ad. Bienenkörpers gegenüber. Die Begrenzung der sichtbaren Segmente entspricht nicht mehr der einfachen larvalen Gliederung. Lediglich im Hinterleib (Abdomen ↗) bleiben die einzelnen Segmente noch über gut ausgebildete Membranen beweglich miteinander verbunden.

Chitinpanzer → Chitincuticula.

Chloramphenikol. Antibiotikum, das in einigen Ländern zur Behandlung der Gutartigen Faulbrut ↗ empfohlen wird.

Chlordimeform. Pflanzenschutzmittelwirkstoff ↗ mit akarizider Wirkung, nur zur Anwendung in technischen Kulturen, wie z. B. Baumwolle od. Sisal, zugelassen. Bienengefährlich ↗!

Chlorfenson. Wirkstoff ↗ mit akariziden Eigenschaften. In Pflanzenschutzmitteln ↗ u. Mitteln gegen Ektoparasiten verwendet. Infolge der Rückstandsproblematik nur noch als Tierarzneimittel ↗ gegen die Acarapidose der Honigbienen in Anwendung.

Chlorkohlenwasserstoff-Insektizide. Wirkstoffgruppe aus chlorierten Kohlenwasserstoffverbindungen mit insektiziden Eigenschaften. Meist bienengefährlich ↗. Einige C.-I. haben als bienenungefährliche ↗ Insektizide ↗ Bedeutung für den Pflanzenschutz.

Chlorofos, auch Trichlorfon. Pflanzenschutzmittelwirkstoff mit insektiziden Eigenschaften. Auch als Mittel gegen Ektoparasiten verwendet. Minderbienengefährlich ↗ od. bienengefährlich ↗.

Chordotonalorgane. Kommen bei einigen Insekten vor u. werden als schallaufnehmende Sinnesorgane gedeutet. Sie bestehen aus mehreren saitenartig ausgespannten Sinneszellen.

Chorion → Ei.

Christ, Johann Ludwig. Geb. 18. 10. 1739 in Öhringen (Württemberg), gest. 18. 11. 1813 in Rodheim v. d. H. Studierte Theologie. Förderte Landwirtschaft, Obstbau u. Bienenhaltung durch zahlreiche Schriften. Kannte das Strohmagazin, baute selbst Magazine aus Holz mit 3–4 Zargen, empfahl Ablegerbildung. Propagierte starke Völker u. sinnvolle Honigentnahme. Hatte Beobachtungsstöcke aus Glas u. in den Magazinen Glasfenster. Beschrieb als erster das Wachsschwitzen u. die Verarbeitung der Wachsschuppen durch die Bienen. – Hauptwerke: «Praktischer Ratgeber zur Bienenzucht», «Anweisung zur nützlichsten und angenehmsten Bienenzucht für alle Gegenden», «Bienencatechismus für das Landvolk».

Christrose → *Helleborus niger* → Ranunculaceae.

Christusdorn → *Gleditsia triacanthos.*

Chromosom. Stäbchen- od. fadenförmige Struktureinheit des Zellkerns, die sich vornehmlich im Zuge der Zellteilungsvorgänge herausbildet. Anzahl u. Form der C.en sind für jede Tierart charakteristisch. Wichtigster Bestandteil der C.en ist Desoxyribonukleinsäure (DNA), deren Moleküle in unterschiedl. Spiralisierungs- od. Knäuelzustand vorliegen. Auf Grund der molekularen Struktur der DNA u. den daraus resultierenden Möglichkeiten einer Speicherung von Informationen u. ihrer Überführung an das Zytoplasma der Zelle zum Aufbau körpereigener Substanzen (Eiweiße) sowie zur Weitergabe von Informationen im Vererbungsprozeß liegen in den einzelnen DNA-Molekül-Abschnitten Gruppen von Informationseinheiten in hintereinandergekoppeltem Zustand vor. Diese Stellen auf den C.en (Loci) werden von der Vererbungswissenschaft als Gene ↗ bezeichnet. Die C.en sind bei diploiden Wesen paarig vorhanden – bei der Honigbiene 16 C.en-Paare –, von denen jeweils ein Partner vom Vater u. der andere von der Mutter stammt. So bestehen auch die Gene als Genpaare (Allele ↗). Das C. kann sich selbst identisch verdoppeln u. folgt im Verlaufe des Teilungsgeschehens – kann dabei auf Grund der DNA-Verdichtung durch Färbung sichtbar gemacht werden – charakteristischen Gesetzmäßigkeiten (Mendelsche Regeln ↗). Jedem C. kommt im Leben des Individuums eine entwicklungsspezifische Rolle zu. Bei der normalen, der Zellvermehrung dienenden Teilung der Körperzellen, der Mitose, verdoppeln sich, einhergehend mit dem Zellwachstum, die C.en. Hierbei sind im Zellkern regelmäßig geordnete, aufeinanderfolgende Prozesse zu erkennen, die als Pro-, Meta-, Ana- u. Telophase bezeichnet werden. Der Zeitraum zw. zwei Zellteilungen ist die Interphase. Bei der sexuellen Fortpflanzung geht das neue Individuum aus der Vereinigung von zwei elterlichen Gameten ↗ (Ei u. Spermium) hervor, die nur einen einfachen (haploiden) C.en-Satz besitzen. Während des Reifungsprozesses der Geschlechtszellen, der Meiose ↗, wird bei der diploiden Geschlechtszelle die C.en-Zahl auf die Hälfte reduziert. Die aus unbefruchteten Eiern entstandenen Drohnen sind von vornherein haploid, besitzen daher nur 16 Einzel-C.en. Hier unterbleibt die Reifeteilung. Die Spermien haben ebenfalls den einfachen C.en-Satz. Alle Spermien, die ein Drohn erzeugt, sind demnach einander gleich u. reinerbig: Sie haben alle dieselben Erbanlagen wie die Eizelle, aus der der Drohn entstanden ist. Nach der Befruchtung ist der diploide C.en-Satz wieder vorhanden.

Chromosomensatz. Gesamtheit aller Chromosomen ↗ in einer Zelle. Der C. umfaßt eine für jede Tier-A charakteristische u. feststehende Anzahl von Chromosomen, bei der Honigbiene 16 Paare. Der diploide C. (2 n) besteht aus zwei haploiden C.en. Im haploiden C. ist von jedem homologen Paar nur ein Chromosom vorhanden.

Chronic Bee Paralysis Virus → chronische Paralyse.

Chronic Bee Paralysis Virus Associate → chronische Paralyse.

chronische Paralyse. Weltweit verbr., wird durch ein unregelmäßig gestaltetes anisometrisches Virus (20 × 30–60 nm) mit einer Nukleinsäure vom Ribosetyp – das *Chronic Bee Paralysis* Virus (CBPV) – hervorgerufen. Eines der ersten Viren der Honigbiene, das nachgewiesen wurde, sehr infektiös u. serologisch eindeutig bestimmbar. Viruspartikeln wurden im Zytoplasma der Nervenganglien, im Darm, in den Mandibular- u. Hypopharynxdrüsen, jedoch nicht in Muskel- od. Fettzellen festgestellt. Infizierte Bienen sterben innerhalb von 10–12 Tagen. Gesunde Bienen können sich beim «Benagen» infizieren. Aus einer an c. P. gestorbenen Biene können bis zu 10^{12} Viruspartikel gewonnen werden. Das Krankheitsbild kann durch Infektionsversuche reproduziert werden. Das Virus wird leicht u. schnell übertragen, wenn es lokal auf die Cuticula gesunder Bienen gebracht wird, an eine Stelle, von der die Haare frisch entfernt od. abgebrochen wurden (Infektion des Epithelialzytoplasmas). Auf diese Weise erfolgt wahrscheinl. am häufigsten die Infektion unter natürl. Bedingungen, wenn sich die Bienen in der aktiven Sommersaison bei ungünstiger Witterung u. bei Trachtmangel im Volk in sehr engem Kontakt zusammengedrängt beieinander befinden. In der Wintertraube, in der die Bienen sehr wenig aktiv sind, schädigen sie sich wahrscheinl. gegenseitig am wenigsten. C. P. tritt gewöhnl. im Sommer auf. Bailey sieht die sog. Waldtrachtkrankheit u. die Schwarzsucht als zwei Typen der Paralyse ↗ der Bienen an, die beide durch das Virus der c. P. hervorgerufen werden. – Die Virusanzüchtung gelingt auf Bienenembryonalzellkulturen u. in 10–11tägigen Hühnerembryonen, an denen aber keine pathologischen Veränderungen festgestellt werden können. Die aus ihnen gewonnenen Antigene ergaben Hämagglutinationstiter. Man verwendet – neben elektronenmikroskopischen Untersuchungen – auch die Agargelpräzipitation u. den Neutralisationstest zum Nachweis. Durch intravenöse Verabreichung virushaltiger Bienenemulsion vom Kaninchen gewonnene, konjugierte Hyperimmunseren werden zum indirekten Nachweis spezifischer Fluoreszenz in histologischen Darmschnitten kranker Bienen mit Erfolg benutzt. Außerdem wird von einem kleineren obligatorischen Begleitvirus, einem sog. Satellitenvirus der c. P., dem *Chronic Bee Paralysis* Virus Associate (Durchmesser 17 nm), der serologisch nicht verwandt ist u. dessen Funktion bisher ungeklärt blieb, berichtet.

chronische Toxizität. Dauerbelastung eines Organismus über längere Zeiträume durch min. Giftdosen.

Cinara → Lachniden → Honigtauerzeuger.

Circadianrhythmik → Zeitsinn.

Cirsium oleraceum (L.) Scop., Kohldistel, Kohlkratzdistel. A der G *Cirsium* der F der Compositae ↗. In M-Europa weit verbr. Auf feuchten Wiesen u. an Waldrändern, Gräben. Ausdauernd. Blüht von Juni bis September. Gelblichweiße Röhrenblüten. Nektar- u. Pollenspender. Die Staubblätter sind mit den Staubbeuteln zu einer Röhre verwachsen, in deren Mitte der Griffel steht. Das Nektarium liegt als Diskus über dem unterständigen Fruchtknoten, zw. der Kron-Staubblattröhre u. dem Griffel. Die Pollendarbietung erfolgt von 8–17 Uhr mit einer Bestzeit zw. 8 u. 9 Uhr (nach Maurizio u. Grafl). Bienenwichtig.

Cistaceae, Cistrosengewächse. Die F umfaßt acht Gn mit ca. 175 An. In Mittelmeer- u. temperierten Gebieten, wenige An in S-Amerika vorkommend. Meist Kräuter od. kleine Sträucher, seltener Halbsträucher. Die Blüten – mit fünf- od. dreiblättrigem Kelch u. i. d. R. fünfzähliger Blütenkrone – stehen einzeln od. in zymösen Blütenständen. – Ausschl. auf N- u. S-Amerika ist die G *Crocanthemum* beschränkt – Sträucher od. Halbsträucher mit gelben od. weißen

Blüten u. sehr kurzen, geraden Griffeln –, während die G Sonnenröschen, *Helianthemum*, mit etwa 80 An – Halbsträucher, Sträucher, Kräuter – hauptsächl. mediterran verbr. ist, jedoch auch in N-Europa u. in S-Kalifornien (mit zwei An) vorkommt. Zahlreiche Gartenformen, die vor allem aus dem Apenninen-Sonnenröschen (*Helianthemum apenninum* ↗) u. dem auch in M-Europa natürl. vorkommenden Gelben Sonnenröschen (*H. nummularium* ↗) hervorgegangen sind, werden u. a. in Steingärten kultiviert. Im S M-Europas ist das Grauhaarige Sonnenröschen (*H. canum* [L.] BAUMG.) zu finden. Aber nicht nur *Helianthemum*-An werden von den Bienen als Pollenspender genutzt, auch An der G *Cistus,* Cistrose, die vorwiegend den Mittelmeerraum besiedeln, gehören dazu. Die Vertreter beider Gn sind sehr pollenreich; in den Berglagen der Schweiz gehört *H. nummularium* zu den Hauptpollenspendern während der Sommermonate, u. der Pollenhöschenanteil an der Gesamternte beträgt etwa 14%. Ähnl. ist es bei *Cistus* im Mittelmeergebiet, wo die Bienen im Frühjahr innerhalb weniger Tage mehrere Kilogramm Pollen eintragen können. Die Pollendarbietung erfolgt sowohl bei *Helianthemum*- als auch bei *Cistus*-An bis zum Mittag.

Cistrose, *Cistus* → Cistaceae.

Cistrosengewächse → Cistaceae.

clean-up. In der Analytik verwendeter Begriff für die Aufarbeitung u. Reinigung pflanzl. od. tierischen Materials, in dem Rückstände von Pflanzenschutzmitteln ↗ bestimmt werden.

Clematis vitalba L., Gemeine Waldrebe, Weiße Waldrebe. Europa, N-Afrika, Kaukasus. Häufig, gedeiht in lichten Gebüschen u. Hecken, feuchten Wäldern, an Waldrändern; vielfach in Auenwäldern. Kletterpflanze; hochkletternd, auch in die Baumkronen (bis etwa 12 m). Blüht von Juli bis September. Die ca. 2 cm breiten, weißen Blüten stehen in end- od. achselständigen lockeren Rispen, die zahlreichen Staubgefäße ragen heraus. Bevorzugt kalkhaltigen, durchlässigen, nicht zu trockenen Boden. Nektar- u. Pollenspender (Pollenhöschenfarbe weißgelb). Nach ZANDER u. BERNER werden die Gartenformen der *Clematis* kaum beachtet, während C. v. – die auch für Laubenbekleidungen verwendbar ist – von den Bienen gern besucht wird. Vermehrung durch Aussaat.

Cloudy Wing Particle. In Bienenproben aus Großbritannien, Ägypten u. Australien nachgewiesenes, zw. den Muskelfibrillen der Thoraxmuskulatur ad. Bienen u. im Zytoplasma der Trachealendzellen in kristalliner Anordnung auftretendes Virus mit einem Durchmesser von 17 nm. Eines der kleinsten Viren, unterscheidet sich in seiner Gestalt nicht vom Begleitvirus der chronischen Paralyse ↗. Es bewirkt bei schwer infizierten Bienen einen deutl. Verlust der Durchsichtigkeit der Flügel. Die Trachealendzellen werden möglicherweise auf dem Weg über das Tracheensystem durch die Atemluft vom Virus infiziert. Das Virus verliert schnell seine Infektiosität. Infizierte Bienen sterben bald. Völker, in denen die meisten Bienen als infiziert nachgewiesen wurden, zeigten Mattigkeit u. schwinden dahin. Es ist eindeutig an Winterverlusten beteiligt.

Waldrebe

Clustering disease → *Apis Iridescent* Virus.

Clypeus → Caput.

Compositae, Korbblütler. Mit 900–1000 Gn u. ca. 19000 An die größte F der höheren Pflanzen. Sind in der Flora der Arktis, in den Tropen, in niederschlagsreichen Küstenstrichen, in Sümpfen u. an Wasserläufen, in trockenen Wüstengebieten, auf Sand-, Schwarz- od. Salzböden, in der Ebene wie im Hochgebirge heimisch. Durch die weltweite Verbr. u. die Anpassung an die unterschiedlichsten Umweltbedingungen verschiedenste Wuchsformen. – Die einzelnen Blüten der C. sind fünfzählig, strahlig u. röhren- bis trichterförmig od. zweiseitig symmetrisch u. zungenförmig bzw. zweilippig u. zu körbchenartigen Blütenständen vereinigt, die sehr versch. gestaltet sein können. Die fünf Staubbeutel sind zu einer Röhre verwachsen; durch sie schiebt sich der Griffel mit seinen Fegehaaren, auf denen der abgeschiedene Pollen gesammelt wird, hindurch u. macht so den Pollen an der Oberfläche des Köpfchens zugänglich. Der unterständige Fruchtknoten ist zweiblättrig. Das Nektarium liegt als Scheibe am Blütengrund zw. der Kron-Staubblattröhre u. dem Griffel. Man unterscheidet die UF Asteroideae («Röhrenblütige») u. die UF Cichorioideae («Zungenblütige»). Vertreter mit relativ wenig differenzierten Blüten sind die Goldruten *(Solidago)* mit über hundert, meist nordamerik. An, deren Blütenköpfchen in rispenartigen Blütenständen – mit kurzzungenförmigen Randblüten – zusammengefaßt sind. Als Zierstauden in mitteleurop. Gärten od. verwildert findet man vor allem die Kanadische Goldrute (*Solidago canadensis* L.) aus dem öst. N-Amerika, die von den Bienen nach ZANDER wohl eher beflogen wird als die in ganz Eurasien beheimatete Echte Goldrute (*S. virgaurea* L.), während OBERDORFER (1962) die Späte Goldrute (*S. gigantea* TIT.) als Bienenweide angibt u. bei *S. canadensis* zwar Insektenbestäubung anführt, aber meist Fliegen beobachtete. Trotzdem gelten nach MAURIZIO u. GRAFL die Goldruten-An als gute Nektar- u. Pollenspender, während der Nektartrachtwert sehr unterschiedl. ist. Durch sein Vorkommen bedingt, findet man *Solidago*-Honig häufiger in N-Amerika als in Europa – große Auengebiete des Rheins u. der Donau; auch Norwegen –, dort ebenfalls auf die Ufergebiete großer Flüsse beschränkt. Auch die wildwachsenden Astern-An *(Aster)* sind vor allem in N-Amerika verbr., wo sie zu den wichtigen Spättrachtpflanzen zählen u. zusammen mit *Solidago* eine Herbst-Honigernte ermöglichen. In Europa ist fast nur von der Strandaster (*Aster trifolium* ↗) ein Befund im Honig nachgewiesen (Holland, Bundesrepublik Deutschland). Bei Massenauftreten von *A. trifolium* sind Honigernten von 6–10 kg je Volk gemeldet worden. – Die G *Helianthus* mit etwa 100–200 einjährigen od. ausdauernden Sonnenblumen-An – vor allem im nö. Amerika (bis Mexiko) u. in den nö. Anden beheimatet – hat bes. durch die Gemeine Sonnenblume (*Helianthus annuus* ↗) als Öllieferant u. Grünfutterpflanze weltweit Bedeutung erlangt. Neben *H. annuus* ist noch der Topinambur *(H. tuberosus)* aus dem öst. N-Amerika von Wichtigkeit, in S-Europa als Gemüse angebaut u. auch beliebte Wildfutterpflanze in Europa. Sonnenblumenhonig wird vor allem in der Sowjetunion, Rumänien, Jugoslawien u. Spanien geerntet, wo eine organisierte Wanderung mit den Bienenvölkern zu den blühenden Sonnenblumenfeldern stattfindet. – Im März/April blühen der Huflattich *(Tussilago farfara* ↗) u. die Rote Pestwurz *(Petasites hybridus* ↗), die nach Zander u. Berner als Frühtrachtpflanzen eine gewisse Bedeutung für die Entwicklung der Bienenvölker haben. In den Alpen u. im Alpenvorland ist anstelle der Roten Pestwurz die etwas später blühende Schneepestwurz (*P. paradoxus* Baumg.) zu finden. Diesen Pflanzen folgt der Gemeine od. Frühlingslöwenzahn (*Taraxacum officinale*), der nach Zander normalerweise wohl nur eine Entwicklungstracht liefert, aber bes. zusammen mit anderen Frühblühern zur Honigernte beitragen kann. Viele Imker schätzen jedoch den Löwenzahn nicht so sehr wegen des Nektars als wegen der entwicklungsfördernden Wirkung des reichen Pollenangebots. Löwenzahnhonig ist vor allem aus der Schweiz, Österreich, Frankreich u. der Bundesrepublik Deutschland bekannt. – Die Kohldistel (*Cirsium oleraceum* ↗) – die G *Cirsium* umfaßt etwa 250 An u. ist in Europa, N-Afrika, Asien, N- u. M-Amerika verbr. – wird von Zander als ausgezeichnete Bienenpflanze bezeichnet, die dort, wo sie in Mengen vorkommt – wie etwa im Rhinluch, Bezirk Potsdam (DDR) –, große Späternten liefern kann. – Distelbefunde, u. a. ebenfalls von der Acker-Kratzdistel (*C. arvense* [L.] Scop.) – auch auf Viehweiden, in Auenwäldern u. an steinigen Hängen – u. der Sumpfdistel (*C. palustre* [L.] Scop.) finden sich in europ. Honigen häufig, aber meist auf der Stufe des Einzelpollens; häufiger sind Distelhonige in O-Europa (Sowjetunion), Kleinasien, den USA, Kanada, meist von *C. arvense* stammend (nach Maurizio u. Grafl), während z. B. Berner übereinstimmend mit Ewert an der Ackerdistel niemals eine Biene beobachten konnte. Eine Bedeutung als Zwischenpflanze des Getreides hat neben dem Hederich ↗ u. dem Weißen Senf für Europa vor allem die zu den C. gehörende Kornblume (*Centaurea cyanus* ↗) – die G *Centaurea* umfaßt über 500, meist im Mittelmeerraum u. Vorderasien beheimatete Sippen, etwa 12 An kommen in M-Europa vor – als ausgiebige Nektarquelle erlangt, während in Kalifornien *C. solstitialis* eine große Rolle spielt. Leider ist der Bestand der Kornblume in Gebieten mit intensivem Getreideanbau, z. B. Halle, Magdeburg (DDR) u. auch in der Bundesrepublik Deutschland, durch die Anwendung von Herbiziden ausgesprochen selten geworden. Außer Nektar sammeln die Bienen auch Pollen. Der Beflug der Kornblumen-An ist bedeutend von der Konkurrenz der anderen, gleichzeitig blühenden Trachtpflanzen abhängig. In Dänemark z. B. beträgt der tägl. Anteil von *Centaurea*-Pollenhöschen nur 1–4 %, wenn in der Nähe Weißklee ↗ od. Raps ↗ (Sommerraps) in Blüte stehen; sind diese Quellen jedoch 1–2 km weit entfernt, steigt der *Centaurea*-Anteil auf 25–30 % (nach Maurizio u. Grafl). Kornblumenhonige mit *Centaurea cyanus* als Leitpollen sind in N-, W-, O- u. SO-Europa häufig. *Centaurea nigra* L. ist für westnorwegische Honige typisch, während *C. solstitialis* in Kalifornien sogar einseitige Honige liefern kann. Die Wiesenflockenblume (*Centaurea jacea* ↗) findet man öfter in franz. u. jugoslawischen Honigen u. in Berghonigen aus Österreich u. der Schweiz gemeinsam mit *C. montana* L. u. *C. scabiosa* L.

Conidie. Ungeschlechtliche Pilzspore zur Vermehrung der Pilzkrankheiten Kalkbrut u. Steinbrut ↗.

Cordovan-Test. Testen der Paarungssicherheit einer Belegeinrichtung ↗ (meist Landbelegeinrichtung) mit Hilfe genetisch markierter Bienen, das sind Bienen mit einer auf Grund von Mutationen lederbraun aufgehellten Panzerfarbe («cordovan»). Die Anlage «cordovan» wird rezessiv vererbt. Auf der zu testenden Belegeinrichtung werden Cordovan-Drohnenvölker u. Begattungsvölkchen ↗ mit Cordovan-Jungweiseln aufgestellt. Die Nachkommen der rein, d. h. nur mit Drohnen der Belegeinrichtung gepaarten Weiseln sind ausschl. cordovanfarben. Die ♀♀ Nachkommen der mit (dunklen) Fremddrohnen gepaarten Weiseln sind – je nach dem Anteil der Fremdpaarungen im Rahmen der erfolgten Mehrfachpaarung – anteilig dunkel gefärbt. Nach den Ergebnissen der vor allem in der Bundesrepublik Deutschland u. in Österreich durchgeführten Tests kommen an Standorten mit einem bienenfreien Radius ab 4 km zu einem geringen Anteil erste Reinpaarungen vor. Die Mehrzahl besteht aus Mischpaarungen, eine geringe Anzahl aus absoluten Fremdpaarungen. Erst bei einem bienenfreien Radius von mehr als 10 km u. Anwesenheit zahlreicher Cordovan-Drohnen wurden in einem tief eingeschnittenen Alpental zu 98 % Reinpaarungen erzielt (Böttcher 1967).

Cornaceae, Hartriegelgewächse. Die F umfaßt 12 Gn mit ca. 100 An. Weit verbr. in den Tropen u. der gemäßigten Zone, vor allem in N-Amerika u. im gemäßigten Asien. Bäume u. Sträucher, seltener Stauden od. Lianen. Als Blütenstände treten Trugdolden, Rispen od. Köpfchen auf. Die kleinen, zwittrigen od. eingeschlechtlichen Blüten sind vier- bis fünfzählig, meist sind Kelch u. Krone vorhanden. Die Staubblätter stehen in einem Kreis den Kelchblättern gegenüber. Der zwei- bis vierblättrige Fruchtknoten hat einen ± gelappten, selten ringförmigen Diskus. Das Nektarium liegt als Polster zw. dem Griffel u. dem Staubblattkreis. Es sondert reichl. Nektar ab, der offen u. den Insekten gut zugänglich dargeboten wird. Die G *Cornus* hat etwa 45 An, die auf der nö. Hemisphäre verbr. sind. Meist Bäume od. Sträucher, seltener ausdauernde Kräuter. Diese G ist eine wichtige Trachtquelle der Bienen, die Kornelkirsche (*Cornus mas* ↗) u. der Blutrote Hartriegel (*C. sanguinea* ↗) sind für Europa von Bedeutung, in Amerika u. a. der Wechselblättrige Hartriegel (*C. alternifolia* ↗), der Blumenhartriegel (*C. florida* ↗) u. der Weiße Hartriegel (*C. stolonifera*). Nach Maurizio u. Grafl sind Befunde von *C. sanguinea* in Honigen aus der W-Schweiz, Luxemburg, Österreich (Steiermark) u. Jugoslawien bekannt geworden.

Cornus alternifolia L., Wechselblättriger Hartriegel. A der G *Cornus* der F der Cornaceae ↗. Öst. USA von New York bis W-Virginia, in Europa als Ziergehölz angepflanzt. In feuchten Lagen an Waldrändern, Ufern u. auch an Sümpfen. Bis 10 m hoher Baum. Blüht von Mai bis Juni, manchmal erst im Juli. Die weißen, kleinen Blüten stehen in 5 cm breiten, leicht gewölbten Doldenrispen. Vermehrung durch Steckholz u. Aussaat. Nektar- u. Pollenspender.

Cornus florida L., Blumenhartriegel. A der G *Cornus* der F der Cornaceae ↗. N-Amerika von Ontario bis Florida u. Mexiko. In Laubwäldern. Bis 12 m hoher Baum, in M-Europa als Ziergehölz angepflanzt, dann kleiner Baum od. Großstrauch. Blüht im Mai. Die kleinen, grünlichen Blüten stehen in kopfigen Dolden. Jeder Blütenstand ist von vier weißen, ausgerandeten Hochblättern umgeben, die eine große Blüte vortäuschen. Verträgt feuchte Böden, bevorzugt saure Böden, blüht im Halbschatten weniger. Vermehrung durch Aussaat. Nektar- u. Pollenspender.

Cornus mas L., Kornelkirsche. A der G *Cornus* der F der Cornaceae ↗. Von M- u. S-Europa über Kleinasien bis zum Kaukasus weit verbr. An Waldrändern, in Laubwäldern, auf Hügeln. Gut als Deckstrauch u. Windschutzgehölz, auch als Heckenpflanze verwendbar. Bis 8 m hoher Baum, meist aber breiter Strauch. Vorfrühlingsblüher, je nach Standort schon im Februar, normalerweise März/April vor dem Blattausbruch. Die gelben Blüten sind in kugeligen, wenigblütigen Dolden angeordnet u. von kleinen, gelben Hochblättern umgeben. Bevorzugt kalkhaltige, lockere Böden in sonniger od. halbschattiger Lage. Vermehrung durch Aussaat. Nektar- u. Pollenspender (Pollenhöschenfarbe graugelb).

Cornus sanguinea L., Blutroter Hartriegel. A der G *Cornus* der F der Cornaceae ↗. Europa u. Kleinasien bis Kaukasus. Auf trockenen bis feuchten Böden, meist als Unterholz. Als Deckstrauch, Windschutzgehölz u. Unterholz brauchbar. Bis 5 m, wird selten über 30 Jahre. Blüht im Mai/Juni. Die weißen Blüten stehen in dichten, flachen, behaarten Doldenrispen. Anspruchslos, kalkliebend, wächst aber auch auf kalkarmen Böden. Vermehrung durch Aussaat, die versch. bunten Sorten durch Sommerstecklinge. Nektar- u. Pollenspender.

Cornus stolonifera Michx., Weißer Hartriegel. A der G *Cornus* der F der Cornaceae ↗. Seengebiet des öst. N-Amerikas u. we. Seengebiet von British Columbia. Zier- u. Deckstrauch. Bis 2 m. Blüht im Mai/Juni. Gelblichweiße Blüten in flachen Doldenrispen, Blütenboden rot. Unempfindlich. Nektar- u. Pollenspender.

Corpora allata → Inkretdrüsen.

Corpora cardiaca → Inkretdrüsen.

Corylus avellana L., Haselnuß. A der G *Corylus* der F der Betulaceae ↗. Europa bis W-Asien. Es sind über 100 versch. Sorten im Anbau. Oft als Zierstrauch angepflanzt. Blüht vor dem Laubaustrieb im März, April, ist einhäusig u. windblütig. Die ♂♂ Blüten sind zu dichten, langen, hängenden, bräunlichgelben Kätzchen vereinigt, die in Dreiergruppen beisammenstehen u. von einer unscheinbaren Blütenhülle umgeben sind. Die ♀♀ Blütenstände, im Vorjahr angelegt, entfalten sich bereits oft im Februar, lange vor dem Beginn der eigentl. Vegetationsperiode. Dieser Strauch ist industriehart, schattenverträglich u. bevorzugt nährstoffhaltigen, kräftigen, frischen Boden u. nicht zu trockene Lage. Da Nektarien fehlen, ist C.a. für die Bienen nur als frühe Pollenquelle (schwefelgelbe Pollenhöschenfarbe) u. evtl. Honigtaulieferant von Bedeutung. Wird gern beflogen.

Costa → Flügeladerung.

Cotinus coggygria Scop., Perückenstrauch. A der G *Cotinus* der F der Anacardiaceae ↗. S-Europa bis M-Asien (Himalajagebiet). Häufig an felsigen Hängen u. in Gebüschen. Versch. Sorten bekannt. Als zierender, 2–3 m hoher Strauch für Gärten, Park- u. Grünanlagen geeignet; in der Heimat bis 5 m erreichend. C. c. blüht im Juni/Juli. Die kleinen, gelben Blüten stehen in endständigen Rispen u. sind polygam od. zweihäusig. Anspruchslos, verträgt Trockenheit. Vermehrung durch Aussaat. Nektar- u. Pollenspender.

Korkenzieherhasel

Perückenstrauch

Cotoneaster horizontalis Decne., Fächerzwergmispel. A der G *Cotoneaster* – mit etwa 110 An, vor allem im Himalaja, den we. u. zentralchinesischen Gebirgen, den Gebirgen Europas, N-Afrikas, Asiens vorkommend – der F der Rosaceae ↗. In Szetschuan (China) beheimatet. Versch. Gartenformen. Für Steingärten, Böschungen, als Solitärgehölz u. zur Flächenbegrünung. Der niedrig wachsende Strauch blüht im Juni. Die weißen od. rötlichen Blüten stehen einzeln od. zu zweit. Vermehrung durch Aussaat, Sommerstecklinge. Nektar- u. Pollenspender. Gute Honigpflanze; nach Zander i. U. zu anderen An der G ausgezeichnet beflogen. In Europa neben anderen *Cotoneaster*-An gut zur Bienenweideverbesserung geeignet; zählt u. a. in Ungarn zu den guten Bienenweiden.

Cotoneaster microphyllus Wall. et Lindl., Kleinblättrige Zwergmispel. A der G *Cotoneaster* der F der Rosaceae ↗. Himalaja bis SW-China. Versch. Gartenformen. Bes. im Heide- u. Steingarten angepflanzt. Bis 80 cm hoher Strauch. Blüht im Mai. Weiße Blüten an kurzen Seitentrieben. Verlangt warmen, geschützten Standort. Vermehrung durch Stecklinge. Nektar- u. Pollenspender.

CPE → *Morator aetatulae.*

Crocus albiflorus Kit., Frühlings-Krokus, Frühlings-Safran. A der G *Crocus* der F der Iridaceae ↗. Europ. Gebirge (u. a. Pyrenäen, Vogesen, Alpen u. Alpenvorland, Balkan). Massenhaft auf feuchten, gedüngten Bergwiesen, Weiden von 600–2 700 m ü. NN. Die versch. Gartenformen sind niemals gelbblühend. Nach der Schneeschmelze blühend, je nach Standort von Ende Februar, März bis Mai. Blüten weiß, lila od. violett. Nektar- u. Pollenspender.

Cruciferae, Kreuzblütler. Diese relativ alte, in sich geschlossene F umfaßt etwa 350 Gn mit ungefähr 3 000 An. Weltweit verbr., vor allem in den gemäßigten Gebieten der nö. Halbkugel, spez. im Mittelmeerraum einschl. N-Afrika u. Innerasien. In den rein tropischen Zonen nur in höheren Gebirgslagen anzutreffen, z. B. in den Anden u. Zentral-Asien. Vorwiegend einjährige od. überwinternd einjährige Kräuter u. Stauden, seltener Halbsträucher od. Bäumchen. Alle An haben einen einheitl. u. regelmäßigen Blüten- u. Fruchtbau. Auf vier Kelchblätter folgen vier Kronblätter in Diagonalstellung (hiervon leitet sich die Bezeichnung C. ab). Die sechs Staubblätter sind ebenfalls in zwei Kreisen angeordnet, wovon der äußere zwei kürzere, der innere vier längere Staubblätter enthält, an deren Grund sich die grünen Nektarien – in versch. Ausbildung u. Anzahl – befinden. C. sind ausgiebige Nektar- u. Pollenspender. Von bes. Bedeutung für die Bienenzucht sind, bes. in Anbetracht der Ausdehnung der Anbauflächen, Kulturpflanzen wie Raps ↗, Rübsen ↗, Senf ↗ u. alle Kohl-An (Gemüsekohl ↗, Kohlrabi) sowie solche verbr. Unkräuter wie Hederich ↗ u. Ackersenf ↗ od. Zierpflanzen wie Steinkraut ↗, Blaukissen ↗ u. Gänsekresse ↗. Der Nektar der meisten bisher untersuchten C. besteht zur

Nektarabsonderung der wichtigsten Cruciferae:

Pflanzenname botanisch	*Pflanzenname deutsch*	*Nektarmenge (mg/Blüte/24 h)*	*Zuckergehalt des Nektars (%)*	*Zuckerwert (mg/Blüte/24 h)*
Brassica napus	Raps	0,6	44–59	0,29–0,9
Brassica oleracea	Gemüsekohl	0,9 –2,2	56	0,7 –1,6
Sinapis alba	Weißer Senf	0,14–1,1	19–68	0,09–0,42
Sinapis arvensis	Ackersenf	0,15–0,36	17–73	0,05–0,2
Raphanus raphanistrum	Hederich	0,2 –0,4	45–71	0,12–0,27
Eruca sativa	Ölrauke	1,0 –1,4	36–56	0,5 –0,7
Brassica rapa	Rübsen	0,9 –1,2	16–52	–

Krokus

Hauptsache aus einer wäßrigen Lösung von Trauben- u. Fruchtzucker, wobei Traubenzucker mengenmäßig vorherrscht (Verhältnis Fruktose:Glukose durchschnittl. 0,79). Saccharose, die i. d. R. in anderen Pflanzen-An in größeren Mengen vorkommt, fehlt fast völlig (durchschnittl. 2,1 % des Gesamtzuckers). Raps, Rübsen, Hederich u. Senf gehören zu den ertragreichsten Honigquellen der Bienen, vor allem dort, wo sie auf großen Flächen angebaut od. als Unkräuter vorkommen. – Die Pollenproduktion je Blüte beträgt z.B. bei Raps u. Kohl-An durchschnittl. 1–1,3 mg, bei Hederich 0,7 mg, bei Ackersenf 0,5–0,66 mg. – Die Nektar- u. Pollendarbietung ist für C. morgens (7–10 Uhr) am stärksten. Der Tagesanteil der Pollentracht von C. liegt in der Bundesrepublik Deutschland bei 14–19 %, in England zw. 45 u. 93 %; der Jahresanteil beträgt sowohl in England wie in der Schweiz 5–6 % der Gesamtpollenernte (nach MAURIZIO u. GRAFL). Die Raps-Pollentracht trägt weitgehend zur Frühjahrsentwicklung der Völker bei. Die später im Jahr blühenden C. sind an vielen europ. Sommerhonigen beteiligt, einseitige Tracht ist jedoch seltener als bei Raps. Hederichhonig kommt gelegentl. in Dänemark u. S- u. M-Deutschland vor, Senfhonig (Ackersenf, *Sinapis arvensis* L.) noch seltener. Honige aus einseitiger Tracht, z.B. von Kohl-An, bleiben auf die Samenzuchtgebiete Dänemark u. England beschränkt.

Cubitalindex → Körpermerkmale.

Cubitus → Flügeladerung.

Cucurbitaceae, Kürbisgewächse. Die F umfaßt etwa 100 Gn mit ca. 850 An u. ist vor allem in den Tropen u. Subtropen verbr., einige An auch in den gemäßigten Zonen. Meist Kräuter, seltener Halbsträucher u. Bäume. Die strahligen, fünfzähligen Blüten sind vor allem eingeschlechtig, selten zwittrig. Sie stehen einzeln, paarweise od. zu Trauben, Rispen od. Köpfchen vereinigt in den Blattachseln. Die Blütenachse ist zu einem unterschiedl. gestalteten Blütenbecher verbreitert u. verlängert, an dem sich ± hoch die Staubblätter befinden. Der säulenförmige Griffel hat drei – häufig gegabelte – Narben. Die Insekten werden nicht nur durch den reichl. abgesonderten Nektar, sondern auch durch Größe u. Färbung der Blüten angelockt. Bei den ♀♀ Blüten umgibt das Nektarium als wulstige Scheibe den Griffel, der bei *Cucumis* in 3–5 Narben endet. Bei den ♂♂ Blüten liegt das Nektarium als Scheibe im napfförmigen Blütengrund u. wird von Staubfäden überdeckt. Zur F der C. gehören u.a. neben der G *Cucumis* (Gurken) mit gegenwärtig 40 An (von Afrika über öst. Mittelmeergebiet bis nach Vorder- u. Hinterasien verbr.) die G *Citrillus* (Melonen) mit vier An (im Mittelmeergebiet, in den Steppen u. Wüsten des sü. u. tropischen Afrikas u. den Wüsten von N-Afrika bis N-Indien verbr.), von denen sich drei An in Kultur befinden, die G *Cucurbita* (Kürbisse) mit 20 An (natürl. Verbr. im tropischen Amerika, durch Anbau bis nö. gemäßigte Gebiete vorgedrungen), von denen sich fünf An in Kultur befinden, u. die G *Bryonia* (Zaunrübe) mit zehn An (vor allem im öst. Mittelmeerraum u. W-Asien vorkommend), wovon zwei An in M-Europa, die Weiße Zaunrübe (*Bryonia alba* L.) u. die Rote Zaunrübe (*B. dioica* JACQ.) verbr. sind, die ebenfalls von den Bienen beflogen werden. – Nach Untersuchungen in den USA werden die Blüten der dort kultivierten An von C., die als Früchte u. Gemüse eine Rolle spielen, zwar von der Honigbiene besucht, aber für die Bestäubung u. den Fruchtansatz sind hauptsächl. Wildbienen (z. B. *Pepoapis, Xenoglossa,* die nur Kürbis- u. Melonen-An befliegen) u. Hummeln von Wichtigkeit. Eine Rolle spielt dabei sicherlich auch die Zeit der Blütenöffnung u. Pollendarbietung (20 Uhr bis 8–9 Uhr) von z. B. *Cucurbita,* da die Bienen ja bekanntlich nicht so früh ausfliegen. Nach ZANDER u. BERNER werden u.a. Gurken u. Kürbis als gute Bienenpflanzen angesehen. Man schätzt z.B. die Nektarproduktion blühender Gurkenfelder auf 1,9–2,8 kg/ha, die Zuckerproduktion auf 0,11–0,66 kg/ha pro Tag. Befunde von C. sind in mitteleurop. Honigen relativ selten (Schweiz, Österreich), häufiger wurden sie aus SO-Europa u. aus den USA (Kalifornien), Ägypten u. China gemeldet.

Nektarmessung einiger Cucurbitaceae

Pflanzenname botanisch	*Pflanzenname deutsch*	*Nektarabsonderung je Blüte in 24 h (mg)*	*Zuckerkonzentration des Nektars (%)*	*Zuckerwert je Blüte in 24 h (mg)*
Cucumis sativus L.	Gurke	3,2	30,7	1–3
Cucurbita maxima DUCH.	Riesen- od. Melonenkürbis	201	16	–
Cucurbita pepo L.	Garten- od. Schmerkürbis	98,4	20	–

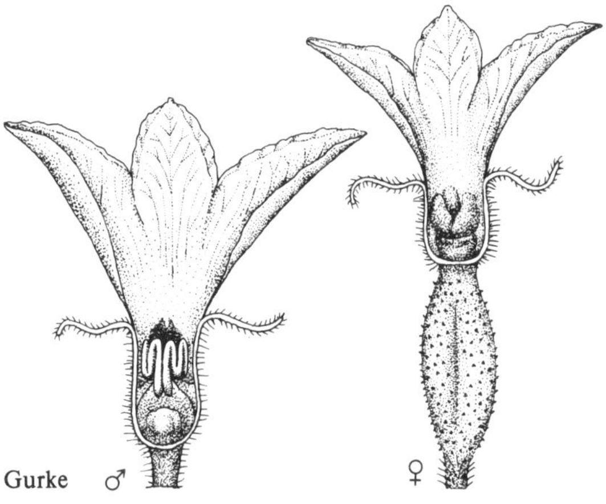

Gurke ♂ ♀

Cuticula → Chitincuticula.

Cyclopenbiene. Einäugige Biene. Mißbildung ↗ durch Entwicklungsstörung. Halbmondförmiges, über die Stirnhälfte auf der Vorderkopfwand befindliches Netzauge.

Cynoglossum officinale L., Gemeine Hundszunge. A der G *Cynoglossum* der F der Boraginaceae ↗. Der größere Teil der G ist in den Trockengebieten Vorder- u. Zentral-Asiens anzutreffen, während C. o. aus der

Flora M-Europas bekannt ist. An Weg- u. Heckenrändern, steinigen Plätzen u. in feuchten Wäldern zu finden. Kommt auch in Weinberggebieten u. auf den Sanddünen der Nordsee vor. Zweijährig bis ausdauernd blüht C. o. von Mai bis Juni. Ihre Blüten sind braunrot bis violett. Die Blütenfarbe wechselt je nach Entwicklungsstand von hellrötlich bis dunkelbraunrot, violett. Nektar- u. Pollenspender (Pollenhöschenfarbe gelblich). Die Bestzeit der Nektarsekretion u. des Bienenbesuches ist bei C.o. nicht so eindeutig feststellbar wie z.B. beim Borretsch ↗.

Cyprische Biene, *Apis mellifera cypriaca* → Rassen der Westlichen Honigbiene im Mittl. Orient.

Cytisus scoparius (L.) LINK, Besenginster. A der G *Cytisus* der F der Leguminosae ↗. M- u. S-Europa. Auf sandigen Heiden, an trockenen Hängen u. Waldrändern. An Geländeeinschnitten, Halden usw. als Pioniergehölz geeignet; kleinere Sorten sind schöne Blütensträucher für Park-, Grünanlagen u. Gärten. Der bis 2 m hohe Strauch blüht im Mai/Juni. Die leuchtend goldgelben Blüten erscheinen in größerer Zahl achselständig. Kalkfeindlich. Guter Pollenlieferant.

Cytochrom c → Biochemie der Kastenentwicklung.

Ginster

Dadant, Charles. Geb. 22. 5. 1817 in Vaux sous Aubigny (Frankreich), gest. 16. 7. 1902 in Hamilton (USA). Einer der berühmtesten amerik. Bienenforscher. Entwickelte aus dem Quinbystock (verbesserte Langstrothsche Oberbehandlungsbeute) das Dadant-Magazin, Rähmchenmaß 46 × 27 cm. Züchtete Italienerweiseln, die er mit selbstentwickelter Methode auf der langen Reise über den Atlantik am Leben erhielt. Produzierte sehr feine Mittelwände für Wabenhonigproduktion in «Sections». Lange Zeit bester Mittelwandproduzent der Welt. – Überarbeitete LANGSTROTHS «The Hive and the Honeybee». Sein Sohn C. P. DADANT gründete 1912 die Zeitschrift «American Bee Journal».

Dadantbeute. Trogbeute ↗ im Dadant- (47,0 × 30,0 cm) od. Dadant-Blatt-Maß (43,5 × 30,0 cm) mit halbhohem Honigraum.

Dampfwachsschmelzer. Gerät zur Wachsgewinnung, geeignet für kleinere Imkereien, ähnl. einem Dampfentsafter, der in gleicher Weise genutzt werden kann. Der D. besteht aus vier Teilen: dem Wasserbehälter, dem gelochten od. mit Siebboden versehenen Behälter für das Schmelzgut, dem Wachssammelbehälter u. dem Deckel mit Dampfabzugöffnung. Das einzuschmelzende Wabenwerk wird ohne vorheriges Einweichen so eingebracht, daß die Mittelwände senkrecht stehen. Zur Inbetriebnahme wird der Wasserbehälter zu $\frac{4}{5}$ gefüllt, das Wachssammelgefäß u. der Behälter mit dem Schmelzgut aufgesetzt u. das Gerät geschlossen. Wenn das Wasser siedet, strömt der Dampf in das Schmelzgut, durchfeuchtet u. erhitzt es. Das flüssige Wachs läuft je nach Konstruktion des Sammelbehälters ständig nach außen ab bzw. kann insges. abgelassen werden od. im Gerät erkalten. Nachdem die erste Füllung weitgehend zusammengesunken ist, kann man die Trester seitl. zusammenschieben u. nochmals Schmelzgut in der beschriebenen Weise nachfüllen. Wenn die Nachfüllung ebenfalls durchgewärmt u. zusammengesunken ist, braucht das Wasser nur noch ganz schwach zu sieden. Die Trester können einige Male durchgerührt werden, u. nach 1–2 h ist der Schmelzvorgang abgeschlossen. Bei ständig abfließendem Wachs od. nachdem es insges. abgelassen wurde, kann sich nach dem Entleeren der Trester u. Nachfüllen des Wassers ein weiterer Schmelzvorgang anschließen. Der D. kann auch mit einer Spindel ausgestattet sein zum zusätzl. Auspressen der heißen Trester (Wachstrester ↗).

Daphne alpina L., Alpenseidelbast. A der G *Daphne* der F der Thymelaeaceae ↗. In S-Frankreich u. N-Spanien, sü. der Alpen bis Dalmatien u. N-Serbien weit verbr. Auf subalpinen, sonnigen Hängen, in Geröll- u. Felsspalten bis 1400 m ü. NN. In Steingärten. Der bis 80 cm große Strauch blüht je nach Stand-

Alpenseidelbast

Gemeiner Seidelbast

ort Mai bis Juli. Die weißen Blüten stehen zu 4–10 in endständigen, fast sitzenden Dolden. Nektar- u. Pollenspender.

Daphne mezereum L., Gemeiner Seidelbast, Kellerhals. A der G *Daphne* der F der Thymelaeaceae ↗. Europa, Kleinasien, Kaukasus bis W-Sibirien. Typisches Unterholz in Buchenwäldern, im Hochgebirge Baumgrenze überschreitend. Natürl. Formen auf Kamtschatka u. in Korea. Als Blüten- u. Fruchtstrauch überall anpflanzbar. Der meist 1 m hohe Strauch blüht im März/April, an warmem, sonnigem Standort sogar früher. Die rosenroten Blüten stehen meist zu dritt achselständig. Blütenfarbe kann von rosa bis purpurrot variieren. Nektar- u. Pollenspender. Eine der ersten Bienenweiden! Der Zuckergehalt des Nektars beträgt 20–30 %.

Darmfauna → Darmkanal.

Darmflora → Darmkanal.

Darmkanal. Gegliedert in Vorder-, Mittel- u. Enddarm, dient er der Aufnahme, dem Transport u. der Verdauung der aufgenommenen Nahrung. Der Enddarm sorgt für die Ableitung der unverdaulichen Nahrungsreste, die über den After ausgeschieden werden. Vorder- u. Enddarm sind i. U. zum Mitteldarm (Ventriculus), in dem die hauptsächl. Verdauungsprozesse ablaufen, mit einer Chitincuticula ↗ ausgekleidet. Während des Larvallebens der Biene stellen Vorder- u. Enddarm verhältnismäßig kurze Abschnitte dar. Der lange, schlauchförmige Mitteldarm der Larve ↗ bleibt an seinem Ausgang vorerst noch verschlossen. Der bereits vorhandene Enddarm ist zu dieser Zeit noch funktionslos. Ebenso sind auch die Mündungen der vier larvalen Exkretionskanälchen, der Malpighischen Gefäße ↗, noch verschlossen. Nach Abschluß des ersten Larvenstadiums werden von den Mitteldarmzellen in das Darmlumen durch Delamination zarte Membranen abgeschieden, deren Grundsubstanz aus Mucopolysacchariden u. Proteinen mit eingelagerten chitinigen Mikrofibrillen besteht, die peritrophischen Membranen. Sie umschließen röhrenförmig die im Darmlumen befindliche Nahrung u. sind durchlässig für Nährstoffe, wie Glukose, Fruktose, Maltose, Aminosäuren u. auch Enzyme. Am Ende des fünften Larvalstadiums bricht der Mitteldarm in den Enddarm durch. Die bis dahin im Mitteldarm angestauten Nahrungsreste bzw. die unverdaulichen Substanzen werden nun in den Enddarm befördert. Auch die Exkrete

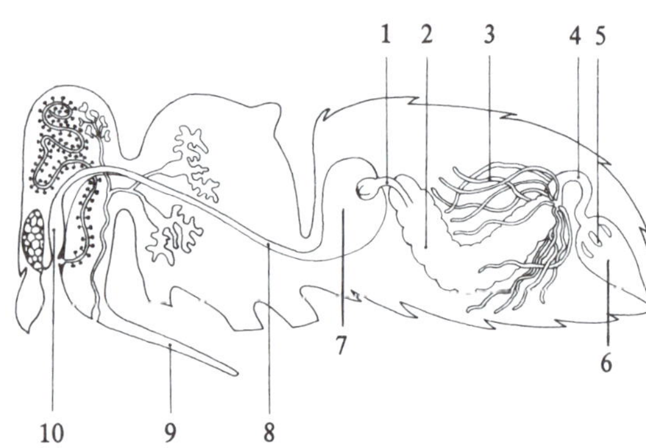

Darmkanal der erwachsenen Biene. 1 Proventriculus, 2 Ventriculus, 3 Malpighische Gefäße, 4 Duodenum, 5 Rectalpapillen, 6 Rectum, 7 Honigblase, 8 Oesophagus, 9 Zunge, 10 Praeoralhöhle. Nach Chauvin (1968)

aus den sich öffnenden Malpighischen Gefäßen gelangen jetzt in den Enddarm. Kot u. Exkrete werden noch während der Streckmadenzeit, also vor der Verpuppung, ausgeschieden. Der D. der ad. Honigbiene ist stärker differenziert als derjenige der Larve. Am Vorderdarm lassen sich Schlund (Pharynx) im Anschluß an die Mundöffnung u. Speiseröhre (Oesophagus) voneinander unterscheiden, letztere ist an ihrem Ende zur Honigblase umgebildet. Der Enddarm besteht aus zwei gänzlich voneinander versch. Abschnitten, dem Dünndarm (Duodenum) u. der Kotblase (Rectum). Der mit Schlundmuskulatur versehene Schlund wirkt wie eine Saugpumpe. Die im Vorderteil des Hinterleibes (Abdomen ↗) gelegene, stark dehnbare Honigblase ist als Bestandteil des Vorderdarmes innen mit einer ringförmig gefalteten Chitinauskleidung versehen, außen wird die Honigblase von Ring- u. Längsmuskeln umschlossen. Sie kann 50–60 mm³, im Ausnahmefall auch 70 mm³ Flüssigkeit fassen. Der Nah-

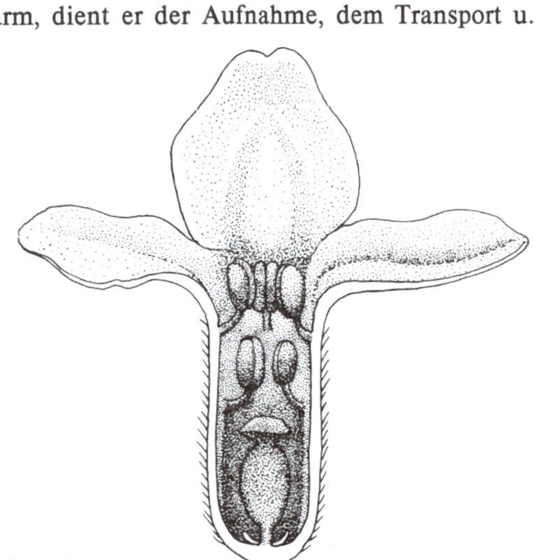

Seidelbast

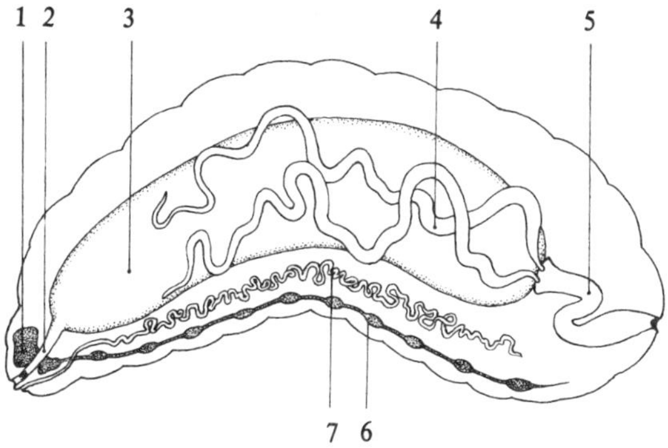

Darmkanal der Bienenlarve. 1 Gehirn, 2 Vorderdarm. 3 Ventriculus, 4 Malpighische Gefäße, 5 Enddarm, 6 Ganglien, 7 Speicheldrüse. Nach Michener (1974)

rungsübertritt aus der Honigblase in den Mitteldarm wird durch einen kompliziert gebauten Verschlußmechanismus, den Ventiltrichter (Proventriculus) mit anschl. Ventilschlauch (Valvula cardiaca), geregelt. Die von vier dreieckigen Lippen umgebene doppelspaltförmige Öffnung des Ventiltrichters führt in den Ventilschlauch, der in den Mitteldarm hineinragt. Er verhindert ein Zurückfließen der Nahrung in die Honigblase, weil er sich der Innenwand des Mitteldarmes anlegt. Außerdem wird sein Lumen durch den Inhalt des Mitteldarmes verengt. Auf diese Weise erhöht sich die Funktionstüchtigkeit dieses Sicherheitsventils.

Der bei gesunden Honigbienen glasig-bräunliche u. U-förmig gebogene Mitteldarm ist bes. im vorderen Abschnitt durch äußerlich sichtbare Ringfalten ausgezeichnet, die der Oberflächenvergrößerung dienen. Zw. den langgestreckten Epithelzellen des Mitteldarmes befinden sich in kurzen Abständen kleine Zellgruppen, die Regenerationskrypten. Aus ihnen entwikkeln sich fortlaufend neue Mitteldarmzellen. Außen sind die Darmzellen von einer Basalmembran umgeben, der Ring- u. Längsmuskelstränge aufliegen. Sekretionsvorgänge erfolgen hauptsächl. im vorderen, die Resorption der Nahrung hingegen findet vor allem im hinteren Teil des Mitteldarmes statt. Resorbierte Nährstoffe können zeitweise in den Mitteldarmzellen gespeichert werden. Außerdem treten als Speicherprodukte im Mitteldarmepithel Kalkeinlagerungen u. bei älteren Bienen im Bereich des Ventiltrichters Glykogen auf. Die über einen Stäbchensaum der Mitteldarmzellen in das Darmlumen abgesonderten peritrophischen Membranen lösen sich in steter Folge vom Darmepithel u. bilden dadurch übereinanderliegende Hüllen, die den Nahrungsbrei umschließen. Bis zu 20 nacheinander abgeschiedene Membranhüllen können gleichzeitig im Darminnenraum vorhanden sein. Saure Mucopolysaccharide schützen die peritrophi-

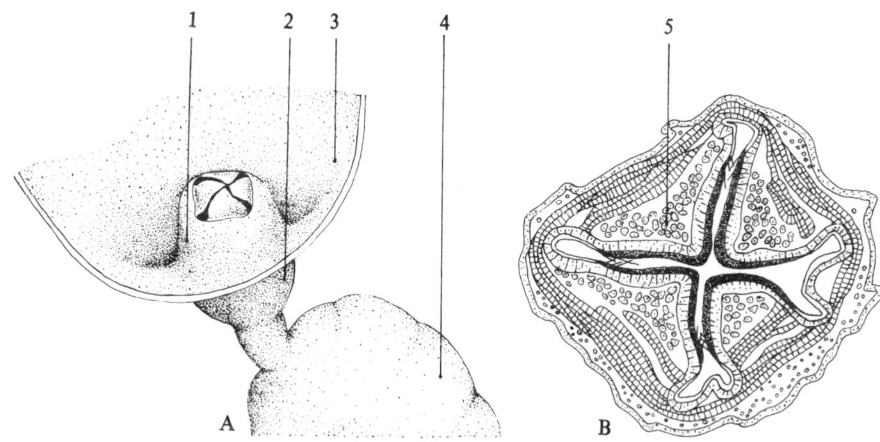

Proventriculus. A Ventiltrichter des Proventriculus am Grund der Honigblase und dem Übergang zum Ventriculus, Mitteldarm; B die dreieckigen Ventiltrichterklappen;

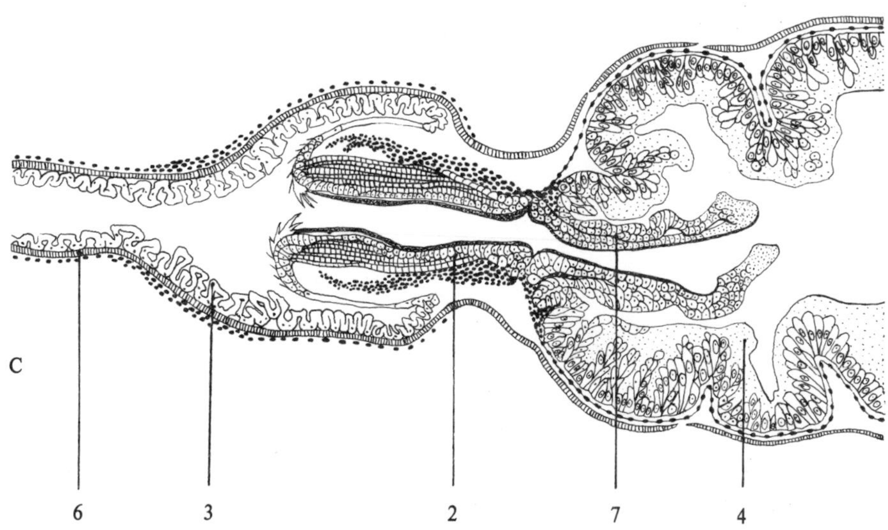

C Längsschnitt durch den Proventriculus zur Demonstration des Ventilschlauches, der in den Ventriculus hineinragt. 1 Ventiltrichter, 2 Proventriculus, 3 Honigblase, 4 Ventriculus, 5 Ventiltrichterklappen, 6 Oesophagus, 7 Ventilschlauch. Nach Snodgrass (1956)

schen Membranen vor dem Angriff der im Darmlumen befindlichen Enzyme. Beträgt das Mitteldarmlumen der frisch geschlüpften Arbeitsbiene ungefähr 7 mm³, kann es sich bis zur Ammenbienenzeit auf das Dreifache erweitern, geht aber in der Flugbienenphase wieder auf annähernd 9 mm³ zurück. Der Mitteldarm schlüpfender Bienen enthält eine grünliche Substanz von wäßriger Beschaffenheit, das Meconium. Aber

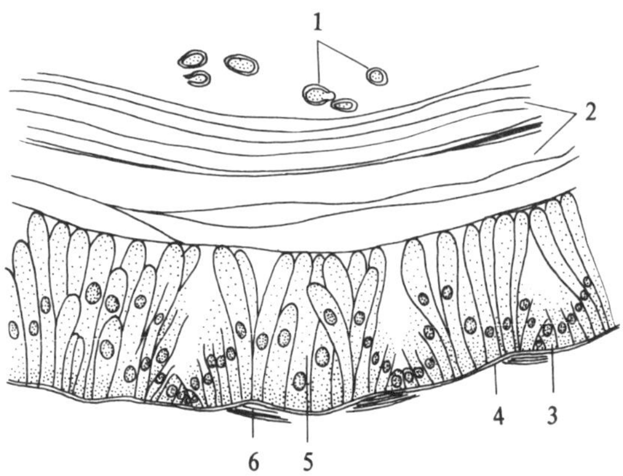

Längsschnitt durch den Ventriculus einer Arbeitsbiene. 1 Pollenkörner im Darmlumen, 2 peritrophische Membranen, 3 Regenerationskrypten, 4 Basalmembran, 5 Mitteldarmzellen, 6 Muskulatur. Nach BÄHRMANN (1963)

A

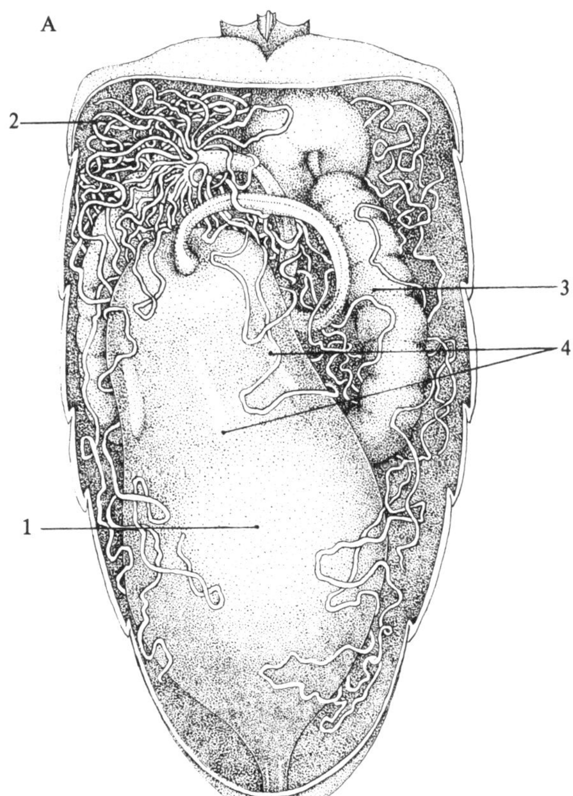

Kotblase. A bei einer Winterbiene, stark erweitert. 1 Rectum, 2 Malpighische Gefäße, 3 Ventriculus, 4 Rectalpapillen. Nach SNODGRASS (1956)

B

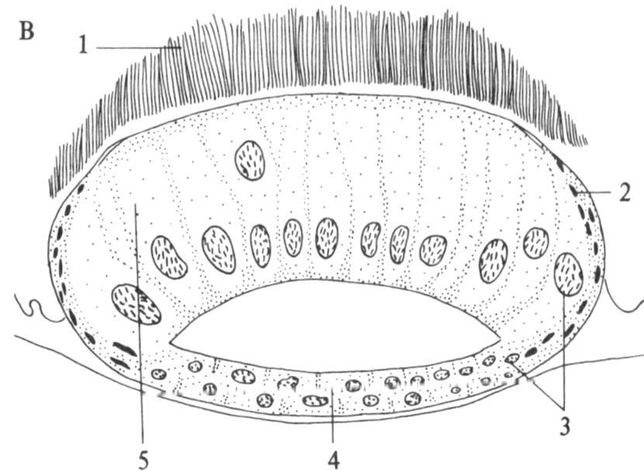

B Querschnitt durch eine Rectalpapille. 1 Bakterienbeläge, 2 Randzone der Rectalpapille, 3 Zellkerne, 4 Außenepithel der Rectalpapille, 5 Innenepithel der Rectalpapille. Nach BÄHRMANN (1965)

C

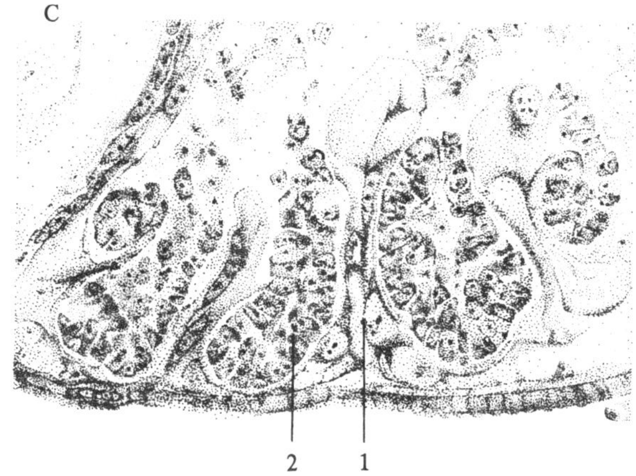

C Flagellaten an der Wand der Kotblase, stark vergrößert. 1 Kotblase, 2 Flagellaten. Nach BÄHRMANN (1965)

D

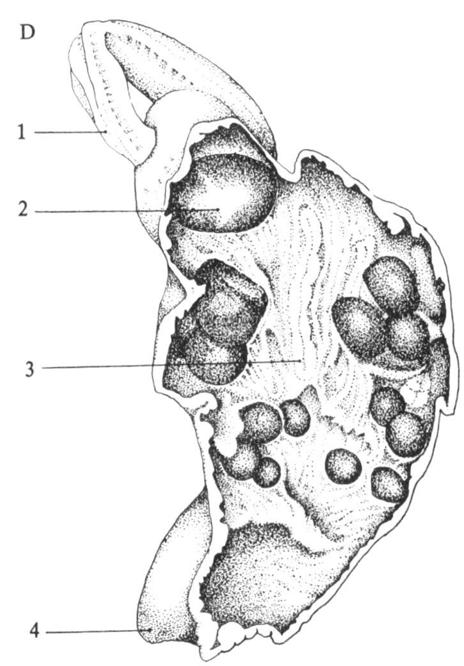

D Coprolithen, Kotblasensteine, im Inneren der geöffneten Kotblase einer Weisel. 1 Duodenum, 2 Caprolith, 3 Rectalpapille, 4 Afterbereich. Nach FYG (1960)

schon nach Ablauf eines Tages füllt sich das Mitteldarmlumen infolge der Nahrungsaufnahme mit Pollenkörnern. Während der Stockbienenzeit enthält der Mitteldarm in unterschiedl. Umfang Pollen, erst im letzten Lebensabschnitt der Arbeitsbiene, in der Flugbienenphase, ist er weitgehend pollenfrei. Die Darmpassage der Nahrung läuft verhältnismäßig schnell ab. 60 min nach Pollenaufnahme erscheinen bereits Pollenkörner in der Mitte des Mitteldarms, nach weiteren 60 min befinden sich schon Pollenreste im Dünndarm. Bemerkenswert ist der Mikrobenbesatz des Mitteldarmes. Mindestens 13 Bakterien-An sind bekannt. Hinzu kommen noch Pilze als Bestandteile der Darmflora. Eine als Schließmechanismus ausgebildete Ringfalte bildet den Übergang vom Mittel- zum Dünndarm. Sie trennt vom Nahrungsbrei, der in peritrophische Membranen eingehüllt ist, regelmäßig einzelne Portionen ab, die danach in den Dünndarm u. weiter in die Kotblase gelangen. In den Anfangsteil des Dünndarmes (Pylorus) münden bei der ad. Biene die ungefähr 100 Malpighischen Gefäße in das Darmlumen. Sechs Längsfalten kennzeichnen den aus regelmäßigen prismatischen Zellen bestehenden Dünndarm. Im vorderen Pylorusbereich (Valvula pylorica) können Speicherprodukte wie Glykogen, Amyloid u. Stoffwechselprodukte unbekannter Zusammensetzung lagern. Im Pylorus der Arbeiterinnen befinden sich mitunter 5–30 µm große Geißeltierchen (Flagellaten), die dicht gedrängt das Darmepithel überziehen u. zur Darmfauna gehören. Bisweilen entstehen sog. Flagellatenschorfe, die als bräunliche Flecke durch das Darmepithel hindurch zu erkennen sind. Beziehungen zw. Flagellatenansammlungen u. Pollenaufnahme der Bienen sind nicht ausgeschlossen, denn in den Herbstmonaten findet man bei Winterbienen, die sich durch reichl. Pollenaufnahme auf die Überwinterung vorbereitet haben, oft viele Pylorusflagellaten, während sich die Einzeller in den nachfolgenden Wintermonaten nur mit Mühe nachweisen lassen. Auch bei Drohnen kommen Pylorusflagellaten vor, bei Weiseln sind sie offensichtl. selten. Außer den Flagellaten siedeln sich im Dünndarm spezifische Bakterien-An an. Die aus unregelmäßig geformten Epithelzellen bestehende Kotblase liegt im hinteren Teil des Abdomens. Sie ist außerordentl. dehnungsfähig. Bei frisch geschlüpften Jungbienen enthält dieser letzte Darmabschnitt zunächst eine klare Flüssigkeit, die vom zweiten Lebenstag an in zunehmendem Maße durch Pollenschalen, aber auch unverdaute Pollenkörner verdrängt wird. Die Arbeitsbienen entleeren ihre Kotblase nicht vor dem ersten Ausflug. In diesem Enddarmteil wird während der Wintermonate, wenn die Arbeitsbienen wegen zu niedriger Temp. nicht ausfliegen können, der Kot gespeichert. Im vorderen Abschnitt der Kotblasenwand befinden sich sechs Längsstrukturen, die Rectalpapillen. Sie bestehen aus einem Innen- u. einem Außenepithel. Beide Epithelien sind seitl. über eine synzytiale Randzone miteinander verbunden. In der Mitte werden sie durch einen Hohlraum getrennt. Wasser u. lösliche Substanzen des Kotblaseninhaltes gelangen über die Rectalpapillen in die Leibeshöhlenflüssigkeit (Haemolymphe ↗). Die Rectalpapillen stellen außerdem Fermentationskammern dar u. geben z. B. Katalase in Abhängigkeit vom Füllungsgrad der Kotblase in deren Lumen ab. Die Innenwand der Kotblase ist bisweilen dicht mit Bakterien u. mit Flagellaten besetzt. Bakterien überziehen vor allem das Innenepithel der Rectalpapillen u. formen hier dichte Beläge. Gelegentl. findet man in der Kotblase aus konzentrischen Ringen aufgebaute Kotblasensteine (Coprolithen).

Darmseuche → Nosematose → Maikrankheit.

Darmseuche der Bienen → Nosematose.

Dathepfeife → Imkerpfeife.

Daucus carota L., Wilde Möhre, Mohrrübe. A der G *Daucus* – mit 60 An vorwiegend im Mittelmeergebiet u. im Orient verbr. – der F der Umbelliferae ↗. Gemäßigte u. subtropische Gebiete. Auf Halbtrockenrasen, Wiesen, an Wegrainen, Unkrautbestände auf Schuttplätzen, sehr häufig. Kultiviert als Wurzelgemüse u. Futterpflanze. Die 30–60 cm hohe Pflanze ist zweijährig. Blüht Juli bis Oktober. Die kleinen, weißen Blüten stehen in Dolden, wobei in der Mitte der Dolde meist eine schwarzpurpurne «Mohrenblüte» vorhanden ist. Bevorzugt lockere, sandige od. steinige, oft wenig bewachsene Böden. Bes. als Sommer-Nektarspender für die Bienen, z. B. in der Schweiz, von Bedeutung.

Dauerwirkung. Nach der Ausbringung noch lange anhaltende Wirkung von Pflanzenschutz- u. Schädlingsbekämpfungsmitteln ↗. Bei Insektiziden ↗ läßt sich die erwünschte D. meist nicht mit der damit verbundenen Rückstandsproblematik vereinbaren. Bei Fungiziden ↗ wird die D. angestrebt. Bei bienengefährlichen ↗ Präparaten erhöht die D. erheblich die Bienengefährdung ↗. Bes. stark ausgeprägt ist diese Gefährdung bei der Anwendung von gekapselten Mikrogranulaten.

Dauerzyste → *Malpighamoeba mellificae.*

DDT. Dichlordiphenyltrichlorethan – ältere Bezeichnung für 1,1,1-Trichlor-2,2-bis(p-chlorphenyl)-ethan. Wirkstoff mit insektiziden Eigenschaften. Infolge seiner Persistenz meist nur noch in spez. Anwendungsgebieten zugelassen.

DDVP → Dichlorphos.

Deckbrettchen → Zwischenboden.

Deckel. Teil der Magazinbeute ↗, der diese oben abschließt. Er besteht meist aus einem flachen Holzkasten, in den wärmedämmendes Material eingelegt ist. Zum Wetterschutz ist der D. mit einem entspr. Material benagelt bzw. einzeln od. zu mehreren entspr. abgedeckt.

Defoliant. Pflanzenschutzmittel ↗ zur Entblätterung von Kulturpflanzen. Zur Beschleunigung des Reifeprozesses u. als Vorbereitung des Mähdruschverfahrens spez. bei der Saatgutgewinnung eingesetzt, z. B. Defoliation von Rotkleevermehrungsbeständen. I. d. R. bienengefährlich ↗.

Dermestes → Speckkäfer.

Desensibilisation. Allmähl. Gewöhnung eines allergisch reagierenden Körpers durch Verabfolgung stetig steigender Dosen des Allergens. Bienengiftallergien können auf diese Weise über einen Zeitraum von mehreren Jahren gelindert bzw. geheilt werden.

Desinfektion. Bes. bei Bösartiger Faulbrut ↗ dürfen die Sperrmaßnahmen auf keinen Fall vor Abschluß der D.s-Maßnahmen u. vor Beendigung der Nachuntersuchungen ↗ aufgehoben werden. Entschädigungen sollten erst dann geleistet werden, wenn die Bekämpfungsmaßnahmen einschl. D. abgeschlossen sind. Wabendesinfektion ↗, Bienengesundheitsdienst ↗.

Deutonymphe, Entwicklungsstadium der Milbe ↗.

Deutsche Biene → *Apis mellifera mellifera.*

Deutzia gracilis Sieb. et Zucc., Zierliche Deutzie. A der G *Deutzia* – mit etwa 50 An vom Himalaja über China bis Japan, aber auch in M-Amerika verbr. – der F der Saxifragaceae ↗. Japan, Gebirge von Kiuschiu u. Hondo. In lichten Gebüschen. Gut als niedrige freiwachsende Hecke od. Vorstrauch geeignet. Etwa 1 m hoher Strauch. Blüht Mai/Juni. Die weißen Blüten sind etwa 1,5 cm breit u. stehen in langen, seiten- od. endständigen Rispen. Nach Zander u. Berner gute Honigpflanze, zur Bienenweideverbesserung geeignet.

Deutzia scabra Thunb., Rauhe Deutzie. A der G *Deutzia* der F der Saxifragaceae ↗. Vor allem in Japan, aber auch in China beheimatet. Versch. Gartenformen. Bis 3 m hoher Strauch, kann in der Tracht unterschiedl. sein. Blüht Juni/Juli. Große, reinweiße Blüten in schlanken, aufrechten, sternhaarigen Rispen. Nach Zander gute Honigpflanze, die der Bienenweideverbesserung dienen kann, da als mittelhohe Schutz- u. Zierhecke geeignet.

Deutzie → Rauhe Deutzie → Zierliche Deutzie.

Diamantene Regel. Dzierzon empfahl, die Völker vor der Tracht zu entweiseln. Da dann während der Tracht keine offene Brut mehr zu pflegen ist, sollen sie einen höheren Ertrag bringen. Diese Methode hat aber keinen allgemeinen Eingang in die imkerliche Praxis gefunden, da sie neben einem möglicherweise, aber keineswegs sicheren Vorteil auch gravierende Nachteile hat. In der Hauptsache sind dies der erhebliche Arbeitsaufwand, die Notwendigkeit, die Völker neu zu beweiseln u. der Ausfall des Jungbienennachschubs für eine ± lange Zeit.

Dichlorphos. Wirkstoff ↗ mit insektiziden Eigenschaften, in Pflanzenschutzmitteln ↗ u. in der Veterinärmedizin als Anthelminthikum verwendet. D.-Präparate sind bienengefährlich ↗.

Dickwabe. Ausschl. für die Speicherung von Honig vorgesehene Wabe. Durch die Breite der Rähmchenleisten von 3,5 cm ergibt sich von Mittelwand zu Mittelwand ein Abstand von 4,5 cm. Um den normalen Wabenabstand von 1 cm einzuhalten, ziehen die Bienen die Zellen dieser Waben länger als normal aus. Das hat den Vorteil, daß sich die gleiche Honigmenge in weniger Waben befindet. Die D. wird meist als Halbwabe ↗ zur Nutzung früher Trachten den Brutraumwaben ohne Absperrgitter aufgesetzt.

Dimethoat. Pflanzenschutzmittelwirkstoff ↗ mit insektiziden Eigenschaften. Gegen saugende u. beißende Insekten angewendet. D.-Präparate sind bienengefährlich.

Dimorphismus → Polymorphismus.

diploide Drohneneier. Durch einen Muskelmechanismus am Ausgang der Samenblase (Samenpumpe) kann die Weisel Spermien auf das zur Ablage kommende Ei entlassen od. zurückhalten. Dadurch ist sie in der Lage, befruchtete bzw. unbefruchtete Eier zu legen. Maßgebend für diese Entscheidung sind der jahreszeitl. Rhythmus, in dem sich das Volk befindet, u. die Zellgröße. Die größeren Drohnenzellen werden i. d. R. mit unbefruchteten Eiern bestiftet. Fehlen solche Zellen, nutzt die Weisel für die Ablage dieser Eier auch die kleineren Arbeiterinnenzellen. Als Produkt der bisexuellen Fortpflanzung entstehen ♀♀ Individuen (Weisel, Arbeitsbiene), während sich aus den unbefruchteten Eiern durch Parthenogenese ↗ die ♂♂ Drohnen entwickeln. Diese Form der Geschlechtsbestimmung ist für Hautflügler wie Schlupfwespen, Gallwespen, Ameisen, Faltenwespen u. Bienenartige insges. charakteristisch. Sie wurde von J. Dzierzon durch Beobachtungen an der Honigbiene erkannt u. veröffentlicht (1845). Er hatte bemerkt, daß eine flügellahme Weisel, die nicht ausfliegen u. daher auch nicht begattet werden konnte, nur Drohnen erzeugte. Später beobachtete er, daß eine echte italienische (gelbe) Weisel, die von einheimischen dunklen Drohnen begattet wurde, solche ♂♂ Nachkommen erzeugte, die mit wenigen Ausnahmen die gelben Farbmerkmale der Mutter aufwiesen, während ihre ♀♀ Nachkommen die Eigenschaften beider Ausgangsrassen in sich vereinten. Die Annahme der Parthenogenese wurde durch die Tatsache gestützt, daß bei Fehlen der Weisel eierlegende Arbeiterinnen (Drohnenmütterchen ↗), die nicht begattet werden können, nur Drohnen produzieren. Durch zytologische Studien wurden die Aussagen erhärtet. Die aus unbefruchteten Eiern entstehenden Drohnen sind ursprüngl. haploid (Meiose ↗). Sie besitzen einen einfachen Chromosomensatz ($n = 16$). Während der Ontogenese verdoppelt sich ihre Chromosomenzahl in den Körperzellen. Die keimzellenbildenden Gewebe des Drohns u. die Spermien bleiben jedoch haploid. Die befruchteten Eier sind diploid ($2n = 32$). Aus ihnen entstehen vor allem die ♀♀ Bienenwesen, deren Determination zur Arbeiterin od. zur Weisel fütterungsbedingt ist. – Vor kurzem wies Woyke nach, daß der Mechanismus der Geschlechtsbestimmung überdeckt ist. Durch gezielte Kreuzungen im Zusammenhang mit der Entwicklung u. Anwendung der künstlichen Besamung ↗ ließ sich zeigen, daß es keine kausale Beziehung zw. der Anzahl der Chromosomensätze u. der Ausbildung des Geschlechts gibt. Vielmehr erfolgt die Geschlechtsdetermination durch klare genetische Mechanismen. Bei der Honigbiene, wie auch bei anderen Hymenopteren, z. B. der Schlupfwespe *Habrobracon*, wird das Geschlecht nicht durch unterschiedl. Geschlechtschromosomen, sondern durch ein Geschlechtsgen od. Sexallel a bestimmt, das am Geschlechts-(X-)Locus des Chromosomenapparats liegt. Bei den Drohnen ist nur ein einfacher Chromosomensatz (Hemizygotie), somit auch das Sexallel a nur einfach vorhanden. Bei Diploidie (befruchtete Eizelle) ist auch das Sexallel paarig. Daraus entsteht ein ♀ Tier (Arbeitsbiene bzw. Weisel). Voraussetzung ist allerdings, daß das Sexallel von Ei- u. Samenzelle heterozygot ist. Nach bisherigen Erkenntnissen gibt es zwölf Typen $a_1 \ldots a_{12}$ des

Sexallels, wahrscheinl. sogar mehr (multiple Allelie ↗). Bei Homozygotie entsteht wie bei Hemizygotie eine – jedoch diploide – Drohnenlarve, was ebenfalls zytologische Untersuchungen bestätigten. Diese wird nach WOYKE von den Bienen schon im jüngsten Larvenstadium sechs Stunden nach dem Schlupf aufgefressen. Bei Inzucht können so bis zu 50 % Brutlücken entstehen. Zunächst wurde angenommen, daß diploide Drohnenlarven weniger lebensfähig seien als haploide od. normale Arbeiterinnenlarven. Diese Annahme stellte sich jedoch später als falsch heraus. Tatsächlich kann ihre Lebensfähigkeit sogar größer sein als die normaler haploider Drohnen. Eine andere Möglichkeit war, daß diese Larven vernichtet wurden, da sie sich in Arbeiterinnenzellen befanden. Larven von Weiseln, die sich mit Geschwistern gepaart hatten, wurden deshalb in Drohnenzellen überführt. Dabei wurden die daraus entstandenen diploiden Drohnen gefressen, während die ♀♀ Larven normal aufgezogen wurden, wobei eine solche Weisel bis zu 50 % diploider Drohnen hervorbrachte. In anderen Untersuchungen wurden diploide Drohnenlarven – tot od. lebendig – in Zellen gesetzt, in denen sich bereits normale Arbeiterinnenlarven befanden, u. zusammen mit diesen Larven gefressen. Wurde die diploide Drohnenlarve jedoch vorher in Lipid-Lösungsmittel gewaschen, blieb die Arbeiterinnenlarve am Leben. Das wies darauf hin, daß diploide Drohnenlarven ein Pheromon produzieren können, das die Arbeitsbienen veranlaßt, sie zu fressen. Von diesem Pheromon, das WOYKE «Kannibalismus-Stoff» nannte, produziert die Larve den Hauptanteil an ihrem ersten u. etwas weniger davon an ihrem zweiten Lebenstag. Später wurde eine Methode zur Aufzucht diploider Drohnen im Volk entwickelt. Die Eier wurden im Brutschrank gehalten, die Larven auf Weiselfuttersaft gesetzt u. 2–3 Tage nach dem Ausschlüpfen im Brutschrank belassen. Anschl. brachte man die Larven in ein Volk, wo sie normal aufgezogen wurden. Einige tausend diploide Drohnen wurden auf diese Art u. Weise gezüchtet. Die biparentale Herkunft dieser Drohnen ließ sich mit Hilfe genetisch markierter Weiseln nachweisen. Normale haploide Drohnen, die aus den von diesen Weiseln gelegten Eiern stammten, unterschieden sich im Phänotyp von denen, die aus den in den Arbeiterinnenzellen abgelegten diploiden Eiern aufgezogen worden waren. Die Beteiligung des Vaters an der Entstehung dieser Drohnen war deutl. erkennbar. Diploide Drohnen sind schwerer u. größer als haploide, haben aber bedeutend kleinere Hoden (Umfang beträgt manchmal nur $\frac{1}{10}$ von dem der haploiden Drohnen) sowie weniger u. kürzere Hodenkanälchen. Die Spermatogenese bei diploiden Drohnen ist der bei haploiden sehr ähnl. Während der Spermatogenese tritt bei diploiden Drohnen weder Paarung noch Reduktion der Chromosomen auf. Bei haploiden Drohnen sind in allen Stufen der Spermatogenese, einschl. der Anaphase II, 16 Chromosomen, bei diploiden Drohnen jeweils 32 Chromosomen zu finden. Der Gehalt der DNA in den Spermienköpfen diploider Drohnen ist doppelt so groß wie bei haploiden. Diploide Spermien sind länger (312 µm) als haploide (242 µm). Die Köpfe diploider Spermien (7,4 µm) sind ebenfalls länger als die haploider (4,8 µm). So weist das gesamte diploide Spermium 130 % u. sein Kopf allein 155 % der Länge des haploiden Spermiums auf. Die Ultrastruktur diploider Spermien ist der der haploiden sehr ähnl. Diploide Drohnen besitzen neben diploiden Einzelspermien viele multiple Spermien. Der Durchmesser der Schwänze der diploiden Einzel-, Doppel- u. Dreifachspermien beträgt 115 %, 190 % bzw. 220 % vom Durchmesser der haploiden Einzelspermien. Da also diploide Drohnen auch zweifellos diploide Spermien produzieren, wäre es möglich, triploide Bienen durch die Befruchtung einer Weisel mit dem Samen diploider Drohnen zu erzeugen. Daraus ließen sich klare Vorstellungen über den genetischen Ablauf der Geschlechtsbestimmung entwickeln: Die multiplen Allele (a_1, a_2, a_3 usw.) befinden sich am Geschlechtslocus. ♂♂ entwickeln sich aus unbefruchteten Hemizygoten, d. h. besitzen z. B. a_1, od. aus befruchteten Homozygoten, d.h. $a_1\,a_1$. ♀♀ entwickeln sich aus Heterozygoten, z.B. $a_1\,a_2$. Eine durch einen Drohn a_3 begattete Weisel $a_1a_2(a_1a_2 \times a_3)$ produziert haploide ♂♂ (entweder a_1 od. a_2) aus unbefruchteten Eiern u. heterozygote ♀♀ (a_1a_3 u. a_2a_3) aus befruchteten Eiern. Aus dieser Paarung entstehen keine diploiden ♂♂. Wird die unbegattete Weisel a_1a_3 mit ihrem Bruder a_1 gepaart, so legt sie unbefruchtete Eier a_1 u. a_3, aus denen haploide Drohnen entstehen, u. zwei Typen befruchteter Eier: Heterozygoten a_1a_3, aus denen sich ♀♀ entwickeln, u. Homozygoten a_1a_1, aus denen ♂♂ entstehen. Die Hälfte der diploiden Brut aus dieser Paarung sind also ♀♀, die andere Hälfte ♂♂. Andere mögliche F_1-Paarungen ($a_1a_3 \times a_2$) würden ausschl. diploide ♀♀ ergeben. Werden also unbegattete Schwesterweiseln mit einem ihrer Brüder gepaart, bringt die Hälfte der begatteten Weiseln eine normale Brut hervor, wobei sich aus allen befruchteten Eiern ♀♀ entwickeln. Die andere Hälfte der Weiseln produziert befruchtete Eier, aus denen sich 50 % ♀♀ u. 50 % diploide ♂♂ entwikkeln. Die diploiden ♂♂ werden von den Arbeiterinnen gefressen, woraus sich die großen Brutlücken erklären. Dadurch wird, abgesehen von möglichen Inzuchtdepressionen, durch mangelnde Volkstärke die Leistungsfähigkeit eines Bienenvolkes stark eingeschränkt.

Dipterex. Pflanzenschutzmittel ↗ mit insektizider Wirkung auf der Basis des Wirkstoffes Trichlorfon ↗. In manchen Ländern als minderbienengefährlich ↗ eingestuft.

Dithiophosphorsäureester. Besitzen insektizide Eigenschaften. In den meisten Fällen bienengefährlich ↗.

DNOC, Dinitroorthokresol. Wirkstoff ↗ mit insektizider u. herbizider Wirkung. Bienengefährlich ↗.

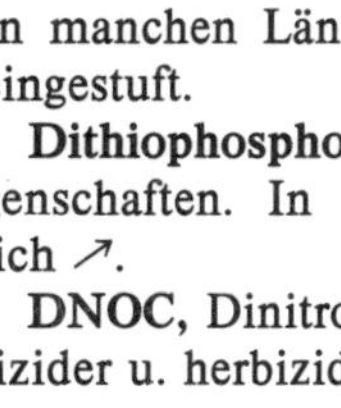

DNOC. Chemische Bezeichnung: 4,6-Dinitro-o-kresol

Doldengewächse → Umbelliferae.

Dominanz. Bei der Vererbung zw. den Allelen ↗ eines Merkmals auftretende (intragenische) Wirkungsweise, bei der im heterozygoten Genotyp ↗ die phänotypische Wirkung des rezessiven Allels durch das dominante Allel unterdrückt wird (Mendelsche Regeln ↗). Bei der Honigbiene ist z. B. die lederbraune Aufhellung der Panzerfarbe rezessiv, die dunkelbraune Panzerfarbe dominant (s. Cordovan-Test).

Doppelbeute. Auch als Zwillingsbeute bezeichnete Konstruktion, die in einem Beutenkörper unter Einsparung einer Seitenwand zwei sonst unabhängige Beuten vereint. Die bekannteste Doppelbeute ist der Kuntzschzwilling ↗.

Doppelboden. Die allgemeine Praxis der Überwinterung der Bienenvölker im Brutraum ↗ u. das Bestreben, den Wintersitz ↗ weitgehend den unmittelbaren Witterungseinflüssen zu entziehen, führte dazu, den D. in Hinter- u. Hinter/Oberbehandlungsbeuten ↗ einzuführen. Der D. ist ein zweiter Boden, der über dem Beutenboden, entweder fest eingebaut od. herausnehmbar, angebracht ist u. nach hinten unterschiedl. weit reichen kann. Bei Querbau ↗ ergibt sich bei seitl. Aufstiegschlitz (Innenflugloch ↗) sog. indirekter Längsbau ↗. Bei Längsbau mit Aufstieg in der Nähe des Fensters befindet sich der hier angeordnete Baurahmen ↗ an einer für die Beobachtung des Volkszustandes günstigen Position. Als Nachteile werden dem D. u. a. nachgesagt: späterer Reinigungsausflug u. langsamere Frühjahrsentwicklung aufgrund der starken Abschirmung des Bienensitzes nach außen sowie schwer zugänglich zur Reinigung u. dadurch Unterschlupf für Wachsmotten.

Doppelhybrid. Hybrid ↗, dessen Großeltern vier versch. Inzuchtlinien, Zuchtlinien ↗, Populationen ↗ od. Rassen ↗ angehören (Vierwegkreuzung ↗).

Doppelkreuzung → Vierwegkreuzung.

Doppelraumüberwinterung. Geht Mitte bis Ende Juli in vielen Fällen die Tracht zu Ende, schränkt bes. die *Carnica*-Biene, ihrem natürl. Entwicklungsrhythmus folgend, ohne pflegerische Maßnahmen die Brut stark ein. Die Folge davon wären schwache Überwinterungsvölker. Außerdem führt das auch heute noch vielfach praktizierte Abnehmen od. Schließen des Honigraums nach der letzten Schleuderung zur Halbierung des den Bienen zur Verfügung stehenden Beutenraums. Durch den Raumsinn der Bienen bewirkt dies, daß die Volkstärke dem verbliebenen Raum angepaßt wird. Zur Erzielung eines starken Überwinterungsvolkes mit möglichst vielen langlebigen Winterbienen muß ein großer Raum zur Verfügung stehen, ausreichende Futtervorräte vorhanden sein, u. es muß eine langanhaltende Reizfütterung durchgeführt werden. Voraussetzung für den Erfolg dieser Maßnahmen ist, daß in den Völkern junge, leistungsfähige Weiseln vorhanden sind. Genannte Forderungen lassen sich in fast allen gebräuchl. Beuten realisieren, sofern sich der Zwischenboden mit dem Absperrgitter entnehmen läßt. Zur Durchführung der D. wird unmittelbar nach der letzten Schleuderung des Jahres der Zwischenboden u. das Absperrgitter entnommen. In Hinterbehandlungsbeuten ist durch Übereinanderstellen u. Zusammenklammern der Brut- u. Honigraumwaben od. durch Zwischenlegen von Wabenstreifen bzw. entspr. niedrigen Waben (Miniwaben) dafür zu sorgen, daß den Bienen jetzt große Wabenflächen ohne trennende Zwischenwände zur Verfügung stehen. Die Brutwaben bleiben unten, nach oben kommen die ausgeschleuderten mindestens 1–2 Tage im Honigraum von den Bienen bearbeiteten sowie Waben mit Honigresten, vor allem aber Waben mit Pollen (Pollenwaben ↗). Entspr. der Volkstärke werden 8–10 Doppelwaben gegeben. – In Magazinbeuten ist nur das Absperrgitter zu entnehmen u. der od. den Brutzargen eine Zarge mit ausgeschleuderten Waben aufzusetzen. Der übliche horizontale Wabenabstand von 6–8 mm gewährleistet die erforderliche Verbindung zw. den Räumen. Durch anschl. Fütterung von mehreren Litern Zuckerlösung ist für die teilweise Füllung der oberen Waben zu sorgen. Die folgende, über mehrere Wochen durchzuführende Reizfütterung wäre ohne einen schon vorhandenen ausreichenden Futtervorrat wenig wirksam. So behandelte Völker behalten bis in den August ein großes Brutnest u. tragen bei entspr. Wetter viel Pollen ein. An Doppelraumvölker ist eine entspr. größere Menge Zucker zu verfüttern als an Einraumvölker. Ein großer Teil davon, etwa 8 kg, wird schon für den Aufbau des Wintervolks verbraucht (Nachtrachtfütterung ↗). – Völker, mit denen bis Ende August Trachten angewandert werden, bedürfen keiner Reizfütterung. Aber auch hier ist es zweckmäßig, nach der letzten Schleuderung auf Doppelraum umzustellen. Im Frühjahr wird das Brutnest in den oberen Waben angelegt u. dehnt sich im Laufe der Entwicklung auf die unteren aus. Eingeengt wird normalerweise nicht, nur evtl. 1–2 überschüssige Futterwaben sind gegen Leerwaben auszutauschen. Eine Erweiterung wird meist auch nicht erforderlich sein, da der vorhandene Raum bis zum Einlegen des Absperrgitters ausreicht (Freigeben des Honigraums ↗).

Doppelsieb → Honigsieb.

Doppeltes Umlarven → Zuchtstoff.

Dosenfütterung. Zur D. sind Blech- od. Plasteeimer erforderlich, die in die vorhandenen Honigräume bzw. Zargen passen. Sie werden mit gleichen Teilen Zucker u. Wasser gefüllt u. mit dichtschließenden Deckeln, in die eine Gazeöffnung eingearbeitet ist, verschlossen. Der umgekehrte Eimer wird in den Honigraum über eine Öffnung im Zwischenboden od. direkt auf die Waben des Brutraumes gestellt. Das durch den Zucker sickernde Wasser wird als Lösung 1 : 1 an der Gaze von den Bienen aufgenommen. Vorteil der D. ist die geringe damit verbundene Arbeit. Ein wesentl. Nachteil, daß in Hinterbehandlungsbeuten keine Doppelraumüberwinterung möglich ist. Außerdem kommt es gelegentl. vor, daß die Zuckerlösung durch eine Massenentwicklung von Mikroorganismen verdirbt.

Dosis-Mortalitätskurven. Geometrische Hilfe zur Auswertung von Tierversuchen. Dabei werden z. B. Bienen geometrisch abgestufte Dosen der zu prüfenden Substanzen verabfolgt u. die Mortalität in % nach einem festgelegten Beobachtungszeitraum festgestellt. Durch Auftragen der Mortalitätswerte gegen die Dosis erhält man die entspr. Kurven. Durch statistische Näherungsverfahren kann die Regressionsgerade bestimmt werden, aus der durch Interpolation die LD_{50}-Werte zu ermitteln sind.

Dost, ***Origanum vulgare*** → Labiatae.

Dotter → Ei.

Dotterhaut → Ei.

Dotterkerne → Embryonalentwicklung.

Drahttrageohren → Wabenrahmen.

Dreietager. Hinterbehandlungsbeute für das stehende Normalmaß im Querbau. Zwei Reihen Halbwaben übereinander bzw. eine Reihe Ganzwaben bilden den Brutraum. Der Honigraum ist nur für Halbwaben eingerichtet. Der Vieretager besitzt auch einen ganzhohen Honigraum, so daß sich bei Verwendung von Halbwaben vier Etagen bzw. zwei Etagen Ganzwaben ergeben.

Dreispitz → Zuchtstoff.

Dreiwabenbegattungskästchen → Begattungskästchen.

Dreiweghybrid. Hybrid ↗ aus einer Dreiwegkreuzung ↗, dessen Großeltern drei versch. Inzuchtlinien, Zuchtlinien ↗, Populationen ↗ od. Rassen ↗ angehören.

Dreiwegkreuzung. Zweistufiges Zuchtverfahren ↗ zur Ausnutzung der Heterosis ↗ bei Verwendung von drei genetisch differenzierten Inzuchtlinien, Zuchtlinien ↗, Populationen ↗ od. Rassen ↗. I.d.R. werden in der zweiten Kreuzungsstufe ♀♀ Hybriden ↗ mit Vatertieren einer dritten Inzuchtlinie, Zuchtlinie, Population od. Rasse gekreuzt. In Ländern od. Gebieten,

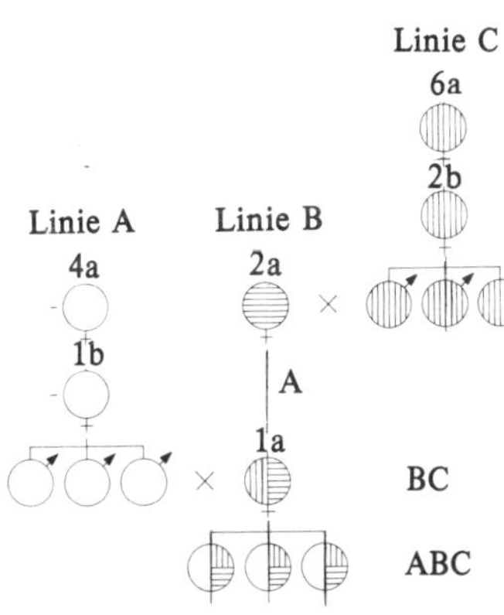

Dreiwegkreuzung. Buchstabe A steht für das Wort Leistungsprüfung, die Buchstaben BC stehen für das Wort Zweilinienhybrid, die Buchstaben ABC stehen für das Wort Dreilinienhybriden

in denen nur eine Honigbienenrasse gehalten u. züchterisch bearbeitet wird, ist die Kombination von drei Linien anzuwenden. Eine 2-Linien-Hybridweisel wird mit Drohnen einer dritten Linie gepaart. Der Vorteil gegenüber der Zweilinienkombination besteht darin, daß nicht erst die aus der Kreuzung hervorgehenden Arbeitsbienen, sondern bereits die Mutterweisel eine Hybride ist u. gegenüber der vorangegangenen Generation Heterosis erwarten läßt, in der die Arbeitsbienen Hybriden, die Weisel u. die aus ihr hervorgegangenen Drohnen aber linienrein sind.

Drohn. Körperlänge 15–17 mm, Gewicht 0,196 g. Die Entwicklungszeit beträgt 24 Tage (drei Tage Ei-, sieben Tage Larven-, zwölf Tage Puppenzeit). Die mittl. Lebensdauer liegt bei 30–40 Tagen (höchstens neun Monate). 10–14 Tage nach dem Schlüpfen ist der D. geschlechtsreif. Bei der Paarung übereignet er seinen Samenvorrat der jungen Weisel u. stirbt danach. Ein Volk zieht i.d.R. von Mai bis Juli mehrere hundert D.en auf (bis zu 2000).

Drohnenabsperrgitter → Drohnenzucht.

Drohnenanzucht. Förderung der Erzeugung von Drohnen bei Bienenvölkern, die als Drohnenvölker ↗ auf einer Belegeinrichtung ↗ einzusetzen sind od. in einem Reinzuchtgebiet ↗ od. am Bienenstand zur Verstärkung des Drohnendruckes aus den selektierten Bienenvölkern beitragen sollen. Geeignete Maßnahmen sind die Förderung der Bienenvolkstärke durch Tracht- od. Reizfüttern, gegebenenfalls mit Eiweißzusätzen, Einhängen von Drohnenwaben in od. an das Brutnest, Enghalten des Bienenvolkes u. bevorzugte Verwendung von mehrjährigen Weiseln.

Drohnenbrütigkeit. Zustand im Bienenvolk, wenn eine Weisel ohne Begattung zur Ablage von verständlicherweise unbesamten Eiern übergeht. Ursachen für die fehlende Begattung können Flugunfähigkeit der Weisel, absoluter Drohnenmangel od. langanhaltendes schlechtes Wetter während der Zeit der Begattungsflüge sein. Eine derartige Weisel formiert ein geschlossenes Gelege mit je einem unbesamten Ei in den Arbeiterinnenzellen. Diese Zellen werden später überhöht gedeckelt (Buckelbrütigkeit ↗). Junge begattete Weiseln legen gar nicht selten im Begattungskästchen ↗ zunächst einige unbesamte Eier ab, sie gehen aber bald zur Ablage besamter Eier über.

Drohneneier → diploide Drohneneier.

Drohnenhaltung für die künstliche Besamung. Für die isolierte Haltung von Drohnen bestehen folgende Möglichkeiten: 1. Man läßt die Drohnen in Gegenwart von Ammenbienen im Brutschrank schlüpfen u. bewahrt sie hier bei mehr als 30 °C bis zur Geschlechtsreife auf. 2. Die in Absperrgitter-Wabentaschen im Volk geschlüpften Drohnen bewahrt man in kleinen Absperrgitter-Käfigen auf. Dies geschieht getrennt nach unterschiedl. Altersklassen od. auch Herkünften. 3. Man läßt die Drohnen in einem drohnenbrut- u. drohnenfreien Volk od. in einem durchgesiebten Kunstschwarm schlüpfen. Das Volk kann im Frühsommer weiselrichtig, sollte aber zu späterer Zeit weisellos sein. Der Drohnenzuflug ist durch ein Absperrgitter zu verhindern. Um die geschlüpften Drohnen am freien Ausflug zu hindern, verwendet man einen Vorsatz od. einen Flugkäfig. Im Vorsatz befindet sich ein schräg nach oben geneigtes Absperrgitter, das die Drohnen daran hindert, den Himmel sehen zu können u. dadurch ihre Erregung niedrig hält. Die Drohnen können durch das Dach des Vorbaues zur Besamung entnommen werden. In Flugkäfigen können die Drohnen begrenzt frei fliegen. Drohnen, denen Gelegenheit zum Fliegen gegeben wurde, koten ab u. stülpen besser. Zur Verminderung eines großen Verschleißes unreifer Drohnen empfiehlt es sich, Drohnen nur einer Altersgruppe in einem Pflegevolk zu halten od. sich nach dem Mindestalter der Drohnen zu richten. 4. Man läßt die Drohnen in einem

Brutschrank schlüpfen u. zeichnet sie im Abstand von drei Tagen in unterschiedl. Farbe, um so ihr Alter zu erkennen. Man setzt sie einem möglichst isoliert stehenden Volk möglichst ohne eigene Drohnen zu. Die Drohnen können in diesem Fall frei ausfliegen. Ständiges Reizfüttern wird empfohlen.

Drohnenpflegevolk → Drohnenzucht.

Drohnensammelplätze. Bestimmte Standorte im Gelände, an denen sich die Drohnen unabhängig von der Anwesenheit von Weiseln verstärkt einfinden. Bevorzugt werden Flughöhen von 10–20 m. D. bleiben in einer Saison u. auch in mehreren Jahren konstant. Die Mehrzahl der Weiseln paart sich an D.n. Die Flugweite zur Paarung beträgt bei Drohnen bis zu 7 km, im Mittel 3 km, bei Weiseln bis zu 5 km, im Mittel 2 km. D. können mit Hilfe von gekäfigten Weiseln an ca. 15 m hoch aufgelassenen Ballonen geortet werden. Interessanterweise lockt das Weiselpheromon die Drohnen an D.n in größerer Anzahl an als an anderen Stellen.

Drohnenschlacht. Nach Ende der Schwarm-, also der natürl. Vermehrungszeit werden die Drohnen in weiselrichtigen Völkern nicht mehr gepflegt u. vom Futter abgedrängt. Man kann sie dann zu Hunderten auf dem Boden der Beute zusammengedrängt finden. Nach u. nach werden diese entkräfteten Drohnen dann von den Arbeitsbienen aus dem Flugloch gezerrt («gezergelt») u. von der Anflugklappe geworfen, od. sie fliegen mit letzter Kraft ab u. verenden im Freien.

Drohnensiebkasten → Begattungsvölkchen.

Drohnenspender → Drohnenvolk.

Drohnenvolk. Bienenvolk, das auf Grund seiner Abstammung u. der geprüften Leistungen seines Muttervolkes ↗ zur Drohnenspende auf einer Belegeinrichtung ↗ vorgesehen ist. D.er werden im allgemeinen als Weiselgeschwistergruppen (1b-Drohnenvolksippen) gekört. Die Körpermerkmale ↗ der Drohnen müssen dem Rassestandard entsprechen, u. das Muttervolk (4a) muß gekört sein, während auf Grund der

Drohnenabtrieb

Parthenogenese ↗ der Drohnen die Weiseln selbst standbegattet sein können.

Drohnenvolksippe → Drohnenvolk.

Drohnenwabe. Die Anzahl der in einem Volk aufgezogenen Drohnen übersteigt normalerweise etwa 2000 nicht. Diese Anzahl ist für die biologische Ausgeglichenheit der Völker erforderlich, u. selbst bei nicht begrenzter Drohnenerzeugung wird sie nicht überschritten. Nur durch das ständige Ausschneiden des Drohnenbaus wird von den Völkern der Versuch, Drohnen aufzuziehen, fortgesetzt, bis das Bauen aufhört. Es hat sich als zweckmäßig erwiesen, nach dem Baubeginn jedem Volk 1–2 gedrahtete Wabenrahmen mit je einem 1–2 cm breiten Mittelwabenstreifen an der Ober- u. Unterleiste an den Rand des Brutnestes zu hängen. Diese Rahmen werden zu D.n ausgebaut u. nach Belieben zur Drohnenaufzucht genutzt. Zum Trachtende sind sie oft mit Honig gefüllt. Über diese D.n hinaus in Baurahmen ausgeführter Drohnenbau wird weiter ausgeschnitten. Soll in einzelnen Völkern die Aufzucht eigener Drohnen verhindert werden, ist der Drohnenbau auszuschneiden u. aus nachzuchtwürdigen Völkern eine bestiftete D. zuzuhängen. Zur Bekämpfung der Varroamilbe ist vorerst der gesamte Drohnenbau nach dem Verdeckeln auszuschneiden.

Drohnenzucht. Für den Belegstellenbetrieb u. die instrumentelle (künstl.) Besamung unerläßlich. Während der Zuchtzeit muß eine ausreichend große Zahl gut gepflegter Drohnen vorhanden sein. Für Belegstellen gelten folgende Richtwerte: bei 50 gleichzeitig aufgestellten Weiseln 3–4, bei 100 Weiseln 4–5, bei 500 Weiseln mindestens sechs Drohnenvölker. Die Körung der Drohnenvölker umfaßt die Merkmalsbeurteilung der Drohnen u. die Leistung der Vorfahren. Bei Standbegattung sorgt man dafür, daß nur von den besten Völkern viele Drohnen aufgezogen werden. Spätestens 40 Tage vor Anlieferung der Weiseln hängt man den Drohnenvölkern (Vatervölker, Gattenvölker) einen Drohnenrahmen (gedrahtetes Rähmchen mit Leitwachsstreifen) ins Brutnest. Wird nur Arbeiterbau aufgeführt, muß der Rahmen gegen einen ausgebauten vom Vorjahr ausgetauscht werden. Man kann die Drohnenwaben auch schon über Winter im Volk belassen. Drohnenvölker müssen immer reichl. Futter- u. Pollenvorräte haben u. außerdem in trachtloser Zeit laufend gefüttert werden, ggf. mit Eiweißfutterteig. Wenn nicht genügend gekörte Drohnenvölker zur Verfügung stehen, kann mit Drohnenpflegevölkern gearbeitet werden. Diese dürfen selbst keine eigenen Drohnen aufziehen. Dafür bekommen sie aus einem gekörten Volk einen Drohnenrahmen mit kleinen Larven. Der Transport der Drohnenvölker zur Belegstelle erfolgt nach Möglichkeit vor dem Schlüpfen der Drohnen. Sobald Drohnen auf dem Stand fliegen, müssen Drohnenvölker vor dem Zuflug fremder Drohnen geschützt werden, am besten mit einem Drohnenabsperrgitter (Weite 5,2 mm).

Dröhnerich → Drohnenvolk.

Duftdrüse → Nassanoffsche Drüse.

Duftlenkung. Bei allen sozialen Insekten weit verbr., erfolgt mittels Pheromonen ↗. Königinnensubstanzen ↗ der Honigbiene, sind beteiligt an der Steuerung der Paarung u. des Schwarmverhaltens. Gefahrenalarmierung ↗ findet durch Abgabe von Sekreten aus Mandibeldrüsen ↗ der Arbeiterin sowie aus ihrem Stachelapparat (Giftdrüse ↗) statt. In der Kommunikation beim Futtererwerb spielt, neben Tänzen, der Sterzelduft aus der Nassanoffschen Drüse ↗ eine Rolle. Dieser Duft wirkt auf lokaler Ebene anlockend. Dagegen werden entleerte Blüten mittels Tarsaldrüsen ↗-Sekret markiert, damit weitere Besuche unterbleiben. Wirtschaftlich bedeutungsvoll sind Versuche durch Zugabe von Blütendüften im Stock od. durch Spritzung von Sterzelduft auf Gewächse, um den Bienenflug auf die zu bestäubenden Blüten zu leiten.

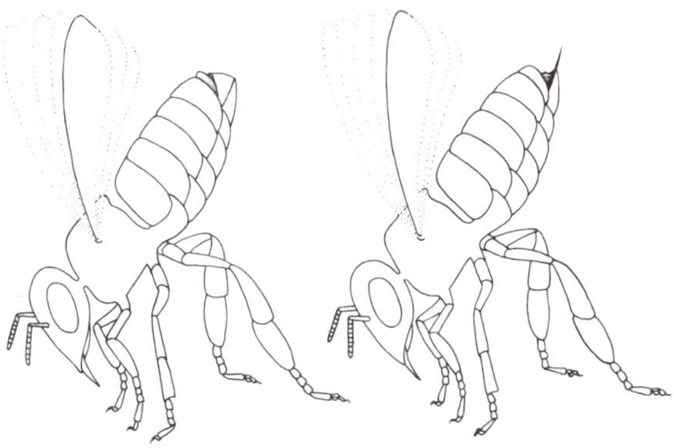

Körperstellung beim Sterzeln und bei Gefahrenalarmierung. Infolge des unterschiedlichen Standes des letzten Abdominalsegments wird entweder der Duft aus der Nassanoffschen-Drüse oder aus der Stachelkammer mit dem Flügelschlag verbreitet.

Dufoursche Drüse. Sie ist kurz, schlauchförmig u. mündet neben der Giftblase (Giftdrüse ↗) an der Basis des Stachelapparates ↗, außerhalb des Stachelrinnenkolbens. Da ihr Sekretionsprodukt i. U. zum Bienengift (Giftdrüse ↗) alkalisch reagiert, wird die D. D. auch als alkalische Drüse bezeichnet. Das D. D.n-Sekret dient möglicherweise als Gleitmittel für die beweglichen Teile des Wehrstachels, darüber hinaus könnte es beim Anheften der von der Weisel am Zellboden abgelegten Eier Verwendung finden.

Dunkle Biene → *Apis mellifera mellifera.*

Dünndarm → Darmkanal.

Dünnschichtchromatographie. Analysenmethode zur Auftrennung u. qualitativen, semiquantitativen od. quantitativen Bestimmung kleinster Substanzmengen, z. B. Rückständen von Pflanzenschutzmitteln ↗ in vergifteten Bienen, kontaminiertem Honig u. Pollen.

Durchgangskäfig → Verschulen.

Durchgehen eines Schwarms. Ein Schwarm verläßt die Ansatzstelle in der Nähe des Bienenstandes u. fliegt mit unbekanntem Ziel davon, bevor der Imker ihn einfangen konnte (Einfangen eines Schwarms ↗).

Durchlenzung → Frühjahrsentwicklung.

Durchschnittsertrag. Für die Errechnung des durchschnittl. Honigertrags gibt es versch. Möglichkeiten. Bei Einvolkbetrieb kann von allen eingewinterten Völkern od. von allen ausgewinterten Völkern ausgegangen werden. Bei Zwei- od. Mehrvolkbetrieb sowie bei der Verstärkung der Völker durch Ableger kann von allen überwinterten Einheiten od. vom Völkerbestand nach der Vereinigung bzw. Verstärkung ausgegangen werden. Die Meinungen darüber divergieren erheblich, u. bei Angaben über den D. sollte deshalb immer die Berechnungsbasis mit angegeben werden.

Arbeit mit der Wabenzange

Durchsicht. Um den Zustand eines Volkes zu erkennen, gibt es versch. Möglichkeiten, wie die Fluglochbeobachtung ↗, bei Hinterbehandlungsbeuten die Beobachtung des Baurahmens ↗ durch das Fenster, die kurze Nachschau ↗ u. eine D. des gesamten Volkes. Die Abstände, in denen ein Volk durchgesehen werden soll, sind von der Jahreszeit u. vom Ergebnis der vorhergehenden D. abhängig. Um das Schwärmen mit Sicherheit zu verhindern, ist in der Zeit von etwa Mitte Mai bis Anfang Juli, bes. für den Freizeitimker, eine wöchentl. D. aller Völker angebracht. Sie wird mit den ohnehin erforderlichen Arbeiten wie Ausschneiden des Baurahmens, Zugeben von Mittelwänden, Umhängen von verdeckelten Brutwaben in den Honigraum, durchgeführt. Zur D. ist es erforderlich, sämtliche Waben aus dem Brutraum zu entnehmen u. z. T. auch aus dem Honigraum, falls Brutwaben nach oben gebracht wurden. Der Aufwand hierzu ist bei Hinterbehandlungsbeuten mit Querbau ohne Ausziehvorrichtung am größten, bei Querbau mit Ausziehvorrichtung, bei Blätterbeuten u. bei Schlittenbetrieb schon wesentl. geringer, u. bei Oberbehandlungsbeuten am geringsten. Bei der D. ist der Gesamtzustand des Volkes zu erfassen, wozu u. a. folgende Fragen zu stellen sind:

- Sind die Weisel u. Eier vorhanden?
- Ist Brut in allen Stadien vorhanden?
- Wie ist das Verhältnis von offener zu verdeckelter Brut?
- Ist der Zustand der Brut normal?
- Sind zugegebene Mittelwände ausgebaut worden?
- Ist ausreichend Honig bzw. Futter u. Pollen vorhanden?
- Ist Platz zur Ausweitung des Brutnestes u. zur Ablagerung von Honig vorhanden?

- Sind Weiselnäpfe bestiftet?
- Sind Weiselzellen mit Larven od. schon verdeckelte Weiselzellen vorhanden?

Aus der Beantwortung dieser Fragen ergibt sich ein Bild, das den Zustand des Volkes charakterisiert u. aus dem sich die weitere Behandlung ergibt.

Durstnot. Können die Bienen zu irgendeiner Zeit des Jahres ihren Wasserbedarf nicht decken, entsteht D. Vornehmlich ist dies im Winter der Fall, wenn das zur Verfügung stehende Futter kristallisiert ist, aber auch, wenn flugbienenlose Einheiten, die offene Brut zu pflegen haben, nicht mit Wasser versorgt werden (Innentränke ↗) od. wenn im Frühjahr schon Brut zu pflegen ist, widriges Wetter aber jeden Ausflug nach Wasser verhindert. Im letzteren Fall ist den Völkern eine dünne Zuckerlösung (1 Teil Zucker u. 3 Teile Wasser) zu verabreichen. Wird D. im Winter festgestellt, sind die bienenfreien Waben der Beute zu entnehmen u. an den Bienensitz eine Wabe, in die eine dünne, warme Zuckerlösung gefüllt ist, anzuhängen.

Dysenterie, Ruhr. Nicht ansteckende Darmerkrankung ad. Bienen. Ursachen sind versch. Störungen, die bes. während des Winters zu reflektorisch ausgelöster vermehrter Nahrungsaufnahme, zu übermäßiger Stauung von Nahrungsrückständen in der Kotblase u. zum Durchfall führen. Als D.-auslösend können ungeeignetes Winterfutter (schwer- od. unverdauliche Rückstände von Blatthonig, Honigtauhonig, Rohzucker, kandiertes Futter u. Salz- od. Säurezusätze zum Winterfutter), Wassermangel (Durst) bzw. zu viel Feuchtigkeit (Stocknässe, zu dünne Futterlösung) in der Bienenwohnung über Winter, zu späte Einfütterung (die Futterlösung wird nicht genügend verarbeitet, verdirbt od. wird sauer), ungeeignete Bienenwohnungen (undicht, naß, kalt, zugig) u. ungeeigneter Standort des Bienenstandes wirken. Außerdem bedingen D.n Störungen der Winterruhe durch Erschütterungen des Bienenstandes, Weisellosigkeit durch Absterben der Weisel, Luftnot, Stocknässe u. Unruhe bei eingeengtem od. verstopftem Flugloch durch tote Bienen, Schnee od. Eis, Beunruhigung der Bienen durch Verlängerung der Winterruhe bei lang anhaltendem Winter od. zu früher Beginn des Brutgeschäftes ohne Möglichkeit zu Reinigungsausflügen, Vorliegen von Bienenkrankheiten ↗ (Nosematose ↗, Acarapidose ↗, Varroatose ↗, Amöbenkrankheit ↗). Oft wirken mehrere Ursachen gleichzeitig. Die Bienen verlassen die Wintertraube u. verunreinigen durch Absetzen eines breiig-flüssigen Kotes die Waben, Rähmchen, Innenwände der Bienenwohnungen, Fenster, andere Stockbienen sowie die Fluglochumgebung u. Beutenvorderwände. Der dunkelbraune bis schwarze D.-Kot läuft in die Wabenzellen u. trocknet an deren Oberrand ein. Diese D.-Kotschorfe dürfen nicht mit den in den Zellen befindlichen Schorfen bei Bösartiger u. Gutartiger Faulbrut ↗ verwechselt werden. Alle als D.-auslösend erkannten Störungen müssen sobald als möglich abgestellt werden. Stark geschwächte Völker sind abzutöten.

Dzierzon, Johannes, Dr. h. c. Geb. 16. 1. 1811 in Lowkowitz (Oberschlesien), gest. 26. 10. 1906 in Lowkowitz. Studierte Theologie. War seit 1837 Pfarrer in Karlsmarkt. Wegen Beteiligung an der Gegenbewegung zum Dogma der Unfehlbarkeit des Papstes durfte er 30 Jahre sein Amt nicht ausüben. – Hielt bis 500 Völker. Erst in Klotzbeuten, dann im Christschen Magazin, das er mit beweglichen Stäbchen u. Leitwachsstreifen ausstattete. Da ihm die Magazinbetriebsweise nicht gefiel, baute er die ersten Hinterbehandlungsbeuten mit beweglichen Waben, als Lagerbeuten im Bienenhaus untergebracht. Erfahrenster Weiselzüchter seiner Zeit. Verschickte jährl. Hunderte von Italienerweiseln in alle Welt. Entdeckte die geschlechtlichen Verhältnisse im Bienenvolk u. die parthenogenetische Entstehung der Drohnen. Propagierte Ablegerbildung. Mitbegründer der Wanderversammlungen ↗. Fachbeiträge, vor allem in der «Eichstädter (Nördlinger) Bienenzeitung». Seine Stände waren Musterbienenstände, die jedem als Lehrstand, zur Besichtigung u. zum Erfahrungsaustausch offenstanden. – 1872 Ehrendoktorat von der philosophischen Fakultät der Universität München. Hauptwerke: «Theorie und Praxis des neuen Bienenfreundes», «Rationelle Bienenzucht oder Theorie und Praxis des schlesischen Bienenfreundes».

E

Eberesche → *Sorbus aucuparia* → Rosaceae.

Ebereschenblättrige Fiederspiere → *Sorbaria sorbifolia.*

Echium vulgare L., Natterkopf, Gemeiner Natterkopf. A der G *Echium* der F der Boraginaceae ↗. In M-Europa häufige Ruderal- u. Unkrautpflanze; der größte Teil der ca. 50 An besiedelt jedoch das Mittelmeergebiet. In trockenen Gebieten, an Wegrändern u. Triften, auf Schuttflächen, Äckern, in Steppenheiden

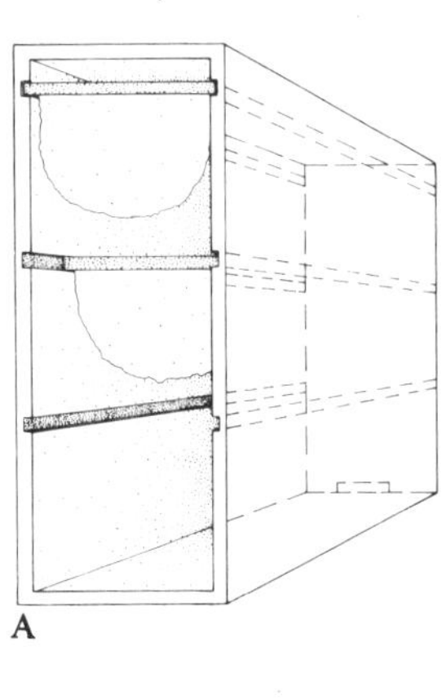

A

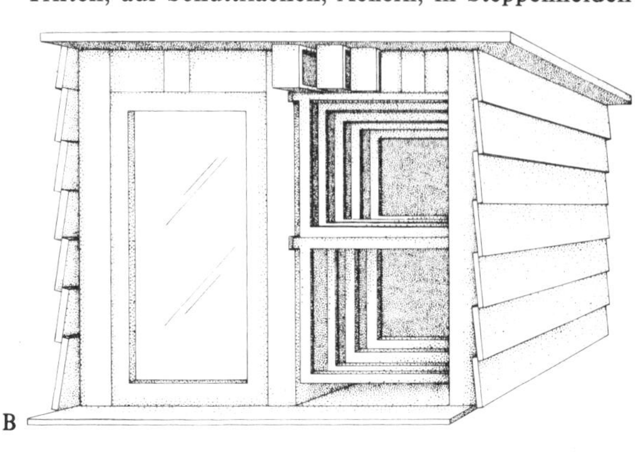

B

DZIERZON-Kasten (A) u. DZIERZON-Beute (B)

u. an Strandfelsen zu finden. Zweijährig, im ersten Jahr wird nur eine Blattrosette gebildet, aus der erst im zweiten Jahr die Blütensprosse treiben. Blüht von Ende Juni bis August. Die Blüten, zweiseitig-symmetrisch, sind anfangs rot, später blau. Die Bestzeit der Nektarsekretion u. des Bienenbesuches liegt bei E. v. in den frühen Nachmittagsstunden. Nektar- u. Pollenspender. (Pollenhöschenfarbe hell- bis dunkelblau)

Echter Beinwell → *Symphytum officinale* → Boraginaceae.

Echter Buchweizen → *Fagopyrum esculentum* → Polygonaceae.

Echter Gartensalbei → *Salvia officinalis* → Labiatae.

Echter Lavendel → *Lavandula angustifolia* → Labiatae.

Echtes Madesüß → *Filipendula ulmaria.*

Echte Weinrebe → *Vitis vinifera* → Vitaceae.

Edelkastanie → *Castanea sativa* → Fagaceae.

Edle Gartensalbei → *Salvia officinalis* → Labiatae.

Edler Weinstock → *Vitis vinifera* → Vitaceae.

Efeu → *Hedera helix* → Araliaceae.

Efeugewächse → Araliaceae.

Egypt Bee Virus. In ad. Bienen von *Apis mellifera* aus Ägypten nachgewiesenes Virus mit einem Durchmesser von 30 nm. Mit keinem der anderen bekannten Viren verwandt. Pathogenität unbekannt.

Ehrenfels, Josef Michael, Freiherr von. Geb. 1767 in Retzbach, Niederösterreich, gest. 9. 3. 1843. Studierte Naturwissenschaften, befaßte sich mit Imkerliteratur, baute Muster- u. Versuchsbienenstände auf, um die Imkerei zu fördern. Imkerte mit insges. etwa 1000 Bienenvölkern. Erst in Magazinen, später in Strohkörben mit Honigaufsatz. Förderte Wanderbienenzucht. Bedeutender Ausspruch: «Die Überwinterung ist das Meisterstück der Bienenzucht.» – Wurde auf Grund seiner großen Verdienste um die Förderung der Bienenzucht in den Freiherrenstand mit dem Prädikat von Ehrenfels erhoben. Hauptwerk: «Die Bienenzucht nach Grundsätzen der Theorie und Erfahrung».

Ehrenpreis → Scrophulariaceae.

Ei. Das Bienen-E. hat eine Länge von durchschnittl. 1,7 mm u. einen größten Querdurchmesser im vorderen Drittel von etwa 0,39 mm. Schon innerhalb des Geleges einer Weisel differieren in Abhängigkeit von Jahreszeit u. Ablagerhythmus die Längenwerte. Sie schwanken zw. 1,7 u. 1,8 mm. Nach längerer Legepause werden z. B. kürzere E.er abgelegt. Größere Unterschiede zeigen sich bei E.ern versch. Weiseln. Die Masse eines Bienen-E.s ergibt 0,12–0,15 mg. Es ist langgestreckt, zylinderförmig, mit fast kreisförmigem Querschnitt. Ist bilateralsymmetrisch u. besitzt einen «breiteren», kugelförmigen, u. einen «schmaleren» Pol. Die Längsachse ist gekrümmt, so daß die eine E.-Seite konvex, die andere konkav ausgebildet ist. – Bei der Ablage («Bestiften») geht der schmale E.-Pol voran u. dient als Anheftungsstelle. Das E. hängt dann am Grunde der Zelle in zunächst waagerechter Richtung, wobei die konvexe Seite nach oben zeigt. (Es «steht» in der Zelle.) Die Lage des künftigen Embryos ist darin während der ganzen Entwicklung genau fixiert. Insofern kann die konvexe Seite als die spätere Bauchseite (ventrale) u. die konkave als die Rückenseite (dorsale Region) bezeichnet werden. Der breite Pol entspr. dem Vorderende, der schmale dem Hinterende des Embryos. Die Struktur des abgelegten E.s ist gekennzeichnet durch zwei Hüllen: das Chorion u. die Dotter- od. E.-Haut. Das äußere Chorion, eine elastische, farblose Bildung, wird dem E. im Eierstock ↗ vom Follikelepithel aufgeprägt u. besitzt daher eine wabenartige, sechseckig gefelderte Strukturzeichnung. Es weist zahlreiche feine Poren auf, über die Flüssigkeiten eindringen können. Am vorderen E.-Pol befindet sich die Mikropyle, die den Spermien bei der Befruchtung als Eintrittspforte gedient hat. Die Dotter- od. E.-Haut liegt dem E.-Inhalt eng an. Sie ist sehr zart u. strukturlos. Der E.-Inhalt hat eine leicht gelbliche Färbung. Er ist leichtflüssig u. quillt schon bei geringer Verletzung der E.-Häute aus. Bei Beobachtung des lebenden E.s ist eine helle, sehr schmale Randzone des Zytoplasmas zu erkennen, der Plasmasaum od. das Periplasma. Dieser Plasmasaum geht ins Innere des E.s als Netzplasma mit zarten Verbindungsbrücken über. In der Innenachse bildet es eine Plasmasäule. Vom Netzplasma wird der Dotter umgeben, der aus Fettkugeln u. den eigentl. Dotterkugeln besteht, Reservesubstanzen, die dem späteren Aufbau des Embryos dienen. Sie enthalten z. B. Eiweiße, tierische Stärke (Glykogen), Phospholipide, Vitamine u. a. (Eierstock ↗). In der Nähe des vorderen Poles fällt auf der Ventralseite des E.s eine keilförmig ins Innere ragende Ansammlung des Periplasmas auf. Es ist das Richtungsplasma, der Ort der E.-Reifung. Dort liegt der E.-Kern bis zur Richtungskörperbildung zu Beginn der Embryonalentwicklung ↗. Eine ursprüngl. weit verbr. Ansicht, daß das E. am ersten Tage in der Zelle aufrecht steht, am zweiten um 45° geneigt ist u. am dritten am Zellboden liegt, ist durch die Beobachtung widerlegt, daß das E. in der Schräglage verbleibt, in der es von der Weisel auf den Zellboden aufgesetzt ist. Drohnen-E.er, die bekanntlich nicht befruchtet werden, unterscheiden sich in mehrfacher Hinsicht von E.ern, aus denen ♀♀ Individuen hervorgehen. Sie sind im Durchschnitt länger u. auch dicker als Arbeiterinnen-E.er. Das Chorion ist zarter u. neigt am Hinterende eher zum Aufplatzen. Die Strukturen des Zytoplasmas im E.-Innern (Netzplasma) sind bei befruchteten E.ern deutlicher ausgeprägt als bei unbefruchteten, deren Dotterkugeln am vorderen E.-Pol nur unvollkommen zur Ausbildung gelangen.

Eiablage. Das auch als «Stiften» bezeichnete Ablegen von Eiern durch die Weisel in eine von den Arbeiterinnen vorbereitete Zelle. Einige Tage nach erfolgter Begattung beginnt die Weisel Eier abzulegen, sie beginnt zu stiften. Beim Bestiften der Waben wird, ungestörte Entwicklung vorausgesetzt, eine bestimmte Ordnung eingehalten (Brutnestordnung ↗). Die Anzahl der an einem Tag abgelegten Eier ist u. a. von der Jahreszeit, der Stärke u. dem inneren Zustand des Volkes abhängig. Sie kann einige wenige im Februar betragen u. sich auf etwa 2000 während der Zeit der höchsten Entwicklung, also Anfang bis Mitte Juni, steigern. Vor der E. prüft die Weisel jede Zelle, indem sie den Kopf u. die Vorderbeine hineinsteckt; dabei nimmt sie die

Information über die Größe der Zelle auf. Dann dreht sie sich um, steckt den Hinterleib in die Zelle u. heftet ein Ei auf deren Boden. In Arbeiterinnenzellen u. Weiselnäpfe werden besamte, in Drohnenzellen unbesamte Eier abgelegt. An der Neigung des Eies zum Zellenboden kann nicht, wie früher angenommen wurde, dessen Alter erkannt werden.

Eiablagerate. Gibt die von einer Weisel pro Zeiteinheit abgelegte Eizahl an. Zur Zeit der Frühjahrsentwicklung beläuft sich die tägl. produzierte Eizahl einer Weisel auf ungefähr 1200 Stück. Eine weitere Zunahme ist möglich, i. d. R. werden aber von einer Weisel nicht mehr als 2000 Eier pro Tag gelegt. Die jährl. E. wird mit 112000–200000 angegeben. Sie schwankt demnach erheblich u. ist von Alter u. Zustand der Weisel, dem Pflegezustand der Völker, der Tracht, der Witterung, dem Klima, der Bienenrasse, der Anzahl freier Brutzellen u. genetischen Faktoren abhängig.

Eibisch, *Althaea officinalis* → Malvaceae.

Eichen → Fagaceae.

Eichenlachniden → Lachniden.

eierlegende Arbeiterinnen. Entstehen, wenn der Stock die Weisel verliert, ohne daß Nachschaffungszellen aufgezogen werden können. E.A. sind paarungsunfähig u. legen unbefruchtete, haploide Eier, aus denen Drohnen entstehen. Gelegentl. aber können auch parthenogenetisch diploide Eier abgelegt werden. Dies ist bei der Kapbiene, *A. mellifera capensis*, die Regel. Dann entstehen Arbeiterinnen u. Weiseln. E. A. entwickeln sich aus den jüngsten Bienen im Stock u. sind immer nur in geringer Zahl vorhanden. Sie machen eine hormonelle Entwicklung ähnl. einer Weisel durch. In ihrer Mandibeldrüse werden Pheromone ↗ produziert, womit sie die Weisel nachahmen. In seltenen Fällen werden einige zur Ersatzweisel («flase queen» nach Sakagami) mit einem Hofstaat u. können einige Monate lang Eier ablegen. Andere e. A. aber werden von aggressiven Bienen ergriffen u. eliminiert. Während e. A. ihre Eier ganz unregelmäßig in die Zellen hineinlegen, meist viele Eier pro Zelle, verhalten Ersatzweiseln sich wie die Weisel selbst, in die Mitte des Bodens legen sie nur ein Ei pro Zelle.

Eierstock → Geschlechtsorgane, ♀.

Eigenleistungsprüfung. Feststellung der individuellen phänotypischen Ausprägung von Selektionsmerkmalen an Probanden in Stationen od. Zuchtbetrieben. Die E. wird bei Bienenvölkern in Stationen der staatlichen Leistungsprüfung od. Prüfhöfen, in Zuchtbetrieben u. an den Bienenständen der Züchter, meist als Geschwisterprüfung ↗, durchgeführt.

Eigentliche Alpenrose → *Rhododendron ferrugineum* → Ericaceae.

Eigentliche Honigbienen → Apini.

Eigenverbrauch eines Bienenvolks. Die Menge Honig, Pollen u. Wasser, die ein Bienenvolk im Laufe eines Jahres zu seinem Wachsen u. Bestehen verbraucht, wird in der Literatur sehr unterschiedl. angegeben. Sie ist von vielen Faktoren, wie u.a. Witterung, Volkstärke, Beutenart, abhängig. Unumstritten ist, daß der E.e.B. an Honig meist die als Ernte abschöpfbare Menge übersteigt. Angaben in der Literatur über den E.e.B.: Honig 50–60 kg, Pollen 20–50 kg, Wasser 20–30 l.

Einbetteln. Das friedliche Einlaßbegehren volksfremder Bienen. Sie nehmen gegenüber der Fluglochwache des fremden Volkes eine Demutshaltung ein u. bieten den sie kontrollierenden Bienen aus ihrer Honigblase Futter an. Damit erreichen sie eine friedliche Kontaktaufnahme u. werden auch meist eingelassen. Für das vom Imker beabsichtigte E. abgefegter Bienen, z. B. beim Auflösen eines Volkes, ist es daher sehr wichtig, daß sie vorher Gelegenheit hatten, ihre Honigblase zu füllen.

Einengen. Das Herausnehmen von Waben aus der Beute; z.B. die Wegnahme des Honigraumes nach der Tracht od. von nicht von Bienen belagerten Waben im Frühjahr od. im Herbst. Das E. wurde u. wird in Hinterbehandlungsbeuten heute meist noch praktiziert. Die Ansichten über die Notwendigkeit des E.s haben sich jedoch in den letzten Jahren gewandelt. Leere Waben sind ein sehr gutes u. den Bienen von der Natur gegebenes Material zur Wärmedämmung. Es ist daher weder notwendig noch angebracht, normalstarken, gesunden Völkern Waben erst zu entnehmen, um sie später wieder zuzugeben. – In Einzelfällen kann es vorkommen, daß ein Volk od. Ableger im Winter übermäßig an Stärke verloren hat, sonst aber gesund ist. Hier kann ein rigoroses E. dienlich sein, schon um die weitere Entwicklung besser beobachten zu können. Doppelräumig überwinterte Magazinvölker werden, falls erforderlich, durch Wegnahme der unbelagerten, unteren Zarge ↗ eingeengt.

Einfangen eines Schwarms. Nachdem der Schwarm sich angesetzt u. gesammelt hat (Schwarmvorgang ↗), kann der Imker ihn in einem Schwarmfangkasten ↗, Schwarmsiebkasten od. jedem anderen geeigneten Behältnis einfangen. Der Kasten wird im einfachsten Fall unter die Schwarmtraube gehalten. Durch einen Schlag auf den Ast od. Zweig fallen die Bienen hinein; nun wird schnell der Deckel aufgelegt u. das Flugloch geöffnet bzw. der Deckel einen Spalt breit offen gelassen. Nahe der Ansatzstelle wird der Schwarmfangkasten an einem schattigen Platz abgestellt. Alle außerhalb gebliebenen Bienen ziehen nun in kurzer Zeit ein, vorausgesetzt, die Weisel wurde mit eingefangen. Das Flugloch bzw. der Deckel wird geschlossen, das Lüftungsgitter freigegeben u. der Kasten kühl u. dunkel gestellt. Saß der Schwarm ungünstig, z. B. im Geäst eines Strauchs, muß er nach u. nach mit einer Feder in den Kasten gefegt od. mit einer Schöpfkelle eingelöffelt werden (Einschlagen eines Schwarms ↗).

Einfliegen. Jungbienen müssen sich in der Übergangsphase von der Stock- zur Flugbiene auf ihr Flugloch u. ihre Beute einfliegen. Bei den ersten Ausflügen drehen sie sich vor dem Abflug um, erheben sich mit dem Kopf zum Flugloch in die Luft, entfernen sich auf- u. abschwebend sowie Kreise ziehend nur auf Sichtweite von der Beute u. landen dann wieder (sie halten Vorspiel). Durch die Wiederholung dieser Ausflüge prägt sich die Biene ihr Flugloch u. seine Umgebung so ein, daß sie es später als Trachtbiene, ohne zu suchen, zielgerichtet anfliegen kann. Die

Orientierungsflüge der Jungbienen werden immer ausgedehnter, wobei sie sich die Lage des Bienenstandes im Gelände einprägen. Die Weisel benötigt nur wenige Sekunden beim ersten Ausflug, um sich ausreichend zu orientieren. Die Prägung auf das Flugloch wird aufgehoben durch eine lange Winterruhe, durch den Schwarmvorgang u. durch eine Lachgasnarkose; hiernach müssen sich die Bienen neu einfliegen. Das Verstellen von Bienenvölkern während der Flugperiode ist nur unter bestimmten Voraussetzungen möglich (Verstellen von einzelnen Bienenvölkern ↗, Zwischenwanderung ↗).

Einfütterung → Nachtrachtfütterung.

Einheitsblätterbeute. Blätterbeute im Normalmaß für abgeschrägte Rähmchen. Zur Abstandregulierung sind an der Vorderwand der Räume u. an den Fenstern Abstandrechen angebracht. Der Brutraum ist auch seitl. doppelwandig u. faßt 10, der Honigraum 20 Waben.

Einknäueln der Weisel. Die Bildung eines etwa walnußgroßen Bienenknäuels um eine Weisel. In den meisten Fällen verhalten sich die Bienen hierbei feindselig gegen die Weisel; sie beißen sich an ihr fest u. stechen sie auch ab. Die Gründe für das E. d. W. sind bisher nicht eindeutig geklärt, zumal es auch in sehr unterschiedl. Situationen erfolgt. Neben Fällen, in denen es eine durchaus verständliche Reaktion der Bienen darstellt, z. B., wenn in ein intaktes weiselrichtiges Volk auf irgendeine Weise eine zweite Weisel gelangt, gibt es aber auch Fälle, in denen diese Reaktion der Bienen völlig unverständlich ist, z. B., wenn eine vom Paarungsflug zurückkehrende Weisel von ihren Bienen angefallen wird. Vermutet wird, daß im letzteren Fall das Verhalten der Weisel u. der ihr anhaftende fremde Geruch Auslöser für das E. d. W. sind.

Einlöten der Mittelwände. Zum E. d. M. wird auf das Anlötbrett ↗ eine Mittelwand, darüber das fertig gedrahtete Rähmchen gelegt u. dieses zur besseren Planlage mit einem schweren Gegenstand beschwert. Durch Berühren der Drahtenden mit den Kontakten eines Elektro-Lötgerätes (Transformator) erwärmt sich der Draht durch den Stromfluß u. sinkt größtenteils in die Mittelwand ein. Nach Unterbrechen des Stromflusses können nicht eingeschmolzene Abschnitte noch schnell mit einem Messer eingedrückt werden.

Einschlagen eines Schwarms. Die Beute od. der Ablegerkasten, in die der Schwarm einlogiert werden soll, wird mit zwei ausgebauten Waben u. dazwischen mit 2–3 Mittelwänden je kg Schwarmbienen ausgestattet. Gegen Abend wird der inzwischen kühlgestellte Schwarmfangkasten ohne größere Erschütterungen neben od. hinter die geöffnete u. mit einem Anstecktisch versehene Beute gestellt. Der Deckel, an dem der Schwarm jetzt hängt, wird vorsichtig angehoben u. soweit wie möglich in die Beute gehalten. Durch einen Schlag mit der Hand gegen den Deckel fallen die Bienen in die Beute u. auf den Anstecktisch. Durch etwas Rauch beschleunigt u. mit einer Feder geleitet, ziehen die Bienen in die Beute ein. Nun kann das Fenster eingesetzt u. das Flugloch geöffnet werden. Bei Magazinbeuten setzt man auf die mit Mittelwänden ausgestattete Zarge eine Leerzarge u. stößt die Bienen auf die Rähmchenoberleisten. Haben sie sich zw. die Mittelwände gezogen, kann die Folie u. der Deckel aufgelegt werden. Frühestens drei Tage nach dem Einschlagen (auf keinen Fall früher) muß der Schwarm bei Trachtlosigkeit abends flüssig gefüttert werden, bis die Mittelwände ausgebaut sind u. ein ausreichender Futtervorrat angelegt ist. Später kann er mit Brutwaben ohne Bienen verstärkt werden.

Einstufung. Beurteilung von Zuchttieren hinsichtlich ihres Gebrauchswertes. Auf der Grundlage von Zuchtrichtlinien od. -standards ↗ werden gekörte Bienenvölker nach der Art u. dem Ergebnis der Leistungsprüfung in Bewertungsklassen eingestuft.

Einwabenkästchen → Begattungskästchen.

Einweiseln. Eine Weisel wird in ein Volk od. in eine andere Einheit eingeweiselt (Beweiseln ↗).

Einwinterung. Bezeichnung für die in der Zeit zw. der Nachtrachtpflege ↗ u. der Überwinterung ↗ durchzuführenden Arbeiten u. Maßnahmen. Es sind die Futtergeschirre aus den Beuten zu entnehmen. Bei bestehender Unsicherheit über den Futterstand einzelner Völker ist eine kurze Nachschau angebracht. Überzählige Waben sind zu entnehmen, u. die Verpackung ist einzustellen bzw. zu legen (Wärmedämmung ↗). Die Fluglöcher sind evtl. durch das Anbringen von Blenden (Flugloch ↗) gegen direkte Witterungseinflüsse zu schützen. Die Fluglöcher selbst sollen max. geöffnet bleiben. Es sind die Voraussetzungen dafür zu schaffen, daß Störungen während des Winters weitgehend vom Bienenstand ferngehalten werden (Überwinterung ↗).

Eischlupf → Embryonalentwicklung.

Eischwarzsucht. Melanose ↗ des Eierstockes, Infektionskrankheit der Weisel, verursacht durch Pilz *Melanosella mors apis.* Dunkle Wucherungen am Eierstock, Eileiter u. Giftdrüse.

Eistanze → Zuchtstoff.

Eistreifen → Zuchtstoff.

Eistück → Transport von Zuchtstoff.

Eitaubheit. Begattete Weisel legt schlupfreife Eier. Embryo stirbt kurz vor dem Schlüpfen in den Eihüllen ab.

Eiumbettung → Zuchtstoff.

Eiweisel → Zuchtstoff.

Eiweißfütterung. Die Versorgung der Bienenvölker mit Pollen im Frühjahr ist trotz guter Pollentracht im Herbst die wichtigste Voraussetzung für eine zügige Entwicklung. Die ersten Pollentrachten sind oft durch ungünstiges Wetter nicht nutzbar, od. die entspr. Pflanzen sind nicht in ausreichender Anzahl vorhanden. Die Bienen tragen in dieser Zeit, ihrem Sammeltrieb folgend, bei Pollenmangel auch für sie völlig wertlose Stoffe wie Ruß, Ziegelmehl u. Sägemehl ein. Es ist daher angebracht, vor der ersten ergiebigen Pollentracht, meist aus der Weidenblüte, die Völker zusätzl. mit Eiweißfutter zu versorgen. Die Möglichkeit hierzu besteht in der Verabreichung von Eiweißfutterteig u. im Höseln von Pollenersatzstoffen im Freien. Für Eiweißfutterteige sind viele Rezepte veröffentlicht worden. Allen gemeinsam ist der Nachteil, daß die Bienen gezwungen werden, Eiweiß- u. Kohlenhydratnahrung gleichzeitig aufzunehmen, u. daß Eiweiß von

Bienen aufgenommen wird, ohne es zu benötigen. Das führt zu einer starken Vermehrung des Erregers der Nosematose im Mitteldarm dieser Bienen. Das Höseln von im Freien angebotenen Pollenersatzstoffen kommt den Bedingungen einer natürl. Pollentracht am nächsten. Wird der Pollenersatz in geeigneter Weise (Höselhäuschen ↗) angeboten, kann er noch bei relativ ungünstigem Wetter eingetragen werden. Beim Einsetzen natürl. Pollentracht wird der Pollenersatz in wenigen Tagen verlassen (Pollenersatz ↗).

Eizeit → Embryonalentwicklung.

Eizelle → Ei.

Eizucht → Zuchtstoff.

Ektoparasit. Auf der Körperoberfläche der Biene lebender Parasit ↗: Außenmilbe ↗, Bienenlaus ↗.

Elaeagnus angustifolia L., Schmalblättrige Ölweide. A der G *Elaeagnus* – mit 40 An in S-Europa, Asien, N-Amerika verbr. – der F der Elaeagnaceae. S-Frankreich über mediterranes Gebiet bis Mongolei; im Himalaja u. in China fehlend. Für Park- u. Grünanlagen, als Deckstrauch, als Windschutzgehölz, zur Ödlandbegrünung u. als Küstenschutzpflanzung geeignet. 6–10 m hoher Strauch od. Baum. Blüht im Mai/Juni. Blüten innen gelb, außen silbrigweiß; stehen achselständig, einzeln od. 2–3 beisammen an den unteren Teilen der Zweige. Verträgt hohen Salzgehalt, Einsanden u. Luftverunreinigungen. Gute Honigpflanze, nach Zander jedoch wechselnder Beflug.

Elastizität der Cuticula → Flügeleigenfrequenz → Flügelschlagfrequenz → Flügelgelenkung → Flugenergieumsatz.

Elektrowachsschmelzer. Eine elektrisch beheizte Spindelpresse aus Aluminium zum trockenen Ausschmelzen von Waben. Die zerkleinerten Waben werden in den Behälter eingefüllt. In dem Maße, wie sie sich erwärmen u. das Wachs abfließt, wird die Spindel nachgedreht u. der Preßdruck allmähl. erhöht. Das gewonnene Wachs muß noch geklärt werden.

Embryo. Frühes Stadium während der Individualentwicklung, dessen Beginn etwa mit dem Abschluß des Schichtenbaus während der Embryonalentwicklung ↗ zu kennzeichnen ist u. das mit dem Schlüpfen der Larve aus der Eihülle beendet wird. Die drei Keimblätter (Ekto-, Meso-, Entoderm) differenzieren sich während der Embryonalentwicklung in folgender Weise: Vom Mesoderm wird das Zellmaterial für den Herzschlauch ↗, die Geschlechtsorgane ↗, die Muskulatur ↗, Fettkörper ↗ u. die Blutzellen geliefert. Aus dem Ektoderm gehen die Epidermis ↗, die Körperhülle samt ihren cuticularen Bildungen sowie die cuticulare Auskleidung von Vorderdarm, Enddarm (Darmkanal ↗) u. der Tracheen (Tracheensystem ↗) hervor. Außerdem stammen Nervensystem ↗ u. imaginale Oenozyten ↗ vom Ektoderm ab. Das Entoderm wird zum Mitteldarm (Darmkanal ↗).

Embryonalentwicklung. Umfaßt alle Vorgänge im abgelegten Ei. Sie gliedert sich in vier Phasen: Furchung bis zur Blastodermbildung, Keimblattbildung, Sonderung der Organsysteme u. histologische Differenzierung bis zum Larvenkörper. – *Furchung* (0–32 h nach Ablage): Bei der Ablage befindet sich das Ei ↗ im Stadium der Richtungskörperbildung. Der ♀ Vorkern (Meiose ↗) wandert aus dem Richtungsplasma in gleicher Höhe ins Eiinnere u. verschmilzt mit einem der Spermienkerne (♂ Vorkern), der sich jeweils im Kopf des Spermiums befindet. Dieser Modus gilt nur für das Ei der ♀♀ Bienenwesen. Der Drohn entsteht aus einem unbefruchteten Ei. Da bei der Biene durchschnittl. 3–7 Spermien bei der Befruchtung ins Ei gelangen, bleiben die übrigen eingedrungenen funktionslos. Ebenso wie die drei Richtungskörper lösen sie sich später auf. Der Prozeß der Verschmelzung des ♀ mit dem ♂ Vorkern spielt sich in den tieferen Eischichten unter dem Richtungsplasma ab. Unmittelbar danach beginnt die Kernteilung, die in Analogie zu anderen tierischen Eiern als Furchung bezeichnet wird. Bei der Biene gibt es zunächst wie bei den übrigen Insekten lediglich eine Teilung der Kerne, die jeweils nur eine kleine Plasmaschicht als Hülle besitzen, aber nicht als Zellen abgegliedert sind. Bis zum zehnten Teilungsschritt, also dem 1024-Kernstadium, verlaufen die Teilungen synchron. Zunächst (bis zum 32-Kernstadium) bilden die Furchungskerne eine Kernschar (Kernsphäre) im vorderen Eidrittel, bis sie den ganzen Dotterraum bevölkern. Nach dem zehnten Teilungsschritt rücken sie ins Periplasma ein. Das geschieht etwa 10 h nach der Ablage. Im Periplasma ord-

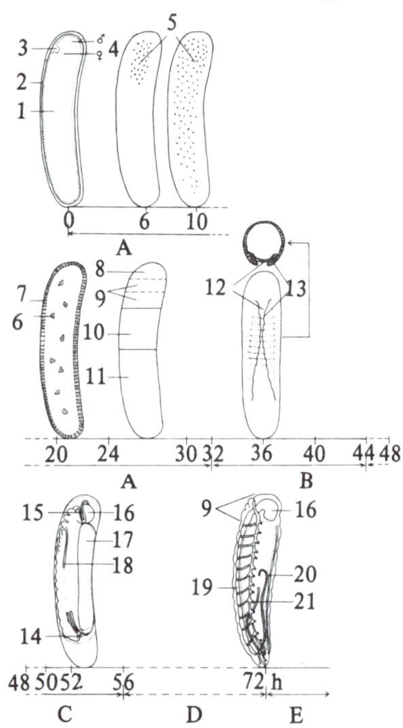

Ablauf der Embryonalentwicklung der Honigbiene bezogen auf die 72 Stunden der Gesamtentwicklung und in die vier Abschnitte der Insekten-Embryonalentwicklung gegliedert. A Furchung bis Blastoderm, B Keimblattbildung (Schichtenbau), C Sonderung der Organsysteme, D Histologische Differenzierung, E Larve. 1 Dottermembran, 2 Chorion, 3 Richtungsplasma, 4 ♀ und ♂ Vorkern, 5 Furchungsenergiden, 6 Dotterkerne (Vitellophagen), 7 Blastoderm, 8 Hülle (im Anlageplan), 9 Kopf, 10 Thorax, 11 Abdomen, 12 Mittelplatte (unteres Blatt), 13 Seitenplatte, 14 Hinterdarm, 15 Vorderdarm, 16 Nervensystem (Oberschlundganglion), 17 Mitteldarm (dottergefüllt), 18 Speicheldrüse, 19 Bauchganglienkette, 20 Malpighische Gefäße, 21 Tracheen

Drei Eier am Zellenboden angeheftet. Rechts und links davon frischgeschlüpfte Larven

nen sie sich so an, daß sie eine hautähnl. Keimhülle, das gleichmäßige Blastoderm, um den Dotter bilden, in der sich nun um jeden eingewanderten Kern eine Zelle bildet. Die Zellgrenzen dringen von der Oberfläche in die Tiefe vor. Der Dotter bleibt zunächst noch in direkter Verbindung mit der Zellbasis (12 h). Später bildet sich eine Basalmembran, u. die Zellschicht wird zweireihig. Nun wird bei der Aufnahme beträchtlicher Nahrungsreserven sogar die Auflösung der Basalmembran nötig. Dieses differenzierte Blastoderm besteht etwa 24 h nach der Ablage. Nicht alle Kerne wandern an die Keimoberfläche. Bis zu 100 Kerne können im Laufe der Entwicklung im Dotter als Vitellophagen («Dotterfresser») verbleiben, was auf Funktionen im Zusammenhang mit der Aufbereitung der Dottersubstanzen hinweist. Nach der Aufnahme von Reservesubstanzen ins differenzierte Blastoderm bilden sich wieder basale Zellgrenzen aus. In diesem Stadium des vollendeten Blastoderms (32 h nach Ablage) haben sich nun die Zellen in einen embryonalen (auf der Ventralseite) u. extraembryonalen Bereich gegliedert. Die Keimanlage ist entstanden. *Keimblattbildung*, Schichtenbau; vollzieht sich innerhalb der nächsten 12 h (32–44 h nach Ablage): Die ventrale Keimanlage, der Keimstreif, besteht aus zwei außen liegenden Seitenplatten u. einer Mittelplatte. Etwa am Ende des vorderen Eidrittels (spätere Kopf-Brust-Grenze) sinkt die Mittelplatte auf den Dotter zu ein. Die Seitenplatten schieben sich aufeinander zu u. erreichen sich zuerst in diesem Bereich, der als Differenzierungszentrum bezeichnet wird. Dort zeigen sich äußerl. auch bald die ersten Segmentgrenzen. Die Seitenplatten stellen das äußere Keimblatt (Ektoderm) dar, während die Mittelplatte als unteres Blatt zunächst Leibeshöhlenwand u. Mitteldarmzellen (Mesentoderm) bildet. Vom Differenzierungszentrum aus entstehen nun nach vorn u. hinten fortschreitend die weiteren Segmentgrenzen. Dabei kommt es auch zur *Sonderung der Organsysteme* (44–56 h nach Ablage), z. B. der Körperanhänge. Auch im Inneren gibt es zunächst eine Gliederung in segmentale Leibeshöhlenabschnitte aus den mesodermalen (lateralen) Teilen des unteren Blattes. Gleichzeitig bilden die mittl. Zellagen der Mittelplatte (Entoderm) gleichsam eine Schüssel aus späteren Mitteldarmzellen. In der Phase der *histologischen Differenzierung* (56–72 h nach Ablage) umwachsen die Mitteldarmzellen von der Bauchseite her den Dotter, bis dieser nach dem Rückenschluß völlig von einem Mitteldarmepithel umgeben ist. Parallel dazu wächst die Körperhaut auf den Rücken zu, bis auch sie die Körperbedeckung an der Rückenlinie schließt. Von vorn u. von hinten sind inzwischen Einstülpungen des Ektoderms auf den Mitteldarm als blind geschlossene Rohrstücke vorgestoßen. Sie bilden später den Vorder- bzw. den Hinterdarm. Zellen der medianen Verwachsungslinie der beiden ektodermalen Seitenplatten sind auf der Bauchseite in den Keim gesunken u. zum Bauchmark, dem aus einzelnen Nervenknoten (Ganglien) bestehenden Nervensystem, geworden. An der rückenseitigen Verwachsungsstelle der Keimanlage wird ganz am Ende des Rückenschlusses aus mesodermalen Teilen unter der Haut ein Herzschlauch angelegt. Als weitere Differenzierungen des Mesoderms bilden sich Blutzellen, Muskulatur, Fettkörper u. Geschlechtsorgane aus. Das Tracheensystem entsteht aus ektodermalen röhrenartigen Einstülpungen. Es gliedert sich segmental, was aus der Anlage von zehn paarigen, seitl. gelegenen Atemlöchern (Stigmen) hervorgeht. Zum Zeitpunkt des Schlüpfens der Larve aus dem Ei sind diese zur Atmung befähigt. – Auf Grund der Möglichkeit, größere Mengen von Eiern gleichen Alters gewinnen zu können, ließen sich am Bienenei mit Hilfe von Säuglingshaaren od. feinen Perlonfäden in größerem Umfang Schnürungen durchführen u. dadurch Eiteile isolieren. Diese Experimente trugen wesentl. zur Kausalanalyse der Entwicklung bei. Im Blastodermstadium geschnürte Eier ergaben bei der Lage der Schnur in der Eimitte einen vorderen Larventeil vor u. einen hinteren hinter der Schnur. Abschnürungen von 15 % des Eies am Vorderpol brachten hinter der Schnur noch einen wohlproportionierten Embryo (Zwerg) zustande. Die ursprüngl. angeordneten Potenzbereiche des Anlagenplanes können demgemäß noch für die Entwicklung eines Ganzkeims aus geringerem Eimaterial wirksam werden.

Emissionen. In die Luft od. in das Wasser gelangte Schadstoffe aus industriellen Prozessen od. Haushalten. Zu den bienengefährlichen ↗ E. gehören Arsenverbindungen u. lösliche Fluorverbindungen.

Empfindlichkeit gegen Bienengift. Die E. g. B. ist individuell sehr versch. Allgemein verursachen Bienenstiche, abhängig von der betroffenen Körperstelle, einen unterschiedl. stark empfundenen Schmerz u. bei den ersten Malen eine heftige lokale Reaktion, die sich in starker Rötung u. Schwellung der Stichstelle äußert. Die Schwellung kann 2–3 Tage anhalten u. heftiges Jucken verursachen. Bes. auffallend u. unangenehm sind die Schwellungen bei Stichen ins Gesicht, sie können es bis zur Unkenntlichkeit verändern. Darüber hinaus kann aber auch, bes. bei mehreren Stichen, der ganze Körper u. a. mit Temp.-Erhöhung reagieren. Die Reaktion auf einen Bienenstich wird bei normalempfindlichen Menschen von Mal zu Mal geringer, Schwellungen treten, abhängig von der

Anzahl der erhaltenen Stiche, nach 1–2 Jahren nicht mehr auf, die Schmerzempfindung aber bleibt. Der Imker sollte sich aber auch nicht unnötig stechen lassen, da es vereinzelt nach häufiger Einwirkung von Bienengift zu allergischen Erscheinungen kommen kann. Treten nach einem Bienenstich Herz- u. Kreislaufbeschwerden od. allergische Erscheinungen, wie Nesselfieber, Schüttelfrost od. gar Ohnmacht auf od. erfolgte ein Bienenstich in den Mund- od. Rachenraum, ist ärztl. Behandlung notwendig.

Endokrinologie → Hormone, Insektenhormone.

Endomitose. Verdopplung der Chromosomen innerhalb eines Zellkerns ohne Auflösung der Zellkernmembran, so daß die Tochterchromosomen im Zellkern verbleiben. Der Zellkern enthält somit nach der E. einen doppelten Chromosomensatz, der sich weiter verdoppeln kann. Die zunächst diploiden Kerne werden durch E. tetra-, okto- bzw. polyploid.

Endoparasit. Im Körper der Biene od. in der Bienenbrut lebender Parasit ↗: *Acarapis woodi* ↗, Amöbe, Gregarine ↗, *Nosema apis* ↗, Fliege ↗.

Endosulfan. Substanz mit insektizider Wirkung. Als Wirkstoff von Pflanzenschutzmitteln ↗ angewendet. Bienenungefährlich ↗, aber sehr fischgiftig.

Endpflege → Aufzuchtverfahren.

Energetik des Atmungsstoffwechsels → Wärmeentwicklung der Bienen u. Atmungsstoffwechsel.

Energiehaushalt. Äußert sich im Energieumsatz u. ist abhängig vom Umfang des Sammelgutes (Nektar, Honigtau, Pollen), seiner Speicherung u. der Nahrungsaufnahme einerseits sowie der Biomasseproduktion (Legeleistung der Weisel, Futtersaftproduktion), dem Energieumsatz in Form von Sozialleistungen, der Respiration u. der Exkretabgabe andererseits:

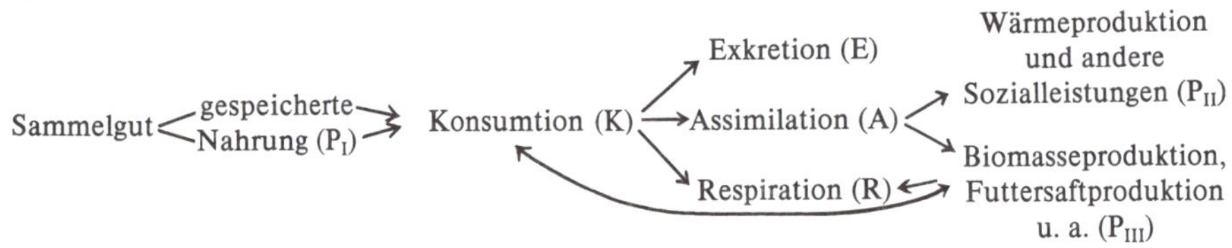

Der E. wird auch durch die Konstitution des Bienenvolkes u. durch genetische Faktoren, durch die Eiablagerate ↗ der Weisel u. Volkseigenschaften wie Sammeleifer, Reizbarkeit beeinflußt, ist aber außerdem von äußeren Faktoren abhängig (Trachtlage, Witterung, Klima, Tageslänge). Für den E. von Einzelorganismen od. eines Sozialverbandes (Bienenvolk) lassen sich in Anlehnung an das obige Schema folgende Gleichungen formulieren, die zur Bestimmung des E.es dienen können: $K = A + E + R$; $A = P_{II} + P_{III} + R + E$; $P = P_I + P_{II} + P_{III}$. Alle Größen, die den E. bestimmen, sind jahreszeitl. Veränderungen unterworfen. Im Sommerhalbjahr ist die Produktion (P) größer als die Respiration (R), während der Winterruhe hingegen beschränkt sich die Produktion im wesentl. auf die erforderliche Wärmeproduktion in der Wintertraube ↗. Die Respiration schwankt in Abhängigkeit von der Nahrungsaufnahme u. der Umgebungstemp.

Entdeckeln der Honigwabe

Entdeckeln. Vor dem Schleudern ↗ muß man die Wachsdeckel der Honigzellen entfernen. Die Wabe wird dazu auf das Entdeckelungsgeschirr ↗ gelegt u. zusätzl. mit einer Hand gehalten. Mit einem Entdekkelungsgerät ↗ wird, meist von unten nach oben, möglichst dicht unter der Verdeckelung entlanggefahren u. sie dabei abgehoben od. abgeschnitten. Das Entdeckelungswachs wird in ein Sammelgefäß abgestreift.

Entdeckelungsgeräte. Das in kleineren Imkereien am häufigsten benutzte E. ist die Entdeckelungsgabel, ein Gerät mit etwa 20 geraden od. abgekröpften spitzen Stahlzinken u. festem Handgriff. – Das Entdeckelungsmesser besteht aus einer breiten Stahlklinge mit aufgebogener Spitze u. abgekröpftem Griff. Entdeckelungsmesser können auch elektrisch od. mit Dampf beheizbar sein. Nichtbeheizte müssen wiederholt in heißem Wasser angewärmt, vor der Benutzung aber getrocknet werden. – Der Elektroentdeckeler ähnelt in der Grundform der Entdeckelungsgabel, nur hat er statt der Zinken eine elektrisch beheizbare Schneide. Bei der Benutzung der beheizten E. ist darauf zu achten, daß die Wärme nicht zu stark auf den Honig einwirkt, da sonst eine lokale Überhitzung eintreten kann. In großen Imkereibetrieben sind auch Entdekkelungsmaschinen in Gebrauch.

Entdeckelungsgeschirr. Gerät unterschiedl. Ausführung, das den Honigwaben beim Entdeckeln sicheren Halt gibt, den abtropfenden Honig auffängt u. ein Gefäß enthält, in dem sich das an einem Draht od. einer Kante abgestreifte Entdeckelungswachs sammelt. Das Sammelgefäß sollte einen Siebboden enthalten, durch den der Honig ablaufen kann. Größere Geräte haben meist ein Gestell, auf dem fertig entdekkelte Waben abgestellt werden können, u. am Sammelgefäß einen Quetschhahn zum Ablassen des angesammelten Tropfhonigs.

Entdeckelungswachs. Beim Entdeckeln ↗ der Honigwaben anfallendes Wachs. Es enthält je nach der Art des Entdeckelungsgerätes einen ± großen Honiganteil. Dieser Honig kann als Tropfhonig gewonnen werden, indem das E. auf ein Sieb od. in ein Gefäß mit gelochtem Zwischenboden gegeben wird. Die Verarbeitung des E.es kann auf versch. Weise erfolgen: 1. direktes Einschmelzen, z. B. in einem Kochtopf mit Wassermantel (Milchkochtopf). Hierbei gewinnt man den Rest des im E. enthaltenen Honigs als Seimhonig u. einen noch mit Verunreinigungen durchsetzten Wachsboden. – 2. auswaschen in wenig lauwarmem (nicht heißem) Wasser. Das Honigwasser kann der Zuckerlösung zugesetzt, das Wachs im Sonnenwachsschmelzer od. sonstigem Wachsgewinnungsgerät ausgeschmolzen werden.

Entfernungsweisung → Nahrungssuche.

Entnahme der Honigwaben. Während einer noch anhaltenden Tracht dürfen nur meist verdeckelte Honigwaben entnommen werden, 3–4 Tage nach der letzten Zunahme am Waagstock enthalten auch unverdeckelte Waben nur schleuderungsreifen Honig. Zur Sicherheit ist immer die Stoßprobe ↗ auszuführen. Um bei der E. d. H. möglichst wenig mit den Bienen in Berührung zu kommen u. die für das Volk damit verbundene Beunruhigung so gering wie möglich zu halten, ist es ratsam, eine Bienenflucht ↗ anzuwenden. Nachdem die Waben entnommen sind, wird der Honigraum sofort mit Reservewaben od. mit den ausgeschleuderten des Nachbarvolkes wieder gefüllt u. die wenigen auf den Waben verbliebenen Bienen zurückgefegt. Die Abdeckung des Absperrgitters wird bei Trachtlosigkeit erst am Abend kurz nacheinander bei allen abgeschleuderten Völkern gezogen. Beim Arbeiten ohne Bienenflucht, d. h. bei offenem Absperrgitter, entnimmt man erst alle Waben dem Honigraum u. stellt sie auf den Wabenbock. Der Honigraum ist in trachtloser Zeit nur mit trockenen Leerwaben, soweit vorhanden, auszustatten, bei anhaltender Tracht können auch ausgeschleuderte, etwas mit Wasser besprühte Waben gegeben werden. Nun werden die Bienen von den entnommenen Waben in den Honigraum zurückgefegt. Niemals jede entnommene Wabe sofort abfegen. Hierbei würde man zahlreiche Bienen mehrmals abfegen, was sie in Aufregung versetzt u. zum Stechen reizt. Am Abend können auch in trachtloser Zeit die reichl. mit Wasser besprühten, ausgeschleuderten Waben zurückgegeben werden. Bei im Freien stehenden Magazinbeuten ist in trachtloser Zeit ganz bes. darauf zu achten, daß man alles vermeidet, was eine Räuberei auslösen könnte. Zweckmäßigerweise ist eine Bienenflucht einzusetzen, die die aus dem Honigraum auswandernden Bienen direkt in die Brutzargen gelangen läßt. Die Anwendung von Repellents ↗ zum Bienenfreimachen der Honigräume hat sich noch nicht allgemein durchgesetzt.

Entschädigung. Bei Bienenschäden ↗ hat der Besitzer der geschädigten Bienenvölker gegenüber dem Schadensverursacher, i. e. S. dem Pflanzenschutzmittelanwender, nach den Bestimmungen des Zivilrechtes Anspruch auf E. Sie ist i. d. R. in Geld zu entrichten. Der Geschädigte ist materiell so zu stellen, als wäre das schädigende Ereignis nicht eingetreten (Bienengesundheitsdienst ↗).

Entweiselung → Zusetzen von Weiseln → Aufzuchtverfahren.

Entwicklung, Individualentwicklung. Ganz allgemein die qualitative Veränderung lebender Systeme, bei der vorhandene Formen bzw. Funktionen in andere übergehen. Sie läuft bei der Biene in der Form einer vollkommenen Verwandlung (Metamorphose ↗) ab, d. h., sie umfaßt die Bildungsprozesse von der im Ei (Embryonalentwicklung ↗), Larven-E., Puppen-E. bis zum ausgewachsenen Insekt (Imago ↗) u. die dabei erfolgenden Differenzierungen. Larven- u. Puppen-E. werden zuweilen als Postembryonal-E. zusammengefaßt. Die E. erfolgt in mehreren Stadien, zw. denen jeweils Häutungen ↗ liegen, die ihrerseits durch das Wechselspiel von Hormonen ↗ gesteuert werden. – Echtes Wachstum, also die quantitative Veränderung durch Vermehrung lebender Substanz sowie Gestaltsänderungen, erfolgen nur nach jeder Häutung, d. h. nach dem Abstreifen der letzten Körperhaut, die sich wegen einer äußeren mit Chitin verstärkten Cuticula nicht ausdehnen kann. Unter ihr liegt dann die nächste vergrößerte Körperhaut. Da sich eine geschlüpfte Imago nicht mehr häutet, ist sie auch nicht mehr zu echtem Wachstum u. zu Gestaltsänderungen befähigt. Die Vergrößerung des Hinterleibes der Weisel während der Eilegeperiode hat ihren Grund im Auseinanderrücken der Hinterleibsringe durch die eiproduzierenden Eierstöcke. In analoger Weise kann man auch beim erweiterten Hinterleib durch Füllung der Honigblase od. des Rectums (im Winter) nicht von Wachstumsvorgängen sprechen.

Entwicklung der Bienenwohnungen. Wie die Geschichte der Bienenhaltung ↗ aufzeigt, begann die wirkliche Bienenzucht, als der Mensch lernte, das Ge-

Zwei barocke süddeutsche Holzfigurenbeuten

Holzgeschnitzte, bemalte Johannesfigur.
Herkunft Niederbayern

deihen von Bienenvölkern, die er in hohlen Bäumen od. anderswo fand, durch eine gewisse Überwachung u. Fürsorge zu sichern. Später nutzte man transportable Beuten, welche die natürl. Unterkünfte der Bienen ersetzten. Eine Bienenwohnung wurde aus den verschiedensten Materialien hergestellt, u. ihr Bautyp richtete sich nach der Vegetation, dem Klima u. den versch. Traditionen in versch. Gebieten. Im Mittl. Osten, in heißem, trockenen u. waldlosen Land, wurden schon in der Jungsteinzeit Töpfergefäße, etwa ab 5000 v. u. Z., hergestellt u. solche Gefäße als Beuten genutzt, wenn sich Bienenschwärme zufällig einnisteten. Wassergefäße werden auch heute noch in einigen Mittelmeerländern (Israel, Libanon) u. irdene Töpfe in Afghanistan als Bienenbeute genommen. Aus der Wirtschaftsweise der Waldbienenzucht, beschränkt auf das Gebiet öst. der Elbe, zw. der Ostsee im N u. der ukrainischen Steppe im S, entwickelte sich die Klotzbeute, indem jener Teil des Baumes, der die Beute enthielt, in einer Höhe von 1,5–2 m herausgesägt wurde u. eine selbständige Aufstellung fand. So stellt die Klotzbeute den Übergang zw. Wald- u. Hausbienenzucht dar. Entweder blieb sie im Wald u. wurde «einfach» auf einen anderen Baum hinaufgezogen, od. der Transport des Volkes erfolgte mitsamt dem herausgeschnittenen Baumabschnitt in die Nähe menschl. Behausungen. Er wurde meist auf eine Steinplatte od. andere ebene Unterlage gestellt u. mit einer Steinplatte abgedeckt. Zur Herstellung der hochstehenden Klotzbeuten wurden Nadel- u. Laubbäume, in Polen z. B. am meisten Kiefern, genutzt. Immer im Mittelteil befand sich das Flugloch. Die Klotzbeuten wurden dort von oben mit Bohlen, Brettern, Birkenrinde od. Strohdach versehen. Dieser Stock ist z. T. auch künstlerisch ausgestaltet worden, entweder mit Relief od. als Vollplastik. Das Flugloch befindet sich immer an der Vorderseite der Figuren. Aus der Klotzbeute haben sich dann die sog. Figurenstöcke entwickelt. Wahrscheinl. spielt bei ihrer Erschaffung neben der bes. Kennzeichnung des Eigentums, dem Schmuckbedürfnis bei der Ausschmükkung von wichtigen Gebrauchsgegenständen u. der Abwehr von Übel auch der Wunsch der Glücksvermittlung eine Rolle, u. außerdem glaubte man, durch die bes. Behandlung des Stocks den Orientierungssinn der Bienen zu unterstützen. Die Figurenstöcke sollen

Irdener Topf,
in Afghanistan
als Bienen-
wohnung benutzt

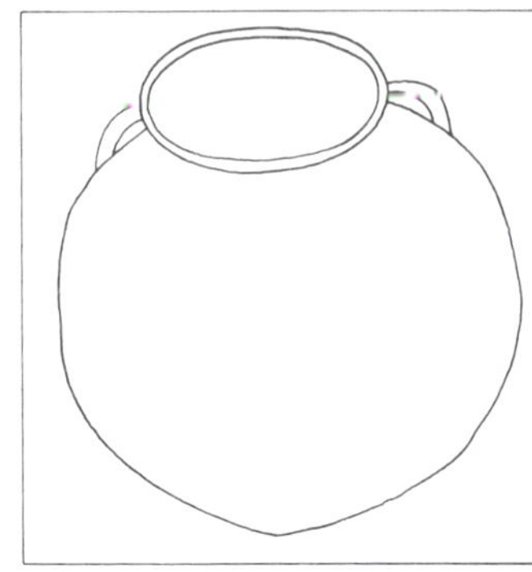

aber insbes. eine Art «Immenwächter» darstellen, die Honig u. Wachsertrag vor Dieben schützen können, ähnl. den niederdeutschen sog. Bannkörben, bei denen das Einflugloch als Mund eines Gesichts gestaltet wurde. Daß man den Klotzbeuten vorzugsweise die äußere Gestalt von Heiligenfiguren gab, hängt wahrscheinl. mit der bes. Rolle der Biene im religiösen Volksglauben zusammen, da die Biene nicht nur das Wachs für die Kirchenkerzen spendete, ohne das die Messe nicht gesungen werden konnte, sondern auch wegen ihrer vermeintlich ungeschlechtlichen Erzeugung das Sinnbild der Keuschheit u. der jungfräulichen Geburt des Erlösers war. Schon Ambrosius ↗ verglich die Kirche mit einem Bienenkorb u. ist u. a. selbst eine der Figuren, die man oft als Bienenstock darstellte. Vor allem Schier wies in seinem Buch über den «Bienenstand in Mitteleuropa» nach, daß die Bienenwohnungen im europ. Raum ziemlich differenziert sind u. Klotzbeuten u. Figurenstöcke nur dort auftreten, wo es einst Waldbienenzucht gegeben hat, also

Ambrosius, Holzfigur mit Bienenkorb. Höhe 33 cm.
Herkunft unbekannt

vorwiegend in NO-Europa. Der Zugang zum Bienenvolk befand sich auf der rückwärtigen Seite gegenüber dem Flugloch. Aber es existierten nicht nur hochstehende, sondern auch liegende Klotzbeuten («Lagerstöcke»), die den hochstehenden ähnl. waren, aber waagerecht aufgestellt wurden. Ein Brett od. zwei dienten hier als Verschluß, wobei das Dach aus dünn gespaltenem Schindelbrett, Stroh od. Birkenrinde gemacht wurde. Es kam auch vor, daß liegende Klotzbeuten nicht waagerecht, sondern im Winkel von ca. 45° zum Boden aufgestellt wurden. In den ersten zwei Jahren schnitt man die unteren Teile der Wabe heraus, u. der so entstandene Leerraum wurde über den Winter mit Stroh gefüllt. Befand sich im oberen Teil der Beuten ausreichend Honig, schnitt man die dort befindlichen Waben heraus u. drehte die Beute wieder so, daß der obere Teil nach unten kam. Es waren immer kompakte, im zentralen Bereich ausgehöhlte Baumstämme, die verwendet wurden. Es handelte sich

Zeidlerei mit der dazugehörigen Ausrüstung (Imkerbeil, Holzlöffel zum Herauslösen der Waben, Sack für die Honigschwarmfänger); in der Mitte oben Klotzbeute. Aus G. Schirach; 1774, nach Ruttner.

also niemals um Röhren. – Die ältesten schriftlichen Zeugnisse für Bienenwohnungen aus M- bzw. W-Europa stammen aus dem 7.–8. Jh., wo der angelsächsische Kirchenvater Aldhelmus (639–709) in «De laudibus virginitatis» Bienenwohnungen, die als «Hütten aus zierlichen Ruten zusammengeflochten od. aus geschälten Rinden zusammengenäht sind», beschreibt. Die älteste Form der Bienenwohnung in den europ. Ländern nö. des Mittelmeergebietes ist die nach unten offene Glocke, der Stülper. Er ist vom Kaspischen Meer bis nach Gibraltar nachgewiesen u. offenbar älter als die indogermanische Besiedlung (Armbruster 1926, Schier 1939). Im Flachland wurde er aus Rutengeflecht (Rutenstülper), abgedichtet mit einem Gemisch aus Kuhdung, Lehm u. Asche, hergestellt, im Gebirge u. in waldreichen Gegenden aus Holz, d. h. aus einem ausgehöhlten Baumstamm (Klotzstülper).

Korbbeute. Siebenbürgen

Auch wurden Klotzstülper, z. B. aus kräftiger Baumrinde, angefertigt, wobei sich z. B. in Spanien die Rinde der Korkeiche als bes. brauchbar erwiesen hat u. deshalb häufig Verwendung fand. Noch heute findet man in Griechenland u. in den Balkanländern eine große Zahl von «Kofini», Rutenstülpern (künstl. Klotzstülper), die noch immer in der Wanderbienenzucht angewendet werden. Allen Stülpern ist gemeinsam, daß sie infolge ihres relativ geringen Gewichtes gut zu transportieren sind. Die Bienenvölker u. ihre Schwärme können in diesen Behältern ohne Schwierigkeiten aus ihrer natürl. Umgebung in die Nähe der Siedlungen gebracht werden, wo sie gruppenweise zur Aufstellung gelangen. Eine Haube aus Stroh od. Zweigen od. aus Plastik – wie z. B. heute in Griechenland – bietet Schutz gegen Nässe u. Hitze. Die Stülper sind nach unten offen, u. die Eingriffe in das Volk erfolgen meistens von unten. Die Klotzbeute ist im Gegensatz zum Stülper unten geschlossen. Der Zugang zum Volk wird durch Abnahme eines vertikalen Deckbrettes ermöglicht, das sich meist an der RS des Stammes (vom Flugloch gesehen) befindet. Stülper sind entweder aufrechtstehende Röhren od. glockenförmige Körbe; Tontöpfe od. auf den Kopf gestellte Körbe sind vom Stülper abgeleitet. Nach Funden an der Nordseeküste scheint der Rutenstülper etwa seit dem 1.–2. Jh. u. der Strohkorb seit dem 6. Jh. genutzt zu werden. In den Niederlanden, N-Griechenland u. anderen Balkanländern, vor allem aber in der Lüneburger Heide, trifft man durch die ausreichende Spättracht u. die berufsmäßig betriebene Wanderimkerei mit Schwarmbetriebsweise noch heute Korbimkerei. – Die verschiedenartigsten Entwicklungsformen der Strohkörbe sind bekannt, so z. B. der Hessische Stülper, die Pudelmütze, der Stader Stülper, die Thüringer Walze, das Strohfaßl, der Lüneburger Korb, der allemannische Rumpf, der Glockenstülper (Holland), der Rutenkorb

(NO-Schweiz). – Der Honigglockenbetrieb, d. h. den Strohkörben wurde ein glockenförmiger Aufsatz (germanische Länder, Frankreich, bes. Normandie, Burgund, Schweiz, österreichische Alpenländer, England, Skandinavien) übergestülpt, war bes. für die Sommertracht geeignet (ARMBRUSTER 1926, 1929). So wurde z. B. in Frankreich zu Beginn der Esparsettetracht das Volk auf den Kopf gestellt, d. h., der Boden wurde etwas aufgegraben u. in diese Grube der Spitzkorb festgerammt (Purzelbaumimkerei), u. auf diesen stülpte man den neuen leeren od. abgetrommelten Korb. Es erfolgte eine Teilung des Volkes in Bau- u. Sammelbienen, u. oben wurde vollgetragen. Danach stellte man den unteren Korb wieder «auf die Füße» u. führte die Bienen des Aufsatzkorbes zu (4:1, 3:1 Völker vereinigt). – Eine andere Form der Bienenwohnung stellt der Drehrumpf in Breitwaben-Strohkörben dar. Die mehr breiten als hohen, bauchigen Körbe hatten im eigentl. Drehrumpf kein Flugloch, dafür im Bodenbrett, auf dem der Korb stand. Da sich im fluglochnahen Teil des Rumpfes das Brutnest befindet u. im fluglochfernen der Honig (keine Schwarmzucht), konnte der Imker jederzeit zum Honig gelangen, ohne das Brutnest zu stören. Er brauchte nur den Korb herumzunehmen u. aus dem eigentl. Rumpfinhalt Wabenstücke, Honigwabenstücke, herauszuschneiden. – Etwa 1½ Jahrtausende wurde die Bienenhaltung der Alemannen durch den alemannischen Strohkorb od. Rumpf bestimmt, dem ebenfalls das Drehrumpfverfahren zugrunde liegt. Sein Aufbau besteht aus einem einzigen, langen Strohseil, das in spiraligem, wendeltreppenartigem Aufbau von unten bis oben zum Scheitel hinführt. Sein Durchmesser beträgt etwa 50 cm, die Höhe 30 cm. Der breite, bauchige Strohrumpf besitzt meist kein Flugloch, sondern steht auf einem Bodenbrett, in das die Flugrinne eingeschnitten ist. So kann auch hier der Imker jederzeit Waben herausschneiden, ohne das Brutnest zu zerstören. Nach dem Beschneiden wurde dann die leergeschnittene Zone ebenfalls nach vorn zum Flugloch gedreht u. dadurch den Bienen die Möglichkeit gegeben, den leeren Raum wieder auszubauen. Der Korb wurde also um 180° gedreht u. die Bauerneuerung gesichert. Der Drehrumpf stellt den Übergang von den Stülpern zu den Tunnelstöcken (Walzen) dar, die aus M-Europa, den öst. beeinflußten Mittelmeerländern, Afrika, dem Vorderen u. dem Hinteren Orient bekannt sind. In den Alpen findet man aus Brettern den sog. alpinen, umkehrbaren Tunnelstock. Er hat einen meist quadratischen Querschnitt, ist etwa 1 m lang u. 30 cm hoch bzw. breit. Die Endverschlüsse sind austauschbar, einer enthält die meist in der Mehrzahl angebrachten Fluglöcher, u. in der Mitte verläuft ein kreuzförmiger Speil. Die Tunnelstöcke sind meist unter einer Hütte gestapelt, die vorn u. hinten Flügeltüren hat. Da sich in der Nähe des Fluglochs das Brutnest befindet, wird bei guter Tracht der Honig bald mehr, bald weniger nach hinten gedrückt, so daß die Entnahme sehr einfach ist, da Bienenhaus u. Bienenstock leicht von hinten zu öffnen sind. Beginnt im Frühjahr das Bienenleben wieder, wird der Stock gedreht u. die vorderen u. hinteren Verschlußbretter gleichzeitig getauscht. Jetzt haben die Bienen zunächst einen langen Weg durch einen Hohlraum zw. Brutnest u. neuem Flugloch. Da der Hohlraum von den Bienen ausgebaut wird, verlegt die Weisel das

Magazinbeutenstand im rumänischen Mittelgebirge

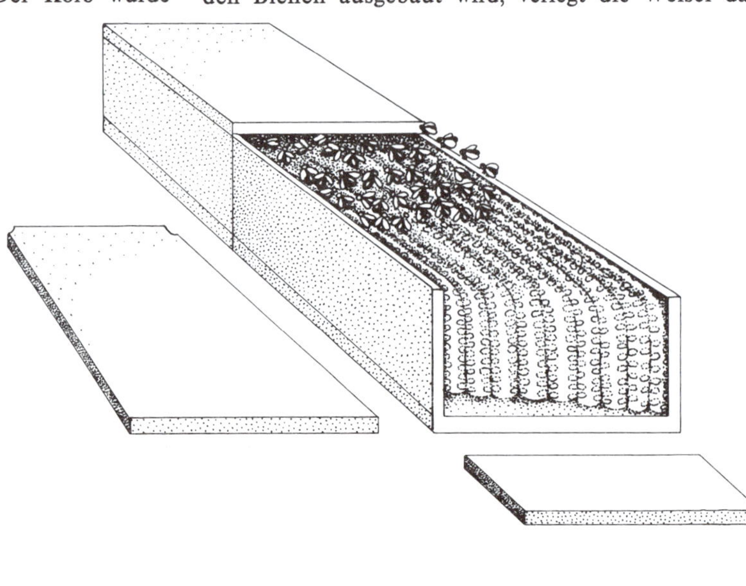

Krainer Bauernvolk,
umgedreht und Bodenbrett entfernt.
ANTON JANSCHA (1775)

Brutnest mehr u. mehr in Richtung Flugloch, so daß das alte Brutnest zum Honigraum wird. Der Imker räumt bei der Ernte immer den halben Tunnel aus. Er schneidet also die Waben bis zum kreuzförmigen Speil in der Mitte heraus, u. in zweijähriger Umtriebszeit wird der Bau erneuert; der Stock bleibt unsterblich. Da es an Schwärmen nicht fehlt, wird die Königin normalerweise ebenfalls verjüngt. Es zeigt sich also, daß die Umtriebszeit beim Tunnelstock kürzer ist als beim Drehrumpf. Die Tunnelstöcke sind in Form u. Material recht versch. Es gibt Holzröhren aus hohlen Baumstämmen, die z. B. im tropischen Afrika zum Schutz vor Feinden in Bäumen aufgehängt werden od. in Vorderasien (Kaukasus, Iran) in einer od. mehreren Reihen übereinander unter einem Schutzdach untergebracht sind od. in N-Afrika – auch heute noch – in Röhren aus Korkrinde u. aus Rutengeflecht.

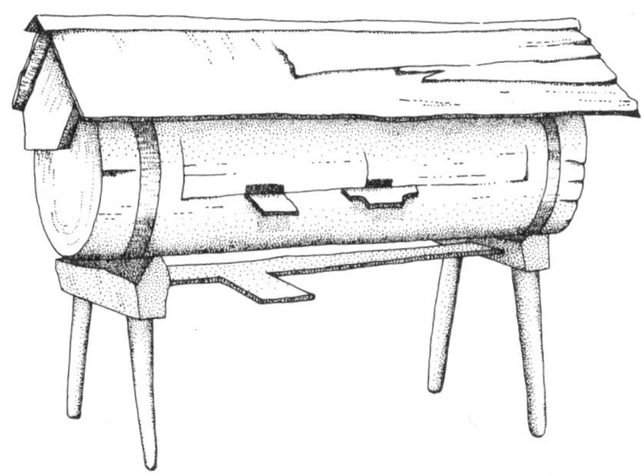

Klotzbeute

Im Vorderen Orient findet man neben den Röhren aus Rutengeflecht Röhren aus gebranntem Ton. Während die Tunnelstöcke Ägyptens aus an der Luft getrocknetem Nilschlamm gefertigt sind, die zu geschlossenen Mauern gestapelt werden, stellt man in N-Afrika u. Sizilien aus den trockenen Stengeln von *Ferula communis* den Tunnelstock her. Man baut quadratische Rähmchen, die durch durchgezogene Ruten aneinandergefügt werden u. so einen etwa 1 m langen Tunnel bilden. Die Fugen werden mit Kuhdung u. Lehm abgedichtet. Da diese Stöcke leicht sind, kann der Imker sie auch gut transportieren. – Nach Armbruster 1921 entsprechen die Tonröhren, dargestellt auf einem Relief des Tempels Ne-user-re aus der 5. Dynastie (2600 v. u. Z.) in Aussehen u. Bewirtschaftung ganz denjenigen der 15. Dynastie (1450 v. u. Z., Fraser 1951) od. der Gegenwart. In Ägypten, Rhodos, Zypern u. dem Vorderen Orient haben die Tonröhren zylindrische Form u. werden zu Bienenmauern gestapelt – die Wabenentwicklung erfolgt in Längsrichtung od. quer –, in Kreta – mit keinem anderen Teil der Erde vergleichbar – ist eine konische Form der Bienenwohnungen anzutreffen. Die VS u. die RS sind durch Baumrinde verschlossen, die Ritze zw. Rinde u. Tonröhre wird mit Lehm verschmiert. Die Tonröhren werden horizontal in einfacher Reihe postiert u. mit Steinplatten bedeckt. Bei der Behandlung der Völker wird zuerst der vordere Verschluß abgenommen. Die Waben dahinter sind immer streng quer zur Längsachse der Röhre angeordnet. Dadurch sind alle Waben regelmäßig kreisrund. Mit einem gebogenen Messer werden die einzelnen Waben von der Röhre gelöst u. herausgenommen. Beim Zurücksetzen der Waben nimmt man als Unterlage ein Stück Rinde od. Holz, um den freien Abstand vom Wabenunterrand zu gewährleisten. Um die regelmäßige Wabenstellung zu erreichen, setzt man vor Einschlagen des Schwarmes drei Wabenstücke quer zur Röhrenachse u. fixiert sie, indem man zw. die Waben ein Kreuz aus trockenen Blütenstengeln des *Asphodelus* einsetzt. Vom Schwarm werden diese Wabenstücke festgebaut u. alle weiteren parallel zu dieser ersten angeordnet. Drei Tage nach Einschlagen des Schwarmes wird die Röhre um ihre

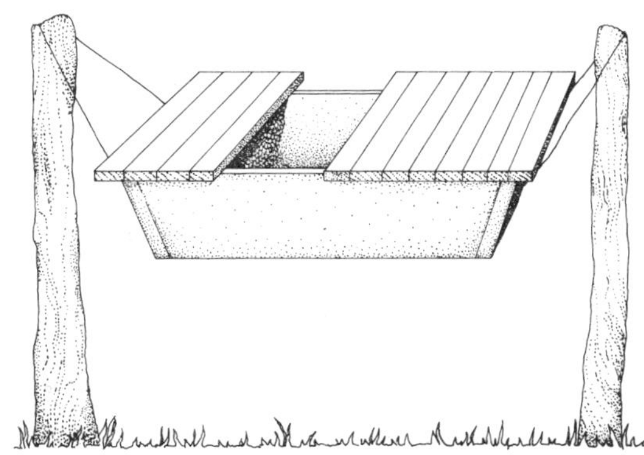

Kenya Topbar Hive als Schutz gegen Ameisen, frei schwebend. Die Waben sind frei beweglich.

Längsachse gedreht; dadurch erfolgt eine allseitige, stabile Anheftung der Wabe an der Röhreninnenfläche. Die syrischen Tonröhren – ebenfalls heute noch anzutreffen – haben i. U. zu den kretischen ein verengtes, vorderes Ende. Im Orient ist der Tunnel also nicht drehbar; man hat zu beiden Tunnelenden Zutritt, so daß bald der vordere u. bald der hintere Teil ausgeräumt wird; während auf der Insel Kreta u. den Kykladen eine Vorderbehandlung erfolgt. Auch auf altägyptischen Darstellungen kann man eine Verjüngung der Röhre gegen das Flugloch finden (Armbruster 1911, Fraser 1951). – In den sü. Alpen (Kärnten, Slowenien) findet man keine zylindrischen Tonröhren, aber ähnl. Tunnelstöcke aus Holz. Die Bienen bauen meist irgendwie diagonal im Kistenhohlraum, u. die Wabenentnahme erfolgt nach Abnahme des Bodenbrettes. Im österreichisch-jugoslawischen Grenzgebiet sieht man auch heute noch flache Kästen mit bunt bemalter Vorderfront. – Quertunnelstöcke – aus Holz – findet man in China, dem Kaukasus u. der Steiermark. Das Flugloch od. die Fluglöcher befinden sich an der Breitseite unten in der Mitte (Anlage des Brutnestes). Die Tunnelenden enthalten beiderseits Öffnungen, durch die man die Honigwaben herausschneiden kann. Zu erwähnen wäre auch der Krainer Bauernstock, der Tunnelstock mit geringstem Literinhalt. Man kann die zusammengefügten Bretter auseinandernehmen (nur Stirn- u. Rückenbrett werden nie vertauscht), so daß das Brutnest u. die Waben vor

Klotzstülper aus dem Tessin, auf einer Unterlage stehend und mit einer Steinplatte bedeckt

dem Imker liegen. Meist ist eine Bienenhütte vorhanden, u. die Völker stehen in derselben bis zu sechs Reihen übereinander, od. man stapelt nicht u. legt jede Reihe auf ein eigenes Querlager. A. JANSCHA ↗ hat die feste Flugfront der (teilweise sogar ohne Querträger) gestapelten Kästen z. T. so gelockert, daß er jedem Kasten einen Aufsatz aufschieben konnte. Außerdem entwickelte er eine bewegliche Einzelwabe auf Bügelgestell, ein Brettchen, dessen beide Rutenbügel eine Wabe festhalten u. das dann in einen Stock geschoben wird. – Aus den angeführten Beispielen wird deutl., daß i. d. R. bis in die Mitte des 19. Jh.s bei großen Beuten, wie jenen aus Baumklötzen od. Kork, das untere Drittel aller Waben mit einem bes. geformten Messer abwechselnd herausgeschnitten wurde, wobei der Rest ein permanentes Brutnest darstellte u. jedes Jahr der entnommene Honigwabenteil von den Bienen neu gebaut u. vom Imker abermals herausgeschnitten wurde. – Auch wurden mehrere Völker in einer Beute zum Überwintern durch «Abtrommeln» der Bienen vereinigt, indem die eigentl. Beute umgestülpt u. eine leere draufgestellt wurde; dann betrommelte man die Seitenwände der umgestülpten Beute, u. die Bienen besiedelten die leere Beute. – Bei den kleinen Strohkörben wurden im Laufe der Zeit versch. Arten von Erweiterungen (Aufsätzen) oben über eine Öffnung in den Korb gesetzt, z. B. ein kleinerer Korb (Kappe) od. ein Gefäß (Glocke). Auch wurde ein Untersatz unter den Korb gesetzt, ein mehrere Zentimeter hoher Strohring, der eine Verlängerung des Korbes nach unten bildete. Dort speicherten die Bienen den Honig, aber brüteten nicht. Zw. 1650 u. 1850 entwickelte man in der Alten Welt viele Beuten mit Tragleisten u. Rähmchen, um die Honigwaben problemlos entnehmen zu können, scheiterte jedoch meist. Die Entdeckung, daß die Griechen schon seit Urzeiten in geflochtenen Korbbeuten die nach oben offene Seite mit Holz abdeckten, das in Leisten von ca. 38 mm Breite geschnitten wurde, wobei jede Leiste an der US leicht gewölbt war, gelangte erst Ende des 17. Jh.s nach M-Europa. Die

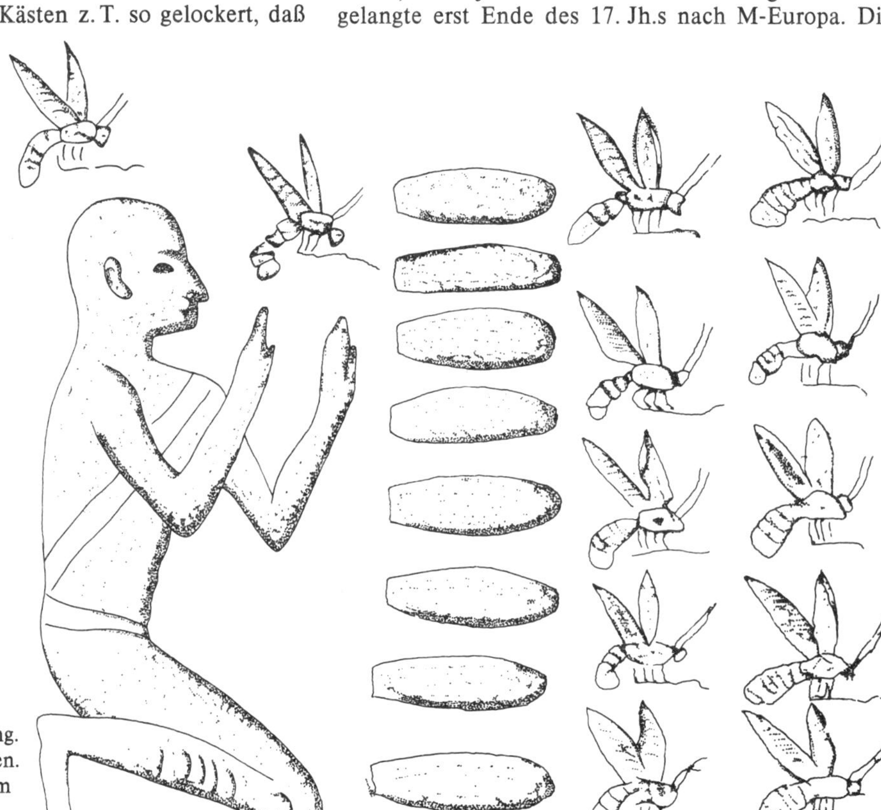

Altägyptische Darstellung. Imker mit Röhrenstöcken. Wandzeichnung aus dem Grab von Pa-bu-Sa, 630 v. u. Z.

Bienen befestigten ihre Waben entlang der so geformten Leistenrücken, z. B. eine Wabe entlang der US einer jeden Leiste. Wahrscheinl. wegen der Schrägung der Beutenwände befestigten die Bienen die Waben nicht an diesen, so daß eine funktionierende Mobilwabenbeute geschaffen war. 1851 entwickelte der Amerikaner LANGSTROTH ↗ die Mobilrahmenbeute, die seit 1861 in den Vereinigten Staaten allgemein verwendet wird. Während jedoch LANGSTROTH von einer Stülperform (aus Holz od. Stroh) mit Schichtenbeweglichkeit ausging, ist fast gleichzeitig in Europa DZIERZON ↗ von der Klotzbeute ausgegangen, indem er Rähmchen entwickelte, die durch die rückwärtige Tür entnommen wurden. Der Dzierzon-Stock – es entstanden Auszugsbeuten u. Blätterstöcke – gehört noch heute in M-Europa zu den verbreitetsten Bienenwohnungen. In Amerika werden meist Langstroth- ↗ u. Dadantbeuten ↗ verwendet. In Europa sind die Beuten von Land zu Land versch., u. innerhalb eines einzigen Landes werden sogar eine Vielzahl von «Standardbeuten» gebraucht. Diese Beuten haben Rahmen u. damit Mittelwände von versch. Form u. Größe sowie versch. Abdeckbretter u. Absperrgitter. Nach RUTTNER hat die Entwicklung zur Bienenbeute mit beweglichen Rähmchen von der traditionellen Beutenform des betr. Gebietes ihren Ausgang genommen. Außerdem sind landschaftsgebunden «standardisierte» Typen von Bienenwohnungen entstanden, die oft bis in die Gegenwart zu finden sind.

Entwicklungsdauer. Für die drei Bienenwesen Arbeiterin, Weisel u. Drohn unterschiedl. Nach einer für

Übersichtstabelle zur Entwicklung der 3 Bienenwesen

Tag der Eiablage	*Arbeiterin*	*Weisel*	*Drohn*
1			
2	Ei	Ei	Ei
3	L 1 Eischlupf	Eischlupf L1	L1
4	L2 1. Häutung	1. Häutung L2	L2
5	L3 2. Häutung	2. Häutung L3	L3
6	L4 3. Häutung	3. Häutung L4	L4
7	L5 4. Häutung	4. Häutung L5	L5
8	Deckelung Strecklarve Spinn-Ende	Deckelung Strecklarve	
9		Spinn-Ende Vorpuppe	Deckelung Strecklarve Spinn-Ende
10	Vorpuppe	5. Häutung	
11	5. Häutung	Puppe	
12	Puppe		Vorpuppe
13			
14			5. Häutung
15		6. Häutung	Puppe
16		Schlupf	
17		Imago (Weisel)	
18			
19			
20	6. Häutung		
21	Schlupf		
22	Imago		
23	(Arbeiterin)		6. Häutung
24			Schlupf Imago (Drohn)

Das Leben der Honigbiene

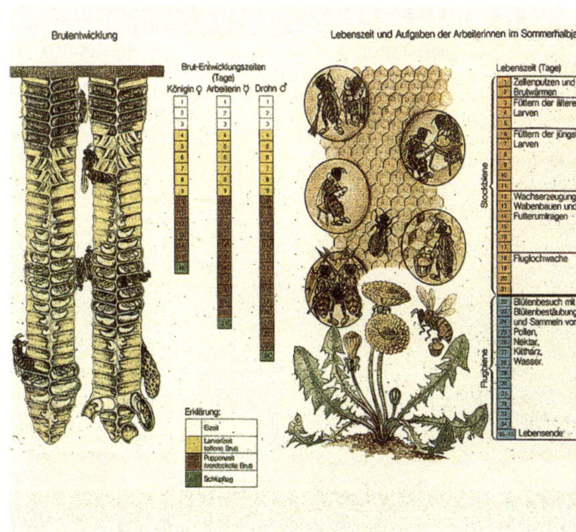

Entwicklungschema der Bienenwesen

alle drei gleichen Dauer der Embryonalentwicklung von drei Tagen, die synchron verläuft – bezogen auf die im Brutbezirk gewährleistete Temp. von 36 °C –, nimmt die Larvenentwicklung ↗ 6,5 bzw. sieben Tage (jeweils für ☿, ♀ u. ♂) in Anspruch. Darin ist die Zeit der kokonspinnenden Strecklarve ↗, eine funktionelle Phase des sich an die vierte Häutung anschl. fünften Larvenstadiums (L5), eingeschlossen. Die Strecklarve geht nach dem Ende des Spinnens in die Vorpuppe ↗ od. Nymphe über. Diese Phase dauert zwei Tage bei der Arbeiterin, etwa zwei bei der Weisel u. vier Tage beim Drohn. Erst danach kommt es zur fünften Häutung, an die sich die Puppenentwicklung ↗ anschließt. Sie dauert neun Tage bei der Arbeiterin, 5–6 bei der Weisel bzw. 9–10 Tage u. mehr beim Drohn. Am Ende der Puppenruhe erfolgt die sechste Häutung u. danach das Schlüpfen der Imago aus der Zelle. Die Arbeiterin schlüpft nach einer Gesamtentwicklungszeit von 21 Tagen u. lebt 1–9 Monate (Saisondimorphismus), die Weisel nach 16 Tagen u. lebt 2–5 Jahre. Der Drohn braucht 24 u. auch mehr Tage für die Entwicklung bis zum Schlupf u. lebt danach etwa 60 Tage.

Entwicklungstracht → Tracht.

Entwicklungszeit → Zuchtplan.

Enziangewächse → Gentianaceae.

Epidermis. Unter der Chitincuticula ↗ gelegene Zellschicht, die aus länglichen, würfelförmigen od. auch flachen Zellen besteht. Vom Körperinneren durch eine nichtzelluläre Basalmembran abgegrenzt. E.-Zellen scheiden nach außen Cuticularsubstanz ab, aus der sich durch Chitineinlagerung die Chitincuticula aufbaut. Zw. der Größe der sezernierenden Zelloberfläche u. der Cuticulamächtigkeit besteht oftmals eine negative Korrelation: je größer die E.-Zelloberfläche, umso flacher ist die aufliegende Chitincuticula.

Winterling

Epimerum. Hinterer Teil der Pleura ↗. Flügelgelenkung ↗.

Epipharynx → Mundwerkzeuge.

Epistasie. Ein dominantes od. rezessives Gen ↗ kann die Wirkung eines anderen nichtallelen Gens, des hypostatischen Gens, ganz od. teilweise unterdrükken. Ein epistatisches Gen kann auch auf mehrere nichtallele Gene versch. Loci gleichzeitig wirken. E.-Hypostasie ist eine interallele od. intergenische Wirkungsweise im Gegensatz zur Wirkung von Dominanz ↗-Rezessivität, die intraalleler od. intragenischer Natur ist.

Episternum. Vorderer Teil der Pleura ↗. Flügelgelenkung ↗.

Eranthis hiemalis (L.) Salisb., Winterling, Gelber Winterstern. A der G *Eranthis* aus der F der Ranunculaceae ↗. Aus S-Europa stammend, in M-Europa in Gärten, Park- u. Grünanlagen ↗ kultiviert, auch verwildert anzutreffen. Ausdauernd. Blüht im Februar/März. Gelbe Blüten. Bildet dicht unterhalb seiner Blüten eine Wirtel aus drei radial eingeschnittenen Hochblättern, während die langgestielten Blätter erst nach dem Blühen erscheinen. E. h. besitzt schlauchartige, manchmal zweilippige Honigblätter, in deren Innerem der Nektar abgesondert wird. Von den Ranunculaceae M-Europas ist bisher nur die Nektarsekretion des Winterlings näher untersucht. Danach sondert eine Blüte in 24 h durchschnittl. 1,46 mg Nektar mit einem Zuckergehalt von 25,8 % u. einem Zuckerwert von 0,38 mg ab. Nektar- u. Pollenspender. Da sich E. h. von selbst ausbreitet, als Bienenweide für Park- u. Grünanlagen empfehlenswert.

Erbanlage → Gen.

Erbfaktor → Gen.

Erbgang. Begriff für die Determinierung der Merkmale hinsichtlich der Anzahl von Genen ↗ (mono-, di- u. polyfaktoriell), ihrer Lokalisation (auto- od. heterochromosomal), der genetischen Wirkungsweise u. der Übertragungsweise der Gene.

Erbse → *Pisum sativum* → Leguminosae.

Erbwert. Genotypischer Wert eines Individuums. Die Ermittlung des E.es erfolgt in der Bienenzüchtung im Zuge der Körung auf Grund von Eigen-, Vorfahren- ↗ u. Geschwisterleistungen ↗ sowie von Körpermerkmalen ↗.

Erdbeerbaum, *Arbutus unedo* → Ericaceae.

Erica arborea L., Baumheide. A der G *Erica* der F der Ericaceae ↗. Über die Mittelmeerländer bis zum Kaukasus verbr., isoliertes Vorkommen in ostafrikan. Gebirgen nahe der Baumgrenze. Bestandteil der Macchien des Mediterrangebietes, zieht aber niederschlagsreiche Gegenden vor, tritt auch im Unterholz der früher weit verbr. Steineichenwälder auf. Meist aufrecht wachsende Sträucher von 2 m, auch baumartig wachsend. Während sie in S-Frankreich schon 3–4 m hoch werden kann, erreicht sie auf den Kanarischen Inseln die größte Höhe mit 20 m. Blüht im März/April. Weiße Blüten, Staubgefäße in der Krone eingeschlossen. Verlangt lockeren, tiefgründigen Boden. Vermehrung durch Stecklinge. Nektar- u. Pollenspender.

Erica carnea L., Schneeheide. A der G *Erica* der F der Ericaceae ↗. In M-Europa vom nö. Balkan bis zu den Karpaten u. der sü. DDR (Vogtland). Auf Geröll u. Felsenböden der montanen u. subalpinen Region, auch auf Kalkgestein zu finden. Charakteristischer Bestandteil des Krummholzgürtels der Alpen. Zwergstrauch, wird bis 30 Jahre alt. Blüht je nach Standort u. Witterung von Februar bis April, im S bereits ab Januar. Die Blütenknospen werden schon im Sommer des Vorjahres ausgebildet u. zeigen oft im Herbst bereits Farbe. Blüten achselständig bis zu drei in einseitswendigen, bis 10 cm langen Scheintrauben. Die fleischrosa Blütenkrone ist länglich-eiförmig, die an den Enden braunroten Staubgefäße ragen aus ihr heraus. Kelchblätter fast so lang wie die Krone. Gedeiht auch auf kalkigen Böden, gutes bodenbedeckendes Zwerggehölz. Vermehrung durch Stecklinge. Läßt sich

Schneeheide

leicht in Steingärten kultivieren. Verschiedenste Blütenfarben, wie weiß, blaßrosa, tiefrosa, intensiv rot, karminrosa, dunkelkarmin. Nektar- u. Pollenspender.

Ericaceae, Heidekrautgewächse. Die F umfaßt mehr als 80 Gn mit ca. 2500 An. Auf allen Kontinenten, bes. in den gemäßigten bis subtropischen Zonen, verbr. E. beherrschen die Vegetation in vielen niederschlagsreichen Gebieten der Erde, z. B. in der Heidevegetation W-Europas, in den Formationen der Höhenstufen oberhalb der Waldgrenze in den europ. Hochgebirgen, in der arktischen Tundra, aber auch in bestimmten Höhenstufen tropisch-subtropischer Gebirge, in winterregenreichen u. sommertrockenen Gebieten mit Hartlaubvegetation; nicht in Trockengebieten, Steppen, Wüsten u. in den meisten tropischen Tiefländern. Holzpflanzen, Zwergsträucher, Sträucher od. niedrige Bäume. Die E.-Blüten bilden traubige, rispige od. scheindoldige Blütenstände, seltener einzeln in den Blattachseln stehend. Die Blüten sind zwittrig u. meist regelmäßig gebaut. Der Blütenbau wird durch verwachsene Kronen – röhrige, becher-, krug- od. glockenförmige Kelche –, zwei Staubblattkreise, Diskusbildungen, die Öffnung der Staubbeutel durch Poren, häufig vorkommende Anhängsel an den Staubbeuteln sowie durch die Pollentetraden gekennzeichnet. Die Staubblätter bilden einen Kegel um den weit hervorragenden Griffel (stets nur einer). Wird der Kegel von einem anfliegenden Insekt berührt, rieselt der reife Pollen aus den Löchern an der Staubbeutelspitze u. bepudert das Insekt. Der meist vier- bis fünffächerige Fruchtknoten ist – je nach G – ober- od. unterständig u. bedingt dadurch versch. Entwicklungsformen der Nektarien. Bei den *Vaccinium*-An ist das Drüsengewebe innerhalb der Staubblattkreise über dem unterständigen Fruchtknoten ausgebreitet, nur in der Mitte durch den Griffel unterbrochen. In den *Rhododendron*-Blüten bildet es eine basale Anschwellung des oberständigen Fruchtknotens. Bei *Calluna*- u.

Nektar-Zuckerwert versch. E.-Pflanzen:

Pflanzen-A		*Nektarmenge je Blüte in 24 h (mg)*	*Zuckerkonzentration des Nektars (%)*	*Zuckerwert (mg)*
Calluna vulgaris	Heidekraut	0,14–0,58	23–39	0,12–1,2
Vaccinium myrtillus	Blaubeere	~4,6	~20	~0,9
Vaccinium vitis-idaea	Preiselbeere	–	–	~0,3
Vaccinium uliginosum	Moorbeere	–	–	~0,14
Rhododendron	Alpenrose	–	24–30	–

Erica-An ist das Nektarium als Diskus um den oberständigen Fruchtknoten ausgebildet. Die acht vorhandenen Vorsprünge sind nach unten gerichtet u. werden seitl. von der Basis der Staubfäden begrenzt. Die Nektarien werden von einem bes. System von Siebröhrensträngen versorgt, die bei *Calluna* bis in die Ausbuchtungen des Diskus führen u. bei *Rhododendron* das gesamte Drüsengewebe durchsetzen. – Unter den E. findet man weltweit wichtige Bienentrachtpflanzen, die gute Honigquellen für die Bienen darstellen. Die G *Rhododendron* mit ca. 1100–1300 An ist überwiegend in den Gebirgsländern SW-Chinas, den Grenzgebieten von Tibet u. im öst. Himalaja anzutreffen, wo sie vielfach das Bild der Vegetation der versch. Gebirgshöhenstufen prägt. Oberhalb der Baumgrenze trifft man z. B. in den Alpen die Eigentliche Alpenrose (*Rhododendron ferrugineum* ↗) auf humösen Böden mit saurer Reaktion u. auf kalkreichem Substrat die Behaarte Alpenrose (*R. hirsutum* ↗). Außerdem umfaßt die G Bäume u. Sträucher. Die G *Arbutus* mit der bekanntesten A, dem Erdbeerbaum (*A. unedo* L.), ist ein charakteristisches Gehölz des südeurop. Hartlaubgebüsches, der Macchie. Die typische «Streukegel»-Form der *A. unedo*-Blüten ist auch bei anderen Gn der E. anzutreffen. Die G *Baultheria* mit etwa 150 An ist vor allem in den we. Teilen N- u. S-Amerikas u. in Brasilien verbr. In den Zwergstrauchheiden W-Europas u. im Mittelmeergebiet sind etwa zwölf An der G Heide *(Erica)* vertreten, während in S-Afrika (Kapprovinz) 500–600 An – meist als niedrige, heidekrautähnl. Sträucher, oft auf kleinem Raum, mit mehr als einem Dutzend versch. An vorkommend – verbr. sind. Die großen weißen, roten, gelben od. scharlachfarbenen Blüten sind vielfach an spez. Bestäuber angepaßt, zu denen neben Bienen u. Fliegen auch Vögel gehören. Die Glockenheide (*Erica tetralix* ↗) ist eine charakteristische A der westeurop. Heidevegetation, während im Mittelmeergebiet die Baumheide (*E. arborea* ↗), eine der wenigen hohen Sträucher der G mit meist 3–5 m Wuchshöhe, ein typisches Gehölz der immergrünen Macchie ist. Im Freiland werden in M-Europa die winterharte Schneeheide (*E. carnea* ↗) u. die Grauheide (*E. cinerea* ↗) angepflanzt. Das Heidekraut (*Calluna vulgaris* ↗) ist für die Imker eine beliebte Bienenweide. Es ist auf der nö. Hemisphäre verbr. – Die Mehrzahl der 200–300 An der G *Vaccinium* ist in den tropischen Gebirgen beheimatet. Zu den An, die die G in der kühlgemäßigten Nadelwaldzone der N-Halbkugel vertreten, gehören die Blau- od. Heidelbeere (*Vaccinium myrtillus* ↗), die Preiselbeere (*V. vitis-idaea* ↗), die Rausch- od. Moorbeere (*V. uliginosum* ↗) u. die Moosbeere (*V. oxycoccus* ↗). In den öst. USA ist vor allem die Sumpfbeere (*V. corymbosum* ↗) anzutreffen. In N-Amerika sind in den letzten Jahren dort heimische *Vaccinium*-An zu Kulturpflanzen entwickelt worden, deren Anbaufläche ständig steigt u. deren Kultur bereits im we. Europa eingebürgert wurde (sog. Kulturheidelbeere). – Berücksichtigt man die große Anzahl Blüten an einer Pflanze u. die oft riesige Ausdehnung der Bestände, wird deutl., daß die Heidetracht in vielen Ländern zu den Haupttrachten des Jahres gehört. Die Haupttrachtgebiete von Heidehonig liegen in N-, NW- u. W-Europa. In N-Europa u. Skandinavien wird die Heidetracht vor allem von Klee-An, Preiselbeere, Glockenheide, Brombeere u. Weidenröschen ↗ begleitet, im NO zusätzl. noch von Kornblume u. Buchweizen ↗. Heidehonige aus Großbritannien u. Irland sind durch die Kombination Heide-

kraut – Grauheide ausgezeichnet. Heidehonige aus den atlantischen Küstengebieten Frankreichs, Spaniens u. Portugals beinhalten neben Besenheide, Glockenheide-An u. Edelkastanie ↗, in der Bretagne Buchweizen. Aus der Rheinpfalz (Bundesrepublik Deutschland) sind Heidehonige mit Edelkastanie, Klee-An u. Bärenklau bekannt, vom Alpensüdhang eine Kombination mit Edelkastanie u. vom Alpennordhang mit Bergpflanzen u. gelegentl. Honigtautracht (nach MAURIZIO u. GRAFL). Honige aus einseitiger Tracht von *Erica*-An sind von *E. tetralix* in Holland, Dänemark, Schweden u. Norwegen, von *E. cinerea* u. *E. vagans* in England, Irland, Schottland u. im atlantischen Küstengebiet von Frankreich, Spanien u. Portugal, von *E. umbellata* bes. aus Spanien u. von *E. arborea* aus dem we. Mittelmeerraum bekannt. Der Nektar aus frühblühenden *Erica*-Beständen von Sonnenhängen wird von den Bienenvölkern meist verbraucht, der Ertrag aus spätblühenden – an Schattenhängen – als Honig geerntet *(E. carnea).* Einseitige *Vaccinium*-Honige sind meist auf die skandinavischen Länder beschränkt. In Kanada u. den USA wird Honig von den kultivierten *Vaccinium*-An geerntet. Alpenrosenhonig ist vor allem aus Höhenlagen der Alpenländer bekannt, aber auch von den Pyrenäen. In Honigen aus einseitiger Tracht findet man *Rhododendron* als Leit- od. Begleitpollen in Verbindung mit Bergwiesenpflanzen, in den Alpensüdtälern (S-Schweiz, Steiermark) in der Kombination mit Edelkastanie. E.-Honige, z. B. von *Rhododendron ponticum* L. aus Kleinasien u. *Kalmia latifolia* L. aus N-Amerika, enthalten Andromedotoxin u. wirken auf den Menschen berauschend (nach MAURIZIO u. GRAFL).
Der Honigertrag (kg/ha) in polnischen Wäldern beträgt nach Schätzungen für Heidekraut – je nach Witterung – etwa 2,1–3,9 kg, für Blaubeere 6,1–11,2 kg, für Preiselbeere 1,3–11,8 kg/ha, für Moorbeere 4,4–6,4 kg/ha (nach MAURIZIO u. GRAFL). – Der Anteil des E.-Pollens an der Gesamtpollentracht beträgt z. B. bei *Calluna* u. *Rhododendron* etwa 1–4 %, in Berglagen von *Erica carnea* etwa bis 8 %. Eine Ausnahme bildet das Heidekraut in Frankreich, wo es von August bis Oktober eine der Hauptpollenquellen der Bienenvölker darstellt (nach MAURIZIO u. GRAFL).

Erica cinerea L., Grauheide. A der G *Erica* der F der Ericaceae ↗. An der atlantischen Küste Europas, von Madeira bis Irland, Schottland, Norwegen. In England in Massen vorkommend, in S-Norwegen u. W-Europa bis Portugal wie *Calluna* Heiden bildend. Bis 50 cm hoher Strauch. Dient zur Bodenbegrünung. Blüht Juli/August, oft auch noch später. Blüten in endständigen Trauben, Krone krugförmig, bis 1 cm groß, Griffel steht nicht hervor. Kalkfliehend, liebt trockene, warme Hänge, Moorboden. Vermehrung durch Stecklinge od. evtl. Teilung. Gartenform E. c. «Atrorubeus» ist nur 10–15 cm hoch u. für Steingärten geeignet. Blüht Juni bis August. Blüten dunkelblutrot. E. c. «Coccinea» bleibt ganz niedrig. Früheste Sorte, blüht je nach Standort Mai bis August. Blüten karminscharlach. Nektar- u. Pollenspender.

Erica tetralix L., Glocken- od. Moorheide. A der G *Erica* der F der Ericaceae ↗. Von Portugal über den atlantischen Teil Frankreichs, die Bundesrepublik Deutschland, die DDR, Großbritannien, Norwegen, Holland, Belgien, Dänemark u. die baltischen Länder bis Finnland. Auf Torfmooren, in feuchten Wäldern, an Sumpfrändern. Dient als Bodendecke. Bis 50 cm hoher Strauch. Blüht von Juni bis September in endständigen, bis zwölfblütigen Dolden. Große, krugförmige, rosa Blüte, an den Rändern weißlich, Kelch behaart u. reichl. bewimpert. Liebt kalkfreien Boden. Vermehrung durch Teilung u. Stecklinge. Nektar- u. Pollenspender.

erkältete Brut, verkühlte Brut. Zur normalen Entwicklung der Bienenbrut ist eine Temp. von 35 °C erforderlich. Gegen Unterschreiten dieser Temp. ist die Brut in den versch. Entwicklungsstadien unterschiedl. empfindlich. Eier u. Larven sind relativ unempfindlich, während der Verpuppung ist die Empfindlichkeit am größten; sie nimmt dann bis zum Schlüpfen wieder ab. Die Schädigung der Brut nimmt mit der Dauer u. dem Grad der Unterkühlung zu, sie reicht von leichten Verkrüppelungen der Flügel der sonst normal schlüpfenden Bienen bis hin zum Absterben der Brut. Unterkühlung kann eintreten, wenn Brutwaben zu lange außerhalb der Völker aufbewahrt werden od. wenn im Frühjahr bei Kälteeinbrüchen sich die Bienen nochmals zur Wintertraube zusammenziehen u. die Brutflächen z. T. verlassen. Unterkühlung kann aber auch bei starken Bienenverlusten infolge von Nosema- od. Vergiftungsschäden eintreten. Das zahlenmäßig geschwächte Volk ist dann nicht mehr in der Lage, die angelegten Brutflächen zu pflegen u. zu erwärmen. Um eine Unterkühlung des gesamten Brutnestes zu vermeiden, sollten Völker bei unter 16–18 °C nicht auseinandergenommen werden (Durchsicht ↗ eines Volkes), sondern es sollte nur eine kurze Nachschau ↗ erfolgen.

Ernährung → Nahrungsstoffwechsel.

Erregungsphase. Stadium in der Vergiftungsphänologie ↗, in dem der vergiftete Organismus mit zunehmender Erregung reagiert. Bei der Vergiftung von Bienen äußert sich dieses Stadium durch sich steigernde Aggressivität u. durch nicht mehr zielgerichtetes Hin- u. Herlaufen der Bienen in den Beuten u. auf den Anflugbrettern.

Erstausstattung einer Bienenhaltung. Neben den Bienen u. Beuten sind eine Reihe von Werkzeugen, Geräten, Einrichtungen u. Materialien erforderlich, die auch auf einem kleinen Bienenstand vorhanden sein sollten (Beginn einer Bienenhaltung ↗): 2–5 Beuten; ein Freistand – nur bei Hinterbehandlungsbeuten erforderlich; 2–5 Schwärme, Ableger od. Völker; Schutzkleidung ↗; Smoker od. Imkerpfeife; Wasserzerstäuber; Wabenzange; Weiselfänger; Wabenbock; Stockmeißel; Abkehrbesen od. -feder; Bodenreiniger; 1–2 kg Mittelwände; Rähmchenlocher; Wabendraht; Anlötbrett; Elektro-Lötgerät od. Lötkolben od. Rillrädchen; Wabentransportkasten; Entdeckelungsgeschirr; Entdeckelungsgabel; Honigschleuder; Honigsieb; Honigeimer; Sonnenwachsschmelzer.

Erwärmen des Honigs → Verflüssigen des Honigs.

Erweitern. Das Zugeben von Waben entspr. dem Erstarken eines Volkes. Bei Hinterbehandlungsbeuten immer dann, wenn die Fensterseite der letzten Wabe bzw. wenn die Seitenleisten der Wabenrahmen dicht belagert sind. Ohne Einengen ↗ stehen im Frühjahr die Erweiterungswaben dem Volk bei Bedarf zur Verfügung, u. nach Einsetzen der Bautätigkeit wird ohnehin nur mit Mittelwänden erweitert. – Im Magazinbetrieb wird mit ganzen Zargen ↗ erweitert, die der od. den Brutzargen aufgesetzt od. zw. zwei Brutzargen gegeben wird, wenn das Volk in den Magazinboden durchhängt. In die Mitte der Erweiterungszarge werden einige Brutwaben gehängt, damit sie die Bienen schnell beziehen.

Eschen, *Fraxinus* → Oleaceae.

Eschenahorn, *Acer negundo* → Aceraceae.

Eßkastanie → *Castanea sativa* → Fagaceae.

Esparsette → *Onobrychis viciaefolia* → Leguminosae.

Essigbaum → *Rhus typhina* → Anacardiaceae.

Essigsäure. Wird gelegentl. anstelle der Karbolsäure ↗ als bienenabschreckendes Mittel (Repellents ↗) eingesetzt. Sowohl mittels eines stoffbespannten Rahmens wie auch sehr stark verdünnt als Essigwasser zum Besprühen der Bienen mittels Wasserzerstäuber. S. Wabendesinfektion.

Ethylenoxid. Gasförmiger Wirkstoff, im Vorratsschutz u. zur Desinfektion ↗ angewendet.

Europäische Faulbrut → Gutartige Faulbrut.

EWK → Begattungskästchen.

Exkrete. Abfallprodukte des Stoffwechsels, die im wesentl. über die Malpighischen Gefäße ↗ ausgeschieden od. in Exkretzellen des Fettkörpers ↗ gespeichert werden. Bei den E.n der Honigbiene handelt es sich vor allem um Harnsäure, harnsaure Natrium-, Kalium- u. Ammoniumsalze, ferner um Leucin, Phosphate, Calciumoxalat u. Calciumcarbonat. Die E. sammeln sich im Endabschnitt der exkretorisch tätigen Zellen der Malpighischen Gefäße u. werden schließl. unter Mithilfe der Muskulatur ↗ an der Außenwand dieser Exkretkanälchen über die bewimperte Zelloberfläche in das Gefäßlumen abgegeben. Von hier aus gelangen die E. in den Enddarm (Darmkanal ↗).

Exoskelett → Chitincuticula.

Expositionszeit. Als E. bezeichnet man den Zeitraum, in dem ein Testobjekt dem Prüfmittel ausgesetzt wird. Bei der Prüfung der Bienenverträglichkeit betragen die E.en i.d.R. 48 bzw. 72 h.

extrachromosomale Vererbung → Plasmavererbung.

Extremitäten. Wie alle Insekten besitzt die Honigbiene drei Paar E. (Vorder-, Mittel-, Hinterbeine). Jedes Beinpaar ist an einem der drei Thorakalsegmente (Thorax ↗) befestigt. Bereits in der Embryonalentwicklung (Embryo ↗) lassen sich die E.-Anlagen als knospenförmige Erhebungen an den Thoraxsegmenten erkennen, verschwinden dann aber während der weiteren Entwicklung äußerl. wieder u. treten erst beim Übergang zur Puppenphase als gegliederte Anhänge des Thorax in Erscheinung, ihre endgültige Gestalt annehmend. Jede einzelne E. besteht aus Hüftglied (Coxa), Schenkelring (Trochanter), Schenkel (Femur), Schiene (Tibia), Fuß (Tarsus) u. Krallenglied (Praetarsus). Über das Hüftglied sind die E. mit dem Brustabschnitt verbunden. Auf den Schenkelring folgen der kräftige, langgestreckte Schenkel u. die mit einem Endsporn versehene Schiene. Das erste Fersen-

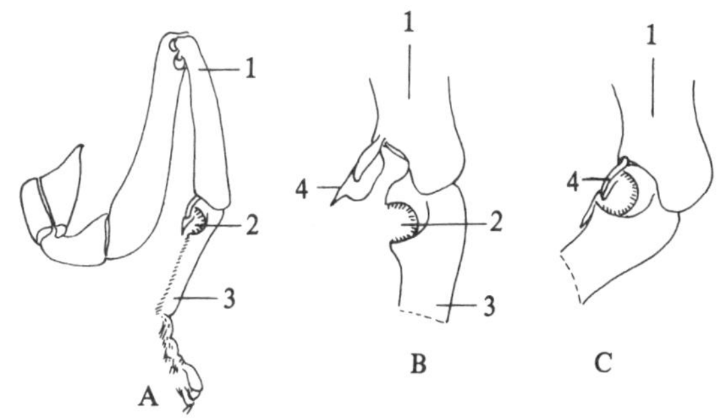

Vorderbein (Putzbein) einer Arbeitsbiene. A Gesamtansicht; B Putzscharte am Metatarsus, offen; C durch Anwinkeln des Metatarsus an den Putzsporn der Tibia Putzscharte geschlossen. 1 Tibia, 2 Putzscharte, 3 Metatarsus, 4 Putzsporn. Nach SNODGRASS (1956)

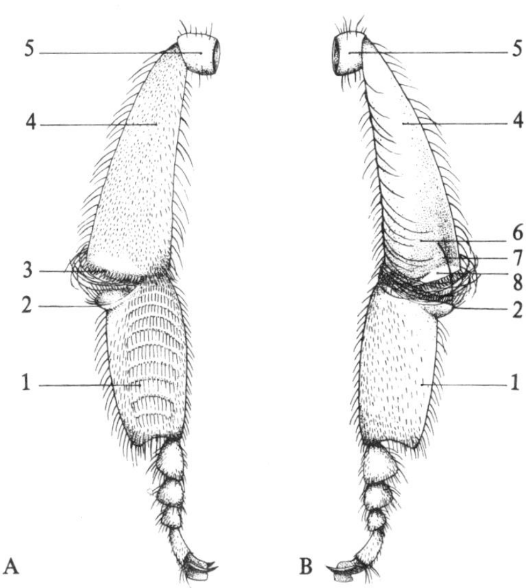

Hinterbein (Sammelbein) der Arbeitsbiene. A Innenseite; B Außenseite. 1 Borstenreihen des Metatarsus, Metatarsus, 2 Pollenschieber, 3 Pollenkamm, 4 Tibia, 5 Femur, 6 Körbchen, 7 Einzelborste auf der Schienenaußenseite (Körbchen), 8 Pollenkneter. Nach von BUTTEL-REEPEN (1915);

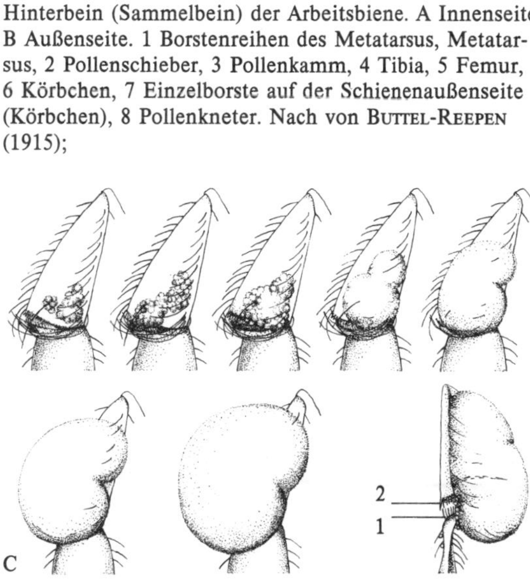

C Bildung des Höschens aus Pollen an der Schienenaußenseite. 1 Pollenschieber, 2 Pollenkamm. Nach ZANDER-WEISS (1964)

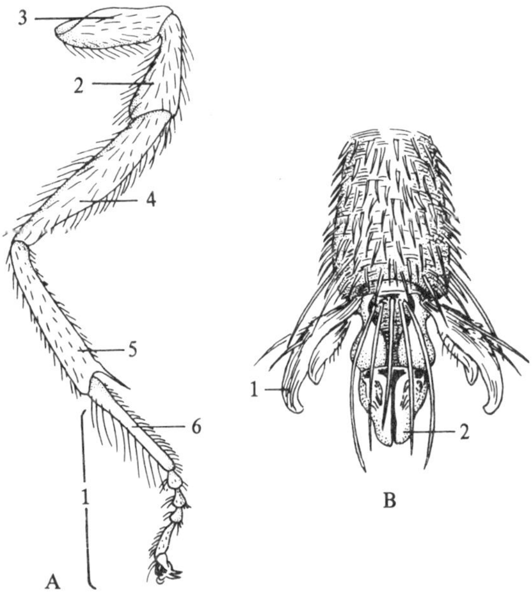

A Mittelbein. 1 Tarsus, 2 Trochanter, 3 Coxa, 4 Femur, 5 Tibia, 6 Metatarsus. Nach ZANDER (1946).
B Krallenglied der Extremität einer Arbeitsbiene. 1 Kralle, 2 Arolium. Nach SNODGRASS (1956)

(Tarsal-)glied (Metatarsus) ist verhältnismäßig groß. Der mit einem Krallenpaar ausgestattete Praetarsus zeigt einen recht komplizierten Bau. An jeder der beiden Krallen befinden sich zwei Zähnchen, mit denen die Biene selbst in kleinste Unebenheiten der Lauffläche eingreifen u. sich auch an senkrechten Wänden fortbewegen kann. Unterstützt wird hier die Laufbewegung durch das zw. den Krallen gelegene Haftläppchen (Arolium), ein feinhäutiges Chitinsäckchen, in das Körperhöhlenflüssigkeit eindringt u. das von außen durch Chitinleisten gestützt wird. Drückt die Biene das Krallenglied an eine Unterlage, wird das Haftläppchen ausgebreitet u. ermöglicht ein Haften der E. an der Lauffläche. Die einzelnen Beinglieder sind durch Membranen u. Gelenke miteinander verbunden. Da es sich bei den Gelenken in der Mehrzahl um Scharniergelenke handelt, ist die Bewegung der Glieder gegeneinander jeweils nur in einer Ebene möglich. Zw. Schenkelring u. Schenkel ist allerdings ein Drehgelenk ausgebildet. Das über Chitinmembranen verhältnismäßig locker mit dem Brustabschnitt verbundene erste Beinpaar bewegt sich um die Hüftglieder vor- u. rückwärts. Beim zweiten u. dritten Beinpaar ist die Vorwärtsbewegung mit einer Drehung der E. zur Seite u. die Rückwärtsbewegung mit einer solchen nach innen verbunden. Ein stabiles Gleichgewicht wird dadurch erreicht, daß der Körper der Biene beim Laufen immer auf drei Punkten ruht:

	rechts	links		rechts	links	
	·	–		–	·	1. Beinpaar
entweder	–	·	od.	·	–	2. Beinpaar
	·	–		–	·	3. Beinpaar

Während die E. vom Hüftglied bis zur Schiene zur Bewegung der einzelnen Glieder mit Muskulatur ausgestattet sind, fehlen Muskeln im Fuß u. Krallenglied. Die Beweglichkeit des Fußes wird durch Muskeln der Schiene garantiert. Eine bes. lange Chitinsehne zieht als Krallensehne vom Schenkel bis zur Krallenbasis u. dient der Bewegung der Krallen. Die E. sind vor allem für die Fortbewegung da, aber stehen auch im Dienste des Pollensammelns, wofür insbes. das dritte Beinpaar in spezifischer Weise geformt ist. Außerdem kann die Biene mit den behaarten E. ihren Körper von anhaftendem Staub befreien. Am Vorderbeinpaar verfügt sie schließl. über einen Putzapparat zur Säuberung der Fühler, u. Drohnen besitzen am hinteren Beinpaar eine Hafteinrichtung. Die bei allen drei Bienenwesen vorhandene Putzeinrichtung am Vorderbeinpaar (Putzbein) für die Fühler besteht in einer ungefähr halbkreisförmigen Putzscharte am oberen Teil des Fersengliedes, das mit feinen, steifen Chitinhärchen besetzt ist, u. dem verbreiterten Schienensporn, der die Putzscharte beim Anwinkeln von Schiene u. Ferseglied verschließen kann. Die Fühler werden beim Hindurchziehen durch diese Aushöhlung der Vorder-E. von Staub u. Pollen befreit. Der Pollensammelapparat am dritten Beinpaar der Arbeiterinnen setzt sich aus mehreren Teilen zusammen. An der Innenseite des Fersengliedes sind Chitinborsten in übereinanderliegenden Reihen angeordnet. Zehn solcher Reihen lassen sich bei der europ. Honigbiene erkennen.

Haarpolster des Tarsus der Pedes-III von *Apis florea.* Oben Hafthaare der «Handfläche»; unten Hafthaare der Borsten des «Daumens» des Metatarsus. Oben vergrößert 1200mal, unten vergr. 300 mal. Nach RUTTNER (1975)

Unterschiede zw. den geographischen Rassen bestehen in der Borstenanordnung der unteren Reihen. Die von den Vorder- u. Mittelbeinen zum hinteren Beinpaar transportierten Pollen werden von den Fersenbürsten aufgenommen u. durch ein Aneinanderreiben der Hinterbeine in die sog. Körbchen auf der Außenseite der Schienen befördert. Neben wenigen Härchen steht lediglich eine größere Einzelborste auf der glatten – im unteren Abschnitt muldenförmig vertieften – Fläche dieses Schienenabschnittes, der am Rand von einwärts gebogenen Haaren umgrenzt wird. An der Außenseite des unteren Schienenrandes steht eine Reihe steifer Chitinborsten, der Pollenkamm. Ihm gegenüber liegt an der Oberkante des Fersengliedes der Pollenschieber. Beide spielen bei der Überführung des Pollens aus den Fersenbürsten in die Körbchen eine Rolle. Das Sammelgut in den Körbchen, zumeist Pollen, aber auch Propolis, stellt kleine, über den Schienenrand hinausragende Klümpchen dar, die der Imker als Höschen bezeichnet u. die je nach Pollensorte unterschiedl. gefärbt sind. Hervorgehoben sei die Bedeutung der Einzelborste auf der Körbcheninnenfläche für die Größe der Pollenladungen. Fehlt diese Borste, bleiben die Pollenhöschen klein u. erreichen nie ihren optimalen Umfang. Das Fersenglied des dritten Beinpaares wird von den Arbeiterinnen auch dazu benutzt, die während der Wachssekretion (Wachsdrüsen ↗) zw. den abdominalen Bauchschuppen hervortretenden Wachsplättchen aufzunehmen u. sie über die beiden vorderen Beinpaare den Mandibeln (Mundwerkzeuge ↗) zuzureichen. Bei Weiseln ist das Fersenglied des dritten Beinpaares stärker längsgestreckt als bei den Arbeitsbienen. Bei den Drohnen dient es als Haftapparat zum Festhalten der Weisel während der Paarung. Der Fersengliedquerschnitt bei den ♀♀ Bienenwesen ist annähernd linsenförmig, bei den Drohnen bildet er ein Dreieck. Eine der drei Fersengliedflächen ist relativ weichhäutig u. außerdem mit spezialisierten Fiederhaaren besetzt. Dadurch kann diese Fläche schon bei geringem Druck gut am behaarten Hinterleib der Weisel haften. Die Haftwirkung der Fersenglieder wird durch die mit Häkchen versehenen Haare dieses Fußgliedes beim Umgreifen des Hinterleibes der Weisel noch erhöht. Bei der Zwergbiene, *Apis florea*, ist das Fersenglied des dritten ♂ Beinpaares durch Spaltung sogar zu einem Klammerorgan entwickelt. Der biegsame, zapfenartige Anhang liegt einem mit Hafthaaren überzogenen Bezirk des metatarsalen Stammteiles gegenüber. Möglicherweise werden mit diesen Klammereinrichtungen die Hinter-E. der Weisel bei der Kopulation festgehalten.

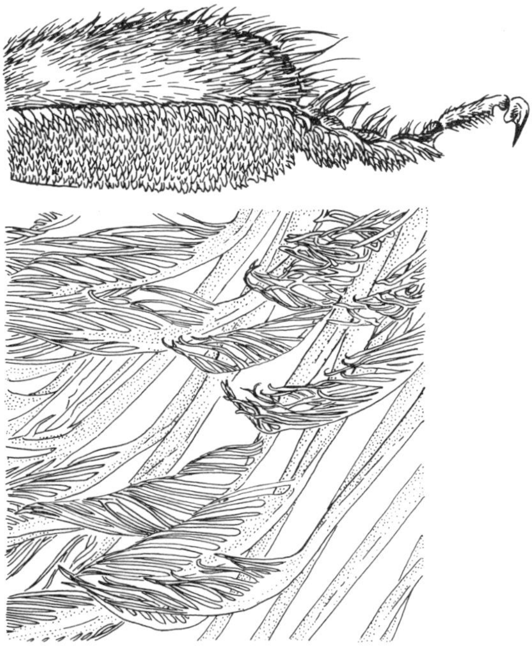

Tarsus der Pedes-III des ♂ von *Apis dorsata.*
Oben Gesamtansicht. An allen Tarsalia sitzen kräftige Hafthaare (Wedelhaare); unten derbe Wedelhaare aus dem metatarsalen Haftpolster der Pedes-III. Vergrößert 750mal. Nach RUTTNER (1975)

Ausbildung der Metatarsen bei Drohnen.
Tarsus der Pedes-III des ♂ von *Apis florea.* Oben der zu einem Klammerorgan umgebildete Metatarsus (gespalten in «Hand» und «Daumen»); unten Einblick in den Spalt zwischen Handfläche und Daumen. Vergrößert 83mal. Nach RUTTNER (1975)

Exzitationsphase. In der Vergiftungsphänologie ↗ Stadium, in dem sich die Vergiftungserscheinungen manifestieren.

E 605. Pflanzenschutzmittel ↗ mit dem Wirkstoff ↗ Parathion-ethyl. Hat insektizide u. akarizide Wirkung. Bienengefährlich ↗.

Fächeln. In der Hauptbrutzeit, wenn die großen Brutflächen einen hohen Sauerstoffbedarf haben, u. während einer Tracht, wenn zusätzl. noch große Mengen Wasser über die Luft aus der Beute zu befördern sind, od. wenn bei hoher Außentemp. zur Erzeugung von Verdunstungskälte ein ständiger Luftstrom durch die Beute ziehen muß, reicht die selbständige Ventilation durch das Flugloch nicht aus. In diesen Zeiten müssen die Bienen durch gerichtete Ventilation einen kontinuierlichen Luftaustausch in der Beute bewirken. Dazu sind im u. in der Nähe des Fluglochs, innerhalb u. außerhalb der Beute zahlreiche Bienen in der Weise tätig, daß sie sich mit dem Kopf dem zu erzeugenden Luftstrom entgegenstellen u. mit ihren Flügeln dem Fliegen analoge Bewegungen ausführen, sie f. Durch die Vielzahl der in gleicher Weise tätigen Bienen entsteht in einem Teil des Fluglochs ein nach außen gerichteter Luftstrom, im anderen strömt dafür Außenluft selbständig in die Beute ein. Um den Bienen die Ventilation möglichst zu erleichtern, sind in der warmen Jahreszeit die Fluglöcher max. zu öffnen. Die Anzahl der fächelnden Bienen richtet sich nach dem erforderlichen Luftaustausch.

Fächerversuch → Nahrungssuche.

Fächerzwergmispel → *Cotoneaster horizontalis.*

Fagaceae, Buchengewächse. Diese F umfaßt 8–10 Gn mit ca. 900 An. In den gemäßigten Breiten der nö. u. sü. Hemisphäre u. in SO-Asien; nicht in Afrika sü. der Sahara, in S-Amerika (außer nord- u. südandine Gebiete u. Feuerland-Patagonien) u. in Australien (außer in Küstennähe des O- u. SO-Strandes). Vorherrschende Gehölzarten sommergrüner Laubwälder u. immergrüner Hartlaub- u. Lorbeerwälder. Eingeschlechtige, vom Wind bestäubte Blüten herrschen vor, gelegentl. Zwitterblüten (z. B. *Castanea*). – Die Buchen *(Fagus)* sind mit ca. zehn An in der gemäßigten Zone der nö. Halbkugel vertreten. In den drei Teilarealen Zentral-Europa, O-Asien, atlantisches N-Amerika kommen jeweils versch. An vor, der größte An-Reichtum herrscht in O-Asien. Die auch in M-Europa heimische Rotbuche (*Fagus sylvatica* ↗) findet man, wie alle Buchen-An, oft als Parkbaum, ebenso läßt sie sich für breite u. hohe Hecken verwenden. Die ♂♂ Blüten sitzen in vielblütigen Köpfchen, die ♀♀ stehen zu zweit. Nektarien fehlen. Die Pollenproduktion beträgt durchschnittl. 12200 Pollenkörner je Blüte u. 174000 je Blütenstand. Buchenpollen wird von den Bienen gern gesammelt. Je nach der Lage des Bienenstandes (Waldnähe) kann der Anteil des eingetragenen Buchenpollens bis zu 20% der Gesamtpollenernte betragen. In solchen Jahren findet man in den Bienenvölkern Waben, deren Pollenkranz einheitl. aus Buchenpollen besteht. Er gehört mit einem durchschnittl. Stickstoffgehalt von 2,3% u. einer mittelguten biologischen Wirksamkeit zur Gruppe der mittelguten Bienennahrungsquellen (Maurizio u. Grafl). Die Südbuchen *(Nothofagus)* sind in ihrer Heimat – 45 An in den gemäßigten Zonen der S-Halbkugel, aber in Neuguinea bis in tropische Breiten – wichtige Waldbildner u. ebenfalls für die Bienennahrung nicht unbedeutend. In dieser G stehen jedoch die ♂♂ u. ♀♀ Blüten stets einzeln od. zu dritt. – Die Echten Kastanien (G *Castanea*), verbr. in den gemäßigten Breiten, etwas mehr sü. als die Buchen, umfassen etwa zwölf An. Ihre Blüten nehmen eine Übergangsstellung zw. Wind- u. Insektenbestäubung ein. Die ♂♂ Blütenstände, z.B. von *Castanea sativa* ↗, haben einen typischen Geruch (heringslakeähnl.) u. klebrigen Pollen (kennzeichnend für Insektenbestäubung); die ♀♀ Blüten sind geruch- u. nektarlos (kennzeichnend für Windbestäubung). In N-Amerika wird *Castanea dentata* (Marsh.) Borkh. gezogen, in Japan baut man *Castanea crenata* Sieb. et Zucc. u. auf dem ostasiat. Festland u. in den USA *C. mollissima* Bl. an. Bedeutender ist jedoch die Kultur von *C. sativa*, die wild u. auch in vielen Sorten kultiviert vorkommt. – Die Bestimmung der geographischen Herkunft der äußerl. sehr ähnl. Kastanienhonige geschieht anhand der Begleitformen, wobei sich mehrere Typen unterscheiden lassen. Der Kastanienpollen gehört mit einem Stickstoffgehalt von 4,27% zu den stickstoffreichen Pollensorten. – Für die Eichen (G *Quercus*) werden weit auseinanderliegende An-Zahlen (200–600) angegeben. In Europa, Vorderasien, W-Sibirien, N-Afrika, in O- u. SO-Asien bis Indonesien, in N- u. M-Amerika bis Ekuador verbr. Unter den Laubbäumen sind in den mitteleurop. Wäldern neben der Buche die Stieleiche (*Quercus robur* ↗) u. die Traubeneiche (*Quercus petraea* ↗) die wichtigsten Gehölze. Von den europ. An sind einige im Mittelmeerraum beheimatet u. bestandbildend, z. B. die Steineiche *Quercus ilex* L., die einen Teil der immergrünen Buschwälder (Macchien) bildet, die Zerreiche *Qu. cerris* L., die bis nach Baden (Bundesrepublik Deutschland) u. Burgund verbr. ist, u. die Flaumeiche (*Qu. pubescens* Willd.), die am Kaiserstuhl, im Wallis u. Tessin zu finden ist. Die G ist durch kätzchenartige, hängende ♂♂ Blütenstände, in denen die Einzelblüten ährenartig angeordnet sind, u. einzeln stehende od. aus mehreren Blüten zusammengesetzte, ährige od. kopfige ♀♀ Blütenstände gekennzeichnet. Der Anteil des Eichenpollens an der Gesamternte hängt weitgehend von der Lage des Bienenstandes ab. In M-Europa beträgt er etwa 6% der Gesamternte, eine wesentl. größere Bedeutung hat er im Mediterrangebiet (Maurizio u. Grafl). Der Pollen hat eine mäßige biologische Wirksamkeit.

Fagopyrum esculentum Moench, Echter Buchweizen, Buchweizen. A der G *Fagopyrum* der F der Polygonaceae ↗. Zuerst in den ostasiat. Steppengebieten u. seit dem 10. Jh. in China nachgewiesen. Die Kultur gelangte mit den Mongolenfeldzügen nach N-Indien u. S-Rußland, dann über Zentral-Rußland bis W-Europa einerseits u. Sibirien andererseits. Von Frankreich kam er 1597 nach Amerika. Sein Anbau ist jedoch – außer UdSSR – in Europa gegenwärtig stark zurückgegangen. F. e. wird mancherorts – neben der Nutzung der Früchte für die menschl. Ernährung – als gute Bienenfutterpflanze angebaut sowie zur Gründüngung untergepflügt. Die 10–12wöchige Vegetationszeit ermöglicht auch einen Anbau als Zwischenfrucht. Einjährig, Aussaat ab Mitte Mai, da frostempfindlich. Blüht Juli/August. Die kleinen weißen od. rosafarbenen, zwittrigen Blüten stehen in end- od. seitenständigen Doldentrauben. Es gibt kurz- u. langgrifflige Blüten, die unterschiedl. Pollengrößen hervorbringen. Nektar- u. Pollenspender. Anspruchslos. Zw. den acht od. neun Staubblättern u. dem Griffel sitzen die acht od. neun orangegelben, rundlichen Nektarien. Die Blüten öffnen sich am frühen Morgen u. schließen sich nachmittags. Die Blütezeit dauert nur einen Tag, die Zeit der Nektarsekretion 1–4 h, sie beginnt mit der Blütenöffnung u. dauert bis spätestens 10 Uhr vormittags mit einem Maximum um 7 Uhr. Die Gereiztheit der Bienen in F. e.-Beständen führte man nach ZANDER u. BERNER darauf zurück, daß die Pflanzen nur tageszeitl. Nektarspender sind. Menge u. Zuckergehalt des Nektars sind von der Temp. abhängig (Optimum zw. 16–26 °C), wobei Kultursorten unterschiedl. Nektar absondern. Bienenbeflug erfolgt also nur vormittags. Da eine Pflanze 300–1 800 Blüten trägt u. die Nektarsekretion gut ist, wird F. e. als sehr gute Nektarquelle angesehen (nach MAURIZIO u. GRAFL).

Fagus sylvatica L., Rotbuche. A der G *Fagus* der F der Fagaceae ↗. Europa, von S-England, S-Skandinavien nach W bis Spanien, Alpen (fehlt im kontinentalen Innern) nach S bis Sizilien, nach O bis zum Balkan, auch als waldbildender Gebirgsbaum bis 1 700 m ü. NN. Im Flachland oftmals als Wald angepflanzt. Zier- u. Nutzbaum. Abarten wie Blut- u. Hängebuche sind nur in Park- u. Grünanlagen sowie Gärten zu finden. Dieser 30–40 m hohe Baum ist ein einhäusiger Windblütler, der seine Blühreife ab 40 (50) Jahren u. ein durchschnittl. Alter von 140 Jahren erreicht. Blüht im Mai. ♂♂ Blütenstand kugelig an langen Stielen hängend, ♀♀ Blüten zu zweit aufrecht, lang gestielt, von einer verholzten, vierklappigen, stacheligen Hülle (Cupula) umgeben. Nektarien fehlen. Frische, mineralische, kalkhaltige Böden. Im Frühjahr für die Bienen Pollenquelle u. im Sommer Honigtaulieferant. Der Buchenpollen wird in mittelgroßen, hellgelben Höschen, bei der Blutbuche in rötlichen Höschen eingetragen.

Faktorenkrankheit. Unter den Bienenkrankheiten ↗ gibt es mehrere, bei denen die Umweltfaktoren Tracht, Witterung u. imkerliche Betriebsweise eine sehr wichtige Rolle spielen. Bei vorhandener Disposition werden die Entstehung u. der Verlauf dieser Krankheiten oft wesentl. von diesen äußeren resistenzmindernden Faktoren beeinflußt. Deshalb spricht man von F. en. Die umweltbedingte natürl. Resistenz des Wirtes gegenüber Krankheiten u. die Virulenz der Erreger sind bei fakultativ pathogenen Erregern, z. B. *Nosema apis* ↗, entscheidend für die Entstehung des Krankheitsbildes u. bei obligat pathogenen Erregern für den gutartigen od. bösartigen Verlauf der Krankheit. Erst wenn die Bienenvölker durch äußere Einflüsse geschädigt werden, bekommen gering pathogene Erreger, sog. Schwächeparasiten, im Bienenvolk die Oberhand u. vermögen Krankheit u. ernsthafte Schäden hervorzurufen. Ein typisches Beispiel hierfür ist der Nosema-Parasit; Nosematose ↗, Bienengesundheitsdienst ↗, bienenwirtschaftlich-imkerliche Maßnahmen ↗, Kalkbrut ↗, Ruhr ↗.

Falsche Akazie → *Robinia pseudacacia* → Leguminosae.

Faltenwespe → Wespe.

Falter → Wachsmotte.

Farbanstrich der Beuten. Hat zum einen den Zweck, das Holz gegen Witterung u. sonstige Einflüsse zu schützen, zum anderen die Vorderseite so zu markieren, daß den Bienen die Orientierung erleichtert wird. Die Vorderseiten bzw. die Wandervorsätze sollen in den von Bienen erkennbaren Farben Gelb u. Blau gestrichen werden. Bei abwechselnder Verwendung dieser Farben ergibt sich ein symmetrisches Muster, das für die Orientierung, bes. bei langen Flugfronten ↗, wenig hilfreich ist. Um das Muster unsymmetrisch zu machen, sollte eine dritte Farbe (z. B. Hellbraun od. Ocker) eingefügt werden. In den gleichen Farben sind jeweils auch die Anflugklappen ↗ der Beuten ↗ zu streichen.

Färbung der Chitincuticula ↗. Während Kopf (Caput ↗) u. Brust (Thorax ↗) meist dunkelbraun gefärbt sind, treten am Hinterleib (Abdomen ↗) der Imagines (Imago ↗), insbes. an den Segmenten 3–5, je nach geographischer Herkunft in unterschiedl. Umfang gelbe bis bräunliche Zeichnungsmuster auf. Bei Arbeitsbienen u. Drohnen sind die abdominalen Aufhellungen stets deutlicher ausgeprägt als bei Weiseln. Vor allem bei Drohnen lassen sich die abdominalen Rükkenschuppen oftmals in mehrere versch. gefärbte Bezirke aufteilen. Bei den Arbeiterinnen erscheint die Hellfärbung häufig in Form seitl. gelegener sog. gelber Ecken, od. die Rückenschuppen sind ganz gelb. Mitunter finden sich nur helle Flecken an den Vorderrandseiten des Abdomens. Auch das Schildchen (Scutellum, Thorax ↗) kann gelb, bräunlich od. mischfarbig gezeichnet sein, was z. B. von der Indischen Honigbiene *(Apis cerana)* bekannt ist. Die in M-, W- u. N-Europa ursprüngl. heimischen Honigbienen waren vor Beginn der zahllosen Kreuzungen, die seit mehr als 100 Jahren mit anderen Honigbienenrassen vorgenommen werden, überwiegend dunkel gefärbt. Italienerbienen hingegen zeichnen sich vielfach durch eine auffällige Gelbfärbung aus. Auch bei den SO-europ. Bienen ist die gelbe Panzerfärbung des Hinterleibes z. T. verbr. Wie in Europa wechseln auch auf dem afrikan. Kontinent dunkle mit teilweise gelbfarbenen Bienenrassen ab. Deutl. gelb gezeichnete Bienen mit hellem Schildchen gehören als Goldbienen italien., zyprischen od. syrischen Bienenstämmen an. Aber auch nigristische, ausgesprochen dunkel pigmentierte Formen können bei versch. geographischen Rassen – auch bei Italienerbienen – vorkommen. Nicht selten läßt sich in ein u. demselben Volk im Verlaufe der Zeit eine Umfärbung der aufeinanderfolgenden Generationen von Arbeitsbienen beobachten, die auf die Mehrfachpaarung der Weisel zurückzuführen ist. Der F. der Chitincuticula von Arbeiterinnen u. Drohnen wurde früher in der Bienenzüchtung eine bes. Bedeutung beigemessen. Heute weiß man, daß die F. in vielen Fällen wenig dazu geeignet ist, mit ihrer Hilfe ohne Berücksichtigung weiterer Körpermerkmale geographische Rassen od. gar Zuchtstämme der Honigbiene sicher voneinander trennen zu können.

Faulbaum → *Prunus padus* → Rosaceae.

Faulbaum → *Rhamnus frangula* → Rhamnaceae.

Faulbrut → Gutartige Faulbrut → Bösartige Faulbrut.

Federkiel → Zuchtstoff.

Federleiste → Zuchtstoff.

Fegling. Auch Kunstschwarm genannte Form des Ablegers, der aus Jungbienen eines od. mehrerer Völker gebildet wird. Die kleinste Form des F.s sind die

Begattungsvölkchen in Ein- od. Mehrwabenkästen. Dem zu schröpfenden Volk werden, möglichst an einem guten Flugtag, Brutwaben aus dem Brutraum (auf die Weisel achten!) od. hochgehängte Brutwaben aus dem Honigraum entnommen u. auf dem Wabenbock in etwas größerem Abstand einige Zeit abgestellt. Durch mehrmaliges Anklopfen an den Wabenbock werden die Altbienen zum Abfliegen veranlaßt. Dann fegt man die Bienen in der vorgesehenen Menge in den vorher gewogenen od. noch besser auf einer Waage stehenden F.s-Kasten mit aufgesetztem Abkehrtrichter. Bis zum Erreichen der erforderlichen Menge (als Kunstschwarm reichl. 2 kg) können Bienen mehrerer Völker abgefegt werden. Der Trichter wird nun abgenommen, der Kasten geschlossen u. das Lüftungsgitter freigegeben. Durch die Öffnung im Deckel hängt man nach etwa einer Stunde in einem Käfig mit Teigverschluß eine Weisel dicht unter den Deckel. Der F. wird nun kühl u. dunkel abgestellt u. erhält in einem geeigneten Futtergefäß einen Liter Zuckerlösung 1 : 1 aufgesetzt. Die Bienen im Kasten bilden am Deckel hängend eine Schwarmtraube, die am nächsten Abend wie ein Naturschwarm in eine vorbereitete Beute einlogiert u. weiterbehandelt werden kann (Einschlagen eines Schwarms ↗). Statt der seitl. Leerwaben erhält der F. Futterwaben.

Feglingskasten. Ein auch als Kunstschwarmkasten bezeichneter, etwa 30 cm breiter, 40 cm langer u. 30 cm hoher, dünnwandiger Holzkasten mit Flugloch u. losem Deckel. Eine od. beide Stirnseiten bestehen aus von außen abdeckbarem Lüftungsgitter. Der Deckel hat eine verschließbare Öffnung für den Abkehrtrichter ↗ bzw. zum Füttern des Feglings. Der F. kann auch als Schwarmfangkasten benutzt werden u. auch zur Aufnahme von Waben eingerichtet sein. S. auch Begattungsvölkchen, Zusetzen von Weiseln.

Fehlbrütigkeit. Tritt im Bienenvolk auf, wenn eine begattete Weisel infolge Erschöpfung des Samenvorrates (Überalterung, mangelhafte Begattung) od. einer Schädigung der Genitalorgane zur Ablage von unbesamten Eiern übergeht. Es erscheinen zw. der normalen Arbeiterinnenbrut zunächst nur einzelne, später immer mehr Zellen mit Drohnenbrut. Das äußere Erscheinungsbild ist das der Buckelbrut (Buckelbrütigkeit ↗).

Feldahorn → *Acer campestre* → Aceraceae.

Feldthymus → *Thymus serpyllum* → Labiatae.

Feldversuch. Versuche unter Praxisbedingungen im Freiland. Bei der Prüfung der Bienengefährdung müssen die Prüfsubstanzen mit der vorgesehenen Technik auf Flächen von mindestens 10 ha Größe ausgebracht werden.

Fenazox. Wirkstoff mit akariziden Eigenschaften, in Pflanzenschutzmitteln ↗ u. in Mitteln gegen Ektoparasiten verwendet. Zählt zu den bienenungefährlichen Präparaten.

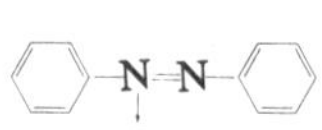

Fenazox. Chemische Bezeichnung: Azoxybenzen

Fenchel, *Foeniculum vulgare* → Umbelliferae.

Fensterfeststeller (Exzenter) → Beutenfenster.

Fenster im Bienenhaus. Haben die Funktion, zum einen so viel Licht wie möglich ins Bienenhaus, zum anderen, die bei der Arbeit abfliegenden Bienen möglichst schnell ins Freie gelangen zu lassen. Sie sollen aber auch gewährleisten, daß möglichst wenig Bienen von außen ins Bienenhaus gelangen. Die F. i. B. können sich an der Rückwand u./od. im Dach, in Bienenpavillons über den einzelnen Beutenreihen befinden. Senkrechte F. können zum Abfliegen der Bienen kipp- od. drehbar gestaltet sein bzw. unten u. auch oben einen 10 mm breiten Schlitz zw. Holzrahmen u. Glasscheibe haben. Die Schlitze sollten zur Verhinderung des Eindringens von Bienen, bes. in trachtloser Zeit, mit Leisten verschließbar sein. Dachfenster können aufstell- u. damit verschließbar od. fest mit einem 10 mm breiten Schlitz unter der Scheibe zum Abfliegen der Bienen eingerichtet sein.

Fensterverschlußbrettchen → Beutenfenster.

Fesiaform-Lösung. Desinfektionslösung, die ca. 4 % Formaldehyd enthält. In der Imkerei zur Desinfektion ↗ von Bienenwohnungen u. Imkereigeräten verwendet.

Fetthenne → Große Fetthenne → Scharfe Fetthenne.

Fettkörper. Weiches Gewebe großkerniger Zellen in der Leibeshöhle ↗ der Honigbiene, deren Zytoplasma tropfenförmige Einschlüsse von Reservestoffen (Fett, Glykogen, Eiweiß) enthält. Im F.-Gewebe findet man außerdem eingelagerte Exkretzellen (Exkrete ↗).

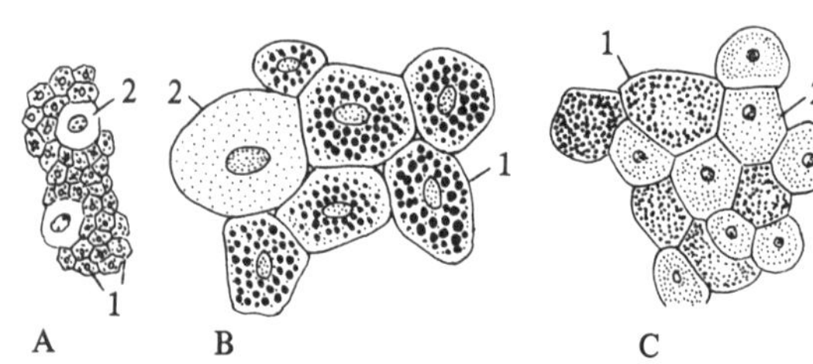

Fettkörper verschiedener Entwicklungsstadien. A junge Larve; B Altlarve; C Imago. 1 Fettzellen, 2 Oenozyten. Nach SNODGRASS (1956)

Bei frisch aus dem Ei geschlüpften Bienen-Larven ↗ sind zunächst nur wenige u. verhältnismäßig kleine Fettzellen – noch ohne Reservestoffeinlagerungen – vorhanden, deren Durchmesser sich i. d. R. auf 5–8 µm beläuft. Anzahl u. Größe der Fettzellen nehmen jedoch schnell zu. Die polygonal geformten Zellen liegen schließl. eng aneinandergepreßt u. enthalten bald auch Reservestoffe. Schon nach dem dritten Larventag hat der F. seine volle Größe erreicht. Als schollen- bzw. lappenförmiges Gewebe, dessen Zellen nun nur lose miteinander in Verbindung stehen, füllt er die Leibeshöhle zw. Darm (Darmkanal ↗) u. Epidermis ↗ aus. Je nach ihrer Lage können die einzelnen Zellen Größenunterschiede aufweisen. Die am Rande gelegenen Zellen sind gewöhnl. größer als diejenigen im Inneren des F.s. Mit zunehmenden Reservestoffeinschlüssen verschwinden die Zellgrenzen, u.

an den Zellen treten Deformationen auf. Mit seinen vorwiegend weißlichen Inhaltsstoffen bestimmt der F. die Farbe der Bienenlarve, deren Chitincuticula ↗ noch nicht dunkel pigmentiert, sondern farblos ist. Die Zunahme des Fettgehaltes im F. steigt von 0,04 mg am zweiten Larventag auf 6 mg am Ende der Larvalperiode u. macht damit > 17 % des Gesamttrokkengewichtes der Larve aus. Die F.-Zellen der Drohnenlarven enthalten erst vom dritten Larventag an Fettinhaltsstoffe. Das im F. älterer Bienenlarven als Speicherprodukt nachgewiesene Serumprotein (Arylphorin) mit einem relativ hohen Prozentsatz an aromatischen Aminosäuren spielt wahrscheinl. beim Aufbau der imaginalen Cuticula eine Rolle. Vor Einleitung der Metamorphose wird der F. als einheitl. Organ abgebaut. Die F.-Zellen bewegen sich dann frei in der Blutflüssigkeit. Während der Puppenzeit zerfällt ein großer Teil der Fettzellen, eine bestimmte Anzahl bleibt jedoch funktionsfähig. Diese Zellen ordnen sich peripher an u. bilden den F. der jungen Imago ↗. Er stellt ein zunächst aus wenigen Zellschichten aufgebautes netzartiges Gewebe dar. In den Maschen dieses Netzes zirkuliert die Blutflüssigkeit. Sie sorgt für einen Stoffaustausch zw. Blut- u. F.-Zellen. Später vermehren sich die Zellen des F.s wieder u. legen sich z. B. als dünne Schicht der abdominalen Körperwand von innen an. Während der Flugbienenphase der Arbeiterinnen erhöht sich der Fettgehalt des F.s. Winterbienen (Saisonvariabilität) zeichnen sich durch einen erhöhten Eiweißgehalt der in den F.-Zellen gespeicherten Reservestoffe aus. Im zeitigen Frühjahr werden diese Reservesubstanzen mobilisiert, gelangen in die Hypopharynxdrüsen ↗ u. finden als Brutnahrung Verwendung. Der Ausbildung eines umfangreichen Fetteiweißpolsters überwinternder Bienen liegt eine verstärkte Pollenaufnahme der Arbeiterinnen im Spätsommer bzw. im Herbst zugrunde. Bei älteren Sommerbienen (Saisonvariabilität) im Alter von > 25 Tagen schrumpft der F. normalerweise, u. die einzelnen Zellen degenerieren. Die F.-Entwicklung wird bei ad. Bienen nicht nur durch Infektionskrankheiten, wie die Nosematose ↗, sondern auch durch die Behandlung der Arbeitsbienen mit versch. Narkotika (Ammoniumoxid, Lachgas od. Kohlendioxid) nachhaltig beeinflußt. Längere Zeit pollenfrei ernährten Bienen fehlt der F. niemals vollständig, nicht ausgebildet werden allerdings die Eiweißgranula in den F.-Zellen. Erhalten die Bienen später noch Pollennahrung, treten alsbald auch Eiweißkörnchen im Zytoplasma der F.-Zellen auf. Exkretzellen erscheinen zuerst bei 3 mm langen Bienenlarven am F.-Rand, liegen aber auch isoliert in der Leibeshöhle. Durch ihre Position haben sie immer Kontakt zur Leibeshöhlenflüssigkeit. Sie sind nur bei Larven u. Puppen vorhanden u. verschwinden, wenn die Malpighischen Gefäße ↗ als Exkretionsorgane der Imagines ihre Funktion aufnehmen.

Fettspeicherbarkeit. Fähigkeit bestimmter Wirkstoffe, sich im Fettgewebe anzureichern. Bes. bei Pflanzenschutzmittelwirkstoffen ↗ mit geringer Wasserlöslichkeit u. sehr langsamen Abbaugehalten zu beobachten, z. B. bei DDT ↗ u. Lindan ↗.

Feuchteregulation → Wasserhaushalt.

Feucht Umlarven → Zuchtstoff.

Feuchtzucker. Vielfach als Maische bezeichnet. Aus feinem Kristallzucker od. Raffinade wird mit 5 bis 10%igem Honig eine gleichmäßig krümelige Masse hergestellt u. in Futtertaschen ↗ od. größeren Gefäßen hinter bzw. ober- od. unterhalb der Waben angeboten. Die Abnahme richtet sich nach der Stärke des Volkes u. der Größe der Oberfläche. Auf dieser muß sich ein ständiger dichter Bienenpelz bilden. Wird die Oberfläche nicht voll belagert od. ziehen sich die Bienen zeitweilig zurück, bildet sich eine Kruste, die die weitere Aufnahme behindert. Ablegern u. schwachen Völkern sollte daher kein F. gegeben werden. Das Auflösen des Zuckers erfolgt mit Drüsensekret der Bienen. Aus F. bereitetes Futter enthält 2-3mal soviel Enzyme wie Honig. Die Frage, ob sich die dafür erforderliche starke Drüsenfunktion z. B. negativ auf die Überwinterung auswirkt, ist noch nicht endgültig beantwortet. F. übt in der Zeit seiner Aufnahme, möglicherweise durch die Aktivierung der Drüsentätigkeit, eine brutansatzfördernde Wirkung aus u. wird daher zur Trachtlücken ↗- u. Herbstreizfütterung ↗ eingesetzt.

Feuerahorn → *Acer ginnala.*

Fichtenlachniden → Lachniden

Filamentous Virus. In Großbritannien, N-Amerika, Australien, Japan u. in der Sowjetunion bei matten, flugunfähigen Arbeiterinnen nachgewiesen, bei denen zunächst Verdacht auf Rickettsiose bestand. Zahlreich in der Haemolymphe vorkommend, diese dadurch milchigweiß aussehend. Langfädiges Virus (150 × 450 nm), besitzt die Form eines einzelnen gewundenen Stäbchens (3 000 × 40 nm), enthält eine DNA, ist kreisförmig innerhalb einer Membran od. Hülle aufgerollt. Es bildet ein ovoides Viruspartikel (150 × 450 nm), welches noch mittels Lichtmikroskop nachgewiesen werden kann. Das F. V. vermehrt sich im Fettkörper u. im Ovargewebe der ad. Bienen. Das Virus infiziert die Bienen am schnellsten, wenn es zusammen mit Sporen von *Nosema apis* ↗ an ad. Bienen verfüttert wird. Zu *Nosema apis* besitzt dieses Virus eine spezifische Beziehung (Winterverluste an Bienenvölkern), u. wahrscheinl. erfolgt eine Erhöhung der Infektiosität des Virus durch Abnahme der Resistenz im Darm gegen eine Nosemainfektion (Nosematose ↗), wenn die Biene vorher bereits mit dem F. V. infiziert ist.

Filialgeneration, Tochtergeneration. Durch das Symbol «F» bezeichnete Generation nach der Kreuzung, z. B. F_1 (erste Generation an Nachkommen), F_2 (zweite Generation an Nachkommen) usw. In der Bienenzucht wird die Bezeichnung F_1 auch für ein Bienenvolk mit einer standbegatteten Reinzuchtweisel angewendet, dessen Arbeitsbienen erst die F_1 verkörpern.

Filipendula ulmaria (L.) MAX., Spierstaude, Wiesenkönigin, Sumpfmädesüß, Echtes Mädesüß. A der G *Filipendula* – mit zehn An in den gemäßigten u. subarktischen Gebieten der nö. Hemisphäre verbr. – der F der Rosaceae ↗. Gemäßigte Gebiete. In Auenwäldern, auf nassen Wiesen, feuchten Bergwiesen, Flach- u. Zwischenmooren, an Ufern u. Straßengräben. 1–2 m hohe Staude, ausdauernd. Blüht Juni bis August. Gelblichweiße Blüten in ästigen Trugdolden. Bevorzugt feuchte Sand- u. Lehmböden. Nektarlose Pollenpflanze. Von Bienen gut beflogen. Im Schweiz. Mittelland z.B. als ein Pollenspender hervortretend.

Filzbinden → Behaarung.

Filzbindenbreite → Körformel.

Filzbindenindex → Körformel.

Filziges Hornkraut → *Cerastium tomentosum.*

Fingerhut → Scrophulariaceae.

Fingerkraut, *Potentilla* → Rosaceae.

Finisher → Aufzuchtverfahren.

Flächenbelastung. Bei einer Körpermasse von 80 mg pro Biene u. einer Tragfläche von 56 mm^2 (ohne Körpergrundfläche) ergibt sich eine Flächenbelastung von 1,43 mg/mm^2, mit gefülltem Honigmagen etwa 2,1 mg/mm^2.

Flachs → *Linum usitatissimum* → Linaceae.

Fleischvolk. Bienenvolk mit veranlagungsseitig großem Brutnest u. großer Volkstärke, meist in Verbindung mit Schwarmneigung ↗ bei relativ geringem Sammeleifer. Entspricht nicht den Zuchtzielen ↗, ist jedoch im Rahmen der Weiselaufzucht erwünscht als Pflegevolk u. als Bienenlieferant für die Bildung von Begattungsvölkchen ↗. Gegensatz: Hüngler ↗.

Flibol. Pflanzenschutz- u. Schädlingsbekämpfungsmittel, Wirkstoff Trichlorfon, mit insektizider Wirkung. Anwendung vorwiegend im Hygiene- u. Veterinärhygienebereich. Bienengefährlich.

Fliege → Myiasis.

Flockenblume → Gemeine Flockenblume → Skabiosen-Flockenblume.

Flugaktivität. Abhängig vom Nahrungsbedarf des Volkes, der Ergiebigkeit der jeweils angeflogenen Tracht ↗, der Tageszeit innerhalb des circadianen Aktivitätsrhythmus u. von meteorologischen Faktoren. Sie bedarf einer Mindestbeleuchtung von 200 Lux (wird normal bei 500 Lux), einer Mindesttemp. von etwa 12 °C (bei Bewölkung od. in der Dämmerung, ohne direkte Sonneneinstrahlung), einer Windstärke unter 10 m/s u. geht bei hoher Luftelektrizität (etwa vor Kaltluftfronten) nach einem Exzitationsstadium auf Null zurück.

Flugdauer, Aktionsradius. Unter günstigen Windbedingungen vermag eine Biene ohne Nahrung etwa 15 min zu fliegen u. dabei 4 km zurückzulegen. Mit Zuckerzufuhr aus dem Honigmagen sind Nonstopflüge von 7 km (20 min, 6 m/s) sicher möglich. Im ungünstigen Fall werden dabei bis zu 10 % des Körpergewichtes an Zucker verbraucht. Maximalstrecken über Wüstenboden von 13 km sind nachgewiesen, 29 km werden behauptet. Nahrungsaufnahme bedingt erneute Flugfähigkeit. Außerdem sind Bienen als Blütenbesucher mit festem Wohnsitz generell Kurzstreckenflieger.

Flugdynamik, Aerodynamik. Bei einer Tragflächentiefe von 4 mm (Flügelmaße ↗) u. mittl. Fluggeschwindigkeiten von 6 m/s liegen die Reynolds-Zahlen der Flugbiene (bezogen auf einen bei 0,7 der Vorderflügellänge angenommenen aerodynamischen

Biene im Flug. Pollenhöschen gut sichtbar

Schwerpunkt) um $4 \cdot 10^3$. Das bedeutet, daß die eine gute Kraftübertragung zw. Flugkörper u. Luft bedingenden Trägheitskräfte der Luft relativ gering sind u. die Tragfläche Turbulenz erzeugen muß, damit die Strömung nicht abreißt. Hierzu wirkt die vortretende Flügeladerung ↗, bes. die ventral abgebogene Flügelnase aus den ersten drei Längsadern. Bei Anströmung einer Tragfläche von vorn-unten entsteht auf der OS (Leeseite) erhöhte Geschwindigkeit u. damit verminderter Druck, der als Querkraft senkrecht zur Stromrichtung wirkt. Die Reibung der Strömung an der Tragfläche drängt diese zurück («Widerstandskraft»). Die aus beiden Kräften zusammengesetzte Gesamtluftkraft ist daher gegenüber der Querkraft nach hinten geneigt. Sie läßt sich formal in tragenden Hub u. vorwärtstreibenden Schub zerlegen. Der Hub ist beim Steigflug größer als das Körpergewicht. Beim Rückwärtsflug wird der Schub als negativ bezeichnet. Die Absolutwerte von Querkraft u. Widerstand hängen vom Anstellwinkel der Tragfläche gegen die Anströmung (Flügelbahn ↗) ab, damit – bezogen auf die Flügelbahn – auch Richtung u. Größe der Gesamtluftkraft. Wie groß deren Hubkomponente ist, ergibt sich aus der Lage der Flügelschlagebene ↗ bzw. Flügelbahn im Raum.

Flügel. Vorder-F. u. Hinter-F. einer Seite werden als F.-Satz bezeichnet. Nach Flügeladerung ↗ u. Massenverteilung ist der als Einheit arbeitende F.-Satz (Flügelkopplung ↗) der Biene biophysikalisch eine Tragfläche mit verstärktem Nasenholm, nachgiebiger Hinterkante u. ausgedehnter Heckklappe. Die F.-Bewegung (Flügelkinematik ↗) erzeugt Trägheitskräfte im F. (Flügeldynamik ↗) u. Luftkräfte (Flugdynamik ↗) zum Flug in allen Richtungen, beim stehenden Tier zur Ventilation ↗ des Stockes od. zur Signalgabe im Sterzeln ↗.

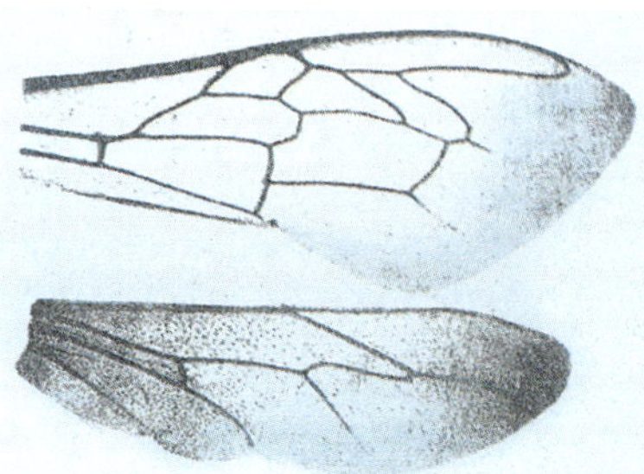

Flügeladerung in Vorder- und Hinterflügel, bei einer Carnica-Arbeiterin

Flügeladerung. In der Literatur folgt die Benennung der Längsadern oft nicht der sonst bei Insekten gültigen Abfolge (vorn-hinten): Costa (unverzweigte Längsader; Kostalader, am Flügelvorderrand) – Subcosta (Längsader des Insektenflügels, die unterhalb des Vorderrandes u. parallel zu diesem verläuft, gabelt sich zuweilen an der Spitze) – Radius – Media (mittl., Medialader des Insektenflügels) – Cubitus (Cubitalader, meist gegabelte Längsader des Insektenflügels) – Analis. Weder nach Verlauf u. Verzweigung der Tracheen des Puppenflügels (Flügelontogenese ↗) noch nach Vergl. der F. mit dem Adergrundschema der Insekten ist dies berechtigt. Im Vorderflügel ist die Subcosta mit der Vorderwand des Radius verschmolzen u. nur auf der US basal sichtbar. Ab 6 mm der Flügellänge bilden Radius 1 u. Radius 2–5 mit einer ungewöhnl. langen Radialzelle die ausklingende Vorderrandversteifung. Die Media gabelt sich in der Nähe des Vorderflügelmassenschwerpunktes u. bildet vor u. hinter sich ein System von acht den Flügel steifenden, großen Zellen. Das Analfeld, mit einer winzigen Analis, wird vorn von einem starken Cubitus gespannt. Das Analfeld des Hinterflügels ist kürzer u. tiefer u. wird von einer eigenen Analis gestützt. Die Vorderflügelspitze ist wie der ganze hintere Randstreifen des Flügels ohne Aderversteifung. Rassenunterschiede gibt es bei der Zelle 2 $Media_2$, die bei der Krainer Biene gestreckter als bei der Nominatform ist. Die diese spitzenwärts abgrenzende Querader rückt daher weiter nach außen; s. auch Körpermerkmale.

Flügelbahn. Auch bei Windstille erzeugt jeder Flügelschlag eine relative Bewegung von Flügel u. Luft, eine Anströmung. Deren für die Flugdynamik ↗ entscheidenden Richtungen werden durch den Verlauf der F. bestimmt. Im «erdfesten» Koordinatensystem des Raumes dargestellt, ist sie beim ventilierenden Tier mit der Schlagebene (Flügelkinematik ↗) identisch, beim fliegenden zeichnet sie der um die Gelenkung pendelnde u. im Raum vorrückende Flügel als fortlaufenden Zug auf- u. abfahrender Kreissektoren in den Raum. Die F. ist für die effektive Anströmung in der Luftmasse entscheidend. Sie erreicht schon beim ventilierenden Tier durch die erregte Ventilationsströmung die Form eines Bogenzuges. Zur Darstellung wird gewöhnl. nur die Bewegung eines Punktes des Flügels gewählt, etwa der Flügelspitze od. des bei 0,7 der Länge des Vorderflügels auf der Flügellängsachse angenommenen «aerodynamischen Flügelschwerpunktes». Bei den relativ kleinen Quotienten Flugweg/Schlagfrequenz der Honigbiene steigt die F. im Aufschlag schräg nach hinten an. Hub u. Vortrieb (Flugdynamik ↗) können jetzt nur erzeugt werden, wenn die Flügel von der OS angeströmt werden, so daß der Unterdruck auf der nach oben gewendeten US wirksam wird. Schnellerer Flug bzw. niedrigere Schlagfrequenz ziehen die Wellenbahn auseinander. Die Drehschwingung (Flügelkinematik ↗) muß also auf die Form der F. abgestimmt sein.

Flügelbewegung → Flügelkinematik.

Flügeldynamik. Am schwingenden Flügel greifen Trägheitskräfte (Zentrifugalkräfte) an, die ihn strecken. Entspr. der Flügelmassenverteilung ↗ nehmen sie von der Spitze zur Basis zu u. erreichen am Gelenk jederseits Maximalwerte, die dem Gewicht der Biene entsprechen. Während eines Flügelschlages fallen sie in den Wenden auf Null, ihr Mittelwert liegt bei einem Drittel des Maximums.

Flügeladerung

Flügeleigenfrequenz. Beim verkoppelten Satz aus Vorder- u. Hinterflügel 765 Hz, etwa das Dreifache der Schlagfrequenz im Fluge. Daher besteht keine Gefahr, daß der im Wechselspiel von Tierkraft u. Luftkräften angestoßene Flügel, im Bereich seiner F. angeregt, sich aufschaukeln könnte u. damit schwer zu steuern wäre. Die F. des lebenden Brustabschnitts (Thorax ↗) (mit Flügel) liegt hingegen bei etwa 230 Hz (Flügelschlagfrequenz ↗).

Flügelgelenkung. Wie der Flügel ist auch seine komplizierte Gelenkung aus Faltungen u. unterschiedl. Sklerotisierung ↗ einer zusammenhängenden Cuticula entstanden (Flügelontogenese ↗). Die Flügel falten sich aus einem Spalt zw. Tergit (Abdomen ↗) u. Pleura der Thorakalsegmente 2 u. 3 heraus. Zugunsten differenzierter Beweglichkeit ist die Abfaltungszone mehrfach eingeengt; die Gelenkfunktion konzentriert sich vornehmlich auf zwei Gelenkpunkte: den Pleuralkopf u. den vorderen Tergalhebel median von ihm. Zwischen beiden setzen kleine «direkte» Stellmuskeln in der Flügelabfaltung an, die dort zu Gelenkstücken (Axillaria) verhärtet. Lateral vermitteln Basalplatten zu den Adern. – In der Bewegung bildet der Pleuralkopf das Widerlager eines Hebels mit dem sehr langen Arm des Flügels u. dem sehr kurzen der Axillaria. Mächtige «indirekte» (nicht an den Flügeln angreifende) tergoventrale Flugmuskeln ziehen das Tergit in die Sternopleura hinein u. flachen es ab. Sie heben den Flügel. Die elastische Rückstellkraft u. indirekte Längsmuskeln wölben das Tergit wieder auf u. heben es gegenüber der Sternopleura, der Flügel schlägt herunter. Der Kraftfluß für diese «Schlagbewegung» (Flügelkinematik ↗) geht vom vorderen Tergalhebel über ein ungewöhnl. kräftiges Gelenkstückchen 1 zu einem nachgiebigen u. verstellbaren Lagersklerit auf dem Pleuralkopf, dem Axillaria 2, u. von dort aus über Subcosta-Radius-Media-Platte (Flügeladerung ↗) zu den großen Längsadern des Flügels. Im Gelenkstückchen 2 steigt die Abfaltungsmembran des Flügels, zu einer trapezförmigen Platte sklerotisiert, von der Pleura nach median gekrümmt, auf. An ihrer Spitze zu einem Zipfel eingeengt, biegt sie nun lateralwärts membranös um u. läuft in die untere Flügelmembran im Bereich des Radius ein. Dem Zipfel der unteren Membran legt sich ein sklerotisiertes Stück der oberen Membran auf: Das Axillaria 2 vereinigt beide Membranen in einem kleinen zentralen Bereich der F. Diesen Bereich umgreift das Axillaria 1. In der oberen Membran schließt sich eine kleine Radialplatte an, von der kräftigen Costa-Subcosta-Platte umgriffen. Nach hinten folgt eine starke Media-Platte, an die sich die Basalverdickung des Cubitus anschließt. Beide greifen basal auf die ventrale Membran über; im übrigen ist der Bereich zw. Costa-Subcosta- u. Media-Cubitus-Platte dorsal schwächer, ventral kaum sklerotisiert. – Von der Costa-Platte geht der vordere Rand der Flügel-Abfaltung zu Tergit u. Pleura. Ihm ist eine Versteifung eingelagert. Infolge der schrägen Einziehung der Costa-Subcosta-Platte kann der Nasenbereich des Vorderflügels wie eine Klappe gehoben u. gesenkt werden. Diese Drehschwingung (Flügelkinematik ↗) bewegt den Flügel um eine Längsachse, die in etwa durch Pleuralkopf, Media u. Flügelspitze definiert ist. Sie wird durch Verstellung des Axillaria 1 bei jedem Schlag wesentl. ausgelöst. In den hinteren Rand der Flügelabfaltung ist das Axillaria 3 als Pfeiler eingelagert, ventral auf das Axillaria 4 gestützt. Es spannt die Flügelabfaltung hinter dem Pleuralkopf u. hält den Flügel in Fluglage. Muskelzug zieht es aus der Spannungsebene u. läßt sein Feld zur Ruhelage einfalten, in der es auch entstanden ist. Elastische Rückstellung spielt eine Rolle. Der Flügel liegt nun nach hinten dem Hinterleib auf. – Zwei Axillaria der ventralen Membran, Basalare u. Subalare mit ihren Stellmuskeln, erhöhen bei Muskelkontraktion die Spannung der unteren Membran vor bzw. hinter dem Pleuralkopf u. steuern die Flügelbewegung mit. – Das Hinterflügelgelenk ist entspr., aber schmächtiger gebaut.

Flügelindex → Körformel.

Flügelkinematik, Flügelbewegung. Die Fläche des verkoppelten u. schwingenden Flügelsatzes (Flügel ↗, Flügelkopplung ↗) unterliegt vom Gelenk induzierten od. von der Anströmung erzwungenen Verbiegungen u. Verwindungen. Vereinfacht wird die Schlagschwingung als Bewegung der Flügellängsachse beschrieben (Linie Vorderflügelspitze – Pleuralkopf der Flügelgelenkung). Diese umläuft ein sich berührendes Kegelpaar (Achterbewegung) od. einen flachgedrückten Kegel (Spitze im Gelenk), od. sie pendelt in einer ± gekrümmten Schlagebene zw. hinten-oben u. vorn-unten. Ihr Einstellwinkel gegen die Rumpflängsachse ist dementspr. negativ (−30 bis −60°). Die Schlagamplitude von 80–110° führt meist wenig unter die Horizontale (max. −30°); nach oben können sich die Flügel fast berühren. Der schlagende Flügel dreht sich zugleich um seine Längsachse. (Bei seitl. abgespreiztem Flügel bedeutet Drehwinkel Null: Flügelfläche parallel der Rumpflängsachse.) Der Flügelsatz senkt sich mit negativer Einstellung (−10 bis −75°), wird in der unteren Wende sehr schnell ins Positive gedreht (+60 bis +120°), in dieser Stellung hochgeschlagen u. in der oberen Wende ebenso rasch wieder in negative Werte gedreht. Die Winkelgeschwindigkeit des Schlages kann im Abschlag 175000 °/s erreichen, die der Drehung in den Wenden 430000 °/s. Die Winkelwerte der Einstellung des Hinterflügels sind größer als die des Vorderflügels, erreichen diese Größe in den Wenden aber erst mit Verzögerung. Körpermerkmale ↗.

Flügelkopplung. Der Hinterrand des Vorderflügels ist im mittl. Drittel nach unten eingerollt. Eine Serie von nach oben gebogenen Häkchen an der aus Costa, Subcosta u. Radius (Flügeladerung ↗) verschmolzenen Vorderrandader des Hinterflügels hakt dort von unten zu einer Scharnierverbindung ein, wenn der Flügelsatz zur Fluglage nach vorn geschwenkt wird u. die Flügelhebermuskeln den Hinterflügel anheben (Flügelgelenkung ↗, Flügelmuskulatur ↗). Während des Fluges wird der Hinterflügel vom Vorderflügel großenteils passiv mitgenommen u. folgt daher seinen Drehschwingungen mit Phasenverzögerung (Flügelkinematik ↗).

Flügellähme. Auftreten von Flugunfähigkeit, Hüpfer u. Krabbler ↗. Erscheinung bei Acarapidose ↗, Maikrankheit ↗, Nosematose ↗.

Flügellängsachse → Flügelgelenkung → Flügelkinematik.

Flügelmaße. Größte Länge des Flügelsatzes 10 mm, Tiefe (quer zum Vorderrand) 4 mm; max. Spannweite im Fluge 23,5 mm; Fläche eines Flügelsatzes 18,5 + 9,5 = 28 mm². Dicke der Flügelmembran 2–10 µm, Durchmesser der Aderung zur Vorderkante u. zur Basis hin zunehmend (Vorderflügel 10–50, basal 80, Hinterflügel 5–40, basal 65 µm). Vorderkante des Vorderflügels (Aderkomplex Costa – Subcosta – Radius, Flügeladerung ↗) in der basalen Hälfte versteifend nach unten abgebogen, s. auch Körpermerkmale.

Flügelmassenverteilung. Gesamtmasse eines frischen Flügelsatzes ohne Basalplatten u. Axillaria (Flügelgelenkung ↗) beträgt 0,14 mg (Vorderflügel 0,11 + Hinterflügel 0,03), davon 0,05 aderversteifte Vorder-

Indexschere

kante (Costa + Subcosta + Radius; Flügeladerung ↗) des Vorderflügels. Die Flächenbelastung ↗ des Vorderflügels auf Grund seines Eigengewichtes sinkt von 50–20 µg am Vorderrand auf 2,5–1 µg zum Hinterrand u. zur Spitze hin, die des Hinterflügels von 6 auf 1,5 (∅ Vorderflügel 5,9; Hinterflügel 3,4; Flügelsatz 5,4).

Flügelmuskulatur, «Flugmuskulatur». Auf hohe Kontraktionsfrequenzen spezialisierte «grobfibrilläre» Muskeln mit Faserstärken bis 200 µm u. Fibrillen von 2,5–3 µm in den Fasern verbinden in zwei mächtigen Paketen seitl. Tergit ↗ (Flügelsenker) u. Sternit ↗ (Flügelheber). Zwei entspr. Pakete von Längsmuskelfasern des Tergits (Abdomen ↗) liegen median von ihnen. Die alternative Rhythmik dieser «indirekten» Heber u. Senker beruht auf der Elastizität des Panzers u. der eigenen stoffwechselbedingten Spannung, sie ist «myogen». Nachlassende Treibstoffzufuhr senkt Muskelspannung u. Frequenz. Die Schwingung wird asynchron u. nichtphasisch vom Nervensystem in einem Rhythmus unter 100 Hz angestoßen (ständige Anregung neuer Stoffzufuhren). Ohne Myoglobin u. damit ohne Speicher für Sauerstoff (O_2) erhalten die Muskeln ausreichend O_2 über die Tracheen (Tracheensystem ↗). Ihre Versorgung mit Mitochondrien ist sehr hoch. Dem dritten Thorakalsegment fehlen die Senker. Die «direkten» (in der Gelenkzone ansetzenden) Stellmuskeln mit normaler Faserstärke kontrahieren hingegen synchron auf Nervenimpulse hin, «neurogen» (Flügelgelenkung ↗).

Flügelontogenese. An der schlüpfenden Puppe ↗ erscheinen die Flügel als flache, glatte, dem Körper angedrückte Säcke aus Epidermis ↗ u. dünner, weicher Chitincuticula ↗, die mit Haemolymphe ↗ gefüllt u. von drei Tracheen (Tracheensystem ↗) durchzogen sind. Die Säcke wachsen, die Tracheen strecken u. verzweigen sich. Am zweiten Tag folgen die ersten Anlagen der Adern als Längswülste der Cuticula über bes. aktiven Epidermisstreifen. Bei weiterem Wachstum der Flügelsäcke bleibt das Tracheensystem zurück bzw. zerreißt (mit Ausnahme der Radialtrachee). Mit dem Schlüpfen der Imago ↗ strecken sich die Flügel u. flachen sich ab, die obere u. untere Cuticularmembran legen sich aufeinander, in den Adern deckt meist die obere Membran die rinnenförmige Verdickung der unteren zu einer Röhre. Die Cuticula härtet aus (Häutung ↗, Flügeladerung ↗).

Flügelruhelage → Flügelgelenkung.

Flügelsatz → Flügel.

Flügelschlagfrequenz. Weitgehend von den Elastizitätsverhältnissen des muskelverspannten Panzerskeletts des Brustabschnitts (Thorax ↗) abhängig u. damit vom Tonus der Flugmuskeln (Flügeleigenfrequenz ↗). F. wird von der geringeren Entladungsfrequenz des Nervensystems nur angestoßen, nicht gesteuert. Werte zw. 100 u. 260 Hz wurden gemessen. In einer Schlagfolge Schwankungen bis zu 20 %.

Flügelsensillen → Flugsteuerung → Sensillen.

Flügelsteuerung. Schlag- u. Drehwinkel der Flügelkinematik ↗ werden über «direkte» Stellmuskeln der Flügelgelenkung ↗ gesteuert. Der Kontrolle der Flügelbewegung dienen Spalt- u. Saitensensillen (Chordotonalorgane ↗) in der Flügelbasis (Flugsteuerung ↗).

Flügel stutzen → Zusetzen von Weiseln.

Flügelzittern → Thermoregulation → Bienenkrankheiten.

Flugenergieumsatz. Bienenblut enthält 2,6–4,4 % Zucker (Trehalose) als Muskeltreibstoff, insges. 2,5 mg. Die Speicherung in Fettkörper u. Muskeln (0,2–0,6 mg) ist gering. Unter Steigerung des Sauerstoffverbrauches bis zum 19fachen des Ruhewertes verbrennt die Flugmuskulatur 8–24 mg Trehalose/h. Ohne Zuckerzufuhr aus der Nahrung kann eine Biene nur 15 min fliegen. Sie führt jedoch in der Honigblase eine Nutzlast von max. 38 mg Nektar (30 mg Zucker) mit sich (Flugdauer ↗). Die freigesetzte mechanische Energie von etwa 2,8 kW/kg Muskelmasse entspricht der Leistung eines Flugzeugmotors älterer Bauart. Sie deckt die inneren u. luftkrafterzeugenden äußeren Dämpfungsverluste von 14 % der kinetischen Energie des schwingenden Brustabschnitts (Thorax ↗). In den Wenden des Flügelschlages muß nicht mit Muskelkraft gebremst werden, die kinetische Energie wird elastisch als Verformungsenergie aufgefangen u. in der Gegenbewegung wieder ausgegeben.

Flugfront. In den meisten Bienenhäusern bilden die neben- u. übereinandergestapelten Hinterbehandlungsbeuten sowohl nach innen zum Arbeitsraum ↗ als auch nach außen eine geschlossene Front. Durch diese Aufstellung liegen die Fluglöcher ↗ dicht nebeneinander, wodurch das Verfliegen ↗ der Bienen sehr begünstigt wird. Durch Fluglochschiede ↗, große Anflugklappen ↗, unterschiedl. Farbanstrich der Beuten ↗ u. sonstige Untergliederung der F. ist den anfliegenden Bienen die Orientierung zu erleichtern. Wichtig ist der Schutz der F. vor Regen durch ein 100–150 cm vorspringendes Dach mit Regenrinne sowie vor Seitenwind durch entspr. Windschutz ↗. Vor der F. sollte zur ständigen Kontrolle des Totenfalls ein etwa 200 cm breiter bewuchsfreier Streifen vorhanden sein (Kontrollstreifen).

Fluggeschwindigkeit. Als Reisegeschwindigkeit werden 6 m/s angegeben (22 km/h). Die Höchstwerte liegen kaum über 8 m/s (29 km/h). Kurzzeitig (< 1 s) kann die F. auf Null sinken (Flugmanöver).

Flughindernisbewältigung. Der von einer fliegenden Biene im Langsamflug eingenommene (bzw. von den Flügeln überstrichene) Raum ist 14 mm lang, 23 mm breit u. 8 mm – mit herabhängenden Hinterbeinen 14 mm – hoch. Engpässe bis 23 mm Breite (max. Spannweite der Biene) werden ohne Schwierigkeit durchflogen. Engere Durchlässe bis 12 mm Weite bzw. 9 mm Höhe können unter Fluglageänderung (Rollen um die Längsachse od. seitl. Passage mit sehr steiler Längsachse) bzw. mit angezogenen Beinen durchflogen werden. Bei sehr engen Spalten erfolgt Durchschwingen mit vorübergehendem Fußkontakt am Hindernis u. Einstellen der Flügelbewegung od. Passage zu Fuß. Vor der Passage wird das Hindernis im Vorschwebeverhalten (Flugvorschweben ↗) anvisiert.

Flughindernisse. Im Bereich des Pflanzenschutzes Erhebungen ab 5 m über Grund, die auf u. bis zu einer Entfernung von 200 m von der mit Luftfahrzeugen zu bearbeitenden Fläche vorhanden sind. Dazu gehören Hochspannungsleitungen, Bäume, Bauten u. a. Bienenstände erreichen diese Höhe zwar nicht, werden bei der Arbeitsvorbereitung aber als bes. zu beachtende Objekte in die Flugkarten eingetragen.

Flugkreis. Geländebereich mit dem Bienenstand ↗ im Zentrum, der die Trachtgrundlage für die gehaltenen Bienenvölker darstellt. Über die Dimension dieses Bereiches, also die Entfernung, bis zu der die Bienen aus einer Tracht ↗ noch einen lohnenden Honigertrag bringen, gehen die Ansichten weit auseinander. Sie ist von versch. Faktoren, u. a. dem Wetter u. der Jahreszeit, abhängig. Im Frühjahr, z. Z. der Obstbaumblüte, beträgt der F. nur wenige 100 m. Tatsache ist, daß eine Tracht umso größere Erträge bringt, je dichter sie sich am Stand befindet u. je geringer die Anzahl der Völker im F. ist. Als Grenze für eine gute Trachtnutzung werden allgemein 750 m bis 1 km, als Grenze für eine mäßige Trachtnutzung 1,5–2 km angesehen. Weiter entfernte Trachten sollten durch eine Wanderung ↗ erschlossen werden. Der F. der Drohnen erstreckt sich über einen weiteren Bereich (Belegstelle).

Fluglenkung. Die das Flugloch einer Beute verlassenden Bienen gewinnen bei freier Flugbahn nur langsam an Höhe u. streben meist in direktem Flug der Trachtquelle zu. Dies ist unter beengten Verhältnissen, z. B. im Kleingarten od. Siedlungsgrundstück, für die Nutzung des eigenen u. auch von Nachbargrundstücken oft nicht zulässig. Durch entspr. Anpflanzung von Hecken u. Baumstreifen od. durch das Aufstellen von Schilfmatten bzw. engmaschigen Drahtzäunen können die Bienen gezwungen werden, schon in unmittelbarer Standnähe mehrere Meter Flughöhe zu erreichen od. den Abflug in eine bestimmte Richtung zu nehmen.

Flugling. Die aus einer verstellten Beute od. dem in eine andere Beute verbrachten Brutrauminhalt an ihren gewohnten Platz zurückkehrenden Flugbienen bilden den F., eine Form des Ablegers. Der Raum für den F. ist mit Leer- u. Futterwaben auszustatten. War das Volk vorher in Schwarmstimmung, erhält es eine Wabe mit jüngster Brut u. muß mindestens einmal Weiselzellen bis zum Verdeckeln pflegen. Nach neun Tagen ist die Brutwabe mit den Weiselzellen zu entnehmen u. der F. am besten mit einem Begattungsvölkchen ↗ zu beweiseln. War das Volk vor der Bildung des F.s nicht in Schwarmstimmung, kann er sofort beweiselt werden.

Flugloch. Bei Hinter- ↗, Ober- ↗ u. Hinter/Oberbehandlungsbeuten ↗ in Ein- od. Mehrzahl vorhandene Öffnung in der Vorderwand. Das Haupt-F. führt meist über dem Beutenboden in den Brutraum, ein zweites über dem Zwischenboden ↗ in den Honigraum. Ein gelegentl. vorhandenes drittes F. führt in den oberen Teil des Brutraumes u. wird bei dessen Teilung zur Ablegerbildung benötigt. Beuten mit mehr Räumen haben weitere F.er. Das F. kann in einer Vertiefung der doppelwandigen Vorderwand, der F.-Nische od. bei an der Beute vorhandenem Wandervorsatz, direkt an der Vorderwand münden. Das Honigraum- u. das obere Brutraum-F. münden meist in einer gemeinsamen Nische u. können mittels eines Umschaltkeils wahlweise freigegeben werden. Magazinbeuten haben ihr F. im Boden (Magazinboden ↗), außerdem hat jeder Zwischenboden ↗ ein F. Durch Wirbel, Klötze od. Keile mit versch. großen Ausschnitten kann das F. stufenweise bis zur vollen Größe freigegeben werden. Um den Bienen im Sommer die Ventilation zu erleichtern, ist das F., wenn dem nicht die akute Gefahr der Räuberei ↗ entgegensteht, max. geöffnet zu halten. Auch der Honigraum sollte ständig ein kleines F. bzw. die Bienenfluchtöffnung (Bienenflucht ↗) zur besseren Ventilation u. zum Abflug der Drohnen offen haben. Im Winter kann das F. durch eine Blende mit versetzten, kleineren F.ern od. durch Schließen der Anflugklappe ↗, wenn diese mit entspr. Lüftungsschlitzen versehen ist, vor der direkten Einwirkung der Witterung u. gegen das Eindringen von Mäusen geschützt werden. Wichtig ist, daß das F. auch im Winter die für den Gasaustausch erforderliche Größe hat u. daß dieser weder durch vorgesetzte Blenden noch sonstwie behindert wird. Bei Beuten mit Doppelboden ↗ ist zw. Außen- ↗ u. Innenflugloch ↗ zu unterscheiden.

Fluglochbeobachtung. Am Flugloch u. auf der Anflugklappe lassen sich wesentl. Feststellungen über den Zustand des einzelnen Volkes sowie über Flug- u. Trachtsituation treffen. Z. B. lassen im Frühjahr zahlreiche Pollensammler u. Wasserholer auf gute Entwicklung eines Volkes schließen, od. wenn während der Blütezeit einer Trachtpflanze die heimkehrenden Bienen mit durch die max. Füllung der Honigblase aufgetrieben erscheinendem Hinterleib schwer auf die Anflugklappe fallen, kann auf eine gute Tracht geschlossen werden. Aber auch Verlust der Weisel, Räuberei ↗, die Drohnenschlacht u. vieles andere kann durch F. festgestellt werden. Es reicht aber meist nicht aus, nur einen kurzen Blick auf die Flugfront zu werfen, sondern es muß jedes Flugloch, dessen Umgebung, die Anflugklappe einzeln u. im Vergl. mit den anderen u. auch der Boden unter den Fluglöchern aufmerksam betrachtet werden, s. außerdem Drohnenabtrieb u. Fluglochmarkierung.

Fluglochblende → Flugloch.

Fluglochmarkierung. Zusätzl. zu der durch unterschiedl. Farbanstrich ↗ der Beuten ↗ sowie Anflugklappen ↗ gegebenen Orientierungshilfe für die anfliegenden Bienen können Markierungspunkte unmittelbar über od. um das Flugloch herum geschaffen werden. Entspr. Zeichen werden im Handel angeboten. Bes. wenn der Begattungsausflug einer Jungweisel aus einer Standbeute heraus zu erwarten ist, sollte das Flugloch mit einem plastischen Gegenstand, z. B. einem Stein, einer Streichholzschachtel, einer großen Feder od. ähnl., zusätzl. markiert werden.

Fluglochnische → Flugloch.

Fluglochschied. Bei den im Beutenstapel ↗ dicht beieinanderstehenden, u. Beuten, die zwei dicht nebeneinanderliegende Fluglöcher in gleicher Höhe haben, besteht die Gefahr, daß zw. den Völkern, bes. den vorliegenden Bienen, ein unerwünschter Kontakt entsteht. Um dies weitgehend einzuschränken, sollen zw. den Beuten in Höhe der Fluglöcher F.e angebracht werden.

Flugmanöver. Der Start von ebenem Untergrund beginnt mit Flügelschlägen kleiner, wachsender Amplitude, leichtem Anheben der Körperlängsachse hinten – Abheben der Beine –, Übergang zum Steigflug mit nun vorn steil (30–40°) erhobener Rumpflängsachse – Übergang zum Schnellflug, die Rumpflängsachse kippt zur Horizontalen, die Beine werden angezogen. Die Landung erfolgt gewöhnl. aus steigendem od. sinkendem Langsamflug, die Rumpflängsachse ist vorn steil aufgerichtet, die Beine hängen lang herunter. Der Flug am Ort ist eine Folge von Gegenwind od. Teil eines Lande- od. Ausweichmanövers, dauert nur Sekundenbruchteile. Das Ausweichen besteht im Abbremsen des Schubes od. Hubverstellung od. asymmetrischer Steuerung von Hub od. Schub der beiden Flügelsätze. Ein einem Partner ausweichendes Tier kann mit 1–2 Flügelschlägen um 90° auf die Seite rollen, dabei werden die herunterhängenden Hinterbeine aneinandergelegt. (Flughindernisbewältigung ↗)

Flugsteuerung. Änderung der Hinterleibshaltung (Abdomen ↗) ändert die Umströmung des Rumpfes sowie die Lage des Körperschwerpunktes relativ zu den Flügelgelenkungen. Änderung der Einstellung der Schlagebene zur Längsachse des Rumpfes (Flügelkinematik ↗) u. steiles Durchhängen des Rumpfes stellt die Schlagebene im Raum waagerecht u. ermöglicht Hubflug am Ort. Eine Amplitudenvergrößerung der Schlagschwingung verlängert den Vektor der Gesamtluftkraft, betrifft sie nur den linken Flügelsatz, wendet sich das Tier nach rechts usw. Veränderung der Drehschwingung ändert die Anstellung der Flügelflächen gegen die Flügelbahn ↗ u. Anströmung. Querkraft u. Widerstand ändern Größe u. Größenverhältnis, die Gesamtluftkraft Vektorlänge u. -richtung (Flugdynamik ↗). Steuerung ermöglicht Regelung der Fluggeschwindigkeit ↗ über optische Kontrolle der Bewegung im Raum (Verschiebung der Abbildung von Landmarken auf den Ommatidienfeldern der Komplexaugen) u. mechanische der vom Tier (u. von der Atmosphäre) bedingten Bewegung in den Luftmassen (Messung der «relativen Anströmung», Flugströmungsmessung ↗).

Flugströmungsmessung. Erfolgt über die sensorische Versorgung der Augen-Borsten u. die Johnstonschen Organe. Im Wechselspiel von Winddruck u. elastischer Rückstellkraft gerät die Antennengeißel ins Schwingen u. erregt abwechselnd die gezerrten Seitensensillen zweier gegenüberliegender Felder in der Antennenbasis. Bei zu starkem Winddruck vermag die Geißel nicht mehr über ihre Nullstellung hinaus zurückzufedern. Stellmuskeln der Antennenbasis bringen die Antennen dann in eine steilere Stellung zum Anstrom, bis wieder beide Sensillengruppen feuern. Der proprioreceptiv gemessene Nachstellbetrag der Antennenbasismuskeln gibt das Maß für den Wind. Schräge Anströmung der beiden Antennen bedeutet unterschiedl. Erregung. Bei einem negative Rückkopplung bedingenden Flugverhaltensstatus ↗ wächst die Schlagamplitude der weniger gereizten Leeseite u. wendet das Tier gegen den Wind.

Flugtage. Tage, an denen mindestens 1–2 h voller Flug herrscht. Dagegen sind Tage, an denen über eine längere Zeit nur vereinzelte Bienen geflogen sind, nicht als F. zu werten. Im langjährigen Mittel sind pro Jahr (Raum Berlin) 176 F. zu verzeichnen, die sich wie folgt auf die Monate verteilen:

Januar	0	Juli	30
Februar	1	August	29
März	9	September	23
April	18	Oktober	9
Mai	27	November	1
Juni	29	Dezember	0

Extreme Abweichungen vom langjährigen Mittel sind max. 189 (1967), min. 150 (1977) F.

Flugunfähigkeit → Bienenkrankheiten → Flügellähme.

Flugverhaltensstatus. Beim F. «Ausflug» geht die bevorzugte Flugrichtung vom Stock um 10–40° erhoben ins Freie u. schaltet vom Steigflug auf Horizontalschnellflug um. Die Tiere sind positiv phototaktisch u. suchen helle Teile des Gesichtsfeldes sowie Zielfelder mit möglichst schmalen Flughindernissen, die sie geradlinig anfliegen, in kritischen Fällen aber erst nach Vorschweben passieren. Der Ausflug geschieht schnell, im freien Feld ist die Reaktion des Flugapparates auf Meldungen der Flugströmungsmessung ↗ mit positiver Rückkopplung eingestellt, durch die Gegenwind überwunden wird. In Hindernisgebieten u. im Status «Heimflug» ist die Reisegeschwindigkeit gering, die Rückkopplung negativ. Bei geringen Winden erhält dieses Verhalten eine gleichmäßige Fortbewegung. Die von Erkundung od. Tracht heimkehrenden Bienen sind negativ phototaktisch, bevorzugen Grüntöne, fliegen mit um 25–45° aufgerichteter Körperachse u. herabhängenden Hinterbeinen u. gehen vor Hindernissen u. im Anflug auf den Stock meist zu Vorschweben über. (Der Anflug auf das Flugbrett erfolgt relativ selten mit gerader, um 10–20° fallender Flugbahn.)

Flugvorschweben. Optisch anvisierten Kanten folgender Schlingen- od. Stufenflug im Abstand von 7–10 u. 3–4 cm vor Hindernissen bzw. vor dem Stock (Flughindernisbewältigung ↗, Flugverhaltensstatus ↗).

fluorhaltige Insektizide. Wichtigste Verbindungen sind Natriumfluorid, Natriumfluorsilikat. Nur noch im Holzschutz verwendet. Dürfen für den Holzschutz von Bienenwohnungen u. Imkereigeräten nicht angewendet werden. Bienengefährlich.

Fluortoxikose. Vergiftung durch Aufnahme fluorhaltiger Schadstoffe. Bei Honigbienen treten F.n in schadstoffbelasteten Gebieten bes. im Frühjahr u. im Herbst auf. F.n können auch in nicht als belastet bekannten Gebieten nach anhaltenden Inversionswetterlagen auftreten.

Fluorverbindungen. Verbindungen, die das Element Fluor enthalten, in löslicher Form bienengefährlich.

Fluorwasserstoff. Fluorverbindung – gasförmig –, die bei einigen technologischen Prozessen, in denen fluorhaltige Mineralien eingesetzt werden, entsteht. Starkes Atemgift ↗ für Honigbienen.

Folbex-Räucherstreifen. Ursprüngl. Präparat zur Bekämpfung der Acarapidose der Bienen. Als Folbex VA neu Präparat zur Bekämpfung der Acarapidose u. der Varroatose. F.-R. werden im zu behandelnden Bienenvolk verglimmt, der dabei entstehende Akarizid-Rauch tötet die Milben ab. Die Behandlung muß mehrfach wiederholt werden.

Follikelepithel → Geschlechtsorgane, ♀.

Formalismus. Bewertung von äußeren Merkmalen bei der Selektion ↗, die keine signifikanten Beziehungen zu Leistungsmerkmalen einschl. der Gesundheit u. Vitalität aufweisen. In der Bienenzucht werden Körpermerkmale ↗ zur Unterscheidung der Rassen u. Kontrolle der Reinpaarung herangezogen. Hier ist F. die Selektion nach extremen Rassemerkmalen bei Vernachlässigung von Leistungskriterien ↗.

Formholz → Zuchtstoff.

Formulierung. A. Zubereitung eines Pflanzenschutzmittels aus Wirk-, Beistoffen ↗ u. Additiven. B. Prozeß der sachgemäßen Zubereitung eines Handelspräparates für den Pflanzenschutz.

Forschungsanstalten → bienenwissenschaftliche Forschungsanstalten.

Fragaria vesca L., Walderdbeere. A der G *Fragaria* der F der Rosaceae ↗. Gemäßigtes Klima Eurasiens.

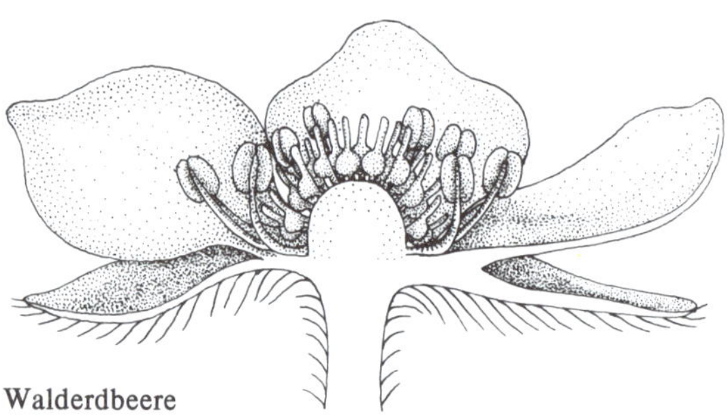

Walderdbeere

Auf allen Bodenarten von der Ebene bis an die obere Waldgrenze. Var. *semperflorens* (Duch.) Ser. wurde schon im 14. od. 15. Jh. kultiviert. Blüht je nach Standort Ende April bis Juni. Die weißen Blüten sind zwittrig. Nektar- u. Pollenspender.

Fraßbild der Wachsmottenlarve. Flächenfraß bei der Großen Wachsmotte, Waben werden wahl- u. regellos zerfressen. Gangfraß bei der Kleinen Wachsmotte, gerade Gänge auf der Mittelwand.

Fraßgift. Substanzen, die bei oraler Aufnahme; z.B. zusammen mit der Nahrung, im Verdauungstrakt resorbiert werden u. als Gifte wirken.

Frauenberger Dickwabenbeute. Blätterbeute im Freudenstein- u. Normalmaß mit Doppelboden u. halbhohem Honigraum. Die Abstandregulierung erfolgt durch Abstandrechen an der Vorderwand u. an den Beutenfenstern. Der Brutraum ist durch ein fest eingebautes Absperrschied in einen Sechs- u. Zehnwabenraum geteilt. Der Honigraum faßt 13 Dickwaben. Als Baugelegenheit sind in den Bruträumen Baurahmenfenster vorhanden.

Fraxinus excelsior L., Gemeine Esche. A der G *Fraxinus* der F der Oleaceae ↗. Von M-Europa über

Magazinbeuten-Freibienenstand in den Pyrenäen, 1500 m ü. NN

Kleinasien bis Transkaukasien. Wächst an feuchten u. nassen Orten, an Flußufern u. Auen in tiefgründigen Lehmböden. Bekannter Nutz- u. Parkbaum. Der bis 40 m hohe Baum erreicht seine Blühreife ca. ab dem 30. Lebensjahr u. ein Lebensalter von 250 Jahren. Die Blüten erscheinen in kleinen, aber dichten Rispen mit Blattausbruch – Ende April, Anfang Mai – achselständig aus Knospen, die am oberen Teil der Triebe sitzen. Die gelblichbraunen, zwittrigen, z.T. auch rein ♂♂, gelegentl. zweihäusigen Blüten haben keine Blütenkronen. Bevorzugt frische bis feuchte, tiefgründige u. nährstoffreiche Standorte u. ist gegen stagnierende Nässe empfindlich. Honigtau- u. Pollenspender.

Fraxinus ornus L., Mannaesche, Blumenesche. A der G *Fraxinus* der F der Oleaceae ↗. S-Europa bis Kleinasien, in gebirgigen Lagen. Kann Wälder bilden. In vielen Gebieten stark kultiviert (z. B. angebaut an der N-Küste Siziliens) u. verwildert. Für Park- u. Grünanlagen mit Einzelstandort geeignet. Der bis 8 m hohe Baum blüht im Mai. Die weißen Blüten stehen in dichten, endständigen, bis 15 cm langen u. ebenso breiten Rispen. Bevorzugt trockenen, sonnigen Standort. Honigtau- u. Pollenspender.

Freiaufstellung von Beuten. Aufstellung von Beuten ohne Wetterschutz. Hauptsächl. Magazinbeuten ↗ werden in dieser Form aufgestellt. Die F. v. B. hat den Vorteil der Einfachheit u. bietet die Möglichkeit, die Beuten ↗ in größerem Abstand voneinander aufzustellen u. den Ausflug in versch. Richtung erfolgen zu lassen (Verfliegen ↗). Der enge Kontakt der Bienenvölker mit dem Wettergeschehen bei F. v. B. wirkt sich günstig auf ihre Entwicklung aus. Nachteilig ist allerdings, daß die Bearbeitung der Bienenvölker stets im Freien erfolgen muß, wodurch bes. in trachtloser Zeit u. bei ungünstigem Wetter die Bearbeitungsmöglichkeit stark eingeschränkt ist. Allgemein werden heute die Vorteile der F. v. B. als ausschlaggebender als deren Nachteile angesehen.

Freibau. Von den Bienen ohne Mittelwand, aber von einem Anfangsstreifen od. Leitwachs ausgehend aufgeführter Wabenbau. F. wird hauptsächl. im Baurahmen u. in Begattungskästchen ausgeführt (Naturbau ↗).

Freigeben des Honigraums. Das F. d. H. kann auf sehr versch. Weise erfolgen, je nach dem Termin der zu erwartenden ersten Tracht, dem Entwicklungsstand des einzelnen Volkes u. der Art der Überwinterung. Nur bei im Brutraum von Hinterbehandlungsbeuten überwinterten Völkern wird der Honigraum wirklich freigegeben, u. zwar spätestens, wenn keine Erweiterungsmöglichkeit mehr besteht. Bei Honig- u. Doppelraumüberwinterung besteht dieser Zwang nicht, da der große Raum zu dieser Zeit die Entwicklung noch nicht beschränkt. Hier wird der Honigraum durch das Einlegen des Absperrgitters lediglich abgetrennt. Ausschlaggebend für den Termin der Freigabe bzw. Abtrennung des Honigraums ist die voraussichtliche erste Tracht, aus der geschleudert werden soll. Allgemein gilt, je früher sie liegt, um so geringer darf die damit verbundene Erweiterung des Volkes sein. – Soll die erste Ernte schon aus der Obstblütentracht geschleudert werden, sind nur wenige Leerwaben in den Honigraum zu geben. Für die Rapstracht ist der Honigraum schon mit mehreren, meist verdeckelten Brut- u. Leerwaben auszustatten. Gilt die erste Schleuderung der Robinientracht, ist meist ein rigoroses Umhängen erforderlich, da die Völker jetzt viel Platz für die Brutentwicklung benötigen. In den Brutraum kommen od. verbleiben nur drei Brutwaben mit den meisten Futterresten, dazu Mittelwände u. ausgebaute Waben. Wichtig ist, daß nach der Freigabe bzw. Abtrennung des Honigraums keine Entwicklungsstokkung eintritt. Eine einmalige Futtergabe sorgt dafür, daß die Eiablage nicht unterbrochen wird. In den Honigraum gebrachte od. belassene Brutwaben muß man nach 7–9 Tagen auf evtl. angesetzte Weiselzellen durchsehen, u. sie können erst nach 21 Tagen geschleudert werden. Im Magazinbetrieb wird analog verfahren. Entweder wird eine ganz- od. halbhohe Zarge mit ausgebauten Waben aufgesetzt od. eine Brutzarge über das Absperrgitter gegeben, darunter kommt eine Zarge mit 2–3 Brutwaben, Mittelwänden u. ausgebauten Waben (Tracht-Schwarmzeit ↗).

Freilandmuseum Swarzędz, Polen. Erster ethnographischer, bienenkundlicher Park, geschaffen bei der Abteilung für Bienenkrankheiten am Veterinärinstitut Swarzędz bei Poznań. Zur Sammlung von Bienenwohnungen gehören drei Typen von alten Bienenstöcken: die Klotzbeuten (hochstehende u. liegende), Strohkörbe, Stülper u. Figuren-Klotzbeuten. Es zeigt sich, daß hochstehende Klotzbeuten in Polen sehr verbr. waren. Mitte des 19. Jh.s wurden unter dem Einfluß von Dzierzon u. Lubieniecki schon Mobilwaben eingeführt. Ziel des Freilandmuseums ist die Erhaltung u. der Schutz dieser Denkmale in Zusammenarbeit mit Imkerorganisationen u. anderen Institutionen, wie z. B. staatlichen Museen (nach R. Kostecki u. M. Jelinski).

Klotzbeute, bemalt. 19. Jh.

Freistand. Dient der Unterbringung von 2–10 meist Hinter- bzw. Hinter/Oberbehandlungsbeuten. Er ist für die Anfangszeit u. auch für eine Bienenhaltung in ständig geringem Umfang sowie als Wanderstand geeignet. Der F. ist entweder mit einem festen od. aufstellbaren Dach versehen u. hinten mit Türen verschließbar. Durch Nutzung der Türen als Seitenwände u. Plane od. Folie als Dach u. Rückwand läßt sich provisorisch ein etwas geschützter Arbeitsraum schaffen u. dadurch der Nachteil des F.es, daß der Imker bei der Arbeit an den Bienen im Freien steht, wenigstens z. T. beheben.

Fremdstoffe. Rückstände von Pflanzenschutz- u. Konservierungsmitteln, aber auch Farbstoffe in Nahrungsmitteln.

Freudenstein, Heinrich. Geb. 1. 2. 1863 in Maden (Hessen), gest. 5.2.1935 in Marbach bei Marburg. Von Beruf Lehrer, später Berufsimker. Seit 1919 Bürgermeister von Marbach. Lehrte Zuckerfütterung der Bienen für die Überwinterung, da die Ruhr damals das Leben Hunderttausender von Bienenvölkern kostete. Erst wurde die Methode stark angefeindet, später stillschweigend in die Betriebsweise übernommen. Sie machte die Imkerei in trachtarmen Gegenden erst möglich u. rentabel. Imkerte in einem von ihm gebauten zweietagigen Breitwabenstock (Querbau) mit kleinstem Rähmchenmaß, 33,8 × 20 cm, gedacht für Gegenden mit geringer Tracht. Gründete 1902 die «Neue Bienenzeitung», die später sein Sohn, Dr. K. Freudenstein, weiterführte. Hauptwerke: «Lehrbuch der Bienenzucht», «Das Leben der Bienen».

Freudensteinmaß → Wabenrahmenmaße.

Frisch, Karl von, Prof. Dr. Geb. 20. 11. 1886 in Wien-Josefstadt, gest. 12. 6. 1982 in Brunnwinkel a. Wolfgangsee. Studierte Medizin u. Zoologie. Wurde 1912 Privatdozent für Zoologie u. vergleichende Anatomie an der Universität München, später Professor für vergleichende Physiologie. Untersuchte das Orientierungsvermögen u. entdeckte die Verständigung der Bienen mit Hilfe der Tanzsprache. – Nobelpreisträger (1973) u. Mitglied des Ordens «Pour le merité» der Friedensklasse, mehrfacher Ehrendoktor. Mitbegründer u. Herausgeber mehrerer Fachzeitschriften. Schrieb Hunderte von Einzelarbeiten u. mehrere Bücher. Hauptwerk: «Tanzsprache und Orientierung der Bienen».

Frostlage. Geländeabschnitte, die erfahrungsgemäß aufgrund ihres Reliefs, des Bewuchses, der Neigung z.B. nach N u.a.m. frostgefährdeter als die Umgebung sind. Diese Bereiche sollten zur Anlage eines Bienenstandes ↗ gemieden werden.

Frühbrüter. Bienenvolk mit veranlagungsseitig zeitiger, schneller Frühjahrsentwicklung. Die frühe Anlage des Brutnestes ist eine Eigenschaft der *Carnica*-Rasse u. stellt im Hinblick auf die volle Nutzung der Frühtrachten von Obstarten u. Raps mit gut entwickelten Bienenvölkern ein Zuchtziel ↗ dar.

Frühjahrsdurchsicht. Eine F. ohne bes. Anlaß sollte nicht erfolgen (Frühjahrsentwicklung ↗). Nur wenn die Fluglochbeobachtung ↗ Hinweise auf eine nicht normale Entwicklung eines Volkes gibt, ist sie durchzuführen. Die mit der Freigabe des Honigraums bzw. dem Einlegen des Absperrgitters verbundene teilweise od. vollständige Durchsicht sollte die erste größere Arbeit an einem Volk sein.

Frühjahrsentwicklung. Zeitspanne zw. der Auswinterung ↗ u. der Trachtzeit. Früher als Durchlenzung, auch als Meisterstück der Imkerei bezeichnet. In dieser Zeit reagieren die Völker bes. negativ auf Störungen u. Mangelzustände. Vom ersten Flugtag ab März muß den Bienen eine geheizte, windgeschützte Tränke ↗, über die auch Reizfutter verabreicht werden kann, u. ein Höselhaus mit Pollenersatz zur Verfügung stehen (Frühjahrsreizfütterung ↗, Eiweißfütterung ↗). Die Aufmerksamkeit des Imkers ist in dieser Zeit überwiegend auf das Flugloch zu richten, denn alle wesentl. Feststellungen über den Zustand des einzelnen Bienenvolkes sowie über Flug- u. Trachtsituation lassen sich durch Fluglochbeobachtung ↗ weitgehendst ermitteln. Völker, die fleißig fliegen, Pollen u. Wasser eintragen, sollten nicht gestört werden. Nur eine vorsichtige Kontrolle auf Futtervorrat ist angebracht. Auf Anzeichen von Nosematose ↗ ist zu achten. Das früher übliche rigorose Einengen ↗ u. anschl. Erweitern ↗ sollte weitgehend unterbleiben. Nur evtl. überzählige Futterwaben sind gegen Leerwaben auszutauschen. Zum Ende der F., Ende April/Anfang Mai, sind die Völker bei normaler Entwicklung so weit erstarkt, daß drei Wochen vor der ersten Tracht, spätestens aber vor dem ersten Schleudertermin, die Honigraumfreigabe bzw. bei Oben- ↗ u. Doppelraumüberwinterung ↗ wieder die Trennung von Brut- u. Honigraum durch Einlegen des Absperrgitters erfolgen muß. Auch das Bauen setzt jetzt ein. Um Zwischenbau ↗ zu vermeiden, ist rechtzeitig der Baurahmen ↗ einzuhängen bzw. andere Baugelegenheit zu schaffen. Erforderliche Erweiterungen können jetzt auch mit Mittelwänden ↗ durchgeführt werden. Starke Völker können schon in Schwarmstimmung geraten. Auf bestiftete Weiselnäpfe ↗ ist zu achten.

Frühjahrsreizfütterung. Umstrittenste Fütterungsmaßnahme überhaupt. Einige Praktiker lehnen sie grundsätzlich ab, andere wollen nicht auf sie verzichten. Völker, die durch Doppelraumüberwinterung u. eine intensive Nachtrachtfütterung stark in den Winter gegangen sind, erstarken auch ohne F. relativ schnell. Jeder Imker muß entscheiden, ob er zur Realisierung seiner Betriebsweise ↗ die F. anwendet od. nicht. Die Innenreizfütterung erfolgt meist mit Futterteig, bei Nosematosegefahr mit Heilmittelzusatz, od. zur Erhöhung der Wirksamkeit mit Zusatz von Eiweißfuttermitteln (Eiweißfütterung ↗). Die Außenreizfütterung ahmt eine natürl. Tracht nach. Es wird eine Zuckerlösung 1 + 4 (20 %) über eine geheizte Tränke ↗, auf die die Bienen eingeflogen sind, verfüttert. Die Fütterung sollte erst einsetzen, wenn ausreichend Naturpollen zur Verfügung steht, also etwa ab der Weidenblüte bis zum Beginn der Spitzahornblüte. Je Volk u. Tag sind etwa 0,1–0,3 l zu rechnen. Es wird mit kleinen Mengen begonnen u. je nach Wetter u. Abnahme durch die Bienen gesteigert. Die einzelnen Völker beteiligen sich entspr. ihrer Stärke an der Aufnahme des Futters, so daß schwächere weniger bekommen als stärkere. Beim Einsetzen einer Nektartracht ist mit der Fütterung aufzuhören.

Frühjahrsschwindsucht → Nosematose → Amöbiose → Acarapidose.

Frühlings-Fingerkraut → *Potentilla tabernaemontani.*

Frühlings-Krokus → *Crocus albiflorus* → Iridaceae.

Frühlings-Safran → *Crocus albiflorus* → Iridaceae.

Frühtracht. Bezeichnung für erste Trachten des Bienenjahres. Geographisch bedingt blühen die gleichen Trachten zu unterschiedl. Jahreszeiten. Frühe Blütezeiten gibt es bei Kulturen der Landwirtschaft, des Obstbaues, bei Gehölzen, Pflanzen, Stauden u. Blumen in der freien Natur. Diese Frühblüher sind erste Nektar- u. Pollenspender für die Bienen, z. B.:

Pflanze	*Biotop*	*Blütezeit*	*Nektarergiebigkeit*	*Pollenergiebigkeit*	*Blatthonigspende*
Baumarten					
Bergahorn *(Acer pseudoplatanus)*	Kalkhaltige Böden mit hoher Bodenfeuchtigkeit. Park- u. Alleebaum, auch in Städten.	Mai	sehr gut	mäßig	möglich
Feldahorn *(Acer campestre)*	Kalkhaltige, lehmige Böden, auch sonnige, trockene Lage. Straßen. Auch in luftverunreinigten Gebieten.	Mai/Juni	mäßig	gering	möglich
Faulbaum *(Rhamnus frangula)*	Feuchte Böden u. Moore. Unterholz in lichten Laubwaldungen, an Wald- u. Bachrändern.	Mai/Juni	gut	mäßig	möglich
Rotahorn *(Acer rubrum)*	Feuchte, kalklose Böden. Fluß- u. Teichufer. In öffentlichen Anlagen.	März/April	gut	mäßig	möglich
Rotbl. Roßkastanie *(Aesculus × carnea)*	Parkanlagen, auch Straßen. Keine bes. Wachstumsansprüche.	Mai	gut	gut	möglich

Pflanze	*Biotop*	*Blütezeit*	*Nektarer-giebigkeit*	*Pollen-ergiebigkeit*	*Blatthonig-spende*
Salweide (*Salix caprea*) auch Strauch (schnellwüchsig)	Gräben, Gebüsche, lichter Mischwald. Einzel- u. Gruppenpflanzung.	März/April	sehr gut	sehr gut	möglich
Spitzahorn (*Acer platanoides*)	Kalkhaltiger, nicht extrem trockener Boden ohne stehende Nässe. Krautreiche Mischlaubwälder. Auch Straßenränder u. Parks.	April/Mai	gut	mäßig	möglich
Zuckerahorn (*Acer saccharum*)	Geringe Bodenansprüche. Lichte Lagen mit Grundwasser, ohne stagnierende Nässe. Auch Straßenränder u. Parks.	April	sehr gut	mäßig	möglich
Beerenobststräucher					
Johannisbeere (*Ribes rubrum*)	Gute, ausreichend feuchte Böden in mäßig warmer Lage. Edellaubholzreiche Wälder, Gärten.	April/Mai	mäßig	mäßig	möglich
Stachelbeere (*Ribes uva-crispa*)	Gute, feuchte Böden in mäßig warmer Lage. Edellaubholzreiche Wälder, Gärten.	März/April	gut	gering	möglich
Obstbäume					
Apfel (*Malus domestica*) Auf pollenspendende Befruchtersorten angewiesen, da nicht selbst fruchtbar	Tiefgründiger, warmer, aber nicht trokkener Boden. Gärten, Alleen, Plantagen.	Mai	sehr gut	sehr gut	möglich
Aprikose (*Prunus armeniaca*)	Nährstoffreicher Boden, warme, trokkene, geschützte Lagen (Weinklima). Anbau in Plantagen.	März/April	gering	gering	–
Birne (*Pirus communis*)	Edle Sorten anspruchsvoll an Boden u. Klima. Wirtschaftssorten gedeihen auch noch auf trockenen Böden u. in weniger günstiger Lage. Boden muß tiefgründig sein (Pfahlwurzel!).	April/Mai	gut	gut	möglich
Pfirsich (*Prunus persica*)	Kalkhaltige, lockere, warme u. feuchte Böden. Geschützte Standorte.	April/Mai	mäßig	gut	möglich
Pflaume (*Prunus domestica*)	Nährstoffreiche, feuchte Böden. Windgeschützte Lagen.	April/Mai	mäßig	mäßig	möglich
Sauerkirsche (*Cerasus vulgaris*) Meist großer Strauch	Meist Plantagen mit Böden ohne spezielle Kriterien.	April/Mai	gut	gut	möglich
Süßkirsche (*Prunus avium*)	Warme, tiefgründige, mäßig feuchte, kalkhaltige u. nährstoffreiche Böden. Keine frost- u. luftfeuchten Lagen. Oft in Plantagen.	April/Mai	sehr gut	sehr gut	möglich
Ölfruchtpflanzen					
Sommerrübsen (*Brassica napus var. sylvestris*)	Leichtere Böden, auch in rauheren, nö. Lagen. Meist in Kultur.	Mai	mäßig	mäßig	–
Winterraps (*Brassica napus var. napus*)	Tiefgründige, nährstoff-, humus- u. kalkreiche Böden. Feucht-mildes Küstenklima.	Mai	sehr gut	sehr gut	–
Sträucher					
Blaubeere (*Vaccinium myrtillus*) Zwergstrauch	Kalkfreie Lehm- u. Sandböden. Bodensaure, lichte Laub- u. Nadelwälder (Fichte u. Kiefer).	April bis August	mäßig	gering	–
Frühjahrsheide (*Erica carnea*) Zwergstrauch	Gebirgskiefernwälder (montane u. subalpine Region). Auch kalkige Böden. Stellenweise häufig.	Februar bis April	gut	gut	–
Kornelkirsche (*Cornus mas*) Zierstrauch	Kalkreiche, leichte, humöse Böden. Warme Lagen, auch Schatten.	Mai/Juni	gut	mäßig	–
Sonstige					
Löwenzahn (*Taraxacum officinale*)	Fettwiesen u. -weiden, Äcker, frische Ruderalstellen, Dünen, Artengruppe sehr zahlreich, weit verbr.	Mai bis Oktober	gut	gut	–
Saatwicke (*Vicia sativa*)	Nährstoffreiche Äcker, auch frische Ruderalstellen.	Mai/Juni	sehr gut	gut	–

Um die F. wirtschaftlich nutzen zu können, ist es erforderlich, starke Völker einzuwintern (Doppelraumüberwinterung ↗) u. die Frühjahrsentwicklung ↗ zeitig durch entspr. Maßnahmen zu unterstützen (Regel der 40 Tage ↗). S. auch Tracht ↗.

Frühzucht → Zuchtplan.

Fuchsrebe → *Vitis labrusca* → Vitaceae.

Fühler → Antennen.

Füllungsgrad der Samenblase. Mit der Steigerung der bei der künstlichen Besamung injizierten Spermamenge erhöht sich regressiv die Anzahl der Spermien in der Samenblase.

µl Sperma	*% der Spermien in der Spermatheca*
1	19,9
4	9–12
10	4,3–7,9
36	1,8

Mit dem Sperma eines Drohnen kann ein F. d. S. von 1,8 Mio Spermien erreicht werden. Der F. d. S. nach der natürl. Paarung beträgt ca. 6 Mio Spermien. Dieser Wert ist auch mit Hilfe der künstl. Besamung erreichbar. Ein Unterschied im F. d. S. ist bei ein- bzw. zweimaliger Besamung nicht immer gegeben. Zur Verminderung des Risikos wird deshalb eine einmalige Besamung u. eine zusätzl., einen Tag später od. früher angewendete Begasung ohne nochmalige Besamung empfohlen.

Fumagillin. Antibiotikum, welches aus dem Schimmelpilz *Aspergillus fumigatus* gewonnen wird. F. ist gut wirksam gegen die Entwicklungsstadien von *Nosema apis* ↗. Die widerstandsfähigen Sporen dieses Darmparasiten der Bienen bleiben jedoch unbeeinflußt. Durch F. wird die RNA-Synthese in den Darmepithelzellen wieder hergestellt. Die Reproduktion der DNA bei dem Nosemaparasiten wird gehemmt. Durch richtige u. gezielte Anwendung von F. gelingt es, die mögliche Ansteckung von Biene zu Biene zu vermeiden u. damit die Infektionskette zu unterbrechen. F. wird mit gutem prophylaktischen u. therapeutischen Erfolg gegen Nosematose ↗ in Zuckerlösung od. Futterteig als Heilfutter an Bienen verabreicht. F. ist wasserlöslich u. empfindlich gegen Hitze- u. Lichteinwirkung. Es muß kühl u. trocken gelagert werden. Zwei Jahre haltbar.

Fumigationsverfahren. Verfahren, bei denen die Wirkstoffe verräuchert werden u. als Akarizid- od. Insektizidrauch einwirken, z. B. Tierarzneimittel zur Bekämpfung von Bienenmilben.

Fungizid → Antimykotikum.

Furchung → Embryonalentwicklung.

Furchungskerne → Embryonalentwicklung.

Fusom → Geschlechtsorgane, ♀.

Futtereimer → Dosenfütterung.

Futterkasten. Zur Verfütterung großer Mengen Flüssigkeit od. Feuchtzucker vorgesehenes Gefäß. Für Magazine z. B. ein 10 l fassender flacher Plastekasten, der über od. unter den Waben eingesetzt werden kann. Für Hinterbehandlungsbeuten ein Holzkasten, der hinter den Waben eingestellt wird u. etwa 8 kg Feuchtzucker aufnimmt.

Futtermangel. Bes. im April, einer Zeit, in der der Futtervorrat zu Ende geht, der Verbrauch eines Volkes aber ständig steigt (es werden jetzt je nach Volkstärke 100–200 g/Tag verbraucht) u. die frühen Trachten noch keinen Nektar bringen, kann es zu völligem Aufbrauchen des Futtervorrats ↗ kommen. Das letzte Stadium vor dem Hungertod ist das Aussaugen der offenen Brut. Meist sind es nur einzelne Völker eines Standes, die so in Not geraten. Entweder hatten sie aus irgendeinem Grund einen geringeren Futtervorrat od. sie haben sich bes. gut entwickelt, große Brutflächen gepflegt u. dadurch viel verbraucht. Auch nach jeder Schleuderung, wenn der Imker den Honigraum restlos geleert u. möglicherweise auch aus dem Brutraum noch Honigwaben entnommen hat, kann es beim Ausbleiben der nachfolgenden Tracht zu F. kommen (Trachtlückenfütterung ↗). Zum Beheben des F.s sind die im letzten Stadium fast reglos auf den Waben sitzenden Bienen mit warmer Zuckerlösung 1 : 1 vorsichtig zu besprühen u. eine od. mehrere entdeckelte Futterwaben mitten in den Bienensitz zu hängen. Anschl. ist durch Fütterung wieder ein angemessener Futtervorrat zu schaffen. Völker, die einem akuten F. ausgesetzt waren, erleiden in ihrer Entwicklung einen Rückschlag.

Futternäpfchen → Verschulen.

Futternot → Futtermangel.

Futtersaft → Zuchtstoff.

Futtersaftdrüsen → Hypopharynxdrüsen.

Futterstrom. Erzeugt durch die Übergabe des von den Sammelbienen eingetragenen Nektars an Stockbienen, die den Nektar untereinander weiterreichen, ehe er zur Speicherung in die Wabenzellen gelangt. Der auf diese Weise dissipativ über viele Stockbienen verteilte Nektar bildet einen ständigen Nahrungsfluß, den F., im Volk, der zugleich einen Informationsfluß über Umfang u. Qualität des eingetragenen Sammelgutes darstellt.

Futtertafel. In ein leeres Ganz- od. Halbrähmchen aus Kristall- od. Puderzucker bereitete, heiß eingegossene Zuckermasse, die beim Erkalten erstarrt. Die F. wird vor dem Einhängen in die Beute in warmes Wasser getaucht. Sie kann im Frühjahr als Reizfutter an den Bienensitz gehängt u. auch sonst wie eine Futtertasche mit Feuchtzucker eingesetzt werden, z. B. für die Fütterung von Ablegern u. Begattungsvölkchen.

Futtertasche. In den verschiedensten Ausführungen u. Größen gebräuchl. Gerät zum Verfüttern von Trockenzucker ↗, Feuchtzucker ↗ u. Futterteig ↗. Die F. hat die Außenabmessungen des Standmaßes, aber meist mit größerer Tiefe, u. ist beiderseits mit Folie, Glas, Hartfaserplatten od. ähnl. verkleidet. An einer Seite ist die Verkleidung um 2–3 cm kürzer zum Einfüllen des Futters. Für Hinterbehandlungsbeuten ist es zweckmäßig, wenn zur Kontrolle der Futteraufnahme die zum Fenster zeigende Seite mit durchsichtigem Material versehen ist. Die Aufnahme des Futters in der F. erfolgt aufgrund der relativ geringen Oberfläche recht langsam. Sie kann deshalb auch horizontal geteilt, also zweietagig gefertigt sein. Das Einfüllen ist dann etwas aufwendiger, die Abnahmefläche aber doppelt so groß.

Futterteig, Zuckerteig. Es handelt sich meist um Invert-Zuckerteige, die vom Handel angeboten werden, denen je nach Verwendungszweck Eiweiß, Vitamin B, Spurenelemente od. Nosemaheilmittel zugesetzt sein können. Man kann sie auch selbst herstellen; auf 1 kg Puderzucker rechnet man 80 ml Wasser u. 1 g des Enzyms «Invertin». Für Begattungskästchen ↗ wird Honigzuckerteig verwendet. 3–5 Gewichtsteile Puderzucker, 1 Teil Honig u. nach Bedarf etwas Wasser werden gut angewärmt verknetet. Für die Selbstherstellung wird auch F.-Zucker mit Ferment vom Handel angeboten.

Futterteller → Thüringer Futterballon.

Fütterungsversuch. Versuche zur Ermittlung der LD_{50} ↗ von Prüfsubstanzen. Zur Überprüfung der Bienengefährdung ↗ werden Einzelbienen über Mikropipetten mit Futterlösungen, die abgestufte Konzentrationen der Prüfmittel enthalten, gefüttert. Diese Bienen werden anschl. in Gruppen über einen festgelegten Zeitraum beobachtet. Sie haben dabei die Möglichkeit zur Nahrungsaufnahme.

Futterverteilung bei Westlicher u. Östlicher Honigbiene. Mit Hilfe von Radiophosphat durchgeführte Untersuchungen von Kloft, Djalal u. Drescher (1976) haben bei den vier bekanntesten Rassen (den «europäischen» Rassen) der We. Honigbiene u. im Vergl. dazu bei der Öst. Honigbiene eine zeitl. sowie im Umfang der beteiligten Bienen sehr unterschiedl. Verteilung markierten Futters ergeben. Unter streng standardisierten Bedingungen (Alter, Temp., Ernährungszustand, Raum, Menge des über jeweils eine einzige Donar-Biene eingebrachten radioaktiv markierten Futters) ergaben sich bei den beiden in S- u. W-Europa beheimateten Rassen *Apis mellifera carnica* u. *Apis mellifera ligustica* etwa gleich rasch u. weit verlaufende F.en, während die *A. m. caucasica* ganz ähnl. der Öst. Honigbiene *A. cerana* langsamer verlaufende u. weniger Individuen umfassende F.en aufwies. Ausgesprochen gering waren die Werte bei der Heidebiene *A. m. mellifera.* Unterschiede in der Futterweitergabe dürften im Bereich der Geschwindigkeit sozialer Kontaktaufnahme zu suchen sein. Da Befunde über rassespezifisch unterschiedl. Schwellenwerte für Lernge-

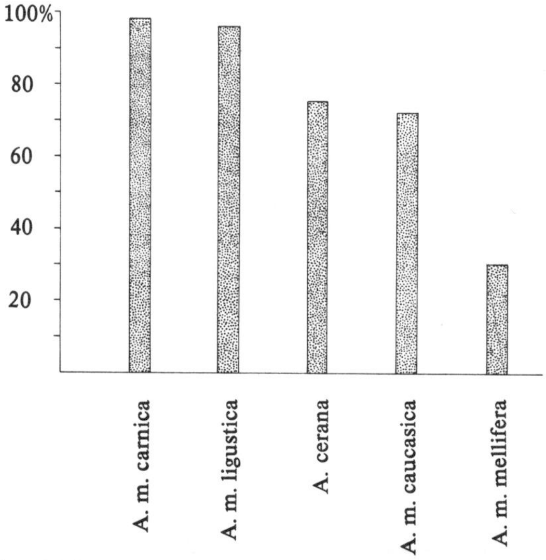

Anzahl der Arbeiterinnen (in %) der Versuchstiere, die nach 4 h Versuchsdauer Futter von der einen zugesetzten Geberbiene erhalten hatten (31 °C). Bei Versuchen mit einer Donarbiene und etwa 500 hungrigen Nehmerinnen ergaben sich bei *carnica* Verteilungen auf 178, bei *ligustica* auf 349, bei *caucasica* auf 338, dahingegen bei *A. m. mellifera* nur auf 39 Arbeiterinnen. Nach Kloft (1976)

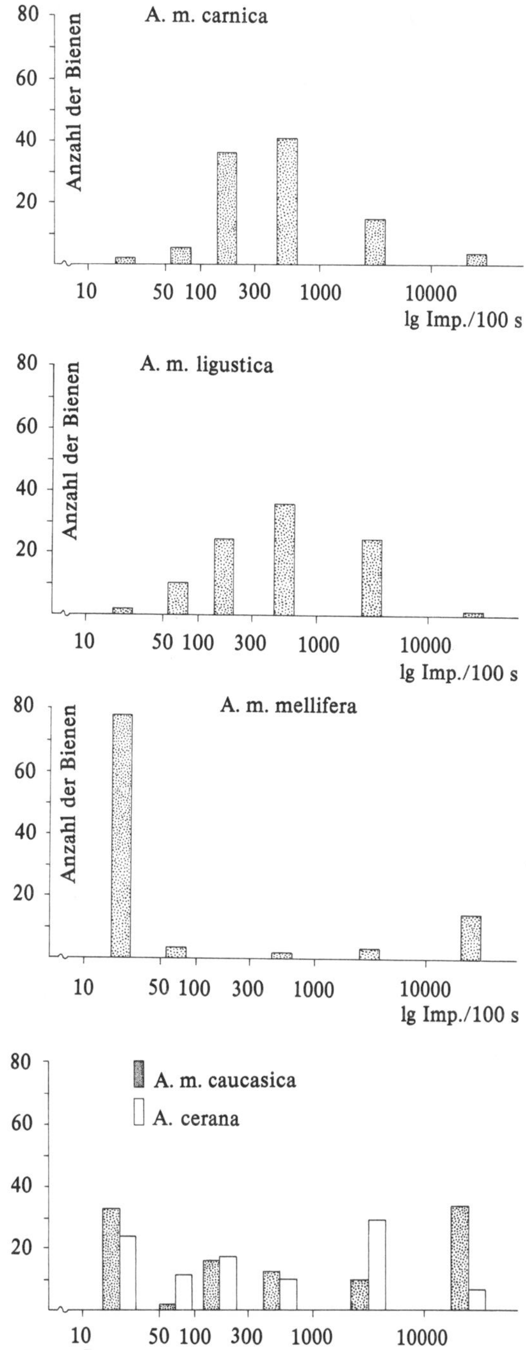

Darstellung der Futterverteilung (lg Imp./100 s/Biene) nach 4 h unter Standardbedingungen (31 °C, 1 Donar mit 50 µl markiertem Futter, spez. Akt. 0,5–1,0 mC/ml) auf die Individuen der Gruppe (1:100 ☿☿). Die in den links oben befindlichen Teilabb. angegebenen Bezeichnungen für Ordinate und Abszisse gelten für alle Teilabbildungen. Nach Kloft (1976)

schwindigkeit (LAUER u. LINDAUER, 1973), Lernverhalten (MENZEL u. Mitarb., 1973), die Tanzbereitschaft in Abhängigkeit vom Füllungszustand der Honigblase u. in der Mobilisierungsbereitschaft zum Sammelflug bei den versch. Bienenrassen vorliegen, dürften Geschwindigkeit u. Umfang der Nahrungsverteilung in Beziehung zur Effizienz des Nahrungserwerbes u. damit der Sammelleistung der Bienenrassen stehen. Leider stehen vergleichbare Untersuchungen bei anderen Rassen der We. Honigbiene sowie anderen *Apis*-An noch aus.

Futtervorrat. In Form von Honig u. Pollen gespeicherte Nahrung, die sich als Futterkranz über dem Brutnest od. auch im Honigraum der Beute befindet. Im Futterkranz liegt der Pollen direkt über der Brut, der Honig außerhalb des Pollens. Gesunde Bienenvölker verfügen ständig über einen F., der als Wintervorrat für das Überleben der Wintertraube (Bienentraube ↗) bes. Bedeutung erlangt. Als Winterfutter eignet sich bes. Rohrzuckerlösung, die der besseren Verträglichkeit wegen dem Honig als Winterfutter vorzuziehen ist. Gebräuchliche Mischungsverhältnisse von Zucker u. Wasser bei der Zubereitung des Winterfutters: 1:1 (1 kg Zucker:1 l Wasser), ferner 5:4, 3:2, 2:1. S. Futtermangel, Nachtrachtfütterung.

Futterwabe. I. e. S. eine überwiegend mit Zuckerfütterungshonig gefüllte Wabe. I. w. S. jede Wabe, deren Inhalt, also Honig u. Zuckerfütterungshonig, zur Fütterung der Bienen dienen kann.

Fyg, Werner, Dr. h.c. Geb. 25.6.1898 in Thun (Berner Oberland), gest. 1.4.1979 in Spiez a. Thuner See (Schweiz). Studierte Naturwissenschaften. Über 30 Jahre wissenschaftl. Mitarbeiter an der Bienenabteilung der Eidgenössischen Milchwirtschaftlichen Versuchsanstalt in Bern-Liebefeld. Befaßte sich mit Krankheiten der Bienen u. Anomalien der Bienenweisel.

Galanthus nivalis L., Schneeglöckchen, Kleines Schneeglöckchen. A der G *Galanthus* der F der Amaryllidaceae ↗. Ursprüngl. Verbr. schwer feststellbar, da schon lange in M-Europa kultiviert u. von dort ausgewandert. Unter Gebüschen, auf Rasenflächen u. als Einfassung. Blüht je nach Standort Ende Februar, Anfang März bis April. Weiße Blütenglöckchen. Bevorzugt frischen, humosen Boden.

Galleria → Wachsmotte.

Gamander, *Theucrium* → Labiatae.

Gamet. ♂ od. ♀ Keimzelle, die i. d. R. einen haploiden Chromosomensatz besitzt. Bei der Keimzellbildung werden während der Reduktionsteilung die Allele ↗ getrennt u. zufallsmäßig auf die Keimzellen verteilt. Auch ein aus einem Bastard entstandener G. hat in bezug auf ein bestimmtes Allelenpaar niemals Bastardcharakter, sondern hat nur das eine od. andere Allel, ist also reinerbig (Gesetz von der Reinheit der G.en). Auch die aus unbefruchteten Eiern (G.en) entstandenen Drohnen sind somit, bezogen auf die einzelnen Gene, reinerbig.

Schneeglöckchen

Ganglion → Nervensystem.

Gänseblümchen → *Bellis perennis.*

Gänsekresse → *Arabis caucasica.*

Gartensalbei → *Salvia officinalis* → Labiatae.

Gartenstauden u. Sommerblumen als Bienenweide. Da die Mehrzahl der Bienenstände ihren Winter- od. auch Dauerstandort in Gärten hat, ist der Imker bestrebt, als Garten-Ziergewächse bevorzugt Nektar- od. Pollenspender zu verwenden, da die Bedeutung des Pollens ↗ als Eiweißnahrung für die Frühjahrsentwicklung der Bienenvölker bes. hoch einzuschätzen ist. Ebenso wichtig ist die Herbst-Pollenversorgung als Gewähr für die gesunde Überwinterung u. Durchlenzung der Bienenvölker. Der Imker-Gärtner hat die Möglichkeit, aus einem umfangreichen Sortiment der verschiedensten Nektar- u. Pollenspender die für seine Bedingungen (Boden, Klima, vorhandene Trachtlücken) geeignetsten Gewächse auszuwählen. Alle kultivierten Stauden, Zwiebelgewächse u. Einjahresblumen stammen von Wildpflanzen ab u. werden seit Jahrzehnten od. Jh.en züchterisch bearbeitet. Eine Anzahl von ihnen kommt deshalb auch in unserer Wildpflanzenflora als Bienenweide (Wildkräuter als Bienenweide ↗) vor. Bei der Auswahl der Pflanzen mit ihrem unterschiedl. Wuchs- u. Blühcharakter sind sowohl die Boden- als auch die Platzverhältnisse zu berücksichtigen. Frühjahrszwiebelgewächse stehen günstig an od. unter Sträuchern. Stauden, die bald einziehen, sind einzeln neben solche Pflanzen zu setzen, die die Lücken später verdecken. Der Imker bevorzugt sich robust entwickelnde Stauden, die in der imkerlichen Hauptsaison keiner Pflege mehr bedürfen, od. solche Sommerblumen, die im Freiland an Ort u. Stelle ausgesät werden können, sich bei nur wenig Pflegeaufwand schnell entwickeln u. Unkräuter selbst unterdrücken können. Zahlreiche wertvolle Bienenweidepflanzen finden sich auch unter den Heil- u. Gewürzkräutern. In doppelter Hinsicht nützlich, sind sie für den Imkergarten bes. zu empfehlen. (Trachtkalender ↗)

Gashaushalt. Durch das in der Beute befindliche Gasgemisch bestimmt, das aus der über das Flugloch einströmenden Außenluft, Wasserdampf (Wasserhaushalt ↗) u. der Atemluft der Bienen besteht. Von bes. Bedeutung für das Verhalten des Bienenvolkes ist neben dem Wasserdampf- der Kohlendioxid-Gehalt (Überwinterung ↗) der Stockatmosphäre. Die Stockluft stellt nach Büdel ein «dreidimensionales Gitter zw. den Waben u. den Leibern der Bienen» dar. Die einzelnen Bestandteile des Gases im Beuteninneren sind nicht geschichtet, denn nach dem Gesetz der Partialdrucke von Dalton übt jedes Gas des Gemisches einen Druck aus, den es auch ausüben würde, wenn es den Raum allein ausfüllte. Grundlage für den G. in der Beute ist der Luftaustausch über das Flugloch, den die Bienen durch den Fächelstrom aktiv unterstützen.

Gasphase. Gasförmiger Anteil eines Wirkstoffes bei Pflanzenschutzmitteln ↗, Desinfektionsmitteln od. auch Tierarzneimitteln ↗ nach deren Anwendung.

Gattenvolk → Drohnenzucht.

Gefahrenalarmierung. Findet durch Abgabe von Pheromonen ↗ statt. Beim Beißen wird 2-Heptanon aus der Mandibeldrüse ↗ von den Wächterbienen abgegeben, beim Stechen tritt ein Sekret am Stachelapparat (Giftdrüse ↗), das Isopentylazetat enthält, aus. Beißen u. Stechen sind voneinander unabhängige Verhaltensweisen. Die von den beiden Düften angelockten Bienen greifen vor allem an den markierten Stellen an. Unterschiede zw. sanften u. aggressiven Bienenvölkern od. Rassen sind eher in der Empfindlichkeit der angelockten Bienen gegenüber Aggression hervorrufenden Substanzen zu suchen als in der abgegebenen Menge (Duftlenkung ↗).

Geflecktes Johanniskraut → *Hypericum maculatum.*

Gehirn → Nervensystem.

Gehölze als Bienenweide. Als Bienenweide von größter Bedeutung. Viele An zählen zu den wertvollsten u. zuverlässigsten Nektar- u. Pollenspendern (Bienenweidewert ↗). Bes. hervorzuheben sind die Obstgehölze u. die Ahorn-An (*Acer* spec.) als Entwicklungstracht (Tracht ↗) u. Faulbaum (*Rhamnus frangula* ↗), Himbeere (*Rubus idaeus* ↗), Robinie (*Robinia pseudacacia* ↗), versch. Linden-An (*Tilia* spec.) u. das Heidekraut (*Calluna vulgaris* ↗) als Haupttrachten. – Die Obstgehölze, vor allem Apfelbäume (*Malus sylvestris* ↗), sind heute außer in Gärten zu Hunderte von Hektar umfassenden Plantagen konzentriert. Der vertragliche Bieneneinsatz in den Obstplantagen sichert den Anbaubetrieben die unentbehrliche Blütenbestäubung (Bestäubungstüchtigkeit ↗). Die Ahorne, vor allem Spitz- (*Acer platanoides* ↗) u. Bergahorn (*A. pseudoplatanus* ↗), kommen vorwiegend als Alleebäume in Städten, Gemeinden u. an Landstraßen vor. Faulbaum u. Himbeere sind als Unterholz wildwachsend in Wäldern anzutreffen. Bes. in Gebieten mit leichteren Böden u. nicht zu tiefem Grundwasserstand hat in den letzten 200 Jahren die aus N-Amerika stammende Robinie große Verbr. gefunden. Sie kommt heute zusammen mit Nadelgehölzen als Bestandteil der Mischwälder, bes. an Waldrändern, streifenweise auch in fast reinen Beständen vor u. ist ein bevorzugtes Wanderziel vieler Imker, obwohl ihre Tracht auf Grund der Spätfrostempfindlichkeit der Blütenknospen unzuverlässig ist. In ihrer Eigenschaft als Stickstoffsammler wird sie auch als die «Lupine des Waldes» bezeichnet. In Ortslagen ist die Robinie ein beliebtes Ziergehölz. – Versch. Linden-An (Sommerlinde – *Tilia platyphyllos* ↗, Holländische Linde – *T. vulgaris* ↗, Winterlinde – *T. cordata* ↗, Krimlinde – *T. euchlora* ↗, Silberlinde – *T. tomentosa* ↗) bilden in Ortslagen od. an Landstraßen von Mitte Juni bis August eine verhältnismäßig zuverlässige Tracht. Als anspruchslose, schattenspendende Allee- u. Parkbäume sind sie von großer Beliebtheit. Auf nährstoffarmen Böden der Heidegebiete ist an freien Standorten das Heidekraut verbr. u. bildet im allgemeinen die letzte Spättracht. In städtischen Anlagen (Parks, Kinderspielplätze, Erholungsplätze, Wohngrün) sowie in Hausgärten u. Wochenendsiedlergärten findet sich eine große Palette baum- od. strauchartig wachsender Ziergehölze. Die Mehrzahl von ihnen stellt eine Bienenweide dar. – In der offenen Landschaft kommen häufig Streifen versch. Sortimente von Gehölz-An vor. Sie wurden im Rahmen von Maßnahmen der Landeskultur ↗ planmäßig angelegt u. enthalten meist eine Anzahl von An, deren Blüten von Bienen beflogen werden. – Auf

Gehölze als Bienenweide, im Vordergrund Königskerze

Tien-Schan

Grund ihrer Langlebigkeit sind Gehölze Gegenstand bes. nachhaltiger Bienenweideverbesserungsmaßnahmen. Vor allem in Städten u. Dörfern, bes. in Neubaugebieten, bieten sich dem Imker in enger Zusammenarbeit mit öffentlichen Einrichtungen mannigfaltige Möglichkeiten, bei der Projektierung von Pflanzmaßnahmen Vorschläge für die An-Auswahl zu unterbreiten (Trachtkalender ↗).

Gelber Enzian, *Gentiana lutea* → Gentianaceae.

Gelber Winterstern → *Eranthis hiemalis* → Ranunculaceae.

Gelbes Windröschen, *Anemone ranunculoides* → Ranunculaceae.

Gelbklee → *Medicago lupulina* → Leguminosae.

Gelbspritzmittel. Präparate mit dem Wirkstoff DNOC ↗, haben insektizide u. herbizide Wirkung. Bienengefährlich ↗.

Gelée royale, Weiselfuttersaft, Futtersaft, Speichel. Sekretionsprodukt der beiderseitigen Hypopharynx ↗- u. Mandibeldrüsen ↗ der Arbeiterinnen der G *Apis*. Wird von 6–12 Tage alten Ammenbienen ↗ produziert. G. r. ist eine weißliche, teigige Substanz mit Perlmutteffekt mit saurem, brennendem Geschmack. Die frisch geschlüpften Larven eines Volkes erhalten G. r. bis zum dritten, die Larven in den Weiselzellen bis zu ihrem fünften Lebenstag. Ad. Weiseln werden ausschließl. damit ernährt. Der Weiselfuttersaft, wie er den Weisellarven geboten wird, besitzt eine andere chemische Zusammensetzung als der für Arbeiterinnen- u. Drohnenlarven. Die Weiselzellen enthalten außerdem mehr G. r. als die Arbeiterinnenzellen. G. r. besitzt für die Biene einen hohen Nährwert. Es beschleunigt das Wachstum der Weisellarven, erhöht die Lebensdauer der ad. Weisel u. aktiviert deren Eierlegetätigkeit. Seit 1950 beschäftigt man sich mit den Eigenschaften des Weiselfuttersaftes. Die positive Wirkung des G. r. wurde auch am Menschen erprobt u. genutzt. Von den Bienenzüchtern wird Weiselfuttersaft in zunehmenden Mengen erzeugt. Er findet als heilsame Ergänzung der Nahrung Verwendung. Um Weiselfuttersaft zu gewinnen, wird der Trieb der Arbeiterinnen genutzt, bei Bedarf Weiseln nachzuziehen, da sie in den Weiselzellen bes. viel G. r. ablegen. Man verfährt dann in gleicher Weise wie bei der Weiselzucht ↗. *Chemische Zusammensetzung:* G. r. besteht zu etwa 70 % aus Wasser. 30 % Trockensubstanz enthalten zu 50 % Proteine, zu 25 % Kohlenhydrate, zu 16 % Fette u. zu 9 % Asche u. andere Substanzen. Die Proteine enthalten alle Aminosäuren im freien u. kombinierten Zustand; zu ihnen gehören auch die acht für Biene u. Mensch unentbehrlichen Aminosäuren. Die Kohlenhydrate sind mit viel Glukose u. Fruktose im gleichen Verhältnis vertreten, Saccharose dagegen in geringeren Mengen. Die Fette enthalten die spezifischen Fettsäuren der Bienen. In großen Mengen ist die 10-hydroxy-2-transdecensäure enthalten, die auch in den Weisellarven u. den Mandibeldrüsen der Arbeiterinnen festgestellt wurde. Sie besitzt Abwehrfunktionen gegenüber Bakterien, Keimen u. Pilzen. Der Gehalt dieser sehr spezifischen Säure ermöglicht zudem die Bestimmung der in einem Honig enthaltenen Menge an G. r. Auch wurden kleinere Mengen von 9-Hydroxy-2-transdecensäure nachgewiesen. Diese Säure ist der biologische Vorläufer der 9-ceta-2-transdecensäure, dem Pheromon der Weisel. In sehr großen Mengen sind B-Vitamine wie Thiamin, Riboflavin, Nikotinsäure u. Panthothensäure vertreten. G. r., das an drei Tage alte Arbeiterinnenlarven verfüttert wird, enthält davon weniger. Vorhanden sind auch Pyridoxin, Mesoinostol, Biotin, Folsäure u. Kobalamin. Ein großer Gehalt an Acetylcholin ist feststellbar. Im G. r. findet sich, wie auch im Pollen, ein Sterol, das Methylen-24-cholesterol, das durch Fütterung in die Weisellarven gelangt, in deren Darminhalt auch Pollenkörner nachgewiesen sind. Es ist bekannt, daß Sterole, die von den Insekten nicht biosynthetisiert werden können, für deren Entwicklung unentbehrlich sind. Weiterführende Untersuchungen der chemischen Zusammensetzung des G. r. sind notwendig. *Gewinnung u. Konservierung:* Ein Volk nimmt 25–30 Weiselnäpfchen ↗ in Zuchtpflege. Während der Vegetationsperiode kann man das zur Gewinnung von G. r. mehrmals veranlassen. Etwa am dritten Zuchttag enthalten die Weiselnäpfchen die größte Menge an G. r. Dieser Zeitpunkt wird für die Ernte genutzt. Um 1 g G. r. zu gewinnen, werden 4–5 Weiselnäpfchen benötigt. Nachdem der Zuchtrahmen ↗ mit den gepflegten Weiselnäpfchen dem Volke entnommen ist, werden die Ränder der Weiselnäpfchen erweitert, um die Ernte zu erleichtern. Das G. r. wird mit Hilfe eines Löffels od. einer Spritze entnommen bzw. mit einer Vakuumpumpe abgesaugt. Die Entnahme muß mit äußerster Sauberkeit u. zudem schnell geschehen, da Wärme, Licht u. Feuchtigkeit negativ auf die Beschaffenheit des G. r. wirken. Bei der Konservierung muß man die leichte Verderblichkeit von G. r. berücksichtigen. Es muß in luftdicht abgeschlossenen Gefäßen aufbewahrt werden, deren Volumen in etwa der Erntemenge entsprechen sollte, da sich eine zu hohe Luftschicht über der Gelée-Oberfläche schädlich auswirkt. Die generelle Haltbarkeit, etwa ein Jahr bei +2 °C, wird durch tiefe Temp.en, z. B. im Tiefkühlschrank bei −18 °C, wesentl. verlängert. Bei einer Beimischung von 1 % Honig kann die Aufbewahrung sogar – jedoch nicht zu lange – bei ±0 °C erfolgen. Die Gefriertrockentechnik, wobei dem G. r. bei sehr niedrigen Temp.en durch Hochvakuum das Wasser entzogen wird, ist die bisher beste Konservierungsmethode des G. r. Die weißen Plättchen halten sich beliebig lange. Löst man sie in Wasser, hat man wieder voll wirksames G. r.

Gemeine Berberitze → *Berberis vulgaris* → Berberidaceae.

Gemeine Eberesche → *Sorbus aucuparia* → Rosaceae.

Gemeine Esche → *Fraxinus excelsior* → Oleaceae.

Gemeine Flockenblume → *Centaurea jacea.*

Gemeine Pimpernuß → *Staphylea pinnata.*

Gemeiner Bocksdorn → *Lycium halimifolium.*

Gemeiner Faulbaum → *Rhamnus frangula* → Rhamnaceae.

Gemeiner Gamander → *Teucrium chamaedrys* → Labiatae.

Gemeiner Hornklee → *Lotus corniculatus.*

Gemeiner Huflattich → *Tussilago farfara* → Compositae.

Gemeiner Knöterich, *Polygonum persiaca* → Polygonaceae.

Gemeiner Kreuzdorn → *Rhamnus catharticus* → Rhamnaceae.

Gemeiner Liguster → *Ligustrum vulgare.*

Gemeiner Löwenzahn → *Taraxacum officinale* → Compositae.

Gemeiner Rettich → *Raphanus raphanistrum.*

Gemeine Roßkastanie → *Aesculus hippocastanum* → Hippocastanaceae.

Gemeiner Rainfarn → *Tanacetum vulgare.*

Gemeiner Seidelbast → *Daphne mezereum* → Thymelaeaceae.

Gemeiner Wallwurz → *Symphytum officinale* → Boraginaceae.

Gemeines Greiskraut → *Senecio vulgaris.*

Gemeines Hirtentäschel → *Capsella bursa-pastoris.*

Gemeines Kreuzkraut → *Senecio vulgaris.*

Gemeine Sonnenblume → *Helianthus annuus* → Compositae.

Gemeines Sonnenröschen → *Helianthemum nummularium* → Cistaceae.

Gemeine Waldrebe → *Clematis vitalba* → Ranunculaceae.

Gemüllkrücke → Bodenreiniger.

Gemülluntersuchung. Nachweis von Milben, bes. der Varroatose ↗, im Wintergemüll auf der Bodeneinlage kurz vor dem Reinigungsausflug. Am Wintergemüll kann der Zustand des Bienenvolkes abgelesen werden, im Gemüll liegen tote Bienen, evtl. die Weisel, Wachsteilchen, Futterkristalle, Eier, Rankmaden, Ungeziefer u. a.

Gemüsekohl → *Brassica oleracea.*

Gen. An einer bestimmten Stelle (Locus) eines Chromosoms ↗ gelegener Teil des genetischen Materials (DNA), der einen Informationskomplex darstellt u. sich durch spezifische Funktionen auszeichnet. Die Bezeichnung G. wurde von Johannsen (1903) geprägt. Gleiche Allele ↗ versch. Individuen, die von demselben gemeinsamen Vorfahren abstammen, werden als herkunftsgleiche G.e bezeichnet. G.e mit gleicher Wirkung bei unverwandten Individuen bzw. bei demselben Individuum bezeichnet man als wirkungsgleiche G.e.

Wintergemüll eines mittelstarken Volkes auf sechs Waben

Genealogie. Wissenschaft von der Ableitung der Zuchttiere von ihren Vorfahren. Aufstellen eines Stammbaums. Herstellen eines Abstammungsnachweises ↗.

Generationsintervall. Zeitl. Abstand zw. den Generationen. Mittl. Alter der Eltern, die zur Zucht benutzt werden, bei der Geburt ihrer Nachkommen. In der Bienenzüchtung beträgt das G. im allgemeinen zwei Jahre. Nach dem Schlupf u. dem Einsetzen der Weiseln: erstes Jahr Leistungsprüfung ↗ u. Körung; zweites Jahr Nachzucht u. Einsetzen der Folgegeneration.

Genetik. Disziplin der Biologie, die die Vererbung, ihre materiellen Grundlagen u. die Erscheinung der Variabilität der Merkmale zum Gegenstand hat. Der älteste Zweig der G. ist die Rekombinations- od. qualitative G., als deren Begründer Mendel gilt. Sie ist die Grundlage für eine zielgerichtete, wissenschaftl. begründete Züchtungsarbeit. Daraus entwickelte sich die quantitative G. als Teilgebiet der G., die die Vererbung quantitativer Merkmale erforscht. Auch die «Bienengenetik» unterliegt den Regeln der Vererbung,

Verwandtschaftsverhältnisse. S. auch S. 148 links.

familiär	*genetisch*	*Inzuchtkoeffizient bei Paarung %*
Mutter/Sohn	Mutter/Mutter	50
Bruder/Schwester	Mutter/Tochter	25
Neffe/Tante	Schwester/Schwester	25
Onkel/Nichte	Vater/Tochter	25
Cousin/Cousine	Tante/Nichte	12,5

wenngleich einige genetische Besonderheiten, wie Vererbung des Geschlechts, Mehrfachpaarung, Haploidie der Drohnen, anzutreffen sind.

genetische Geschwisterpaarung. Paarung einer Weisel (1a) mit den parthenogenetisch erzeugten Drohnen aus einer Schwesterweisel (1b). Geschwisterweiseln können sein: Halbgeschwister, wenn sie aufgrund einer Mehrfachpaarung der Mutter (4a = 2a) von versch. Vätern (4b u. 2b) stammen; Vollgeschwister, wenn sie von versch. Drohnen eines Vaters (4b = 2b) stammen; Supergeschwister, wenn sie vom Sperma desselben Drohnen aus der Weisel 4b = 2b gezeugt wurden. – G. G. wird praktiziert, indem aus der Mutter (als 4a) im ersten Jahr eine Weiselgeschwistergruppe für eine Drohnenvolksippe ↗ gezogen u. im zweiten Jahr auf einer sicheren Belegstelle ↗ eingesetzt wird. Die im zweiten Jahr aus derselben Mut-

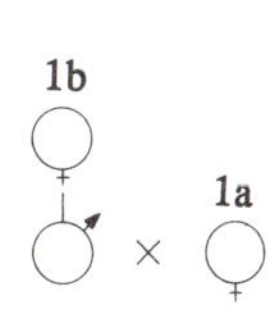

Paarungsschema bei nur einer 1b-Weisel als genetischer Partner der 1a-Weisel (künstliche Besamung mit dem Sperma der Drohnen nur eines Drohnenvolkes oder nur eines Drohnen)

ter (als 2 a) gezogenen Weiseln werden mit den Drohnen dieser Sippe gepaart.

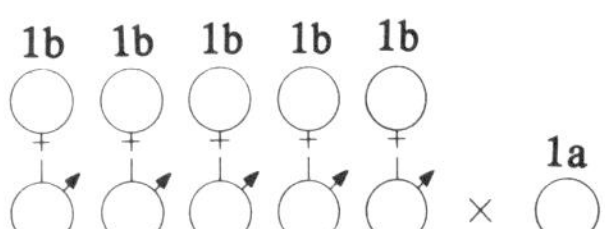

Paarungsschema bei mehreren 1 b-Weiseln als genetische Partner der 1 a-Weisel (natürliche Paarung oder künstliche Besamung mit dem Sperma der Drohnen einer Drohnenvolksippe)

genetische Verwandtschaftsverhältnisse bei der Honigbiene. Ein Bienenvolk ist unter normalen Bedingungen – wenn es nicht gerade geschwärmt hat – eine F mit der Weisel als Mutter. Diese birgt in ihrer Samenblase aufgrund mehrfacher Paarung das Sperma von 8–10 Drohnen; die aus den befruchteten Eiern hervorgegangenen Arbeitsbienen stellen ebenso viele Gruppen dar, die zueinander Halbgeschwister (Verwandtschaftskoeffizient 25 %) od., wenn mehrere Drohnen aus einem Drohnenvolk die Weisel begattet haben, Vollgeschwister (Verwandtschaftskoeffizient 50 %) sind. Die vom Sperma eines Drohnen stammenden Bienen innerhalb der Gruppen sind – analog Zwillingen – miteinander näher verwandt als

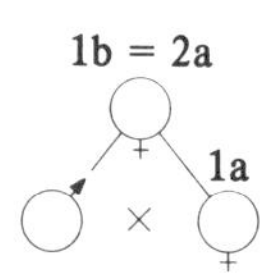

Mutter × Tochter-Paarung

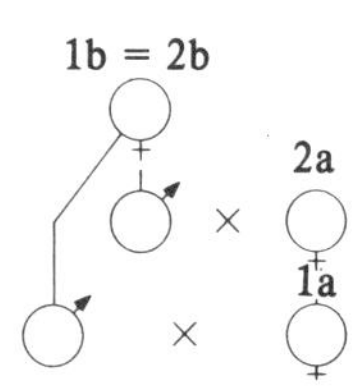

Vater × Tochter-Paarung

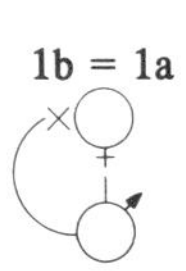

Selbstung

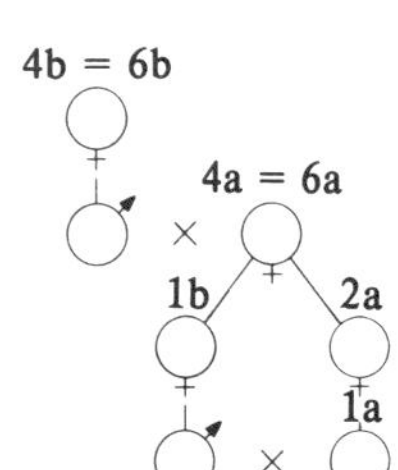

Tochter × Enkeltochter-(Tante × Nichte-)Paarung. Eltern der Weisel des Drohnenvolkes 1 b und Großeltern der Weisel 1 a sind identisch.

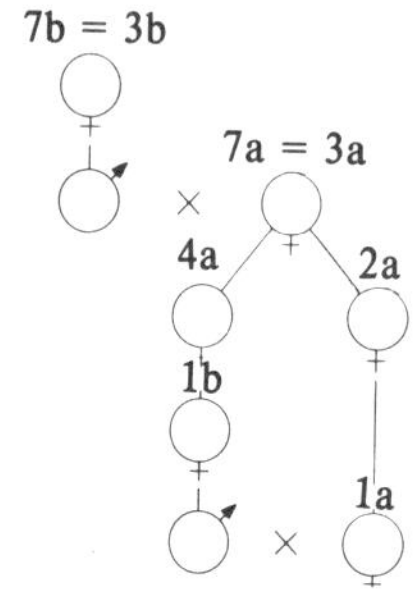

Enkeltöchter-(Kusinen-)Paarung. Großeltern der Paarungspartner (Drohnen aus) 1 b und 1 a sind identisch.

Vollgeschwister (Verwandtschaftskoeffizient 75 %) u. werden deshalb als Supergeschwister bezeichnet. Man nennt die Supergeschwistergruppen auch UFn, das gesamte Bienenvolk eine ÜF. Nur die ♀♀ Nachkommen einer Weisel sind auch genetisch als Nachkommen zu bezeichnen. Die aus unbefruchteten Eiern entstandenen Drohnen sind genetisch nicht die Söhne der Weisel, sondern in ihrer Gesamtheit genotypisch mit der Mutterweisel identisch. Genetisch gesehen sind demnach Mutterweiseln (1 a) u. – über ihre Drohnen – Vaterweiseln (1 b) die Paarungspartner. Das Schema trifft zu, wenn bei Anwendung der künstl. Besamung jeweils nur ein Drohnenvolk ↗ eingesetzt wird. Bei natürl. Paarung werden stets mehrere 1 b-Weiseln die Partner der 1 a-Weisel sein. In der Bienenzüchtung wird zweckmäßigerweise nicht die Verwandtschaft nach den Fn-Verhältnissen, sondern die genetische Verwandtschaft berücksichtigt. In der Übersicht auf S. 147 sind die genetischen u. die familiären Verwandtschaftsverhältnisse einander gegenübergestellt.

Gentianaceae, Enziangewächse. Mit etwa 70 Gn u. 1100 An weltweit verbr. Sowohl in arktischen Gebieten als auch in tropischen Regionen um den Äquator. Meist einjährige od. ausdauernde Kräuter mit aufrechtem Wuchs, häufig rasig wachsend u. dichte Polster bildend. Die i. d. R. strahligen, zwittrigen Blüten sind vier- od. fünfzählig, selten bis zwölfzählig. Ihre Kelchblätter verwachsen ± hoch u. sind nur in seltenen Fällen frei. Die Form der Krone ist recht unterschiedl., es überwiegen trichter- u. glockenförmige Blüten, man findet häufig auch tellerförmige, seltener radförmige Blumenkronen. Der oberständige Fruchtknoten ist bei den meisten Gn einfächerig. Seine wandständigen Plazenten springen ± in das Innere des Fruchtknotens vor u. sind sehr häufig stark u. breit gegabelt. Bei den zweifächerigen Fruchtknoten können die Plazenten so weit in die Fächer hineinreichen, daß ein scheinbar vierfächeriger Fruchtknoten entsteht. Der einfache Griffel endet in einer ungeteilten od. zweispaltigen Narbe. Die Blüten sind meistens der Bestäubung durch Insekten angepaßt. Dazu gehören neben den großen, auffallenden Blumenkronen die Nektar ausscheidenden Drüsen am Kelch, an der Krone u. Fruchtknotenbasis. Bei den eigentl. *Gentiana*-An sitzt das Nektarium z. B. an der Basis des Fruchtknotens, bei den *Gentianella*-An ist das Nektariumgewebe z. B. ein Bestandteil der Blütenkrone. Da der Nektar jedoch für kurzrüsselige Insekten – die meisten werden von Hummeln u. Faltern beflogen – verhältnismäßig

Enzian

schwer erreichbar ist, haben die Enzian-An in Europa für die Bienen nur eine relativ geringe Bedeutung, mit Ausnahme des Gelben Enzians (*Gentiana lutea* L.), dessen Nektar auch für Bienen gut erreichbar ist. Alle Enzian-An Europas werden aber von den Bienen auf der Suche nach Pollen beflogen. So kann in Berglagen der Schweiz der Anteil von Enzianpollen über 12% der Gesamternte betragen. Die Bestzeit für das Pollensammeln liegt zw. 9 u. 13 Uhr, die Bienen sammelten tägl. von 7–17 Uhr. Enzianbefunde im Honig wurden vom Rauhen Enzian (*Gentiana aspera* HEGETSCHW.) in Österreich (Steirisches Salzkammergut) bekannt.

Genwirkung, gleichsinnig-additive → gleichsinnig-additive Genwirkung.

Geraniaceae, Storchschnabelgewächse. Die F umfaßt elf Gn u. 780 An. Weltweit in gemäßigten Gebieten. Vorwiegend Kräuter od. Halbsträucher, selten Bäume. Die fünfzähligen, zwittrigen Blüten stehen selten einzeln, i.d.R. in Blütenständen. Fünfblättriger Kelch u. Krone, oberständiger Fruchtknoten. Die fünf höckerförmigen Nektarien liegen am Blütengrund, je zw. einem inneren u. einem äußeren Staubblatt. Die G Storchschnabel, *Geranium*, mit 375 An ist vor allem in N-Amerika, im subtropischen S-Amerika u. in O-Asien häufig. Eine Charakterpflanze des gemäßigten Eurasiens ist das Ruprechtskraut (*Geranium robertianum* L.), im öst. Mittelmeergebiet ist *G. tuberosum* L. eine Steppenpflanze, am wichtigsten in Berglagen sind der Waldstorchschnabel (*G. sylvaticum* ↗) u. der Knotige Storchschnabel (*G. nodosum* ↗), auch der Wiesenstorchschnabel (*G. pratense* L.) ist sehr häufig anzutreffen. *Geranium*-Befunde sind in Europa häufig (z.B. Österreich, Schweiz, Bundesrepublik Deutschland), jedoch auf der Stufe des Einzelpollens. Der Anteil *Geranium*-Pollen beträgt in Berggegenden der Schweiz 1–3% der Gesamternte. Die Nektarsekretion wurde beim Wiesenstorchschnabel *(Geranium pratense)* untersucht u. beträgt in 24 h je Blüte 1,3–1,5 mg, wobei die Zuckerkonzentration des Nektars bei 51–71% liegt u. der Zuckerwert 0,7–1,1 mg beträgt. Den Honigwert reiner Bestände gibt man mit 28–80 kg/ha an.

Geranial. Nebenkomponente des Sterzelduftes aus der Nassanoffschen Drüse ↗. Die isomere Form ist das Neral. Ein Gemisch der beiden Isomeren wird Zitral genannt.

Geraniengewächse → Geraniaceae.

Geraniol. Alkoholische Hauptkomponente des Sterzelduftes aus der Nassanoffschen Drüse ↗.

Geranium nodosum L., Knotiger Storchschnabel. A der G *Geranium* der F der Geraniaceae ↗. N-Spanien, Pyrenäen, Korsika, Jura, S-Alpen, Apennin, Balkan. In Laubgebüschen u. Wäldern der tieferen Lagen, an Bachufern; bis 1100 m ü. NN. 20–40 cm große Staude. Blüht Mai bis August. Die lilarosa Blüten mit dunkleren Adern stehen in lockeren, wenigblütigen Blütenständen. Nektar- u. Pollenspender.

Geraniumsäure. Einer der zwei sauren Anteile des Sterzelduftes aus der Nassanoffschen Drüse ↗.

Geranium sylvaticum L., Wald-Storchschnabel. A der G *Geranium* der F der Geraniaceae ↗. Eurasien. Auf nicht zu trockenen Böden der montanen u. subalpinen Stufe, auf Fettwiesen, in Zirbelwäldern u. Zwergstrauchheiden. Vom Tal bis über 2700 m ü.NN. 20–60 cm große Staude. Blüht Juni/Juli. Die meist blauvioletten, seltener rötlichen Blüten stehen in trugdoldigen Blütenständen. Nektar- u. Pollenspender.

Gerstung, Ferdinand, Dr. phil. h.c. Geb. 6.3.1860 in Vacha a.d. Werra, gest. 5.3.1925 in Oßmannstedt. Studierte Theologie, Naturwissenschaften u. Philosophie. Kam 1886 als Pfarrer nach Oßmannstedt. Imkerte erst in Körben u. Huberschen Zwillingen mit Stäbchen, später mit Berlepschen Ganzrähmchen in der von ihm entwickelten Gerstungbeute als Ständer- od. Lagerbeute, von oben u. hinten zu behandeln, auch als Zwilling. Rähmchenmaß 26 × 41 cm. Beuten standen im Gerstung-Pavillon. Erfand als Tränkvorrichtung den «Thüringer Ballon». Begründete in Oßmannstedt eine Fabrik für den Beutenbau. Entdeckte den Legegang der Weisel (Brutnestordnung), die Arbeitsteilung der Bienen (später von RÖSCH bestätigt u. ergänzt). Entwickelte die Theorie des Futtersaftstromes (durch Fütterung der jeweils jüngeren Bienen entsteht durch Veredlung der Futtersaft). Prägte den Begriff «Bien» aufgrund seiner organischen Auffassung des Bienenvolkes. Lehrsatz: «Jede Königin sollte im Paradies geboren sein.» Begründete 1893 die Zeitschrift «Die Deutsche Bienenzucht in Theorie und Praxis», hielt viele Lehrgänge ab, schrieb zahlreiche Beiträge. War mit LUDWIG ↗ zusammen Begründer des Bienenmuseums ↗ in Weimar. Erhielt 1920 von der philosophischen Fakultät der Universität Jena die Ehrendoktorwürde. Hauptwerk: «Der Bien und seine Zucht».

Gerstungbeute. Eine Hinter/Oberbehandlungsbeute im originalen (stehenden) Gerstungmaß mit zwölf Waben im Querbau u. halbhohem Honigaufsatz. Später auch im verkürzten u. liegenden Gerstungmaß sowie in anderen Maßen als Thüringer Beute gefertigt.

Gerstungmaß → Wabenrahmenmaße.

Geruchausgleichgitter. Ein vorwiegend in der Magazinimkerei benutztes Gerät. Um zwei übereinander-

Honigsammler. Felsbild aus den Mahadeo Hills, Madhya Pradesh

stehende Volkeinheiten (z. B. Volk u. Ableger) vor der Vereinigung einheitl. Geruch zu geben, wird anstelle eines festen Zwischenbodens ein Rahmen mit Lüftungsgitter eingelegt. Das G. kann aus einer einfachen od. einer die Rüsselfühlung verhindernden, doppelten Lage Lüftungsgitter im Abstand von 8 mm bestehen.

Geschichte der Bienenhaltung. Die Beziehungen zw. Mensch u. Biene sind uralt. Davon zeugt die weitgehend bekannte Darstellung auf einer mesolithischen Felszeichnung in den Cuevas de la Arana bei Bicorp (Valencia), die etwa 7000 Jahre alt sein dürfte. Bedenkt man, daß die Zeitspanne des Mesolithikums, also der Mittl. Steinzeit, von 10000–4000 v. u. Z. angesetzt ist, könnte diese Zeichnung auch noch älter sein. Sie war lange Zeit als einzige derartige Darstellung bekannt, jedoch wurden in der zweiten Hälfte dieses Jh.s literarische Angaben über Felszeichnungen aus anderen Erdteilen bekannt, die zeigen, daß nicht nur in Europa die Beziehung Mensch/Biene überhaupt existierte. Daraus läßt sich entnehmen, welchen Wert die Biene früher schon für den Menschen auf der Welt darstellte. – Es ist oft darüber diskutiert worden, ob es sich damals um eine reine Nutzung der Bienen gehandelt hat od. ob der Mensch schon in einer höheren Entwicklungsphase seiner Umweltbeziehungen gewissermaßen zu einer Haltung der Bienen gelangt war. Es ist wohl als sicher anzunehmen, daß es sich um eine Bienennutzung gehandelt hat, für die auch der Honigsammler der Mittl. Steinzeit die für ihn bei dieser Tätigkeit nötigen Gerätschaften zur Verfügung hatte, um den Honig einzusammeln. Nicht immer waren es Höhlungen, wie es in Bicorp dargestellt ist, u. die Honigbiene ist ja im Prinzip eine Höhlenbewohnerin, sondern auch an Felsüberhängen frei angelegte Niststellen bzw. Nestanlagen dürften von vornherein eine Bienenhaltung, bei der ja ein freier u. ungehinderter Zugang zu dem betr. Bienenvolk gegeben sein muß, ausschließen. So ist wohl auch die Felszeichnung in der Eland-Höhle in Natal, eine von tausenden solcher Darstellungen in S-Afrika, zu deuten. Ähnl. Felsbilder sind auch beispielsweise aus Indien bekannt. Dort wird z. T. heute noch der Honig nach Jägerart gesammelt, ohne daß von einer spezifischen Haltung die Rede sein kann. In Nepal (S-Himalaja) werden von den Ureinwohnern, den Gurungs, die Waben der Riesenhonigbiene *Apis dorsata* FABR. mit einem an einer Stange befestigten Messer gelöst u. in einen Korb verstaut; evtl. ausfließender Honig wird am Erdboden unterhalb der Sammel-Szenerie aufgefangen. Interessant ist dabei, daß nach einer alten Felszeichnung in den Mahadeo-Bergen in Zentral-Indien ein Honigjäger mit einem Speer bewaffnet abgebildet ist, mit dem jeweils die honigträchtige Wabe von ihrer Unterlage gelöst werden sollte. So hat sich dann bis in die Neuzeit die gleiche Art des Honigsammelns erhalten u. ist doch nicht über das Stadium der Bienennutzung hinausgekommen. Klar ist, daß es sich bei all diesen Beschreibungen gar nicht immer um die Honigbiene im eigentl. Sinne handelt, sondern daß auch

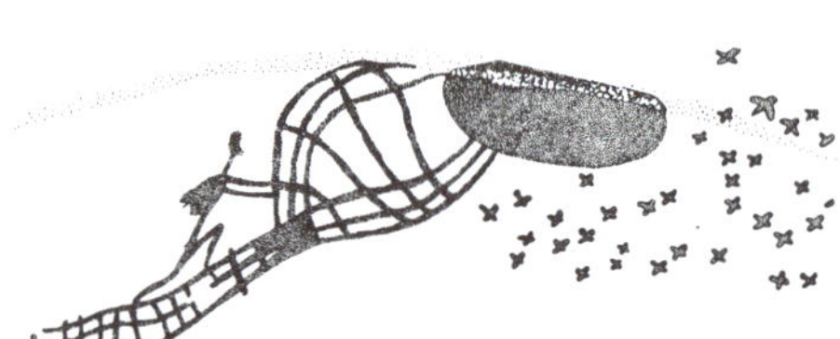

Felszeichnung aus Südafrika (Natal, Drakensberg). Buschmann klettert zu einem Bienennest, das offenbar unter einem Felsüberhang angelegt ist. Nach PAGER (1973)

Wandemblem aus Holz. «Gartenbau und Bienenzucht» darstellend. 45,5 × 27 cm Herkunft unbekannt

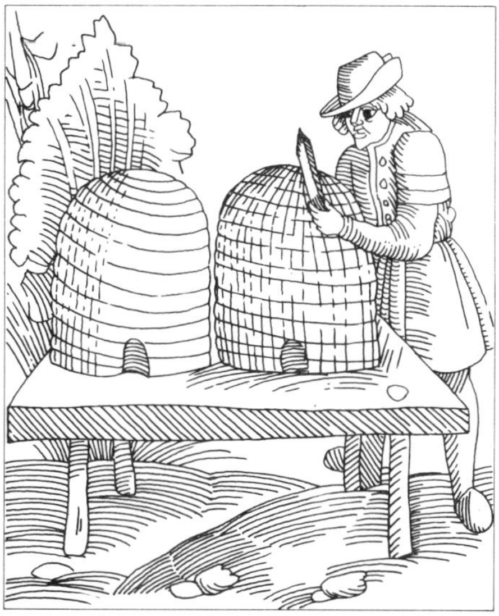

Alemannische Darstellung, etwa 1486, der Korbbetriebsweise. Das Messer deutet darauf hin, daß die Honigwaben ausgeschnitten werden. Nach ARMBRUSTER (1939)

andere Bienen-An, wie die Riesenhonigbiene ↗, zu diesem Kreis gehören, der von Honigsammlern ausgebeutet bzw. genutzt wird. In Australien werden auch noch bis in die jüngste Zeit die Nester von stachellosen Bienen, Angehörigen der G *Trigona*, ausgebeutet. Das «Jagdgut» enthält Wachs, Pollen, Eier, Larven u. lebendige Bienen. So wird es auch vor Jahrtausenden gewesen sein. Der Honig, wie er seit ältesten Zeiten gesammelt wurde, spielte für den Menschen als Sammler u. Jäger eine große Rolle. Er war nicht einfach Süßstoff, sondern ein physiologisch sehr notwendiges Nahrungsmittel, zumindest als Ergänzung seiner sonstigen Ernährungsgrundlage. Bei Änderung der gesellschaftlichen Verhältnisse, also bei dem Übergang vom Leben als Jäger zu dem der Seßhaftigkeit, war es eine natürl. Folge, um die Bienen gewissermaßen in die Hand zu bekommen, eine Bienenhaltung zu sichern u. dazu Behältnisse zu entwickeln, in denen die Bienen gehalten, beobachtet u. schließl. auch behandelt werden konnten. Hier wiederum spielen Betrachtungen über die kulturelle Entwicklungsstufe der jeweiligen Bienenhalter, also kulturelle u. regional-technische Aspekte, hinein. Anfänglich werden es Schilfrohr u. Ton gewesen sein, später dann Stroh u. Holz, abgesehen von den Klotzbeuten, die als von den Bienen bewohnte Teile eines Baumes aus diesem herausgeschnitten wurden. – Wenn Solon im alten Griechenland schon 600 v. u. Z. Gesetze schuf, die auch auf die Biene Bezug nehmen, sich mit Fragen der Wanderung mit Bienen befaßten u. in denen festgelegt wurde, daß ein neuer Bienenstand erst 300 Fuß von dem schon bestehenden entfernt aufgestellt werden durfte, so zeugt das bereits von einem recht beachtlichen Wissen um zumindest bestimmte Eigenheiten der Honigbiene. Es kann da schon durchaus von einer Bienenhaltung gesprochen werden, wobei der Übergang von einer Bienennutzung zur Bienenhaltung lediglich hier abrupt erscheint, in Wirklichkeit aber in allen menschl. Kulturen, in denen der Umgang mit Bienen eine Rolle spielte, Übergangsstufen aufzuweisen hat. Das Wissen des Altertums um die Honigbiene konzentrierte sich in der von Aristoteles stammenden «Naturgeschichte» (um 344–342 v. u. Z. verfaßt), die in diesem Zusammenhang als ein Kleinod der Publikationen über die Biene bezeichnet sein möge. – Die mittelalterliche Bienenhaltung ist charakterisiert durch die Bezüge auf Vorstellungen des Altertums, die durch die Erfindung des Buchdrucks in weitem Rahmen publik gemacht werden konnten. Gefördert wurde das Wissen durch die Erfindung des Mikroskops, wodurch ein tieferes Eindringen in die Anatomie der Honigbiene ermöglicht u. zugleich die Grundlage für Nutzanwendungen geschaffen wurde. Seit der Mitte des 16. Jh.s erschienen maßgebliche Bücher über die Bienenhaltung in versch. europ. Ländern. – Während die Zeidlerei noch abhängig war von dem in einer feststehenden Unterkunft, einem Baum (vornehmlich Nadelbaum) im Walde, befindlichen Bienenvolk, kam die Hausbienenhaltung mehr u. mehr in Gebrauch, u. so wurde die Bienenhaltung in zunehmendem Maße ein Bestandteil haus- u. grundstücksbezogener Tätigkeiten. Aus Stroh hergestellte Bienenwohnungen entstanden in versch. Abwandlungen, z. B. als stehender, liegender, walzenförmiger Korb, in de-

Bienengarten mit Korbbienenstand. Milieuschilderung zu Vergils Georgica, gezeichnet und gedruckt 1502 in Straßburg. Nach ARMBRUSTER (1939)

nen der Wabenbau von den Bienen fest an der Innenwand angebaut war, so daß der Honig nur geerntet werden konnte, wenn das Wachswerk ausgeschnitten wurde. Es kann keineswegs von einer Stagnation in der mittelalterlichen Bienenhaltung gesprochen werden, aber um den Wechsel vom bisherigen Stabilbau, bei dem, wie schon gesagt, eine feste Verbindung zw. Wabenwerk u. Bienenwohnung bestand, zum Mobilbau zu vollziehen, bei dem die Waben beweglich in der Beute eingestellt sind, bedurfte es einiger Erfindungen, die letztlich den sich steigernden Bedürfnissen der Bienenhaltung entsprangen u. die schließl. auch die Grundlagen für eine Bienenzucht schufen. – Der allmähl. Übergang, den man dadurch kennzeichnen kann, daß schon im 18. Jh. Anfänge einer Magazinbeute auftauchten (Eyrich, 1731–1784), die aus übereinandergesetzten Strohringen konstruiert war, daß Christ (1735–1813) die erste Magazinbeute baute (1780), daß Huber (1750–1832) seine Rahmenbude entwickelte, kam es dann um die Mitte des vorigen Jh.s zu den Neuerungen, die eine moderne Bienenhaltung einleiteten. Dzierzon schuf um 1850 ein Trageholz, den heutigen Oberträger des Rähmchens, an dem die Bienen die Wabe anbauten, sie aber zugleich noch seitl. fest mit der Bienenwohnung verbanden. Um die gleiche Zeit beschäftigten sich unabhängig voneinander Langstroth u. Prokopowitsch mit diesem Problem. Letzterer entwickelte auch das Absperrgitter, zw. Brut- u. Honigraum einzulegen, mit einem Abstand der Gitterstäbe von 4,2 mm, wodurch ein Durchschlüpfen der Weisel verhindert wurde. Berlepsch vollendete 1853 die Bestrebungen um eine bewegliche Wabe, er entwickelte das bewegliche Rähmchen, indem er dem von Dzierzon benutzten Trageholz seitl. u. eine untere Leiste anfügte. Somit konnte jede einzelne Wabe in jedweder Absicht innerhalb der Beute umgehängt od. auch in andere Beuten eingebracht werden. Das war ein bedeutsamer Fortschritt. Mehring schuf 1858 die künstl. Mittelwand u. Hruschka 1865 die Honigschleuder. – Die Übergangszeit vom 18. zum 19. Jh. ist charakterisiert durch erste echte Forschungsergebnisse, die entspr. Voraussetzungen schufen für die weitere Entwicklung zu einer Bienenzucht. Swammerdams (1637–1680) Forschungsergebnisse wurden 1734 mit seinen «Biblia naturae» veröffentlicht. Es waren alle wesentl. Fakten über die Anatomie der Biene darin zu finden. Von Janscha (1734–1773) stammen die erste Nachricht über das Begattungszeichen sowie Angaben über die Paarungsvorgänge. Huber (1750–1832) gab den Anreiz für die später sich entwickelnde Methode der Weiselzucht, indem er Larven in Weiselzellen umsetzen ließ. Dzierzon erläuterte 1845, daß unbegattete Weiseln nur haploide Eier legen könnten, aus denen dann Drohnen entstehen mußten. Er hatte dazu Kreuzungsversuche mit Italienerbienen durchgeführt. – Aus all diesen wissenschaftl. Erkenntnissen u. technischen Ergebnissen setzte am Anfang dieses Jh.s eine stürmische Entwicklung ein, die das Bemühen erkennen läßt, auch den letzten Geheimnissen des Bienenlebens auf die Spur zu kommen. Wankler (1855–1922) wurde für die Weiselzucht richtungweisend. Er erfand fast alle technischen Hilfsmittel dafür. Da offenbar in Europa die Zeit für eine derartige Betätigung noch nicht reif war, verkaufte er sein diesbezügliches Arbeitsmaterial nach den USA, von wo dann einige Zeit später die Technisierung der Weiselzucht als eine amerik. Erfindung wieder nach Europa gelangte u. nun Anklang fand. Wankler entwickelte auch ein Rüsselmeßgerät sowie eine Spritze für die künstl. Besamung. Der Name Zander zeugt ab dem zweiten Jahrzehnt für den Ausbau der Weiselzucht-Technik spez. unter Berücksichtigung der von der Biene gesetzten biologischen Bedingungen. Zander hat zugleich durch seine Pollenstudien die Grundlagen für die Honigherkunftsbestimmung gelegt. Goetze arbeitete über die Unterscheidungsmerkmale der europ. Bienenrassen u. schuf damit die Voraussetzung für die Körung. Nach der Erfindung einer Spritze für die künstl. Besamung durch Wankler führte der Amerikaner Watson (1926) erstmalig die künstl. Besamung einer Bienenweisel durch, die im Laufe der Zeit technisch mehr u. mehr vervollkommnet wurde. – Eine große Entdeckung, die anfänglich stark angezweifelt wurde, war die Feststellung der Mehrfachpaarung, die von den Brüdern F. u. H. Ruttner sowie Alber u. Jordan (1954) auf der Insel Vulcano vor Sizilien gelang. Nutzanwendungen daraus ergeben sich für das Gesamtgeschehen der Paarungsvorgänge. – V. Frisch hat durch seine Untersuchungen u. die seiner Schüler über die «Sprache» der Bienen das Verständnis geschaffen für die grundsätzlichen Umweltbeziehungen der Honigbiene u. die Folgerungen,

Korbbienenstand um 1500 (als Abbildung veröffentlicht 1531). Nach Armbruster (1939)

Korbbeuten in der Dobrudscha

die daraus zu ziehen sind, wie z. B. die Duftlenkung der Bienen im Dienste der Landwirtschaft. – Ein über zwei Jh.e sich hinziehender erbitterter Meinungsstreit über die Herkunft des Honigtaus ist nun entschieden. Intensive Arbeiten über dieses wichtige Erzeugnis der Bienenhaltung sind seit einigen Jahrzehnten im Fluß.

Geschlechtsbestimmung. Die Festlegung des Geschlechtes erfolgt bei der Biene durch die Befruchtung. Aus befruchteten Eiern entstehen die ♀♀ Wesen, also die Weisel u. die Arbeiterin, während sich aus einem unbefruchteten Ei ein Drohn entwickelt (Eierstock ↗). Die Entstehung der ♂♂ Wesen durch Parthenogenese (Jungfernzeugung) ist seit der Veröffentlichung Dzierzons (1845) gesichert. Diese Form der G. ist – mit Ausnahmen – für alle Hymenopteren typisch. Die Arbeiterinnen der südafrikan. Kapbiene *(Apis mellifera capensis)* können z. B. in weisellosen Völkern aus unbefruchteten Eiern «Zwischenweiseln» aufziehen, die begattet werden können u. aus deren befruchteten Eiern Vollweiseln entstehen (Geschlechtsorgane, ♀ ↗). Auch bei der Tunesischen od. Tellbiene *(Apis mellifera intermissa)* sollen ♀♀ Wesen aus unbefruchteten Eiern entstehen, u. es konnte auch nachgewiesen werden, daß bei einem geringen Prozentsatz der Italienischen *(Apis mellifera ligustica)* u. der Kaukasischen Biene *(Apis mellifera caucasica)* aus unbefruchteten (von Weiseln od. Arbeiterinnen gelegten) Eiern ♀♀ Tiere entstehen können. Diese Eier besitzen wie befruchtete ebenfalls einen doppelten Chromosomensatz (32 Chromosomen). Da die Arbeiterinnen der Honigbiene nicht begattet werden können, obwohl Verhängungen mit Drohnen beobachtet wurden, legen diese normalerweise unbefruchtete Eier ab. Aus ihnen entwickeln sich daher auch Drohnen. Die Weisel kann durch die Samenpumpe bestimmen, ob sie aus der Samenblase (Receptaculum seminis) Spermien auf das Ei ↗ entläßt. Das Bestiften der Zellen mit besamten od. unbesamten Eiern wird normalerweise durch die Zellgröße bestimmt, indem besamte Eier in der kleineren Arbeiterinnen- u. unbesamte in der größeren Drohnenzelle abgelegt werden. Allerdings spielen Jahreszeit u. Zustand von Weisel u. Volk eine weitere Rolle. So werden nach der Schwarmzeit im Spätsommer von der Weisel zuweilen auch in Drohnenzellen besamte Eier gelegt, aus denen Arbeiterinnen entstehen. Woyke konnte seit 1962 nachweisen, daß bei Besamung einer Weisel durch Sperma des Bruders diploide Drohneneier entstehen können. Grundsätzlich haben die von ihm angestellten Experimentreihen endgültige Aufschlüsse über die G. bei der Biene gebracht. Danach entwickeln sich ♂♂ aus unbefruchteten Hemizygoten od. aus befruchteten Homozygoten, ♀♀ entstehen aus Heterozygoten (diploide Drohneneier ↗). Zuweilen werden Bienen beobachtet, die Merkmale beider Geschlechter aufweisen. Sie werden als Zwitterbienen bezeichnet u. entstehen spontan.

Geschlechtsorgane. ♂: *Äußere G.* befinden sich am Ende des Abdomens ↗ u. sind von den Gonaden samt ihren Ausfuhrwegen als den *inneren G.n* zu unterscheiden. Sie stellen zwei Chitinplattenpaare (Penisvalven u. Parameralplatten) dar, die die Geschlechtsöffnung umgeben. Bei diesen beiden Plattenpaaren handelt es

sich im Vergl. zu anderen Hautflügler-An um stark reduzierte äußere Genitalien. Die Penisvalven, zw. denen der Begattungsschlauch während der Kopulation hervortritt, sind relativ große, am Ende gerundete Chitinplatten, die in einen weniger deutl. sklerotisierten Basalteil übergehen, an dem die Parameralloben ansetzen. Sie sind durch einen langen Haarpinsel gekennzeichnet, der aus feinen Chitinborsten besteht. Der Ansatzbereich für diesen Haarpinsel ist bes. kräftig sklerotisiert. Über ihre Rückenkante sind die Parameralloben beweglich mit der achten abdominalen Bandschuppe verbunden. Auffällige Formunterschiede bestehen zw. den Parameren versch. geographischer Bienenrassen u. den vier Honigbienen-An. Aber auch innerhalb einer Rasse können versch. geformte Parameren ausgebildet sein. Bei Drohnen von *Apis mellifera* aus M-Europa ist die freie Kante der Parameren oftmals konvex gebogen, u. der Haarpinsel sitzt im wesentl. dem Endteil der leicht umgebogenen Dorsalkante an. Er kann jedoch auch stärker geneigt sein u. zieht dann auf die senkrechte Schmalseite des Parameralllobus herab. Bei Stammzuchten der *Carnica*

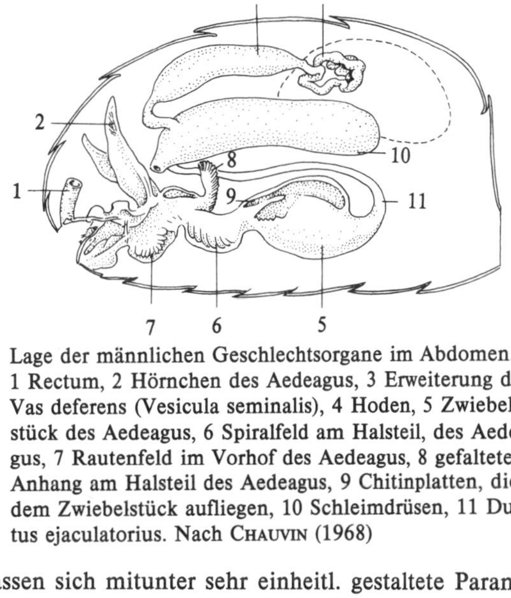

Lage der männlichen Geschlechtsorgane im Abdomen. 1 Rectum, 2 Hörnchen des Aedeagus, 3 Erweiterung des Vas deferens (Vesicula seminalis), 4 Hoden, 5 Zwiebelstück des Aedeagus, 6 Spiralfeld am Halsteil, des Aedeagus, 7 Rautenfeld im Vorhof des Aedeagus, 8 gefalteter Anhang am Halsteil des Aedeagus, 9 Chitinplatten, die dem Zwiebelstück aufliegen, 10 Schleimdrüsen, 11 Ductus ejaculatorius. Nach Chauvin (1968)

lassen sich mitunter sehr einheitl. gestaltete Parameren beobachten. Typisch für die Parameren von *Apis mellifera* ist ihre flache Form, bei *Apis cerana* hingegen ist der Abschnitt, der den Haarpinsel trägt, nach außen umgebogen. *Innere G.:* Die Gonaden werden durch ein Paar Hoden repräsentiert. Bei ad. Drohnen handelt es sich um kleine dreieckige Körperchen von gelblicher Farbe, die über dem Endabschnitt mächtig entwickelter Schleimdrüsen liegen. Jeder der beiden Hoden setzt sich aus zahlreichen zarten Kanälchen zusammen, den Bildungsstätten der Samen (Spermatogenese ↗). Diese Hodenkanälchen sind in Hodengewebe eingebettet u. führen in ein Hodenbecken. Von hier aus erfolgt die Ableitung der Samenfäden über das Vas deferens. Zur Zeit der Larvalentwicklung sind die Hoden bedeutend größer als in der Imaginalphase. Sie liegen als > 3 mm lange, nierenförmige Organe zw. Darmkanal ↗ u. Herzschlauch ↗ u. reichen vom vierten bis zum sechsten Abdominalsegment. Ihre Größe nimmt bis zum 5./6. Tag der Puppenruhe noch weiter zu. Die Hoden sind dann ungefähr 5 mm lang. Die Samenentwicklung ist zu dieser Zeit bereits beendet. Nach dem Imaginalschlupf tritt eine deutl. Schrumpfung der Hoden ein. Die Vesiculae seminales, von Ring- u. Längsmuskulatur umgeben, gehen in einen kurzen, schmalen Endabschnitt der Vasa deferentia über. An dieser Stelle münden die bereits erwähnten Schleimdrüsen. Die langgestreckten Vesikelzellen sondern ein Sekret ab, wobei sich die Endabschnitte der Zellen teilweise auflösen. In diesen Teil des Drüsenepithels sind die Köpfe der Spermien eingebettet, während ihre Schwänze in das Lumen der Vesicula hineinreichen. Die Schleimdrüsen stellen die umfangreichsten Bestandteile der inneren G. ad. Drohnen dar. Sie bestehen aus einem Epithel von Drüsenzellen, die ihre volle Größe während der ersten neun Lebenstage der Drohnen erreichen. Das Sekretionsprodukt dieser Drüsen ist anfangs von wäßriger, später von schleimiger Beschaffenheit. Die mächtigen, sackähnl. Drüsen werden von Muskellagen eingehüllt, die an der Mündungsstelle der Vasa deferentia in den Ausspritzungskanal (Ductus ejaculatorius) – aus einem relativ schmalen Ausfuhrgang ohne Muskelumhüllung bestehend – am kräftigsten ausgebildet sind. Er führt zum eingestülpten, inversen Penis (Begattungsschlauch, Aedeagus), der sich unterhalb der Schleimdrüsen befindet. An ihm ist eine deutl. Dreiteilung erkennbar. Auf ein Zwiebelstück (Bulbus) folgt ein Halsteil (Cervix) u. danach der Vorhof (Vestibulum). Die Größe des Zwiebelstückes hängt vom Füllungsgrad mit Spermien u. Schleim ab, seine Wandung ist dünn u. außerordentl. dehnbar; auf seiner Dorsalseite liegen zwei Chitinplattenpaare, die es seitl. umfassen. In der Ruhelage schließt sich an das Zwiebelstück der schmale, zusammengedrückte Halsteil an, dessen Ventralseite durch eine Anzahl von Skleriten verstärkt ist u. die eine leichte Drehung dieses Penisabschnittes verdeutlichen. Dorsal trägt der Halsteil einen gefalteten, beiderseits mit fiederartigen Ausbuchtungen versehenen Anhang, der geringfügig nach links verschoben ist. Auf den Halskanal folgt der Vorhof, ein wiederum dünnwandiger Hohlraum, an dessen ventraler Wand das durch Chitinverstärkung hervortretende Rautenfeld liegt. Äußerl. sichtbar ist es allerdings nur im ausgestülpten Zustand des Penis. Seitl. befindet sich am Vorhof ein Paar hörnchenförmiger Anhänge, die im invertierten Penis eingestülpt u. zusammengefaltet sind. An der dorsalen Vorhofwand fallen schließl. noch zwei kleine Höcker auf. Der Aufbau des Penis der außereurop. *Apis*-An, *A. cerana, A. dorsata* u. *A. florea*, unterscheidet sich erheblich von dem soeben beschriebenen Begattungsschlauch der *A. mellifera*. Dem Penis aller drei An fehlt i. U. zu *A. mellifera* die Bedeckung des Zwiebelstückes mit Chitinplatten. Der gefaltete Anhang des Halsteiles ist bei *A. cerana* u. *A. florea* deutl. zweilappig, bei der Riesenbiene, *A. dorsata*, läuft er sogar in vier Zipfel aus. Der Zwergbiene, *A. florea*, fehlen die Chitinspangen des Halsteiles. Am Übergang des Halsstückes zum

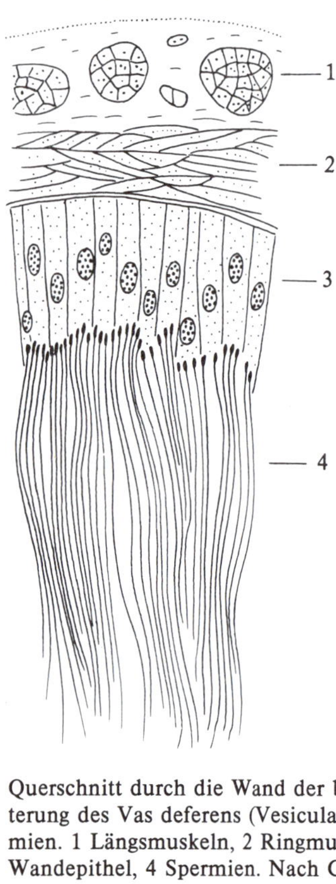

Querschnitt durch die Wand der bulbusförmigen Erweiterung des Vas deferens (Vesicula seminalis) mit Spermien. 1 Längsmuskeln, 2 Ringmuskeln, 3 sekretorisches Wandepithel, 4 Spermien. Nach Chauvin (1968)

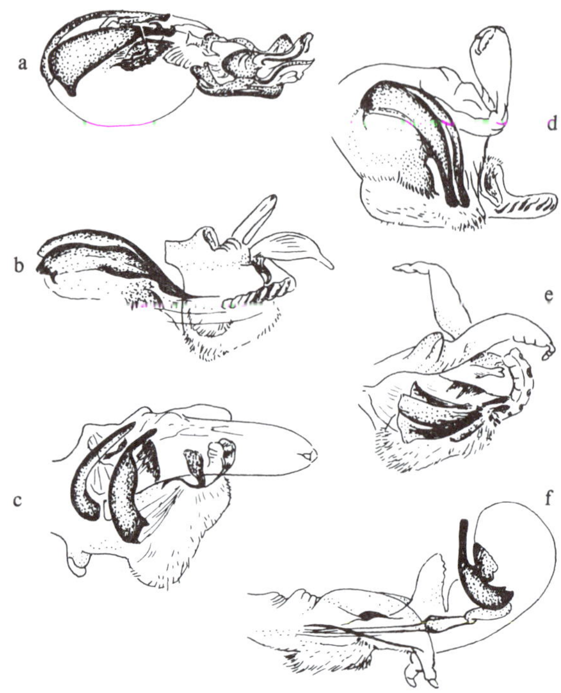

Eversionsphasen des Begattungsschlauches der Honigbiene. Nach Bährmann (1973). a Begattungsschlauch in Ruhelage, b–e fortschreitende Ausstülpung (Eversion), f Begattungsschlauch vollständig ausgestülpt.

Zwiebelstück befindet sich lediglich eine chitinöse Versteifung. Am Halsteil des Begattungsschlauches von *A. dorsata* treten anstelle der Chitinspangen drei- bis viereckige Chitinstücke auf, die sich in leichtem Bogen rechtsseitig am Halskanal entlangziehen. Auch die Hörnchen am Vorhof sind artspezifisch gebaut. Bei *A. dorsata* findet man anstelle der von *A. mellifera* bekannten Hörnchen vier Paar langgestreckter Anhänge. Bei *A. cerana* sind außer einem Hörnchenpaar noch drei weitere zapfenartige Anhangspaare an der dorsalen Wand des Vorhofs ausgebildet. Der Vorhof von *A. florea* trägt zwei Paar Hörnchen, die sich aber in ihrer Form weitgehend von den Vestibularanhängen der anderen drei *Apis*-An unterscheiden. Bei der Kopulation kommt es zu einem ruckartigen Umstülpungsvorgang des in der Ruhelage invertierten Penis. Dieser Prozeß wird durch eine Stufenfolge der Eversion veranschaulicht. Zuerst erscheinen die Hörnchen am Vorhof, gefolgt vom Halsteil, der sich während der Ausstülpung des Penis stark dehnt. Mit seinen chitinigen Querleisten dringt er bis in die Scheide (Vagina) der Weisel ein. Das Zwiebelstück folgt in den Vorhof nach, dabei klaffen die beiden sich dort befindlichen Chitinplattenpaare auseinander u. erleichtern dadurch den Austritt der Samenflüssigkeit. Der ganze Eversionsvorgang läuft in kurzen Etappen ab. Die Spermaabgabe erfolgt vor der Eversion des Zwiebelstückes. Die vollständige Eversion kommt – nach neuerlichen Beobachtungen – zustande, wenn sich der Drohnenkörper von der Weisel löst.

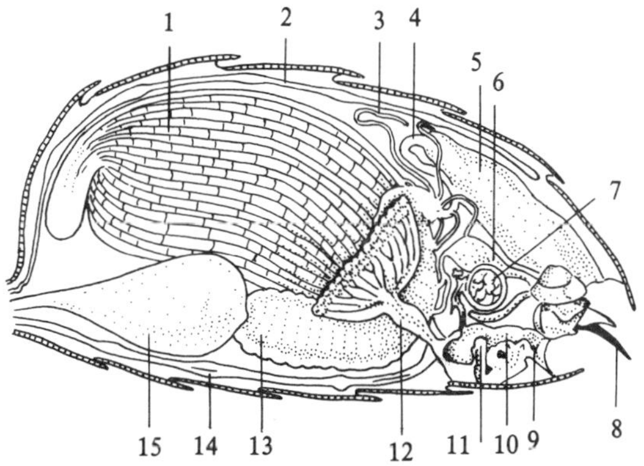

Lage der Geschlechtsorgane im Abdomen der Weisel. 1 Eierstock, 2 Herzschlauch, 3 Malpighische Gefäße, 4 Dünndarm, 5 Kotblase, 6 Giftblase, 7 Samenblase, 8 Stachel, 9 Scheidenvorhof, 10 Scheide, 11 Scheidenklappe, 12 paariger Eileiter, 13 Mitteldarm, 14 Bauchmark, 15 Honigblase. Nach BÜDEL u. HEROLD (1960)

♀: Die G. setzen sich aus einem Paar Eierstöcken (Ovarien) u. paarigen Eileitern (Ovidukten) zusammen, die sich zu einem unpaaren Ausfuhrgang vereinigen. Er mündet über die Scheide (Vagina) in die Stachelkammer zw. dem achten u. neunten Abdominalsternit (Abdomen ↗). Von der Dorsalseite der Scheide aus führt ein kurzer Gang in die Samenblase (Spermatheka, Receptaculum seminis), in der die während der Paarungen der Weisel aufgenommenen Spermien gespeichert werden. Die Eierstöcke der Weisel besitzen eine birnenförmige Gestalt, u. ihre bis in den proximalen Bereich des Hinterleibes reichenden Endabschnitte sind nach unten umgebogen. Die Länge der ausgereiften Eierstöcke mitteleurop. Weiseln beträgt 5–6 mm, ihr größter Durchmesser erreicht 3–4 mm. Jeder der beiden Eierstöcke enthält bis zu 180 Eischläuche (Ovariolen). Sie vergrößern sich innerhalb des Eierstocks vom Ursprung zur Mündung, damit der zunehmenden Eireife entspr. Ihren größten Durchmesser erlangen sie an der Mündung in den paarigen Eileiter. Jeder Eischlauch ist, wie übrigens auch der ganze Eierstock, von einem feinen Hüllgewebe überzogen. Die Entwicklung der ♀♀ Keimzellen beginnt in den Spitzenabschnitten der einzelnen Eischläuche. Hier entstehen die Ureizellen (Oogonien). Aus ihnen gehen die an Größe zunehmenden, d. h. sich in der Entwicklung befindlichen Eizellen (Oozyten), hervor. Zw. den Oozyten liegen Gruppen kleinerer Nährzellen. Sie liefern den Dotter der sich entwickelnden Bieneneier, der dem Embryo als Nährsubstanz zur Verfügung steht. Der Endabschnitt der Eischläuche enthält schließl. die von einer festen Hülle, dem Chorion, umgebenen, fertig entwickelten Eier. Das Chorion ist ein Sekretionsprodukt der Follikelzellen (Hüllzellen), die vom Eischlauchepithel stammen. Das vollentwickelte Ei verläßt den Eischlauch u. gelangt über das Eierstockbecken, eine kelchartige Bildung am Ende des Eierstockes, in einen der beiden paarigen, lateral gelegenen Eileiter. Sie sind mit einer Cuticula ausgekleidet u. mit nach hinten gerichteten Härchen besetzt. Darüber hinaus ist die Wandung der Eileiter längs gefaltet u. stark erweiterungsfähig; der auf diese folgende kurze unpaare Eileiter, wie auch die sich anschl. Scheide, werden von zahlreichen longitudinalen u. semizirkulären Muskelbündeln umschlossen. Von der Ventralseite der dehn-

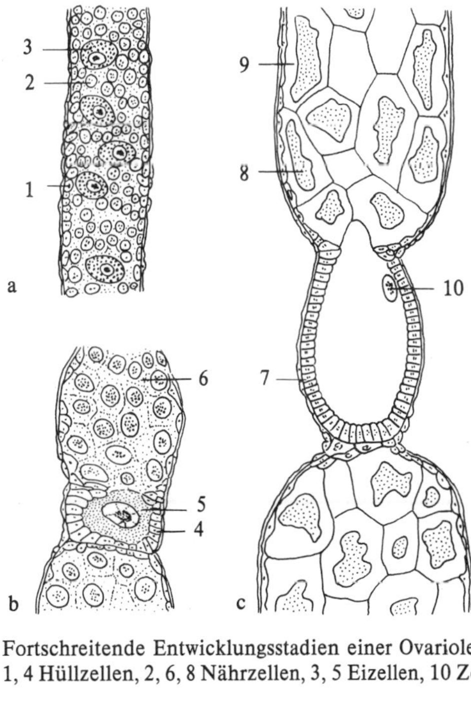

Fortschreitende Entwicklungsstadien einer Ovariole. 1, 4 Hüllzellen, 2, 6, 8 Nährzellen, 3, 5 Eizellen, 10 Zellkern

baren Scheide erhebt sich die Scheidenklappe (Valvula vaginalis) als gefalteter Anhang unterhalb der Mündung des Samenblasenganges. Sie stellt einen zungenförmigen, quergerippten u. mit Muskulatur ↗ versehenen Wulst dar, der sich während der Kopulation nach innen neigt u. dadurch dem Sperma den Weg in die Eileiter freigibt. Nach erfolgter Kopulation verhindert der wieder aufgerichtete Scheidenklappenwulst ein allzu starkes Zurückfließen des Spermas in den Scheidenvorhof u. trägt mit dazu bei, daß die Samenflüssigkeit unterhalb der Mündung des Samenblasenganges gestaut wird. Auf diese Weise wird dem Sperma das Eindringen in den Samenblasengang u. weiter in die kugelförmige Samenblase (Durchmesser 1,5 mm; 5–7 Mio Spermien können aufbewahrt werden) erleichtert. Die Kohlendioxid-Produktion der Samenfäden hemmt ihre eigene Aktivität. Eine Reaktivierung der Spermien erfolgt durch das alkalische Sekret einer an der Außenwand der Samenblase befindlichen Drüse, die als Samenblasenanhangsdrüse bezeichnet wird. Sie besteht aus zwei miteinander verbundenen Abschnitten u. mündet am Übergang des Samenblasenganges in die Samenblase. Unmittelbar davor ist der Samenblasengang zur Samenpumpe umgebildet. Mehrere Muskelzüge, die sich in Höhe dieser Spermapumpe um den Samenblasengang legen, regulieren jeweils den Austritt einiger Samenfäden aus der Samenblase zur Eibefruchtung in der Scheide. Für die Wanderung der bei der Kopulation aufgenommenen Spermien in den Samenblasengang sorgen neben Kontraktionsbewegungen des Hinterleibes u. der Spermapumpe auch chemotaktische Vorgänge u. eine Differenz des *p*H-Wertes zw. Samenflüssigkeit (*p*H = 7,0) u. Samenblasenflüssigkeit (*p*H = 9,7), wodurch sich die Spermien aktiv zur Samenblase bewegen. Die Anzahl der in die Samenblase einwandernden Spermien wird auch durch äußere Faktoren, wie die Umgebungstemp. u. die Menge der die Weisel umgebenden Begleitbienen, mitbestimmt. Fehlen Begleitbienen ganz u. gar, enthält die Samenblase der Weisel zwei

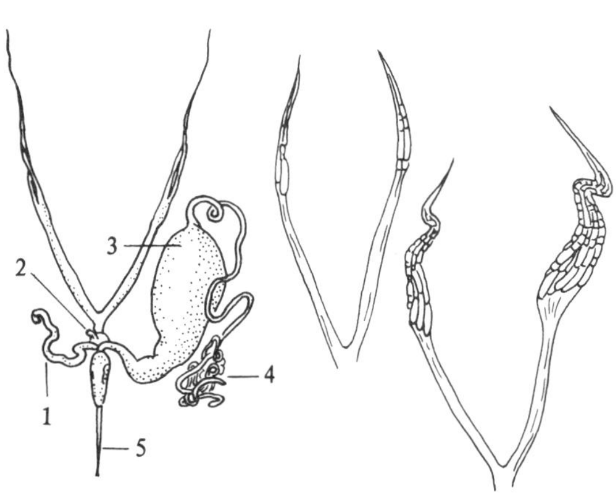

Ovarien von Arbeitsbienen in unterschiedlichem Entwicklungszustand. 1 Dufoursche Drüse, 2 Samenblasenrudiment, 3 Giftblase, 4 Giftdrüse, 5 Stachel. Nach Michener (1974)

Tage nach der Begattung nur 1,2–1,4 Mio Spermien, bei 350 Begleitbienen erhöht sich die Spermienzahl auf 3,6–3,7 Mio, steigt bei einer weiteren Zunahme der Begleitbienen aber nur unwesentl. über die 3,7 Mio-Grenze. Während die Samenblasenanhangsdrüse der Ernährung der Spermien in der Samenblase dient, sorgt deren dichte Umhüllung mit einem luftgefüllten Tracheengeflecht dafür, daß die Samenfäden von der für sie unzuträglich hohen Abdominaltemp. der Weisel isoliert bleiben, die Tracheen bilden somit einen Wärmeschutz für die gespeicherten Spermien. Außerdem dienen sie selbstverständlich der Sauerstoffzufuhr. Nicht selten werden abnorme Veränderungen an den G.n der Weiseln beobachtet. Mitunter kann einer der beiden Eierstöcke fehlen, eine doppelte Ausbildung der Samenblase ist möglich, Wucherungen im Bereich des Samenblasenganges wurden beschrieben. Altersbedingte Kalkeinlagerungen in der Scheidenklappe treten bei gesunden wie kranken Weiseln auf. Auch Degenerationen des Stachelapparates ↗ der Weiseln sind bekannt. Nicht nur Weiseln, auch Arbeitsbienen besitzen als ♀♀ Individuen G. Die durch Mittel- u. Enddarm (Darmkanal ↗) auseinandergedrängten beiden Eierstöcke der Arbeiterinnen bestehen bei *Apis mellifera* i. d. R. allerdings nur aus durchschnittl. 2–12 Eischläuchen. Die paarigen Eileiter sind relativ langgestreckt u. münden in einen kurzen unpaaren Eierstock. Ein kleiner Scheidenvorhof an der Stachelbasis schließt sich an. Auch eine rudimentäre Samenblase ist vorhanden, die aber keine Spermien aufnehmen kann. Bei zwei Tage alten ♀♀ Larven sind unabhängig von der späteren Entwicklung in Richtung Arbeitsbiene od. Weisel bereits Eierstockanlagen mit ungefähr 60–70 Eischläuchen ausgebildet. Ihre Anzahl steigt bei Arbeitsbienenlarven sogar noch weiter an, nimmt aber dann nach dem fünften Larvaltage wieder ab. Während der Metamorphose degenerieren die meisten der angelegten Eischläuche, die wenigen, die übrigbleiben, sind später noch bei den Imagines zu finden. In ihnen können sich Eizellen entwickeln; Arbeitsbienen sind in der Lage, auch entwicklungsfähige Eier abzulegen. Aus ihnen gehen normalerweise aber nur Drohnen hervor, da sich die Arbeitsbienen nicht mit Drohnen paaren, die Eier demzufolge auch nicht befruchtet werden können. Ein geringer Prozentsatz unbefruchteter Eier ergibt jedoch manchmal auch diploide ♀♀. Diese Form der thelytoken Parthenogenese kommt wahrscheinl. dadurch zustande, daß die Reduktionsteilung im Verlauf der Eireife ausbleibt. Eine ± regelmäßige Entwicklung ♀♀ Tiere aus unbefruchteten Eiern ist lediglich von der Kapbiene, *Apis mellifera capensis*, aus S-Afrika bekannt. Bei den Arbeiterinnen dieser geographischen Rasse kann sich ein Eierstock aus 15–25 Eischläuchen zusammensetzen, manchmal ist auch eine Samenblase mit einem Durchmesser von 0,3–0,8 mm ausgebildet. Sperma wurde allerdings in diesen Samenblasen niemals beobachtet. In *Capensis*-Völkern mit eierlegenden Arbeiterinnen entstehen nach einiger Zeit der Weisellosigkeit i. d. R. aus unbefruchteten Arbeitsbieneneiern Weiseln. Auch die Arbeiterinnen der Indischen Honigbiene, *Apis cerana*, u. der Riesenhonigbiene, *Apis dorsata*, sind befähigt, Eier abzulegen. Aus diesen Eiern entwickeln sich aber, wie bei *Apis mellifera*, im allgemeinen nur Drohnen. Die Anzahl der Eischläuche ist mit 20 im Arbeiterinneneierstock von *Apis dorsata* verhältnismäßig groß. Demgegenüber enthält ein Weiseleierstock dieser Honigbienen-A durchschnittl. nur 130 Eischläuche. Die Eierstöcke der Weiseln von *A. dorsata* sind demnach weniger gut entwickelt als die von *A. mellifera.*

geschlossene Population → geschlossene Zucht.

geschlossene Zucht. Züchten ↗ u. Vermehren ausschl. durch Paarung zw. den Angehörigen einer Population ↗. So können die Angehörigen einer Rasse ↗, eines Landes, einer Zuchtlinie ↗ od. in Befolgung bestimmter Zuchtprogramme ↗ (Rotationszucht) mehrere bestimmte Linien eines Gebietes (Belegeinrichtungskomplex) als g. Z. bezeichnet werden.

Geschwisterleistung. Honig-, häufig auch Wachsleistung u. andere Leistungskriterien ↗ bei einer Gruppe von zu prüfenden Bienenvölkern mit Geschwisterweiseln, an die auf derselben Belegeinrichtung dieselbe gekörte Drohnenvolksippe ↗ angepaart wurde. Aus den geprüften Geschwistervölkern gehen die zu körenden Bienenvölker hervor. Durch eine ausgeglichen hohe G. wird der Erbwert ↗ der zu körenden Bienenvölker untermauert.

Geschwisterpaarung, genetische → genetische Geschwisterpaarung.

Geschwisterprüfung. Ermitteln der Geschwisterleistung ↗ im Rahmen einer ein- od. mehrjährigen Leistungsprüfung ↗, die bei Gruppen von Geschwistervölkern nach standardisierten Selektionskriterien ↗ auf staatlichen Prüfstationen bzw. Prüfhöfen od. auch am Bienenstand des Züchters vorgenommen werden kann.

Gesellschaft der Freunde der Landesanstalt für Bienenkunde an der Universität Hohenheim → bienenwissenschaftliche Forschungsanstalten.

Gesellschaft der Freunde des Niedersächsischen Landesinstitutes für Bienenforschung Celle → bienenwissenschaftliche Forschungsanstalten.

Gespinst auf den Waben. Zeigt Befall mit Wachsmotte ↗ an. Bekämpfung sofort notwendig.

Gesundheitspaß für Bienenstände. Für jeden Bienenstand gibt es in der DDR einen G. Vom Bienenseuchensachverständigen werden Untersuchungsergebnisse u. durchgeführte Vorbeuge- u. Bekämpfungsmaßnahmen zur Sicherung der Bienengesundheit eingetragen. Bei Standkontrollen beurteilt der Bienenseuchensachverständige am Bienenstand in Form einer Analyse wichtige Einzelheiten der Bienenhaltung u. -pflege u. vermerkt diese im G. des Bienenstandes. Diese Aufzeichnungen geben bei wiederholten Besuchen die Möglichkeit zu einem Überblick über mehrere Jahre. Hygiene am Bienenstand ↗.

Gesundheitsschädlinge. Sind in der Lage, übertragbare Krankheiten durch Verschleppung ihrer Erreger zu verbr. Für Bienen ist z. B. die Wachsmotte ein G., da durch sie Bakteriensporen verbr. werden.

Geum montanum L., Bergnelkenwurz. A der G *Geum* der F der Rosaceae ↗. Spanien, Pyrenäen, Alpen, Apennin, Tatra, Karpaten, Korsika, Balkan. Auf kalkarmen Humusböden der subalpinen u. alpinen Stufe, auch in Weiden-Schneeböden von 1200 bis 3500 m ü. NN. Rosettenstaude. Blüht von Mai bis August. Goldgelbe Blüten. Nektar- u. Pollenspender.

Geum reptans L., Petersbart, Kriechende Nelkenwurz. A der G *Geum* der F der Rosaceae ↗. Alpen, Tatra, Karpaten, Balkan. Auf feuchtem Silikatschutt, bes. Moränen, selten unter 2300 (1700) m, aber bis 3800 m ü. NN. Rosettenstaude. Blüht Juli bis August. Hellgelbe Blüten. Nektar- u. Pollenspender.

Geum rivale L., Bach-Nelkenwurz. A der G *Geum* meist nö. gemäßigte Gebiete, aber auch bis zur Arktis u. nach Neuseeland sowie Chile vordringend – der F der Rosaceae ↗. Vorwiegend nö. gemäßigte Breiten. Lichte Auenwälder, Flachmoorwiesen, Hochstaudenfluren, nasse Wiesen u. feuchte Bergwiesen. Häufig. 30–70 cm große Pflanze, ausdauernd. Blüht April bis Juni/Juli. Rötlichgelbe Blüten. Bevorzugt grundwasserdurchzogene, nährstoffreiche u. kalkhaltige Böden.

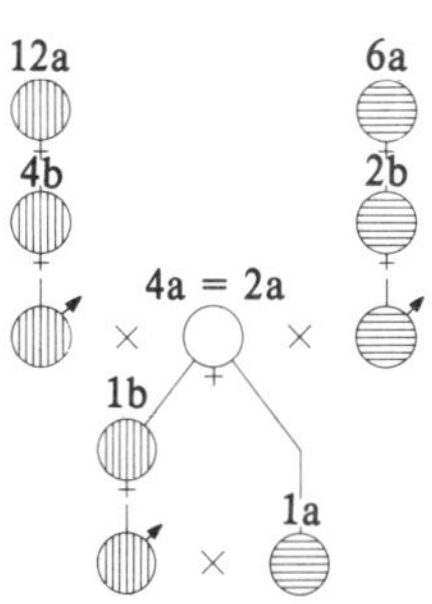

Halbgeschwisterpaarung. Geschwisterpaarung zwischen Halbgeschwistern (verschiedene Väter 4b und 2b)

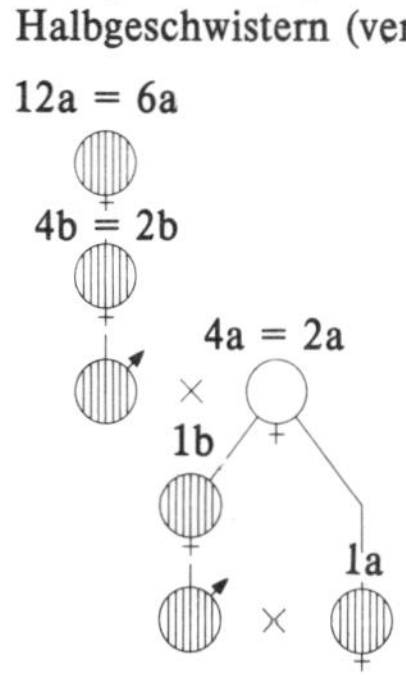

Supergeschwisterpaarung. Geschwisterpaarung zwischen Supergeschwistern, d. h. Zwillingen (derselbe Vater 4b = 2b und derselbe Drohn)

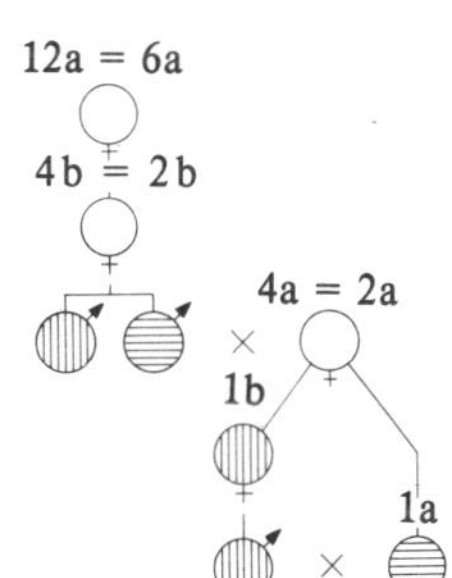

Vollgeschwisterpaarung. Geschwisterpaarung zwischen Vollgeschwistern (derselbe Vater 4b = 2b, verschiedene Drohnen)

Bachnelkenwurz

Nektar- u. Pollenspender für Hummeln u. Bienen. Der Nektar wird durch ein ringförmiges Nektarium ausgeschieden. Bißlöcher der Erdhummeln werden von den Bienen genutzt, um an den reichl. vorhandenen Nektar zu kommen. G.r. spielt jedoch als Nektarspender für Bienen keine so bedeutende Rolle.

Gewicht der Weisel → Weisel.

Gewöhnliche Mahonie → *Mahonia aquifolium*

Gießen von Mittelwänden. Nachdem sämtliche Flächen der Mittelwandgußform ↗, die mit flüssigem Wachs in Berührung kommen, mit einem Lösemittel benetzt wurden, gibt man eine entspr. Menge flüssiges Wachs auf das Unterteil u. schließt schnell die Form mit gelindem Druck auf das Oberteil. Bei richtiger Vorbereitung u. Arbeitsweise löst sich bei Aufklappen die Mittelwand vom Unterteil u. kann vom Oberteil abgezogen werden. Selbstherstellung von Mittelwänden wird kaum noch praktiziert.

Gift → Bienengift.

Giftblase. Erweiterung der Giftdrüse ↗ zur Aufnahme des von ihr produzierten Bienengifts ↗.

Giftdrüse. Bei Arbeitsbienen schlauchförmig u. am Ende gegabelt, Länge ca. 21 mm, bei Weiseln etwa 40–50 mm. Während bei Arbeitsbienen die Gabelenden der G.n verhältnismäßig kurz sind, übertrifft deren Länge bei Weiseln diejenige des ungegabelten Drüsenabschnittes, der in die Giftblase einmündet. In der G. wird das Bienengift produziert. Es stellt eine bitter schmeckende, schwach aromatisch riechende, klare Flüssigkeit dar. Wird Bienengift bei Zimmertemp. eingedampft, bleiben 30 % Trockensubstanz übrig. Mehr als die Hälfte dieser Substanz besteht aus Eiweißkörpern bzw. deren Grundbausteinen, den Polypeptiden. Eines dieser Polypeptide, das Melittin, ist bes. reichl. vorhanden. Es ist aus 26 Aminosäureestern aufgebaut, während z. B. das Apamin aus 18 Aminosäureestern besteht. Hinzu kommen weitere Polypeptide wie Secapin, Tertiapin u.a. Das Bienengift enthält außerdem biogene Amine, wie Histamin u. Serotonin sowie Enzyme, wie die Hyaluronidase u. Phospholipase A. Der Melittingehalt des Weiselgiftes entspricht dem des Arbeiterinnengiftes. Die Enzymaktivität ist im Weiselgift jedoch geringer als im Gift der Arbeitsbienen. Vergleichende Untersuchungen des Giftes der vier *Apis*-An zeigen, daß sich die Zusammensetzung des Melittins bei *Apis mellifera* nicht von derjenigen der Indischen Honigbiene, *Apis cerana*, unterscheidet. Die Melittin-Struktur der Zwergbiene, *Apis florea*, stimmt jedoch mit der der beiden genannten *Apis*-An nicht überein. Die Giftproduktion nimmt bei den Arbeitsbienen einen charakteristischen Verlauf. Nach dem Imaginalschlupf sezerniert die G. zunächst nur eine sehr geringe Giftmenge. Sie erhöht sich dann zw. dem zweiten u. 15. Lebenstag von durchschnittl. 0,014 auf 0,1 mg. Bei 20 Tage alten Arbeiterinnen können sich bis zu 0,3 mg Gift in der Giftblase befinden. Sticht eine Sommerbiene (Saisonvariabilität) vor dem 20. Lebenstag, füllt sich die Giftblase danach noch einmal. Bei älteren Sommerbienen hingegen bleibt die Giftblase nach einem Stich leer. Stechen Winterbienen (Saisonvariabilität ↗), die älter als 20 Tage sind, füllt sich auch bei ihnen die Giftblase wieder. Ohne Pollenfraß zu Beginn der Imaginalphase ist allerdings keine Giftproduktion möglich, da dann die dafür erforderlichen Eiweißbausteine fehlen. Die Erzeugung des Bienengiftes ist jahreszeitl. Schwankungen unterworfen. Sie nimmt vom Frühjahr zum Herbst hin ab, bleibt aber während der Winterzeit, wenn auch auf niedrigem Niveau, einigermaßen konstant. I. U. zu den Arbeitsbienen enthält die Giftblase der Weisel nach dem Imaginalschlupf ihre max. Giftmenge.

Gifte. Von außen aufgenommene od. vom Organismus selbst gebildete Stoffe, die normalerweise nicht bzw. nur in geringen Konzentrationen im Organismus vorkommen u. auf physikalisch-chemischem Wege zu Funktionsstörungen im Organismus führen. In den meisten Ländern werden G. nach bestimmten Kriterien (LD_{50}-Werte ↗) in hochgiftige u. in giftige Substanzen unterteilt. Entspr. dieser Einteilung ist der Verkehr mit G.n reglementiert.

Giftgewinnung → Bienengift.

Giftwirkungszeit. Der Zeitraum, der zw. der Verabfolgung einer bestimmten Giftdosis u. dem Tod bzw. dem «Schwerkranksein» des Organismus liegt. Zum Vergl. der Werte von Standardsubstanzen lassen sich so die Giftwirkungen von Prüfsubstanzen definieren.

Gleditsia triacanthos L., Christusdorn, Dreidorniger Lederhülsenbaum. A der G *Gleditsia* – mit zwölf An in N- u. S-Amerika, in M- u. O-Asien u. im tropischen Afrika verbr., nur wenige in Kultur – der F der Leguminosae ↗. In den USA sehr häufig, bes. in fruchtbarem Ufergelände. Als Parkbaum, zur Bepflanzung von Ödland u. Halden geeignet. Dornenlose Form *G. t.* f. *inermis.* Wenig rauchempfindlich. Bis 30 m hoher Baum. Blüht im Juni/Juli. Bis zu 30 weiße Blüten in 5–8 cm langen Trauben. Hart, für jede größere Anlage passend. Nektar- u. Pollenspender. Zur Bienenweideverbesserung für M-Europa geeignet.

gleichsinnig-additive Genwirkung. Intergenische Wirkungsweise, bei der sich die Wirkungen mehrerer Gene ↗ addieren, unabhängig von deren intragenischem (auf Dominanz ↗ u. Epistasie ↗ beruhendem) Verhalten. G.-a. G. ist eine Form der Polymerie ↗, bei der sich gleichsinnige Gene ergänzen bzw. verstärken. Sie spielt bei der Vererbung der von zahlreichen Genen abhängigen quantitativen (Leistungs-)Merkmale die entscheidende Rolle. G.-a. G. führt in der F_1 zu intermediärer Merkmalsausprägung: Im heterozygoten Zustand sind ein förderndes u. ein nicht förderndes Allel vorhanden. In der F_2 kommt es zur Aufspaltung in unterschiedl. Genotypen, deren Häufigkeit u. deren Verteilung den einzelnen Klassen der Binominalverteilung entspricht, wobei Leistungsmerkmale in starkem Maße von der Umwelt beeinflußt werden. In folgendem, stark vereinfachten Modell seien anstatt von wahrscheinl. Hunderten nur zwei Allelenpaare H_1h_1 u. H_2h_2 an der Honigleistung eines Bienenvolkes beteiligt. Jedes H-Gen sei für die Honigleistung von 8 kg, jedes h-Gen für die von nur 4 kg verantwortl. Dann besteht beim Typ mit gleichsinnig ertragsfördernden Genen $H_1H_1H_2H_2$ die Veranlagung von $4 \times 8 = 32$ kg, beim Typ $h_1h_1h_2h_2$ die für die Leistung von $4 \times 4 = 16$ kg. Die Kreuzung F_1 $H_1h_1H_2h_2$ verkörpert dann die Leistungsveranlagung für den Mittelwert 24 kg. Entspr. beträgt dann der Mittelwert der aufspaltenden, zw. 16 kg u. 32 kg variierenden Genotypen 24 kg.

Glockenblume → Rundblättrige Glockenblume → Pfirsichblättrige Glockenblume → Nesselblättrige Glockenblume.

Glockenblumengewächse → Campanulaceae.

Glockenheide → *Erica tetralix* → Ericaceae.

Goldmohn, *Eschscholtzia* → Papaveraceae.

Goldruten, *Solidago* → Compositae.

Götterbaum → *Ailanthus altissima.*

Grabwespe → Bienenwolf.

Gramineae, Gräser. Wichtigste Blüten-F mit etwa 700 Gn u. 8000–10000 An. Weltweit verbr. Vorherrschendes Element in Wiesen, Steppen u. Savannen; Getreide als Kulturpflanzen; Wiesen- u. Futtergräser. Meist einjährige od. ausdauernde Pflanzen. Die Blüten der Gräser sind sehr vereinfacht u. stehen in viel- bis einblütigen Teilblütenständen, den Ährchen, zusammen. Die Ährchen sind zu Blütenständen vereinigt, die man Rispen nennt, wenn sie deutl. gestielt sind. Sitzen die Ährchen jedoch der Hauptachse unmittelbar an, liegt eine Ähre vor. Sind die Ährchen nur ganz kurz gestielt, so daß sie nahe beieinander stehen u. ein ährenartiger Blütenstand entsteht, spricht man von einer Ährenrispe. Die Einteilung der G. in Untergruppen nimmt man nach dem Bau u. der Anordnung der Ährchen – da diese eine größere Variabilität aufweisen als andere Teile der Pflanze – nach der Grundzahl u. relativen Größe der Chromosomen, nach dem Bau der Oberhaut, der Anatomie des Blattes u. den Merkmalen der Blüte – bes. Zahl, Größe u. Form der Schwellkörper – vor. I. d. R. sind die Gn windblütig, nur bei der im tropischen S-Amerika verbr. G *Pariana* wurde bisher Bestäubung durch Insekten festgestellt. Gräser spielen generell eine wichtige Rolle in der Sommertracht als Pollenspender. Ihre Haupttrachtzeit fällt in den Juni. Der Anteil von Süßgräser-Pollen an der Gesamternte beträgt in der Schweiz 10–15 %, in Frankreich ca. 10 % (nach Maurizio u. Grafl). Maispollen (*Zea mays* L.) wird vor allem im Spätsommer (August, September) von den Bienen eingetragen u. gehört zur Gruppe des für Bienen wirksamsten Pollens. Er ist z. B. im Schweiz. Mittelland u. in Frankreich einer der ausgiebigsten Spätpollenspender, da sich dort ausgedehnte Maiskulturen befinden. Das Max. für das Eintragen der Pollentracht liegt in den Vormittagsstunden. – Bei den Sauergräsern sind es vor allem Segge-An (*Carex* L.), die gern von den Bienen beflogen werden.

Granulat. Zubereitungsform bei Pflanzenschutzmitteln ↗. Diese Formulierungen ↗ sind streufähig, körnig, aber staubfrei (Teilchengrößen zw. 0,5 u. 5,0 mm). In neuerer Zeit werden auch Mikro-G.e mit noch geringeren Teilchengrößen formuliert, die als Insektizide für Honigbienen zu einer erheblichen Gefährdung führen können, da sie von diesen als Pollenersatz eingetragen werden. Auf diese Weise kann die Wirkung im Gegensatz zu sonst üblichen Insektizideinwirkungen sehr lange anhalten.

Gräser → Gramineae.

Grauerle → *Alnus incana* → Betulaceae.

Grauheide → *Erica cinerea* → Ericaceae.

Gravenhorst, Christof Johann Heinrich. Geb. 26. 9. 1823 in Watzum bei Braunschweig, gest. 21. 8. 1898 in Wilsnack. Mußte wegen eines Gehörleidens den Lehrerberuf aufgeben u. wurde Imker. Verband den Vorteil des Strohstülpers (Einblicknahme von unten) mit der beweglichen Wabe u. entwickelte den Bogenstülper (länglicher Korb mit 16 Bogenrahmen). Gilt als Erfinder des Baurähmchens. Gründete 1883 die «Deutsche Illustrierte Bienenzeitung». Propagierte die Wanderung in Buchweizen u. Heide. Hauptwerk: «Der praktische Imker».

Gravenhorstscher Bogenstülper. Tunnelartige Bienenwohnung mit torbogenförmigem Querschnitt u. 3–5 cm starken Strohwänden. Zur Bearbeitung muß der G. B. auf den Kopf gestellt werden. Die 15 Waben stehen im Querbau, sind in Wabenrahmen eingebaut, dem Profil des Korbquerschnitts entspr.

Gregarine, Endoparasit ↗, Sporentierchen. Zerstört Darminnenwand ähnl. *Nosema apis* ↗.

Greisenbrütigkeit. Fehlbrütigkeit ↗ u. Drohnenbrütigkeit ↗ durch Alterung der Weisel u. Erschöpfung des Samenvorrates.

Griechische Biene, *Apis mellifera cecropia* → Rassen der Westlichen Honigbiene in SO-Europa.

Großraumbeute. Beutenkonstruktionen, die zum einen enorme Honigerträge bringen, zum anderen das Schwärmen mit Sicherheit verhindern sollen. In einem Beutenkörper sind mehrere Völker u. z. T. zusätzl. Weiseln untergebracht, die entweder miteinander in Kontakt stehen od. unter denen Flugbienen umgeschaltet werden. In die allgemeine Imkerpraxis haben G.n bisher keinen Eingang gefunden.

Großvölker → Stärke eines Bienenvolkes.

Grünerle → *Alnus viridis* → Betulaceae.

Gurke, *Cucumis sativus* → Cucurbitaceae.

Gusathion, auch Guthion. Pflanzenschutzmittel ↗ mit insektizider Wirkung auf der Basis des Wirkstoffes Azinphosmethyl. Bienengefährlich.

Gutartige Faulbrut. G.F., Europäische F. u. Sauerbrut gehören zu einer Gruppe ansteckender, melde- u. bekämpfungspflichtiger Erkrankungen der Bienenbrut. G.F. wird durch versch. Bakterien-An hervorgerufen: *Bacillus alvei* ↗, *Bacillus laterosporus* ↗, *Streptococcus pluton* ↗, *Achromobacter eurydice* ↗, *Streptococcus faecalis* ↗ u.a. Diese Erkrankungen ähneln sich im äußeren Erscheinungsbild auf der Wabe, unterscheiden sich jedoch im bakteriologischen Befund. Bienenlarven, die die Erreger mit dem Futtersaft aufgenommen haben, verfärben sich, sterben oft bereits in den unverdeckelten Wabenzellen ab u. trocknen zu braunen, schmierigen od. gelblich-krümeligen Massen bzw. leicht ablösbaren Schorfen ein. Dadurch entsteht ein lückenhaftes Brutnest. Über die einzuleitenden Maßnahmen entscheidet der Tierarzt. Penizillin u. Streptomyzin sind wirksam. Erforderlichenfalls wird ein Heilmittelresistenztest ↗ durchgeführt. Sulfothiazol ist unwirksam. Bestimmte imkerliche Maßnahmen (Reizfütterung, Wegnahme befallener Waben, Bauerneuerung) sind erfolgreich. Spontane Selbstheilungen möglich. Bei der Entstehung der G.F. Umweltfaktoren von Bedeutung. Durch Mischinfektionen z.B. mit Bösartiger Faulbrut ↗ Krankheitsverlauf komplizierter.

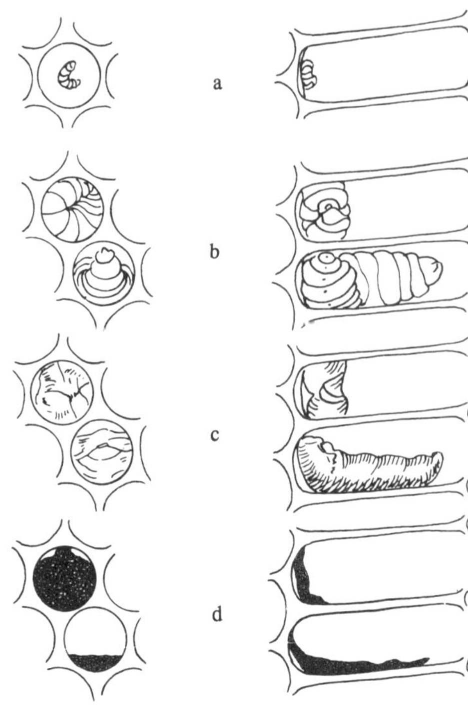

Krankheitsverlauf bei Gutartiger Faulbrut. a Ansteckungsstadium, b Rund- oder Strecklarve, keine Verdeckelung, c Larve stirbt ab und wird zur breiigen Masse, d leicht ablösbarer Schorf am Zellboden oder in der unteren Zellrinne. Nach Weiss

Haarformen → Behaarung.

Haemolymphe, Blutflüssigkeit. Farblose bis schwach gelbliche Grundsubstanz, in der sich eine wechselnde Anzahl von Blutzellen (Haemozyten) befindet. Die H. zirkuliert frei in der Leibeshöhle ↗ der Biene u. umspült dabei die inneren Organe. 1 mm^3 H. enthält bei Winterbienen (Saisonvariabilität) im Durchschnitt 21000 Haemozyten, die sich sieben versch. Zelltypen zuordnen lassen: den relativ kleinen (2–7 µm) Proleukozyten – junge Haemozyten u. damit schon in frühen Entwicklungsstadien der Honigbiene vorhanden –, den Neutrophilen, Eosinophilen, Basophilen, Leukozyten u. den verhältnismäßig großen Pyknozyten (12–18 µm lang u. 7,5–12 µm breit), die bei den Puppen, mitunter auch Bienenlarven u. älteren Imagines fehlen, aber stets bei jungen ad. Bienen zu finden sind. Ein weiterer Zelltyp, die Hyalinozyten (7–11 µm lang u. 3,5–7 µm breit), ist charakteristisch für den letzten Lebensabschnitt der Bienen u. bei den Jugendstadien seltener zu finden. Die folgende Tabelle gibt einen Überblick über Vorhandensein (+) bzw. Fehlen (–) der einzelnen Blutzellformen während der Gesamtentwicklung der Honigbiene (nach Gilliam u. Shimanuki, 1971):

Einige der aufgeführten Zelltypen können sich in andere umwandeln. Die sieben genannten Zelltypen gehen auf zwei Grundformen, die Oenozyten u. Pericardialzellen, zurück. Letztere liegen in der Nachbarschaft des Herzschlauches ↗ u. sind kleiner als die Oenozyten. Durch mitotische Zellteilungen entstehen aus den Oenozyten die Proleukozyten, während die Pericardialzellen z.B. die Ausgangsbasis für die neutrophilen Haemozyten liefern. Die H. der Drohnen u. Weiseln enthält ebenfalls die von den Arbeiterinnen bekannten sieben Blutzelltypen, aber in unterschiedl. prozentualer Zusammensetzung. Die Hauptaufgabe der H. besteht im Transport der Nährstoffe vom Darm (Darmkanal ↗) zu den versch. Organen, im Hormontransport u. im Abtransport von Stoffwechselprodukten. Bemerkenswert hoch ist der Zuckergehalt des Bienenblutes. Es beläuft sich bei Arbeiterinnen auf durchschnittl. 2,0 %, bei Drohnen auf 1,2 %. Beim Sammelflug kann der Blutzuckergehalt der Arbeitsbienen aber auch Werte bis zu 4,4 % erreichen. Während H. unbegatteter Weiseln ebenfalls viel Blutzucker enthält, sinkt seine Konzentration nach den Begattungsflügen deutl. ab. Beim Schlupf der ad. Bienen läßt sich noch kein Blutzucker nachweisen, er tritt jedoch

	Proleukozyten	*Neutrophile*	*Eosinophile*	*Basophile*	*normale Leukozyten*	*Pykno-nukleozyten*	*Hyalinozyten*
Embryo	+	+	+	–	±	–	–
Larve	+	+	+	+	+	±	–
Puppe	–	+	+	+	+	–	–
junge Imago	–	+	+	+	+	+	+
ältere Imago	–	+	+	±	+	±	+

wenige Stunden später auf u. ist nach 24 Stunden feststellbar. Für die H.-Zirkulation ist hauptsächl. der dorsal im Körper der Biene gelegene pulsatorische Herzschlauch verantwortl. u. die ebenfalls pulsatorische Tätigkeit der in der Leibeshöhle ausgespannten Diaphragmen (Leibeshöhle ↗). Weitere pulsatorisch wirksame akzessorische Organe befinden sich im Kopf (Caput ↗) u. im Brustabschnitt (Thorax ↗), z. B. ein dünnwandiges Gefäß an der Stirnseite der Kopfkapsel in Höhe der Antennen ↗, das in die Fühler Fortsätze entsendet, die neben den Antennennerven liegen. Dieses akzessorische Organ wird durch die Schlundmuskulatur in Bewegung versetzt. Ein akzessorisches Thorakalorgan befindet sich im Bereich des Schildchens (Thorax ↗), ist muskulös u. treibt die H. durch Pulsationen von der Flügelbasis zu den thorakalen Luftsäcken (Tracheensystem ↗) u. von hier bis ins Abdomen ↗. Im Herzschlauch fließt die H. von hinten nach vorn, gelangt in den Kopf u. strömt ventral zurück in die hinteren Körperbereiche. Vom Thorax aus dringt die H. auch in die Extremitäten ↗ u. die Flügeladerung ↗ ein.

Haftzellen. Unregelmäßig geformte Zellen, die dem Anheften des Wabenbaus an die Decke bzw. die Oberleiste des Rähmchens dienen. In diesem Übergangsbereich zu regelmäßigen sechseckigen Zellen verwenden die Bienen bes. viel Wachs. Übergangszellen sind ebenfalls unregelmäßig, sie ergeben sich an der Nahtstelle zweier Wabenteile, die von getrennten Bautrauben aufgeführt wurden od. beim Übergang von Drohnen- zu Arbeiterinnenbau bzw. umgekehrt.

Halbwabe. Wabe für den Honigraum in der halben Höhe des Standmaßes. Zahlreiche ältere Beuten haben einen nur halbhohen bzw. wahlweise einen halb- od. ganzhohen Honigraumaufsatz. Andere sind so eingerichtet, daß nur ein halbhoher Honigraum freigegeben werden kann. H.n werden meist als Dickwabe ↗ zur Gewinnung des Honigs aus Frühtrachten benutzt. Zur Verwendung im Brut- od. ganzhohen Honigraum können zwei H.n mit Wabenverbindungsklammern ↗ zusammengeklammert werden.

Halbwertszeit. Zeit, in der eine Rückstandskonzentration im Organismus bis zur Hälfte ihres ursprüngl. Wertes abgebaut bzw. ausgeschieden ist.

Hanf, *Cannabis sativa* → Moraceae.

Hanfweide → *Salix viminalis* → Salicaceae.

Hängebirke → *Betula pendula* → Betulaceae.

Haselnuß → *Corylus avellana* → Betulaceae.

Hartbrut. Sammelname für die Pilzkrankheiten Kalkbrut ↗ u. Steinbrut ↗.

Hartriegel → Blutroter Hartriegel → Wechselblättriger Hartriegel → Blumenhartriegel → Weißer Hartriegel → Cornaceae.

Hartriegelgewächse → Cornaceae.

Haupttracht. Für die Bienenwirtschaft diejenige Tracht ↗, die aus den Kulturen der Landwirtschaft, des Obstbaues u. den in der freien Natur vorkommenden Nektar- u. Pollenspendern während des Bienenjahres den Hauptertrag liefert. Sie kann zu versch. Zeiten in der Vegetationsperiode auftreten, z. B. Winterlinde (*Tilia cordata* ↗), eine Sommertracht ↗ u. Winterraps *(Brassica napus napus)*, eine Frühtracht ↗. Die Häufigkeit einer Trachtpflanzen-A bzw. die Höhe des Nektar- bzw. Honigtauangebots im Flugbereich

des Bienenstandes entscheidet darüber, ob eine Tracht als Haupt- od. Nebentracht zu werten ist. Der Witterungsverlauf u. andere Faktoren können bedingen, daß die H. nicht in jedem Jahr aus der gleichen Nektar- bzw. Honigtauquelle kommt.

Hauptzuchtbuch → Herdbuch.

Hautdrüsen. Die unterschiedl. H. der Biene sind in ihrem Bau grundsätzl. ähnl. Während der Imaginalentwicklung differenzieren sich aus dem Epithel des Körpers sowohl die Futtersaft- ↗ u. Speicheldrüsen ↗,

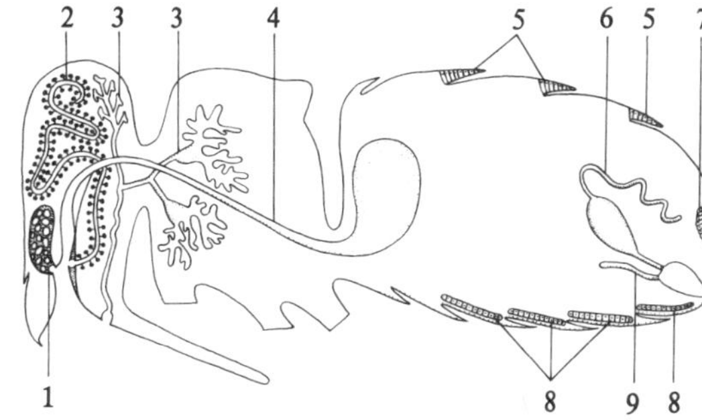

Lage einiger Hautdrüsen. 1 Mandibeldrüse, 2 Futtersaftdrüse (Hypopharynxdrüse), 3 Speicheldrüse (Pharynxdrüse), 4 Honigblase, 5 Tergittaschendrüse, 6 Giftdrüse, 7 Nasanoffsche Drüse, 8 Wachsdrüsen, 9 Dufoursche Drüse. Von diesen Drüsen kommt 3, 4, 7 und 8 nur bei den Arbeiterinnen vor, 5 bei der Weisel und den eierlegenden Arbeiterinnen.

die Wachsdrüsen ↗, als auch die Pheromone erzeugenden Drüsen. Hierbei wird aus einer epidermalen Stammzelle mittels Zellteilung ein Drüsenelement aus der eigentlichen Drüsenzelle u. einer Kanalzelle gebildet. Letztere dringt in die Drüsenzelle ein u. bildet das Ausführkanälchen. Die Anordnung dieser Drüsenelemente ist bei den unterschiedl. Drüsen sehr versch. Bei der Nassanoffschen Drüse ↗, Koshevni-

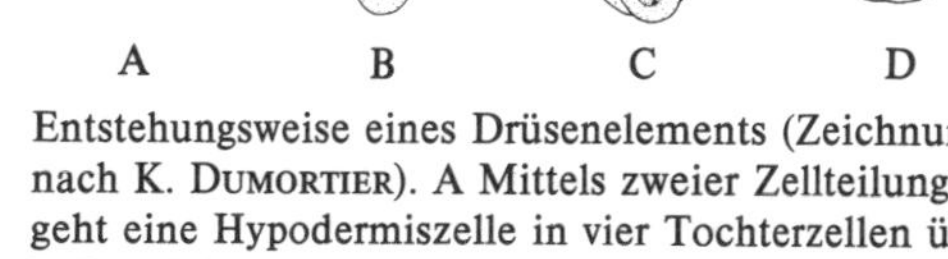

Entstehungsweise eines Drüsenelements (Zeichnung nach K. Dumortier). A Mittels zweier Zellteilungen geht eine Hypodermiszelle in vier Tochterzellen über; B Der Zellkomplex verlängert sich. Aus Zelle 1 tritt eine Ausstülpung hervor, die von der inzwischen entstandenen Epicuticula umgeben ist; C Die Ausstülpung von Zelle 1 tritt zurück, und die Zelle wird allmählich resorbiert. Im Rückbildungsbereich von Zelle 1 werden von Zelle 2 Mikrovilli geformt; D Das endgültige Drüsenelement besteht aus einer sekretbildenden Zelle (2) und einer abführenden Zelle (3). Solche Elemente können sowohl vereinzelt vorkommen oder auch gruppenweise an einen größeren Abfuhrkanal anschließen. 1 kanalbildende Zelle, 2 sekretorische Zelle, 3 kanalumschließende Zelle, 4 Hüllzelle

kovschen Drüse ↗, Tergittaschen- ↗ u. den Wachsdrüsen münden die einzelnen Drüsenelemente gleich an der Körperoberfläche. Bei der Arnhardt- u. der Mandibeldrüse ↗ bildet die eingestülpte Hypodermis ein Säckchen; die Drüsenelemente sitzen als lockere Bekleidung auf dem so gebildeten Sammelreservoir auf. Bei der Speichel- u. Futtersaftdrüse bilden Gruppen von Drüsenelementen sog. Acini, die wie Trauben an einem Hauptkanal angeschlossen sind. Einerseits sind die Drüsenzellen an einer Seite immer im direkten Kontakt mit dem Bienenblut, andererseits mit der (eingestülpten) Außenseite der Biene.

Häutung. Ablösung der Chitincuticula ↗ (Epi- u. Exocuticula) vom Insektenkörper. Während der Ent-

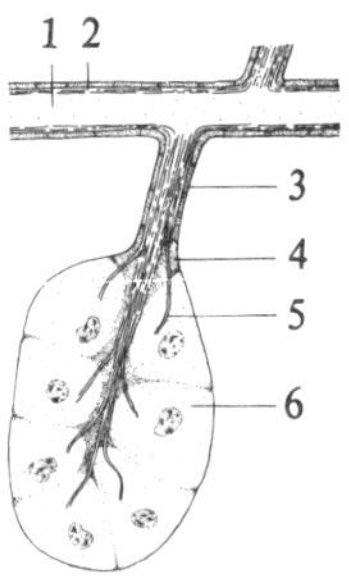

Acinus der Futtersaftdrüse. 1 Sammelkanal, 2 von Cuticulazellen geformte Chitinauskleidung, 3 Cuticulazelle, 4 kanalbildende Zelle, 5 Abfuhrkanälchen, 6 Drüsenzelle. Nach LUKOSCHUS

wicklung der Honigbiene erfolgen insges. sechs H.en, vier Larval-H.en, die fünfte führt zur Entstehung der Puppe, die sechste ist die Imaginal-H., nach der die ad. Honigbiene aus der Brutzelle schlüpft (Entwicklungsdauer ↗). Bevor es zur Ablösung der alten Cuticula kommt, wird die neue Cuticula vorgebildet. Nur im Verlauf der Ausbildung einer neuen, noch dehnbaren Körperhülle sind Wachstumsvorgänge möglich. Bei den einzelnen H.en wird stets auch die Chitincuticula des Vorder-, des Enddarmes (Darmkanal ↗) u. der Tracheen (Tracheensystem ↗) erneuert.

HCH, Hexachlorcyklohexan. Das γ-Isomere findet als insektizider Wirkstoff in Pflanzenschutz-, Schädlingsbekämpfungs- u. Tierarzneimitteln ↗ Verwendung.

Heckenrose → *Rosa canina.*

Hedera helix L., Efeu, A der G *Hedera* der F der Araliaceae ↗. Europa u. N-Afrika. Vom Flachland bis in die subalpine Stufe. Das immergrüne Holzgewächs wird als Zierpflanze zur Begrünung von Mauern u. Bäumen in Park- u. Grünanlagen ↗ sowie zur Bodenbegrünung, zu Beeteinfassungen u. als Zimmer- u. Ampelpflanze verwendet. Es gibt eine große Anzahl von Gartenformen. Blüht nur bei aufrechtem, kletternden Wuchs u. günstigen Lichtverhältnissen. Blütezeit – je nach Witterung – Ende August, September, Oktober. Die zwittrigen, gelblichgrünen Blüten, die in Dolden stehen, sind meist traubig angeordnet. Das diskusförmige Nektarium bildet eine flache, an der Oberfläche gewellte Pyramide über dem Fruchtknoten, an der Spitze in die Griffel übergehend. Das Drüsengewebe wird durch die kräftigen Griffelleitbündel

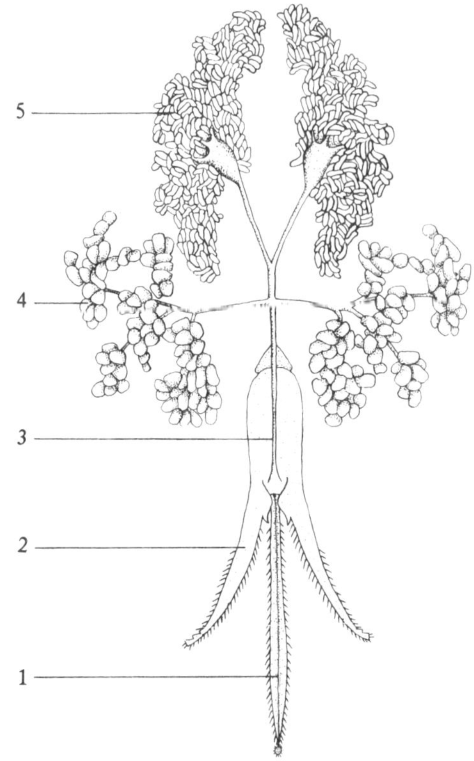

Speicheldrüsen. 1 Zunge, 2 Zungenscheide, 3 Abfuhrröhre, 4 Kopfteil des Drüsensystems, 5 thorakaler Teil des Drüsensystems. Nach CRUZ LANDIM

versorgt. Es sondert reichl. Nektar ab, der offen dargeboten wird. Am Efeu wurden Honig- u. Wildbienen, aber auch Wespen beobachtet. Zieht kalkreiche, humöse, nicht zu trockene Standorte vor. – Nektar- u. Pollenspender (Pollenhöschen schwefel- bis graugelb). Wegen der späten Blütezeit trägt der Efeu relativ selten zur Honigernte bei; vor allem in nordeurop. Heidehonigen u. in Honigen aus den Gebieten größerer Städte wurde ein gewisser Anteil an Efeutracht festgestellt (MAURIZIO u. GRAFL). Er spielt vor allem als Pollenspender – Efeupollen gehört zu den stickstoffreichen Pollenarten mit 4,5% Stickstoffgehalt – eine Rolle für die Bienen (ZANDER u. BERNER).

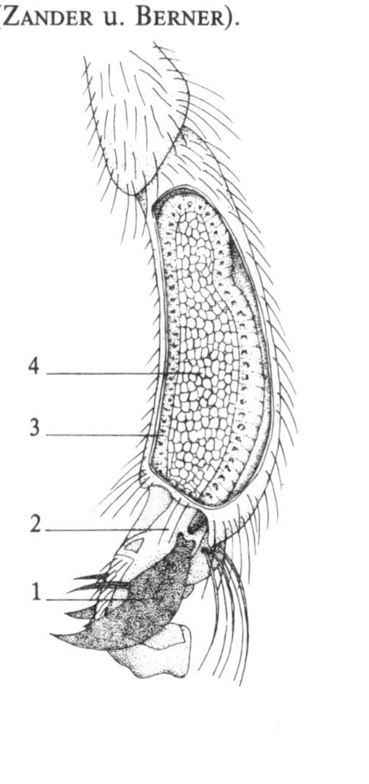

Arnhartsche Drüse im geöffneten letzten Tarsalglied. 1 Kralle, 2 weiches Polster, 3 Drüsenwand, 4 Drüsenreservoir. Nach CRUZ LANDIM

Hederich → *Raphanus raphanistrum*→ Cruciferae.

Hedysarum hedysaroides (L.) SCHINZ et THELL., Alpensüßklee. A der G *Hedysarum* der F der Leguminosae ↗. N-Halbkugel, vor allem mitteleurop. Gebirge zw. 1700–2500 m ü. NN. Auf Magerwiesen; eiweißreichste Alpenpflanze. Blüht Juni bis August. Leuchtend purpurrote Blütentrauben. Auf kalkreichen, steinigen Böden. Nektar- u. Pollenspender.

Hefe, Sproßpilz. Mikroorganismen ähnl. den Bakterien. H. vermehrt sich ungeschlechtlich durch Zweiteilung. Im Darm der Biene Zersetzung von Kohlenhydraten, führt zu Ruhrerscheinungen. H. befällt auch Zucker- u. Futterlösungen. Gegorenes Futter bedeutet Gefahr für die Bienen.

Heidebetriebsweise. In der Lüneburger Heide (Bundesrepublik Deutschland) über Jh.e praktizierte Betriebsweise im Lüneburger Stülper ↗ zur max. Nutzung der Heidetracht. Im Frühjahr wurden die Völker mit Stampfhonig ↗ gereizt. Dann wird mit ihnen in Entwicklungstrachten gewandert mit dem Ziel, sie möglichst schnell zum Schwärmen zu bringen. Von jedem Volk wurde ein Vor- u. Nachschwarm u. vom Vorschwarm nochmals ein Schwarm, der sog. Heidschwarm, erzielt u. in leere Körbe eingeschlagen, so daß anstelle eines überwinterten vier Völker zur Nutzung der Heidetracht bereitstanden. Nach der Tracht wurde ein Viertel der Völker als sog. Leibimmen zur Überwinterung ausgewählt, die überzähligen ursprüngl. abgeschwefelt, später abgetrommelt u. nach Gewicht als sog. nackte Völker verkauft. Der Wabenbau der bienenleeren Körbe wurde ausgebrochen u. Scheiben- ↗ sowie Waben- ↗ u. Stampfhonig ↗ gewonnen, der Rest zur Wachsgewinnung eingeschmolzen.

Heidebiene → *Apis mellifera mellifera.*

Heidehoniglöser. Entweder ein Handgerät od. eine Maschine mit in genauem Zellabstand in Führungen gehaltenen, losen Nadeln, die bei waagerecht liegender Wabe kurz in die Zellen gesenkt werden (Waben werden gestippt). Heidehonig nimmt schon in den Zellen eine sülzige Beschaffenheit an, wodurch er nicht ohne weiteres schleuderbar ist. Durch das Stippen wird diese sülzige Struktur zerstört, u. der Heidehonig kann wie anderer zäher Honig geschleudert werden.

Heidekraut → *Calluna vulgaris* → Ericaceae.

Heidekrautgewächse → Ericaceae.

Heidelbeere → *Vaccinium myrtillus* → Ericaceae.

Heide u. Moor. Die Heide ist ein ± offenes Gelände ohne erheblichen Baumbewuchs, die sich durch bestimmte Blütengewächse, Gräser, Moose, Flechten u. keinen geschlossenen Rasen auszeichnet u. im wesentl. aus Halbsträuchern gebildet wird. Sie hat Bedeutung vor allem als Massenspättracht. Je nach vorherrschenden Gewächs-An werden versch. Heideformationen unterschieden. In M-Europa sind es vor allem die Heidekrautgewächse der Gn *Calluna* u. *Erica*, wobei die Besenheide (*Calluna vulgaris* ↗) nach ZANDER u. BERNER, ausgehend von Trachtwert u. Trachtbedeutung, am wichtigsten ist. In W- u. SW-Europa ist die Grauheide (*Erica cinerea* ↗) verbr., die vereinzelt auch im Rheinland vorkommt, in S-Europa hat die Baumheide (*Erica arborea* ↗) eine große Bedeutung für die Bienenzucht. Besen- (*Cytisus scoparius* ↗) u. Stechginster (*Ulex europaeus*), die auch in der

Efeu

Heide zu finden sind, liefern nur Pollen. Bienenfreundliche Heidepflanzen sind auch die Stechpalme (*Ilex aquifolium*), Thymian (*Thymus serpyllum* ↗) u. der Sumpfporst (*Ledum palustre*). In den Heidegebieten des südöst. Berglandes ist die Frühjahrs- od. Schneeheide (*Erica carnea*) die charakteristischste Pflanze. – Das ausgesprochene Hochmoor mit seinen *Sphagnum*-Beständen bietet den Bienen nur an trockeneren Stellen günstige Trachtbedingungen, wo sie die Glokkenheide (*Erica tetralix* ↗) u. die Besenheide (*Calluna vulgaris*) befliegen können. Auch andere Pflanzen, die u. a. auf der Heide vorkommen, lassen sich hier finden. Die Vegetation der Niedermoore unterscheidet sich imkerlich gesehen nicht erheblich von den Pflanzen, die auf Wiesen u. Weiden ↗ angesiedelt sind. Der trachtmäßig sehr wertvolle Faulbaum (*Rhamnus frangula* ↗) ist hier oft neben Erlen u. Weiden (*Salix*) zu finden.

Heilmittelresistenztest, Antibiogramm, Resistogramm. In vitro kann im H. mittels Agardiffusions- od. Verdünnungsmethoden die Wirksamkeit bestimmter Heilmittel gegen isolierte Mikroorganismen geprüft werden, die dann in der Praxis z. B. bei Gutartiger Faulbrut ↗ wirksam eingesetzt werden können.

Heilung drohnenbrütiger Bienenvölker. Damit ist ein Vorgang charakterisiert, bei dem die betr. Völker die zugesetzten Weiseln annehmen u. diese danach in die Eiablage übergehen. Drohnenbrütige Bienenvölker (Buckelbrütigkeit ↗, Drohnenbrütigkeit ↗) sind in der sommerlichen Entwicklungsperiode heilbar, indem man eine Weisel unter gleichzeitiger Alkoholzugabe (O_2H_5OH, gleichgültig, ob reiner Sprit od. handelsübl. Spirituosen) zusetzt. Nach wenigen Tagen ist ein derart beweiseltes u. damit geheiltes Volk weitgehend in den Normalzustand der Ovariolenausbildung der Arbeiterinnen überführt, d. h. mit zunehmender Kontaktzeit zw. Arbeitsbienen u. der zugesetzten Weisel nimmt die Anzahl der Arbeitsbienen mit legereifen Eiern in den Ovarien ab. Dies ist durch die Einwirkung der Königinnensubstanz ↗ bedingt. Die Menge des zuzusetzenden Alkohols ↗ ist vom Beutentyp abhängig. Die Verwendung eines Absperrgitters vor dem Flugloch ist vorteilhaft, da bei der Zugabe des Alkohols gelegentl. eine Fluchtreaktion der Bienen od. der Weisel eintreten kann. Drohnenbrütig ausgewinterte Völker in der eben beschriebenen Weise zu heilen, ist bisher nicht gelungen. Diese Beweiselungstechnik mit Hilfe von Alkohol kann bei jedem Bienenvolk, das neu beweiselt od. umgeweiselt werden soll, u. auch bei anderen Gegebenheiten in der imkerlichen Praxis Anwendung finden.

Heizleistung. Dient dem Bestreben des Bienenvolkes, die für die Existenz der Sozialgemeinschaft erforderlichen Temp. zu erzeugen u. aufrecht zu erhalten. Sie steht mit der Thermoregulation ↗ in Verbindung u. ist abhängig von der Umgebungstemp., der Konstitution des Bienenvolkes, dessen Entwicklungszustand sowie von der Beschaffenheit der Bienenwohnung. Gut isolierte Beuten z. B. erfordern eine geringere H. als schlecht isolierte. Heizsprünge, d. h. Temp.-Erhöhungen auf 20–30 °C, die in kurzer Zeit erfolgen, können nach Abkühlungsvorgängen am Rande des Brutnestes auftreten. Dabei werden 34 °C jedoch nie überschritten. Eine Gefahr der Überhitzung durch Heizsprünge besteht folglich nicht. Die H. der Bienen läßt sich am Tagesverbrauch der Heizzuckermenge ermitteln. Die durchschnittl. Zuckerzahlen bei den in M-Europa gebräuchl. Bienenwohnungen lauten (nach Büdel u. Herold, 1960):

I. Bei einem brütenden Volk, das zehn Waben belagert:

Temp. der Außenluft (°C)	0	5	10	15	20	25	30
Zuckerbedarf g/Tag	80	75	68	61	52	38	17

II. Bei einem brutlosen Volk im Winter, auf sechs Waben eingeengt:

Temp. der Außenluft (°C)	−20	−15	−10	−5	0	+5
Zuckerbedarf g/Tag	38	31	27	21	15	6

III. Bei einem voll entwickelten Volk (Brut- u. Honigraum mit je zehn Normalmaßwaben):

Temp. der Außenluft (°C)	0	5	10	15	20	25	30
Zuckerbedarf g/Tag	100	92	82	58	50	42	17

Die H. der Bienen läßt sich durch eine vom Imker in der Beute installierte Stockheizung beeinflussen. Obgleich der Stockheizung der Gedanke zugrunde liegt, die Thermoregulation ↗ der Bienen durch Wärmezufuhr zu unterstützen, führt diese künstl. Beheizung i. d. R. jedoch zu einer für die Bienen unvorteilhaften Temp.- u. Feuchteverteilung im Inneren der Beute, vor allem in den Wabengassen.

Heizsprünge → Heizleistung.

Helianthemum apenninum (L.) Mill., Apenninen-Sonnenröschen. A der G *Helianthemum* der F der Cistaceae ↗. Von Spanien über Italien, Griechenland bis Kleinasien, auch in der Bundesrepublik Deutschland (Rheingebiet) u. S-England. Auf kalkhaltigen Böden. Für Felspartien an sonnigen Orten geeignet. Gartenformen. Der bis 30 cm hohe Halbstrauch blüht von Mai bis August. Weiße, am Grund gelbliche Blüten. Liebt warmen, sonnigen Standort, Kalk. Pollenspender.

Helianthemum nummularium (L.) Mill. non Grosser., Gemeines Sonnenröschen. A der G *Helianthemum* der F der Cistaceae ↗. Europa, W-Asien. Auf Kalk- u. Urgestein. Der bis 30 cm hohe Halbstrauch blüht von Mai bis Juli. Die gelben Blüten stehen in mehrblütigen Wickeln. Sonniger Standort, geschützte, warme Lage. Pollenspender.

Helianthus annuus L., Gemeine Sonnenblume, Sonnenblume. A der G *Helianthus* der F der Compositae ↗. Angebaut vor allem in O- u. S-Europa zur Ölgewinnung, sonst grünmassereiche Futter- u. Gründüngungspflanze. Einjährig. Blüht von Juli bis September. Blüte in scheibenförmigen Körben – Durchmesser bis 40 cm – mit gelben Strahlenblüten. Anspruchslos. Humusbildner für leichte, trockene Sand- u. Moorböden. Nektar- u. Pollenspender (Pollenhöschenfarbe dunkelgelb). Der Pollen entleert sich vor der Blütenöffnung in die Staubbeutelröhre u. tritt bei Blütenöffnung zuerst nach außen. Die Blütenscheibe blüht von außen nach innen ab. Die Blühdauer beträgt 6–13 Tage. Das Nektarium liegt als Diskus im Blütengrund. Die Bestzeit der Nektarsekretion liegt zw. 10 u. 14 Uhr, wobei der Nektar – durch die kurzen Blütenröhren – allen Insekten zugänglich ist. Die Pollendarbietung dauert den ganzen Tag, wobei das Max. zw. 9 u. 10 Uhr, also vor dem Einsetzen der max. Nektarsekretion, liegt. In den Ländern, wo H. a. zur Ölgewinnung angebaut wird, spielt sie als Trachtpflanze eine erhebliche Rolle, in M-Europa, wo man sie vor allem als

Sonnenblume

Futterpflanze anbaute, gewinnt sie für die Bienen zunehmend an Bedeutung.

Helleborus niger L., Schwarze Nieswurz, Schneerose, Christrose. A der G *Helleborus* der F der Ranunculaceae ↗. In SO-Europa verbr., in M-Europa u. a. auch in Gärten anzutreffen, gedeiht sie auch in den nö., sü. u. südöst. Kalkalpen bis 1800 m ü. NN. Gebüsche, Gebirgswälder, steinige Abhänge. Je nach Witterung blüht die Staude von Dezember bis März. Weiße Blüten. Zahlreiche Kulturformen u. Hybriden findet man als Gartenformen. ZANDER u. BERNER zählen sie jedoch nicht zu den Pflanzen, die die Bienenweide verbessern könnten, da sie fast immer zu früh blüht. Nektar- u. Pollenspender (Pollenhöschenfarbe weißgelb).

Heracleum sphondylium L., Bärenklau, Herkuleskraut. A der G *Heracleum* – 60 An der G sind in Eurasien beheimatet u. bes. im Orient u. in Indien (Bergländer) reich entwickelt – der F der Umbelliferae ↗. Auf Wiesen u. Weiden, an Weg- u. Waldrändern. Zweijährig bis ausdauernd. Blüht im Juni bis Herbst. Die weißen od. grünlichgelben Blüten stehen in Dolden. Nektar- u. Pollenspender. Während EWERT u. ZANDER keinen od. nur gelegentl. Bienenbeflug bei ihren Beobachtungen feststellten, wird er nach BÖTTCHER gut beflogen. Nach MAURIZIO u. GRAFL wirkt der Duft der H.s.-Blüte auf die Biene tanzhemmend, jedoch scheint Duftlenkung möglich zu sein u. seinen Beflug zu steigern. – Die H.s.-Tracht beginnt am frühen Morgen (ca. 70 % der gelblichweißen Pollenhöschen werden vor 10 Uhr eingebracht). H.s.-Pollen enthält 4,9 % Stickstoff u. ist bes. reich an Vitamin B_1.

Herbizide. Präparate zur Bekämpfung von Unkräutern u. sonstigem unerwünschten Pflanzenwuchs.

Herbstdurchsicht. Bei Völkern, die im Brutraum überwintert werden, ist nach der letzten Schleuderung u. vor der Herbstreizfütterung bzw. Einfütterung eine H. durchzuführen. Bei dieser Durchsicht ist der Brutstand u. der Futtervorrat festzustellen, für die Überwinterung ungeeignete Waben, d. h. zu dunkle (sie sollten schon während der Trachtzeit in den Honigraum kommen) u. unbebrütete Waben sind zu entnehmen. Die Leistung der Weisel ist zu beurteilen u. evtl. noch eine Umweiselung ↗ od. Vereinigung ↗ mit einem Ableger durchzuführen. Bei Völkern, die im Honigraum bzw. im Doppelraum überwintert werden, erfolgt die H. mit dem Umhängen bzw. bei der Umstellung auf Doppelraum. Im Laufe des Jahres gewonnene Pollenwaben ↗ sind direkt in den Wintersitz zu geben, wo sie bei der anschl. Fütterung überschichtet u. im Frühjahr verbraucht werden (Nachtrachtfütterung ↗). Bei Magazinvölkern, die üblicherweise im Freien stehen, ist die H., wenn sie für erforderlich gehalten wird, unter Ausschaltung aller Möglichkeiten, die um diese Zeit eine Räuberei auslösen könnten, durchzuführen.

Herbst-Löwenzahn → *Leontodon autumnalis.*

Herbstreizfütterung → Nachtrachtfütterung.

Herdbuch. Zentrales Zuchtbuch ↗ für bestimmte Populationen (Rasse eines Landes od. Zuchttierbestand einer größeren Züchtergemeinschaft). Das H. für Bienen wird vorwiegend als geschlossenes H. geführt, in das nur solche Tiere eingetragen werden, deren Eltern ebenfalls H.-Tiere waren. Nur in Ausnahmefällen werden als «Erprobzucht» Tiere aufgenommen, die rassetypische Körpermerkmale ↗ u. gute Leistungen aufzuweisen haben (offenes H.). In das H. werden Bienenvölker nach vollzogener Körung ↗ eingetragen. Das H. wird von der Einrichtung geführt, die die Körungen durchführt (Kör- od. H.-Stelle). Die Angaben im H. enthalten im allgemeinen die Namen des Züchters u. des Besitzers sowie die Zuchtbuchnummer ↗ der Weisel u. die H.-Nummer des gekörten Volkes, gegebenenfalls auch die wichtigsten Körper- u. Leistungsmerkmale (Körformel ↗).

Christrose

Heritabilität. Erblichkeitsgrad. Der H.s-Koeffizient (h^2) ist das Verhältnis der genotypischen zur phänotypischen Varianz eines Merkmals in einer Population ↗, die unter definierten Umweltbedingungen (Umwelt ↗) lebt.

$$h^2 = \frac{V_G}{V_G + V_U} = \frac{V_G}{V_P}$$

H. im weiteren Sinne (h^2_w) ist das Verhältnis der gesamten genetischen Varianz zur Gesamtvarianz.

$$h^2_w = \frac{V_A + V_D + V_E}{V_A + V_D + V_E + V_U}$$

H. i. e. S. (h^2_e) drückt das Verhältnis der additiv genetisch bedingten Varianz zur Gesamtvarianz aus.

$$h^2_e = \frac{V_A}{V_A + V_D + V_E + V_U}$$

Die realisierte H. (h^2_r) ist der Schätzwert für die H. aufgrund des Selektionserfolges in einer od. mehreren Generationen.

$$h^2_r = \frac{SE}{SD}$$

Beispiel für die Schätzung der realisierten H. bezüglich der Honigleistung (kg Bienenhonig):

$$h^2_r = \frac{1}{5} = 0{,}2$$

Der H.s-Koeffizient eines Merkmals zeigt die Möglichkeiten auf, die Leistungshöhe einer Population durch züchterische Maßnahmen zu verbessern u. spielt deshalb bei der Vorhersage des erreichbaren Zuchtfortschritts durch Selektionsmaßnahmen eine bedeutende Rolle.

V_G = genotypische Varianz
V_U = Umweltvarianz
V_P = phänotypische Varianz
V_A = additiv-genetische Varianz ↗
V_D = Dominanzvarianz (Dominanz ↗)
V_E = epistatische Varianz (Epistasie ↗)
SE = Selektionserfolg ↗
SD = Selektionsdifferenz

Herzschlauch. Wie alle Insekten besitzt die Honigbiene ein schlauchartiges Herz, das vom sechsten Abdominalsegment (Abdomen ↗) nach vorn durch den Brustabschnitt (Thorax ↗) zum Gehirn ↗ zieht, aufgrund seiner dorsalen Lage auch als Rückengefäß bezeichnet. Das hinten geschlossene Herz verengt sich in Richtung Kopf (Caput ↗). Es besitzt im Abdominalteil fünf Paar seitl. gelegene Öffnungen (Ostien) u. ist in sich durch Herzklappen in fünf ungleich lange Abschnitte gegliedert. Am kürzesten ist der letzte, am längsten der zw. dem ersten u. zweiten Ostienpaar gelegene Teil. Der H. ist von einer nach hinten an Stärke zunehmenden Muskelhülle umgeben, die die rhythmischen Kontraktionen bewirkt. Durch diese Bewegungen wird die Blutflüssigkeit (Haemolymphe ↗) aus der Leibeshöhle ↗ über die Öffnungen in den H. eingesogen u. nach vorn zum Kopf gepumpt. Die ventilähnl. Ostien wirken einem Zurückfließen des Blutes in die Leibeshöhle entgegen. Vor dem ersten Ostienpaar wird der H. auch als Aorta bezeichnet. Sie führt durch die stielförmige Verengung (Petiolus, Abdomen ↗) links vom Darmkanal ↗ in den Thorax, ist winklig nach oben umgebogen u. zieht zw. den beiden großen längs verlaufenden Brustmuskeln (Muskulatur ↗) durch das Hinterhauptsloch bis unter das Gehirn, wo sie offen endet. Als bes. morphologische Bildungen müssen die eng gewundenen Aortaschlingen zw. stielförmiger Verengung u. dem hinteren Brustabschnitt angesehen werden. Sie sind reich von zarten Tracheolen umsponnen, die einem intensiven Gas-, vor allem Kohlendioxid-Austausch zw. Haemolymphe u. Tracheen (Tracheensystem ↗) dienen. Die relativ große Oberfläche dieses Aorta-Abschnittes dürfte auch beim Wärmeaustausch (Körpertemperatur ↗) zw. der Haemolymphe im H. u. der Leibeshöhle eine Rolle spielen. Sie erhält damit eine Bedeutung für die Wärmeregulation des Bienenkörpers. Möglicherweise dienen diese Aortawindungen außerdem auch der Elastizität des H.es, die durch die Bewegung der Flugmuskulatur im Thorax in hohem Maße beansprucht wird. Die H.-Gesamtlänge der ad. Biene beträgt 7,5 mm. Die den H. umgebenden Tracheen leiten sich von den segmentalen Abschnitten der im Hinterleib vorhandenen lateralen Luftsäcke (Tracheensystem ↗) ab. Über Membranen ist der H. einerseits mit der dorsalen Körperwand, andererseits durch flügelartige Muskeln des dorsalen Diaphragmas (Leibeshöhle ↗) mit der seitl. Körperwandung verbunden. Das larvale Herz reicht im Abdomen bis zum neunten Segment u. erstreckt sich in proximaler Richtung bei ungefähr gleichbleibendem Durchmesser bis zum zweiten Brustsegment (Mesothorax), dann verengt es sich u. reicht als Aorta, ähnl. wie bei der Imago ↗, bis zum Gehirn. Ostienpaare sind im zweiten u. mittl. Brustsegment (Meso-, Metathorax) u. den ersten neun Abdominalsegmenten vorhanden. Die larvale Aorta ist ventral offen, besitzt also einen umgekehrt U-förmigen Querschnitt.

Lage der Ostien (1) im Herzschlauch. Nach SNODGRASS (1956)

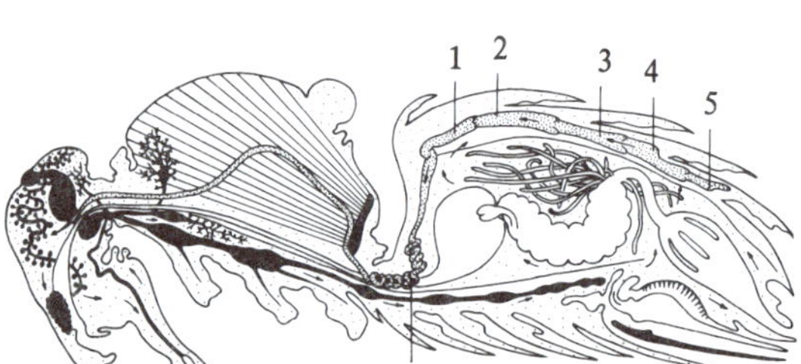

Lage des Herzschlauches im Bienenkörper. 1–5 die verschiedenen Herzkammern, 6 Aortaschlingen. Die Pfeile geben die Richtung des Blutkreislaufes an. Nach von BUTTEL-REEPEN (1915)

heteronom. Ungleichartig in bezug auf die äußere Gestaltung der einzelnen Körperabschnitte, z. B. Caput ↗, Thorax ↗, Abdomen ↗. Gegensatz: homonom ↗.

Heterosis. Der von SHULL (1914) geprägte u. definierte Begriff gilt als Abkürzung für «Stimulus der Heterozygotie ↗». Unter H. wird die genetisch bedingte Leistungsüberlegenheit von Kreuzungsprodukten gegenüber dem Ausgangsmaterial verstanden. Meist wird der Mittelwert der Elternpopulation zum Vergl. herangezogen.

$$\bar{x}_{F1} = \frac{\bar{x}_{P1} + \bar{x}_{P2}}{2}$$

$\bar{x}_{F1}$ = Mittelwert der F_1-Generation (Filialgeneration ↗)
$\bar{x}_{P1}$ = Mittelwert der ♂♂ Elternpopulation
$\bar{x}_{P2}$ = Mittelwert der ♀♀ Elternpopulation

H. beruht auf Dominanz- ↗, Überdominanz- ↗ u. Epistasie- ↗ Effekten. H. äußert sich in einer besseren Anpassungsfähigkeit u. erhöhten Vitalität sowie in einer besseren Fruchtbarkeit.

Heterosiszüchtung. Anwendung von Zuchtverfahren ↗ zur Ausnutzung von Heterosis ↗. Für die Bienenzucht werden in Zuchtprogrammen ↗ Verfahren des Züchtens ↗ von leistungsfähigen Zuchtlinien ↗ mit guter allgemeiner u. möglichst auch spez. Kombinationseignung ↗ u. die anschl. Kreuzung ↗ von drei od. vier Linien angewendet. Auf Grund der freien natürl. Paarung der Honigbiene sind nach Rassenkreuzungen ↗ unkontrollierbare, mit Nachteilen verbundene Aufspaltungen zu erwarten (Mendelsche Regeln ↗). Deshalb werden innerhalb bestimmter Gebiete die Kreuzungen von genetisch differenzierten Linien nur einer Rasse ↗ empfohlen.

Heterozygotie. Besetzung eines Locus od. mehrerer Loci (Chromosom ↗) mit unterschiedl. Allelen ↗. Gegensatz: Homozygotie. Heterozygote Weiseln bringen so viele Sorten Drohnen hervor, wie es ihren unterschiedl. Allelen entspricht. Sie zeigen in den Drohnen ihr gesamtes Erbgut.

Hibiscus, *Hibiscus* → Malvaceae.

Himbeere → *Rubus idaeus* → Rosaceae.

Hinterbehandlungsbeute. Die im deutschsprachigen Raum bisher am weitesten verbr. Beute. Sie besteht i.d.R. aus einem aus Brettern gefertigten Kasten, dessen Innenraum durch einen waagerechten Zwischenboden, in den ein Absperrgitter eingelegt werden kann, geteilt ist. Der untere Raum wird als Brut-, der obere als Honigraum bezeichnet. Seltener wird die H. mit davon abweichender Konzeption gebaut, wie z.B. mit einem nur halbhohen od. einem zusätzl. halbhohen Honigraum bzw. mit drei gleichgroßen Räumen. Die Wabenform war früher meist das stehende, heute ausschl. das liegende Rechteck. Die Vorderwand ist ausnahmslos, die Seitenwände in der Vergangenheit oft doppelwandig ausgeführt. In der Vorderwand befindet sich mindestens ein Flugloch je Raum. Die Rückwand wird durch eine meist geteilte Tür gebildet. Der untere Teil schlägt als Arbeitstisch in Form einer Klappe nach unten u. wird durch eine Kette od. aber in der Waagerechten gehalten, der obere Teil ist eine einfache Tür. Die Waben in der H. können sowohl quer in Nuten hängen (Querbau ↗) als auch in Längsstellung (Längsbau ↗) auf Roststäben stehen (Blätterbeute ↗). Sowohl Quer- als auch Längsstellung haben Vor- u. Nachteile. Der wesentlichste Vorteil der H. ist ihre Stapelfähigkeit; es können zwei od. auch drei Beuten übereinander aufgestellt werden (Beutenstapel ↗). Dieser Vorteil der H. ist aber nur in Verbindung mit einem Bienenhaus ↗ von Bedeutung, in dem auf kleinem Raum viele Völker untergebracht werden können u. wo im Verhältnis zu Magazinbeuten ↗ längere Bearbeitung der Völker in einem wettergeschützten u. von Bienen abgeschirmten Raum erfolgen kann. Die starke Konzentration von Bienenvölkern ist andererseits aus versch. Gründen auch nachteilig. Der gravierende Nachteil der H. ist ihr begrenzter u. nach heutigem Kenntnisstand meist zu kleiner Inhalt. Starke Völker müssen, bevor sie den Höhepunkt ihrer Entwicklung erreicht haben, geschröpft werden.

Hinterleib → Abdomen.

Hinter/Oberbehandlungsbeute. Oberbehandlungsbeuten, die auch von hinten einen Zugang zu den Waben haben. Sie bestehen aus dem Brutraum einer Hinterbehandlungsbeute mit Querbau. Der Wabenraum wird oben mit Brettchen abgedeckt u. hinten durch ein Beutenfenster abgeschlossen. Die Deckbrettchen sind gegen ein Absperrgitter austauschbar, auf das ein halb- od. ganzhoher, meist einfachwandiger Honigraum aufgesetzt wird. H./O.n sind nicht stapelbar, bei doppelreihiger Aufstellung (Bienenpavillon ↗) ist für die obere Etage in genügendem Abstand zur unteren eine zweite Beutenbank erforderlich. Die Bearbeitung der oberen Beutenreihe erfolgt von einem entspr. hohen u. stabilen Tritt aus.

Hippocastanaceae, Roßkastaniengewächse. Die F umfaßt 2 Gn mit 15, vor allem in den gemäßigten Gebieten Amerikas, Asiens u. Europas verbr. An. Bäume od. Sträucher. Die zwittrigen od. eingeschlechtigen, lippenblütigen, farbigen Blüten erscheinen in traubigen Blütenständen, wobei die versch. Blütentypen normalerweise in einem Blütenstand gemeinsam vorkommen. Die Narbe ragt weit über die Blüte heraus, während die abwärtsgekrümmten Staubblätter sich erst später geradestrecken, aber nach dem Stäuben in ihre Ausgangslage zurückkehren. Häufig ist auf der Unterlippe ein Saftmal ausgebildet, das bei der Gemeinen Roßkastanie (*Aesculus hippocastanum* ↗) zu Beginn des Blühens, also während der Nektarproduktion, eine gelbe Färbung – verbunden mit einem bestimmten Geruch, der den Insekten zur Orientierung für die günstigste Zeit des Blütenbesuchs dient – u. später eine rote annimmt. Die G *Aesculus* ist in N-Amerika u. Eurasien beheimatet, die G *Billia* mit 2 An von Mexiko bis Kolumbien. – Die H.-Blüten spielen für die Bienen eine gewisse Rolle. Obwohl die Blüten von *A. hippocastanum* reichl. Nektar von sehr hoher Zuckerkonzentration produzieren, ist Bienenbeflug nur gelegentl. zu beobachten u. dann meist nur auf Pollen (nach ZANDER), während von der Rotblühenden Roßkastanie (*A.* × *carnea* ↗) besserer u. regelmäßigerer Beflug festgestellt wurde. In N-Amerika wandern die Imker sogar regelmäßig ab, wenn *A. californica* zu blühen beginnt, weil Pollen u. Nektar den Bienen schädlich sind. – Die Pollen von *A. hippocastanum* u. der Roten Roßkastanie (*A. pavia* ↗) gehören mit einem Gewicht von 8–11 mg zu den größten von den Bienen gesammelten. Die Pollentracht verläuft über den ganzen Tag, wobei über die Hälfte der tägl. Pollenmenge vor 11 Uhr von den Bienen eingetragen wird. Trotz des großen Pollenangebotes beträgt der tägl. Anteil der *A.*-Höschen nur 20 %, u. der Anteil an der Gesamtpollenernte übersteigt 1–5 % nicht. Außer einem gewissen Anteil an Nektar u. Pollen liefern die *Aesculus*-An den Bienen auch Kittharz, das vor allem im Spätsommer u. Herbst an den Winterknospen gesammelt wird. In dicht besiedelten Gebieten – bekannt aus Städten Frankreichs, der DDR, der Bundesrepublik Deutschland, Hollands, der Schweiz, Österreichs – wird den *A.*-An eine gewisse Rolle als Pollenspender zugesprochen, obwohl bei einseitiger Tracht in den Bienenvölkern manchmal Störungen durch schädliche Inhaltsstoffe des Pollens beobachtet wurden (nach MAURIZIO u. GRAFL).

Hirschkolbensumach → *Rhus typhina* → Anacardiaceae.

Hirtentäschel → *Capsella bursa-pastoris.*

Histamin → Bienengift.

Hochwabe → Breitwabe.

Hoden → Geschlechtsorgane.

Hoffmann-Rähmchen. Ein spez. für Magazinbeuten ↗ bestimmter Wabenrahmen ↗, dessen Seitenleisten im oberen Drittel 35 mm breit sind. Diese breiten Seitenteile ersparen zusätzl. Abstandsvorrichtungen u. gestatten ein sicheres Einführen einzelner Waben in eine Gasse von oben. Die H.-R. werden untereinander allerdings stärker verbaut als bei Abstandsvorrichtungen aus Metall od. Plaste.

Hofstaat. Wird von den Jungbienen gebildet, sobald die Weisel ihre Versetzungen unterläßt. Königinnensubstanzen ↗ an ihrer Außenseite werden von den nahen Bienen bemerkt; sie drehen sich mit ihren Köpfen der Weisel zu u. bleiben mit ausgestreckten Fühlern um sie herum stehen. Zw. den gespreizten Kiefern wird Futtersaft dargeboten, wovon die Weisel gelegentl. nimmt. Manchmal auch nähern sich einige Bienen der Weisel an u. berühren sie mit der Zunge. Dabei ist die Futterdarbietung unmöglich. Läuft die Weisel jedoch weiter, verlieren die Bienen den Kontakt u. werden von anderen ersetzt. Während ihres Aufenthaltes im Hofstaat ist mittels körperl. Kontakte hauptsächl. Königinnensubstanz von der Weisel auf die Arbeiterinnen übertragen worden. Dadurch können die Hofstaatbienen auf ihrer Wabe für die anderen Jungbienen als Boten fungieren. Auf diese Weise ist bei allen Jungbienen die Kenntnis von der Anwesenheit ihrer Weisel gesichert u. damit ihr einheitl. Verhalten. Außerdem wird die Entwicklung der an sich verkümmerten ♀♀ Geschlechtsorgane ↗ bei Arbeitsbienen wirksam verhindert. Innerhalb einer Viertelstunde verschwinden aber solche übertragenen Königinnensubstanzen. Deshalb muß die Weisel sich ständig durch das ganze Brutnest bewegen, damit von den Arbeitsbienen keine Nachschaffungszellen angelegt werden.

Holländische Linde → *Tilia × vulgaris.*

Holzbirne → *Pyrus communis* → Rosaceae.

Holzschutzmittelprüfung. Erfolgt in den meisten Ländern. In bes. Verzeichnissen werden die zugelassenen Holzschutzmittel verbindlich mit Angabe ihrer Schutzeigenschaften aufgeführt. In einigen Ländern werden die Holzschutzmittel auch hinsichtlich ihrer Bienengefährdung ↗ geprüft u. eingestuft. Vor der Verwendung von Holzschutzmitteln in der Imkerei sind daher die jeweils gültigen Mittelverzeichnisse einzusehen.

homonom. Gleichartige Gliederung aufeinanderfolgender Körperabschnitte. Gegensatz: heteronom ↗.

Homozygotie. Besetzung eines Locus od. mehrerer Loci (Chromosom ↗) mit gleichen Allelen ↗. Gegensatz: Heterozygotie ↗. In einem Merkmal od. mehreren Merkmalen homozygote Weiseln erzeugen bezüglich des Merkmals od. der Merkmale nur eine Sorte Drohnen. Auch eine fremdrassig gepaarte Weisel liefert reinerbige Drohnen, wenn sie selbst homozygot ist. Ihr Volk kann als Drohnenvolk ↗ auf einer Belegstelle ↗ eingesetzt werden. Zwecks Kontrolle der Reinerbigkeit einer Weisel auf Rassereinheit werden die Drohnen zur Untersuchung der Körpermerkmale ↗ herangezogen. Bei H. des Sexallels (Vererbung des Geschlechts ↗) entstehen wie bei Hemizygotie ↗ diploide Drohnenlarven.

Honig. H. ist laut deutscher Verordnung vom 21. 3. 1930 «der süße Stoff, den die Bienen erzeugen, indem sie Nektariensäfte od. auch andere, an lebenden Pflanzenteilen sich vorfindende süße Säfte aufnehmen, durch körpereigene Stoffe bereichern, in ihrem Körper verändern, in Waben aufspeichern u. dort reifen lassen». Die chemische Zusammensetzung schwankt von H. zu H. in weiten Grenzen. Sie hängt von der Herkunft des eingetragenen süßen Saftes (Blütenart, Honigtau), den Wachstumsbedingungen der Pflanzen, dem Nektarangebot u. der Stärke der Bienenvölker (Intensität der Verarbeitung zu H.) ab. H. enthält 16–22 % Wasser (bei Heideh. etwas mehr erlaubt); 70–80 % Kohlenhydrate (Honigtauh.e 50–60 %), davon 34–41 % Fructose, 28–35 % Glucose, 5–10 % Saccharose, 4–15 % Maltose, außerdem manche H.e kleinere Mengen von Melezitose u. Oligosacchariden; 7–16 freie Aminosäuren, z. B. Glycocoll, Alanin, Prolin, Phenylalanin, Glutaminsäure, Asparagin, Histidin; mehrere Enzyme, wie Saccharase (Spal-

Sensorisch zu ermittelnde Eigenschaften für charakteristische H.-Sorten (z. T. nach J. Schmidt)

Honigart	*Farbe*	*Geruch*	*Geschmack*
Obstblüte	hellgelb, gelb	lieblich	süß, zart aromatisch
Akazie	zartgelb		aromatisch mild
Löwenzahn	gelb	stark	stark ausgeprägt
Raps	hellgelb, fast farblos	ausgeprägt krautig	süß, krautig, bes. mild
Robinie	hell, hellgelb	ungenügend ausgeprägt	süß, zart aromatisch
Linde	hellbernsteinfarben, grünlich-gelb	an den Geruch von Lindenblüten erinnernd	süß, zuweilen etwas streng, lieblich
Klee	blaßgelb bis hellgoldgelb, rötlichgelb	arteigen	aromatisch zartlieblich
Honigtauh. von Blatt- u. Nadelbäumen	grünlich-braun, dunkelbraun	charakteristisches Aroma	mit leichtem, angenehmen Beigeschmack von Harz, würzig, malzähnl. nicht so süß wie Blütenh.
Heide	gelblichbraun bis rötlichbraun	stark aromatisch	stark aromatisch, würzig – schwach bitter, kräftig herb

lung von Saccharose in Glucose u. Fruktose), Amylase (Spaltung von Stärke u. Dextrinen in Maltose u. Glucose), Glucoseoxidase (Umwandlung von Glucose über Gluconolacton zu Gluconsäure unter Bildung von Wasserstoffperoxid). Weitere Enzyme bewirken den teilweisen Umbau von Glucose zu Fructose od. den Aufbau von Oligosacchariden aus Saccharose. Die Enzyme sind licht- u. wärmeempfindlich; 0,06–5 mg/kg H. Acetylcholin (Glykutilfaktor); geringe Mengen Cholin; organische Säuren, hauptsächl. Gluconsäure; 0,1–0,3 % Asche (Honigtauh.e bis 1 %). Davon 30–56 % Kalium, 3–10 % Natrium, 0,5–8 % Calcium, 0,5–2 % Magnesium, in kleinen Mengen Eisen, Mangan u. Kupfer, 3–26 % Phosphor, 1–21 % Chlor, 0,5–4 % Schwefel, 0,2–5 % Silizium; der Vitamingehalt ist gering; an geformten Bestandteilen in erster Linie Pollenkörner in unterschiedl. Menge, je nach beflogener Blüten-A u. Bestäubungsmechanismus, Wind, Pollenangebot insges. Mit Hilfe der Pollenanalyse ↗ ist die botanische u. geographische Herkunft des H.s feststellbar; außerdem finden sich im H. Hefen, Rußtaupilze, Algen, Wachspartikel u. a. Duft u. Geschmack des H.s werden von Aromastoffen bestimmt, die im wesentl. aus dem Nektar stammen, aber auch mit Hilfe von Enzymen während des Reifungsprozesses des H.s aufgebaut werden. Aromastoffe werden aus vielen Komponenten gebildet, deren Zusammenspiel zu der Vielzahl der H.-Düfte u. Geschmacksvarianten führt. H. ist als hochkonzentrierte Invertzuckerlösung hygroskopisch. Bei einer relativen Luftfeuchte von 60 % zieht der H. Feuchtigkeit u. Fremdgerüche an. Er muß deshalb stets verschlossen aufbewahrt werden. Jeder H. kandiert in einer bestimmten Zeitspanne, die abhängig ist vom Anteil der Glucose. Die Glucosekristalle (sie werden durch Rühren des H.s möglichst klein gehalten) schließen die Fructose wie in ein Gitterwerk ein. H.e mit hohem Fructosegehalt (Robinie) kandieren sehr langsam, solche mit hohem Glucosegehalt (Raps) sehr schnell. Enthält der H. Melezitose (im Honigtau von Lärchen), so kandiert er schon in der Wabe. Die Unterschiede des H.s in Farbe, Geruch, Geschmack u. Konsistenz erklären sich aus der Tracht, d. h. aus der Herkunft von der jeweiligen Blüten-A bzw. von Blatt u. Nadel beim Honigtau. Als Haupttrachten unterscheidet man in M-Europa hauptsächl. den H. von Obstblüten, Raps, Robinien, Linden, Rotklee, Wald u. Heide sowie den Honigtau von Blatt- u. Nadelbäumen. Nach der Gewinnungsart unterscheidet man Schleuderh., Scheiben- od. Wabenh., Preßh. u. Stampfh. Die bedeutendste Rolle spielt dabei der Schleuderh., der aus brutfreien Waben in H.-Schleudern entleert wird. Scheibenh. wird mit dem Wabenbau, der unbebrütet sein muß (Jungfernwachs) u. keine Mittelwand ↗ enthalten darf, gegessen. Preßh. erhielt man früher, als es noch keine Schleuder gab, durch Auspressen brutfreier Waben. Stampfh. nannte man den mit dem Wabenbau zusammen eingestampften H., der früher für die Fütterung der Bienen verwendet wurde. – Schon in den Uranfängen der Menschheitsgeschichte war der H. als einziger damals erreichbarer Süßstoff eine notwendige Ergänzung der Nahrung unserer Vorfahren. Die Kostbarkeit ergab sich daraus, daß er schwer zu finden u. zu gewinnen war, denn die Nester der Bienen befanden sich in schwer zugänglichen Felsspalten od. im oberen Stammteil hoher Bäume. Jahrhundertelang war der Genuß von H. nur bei festlichen Gelegenheiten erlaubt, zeitweilig u. in bestimmten Gegenden nur höchsten Persönlichkeiten vorbehalten od. anderswo nur für Kranke u. Säuglinge reserviert. H. war so kostbar wie Salz u. jahrhundertelang wichtiger Handelsartikel. In vielen Ländern der Erde wurden die ersten Steuern in Form von H. entrichtet. Die Gewinnung des H.s geschah unter feierlichem Zeremoniell u. war in vielen Völkern eine Geheimwissenschaft. Da die Biene als Symbol der Keuschheit verehrt wurde, galt auch der H. als göttliche Speise u. fand Eingang in viele Mythen u. Bräuche. Er spielte bei der Geburt eines Kindes, bei Hochzeitszeremonien u. im Totenkult eine große Rolle. Es haben sich auch Sagen u. Märchen um den H. gerankt. Die wichtigste Rolle spielte der H. aber in der Volksmedizin. Schon die Ärzte des Altertums heilten eine Vielzahl von Krankheiten mit H., teils in reiner Form, teils gemischt mit Kräutern u. anderen Stoffen, teils innerlich, teils auch äußerl. angewendet. Die in Jh.en gewonnenen Erfahrungen u. Erkenntnisse, die zu dieser hervorragenden Stellung des H.s geführt haben, können heute in den meisten Fällen medizinisch erklärt werden. Das Zusammenwirken versch. Inhaltsstoffe, z. T. nur in kleinen Mengen, aber guter Kombination vorhanden, macht den H. so bedeutungsvoll. Die optimale Zeit der H.-Anwendung ist in vielen Fällen die Zeit zw. voller Gesundheit u. sich anbahnender Krankheit. – H. ist durch den hohen Gehalt an Monosacchariden (Einfachzuckern), die dem Körper nahezu ohne Verdauungsarbeit zur Verfügung stehen, ein schneller

Bauernvereinsbild, auf Holz gemalt, mit buntem Rahmen. 39,5 × 27 cm. Herkunft Niederbayern

Energielieferant. Glucose ist schon wenige Minuten nach der Aufnahme im Blut nachweisbar. Fructose wird erst als Glykogen (Leberstärke) in der Leber gespeichert u. bei Bedarf in Form von Traubenzucker dem Blut zur Verfügung gestellt. Dabei werden noch andere Stoffe frei (Milchsäure, Benztraubensäure, organisches Phosphat), die die Herztätigkeit anregen. Der Einbau des Glykogens in die Leber u. die spätere Mobilisation werden durch Acetylcholin, den sog. Glykutilfaktor, gefördert, ebenso wie der Einbau von Glykogen in die Muskeln (Muskelstärke). Das Acetylcholin beeinflußt das parasympathische Nervensystem, indem es «auf Spargang schaltet». Der Blutdruck wird gesenkt, Muskelglykogen in den Herzmuskel eingebaut. Das Herz kann ruhig u. kraftvoll viel Blut in die erweiterten Gefäße pumpen. Das bewirkt bessere Durchblutung u. Versorgung aller Organe mit Sauerstoff u. Nährstoffen. Ruhe u. Entspannung ist die Folge. Glykogenmangel in der Leber führt zu einer Schädigung der Leberzellen durch Fetteinlagerung. Cholin u. Methionin, sog. lipotrope Stoffe, verhindern das. H. enthält etwas Cholin. So führt H. nicht nur der Leber den wertvollen Fruchtzucker zum Umbau in Glykogen zu, sondern hat mit dem Cholin auch eine leberschützende Wirkung. H. ist nicht nur nützlich, um bei körperlicher Beanspruchung schnell Energie zu liefern, sondern auch bedeutsam bei der Bewältigung von fieberhaften Erkrankungen, bei denen der

Darstellung aus «Die rechte Bienenkunst» von N. Jacob, 1614, Leipzig

Von nutzung der Bienen. 185

Nachdem ich die Bienen/meiſten theils herunter hobe/ſo henge ich einen Rauchkrug an die Stange/vnd treibe die vbrigen Bienen von der ſtelle/ die begeben ſich denn herunter zu den andern Bienen. Dieſes werck koſtet mühe/ aber es iſt eine luſt anzuſchawen.

Wo auch der Aſt nicht gar zu gros vnd ſchwer iſt/ daran die Bienen liegen/ ſo gehet es auch an/Wenn man

A a ein

Körper bei verminderter Verdauungstätigkeit u. Appetitlosigkeit Energie benötigt. Gleichzeitig erfolgt eine Anregung des Herzens, bessere Versorgung der Organe, Entgiftung von schädlichen Stoffwechselprodukten durch die gut mit Fructose versorgte Leber u. schließl. bis zu einem gewissen Grade auch die Bekämpfung der Bakterien selbst aufgrund der bakteriostatischen bzw. bakteriziden Wirkung des H. s. Das Enzym Glukoseoxidase, das aus den Kopfdrüsen der Bienen stammt, oxidiert ständig einen geringen Teil der Glucose bei Anwesenheit von Sauerstoff u. Wasser zu Gluconolacton, aus dem durch Hydrolyse Gluconsäure hervorgeht. Als Nebenprodukt entsteht Wasserstoffperoxid (H_2O_2), das im Moment seiner Entstehung die höchste bakterienhemmende bzw. -tötende Wirkung besitzt (Inhibinwirkung). – H. fördert durch den Gehalt an Mineralstoffen, die am Aufbau des Blutfarbstoffes beteiligt sind (Eisen, Mangan, Kobalt), die Blutbildung u. ist auch in dieser Hinsicht für die Wiederherstellung der vollen Gesundheit bedeutungsvoll. Das zuckerspaltende Enzym Saccharase, das auch in der Darmwand des Menschen produziert wird, reicht bei kranken u. älteren Menschen manchmal nicht mehr aus, aufgenommenen Rohrzucker zu spalten. H. kann diesen Prozeß erheblich unterstützen. Das Enzym wird durch die Verdauungssäfte kaum angegriffen, weil die Säurebildung ebenfalls nachläßt. Äußerl. angewendet kommt dem H. eine weitere Bedeutung zu. Glucose hat einen starken osmotischen Druck u. erzeugt deshalb im Gewebe einen lebhaften Säftestrom. Die hochkonzentrierte Invertzuckerlösung, die den H. hygroskopisch macht, zieht Gewebeflüssigkeit aus der Tiefe der Wunde u. schwemmt zugleich Schmutz, Eiter, Bakterien u. Bakteriengifte heraus. Die Bakterien werden durch das gebildete Wasserstoffperoxid zugleich ± unschädlich gemacht. Die Wirkung der H.e auf die versch. Bakterien-An ist generell unterschiedl. u. variiert auch stark bei den versch. H.-Sorten. – H. macht die Haut samtweich u. zart, er ist deshalb in vielen Schönheitsmitteln enthalten (bessere Durchblutung, reinigende u. bakterizide Wirkung). – Die hohe Zuckerkonzentration in Verbindung mit dem Vermögen, das Wachstum von Bakterien u. einigen Pilzen zu verhindern, macht H. zu einem seit Jh.en bekannten Konservierungsmittel. Mediziner in Tbilissi stellten fest, daß Knochengewebe, Sehnen, Nervenfasern u. a. für Transplantate nach Aufbewahrung in H.-Lösung komplikationslos verwachsen. Gärtner geben an, daß Steckreiser, die 24 h in einer H.-Lösung stehen, besser anwachsen als unbehandelte. Die genannten Eigenschaften des H.s, die ihn medizinisch interessant machen, dürfen nicht dazu verleiten, ihn als Allheilmittel einzuschätzen. Die Inhaltsstoffe, die allein relativ wenig bewirken können, machen in der günstigen Kombination u. Wechselwirkung den Wert des H.s aus. Die Verschiedenheit der H.e aber erschwert die exakte Einschätzung der medizinischen Wirkungen u. wiederholbare Erfolge.

Honigablagerung. Erfolgt stets in Fluglochferne hinter od. über der Brut. Zur H. übersteigen die Bienen nicht gern viele Waben; daher sind die meisten Beuten so konstruiert, daß die Honigwaben in Verlängerung der Brutwaben nach hinten od. oben angeordnet sind. In Brutwaben wird der Honig über dem Pollengürtel als Honigkranz abgelagert. Je niedriger eine Wabe ist u. je mehr sich die Brut ausdehnt, um so stärker wird der Honig in den Honigraum gedrängt. Erreicht die Brut bzw. der sie umgebende Pollengürtel die obere Rähmchenleiste, findet sich Honig nur noch in den Wabenecken. Bei guter Tracht wird der frisch eingetragene Nektar in allen freien Zellen abgelagert u. erst beim Eindicken nach u. nach in die H.s-Bereiche umgetragen (Verhonigen des Brutnests ↗).

Honigaufbewahrung. Hat so zu erfolgen, daß eine nachteilige Beeinflussung mit Sicherheit ausgeschlossen wird. Folgendes ist zu beachten:
- Honig darf nur in Gefäßen aufbewahrt werden, die von seinen Inhaltstoffen nicht angegriffen werden, z.B. Glas, Keramik, emaillierte u. verzinnte Gefäße (Weißblech), Aluminium. Ungeeignet sind Gefäße aus Zink, Eisen u. versch. Plastematerialien.
- Honig ist hygroskopisch, d.h. er hat die Eigenschaft, aus der Luft Feuchtigkeit anzuziehen. Dadurch kann sich in offenen od. nur lose abgedeckten Gefäßen an der Oberfläche eine dünne Schicht mit relativ geringem Zuckergehalt bilden, in der Mikroorganismen, z. B. Hefen, leben u. Gärung verursachen können.
- Honig zieht leicht Gerüche aus der Umgebung an. Im gleichen Raum gelagerte Anstrichmittel, Benzin u. dgl. können den Geruch u. Geschmack des Honigs beeinträchtigen.
- Bei der Auswahl der Gefäße ist zu beachten, daß der Honig im Laufe der Aufbewahrungszeit fest werden kann (Kandieren des Honigs ↗). Es müssen Gefäße gewählt werden, in denen ein Verflüssigen des Honigs ↗ möglich ist.

Honig ist also in dicht verschlossenen Gefäßen aus geeignetem Material in sauberen, trockenen, geruchfreien Räumen bei möglichst niedriger Temp., aber frostfrei, zu lagern.

Honigblase → Darmkanal.

Honigen. Es «honigt», wenn Pflanzen in Blüten od. aus extrafloralen Nektarien Nektar sezernieren od. an ihnen Honigtau in einer Menge produziert wird, daß die Bienen die eingetragenen Mengen als Vorräte speichern können.

Honigertrag → Honigleistung.

Honigfütterung. In den Ländern mit guten Honigernten, z. B. Rußland, USA, ist es heute noch z.T. üblich, Bienenvölker auf Honig zu überwintern. Das setzt allerdings voraus, daß Honigsorten zur Verfügung stehen, die nur wenig schwer- od. unverdauliche Bestandteile enthalten.

Honiggewinnung. Honig ist ein hochwertiges Lebensmittel. Alle mit der H. verbundenen Arbeiten, von der Entnahme der Honigwaben bis zum Abfüllen des geklärten, noch flüssigen od. kandierten Honigs in Verkaufsgefäße, müssen daher unter Beachtung hygienischer Forderungen erfolgen. Das bedeutet, daß alle Geräte u. Gefäße unbedingt sauber sein müssen. Der Imker u. evtl. Helfer haben saubere helle Kleidung u. eine Kopfbedeckung zu tragen, u. auch die Forderungen der persönl. Hygiene sind peinlichst einzuhalten. Die Schleuder u. alle Gefäße, auch das Auffanggefäß mit den Sieben unter dem Schleuderauslauf, sind entweder mit passenden Deckeln zu verschließen od. mit sauberen hellen Tüchern abzudecken. Der Fußboden des Schleuderraumes sollte zur Vermeidung der Staubbildung mit einem glatten Kunststoff ausgelegt sein. Vertropfter Honig ist sofort feucht aufzuwischen. Im Schleuderraum od. in unmittelbarer Nähe ist ein Wasseranschluß günstig. Der Schleuderraum sollte hell, bienendicht u. gut lüftbar sein. Fensteröffnungen müssen in jedem Fall unbedingt mit Insektengaze verschlossen sein.

Einsetzen der Wabe in die Honigschleuder

Honig, infizierter → infizierter Honig.

Honig je Hektar → Bienenweidewert.

Honigkranz → Honigablagerung.

Honigleistung. Wichtigstes Selektionskriterium ↗ in der Bienenzüchtung. Im Rahmen der Leistungsprüfung ↗ wird bei Bienenvölkern ab erstem Leistungsjahr – dem zweiten Lebensjahr der Weisel – meist als Geschwisterleistung ↗ der Ertrag an geschleudertem Bienenhonig zuzüglich des nach der letzten Honigernte in den Waben verbliebenen Vorrates ermittelt. Die Leistungsdaten werden zu bestimmten Leistungsangaben (Körformel ↗) zusammengestellt. – Die im Laufe eines Jahres von einem Bienenvolk abgeerntete Honigmenge. Die H. ist von vielen Faktoren abhängig, u. a. vom Trachtangebot; vom Entwicklungsstand des Volkes z. Z. der Trachten; davon, ob ein Volk in Schwarmstimmung gekommen ist od. nicht; von den genetisch fixierten Eigenschaften (Hüngler ↗); von den sonstigen Leistungen des Volkes, z.B. Entnahme von Brut u./od. Bienen. – Die H. ist konkret nur durch das Wiegen aller Honigwaben vor u. nach dem Schleudern zu ermitteln. Je nach der Intensität des Schleudervorgangs, der Konsistenz des Honigs u. dem Füllungsgrad der Waben verbleiben im Durchschnitt 100–200 g in jeder geschleuderten Wabe. Außerdem sind von der ermittelten Differenz der Wabengewichte je nach Verdeckelungsgrad noch 1–3 % für das Entdeckelungswachs abzuziehen.

Zentrifugieren zur Honiggewinnung

Honigpflege. Der frisch geschleuderte Honig bedarf bis zum Erreichen der Marktfähigkeit einer weiteren Behandlung. Erste Maßnahme ist das Sieben (Honigsieb ↗), d. h. das Abtrennen aller gröberen Wachsteilchen. Hierfür wird meist ein zweiteiliger Siebsatz benutzt. Um ein kontinuierliches Sieben des aus der Schleuder ablaufenden Honigs zu gewährleisten, ist es zweckmäßig, zwei Doppelsiebe wechselweise zu benutzen. Im Bedarfsfall kann zwischenzeitl. immer eines auslaufen u. gereinigt werden. Bei schnellem Arbeiten u. größerem Honiganfall sollte man die Arbeitsgänge Schleudern u. Sieben trennen. Ein leistungsfähiger Siebsatz, die Siebschleuderung od. die Schwereklärung nach Armbruster können dann zur Anwendung kommen. Das Sieben sollte sich aber auch hier dem Schleudern kurzfristig anschließen, solange der Honig noch stockwarm ist. Der gesiebte Honig bleibt nun je nach Umgebungstemp. ein bis mehrere Tage abgedeckt stehen. In dieser Zeit steigen feinste Partikel (Pollen, Wachs), die die Siebe passieren konnten, sowie Luftbläschen an die Oberfläche u. bilden hier eine ± feste Schaumschicht. Diese ist mit einem Kuchenschaber vom Rand zur Mitte zusammenzuschieben u. mit einem Löffel abzuschöpfen. Evtl. muß das Abschäumen nach einigen Tagen wiederholt werden. Nun kann der Honig entspr. der vorgesehenen Verwendung entweder gleich in Gläser od. andere Gefäße abgefüllt od. bis zum Kandieren (Kandieren des Honigs ↗) in einem dafür geeigneten Raum aufbewahrt werden (Honigaufbewahrung ↗).

Honigraum. Der Raum der Beute ↗, in dem vorwiegend der Honig gespeichert wird. Er liegt immer in Fluglochferne, entweder über od. hinter dem Brutraum ↗, u. ist von diesem durch ein Absperrgitter ↗ getrennt. Bei bienendichter Trennung vom Brutraum kann er auch zeitweilig zur Unterbringung eines Ablegers ↗ genutzt werden, wenn er ein eigenes Flugloch ↗ hat. Ober- u. Hinter/Oberbehandlungsbeuten ↗ haben meist einen abnehmbaren H., der nur während der Trachtzeit auf die Beute aufgesetzt wird. Bei Magazinbeuten ergibt sich die Funktion der einzelnen Zargen, also auch die als H., aus ihrer Stellung zueinander bzw. aus ihrer Lage zum Flugloch. Zweckmäßig ist, wenn im H. das gleiche Wabenmaß wie im Brutraum verwendet werden kann. Aber auch H.e für halbhohe Waben sind in Gebrauch u. haben ihren Vorteil, bes. für die Gewinnung des Honigs aus den frühen Trachten, wie Spitzahorn, Obst u. Löwenzahn. S. Aufzuchtverfahren.

Honigschleuder. Gerät zum Entfernen des Honigs aus den Zellen von Waben mit Hilfe der Zentrifugal- (od. Flieh-)Kraft. Drei versch. Systeme sind in Gebrauch: 1. Die gebräuchlichste Form für kleinere Bienenstände ist die Tangentialschleuder. Es gibt sie für 3–6 Waben, die in einen Schleuderkorb aus Drahtgeflecht gestellt werden. Aus der nach außen zeigenden Wabenseite fliegt der Honig bei entspr. Drehzahl durch die Maschen des Drahtkorbes an die Wand des Schleuderkessels, läuft herab u. sammelt sich auf dem Boden. Die Waben müssen immer so stehen, daß die Rähmchenunterleiste in Drehrichtung voranläuft. Der Schleudervorgang gliedert sich in drei Etappen: Die erste Wabenseite wird nur kurz bei mäßiger Drehzahl angeschleudert, dann die Wabe über eine Schmalseite gedreht u. die jetzt außen befindliche Seite mit hoher Drehzahl voll ausgeschleudert, die Wabe nochmals gedreht u. die erste Seite jetzt gänzlich ausgeschleudert. Eine Sonderform der Tangential- ist die Selbstwendeschleuder. In ihr stehen die Waben in Taschen aus Drahtgeflecht, die sich bei Änderung der Drehrichtung selbständig umwenden, wodurch das manuelle Wenden entfällt. – 2. Radialschleudern gibt es ab 12 bis etwa 50 Waben, die in Drahtbügeln mit der Rähmchen-OS nach außen, also radial angeordnet sind. Der Honig wird bei entspr. Drehzahl aus den immer etwas schräg nach oben, in der Schleuder nach außen weisenden Zellen beider Wabenseiten herausgepreßt, so daß die Waben nicht gewendet zu werden brauchen. – 3. In Radschleudern ist die Achse waagerecht angeordnet. Die Waben stehen in drei od. vier Gruppen zu mehreren hintereinander mit der Oberleiste zur Peripherie gerichtet in einem Gestell, das jeweils nur für ein Wabenmaß paßt. Die Entleerung der Zellen erfolgt in der gleichen Weise wie bei Radialschleuderung. Ein od. zwei Quetschhähne über dem Boden od. an der tiefsten Stelle des Schleuderkessels dienen zum Ablassen des Honigs. Um einen ruhigen Lauf der

Cinara nuda. Wintereier

Schleuder zu gewährleisten, d.h. ein Rütteln u. Schlagen zu vermeiden, muß man darauf achten, daß, bes. in den Typen mit geringer Wabenanzahl, die sich gegenüberstehenden Waben immer etwa gleiches Gewicht haben. Um Wabenbruch zu vermeiden, ist bei allen Typen die Drehzahl bei jedem Schleudervorgang nur langsam zu steigern. Größere Schleudern werden z.Z. durchweg, kleinere wahlweise mit Elektroantrieb hergestellt. Die meisten Typen können mit einem Elektromotor nachgerüstet werden. Eine Sonderform des Elektroantriebs ist die mit Schwachstrom aus einer Autobatterie für Wanderstände.

Honigsieb. Doppelter od. dreifacher Siebsatz versch. Größe u. Leistung mit Gaze aus verzinntem Metall in abgestufter Maschenweite. Die gebräuchlichste Form für kleinere Imkereien ist das Doppelsieb, das auf dem jeweiligen Auffanggefäß unter den Auslauf der Honigschleuder gestellt wird. Es besteht aus einem groben Ober- u. einem feineren Untersieb.

Honigtau → Honigtauabgabe → Zusammensetzung des Honigtaus.

Honigtauabgabe. Bei der H. scheiden Lachniden ↗ u. Lecanien ↗ kleine Tropfen verdauten pflanzl. Siebröhrensaftes aus dem Enddarm aus. 58 europ. Pflanzenlaus-An liefern Honigtau; 42 Species besitzen eine Filterkammer (Lachniden ↗), sie sondern zwei- bis dreimal häufiger Honigtau ab als die anderen Pflanzensauger. H. erfolgt entweder durch Abspritzen u. Abschleudern od. (seltener) Einhüllung in Wachs. Honigtau liegt dann in Tröpfchenform auf den Pflanzenteilen, wo ihn Bienen, Ameisen, Wespen, Fliegen, Käfer u. Spinnen aufnehmen; bzw. durch direkte Abnahme des allmähl. größer werdenden, z. T. auch wieder in den Enddarm zurückgezogenen, aber nach einiger Zeit wieder hervortretenden Tröpfchens vom Anus der Rindenläuse (Trophobiose ↗); od. durch Ausscheidung des Honigtaus in die von Blattläusen durch den Saugakt verursachten Pflanzenteilverformungen (Gallen). Saugen die Tiere an unterirdischen Abschnitten der Pflanze, erfolgt die H. in die Erde od. umgebende Kammern. Diese Art der H. ist für die Honigtauwaldtracht ↗ bedeutungslos. – H. erfolgt in Frequenzen. Diese sind ein Indikator für Veränderungen in der Nahrungsqualität (also in der Pflanze), der Temp., der relativen Luftfeuchte, der Luftbewegung u. teilweise auch der Nähe der A-Genossen. Die Frequenz ändert sich im Laufe der nachembryonalen Ontogenie. Ad. Cinarinen (Lachniden ↗) scheiden stündl. etwa 6–9 Honigtautropfen ab. Bei ruhigem Wetter ist die Frequenz morgens, am späten Nachmittag u. abends häufig am höchsten. Jede Species hat bei einer bestimmten Temp. u. beim Vorhandensein einer günstigen Wirtspflanze ihren bestimmten Frequenzbereich. Bei Temp.en um 25 °C verdoppelt sich die H. im Vergl. zur Frequenz bei 15 °C. Die Große Weidenrindenlaus sondert stündl. bis zu 1,9 ml Honigtau aus. Direkte Sonneneinstrahlung u. Wind mindern die Tröpfchenfrequenz, die Cinarinen weichen diesen Faktoren durch Saugplatzverlagerung aus.

Honigtauerzeuger. Eine große Zahl auf Pflanzen saugender Insekten sind H. Bei diesen handelt es sich um einige Blattflöhe (Psyllina), Schildläuse (Coccina) mit den so wichtigen Lecanien ↗ u. einen Teil der Blattläuse (Aphidina). Zu diesen gehören u. a. die

Honigtau aufleckende Honigbiene

Lachniden ↗ (Lachnidae), aber auch einige Borstenläuse (Chaitophoridae), Zierläuse (Callaphididae), Röhrenläuse (Aphididae), Maskenläuse (Thelaxidae) u. Blasenläuse (Pemphigidae). In Bernsteineinschlüssen sind häufig Vertreter der obengenannten H.-Fn zu finden (z.B. *Antiquaphis* spec., *Germanraphis* spec., *Oligocallis* spec., *Electrocallis* spec., *Palaeosiphon* spec.), so daß auch im «Bernsteinwald» Honigtau anfiel u. zahlreichen Insekten als Nahrung diente.

Honigtauintoxikation. Vergiftungen durch Honigtau ↗, können durch Inhaltsstoffe des Honigtaus (Dextrine), Mehrfachzucker, Mineralsalze verursacht werden. Im Honigtau versch. Pflanzen sind bienenschädigende Toxine enthalten. Honigtau kann aber auch durch staubförmige Schadstoffe, wie Arsentrioxid ↗, kontaminiert werden. Kontaminierter Honigtau führt ebenfalls zu Toxikosen.

Honigtauwaldtracht. Exakte Bezeichnung für jenen Teil der Waldtracht ↗, der seine Grundlage in der Honigtauabgabe ↗ der Honigtauerzeuger ↗ hat. H. ist der ergiebigste Teil der Waldtracht, dem die Pollen- u. Nektartracht des Waldes als entscheidender u. unbedingt notwendiger Eiweißspender gegenübersteht. Ein Hektar Fichtenwald kann jährl. bis zu 700 kg Honigtau liefern. Eine mit *Physokermes piceae* SCHRANK (Quirlschildläuse ↗) stark besetzte 70- bis 80jährige Fichte liefert pro Tag 55–70 g, pro Monat etwa 1,5–1,7 kg u. während einer max. zweimonatigen Saison 2,5–2,8 kg Zuckertrockensubstanz aus Honigtau. Auf einer 100jährigen Kiefer mit starkem Lachnidenbesatz fallen stündl. bis zu 4 g, tägl. etwa 100 g u. pro Monat bis zu 2,8 kg Zuckertrockensubstanz an Honigtau an, während der Zeitspanne vom Frühjahr bis zum Herbst beträgt die Menge etwa 20 kg (Angaben nach KLOFT, 1978). So ist H. für das Bienenvolk eine Verschleißtracht. Daher ist nach dem Erlöschen der H. unbedingt eine Pollen od. Nektar liefernde Trachtquelle aufzusuchen bzw. eine entspr. Fütterung vorzunehmen. Nur so wird die zurückgegangene Brut aufgefrischt. Für die H. wichtige Lachniden ↗-An u. Lecanien ↗: 1. Honigtau der in den dies- u. vorjährigen Trieben saugenden An ist für Bienen am leichtesten zugängl. Es sind auf Tanne *Cinara pectinatae* (NÖRDL.), auf Fichte *Cinara pilicornis* (HARTIG), *C. viridescens* (CHOLODK.), auf Kiefer *C. pinea* (MORDV.) u. auf Lärche *C. cuneomaculata* (DEL SUERICO). Je nach Standort sind bis zu 90% der Kiefern u. Fichten mit *C. pilicornis* (HARTIG) u. *C. pinea* (MORDV.) befallen. Spitzenerträge von 80 kg Honigtauhonig je Volk haben im Honigtau dieser Fichten- u. Tannenlachniden zu einem großen Teil ihre Grundlage. 2. Große Kolonien bildende Fichtenlachniden u. Kiefernlachniden sind am Waldrand, am oberen Baumdrittel des Hochwaldes sowie in Schonungen von imkerischer Bedeutung. Der von diesen Lachniden im dunkleren mittl. u. unteren Stamm- bzw. Astbereich des Hochwaldes abgeschiedene Honigtau wird von Bienen nicht so intensiv angeflogen. 3. *Physokermes hemicryphus* DALM. (Kleine Fichtenquirlschildlaus), beste u. sicherste Honigtaulieferantin der beiden Lecanien. Sie ist vielerorts sehr stark an hohen Waldhonigerträgen (80 kg/Volk) beteiligt. 4. Lärchenlachniden u. *Cinara costata* (ZETT.) liefern häufig stark melezitosehaltigen, schnell kandierenden u. nicht mehr schleuderbaren Waldhonig. Dieser kann nur gewonnen werden, wenn beim Einsetzen einer derartigen Tracht aller 48 h geschleudert wird u. die Waben in feuchte Tücher gehüllt wurden. Örtl. werden von Eichenlachniden sowie von Zier- u. Rindenläusen an Ahorn, Linde u. Rotbuche größere Honigtaumengen abgeschieden. – Da H. eine Verschleißtracht ist, sind starke Bienenvölker Voraussetzung. Nach deren Erlöschen ist Pollen- u. Nektartracht zu ermöglichen bzw. Kraftfutter anzubieten. Außerdem ist ein guter physiologischer Zustand (kein Wassermangel) der Nadel- u. Laubbäume erforderlich, denn das dadurch günstige Angebot von Kohlenhydraten, Aminosäuren, Vitaminen, ATP, Kalium, Calcium u. a. gewährleistet gerade im Frühling eine optimale Lachnidenentwicklung. Steigender Kohlenhydratanteil im Phloemsaft (Phloemsaftzusammensetzung ↗) verursacht u. a. Ausbildung geflügelter Formen, sommerl. Unruhe, Verringerung der Nachkommenschaft u. abnehmende Besiedlungsdichte. Entwicklungsstop, Geburtenverzögerung u. Veränderungen in der Honigtauzusammensetzung ↗ werden durch hitzebedingten absinkenden Stickstoffgehalt des Phloemsaftes, veränderte Photosyntheseleistungen bei Temp.-Stürzen von 7–9 °C u. durch Regen hervorgerufene Verminderungen des Zuckergehaltes ausgelöst. Der unter diesen Bedingungen zwar weiter abgeschiedene Honigtau wird von Bienen nicht eingesammelt. Erst nach zweitägiger Stabilisierung der Phloemsaft- u. Honigtauzusammensetzung wird Honigtau eingetragen. Des weiteren sichert eine optimale Eiablage gute Cinarinen-Bestände im kommenden Frühjahr. Warme u. trockene September u. Oktober begünstigen ♂♂-Bildung, Kopulation u. langanhaltende Eiablage. Nässe u. andauernder früher Frost bewirken ein frühes Ende der Eiablage. Weitere H.-Voraussetzungen sind keine langanhaltenden Frostperioden u. Vereisungen nach dem Schlüpfen der Fundatrices (Lachnidenentwicklung ↗). Entspr. der Lachnidenentwicklung müssen zw. Ende Mai u. Mitte Juli mehrere Lachnidengenerationen an Fichte, Kiefer u. Lärche zusammen vorkommen bzw. muß eine große Menge *Cinara pectinatae* (NÖRDL.) im Juli an den Tannen saugen. Tritt dieses Erscheinungsbild an der Fichte u. Kiefer erst Ende Juli/Anfang August auf, kann mit einer Spättracht gerechnet werden; Tageshöchst Temp.en zwischen 16 u. 28 °C, Temp.-Intervalle von 12 °C u. mehr zwischen Tag u. Nacht sowie ausreichende Taubildung in den Morgenstunden sind honigtauträchtige Tage. Bei Temp.en um 25 °C verdoppelt sich die Honigtauabgabe. Heiße Tage mit O- od. NO-Winden sind vielerorts keine Trachttage, abgeschiedener Honigtau trocknet rascher ein. Niedrige relative Luftfeuchte führt bei Lecanien ↗ u. Lachniden ↗ zum schnellen Eintrocknen des Honigtaus. Nach einem leichten Regen od. ansteigender relativer Luftfeuchte kann bereits abgeschiedener Honigtau wieder eingesammelt werden (bes. bei Lecanien). Regen u. Gewitter unterbrechen die H. Entspr. ihrer physiologischen Wirkung auf die Bäume lösen sie Wanderungen der Lachniden an andere Saugorte aus. *Cinara*-An werden durch Regen nicht od. nur in geringem Maße zahlenmäßig beeinträchtigt. Gewittergüsse u. Hagel können bei beweglicheren Ad. stärkere Verluste hervorrufen als bei den seßhaften Larven. Tagelang währender Wasserstau in diesjährigen Trieben führt teilweise zum Ersticken von *Cinara pilicornis* (HARTIG) u. *Cinara pinea* (MORDV.). Etwa 48 h nach einem Gewitter od. nach einer Regenperiode wird Honigtau wieder von Bienen eingetragen. Anhaltende hohe relative Luftfeuchte u. Niederschläge zum Zeitpunkt des Ausbrechens der Lecanien-L_1 (Lecanienentwicklung ↗) aus den mütterlichen Brutblasen verhindern die Verbr. der Junglarven durch Verschluß des Analspaltes, wodurch die Aussichten auf eine ergiebige Lecanientracht im Folgejahr geschmälert werden. Ruhiges Wetter beim Wandern der Lecanien-L_1 u. beim V_2-Ausbreitungsflug der Lachniden ↗ ist eine weitere Voraussetzung für H. Starke Winde verursachen hohe Verluste. – Zur Wanderplatzwahl bei Nutzung der H. sollten Wanderimker bei Beginn des Wiesenschnittes im Flachland die Wälder der Gebirge anwandern, wobei ameisenreiche Wälder die meisten Lachniden-An beherbergen. Mittl. Hanglagen sind gute Standorte: In den Morgenstunden fliegen die Bienen in die von der Sonne bereits beschienenen Bäume, mit fortschreitendem Eintrocknen des Honigtaus orientieren sich die Bienen auf tiefere Lagen, um den dort noch flüssigen Honigtau zu sammeln. Direkte Kammlagen u. kühle Täler sind als Wanderplätze im allgemeinen ungeeignet. Waldrandstände bringen i. d. R. höhere Erträge. Im Kiefern- u. Fichtenwald können dort beim Vorhandensein von Roten Waldameisen ↗ die Erträge bis zu 58% höher sein als an ameisenfreien Standorten, weil sowohl der Honigtau der vom Ameisenbesuch abhängigen als auch der in den Jungtrieben saugenden Lachniden von den Bienen eingesammelt wird. Im Waldesinneren fällt ebenfalls Honigtau an, doch wird hier vorzugsweise der Wipfelbereich von den Bienen beflogen. Fichten mit dünnen Zweigen, mit jahreszeitl. frühem Austreiben des Maiwuchses, mit feiner zum Teil rötlicher Borke, mit einem feuchten Standort, mit einem Standort auf saurem Untergrund u. mit Ameisenbelauf weisen oft einen starken Lecanienbesatz auf (PECHHACKER 1984). Im Sommer od. Herbst bei Befallskontrollen ermittelte Fichtenbestände mit einem bereits im unteren Astbereich reichl. Besatz an noch honigenden od. abgestorbenen Quirlschildlaus-♀♀ bleiben auch in den Folgejahren immer stärker von diesen Pflanzensaugern befallen als Nachbargegenden u. stellen gute Trachtstandorte dar. Warme Talhänge mit kleinen Bächen u. hoher relativer Luftfeuchte bzw. Flachlandgebiete mit Teichen, Tümpeln u. der Tendenz zur Morgennebelbildung sind gute Wanderplätze. Empfehlenswert ist es, die Völker so aufzustellen, daß die Fluglöcher in den Nachmittagsstunden beschattet sind; jedoch nicht unter Hochspannungsleitungen. An einem Kleinstandort stehen am besten 15 Völker. Wenn der Wald honigt, finden bei gleichmäßiger Verteilung bis zu 100 Bienenvölker je 100 ha ausreichend Nahrung. Völkermassierungen sind zu vermeiden. An einem günstigen Standort, gekoppelt mit guten Entwicklungsbedingungen u. gutem Besatz von Honigtaulieferanten, sind in guten Honigtaujahren Tageszunahmen von 6,5–8,5 kg u. Spitzenerträge von 80 kg/Volk durch Nutzung des Honigtaus von Lachniden u. Lecanien möglich. Die Förderung der H. erfolgt durch *Wintereiverpflanzungen:* Im März kleine, mit Wintereiern stark belegte Zweigabschnitte auf unbesiedelte Bäume binden. Die Stammütter laufen über. Vorsicht an Schnittflächen, Harzausscheidungen durch Folieauflagen verhindern. Ein Umsiedeln mit Lachnidenkolonien stark besiedelter Äste im Mai ist nicht effektiv. *Duftlenkung:* Die Biene als Farbinsekt fliegt vielfach trotz des Honigtauangebotes bereits verblühende Himbeersträucher u. Robinien an. Beim Verblühen dieser Nektarspender lege man abends Maitriebe mit Honigtau od. mit heißem Zukkerwasser überbrühte Maitriebe vor das Flugloch od. in die Beute. Auch kann durch das Aufstellen von Futterschälchen mit Maitrieben u. Zuckerlösung vor dem Wanderstand u. ein allmähl. Weiterrücken der Köderstelle eine Orientierung in den Wald erfolgen. *Künstliche Ameisenvermehrung:* Die Besatzdichte bestimmter Lachniden-An kann durch künstl. Vermehrung der Roten Waldameise erhöht werden. Ameisenreiche Standorte bringen durchschnittl. 42–58% mehr Honig als ameisenfreie Wälder, was auf die erhöhte Anwesenheit ameisenabhängiger, am Stamm u. an den Ästen saugender Kiefern- u. Fichtenlachniden sowie Lecanien zurückzuführen ist. Gerade in schlechten Trachtjahren zeigt sich oft die Überlegenheit ameisenreicher Wälder. Ameisen kann man von den Bienenständen durch einen dünnen Anstrich der Basis mit technischem Nelkenöl fernhalten, auch Altöl, Bittermandelöl od. die Verwendung von Raupenleim haben sich bewährt. Auf einem Betonsockel stehende Bienenhäuser, die von einer mit Altöl gefüllten u. abgedeckten Betonrinne (Bienenschutz) umgeben sind, bieten den Ameisen nur wenig Einschlupfmöglichkeiten. Einen guten Schutz bietet auch ein Graben, in den ab u. zu Kalk gestreut wird. An *Pinus silvestris* L. kommen als Honigtaulieferanten vor: *Cinara maculata* (GAVRILOVA), an dies- u. vorjährigen Trieben; *Cinara pinihabitans* (MORDV.) an Ast-USn; *Cinara piniphila* (RATZEBURG), an der Nadelbasis junger Triebe; *Cinara hyperophila* (KOCH), an der Ast-US. Das Auftreten ist nicht massenhaft u. nur sehr lokal von Bedeutung. Lachniden der Schwarzkiefer, *Pinus nigra* ARNOLD: *Cinara brauni* BÖRNER, Gelbbraune Gepanzerte Schwarzkiefernrindenlaus. 3–3,8 mm; Hinterhälfte des Abdomens ungeflügelter Ad. dorsal pigmentiert u. stark braun- bis schwarzglänzend; Vorderhälfte matt; in dies- u. vorjährigen Trieben; Koloniegröße 100–200 Tiere; mit u. ohne Ameisenbesuch. *Cinara schimitscheki* BÖRNER, Dunkle Schwarzkiefernrindenlaus. 3,5–4,6 mm; zwischen Muskelplatten zahlreiche sehr kleine dunkle Skleritplatten, jeweils mit einer Borste; im Mai u. Juni vielfach einzeln an der Basis der Triebe, später an Ast-USn, gelegentl. am Stamm; mit u. ohne Ameisenbesuch. *Cinara acutirostris* HILLE RISS LAMBERS, Gescheckte Schwarzkiefernrindenlaus. 3,2–4,1 mm; bronzefarben mit deutl. Wachsfleckenmuster; im Frühjahr kurzzeitig in dies- u. vorjährigen Trieben, sonst an der Ast-US, im Sommer an Wurzeln bzw. unterirdischen Stammteilen; Koloniegröße 200–300 Tiere; mit u. ohne Ameisenbesuch. Lachniden anderer Kiefern-An: Latsche, *Pinus mugo* TURRA: *Cinara pinea* (MORDV.), Große Braune Kiefernrindenlaus. – *Cinara neubergi* (ARNHARDT), Neuberger Latschenrindenlaus. Große Ähnlichkeit mit *C. pinea;* 3,9–4,6 mm; an zwei- u. mehrjährigen Trieben, oft in Bodennähe große Kolonien bildend; geflügelte ♂♂; mit u. ohne Ameisenbesuch. – Zirbe, *Pinus cembra* L.: *Cinara cembrae* (CHOLODK.), Dunkle Zirbenrindenlaus. 4,0–4,5 mm; bräunl. bis braun; Kopf, Brust u. Siphonen schwarzbraun; Hinterleib schwach weißl., bewachst; Koloniegröße bis zu 300 Tiere, am Übergang zwischen benadelter u. unbenadelter Astzone saugend; ♂♂ geflügelt u. ungeflügelt; starker Ameisenbesuch. Die imkerische Bedeutung der an den Nadeln saugenden Kienläuse (G *Protolachnus, Schizolachnus*) auf Kiefern-An ist noch umstritten.

Weitere teilweise bedeutende Honigtaulieferanten an Eiche *Quercus* spec.: *Tuberculoides annulatus* HARTIG, *T. quercus* (KALT.), Eichenzierläuse. Schlank, blaßgelb bis dunkelgrün, an Blatt-US. – *Thelaxes dryophila* (SCHRANK.), Eichenmaskenlaus. Kopf u. Prothoraxrükken verwachsen, rotbraun; an Triebspitzen, Blattstielen, Fruchtstielen, z. T. Blattrippen. – *Kermes quercus* L., Eichenstammschildlaus; – *Eulecanium rufulum* (CKLL.), Eichennapfschildlaus.

Einige Honigtaulieferanten anderer Laubbäume: Ahorn, *Acer* spec.: *Drepanosiphum* spec., Ahornzierläuse. An Blatt-US, lange Siphonen, Fühler länger als Körper. – Linde, *Tilia* spec.: *Eucallipterus tiliae* (L.), Lindenzierlaus. An Blatt-US von *Tilia platyphyllos* SCOP. u. *T. cordata* MILL.; zitronengelb mit brauner Rükkenzeichnung. – Rotbuche, *Fagus silvatica* L.: *Schizodryobius pallipes* HARTIG, Buchenrindenlaus. Bis 4,5 mm; dunkelbraun bis schwarz, glänzend; an älterem Holz, bis in die Baumkronen, auch in Rindenrissen.

Honigvorrat → Futtervorrat.

Honigwabe. Brutfreie, ± mit Honig gefüllte Wabe. Eine Normalmaßwabe kann etwa 2–2,5 kg Honig beinhalten. Die Menge Honig, die eine Wabe enthalten kann, ist außer von ihrer Größe davon abhängig, ob die Zellen, meist im oberen Drittel der Wabe, od. bei etwas größerem Wabenabstand länger als normal ausgezogen worden sind. Bei Platzmangel können die Bienen die Wabenabstände bis auf 5 mm verringern.

Honigzuckerteig → Futterteig.

Hopfenklee → *Medicago lupulina* → Leguminosae.

Horizontalwabe → Zuchtstoff.

Hormone. Ein vielzelliger Organismus benötigt zur Aufrechterhaltung eines sinnvollen Zusammenspiels der einzelnen, hoch differenzierten Körperzellen eine Vielzahl von Signalen – meist sind sie nervöser, immer aber auch stofflicher Natur. Ferner stehen ihm selbstregelnde Systeme, Gegenspieler u. signallöschende Techniken zur Verfügung, um ein sonst unvermeidliches Chaos in der Signalübermittlung u. damit im Gesamtstoffwechsel zu vermeiden. Aus diesem großen Gebiet der Endokrinologie soll auf ein für das Verständnis der H.-Wirkung wichtiges Grundprinzip bes. hingewiesen werden. Es gilt sowohl für den Menschen u. die Säugetiere als für die Insekten (Insektenhormone ↗, Kastenentwicklung ↗, Juvenilhormon ↗, Verpuppungshormon ↗). – Die H. lösen ihre spezifische Wirkung auf das Zielorgan erst nach Bindung an ein spezifisches Eiweiß (Rezeptor, hormonbindendes Protein) aus. Diese als «Schlösser» wirkenden Bindungsproteine entscheiden über die Organspezifität eines H.s, welches nur als «Schlüssel» wirkt. Solche H.-Rezeptoren finden sich in der Zellmembran, wo sie Stofftransporte beeinflussen, auf den Chromosomen, wo sie die Synthese von Nucleinsäure (RNA) kontrollieren, u. als Komponenten von Signalverstärkern, in denen sie die Synthese eines weiteren chemischen Signals (second messenger) starten. Durch die Bindung des H.s entsteht ein Komplex, der eine Tendenz zur Dissoziation hat. Die Menge gebundenen H.s wird über den Titer nur wenig beeinflußt, solange sich die Rezeptormenge nicht ändert, welche damit eine für die H.-Wirkung dominierende Funktion erhält. Für die Halbsättigung des H.-Rezeptorkomplexes genügt meist eine H.-Konzentration von wenigen Picomol im Milliliter Blut. Freie H.-Mengen sind also in einem Organismus gering. Die meisten H. zirkulieren im Blut eines erwachsenen Menschen in Mengen von wenigen Millionstel Gramm. Die H.-Konzentration wird über Synthese, Abbau. u. Ausscheidung geregelt.

Hormone u. Kohlenhydratstoffwechsel. Arbeiten von Bounias (1979) erbrachten den Nachweis, daß die im Zuckerstoffwechsel der Säugetiere wirksam werdenden Hormone, wie Insulin u. Glukagon, ebenfalls u. in gleicher Weise bei der Biene wirksam werden. Das Insulin z. B. ruft 1½ h nach der Injektion einen Fall der Trehalosaemie von 60 % hervor, die Glukose ebenfalls. Kramer u. Mitarbeiter haben aus dem Blut der Biene Körper isoliert, deren Wirkung der des Insulins ähnelt.

Hornisse. *Vespa crabro*, aus der F der Vespidae (Soziale Faltenwespen). Außenschädling, 3 cm, gelb u. rotbraun gefärbt, Kopf rötlich. H. verursacht bei stärkerem Auftreten hohe Bienenverluste. Fängt Bienen beim Blütenbesuch u. am Flugloch ab; dringt auch in Beuten ein, dadurch entsteht Unruhe im Bienenvolk.

Hornklee → Gemeiner Hornklee → Leguminosae.

Hornkraut → Filziges Hornkraut.

Höselhäuschen. Die im Handel angebotenen H. erfüllen für wenig Völker ihren Zweck vollauf. Die Anzahl höselnder Bienen kann bei einem größeren Stand aber so hoch werden, daß sie sich gegenseitig behindern. Gute Dienste leistet dann eine Wanne od. Kiste mit einer Grundfläche von etwa 30 × 30 cm bis 40 × 40 cm, 20–25 cm hoch, mit einem Wind, Regen u. Bienenkot abhaltenden schrägen Aufsatz, dessen offene Seite nach S gerichtet ist. Der Pollenersatz wird auf dem Boden zu einem Kegel geformt, von dessen schräger Fläche die Bienen ihn aufnehmen. Grobe Bestandteile sammeln sich auf dem Boden u. können entfernt werden. Das H. sollte etwa 5–10 m vom Bienenstand entfernt, sonnig u. windgeschützt aufgestellt werden. Zum Anlocken der Bienen in den ersten Tagen ein od. zwei Waben mit Futterresten einstellen.

Hruschka, Franz Edler von. Geb. 12. 3. 1819 in Wien, gest. 9. 5. 1888 in Venedig. Aktiver Offizier. Ab 1857 Platzmajor von Legnago bei Venedig, ab 1865 im Ruhestand in Dolo bei Venedig. Probierte viele Beuten u. Betriebsweisen aus, imkerte mit etwa 300 Völkern im 400fächerigen Pavillon mit Ständerbeuten mit drei u. vier Etagen zu je zehn Waben. Mobilbetrieb mit Stäbchen (Rähmchen abgelehnt). Schnitt zur Honiggewinnung die Zellen bis an die Mittelwand ab u. ließ den Honig abtropfen. Erfand die Honigschleuder, ursprüngl., um aus billigem Honig begehrten (teuren) Zucker mit Hilfe der in Zuckerfabriken verwendeten Zentrifugalkraft zu gewinnen. Die Honigschleuder wurde 1865 auf der 14. Wanderversammlung ↗ in Brünn vorgeführt, wo sie begeisterte Aufnahme fand. Betrieb umfangreiche Weiselzucht, experimentierte mit künstl. Besamung, erfand Zerstäuber (Zuckerwasser mit Pfefferminze) zum Zusetzen der Weiseln. Wog dreimal tägl. zwei besetzte Beuten, um Volksentwicklung u. Winterzehrung beurteilen zu können. Besaß eine umfangreiche Fachbibliothek. Schrieb zahlreiche Beiträge in der «Nördlinger Bienenzeitung».

Huber, François. Geb. 2. 7. 1750 in Genf, gest. 22. 12. 1832 in Lausanne. Erblindete als Jüngling. Experimentierte durch kluge Versuchsanordnung mit Hilfe seiner Frau u. seines Dieners Burnes. Die Rähmchenschenkel bildeten zusammengeschoben die Wände seiner Beute, der «Rahmenbude». Bestätigte die Beobachtungen von Swammerdam ↗ u. Schirach ↗, daß Weiseln aus Arbeiterinneneiern entstehen, widerlegte die Theorie, daß die Weisel im Stock begattet wird u. daß Arbeitsbienen geschlechtslos sind, war wahrscheinl. der erste, der das Umlarven für möglich hielt u. es durchführen ließ. Hauptwerk: «Neue Beobachtungen über die Bienen» (Briefe an Ch. Bonnet).

Hufeisenklee, *Hippocrepis comosa* → Leguminosae.

Huflattich → *Tussilago farfara* → Compositae.

Hühnerdarm → *Stellaria media.*

Hüllbienen → Bienentraube.

Hülsenfrüchtler → Leguminosae.

Hülsengewächse → Leguminosae.

Hummel. Bes. *Bombus terrestris* (Erdhummel) aus der F der Apidae (Bienen). Innenschädling ↗, Honignäscher. H. bringt Unruhe ins Bienenvolk.

Hundsrose → *Rosa canina.*

Hundszunge → *Cynoglossum officinale* → Boraginaceae.

Hüngler. Ein Bienenvolk mit Eigenschaften, die in der Vergangenheit oft als anzustrebendes Zuchtziel angesehen wurden. Völker dieses Typs haben ein verhältnismäßig kleines Brutnest, somit auch eine geringe Volkstärke ↗ u. wenig Futterverbrauch, aber großen Sammeleifer. Der Schwarmtrieb läßt sich leicht unterdrücken. Den Gegensatz zum H. stellen Völker des Brütertyps od. sog. Fleischvölker dar. Sie erzeugen viel Brut, benötigen daher viel Platz, können aber bei guter Tracht hohe Erträge bringen; sie haben aber auch einen großen Eigenverbrauch.

Hüpfer → Flügellähme → Krabbler.

Hürdenrahmen → Verschulen.

Hüttenrauch. Ältere Bezeichnung für arsenhaltige Industrieemissionen.

Hybrid. Nachkomme aus zwei od. mehreren Inzuchtlinien, Zuchtlinien ↗, Populationen ↗ od. Rassen ↗, die nach Möglichkeit auf Kombinationseignung gezüchtet sind. Die Kreuzung ↗ von Individuen mit getesteter Kombinationseignung wird als Hybridisation bezeichnet. Sie dient der Erzeugung einer heterozygoten Nachkommenschaft mit Leistungsüberlegenheit über dem Mittelwert der Eltern. Diese Leistungsüberlegenheit der H.en, der H.-Effekt, beruht auf der Kombination der additiv-genetischen Wirkung (gleichsinnig-additive Genwirkung ↗) u. der Heterosis ↗. Die H.-Züchtung hat neben der Ausnutzung der additiven genetischen Wirkung bes. die Erzeugung u. reproduzierbare Ausnutzung der nicht additiven Genwirkungen zum Ziele.

Hydrophyllaceae, Wasserblattgewächse. Die F umfaßt 18–20 Gn mit ca. 270 An. Vor allem im we. N-Amerika verbr., vereinzelte An in Afrika, Asien u. auf Hawaii. Meist ein- u. mehrjährige Kräuter, selten Halbsträucher od. Sträucher. Die zwittrigen, fünfzähligen Blüten haben eine strahlige, rad-, glocken- od. trichterförmige Krone. Das Nektarium liegt am Blütenboden ringförmig um den oberständigen, zweifächrigen Fruchtknoten. Die größte G dieser F ist Büschelschön od. Phacelie, *Phacelia*, mit ca. 130 An, vor allem aus den W-Staaten der USA, mit allein 50–60 An in Kalifornien. Einige An sind in europ. Gärten anzutreffen, für Einfassungen od. Rabatten geeignet. Weiße bis blaue Blüten. *Phacelia tanacetifolia* ↗ ist eine sehr gute Bienenweide u. wird auch außerhalb Amerikas als Futterpflanze kultiviert. Die Nektarsekretion beträgt bei *P. tanacetifolia* je Blüte in 24 h 1,59 mg, die Zuckerkonzentration des Nektars 28,3 %, der Zuckerwert liegt bei 0,42 mg. Die Pollenproduktion wird auf 0,65 mg je Blüte geschätzt, wobei sich die Pollendarbietung über den ganzen Tag verteilt. *Phacelia*-Pollen ist häufig im amerik. Honig festzustellen, auch aus Ungarn u. der DDR, wurde aber meist auf der Stufe des Einzelpollens gemeldet.

Hygiene am Bienenstand. Bei der Arbeit auf dem Bienenstand müssen jederzeit allgemeine hygienische

Wanderwagen im Raps

Grundsätze zur Vorbeuge gegen Bienenkrankheiten ↗ eingehalten werden u. Sauberkeit u. Ordnung herrschen. Auf dem Bienenstand müssen Wasser, Seife, Handtuch, Arbeitsschutzmittel, Arbeitskleidung, Handschuhe, Imkerschleier, Rauch- u. Sprühgeräte sowie Verbandszeug vorhanden sein. Leere Bienenwohnungen, deren Teile, Futtergeschirre, Begattungskästchen u. alle Gerätschaften sind gründlich zu reinigen u. zu desinfizieren. Der Bienenstand ist hygienisch einwandfrei zu führen, um einer Entstehung u. Verbr. von Bienenkrankheiten vorzubeugen. Bienengesundheitsdienst ↗. Gesundheitspaß ↗.

Hygieneordnung → Hygiene am Bienenstand → Bienengesundheitsdienst.

Hygrorezeptoren. Bei den Insekten sind zwei Arten von H. bekannt, die sich durch funktionale Eigenschaften unterscheiden, Feuchtigkeitsrezeptoren u. Trockenheitsrezeptoren. Erstere reagieren durch Ansteigen der elektrischen Aktivität auf die Erhöhung der Wasserdampfkonzentration in der Luft. Bei den Trockenheitsrezeptoren ruft die Senkung der Luftfeuchtigkeit dieselbe Reaktion hervor. Die zwei Arten von H. gestatten die Informationsübergabe nicht nur über die Änderung der relativen Luftfeuchtigkeit, sondern auch über die Richtung der Änderung. Die Rolle der H. der Biene erfüllen Grubenkegel- u. Sinnesflaschensensillen, die äußerl. den Thermorezeptoren ähnl. sind. Ebenso wie diese liegen die H. auf den ersten acht Antennengliedern, u. ihre Anzahl verringert sich von den distalen zu den proximalen Gliedern. Unlängst wurden Grubenkopfsensillen beschrieben. Ihr Cuticularteil ist ein pilzförmiger Vorsprung (ohne Poren), der in eine Vertiefung der Körperhülle eingesenkt ist. In jeder solchen Sensille befinden sich drei bis vier sensible Zellen. Die peripheren Fortsätze dreier von ihnen sind nicht verästelt, sie treten in Form von Cilien aus den Mikroröhrchen in den Cuticularteil der Sensille ein. Die minimale Änderung des Niveaus der relativen Feuchtigkeit, die die Bienen in

Experimenten wahrnehmen, beträgt ungefähr 8 %. Mit Hilfe der H. finden die Arbeitsbienen Wasser (wahrscheinl. nach dem Feuchtigkeitsgradienten) u. kontrollieren das Feuchtigkeitsniveau im Bienenstock.

Hypericum maculatum CRANTZ., Geflecktes Johanniskraut, Kanten-Hartheu. A der G *Hypericum* der F der Guttiferae. Weltweit. Auf Bergwiesen, feuchten u. nassen Wiesen. Meist zerstreut vorkommend. 15–40 cm große Pflanze, ausdauernd. Blüht von Juni bis September. Gelbe Blüten in trugdoldiger Traube. Bevorzugt leicht saure u. feuchte Böden. Nektarlose Pollenblume. Vermehrte Befunde in norwegischen Honigen gemeldet.

Hypericum perforatum L., Johanniskraut, Tüpfel-Hartheu. A der G *Hypericum* – mit etwa 35 An vorwiegend im Himalaja u. im Mittelmeergebiet vertreten u. in den Tropen u. Subtropen vor allem in höheren Berglagen, auch in gemäßigten Breiten – der F der Guttiferae. In Europa häufigste A der G, durch den Menschen weltweit verbr. Von der Ebene bis in die subalpine Zone. Auf Kahlschlägen u. an Waldrändern, in Laub- u. Mischwäldern, Nadelforsten, auf mageren Wiesen, Heiden, Halbtrockenrasen, auch an Ufern u. Mooren. Meist 30–60 cm große Pflanze, ausdauernd. Blüht Juni bis Oktober. Die goldgelben Blüten stehen in einer Doldenrispe zusammen. Bevorzugt trockenen, sonnigen Standort. Auf verschiedenartigen Böden. Pollenspender, von den Bienen nur wenig beflogen, besitzt keine Nektarien. Die Pollendarbietung findet vormittags statt.

Johanniskraut

Hyphen. Pilzfäden der Schimmelpilze *Ascosphaera* ↗ u. *Aspergillus* ↗. H. bilden das Mycel ↗ der Pilze.

Hypopharynx → Mundwerkzeuge.

Hypopharynxdrüsen, Futtersaftdrüsen. Bestehen aus einem Paar im Kopf der Arbeitsbiene vor u. über dem Gehirn gelegener, mehrfach gewundener Schläuche, die mit rundlichen Drüsensäckchen besetzt sind. Der Weisel u. den Drohnen fehlen die H. Jeder der beiden Drüsenschläuche ist ungefähr 16 mm lang. Zw. den nebeneinander angeordneten Drüsensäckchen befinden sich deutl. Zwischenräume. Die einzelnen Drüsensäckchen setzen sich aus dichtgelagerten Zellen zusammen, von denen feine Kanäle abgehen. Zu einem gebündelten Strang vereinigt münden sie in cuticularisierte Sammelkanäle, die Längsachsen der schlauchförmigen H. Diese Längskanäle nehmen den in den Drüsenzellen produzierten Futtersaft auf u. leiten ihn im Bereich des Hypopharynx (Mundwerkzeuge ↗) in den Schlund der Biene. Die Drüsenstruktur verändert sich während der Imaginalentwicklung. Bei frisch geschlüpften Arbeiterinnen sind die Drüsensäckchen noch klein u. die einzelnen Zellen mit dichtem Zytoplasma angefüllt. Doch schon nach wenigen Tagen reichern sich in den Drüsenzellen Sekretvacuolen an, die auf eine Futtersaftproduktion schließen lassen. Kommen die Arbeiterinnen in das Baubienenalter, bilden sich die H. wieder zurück, können aber auch bei älteren Bienen noch einmal reaktiviert werden. Bei Winterbienen (Saisonvariabilität ↗) befinden sich die H. größtenteils als Reservestoffspeicher in funktionsfähigem Zustand. Der in den H. produzierte Futtersaft dient der Ernährung junger Bienenlarven beiderlei Geschlechts. Weisellarven werden sogar ausschließl. mit Futtersaft (Weiselfuttersaft) aus den Kopfdrüsen (Caput ↗) der Arbeitsbienen ernährt. Auch die ad. Weiseln erhalten als Nahrung Futtersaft. Die Hauptbestandteile des Futtersaftes aus den H. bilden Eiweiße, hinzu kommen Fette u. fettartige Substanzen, ungesättigte Fettsäuren, Phenole, Glyceride, Phospholipide, Sterine u. Wachse. An Zuckern sind vor allem Glukose u. Fruktose nachweisbar. Auch Enzyme werden in den H. produziert. Invertase z. B. konnte in den H. in nennenswerten Mengen nachgewiesen werden. Das H.-Sekret reagiert sauer. Die Anwendung von Narkotika zum Betäuben der Arbeitsbienen kann die H.-Entwicklung nachteilig beeinflussen; werden Arbeitsbienen am ersten u. zweiten Imaginal-

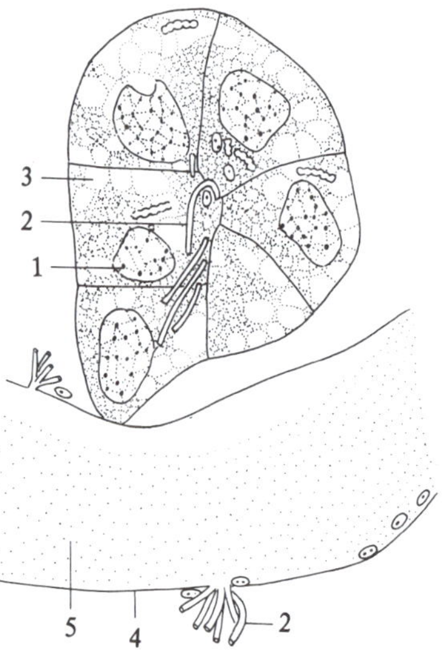

Querschnitt durch einen Hypopharynxdrüsenlobus einer 16 Tage alten Arbeitsbiene. 1 Zellkern, 2 Sekretkanal, 3 Sekretvakuole, 4 Drüsenkanal, 5 Sekret

tag mit Kohlendioxid behandelt, unterbleibt später die H.-Entwicklung. Eine Äthernarkose führt ebenfalls zum Entwicklungsstop der Drüsen bis zum zehnten Lebenstag, später ist deren Entwicklung möglich, die Drüsensäckchen erreichen jedoch niemals ihren normalen Umfang. Die H.-Entwicklung beginnt während der Puppenphase. Zur Zeit der Cuticulabildung stellen die Drüsen kleine Säckchen dar, die schließl. zu gewundenen Schläuchen auswachsen. Dabei kommt es zur endgültigen H.-Differenzierung. Für die weitere Entwicklung nach dem Imaginalschlupf ist reiche Pollennahrung erforderlich. Bei der sich entwickelnden Weisel entstehen ebenfalls H.-Anlagen. Nach der Puppenhäutung unterbleiben aber weitere Zellteilungen, so daß es nicht zu deren Ausbildung kommt.

Idiom → Idiotyp.

Idiotyp. Gesamtheit aller Erbanlagen eines Individuums. Der I. setzt sich aus dem Genotyp u. dem Plasmotyp ↗ zusammen.

Imaginalscheiben. Scheibenförmige Verdickungen der larvalen Epidermis ↗, von denen die Entwicklung imaginaler Organe ihren Ausgang nimmt. Ein Beispiel für die aus solchen Imaginalanlagen hervorgehenden Körperanhänge der ad. Biene stellen die Extremitäten ↗ dar.

Imago, ad. Biene. I. U. zur ± homonom ↗ segmentierten Larve ↗ heteronom ↗ segmentiert. Besteht wie jedes ad. Insekt aus Kopf (Caput ↗), Brustabschnitt (Thorax ↗) u. Hinterleib (Abdomen ↗). Alle drei Körperabschnitte sowie deren Anhänge, z. B. Fühler ↗, Extremitäten ↗, Flügel ↗, zeigen bei den versch. Bienen-Wesen Weisel, Arbeitsbiene u. Drohn charakteristische Besonderheiten.

Imkerausbildung. Viele Jh.e hindurch lernten die jüngeren von den erfahrenen älteren Imkern, mit Bienen umzugehen. Bei den Zeidlern hat es offenbar schon eine gewisse Lehrzeit gegeben. Vor der Aufnahme in die Zunft mußte der junge Imker bestimmte Kenntnisse über die Pflege der Bienen, aber auch über die Rechte u. Pflichten der Zeidler nachweisen. – Die Notwendigkeit der systematischen Ausbildung von Imkern erkannte wohl als erster A. Janscha ↗, der Kaiserin Maria Theresia von der Notwendigkeit der Gründung der ersten Imkerschule Europas in Wien (1769) überzeugte u. deren erster Direktor wurde. Er lehrte die Bienenhaltung auch aus ökonomischer Sicht, propagierte die Wanderung mit Bienen u. machte praktikable Vorschläge zur Förderung der Bienenhaltung. Nach Janschas frühem Tod ging die Schule bald wieder ein, weil sich kein geeigneter Nachfolger fand. – Es folgten ähnl. Schulgründungen 1770 in Schleißheim u. Schwabing. Der Unterricht wurde in Form von Vorträgen im Freien (Augarten Wien), z. T. auch am Bienenstand der mit der Schulung beauftragten Imker abgehalten. Erst mehr als 100 Jahre später folgten weitere Schulgründungen, 1886 die Imkerschule in Flacht durch Weygandt, 1888 in Fintel bei Hannover durch Grussendorf, 1891 die Badische Imkerschule in Eberbach durch Roth. Eine ebenfalls sehr frühe Gründung einer Imkerschule 1827 in Paltschicki (Rußland) ist auf Prokopowitsch ↗ zurückzuführen. Hier erlernten überwiegend Leibeigene in zweijähriger Lehrzeit nicht nur den Umgang mit Bienen, sondern zugleich auch Lesen u. Schreiben. – Die erste deutsche Imkerschule mit eigenem Gebäude, Lehrbienenstand, Unterkünften für Ausbilder u. Lernende wurde 1908 in Preetz als «Schleswig-Holsteinische Imkerschule» eingeweiht. Ziel war, der modernen Imkerei in Kästen zum Durchbruch zu verhelfen, von der spez. Heideimkerei in Körben abzukommen u. die Völker so zu führen, daß sie die Bestäubung des damals viel angebauten Buchweizens sicherten u. mehrere Trachten ausnutzen konnten. Die seit 1926 «staatlich anerkannte Lehr- u. Versuchsanstalt für Bienenzucht – Berufsfachschule für Imker» wurde 1930 nach Bad Segeberg verlegt. Ihre Aufgaben wurden wesentl. erweitert: Ausbildung, Beratung, Bekämpfung der Bienenseuchen, Beobachtung, Honigkontrolle, Zucht, Anpflanzung von Bienenweide, Versuchsstelle für Erfindungen von Imkergeräten u. Bienenwohnungen, Stellenvermittlung für Imker. – Heute werden an dieser u. anderen Schulen sowie Lehrbetrieben in der Bundesrepublik Deutschland «Tierwirte – Fachbereich Bienenhaltung» ausgebildet. Nach einer zweijährigen Lehre wird man Tierwirt, Fachbereich Imker. Diese Qualifikation kann auch von Imkern mit mind. fünfjähriger Praxis im Fernstudium, ebenso wie die Qualifikation «Imkermeister», erworben werden. – In Österreich wurde 1900, wieder in Wien, die Österreichische Imkerschule gegründet. Daneben gibt es z. Z. fünf Landesimkerschulen, in Graz, Klagenfurt, Linz, Wien u. Imst. Neben der Ausbildung wird an den Imkerschulen Zucht betrieben, um die breite Landeszucht mit wertvollem Zuchtmaterial zu versorgen, u. meist ist auch die Erhaltung der Bienengesundheit dort verankert mit einer Untersuchungsstelle für Bienenkrankheiten u. entspr. Fachberatung. – In Polen gibt es wohl das einzige Imkertechnikum in der Nähe von Warschau, das seit seiner Gründung 1945 annähernd 1000 Imker ausgebildet hat. Eine Ausbildung bes. Art

Magazin-Bienenstand in Hanglage, Peloponnes, Griechenland

ist die in versch. Ländern mehr u. mehr praktizierte Heranführung von Kindern an die Imkerei in Form von Arbeitsgemeinschaften.

Imkerhandschuhe → Schutzkleidung.

Imkerhut u. -schleier → Schutzkleidung.

imkerliche Beobachtung. Die i. B. beinhaltet neben den Aufzeichnungen ↗ über das einzelne Volk auch allgemeine Feststellungen über die Flugtätigkeit (Flugtage ↗), die Tracht (Trachttage ↗). Letztere ist konkret nur durch einen Waagstock ↗ zu ermitteln. Aber auch die Beobachtung der heimkommenden Bienen am Flugloch, der Fensterwabe od. des Baurahmens geben gute Hinweise. Teil der i.n B. sind weiterhin die meteorologische ↗ u. die phänologische Beobachtung.

Imkerorganisationen. Einen Zusammenschluß von Imkern gab es wahrscheinl. schon zu sehr früher Zeit, als die Bienenhaltung in vielen Gebieten der Welt noch als eine Art «Geheimwissenschaft» betrieben u. fachliche Kenntnisse nur an «Auserwählte» weitergegeben wurden. Die erste echte Organisation der Imker bestand bei den Zeidlern, den Waldbienenhaltern. Im Mittelalter waren sie in einer Zunft zusammengeschlossen. Es bestand Zunftzwang. – Der erste deutsche Bienenzüchterverein, wahrscheinl. der erste der Welt, der schriftlich belegt ist, war die 1766 von A. G. Schirach ↗ gegründete «Physikalisch-ökonomische Bienengesellschaft in Oberlausitz». Die physikalische Klasse der Gesellschaft befaßte sich mit wissenschaftl. Fragen, die ökonomische Klasse mit Problemen der praktischen Bienenhaltung. Die Mitglieder verpflichteten sich, miteinander zu lernen, einander zu helfen u. zu schützen, zu den Konventen, die zweimal im Jahr stattfanden, zu erscheinen u. einen kleinen Jahresbeitrag zu entrichten. Kurz hintereinander entstanden mehrere solche Gesellschaften, denen vorwiegend Imker der gehobenen Gesellschaftsschichten angehörten. Die Mitgliederzahl stieg rasch an. Bedeutende Imker vieler europ. Länder traten den Gesellschaften bei. Als Mitte des 19. Jh.s die technischen Grundlagen für die Umstellung vom Stabilbau zum Mobilbau geschaffen worden waren (Rähmchen, Mittelwand, Honigschleuder) u. die Imker zur gleichen Zeit genötigt waren, sich den durch die intensive landwirtschaftl. Produktion verändernden Trachtbedingungen anzupassen, wurden in kurzer Zeit viele örtliche Vereine gegründet, denen alle Imker angehören konnten, mit dem Ziel, Erfahrungen auszutauschen u. die fachlichen Kenntnisse zu erweitern. Erster Schritt zu einer Dachorganisation war die Gründung des «Wandervereins» durch A. Schmidt. Er lud die Imker 1850 zur ersten Wanderversammlung nach Arnstadt ein. Es folgten bis 1937 72 Wanderversammlungen, zuerst nur in Deutschland, später abwechselnd auch in Österreich-Ungarn, seit 1866 unter der Bezeichnung «Wanderversammlung deutscher, österreichischer und ungarischer Bienenwirte», seit 1925 «Wanderversammlung der Bienenwirte deutscher Zunge». Die bedeutendsten Imker des In- u. Auslandes nahmen daran teil. Alle bedeutenden Erkenntnisse u. Entdeckungen auf dem Gebiet der Bienenkunde wurden bekanntgegeben u. vorgestellt. Die Wanderversammlungen haben für die Entwicklung der modernen Imkerei in wissenschaftl. u. praktischer Hinsicht eine wesentl. Rolle gespielt. – Der Wanderverein bestand nur während der Wanderversammlung. In der Zwischenzeit gab es nur wenige Aktivitäten der Organisatoren. Organ des Wandervereins war die «Bienenzeitung» («Eichstädter-» bzw. «Nördlinger-»), die die Wanderversammlungen ausführlich auswerteten (1845–1899, danach versch. andere Imkerzeitungen). 1880 wurde als straffere Organisation der «Deutsche Bienenwirtschaftliche Zentralverein» geschaffen, in dem jeder örtliche Verein für je 100 Mitglieder eine Stimme hatte. Verbandsorgan war das 1864 gegründete «Bienenwirtschaftliche Zentralblatt». 1902 beriefen F. Gerstung u. A. Ludwig einen «Allgemeinen Deutschen Imkertag» ein u. gründeten den «Reichsverein für Bienenzucht». 1907 schlossen sich «Zentralverein» u. «Reichsverein» zum «Deutschen Imkerbund» zusammen. Differenzen aus versch. Ursachen führten dazu, daß sich einzelne Gruppen abspalteten, neue Organisationen bildeten, sich unter anderem Namen wieder zusammenschlossen u. erneut spalteten. Auch der «Allslawische Bienenzüchterbund», ähnl. wie der Wanderverein aufgebaut, führte Wanderversammlungen mit ausländischen Gästen durch (1912 Moskau, 1914 Prag, 1927 Warschau, 1928 Preßburg, 1929 Posen). – 1918 riefen L. Armbruster u. J. Aisch die «Gesellschaft für Bienenkunde» ins Leben. Viele bedeutende Imker des In- u. Auslandes traten ihr bei. 1922 gründete Abushady in London den «Apis-Club» als eine lose Verbindung der Imker der ganzen Welt. Die «Gesellschaft für Bienenkunde» verschmolz später mit dem «Apis-Club». 1949 wurde daraus «The Bee Research Association» (BRA). Ziel der BRA ist die hauptsächl. schriftliche Vermittlung von Kenntnissen auf dem gesamten Gebiet der Bienenkunde. Die BRA hat die wohl bedeutendste Bibliothek bienenkundlichen Inhalts (einschl. Fotos, Zeichnungen, Wandtafeln usw.). Neben eigenen Publikationen werden Dokumentationen herausgegeben, z. B. aller Institute für Bienenkunde, aller Bienenmuseen, Imkerzeitschriften, Filme über Bienen u. Imkerei, Literatur zu spez. Themen, Übersetzungen wertvoller Arbeiten usw. Die BRA gibt drei Zeitschriften (Schrifttum ↗) heraus: «Bee World», «Journal of Apicultural Research» mit ausschl. wissenschaftl. Originalarbeiten u. «Apicultural Abstracts» mit Referaten von wichtigen Veröffentlichungen u. Neuheiten. Die BRA hat ihren Sitz in Gerrards Cross, Bucks., England. Ihr gehören Mitglieder aus über 90 Ländern der Erde an. Von bes. Bedeutung ist der Internat. Verband der Bienenzüchtervereinigungen. In der Bundesrepublik Deutschland hat man sich nach dem zweiten Weltkrieg wieder auf den Namen «Deutscher Imkerbund» geeinigt. Der «Deutsche Imkerbund» vertritt als Dachorganisation 20 Imker-Landesverbände mit Orts- u. Kreisvereinen u. den Deutschen Berufs- u. Erwerbsimkerbund e. V., insges. rund 85 000 Imker mit knapp 1 Mio Bienenvölkern. Verbandsorgan sind die «Allgemeine Deutsche Imkerzeitung», das «Deutsche Bienen Journal» u. a.

Imkerorganisation in Luxemburg. Die 12 Kantonalvereine der Imker schlossen sich 1886 zu einem Landesverband zusammen. Der Landesverband gibt monatlich die «Letzebuerger Beien-Zeitung» heraus, die in deutscher Sprache verfaßt wird und allen Imkern des Landesverbandes zugestellt wird. Für die Ausbildung stehen zwei Lehrbienenstände zur Verfügung. Zahl der Imker: 572, Zahl der Bienenvölker: 8 000.

Imkerorganisation in Österreich. Österreichischer Imkerbund, Georg-Coch-Platz 3/IV, A 1010 Wien. a) Niederösterreichischer Imkerverband. Bienenvölker: 91 172. Imkerschule in der Wiener Neustadt. Im Landesgesetz für Bienenzucht werden die Wanderung mit Bienen, Aufstellung u. Zucht der *Carnica*-Rasse geregelt. b) Oberösterreichischer Bienenzüchterverein. Mitglieder: 9 824, Bienenvölker: 104 503. Zahlreiche Aus- u. Fortbildungskurse werden auf der verbandseigenen Imkerschule durchgeführt. c) Landesverein der Bienenzüchter Salzburgs (Imkerhof). Mitglieder: 2000, Bienenvölker: 23 300. d) Landesverband für Bienenzucht in Tirol. Mitglieder: 2 708, Bienenvölker: 38 738. Ausbildungsstätte: Imkerschule an der Landwirtschaftlichen Landeslehranstalt in Imst/Tirol. Die Fragen der Aufstellung der Völker, der Wanderung u. Zucht sind durch ein eigenes Landesgesetz geregelt. e) Vorarlberger Imkerverband. Mitglieder: 1 425, Bienenvölker: 14 142. Auf dem Lehrbienenstand in Hohenems finden Kurse zur fachlichen Weiterbildung statt. f) Landesverband für Bienenzucht in Kärnten. Mitglieder: 2 576, Bienenvölker: 39 000. Verbandseigene Imkerschule mit Lehrbienenstand in Ochsendorf. Seit 1956 Bienenzuchtgesetz. Ausschl. Haltung der *Carnica*-Rasse. g) Landesverband für Bienenzucht in Steiermark. Mitglieder: 5 000, Bienenvölker: 70 000. Das Landes-Bienenzuchtgesetz regelt u. a. Zeiten der Wanderung, Schutz vor Zuwanderung in Trachten, die eigens für die Bienen angelegt wurden, bestimmt die ausschl. Zucht der *Carnica*-Bienen sowie den Umfang der schutzwürdigen Belegstellen u. Reinzuchtgebiete. h) Landesverband der burgenländischen Bienenzuchtvereine. Mitglieder: 998, Bienenvölker: 17 607. i) Landesverband für Bienenzucht in Wien. j) Österreichische Erwerbsimker-Vereinigung, Graz-Ragnitz. 200 Mitglieder.

Imkerorganisation in der Schweiz. Im Verband der Schweizerischen Bienenzüchtervereine (VSBV/FSSA) sind drei Mitgliedervereine VDRB (Deutschschweiz), SAR (Romandie) und STA (Tessin) zusammengeschlossen. Der Verband deutschschweizerischer und rätoromanischer Bienenfreunde (VDRB) publiziert für rund 16 000 Imker mit 180 000 Völkern in 143 Sektionen und 11 Kantonalverbänden die «Schweizerische Bienen-Zeitung». Die Société d'Apiculture romande (SAR) vereinigt rund 3 500 Mitglieder mit 45 000 Völkern in 47 Vereinen und 7 Kantonalverbänden und gibt die «Revue Suisse d'Apiculture» heraus. Die Società ticinese di Apicoltura (STA) mit rund 500 Mitgliedern und 12 000 Völkern in 9 Bezirken publiziert die «l'Ape».

Imkerorganisation in Südtirol. Die in Südtirol bestehenden, zu Bezirksverbänden zusammengeschlossenen Vereine der Imker bilden den «Südtiroler Imkerbund» mit einem Landesobmann an der Spitze. Sitz in Bozen.

Imkerpfeife. Nach ihrem Erfinder auch Dathepfeife genannt. Ein mit dem Mund erzeugter Luftstrom wird über das Rauchmaterial ↗ geblasen, er zieht durch Injektorwirkung den Rauch aus dem Brennbehälter mit. Ein Kugelventil verhindert, daß Rauch in den Mund gelangt. Zur Entlastung der Zähne kann die I. an einer Schnur um den Hals getragen werden. Mit der I. ist eine gut dosierte u. zielgerichtete Rauchanwendung möglich (Smoker ↗).

Immenkäfer. Auch Bienenwolf, *Trichodes apiarius*, aus der F der Cleridae (Buntkäfer). Innenschädling ↗, 10–16 mm, Flügeldecke rot mit blauschwarzen Querbinden. I. greift Bienen auf der Blüte an u. läßt sich in die Beuten tragen. Entwicklung in den Beuten, bes. im Gemüll. Larve schädigt u. frißt Bienenbrut.

Immergrüner Kreuzdorn → *Rhamnus alaternus* → Rhamnaceae.

Immissionen. Gesamtheit aller in ein Territorium gelangter bzw. abgelagerter Luftschadstoffe. Durch I. können z. T. erhebliche Schäden an Bienenvölkern verursacht werden. Diese Schadstoffe können in Abhängigkeit von den meteorologischen Bedingungen über sehr unterschiedl. Entfernungen wirken.

Immunität → Bienengift.

Indikator. Bienen reagieren bereits auf geringe Schadstoffkonzentrationen u. werden somit zum I. (Anzeiger) für Immissionen ↗ bzw. für unsachgemäß durchgeführte Pflanzenschutzmaßnahmen, bei denen Umweltgefährdungen hervorgerufen werden.

Indische Honigbiene → *Apis cerana indica.*

Individualentwicklung → Entwicklung.

infizierter Honig. Der in den Wabenzellen in der Bienenwohnung enthaltene H. kranker Bienenvölker ist ebenfalls infiziert. Bei Bösartiger Faulbrut ↗ enthält der H. Sporen von *Bacillus larvae larvae* ↗. Bei Nosematose ↗ sind im H. massenhaft Sporen von *Nosema apis* ↗ enthalten. Mit infiziertem H. können Bienenvölker leicht angesteckt werden. Deshalb darf z. B. H. aus faulbrutkranken Völkern keinesfalls an Bienen verfüttert werden; ausschl. zum menschl. Verbrauch bzw. in der Backwarenherstellung verwendet.

Inkarnatklee → *Trifolium incarnatum* → Leguminosae.

Inkretdrüsen. Sekretorische Organe od. Zellanhäufungen, die keine Ausführgänge besitzen, die in das Außenmilieu od. in die Darmhöhle leiten. Sie bilden u. scheiden ein bestimmtes Hormon, entweder in das Zirkulationssystem od. in unmittelbarer Nähe vom Arbeitsorgan, aus. Bei der Honigbiene u. anderen Insekten gibt es folgende wichtige I.: neurosekretorische Zellen ↗, Corpora cardiaca, Corpora allata sowie Prothorakaldrüsen ↗. Corpora cardiaca sind paarige endokrine Organe, die ein Bestandteil des retrocerebralen Komplexes ↗ sind u. eigene endokrine Zellen u. Axonterminale von cerebralen neurosekretorischen Zellen einschließen. Sie sind mit Dorsolateralteilen der postcerebralen Aortenwand zusammengeschmolzen. Bei Larven sind sie äußerl. nicht ausgeprägt u. sehen auf histologischen Präparaten wie Verdickungen der Aortenwand aus. Bei Junglarven bestehen die Corpora cardiaca nur aus einer Zellschicht, bei ausgewachsenen Larven aus zwei nicht deutl. abgesonderten Anteilen: dem dorsolateralen Anteil, vorwiegend aus eigenen Sekretzellen gebildet, u. dem ventrolateralen Anteil, hauptsächl. aus Axonen der neurosekretorischen Gehirnzellen entstanden. Ein beträchtl. Wachstum der Corpora cardiaca, das bei Larven maßgebend

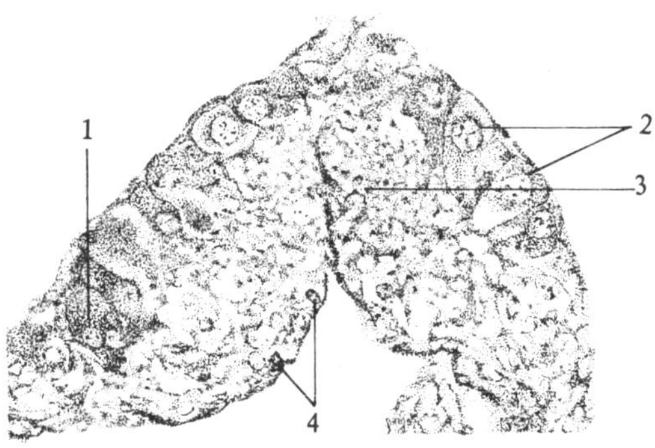

Dorsalanteil der Corpora cardiaca einer jungen Arbeiterin. 1 Zellen vom 2. Typ, 2 Zellen vom 1. Typ, 3 cerebrale Nervenfasern, 4 Gliazellen

auf Kosten des Zellenzuwachses zustandekommt, ist bei fünftägigen Weisellarven nachgewiesen u. bei Arbeiterinnen nur vom Stadium der noch farblosen Puppe. Eine starke Zunahme der neurosekretorischen Substanz wird erst im Imaginalstadium beobachtet. Die max. Ausmaße der Corpora cardiaca der Arbeiterinnen u. der Weiseln werden am 2.–3. Tag des Puppenstadiums erreicht. Bei den Imagines sind die Corpora cardiaca bei Arbeiterinnen kleiner als bei Weiseln. Bei den Imagines wird die Aufteilung in Dorsal- u. Ventralteile beibehalten. Der Dorsalanteil beinhaltet die Axone der neurosekretorischen Gehirnzellen. Die Zellen vom ersten Typ, etwa fünf in jedem Corpus cardiacum, sind recht groß (∅ ca. 30 µm) u. befinden sich in der oberen Gewebeschicht. Ihr Zellkern hat einen Durchmesser von etwa 12 µm, einen deutl. Nucleolus u. zahlreiche Poren in der Kernmembran. Im Zytoplasma gibt es eine mäßige Anzahl von Mitochondrien u. ein blasenförmiges, röhrenartiges glattwandiges endoplasmatisches Reticulum. Außerdem sind Kanälchen u. Bläschen vorhanden, deren Membran teilweise mit Ribosomen bekleidet sind. Golgi-Apparat, sekretorische Granula u. Zellfortsätze sind nicht nachgewiesen worden. Die Zellen vom zweiten Typ, deren Anzahl ca. zehn beträgt, sind kleiner (∅ ca. 12 µm) u. haben einen ovalen od. unregelmäßigen Kern. Im Zytoplasma sind zahlreiche Mitochondrien u. sekretorische elektronendichte Granula (∅ 80–140 µm) zu finden. Vom Zelleib aus verlaufen einige Zellfortsätze, die sich verzweigen u. ein Netz bilden. Diese Zellfortsätze sind durch Gliazellen abgetrennt, die Zellkörper beider Typen stehen öfter in unmittelbarer Berührung. Die Absonderung des Sekrets durch die Zellen vom ersten Typ erfolgt wahrscheinl. auf der ganzen Zelloberfläche, das Sekret der Zellen vom zweiten Typ tritt vielleicht mittels Exozytose aus.

Jedes Corpus cardiacum wird von annähernd 70 Neuronen innerviert, deren Körper in der Pars intercerebralis ↗ contralateral liegen. Der Nervus corporis cardiaci mündet in den Ventralteil der Corpora cardiaca, von wo der Nervus corporis allati entspringt. Die Axone, die in die Corpora cardiaca auf dem Wege über die Nervi corporis cardiaci gelangen, bilden im Ventralteil ein kompliziertes Geflecht u. sind voneinander durch eine od. mehrere Gliazellenschichten getrennt. Die Gliazellkerne sind elektronendicht, das Chromatin befindet sich vorwiegend unter der Kernmembran. Im Gliaplasma gibt es Mitochondrien u. Ribosomen. Die Hülle der Corpora cardiaca ist strukturlos, 0,1–3 µm stark. Ihre Einwucherungen bilden das Stroma, das alle Corpora cardiaca durchdringt. Neurosekretorische Fasern von zwei Typen unterscheiden sich nach der Elektronendichte von den neurosekretorischen Elementargranula. Die Funktion der Corpora cardiaca besteht in der Speicherung u. Freisetzung von cerebralen Neurohormonen sowie in der Produktion u. Ausscheidung von eigenständigen hormonalen Substanzen. Corpora allata sind paarige endokrine Drüsen, die bei Larven u. Imagines ungefähr kugelförmig sind, von großzelligem Typ, und aus 70–100 polyploiden Sekretionszellen bestehen, die sich mitotisch im Laufe der gesamten postembryonalen Entwicklung vermehren. Von außen sind die Drüsen mit einer Bindegewebshülle (0,5–1,0 µm stark) bedeckt, die zahlreiche Einwucherungen innerhalb der Drüse – sog. Stroma – bildet. Corpora allata sind unmittelbar mit entspr. Corpora cardiaca verbunden u. haben eine gemeinsame Bindegewebshülle. Bei der Larve sind die Zellkerne rundlich, enthalten zahlreiche Nucleoli u. Chromatinschollen. Die Zytoplasmaschicht um die Kerne ist dünn. Zw. den Zellen treten neurosekretorische Axone mit elektronendichten Granula auf, wobei die Axone in den Corpora allata von Weisellarven zahlreicher vertreten sind als in den Corpora allata der Arbeiterinnenlarven. Im Laufe der Larvalentwicklung sind Perioden der endokrinen Aktivität u. Inaktivität der Corpora allata nachgewiesen. Bei den Larven tritt ein aktiver Zustand der Corpora allata in der 48. Stunde des Lebens der Arbeiterinnen u. bei den Weisellarven in der 72. Lebensstunde ein, wenn die Drüsen das Juvenilhormon ↗ aktiv freisetzen. In den aktiven Drüsen enthalten die Kerne in

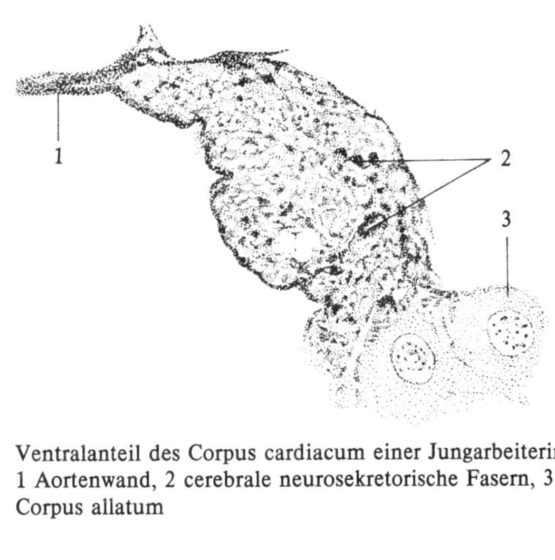

Ventralanteil des Corpus cardiacum einer Jungarbeiterin. 1 Aortenwand, 2 cerebrale neurosekretorische Fasern, 3 Corpus allatum

versch. Grade dispergiertes Chromatin u. Zytoplasma mit gut entwickeltem rauhwandigen endoplasmatischen Reticulum; mäßig elektronendichte Mitochondrien, öfter aufgeblasen; lockere Golgi-Komplexe, mit feinen Bläschen. In den nicht aktivierten Corpora allata (72. Lebensstunde der Arbeiterinnenlarven) kommt ein rauhwandiges endoplasmatisches Reticulum vor, die Zisternen des Golgi-Apparates sind zusammengedrängt, in den Golgi-Zonen sind nur wenige Vakuolen, die Mitochondrien sind dicht, mit ausgeprägten Cristae. In den Zellen der Corpora allata der 48stündigen Weisellarve, die anti-juvenile Aktivität aufweisen, ist das Kernchromatin kompakt, Kernporen zahlreich, Golgi-Komplexe u. rauhwandiges Reticulum fehlen, es gibt mehrere freie Ribosomen u. Polysomen, die Mitochondrien sind mit dichter Matrix u. länglichen Cristae ausgestattet. Im Laufe des 1. u. des 2. Stadiums wachsen die Corpora allata bei Weisel- u. Arbeiterinnenlarven in gleichem Maße, indem sie 40 µm im Durchmesser erreichen. Im Laufe des 3. Stadiums nimmt das Wachstum der Corpora allata der Weiseln spontan zu, sie erreichen im Durchmesser 120 µm im Gegensatz zu den Arbeiterinnen mit nur 80 µm. Die Polyploidisierung der Corpora-allata-Zellen erfolgt bei Weiseln früher als bei den Arbeiterinnen. Bei den Imagines ist das Volumenverhältnis der Corpora allata bei Weiseln, Arbeiterinnen u. Drohnen ungefähr 21:17:10. Bei Arbeiterinnen wird das Volumen der Corpora allata am ersten Lebenstag verdoppelt u. erreicht sein Max. am dritten Tag, während sie alte Larven füttern. Am siebenten Tag nimmt deren Volumen ab, was mit der Zeit der Fütterung von Junglarven sowie mit der Degeneration der Futtersaftdrüsen zusammenfällt. Dann vergrößert sich wiederum das Volumen der Corpora allata bei Baubienen u. bei Wächterbienen, nimmt bes. stark bei Trachtbienen zu. Bei Altweiseln setzt die Degeneration der Corpora allata ein, einschl. Kernpyknose, Zellyse, Hohlraumbildung u. Kernamitose. Wie bei Larven sind die imaginalen Zellen der Corpora allata von gleichem Typ, mit rundlichem Kern, aber reicher an Zytoplasma, die Zellmembran bildet mehrere Falten. Die oberflächlich liegenden Zellen sind an die Drüsenhülle mittels Hemidesmosomen angeheftet. Im Kern gibt es mehrere Nucleoli, umgeben von Chromatinschollen. Ein Teil des Chromatins ist im Kernplasma dispergiert. Das Hyaloplasma besitzt eine hohe Elektronendichte, verlängerte Mitochondrien sind zahlreich vertreten. Rauhwandiges Reticulum befindet sich hauptsächl. um den Kern herum, im ganzen Zytoplasma sind Ribosomen sowie Polysomen zerstreut. Golgi-Komplexe u. Sekretgranula fehlen. Lysosomen sind vereinzelt u. gruppiert. Die Zellen stehen entweder miteinander in Kontakt, od. der Zwischenraum ist mit Stromasubstanz ausgefüllt. Zw. den Zellen sind neurosekretorische Axone, Tracheen u. Tracheolen anzutreffen. Jedes Corpus allatum ist bei den Imagines durch Gehirnneuronen innerviert, 73 davon befinden sich im contralateralen Teil der Pars intercerebralis ↗ u. etwa 15 in zwei Gruppen im ipsilateralen Protocerebrum. Die Aktivität der larvalen Corpora allata wird durch exogenes Juvenilhormon ↗ inhibiert. Das Wachstum der Corpora allata der Arbeiterinnen wird am Anfang des imaginalen Stadiums durch die Königinnensubstanz sowie durch das Proteindefizit im Futter gehemmt. Die Corpora allata der Honigbiene produzieren Juvenilhormone I u. III, deren Verhältnis sich in versch. Perioden der Ontogenese bei Arbeiterinnen u. Weiseln verändert.

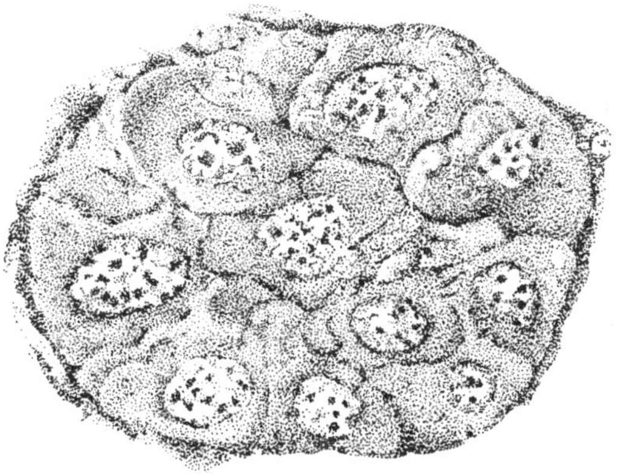

Corpus allatum einer Jungarbeiterin

Innenabstände für Bienenwohnungen. Für das einwandfreie Funktionieren einer Beute, bes. für die freie Beweglichkeit der Waben, ist die Maßhaltigkeit aller Teile ausschlaggebend. Wegen der Eigenschaft der Bienen, Zwischenräume von etwa 6 mm nicht od. nur ausnahmsweise zu verbauen, darf diese Dimension nirgendwo unterschritten werden. Zwischenräume, die die Bienen nicht mehr passieren können, werden mit Propolis ↗ verkittet. Durchgänge von mehr als 6 mm über u. 12 mm seitl. der Wabenrahmen werden, bes. bei guter Tracht, mit Zwischenbau ausgefüllt. Nur unterhalb der Waben sind größere Abstände zulässig. Die Abstände der Waben müssen von Mittelwand zu Mittelwand mindestens 35 mm betragen, 2–3 mm größere Abstände sind zulässig. Der Abstand der Wabenflächen voneinander u. zu den Beutenseitenwänden beträgt 10 mm.

Innenflugloch. Bei Beuten mit Doppelboden ↗ eine Öffnung in diesem, als Verbindung zw. dem Raum unter dem Doppelboden u. dem Brutraum (Außenflugloch ↗). In Beuten mit Querbau ↗ ist das I. als Schlitz über mehrere Waben reichend (indirekter Längsbau), in Blätterbeuten meist im rückwärtigen Teil, also in der Nähe des Beutenfensters ↗, angeordnet.

Innengut. Die jeweils in einem Volk vorhandene Honig- od. Futtermenge (Futtervorrat ↗).

Innenmilbe → *Acarapis woodi.*

Innenschädling. Schädling innerhalb der Bienenbeute, bringt ständig od. zeitweilig Unruhe in das Bienenvolk: Ameise ↗, Buckelfliege ↗, Hummel ↗, Immenkäfer ↗, Pollenmilbe ↗, Speckkäfer ↗, Spitzmaus ↗, Totenkopfschwärmer ↗, Triungulinen ↗, Wachsmotte ↗ u. a.

Innentränke. Das Verabreichen von Wasser in der Beute im Frühjahr soll vermeiden, daß die Wasserholerinnen bei ungünstigem Wetter ausfliegen u. evtl. dabei umkommen. Preuss u. Schweier hatten die I. im Stock in ihre Betriebsweise aufgenommen. Wegen der damit auch verbundenen nachteiligen Folgen für das Innenklima der Beuten hat sich die I. nicht durchgesetzt (Tränke ↗). Ableger od. sonstige Einheiten ohne Flugbienen, bes. wenn sie offene Brut zu pflegen haben, müssen getränkt werden. Das kann erfolgen, indem man ihnen eine z.T. mit Wasser gefüllte Wabe einhängt. Dabei hat man allerdings keine Kontrolle über den Bedarf. Das Wasser kann auch mit dem Kuntzschfuttertrog ↗ verabreicht werden, da er bis unter die Waben reicht. Wird kein Wasser mehr abgenommen, ist der Futtertrog zu entnehmen.

innertherapeutisches Pflanzenschutzmittel, auch systemische Pflanzenschutzmittel. Präparate, die in die Pflanze eindringen, sich in dieser ausbreiten u. über die Pflanzensäfte auf saugende u. beißende Schaderreger wirken. Oft wird vermutet, daß diese Präparate auch in den Nektar bzw. in den Pollen gelangen u. so zu Bienengefährdungen ↗ führen. Unter normalen Witterungsbedingungen u. bei Einhaltung der Zulassungen reicht jedoch die Siebfunktion der Nektarien aus, um diese Fremdstoffe ↗ zurückzuhalten. Bei Überdosierungen konnten aber z.B. bei Rotklee u. bei Fenchel «Durchbrüche» in den Nektar u. damit Bienenvergiftungen beobachtet werden.

Insektenhormone. Wie bei der Endokrinologie der Säugetiere sind auch bei Insekten bestimmte Hormone Signale für Wachstum u. Entwicklung. Die Abb. zeigt die Hierarchie des Hormonsystems am Beispiel der Insektenmetamorphose von *Apis mellifera.* Das Schema verdeutlicht unser gegenwärtiges Wissen über die hormonelle Kontrolle von Wachstum u. Entwicklung, ohne Anspruch auf eine weitgehende Generalisierung zu erheben. – Im Verlauf der Imaginalentwicklung durchläuft die Honigbiene fünf Larvenstadien (L_1–L_5), ein Puppenstadium (P) u. wandelt sich schließl. in das ad. Insekt (Imago) um. Jedes dieser

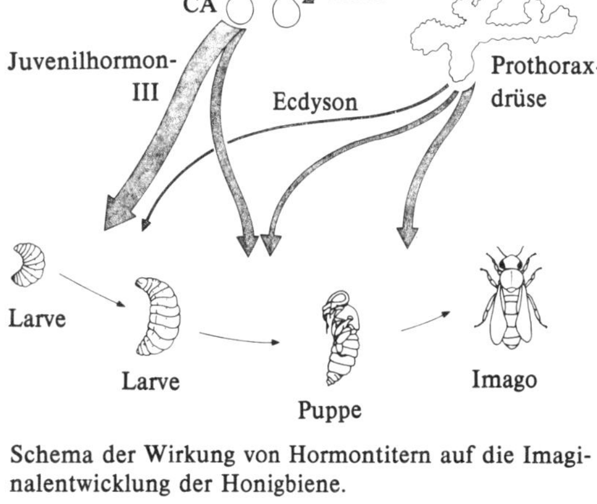

Schema der Wirkung von Hormontitern auf die Imaginalentwicklung der Honigbiene.

sieben Entwicklungsstadien steht mit seinem Stoffwechselgeschehen u. seinem Wachstum hauptsächl. unter der Kontrolle von zwei Gruppen von Hormonen, dem Juvenilhormon u. dem Verpuppungshormon (Ecdyson), deren Konzentration (Titer) im Körper der Insekten den Ablauf der Metamorphose kontrolliert. – Während der Larvenentwicklung ↗ ist die Juvenilhormonkonzentration relativ hoch (Kastenentwicklung ↗), u. eine geringe Erhöhung des Ecdysontiters reicht aus, um die Häutung zum nächsten Larvenstadium in Gang zu setzen. Gegen Ende der Larvenentwicklung ist die Juvenilhormonkonzentration auf ein relativ niedriges Niveau abgesunken, u. die Umwandlung zur Puppe wird unter der Kontrolle eines im Vergl. zur Larve-Larvehäutung höheren Ecdysontiters eingeleitet. Im Gegensatz zum Larvenstadium, wo das Juvenilhormon bei der starken Gewichtszunahme (Wachstum ↗) steuernd eingreift, ist es während der Puppenphase nicht mehr nachweisbar. Ein starker Anstieg des Ecdysontiters liefert schließl. das Signal für die Metamorphose der Puppe zum Imago. Die Synthese dieser Hormone erfolgt in den paarig angelegten Corpora allata ↗ (Syntheseort für das Juvenilhormon) bzw. in der bei der Honigbiene aus diffusen Zellen bestehenden Prothoraxdrüse (ein Syntheseort für das Ecdyson). Die Aktivität der beiden peripheren Hormondrüsen wird von einem übergeordneten neuroendokrinen System gesteuert. Im mittl. Teil des Gehirns (Pars intercerebralis ↗) liegt ein Aggregat von sich mit Paraldehyd-Fuchsin dunkelblau färbenden neurosekretorischen Zellen, deren Axone als paarige Nervenstränge (Nervus corporis cardiaci) aus dem Gehirn austreten u. ihr Neurosekret in das als Speicher dienende Neurohaemalorgan (Corpus cardiacum) entlassen. Dieses Neurosekret enthält u.a. zwei Peptide, welche auf die Hormonsynthese in den peripheren Hormondrüsen stimulierend einwirken. Das allatotrope Hormon (ATH) aktiviert die Juvenilhormonsynthese in den Corpora allata, das prothoracotrope Hormon (PTTH) die des Verpuppungshormons in der Prothoraxdrüse. Letzteres wird möglicherweise auch direkt aus den neurosekretorischen Zellen in die Haemolymphe entlassen (s. Abb.). – Es drängt sich die Vorstellung auf, ohne daß sie bis jetzt experimentell bewiesen wäre, daß in Analogie zum Hormonsystem der Säuger auch die Konzentration der I. über einen Regelkreis kontrolliert wird.

Nach diesem Mechanismus wird die Konzentration der Signalhormone (Juvenilhormon u. Verpuppungshormon) durch separate Fühler im Bereich der neurosekretorischen Zellen kontrolliert u. von dort aus im Falle eines Unterschreitens des als Sollwert eingestellten Hormontiters die Syntheserate durch das Ausschütten von ATH bzw. PTTH erhöht. Eine negative Kontrolle der Hormonspiegel, also ihre Erniedrigung, erfolgt durch abbauende Enzyme, welche die Hormone in eine physiologisch unwirksame Form umwandeln. Über den Mechanismus, welcher den Sollwert in diesem Regelkreis einstellt u. damit eine Modulation der Hormonkonzentration möglich macht, bestehen noch nicht einmal theoretische Vorstellungen (Hormone ↗, Kastenentwicklung ↗).

Insektizide. Pflanzenschutz- u. Schädlingsbekämpfungsmittel gegen Schadinsekten. Die meisten Insektizide sind jedoch bienengefährlich. Maßnahmen mit I.-Verwendung sind also immer mit einer potentiellen Bienengefährdung verbunden. Deshalb muß man vor I.-Einsatz die erforderlichen Schutzmaßnahmen für Honigbienen organisieren.

Insektizidphänologie. Beschäftigt sich mit den unterschiedl. Verlaufformen der Vergiftungserscheinungen bei Insekten.

Insektizidprüfung. Erprobung der biologischen Wirksamkeit u. der Anwendbarkeit gegen Schadinsekten. Gleichzeitig werden dabei auch die Wirkungen gegenüber Nützlingen, wie z. B. Honigbienen, Fischen, u. die Pflanzenverträglichkeit geprüft.

Insektizidresistenz. Nach häufiger Anwendung sich herausbildende Unempfindlichkeit gegen ein bestimmtes Präparat bei Schadinsekten.

Inselbelegstelle → Belegstelle.

Insel-Wight-Krankheit. Alte Bezeichnung für Acarapidose ↗.

intermediärer Erbgang → Intermediärwirkung.

Intermediärwirkung. Intragenische Wirkungsweise, bei der im heterozygoten Genotyp eine Merkmalsausprägung realisiert ist, die dem Mittel der beiden Homozygoten entspricht (Uniformitätsregel der Mendelschen Regeln ↗). Beim intermediären Erbgang sind im Gegensatz zur Dominanz ↗ Bastarde leicht zu erkennen.

Internationale Bienenzüchterkongresse → Imkerorganisationen.

Intersegmentalmembran → Abdomen.

Intoxikation, Vergiftung.

Intoxikationsphase. Unterteilung des Vergiftungsverlaufs nach typischen Symptomen. Man unterscheidet bei Insekten nach Eichler in: Latenz-, Exzitations-, Anästhesie- u. adynamische Phase.

Invertzuckerteig. Unter Verwendung von Invertzuckersirup statt Honig hergestellter Futterteig ↗. Bei Verwendung von I. zur Winterfütterung muß feststehen, daß der verwendete Invertzuckersirup keine die Bienen schädigenden Bestandteile enthält.

Inzucht. Paarung von Individuen, die miteinander näher verwandt sind als der Durchschnitt der Population ↗, aus der sie hervorgehen. Die Wirkung der I. besteht darin, daß sie von der Heterozygotie ↗ zur Homozygotie ↗ führt. Durch I. können bestimmte Faktoren rein herausgezüchtet werden. In einem Bestand von Bienenvölkern sollen seltene, aber erwünschte Leistungsanlagen angereichert werden. Mit dem Ziel der Einheitlichkeit des Bestandes sollen die Ähnlichkeit der Erbanlagen zw. den Bienenvölkern erhöht u. die Streuung in der Nachkommenschaft reduziert werden. Durch die I. können rezessiv vorhandene negative Faktoren sichtbar gemacht u. ihre Träger von der Weiterzucht ausgeschlossen werden. Die Formen der Linien- u. Inzuchtlinienkreuzung zur Nutzung von Heterosis ↗ haben die Linienzucht bzw. die I. zur Voraussetzung. Der negative Teil der I. besteht darin, daß auch die leistungs- u. vitalitätsmindernden Anlagen homozygot werden (I.-Depression). Anzeichen von I.-Schäden sind bei Honigbienen: Rückgang od. gänzlicher Ausfall der Drohnenbrut, geringe Fruchtbarkeit der Geschlechtstiere, Nachlassen des Pflegetriebes, des Schwarmtriebes u. der Widerstandsfähigkeit. Honigbienen gelten als bes. i.-empfindlich, zumal bei zunehmender Homozygotie der Sex-Allele infolge Entstehens diploider Drohnenmaden vermehrt Brutausfälle auftreten (Vererbung des Geschlechts ↗).

Inzuchtgrad → Inzuchtkoeffizient.

Inzuchtkoeffizient. Maß für den Grad der Inzucht eines Tieres od. einer Population ↗. Bezeichnung für die Wahrscheinlichkeit, daß beide Allele ↗ eines Genortes herkunftsgleich sind. Der I. entspricht dem halben Verwandtschaftskoeffizienten. Dieser ist das Maß für den Verwandtschaftsgrad zw. zwei od. mehreren Individuen einer Population. Z. B. beträgt der I. bei einer Vollgeschwisterpaarung (genetische Geschwisterpaarung ↗) F = 25 %. Voraussetzung ist allerdings, daß das zu untersuchende Tier aus einer genetischen Vollgeschwisterpaarung hervorgeht. Bei der nicht ohne weiteres feststellbaren Paarung von Supergeschwistern besteht ein engerer (F = 37,5 %), bei Halbgeschwisterpaarung ein weiterer (F = 12,5 %) I.

Iridaceae, Schwertliliengewächse. Die F umfaßt 79 Gn mit 1500 An. Vor allem in den Tropen u. Subtropen, von dort nach N in die gemäßigten Klimazonen vordringend. Kräuter, selten Halbsträucher. Die strahligen od. zweiseitig-symmetrischen Blüten sind – außer bei der G *Crocus* mit einzeln stehenden Endblüten – normalerweise in endständigen, ährigen, traubig-rispigen, fächel- od. wickelartigen Blütenständen vereinigt. Insekten u. z. T. auch Vögel werden durch die auffällig gefärbten Blüten u. den Nektar angelockt, der entweder von den in den Scheidewänden des Fruchtknotens versenkten Nektarien (G *Crocus*) od. in der Röhre der Blütenhülle abgeschieden wird (G *Iris*). Bei der G Schwertlilien, *Iris,* die mit 200 An in Europa, N-Afrika, N-Amerika u. im temperierten Asien vertreten ist, können die Insekten nur zu dem in der Blütenhüllblattröhre sezernierten Nektar über die von dem blumenblattartigen Griffel u. dem äußeren Blütenhüllblatt gebildeter Lippe gelangen, wobei sie den mitgebrachten Pollen an der Narbe abstreifen. Viele An u. A-Bastarde, u. a. die Sibirische Schwertlilie (*Iris sibirica* ↗), die in den S-Alpen heimische *I. pallida* u. die von der Arabischen Halbinsel über das gesamte Mittelmeergebiet verbr. *I. florentina* werden vor allem als Zierpflanzen kultiviert. – Die G *Crocus,* bei der man Frühlings- od. Herbstblüher unterscheidet, ist mit 80 An in S-Europa u. vom Mittelmeergebiet bis nach dem Iran verbr. Fast alle An wurden in Kultur genommen u. viele Gartenformen gezüchtet. Im Frühjahr blühende An sind u. a. *Crocus neapolitanus* Ker-Gawl, der wild in Massen vorkommen kann u. aus den O-Alpen u. dem Elsaß stammt, auch der Frühlings-Krokus (*C. albiflorus* ↗) kann in großen Beständen verbr. sein, ebenso wie der Zweiblütige Krokus (*C. biflorus* Mill.), der vor allem auf Trockenrasen am S-Alpenrand (bis 500 m ü. NN), im Apennin u. Balkan zu finden ist u. im Januar, Februar zur Blüte kommt. Nach Zander sind jedoch Aktionen, in Rasenflächen *Crocus*-An einzumischen u. sie so für die Frühjahrsentwicklung der Völker zu nutzen, nicht mit Erfolg gekrönt, da das Scheren der Rasenflächen den Krokus bald wieder verschwinden läßt u. außerdem gerade die

Zwiebeln vom Krokus bes. gern von Mäusen gefressen werden. *Crocus*-Befunde im Honig sind selten u. auf Berghonige beschränkt. Dagegen liefert der Krokus in Berglagen die erste ausgiebige Pollentracht des Jahres. So betrug in der Schweiz (Davos) der Anteil von Krokuspollen an der Jahresernte 16–38 %, u. der Tagesanteil stieg zw. dem 20. 4.–10. 5. auf über 90 % aller von den Bienen eingetragenen Pollenhöschen (nach MAURIZIO u. GRAFL). Die von einer Krokusblüte produzierte Pollenmenge wird mit 1,9 mg angegeben, wobei sich die Pollendarbietung über den ganzen Tag verteilt mit einem Max. zw. 11–15 Uhr. – Aus der G *Iris* ist vor allem die Sibirische Schwertlilie zu nennen, die z. B. durch ihre großen, wildwachsenden Bestände in Österreich (Steiermark) zur Honigernte u. Pollenversorgung der Völker beiträgt (nach MAURIZIO u. GRAFL).

Iris sibirica L., Sibirische Schwertlilie. A der G *Iris* der F der Iridaceae ↗. In ganz Eurasien verbr. In M-Europa auf feuchten Wiesen, in Gebüschen u. am Ufer von Gewässern. Liebt auch feuchte, lichte Wälder, häufig in Pfeifengrasbeständen. Bevorzugt kalkreiche, dichte u. feinkörnige, wechselfeuchte Böden. Relativ selten. In Kultur auch auf trockeneren Standorten wachsend. Blüht Mai/Juni. Blauviolette Blüten. Nektar- u. Pollenspender.

Iso-amyl-Azetat. Pheromon ↗ zur Gefahrenalarmierung, ausgeschieden vom Stachelapparat.

Isolation. Abdichten der Bienenwohnung zur Verhinderung unerwünschter Energieverluste. Die Qualität einer Beute läßt sich u. a. danach beurteilen, in welchem Umfang sie die von den Bienen produzierte Wärme hält. Diese Eigenschaft ist vom Material abhängig, aus dem die Beute besteht, aber auch von der Bearbeitung des Materials. Eine gute I. gewähren Baustoffe mit möglichst geringen Wärmedurchgangszahlen, die in $kJ/m^2/h°$ gemessen werden u. den Abstand zw. dem Wärmeträger u. der die Beuten umgebenden Außenluft umfassen. Gut isolierte Beuten vermindern im Winter den Futterverbrauch. Eine allzu perfekte I. kann aber auch von Nachteil sein. Über-I. bedeutet einerseits Wärmestau, andererseits verzögert sich die Erwärmung des Beuteninneren nach Kühle- bzw. Kälteperioden. Dadurch wird die Volksentwicklung ungünstig beeinflußt. Je stärker die I., umso höher ist im Winter auch der Kohlendioxid-Gehalt der Stockluft. Unterbrochen werden kann die I. der Beuten durch Eckverbindungen, aber auch durch Schrauben u. Nägel. Damit erhöhen sich die Energieverluste. Sie steigen ebenfalls mit der Zunahme des Wärmeleitvermögens bei Durchfeuchtung des I.s-Materials, i. U. zum trockenen Zustand (nach BÜDEL u. HEROLD, 1960) bei Faserplatten um 18–26 %, Hobelspänen um 27 %, gepreßtem Stroh um 34 %, Fichtenholz um 18–22 %, Kiefernholz um 16–24 %. Auch kalte Honigvorräte im Winter beeinträchtigen die Wirkung der I. u. erhöhen dadurch die Energieeinbußen des Bienenvolkes.

Isolierversuche → Bestäubungsabhängigkeit.

Italienische Biene → *Apis mellifera ligustica.*

Italiener Biene → *Apis mellifera ligustica.*

Jahresfarben → Zeichnen der Weisel.

Janscha, Anton. Geb. 20. 5. 1734 in Bresniza (Krain), gest. 13. 9. 1773 in Wien. Wurde 1769 Leiter der von Kaiserin Maria Theresia gegründeten, wahrscheinl. ersten staatlichen Imkerschule der Welt in Wien. Vorher war er Schüler an der 1766 gegründeten Kupferstecher- u. Zeichenschule in Wien. Vorträge u. imkerliche Vorführungen im Augarten in Wien. Machte die Wanderung in die Buchweizentracht populär, berichtete als erster vom Begattungszeichen der Weisel, gab Hinweise für die Behandlung drohnenbrütiger Völker, sah zuerst die Ordnung des Brutnestes, regte gesetzliche Regelungen für die Bienenzucht an. Schrieb eine Abhandlung über das Schwärmen u. ein Lehrbuch über Bienenhaltung, dessen Drucklegung er nicht mehr erlebte.

Japanische Mahonie → *Mahonia japonica* → Berberidaceae.

Japanischer Schnurbaum → *Sophora japonica* → Leguminosae.

Johannisbrotbaum, *Ceratonia siliqua* → Leguminosae.

Johanniskraut → *Hypericum perforatum* → Guttiferae.

Jordan, Roland, Regierungsrat, Ing. Geb. 20. 8. 1894 in Birgikt bei Tetschen (Nordböhmen), gest. 9. 1. 1970 in Wien. Studierte an der Landwirtschaftlichen Hochschule Tetschen-Liebwerd. Bis 1927 bienenkundliche Studienreisen im Ausland. Wurde 1932 Dozent für Bienenkunde an der Landwirtschaftlichen Hochschule Tetschen-Liebwerd u. mit Aufbau u. Leitung des Hochschulinstitutes für Bienenzucht u. Bienenpathologie betraut. 1947 Gründung u. Leitung der Bundeslehr- u. Versuchsanstalt für Bienenkunde in Wien (später angeschlossen die Bienenstation Lunz am See). Aufbau der neuen Imkerschule in Wien. Förderte die Imkerausbildung durch Neuorganisation des Systems der Wanderlehrer, baute die Arbeitsgemeinschaft der österreichischen Wanderlehrer für Bienenzucht auf. Trat für die vorbeugende Krankheitsbekämpfung ein (Hygiene, Bienenumsatz), entwickelte Senfölpräparat gegen Nosema (Mito A_2) u. setzte sich für die Verbr. der Zucht ein.

Judasbaum → *Cercis siliquastrum* → Leguminosae.

Jungfernbau. Bezeichnung für unbebrüteten Freibau ↗. Das aus J. erschmolzene Wachs ist weißlich, spröde u. ohne Geruch.

Jungfernbrütigkeit. Begriff, der dem der Drohnenbrütigkeit ↗ entspr., bedeutet also, daß eine Weisel unbegattet zur Eiablage schreitet.

Jungfernrebe, *Parthenocissus* → Vitaceae.

Jungfernzeugung → Parthenogenese.

Juvenilhormon(e). Leiten sich chemisch von der Klasse der Sesquiterpene ab, sind alle 10,11-Epoxide u. tragen am Kopfende eine Methylestergruppe. Das am weitesten verbr. u. auch in allen Entwicklungsstadien der Honigbiene vorkommende J. wird als $JH-III(R_1=R_2=R_3=H)$ bezeichnet. $JH-II(R_1=CH_3,R_2=R_3=H)$ u. $JH-I(R_1=R_2=CH_3,R_3=H)$ kommen nur selten, meist in Schmetterlings-An (Lepidoptera) vor. $JH-O(R_1=R_2=R_3=CH_3)$ konnte nur während der Embryonalentwicklung bestimmter Falter nachgewiesen werden. – Die J.-Mengenbestimmung erfolgt noch häufig mit einem Biotest (*Galle-*

ria-Wachstest) od. einem Radioimmuntest (RIA). Beide Methoden leiden unter dem Nachteil ihrer Unspezifität (Kreuzreaktivität), bes. im Bereich der natürl. Konzentrationen von wenigen Picomolen, d. h. milliardstel Gramm pro einem Gramm Insektenmaterial. Solche Mengen werden ohne bes. analytische Probleme unter Verwendung eines Massenspektrometers qualitativ u. quantitativ bestimmt. Durch Zugabe einer synthetischen Substanz mit ähnl. chemischen Eigenschaften wie das zu bestimmende Hormon (innerer Standard) u. genau bekannter Menge zu Beginn der Aufarbeitung ist eine exakte Mengenbestimmung möglich (Kastenentwicklung ↗, Insektenhormone ↗).

Käfig → Verschulen → Versand von Weiseln → Zusetzen von Weiseln.

Käfigen → Verschulen.

Käfigversuche → Bestäubungsabhängigkeit.

Kahlbrut. Durch Wachsmottenlarven u. Varroatose ↗ in der Entwicklung gestörte Bienenbrut. Es schlüpfen Bienen mit verkümmerten Flügeln u. Beinen u. mit verkürztem Hinterleib. Oft auch mit Röhrenbrut ↗ verbunden.

Kalkbrut, auch Ascosphaeriose, Hartbrut ↗. Hervorgerufen durch Schimmelpilz *Ascosphaera apis* ↗. Bienenbrut wird vom Mycel ↗ des Pilzes durchwuchert u. mumifiziert. Mumien ↗ sind locker in den Zellen von gelbweißer bis braungrüner Farbe. Bei ungünstigen Umweltbedingungen, wie kühle, feuchte Sommer, seuchenhaftes Auftreten. Faktorenkrankheit ↗. Bekämpfung mit Antimykotikum ↗ u. durch Anregung des Putztriebes ↗, Desinfektion der Beuten u. Gerätschaften.

Kalopanax septemlobus (THUNB.) KOIDZ., Baumkraftwurz. A der G *Kalopanax* der F der Araliaceae ↗. N- u. Zentral-China, Korea, Mandschurei, Sachalin, Primorje u. Amurgebiet (UdSSR). Der bis 25 m hohe Baum wird in M-Europa nicht höher als 8 m. Blüht im August in etwa 20–30 cm breiten, flachen Dolden, die in Rispen angeordnet sind. Weiße Blüten zwittrig. Nektar- u. Pollenspender. Nach Untersuchungen von PROGUNKOW (1975) gehört K. s. zu den über 250 nektar- u. pollenliefernden An des Amurgebietes u. Primorje zu der geringen Zahl von Species, die als nektarliefernde Pflanzen für die Bienen in diesem Gebiet, z. B. neben dem Amur-Korkbaum eine ziemlich bedeutende Rolle spielen.

Kaltbau → Wabenstellung.

Kaltluft. Entsteht z.B. während der Nachtzeit durch Abkühlung in Erdbodennähe u. kann die Bienenvölker ungünstig beeinflussen, wenn die Beuten nicht weit genug vom Erdboden entfernt sind. Der Abstand der Fluglöcher vom Erdboden sollte wenigstens 50 cm betragen. Um die nachteilige Wirkung von K. auf die Bienen zu vermeiden, ist eine Aufstellung der Beuten in Hanglage vorteilhaft. Die sich nachts entwickelnde K. fließt zur Talsohle ab, u. es besteht keine Gefahr, daß die Beuten von einem «Kaltluftsee» umgeben werden.

Kaltluftfronten → Flugaktivität.

Kandieren des Honigs. Das K. d. H. od. auch Kandeln ist ein Kristallisationsvorgang, der je nach dem Gehalt der Hauptzuckerarten des Honigs, Glukose (= Dextrose) u. Fruktose, früher od. später einsetzt. Je höher der Gehalt an Glukose ist, desto schneller u. intensiver erfolgt das Kandieren, z. B. beim Rapshonig. Honig mit einem hohen Anteil an Fruktose kandiert dagegen spät od. gar nicht, z. B. Robinienhonig. Wird der Kristallisationsvorgang nicht gestört, bilden sich große Kristalle aus, die ineinanderwachsen u. dabei den flüssigen Fruktoseanteil einschließen. Der Honig wird dabei fest od. sogar hart. Deshalb muß die beginnende Kristallisation durch mehrmaliges Rühren gestört werden (Rührstab ↗). Die Kristalle bleiben dabei klein u. bilden mit dem flüssigen Fruktoseanteil eine pastöse Struktur aus. Der Honig erhält eine sog. schmalzige od. feinsteife Beschaffenheit. Das Kandieren läßt sich wesentl. beschleunigen, wenn der noch flüssige mit einer geringen Menge festen Honigs angeimpft wird. Hierzu ist eine entspr. Menge (etwa 5–10%) feinsteifer mit flüssigem Honig in einer Schüssel od. dgl. zu einem gleichmäßigen Brei zu verreiben u. unter Rühren dem anzuimpfenden Honig zuzusetzen. Er muß anschl. so lange gerührt werden, bis eine gleichmäßige Verteilung erreicht ist. So behandelter Honig kann dann in Verkaufsgefäße abgefüllt werden.

Kanitz, Johann Gottlieb. Geb. 13.10.1816 in Eisenbart (Ostpreußen), gest. 11. 1. (2.) 1899 in Friedland a. d. Alle. Lehrer. Wirkte fast 60 Jahre auch als Lehrer der Imker. Imkerte im stabilen quadratischen bzw. rechteckigen Strohkorb mit mobilem Aufsatz. Hinter- u. Oberbehandlung. Später auch in Holzmagazinen, doppelwandig. Zargen wurden nicht unter-, sondern aufgesetzt. Hielt viele Bienenzuchtlehrgänge ab, betrieb rege Überzeugungsarbeit. Gründete 1855 die «Preußische Bienenzeitung». Hauptwerk: «Honig- und Schwarm-Bienenzucht».

Kanitzkorb. Zylinderförmiger Strohkorb mit rundem od. quadratischem Querschnitt, der entspr. der

Kalkbrutmumien, zum Teil mit Fruchtkörpern

Volkstärke aus zwei od. mehreren Ringen aufgebaut ist, die untereinander mit Drahtklammern zusammengehalten u. mit einem planen Strohdeckel verschlossen wurden. Der quadratische K. ist mit Rähmchen ausgestattet; in ihm wurde wie in einem Magazin geimkert.

Kanten-Hartheu → *Hypericum maculatum.*

Kapbiene → Afrikanische Rassen der Westlichen Honigbiene.

Kapbiene → *Apis mellifera capensis.*

Karbolsäure. Ist in der Anwendung als Karbollappen das klassische Hilfsmittel zur Behandlung von Oberbehandlungs-, spez. von Magazinbeuten. Wegen des unangenehmen u. lange haftenden Geruchs wird K. heute kaum noch in der Imkerei benutzt (Repellents ↗).

Karenzzeit. Zeitraum zw. der letzten Anwendung von Pflanzenschutz- u. Schädlingsbekämpfungsmitteln u. dem voraussichtlichen Erntetermin. Vom Hersteller u. in den jeweils gültigen Mittelverzeichnissen angegeben. Die K.-Angabe enthält jedoch keinerlei Aussage über die Dauer der vom betr. Präparat ausgehenden Bienengefährdung ↗.

Karotte, *Daucus carota* → Umbelliferae.

Kärntner Biene → *Apis mellifera carnica.*

Kashmir Bee Virus. Aus toten Bienen der *Apis cerana* aus Kaschmir u. Indien sowie bei *Apis mellifera* aus Australien isoliertes Virus mit einem Durchmesser von 30 nm. Es durchdringt leicht die Cuticula der Bienen u. vermehrt sich sehr stark. Wird *Apis mellifera* mit diesem lebensverkürzenden Virus infiziert, kommt es zu dessen massenhafter Vermehrung u. zu ungewöhnl. hohen Verlusten an Bienenvölkern.

Kastanien → Fagaceae.

Kastenentwicklung. Die Embryonal- u. Larvalentwicklung der beiden ♀♀ Bienenwesen läuft bis zum Ende der Futteraufnahme mit der gleichen Geschwindigkeit ab (Wachstum ↗). Trotzdem nimmt die Weisellarve bereits im vorletzten Stadium wesentl. rascher u. mehr an Gewicht zu als die entspr. Arbeiterin, da sie während der ganzen Freßperiode mit einem hochwertigen Futter ernährt wird (Weiselzellenfuttersaft) u. in einer geräumigen Brutzelle (Weiselzelle) mit einem großen Nahrungsüberschuß aufwächst. Die Arbeiterinlarve wird dagegen nur während der ersten drei Stadien mit einer hochwertigen, dem Weiselzellenfuttersaft vergleichbaren Nahrung versorgt, ab dem vierten Stadium mit einem Gemisch aus wenig Drüsensekret u. zunehmend mehr Honig u. Pollen (Altmadenfuttersaft). Außerdem wächst sie in der das Wachstum begrenzenden Enge einer Wabenzelle auf. – Bei künstl. Aufzucht frisch geschlüpfter Arbeiterinlarven im Brutschrank entstehen nicht nur mit Weiselzellenfuttersaft Königinnen, sondern auch mit dem Futtersaft junger Arbeiterinlarven. Diese in-vitro-Experimente belegen zunächst einmal den Einfluß der Nahrungsquantität: Bei durchgehender u. überreichl. Ernährung mit einem hochwertigen Futter entwickeln sich frisch geschlüpfte Arbeiterinlarven zu Weiseln. Versuche mit einem nur schwach determinierenden Futter, welches als Grundlage für eine halbsynthetische Nahrung diente, zeigten den genauso entscheidenden Einfluß der Futterqualität. Eine in ihren Komponenten aufeinander abgestimmte Nahrung, in der jeder niedermolekulare Bestandteil dem natürl. Weiselzellenfuttersaft mengenmäßig gleich war, führte unter den beschriebenen in-vitro-Bedingungen zu einer praktisch hundertprozentigen Überlebensrate u. zur Entwicklung aller Arbeiterinlarven zu Weiseln. Verän-

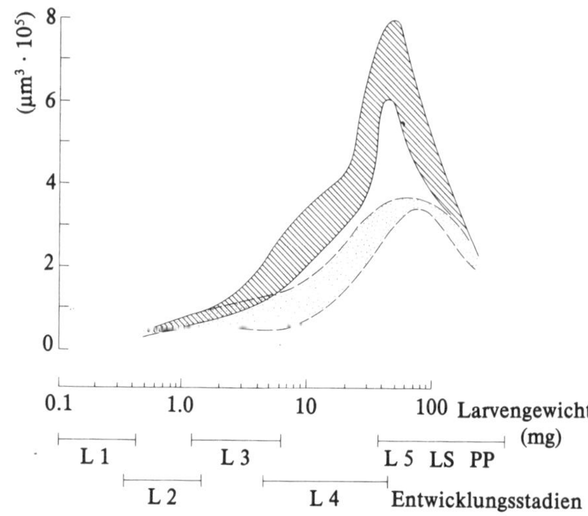

Entwicklungsabhängige Volumenänderung der *Corpora allata* von Weisel (schraffiert) und Arbeiterin der Honigbiene während der Larvenentwicklung. ULRICH (1979)

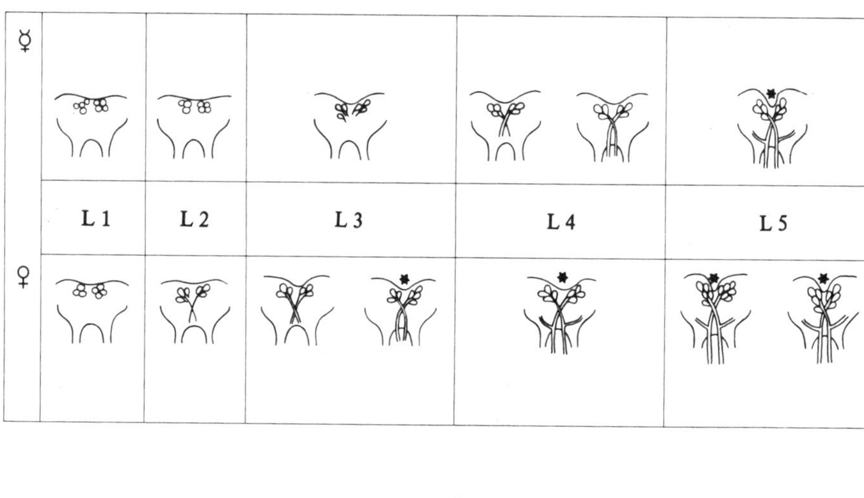

Entwicklungsabhängige und kastenspezifische Reifung des neuroendokrinen Systems bei der weiblichen Larve der Honigbiene. Nach REMBOLD, ULRICH (1982)

derte man die Konzentration bestimmter Komponenten, überlebten noch immer alle Tiere. Sie entwickelten sich aber zum größten Teil zu Arbeiterinnen od. Zwischenformen. Damit ist experimentell eindeutig bewiesen, daß die Kastenentstehung bei der Honigbiene eine Frage von Qualität, Menge u. Dauer des verabreichten Futtersaftes ist. – Wie wird nun das Hormonsystem der prospektiven Arbeiterin- bzw. Weisellarve an die Nahrung angekoppelt? Der eigentl. Trick bei der K. der ♀ Bienenlarve ist, daß die neurosekretorischen Zellen im Gehirn der frisch geschlüpften Larve (Insektenhormone ↗) nur embryonal angelegt sind u. sich erst während der folgenden Larvenentwicklung abhängig von der Futterqualität entwikkeln. Die Abb. zeigt die kastenspezifische Reifung des neuroendokrinen Systems. Bei der Arbeiterinlarve sind die Axone erst zum Ende des vierten Stadiums so weit entwickelt, daß sie einen histologisch erkennbaren Nervus corporis cardiaci ausbilden, u. radioaktiv markiertes Uridin als Nucleinsäurevorstufe wird erst im letzten Stadium in die Zellen eingebaut als Zeichen einer anlaufenden Biosynthese von Neurosekret. Unvergleichlich schneller reift das neurosekretorische System der Pars intercerebralis ↗ bei der Weisellarve. Bereits am Ende des dritten Stadiums wird das markierte Uridin in die Zellen eingebaut, u. im letzten Stadium läßt sich das Neurosekret bereits histologisch anfärben. – Die Reifung des neuroendokrinen Systems im Gehirn der Bienenlarve steht also unter der Kontrolle der Nahrungsqualität. Einer der entscheidenden Folgeschritte ist nun die kastenspezifische Aktivierung der peripheren Hormondrüsen durch die Neuropeptide ATH u. PTTH (Insektenhormone ↗). In der Tat wird das Wachstum der Corpora allata ↗ kastenspezifisch u. früher bei der Weisellarve aktiviert. Beim Vergl. der Drüsenvolumina deutet sich auch die Möglichkeit einer höheren Syntheseaktivität bei der Weisel an, wobei allerdings der Gewichtsunterschied von Arbeiterin- u. Königinlarven im Stadium L_5 diesen Unterschied wieder reduziert. Die entscheidende Antwort lieferte die Bestimmung der Juvenilhormontiter während der Imaginalentwicklung der beiden Kasten. – Der Verlauf des Hormontiters ist qualitativ bei Königin u. Arbeiterin während der Imaginalentwicklung ähnl. Die quantitativen Unterschiede sind allerdings beträchtlich. Bereits im Stadium L_3 ist die Juvenilhormonkonzentration in der Weisellarve etwa fünffach höher als in der der Arbeiterin, was nicht zuletzt die enorme Wachstumsgeschwindigkeit ab dieser Entwicklungsphase widerspiegeln dürfte. Der in beiden Kasten sichtbare Hormonabfall mit seinem Min. zu Beginn der Spinnphase folgt der allgemeinen Vorstellung (Insektenhormone ↗). Dann steigt aber der Titer nochmals an, bes. stark in der Weiselvorpuppe. Da während dieser Entwicklungsperiode bei der Arbeiterin die Ovariolen eingeschmolzen werden, drängt sich ein Zusammenhang zw. hohem Juvenilhormontiter u. Überleben der Gonaden beim prospektiven Geschlechtstier auf. Während der Puppenentwicklung ist kein Hormon nachweisbar. Der am Ende der Königinentwicklung sichtbare Anstieg des Hormontiters reflektiert den Beginn der Eibildung, die auch unter der Kontrolle des Juvenilhormons steht. – Die Kastenentstehung bei der Honigbiene läßt sich also in eine

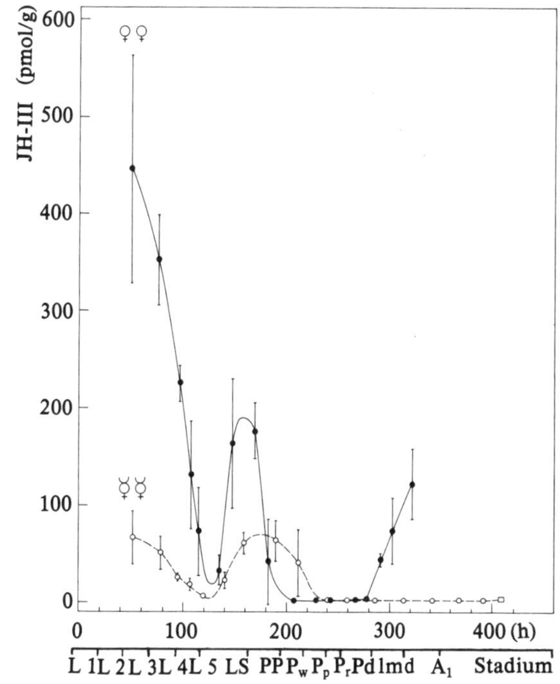

Juvenilhormontiter (JH-III in pmol/g) während der Imaginalentwicklung von Weisel (●) und Arbeiterin (○) der Honigbiene. Rembold (1986)

Reihe aufeinanderfolgender Schritte zerlegen. Der erste koppelt quasi den Bedarf des Bienenstaates, nämlich die Nachschaffung einer Weisel, an das Pflegeverhalten u. die Produktion des Weiselzellenfuttersaftes. Der zweite ist die endokrine Antwort der jungen ♀ Larve durch die Entwicklung eines kastenspezifischen neurosekretorischen Systems. Im dritten Schritt prägt sich dies aus in einem für jede Kaste charakteristischen Hormontiter, welcher für eine kastenspezifische Imaginalentwicklung u. damit auch für kastenspezifische biochemische Abläufe verantwortl. ist (Atmung, Biochemie). Als logische Konsequenz des Geschehens sind dann kastenspezifische physiologische u. biochemische Vorgänge zu erwarten (Biochemie der Kastenentwicklung ↗).

Kaukasische Biene → *Apis mellifera caucasica.*

Keilnischenflugloch → Flugloch.

Keimblätter. Mit Beginn der Keimentwicklung differenziert sich das Oberflächenepithel (Blastoderm) der Ei ↗-Zelle; u. es entstehen die K. Zuerst wird ventral in der Längsachse des Eies ein Keimstreifen sichtbar, der sich in die Dottermasse des Eies einsenkt. Aus ihm geht das mittl. K. (Mesoderm) hervor. Zu beiden Seiten dieser streifenförmigen Zellanlage kommt es – zuerst in der vorderen Hälfte des Eies – zur Ausbildung leistenartiger Zellkomplexe. Durch Fortsätze sind die einzelnen Zellen in der Lage, sich in ihrer Längsrichtung auszustrecken. Durch Zellvermehrung vereinigen sich diese leistenförmigen Zellkomplexe als äußeres K. (Ektoderm) schließl. über der Mesodermanlage. Das innere K. (Entoderm) entwickelt sich sowohl vom vorderen als auch vom hinteren Pol der

Blastodermanlage aus. Beide Teile dringen durch Wachstumsprozesse ins Innere des Eies vor.

Keimling → Embryo.

Keimstreif → Embryonalentwicklung.

Kellerhaft → Begattungsvölkchen.

Kellerhals → *Daphne mezereum* → Thymelaeaceae.

Kellerüberwinterung. Z. Z. nur noch in Ländern mit bes. kalten u. langen Wintern, z. B. der UdSSR, praktiziert. Bei Eintritt von Frostwetter werden die Beuten in eigens dafür vorgesehene kellerähnl., dunkle Räume gebracht. Die Temp. wird den ganzen Winter überwacht u. durch entspr. Lüftung etwas über 0 °C gehalten. Die K. gewährleistet durch die gleichmäßige Temp. u. das Fernhalten jeglicher Störungen einen ruhigen Sitz u. geringe Zehrung der Völker. Ein Problem bei der K. ist das sich in den Räumen bildende Kondenswasser.

Kennzeichnungspflicht. Besteht in den meisten Ländern für die Hersteller von Pflanzenschutz- u. Schädlingsbekämpfungsmitteln ↗. Danach müssen auf jeder Verpackung Angaben zur Einstufung in eine evtl. Giftklasse, Angaben zur Gefährdung von Nützlingen, insbes. Bienen u. Fischen, enthalten sein.

Kernsphäre → Embryonalentwicklung.

Kernvolk. Ein früh im Jahr gebildetes Völkchen in einem Dreiwabenbegattungskästchen, das, nachdem seine Waben mit Brut gefüllt sind, in einen Ablegerkasten umgehängt wurde, bildet den Kern, aus dem durch laufende Fütterung mit Futterteig ↗ u. durch Verstärken mit Jungbienen bis zum Herbst eine überwinterungsfähige Einheit hervorgeht. Anliegen dieses Vorgehens ist das langsame Wachsen eines Volks u. das von Anfang an zu erzielende harmonische Verhältnis zw. Weisel u. Bienen. S. auch Begattungsvölkchen.

Kieferlachniden → Lachniden → Honigtauwaldtracht → Waldtracht.

Killerbienen → Afrikanisierte Bienen.

Kippvorrichtung. Bei Magazinbeuten mit mehreren Zargen ist es oft erforderlich, zur Bearbeitung an die unteren zu gelangen. Dies kann geschehen, indem die darüberstehenden abgehoben u. beiseite gestellt werden. Diese Methode ist aber umständlich. Moderne Magazine sind mit Vorrichtungen versehen, die das Abkippen einer od. gleichzeitig mehrerer Zargen nach vorn ermöglichen. Voraussetzung hierfür ist, daß der Magazinboden entweder auf einem stabilen u. durch mehrere Beuten beschwerten Gestell befestigt ist od. daß er direkt auf dem Boden steht. Weiterhin ist erforderlich, daß die Zargen auch an der Rückseite durch Schlösser od. dgl. miteinander verbunden sind. Die abgekippten Zargen können auf entspr. hohen Stützen abgelegt werden.

Kirchhainer Begattungskästchen → Begattungskästchen.

Kitten. Eine bei den einzelnen Völkern unterschiedl. stark ausgeprägte Verwendung von Propolis u. a. zum Abdichten von Zwischenräumen unter 4 mm, zum Ausfüllen von Vertiefungen, zum Verkleinern des Fluglochs. Mit einer dünnen Propolisschicht

Cinara pinea. An diesjährigem Trieb saugende V_2

werden auch die Innenwände der Beute, die Rähmchen u. Waben u. sonstigen Teile in der Beute sowie in die Beute gelangte Fremdkörper überzogen.

Kittharz. Neben dem hauptsächl. verwendeten Wachs ist das K. od. Propolis noch ein Baustoff der Honigbienen. Seine wesentlichsten Bestandteile sind Baumharze, die von den Bienen eingetragen werden (Kittharzsammeln ↗). Harzspender sind u. a. Pappeln, Birken, Erlen, Weiden, Eschen, Roßkastanien, Ulmen, Ahorn, Buchen, Eichen, Kirschen, Pflaumen u. Koniferen. Gesammelt werden insbes. die klebrigen Harzüberzüge der Knospen. – Entspr. seiner versch. Herkunft u. Weiterbearbeitung durch die Bienen (Kittharzverarbeitung ↗) unterliegt die Zusammensetzung des K.es großen Schwankungen. Als allgemeine Richtlinie mögen die Angaben von SCHWENK (1984) gelten. K. besteht danach zu 50–59 % aus Harzen von Baumknospen, 5–30 % Bienenwachs, ca. 10 % flüchtigen (ätherischen) Ölen, 8–10 % Pollen, Vitaminen, Antibiotika u. 17–19 Spurenelementen wie Ca, K, Na, Mg, Fe, Al, P, Va, Co, So, Ni, Zn u. a. Die Farbe des K.es variiert je nach Herkunft, z. B. Erle gelb, Roßkastanie rot, Schwarzpappel braun, Birke schwarz. – Der Name «Propolis» kommt aus dem Griechischen u. weist auf das Einengen der Fluglöcher zur besseren Verteidigung u. zum Wärmeschutz hin. Es dient den Bienen zum Winterfestmachen ihrer Wohnungen. Wie schon der Name Stopfwachs andeutet, benutzen sie es, um Ritzen u. Spalten zu verstopfen, sie verkleben damit die Abstände zw. Rähmchen u. Kastenwänden. Ganz allgemein kann man sagen, es wird überall dort verwendet, wo Zwischenräume von weniger als 5 mm zu überbrücken sind, größere Räume werden mit Wachs verbaut. Man benutzt es zur Befestigung loser Teile u. aufgrund seiner antibiotischen Eigenschaften zum Mumifizieren getöteter Eindringlinge im Stock. Eine wichtige Verwendung ist auch das Überziehen der Beutenwände mit K., es schützt vor Feuchtigkeit u. andererseits in warmen Klimazonen vor übermäßiger Verdunstung, außerdem ist es von hygienischem Wert. In den ursprüngl. Wohnräumen der europ. Honigbiene, den hohlen Bäumen, verhinderte die K.-Beschichtung der Wände das weitere Wachstum der Pilze, durch die diese Hohlräume entstanden sind. K. findet auch am Wabenwerk Verwendung, bes. zum Versteifen von Zellrändern u. Zellkanten, aber u. a. auch bei Kleinbauarbeiten ↗. Natürl. Bienenwachs enthält 5–10 % K.-Bestandteile. In sü., heißen Gegenden wird K. dem Bauwachs beigemischt, um den Schmelzpunkt zu erhöhen. – Vielfältig ist die Verwendung von Harz bei anderen Bienenverwandten. Ein Beispiel dazu: Die Indische Zwergbiene *Apis florea* benutzt eingetragenes Harz zum Schutz gegen Ameisen, indem sie links u. rechts ihrer – an einem Ast hängenden – Wabe diese mit einem Harzring versieht u. daraus ständig wieder frische, spitze Höcker auszieht.

Kittharzbienen. Bilden nur eine kleine, aber recht stete Bienenschar innerhalb eines Volkes. Sie sind genauso alt wie Nektar- u. Pollensammlerinnen, d. h. älter als 20 Tage. Neben ihrer Sammeltätigkeit verarbeiten sie – vornehmlich außerhalb der Sammelzeiten – nach 16 Uhr (Kittharzzeiten ↗) neben anderen Kitterinnen das Kittharz im Stock. Sie haben sich ganz auf das Harzsammeln u. Kitten spezialisiert u. halten äußerst beständig an ihrer Arbeit fest, über viele Tage, u. häufig sind sie länger als eine Stunde pausenlos mit Kitten beschäftigt. Die anderen Kitterinnen im Stock sind weitaus zahlreicher als die, die auch Harz sammeln, doch gehören auch sie fast durchweg dem Trachtalter an. Die K. bilden also die einzig bekannte, im Trachtalter stehende Bienengruppe, die für die Ausführung einer «Hausarbeit» zuständig ist. Fast alle besitzen völlig reduzierte Wachsdrüsen. Aber auch «Wachsbienen» helfen mitunter beim Kitten. Es sind, wie auch die anderen Kitterinnen, die nicht auch Harz sammeln, sog. «Gelegenheitsarbeiterinnen», die überall dort einspringen, wo gerade Arbeiten zu verrichten sind (Arbeitsteilung ↗). Sie bedeuten ein Reservoir freier Arbeitskräfte im Bienenstaat, das die Gewähr dafür gibt, daß auch spontan u. z. T. nur kurzfristig anfallende Arbeiten verrichtet werden. Gelegenheitsarbeiterinnen, die beim Verkitten tätig sind, trifft man auch überall dort, wo sonst noch viel zu tun ist, z. B. beim Verlängern u. Verdeckeln von Honigzellen. Spezialarbeiterinnen können jederzeit beim Versiegen ihrer Arbeitsquelle zu Gelegenheitsarbeiterinnen werden u. umgekehrt. Harzsammlerinnen lassen sich durch eine gute (im Experiment vorgetäuschte) Tracht leicht zum Honigsammeln umstimmen u. erscheinen dann regelmäßig, oft mit Harzhöschen, wie auch andere Honigsammlerinnen alle 4–8 min an der Trachtquelle. Ist diese jedoch versiegt, sammeln sie erneut Harz.

Magazin-Bienenstand in Hanglage, Peloponnes, Griechenland

Kittharzersatz. Das eingetragene Harz wird von den Honigbienen bei der Verarbeitung im Stock (Kittharzverarbeitung ↗) je nach benötigter Menge Kittstoff u. ausgeprägtem Kittinstinkt ↗ versch. stark mit Wachs vermengt. Es kann sozusagen beliebig mit Wachs gestreckt werden. Im Bedarfsfall verwenden die Bienen auch ohne weiteres reines Wachs zum Kitten, was durch Experimente u. Beobachtungen leicht zu beweisen ist (Meyer 1954, Gontarski 1955). Es wird jedoch kein Wachs eingetragen. Lediglich im Experiment gelingt es, infolge individueller Verschiedenheit der einzelnen Harzsammlerinnen in bezug auf ihr Unterscheidungsvermögen einige wenige dieser Bienen durch Täuschung zum Höseln von Wachs zu veranlassen, das dann wie Harz behandelt wird (Meyer 1953, 1954). Keine Ausnahme dagegen ist der Wachstransport als Höschen (wie Kittharz) bei der Indischen Zwergbiene *Apis florea*, die häufig ihren Standort wechselt u. sich auf diese Art das Wachs der verlassenen Wabe an den neuen Wohnplatz holt.

Kittharzsammeln. Um Baumharze (Kittharz ↗) zu sammeln u. in den Stock transportieren zu können, wird es von den Sammelbienen gehöselt. Kittharzhöschen haben an warmen Tagen ein glattes, opalglänzendes Aussehen, bei kühlem Wetter, wenn das Harz fester ist, entstehen zackige, zerrissene Päckchen. Seiner Klebrigkeit wegen kann das Harz aber nicht wie Pollen im Fluge mit Bürstchen u. Pollenkamm gehöselt werden. Der gesamte Vorgang des Kittharzhöselns spielt sich im Sitzen ab, wobei die mit den Mandibeln unter Mithilfe des Sekretes der Mandibulardrüsen (Oberkieferdrüsen) losgelösten Harzteilchen durch die Vorder- u. Mittelbeine direkt in die Körbchen der Hinterbeine befördert werden. Dieser Vorgang kann in 4 Etappen aufgegliedert werden. 1. Auf der Suche nach einem Harzpartikelchen tasten beide Fühler der Sammlerin in ständiger Bewegung direkt vor den Mandibeln. Ebenso beim Ablösen, wobei beide Vorderbeine helfend hinzutreten können. Festes Harz wird regelrecht abgenagt, weiches mit den Mandibeln gefaßt u. durch Hoch- u. Zurücknehmen des Kopfes fadenförmig ausgezogen, bis es schließl. abreißt. 2. Die beiden Vorderbeine greifen darauf nach vorn zu den Mandibeln, kneten u. richten das Teilchen etwas u. nehmen es aus den Mandibeln heraus, indem sie die ersten Fußglieder zusammendrücken. 3. Noch während die Vorderbeine das Harzteilchen aus den Mandibeln greifen, führt eines der Mittelbeine sehr rasche, winkende Auf-Ab-Bewegungen nach vorn aus u. greift dann, nachdem das Teilchen sich zw. den Vorderbeinen befindet, mit seinem vergrößerten ersten Fußglied unter die Fußglieder der beiden Vorderbeine. Das Harzteilchen gelangt hierbei auf die Innenseite des ersten Fußgliedes des Mittelbeines u. wird nun 4. durch schnelle Rückwärtsbewegung des Mittelbeines in das Körbchen der gleichen Seite befördert, wobei es mit dem Mittelbein von außen am Körbchen bzw. entstehenden Harzhöschen angedrückt wird. Noch während des Andrückens tastet die Sammlerin bereits von neuem nach Harz u. beginnt das nächste Teilchen abzulösen. – Der Transport des Harzteilchens von den Mandibeln bis zum Körbchen geht verblüffend schnell vor sich, in Zeiten, die unter einer Sekunde liegen. – Wenn Bienen Harz höseln, lassen sie sich dabei kaum stören u. werden so leicht das Opfer von hinten angreifender Wespen. Regelmäßig unterbrechen die Harzsammlerinnen aber ihre Tätigkeit, um kurze Heimflüge in den Stock zu unternehmen.

A
B
C
D

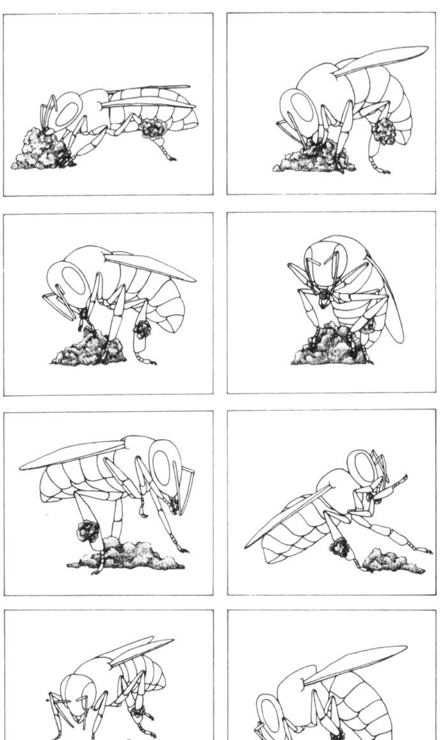

Das Ablösen eines Harzteilchens mit den Kiefern (Mandibeln), A
Bearbeitung und Abnahme durch die Vorderbeine, B
Die Übernahme von den Vorderbeinen auf ein Mittelbein, C
Der Übergang von dem Mittelbein in das Körbchen derselben Seite. Die Sammlerin nagt während des Andrükkens am Körbchen bereits erneut Harz ab; D

Sie nehmen dort häufig Honig auf, scheinen sich zuweilen auch nur auszuruhen, u. manchmal führen sie Tänze auf, die denen der Nektar- u. Pollensammlerinnen gleichen u. offensichtl. auch von alarmierender Wirkung sind. Nach durchschnittl. 15–20 min verlassen sie dann wieder mit unfertigen Höschen den Stock u. setzen ihre unterbrochene Sammeltätigkeit fort.

Kittharzverarbeitung. Kittharz ↗ wird zu den verschiedensten Zwecken u. an den verschiedensten Stellen von den Bienen im Stock verwendet. Eine heimgekehrte Harzsammlerin fällt gegenüber ihren Nektar u. Pollen sammelnden Stockgenossinnen, die unter lebhaftem Gebaren so schnell wie möglich ihre Beute loswerden wollen, durch ihr geradezu phlegmatisches Verhalten auf. Sie begibt sich an eine etwas abgelegene Stelle im Stock in die Nähe von Kittharzbaustellen u. bietet sozusagen ihre Ware an. Sie verharrt dort ruhig wartend, selten nur wenige Schritte auf- u. abgehend. Ab u. an, offensichtl. nach Kittharzbedarf, kommen dann andere Arbeiterinnen u. beißen od. zerren ein Stückchen Harz (etwa 0,5 mm^3) von den Höschen. Sie laufen damit zu den Kittstellen u. heften es dort an, wobei es auch etwas durchgekaut wird. Eine bis mehrere Stunden vergehen, bis die Harzhöschenbiene so ihrer Last ledig geworden ist. Das vollständige Loslösen des Harzes ist möglich, da es nicht am Boden des Körbchens klebt, sondern nur den Randhaaren aufsitzt. Ebensowenig haftet es an den Oberkiefern, mit denen die Bienen es greifen u. verarbeiten. Das Sekret der Oberkieferdrüsen dient dabei als Lösungsmittel. – Die Harzteilchen werden zunächst nur grob an den Baustellen angeheftet u. bedürfen noch einer ausgiebigen Weiterverarbeitung u. -verteilung. Viele versch. Arbeiterinnen sind hier in Einzelarbeit tätig u. arbeiten mit genau den gleichen Grundbautechniken (Bautechnik ↗) wie bei der Ausführung von Wachsbauarbeiten. Auch Kitten bedeutet ständiges Beseitigen von Unebenheiten, die durch Anheften von Baustoffteilchen stets wieder neu geschaffen werden. Am «glatten» Material wird nicht mehr gearbeitet. In der gleichen Weise wie Harzteilchen werden auch Wachskrümchen, die vom Wabenmaterial abgenagt wurden, mit in die Verkittung hineinverarbeitet. Das Harz verliert dadurch seine Klebrigkeit u. wird fester. Der Anteil von Wachs im Kittharz richtet sich nach der benötigten Menge Kittstoff (Kittharzersatz ↗).

Kittharzverwendung durch den Menschen. Propolis (Kittharz) war nicht nur im Altertum ein geschätzter Rohstoff, sondern gewinnt heute zunehmend an Bedeutung. Durch seine vielen Inhaltsstoffe birgt es vielseitige therapeutische u. technische Anwendungsmöglichkeiten. Seine konservierenden Eigenschaften wurden schon v. u. Z. von den Ägyptern erkannt, indem sie Propolis zur Einbalsamierung (Mumien) benutzten. Propolis-Lacküberzüge bei Fresken in Pompeji, bei chinesischen u. japanischen Holzgeschirren bewahrten die darunter befindlichen Malereien vor dem Zerfall. Bekannt sind die firnissenden Eigenschaften bei der Herstellung von Anstrichmitteln, bes. im Geigenbau. Stradivari erreichte damit eine bis heute unübertroffene Klangschönheit seiner Instrumente. Spieler von Streichinstrumenten erhöhen mit Propolis die Griffigkeit der Bogensaiten (es ist im Colophonium enthalten). Propolis ist heute ein begehrtes

Mittel zur Möbelpolitur. Imker benutzen in Azeton gelöstes Propolis zum Innen- u. Außenanstrich neuer Beuten, womit ein «Vorwohnen» für einen Schwarm vorgetäuscht wird, damit er nicht wieder auszieht. Propolis findet Verwendung in Desodorans u. in Räuchermaterialien; durch Zusatz von Propolis entsteht ein aromatischer Rauch. – Propolis wurde schon im Burenkrieg mit Erfolg zur Wundheilung u. gegen Wundfieber eingesetzt. Im letzten Weltkrieg benutzte man in der Roten Armee Kittharzsalbe in Lazaretten gegen Nekrosen u. Gangräne. Die therapeutischen Anwendungsmöglichkeiten in der Human- u. Veterinärmedizin sind vielgestaltig. Flavonoide (u.a. Galangin, Pinocembrin, Quercinin, Apigenin, Halangin, Ruthin) finden als Granulat (Dragée) od. in Pulverform sowie auch als Salben od. in gelöster Form Verwendung. Je nach dem Krankheitsbild erfolgt die Anwendung von Propolis cutan, oral, mittels Injektion od. durch Inhalation. Folgende therapeutische Eigenschaften sind bisher bekannt (Schricker, mündl. Mitteilung 1986): 1. antimikrobielle, keimhemmende Wirkung: gegen zahlreiche An von Pilzen u. Bakterien. Das Quercinin (s.o.) ist gegen Herpes-Viren wirksam. 2. regenerative Wirkung: bei Wundheilung, Gewebsregeneration nach Verbrennungen, bei Ekzemen, Neurodermatitis, in der Chirurgie zumeist als Wundpflaster mit zusätzl. Klebeeffekt. 3. spasmolytische Wirkung: von Flavonen, die eine Papaverin-artige, entkrampfende (spasmolytische) Wirkung auf versch. Organe besitzen. 4. betäubende Wirkung: 0,25%ige alkoholische Lösung von Propolis ist 3–4mal wirksamer als Kokain u. Novokain in analoger Dosierung. Bei der Oberflächen- u. Lokalanästhesie werden in der Zahnheilkunde Lösungen u. eine Art Zahnpasta verwendet sowie vom Hals-Nasen-Ohren-Arzt Ohrentropfen bei Otitis. 5. antithrombogene Wirkung: bei Zusammenballung (Aggregation) von roten Blutkörperchen in Blutkapillaren Verhinderung u. Beseitigung derselben mit Wiederherstellung der Mikrozirkulation des Blutes. 6. entzündungshemmende Wirkung: bei Gicht, Rheuma, mykotischen Prozessen. 7. wirksamkeitssteigernd bei Antibiotika: z. B. Biomycin, Terramycin, Neomycin, Penicillin, Streptomycin u. a. 8. «antiradiologische» Wirkung von Propolis-Salbe, die auf die zu bestrahlende Stelle aufgetragen wird. Die Salbe schützt in der Mehrzahl der Fälle vor der Entstehung von spezifischen Reaktionen (Bestrahlungsschäden) der Haut. – Propolis findet ferner Anwendung (nach W. Schwenk, 1984) bei Erkältungen, Grippe, Bronchialasthma bei Kindern, Entzündungen der Mundschleimhäute, des Zahnfleisches, Lungenentzündung, Stirnhöhlenvereiterung, Schwerhörigkeit, Schilddrüsenleiden, chronischer od. akuter Darmentzündung, Typhus, Soor u. Wundsein bei Säuglingen, Entzündungen der Scheide u. des Gebärmutterhalses, Furunkulose, Akne, Grind, Hühneraugen (hier wird weiches Propolis unter Papier aufgelegt u. ein Strumpf zum Schutz darübergezogen), Fußpilz, Haarausfall, Erfrierungen. In der Veterinärmedizin wird Propolis bei Maul- u. Klauenseuche, bei Rotlauf der Schweine u. bei Tetanus angewendet. – Vor jeglicher unkontrollierter (nicht vom Arzt verordneter) Anwendung bei Mensch u. Tier muß gewarnt werden. In hoher Dosierung kann Propolis toxisch wirken (bei Versuchstieren erwiesen!). Außerdem kann Propolis zu teils schweren allergischen Reaktionen (Pollenallergie bes. bei Kindern) führen (1 auf 1000 Patienten).

Kittharzzeiten. Kittharz wird im mitteleurop. Klimabereich, entspr. seiner hauptsächl. Verwendung im Bienenstock, bes. im Spätsommer u. Herbst gesammelt (August, September, Oktober), wenn die Nächte kühl werden u. die natürl. Nektarquellen versiegt sind. Erste, frische Verkittungen kann man aber auch schon gegen Ende Juni beobachten, u. im Juli kitten manche Völker bereits recht stark. Es bestehen in dieser Hinsicht Unterschiede zw. den einzelnen Bienenvölkern u. -UAn (Kittinstinkt ↗). Solange im Herbst noch gutes Flugwetter herrscht, wird Harz eingetragen, oft auch noch im November, vereinzelt bei schon recht kühlem Wetter. – Die tägl. Sammelzeiten liegen vorwiegend zw. 10 u. 16 Uhr mit Schwerpunkt am Vormittag. Bevorzugt werden warme Tage u. sonnige Sammelstellen. In der Wärme ist das Harz weicher u. leichter abzulösen. Im Bienenstock gekittet wird dagegen im wesentl. erst nachmittags ab 16 Uhr, vormittags nur wenig (Kittharzbienen ↗). An warmen Nachmittagen u. Abenden (Beobachtungen zu nächtlicher Zeit fehlen) wird eifriger gekittet als bei kühlem Wetter. Völlig eingestellt ist die Kittarbeit, solange es so kalt ist, daß das Volk sich traubenartig zusammengezogen hat u. die Kittstellen außerhalb des Bienenbereiches liegen.

Kittinstinkt. Der Instinkt zum Kitten ist bei den Rassen u. UAn der Honigbiene versch. stark ausgeprägt, wie auch einzelne Völker sich in dieser Hinsicht unterschiedl. verhalten können. Als bes. stark kittend gilt z. B. die Afrikanische *Apis unicolor intermissa* wie auch die Kaukasische *Apis mellifera caucasica.* Weniger kitten *Apis mellifera carnica* u. *ligustica*, während die Kretische Biene u. die Ägyptische *Apis fasciata* wie auch die Indische *Apis cerana* überhaupt kein Kittharz verwenden u. dort somit auch keine Kittharzgewinnung möglich ist. Die im Spätsommer einsetzende Kittätigkeit der Bienen wird trotz ihrer klimaregulatorischen Bedeutung im Leben des Wintervolkes offensichtl. aber nicht durch thermische od. klimatische Reize hervorgerufen. Das Sammeln von Harz ist eine Eigenschaft der Honigbiene, die aufgrund einer saisonbedingten Änderung in der Verhaltensweise der Spätsommertrachtbienen in Erscheinung tritt. So kann durch den Wegfall der natürl. Nektartracht eine teilweise Umstimmung der Trachtbienen zum Harzsammeln erfolgen (Kittharzbienen ↗) u. damit auch die Auslösung der Reaktionskette: Materialbeschaffung – Aufsuchen von Kittstellen – Kitten (Meyer 1954, Gontarski 1955). Die Kittätigkeit erfolgt somit auch zum günstigsten Zeitpunkt der Wintervorbereitung.

Klappertopf → Scrophulariaceae.

Klebrige Akazie → *Robinia viscosa.*

Kleinbauarbeiten. Umfassen im Gegensatz zum Wabenbau ↗ alle jene Bauarbeiten, die außerhalb der Bautraube verrichtet werden, wie die Verdeckelung der Brut- u. Honigzellen, Zellrandarbeiten wie Verlängerung, Verkürzung u. Randverdickung, Auf- u. Abbau von Weiselnäpfchen, kleinere Ausbesserungsarbeiten u. gelegentl. Bau von verbindenden Stützpfeilern von Wabe zu Wabe. So wie Brut- u. Honiggeschäft im Bienenvolk versch. Charakter tragen, strenge Gesetzmäßigkeit auf der einen u. von Trachtverhältnissen abhängige Gelegenheitsarbeit auf der anderen Seite, trifft gleiches auch für die damit verbundenen K. zu (Baubienen ↗). Die verwendeten Bautechniken ↗ sind aber in beiden Bereichen, wie auch beim Wabenbau, immer wieder die gleichen. – Im Brutzellbereich stehen alle Arbeitsvorgänge unter dem Gesetz der sich entwickelnden Brut, so auch die K., deren auffallendstes Glied die Verdeckelung der sechs Tage alten Larve ist. Gearbeitet wird hier ausschl. mit im Stock bereits vorhandenem Wabenbaustoff, mit dem die Bienen äußerst sparsam umgehen. Nichts geht verloren, dieses Baumaterial unterliegt einem regelrechten Umtrieb, der sich anhand der einzelnen Brutnest-K. wie folgt darstellt:

Zellrandverdickung
↓
Bau des Brutdeckels
↓
Verdünnen u. Abnagen des Brutdeckels
↓
(Schlüpfen der Biene)
↓
Zellscherung

Im Frühjahr wird ein gewisser Materialzuschuß von Wabenteilen (Zellrandverdickungen) der weiteren Umgebung benötigt. Umgekehrt ergibt sich im Spätsommer ein Materialüberschuß, der in Form von Zellrandverdickungen wieder deponiert wird. Durch den Abtragungsprozeß am geschlossenen Brutzelldeckel gewinnen die Bienen den Baustoff für neue Verdeckelungen. Rund 60% des ursprüngl. Deckelgewichtes werden vorzeitig abgetragen. Es entstehen dadurch ± große Löcher, durch die das Larvengespinst zutage tritt (Zelldeckel ↗). Durch die Zellscherung wird nach dem Schlüpfen der Biene das restl. Deckelmaterial, einschl. des anhaftenden Larvengespinstes, entfernt u. zur Zellrandverdickung verwendet. Bereits im Eistadium entsteht so ein beachtl. Wulst am oberen Rand der Brutzelle, der die Materialgrundlage für die Herstellung des eigentl. Deckelteiles gibt. Sein äußerer ringförmiger Teil, von der Breite des halben Deckelradius etwa, wird, wenn die Larve sechs Tage alt ist, aber noch als Rundmade in der Zelle liegt u. ständig Futter erhält, in zwei- bis dreistündiger Arbeit durch viele versch. Arbeiterinnen hergestellt. Der Bau des zentralen Teiles hingegen vollzieht sich in nur 25 min durch hastige, pausenlose Arbeit von nur einer bis höchstens drei Bienen. Sie halten dabei wie besessen an ihrer Arbeit fest. Erst durch starke Raucheinwirkung lassen sie sich schließl. vertreiben, nachdem alle anderen Bienen die Wabe längst geräumt haben. – Auch Weiselzellen werden aus altem Wabenbaustoff hergestellt. Noch vor dem Ausschlüpfen der Weisel wird das Verdeckelungsmaterial in vielen Fällen wieder völlig abgetragen, so daß manchmal nur noch eine kahle Gespinstkuppe übrig bleibt. Die Verdeckelung der Drohnenzellen erfolgt in gleicher Weise wie bei der Arbeiterbrut, allein die Bauzeiten sind etwas ausgedehnter, u. die Abtragung am geschlossenen Deckel wird unregelmäßig durchgeführt. – Im Bereich der Honigzellen ist das beherrschende Element der Honig. Die Arbeitsvorgänge unterliegen keinem festen Rhythmus, sondern werden durch die anfallende Tracht bestimmt. K. sind Gelegenheitsarbeiten. Zunächst wird auch hier mit vorhandenem Wachs gearbeitet. Ist dieses jedoch verbraucht, so wird frisch geschwitztes, helles Wachs verwendet. Das ist immer dann der Fall, wenn durch Einbringen einer reichen Tracht eine Bauvergrößerung (Zellverlängerung) notwendig wird. Ganz entsprechend müssen dann auch die Zelldeckel auf solchen Dickwaben ↗ aus hellem, frisch geschwitzten Wachs hergestellt werden. In trachtlosen Zeiten werden die dann leeren Zellen wieder verkürzt u. der dabei anfallende Baustoff in Form stärkerer Zellrandverdickungen vorübergehend gespeichert. Die Bautechnik ↗ ist unabhängig von der Verschiedenheit des Materials. Die Verdeckelungsarbeiten im Honigbereich werden nicht wie im Brutnest an Einzelzellen durchgeführt, sondern stets werden ganze Wabenflächen zugleich in Angriff genommen. Charakteristisch ist in diesem Bereich das «flächige» Arbeiten der Bienen. Die Honigzelldeckel werden bereits während des Bauens, aber bes. hinterher intensiv geglättet (s. Bautechnik) u. erhalten zudem noch nachträglich eine Verstärkung durch eine ± dicke Wachsauflage (s. Zelldeckel). – Für den Bau von Stützpfeilern verwenden die Arbeiterinnen im allgemeinen altes Wachs aus der Umgebung der Baustelle. Zunächst werden 1–3 leere Zellen mit einem Deckel verschlossen u. dann auf den so gewonnenen Bauuntergrund größere Mengen krümeligen Baumaterials angehäuft u. in die Länge gearbeitet. Auf der Oberfläche wird der Baustoff dabei feiner verteilt u. anschl. auch etwas geglättet. Der sich so langsam hervorbildende Pfeiler erhält dadurch seine Festigkeit. Innen ist er von ganz krümeliger Beschaffenheit, während er nach außen von einer festen Oberschicht umgeben ist. Der Bau von kleineren Pfeilern dauert manchmal nur 1–2 h.

Kleinblättrige Zwergmispel → *Cotoneaster microphyllus.*

Kleines Schneeglöckchen → *Galanthus nivalis* → Amaryllidaceae.

Kleinklima. Erzeugt durch punktuelle Wärmeproduktion, spezifische Temp.-Verteilung, Gashaushalt ↗, insbes. Wasserdampfhaushalt ↗ u. Turbulenzen ↗; im Zentimeterbereich wirksam. Das K. beeinflußt das Verhalten der Bienen in der Beute, aber auch an den Trachtquellen. Es kann schon in geringen Entfernungen, z. B. in den Wabengassen einer nur teilweise von Bienen besetzten Beute, erhebliche Unterschiede aufweisen. Die klimaregulatorischen Fähigkeiten der Arbeitsbienen erfolgen zunächst im kleinklimatischen Bereich. Von hier aus greifen sie schließl. auf größere Klimabezirke der Beute über.

Klemmstopfen → Zuchtstoff.

Kletterwabe. Bei Obenüberwinterung ↗ eine unter die Öffnung im Zwischenboden in den Brutraum gestellte bzw. gehängte ältere Wabe, die den Bienen den Aufstieg in den Honigraum erleichtern soll.

Klimahaushalt → Thermoregulation.

Knock-Down-Effect. Bezeichnung für sehr hohe Anfangswirkung bei Insektiziden ↗. Die betroffenen Schaderreger werden sofort bei Gifteinwirkung in einen Zustand versetzt, der der Exzitationsphase ↗ entspricht. Bei Honigbienen können solche Auswirkungen z. B. bei Einwirkung von Lindanpräparaten beobachtet werden, wonach die betroffenen Flugbienen in der Mehrzahl ihre Bienenwohnungen nicht mehr erreichen.

Knöterich, *Polygonum* → Polygonaceae.

Knöterichgewächse → Polygonaceae.

Koelreuteria paniculata LAXM., Blasenbaum. A der G *Koelreuteria* – mit sieben An in China, Korea u. in Japan (Hondo) verbr., dort Wälder bildend – der F der Sapindaceae. Als Park- u. Alleebaum geeignet. Der 6–8 m hohe Baum blüht im Juli/August. Gelbe Blüten in großen, aufrechten, endständigen Rispen. Winterhart. Nektar- u. Pollenspender. Wertvoll durch die späte Blütezeit; in seiner Heimat angewandert.

Kohldistel → *Cirsium oleraceum* → Compositae.

Kohlkratzdistel → *Cirsium oleraceum* → Compositae.

Kokon → Larvenentwicklung.

Kombinationseignung. Eignung einer Inzuchtlinie, Zuchtlinie ↗, Population ↗, od. eines Individuums – das sind z. B. die aus einem Bienenvolk gezogenen Geschwisterweiseln –, mit Kreuzungspartnern bestimmte quantitative u. qualitative Eigenschaften zu realisieren. Grundlage für die allgemeine K. ist die additiv-genetische Wirkung (gleichsinnig-additive Genwirkung ↗), während der spez. K. additive u. nicht additive Wirkung (Heterosis ↗) zugrunde liegt. Die K. wird aufgrund der K.-Prüfung (Kreuzung ↗ u. Prüfung der Kreuzungsprodukte) ermittelt.

Kommensalismus, Mitessertum. Schädling zehrt von der Nahrung der Biene. Gefährlich, wenn die Schädlinge massenhaft auftreten: Bienenlaus ↗, Triunguline ↗.

Königinnensubstanz. Unter dieser Bezeichnung wird eine Reihe von Pheromonen ↗ zusammengenommen, mit denen die Weisel das Volk steuert. Diese Substanzen werden von den Mandibeldrüsen ↗, Tergittaschendrüsen ↗ u. Tarsaldrüsen ↗ abgegeben. Die Mandibeldrüse erzeugt vor allem Fettsäure mit 6–10 C-Atomen, von denen die 9-Oxy-decensäure u. die 9-Hydroxy-decensäure die bekanntesten sind. Nimmt man der Weisel die Mandibeldrüsen weg, kann sie trotzdem weiter über das Volk herrschen, da noch die beiden anderen Drüsensysteme vorhanden sind. Dadurch wird deutl., daß nicht die einzelnen Stoffe für spezifische Effekte verantwortl. sind, sondern daß die Arbeiterinnen die Weisel an ihrer gesamten pheromonellen Ausstattung erkennen. Das Fehlen von einigen Komponenten behindert sie nicht in ihrem weiselrichtigen Verhalten: Bildung des Hofstaates ↗, Hemmung der Aufzucht von Ersatzweiseln in Nachschaffungszellen, das Unterbleiben der Aktivierung des Ovars der Arbeiterinnen, erhöhter Sammeleifer usw. Da Bienen ihre eigene Weisel von anderen unterscheiden können, spielt das Erlernen der individuellen Merkmale der Weisel offenbar eine wichtige Rolle. Das wird ermöglicht, weil jede Weisel ihre individuelle Mischung der unterschiedl. K. aufweist. Unter Umständen sind eierlegende Arbeiterinnen ↗ auch in der Lage K. zu produzieren. S. auch Arbeitsteilung.

Weisel mit Hofstaat

Königsfuttertrog. In versch. Größen hergestellter Blechkasten zur Flüssigkeitsfütterung. Er wird nach dem Hochschieben des Verschlußbrettchens an das Beutenfenster angeschoben. Der K. ist durch eine Trennwand in ein den Bienen zugängliches Abteil u. ein Abteil zum Einfüllen der Zuckerlösung geteilt.

Wirkungsweisen der Königinnensubstanz-Pheromone auf Arbeitsbienen und Drohnen

innerhalb des Stockes	*außerhalb des Stockes*
A: auf Arbeitsbienen	
a) locken junge Bienen an (Hofstaat, Brutpflege)	f) locken schwärmende Bienen an
b) fördern Baulust der Bienen	g) stabilisieren die Schwarmtraube und wirken beruhigend auf das Schwarmgefüge
c) hemmen Entwicklung der Eierstöcke	
d) hemmen Bau von Weiselzellen	
e) enthalten antibiotische Stoffe	
B: auf Drohnen	
	a) als Geschlechtslockstoff im Flug auf Drohnensammelplätzen
	b) regen den Geschlechtstrieb an (Aphrodisiakum)

Konkurrenz, Competition. Wettbewerb der Individuen einer A um Nahrung, Lebensraum, Geschlechtspartner. K. tritt aber auch zw. versch. in ihren Lebensansprüchen einander ähnelnden An auf. Honigbienen können z. B. um Trachtquellen, unter natürl. Bedingungen auch um Nisthöhlen (Bienenwohnungen) od. um Flugräume für Drohnenansammlungen konkurrieren. K. erscheint i. d. R. immer erst dann, wenn die Beanspruchung eines der ökologischen Erfordernisse größer wird als deren verfügbare Kapazität. Häufig wird K. durch flexible Adaptationsfähigkeit der Individuen bzw. An vermieden. Ein Beispiel dafür bieten die im Tagesrhythmus unterschiedl. Flugzeiten der Drohnen sympatrisch lebender Honigbienen-An in S-Asien. Der K.-Druck an Trachtquellen ist bei konstantem Nahrungsangebot sowie gleichbleibender Temp., die einen uneingeschränkten Sammelflug gestattet, ungefähr gleich groß. Er erhöht sich bei abnehmender

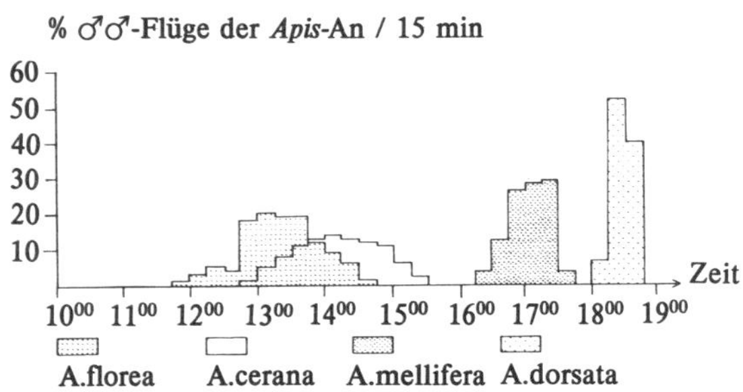

Flugaktivität der Drohnen von *Apis mellifera, A. florea, A. cerana, A. dorsata* zu unterschliedlichen Tageszeiten. Nach KOENIGER und WIJAYAGUNASEKORA (1976)

Temp. u. der dadurch zurückgehenden Nektarsekretion. Bekannt ist, daß Arbeitsbienen ergiebige Nektarquellen im Vergl. zu weniger ergiebigen anderen Bienen gegenüber verteidigen. An blühenden Kleefeldern wurde beobachtet, daß die Flugbienen versch. Völker in unterschiedl. Bereichen des Trachtgebietes sammelten u. auf diese Weise den K.-Druck herabsetzen konnten.

Kontaktakarizid. Pflanzenschutz- u. Schädlingsbekämpfungsmittel, das bereits bei Berührung auf Milben wirkt.

Kontaktinsektizid. Pflanzenschutz- u. Schädlingsbekämpfungsmittel ↗, die Schaderreger bereits nach Berührung abtöten. Setzen mit ihrer Wirkung meist an den Rezeptoren der sensorischen Nerven an u. paralysieren in sehr kurzer Zeit das gesamte Nervensystem. K.e enthalten oft Beistoffe ↗, die das Eindringen durch die Körperhülle der Schadinsekten erleichtern. Honigbienen sind durch K.e gefährdet, bes. dann, wenn diese in öliger Formulierung ↗ od. zusammen mit Haftmitteln angewendet werden. Bei besprühten Flugbienen kann das Haarkleid verkleben, die Wirkstoffe ↗ gelangen dadurch direkt auf den Chitinpanzer u. können durch dessen feine Kanälchen in den Organismus eindringen. – Laufen Honigbienen über mit K.en behandelte Pflanzenteile, besteht die Gefahr, daß die Wirkstoffe durch die dünnen intersegmentalen Zwischenhäutchen der Tarsen eindringen u. so direkt an die Nervenenden rezeptorischer Nerven gelangen. Die K.-Anwendung mit sehr stabilen Wirkstoffen führt zu schwerwiegenden Gefährdungen für Honigbienen.

Kontaktpheromon. Solche Pheromone ↗, die nicht durch die Luft von der Quelle bis zum Empfänger transportiert, sondern erst durch körperl. Kontakt übertragen werden.

Kontamination. Verschmutzung od. Belastung von Materialien u. Lebewesen mit Fremdstoffen. Man unterscheidet z. B. die K. durch Schadstoffe, wie Rückstände, die mikrobielle K. u. die radioaktive K.

kontrollierte Paarung. Die k.P. ist bei Honigbienen im Wege der natürl. Begattung auf einer vor Zuflug fremder Drohnen sicheren Meeresinsel möglich. Hier werden die zu begattenden Weiseln zusammen mit dem gewünschten Partner (Drohnenvolk ↗ od. Drohnenvolksippe) aufgestellt (Belegstelle ↗). Die k. P. einer Weisel mit bestimmten Einzeldrohnen ist nur durch künstl. Besamung realisierbar. Auf Landbelegeinrichtungen ist die Paarungssicherheit durch die Möglichkeit des Zuflugs von Fremddrohnen selbst über große Entfernungen bis 15 km eingeschränkt. Eine nachträgliche Paarungskontrolle in bezug auf die Rassereinheit läßt sich nach Untersuchung der Körpermerkmale ↗ der (Arbeiterinnen-)Nachkommen anhand statistischer Werte durchführen.

Kopf → Caput.

Korbblütler → Compositae.

Körbchen → Extremitäten.

Körbericht. Zusammengefaßte Dokumentation über die Abstammung, die Leistungen u. die Körpermerkmale eines zu körenden Bienenvolkes im Rahmen des Verfahrens der Körung ↗. Der K. wird auf der Grundlage des Zuchtbuches ↗, des Belegnachweises ↗, der Eintragungen über die Eigen- ↗, Geschwister- ↗ u. Vorfahrenleistungen ↗ u. der Verhaltenseigenschaften sowie im Ergebnis einer Körpermerkmalsuntersuchung durch einen Zuchtrichter ↗ am Stand des Züchters angefertigt u. zusammen mit einer Probe von Drohnen u. Arbeitsbienen des zu körenden Volkes (Körprobe für Körpermerkmalskontrolle) an die herdbuchführende Einrichtung (Herdbuch- od. Körstelle) zwecks Durchführung der Körung eingeschickt.

Körformel. Besteht aus der Formel der Körpermerkmale u. der Formel der Leistung. Die Formel der Körpermerkmale, häufig auch allein als K. bezeichnet, ist eine Zusammenstellung der Kurzbezeichnungen od. Maße bestimmter, im Rahmen des Verfahrens der Körung ↗ untersuchter Körpermerkmale einer Probe getöteter junger Drohnen u. Arbeitsbienen zu einer Formel. Z. B. sind oberhalb eines Bruchstriches die Körpermerkmale der Drohnen in der Reihenfolge Panzerzeichen, Haarfarbe, Cubitalindex, unterhalb des Striches die Körpermerkmale der Arbeitsbienen in der Reihenfolge Panzerzeichen, Haarlänge, Filzbindenindex u. Cubitalindex angeführt. Für Panzerzeichen werden folgende Kurzbezeichnungen angewendet: Drohnen: O = ohne Panzerzeichen, I = große Inseln, i = kleine Inseln, R = Ring; Arbeitsbienen: o = ohne Panzerzeichen, E = große Ecken, R = Ring. – Die Brusthaarfarbe der Drohnen erhält die Bezeichnungen gr (grau), ge (gelb), od. br (braun). Die Haarlänge der Arbeitsbienen wird in Maßen (Mittelwert od. Extremwerte od. beide) od. in Buchstaben k (kurz), m (mittellang) od. l (lang) angegeben. Die Filzbindenbreite wird in Buchstaben f (schmal), ff (mittel), F (breit) od. besser als Index (Verhältnis der Filzbindenbreite zur Breite des bindenfreien Streifens derselben Rückenschuppe) ausgedrückt. Zu dem bei Drohnen u. Arbeitsbienen zu messenden Cubitalindex werden die Extremwerte u./od. der Mittelwert angegeben. – Zur Formel der Leistung wird nach einjähriger Prüfung der Honigertrag der Bienenvölker in kg sowie die Ertragsdifferenz in kg u. Prozent gegenüber den vergleichbaren Völkern (Völkern mit gleichaltrigen Weiseln) des Prüfstandes zusammengestellt. Z. B. bedeutet 30 kg (+5 kg +20 %): Das Bienenvolk hat einen Honigertrag von 30 kg gebracht. Es lag damit um 5 kg bzw. 20 % über dem Ertragsmittel der vergleichbaren Völker des Standes.

Korbweide → *Salix viminalis* → Salicaceae.

Körmeister → Zuchtrichter.

Kornblume → *Centaurea cyanus* → Compositae.

Kornblumen, *Centaurea* → Compositae.

Kornelkirsche → *Cornus mas* → Cornaceae.

Kornflockenblume → *Centaurea cyanus* → Compositae.

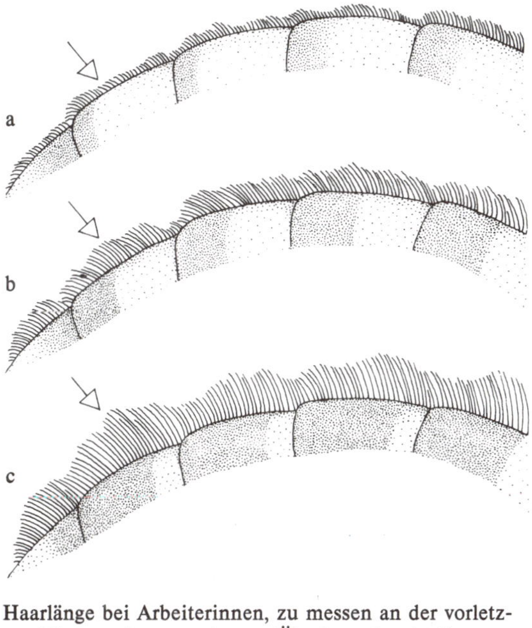

Haarlänge bei Arbeiterinnen, zu messen an der vorletzten Rückenschuppe. a kurzes Überhaar; b mittellanges Überhaar; c langes Überhaar

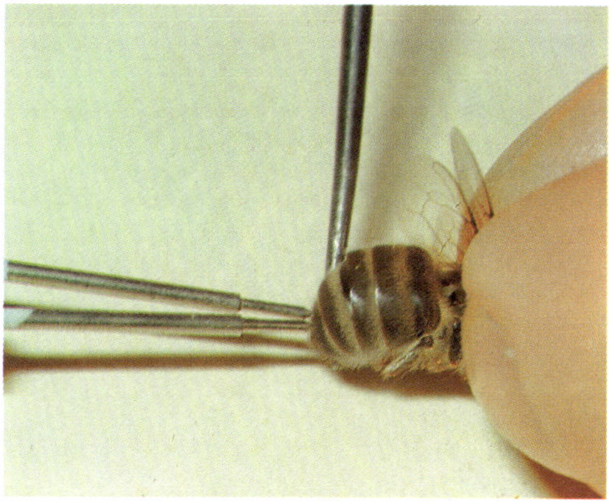

Haarlängenmessung mit Meßnadel

Körpermerkmale. Die K. dienen auf der Grundlage von Rassestandards zur Unterscheidung der geographischen Bienenrassen, bes. der europ., u. in diesem Zusammenhang auch zur Untersuchung auf Reinpaarung. Unter den in Betracht kommenden K.n werden im Rahmen des Körverfahrens (Körung ↗) bei Arbeitsbienen die Merkmale Panzerzeichen, Filzbindenbreite, Haarlänge u. Cubitalindex, bei Drohnen die Merkmale Panzerzeichen, Brusthaarfarbe u. Cubitalindex untersucht. Häufig wird auch die Rüssellänge der Arbeitsbienen gemessen; ferner können die Breite der Rückenschuppe, die Wachsspiegel, die Discoidalverschiebung des Flügelgeäders sowie die Form des Hinterleibes der Arbeitsbienen als zu messende K. herangezogen werden. Panzerzeichen sind Aufhellungen am Hinterleib bei Arbeitsbienen u. Drohnen. Während die Mehrzahl der Individuen bei den europ. Rassen *Carnica, Mellifera* u. *Caucasica* einen dunklen Panzer aufweist, sind *Ligustica*-Bienen mit einem bis drei gelben Ringen versehen. Lederbraune Panzerzeichen kommen als Ecken bei den Arbeitsbienen von *Mellifera*, als Ecken bis zu einem Ring bei der *Carnica* vor, als kleine Inseln, selten auch als große Inseln, bei Drohnen, während gelbe Panzerzeichen bis zu einem

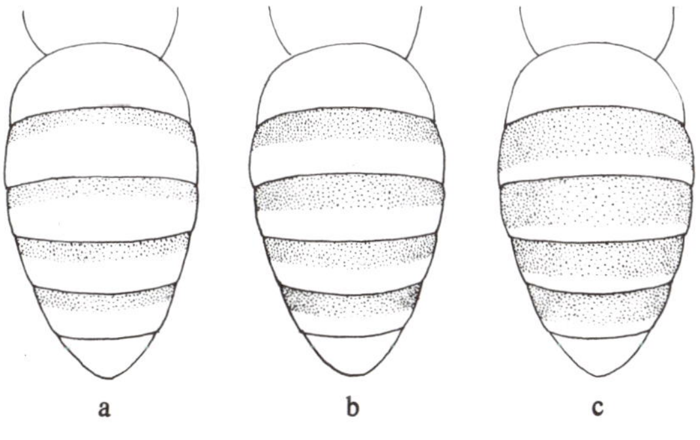

Filzbindenbreite bei Arbeiterinnen. a schmal (Filzbindenindex 1); b mittel (Filzbindenindex 1); c breit (Filzbindenindex 2); geschätzt an der mittleren Filzbinde

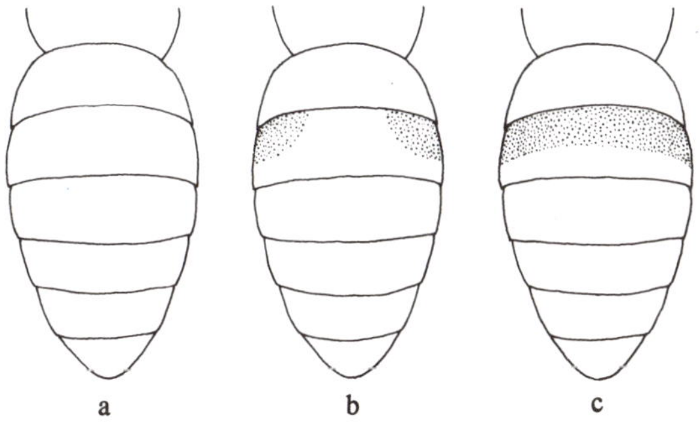

Panzerzeichen bei Arbeiterinnen. a ohne Panzerzeichen; b gelbe Ecken; c gelber Ring

Ring auf Verbastardierung mit der Italiener Biene hinweisen. Die Filzbindenbreite ist die Breite der Behaarung auf den Hinterleibsringen. Untersucht wird die mittl. Filzbinde (auf dem vierten Hinterleibsring) bei den Arbeitsbienen. Dieses K. dient vor allem der Unterscheidung zw. den Rassen *Mellifera* u. *Carnica.* Die Filzbinden der *Carnica*-Biene sind breit u. grau, die der *Caucasica* bleigrau, die der *Ligustica* gelblich, die der *Mellifera* schmal u. schütter behaart. *Mellifera*-Bienen mit breiten Filzbinden sind verbastardiert. Die Brusthaarfarbe dient als ergänzendes Kriterium zur Untersuchung der Rassezugehörigkeit der Drohnen.

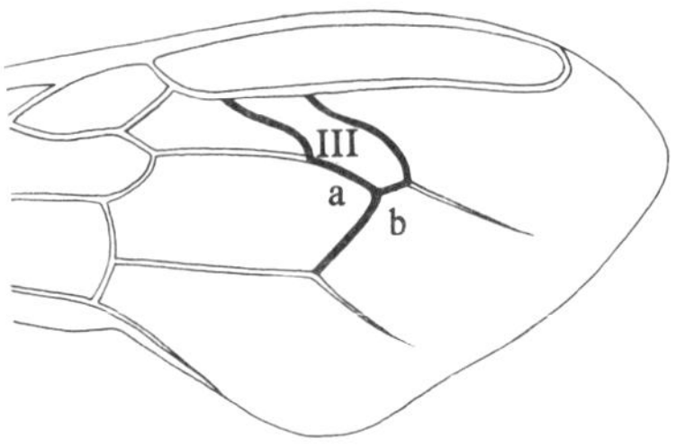

Cubitalindex, gemessen am Verhältnis der Länge der Adern a:b der III. Cubitalzelle des Vorderflügels

Es werden die Brusthaare am Flügelansatz untersucht. Ihre Färbung ist bei *Carnica* grau, bei *Mellifera* braun, bei *Ligustica* gelblich, bei *Caucasica* schwarz. Häufig treten Farbübergänge auf, z. B. bei *Carnica* zu braun od. gelb, bei *Mellifera* zu rostbraun od. schwarz. Als Haarlänge wird die Länge des Überhaars auf der fünften (vorletzten) Rückenschuppe der Arbeitsbienen festgestellt, meist messend, z. B. mit einer graduierten Nadel, die unter dem Präpariermikroskop ins Haarkleid gesenkt wird, od. am Schattenbild des projizierten Bienenprofils, zuweilen auch schätzend, z. B. im Vergl. mit der Breite des ersten Fußgliedes, die etwa einem mittellangen Haar entspricht. Das Überhaar ist bei *Carnica* u. *Ligustica* kurz (0,25–0,35 mm), bei *Mellifera* lang (0,4–0,6 mm), bei Kreuzungen ↗ meist mittellang. Der Cubitalindex ist wegen seiner guten Meßbarkeit das wichtigste bei Drohnen u. Arbeitsbienen zu untersuchende K. Es wird das Verhältnis von

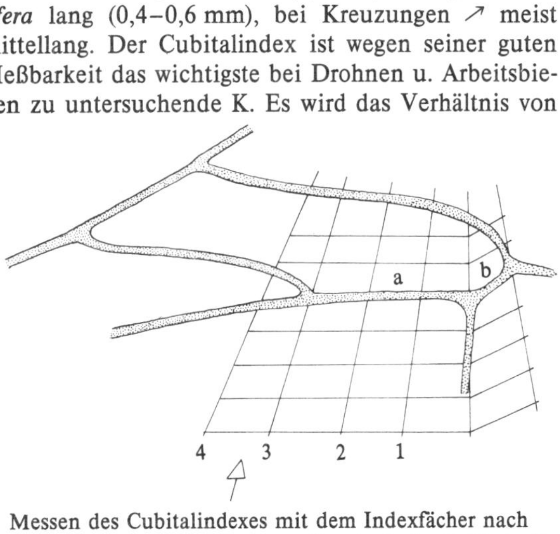

Messen des Cubitalindexes mit dem Indexfächer nach Herold. Man bringt die kurze Strecke b der Cubitalzelle mit der passenden kurzen Strecke des Indexfächers dekkungsgleich und liest den Index am Ende von a ab (hier 3,0)

kurzem zu langem Teilstück der Grundader der dritten Cubitalzelle ermittelt. Die einfachste Methode ist das Messen am projizierten Bienenflügel. Dazu eignet sich bes. der Indexfächer nach Herold, bei dessen Verwendung sich der Cubitalindexwert ohne Umrechnung ablesen läßt. Zusätzl. zur Körformel ↗ können die Werte zu einer Variationskurve verarbeitet werden, aus der sich – z. B. bei Auftreten eines Nebengipfels im Extrembereich – Verbastardierungen ableiten lassen. *Carnica* u. *Ligustica* haben hohe Cubitalindexwerte aufzuweisen (um 2,6 bzw. 2,4 bei Arbeitsbienen, um 1,8 bzw. 2,0 bei Drohnen), während *Mellifera* niedrige Werte zeigt (um 1,7 bei Arbeitsbienen, um 1,3 bei Drohnen). Mittl. Cubitalindexe haben *Caucasica* sowie Bastarde zw. *Mellifera* u. *Carnica.* Die mit der Rotkleetüchtigkeit in Zusammenhang zu bringende Rüssellänge ist bei *Carnica* u. *Ligustica* mit Mittelwerten um 6,6 mm, bei *Caucasica* um 6,9 mm groß, bei *Mellifera* um 6,0 mm gering. Die Form des Hinterleibes ist bei Arbeitsbienen von *Carnica* torpedoförmig spitz, bei *Mellifera* eirund.

Körpertemperatur. Schwankt bei der einzelnen Biene mit der Umgebungstemp. u. liegt bei der ruhenden Arbeiterin i. d. R. 1–2 °C darüber. Im Hinterleib (Abdomen ↗) ist sie niedriger als im Brustabschnitt (Thorax ↗), in dem die Körperwärme durch die Tätigkeit der großen indirekten Flugmuskeln erzeugt wird. Außerhalb der Beute kann die K. der Bienen erheblich über die Umgebungstemp. ansteigen. Die Höhe der K. hängt hier im wesentl. von der Sonnenstrahlung ab. Die Thoraxtemp. (Arbeitstemp.) liegt im allgemeinen bis zu 10 °C über der Außentemp. Die Sammeltätigkeit führt durch das Sonderklima in den Blütenkronen u. U. zu einem zusätzl. Anstieg der K. Bei starker Erwärmung haben die Bienen die Möglichkeit, ihre K. zu senken, so daß eine Aufheizung des Bienenkörpers durch hohe Außentemp. u. Sonnenstrahlung normalerweise nicht lebensgefährlich werden kann. Der in erster Linie im Brustabschnitt durch Muskeltätigkeit entstehende Wärmeüberschuß gelangt bereits während der Wärmeproduktion durch die bei steigender K. zunehmende Pulsation des Herzschlauches ↗ über die Blutflüssigkeit ↗ in den kühleren Kopfbereich. Erwärmt sich nun auch der Kopf (Caput ↗) zu stark (> 40 °C), wird am Rüsselgrund ein Honigtröpfchen abgeschieden u. durch Hin- u. Herbewegen des Rüssels ↗ die Verdunstung des im Honig bzw. im Nektar enthaltenen Wassers gefördert. Durch die so entstehende Verdunstungskälte kann die Biene ihre Kopftemp. um 4–8 °C senken. Dieser Kühleffekt führt zu einem weiteren Wärmeabfluß aus dem Brust- in den Kopfbereich. Die Biene gibt auf diese Weise einen beträchtlichen Teil überschüssiger Wärme aus dem Brustabschnitt über den Kopf nach außen ab. Der bei hohen Außentemp.en möglichen Kühlung des Kopf-Brust-Bereiches durch Honigblaseninhalt kommt zugleich noch eine ökonomische Bedeutung zu, indem die schnelle Eindickung wasserreichen Nektars für die Honigbereitung schon während des Fluges durch Verdunstung vonstatten gehen kann. Eine weitere Möglichkeit der Wärmeabgabe während des Fluges besteht für die Sammelbiene darin, daß sie ihre Extremitäten ↗ nicht, wie gewöhnl. dem Körper anlegt, sondern sie frei nach unten hängen läßt. Der kühlenden

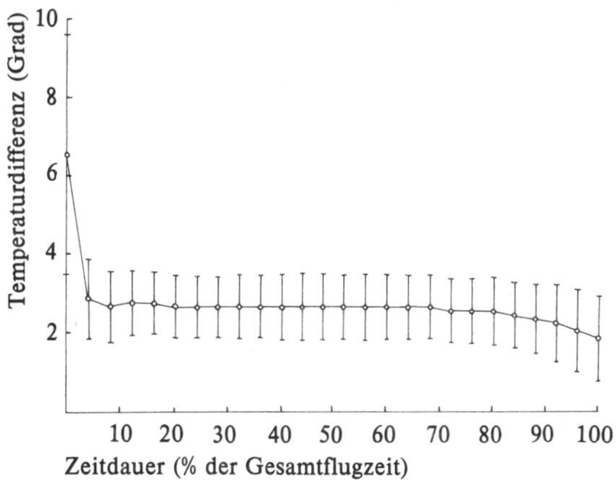

Differenz zwischen Thorax- und Umgebungstemperatur bei Flugbeginn (Typ 1)

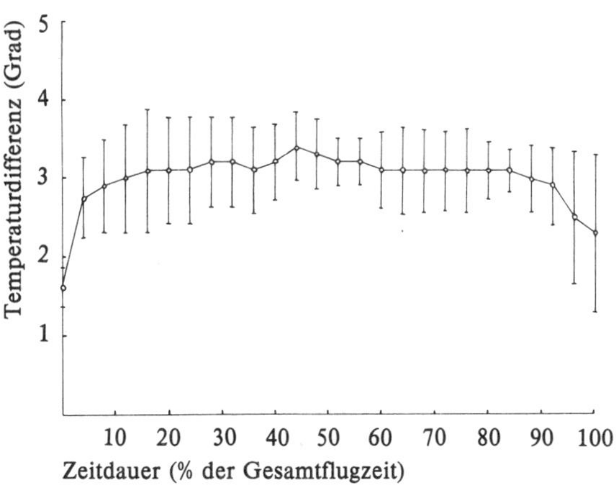

Differenz zwischen Thorax- und Umgebungstemperatur bei Flugbeginn (Typ 2)

Luft wird durch diese Haltung der Beine eine größere Angriffsfläche geboten. Im Vergl. zu diesen Formen der Wärmeabgabe spielt der Wärmeverlust über die Atemöffnungen nur eine untergeordnete Rolle. – Beim Abflug der Sammlerin aus dem Stock zeigt die Thoraxtemp. charakteristische Veränderungen, entweder sie steigt an u. bleibt dann bei gleichmäßiger Umgebungstemp. relativ konstant, od., was häufiger der Fall ist, die Bienen erwärmen sich vor dem Abflug, so daß ihre Thoraxtemp. schließl. um mehr als 6 °C über der Umgebungstemp. liegt. Sie pendelt sich dann aber rasch auf einem niedrigeren Niveau ein. Ausschlaggebend dafür ist wiederum die Außentemp. Die Thoraxtemp. der Drohnen übersteigt diejenige der Arbeiterinnen stets um einige Grade. Das Verhalten der Bienen ist in hohem Maße von Temp.-Einflüssen abhängig, so kann z. B. die Stechlust mit steigender Umgebungstemp. zunehmen. Die sich im wesentl. auf die unmittelbare Umgebung der Bienenwohnung begrenzende Stockverteidigung der europ. Honigbienen hängt möglicherweise damit zusammen, daß die aus dem Stock kommenden u. optimal aufgeheizten Arbeitsbienen nur in der Nähe ihrer Behausung über entspr. viel Energie verfügen u. für die Stockverteidigung reaktionstüchtig genug sind. – Die einzelnen Bienen können als «wandelnde Wärmequellen mit einer wechselnden Heizkraft» (Büdel) angesehen werden, die durch ihre Bewegung im Stock aktiv Wärme transportieren.

Körung. Beurteilung der Zuchteignung eines Bienenvolkes auf der Grundlage eines von einem Zuchtrichter ↗ angefertigten Körberichtes ↗, verbunden mit der Eintragung ins Herdbuch ↗. Voraussetzung für die K. sind im allgemeinen der Nachweis der Abstammung (Abstammungsnachweis ↗) von gekörten Vorfahren, der Nachweis der Eigen-, Geschwister- ↗ u. Vorfahrenleistungen ↗ u. die Untersuchung der Körpermerkmale ↗. Gekört werden a-Völker (2 a-Muttervölker u. 4 a-Vatervölker) u. b-Völker (1 b-Drohnenvölker ↗, meist als Drohnenvolksippe). Das Körverfahren ist bei b-Völkern vereinfacht, da hier wegen der parthenogenetischen Erzeugung der Drohnen die Eigenleistungen u. die Körpermerkmale der Arbeitsbienen nicht geprüft werden.

Koshevnikovsche Drüse. Am Stachelapparat ↗ befindlich, aus einem Feld von einzelnen Drüsenzellen bestehend, die individuell durch ihre Ausfuhrgänge an der Oberfläche der Quadratplatten ausmünden. Ihre Funktion ist unbekannt. Butler nimmt an, daß die K. D. bei der Weisel Königinnensubstanzen produziert.

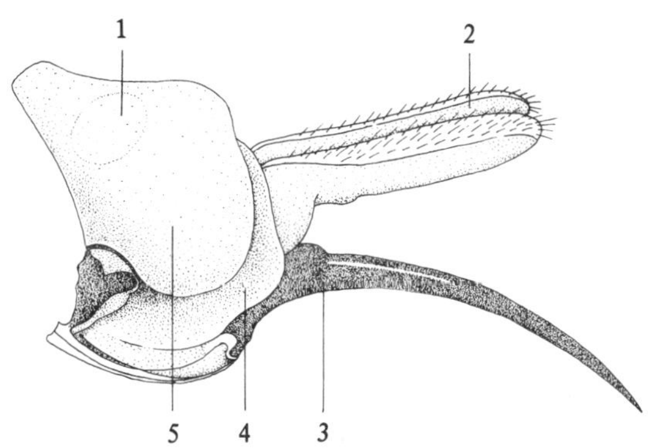

Lage der Koshevnikovschen Drüse. 1 Koshevnikovsche Drüse, 2 Stachelscheide, 3 Stachel, 4 oblonge Platte, 5 quadratische Platte

Kotblase → Darmkanal.

Kotfleck. Auf der Wabe, in der Zelle u. in der Beute Verdacht auf Ruhr ↗ u. Nosematose ↗, Unruhe durch Weisellosigkeit, Acarapidose ↗ od. Varroatose anzeigend. Schwefelgelbe K.e an der Flugfront bei der Amöbiose.

Krabbler. Auf dem Boden herumkriechende, flugunfähige Bienen mit hüpfenden u. krabbelnden Bewegungen. Meist mit Flügellähme ↗ bei der Acarapidose ↗, bei Blutkrankheiten, Maikrankheit ↗, Nosematose ↗, Varroatose ↗, Vergiftung u. Viruskrankheit.

Krainer Biene → *Apis mellifera carnica.*

Krankheiten der ad. Bienen → Bienenkrankheiten.

Krankheiten der Brut → Brutkrankheiten.

Krankheiten, meldepflichtige → meldepflichtige Krankheiten.

K-Rasse → *Apis mellifera carnica.*

Kräuterdieb. *Ptinus fur,* aus der F der Ptinidae (Diebkäfer). Innenschädling ↗, Allesfresser. Ca. 4 mm, lange Beine u. Fühler. Larve zerstört Wände u. Deckel von Wabenzellen.

Kreuzdorn → *Rhamnus catharticus* → Rhamnaceae.

Kreuzdorngewächse → Rhamnaceae.

Kreuzklemmen. Eine von ZANDER entwickelte Abstandvorrichtung für Wabenrahmen ↗ in Magazin- ↗ u. Oberbehandlungsbeuten ↗. Der Abstand von Mittelwand zu Mittelwand beträgt bei Anwendung der K. 37 mm (Innenabstände für Bienenwohnungen ↗).

Kreuzkraut → *Senecio vulgaris.*

Kreuzresistenz. Bei Schaderregern können durch häufige Anwendung von Bekämpfungsmitteln resistente Stämme entstehen. Wird bei solchen resistenten Stämmen bereits bei der ersten Anwendung eines anderen wirksamen Bekämpfungsmittels mit nicht verwandter Struktur ebenfalls Unempfindlichkeit festgestellt, spricht man von K.

Kreuzung. Zuchtverfahren, bei dem Individuen versch. Inzuchtlinien, Zuchtlinien ↗ od. Rassen ↗ od. deren K.en gepaart werden. Die K. dient der Ausnutzung von Heterosis ↗ od. der Kombination von bestimmten Eigenschaften. Bei der reziproken K. wird die Paarung in beiden Richtungen durchgeführt: Jeder K.s-Partner wird als ♀ u. ♂ Elter eingesetzt. Dabei treten – auch bei den Bienen – häufig unterschiedl. Ergebnisse auf. Die K. von zwei Linien wird als Einfach-K. od. Zweiweg-K. bezeichnet. Wenn die K.s-Tiere aus der K. von mehreren Linien hervorgehen, spricht man von Mehrfach-K. Bedeutung haben hierbei die Dreilinien- od. Dreiweg-K.en ↗ u. die Vierlinien-, Vierweg- ↗ od. Doppel-K.en. Es sind dies im allgemeinen diskontinuierliche Zuchtverfahren zur Ausnutzung der Heterosis ↗. Bei diesen werden die K.s-Tiere nicht weiter zur Zucht verwendet. Die Einfach-K. bringt in einem Zuchtprogramm ↗ oft noch nicht den vollen Erfolg, da nur die Arbeitsbienen, nicht aber die Weiseln K.s-Tiere sind. Bei Dreiweg-K.en hingegen sind auch die Weiseln, bei Vierweg-K.en zudem die Drohnenmütter K.s-Tiere. Das wirkt sich vor allem auf die Legeleistung günstig aus. Kontinuierliche Zuchtverfahren sind die Rotations- ↗ u. die Wechsel-K.

Kriechende Mahonie → *Mahonia repens* → Berberidaceae.

Kriechende Nelkenwurz → *Geum reptans.*

Kriechweide → *Salix repens* → Salicaceae.

Krimlinde → *Tilia* x *euchlora* → Tiliaceae.

Krokusse, *Crocus* → Iridaceae.

Kugelstadium → *Nosema apis.*

Kumulation. Anreicherung von Rückständen. K. von Schadstoffen wird in der gesamten Biosphäre beobachtet. Im tierischen Organismus kann es infolge geringer Abbaugeschwindigkeit, Wasserlöslichkeit u. Ausscheidung zur K. bei ständiger Aufnahme mit Rückständen belasteter Nahrung kommen. K. erfolgt meist im Fettgewebe, aber auch (bei Wirbeltieren) bevorzugt in bestimmten Organen, wie Niere u. Leber. Arsen- u. fluorhaltige Schadstoffe können sich an Pollenträgern u. auf honigtaufeuchten Pflanzenteilen anreichern u. werden so zur Gefahr für Bienen. Durch bestimmte Wettersituationen kann es bes. in Gebirgslagen zur K. von Luftschadstoffen kommen, die zu verstärktem Niederschlag auf Pflanzen od. schon als Atemgifte ↗ zur Bienengefährdung ↗ führen.

Kumulationsgifte. Stoffe, meist Rückstände, die, häufig in geringen Einzeldosen aufgenommen, keine Wirkung hervorrufen, dann aber durch Anreicherung u. Überschreiten einer bestimmten Konzentration im Organismus als Gift wirken. Arsen- u. fluorhaltige Schadstoffe sind z. B. K. für Bienen, da sie, über längere Zeit an Honigtau od. Pollen gespeichert, in viel höherer Konzentration von den Bienen aufgenommen werden als sie in die Umwelt gelangen.

Künstliche Besamung einer Weisel

Künstliche Besamung von Bienenweiseln. In der Bienenzüchtung die einzige vollkommen sichere Anpaarungsmethode u. – z. B. für genetische Forschungsarbeiten – die einzige Möglichkeit der Anpaarung nur eines Drohnen. Wie bei keinem anderen Tierzuchtzweig sind aufgrund der Haploidie der Drohnen u. der Spermabevorratung in der Spermatheka der Weisel engste Verwandtenpaarungen möglich, z. B. die Rückkreuzung ↗ einer Weisel mit dem aus der Spermatheka ihrer Mutter präparierten Sperma eines einzelnen Vaterdrohnen od. Selbstung einer unbegatteten, drohnenbrütigen Jungweisel mit dem Sperma der aus ihr hervorgegangenen Drohnen. Die ersten Erfolge der k. n. B. v. B. mit Hilfe einer Mikrospritze wurden von WATSON (1927) erzielt. Einen Durchbruch erlangte LAIDLAW (1944) mit der Entdeckung der Bedeutung der Scheidenklappe als Hindernis beim Einführen der Besamungsspritze. Zur Gewinnung des Spermas werden unter Kontrolle geschlüpfte, geschlechtsreife (mindestens 15 Tage alte) Drohnen durch Druck auf den Thorax zum Ausstülpen des Begattungsschlauches veranlaßt. Das Sperma befindet sich dann als kleiner, blaßrosafarbener Tropfen an der Spitze des Begattungsschlauches. Es wird mit der Spritzenspitze durch Ansaugen aufgenommen. Aufnahme von Schleim ist zu vermeiden. Zur Besamung einer Weisel ist das Sperma von 8–10 Drohnen erforderlich. Spritzen mit größerem Fassungsvermögen lassen die Besamung mehrerer Weiseln nacheinander zu. Die zu besamende Weisel wird meist wie zur Vorbereitung auf die natürl. Paarung in einem Begattungsvölkchen ↗ od. nach einem anderen Verfahren der Weiselhaltung für die k. B. v. B. untergebracht. Das Flugloch des Begattungskästchens ist mit einem Absperrgitter versehen. Die k. B. v. B. wird mit Hilfe eines Besamungsapparates ↗ durchgeführt. Die zu besamende, mindestens fünf Tage alte Weisel wird im Weiselhalter festgelegt u. mit Kohlendioxid betäubt. Aus dem Halteröhrchen ragt der Hinterleib heraus. Mit Hilfe der Haken des Besamungsapparates wird die Stachelkammer geöffnet u. die Besamungsspritze in die Scheidenöffnung eingeführt. Dabei muß die Scheidenklappe der Weisel mit der Spritzenspitze od. mit Hilfe einer Sonde niedergedrückt werden. Nach Beendigung des Besamungsvorgangs wird die Weisel wieder in ihr Völkchen gebracht. Am nächsten Tag erfolgt eine zweite Besamung od. nur eine zweite Narkose, die den Termin des Beginns der Eiablage beschleunigt. Auch die umgekehrte Reihenfolge – erster Tag nur Narkose, zweiter Tag Besamung – ist möglich u. wird wegen des mit jedem Zusetzen der Weisel verbundenen Annahmerisikos empfohlen.

Kunstschwarm. Bildung von künstl. Schwärmen zur bienenwirtschaftlichen Bekämpfung von Brutkrankheiten u. Varroatose, meist ohne Brut, mit u. ohne Kellerhaft. Dadurch effektiver Einsatz von Medikamenten möglich, Fegling ↗. S. auch Schwarm, Schwarmbienen, Schwarmtrieb.

Kunstschwarmtraube mit eingekäfigter Weisel

Kunstschwarmkasten → Feglingskasten.

Kunstschwarmverfahren → Bösartige Faulbrut.

Kunststoffnäpfchen → Zuchtstoff.

Kuntzsch, Max. Geb. 16.2.1851 in Gohlis bei Leipzig, gest. 20. 11. 1919 in Potsdam (Deutschland). Erlernte das Möbeltischlerhandwerk, konzentrierte sich später aus gesundheitlichen Gründen ganz auf die Imkerei in Nowawes bei Potsdam (heute Babelsberg), wo er über 100 Völker in musterhaft eingerichteten Bienenhäusern hielt. Erprobte versch. Beutensysteme sowie Betriebsweisen u. entwickelte den Kuntzschzwilling (Zwillings-Breitwaben-Blätterbeute im Schlittenbetrieb, Obenüberwinterung). Rähmchen trapezförmig, oben 32,5 cm, unten 33,3 cm, 25 cm hoch. 20 Jahre nach seinem Tode wurde das rechtwinkelige Maß 33 × 25 cm standardisiert. – Gründete 1918 die Zeitschrift «Bienenwirtschaft im Kuntzsch-Betrieb», die später mit dem «Praktischen Wegweiser für Bienenzüchter» verschmolz. Hauptwerk: «Imkerfragen».

Kuntzschbetriebsweise. Kuntzsch setzte den von Preuss eingeschlagenen Weg mit dem rigorosen Umhängen im Frühjahr fort (Preußbetriebsweise ↗) u. entwickelte zur Durchführung seiner Betriebsweise eine neue Beute (Kuntzschzwilling ↗). Kernstücke der K. sind das Überwintern des Volkes im Honigraum, das Umhängen einiger Brutwaben mit der Weisel in den Brutraum, die Arbeit mit dem Wabenschlitten im Brutraum, das strikte wöchentl. Kontrollieren des Brutraumes auf Weiselzellen u. damit verbunden das Ausschneiden des Baurahmens, das Umhängen von meist verdeckelten Brutwaben erst in den Dreiwaben-, dann in den Honigraum u. das Absperren der Weisel in den Dreiwabenraum zur Bruteinschränkung. Die Einhaltung der K. gewährleistet ein weitgehend schwarmfreies Imkern.

Kuntzschbeute. Beuten unterschiedl. Konstruktion, denen nur das Rähmchenmaß gemein ist. Z. T. handelt es sich um einfache Hinterbehandlungsbeuten mit Querbau. Das handliche Wabenmaß u. die Betriebsweise von Kuntzsch ↗ haben zahlreiche Beutenkonstrukteure zu Modifikationen des Grundtyps angeregt. Die eigentl. K. ist der Kuntzschzwilling ↗.

Kuntzschfutterflasche → Kuntzschfuttertrog.

Kuntzschfuttertrog. Blech- od. Plasterinne, die durch einen entspr. Ausschnitt im Fensterverschlußbrettchen unter die Waben geschoben wird. In die hinter dem Fenster verbleibende Tülle wird die dazugehörende ovale Flasche gefüllt eingestülpt. In dem Maße, wie die Bienen das Futter abnehmen, läuft es aus der Flasche nach.

Kuntzschmaß → Wabenrahmenmaß.

Kuntzschschlitten → Schlitten.

Kuntzschzange → Wabenzange.

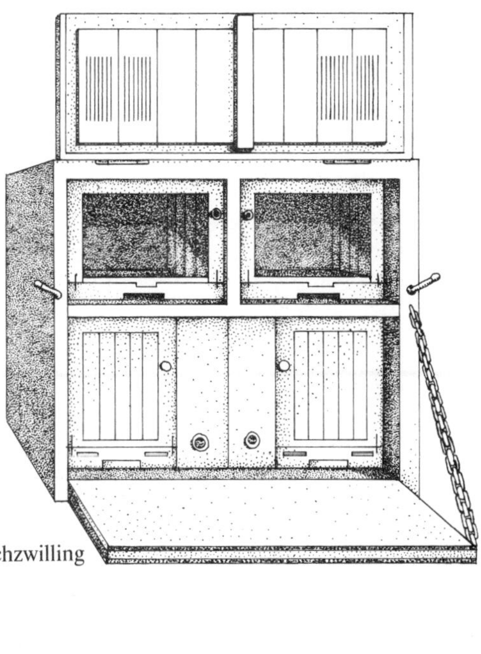

Kuntzschzwilling

Kuntzschzwilling. Für eine spez. Betriebsweise entwickelte u. mit eigenem, ursprüngl. leicht trapezförmigen Rähmchen ausgestattete Hinterbehandlungsbeute. Der Beutenkörper enthält zwei unabhängige, spiegelbildlich gleiche Beuten. Der Honigraum hat Querbau, z. T. mit Ausziehvorrichtung. Im Brutraum, der durch ein festes, später herausziehbares Absperrschied in einen Drei- u. einen Sechswabenraum geteilt ist, stehen die Waben in Längsrichtung auf Schlitten. In der für rechteckige Rähmchenform im heutigen Kuntzschmaß (von der Fa. Thie) produzierten, mehrmals verbesserten Ausführung hat er als Wolfenbüttler K. weite Verbr. gefunden. In analoger Ausstattung wurde auch eine Einbeute produziert.

Kürbis, *Cucurbita* → Cucurbitaceae.

Kürbisgewächse → Cucurbitaceae.

Labialdrüsen. Bestehen aus zwei paarigen Anteilen, einem Kopf- u. einem Brustabschnitt, die über gemeinsame Ausfuhrgänge miteinander verbunden sind. Der Kopfanteil der L. befindet sich zw. Gehirn u. hinterer Kopfkapselwand. Bei der Arbeitsbiene werden dreieckige bis birnenförmige Drüsensäckchen (Acini) locker über verbindende Ableitungskanäle zusammengehalten. Nicht nur durch ihre Form, auch durch ihre helle Farbe u. ihre glasige Beschaffenheit lassen sich die Labialdrüsenläppchen leicht von den milchigweißen Hypopharynxdrüsen ↗ unterscheiden. Der Thorax ↗-Anteil der L. befindet sich im vorderen ventralen Bereich des Brustabschnittes unter der Speiseröhre (Darmkanal ↗), von dort erstreckt sich eine Abzweigung beiderseits in Spalträume der großen indirekten Flugmuskeln. Die Drüsenläppchen im Thorax besitzen eine längliche Form. Sie liegen relativ eng beieinander u. sind über zahlreiche Ausfuhrkanäle verbunden, die auf jeder der beiden Seiten in einen Behälter führen. Von ihm gehen die ableitenden Kanäle aus, die in paarige Ausführgänge münden. Sie vereinigen sich im Kopfbereich u. nehmen hier die ausführenden Kanäle der im Kopf gelegenen Anteile der L. auf. Die paarige Ausmündung der L. liegt an der Basis der unpaaren Unterlippe (Labium; 2. Maxillen, Mundwerkzeuge ↗). Von hier aus wird das Labialdrüsensekret in den feinen Kanal befördert, der die Zunge bis zum Löffelchen (Mundwerkzeuge ↗) durchzieht. Während die Kopfanteile der L. nur bei Arbeitsbienen u. Weiseln vollentwickelt auftreten, sind die thorakalen L.-Anteile auch bei den Drohnen vorhanden. Nach dem Imaginalschlupf bleiben die Drüsenläppchen vorerst noch klein u. vergrößern sich mitunter erst zur Flugbienenzeit. Dann sind sie mit einer klaren Flüssigkeit angefüllt u. voll turgeszent. Der Thoraxanteil der Drüsen nimmt nach u. nach eine milchighyaline Färbung an. Das L.-Sekret weist i. U. zum sauren Sekret der Mandibel- ↗ u. Hypopharynxdrüsen ↗ einen *p*H-Wert zw. 7,2 u. 8,5 auf. Es spielt beim Auflösen von Zucker, bei der Wachsbearbeitung, aber auch beim Ablecken der Weisel eine Rolle. Aus diesem Grunde werden die L. auch als Speicheldrüsen bezeichnet. Der Bienenlarve fehlen die L.-Abschnitte des Kopfes noch, während der thorakale Teil der L. bereits ausgebildet ist. Er stellt ein schlauchförmiges Drüsenpaar dar, das bis zum sechsten Abdominalsegment reicht. Die max. Ausdehnung dieser Drüsenschläuche erfolgt beim Übergang von der Larven- zur Puppenphase. In den larvalen L. wird ein Spinnsekret produziert, das zur Herstellung des Puppenkokons dient. Die Ausführöffnung dieser funktionellen Spinndrüsen befindet sich zw. Hypopharynx u. Labium (2. Maxillen). Hat sich die Larve eingesponnen, degenerieren die Spinndrüsen u. werden zu Teilen der imaginalen L. umgebildet.

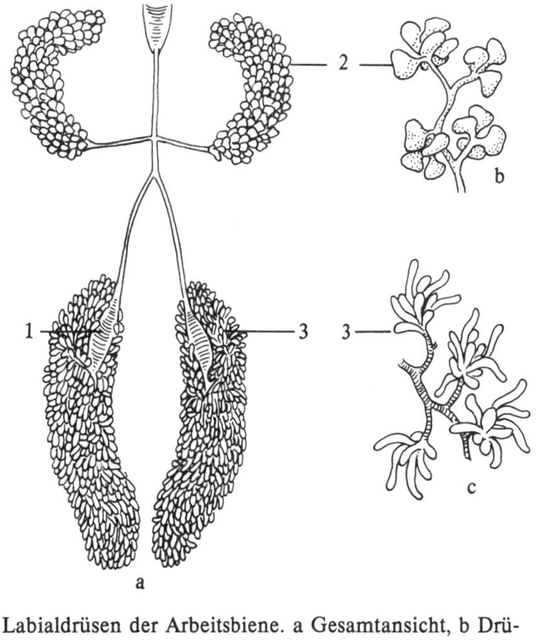

Labialdrüsen der Arbeitsbiene. a Gesamtansicht, b Drüsenläppchen aus dem Kopfbereich, c Drüsenläppchen aus dem Thoraxbereich. 1 Reservoir, Behälter für das Drüsensekret, 2 Kopfanteil, 3 Thoraxanteil. Nach SNODGRASS (1956)

Labialtaster → Mundwerkzeuge.

Labiatae, Lippenblütler. Die F umfaßt etwa 200 Gn mit 3 500 An, fast weltweit verbr., bes. Mittelmeergebiet bis Vorderasien. Kräuter, Halbsträucher, Sträucher, seltener Bäume. Bei den fünfzähligen, i. d. R. zwittrigen Blüten sind in der langröhrigen Blumenkrone zwei Blütenblätter zur «Oberlippe» u. drei zur «Unterlippe» verwachsen. Meist vier (zwei lange u. zwei kurze), selten zwei Staubblätter vorhanden. Der oberständige Fruchtknoten ist zweiblättrig. Der Nektar wird i. d. R. von einer am Grunde des Fruchtknotens liegenden ringförmigen Drüse abgesondert. Die Bestäubung der Blüten wird von Bienen, Hummeln, Schmetterlingen u. Kolibris vorgenommen. Alle L. sind gute Nektarspender u. zählen oft zu den Haupttrachtpflanzen. – Von der G *Ocimum* mit 50–60 An – Kräuter od. Kleinsträucher – (verbr. vor allem im tropischen Afrika, tropischen Amerika u. Asien) ist es vor allem das weiß- od. rosablütige Basilienkraut (*Ocimum basilicum* L.), das eine gute Bienenfutterpflanze darstellt. Die A wird heute in allen wärmeren Ländern kultiviert, vor allem in S-Asien, N-Afrika, z.T. auch in Europa, u. als Gewürz- u. Zierpflanze u. für medizinische Zwecke genutzt. Die G Lavendel, *Lavandula,* mit

28 An – Stauden, Halbsträucher u. kleine Sträucher – (von den Kapverdischen u. Kanarischen Inseln über das Mittelmeergebiet bis Somalia u. Vorderindien verbr.) spielt ebenfalls eine wichtige Rolle als Bienenweide. Der Echte Lavendel (*Lavandula angustifolia* ↗) wird bes. in S-Frankreich, England, Spanien, M-Europa u. N-Amerika angebaut, kann aber nur dann, wie auch der Große Speik (*Lavandula latifolia* [L. f.] MEDIK) – in S-Frankreich u. M-Europa in Kultur –, als echte Bienenweide genutzt werden, wenn die Blütenstände nicht schon vor dem Aufblühen geerntet werden, da man z. B. aus den Drüsenhaaren des Kelches des Echten Lavendel (kurz vor dem Aufblühen) das Lavendelöl gewinnt. – Eine gute Tracht liefert auch die G *Rosmarinus* mit nur einer A Rosmarin (*Rosmarinus officinalis* ↗), die im Mittelmeergebiet u. auch in nö. Ländern mit milden Wintern (z. B. England) kultiviert wird. – Mit etwa 700 An ist die G Salbei, *Salvia* – Kräuter, Halbsträucher od. Sträucher (bes. zahlreich in den Tropen u. Subtropen der Erde u. im Mittelmeergebiet; in Europa etwa zehn An, die meist durch den Menschen verbr. werden) die umfangreichste G der L. u. in ihrem Blütenbau am stärksten an Fremdbestäubung angepaßt (*Salvia pratensis* ↗). Neben der Gartensalbei (*S. officinalis* ↗) werden noch viele ein- u. mehrjährige Garten-An, die im Spätsommer blühen, von den Bienen gern besucht. – Bei der G Thymian, *Thymus,* nimmt man 35 An an – Halbsträucher u. Kleinsträucher – (Eurasien, N-Afrika bis Kanarische Inseln verbr.), hier wird nur näher auf den Feldthymian (*Thymus serpyllum* ↗) eingegangen. – Etwa 200 An bildet die G *Satureja* mit dem Hauptverbr.s-Gebiet im Mittelmeerraum – auch wärmere Gebiete besiedelnd –, wovon das Bohnenkraut (*Satureja hortensis* L.), das im öst. Mittelmeergebiet bis zum Iran vorkommt, u. a. auch in Europa kultiviert wird u. als Küchengewürz u. Heilpflanze Anwendung findet. Auf warmen, steinigen Hängen aller europ. Gebirge findet man einige kleinblütige u. kleinwachsende *Satureja*-An, wie z. B. den Bergthymian [*Satureja calamintha* (L.) SCHEELE] u. in lichten Wäldern den Wirbeldost [*S. vulgaris* (L.) FRITSCH]; die beiden genannten An blühen von Juni bis Ende August, September. – An Böschungen mit leichterem u. trockenem Boden (in ganz Europa verbr., in wärmeren Gegenden bis 1500 m ü. NN) wächst der wilde Majoran od. Dost (*Origanum vulgare* L.), der ebenfalls gern von Bienen beflogen wird. – Auch die G Minze, *Mentha,* mit 15 An (Australien, Neuseeland u. nö. Hemisphäre), wird generell gut von Bienen beflogen. Auf feuchten u. schweren Lehmböden in kühleren Gebieten Europas ist die Ackerminze (*Mentha arvensis* L.) zu finden. In Österreich wird die Roßminze (*M. longifolia* L.) als gute Bienenpflanze betrachtet. Im allgemeinen findet man Minzen an Ufern verlandender Seen, auf feuchtem Wiesengelände; z. B. die weltweit verbr. Wasserminze (*M. aquatica* L.) in zahlreichen Standortsformen, die im Spätsommer eine gute Tracht liefern kann. Die bekannteste A, die Pfefferminze (*Mentha* x *piperita* ↗), ist wild nicht sicher bekannt, wird aber in Europa, S- u. O-Asien, Australien u. N-Amerika kultiviert. – Eine alte Bienenfutter-, Gewürz- u. Heilpflanze, die auch heute noch zum Ausreiben von Bienenbeuten verwendet wird, ist die im Orient beheimatete Melisse (*Melissa officinalis* ↗) aus der G *Melissa.* Von den drei An der G kommen zwei vom Himalaja bis Java vor. – Mit etwa 300 An ist die G Ziest, *Stachys,* – einjährige od. ausdauernde Kräuter, seltener Halbsträucher od. Sträucher – mit Ausnahme von Australien, Neuseeland u. den arktischen Gebieten fast weltweit verbr., vor allem im Mittelmeergebiet, im Orient, in S-Afrika u. in Chile zu finden, deren Blüten purpurn, scharlach, rosa, gelb od. weiß sein können. In Österreich u. weiter öst. sind die Stoppelfelder vielfach bedeckt mit dem sog. Ackerziest, *Stachys annua* L., während er in der Bundesrepublik Deutschland u. in der DDR als Bienenpflanze, da selten vorkommend, kaum eine Rolle spielt. An Gamander-An (*Teucrium chamaedrys* ↗, *T. montanum* ↗) beobachtet man u. a. auch regen Bienenbeflug. Der Nektar der Taubnessel- od. Bienensaug-An (G *Lamium*) ist in den meisten Fällen den Bienen nicht zugänglich, da bei vielen An die Kronröhre so lang ist, daß nur langrüsselige Insekten zum Nektar gelangen können, jedoch wird die Rote Taubnessel (*Lamium purpureum* L.), die sich auf Äckern häufig in Massen im Frühjahr vor der Bestellung einfindet u. noch auf höchstgelegenen Äckern der zentralen Alpenkette vorkommt, stark von Bienen

Nektarmessung in Blüten von einigen Labiatae

Pflanzenname botanisch	*Pflanzenname deutsch*	*Nektarmenge je Blüte in 24 h (mg)*	*Zuckerkonzentration des Nektars (%)*	*Zuckerwert je Blüte in 24 h (mg)*
Salvia spec.	Salbei	1–5	20–47 (59–66 in Polen u. Israel)	0,5–2,0
Origanum vulgare	Dost	1,1	76	–
Thymus vulgaris	Echter Thymian	0,11–0,18	27–45 (–85)	0,04–0,07
Satureja thymbra	–	1,0	85	–
Lamium album	Weiße Taubnessel	2,0–2,7	29–38	0,7–1,3
Lamium maculatum	Gefleckte Taubnessel	1,6	56	0,9
Lamium galeobdon	Goldnessel	2,4	33,7	8
Dracocephalum spec.	Drachenkopf	0,6–0,9 (–1,7)	36–42 (–58)	0,2–0,35 (–0,76)

besucht u. wurde deshalb von ZANDER als Anreiztracht erwähnt. – Die Wiesensalbei ist an vielen europ. Honigen beteiligt, aber *Salvia*-Sortenhonige sind selten. *Salvia pratensis* als Leit- bzw. Begleitpollen wurde z.B. nur aus der Bundesrepublik Deutschland (Konstanzer Gegend), der NO-Schweiz (Zurzach) u. Italien (Trentino) gemeldet. Honige von *Salvia officinalis* kommen in den Küstengebieten Jugoslawiens vor. In den USA (gebirgige Gebiete des W) wird von *S. leneophylla* GREEN, *S. mellifera* GREEN u. *S. apina* JEPSON häufig Salbeihonig geerntet; in Österreich (Steiermark) sind *S. verticillata* L. u. *S. glutinosa* für die Bienen von Bedeutung. – Honige aus einseitiger Tracht von *Origanum vulgare, Satureja*- u. *Thymus*-An sind zwar in M- u. N-Europa selten, aber häufig im Mittelmeergebiet (Italien, Griechenland, Israel, S-Frankreich) u. an der Pazifikküste N-Amerikas. Die Pollentracht von *Salvia-, Thymus-, Satureja*-An u. *Origanum vulgare* ist in Europa sehr klein. – *Mentha*-An sind an zahlreichen europ. Honigen beteiligt, einseitige Minzenhonige sind von *Mentha aquatica* in der DDR (Spreewald) u. Schweden u. von *M. pulegium* aus Spanien, SW-Frankreich, Jugoslawien, Rumänien u. Italien gemeldet. – Einseitiger Honig von *Teucrium*-An wurde bisher nur aus der Bundesrepublik Deutschland (Westfalen) bekannt, Honige mit Gamanderanteil von Frankreich u. Luxemburg. – Wanderungen mit Bienenvölkern werden u.a. in Ungarn, Österreich, u. der ČSSR zum Akkerziest, *Stachys annua,* vorgenommen, da sein massenhaftes Vorkommen eine ausgiebige Nektartracht ermöglicht (nach MAURIZIO u. GRAFL).

Labium → Mundwerkzeuge.

Labrum → Caput.

Lachgas, Stickstoffoxid. Entwickelt sich beim Erhitzen von Ammoniumnitrat. Mit Lachgas können Bienen betäubt werden; sie verlieren durch die Narkose ihr Ortsgedächtnis u. müssen sich daher neu einfliegen. Hieraus ergeben sich die Einsatzmöglichkeiten von L. in der Imkerei. Die Anwendung hat nach der den sog. Lachgastabletten beigegebener Gebrauchsanweisung zu erfolgen. Die breite Anwendung von L. in der Imkerei hat sich bisher nicht durchgesetzt; sie sollte auch auf Ausnahmefälle beschränkt bleiben.

Lachniden. Verdeutschung der Bezeichnung Lachnidae (F der Baum- od. Rindenläuse), UO Aphidina (Blattläuse) mit 2 UFn: Cinarinae (Kienläuse; verdeutscht Cinarinen) (mit Vertretern auf Kiefer, Lärche, Fichte, Tanne, Lebensbaum, Wacholder, Zirbe u. Lachninae (Laubholzrindenläuse) mit Vertretern auf Eiche, Weide, Rotbuche usw. Ihre durchschnittl. Größe beträgt 2–4 mm. Rücken des Hinterleibs (Abdomen) mit 6 Reihen dunkler Flecken (Muskelplatten) bedeckt, zwischen diesen eine Vielzahl größerer od. kleinerer Skleritplättchen (bei manchen An fehlend). Die Antennen sind sechsgliedrig mit kurzem Endfortsatz (Processus terminalis), an dem drei apikale u. zwei bis elf subapikale Borsten vorhanden sind. Ungeflügelte Formen (Aptere) haben ein Rhinarium (Sinnesorgan) an der Spitze des 4. u. ein sekundäres Rhinarium auf dem 5. Antennensegment, geflügelte Formen (Alatae) zahlreiche sekundäre Rhinarien u. am 6. Antennenglied zahlreiche Rhinarien. Größenverhältnis der einzelnen Antennenglieder zueinander ist von A zu A versch. (Bestimmungsmerkmal!). Antennen, Körper u. Beine sind oftmals mit langen fei-

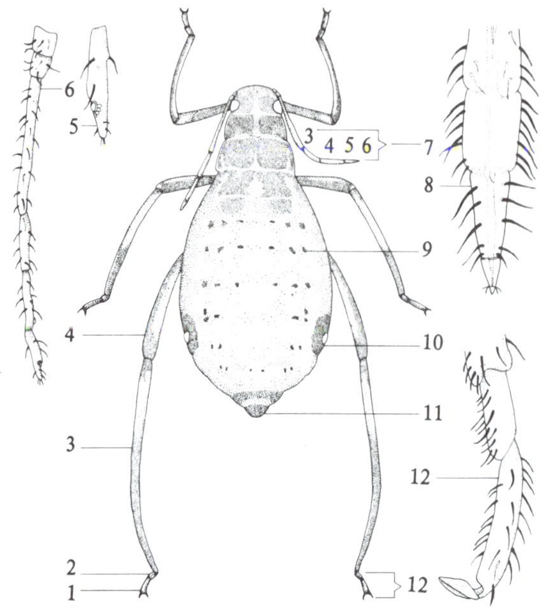

Äußere Merkmale einer Lachnide. 1 2. Tarsalglied, 2 1. Tarsalglied, 3 Tibia, 4 Femur, 5 6. Antennenglied, 6 sechsgliedrige Antenne, 7 3. bis 6. Antennensegment, 8 4. und 5. Rüsselsegment, 9 Muskelplatten, 10 Saft-höckerchen, 11 Cauda, 12 1. und 2. Tarsalglied des Hinterbeines (Umgezeichnet nach CARTER /1982/)

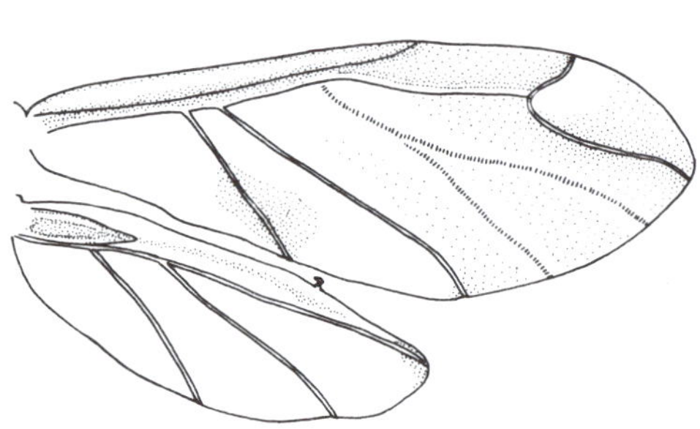

Schematische Darstellung der Flügel von *Cinara costata*

Eucallipterus tiliae. An der Blattunterseite saugendes Einzeltier

nen Haaren besetzt, daneben auch kurze Behaarung. Der Rüssel (Rostrum) besteht aus 5 Segmenten. Das 4. Rostralsegment besitzt bei den meisten An 4–14 in zwei Reihen angeordnete accessorische Haare entlang der Stechborstenrinne [am Stamm saugende An haben 10–14 derartige Borsten (5–7 Paare), an den Jungtrieben u. Zweigen saugende Species besitzen geringere Borstenzahl]. Das 1. Tarsalglied der Hinterbeine hat vier Seiten: «Basis» (Ansatzfläche an den Femur),

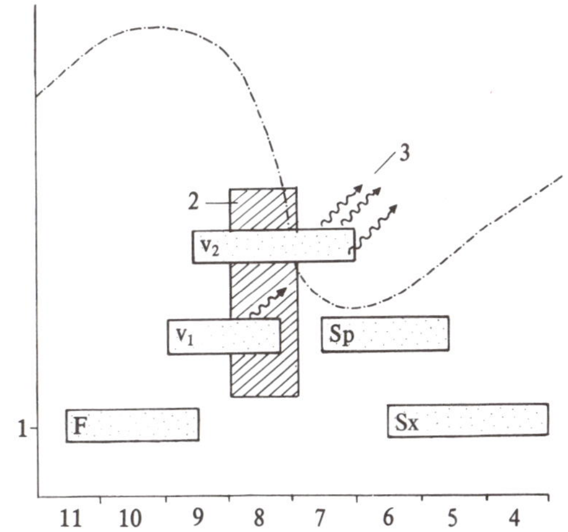

Schematische Darstellung der jährlichen Generationsfolge bei *Cinara*-Arten auf Fichte und Kiefer. 1 relative Höhe des Gehaltes an löslichen N-Verbindungen, 2 Periode größten Honigtauangebotes, 3 Abflug geflügelter V_2 bzw. V_1, 4 Oktober, 5 September, 6 August, 7 Juli, 8 Juni, 9 Mai, 10 April, 11 März. Verändert nach KLOFT, MAURIZIO, KAESER (1965). Lachnidenentwicklung ↗

«Sohle», «Schräge» (Ansatzfläche des 2. Tarsalgliedes) u. «Rücken». Auf dem Abdomenende befinden sich zwei knopf- bis kegelförmige Rückenröhrchen od. Safthöckerchen (Siphonen), die bei den Lachniden kürzer als bei anderen Blattläusen sind, sie dienen durch die Ausscheidung von Sekreten zur Abwehr. Zahlreiche An besitzen auf der Bauchseite zw. den Hüften (Coxen) der Mittelbeine zwei od. nur ein schwach ausgebildetes, aber mit der Lupe deutl. erkennbares Mittelbrusthöckerchen. Ad. Formen sind an der sog. Subgenitalplatte erkennbar. Fundatrices (Lachnidenentwicklung ↗) besitzen gewöhnl. kürzere

Drepanosiphum platanoides. Geflügeltes Tier an der Blattunterseite

Cinara pilicornis. An diesjährigem Trieb saugende V_1 und V_2, einige Honigtautropfen sichtbar

Cinara pilicornis. Graue Farbvariante, geflügelte V_1

Antennen u. Beine, stärkere Behaarung u. weniger Haare entlang der Stechborstenrinne als spätere Generationen. Der Radius des Vorderflügels entspringt vom Ende des Pterostigmas u. verläuft in einer Linie zur Flügelspitze, die Hinterflügel haben zwei schräge Adern. – Nach der Nahrungsaufnahme (Nahrungsaufnahme der Honigtauerzeuger ↗) gelangt der aufgenommene Phloemsaft über den Vorder- u. Mitteldarm bzw. über die Haemolymphe ↗ in den Enddarm. Diesen «langen Weg» durchlaufen der stickstoffangereicherte Teil der Nahrung mit den Aminosäuren, 50–70% der aufgenommenen Kohlenhydrate u. 33–50% des Wassers. So werden Aminosäuren zurückgehalten u. z. T. direkt in den Körper aufgenommen, Kohlenhydrate werden fermentativ umgewandelt. Die verdauten Stoffe sammeln sich im Enddarm. Der andere Teil des Wassers (50–67%) u. der Kohlenhydrate mit der Saccharose (30–50%) werden durch die Filterkammer über einen kurzen physiologischen Umwandlungsprozeß direkt in den Enddarm transportiert. Die Filterkammer ist eine Art Kurzschluß zw.

Cinara pruinosa. An Fichte saugende Stammutter (F) und V_1

dem Vorderabschnitt des Mitteldarms u. dem Anfang des Enddarms (bzw. Ende des Mitteldarms), dadurch wird der Mitteldarm von überschüssigen Flüssigkeitsmengen bei dieser Art von Nahrungsaufnahme entlastet. An der Berührungsstelle beider Darmabschnitte sind deren Epithelien dünn bzw. porös, Flüssigkeit kann sofort vom vorderen Darmabschnitt in den Enddarm eintreten. Aus dem Enddarm wird der chemisch umgewandelte Siebröhrensaft bei der Honigtauabgabe ↗ nach außen abgeschieden. Ernährungsphysiologisch von großer Bedeutung sind die sog. Symbionten, in Fettzellen eingelagerte Mikroorganismen, die u. a. für die Synthese von Vitaminen, Cholesterin, bestimmten Aminosäuren u. anderen im Siebröhrensaft nicht in ausreichender Menge, aber für die Lebensprozesse der L. notwendigen Stoffe verantwortl. sind. Die Gesamtheit der Symbionten tragenden Zellen nennt man Mycetom, es liegt ventral des Verdauungssystems.

Lachnidenentwicklung. Beginnt bei allen Lachniden ↗ mit dem Schlüpfen der Stammütter (Fundatrix, Fundatrices, Fundatrizen) aus den im Herbst des Vorjahres abgelegten Wintereiern. Die Schlüpfrate beträgt etwa 70–80 %, vereinzelt nur 20–30 %. Der Schlüpftermin liegt je nach Höhen- u. geographischer Lage sowie Witterungsverlauf zw. Mitte März u. zweiter Aprilhälfte. Es liegt eine starke Abhängigkeit des Schlüpfens von den Tagesmitteltemp.en im Februar u. März vor. Temp.-Summenwerte seit der Schneeglöckchenvollblüte (Vollblüte von *Galanthus nivalis* L.) eines Gebietes sind als Richtschnur für das Schlüpfen der Fundatrices auf Fichte (50–70 °C) u. Kiefer (ca. 150 °C) im gleichen Gebiet verwendbar. Auf Stammütter folgen während des Jahres noch 4 od. 5 (nur vereinzelt mehr) Generationen. Sowohl die Fundatrizen als auch 2 od. 3 Folgegenerationen vermehren sich durch Jungfernzeugung (Parthenogenese), bei der immer ♀♀ (Jungfern, Virgo = V) entstehen. Nur die vorletzte Generation gebiert ♂♂ u. eierlegende (ovipare) ♀♀. Diese legen die Wintereier ab. Bezeichnung der Generationen: Stammutter Fundatrix (Fx), 1. Tochtergeneration = V_1, 2. Tochtergeneration = V_2, 3. Tochtergeneration = Sexuparae Sp, 4. Tochtergeneration = Sexuales Sx. Abweichungen: Bei der Fichtenlachnide *Cinara pilicornis* (HARTIG) kann bereits ein Teil der V_2 bisexuell sein, so daß schon im Juli (oft unbefruchtete) Wintereier abgelegt werden. Bei der Großen Schwarzen Fichtenrindenlaus *Cinara piceae* (PANZ.) folgen nur 3 Generationen auf die Fundatrices. Vermehrungsraten bei Fichten- u. Kiefernlachniden ↗: 25–40 V_1/F, bis zu 25 V_2/V_1, bis zu 15 Sp/V_2 u. bis zu 10 Sx/Sp; Vermehrungsraten bei der Tannenlachnide *Cinara pectinatae* (NÖRDL.): bis zu 60 V_1/F, bis zu 30 V_2/V_1, bis zu 29 Sp/V_2 u. 20 Sx/Sp. Bei den Lärchenlachniden ist die Vermehrungsrate geringer. Von einem oviparen ♀ werden etwa 10–15 Wintereier abgelegt. Bei Fichten-, Kiefern- u. teilweise auch bei Lärchenlachniden liegt die größte Besiedlungsdichte (Abundanz) zum Zeitpunkt des Zusammenlebens der V_1 u. V_2 (je nach Höhenlage zw. Mitte Juni u. Ende Juli), was zugleich die Periode der größten Honigtauproduktion u. einer möglichen Honigtauwaldtracht ↗ ist. Die höchste Abundanz an Fichte u. Kiefer wird im

Cinara pilicornis. Frisch geschlüpfte Stammutter

Cinara pruinosa. Massenauftreten

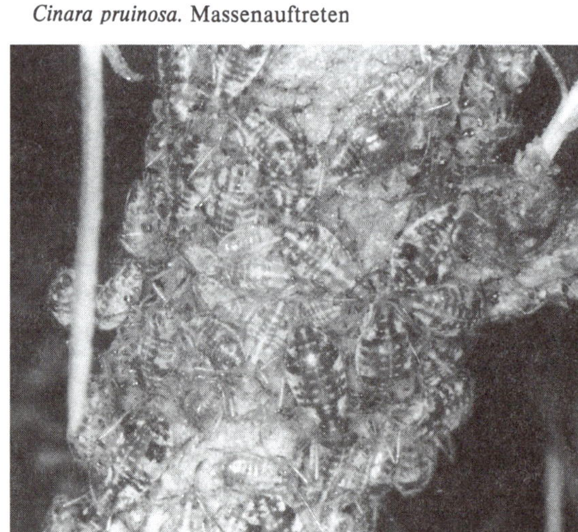

Flachland etwa 7 Tage früher als in Lagen zw. 450 u. 600 m ü. NN erreicht. Die Differenz zu Lagen über 600 m ü. NN beträgt etwa 10 Tage u. zu Waldgebieten über 800 m ü. NN 14–16 Tage. Übervölkerung (Crowding-Effekt) u. Veränderungen in der Phloemsaftzusammensetzung ↗ bewirken die Bildung von Geflügelten u. Abwanderungen, so daß sich eine starke Verringerung der Besiedlungsdichte anschließt. Im Spätsommer ist durch das Zusammenleben von Sexuparae u. Sexuales nochmals ein Anstieg der Koloniegröße möglich, der aber i. d. R. nicht den Umfang des ersten Höhepunktes erreicht. Die auf der Tanne lebende *Cinara pectinatae* (NÖRDL.) weicht von diesem Schema ab, weil eine Koloniebildung ausbleibt. Die Tiere sitzen auch bei starker Vermehrung meist einzeln (nur selten 50 Tiere beisammen). Im Anschluß an die Vermehrungsphase (bis Ende Juni) u. dem damit verbundenen Anstieg der Abundanz folgt eine Stagnationsphase, der Cinarinen-Besatz bleibt nahezu 6 Wochen konstant (Zeit des Honigens). Je nach Befallsstärke im Juli od. August ist ein Zusammenbruch der Kolonien zu verzeichnen. Ein zweiter Populationsgipfel ist auch bei *Buchneria* möglich. Die L. wird entscheidend von der Wirtspflanze, deren Nährstoffversorgung sowie Reaktionen auf Standortverhältnisse u. Witterungsfaktoren beeinfußt. Jahreszeitl. bedingte Schwankungen in der relativen Höhe des Gehalts an löslichen Stickstoffverbindungen u. Veränderungen im Kalium-, myo-Inosit-, Adenosin-Triphosphat-, Vitamin- (im Sommer Abnahme um 50–80%) u. Stärkegehalt des Phloemsaftes wirken auf das Vermehrungspotential, steuern bei koloniebildenden An die Ausbildung geflügelter Formen u. beeinflussen daher die Honigtauwaldtracht. Die Bildung bis zu 90% geflügelter Tiere in der V_2-Generation u. die absinkende Nachkommenzahl sind bei Koloniebildnern das Ergebnis des Crowding-Effektes u. schlechterer Nährstoffversorgung (Ausnahme: *Cinara piceae* (PANZ.) bis zu 90% geflügelte V_2). Starke Verluste beim Flug u. die nur sehr langsame Vermehrung der Alaten bewirken kein wesentl. Anschwellen der Kolonien im Hochsommer. Einzeln sitzende *Cinara*-An reagieren auf sich verschlechternde Ernährungsbedingungen durch die Stagnationsphase. Der Anteil von nur 5% geflügelter Tiere bei *Cinara pectinatae* (NÖRDL.) ist ein Ergebnis des fehlenden Crowding-Effektes u. besserer Ernährungsbedingungen bei zerstreuter Sitzweise. Temp.-Stürze von 9 °C u. Temp.en über 30 °C vergrößern die Intervalle zwischen den Generationen u. die Geflügeltenbildung, daher sind Verzögerungen des Populationszusammenbruches bzw. dessen Hinausschieben möglich. Beim Ausbleiben starker Koloniebildungen u. daher geringer Abundanz im Juni/Juli ist in einem warmen Spätsommer/Herbst ein Besiedlungs-Max. wahrscheinl. Die Beeinflußbarkeit der L. durch eine Vielzahl von Faktoren, unter denen die Wirtspflanze u. deren Reaktionen auf die Witterungsfaktoren am entscheidendsten sind, macht die Prognose dieses Teiles der Honigtauwaldtracht so schwierig.

Schwebfliege *(Syrphus ribesii)*

Schwebfliegenlarve auf einer Fichtennadel neben einer Kolonie von *Cinara pilicornis*

Lachnidenfeinde. Schwebfliegen (Syrphidae): Viel-

Schematische Darstellung einer einfachen Filterkammer. Mitteldarm gepunktet, Vorderdarm stark gepunktet. Enddarm ungepunktet.

Darmkanal einer Blattlaus

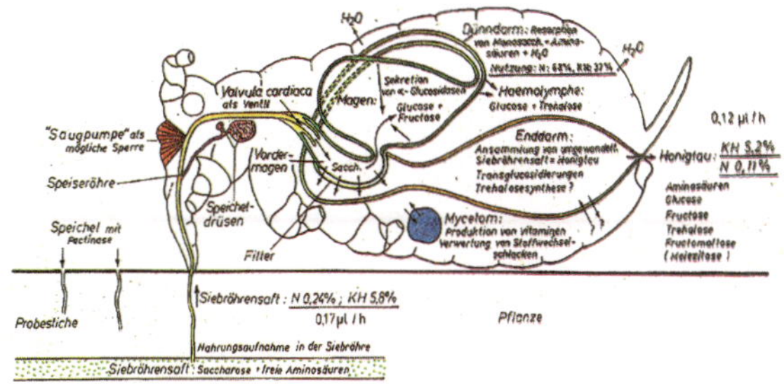

Cinara cuneomaculata. Kolonie

fach wespenähnl. bzw. schwarzgelb gezeichnete F der Fliegen mit charakteristischem Schwirrflug (etwa 300 Hz Schlagfrequenz), als ad. Insekt von Pflanzensäften, Pollen, Nektar u. Honigtau lebend. Eiablage vielfach in die Nähe der Lachniden ↗-Kolonien, reagieren schnell auf erhöhte Cinarinenvermehrung. Aus den Eiern schlüpfen weißliche, gelbliche od. grünliche, oft mit Fortsätzen versehene Larven mit madenartigem Aussehen. Die Larven kriechen zwischen den Lachnidenkolonien umher u. fressen bis zu 100 Kienläuse unterschiedl. Größe tägl. (starke individuelle Schwankungen u. Witterungsabhängigkeit). Werden von Roter Waldameise ↗ nicht vertrieben. Massenauftreten von Syrphidenlarven zur Zeit der größten Besiedlungsdichte der Lachniden möglich, können Wiederaufbau neuer *Cinara*-Kolonien verhindern. Zur Verpuppung wandern die Larven vielfach an die Nadeln od. an Ast- u. Blatt-USn, wo die Entwicklung zum ad. Insekt erfolgt. Hauptauftreten im Juni/Juli, im Herbst ebenfalls möglich. Wichtige Gn sind *Syrphus, Epistrophe, Sphaerophoria.* – Marienkäfer (Coccinellidae): Meist rotschwarz gefärbte od. schwarzgelb gezeichnete Käfer mit halbkugeligem bzw. hochgewölbtem Körper. Sowohl Käfer als auch Larven sind Vertilger von Lachniden. Die Eier werden in die Nähe von Kolonien gelegt, aus ihnen schlüpfen weichhäutige u. bewegliche Larven, die bei der G *Scymnus* wachsartige Fäden tragen. Die tägl. Fraßleistung der Larven (15–30 Lachniden) ist von A zu A versch., individuellen Schwankungen unterworfen u. witterungsabhängig. Bereits im Frühjahr bei den Stammüttern (Lachnidenentwicklung ↗) Verluste durch überwinternde Käfer möglich. Fraßtätigkeit der Larven von Mai bis in den Herbst. Sich schnell bewegende Larven werden teilweise von der Roten Waldameise ↗ abgewehrt. Höhepunkt des Auftretens zur Zeit des Besiedlungsoptimums der Cinarinen u. später. Wichtige Gn sind *Scymnus, Coccinella, Adalia, Harmonia, Anatis, Exochomus.* – Blattlauswespen (Aphidiidae): Kleine, kaum mehr als 2–3 mm große Schlupfwespen. Sie legen mit einer Legeröhre i. d. R. ein Ei in die Rindenlaus. Larve frißt Baumlaus von innen heraus auf, so daß eine sog. Blattlausmumie, der völlig mumifizierte Chitinpanzer der Lachnide, übrig bleibt. In der Mumie erfolgt die Verpuppung, die junge Schlupfwespe frißt ein Loch in den Panzer u. gelangt nach außen. Parasitierte Kienläuse verfärben sich, die Mumien kleben daher als helle od. dunkle Gebilde in den Kolonien, an ehemaligen Saugstellen od. an den Nadeln. Stärkere Verluste vor allem bei den Stammüttern, aber niemals bestandzerstörend. Vertreter sind die Gn *Pauesia* u. *Praon.* – Netzflügler (Neuropteroidea): goldäugige, großflügelige Insekten mit vielgeaderten, gelblichen bis grünlichen Flügeln, in Ruhe dachförmig gehalten. Larven der sog. Florfliegen od. Goldaugen (G *Chrysopa*, gestielte Eier legend), Blattlauslöwen (G *Hemerobius*) u. Kamelhalsfliegen (G *Raphidia*) sind vor allem im Juni/Juli auftretende Cinarinenfeinde. – Sichelwanzen (Nabidae): Meist schlanke, mittelgr. u. flache, wanzenartige Insekten, die mit sichelartig gekrümmten vorstreckbaren Mundwerkzeugen vor allem im Spätsommer u. Herbst in den Kienlauskolonien räubern können. Vertreter ist die G *Nabis.* – Spinnen (Araneida): Während des Ausbreitungsfluges u. der Abwanderung verfangen sich Cinarinen vor allem in den Fangnetzen von *Linyphia triangularis* Walck. – Sonstige Feinde: Vereinzelt Schnellkäfer (Elateriden) u. Weichkäfer (Canthariden), aber auch Goldhähnchen (*Regulus* spec.), Rotkehlchen (*Erithacus rubecula* L.), Meisen (*Parus* spec.) u. Grasmücken (*Sylvia* spec.) (an Massengelegen bes. stark). – Das Auftreten zahlreicher Coccinelliden, Aphidiinen u. gelegentl. auch Nabiden schon beim Schlüpfen der Stammütter u. bei Beginn der V_1-Geburt führt zu starken Verlusten. Syrphiden reagieren auf das aktuelle Nahrungsangebot. Höhepunkt ihrer Larvenentwicklung zur Zeit des V_2-Abfluges od. kurz vorher. Im allgemeinen erreichen die L. ihren Höhepunkt erst nach der Phase des

Cinara pruinosa. «Mumie», entstanden durch die Parasitierung einer Schlupfwespe

Populationsaufbaus der Lachniden. Im Sommer u. Spätsommer kann von L. der Kolonieaufbau bei *Cinara*-An eingeschränkt werden. Wespen sind nicht als L. zu betrachten. Wenn Wespen im Juli sehr stark auftreten, brechen die Kienlauskolonien an Fichte u. Kiefer infolge Geflügeltenbildung bald zusammen. Wespenauftreten im August u. September signalisiert, daß Lachniden vorhanden sind (Tanne) bzw. daß neue Kolonien entstehen.

Lągd. In der Korbimkerei übliche Form des Bienenstandes. Die L. besteht aus einem stabilen regalartigen Gestell mit Dach u. geschlossenen Rück- u. Seitenwänden, in dem die Bienenkörbe ↗ in zwei Etagen stehen. Die Bearbeitung der Völker erfolgt von der offenen Flugseite aus.

Lagerbeute. Beuten unterschiedl. Konstruktion mit Oberbehandlung, in denen alle Waben in einer Etage angeordnet sind. Der Honigraum befindet sich hinter od. neben dem Brutraum. Da die Bienen zur Ablagerung des Honigs nicht gern viele Waben übersteigen, ist die bienengemäße Anordnung der Honigraumwaben in der Verlängerung der Waben des Brutraums, getrennt durch ein senkrechtes Absperrgitter. L.n werden meist in einer wetterfesten Ausführung für Freiaufstellung gefertigt. Breitwabenbeuten mit Honigraumaufsatz wurden in der Vergangenheit oft fälschlicherweise als Lagerbeuten, die gleiche Beute in Hochwabenausführung aber als Ständerbeute bezeichnet.

Lähmung. Erscheinung deutet auf Acarapidose ↗, Brutkrankheiten ↗, Maikrankheit ↗, Vergiftung u. Viruskrankheit ↗ hin. Oft vergesellschaftet mit Krabbler ↗ u. Flügellähme ↗.

Landbelegstelle → Belegstelle.

Landeskultur. Seit eh u. je hat der Mensch die Umwelt beeinflußt u. verändert. Bes. tiefe Eingriffe in das Landschaftsgefüge erfolgten seit Mitte des vorigen Jh.s durch die beginnende Industrialisierung in Europa u. N-Amerika u. die Entwicklung moderner Technik zur Nutzung der Naturschätze. Es entstanden Industrieballungsgebiete. Vielseitige Abfallprodukte verseuchten in wachsendem Umfange vor allem Wasser u. Luft. Bereits im vorigen Jh. forderten Natur- u. Heimatfreunde den Schutz der Natur. 1906 wurde in Preußen eine Staatliche Stelle für Naturdenkmalpflege eingerichtet. 1935 wurde ein einheitl. «Reichsnaturschutzgesetz» erlassen. Heute gilt die Erhaltung der Naturschätze als Aufgabe einer jeden Regierung u. eines jeden Bürgers. Die Naturschutzgesetzgebung hat nicht nur den «konservierenden Naturschutz», die Erhaltung der Natur als Quelle des Lebens u. der Gesundheit des Menschen, sondern darüber hinaus auch die planmäßige Gestaltung der Kulturlandschaft zum Inhalt. So kommt es unter anderem auf eine gesellschaftlich effektive Mehrfachnutzung der Landschaft an; das bedeutet z. B. im Zusammenhang mit der Pflanzung von Gehölzstreifen die Niederwildhege, die Schaffung von Niststätten für Vögel, den Windschutz u. die Verbesserung der Bienenweide. Bes. Schutz läßt man heute den nicht ohne weiteres ersetzbaren Bäumen angedeihen. Die L. betrifft schließl. die gesamten Umweltbeziehungen des Menschen. Für die Bienenweide ist L. deshalb von großer Bedeutung, weil Maßnahmen des Naturschutzes u. der L. meist auch dem

Goldregen

Schutz u. der Verbesserung der Bienenweide dienen. Beispiele dafür sind Gehölzpflanzungen an Landstraßen, die Begrünung von Autobahntrassen, die Anlage von Windschutz-Gehölzstreifen u. von Waldschutzmänteln, die Gestaltung von Parkanlagen u. die Schaffung von Wohngrün in Neubaugebieten.

Landschaftsgestaltung → Landeskultur.

Landschaftsmuseum Schloß Trautenfels, Österreich. Es sind vor allem Zeugnisse über die Bienenhaltung in der Obersteiermark, die der Besucher hier zu sehen bekommt. Neben Hohlklötzen u. aufrecht stehenden Brettergehäusen (Rauchfangstöcke) gibt es den «liegenden Bienenstock» od. Lagerstock, Magazinstöcke u. versch. Strohgehäuse als Bienenwohnungen (z.B. Strohstülper, Ringstöcke). Auch über Honigentnahme, Bienenwandern u. das Überwintern der Bienen wird berichtet (nach K. Haiding).

Landstraßen für Bienenweideverbesserung → Gehölze als Bienenweide.

Landung → Flugmanöver.

langjährige Mittel. Zur Auswertung von imkerlichen, meteorologischen u. phänologischen Aufzeichnungen können aus den Einzelwerten arithmetische Mittel über versch. lange Zeiträume, z.B. Dekade, Monat, Jahr, errechnet u. aus diesen wiederum l.M. gebildet werden. Basis für ein l.s M. sollten mindestens zehn Jahre sein. L.M. meteorologischer u. phänologischer Daten werden auch veröffentlicht od. können von zuständigen Instituten od. Dienststellen erfragt werden. Durch Vergl. mit den jeweiligen l.n M.n können die Abweichungen der aktuellen Werte festgestellt werden, z.B. Niederschlag im September 1985 (Raum Berlin) 42 l/m^2 = 93 % des l.n M.s.

Längsbau. Wabenstellung, bei der die Waben parallel zu den Beutenseitenwänden stehen. Hinterbehandlungsbeuten ↗ mit L. werden als Blätterbeuten ↗ bezeichnet. Auch auf Schlitten ↗ stehen die Waben in Längsstellung. Vorteil des L.s ist, daß jede Wabe einzeln zugänglich ist, ohne die übrigen in ihrer Position wesentl. zu verändern. Nachteilig wirkt sich bei L. aus, daß bei nicht voller Wabenanzahl der Leerraum mit sog. Blindwaben ↗ od. Wabenkissen ausgefüllt werden muß.

Langstroth, Lorenzo Lorraine. Geb. 25.12.1810 in Philadelphia (USA), gest. 1895. Geistlicher, später Lehrer. Führte in Amerika die Mobilbeute ein. Rähmchenmaß 44,8 × 23,2 cm, baute die erste Oberbehandlungsbeute mit hängenden Waben. Entdeckte den Wabenabstand zu Beutenwänden u. zueinander (bee space 6–10 mm = 8 mm ± 2). Hauptwerk: «The Hive and the Honeybee» (1973 von Prof. F. Ruttner übersetzt: «Beute und Biene»).

Langstrothbeute. Eine für Freiaufstellung vorgesehene Breitwaben-Oberbehandlungsbeute im Langstrothmaß mit zehn Waben in Längsstellung mit losem Bodenbrett u. niedrigem abnehmbaren Honigraum, der ursprüngl. nur für die Aufnahme von Sektionsrähmchen ↗ vorgesehen war. Beuten dieser Bauart haben, z.T. abgewandelt, weltweit große Verbr. erlangt.

Langstrothmaß → Wabenrahmenmaße.

Läppertracht → Tracht.

Larve. Aus nahezu gleichartigen Segmenten aufgebautes, fußloses (daher auch Made) Entwicklungsstadium, dessen Cuticula ↗ durch hellen Glanz ausgezeichnet ist. Die weißliche Färbung der L. geht auf den Fettkörper ↗ zurück, der durch Epidermis ↗ u. farblose Cuticula hindurchschimmert. Äußere Körperanhänge wie Extremitäten ↗ u. Fühler ↗ fehlen. Die Mundwerkzeuge ↗ sind einfach gebaut. Der sehr kleine L.n-Kopf wird durch den ersten, nach vorn spitz zulaufenden Körperring repräsentiert. Seitl. am Körper der L. liegen zehn Paar Stigmen ↗, die sich fast regelmäßig über die L. verteilen. Die L. od. Jung-L. hat eine Länge von 1,5 mm u. eine Masse von 0,3 mg. In ihr sind während der Embryonalentwicklung ↗ bereits alle Organsysteme angelegt. Sie liegt zunächst halbkreisförmig gebogen am Grunde der Wabenzelle u. wird daher als Rundlarve (-made) bezeichnet. Die Rundlarven werden von den Ammenbienen ↗ so reichl. mit Nahrung versorgt, daß sie nach sechs Tagen das über 500fache, etwa 155 mg, wiegen. Die jungen L.n erhalten überwiegend Drüsenfuttersaft. Zur Ernährung der älteren Arbeiterinnen-L.n wird dem Futtersaft in ansteigender Menge Honig u. Pollen beigemischt. S. auch Zuchtstoff, Transport von Zuchtstoff.

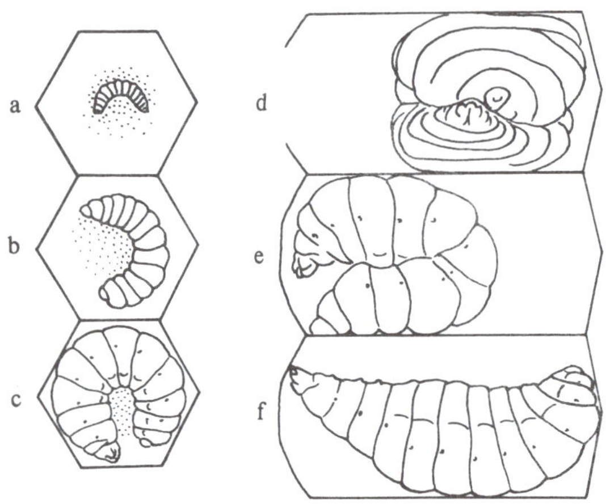

Verschiedene Stufen der Larvenentwicklung. a 1 Tag alt; b 2 Tage; c 3 Tage; d Larve zur Zeit der Zellverdeckelung; e, f Strecklarve bzw. beginnende Praenymphenphase. Nach Chauvin (1968)

Entwicklungsstadien von Arbeiterinnen im kleinen Brutnest von Eiern über frischgeschlüpfte Larven bis zur großen Rundlarve

Larvenalter → Zuchtstoff.

Larvenentwicklung. Sie beginnt mit dem Schlupf aus der Eihülle u. reicht bis zur Verpuppung (Entwicklungsdauer ↗). Die vier ersten Larvenstadien dauern jeweils etwa einen Tag. Sie werden mit einer Häutung ↗ beendet. Diese ist immer mit einem Wachstumsschub verbunden. Für die Entwicklung der drei Bienenwesen sind die drei ersten Larvenstadien von bes. Bedeutung. Während dieser Zeit bestimmen die Ammenbienen, ob sich aus der Junglarve eine Weisel od. eine Arbeiterin entwickelt. Die Arbeiterinnenlarve besitzt noch bis zu 120 Ovariolen in ihrer Eierstockan-

Rundlarven und Übergang zur Strecklarve

Drei- bis viertägige Rundlarven

lage, bedeutend mehr als die ausgebildete Arbeiterin. Während der Nymphenperiode verkümmern die meisten von ihnen, während sie in der Weisellarve zur vollen Entfaltung gebracht werden (Pheromone ↗). Bei den aus unbefruchteten Eiern stammenden Drohnenlarven vermehrt sich beim Übergang zum zweiten Larvenstadium in den Körperzellen der Chromosomenbestand durch Endomitose ↗ wieder auf den doppelten Chromosomensatz, d. h. die Normalzahl von 32 Chromosomen. Nur in den bereits auf frühesten Larvenstadien vorhandenen Hodenanlagen behalten die Urgeschlechtszellen 16 Chromosomen (diploide Drohneneier ↗). Die Larven aller drei Bienenwesen strecken sich nach der vierten Häutung in der Zelle aus, sie werden zur Strecklarve (-made). Dann verschließen die Arbeiterinnen die Zellen mit einem Deckel. Die Weiselzellen werden schon etwas früher geschlossen. Dadurch wird ein Herausgleiten der Weisellarve aus der nach unten hängenden Zelle verhindert. Unmittelbar nach der Verdeckelung beginnen die Larven mit dem Einspinnen. Sie überziehen dabei das Innere ihrer Zelle mit einem Sekret ihrer Labialdrüsen ↗, das sie zu einem Gespinst od. Kokon gestalten. Unter der Kokonhülle vollziehen sich wichtige Umbildungen im Larvenkörper. Diese sind am Darmkanal ↗ bes. deutl. Während Vorderdarm (Stomodaeum) u. Enddarm (Proctodaeum) nur schwache Veränderungen erfahren, macht der große tonnenförmige Mitteldarm eine bemerkenswerte Umwandlung durch. So wird der Übergang vom Mitteldarm zum Enddarm, die beide bis zu diesem Zeitpunkt blind aneinandergestoßen sind, durch lytische Prozesse in den Zellen der beiden Gewebslagen passierbar gemacht. Dadurch können die im Mitteldarm gespeicherten Reste der Nahrung, die schon seit Beginn der Larvenzeit über die Vorderdarm-Mitteldarm-Passage (Valvula cardiaca) einfließen konnten, erstmalig als Larvenkot abgesetzt werden. Auf diese Weise erhalten die Waben ihre dunkle Farbe u. durch die Kokongespinste größere Festigkeit. Die großen, etwa kubischen Zellen des larvalen Mitteldarms haben damit ihre Funktion erfüllt, was sich durch eine Verklumpung der Kernsubstanz (Pyknose) andeutet u. in der Einschmelzung der gesamten Zelle seinen Abschluß findet. Die nicht verwertbaren Zellreste werden abgestoßen. Das Lumen des Mitteldarms wird stark reduziert. Kleinere embryonale Bildungszellen, die vorher in den basalen Lücken des larvalen Mitteldarmepithels an der Basalmembran gelegen hatten, bilden nun ein neues Epithel für den zunächst schlauchartigen, dünnen pupalen Mitteldarm. Die Zellen des Enddarms differenzieren sich allmähl. zum Dünndarm- bzw. Rektalblasenepithel. Am Übergang vom Mittel- zum Enddarm (Pylorus) werden im Zuge dieser Umbildungsprozesse die vier larvalen Malpighischen Gefäße ↗ nach der Abgabe der in ihnen gesammelten Exkrete abgebaut. Aus dem Pylorusring (Valvula pylorica) des Dünndarms sprossen die definitiven Malpighi-Gefäße in Vielzahl. – Auch der in der Leibeshöhle zw. Darm u. Epidermis liegende Fettkörper ↗ macht nun wesentl. Veränderungen durch. Das gleiche gilt für die Oenozyten ↗. Bedeutend sind auch die Veränderungen in der Muskulatur ↗. – Das Gehirn der Bienenlarve zeichnet sich durch eine mächtige Entwicklung der Protocerebralloben aus. Auch die Lobi optici erreichen eine beträchtliche Größe.

Durchmesser der Kopfkapsel (mm ± Standardabweichung) bei den Larven weiblicher Bienenwesen

Larvenstadium	*Arbeiterin*	*Weisel*
L_1	0,33 ± 0,018	0,33 ± 0,020
L_2	0,47 ± 0,030	0,48 ± 0,026
L_3	0,70 ± 0,051	0,72 ± 0,044
L_4	1,05 ± 0,058	1,11 ± 0,072
L_5	1,58 ± 0,078	1,69 ± 0,097

Deuto- u. Tritocerebrum aber bleiben noch verhältnismäßig klein. Die Tritocerebralloben sind durch eine bei ad. Bienen fehlende suboesophageale Kommissur untereinander u. durch Konnektive mit dem dreiteiligen Suboesophagalganglion verbunden. Im Bauchmark der Larve ↗ sind drei getrennte Thorakal- u. acht Abdominalganglien ausgebildet. Vom letzten Ganglienknoten ziehen Nervenfasern in die Abdominalsegmente 8–10. Alle diese Vorgänge spielen sich in der gestreckt u. ruhig liegenden Vorpuppe od. Nymphe ab. An ihr treten nun auch schon äußere Organanlagen bedeutend stärker als bei der Larve in Erscheinung. Aus Imaginalscheiben ↗ entstehen Augen, Fühler u. Mundgliedmaßen, desgleichen werden Flügel u. Beine als Stummel sichtbar. Die äußeren Geschlechtsorgane einschl. des Stachelapparates bleiben zunächst noch als Imaginalscheiben im Körper versenkt u. sind äußerl. nicht auszumachen. Die fünfte u. damit letzte Larvalhäutung findet bei Arbeitsbienenlarven am Ende des elften, bei Weisellarven am Ende des zehnten u. bei Drohnenlarven am Ende des 14. Entwicklungstages statt. Danach erfolgt die Metamorphose zur Puppe ↗.

Larvensauger → Zuchtstoff.

Larvizid. Präparate mit insektizider Wirkung, die bes. auf die Larvenstadien der Schaderreger wirken.

Latenzphase. In der Vergiftungsphänologie ↗ der Zeitraum zw. Aufnahme des Giftes ↗ u. Auftreten der ersten Vergiftungssymptome.

Lathyrus pratensis L., Wiesenplatterbse. A der G *Lathyrus* der F der Leguminosae ↗. Nö. Hemisphäre, vor allem M-Europa. Auf feuchten bis nassen, nicht zu kalkarmen Wiesen. Ausdauernd. Blüht von Juni bis Herbst. Gelbliche Blüten, Nektar- u. Pollenspender.

Laucharten, *Allium* → Liliaceae.

Lavandula angustifolia MILL., Echter Lavendel. A der G *Lavandula* der F der Labiatae ↗. Im Mittelmeergebiet beheimatet, durch jahrhundertelange Kultur in der Schweiz, N-Italien u. S-Frankreich verwildert. Versch. Sorten. An warmen, geschützten Orten für kleine Hecken od. als Kontrastpflanzen in Heide- u. Steingärten od. in rasenartigen Anpflanzungen verwendbar. Der bis 60 cm hohe Halbstrauch blüht von Juli bis September in bis zu 20 cm langen Scheinähren, die an den Zweigenden vereinigt sind. Hellblaue od. violette Lippenblüten (Oberlippe zweilappig, Unterlippe dreilappig). Liebt lehm- u. kalkhaltige Böden u. sonnige, trockene Standorte. Vermehrung durch Sommerstecklinge. Nektar- u. Pollenspender.

Lavendel, *Lavandula* → Labiatae.

LD_{50}. Wirkstoffdosis, die bei einmaliger oraler Aufnahme bei 50 % aller Versuchstiere zum Tod führt. Die Angabe erfolgt in mg/kg Körpergewicht. Bei Bienen sind auch die Angaben µg/Biene od. µg/g Biene üblich.

Lebensdauer. Bei Arbeiterinnen abhängig von der Pollenaufnahme in der Jungbienenzeit u. von den Tätigkeiten während der Imaginalphase. Für eine durchschnittl. L. genügt es, wenn die Bienen in den ersten beiden Lebenswochen Pollen verzehren. Sie leben dann während des Sommerhalbjahres 20–40 Tage, i. d. R. aber nicht länger als sechs Wochen. Je kürzer die Stockbienenzeit im Vergl. zur Sammelphase ist, um so geringer ist die gesamte L. der Arbeiterinnen. Niedrige tägl. Sammelleistungen im Flugbienenalter wirken lebensverlängernd, umgekehrt verkürzen hohe Sammelleistungen die Flugbienenzeit u. damit die L. insges. Allerdings wird die L. auch vom Schlupfzeitpunkt der Bienen mitbestimmt. Schlüpfen Arbeitsbienen im März, leben sie durchschnittl. länger als 30 Tage, beim Schlupf im Juni verkürzt sich die L. um einige Tage. Bienen, die im Juli schlüpfen, können noch kurzlebiger sein. – Bekannt ist die relative Langlebigkeit der Winterbienen ↗. Sie werden 220–285, ja sogar bis zu 300 Tage alt. Langlebige Winterbienen schlüpfen entweder im Spätsommer od. auch schon im Juli. Die Schlupfzeit der Winterbienen ist nicht einheitl. festgelegt, sie variiert von Volk zu Volk u. von Jahr zu Jahr. Bislang sind keine endgültig definierbaren Kriterien für die Ausbildung kurzlebig bzw. langlebig programmierter Arbeitsbienen bekannt. Weiseln weisen im allgemeinen eine mehrjährige L. (4–6 Jahre) auf, wenngleich in modernen Imkereibetrieben aus ökonomischen Gründen darauf geachtet wird, daß die Weiseln, vor allem wenn sie nicht bes. leistungsstark sind, nach spätestens drei Jahren umgeweiselt werden. Drohnen leben im Durchschnitt 22–23 Tage, ein geringer Prozentsatz erreicht eine L. von 40 Tagen. Nur vereinzelt können Drohnen auch noch älter werden.

Lecanien. Verdeutschung der veralteten Bezeichnung Lecaniidae u. des G-Namens *Lecanium* (heute *Physokermes*), UO Coccina (Schildläuse). 2 Fn Kermidae (Stammschildläuse) mit *Kermes quercus* L., Eichenstammschildlaus: 3–4 mm, in Rindenrissen von Eichen, meist mit Ameisenbesuch; u. Coccidae (Napfschildläuse), früher Lecaniidae, mit *Physokermes piceae* SCHRANK; Große Fichtenquirlschildlaus, Größe 5–8 mm, rötlich, rotbraun, hellbraun, bis erbsengroß, beerenförmig, an Zweigen u. in Zweiggabeln der Fichte, z. T. auch Tanne, oft mit Ameisenbesuch. *Physokermes hemicryphus* DALMANN, Kleine Fichtenquirlschildlaus. Größe 3 bis 4 mm, unter Knospenschuppen an Zweiggabelungen (Quirlen) von Fichte u. Tanne. *Eulecanium rufulum* (CKLL.), Eichennapfschildlaus. Krustenartiger Überzug an jüngeren Zweigen. – Nur die «asselähnl.» Larven u. ♂♂ sind beweglich, ad. ♀♀ dagegen festsitzend ohne sichtbare Extremitäten. Die ♂♂ sind als Larven an Nadeln in der Nähe von Quirlschuppen mit einem wachsartigen Schild zu finden; ad. haben sie Flügel.

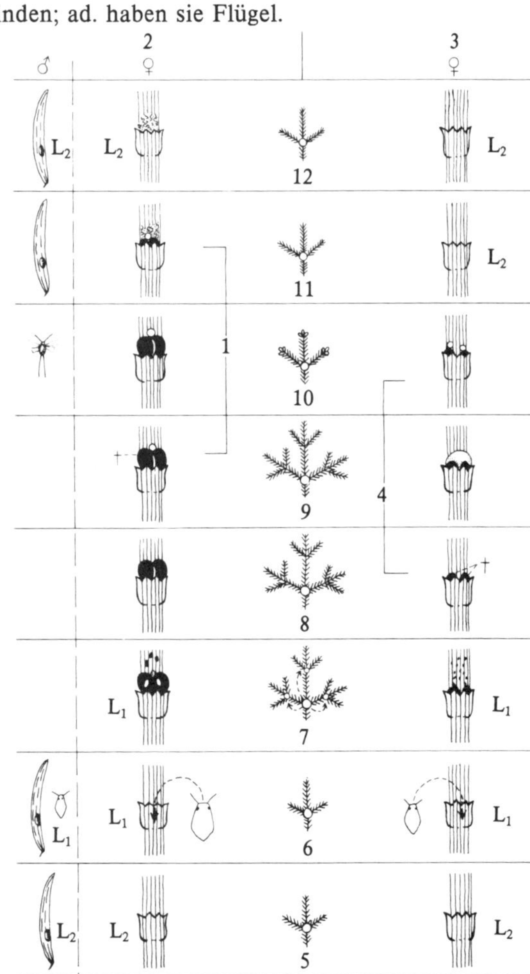

Schematische Darstellung des jährlichen Entwicklungszyklus der Großen und Kleinen Lecanie. 1 Honigtau, 2 *Physokermes piceae*, 3 *Physokermes hemicryphus*, 4 Honigtau, 5 Oktober bis Februar, 6 September, 7 August, 8 Juli, 9 Juni, 10 Mai, 11 April, 12 März. Verändert nach KLOFT, MAURIZIO, KAESER (1965)

Lecanienentwicklung. Große u. Kleine Lecanie (Lecanien ↗) entwickeln während eines Jahres nur eine Generation. Bei beiden An sind nur geringfügige Unterschiede im zeitl. Ablauf zu verzeichnen. Überwinternde Zweitlarven (L_2) saugen im März u. April unter Knospenschuppen (Verzweigungsstellen). Bei starker Sonneneinstrahlung u. Temp.en um 15 °C im März teilweise L_2-Wanderungen an den Zweigen. Durch herabfallende Larven der Großen Quirlschildlaus ist z.T. eine leichte Rotfärbung des noch vorhandenen Schnees möglich; der Prozentsatz der herabfallenden L_2 bei der Kleinen Quirlschildlaus ist gering. In den folgenden Wochen erfolgt die Häutung u. das Heranwachsen zu reifen ♀♀ (fühler- u. beinlos) sowie geflügelten ♂♂, so daß *Physokermes piceae* SCHRANK bereits im April u. *Physokermes hemicryphus* DALM. im Mai an den Schuppen deutl. werden u. je nach Höhenlage in den folgenden Wochen Honigtau absondern. Sowohl in begatteten als auch in unbegatteten ♀♀ wächst teilweise durch Jungfernzeugung (Parthenogenese) eine Vielzahl (bis zu 1000) ♀ u. wesentl. weniger ♂ Larven heran. Je nach Höhenlage sterben zw. Mitte Juni u. Mitte Juli die ♀♀ ab, entspr. verlassen die L_1 zw. Ende Juli u. Anfang September die toten ♀♀ Brutblasen. Das ist nur möglich, wenn sich der Analspalt dieser hygroskopischen Hülle bei niedriger relativer Luftfeuchte 0,2 mm u. mehr öffnet. Temp.en über 20 °C u. relative Luftfeuchte unter 70% ermöglichen bei gleichzeitigem Trocknen der Rinde u. Quirlschuppen ein gutes Schlüpfen u. daher auch verlustfreies Abwandern der L_1. Nässe od. lange Perioden hoher relativer Luftfeuchte verhindern das Öffnen des Spaltes u. verursachen starke Verluste. Die 0,6–0,7 mm großen, flachovalen ♀♀ u. ♂♂ L_1 laufen bis in den Oktober hinein frei umher. Während dieser Zeit erfolgt durch herunterfallende Tiere (Fallgeschwindigkeit 0,54 m/s), durch deren Verwehung u. aktives Laufen der Fichtenneubefall. Durch Wind teilweise starke Verluste (500 m vom Wald entfernt wurden bis zu 18 L_1/m^2 gefangen). Die ♀♀ L_1 suchen bis Oktober neue Quirle auf, die ♂♂ L_1 bilden ein wächsernes Schild auf den Nadeln. Im Oktober erfolgt die Häutung zur L_2 mit anschl. Überwinterung unter den Quirlschuppen bzw. auf den Nadeln.

Lecanienfeinde. In erster Linie winzig kleine Erzwespen (Chalcididae) mit den Gn *Microterys* u. *Pseudorhopus,* aber auch junge Coccinelliden- u. Syrphidenlarven (Lachnidenfeinde ↗) können bei den L_1 u. L_2 Verluste hervorrufen. Durch den Wind verwehte od. heruntergefallene Larven gelangen in die Netze einer Vielzahl von Spinnen. Der Graue Schildlausrüsselkäfer *Anthribus nebulosus* KÜST. ist ebenfalls ein L. Meisen *(Parus* spec.), Goldhähnchen *(Regulus* spec.) u. sogar Eichhörnchen *(Sciurus vulgaris* L.) werden beim Verzehren der Brutblasen beobachtet. Ein dichter Überzug der Brutblasen mit Rußtaupilzen kann bei feuchtwarmem Wetter die L_1 am Verlassen der Hüllen der Muttertiere hindern. Die genannten Feinde können örtl. eine spürbare Dezimierung der *Physokermes*-Bestände verursachen. Der bedeutsamste Feind sind anhaltend hohe relative Luftfeuchte u. z. T. auch Sturm zum Zeitpunkt des L_1-Schlüpfens.

Legeleistung (Weisel). In der Hauptlegezeit (Mitte April bis Mitte Juni) vermag eine Weisel 1200 Eier/Tag zu legen. Die L. kann sich aber auch noch auf 3000 Eier/Tag steigern. I. d. R. dürften jedoch unter mitteleurop. Verhältnissen nicht mehr als 2000 Eier/Tag u. Weisel zur Ablage kommen. Die L. läßt sich dadurch verdeutlichen, daß 1500 Eier ungefähr dem Gewicht einer Weisel entsprechen. Abhängig ist die L. von der herrschenden Tracht, der Fütterung durch die Arbeitsbienen, der Konstitution u. dem Alter der Weisel, der Jahreszeit, der Bienenrasse, der eine Weisel angehört, sowie von genetischen Faktoren.

Biene auf Lupine

Legestörung der Weisel. Durch Erkrankung der Eierstöcke (Eischwarzsucht ↗) od. mechanische Behinderung der Geschlechtswege, Verstopfung, Mißbildung.

Leguminosae, Hülsenfrüchtler, Hülsengewächse. Neben den Orchideen u. den Korbblütlern sind die L. die drittgrößte F unter den höheren Pflanzen. Mit 600–700 Gn u. ca. 13000–17000 An sind sie von den Tropen bis in die Arktis u. von immergrünen Regenwäldern bis in Steppen- u. Wüstengebiete verbr. Einjährige Stauden, Sträucher, Bäume der unterschiedlichsten Typen u. Lianen. Der Blütenbau ist sehr unterschiedl. Die strahligen od. zweiseitig-symmetrischen Blüten sind an die Bestäubung durch Insekten, Vögel, mitunter auch Fledermäuse angepaßt. Meist fünfzählige Kelche u. Kronen u. Staubblätter in zwei Kreisen stehend, frei od. miteinander verwachsen. Einfächriger, selten sekundär gefächerter Fruchtknoten aus einem Fruchtblatt bestehend. – Der hohe Eiweißgehalt der L. u. ihre bodenverbessernde Wirkung beruhen u.a. auf ihrer Fähigkeit, mit Bakterien-An der G *Rhizobium,* die den freien Stickstoff der Luft binden u. zum Aufbau von Eiweißen nutzen, eine Symbiose einzugehen. L. haben durch ihre Verbr. u. ihren Nektarreichtum eine große Bedeutung für die Bienenzucht. Viele verschiedenste Klee-An (Rotklee, *Trifolium pratense* ↗; Schwedenklee, *T. hybridum* ↗; Weißklee, *T. repens* ↗; Inkarnatklee, *T. incarnatum* ↗) u. Gelbklee, *Medicago lupulina*; Weißer Steinklee, *Melilo-*

tus alba; Hufeisenklee, *Hippocrepis comosa*; Alpensüßklee, *Hedysarum hedysaroides* ↗; Gemeiner Hornklee, *Lotus corniculatus* ↗; Wundklee, *Anthyllis vulneraria* ↗), die Luzerne (*Medicago sativa* ↗), die Esparsette (*Onobrychis viciaefolia* ↗), die Seradella (*Ornithopus sativus* ↗), die Erbse (*Pisum sativum* ↗), die Sandwicke (*Vicia villosa* ↗), die Ackerbohne (*Vicia faba*), die Gelbe Lupine (*Lupinus luteus*) werden landwirtschaftl. ± genutzt od. bilden große wildwachsende Bestände (z. B. Hufeisenklee, Hopfenklee, Esparsette, Alpensüßklee, Hornklee, Wundklee, Wicken, Platterbsen [Wiesenplatterbse, *Lathyrus pratensis* ↗], Lupine). Von den *Acacia* ist die mittelamerik. A *A. cornigera* L. von Interesse, da hier eine regelmäßige Vergesellschaftung mit Ameisen typisch ist, die ihre Nahrung von den Abscheidungen der extrafloralen Nektarien, die sich auf den Blattstielen befinden, u. von den Beltschen Körpern beziehen. In den gemäßigten u. subtropischen Zonen ist u. a. der Judasbaum (*Cercis siliquastrum* ↗) beheimatet, der auch in Park- u. Grünanlagen ↗ M-Europas anzutreffen ist. – Der Johannisbrotbaum (*Ceratonia siligna* ↗) wird überall im Mittelmeergebiet kultiviert. – Als Fruchtbaum hat die Tamarinde (*Tamarindus indica* L.) vor allem in trockeneren Gebieten der Tropen Bedeutung (u. a. wichtiges Nahrungsmittel für die Bevölkerung der afrikan. Trockengebiete). – Neben dem Japanischen Schnurbaum (*Sophora japonica* ↗) wird von den L.-An nur noch die Robinie (*Robinia pseudacacia* ↗), die für Europa als Bienenpflanze eine Rolle spielt, behandelt werden. – L. sind nicht nur ausgiebige Nektar-, sondern auch ergiebige Pollenspender. Berücksichtigt man die riesigen Flächen, die in Europa u. den überseeischen Ländern mit versch. Klee-An, Luzerne u. Futterwicken besetzt sind, wird die Bedeutung der L. für die Bienenzucht u. die Honigproduktion deutl. (Maurizio u. Grafl). Manche L. (z. B. *Vicia*-An) besitzen neben floralen extraflorale Nektarien, so daß die Bienen während der Blütezeit gleichzeitig Nektar u. Honigtau sammeln können (z. B. Ackerbohne, Luzerne). Bei den Klee-An u. der Luzerne ist erwiesen, daß die Nektarsekretion bes. von den Klimabedingungen – vor allem Bodenfeuchtigkeit u. Temp. – abhängig ist. So honigt der Weißklee in Europa in Gebieten mit hohem Grundwasserspiegel bes. ausgiebig, u. die Luzerne spielt nur in klimatisch bevorzugten Lagen eine Rolle für die Bienenzucht (z. B. in Israel, Kalifornien, Kanada). Die Nektarergiebigkeit ist bei den Kulturpflanzen in gewissem Maße genetisch bedingt. So können die tetraploiden Sorten der Klee-An zwei- bis dreimal mehr Nektar u. Zucker absondern als die entspr. diploiden (nach Maurizio u. Grafl).

Als ausgiebigste L.-Pollenspender werden für die Honigbiene Rot- u. Weißklee genannt, deren Anteil an der jährl. Pollenernte in Europa 14–33 % beträgt. Der Tagesanteil der Klee-An kann im August u. September 50–80 % des insges. eingetragenen Pollens erreichen. Der Pollen ist in den L.-Blüten den ganzen Tag hindurch zugänglich mit einem Maximum zw. 12 u. 14 Uhr, die Nektarsekretion bei den Klee-An u. der Esparsette hat die gleiche Dauer u. das gleiche Maximum. – Die weiteste Verbr. haben Honige aus einseitiger Tracht von Weiß- u. Bastardklee, deren Sediment bis zu 100 % Weiß- bzw. Bastardklee enthalten kann, vor allem aus N-Europa, den USA, Kanada u. Neuseeland gemeldet. In S-, W- u. M-Europa sind i. d. R. Sommermischhonige mit Weißklee-Beteiligung bekannt, die neben Nektar auch Honigtau enthalten. Einseitige Rotkleehonige sind seltener als Weißkleehonige, da die langen Rotkleeblütenröhren den Bienen bedeutend schwerer zugänglich sind. Einseitige Rotkleehonige stammen deshalb auch meist aus dem zweiten Rotkleeschnitt od. aus bes. heißen Sommern. Bienenwanderung in Rotkleefelder findet man u. a. in der Sowjetunion, der DDR, den USA, Kanada, England u. Schweden, wo eine intensive Rotklee-Samenzucht vorherrscht. Honige mit Rotklee-Leitpollen sind aus Chile u. Israel bekannt. – Honige aus einseitiger Luzernetracht – extrem pollenarm – findet man vor allem in N-Amerika (z. B. Kanada, Kalifornien), gelegentl. in Israel, seltener in Europa (Kulturen der Po-Ebene [Italien]); hier werden meist Sommer-Mischhonige (z. B. Luzerne u. Klee-An) geerntet. – Einseitige Esparsettehonige sind vor allem von den Gebieten bekannt, wo Esparsette wild od. kultiviert weit verbr. ist, z. B. Österreich, Jugoslawien, W- u. N-Ungarn, Spanien u. Frankreich. – Einseitige Tracht von Steinkleehonig ist vor allem in N-Amerika zu finden. – Von lokaler Bedeutung sind die Wicken-An u. Seradella. – Die Robinie gehört zwar zu den nektar- u. zucker-

Nektar-Zuckerwert versch. L.-Pflanzen

Pflanzenname		*Nektarmenge je Blüte in 24 h (mg)*	*Zuckerkonzentration des Nektars (mg)*	*Zuckerwert (mg)*	*Honig (kg/ha)*
Trifolium incarnatum L.	Inkarnatklee	0,04–0,23	31–44(–60)	0,02–0,07	60–80
Trifolium repens L.	Weißklee	0,05–0,4	25–52(–64)	0,01–0,2	100
Trifolium pratense L.	Rotklee	0,08–0,9	17–57(–70)	0,02–0,3	100–150
Trifolium hybridum L.	Schwedenklee	0,026	43	0,011	–
Vicia faba L.	Ackerbohne	–	–	4,2	–
Medicago lupulina L.	Gelbklee	–	–	–	50–70
Medicago sativa L.	Luzerne	0,24–0,83	17–48(–60)	0,07–0,25	50
Melilotus alba Med.	Steinklee	0,1	35	0,04	250–600
Lotus corniculatus L.	Hornklee	0,19–0,59	27–66	0,08–0,2	–
Robinia pseudacacia L.	Robinie	1,7 –3,7	34–67	0,9 –2,3	195–1000
Sophora japonica L.	Schnurbaum	1,5 –2,7	39–48	0,6 –1	110–300

reichsten Bienenpflanzen, ihre Nektarsekretion ist jedoch von bestimmten Umweltbedingungen abhängig. Einseitige Robinienhonige – sehr pollenarm – findet man vor allem in Ungarn, Jugoslawien, Rumänien, der ČSSR (Slowakei), wo sie eine der Haupttrachten darstellt. – Die Nektarabsonderung der *Sophora japonica* ist ebenfalls von Umweltbedingungen abhängig. – Der Italienische Hahnenkopf (*Hedysarum coronarium* L.) ist eine typisch italienische Pflanze, die man oft in wildem Zustand auffindet. Er liefert in M-, S- u. Insel-Italien mit bes. Bezug auf die Abruzzen, Kalabrien u. Sizilien einen weißen Frühjahrshonig mit feiner Kristallbildung u. ist fast ohne Aroma. *Onobrychis viciifolia* – vorwiegend in M-Italien wachsend – ergänzt in den kühleren Gegenden Italiens *Hedysarum coronatum.*

Leibeshöhle. Ein ± dreiteiliger Körperhohlraum, in dem sich die Blutflüssigkeit (Haemolymphe ↗) der Biene frei bewegt. Vom zentralen Bereich der L., dem Perivisceralsinus, der Darmkanal ↗ u. Geschlechtsorgane ↗ umgibt, wird durch ein dorsales Diaphragma (Pericard) ein Pericardial- od. Dorsalsinus mit dem Herzschlauch ↗ u. durch ein ventrales Diaphragma ein Perineural- od. Ventralsinus abgetrennt, in welchem das Zentralnervensystem ↗ verläuft. Das dorsale Diaphragma ist zw. 3.–6. Abdominalsegment über dem Darmkanal quer durch die L. ausgespannt u. am Rande an Apodemen (Chitinpanzer ↗) der Tergite punktförmig befestigt. Zw. diesen seitl. Anheftungsstellen des Diaphragmas bestehen breite Verbindungen zum Perivisceralsinus. Die Diaphragmen setzen sich aus durchsichtigen, nichtzellulären Membranen zusammen, zw. denen dorsal Muskeln vorhanden sind. Sie bilden die fünf Paar Flügelmuskeln des dorsalen Diaphragmas, die am Herzschlauch ansetzen. Außerdem befinden sich versch. Zellgruppen zw. den Diaphragmamembranen, z. B. die unregelmäßig geformten Pericardialzellen, die meistens als Phagozyten aufgefaßt werden u. Proteine aus der Haemolymphe aufnehmen. Der Dorsalsinus enthält außer dem Herzschlauch, Luftsäcken u. Tracheen (Tracheensystem ↗) auch Fettzellen (Fettkörper ↗), die unter der dorsalen Epidermis liegen. Dem dorsalen Diaphragma kommt unabhängig von der Rhythmik des Herzschlauches ebenfalls eine pulsatorische Bewegung zu, die sich in Kopfrichtung wellenförmig über die Membran ausbreitet. Das ventrale Diaphragma besteht aus einem feinen Muskelgewebe, das sich vom Brustabschnitt (Thorax ↗) bis zum siebenten Abdominalsegment erstreckt. Bei den ♀♀ Formen verschmälert sich das Diaphragma hier auffällig u. zieht als gegabelter Fortsatz bis zu den Stigmenplatten (Abdomen ↗) des achten Abdominalsegmentes. Im ♂ Geschlecht endet das ventrale Diaphragma bereits in Höhe des sechsten Abdominalsegmentes über dem letzten Abdominalganglion. Seitl. ist es ähnl. wie das dorsale Diaphragma an apodemalen Fortsätzen der Segmentränder befestigt, so daß auch zw.

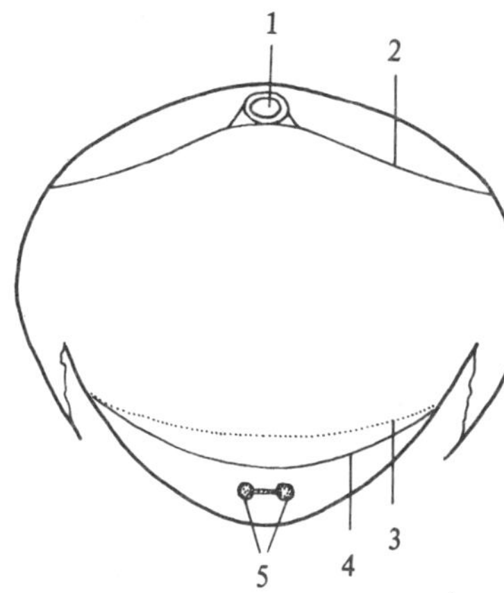

Querschnitt durch das Abdomen der Honigbiene (schematisch). 1 Herzschlauch, 2 dorsales Diaphragma, 3 ventrales Diaphragma kontrahiert, 4 ventrales Diaphragma in Ruhelage, 5 Bauchmark. Nach FREUDENSTEIN (1928)

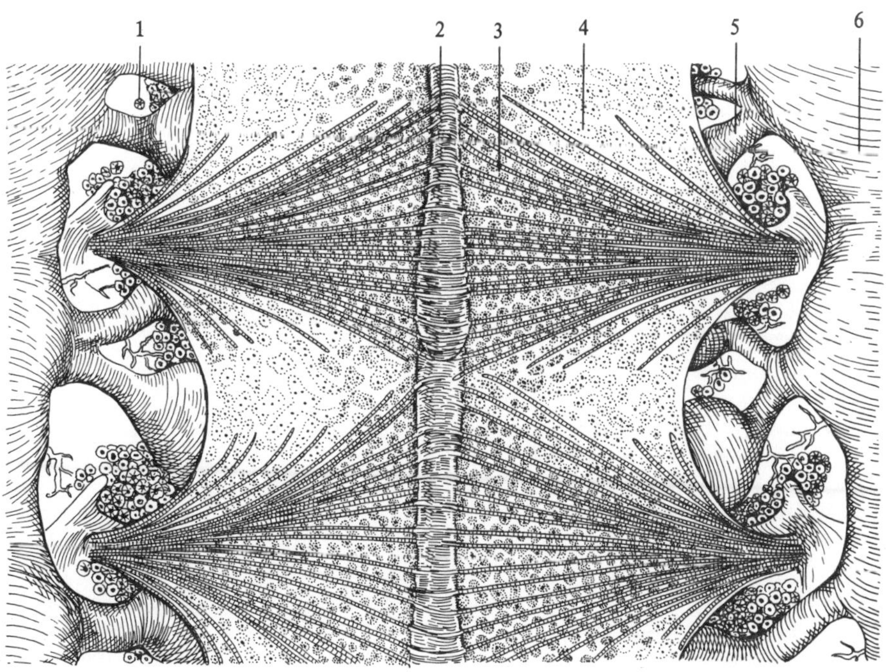

Dorsales Diaphragma eines Drohns von unten. 1 Fettkörper, 2 Herzschlauch, 3 Flügelmuskeln des Diaphragmas, 4 Pericard, 5 Trachee, 6 Luftsack
Nach SNODGRASS (1956)

dem Perineural- u. dem Visceralsinus breite Verbindungen bestehen. Pulsatorische Bewegungen sind auch vom ventralen Diaphragma bekannt. Sie verlaufen aber im Gegensatz zu denen des dorsalen Diaphragmas von vorn nach hinten. Die Pulsationen beider Diaphragmen dienen der Bewegung des Blutes in der L.

Lein → *Linum usitatissimum* → Linaceae.

Leingewächse → Linaceae.

Leinkraut → Scrophulariaceae.

Leistungskriterien. Wichtigste Selektionskriterien ↗. Im Rahmen der Leistungsprüfung ↗ werden mit dem Ziel der Körung ↗ die allgemeinen u. die spez. Leistungen der Bienenvölker bewertet. Zu den allgemeinen Leistungen werden die Volkeigenschaften ↗ zusammengefaßt. Als Kriterien der spez. Leistungen gelten vor allem der absolute u. der relative Honigertrag (Körformel ↗, Honigleistung ↗), in manchen Fällen auch der Wachsertrag u. die Bestäubungstüchtigkeit ↗.

Leistungsmerkmale → Leistungskriterien.

Leistungsprüfung. Erfassung qualitativer u. quantitativer phänotypischer Leistungsmerkmale ↗, meist im Rahmen einer Geschwisterprüfung ↗, seltener einer Nachkommenprüfung ↗, unter vergleichbaren Bedingungen nach standardisierten Leistungskriterien ↗ als Grundlage für die objektive Erbwertschätzung (Erbwert ↗, Körung ↗) bzw. Zuchtwertschätzung (Zuchtwert ↗) von Bienenvölkern.

Leitwachs. Aus flüssigem Wachs gelegte Spur, die den Bienen als Ausgang u. Richtungsweisung für den freien Wabenbau dient. In Körben wird es im Abstand von 3,5 cm, in Sektionsrähmchen ↗ in der Mitte der Rähmchenleisten angebracht.

Leitwachsstreifen → Begattungskästchen → Drohnenzucht.

Leontodon autumnalis L., Herbst-Löwenzahn. A der G *Leontodon* – mit 45 An – der F der Compositae ↗. Eurosibirien, im Mittelmeergebiet seltener. Auf Wiesen, Weiden, an Wegrainen. Häufig. 15–50 cm hohe Pflanze, ausdauernd. Blüht von Juli bis Oktober. Die gelben Zungenblüten stehen in großen Körbchen. Auf stickstoffreichen, sandigen Lehmböden. Nektar- u. Pollenspender. Stellt für die Bienen bei der Herbstversorgung eine zusätzl. Nektarquelle dar, ist jedoch für die Honigernte ohne Bedeutung. L. a. ist vor allem ein ausgiebiger Spätpollenspender, z. B. im Schweiz. Mittelland u. im Jura, in der Bundesrepublik Deutschland, in der DDR. Der Pollen wird hauptsächl. am Vormittag eingetragen.

Lerchensporn, *Corydalis* → Papaveraceae.

Lespedeza bicolor Turcz., Zweifarbiger Buschklee. A der G *Lespedeza* – mit über 60 An vor allem in N-Amerika, Asien, Australien verbr. – der F der Leguminosae ↗. Im Amurgebiet, N-China, Japan (Nagasaki). In Gebüschen, vergesellschaftet mit anderen Pflanzen. Zur Unterpflanzung an sonnigen, warmen Böschungen geeignet. Blüht Juli bis September. Die violettroten od. purpurrosa Blüten stehen in seitenständigen, bis 8 cm langen Trauben, die in beblätterten Rispen

Märzenbecher

zusammengefaßt sind. Vermehrung durch Aussaat. Nektar- u. Pollenspender. Nach Progunkow, 1975, im Fernen Osten als Nektarspender wichtig.

Leucojum vernum L., Märzenbecher. A der G *Leucojum* der F der Amaryllidaceae ↗. Vor allem M-Europa. Meist in Herden in feuchten Laubwäldern, Auen, auf feuchten Wiesen u. tiefgründigen Lehmböden bis 1600 m ü. NN. Seit 1420 in Kultur nachweisbar. 10–30 cm große Staude. Blüht je nach Standort Februar, März bis April. Glockenförmige, weiße, am Rande etwas grün od. gelb punktierte Blüten. Feuchtigkeitsliebend, Halbschatten vertragend. Nektar-, aber vor allem Pollenspender.

Lichtbeute. Unabhängig vom Beutentyp wird die Vorderwand des Brutraums von einer doppelten Glasscheibe gebildet. Dies sollte zu einem besseren Kontakt der Bienen mit der Außenwelt u. zu einer schnelleren Entwicklung beitragen. Die L. hat keinen Eingang in die allgemeine Imkerpraxis gefunden.

Liguster, *Ligustrum* → Oleaceae.

Ligustrum vulgare L., Gemeiner Liguster, Rainweide. A der G *Ligustrum* der F der Oleaceae ↗. In allen Gebirgen Europas verbr., ebenso in N-Afrika u. W-Asien. Hauptsächl. in lichten Waldungen, in lockeren Gebüschen u. an Hängen, vielfach N-Hängen. In N-Amerika nur verwildert. Für Hecken, als Unter- u. als Deckpflanzung geeignet, auch einzeln als Zierstrauch angepflanzt. Der bis 6 m hohe Strauch blüht im Juni/Juli, an sonnigen Orten früher. Die weißen Blüten in bis 8 cm langen Rispen erscheinen bes. bei sonnigem Standort in Mengen. Anspruchslos, unempfindlich gegen Schnitt, Staub u. auch Rauch (außer Rußtau). Vermehrt durch Wurzelbrut, Ableger, Stecklinge. Nektar- u. Pollenspender. Die Blüten sondern in 24 h 0,36–0,7 mg Nektar ab, Nektarkonzentration 34–40 %, Zuckerwert 0,14–0,24 mg. Der Pollen wird den ganzen Tag hindurch dargeboten (6–17 Uhr), die Bestzeit ist von 6–8 Uhr. Da die Ligusterhecken jedoch meist vor der Blüte geschnitten werden, bleibt der Jahresanteil von Ligusterpollen unter 1 % der Gesamternte (nach Maurizio u. Grafl).

Liliaceae, Liliengewächse. Die F umfaßt etwa 220 Gn mit 3500 An. In tropischen bis gemäßigten Gebieten, vereinzelt auch in der Arktis u. Antarktis anzutreffen. Meist ausdauernde Kräuter, selten Sträucher od. Halbsträucher. Die G *Allium* mit ca. 300 An besiedelt die gesamte nö. Hemisphäre u. ist bes. zahlreich in Zentral-Asien als Wildpflanze, Zier- od. Gemüse- u. Würzpflanze vertreten. In den europ. u. sibirischen Laubwäldern, aber auch auf Kamtschatka, ist der Bärenlauch (*Allium ursinum* ↗) zu finden, diese A ist im Mittelmeerraum durch *A. chamaemoly* L. vertreten. Neben zahlreichen Zierpflanzen (z. B. *A. caeruleum* ↗ u. *A. victorialis* ↗) gibt es in Europa u. N-Amerika große Kulturen von Porree od. Winterlauch (*A. porrum* L.) u. fast weltweit Kulturen von Knoblauch (*A. sativum* L.), Schnittlauch (*A. schoenoprasum* L.) u. Zwiebel (*A. cepa* L.). Der Blütenschaft der *Allium*-An ist stets blattlos u. endet in einer Scheindolde; manchmal ist der Blütenstand auch auf eine einzige Blüte reduziert. Es gibt drei Nektarien, die zw. den Scheidewänden der drei zum Fruchtknoten zusammengewachsenen Fruchtblätter liegen. Der Nektar wird durch einen Kanal auf halber Höhe des Fruchtknotens ausgeschieden u. sammelt sich am Blütengrund zw. Fruchtknoten u. der verbreiterten Basis der inneren Staubblätter. – Die G *Asparagus* mit 300 An ist im gesamten Gebiet der Alten Welt vertreten, wobei der Speisespargel (*Asparagus officinalis* ↗) wohl am bekanntesten sein dürfte. – Als Honigquellen kommen von den kultivierten *Allium*-An vor allem Zwiebel u. Winterlauch in Frage; einige Zierlauch-An sind neben dem wildwachsenden Bärenlauch von Bedeutung. *Allium*-An sind an vielen Honigen beteiligt. Sortenhonige von der Zwiebel wurden u. a. von der DDR (Umgebung Magdeburg), Holland (Zeeland), der Schweiz (Önsingen) u. den USA (Kalifornien) gemeldet. Einseitiger Bärenlauchhonig ist aus der Schweiz bekannt. Aus der Bundesrepublik Deutschland (südöst. Hannover, Heidelberg, Darmstadt), der DDR (Brandenburg, Umgebung von Meißen, Sachsen u. nö. Anhalt), der Schweiz (M-Wallis), S-Frankreich, den USA (Kalifornien) z. B. sind einseitige Sortenhonige von *Asparagus* gemeldet worden.

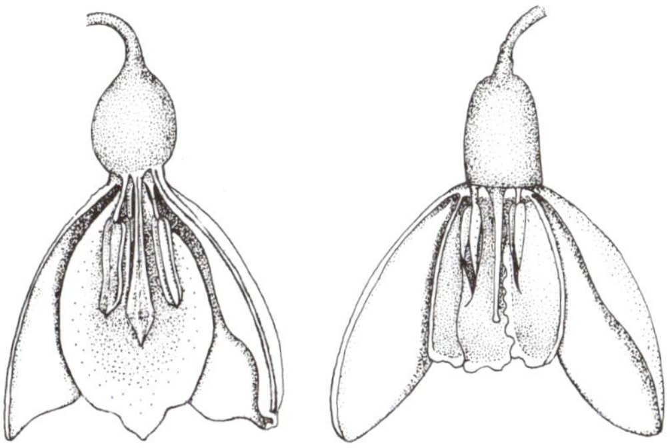

Märzenbecher u. Schneeglöckchen im Blütenquerschnitt

Liliengewächse → Liliaceae.

Limonium vulgare MILL., Widerstoß. A der G *Limonium* der F der Plumbaginaceae ↗. Hauptverbr. entlang der Küsten der Nordsee u. der we. Ostsee. Diese Rosettenstaude blüht – in Abhängigkeit von der Witterung – von Juli, August bis in den September u. später. Die blauvioletten Blüten sind in einseitswendigen Ähren angeordnet. Es besteht Blüten- u. Pollendimorphismus, d. h., es kommen lang- u. kurzgrifflige Blüten mit unterschiedl. großem Pollen, der auch versch. Formen hat, vor. Nektar- u. Pollenspender. Gute Bienenpflanze für Park- u. Grünanlagen.

Linaceae, Leingewächse. In ursprüngl. Form umfaßt die F 25 Gn mit 500 An; manche Autoren vertreten jedoch die Ansicht, daß L. in eine Anzahl kleinerer, selbständiger Fn aufzuspalten sei. L. besiedelt weltweit tropische u. gemäßigte Gebiete. Bäume, Sträucher, Halbsträucher, aber auch Stauden, einjährige Kräuter u. kletternde Sippen kommen vor. Die radiär gebauten, zwittrigen Blüten stehen in Rispen, Wickeln od. Trugdolden. Zu L. gehört die mit etwa 200 An vertretene G *Linum*, die spez. im Mittelmeergebiet u. dem südwe. Amerika ihre Hauptverbr. hat. Die Stammpflanze des Flachses ist *Linum angustifolium* HUDS., die von W-Asien u. S-Europa (außer Rumänien) durch W-Frankreich bis England u. Irland vorkommt. Den Flachs od. Lein (*L. usitatissimum* ↗) trifft man nur in Kulturen, er wird zur Faser- u. die Samen zur Ölherstellung genutzt. Nach ZANDER dürfte jedoch der Trachtwert geringer sein als der des Rapses ↗. *Linum*-Honig-Befunde wurden bisher vor allem aus S-Amerika u. Mexiko gemeldet.

Lindan. Hexachlorzyklohexan, mit mindestens 90 % des Gamma-Isomeren.

Lindengewächse → Tiliaceae.

Linie → Zuchtlinie.

Linienzucht. Zuchtverfahren ↗, bei dem die Züchtung (Züchten ↗) innerhalb von Zuchtlinien ↗ durchgeführt wird, um eine genetische Differenzierung für die Nutzbarmachung von Kombinationseffekten (Kombinationseignung ↗) zu erreichen.

Linum usitatissimum L., Flachs, Lein. A der G *Linum* der F der Linaceae ↗. Hauptanbaugebiete sind

Tulpenbaum

Argentinien, Australien, Europa, Asien (bes. Indien, W-China), N- u. NW-Afrika, die USA, Kanada, S-Amerika. Der Öllein wird vor allem in der UdSSR, Indien u. den La-Plata-Staaten N-Amerikas angepflanzt, während der Faserlein die Größe seines ursprüngl. Anbauraumes nur noch in Belgien erhalten hat. Einjährig. Blüht Juni/Juli. Blaue, zwittrige Blüten. Nektar- u. Pollenspender. Nektarien liegen als Grübchen an der Außenseite der nach unten zu verbreiterten Staubfäden.

Lippenblütler → Labiatae.

Liriodendron tulipifera L., Tulpenbaum. A der G *Liriodendron* der F der Magnoliaceae ↗. In N-Amerika von Rhode Island bis Florida u. Arkansas beheimatet. In Europa eingebürgert. In der Heimat bis 700 Jahre alt u. bis 50 m hoch, in Europa selten höher als 30 m. Schöner Baum für große Park- u. Grünanlagen, als Alleebaum nur bedingt geeignet. Blühreife mit 15 Jahren. Blüht im Juni/Juli. Die zwittrigen Blüten erinnern in Größe u. Form an Tulpenblüten, die grünlichweißen Kelchblätter (3) sind eiförmig, meist an der Spitze ausgerandet, zurückgebogen. Die verkehrt eiförmigen, gelbgrünen od. schwefelgelben Kronblätter sind aufrecht u. am Grund orangefarben gestreift. Benötigt frischen, tiefgründigen Boden u. windgeschützte Lage. Nektar- u. Pollenspender. Die Nektarsekretion beträgt 1,6–3 g je Blüte mit einer Nektarkonzentration von 17–36%. Sie kann so ausgiebig sein, daß der Nektar in Tropfen aus den Blüten tropft.

Lochen u. Drahten der Wabenrahmen. Um Mittelwände in Wabenrahmen befestigen zu können, müssen letztere entspr. vorbereitet werden: Mit einem Rähmchenlocher ↗ od. besser mit einem elektrisch betriebenen Einfach- od. Vielfachbohrer werden bei Rähmchen von etwa Normalmaßgröße je Ober- u. Unterleiste in Längsrichtung gleichmäßig verteilt vier Löcher, die äußeren etwa 2 cm von den Seitenleisten u. quer genau in der Mitte, also 1,25 cm von den Leistenkanten entfernt, gebohrt. Durch die Löcher wird nun Rähmchendraht gezogen u. auf der Oberleiste erst neben dem einen u. nach leichtem Spannen neben dem anderen äußeren Loch an einem kleinen Nagel befestigt.

Lochleiste → Zuchtstoff.

Lockenwickler → Verschulen → Versand von Weiseln.

Lösungsverhältnis → Zuckerlösung.

Lötkolben → Einlöten der Mittelwände.

Lötrohr. Ein Glasrohr mit ausgezogener Spitze zum Auftragen einer Leitwachsspur u. zum Anlöten von Anfangstreifen. Das L. wird in flüssiges Wachs getaucht, kurze Zeit zum Anwärmen darin belassen, dann die obere Öffnung mit dem Finger verschlossen. Mit dem nun im L. befindlichen Wachs kann entweder frei od. an einer nassen Leiste entlang eine Wachsspur gelegt werden.

Lotus corniculatus L., Hornklee, Hornschotenklee. A der G *Lotus* der F der Leguminosae ↗. Europa, Asien, Afrika, Australien, nicht in Amerika. Wesentl. Bestandteil fast aller Naturwiesen, auf lehmigen Böden in trockenen Weiden u. Fettwiesen, bis in die subalpine Stufe. Auch in Kultur, die Aussaat erfolgt im März/April, er blüht schon im Sommer. Wild – niederliegende od. aufsteigende Staude – blüht er zw. Ende Mai u. September. Gelbe Blüten in Dolden. Meidet saure, dauerüberschwemmte Wiesen, liebt trockeneren Boden als der Sumpfschotenklee (*Lotus uliginosus* SCHKUHR), wird von den Bienen mehr beachtet als letzterer. Nektar- u. Pollenspender.

Löwenmaul → Scrophulariaceae.

Löwenzahn → Compositae.

Ludwig, August, Prof. Geb. 9. 7. 1867 in Hochdorf (Deutschland), gest. 5. 7. 1951 in Jena. Studierte Theologie, erhielt 1910 Pfarrstelle in Jena. Wurde von der Universität Jena beauftragt, Studenten in Bienenkunde auszubilden, übernahm 1916 die Leitung des Universitäts-Lehrbienenstandes. Schüler u. späterer Freund GERSTUNGS ↗. Trug entscheidend zur Gründung des «Deutschen Reichsvereins», später zum Zusammenschluß mit dem «Zentralverein» zum «Deutschen Imkerbund» bei, Imkerorganisationen ↗. Mitbegründer des Bienenmuseums in Weimar. Übernahm nach GERSTUNGS Tod 1925 die Schriftleitung der Zeitschrift «Die Deutsche Bienenzucht in Theorie und Praxis». Rege schriftstellerische Tätigkeit. Hauptwerke: «Unsere Bienen», «Am Bienenstand», «Die Honigbiene». – Anläßlich des 80. Geburtstages wurde ihm von der Mathematisch-Naturwissenschaftlichen Fakultät der Universität Jena der Professorentitel verliehen.

Luftelektrizität. Ionengehalt u. elektromagnetische Schwingungen, «Atmospherics» → Flugaktivität.

Luftfeuchtigkeit → relative Luftfeuchtigkeit.

Luftfeuchtigkeit → Verschulen.

Luftkräfte → Flugdynamik.

Luftsäcke → Tracheensystem.

Lüftungsgitter. Als L. wird Plast- od. Metallgaze mit Maschenweiten von 1–2 mm benutzt. Es ist überall dort erforderlich, wo Bienen zeitweilig am Flug gehindert werden sollen. Dies ist hauptsächl. bei der Wanderung (Wandervorsatz ↗, Beutenfenster ↗), aber auch bei zeitweiliger Flugsperre während bzw. nach PSM-Anwendungen erforderlich. Außer an Beuten sind L. u. a. an Schwarmfang-, Feglings-, Anbrüte- u. Begattungskästen vorhanden.

Lüneburger Stülper. Vornehmlich in der Lüneburger Heide gebräuchl. Bienenkorb, gefertigt durch lagenweises Zusammennähen eines 3–5 cm starken Strohseils mit gespaltenen Kiefernwurzeln. Das Flugloch befindet sich im oberen Viertel, etwa am Beginn der Rundung. Vor der Besiedlung werden oben im Korb Leitwachsstreifen ↗ angebracht sowie zur Stabilisierung des Wabenbaus mehrere Holzspeilen in versch. Richtung u. Höhe quer durch den Korb gezogen (Heidebetriebsweise ↗).

Lungenkraut → *Pulmonaria officinalis* → Boraginaceae.

Lunzer Begattungskästchen → Begattungskästchen.

Lupine → Gelbe Lupine, *Lupinus luteus* → Leguminosae.

Luzerne → *Medicago sativa* → Leguminosae.

Lycium halimifolium MILL., Gemeiner Bocksdorn. A der G *Lycium* – mit etwa 100 An weltweit verbr.; tropische An überwiegend in S-Amerika – der F der

Solanaceae. S-Europa bis Kleinasien. Überall verwildert; am häufigsten angepflanzte A, da gut zur Begrünung von Schuttplätzen, Wänden in Steinbrüchen, für steile Böschungen armer Böden geeignet. Kletternder Strauch; erst aufrecht wachsend, dann überhängend. Blüht von Mai bis September. Die lilapurpurnen Blüten stehen achselständig zu 1–5. Nektar- u. Pollenspender. Nach ZANDER wertvolle Honigpflanze durch die lange u. späte Blütezeit. Zur Bienenweideverbesserung sehr geeignet.

Lythrum salicaria L., Blutweiderich, Weiderich. A der G *Lythrum* der F der Lythraceae. Gemäßigte Breiten. An feuchten Stellen, wie nassen Wiesen, Gräben, Ufern, Teichrändern, Sümpfen. 50–160 cm hohe Pflanze, ausdauernd. Blüht von Juli bis September. Rosarote Blüten. Liebt nassen, schweren u. etwas stickstoffhaltigen Boden. Nektar- u. Pollenspender. Gute Bienenweidepflanze. Bei L. s. haben sich drei Blütentypen entwickelt, die sich in der Griffel- u. Staubblattlänge sowie in der Pollengröße u. Pollenfarbe unterscheiden. Die Staubbeutel der beiden Staubblattkreise u. die Narbe stehen in drei versch. Etagen, so daß die Staubbeutel jedes der beiden Staubblattkreise u. die kopfige Narbe in allen drei Ebenen angetroffen werden. Ein optimaler Bestäubungseffekt wird immer dann erzielt, wenn von einer Pflanze Pollen einer Staubbeutelzone auf die Blüte einer anderen Pflanze gelangt, bei der die Narbe sich in gleicher Höhe entfaltet.

Made → Larve.

Madenalter → Zuchtstoff.

Mädesüß, *Filipendula* → Rosaceae.

Magazinbeute. Oberbehandlungsbeute, die aus losen Teilen, Boden, Zargen ↗, Deckel ↗ besteht u. deren Größe durch Übereinanderstellen mehrerer Zargen den jeweiligen Erfordernissen angepaßt werden kann. Dadurch ist es möglich, auch starke Völker ohne durch Raumenge bedingte Spannungszustände zu halten. Diese starken Völker gestatten es, auch mit ganzen Zargen statt wie bisher mit einzelnen Waben zu arbeiten. Durch sog. Kippvorrichtungen ↗, mit denen eine od. mehrere Zargen von den darunterstehenden abgekippt werden können, wird die körperliche Arbeit mit den M.n teilweise erleichtert. Wegen der Kipprichtung nach vorn müssen die Waben immer in Längsstellung hängen. Die Wabenanzahl je Zarge beträgt 8–10. Als Wabenrahmen werden lange, flache Maße bevorzugt, z. B. das Zander- u. Langstrothmaß (Wabenrahmenmaße ↗) sowie für die sog. Flachzargen das in der Höhe verkürzte Langstrothmaß. M.n werden fast ausschl. für Freiaufstellung gefertigt. Sie können einzeln direkt auf dem Boden od. auf niedrigen Böcken sowie zu mehreren auf flachen Gestellen stehen. Vorteile der M.n sind ihr variabler Inhalt, die Möglichkeit, mit ganzen Einheiten zu arbeiten, die Einfachheit, mit der z. B. die Ablegerbildung ↗ u. versch. Methoden der Schwarmverhinderung durchführbar sind. Weitere Vor- u. Nachteile ergeben sich aus der Freiaufstellung ↗.

Magazinboden. Auch als Bodenbrett, Bodenstück, Bodenteil, Unterboden bezeichnet. Teil der Magazinbeute, in den das Flugloch ↗ eingearbeitet ist. Der M. in der neueren Form als hoher Boden ist Raum zum Aufketten der Bienen, zum Bauen, er kann wahlweise ein Varroagitter, eine Pollenfalle ↗ od. einen Futtertrog aufnehmen, u. es erfolgt durch ihn die Bodenlüftung ↗.

Im Ausbau befindlicher Baurahmen

Magnetfeldorientierung → Orientierung.

Magnetorgan. Bei älteren Bienenlarven u. während der Puppenphase werden im vorderen Bereich des Hinterleibes (Abdomen ↗), in der Nähe des einen der beiden Schweresinnesorgane über 1 Mio feiner, parallel ausgerichteter, eisenhaltiger Kristalle, wahrscheinl. Magnetitpartikel (FeO, Fe_2O_3), angehäuft, die durch nichtmagnetische Substanzen voneinander getrennt sind. Diese eisenhaltigen Teilchen bewirken die Entstehung eines senkrecht zur Körperachse der Biene gelegenen Magnetfeldes. Die Wachstumsrichtung der Magnetkristalle, die zur Ausrichtung des remanenten Magnetfeldes führt, wird offensichtl. während der Puppenruhe festgelegt. Bei frisch getöteten Bienen ließ sich nachweisen, daß die Magnetfeldlinien in der horizontalen Ebene des Bienenkörpers verlaufen. Die Bienen sind mit Hilfe des M.s in der Lage, die Feldlinienrichtung des Erdmagnetfeldes u. auch dessen diurnale Schwankungen wahrzunehmen. Auf diese Weise wird neben der Photoperiode ↗ ein exakter Zeitgeber wirksam, der den Tagesrhythmus der Honigbienen bestimmt. Außerdem stellt das M. eine Orientierungshilfe bei der parallelen Anlage der Waben im Bienenstock dar. Die als «Mißweisung» bekannten systematischen Fehler bei der Richtungsangabe der Trachtquelle während der Tänze auf den senkrecht hängenden Waben sind das Ergebnis der tagesperiodischen Schwankungen des Erdmagnetfeldes. Sie hängen von der Wabenstellung u. damit von deren Ausrichtung zum Erdmagnetfeld ab. Diese Fehler bei der Richtungsangabe der Tracht durch tanzende Arbeiterinnen werden aber richtig verrechnet, so daß die ausfliegenden Sammelbienen zielsicher zur Tracht gelangen.

Magnoliaceae, Magnoliengewächse. Diese F besiedelt mit 10 Gn u. etwa 200 An S- u. O-Asien, das atlantische N-Amerika, das nö. S-Amerika u. den indomalaiischen Raum. Sämtliche Organe der meist sehr auffälligen Blüten erscheinen an einer stark gestreckten Blütenachse. Sie haben eine aus relativ einfachen Blattorganen zusammengesetzte Hülle, die oft noch keine Gliederung in Kelch u. Blumenkrone erkennen läßt. Die weiß-, gelb-, grün- od. rotgefärbten Blütenhüllblätter sind entweder spiralig an der Blütenachse angeordnet od. in dreizähligen Kreisen. An der Spitze der Blütenachse gibt es zahlreiche freistehende Fruchtblätter, die aus einem ± bauchigen Basalteil, dem eigentl. Fruchtknoten, u. einem verschmälerten oberen Teil, dem Griffel u. der Narbe, bestehen. Die Nektarsekretion durch die Fruchtblätter – bei einigen An beobachtet – dient der Insektenanlockung. Am bekanntesten ist in M-Europa die G *Magnolia*, deren Blüten sich meist einzeln an den Enden vegetativer Triebe entwickeln, die jedoch in der Bienenzucht nur eine untergeordnete Rolle spielt. Auch von der G *Liriodendron*, die mit je einer A in Amerika u. Asien vertreten ist, hat der Tulpenbaum (*Liriodendron tulipifera* ↗) wegen seiner relativen Seltenheit in Europa keine maßgebliche Bedeutung. Einseitige *Liriodendron*-Honige sind aus Stadtgebieten (Heidelberg, Bundesrepublik Deutschland; Genf, Zürich, Schweiz) gemeldet, werden aber vorrangig in M-Amerika u. den S-Staaten von N-Amerika geerntet.

Magnoliengewächse → Magnoliaceae.

Mahonia aquifolium (Pursh) Nutt., Gewöhnliche od. Stechdornblättrige Mahonie. A der G *Mahonia* der F der Berberidaceae ↗. We. u. pazifisches N-Amerika von Nebraska u. Arizona westwärts, dort sehr weit verbr. Auf feuchten, guten Böden oft als Unterholz zu finden. Versch. Sorten. Zur Bodenbedeckung, für kleine Hecken als Unterholz unter lichte Gehölze gut geeignet. Der bis 1 m hohe Strauch blüht im April/Mai. Die hell- bis goldgelben Blüten, die oft rötlich überlaufen sind, stehen in dichten, aufrechten Trauben. Anspruchslos Nektar- u. Pollenspender.

Mahonia japonica (Thunb.) Dc., Japanische Mahonie. A der G *Mahonia* der F der Berberidaceae ↗. Nepal, Himalajagebiet, China (Provinz Hupeh), u. a. in Japan u. Europa durch Kultur verbr. In der Heimat oft 4 m hoher Strauch. Blüht je nach Standort bis Mai. Hellgelbe Blüten stehen in 20 cm langen, aufrechten Trauben. Benötigt sonnige Lagen u. gute Böden. Vermehrung durch Aussaat. Nektar- u. Pollenlieferant.

Mahonia repens (Lindl.) G. Don, Kriechende Mahonie. A der G *Berberis* der F der Berberidaceae ↗. We. N-Amerika, Rocky Mountains von British Columbia bis New Mexico. Für kleine Hecken, als Unterpflanzung u. geschlossene Gründecke verwendet. Der etwa 20 cm hohe Strauch blüht im Mai. Die goldgelben Blüten stehen in langen, büscheligen Trauben. Benötigt gute, humöse Böden. Vermehrung durch Aussaat u. Teilung. Nektar- u. Pollenspender.

Mahonie, *Mahonia* → Berberidaceae.

Maikrankheit. Im Frühjahr u. in den Sommermonaten zu beobachtende Verstopfung des Darmes junger brutpflegender Bienen durch Aufnahme großer Pollenmengen, die wegen Wassermangels nicht verdünnt werden können. Je nach dem unterschiedl. Brutstand der Völker u. dem entspr. Wasserbedarf nur bei einzelnen Völkern des Bienenstandes feststellbar. ± trockener Pollen u. Pollenreste führen zur Eindikkung u. Anschoppung in Dünndarm, Mitteldarm u. in der Kotblase. Das Absetzen der eingetrockneten u. unverdauten Pollenmassen ist dann meist nicht mehr möglich. Der Hinterleib der flugunfähigen Bienen ist prall aufgetrieben. Die am Flugloch erscheinenden Bienen zeigen zitternde, kreiselnde u. hüpfende Bewegungen, fallen vor dem Bienenstand zu Boden, werden immer matter u. gehen in großer Zahl unter krampfartigen Zuckungen zugrunde. Leichter erkrankte Bienen vermögen noch Kot in Form fester, dunkelbrauner Würstchen auf dem Flugbrett abzusetzen. Einen Hinweis auf M. geben die eigenartigen Bewegungen der kranken Bienen. Bei leichtem Druck auf den Hinterleib der flugunfähigen Bienen treten feste Kotteile aus dem After aus. Zur Beseitigung des Wassermangels u. der Verstopfung müssen rechtzeitig warme dünne Honig- od. Zuckerlösungen gefüttert werden. Damit kann die Verstopfung bald beseitigt u. ein größerer Verlust an Völkern verhindert werden.

Mais, *Zea mays* → Gramineae.

Maische → Feuchtzucker.

Malathion. Wirkstoff mit insektiziden Eigenschaften. Häufig gegen Vorrats- u. Gesundheitsschädlinge ↗ angewendet.

Malpighamoeba mellificae Prell. Erreger der gelegentl. auftretenden, ansteckenden Amöbenkrankheit ↗ der Bienen. Als frei bewegliche Amöbenstadien (Kriechform) u. in der Dauerform als Zyste (Dauerzyste) im Lumen u. im Wandepithel der Malpighischen Gefäße (Harngefäße) der Arbeiterinnen, der Drohnen u. selten auch bei der Weisel vorkommend. Mittels spitzer plasmatischer Fortsätze nehmen die amöboiden Formen aus dem Wandepithel Nahrung auf. In vitro konnte die Keimung kugelförmiger Zysten, die Entwicklung begeißelter Schwimm- u. Kriechstadien zu Vermehrungsformen durch Zweiteilung sowie deren erneute Enzystierung dargestellt werden. Unter bestimmten Bedingungen kann bei amöboiden Formen eine reversible Schutzzystenbildung (Durchmesser 2 µm) eintreten. Die Dauerzysten (Durchmesser 7,5 µm) sind irreversibel von einer festen Hülle umgeben u. können so längere Zeit lebensfähig bleiben u. auch Austrocknung gut überstehen. Diese gegen Umwelteinflüsse ziemlich widerstandsfähigen Zysten werden von den Bienen mit der Nahrung aufgenommen u. keimen vermutlich an der Mündungsstelle der Malpighischen Gefäße ↗ am Übergang des Mitteldarms zum Dünndarm bzw. in der Kotblase aus. Von dort gelangen die Amöben schwimmend u. kriechend in die schlauchförmigen Malpighischen Gefäße. Nach Teilung u. Vermehrung in Kettenbildung od. in epithelialen Verbänden erfolgt in einem Entwicklungszyklus von 3–4 Wochen die Bildung reifer Zysten, die über Dünndarm u. Kotblase mit dem Kot ausgeschieden werden. Gelegentl. sind die Harnkanälchen so stark mit Amöben u. deren Entwicklungsstadien vollgestopft, daß sie leicht aufgetrieben u. glasig erscheinen u. eine milchig-weiße Farbe mit nekrotischen u. schwärzlichen Gewebsbezirken annehmen. Das Epithel der infizierten Harngefäße atrophiert u. wird funktionsuntüchtig. Die vegetativen Amöbenstadien sind im Nativ- od. Quetschpräparat der herauspräparierten Malpighischen Gefäße nicht zu beobachten, sondern lediglich Epithelveränderungen u. die stark lichtbrechenden, kugelförmigen Amöbenzysten. Amöboide Formen sind nur in gefärbten histologischen Schnittpräparaten, neben den Zysten, in den Malpighischen Gefäßen zu sehen. Die Amöbenzysten sind empfindlich gegen Essigsäure (Wabendesinfektion ↗).

Malpighamöbiose → Amöbenkrankheit.

Malpighische Gefäße. Exkretionsorgane der Honigbiene, die als feine Kanälchen mit einem Durchmesser von 30–90 µm u. einer Länge von ca. 20 mm am Anfangsteil des Pylorus in den Darmkanal ↗ münden. Ihre Zahl beläuft sich bei der Bienenlarve auf vier, bei der ad. Biene auf ungefähr 100, die alternierend in zwei Reihen um den Schließmuskel am Magenausgang angeordnet sind. Die innere Wandung der Gefäße setzt sich aus einer mit einem Stäbchensaum überzogenen Zellschicht zusammen. Sie wird außen von einer Basalmembran u. von Muskulatur umgeben, die die Beweglichkeit der M. G. ermöglicht. Sie ragen mit ihren Enden in die Leibeshöhle ↗ der Biene u. werden hier von der Blutflüssigkeit (Haemolymphe ↗) umspült, der sie Exkrete ↗ entziehen, welche z. T. über das Lumen der M. G. in den Darm gelangen u. dann mit dem Kot ausgeschieden werden. Es kommt aber auch zu Exkretablagerungen innerhalb der M. G., erkennbar an der Färbung der einzelnen Kanälchen. Bei frisch geschlüpften Weiseln beispielsweise sind die M. G. hyalin, durchsichtig, da Exkrete in ihren Zellen noch fehlen. Nach einem Jahr nehmen die M. G. einen gelbgrünen, nach noch längerer Zeit einen ausgesprochen grünen Farbton an. Auch bei Drohnen verfärben sich die M. G. mit zunehmendem Alter. Nach acht Tagen werden die anfangs ebenfalls hyalinen Kanälchen milchig trüb u. sehen bei 30–35 Tage alten Tieren bräunlich aus. Die M. G. stellen aber nicht nur Exkretionsorgane dar, sie können auch Aminosäuren speichern. So läßt sich z. B. in bestimmten Abschnitten des Epithels dieser Organe Tryptophan nachweisen, eine Ausgangssubstanz für den Aufbau von Augenfarbstoffen, den Ommochromen. Die vier M. G. der Bienenlarve reichen vom Pylorus nach vorn bis in den Brustabschnitt (Thorax ↗) u. liegen dem Mitteldarm an. Die in ihnen gespeicherten Exkrete werden erst dann weiterbefördert, wenn sich die M. G. am Ende der Larvalperiode in den Darm öffnen, der Durchbruch vom Mittel- in den Enddarm erfolgt u. die Exkrete mit dem Kot nach außen abgegeben werden können.

Biene auf Malve

Malus sylvestris (L.) MILL. var. **domestica** (BORKH.) MANSF., Apfel. A der G *Malus* der F der Rosaceae ↗. Soll aus Zentral-China kommen, heute eine häufig kultivierte A, weit verbr. Blüht April/Mai. Die weißen, rosa überlaufenen Blüten sind bis 5 cm groß, kugelig, aber oben u. unten tief eingebuchtet, grün. Bevorzugt tiefgründigen, warmen, nicht zu trockenen Boden. Günstig ist hohe Luftfeuchtigkeit u. warme Witterung während der Blüte. Nektar- u. Pollenspender, auch Honigtaulieferant. Da selbstfertil, von Insektenbestäubung abhängig. Bieneneinsatz sichert gleichmäßige Erträge.

Malva alcea L., Rosenmalve, Spitzblättrige Malve, Sigmarskraut. A der G *Malva* der F der Malvaceae ↗. Gemäßigte Breiten der nö. Hemisphäre. An Wegrainen u. auf Schuttplätzen, Unkrautbestände. 50–130 cm hohe Pflanze, ausdauernd. Blüht von Juni

Nektarzuckerwert versch. Malvaceae (nach MAURIZIO u. GRAFL):

Pflanzenname botanisch	*Pflanzenname deutsch*	*Nektarmenge je Blüte in 24 h (mg)*	*Zuckerkonzentration des Nektars (%)*	*Zuckerwert je Blüte in 24 h (mg)*
Malva sylvestris L. ssp. *mauritiana* (L.) ASCHERS. et GRAEBN.	Wilde Algiermalve	3,93	45,2	1,51
Althaea officinalis L.	Eibisch	6,0	44	2,64
Althaea rosea (L.) CAV.	Stockrose	7,25	20,25	7–11
Lavatera spec.	Strauchpappel	5,3–6,8	12–18	0,8–0,9
Lavatera punctata ALL.		26–48	3–8	7–11

bis September. Die hellroten Blüten stehen einzeln in den Blattachseln. Bevorzugt sandige, aber etwas kalkhaltige Böden. Wärmeliebend. Nektar- u. Pollenspender.

Malvaceae, Malvengewächse. Die F umfaßt etwa 70 Gn mit ca. 1200 An. Gemäßigte Breiten, aber vor allem semiaride Gebiete der Tropen u. Subtropen. Als Wild-, Zier- od. Kulturpflanze weniger in Europa, mehr in Asien, N-Afrika u. N-Amerika beheimatet. Kräuter, Halbsträucher, Sträucher, Bäume. Für die Blüten vieler M. ist ein sog. Außenkelch unmittelbar unter dem eigentl. Kelch kennzeichnend, u. die Blütenkrone in der Knospenlage ist gedreht. Die zwittrigen, meist dekorativen Blüten stehen einzeln od. gebüschelt in den Achseln der Laubblätter. Der Fruchtknoten setzt sich aus fünf Fruchtblättern zusammen. Die großen Pollenkörner sind mit kleinen Stacheln besetzt. Bei vielen M. entwickeln sich an der Spreitenbasis-US u. an den Blütenstielen Nektarien, in denen dicht nebeneinanderstehende Drüsenhaare während der Blattentfaltung Zuckersaft abscheiden. Die Drüsen bilden sich in tiefen Gruben, flachen Rinnen od. Höhlungen, die nach außen durch einen Spalt verbunden sind. Die Haarnektarien befinden sich an der Innenseite der Kelchblätter. Für die Bienenzucht spielen die M., unter denen sich viele Faserpflanzen befinden, vor allem in tropischen u. subtropischen Klimaten, eine Rolle, z. B. die Baumwolle, *Gossypium*, mit versch. An, aus der G *Hibiscus* z. B. *H. cannabinus* L., *H. radiatus* CAV., aus der G *Althaea* versch. An. M.-Befunde sind in europ. Honigen selten u. bleiben stets auf der Stufe des Einzelpollens. Man findet sie vor allem in den USA (Kalifornien, Texas, Arizona), der Sowjetunion, in Ägypten u. anderen Gebieten, wo Baumwolle angebaut wird.

Malvengewächse → Malvaceae.

Mandelbaum → *Prunus dulcis.*

Mandibeldrüsen. Bei allen drei Bienenwesen vorkommende Kopfdrüsen, die an der Mandibelbasis (Name!, Mundwerkzeuge ↗) münden. Ihre Form gleicht der eines kleinen Säckchens. Die M. reichen bei der Arbeitsbiene jederseits von der Mandibelbasis bis zum Antennen↗-Ansatz u. sind ungefähr 0,9–1,1 mm lang. Die M. der Weisel können sich bis zum oberen Rand der Facettenaugen (Augen ↗) erstrecken. Ihre Länge schwankt zw. 1,0 u. 2,6 mm, während sie bei den Drohnen relativ klein (0,15–0,25 mm) bleiben. Mitunter sind sie auf beiden Seiten unterschiedl. groß. Während des Imaginallebens der Arbeitsbienen verändern sich die M.-Produkte in charakteristischer Weise. Schlüpft die Arbeiterin, sind die M. noch klein, füllen sich aber schon nach dem ersten Lebenstag mit Sekret, wobei sie sich zugleich vergrößern. In den M. der Ammenbienen bildet sich ein weißliches Sekret, in dem trans-10-Hydroxy-2-Decensäure enthalten ist, die in den Weiselfuttersaft gelangt. Das M.-Sekret reagiert sauer mit einem *p*H-Wert zw. 4,1 u. 5,1. Auch andere, für den Weiselfuttersaft typische Substanzen entstammen wahrscheinl. zumindest teilweise den M. Der Biopte-

Korbbeute. Frühes 19. Jh.

rin-Gehalt des M.-Sekretes ist beispielsweise bei Arbeiterinnen, die Weisellarven pflegen, 100mal größer als bei solchen Arbeitsbienen, die sich nicht an der Weisellarvenpflege beteiligen. Nach Abschluß der Ammenbienenphase stellt das M.-Sekret eine wasserklare Flüssigkeit dar, die 2-Heptanon, ein Alarmpheromon, enthält. M.-Sekret wird von den Arbeiterinnen auch beim Bearbeiten von Wachs u. Propolis verwendet. Die M. der Weiseln sind schon bei jungen, frisch geschlüpften Tieren recht groß, aber noch nahezu leer. Sie werden von Fettkörperzellen (Fettkörper ↗) umgeben u. enthalten nur geringe Mengen einer milchig-öligen Flüssigkeit. Nach Ablauf des ersten Lebensjahres der Weisel haben die M. ihre normale Größe erreicht u. sind grünlich bis bräunlich gefärbt. Auch nach drei Jahren zeigen die bräunlichen Drüsen noch ihre pralle Füllung. Sie bleiben lebenslang funktionsfähig u. produzieren Königinnensubstanz ↗, wie die trans-9-Oxy-decensäure als Sexuallockstoff u. die trans-9-Hydroxy-decensäure, die sich hemmend auf die Ovarentwicklung bei Arbeitsbienen auswirkt.

Mandschurische Linde → *Tilia mandshurica.*

Mandschurischer Ahorn → *Acer ginnala.*

Mannaesche → *Fraxinus ornus* → Oleaceae.

Marburger Feglingskasten → Begattungsvölkchen → Zusetzen von Weiseln.

Märchen, Sagen u. Legenden um die Biene. Im Mittelalter hatte jede Zunft, jede Vereinigung u. fast jeder Stand einen Schutzpatron. Die Bienenväter u. Zeidlergesellschaften haben sich nach dem Vorbild der Handwerkerzünfte den heiligen Ambrosius erwählt, da sich ihm – nach einer Legende – als Kind ein Bienenschwarm ins Gesicht gesetzt hat, wobei die Bienen sogar bis in den Mund krabbelten, ohne Schaden anzurichten, bzw. ihn sogar mit Honig genährt haben sollen. Daher sein Spitzname «doctor mellifluus» (Doktor mit Honigmund). – Das Vermeiden des Rotklees durch die Bienen – außer bei schwülwarmer Witterung – wurde nicht auf die für die kurzrüsseligen Bienen zu langen Kronröhren zurückgeführt, sondern auf die christliche Legende, daß Gott den Tieren nach ihrer Erschaffung befahl, dcn Feiertag zu ehren. Da die Bienen jedoch trotzdem ausflogen, um Nektar u. Pollen zu sammeln, bestrafte sie Gott damit, daß er ihnen den bes. süßen Nektar des Rotklees vorenthielt, indem er ihnen nicht mehr gestattete, diese Pflanzen zu befliegen. – Da die Bienen auf ihre Fähigkeiten sehr stolz waren, meinten sie zu Gott, daß sie das Recht hätten, in goldenen Häusern zu wohnen, doch der Herr, erzürnt über ihren Hochmut, bewilligte ihnen nur Strohunterkünfte, besagte eine andere Legende. Eine altägyptische Mythe berichtet über die Entstehung der Bienen: «Der Sonnengott Rê weinte, und die Tränen fielen aus seinen Augen auf die Erde und verwandelten sich in Bienen. Diese bauten ihre Waben und besuchten die Blüten aller Pflanzen; auf diese Weise entstanden das Wachs und ebenso der Honig aus den goldenen Tränen des Rê.» Einige Legenden ranken sich auch um die Fähigkeit der Bienen, aus Wachs Waben zu bauen. Schon im Altertum – so lautet die Überlieferung – bauten Bienen dem Apollo einen Tempel aus Wachs. Nach dem Geheiß des heiligen Antonius von Padua sollen sie auch um eine in den Schmutz geworfene Hostie eine Kapelle gebaut haben. Aus dem Kanton Luzern (Schweiz) wird berichtet, daß eine Frau beim Kommunizieren eine Hostie in die Bienenwohnung legte. Als sie dann im Herbst die Waben entfernen wollte, war die Hostie unversehrt, u. die Bienen hatten um sie eine kunstvolle Kapelle errichtet. – Einem Bienenstich soll auch die unterschiedl. Behaarung der Geschlechter zu verdanken sein. Da Adam im Paradies von Eva keinerlei Respekt erfuhr, bat er den Herrn um Hilfe. Dieser schickte ihn zu einem Fluß, wo sich Adam badete u. ihm ein Vollbart wuchs. Um sich die Hände zu trocknen, streifte er sie aus Mangel «an Handtüchern» zw. den Beinen ab u. erhielt die typische Behaarung. Eva fragte ihn natürl. aus, wovon er so «zum Fürchten» geworden sei, u. nachdem er es ihr verriet, eilte sie prompt zu jenem Flüßchen, um ihn noch zu übertrumpfen u. ihm das Fürchten beizubringen. Kaum hatte sie jedoch die Hand naß gemacht, stach sie eine Biene zw. die Schenkel, worauf sie erschrak u. sich dorthin griff. So erhielt sie an dieser Stelle auch Haare, hatte jedoch Angst vor weiterem Unbill u. kehrte nie wieder zu diesem Fluß zurück. – Honig u. Milch zählen zu den ältesten Nahrungsmitteln der Menschen. Der Sage nach bildete das Gemisch Milch u. Honig den Hauptbestandteil der Götterspeise Ambrosia. Mit Honig soll Zeus auch seinen Widersacher Kronos eingeschläfert haben, u. auch Zeus soll von der Honignymphe Amaltheia u. deren Schwester Melissa mit Nektar u. Ambrosia genährt worden sein. Aus Dankbarkeit soll er den Bienen dafür die Fähigkeit gegeben haben, den Honig in Waben abzulagern u. bevorraten zu können. Auch geht die Sage, daß der Zeus-Enkel Glaukos, Sohn des Königs Minos von Kreta, in ein großes Honiggefäß gefallen sei, den Tod fand u. erst durch einen Zauberer wieder zum Leben erweckt werden konnte, wobei eine Schlange zur Entdeckung eines Krautes mit wundersamen Heilkräften verhalf. – Eine Sage aus dem Kanton Uri (Schweiz) berichtet, daß im sog. «Bienenkrieg» Bienen den Feind besiegten, indem man Bienenkörbe auf den Feind warf u. diesen von den Bienen stechen ließ. Andere Sagen berichten in der gleichen Weise von der Unterstützung der Bienen gegen Feinde. – Im Grimmschen Märchen, findet der Prinz mit Unterstützung der Bienenkönigin «seine» Prinzessin, die vor dem Schlaf Honig gegessen hatte, unter den drei gleich aussehenden Mädchen heraus. In der indischen Dichtung «Kalidasa» helfen die Bienen dem Liebenden, seine Angebetete zu finden, im Drama «Sakuntala» fliegen goldene Bienen als Boten der Liebe dem Gott Kama voraus.

Marienglockenblume, *Campanula medium* → Campanulaceae.

Märzenbecher → *Leucojum vernum* → Amaryllidaceae.

Märzveilchen → *Viola odorata* → Violaceae.

Maßliebchen → *Bellis perennis.*

Maßnahmen, bienenwirtschaftlich-imkerliche → bienenwirtschaftlich-imkerliche Maßnahmen.

Mauerpfeffer → *Sedum acre.*

Maulbeerbaumgewächse → Moraceae.

Maximale Raumausnutzung von Hinterbehandlungsbeuten. Die allgemeine Praxis, aber auch die Ausstattung der Hinterbehandlungsbeuten erlauben nicht ohne weiteres, ihren Raum max. zu nutzen. Voraussetzungen für die m. R. v. H. sind:
- Der Zwischenboden muß bis an die Brutraumklappe reichen u. bei geschlossener Beute Brut- u. Honigraum bienendicht trennen.
- Beutentüren, -klappen od. sonstige rückwärtige Verschlüsse müssen bienendicht schließen.
- Die Tragschienen müssen bis an die hintere Kante der Seitenwände reichen.

Die Realisierung dieser Forderungen gestattet es im Bedarfsfall, ohne Fenster u. Kissen zu arbeiten. Eine dünne Folie, 2–3 cm allseitig überstehend, jeweils für Brut- u. Honigraum, beim Schließen hinter Tür u. Klappe festgeklemmt, verhindert das Ankitten. Je Raum sind nun mindestens zwei Waben mehr unterzubringen, was zeitweilig schon eine Entlastung bedeutet.

Maximum-Minimum-Thermometer. Thermometer zur Feststellung der höchsten u. niedrigsten Temp. in einem bestimmten Zeitraum. In einem U-förmigen Glasrohr befindet sich Quecksilber, darüber Alkohol. Die Quecksilbersäulen verschieben in jedem Schenkel kleine, in Glas eingeschmolzene Eisenstifte in die Extremstellung. Das M.-M.-T. wird in etwa 2 m über dem Boden an einer Nordwand angebracht. Die Ablesung erfolgt einmal in 24 h, möglichst immer zur gleichen Zeit. Nach dem Ablesen werden die Eisenstifte mit einem Magneten wieder auf die Quecksilbersäulen herabgezogen.

MCD-(Mast Cell Degranulating)Peptid → Bienengift.

Mechanorezeptoren. Reagieren auf verschiedenartige äußere u. innere mechanische Reize, wie Berührung, Bewegung der Luft od. des Wassers, Gravitationskraft, Winkelbeschleunigung, Vibration des Substrates, Schallschwingungen, Verschiebung versch. Körperteile u. innerer Organe. Die Biene nimmt die genannten Stimuli im wesentl. mit Hilfe von Sinneshaaren, Sinneskuppeln, Chordotonalorganen u. multipolaren sensiblen Neuronen auf. Das Sinneshaar besitzt immer eine ± lange Cuticularborste, die von einer trichogenen Zelle erzeugt wird, u. eine verbindende Membran aus elastischem Eiweiß. Von innen schließt sich an die Membran ein schwammartiges Käppchen an, die Resilinscheide. Der Dendrit des bipolaren Neurons endet mit einem spindelartigen Fortsatz, der eine artveränderte Cilia darstellt. Sein Zytoplasma enthält neun Fibrillenpaare, die mit dem Wurzelapparat des Dendriten verbunden sind. Der distale Teil des Dendritenfortsatzes, der in den Kanal des Käppchens eintritt, enthält eine Vielzahl von Mikrotubuli (Röhrenkörper). Von außen ist der Fortsatz von einer cuticularen Haut umgeben, die sich mit der Basis der Borste verbindet. Ein Großteil des Dendriten ist zw. trichogenen u. membranösen Zellen eingeschlossen. Der äußere Teil der Sinneskuppel hat die Form einer glockenartigen Kuppel. Das bipolare Neuron u. die Hilfszellen haben denselben Aufbau wie die Sinneshaare. Der Dendritenfortsatz ist von einer Cuticularhaut umgeben, die an der glockenartigen Kuppel befestigt ist. Unter der Kuppel liegt eine geschichtete Substanz, die augenscheinlich dem Käppchen homolog ist. Bei Biegung der Borste des Sinneshaares u. bei der Verformung der Kuppel der Sinneskuppel (beim Zusammendrücken od. Verdrehen von Körperteilen des Insektes) wird der Dendritenfortsatz mit dem Röhrenkörper eingedrückt. Infolgedessen entsteht im Neuron ein Generatorpotential, u. es breiten sich zentripetal entlang des Axons Kontaktstellen aus. Das typische Chordotonalorgan stellt einen Komplex aus drei Zellen dar. Die Grundlage der Sensillen bildet das bipolare Neuron. Von seinen Dendriten geht eine ziemlich lange Cilia mit neun Paaren peripherer Fibrillen ab, die in den Wurzelapparat einmünden. Von außen sind der distale Teil des Dendriten u. die Cilia von einem gerippten Skolops umgeben, der bis an die konusförmige Kappe reicht. Die Kappe selbst wird von einer kappenförmigen Zelle (Kappenzelle) mit vielzähligen Tonofibrillen für die Verbindung mit der Cuticula der Körperhülle des Insektes umgeben. Der proximale Teil des Dendriten ist in die Falten der Hüllzelle eingeschlossen, die die Befestigung der Sensille an dem Körpergewebe seitens des Neuronenkörpers sichert. Diese Art von Sensillen sind Bestandteil z. B. von subgenualen u. chordotonalen (im Kopf gelegenen) Organen der Biene. In den Chordotonalsensillen des Johnstonschen Organs, das sich im zweiten Antennenglied (Pedicellus) befindet, sind gewöhnlich zwei od. drei Neuronen. Die kappenartige Zelle ist hier in die lange dünnwandige Hülle umgebildet, deren Spitze in die Membran zw. dem zweiten u. dritten Glied der Antenne einmündet. Skolopidien gewöhnl. Typs nehmen die Körperverformung auf, im Johnstonschen Organ reagieren sie jedoch auf die Biegung der Antennenspitzen. Die multipolaren sensiblen Neuronen bilden eine subepitheliale Verflechtung unter elastischen Teilen der Körperhülle, ihre Fortsätze verästeln sich auch in Muskeln u. anderen inneren Organen. Einige solcher Neuronen, bes. im Komplex mit bindegewebigen Fasern od. Muskeln, nennt man Streckrezeptoren. Die über die Oberfläche verstreuten Sinneshaare sichern die taktile Empfindlichkeit, ihre elastischen Borsten reagieren auf die Berührung mit einem harten Gegenstand. Solche Sensillen heißen auch Tasthaare, u. ihre Anhäufungen bilden dann die Tastorgane. Windempfindliche Sensillen besitzen eine dünne Borste u. eine äußerst elastische Membran. Sie befinden sich am Kopf, den Flügeln u. anderen Körperteilen u. sind für den Start u. die Aufrechterhaltung des Fluges notwendig. Bes. trichoide Härchen am Kopf der Biene dienen als Phonorezeptoren, sie reagieren auf niederfrequente Laute, die bei Tänzen u. beim Flug abgegeben werden. Die Funktionen der Propriorezeptoren erfüllen bei der Biene alle oben beschriebenen Typen von Sensillen, wie Sinneshaare, Sinneskuppeln, skolopoide Sensillen u. Streckrezeptoren. Einen typischen Propriorezeptor kann man das Sinnesborstenfeld nennen, eine dichte Ansammlung kleiner trichoider Borsten an Kontaktstellen beweglich verbundener Skelettelemente, im Halsbereich der Vorderbrust, in den Labialpalpen, in den Trochantern u. Coxen. Sie spielen eine wichtige Rolle bei der Kontrolle der Lokomotion u. Orientierung ↗ des Körpers im Raum. Mit ihrer Hilfe nimmt die Biene die Richtung der Schwerkraft wahr. Das ist wichtig beim Wabenbau ↗ u. den Signaltänzen. Die Sinneskuppeln konzentrieren sich i. d. R. in den Teilen der Cuticula, die der Verformung ausgesetzt sind. Sie reagieren auf Verkrümmung, Zusammendrücken od. Ausdehnung der Körperhülle. Die Chordotonalorgane sind zw. beweglich verbundenen Körpersegmenten od. -teilen gespannt, z. B. in der Brust u. ihren Anhängen u. im Abdomen. Skolopidien des subgenualen Organs empfangen die Vibration des Substrates. Die Streckrezeptoren in den Geweben der Verdauungs-, Blut-, Fortpflanzungsorgane u. anderer Systeme nehmen den mechanischen Zustand der inneren Organe wahr u. werden deshalb Interorezeptoren (propriozeptive Organe) genannt.

Media → Flügeladerung.

Medicago lupulina L., Gelbklee, Hopfenklee. A der G *Medicago* der F der Leguminosae ↗. Europa, gemäßigte Zonen Asiens, N-Afrika. Hauptverbr. Mittelmeergebiet bis Vorderasien. Auf Wiesen, an Wegrändern, auch als Futterpflanze kultiviert. Einjährig bis ausdauernd. Blüht je nach Standort von Ende Mai bis September. Gelbe Blüten in kugeligen Trauben. Bevorzugt Kalkböden u. warme, trockene Lage. Nektar- u. Pollenspender. Wird nach Beobachtungen von Zander von den Bienen ganz gut beflogen, obwohl er wahrscheinl. weniger Anziehungskraft als der Hornschotenklee (*Lotus corniculatus* ↗) hat.

Medicago sativa L., Luzerne. A der G *Medicago* der F der Leguminosae ↗. Hauptverbr. vom Mittelmeergebiet bis Vorderasien, aber auch in Eurasien u. N-Afrika. Angebaut als *M.* x *varia* (Martyn), der Kreuzung zw. blaublühender Saatluzerne M.s. ssp. *sativa* u. gelbblühender Sichelluzerne M.s. ssp. *falcata.* Auch wild an Wegrändern u. Ufern anzutreffen. Aussaat meist Ende April, Anfang Mai (Frühjahrsblanksaat) od. bis Ende Juli (Sommerblanksaat). Blüht – je nach Aussaat – Juli bis September. Buntfarbene Blüten.

Für tiefgründige, kalk- u. nährstoffreiche Böden bes. geeignet, gedeiht aber auch auf gut vorbereiteten Sandböden über Lehmböden. Gallmückenbekämpfung während der Blüte mit bienenungefährlichen Insektiziden. Samenertrag vom Bieneneinsatz abhängig. Aus zahlreichen Beobachtungen geht hervor, daß Wildbienen (*Megachile-*, *Nomia-*, *Xylocopa-* u. *Osmia-*An) zur Bestäubung der M. s.-Blüte besser geeignet sind als die Honigbiene. In den USA wird deshalb die Ansiedlung von Wildbienen gefördert, indem man ihnen künstl. Nistgelegenheiten in der Nachbarschaft der Luzernefelder schafft (nach MAURIZIO u. GRAFL). Nektar- u. Pollenspender. Trotz der Ausdehnung der Luzernekulturen sind Honige aus einseitiger Luzernetracht in Europa selten (bekannt aus Frankreich, Italien, der Bundesrepublik Deutschland), während sie – vor allem – in N-Amerika (Kalifornien, Kanada) u. Israel häufiger zu finden sind.

Mehlprobe. Ist nach dem Einfangen eines Schwarms vom eigenen Stand nicht das abgeschwärmte Volk zu ermitteln, entnimmt man ihm möglichst bald etliche Bienen, bestreut sie mit Mehl u. läßt sie unmittelbar vor dem Stand frei. Einige von ihnen werden in ihre Beute zurückkehren.

Mehring, Johannes. Geb. 4. 7. 1815 in Kleinniedesheim bei Frankenthal (Deutschland), gest. 23. 11. 1878 in Frankenthal. Erlernte das Tischlerhandwerk u. befaßte sich eingehend mit Bienen. Schnitt zum Zweck der Bauerneuerung die Zellen bis auf die Mittelwand herunter. Gab damit die Anregung zur künstl. Herstellung von Mittelwänden. Die erste Prägung soll M. selbst in Holz geschnitzt haben. SPRINGHORN u. SCHOBER gravierten dann nach seinen Angaben eine Metallplatte. Die künstl. Mittelwand, 1858 erstmals auf der Wanderversammlung in Stuttgart ausgestellt, galt als das «Stuttgarter Wunder». Ein Walzenpaar, das die Wachsplatte beidseitig prägte, wurde 14 Jahre später von O. SCHULZ entwickelt. – M. faßte das Bienenvolk als ein bes. tierisches Wesen auf. Daraus entwickelte GERSTUNG seine Theorie vom «Bien». Hauptwerk: «Das neue Einwesensystem als Grundlage der Bienenzucht».

Mehrvolkbetrieb. Betriebsweise, die zum Bergen einer Frühtracht vorsieht, daß etwa zehn Tage vor der Tracht Völker vereinigt werden, um eine große Flugbienenanzahl bei verhältnismäßig geringen Flächen offener Brut zu erhalten. Meist werden die zur Verstärkung dienenden Völker im Nachsommer in die entleerten Honigräume eingewohnt. Ist für zwei Wirtschaftsvölker nur ein Ableger vorhanden, erhält ein Volk die Flugbienen, ein anderes die Brut u. Jungbienen. Günstig ist es, mit der Frühjahrsvereinigung gleich eine Umweiselung ↗ zu verbinden. Die alte Weisel kann getötet od. mit ihr ein kleiner Ableger gemacht werden.

Mehrwabenbegattungskästchen → Begattungskästchen.

Meiose, Reifeteilung. Ihr Grundprinzip besteht darin, daß die Geschlechtszellen (Ei ↗ u. Spermium ↗) mit einem einfachen (haploiden) Chromosomensatz versehen sein müssen. Normalerweise besitzen die ad. Tiere einen doppelten (diploiden) Satz von Chromosomen (Kernschleifen) in den Kernen der Körperzellen. Die Chromosomen stammen zur Hälfte vom Vater u. zur Hälfte von der Mutter. Der Mensch besitzt 46, die Honigbiene 32 Chromosomen. Da die Chromosomen die Erbanlagen enthalten, ist also jede Erbanlage doppelt vorhanden. Auch die Urgeschlechtszellen (Oogonien u. Spermatogonien) sind zunächst diploid. Nach einer Reihe von gewöhnl. Zellteilungen (Mitose), aus denen zunächst immer wieder diploide Urgeschlechtszellen im Germarium hervorgehen (Geschlechtsorgane ↗), beginnt in einer Ureizelle (Oogonie) od. Ursamenzelle (Spermatogonie) die Reifung (M. I). Dabei legen sich die innerlich bereits verdoppelten gleichartigen Chromosomen nebeneinander, also das vom Vater stammende u. das von der Mutter stammende. Sobald es nun zur Zellteilung kommt, geht von jedem Chromosomenpaar immer ein (bereits verdoppeltes) Chromosom in jede entstehende Zelle, wodurch väterliche u. mütterliche Chromosomen u. sogar Erbanlagen gemischt, also neu geordnet werden. Unmittelbar an diese Teilung schließt sich eine zweite an (M. II), bei der nun die innerlich verdoppelten Chromosomen mit ihren Erbanlagen geteilt werden. Hier ist dann die Reduktion auf den haploiden Chromosomensatz vollzogen (beim Menschen 23, bei der Honigbiene 16 Chromosomen). Bei der Masse der Tiere (nicht im Hoden des Drohns) entstehen so aus einer diploiden Urgeschlechtszelle vier haploide Spermien. Bei den Eizellen, auch der Weisel, entstehen neben einer funktionsfähigen Eizelle mit haploidem Chromosomensatz noch drei winzige zellähnl. Gebilde mit jeweils haploiden Kernen, die sog. Richtungs- od. Polkörper, die im Richtungsplasma des Eies ↗ bleiben u. dort resorbiert werden; erfolgt bei der Honigbiene wie bei Insekten allgemein zum Zeitpunkt der Eibefruchtung. Der Kern der reifen Eizelle wird als ♀ Vorkern bezeichnet, der Kern des zur Befruchtung eindringenden Spermiums als ♂ Vorkern.

Melampyrum pratense L., Wiesen-Wachtelweizen.

Wachtelweizen

A der G *Melampyrum* der F der Scrophulariaceae ↗. Eurasien. Auf Heiden, in Laub-, Misch- u. Nadelwäldern. 15–30 cm hohe Pflanze, einjährig. Blüht Juni bis September. Gelbe Blüten in einseitswendigen Ähren, 1,2–1,8 cm lang. Die Bienen können nur durch die Bißlöcher der Hummeln an den reichl. vorhandenen Nektar gelangen.

Melampyrum sylvaticum L., Wald-Wachtelweizen. A der G *Melampyrum* der F der Scrophulariaceae ↗. Eurasien. Auf Heiden. In Laub-, Misch- u. Nadelwäldern. 15–25 cm hohe Pflanze, einjährig. Blüht Juni bis August. Gelbliche Blüten in einseitswendigen Trauben, 0,8–1 cm lang. Bevorzugt lehmige, moosige Böden. Kurzrüsselige Bienen können den Nektar nur durch die Bißlöcher der Hummeln nutzen.

Melanose. Form der Schwarzsucht ↗, Ablagerung von braunem bis schwarzem Farbstoff im Gewebe des Darmes, der Giftdrüse u. des Eierstockes, Eischwarzsucht ↗. Ursachen können Bakterien, Pilze od. Viren sein.

Meldepflicht. In vielen Ländern der Welt unterliegen Verdacht u. Ausbruch der Varroatose ↗, der Bösartigen Faulbrut ↗, der Gutartigen Faulbrut ↗ u. der Acarapidose ↗ der M. bzw. der Anzeigepflicht an den zuständigen beamteten Tierarzt (Kreistierarzt, Amtstierarzt, Kantonstierarzt). In einzelnen Ländern ist im Rahmen des Bienengesundheitsdienstes ↗ die M. auf einzelne Bienenkrankheiten ↗ erweitert, z.B. in Österreich auf ansteckende Brutkrankheiten ↗ u. auf Nosemakrankheit ↗ bei seuchenhaftem Auftreten u. in der Schweiz auf die Sauerbrut ↗ der Bienen. In der Bundesrepublik Deutschland sind die Varroatose, die Akariose (Milbenseuche) u. allgemein die Faulbrut anzeigepflichtig, die Varroatose nach § 2a der Bienenseuchenverordnung vom 20. 6. 1979 u. ihren Änderungen vom 18. 4. 1980 u. 29. 7. 1982 u. die Milbenseuche u. Faulbrut nach § 10 des Tierseuchengesetzes vom

Weißer Steinklee

23. 2. 1977. Die Pflicht zur Anzeige besteht schon bei einem Seuchenverdacht. Sie obliegt in erster Linie dem Besitzer der Bienen u. kann bei den örtl. Behörden, am besten beim Amtstierarzt, erfolgen. In der DDR besteht gemäß Tierseuchenverordnung vom 11. 8. 1971 u. ihren vier Durchführungsbestimmungen M. für Verdacht u. Ausbruch von Varroatose, Bösartiger u. Gutartiger Faulbrut u. Acarapidose durch den Imker od. Bienenseuchensachverständigen an den zuständigen Kreistierarzt. In der DDR ist außerdem die M. festgelegt für jedes aus ungeklärter Ursache zugrunde gegangenes Bienenvolk zwecks Feststellung der wirklichen Todesursache. Dies ermöglicht das frühe Auffinden von Anfangsschäden u. beugt damit der großflächigen u. kostspieligen Bekämpfung der Ausbreitung von Bienenkrankheiten vor. Notwendige Verfolgsuntersuchungen u. Behandlungsmaßnahmen können rechtzeitig eingeleitet u. damit größere Verluste vermieden werden.

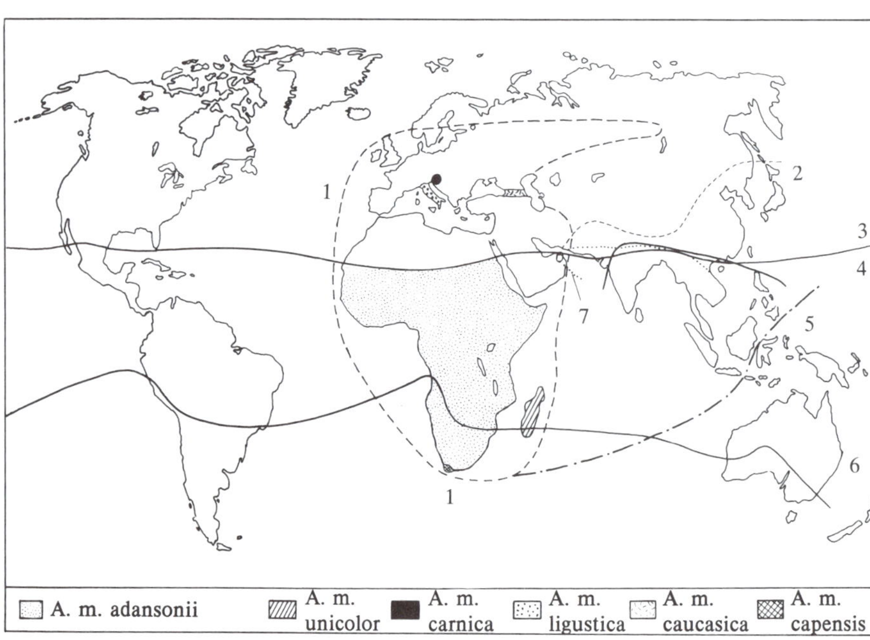

Natürliche Verbreitung der 4 Arten der Gattung *Apis* und der Stachellosen Bienen (Meliponini). Aus Crane (1984).
1 *A. mellifera*-Grenze, 2 N-Grenze von *A. cerana*, 3 N-Grenze der Meliponini, 4 N-Grenze von *A. dorsata*, 5 S-Grenze von *Apis*, 6 S-Grenze der Meliponini, 7 N-Grenze von *A. florea*

meldepflichtige Krankheiten → Bienenkrankheiten.

Melilotus albus Medik., Weißer Steinklee. A der G *Melilotus* der F der Leguminosae ↗. Größte Bedeutung in N-Amerika u. Kanada, dort vor allem als Weidepflanze, aber auch als Grün- u. Sauerfutter verwendet; in Europa bes. in Frankreich angebaut. Durch Selbstaussaat für Ödlandbesiedlung geeignet, z. B. Kippenbepflanzung. Wild an Weg- u. Ackerrändern, Gräben, auf feuchten Wiesen. Ausdauernd, durch Züchtung auch einjährige Form. Blüht von Ende Juni

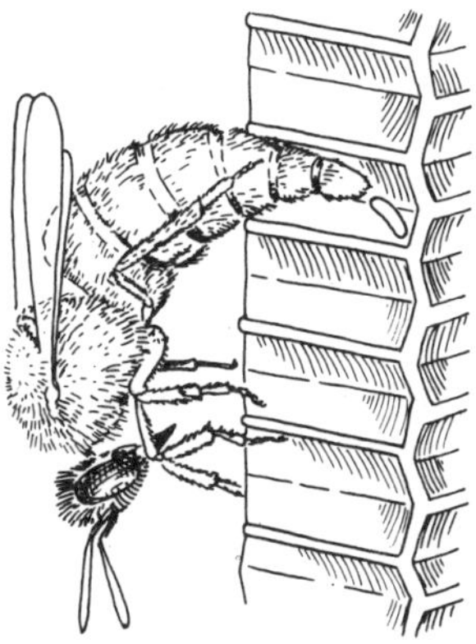

Lage der Zellen bei *Apis mellifera*: Zellen liegen fast horizontal, werden von der Seite bestiftet, Arbeiterinnen- und Drohnenlarven werden von der Seite gefüttert, Zellen werden von der Seite mit Vorräten beschickt. Wabenboden vertikal

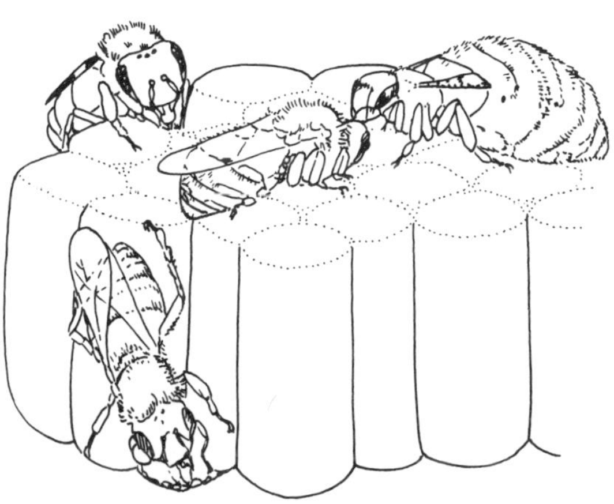

Lage der Zellen bei den Meliponini: Zellen stehen senkrecht, sind nach oben offen, werden von oben bestiftet, auch die Larven werden von oben gepflegt. Zellenboden horizontal

bis September. Weiße Blüten in Ähren. Bei ausreichendem Kalkgehalt sowohl auf leichteren als auch auf schwereren Böden gedeihend, anspruchslos. Nektar- u. Pollenspender.

Meliponini, Stachellose Bienen. Wie das Cladogramm erkennen läßt, teilt sich die UF der Apinae in die beiden Tribus Meliponini (Stachellose Bienen) u. Apini (Eigentliche Honigbienen der G *Apis*). Die zw. den Hummeln u. den Eigentlichen Honigbienen stehenden, voll eusozialen M. haben zwar infolge starker Rückbildung keinen funktionsfähigen Wehrstachel mehr (Stachellose Bienen), können sich jedoch durch Beißen u. Ejektion einer ätzenden Flüssigkeit aus den Mandibulardrüsen verteidigen od. als gefährliche Angreifer erweisen. Die M.en sind am häufigsten in S- u. M-Amerika, jedoch findet man sie auch in Afrika mit Madagaskar, Asien, Australien sowie auf manchen pazifischen Inseln innerhalb der natürl. Verbr. der vier *Apis*-An. Es gibt zwei Hauptgruppen, die G *Melipona* (beschränkt auf S-Amerika) u. die G *Trigona*, die sowohl in der Alten Welt als auch in Amerika (Richards, 1953; Dietz, 1962) vorkommt. Die Größe der Arbeiterinnen liegt zw. 2–20 mm, es gibt deutl. morphologische u. verhaltensmäßige Unterschiede zw. Arbeiterinnen u. Weiseln. Wie in der Abb. vergleichend zum Wabenbau bei *Apis* u. den Vespini gezeigt wird, stehen die Zellen senkrecht, sind nach oben offen, werden von oben gefüllt u. bestiftet. Nach dem

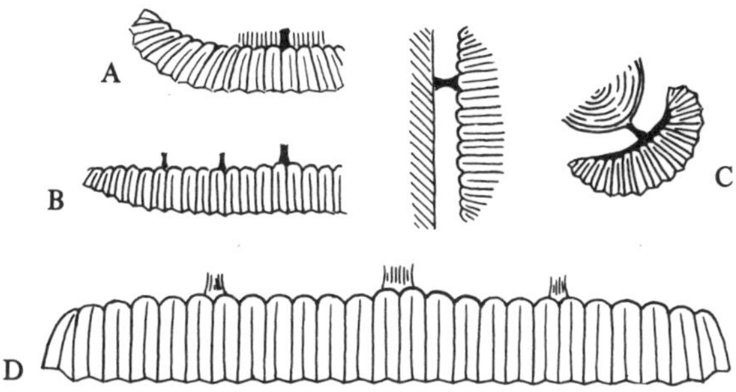

Lage der Zellen bei den Vespini: Zellen hängen senkrecht, Öffnung unten. Bestiftung und Brutpflege von unten nach oben, bei *Polistes* gelegentlich auch horizontal. A = *Dolichovespula saxonica*, B = *Paravespula germanica*, C = *Polistes gallicus*, D = *Vespa crabro*. Nach Kemper u. Döhring (1967)

Schlüpfen dienen die Zellen noch als ebenfalls von oben beschickte Honigtöpfe. In der sozialen Organisation sind die M. der *A. mellifera* sehr ähnl. mit Ausnahme der Tatsache, daß die Brutzellen auf einmal mit Nahrung gefüllt u. nach der Eiablage (Bestiftung) sofort verdeckelt werden. Ein weiterer wesentl. Unterschied ergibt sich bei der Gründung neuer Nester. Während bei *A. mellifera* die alte Weisel abrupt nach Schlüpfen der Jungweisel mit einem Schwarm auszieht u. einen neuen Nistort suchen muß, erfolgt der Bau eines neuen Nestes bei den Stachellosen Bienen vom Mutternest aus. Das Nest wird von hier aus mit Baumaterial u. Vorräten versorgt, bis dann später eine junge, noch unbegattete Weisel in das neue Nest einzieht. Im Gegensatz zu *A. mellifera* verbleibt also die alte Weisel in ihrem angestammten Nest. Infolge ihres stark angeschwollenen Hinterleibes (Physogastrie!) u. ihrer oft zerfetzten Flügel könnte sie auch gar nicht umziehen. Die Jungweisel fliegt vom neuen Nest zur Begattung aus u. beginnt nach einiger Zeit mit der Eiablage. Allmähl. hören die Verbindungen zum ursprünglichen Nest u. auch Versorgungsflüge vom Mutternest auf, u. es entsteht eine voll selbständige junge Kolonie.

Melissa officinalis L., Zitronenmelisse, Melisse. A der G *Melissa* der F der Labiatae ↗. Im Orient beheimatet, in Europa, den gemäßigten Teilen Asiens u.

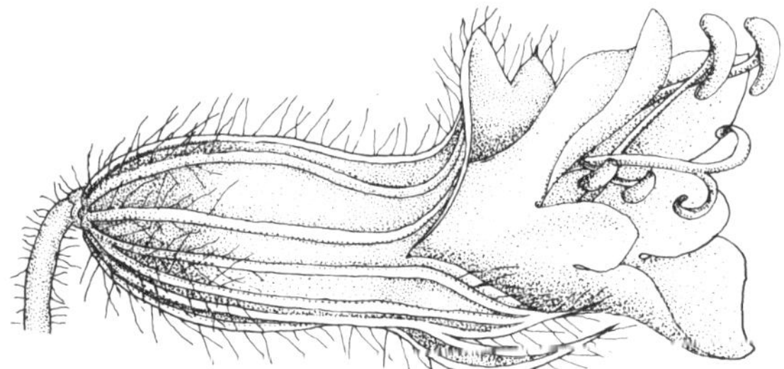

Melisse

N-Amerikas in Kultur. Gewürz- u. Drogenpflanze. Blüht von Juli bis September. Weiße Blüten einseitswendig in Scheinquirlen. Benötigt nährstoffreichen, leichteren, etwas trockenen Boden u. geschützten, sonnigen Standort. Vermehrung durch Aussaat. Nektar- u. Pollenspender.

Melisse → *Melissa officinalis* → Labiatae.

Melissen, *Melissa* → Labiatae.

Melittin → Bienengift.

Meloekäfer → Ölkäfer.

Mendel, Johann Gregor. Geb. 22. 7. 1822 in Heinzendorf (Mähren), gest. 6. 1. 1884 in Brünn. Mönch, später Abt im Augustinerkloster (Pater Gregor) in Brünn, von dort Studium der Philosophie, Theologie, Naturwissenschaften. Bekannt geworden durch die von ihm aufgestellten Mendelschen Vererbungsregeln. Begründer der modernen Genetik. Errichtete 1871 im Klostergarten ein Bienenhaus für bis zu 50 Völker. Sammelte u. kreuzte alle ihm zugänglichen Bienenrassen, beobachtete die Sammeltätigkeit, baute Flugkäfig für Paarungsbeobachtungen (16 m², 3 m hoch). Schloß sich dem Mährischen Bienenzuchtverein in Brünn an, wurde Mitglied der 1854 gegründeten Bienenzucht-Sektion der Ackerbaugesellschaft, die jahrelang die Rolle einer wissenschaftl. Akademie Mährens spielte. Seit 1868 Vollmitglied, ab 1872 Vizepräsident. Tat viel für die Verbesserung der Bienenweide, propagierte Anbau von Esparsette u. Löwenschwanz (*Leonurus cardiaca*). Schrieb zahlreiche Beiträge in der «Brünner Honigbiene» u. hielt viele Vorträge über Bienenhaltung. Bienenversuchsergebnisse gingen verloren.

Mendelsche Regeln (nach G. Mendel 1865). A. Uniformitätsregel: Nach Kreuzung ↗ homozygoter El-

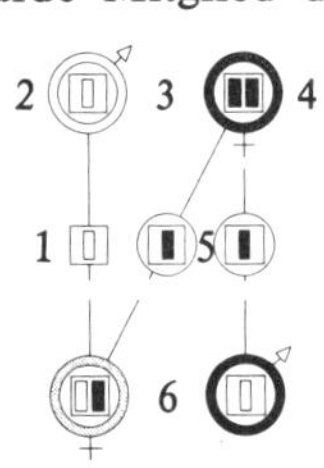

Intermediärer Erbgang bei der Honigbiene. Weibliche Nachkommen unterschiedlich veranlagter reinerbiger Eltern: einheitliche Zwischenform, mischerbig; Drohnen: haploid, reinerbig entsprechend der Weisel. 1 Spermium, 2 Drohn (haploid), 3 Eltern, 4 Weisel (diploid), 5 Eier, 6 F_1-Generation

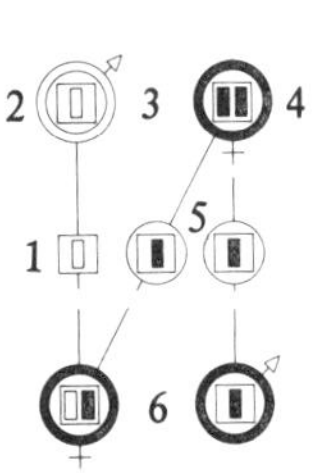

Dominanter Erbgang bei der Honigbiene am Beispiel Cordovan-Drohn × dunkle Weisel. Weibliche Nachkommen: dunkel, mischerbig; Drohnen: dunkel, reinerbig. 1 Spermium, 2 Drohn, 3 Eltern, 4 Weisel, 5 Eier, 6 F_1-Generation

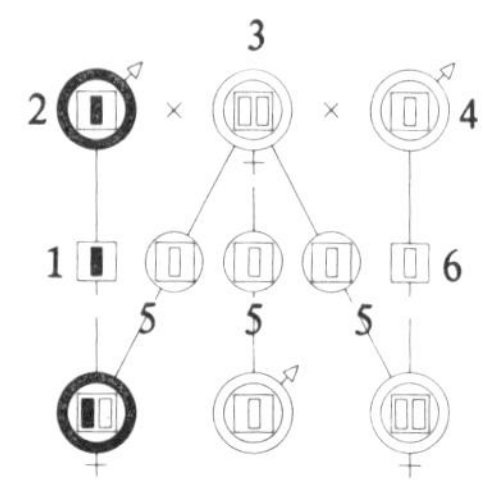

Dominanter Erbgang bei der Honigbiene am Beispiel einer Mischpaarung (Cordovan-Test): Dunkler Drohn × Cordovan-Weisel. Weibliche Nachkommen: dunkel, mischerbig; Drohnen: Cordovan wie die Weisel. Cordovan-Drohn × Cordovan-Weisel. Weibliche Nachkommen: Cordovan, reinerbig; Drohnen: Cordovan wie die Weisel. 1 Spermium, 2 dunkler Drohn, 3 Cordovan-Weisel, 4 Cordovan-Drohn, 5 Eier, 6 Spermium

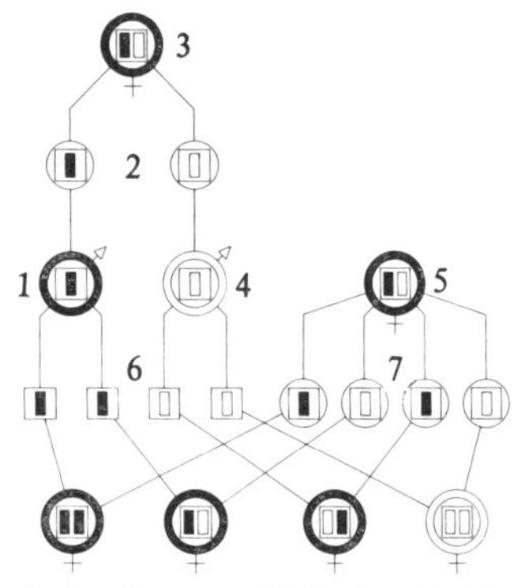

Aufspaltung des Phänotyps bei intermediärer Vererbung. Weibliche Nachkommen: 25 % dunkel, reinerbig; 50 % Zwischenform, mischerbig; 25 % hell, reinerbig. 1 Eier, 2 Mutter der Drohnen = genetischer Vater, mischerbig, 3 Drohnen, reinerbig, 4 Mutter, mischerbig

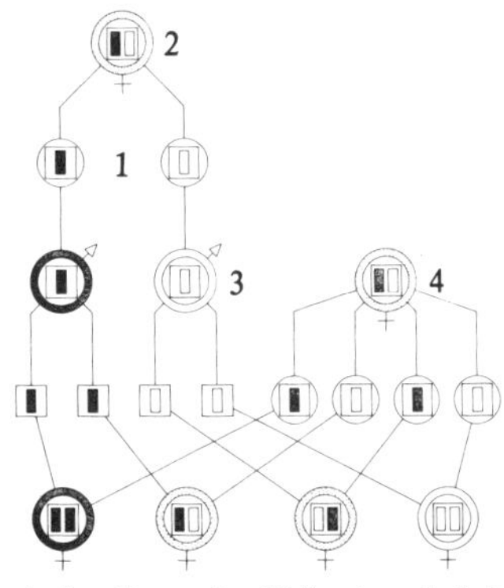

Aufspaltung des Phänotyps bei dominanter Vererbung. Weibliche Nachkommen: 25 % dunkel, reinerbig; 50 % dunkel, mischerbig; 25 % Cordovan, reinerbig. 1 Drohn, dunkel, reinerbig, 2 Eier, 3 Mutter der Drohnen, 4 Drohn, Cordovan, reinerbig, 5 Mutter, dunkel, mischerbig, 6 Spermien, 7 Eier

tern, die sich in bestimmten Merkmalen unterscheiden, sind die Nachkommen in der F_1-Generation (Filialgeneration ↗) in diesem Merkmal genotypisch u. phänotypisch einheitl. (uniform). Sie nehmen dabei phänotypisch entweder eine Zwischenstellung zu den Eltern ein (intermediärer Erbgang, Intermediärwirkung ↗) od. gleichen aufgrund der überdeckenden Wirkung eines der beiden Allele ↗ eines Gens ↗ einem der beiden Elternteile. Die stärkere Merkmalsprägung wird als dominant, die schwächere, überdeckte, als rezessiv bezeichnet. Am Phänotyp ↗ läßt sich nicht erkennen, ob die F_1-Generation in bezug auf das Merkmal reinerbig ist. Die dominante Vererbung läßt sich am Beispiel der Kreuzung mit der lederbraun aufgehellten Cordovan, einer Mutante der *Carnica*-Biene, darstellen. Das Merkmal Cordovan ist rezessiv. Bei Kreuzungen mit normal gefärbten dun-

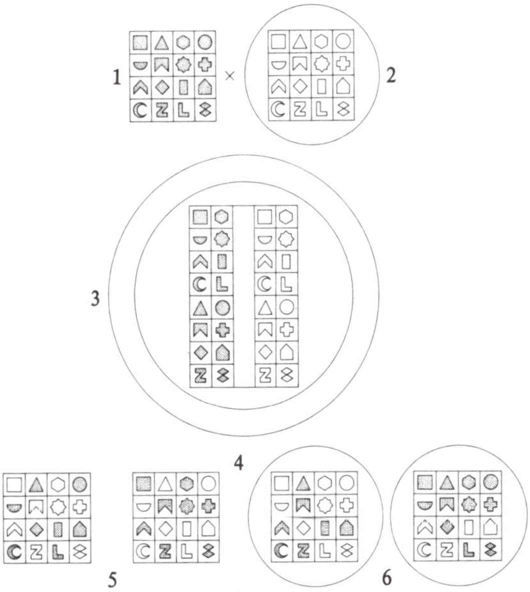

Unabhängige Verteilung der Chromosomen bei der Aufspaltung (Mendelsche Unabhängigkeitsregeln).
1 Spermium, 2 Ei, 3 Kreuzung, 4 Reduktionsteilung, 5 Spermien, 6 Eier

kelbraunen Tieren sind die ♀♀ (diploiden) Nachkommen dunkelbraun, während die parthenogenetisch entstandenen Drohnen aus einer Cordovan-Weisel cordovanfarben sind (Cordovan-Test). B. Spaltungsregel: Bei einer Kreuzung von F_1-Tieren untereinander spalten die ♀♀ Nachkommen der F_2-Generation genotypisch im Verhältnis 1:2:1 auf, d.h. 25 % sind reinerbig u. gleichen dem einen Großelternteil, 50 % sind mischerbig u. gleichen den Eltern, 25 % sind reinerbig u. gleichen dem anderen Großelternteil. Somit sind je 50 % der ♀♀ Nachkommen reinerbig bzw. mischerbig. Beim dominanten Erbgang spalten die ♀♀ Nachkommen phänotypisch im Verhältnis 1:3 auf. So ist die Panzerfarbe am Beispiel Cordovankreuzung zu 25 % cordovanfarben, zu 75 % dunkel. Genotypisch sind unter den Dunklen 50 % mischerbig, 25 % reinerbig. Die haploiden u. deshalb reinerbigen Drohnen der mischerbigen (dunklen) Weisel sind teils dunkel, teils cordovanfarben. C. Unabhängigkeitsregel: Die Gene werden, soweit sie nicht gekoppelt sind, unabhängig voneinander vererbt. So entstehen bei den Nachkommen unterschiedl. veranlagter Eltern zahlreiche Neukombinationen der einzelnen Erbanlagen. Anlagen, die in demselben Chromosom ↗ liegen, sind gekoppelt. Es kommt auch Genaustausch vor.

Felsenmispel

Mentha x piperita L. (*M. aquatica* x *M. spicata*), Pfefferminze. A der G *Mentha* der F der Labiatae ↗. In Europa, S-, O-Asien, N-Amerika, Australien kultiviert. Gewürz- u. Arzneipflanze. Ausdauernd. Blüht Juli bis Ende August, September. Hellila bis weißliche Blüten in Quirlen. Benötigt humusreichen, feuchten Boden in warmer, windgeschützter, nicht zu trockener Lage. Vermehrung durch Kopfstecklinge od. Ausläufer. Nektar- u. Pollenspender. Liefert aber wie alle *Mentha*-An nur geringe Mengen an Pollen, die Pollenhöschen sollen vor allem zw. 10 u. 14 Uhr eingetragen werden (nach MAURIZIO u. GRAFL).

Merkmalsanlage → Gen.

Meront → *Nosema apis.*

Mespilus germanica L., Mispel, Deutsche Mispel. A der G *Mespilus* der F der Rosaceae ↗. Ursprüngl. in Vorderasien, S- u. SO-Europa; in Europa seit alters her als Obstbäume in Kultur – jetzt auch in M-Europa – u. verwildert. In Trocken- u. warmen Laubwäldern, in trockenen Gebüschen, an Felsabhängen. Bis 6 m hoher Strauch od. kleiner Baum. Blüht Mai/Juni. Die weißen Blüten – bis 5 cm breit, mit zahlreichen Staubgefäßen, die in einem breiten Kranz stehen – befinden sich einzeln an den Zweigspitzen. Kalk- u. wärmeliebend. Nektar- u. Pollenspender.

Metamorphose → Insektenhormone → Kastenentwicklung → Larvenentwicklung.

meteorologische Beobachtungen. Der unmittelbare Zusammenhang zw. Witterung u. Entwicklung der Bienenvölker einerseits sowie der Entwicklung der Trachtpflanzen u. der Trachtnutzung andererseits bedingen eine starke Interessiertheit der Imker am Witterungsablauf u. regen manchen an, Wetterbeobachtungen anzustellen u. die gesammelten Daten für den eigenen Bedarf auszuwerten. In der Hauptsache sind dies die tägl. Maximal- u. Minimaltemp. (Maximum-Minimum-Thermometer ↗) u. die Niederschläge (Regenmesser ↗), evtl. noch Windrichtung u. -stärke sowie die Bewölkung.

Methoxychlor. Wirkstoff mit insektiziden Eigenschaften, in Pflanzenschutz- u. Schädlingsbekämpfungsmitteln ↗ angewandt. Minderbienengefährlich ↗ bzw. bienenungefährlich ↗.

Methylcarbamate. Abkömmlinge der Monomethylcarbaminsäure, als Wirkstoffe für Pflanzenschutzmittel ↗ verwendet.

Methylparathion. Wirkstoff mit insektiziden u. akariziden Eigenschaften, in Pflanzenschutz- u. Schädlingsbekämpfungsmitteln verwendet. Bienengefährlich.

Mikroklima → Kleinklima.

Milbe. Ektoparasit ↗, Endoparasit ↗, Innenschädling ↗, Mitbewohner ↗ od. Krankheitsüberträger. Vier Beinpaare. Entwicklung: Ei, Protonymphe ↗, Deutonymphe ↗, M. Im Bienenvolk versch. M.n: Außenmilbe ↗, Innenmilbe ↗ u. Pollenmilbe ↗.

Milbenseuche → Acarapidose.

minderbienengefährlich. Pflanzenschutz- u. Schädlingsbekämpfungsmittel ↗, die nach einer begrenzten Wartezeit ihre Gefährdung für Bienen verlieren. Die Kennzeichnung erfolgt auf den Etiketten, in den Gebrauchsvorschriften u. Mittelverzeichnissen. M.e Präparate dürfen in nektar-, pollen- od. honigtauspendenden Pflanzenbeständen vor Beginn u. nach Beendigung des Bienenfluges angewendet werden.

Minze, *Mentha* → Labiatae.

Mißbildung. Mißgebildete Biene durch Entwicklungsstörung, Erbfehler, Verkühlung od. Nahrungsmangel: weißäugiger Drohn, Cyclopenbiene ↗, Kahlbrut ↗, Varroatose ↗.

Mischinfektionen bei Bienen. Bei Bienenkrankheiten ↗ können M. vorkommen, z. B. Bösartige Faulbrut ↗ u. Sackbrut ↗, Nosematose ↗ u. Amöbenkrankheit ↗, bakterielle Septikämie ↗ der Bienen bei Varroatose ↗, Acarapidose ↗ od. Nosematose ↗.

Mißweisung → Magnetfeldorientierung.

Mitbewohner des Bienenvolkes. Meist harmlos für die Bienen, oft auch nur während der Überwinterung od. als Nützling im Gemüll: Afterskorpion ↗, Gemüllmilbe, Moderkäfer, Ohrwurm ↗ u. Silberfischchen ↗.

Mitteldarm → Darmkanal.

Mittelprüfstelle. Für die Prüfung von Pflanzenschutz- u. Schädlingsbekämpfungsmitteln, Arznei- u. Tierarzneimitteln existieren in den versch. Ländern zugelassene, meist staatliche Einrichtungen. Die Prüfung der Bienengefährdung von Pflanzenschutzpräparaten wird meist Universitätsinstituten übertragen, die entspr. Gutachten im Auftrag der Hersteller erarbeiten. In einigen Ländern sind mit dieser Aufgabe staatliche Einrichtungen, wie z. B. die Biologische Bundesanstalt in der Bundesrepublik Deutschland od. die Bienenschutzstelle der DDR im Bezirksinstitut für Veterinärwesen Potsdam, beauftragt.

Mittelwand. Aus Bienenwachs hergestellte, mit Zellmusterprägung für Arbeiterinnenbau versehene Wachsplatte. Gegossene M.e werden mittels einer Mit-

Mittelwand im gedrahteten Rähmchen

telwandgußform ↗, gewalzte dadurch hergestellt, daß in ein Wachsband in kaltem Zustand das Zellmuster eingeprägt wird. Das neueste Verfahren ist der Walzenguß. Hierbei läuft flüssiges Wachs zw. zwei sich synchron drehende Walzen mit Zellmusterprägung, erstarrt zw. ihnen u. erscheint unterhalb als Band, das in entspr. Formate zerschnitten wird. Die Hersteller von M.en sind verpflichtet, das zu verarbeitende Wachs im Autoklaven einwandfrei zu entkeimen. Die M. ist ein Betriebsmittel zum sauberen Trennen von Arbeiterinnen- u. Drohnenbau. Wirtschaftsvölker würden im Freibau ↗ in der Hauptbauzeit Waben mit beiden Zellgrößen gemischt mit wechselnden Anteilen aufführen. Um dies zu verhindern, legt man der M. die zu bauende Zellgröße fest. I. w. S. wird auch der mit einer M. ausgestattete Wabenrahmen als M. bezeichnet.

Mittelwandgußform. Ein Gerät zur manuellen Herstellung von Mittelwänden ↗, bestehend aus einem Unter- u. einem gelenkig daran angebrachten Oberteil. Beide Teile tragen auf den zueinandergekehrten Flächen die entspr. versetzte Zellmusterprägung.

Mobilbau. Seit der Einführung der beweglichen Wabe durch Dzierzon ↗ u. v. Berlepsch ↗ Bezeichnung für die Gesamtheit der in Wabenrahmen ↗ eingebauten Waben ↗. Im Gegensatz dazu die fest an die Wandungen eines Hohlraumes angebauten Waben des Stabilbaus, z. B. in Strohkörben u. -walzen u. Klotzbeuten.

Mohn, *Papaver* → Papaveraceae.

Mohngewächse → Papaveraceae.

Möhre, *Daucus carota* → Umbelliferae.

Mohrrübe, *Daucus carota* → Umbelliferae.

Monatsanweisungen. In den Imkerzeitungen erscheinen monatl. aktuelle, meist regional zugeschnittene Arbeitsanweisungen, in denen neben den Arbeiten an den Bienenvölkern auch organisatorische Fragen behandelt u. Hinweise gegeben werden (Bienenjahr ↗).

Moorbeere → *Vaccinium uliginosum* → Ericaceae.

Moorbirke → *Betula pubescens* → Betulaceae.

Moorheide → *Erica tetralix* → Ericaceae.

Moosbeere → *Vaccinium oxycoccus* → Ericaceae.

Moraceae, Maulbeerbaumgewächse. Die F umfaßt 61 Gn mit etwa 1 550 An. Vorwiegend Tropen u. Subtropen. Krautartige Pflanzen, Sträucher, baumartige Gewächse. Die eingeschlechtigen Blüten haben oft reduzierte Blütenhüllen u. eine verminderte Staubblätterzahl. Die G *Morus* ist mit zehn An in den wärmeren, gemäßigten Gebieten der nö. Hemisphäre verbr. Die Blätter des Maulbeerbaumes (*Morus alba* L.) werden als Futter in der Seidenraupenzucht schon seit 2700 v. u. Z. in China verwendet. In M-Europa sind die M. durch den in Auenwäldern verbr. Wildhopfen (*Humulus lupulus* L.), der ebenso wie auch der Hanf (*Cannabis sativa* L.) in Kultur vorkommt, vertreten. Der Hanf wird als guter Pollenspender (Blüte August, Anfang September) angesehen. Er ist Windblütler u. dadurch ohne Nektarien. Hauptanbaugebiete von *Cannabis sativa* sind Italien, die Sowjetunion, die Türkei, Jugoslawien, Ungarn, China, Japan u. die USA.

Morator aetatulae Holmes. RNA-Virus, Erreger der Sackbrut ↗. Das Virus vermehrt sich in den Körpergeweben der Larve. Eine tote Larve enthält etwa 10^{13} Viruspartikel. Die infizierten Arbeiterinnen- u. Drohnenlarven sterben kurz vor od. während der Metamorphose im Streckmadenstadium nach der Verdekkelung der Wabenzellen ab. Während die Körperhülle fest bleibt, wird der Nymphenkörper jauchig zersetzt u. kann sackförmig aus der Zelle gezogen werden. Durch die elektronenmikroskopische Untersuchung von frisch infiziertem Larvenmaterial sind im Zytoplasma von Fett-, Muskel- u. Trachealendzellen hexaedrisch geformte Viruspartikel mit einem Durchmesser von 30 nm nachzuweisen. Jungbienen nehmen Sackbrutviren bei der Fütterung u. Pflege kranker Brut auf u. übertragen die Erreger möglicherweise auch mit dem Drüsensekret. Nektar u. Pollen werden kontaminiert. Das Virus vermehrt sich auch in den Hypopharynxdrüsen u. im Nervengewebe ad. Bienen, ohne diese deutl. zu schädigen. Sackbrut kann nur durch frisches Material verschleppt werden. Eingetrocknete Sackbrutschorfe sind nicht mehr infektiös. Extrakte aus toten Larven wurden mit Erfolg mittels Agargelpräzipitation gegen Sackbrutantiseren geprüft. Auf 2–3tägigen Bienenfibroblasten-Zellkulturen, die durch Trypsinierung von Bienenbrustmuskulatur gewonnen werden, u. auf Mäuse- bzw. Hühnerfibroblasten-Zellkulturen entsteht nach Aufbringen des virushaltigen Materials nach 3–4 Tagen ein vollständiger zytopathogener Effekt (CPE), der für aktive Virusvermehrung spricht. Auf Hela- u. C-18-Zellkulturen entstand kein CPE. M. a. ist fluoreszenzserologisch nachweisbar. Wirksame Heilmittel sind nicht bekannt.

Mörderbienen → Afrikanisierte Bienen.

Morgenthaler, Otto, Prof. Dr. Geb. 18. 10. 1886 in Ursenbach/Bern, gest. 26. 6. 1973 in Liebefeld bei Bern. Arbeitete als Mikrobiologe an der Eidgenössischen Milchwirtschaftlichen Versuchsanstalt Liebefeld, gründete eine selbständige Bienenabteilung. Arbeitsgebiet Bienenkrankheiten. Zehn Jahre Zentralpräsident des Vereins Deutschschweizerischer Bienenfreunde, langjähriger Schriftleiter der «Schweizerischen Bienenzeitung». Präsident des Ausschusses zur Gründung der APIMONDIA ↗, deren Generalsekretär von 1949–1956.

morphometrische Diskriminierungs-Analyse der Bienenrassen → Afrikanisierte Bienen.

Mortalität, Sterberate. Anzahl der in der Zeiteinheit abgestorbenen Individuen einer Population bzw. eines Bienenvolkes, bezogen auf die Ausgangsgröße der Individuenzahl. Sie läßt sich für die einzelnen Entwicklungsstadien getrennt ermitteln. Die sich normalerweise bei 32–37 °C entwickelnde Brut überlebt 22–10 °C nur 24 Stunden ohne größeren Schaden. Herrschen diese Temp.en aber ≧ 2 Tage, nimmt die M. schnell zu. Auch erhöhte Temp.en wirken schädigend. Bei 36 °C beträgt die M. der Eier 8 % u. steigt bei 38 °C auf 48 % an. – Außerhalb des Brutnestes lassen sich Bieneneier nicht länger als vier Tage am Leben erhalten. Am empfindlichsten sind frisch abgelegte Eier, 1½–2 Tage alte Eier werden nicht so schnell geschädigt. Nach zwei Tagen nimmt die Empfindlichkeit jedoch wieder zu. Auch die relative Luftfeuchte beeinflußt die M. der Embryonen. Am günstigsten erwiesen sich Werte zw. 90–95 % relativer Feuchte. Bei einem Anstieg auf 100 % bzw. einer Senkung auf 80 % erhöht sich die M. gleichermaßen. Bei 50 % relativer Feuchte sterben > 95 % der Embryonen. Bei Larven u. Puppen wird die M. durch den gesamten Komplex der Lebensbedingungen beeinflußt. Im allgemeinen nimmt sie vom Zentrum zum Rand des Brutnestes zu. Starke Völker (> 33 000 Bienen) zeigten im Versuch eine geringere Brutsterblichkeit (21 %) als mittelstarke (~ 24 500 Bienen) od. gar schwache Völker (< 16 000 Bienen), deren Brutsterblichkeit bei entspr. Untersuchungen 36–37 % betrug. Die M. ad. Bienen erhöht sich mit der Verkürzung der Stockphase u. der dadurch möglichen relativen Verlängerung der Sammelperiode u. ist Ausdruck der Saisonvariabilität ↗. Unterschiede bestehen in der M. zw. den einzelnen Bienenrassen. Einer durchschnittl. Lebensdauer ↗ europ. Arbeitsbienen in N-Amerika von 35 Tagen steht eine solche von nur 18 Tagen der nach Amerika eingeführten *Apis mellifera adansonii* gegenüber. In ähnl. Weise ist die Brutsterblichkeit der miteinander verglichenen Rassen unterschiedl. hoch. Nicht nur der frühere Eintritt ins Sammelbienenalter, auch die leichtere Erregbarkeit durch Störungen u. die damit verbundene relativ hohe Aggressivität sowie das relativ geringe Gewicht der Arbeitsbienen von *Apis mellifera adansonii* (∅ 62 mg) gegenüber dem der Arbeiterinnen von *Apis mellifera mellifera* (∅ 80 mg) beeinflussen die M. nachhaltig. – Die M. der Drohnen steigt nach 20 Lebenstagen deutl. an. Beläuft sie sich bei 21 Tage alten Drohnen noch auf ungefähr 54 %, erhöht sie sich nach 31 Lebenstagen bereits auf 65 %, nach 50 Tagen auf 96 %. Im großen u. ganzen zeichnen sich Honigbienen im Vergl. zu anderen Bienen-An durch eine verhältnismäßig stabile Populationsentwicklung aus, die unter günstigen Lebensbedingungen mit einer niedrigen M. verbunden ist. Kennzeichnend für die Entwicklung der Honigbienenvölker sind verhältnismäßig niedrige Reproduktionsraten u. Langlebigkeit von Weisel u. Volk. Diese Lebensstrategie steht in enger Wechselbeziehung zur hohen Stabilität der Bienenpopulationen u. bietet den Völkern die Grundlage, unter natürl. Umweltbedingungen jahrelang zu überleben. Damit kann der für die Völkervermehrung erforderliche hohe

Energieaufwand u. das mit der Teilung der Völker durch Schwarmbildung verbundene Risiko des Fortbestandes von Restvolk u. Schwarm beträchtlich gesenkt werden.

Mottenpulver. Bekämpfungsmittel spez. gegen Kleidermotten mit Wirkstoffen, die bienengefährlich ↗ sind bzw. im Wabenwerk hygienisch bedenkliche Rückstände hinterlassen. M. u. auch alle anderen Mottenbekämpfungsmittel dürfen keinesfalls, wie es irrtümlicherweise immer wieder geschieht, zum Schutz der Wabenvorräte gegen Wachsmotten angewendet werden.

multiple Allelie. Bei der Genmutation kann sich das Gen von A nach a verändern; es kann aber auch eine stufenweise Abwandlung erfahren. So kommt das Gen nicht nur in zwei, sondern in einer Serie von Allelzuständen am gleichen Genlocus vor (multipler Allelomorphismus). Z. B. gibt es bei der Anlage der Augenfarbe der Honigbiene eine Anzahl von Mutationen ↗, die zu Farbstufen zw. der normalen Augenfarbe Schwarz über Braun u. Elfenbeinfarben bis zur Weißäugigkeit führen. Drohnen mit weißen Augen kommen bei versch. Bienenrassen vor. Weißäugige Arbeiterinnen sind bei natürl. Paarung unbekannt; demnach gelangen weißäugige Drohnen wegen mangelnder Orientierungsfähigkeit nicht zur Paarung. Das Allel Weißäugigkeit ist also rezessiv u. tritt heterozygot auf. Bei künstl. Besamung weißäugig veranlagter Weiseln mit weißäugigen Drohnen ist die Hälfte der ♀♀ Nachkommen weißäugig.

Mumie. Tote, mumifizierte Biene od. Bienenbrut, bes. bei Hartbrut ↗. M. locker in den Zellen bei Kalkbrut ↗. M. verbunden mit Zellinnenwand durch Mycel ↗ bei Steinbrut ↗. Mumifizierte Bienen bei Steinbrut ↗.

Mundöffnung → Mundwerkzeuge.

Mundwerkzeuge. Bestehen aus drei Paar Anhängen des Kopfes (Caput ↗), den Mandibeln, Maxillen 1, Maxillen 2 (= Labium), u. umgeben die spaltförmige funktionelle Mundöffnung, die in die Praeoralhöhle führt. Diese stellt einen Hohlraum dar, der hinten durch einen weichhäutigen Wulst, den Hypopharynx, u. vorn durch den mit dem Clypeus ↗ verbundenen, ebenfalls weichhäutigen Epipharynx begrenzt wird. Am inneren Ende dieser Praeoralhöhle liegt die eigentl., in den Schlund (Pharynx) führende Mundöffnung, die man als den inneren Mund der Biene bezeichnen kann. Bereits bei der Bienen-Larve ↗ sind Mandibeln u. Maxillenpaare als M. vorhanden. Da die Larven nur die ihnen gereichte Nahrung aufzunehmen brauchen, sind auch ihre Mundteile relativ einfach gebaut. Zum Teil von der Oberlippe (Labrum) überdeckt, bilden die Mandibeln schwach chitinisierte, leicht nach vorn u. innen gebogene Kopfanhänge vor der Mundöffnung. Hinter ihr liegen die Maxillen 1, die basal miteinander verbunden als zapfenförmige Gebilde ebenfalls leicht nach innen gebogen sind. Das Maxillenpaar 2 (unpaares Labium) ragt in der Aufsicht median etwas über die Oberlippe hinaus. Im Verlauf der Metamorphose werden die M. gänzlich umgestaltet. Die ad. Biene verfügt dann schließl. über meißelförmige Mandibeln u. einen höchst kompliziert gebauten Saugapparat, der sich aus den beiden Maxillenpaaren zusammensetzt. Die gelenkig mit dem unteren Kopfkapselrand verbundenen Mandibeln tragen bei den Arbeiterinnen Kauflächen, die mit Chitinleisten besetzt sind. Über kräftigere Mandibeln verfügen die Weiseln, auch sind sie stärker behaart als die M. der Arbeitsbienen. Die Kauflächen sind nicht glatt, sondern am Rande gezähnt. Die Mandibeln der Drohnen verjüngen sich von der Basis zur Spitze, so daß sie den Eindruck erwecken, als seien sie weniger funktionstüchtig. Sie besitzen keine Kauleisten, tragen wie die Mandibeln der Weiseln am Rande Zähnchen u. auf der Außenseite eine bes. auffällige Behaarung. Der Neigungswinkel der Kauflächen u. der Winkel, unter dem das seitl. abstehende Haar an der Mandibelwand ansetzt, zeigen bei einzelnen geographischen Bienenrassen Unterschiede. Kräftige Muskelzüge, die über Chitinsehnen mit den beiden Gelenkhöckern der Mandibeln verbunden sind, ziehen hinter den Komplexaugen zur Kopfkapsel, die für die Funktion der Mandibeln als Widerlager dient. Der aus den beiden Maxillenpaaren

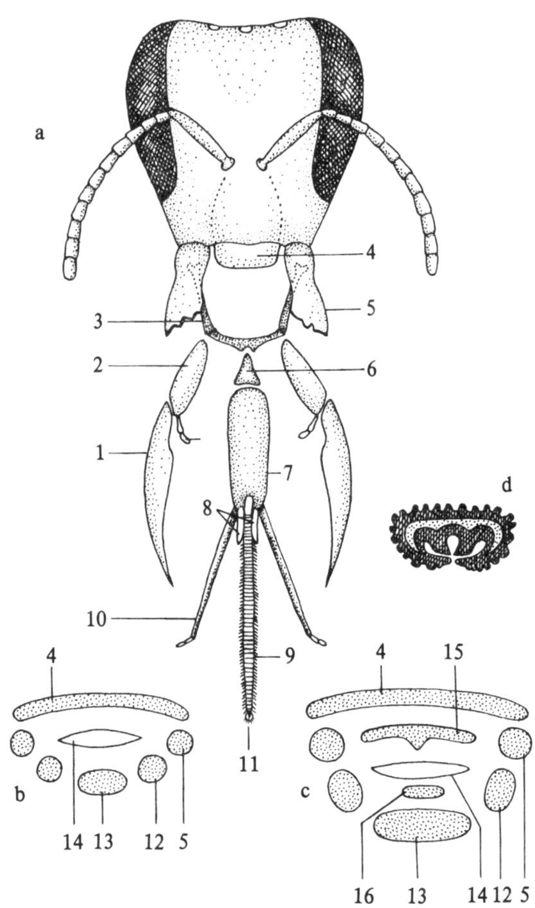

Mundwerkzeuge einer Arbeitsbiene. a Gesamtansicht; b Verteilung der Mundwerkzeuge um die Mundöffnung bei der Larve; c bei der Imago; d Querschnitt durch die Bienenzunge; 1 Außenlade (distaler Teil der 1. Maxille), 2 Stipes, 3 Cardo, 4 Labrum, 5 Mandibel, 6 Submentum, 7 Mentum, 8 Paraglossen, 9 Glossa, Zunge, 10 Taster, 11 Löffelchen, 12 1. Maxille, 13 2. Maxille, 14 Mundöffnung, 15 Epipharynx, 16 Hypopharynx. a nach Bährmann (1959), b–d nach Zander (1946)

bestehende Saugrüssel ist in die Hinterwand der Kopfkapsel eingelenkt u. an ihr mittels einer chitinigen Membran befestigt. Die ersten Maxillen sind über einen basal gelegenen Chitinstab (Cardo) mit der Kopfkapsel u. den zweiten Maxillen verbunden. Auf diesen Basalteil folgt ein zweites Grundglied (Stipes). Ihm sitzt außen eine längs gestreckte, nach innen konkave Lade auf, die einen großen Teil des von vorn sichtbaren Bienenrüssels darstellt. An der Wurzel der paarigen Laden befinden sich winzige zweigliedrige Taster, die Maxillartaster, die den Laden anliegen, so daß man sie beim flüchtigen Hinschauen leicht übersehen kann. Während die ersten Maxillen paarig aus-

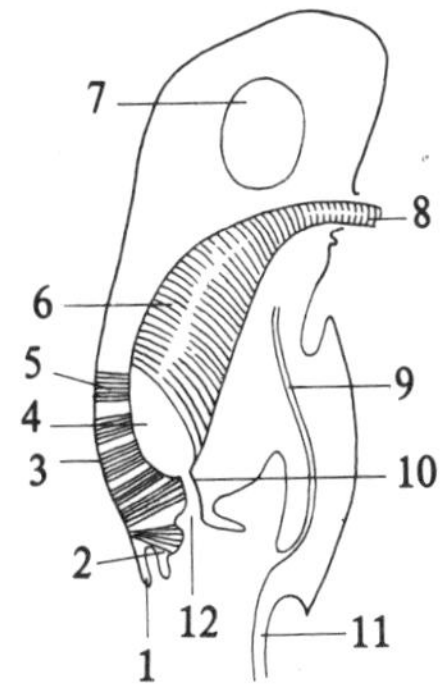

Praeoralhöhle im Bienenkopf. 1 Labrum, 2 Epipharynx, 3 Clypeus, 4 Praeoralhöhle, 5 Muskulatur, 6 Pharynx, 7 Gehirn, 8 Oesophagus, 9 Labialdrüsengang, 10 Hypopharynx, 11 Zunge, 12 äußere, funktionelle Mundöffnung. Nach SNODGRASS (1968)

gebildet sind, handelt es sich beim Labium um ein unpaares Gebilde. Der zentrale, basal gelegene Teil des Saugrüsselapparates gehört als Mentum zum Stammabschnitt der zweiten Maxillen, dem proximal ein kleines dreieckiges Submentum aufsitzt. Distal setzt sich das Mentum in die Bienenzunge fort, die am Grunde von einem Paar kleiner Nebenzungen umgeben ist. Ebenfalls am Zungengrund entspringt ein Paar langgestreckter viergliedriger Taster (Labialtaster), die sich der Zunge in Ruhestellung von hinten anlegen. Die Zunge selbst bildet eine auf ihrer RS offene Röhre. Sie wird durch Chitinringe versteift, die in einem Abstand von 0,025–0,035 mm aufeinander folgen. Auf diesen Ringen sitzen kranzförmig nach unten gerichtete 0,2 mm lange Härchen. In Richtung zur Zungenspitze verdichtet sich dieser Haarbesatz.
Ihr Ende läuft in eine löffelförmige Rundung aus (Löffelchen), die ungefähr 0,13 mm lang u. 0,11 mm breit

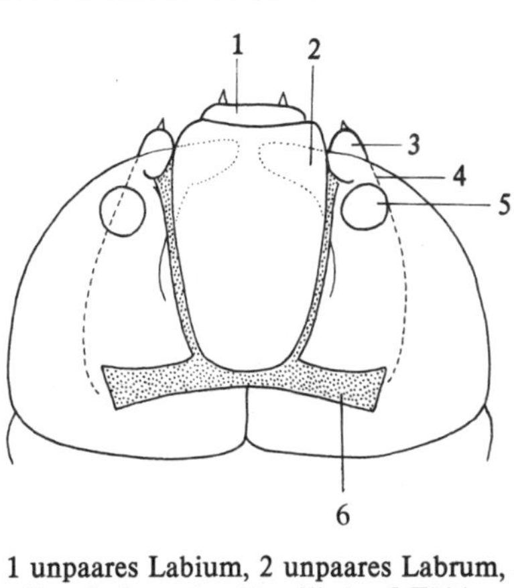

1 unpaares Labium, 2 unpaares Labrum, 3 paarige Maxillen 1, 4 paarige Mandibeln, 5 Fühleransatz, 6 Tentorium, chitiniges Kopfinnenskelett. Mundwerkzeuge der Bienenlarve. Nach CHAUVIN (1968)

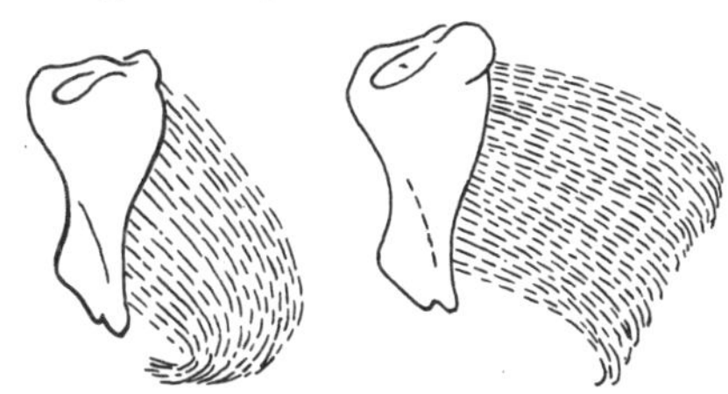

Drohnenmandibeln, links von *Apis mellifera fasciata* und rechts von *A. m. mellifera.* Zu beachten ist der unterschiedliche Neigungswinkel des Haaransatzes. Nach BÄHRMANN (1965)

ist u. am Rande gekrümmte Härchen trägt. Sehr kleine Nektartröpfchen können mit dem Löffelchen aufgeleckt werden. Sind größere Nektartropfen aufzunehmen, legen sich die Laden der ersten Maxillen u. die viergliedrigen Labialtaster zu einer Röhre zusammen, darauf tauchen die Arbeitsbienen den so gebildeten Rüssel in den Nektar ein u. saugen ihn mit Hilfe der Schlundmuskulatur u. der Muskulatur im Bereich der Praeoralhöhle auf. Unterstützt wird die aktive Saugbewegung durch die Kapillarwirkung der Zungenbehaarung innerhalb des um die Zunge geformten Rüssels u. durch Bewegungen der Zunge, die

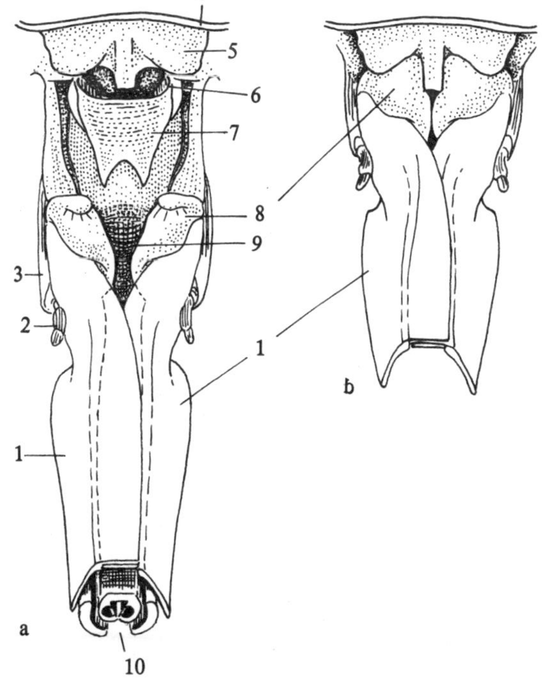

Rüsselansatz der Arbeitsbiene mit Öffnung zum Aufnehmen flüssiger Nahrung beim gegenseitigen Füttern. a offener, b geschlossener Zungengrund. 1 Außenlade der 1. Maxille, 2 Taster, 3 Stipes, 4 Labrum, 5 Epipharynx, 6 innere Mundöffnung, 7 Hypopharynx, 8 geschlossener Zungengrund, 9 Rüsselansatz, 10 Zunge

den Nektar zur Mundöffnung drückt. Die Arbeiterinnen können ihren Rüssel so lang ausdehnen, daß zw. dem Grund der Maxillen u. dem Eingang zur Praeoralhöhle dorsal eine Öffnung sichtbar wird. Streckt eine Biene ihren Rüssel vor, um eine Stockgenossin zu füttern, wird das Rüsselende in diese Öffnung eingeführt. Die Biene kann diese Öffnung aber auch verschließen, indem sie den Rüsselgrund gegen den Epipharynx drückt. Vergleicht man die Rüssellängen von Arbeitsbienen, Weiseln u. Drohnen, zeigt sich, daß die größten Werte bei den Arbeiterinnen auftreten. Durchschnittswerte für *Apis mellifera carnica*: 6,59 mm (☿☿), 4,24 mm (♀♀), 4,18 mm (♂♂). Die Rüssellängen europ. Bienen nehmen vom N nach S gleitend zu. Sie werden demzufolge nicht nur von geschlechts- u. kastenspezifischen, sondern auch von rassenspezifischen Faktoren bestimmt. Als Verhältnismaß u. damit als Kriterium für die gesamte Rüssellänge kann das zweite Labialtasterglied dienen. In der Ruhelage wird der Rüssel zw. den Stipites u. den Laden der Maxillen umgeklappt u. der Kopf-US angelegt. Die M. der Biene als eine Kombination von kauend-beißenden u. saugenden Bestandteilen dienen nicht nur der Nahrungsaufnahme, ihnen kommt auch im Sozialleben eine große Bedeutung zu. Die Mandibeln werden von den Arbeiterinnen als Werkzeuge bei der Bearbeitung von Wachs u. Propolis gebraucht, der Rüssel zur Aufnahme u. Weiterleitung von Sammelgut (Nektar, Wasser) sowie zum Austausch dieser Substanzen u. damit auch zur Informationsübertragung.

Museen. Bienenkörbe und Imkereigerät aus der Korbimkerei in nord- und nordwestdeutschen Sammlungen und Museen (Kenntnisstand: November 1977)

Ort	*Name des Museums/der Sammlung, Postanschrift, Hinweise*
Bergen	Heimatmuseum Römstedthaus, Am Friedensplatz 7, 3103 Bergen (Bannkörbe, Imkerbeile, Wachspressen, Körbe, Gerät)
Braunschweig	Städtisches Museum, Steintorwall 14, 3300 Braunschweig (Imkerbeile, Körbe, Wachspressen, Gerät)
Celle	Bomann-Museum, Schloßplatz 7, 3100 Celle (Bannkörbe, Imkerbeile, Wachs- und Honigpressen, Körbe, Gerät)
Celle	Niedersächs. Landesinstitut für Bienenforschung, Wehlstr. 4 A, 3100 Celle (Bannkörbe, Gerät, Wachs- und Honigpressen)
Cloppenburg	Museumsdorf Cloppenburg, 4590 Cloppenburg (Bienenkörbe, Honig- und Wachspressen, Gerät)
Dortmund	Museum für Naturkunde, Balkenstr. 40, 4600 Dortmund (Sammlung im Aufbau)
(Gifhorn)	Kreisheimatmuseum, Schloß Gifhorn, Schloßstr., 3170 Gifhorn (Imkereiabteilung verlegt nach Hankensbüttel)
Hankensbüttel	Kreisheimatmuseum Gifhorn-Nord, »Brauhaus« beim Kloster Isenhagen, Klosterstr. 2, 3122 Hankensbüttel/Krs. Gifhorn
Hannover	Historisches Museum am Hohen Ufer, Pferdestr. 6, 3000 Hannover (Bannkörbe, Imkerbeile, Körbe, Gerät)
Harburg	Helms Museum, Knoopstr. 12, 2100 Hamburg 90 (Harburg) (Imkereigerät in einem Imkerspeicher im »Freilichtmuseum am Kiekeberg«, 2101 Ehestorf/Krs. Harburg)
Heinsberg	Kreis-Heimatmuseum, Hochstr. 21, 5138 Heinsberg (Bannkörbe)
Hermannsburg	Heimatmuseum, Museumsstr., 3102 Hermannsburg (Auskünfte: Gemeindeverwaltung)
Hösseringen	Landwirtschaftsmuseum, 3111 Hösseringen über Uelzen
Münster	Institut für Pflanzenschutz, Saatgutuntersuchung und Bienenkunde, von-Esmarch-Str. 12, 4400 Münster
Neustadt a. Rbge.	Kreisheimatmuseum, Nienburger Str. 28, 3057 Neustadt a. Rbge.
Nienburg/Weser	Museum für die Grafschaften Hoya, Diepholz und Wölpe, Leinstr. 4, 3070 Nienburg/Weser (im »Rauchhaus« Bannkörbe)
Oldendorf	Hotel »Zum Örtzetal«, Hans Peter Brammer, Escheder Str. 2, 3102 Oldendorf (Museum: Boitzener Weg 7, 3102 Oldendorf, neben dem Vogelzoo; Bienenkörbe, Gerät, alte Wachspresse)
Osnabrück	Kulturhistorisches Museum, Heger-Tor-Wall 28, 4500 Osnabrück (Bannkörbe, Honigpresse, Gerät)
Rahden	Museumsdorf Rahden, Museumshof, 4993 Rahden (Korbbienenstand)
Rotenburg/Wümme	Heimatmuseum, Burgstr. 2, 2130 Rotenburg/Wümme (2× abgebrannt, alte Sammlungen dabei weitgehend verbrannt; vorhanden: Körbe, einige Geräte, zahlreiche Wachs- und Honigpressen)
Soltau	Heimatmuseum; Auskunft und Anmeldung: Georg Crone, Beethoven-Str. 14, 3050 Soltau (1 Bannkorb, Körbe, Gerät)
(Uelzen)	Heimatmuseum, Lüneburger Str. 36, 3110 Uelzen (1945 völlig abgebrannt mit allen alten Sammlungen, heute nur wenige Einzelstücke aus der Imkerei; Imkerei eher in Hösseringen vertreten)
Verden/Aller	Heimatmuseum, Große Fischerstr. 10, 3090 Verden/Aller
Vreden	Hamaland-Museum, Gasthausstr. 9, 4426 Vreden
Wanna/Niederelbe	Heimatmuseum, 2179 Wanna/Niederelbe (Auskunft und Anmeldung: Willi Horeis, 2179 Westerwanna 38; Korbbienenstand)
Wilsede	Heidemuseum »Dat ole Huus«, 3041 Wilsede

Ortsname in Klammern: Keine eigene Sammlung, aber Anlaufstelle für Anfragen und Anmeldungen für die zugehörige Museumsabteilung an anderem Ort.

Muskulatur. Die Muskelfasern der Insekten sind zu Bündeln vereinigt, denen eine gewebliche Umhüllung fehlt. Sie besitzen an ihren Enden häufig Verzweigungen. Den am Chitinskelett ansetzenden Muskeln kommt eine charakteristische Querstreifung zu, die durch unterschiedl. Lichtbrechung in der Längsrichtung der Muskelfasern entsteht. Helle u. dunkle Abschnitte folgen aufeinander. Jeder helle Abschnitt ist durch eine Membran, das Telophragma, wiederum in zwei Hälften unterteilt, u. der Muskelbereich zw. zwei Telophragmen wird als Sarcomer bezeichnet. Im Zentrum eines jeden Sarcomers liegt ein dunkles Band, das wiederum durch eine feine Membran, das Mesophragma, in zwei Teile zerfällt. Jedes Sarcomer besteht demnach aus einem quergeteilten dunklen Mittelfeld u. hellen Abschnitten an beiden Enden, die ihrerseits auch noch einmal von schmalen dunklen Banden durchsetzt werden. Die quergestreiften Muskelfasern sind aus vielen einzelnen Muskelfibrillen zusammengesetzt u. von einem Sarcolemma umgeben. Die Zellkerne befinden sich im Zentrum der Muskelfasern u. liegen axial angeordnet. Die Anordnung der Fibrillen führt zu einer Teilung der Muskelbündel in Sektoren, die auf Querschnitten veranschaulicht werden können. Die mit der Körperhülle (Chitincuticula ↗) in Verbindung stehenden Muskeln greifen über die Epidermis ↗ an der Chitincuticula an. Hierbei wirken Plasmafasern in den Epidermiszellen mit, die Tonofibrillen, die sich mit den Muskelfasern zu einer Einheit verbinden. Diesen Grundbauplan der Muskulatur trifft man bei den ad. Honigbienen u. auch den Larven an. Bei letzteren werden die einzelnen Muskelbündel von einem Sarcoplasma eingehüllt, das relativ große Kerne enthält. Den äußeren Abschluß eines solchen Bündels stellt wiederum das Sarcolemma dar. Die Anlage der larvalen Körpermuskulatur entspricht der Gliederung der Larve ↗ u. zeigt vor allem im Hinterleib (Abdomen ↗) eine regelmäßige segmentale Ausbildung, bei der insbes. Längs- u. Quermuskelzüge hervortreten. Weniger regelmäßig ist die Muskulatur im Brustabschnitt (Thorax ↗) angelegt. Im larvalen Kopfbereich greifen Muskeln an den Mundwerkzeugen ↗ u. am Labrum (Caput ↗) an. Den larvalen Antennen ↗ u. den Beinanlagen im Thorax fehlen Muskeln. Im Verlauf der Metamorphose kommt es zu einer Umwandlung bzw. einer Neubildung der M. Völlig neu ausgebildet wird die Antennen-, die Extremitäten- u. die Stachelapparat-M. Im Abdomen erfolgt eine Rekonstruktion der larvalen M. Bereits zehn Stunden nach Verdeckelung der Larvenzellen erfolgen die ersten Umwandlungsschritte. Kleine Muskelzellen entstehen zw. den sich im Abbau befindlichen Hinterleibsmuskeln. Eine völlige Destruktion der M. geht im Larventhorax vor sich. Die Muskelzellen verfallen einem Auflösungsprozeß. Aber auch hier ist schon 25 Stunden nach der Verdeckelung der Larvenzellen der Aufbau imaginaler Muskelzellen in vollem Gange. Die größten Thoraxmuskeln, die indirekten Flugmuskeln (Antriebsmuskeln), bestehen aus mehreren Muskelzügen. Ein Paar, die longitudinalen Flugmuskeln, ist im hinteren Teil des Thorax an einer Chitinspange befestigt. Ein zweites Paar, die dorsoventralen Flugmuskeln, greift an der ventralen Thoraxwand an u. zieht außen an den Längsmuskeln vorbei zum Thoraxrücken. Beide Brustmuskelpaare füllen fast den gesamten Innenraum des Thorax aus, wobei jede der Muskelfibrillen bei einem Durchmesser von 3 µm den ganzen Thorax durchzieht. Zw. den Fibrillen liegen zahlreiche Mitochondrien, kleine plasmatische Körperchen, die wie Perlschnüre angeordnet sind. Sie spielen als Energielieferanten im Zellstoffwechsel für die Funktionstüchtigkeit der indirekten Brustmuskeln eine große Rolle. Tracheen u. Tracheolen, die die Muskeln durchziehen, sorgen für die Bereitstellung des bei der Produktion von Energie erforderlichen Sauerstoffes in den Muskelfasern. Außer den indirekten gibt es auch direkte Flugmuskeln (Steuermuskeln), die unmittelbar am Grund des Flügelgelenkes angreifen. Bei der ad. Honigbiene kommen insges. mehr als 200 Paar Körpermuskeln vor.

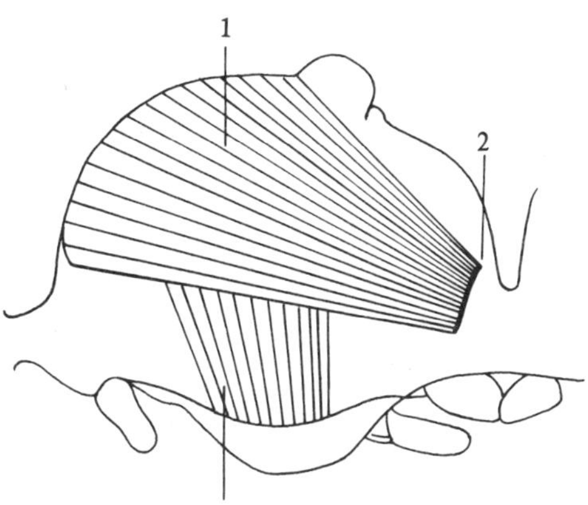

Indirekte Flugmuskeln im Thorax der Honigbiene.
1 longitudinale Flugmuskeln, 2 Chitinspange, 3 dorsoventrale Flugmuskeln. Nach Michener (1974), verändert.

Mustopftränke. Das Prinzip der M. besteht darin, daß ein Glas od. anderes Gefäß mit Wasser gefüllt, mit einem Stück Stoff verschlossen u. umgekehrt so aufgestellt wird, daß die Bienen an die US gelangen u. von dort das Wasser absaugen können. Futtereimer (Dosenfütterung ↗) sind in gleicher Weise einsetzbar. Die M. hat den Vorteil, daß die Abnahmefläche nicht bekotet werden kann.

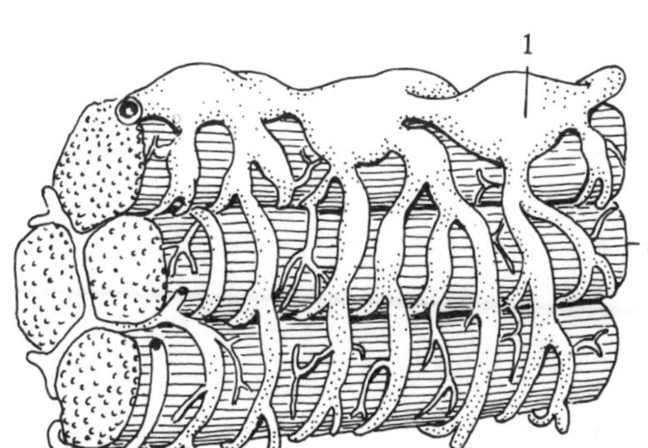

Muskelfasern, von Tracheen und Luftsäcken umsponnen.
1 Tracheen, 2 Fibrillen. Nach Snodgrass (1956)

Mutation. Spontane, in bezug auf die Einwirkung ungerichtete Veränderung der Erbanlagen. Die auslösenden Faktoren können unterschiedl. Natur sein. Durch die wiederholten Änderungen des Erbgutes kommt es zu einer gewissen Anlagenbreite, auf die die Umwelt regulierend Einfluß nehmen kann. Alle Naturrassen der Honigbiene sind geographische Anpassungsformen, die durch Mutation u. Selektion erbliche Unterschiede entwickelt haben. Die Mutante ist das Individuum mit mutativ bedingter Abweichung vom Standard- bzw. Wildphänotyp. Die auf Mutanten aufbauende Züchtung wird als Mutationszüchtung bezeichnet. Viele Mutationen, die Leistung u. Vitalität verbessern, sind nicht ohne weiteres nachweisbar, üben aber auf die natürl. u. künstl. Zuchtauslese großen Einfluß aus. Hingegen ist eine Anzahl von Einzelgenen bekannt, die durch M. auffällige, im allgemeinen pathologische Merkmalsabweichungen hervorrufen. Bei der Honigbiene zählen dazu außer der Pigmentlosigkeit der Augen (multiple Allelie ↗) z. B. rudimentärflügelige Drohnen, Verlust der Behaarung (Schwarzsucht) u. verkleinerte Facettenaugen.

Mutilla → Bienenameise.

Muttertierstation → Zuchtvolk.

Muttervolk, Restvolk. Nach Auszug des Vorschwarmes besitzt es keine Weisel mehr, aber mehrere verdeckelte Weiselzellen, die in einigen Tagen schlüpfreif sind. Aus den zumeist verdeckelten Brutzellen schlüpft eine große Anzahl von Jungbienen, die den durch den Vorschwarm entstandenen Bienenverlust zunächst teilweise ausgleichen. Zur Eiablage kann es aber frühestens wieder nach erfolgreichem Hochzeitsflug einer geschlüpften Jungweisel kommen, evtl. aber auch erst nach Abgabe weiterer Schwärme ↗, Nachschwärme. Das bedeutet also eine längere Brutpause. Ist die erste Weisel schlüpfreif, so befreit sie sich durch einen Ringschnitt um die Kuppe aus ihrer Zelle, wobei ihr meist Arbeiterinnen durch Benagen des Zelldeckels helfen. Vorher hat sie sich durch ein unbeantwortet gebliebenes Quaken vergewissert, daß noch keine freie Weisel im Stock ist. Ihr erstes Bestreben ist es nun, ihre Schwestern in den anderen Weiselzellen zu töten. Durch seitl. Anbiß der Zellen ersticht sie die Rivalinnen. Die Weiselzellen werden von den Arbeiterinnen abgetragen u. die toten Weiseln od. Puppen herausgeschafft. Wenn das Volk aber noch in Schwarmstimmung ↗ ist u. ein od. mehrere Nachschwärme folgen sollen, werden die vorhandenen Weiselzellen vor den Angriffen der Weisel geschützt. Teilweise führen die Arbeiterinnen auf ihnen Rütteltänze auf. Deutl. vernehmbar außerhalb des Stockes ertönt nun Tag u. Nacht, als sicheres Zeichen für den baldigen Abgang eines Nachschwarmes, ein dem Imker wohlbekannter eindrucksvoller Wechselgesang: Die geschlüpfte Weisel verkündet ihre Anwesenheit durch ein in Abständen erfolgendes lautstarkes Tüten (Frequenz von 435 Hz bei frisch geschlüpften Weiseln, bis 493 Hz bei 2 Tage alten Weiseln, Hansson 1945). Erzeugt wird es mit der Flugmuskulatur u. durch Anpressen des Körpers an die Wabe auf diese übertragen (Bienen können nicht hören, wohl aber Schwingungen durch die große Vibrationsempfindlichkeit ihrer Beine wahrnehmen). Die Bienen in nächster Umgebung verfallen während des Tütens in eine kurze Starre. Die eingeschlossenen Weiseln antworten auf die gleiche Weise, was aus dem Innern der Zelle wie ein dumpfes Quaken (Frequenz 323 Hz, Hansson 1945) herausklingt. Solange das Tüten zu hören ist, bleiben sie in ihren schützenden Zellen. Auch der Duft der freien Weisel (wahrgenommen durch den Futterschlitz) u. die Rütteltänze der Arbeiterinnen hindern sie am Ausschlüpfen. Erst nach Auszug des Nachschwarmes mit der freien Weisel verlassen auch sie ihre Zellen, wobei sich unter Umständen einige noch den ausschwärmenden Bienen anschließen. Im Stock entscheidet ein erbitterter Kampf unter den Jungweiseln, wer die neue Stockmutter wird. Zuweilen gehen auch erst (in den nächsten Tagen) noch weitere Nachschwärme ab. Im Extremfall bei bes. schwarmlustigen Völkern kann es, wenn der Imker nicht eingreift, bis zum Kahlschwärmen (Totschwärmen) kommen. Das M. ist dann so geschwächt, daß es nicht mehr lebensfähig ist.

Mycel. Sich verflechtende Hyphen ↗ der Schimmelpilze, bilden Pilzgeflecht in u. auf Bienen u. Bienenbrut. Bei Kalkbrut ↗ M. nur in u. auf der Bienenbrut. Bei Steinbrut ↗ M. in u. an Bienen u. Brut u. auf der Wabe.

Myiasis, auch Fliegenlarvenkrankheit. Fliegen als Endoparasit ↗. Fliegenlarven entwickeln sich in Bienen od. in der Bienenbrut, bes. die Fleischfliegen u. die Raupenfliegen.

Mykose. Durch Pilze hervorgerufene Krankheit der Bienen od. Bienenbrut, Hartbrut ↗.

Myosotis alpestris F. W. Schmidt, Alpenvergißmeinnicht. A der G *Myosotis* – mit ca. 100 An in Eurasien, in den Gebirgen des tropischen Afrikas bis zur Kapprovinz, auf Neuguinea u. in Australien vorkommend; Wald-, Wiesen-, Sumpf-, Uferpflanzen; Bewohner der alpinen Stufe, seltener in Trockenrasen od. als Unkraut weit verbr. – der F der Boraginaceae ↗. M. a. ist bis etwa 3000 m ü. NN anzutreffen, vorwiegend auf alpinen Wiesen, aber auch auf Schuttfluren. Blütezeit Juni, Juli. Die Blütenfarbe wechselt – je nach Entwicklungsstand – von rosa zu blau. Auch die Schlundschuppen machen während des Aufblühens einen Farbwechsel von dottergelb zu weißlich durch. Das Nektarium liegt ringförmig um die Basis des Fruchtknotens; vor der Samenanlage bildet es vier Anschwellungen. Es wird reich durch Siebröhrenstränge versorgt. Nektar- u. Pollenspender; von den Bienen wird wahrscheinl. nur manchmal etwas Pollen gesammelt. Da der Nektar aber viel stärker mit Pollen eingestäubt ist – beim Beflug der kleinen, engen *Myosotis*-Blüten bürsten die Bienen den Pollen mit dem behaarten Rüssel in den Nektar, so daß er viel stärker mit Pollen eingestäubt ist als bei nektarreicheren, weitkelchigen od. hängenden Blüten; es wurden z. B. im *Myosotis*-Nektar 27 Mio Pollenkörner/ml gezählt –, kommt es bei Honigpollenuntersuchungen oft zu falschen Ausdeutungen.

Myosotis scorpioides L. Em. Hill, Sumpfvergißmeinnicht. A der G *Myosotis (Myosotis alpestris* ↗) der F der Boraginaceae ↗. Auf feuchten Wiesen, an Grabenrändern, an Wiesenbächen u. Teichrändern. Blüht Juni bis August. Meist von höherem Wuchs u. mit größerer Blüte als andere An. Die herausgebildeten Gartenformen brauchen bei genügender Feuchtigkeit einen sonnigen Standort, sonst Halbschatten. Die Stauden werden 30–70 cm hoch, ihre Blütezeit fällt in die Monate Mai–September. Nektar- u. Pollenspender.

Myosotis sylvatica (EHRH.) HOFFM., Waldvergißmeinnicht. A der G *Myosotis* (*Myosotis alpestris* ↗) der F der Boraginaceae ↗. In der gemäßigten Zone vom Flachland bis 2000 m ü. NN. Setzt von allen M.-An am frühesten mit der Blüte ein, an günstigen Standorten bereits im April. Am häufigsten von allen *Myosotis*-An kultiviert, es gibt niedrige u. hohe, rosa- u. blaublühende Sorten u. auch solche, die sich als Schnittblumen eignen. Nektar- u. Pollenspender.

Myrtaceae, Myrtengewächse. Die F umfaßt ca. 100 Gn u. 3000 An. Vorwiegend Tropen u. Subtropen mit Schwerpunkten in M- u. S-Amerika u. im öst. u. südwe. Australien. Es gibt etwa 600 *Eucalyptus*-An. Fast alle dieser *Eucalyptus*-An sind in ihrer Verbr. auf Australien beschränkt, was die Annahme nahelegt, diesen Kontinent als das Entfaltungszentrum der G anzusehen. Manche *Eucalyptus*-An haben ein sehr begrenztes Areal, andere, wie *E. camaldulensis*, sind in allen Ländern heimisch u. überall zu finden, wo ihre ökologische Nische, ein Flußufer, vorhanden ist. Innerhalb einer A bestehen jedoch beträchtliche Unterschiede hinsichtl. der Winterhärte. Etwa 10 *Eucalyptus*-An werden in W- u. S-Europa forstlich angebaut, vor allem der Fieberbaum *Eucalyptus globulus*. Nach Frankreich kamen die ersten Eukalypten zu Anfang des 19. Jh.s, u. schon ein paar Jahrzehnte später gab es in S-Frankreich u. Italien viele Bestände. Seit 1880 wurden auch in Kalifornien viele Eukalyptusbäume angepflanzt. Sie gehörten somit zu einer der wichtigsten Bienenweidepflanzen dieses Gebietes. Sie sind von den Tropen bis in kühle Gebirgsregionen, wie um den Crater Lake auf Tasmanien, verbr., wo *Eucalyptus coccifera* sogar Winterstürmen ausgesetzt ist. Die *Eucalyptus*-Blüten stehen einzeln, in schirmförmigen Rispen, Dolden od. Doldentrauben. Sie sind i. d. R. grüngelb bis weiß gefärbt u. fallen durch zahlreiche Staubgefäße auf. Die vier Blütenblätter werden beim Öffnen der Blütenknospe von den ursprüngl., einwärts gekrümmten Staubblättern als geschlossene Kappe abgesprengt (Schönhaube). Ausnahmen sind z. B. *Eucalyptus woodwardii* mit wachsroten Blütenknospen u. goldgelben Staubblättern, der wegen seines Kirschblüteneffekts am Mittelmeer gezogene *Eucalyptus leucoxylus* «Rosea» mit roten Blüten u. der westaustralische *Eucalyptus miniata* mit intensiv orangeroten Blüten. – Die Eukalyptusbäume, welche die Baumschicht der Vegetation Australiens beherrschen, da 90% aller dort vorkommenden waldbildenden An der G *Eucalyptus* angehören – sie fehlen nur in den tropischen u. subtropischen Regenwäldern an der NO- u. O-Küste u. in den nahezu völlig trockenen, zentralen Gebieten-, sie sind dort eine der wichtigsten Nektarquellen neben *Acacia* spec. für die Bienen. S. auch Wildbienennutzung, Australien und Stand der Bienenzucht.

Nachauflaufbehandlung. Anwendung von Pflanzenschutzmitteln ↗ nach Auflaufen der Kulturpflanzen. Führt für Bienen in den meisten Fällen zu keiner Gefährdung.

Nachaustriebsbehandlung. Anwendung von Pflanzenschutzmitteln ↗, spez. im Obstbau, nach Austrieb. Bei diesen Maßnahmen ist auf blühende Unterkulturen od. Unkräuter zu achten, da durch Mitbehandlung Bienenschäden ↗ verursacht werden können.

Nachblütebehandlung. Anwendung von Pflanzenschutzmitteln ↗, spez. im Obstbau, nach dem Abblühen. Bei Vorhandensein von Restblüten können Bienenschäden ↗ verursacht werden.

Nacherntepflege → Betriebsweise → bienenwirtschaftlich-imkerliche Maßnahmen.

Nachkommenprüfung. Prüfung der Nachkommen von Vater- u./od. Muttertieren (im Abstammungsschema ↗ von den Völkern mit den Weiseln 4a bzw. 2a) zur Ermittlung ihres Zuchtwertes ↗. Geprüft werden die Bienenvölker mit den Tochterweiseln 1a, gepaart mit den Drohnen der Weiseln 1b. Nicht geprüft werden Drohnenvölker mit den Weiseln 1b. Die N. wird in der Bienenzucht im Rahmen der Leistungsprüfung ↗ vornehmlich auf Prüfstationen (Prüfhöfen) vorgenommen, kommt aber wegen der kurzen Lebensdauer einer Weisel für Vatervölker meist nur zum Rückgriff auf die lediglich noch vorhandenen 1b-Weiseln in Betracht.

Nachkommenschaft. In der Tierzucht allgemein die unmittelbaren ♀♀ u. ♂♂ Nachkommen eines Vater- od. Muttertieres. Bei den Bienen rechnen dazu genetisch nur die diploiden ♀♀ Nachkommen (Arbeiterinnen od. Weiseln), da die Gesamtheit der haploiden Drohnen lediglich die Veranlagung der Mutter verkörpert. Im Hinblick auf die Leistungsprüfung ↗ (Nachkommenprüfung ↗) nur das im Abstammungsschema ↗ dargestellte Volk mit der Weisel 1a; dessen Bienen sind die N. der Weisel 1a u. (über ihre Drohnen) der Weisel 1b. Deren Eltern sind die Weiseln 2a bzw. 4a.

Nachlarven → Zuchtstoff.

Nachpflanzbehandlung. Anwendung von Pflanzenschutzmitteln ↗ nach Auspflanzen der Kulturpflanzen. Verursacht i. d. R. keine Bienengefährdung ↗.

Nachschaffung → Nachschaffungsableger.

Nachschaffungsableger. Wurden einem od. mehreren Völkern Brutwaben mit Bienen entnommen, die als Ableger aufgestellt werden sollen, ist es günstig, ihm eine Weisel od. schlüpfreife Weiselzelle zuzugeben. Steht beides nicht zur Verfügung, ist der Ableger darauf angewiesen, sich aus vorhandener Brut selbst eine Weisel zu ziehen. Diese Form der Beweiselung ist allerdings wenig geeignet, da sie eine Brutpause von mindestens vier Wochen bedingt. Dazu kommt noch die Unsicherheit des Paarungserfolges, u. außerdem bietet die Nachschaffung, selbst wenn sie aus nachzuchtwürdigem Material erfolgt, keine Gewähr für Leistungstiere.

Nachschaffungsweisel → Weisel.

Nachschaffungszelle → Weisel.

Nachschaffungszucht → Weisel.

Nachschau. Die N. hat im Gegensatz zur Durchsicht ↗ nur eine od. wenige Fragen zu beantworten, wie z. B.:
- Ist die Weisel vorhanden?
- Ist die Weisel in Eilage?
- Hat das Volk genügend Futter?
- Ist das Volk in Schwarmstimmung?

Zur Beantwortung dieser Einzelfragen sind meist nur eine od. wenige Waben der Beute zu entnehmen. Bei Magazinbeuten genügt es zur Kontrolle auf Schwarmstimmung, diese bzw. die obere Brutzarge anzukippen u. von unten die an der Rähmchenunterleiste bevorzugt angesetzten Weiselnäpfe zu untersuchen.

Nachtkerzen, *Oenothera* → Onagraceae.

Nachtkerzengewächse → Onagraceae.

Nachtrachtfütterung. Die als Einheit anzusehende Einfütterung des Winterfutters u. die Herbstreizfütterung haben unmittelbar anschl. an die letzte Schleuderung einzusetzen. Damit das Futter den Platz für ein großes Brutnest nicht einschränkt, sind den Beuten die Absperrgitter zu entnehmen. Den Völkern steht nun der bisherige Honigraum zum Ablagern des Futters zur Verfügung (Doppelraumüberwinterung ↗). Mindestens 4–5 l Zuckerlösung 1 : 1 sind innerhalb weniger Tage zu verfüttern. Sie bilden den Vorrat, ohne den die anschl. Reizfütterung wenig wirksam wäre. Diese kann entweder mit Feuchtzucker ↗, Futterteig ↗, Zuckerlösung ↗, auch in Kombination, erfolgen. Wichtig ist, daß sie etwa bis Ende August fortgesetzt wird. Setzt während der N. eine Blatthonigtracht ein, sind die Futtergaben zu unterbrechen u. das Ende der Tracht abzuwarten. Der als Winterfutter völlig ungeeignete Blatthonig ist dann durch anschl. reichl. Fütterung soweit zu überdecken, daß die Bienen im Winter nur vom Zuckerfütterungshonig zehren. Evtl. sind vor dem Weiterfüttern auch erst einige Futter-Honigwaben aus dem Zentrum des künftigen Wintersitzes zu entnehmen u. durch Leerwaben zu ersetzen. Auch bei Nutzung späterer Trachten ist die Einfütterung spätestens Ende September zu beenden. Die für ein Volk etwa erforderliche Futtermenge läßt sich anhand langjähriger Waagstockaufzeichnungen (Raum Berlin) wie folgt berechnen:

Zehrung von Juli bis September	8 kg
Zehrung von Oktober bis Februar	5 kg
Zehrung im März	2 kg
Zehrung im April	3 kg
Zehrung von Juli bis April	18 kg

Es sind somit 18 kg Zucker (kg Futter = kg Zucker) abzüglich der bei der letzten Schleuderung im Volk verbliebenen Honigmenge zu verfüttern (Einwinterung ↗, Winterzehrung ↗).

Nachtrachtpflege. Unter diesem Begriff sind Maßnahmen zusammengefaßt, die dem Aufbau eines starken, jungbienenreichen Überwinterungsvolkes dienen. Dies ist einmal die Einrichtung eines ausreichend großen Raumes für die Anlage eines großen Brutnestes bei gleichzeitiger Verarbeitung u. Stapelung des Winterfutters (Doppelraumüberwinterung ↗), zum anderen sind es Fütterungsmaßnahmen, die sowohl die Anlage als auch das möglichst lange Beibehalten eines großen Brutnestes bewirken sollen (Nachtrachtfütterung ↗).

Nachuntersuchungen. Bei der Feststellung einer Bienenvergiftung ↗ kann unmittelbar nach deren Erkennen nur der Tatbestand einer Vergiftung an sich ermittelt werden. Das Ausmaß eines solchen Schadgeschehens läßt sich erst nach einem Zeitraum von 4–6 Wochen durch die Vergiftungsfolgen, wie Weiselverluste, die Regenerierung bei teilgeschädigten Völkern u. Ertragsausfälle, feststellen.

nacktes Volk. Bienenvolk, das durch Abfegen ↗ od. Abtrommeln ↗ von seinem Wabenbau getrennt worden ist. Bei der Heidebetriebsweise ↗ fallen jährl. nach der Heidetracht nackte Völker vom Abtrommeln der abzuerntenden Körbe an. Da sie einen hohen Anteil überwinterungsfähiger Jungbienen enthalten, eignen sie sich gut zum Verstärken schwacher od. abgearbeiteter Wirtschaftsvölker. Die Weiseln der Heidebienen sind für jede andere Betriebsform ungeeignet u. daher auszusieben (Aussieben ↗) u. zu töten.

Nahrungsaufnahme der Honigtauerzeuger. Alle Honigtauerzeuger besitzen einen einheitl. Aufbau der Mundwerkzeuge. Mit ihnen gewinnen sie Anschluß an das pflanzl. System. Dies wird durch vier Stechborsten ermöglicht. Von diesen besitzen die beiden zentral gelegenen Unterkiefer (1. Maxille) in ihrer ganzen Länge jeweils zwei rinnenförmige Eindellungen. Beim engen Zusammenlegen entstehen, begünstigt durch Längsverfalzungen, zwei dünne Kanülen. Von diesen dient eine als Speichelkanal, während durch die 2. Kapillare der Pflanzensaft aufgenommen wird. Der in den pflanzl. Siebröhren (Phloem) bestehende Druck bewirkt das Eindringen des Pflanzensaftes in den Verdauungskanal der Lachniden ↗ u. Lecanien ↗. Diese Art der Nahrungsaufnahme ist nicht nur ein passives Schlucken des eindringenden Phloemsaftes, sondern der Nahrungsstrom kann durch eine sog. Saugpumpe durchaus reguliert u. gestoppt werden. Der durch die 2. Kapillare in den Baum strömende Speichel gewährleistet ein besseres Eindringen u. Durchbohren des pflanzl. Gewebes (einschließl. Rinde!). Die entstehende Speichelscheide ermöglicht, daß die beiden äußeren Stechborsten (umgebildete Oberkiefer, Mandibel) den Weg in die Pflanze bohren. Diese empfindlichen vier Stechborsten werden von einem schützenden scheidenartigen Gebilde (Unterlippe, 2. Maxille) umgeben. So entsteht der typische Rüssel od. Schnabel, der für die Insektenordnung Schnabelkerfe od. Rhynchota, zu der die Honigtauerzeuger gehören, typisch ist. Vor der eigentlichen Nahrungsaufnahme, dem Saugen, führen die Lachniden vielfach Probestiche durch, dem sich ein Prüfen des eindringenden Phloemsaftes anschließt. Dabei werden nicht nur Kohlenhydrate u. Aminosäuren, sondern auch Vitamine, myo-Inosit, Adenosin-Triphosphat (ATP) u. Kalium geschmacklich wahrgenommen. Wenn diese Stoffe in ihrem gegenseitigen Verhältnis dem jeweiligen Geschmacksmuster der Honigtauerzeuger entsprechen, schließt sich der eigentliche Saugakt, die Nahrungsaufnahme, an.

Nahrungsbedarf der Bienenlarven. Die Kenntnisse über den N.d.B. sind noch ziemlich ungenau. Die bisher bestehende Untersuchungsmethode besteht darin, die Larven außerhalb des Bienenstockes im Brutkasten aufzuziehen. Man erreicht mit ihr das Puppenstadium u. in zahlreichen Fällen sogar das fertige Insekt. Dadurch wurde es möglich, die Ernährung der Larve beliebig zu verändern. In ersten Versuchen zog man die Larven mit gutem Ergebnis auf purem od. verschiedenartig aufbereitetem Gelée royale ↗ auf, aber es gelang nicht, typische Weiseln mit vollständig ausgebildeten Eileitern (Geschlechtsorgane ↗) aufzuziehen. LENSKY (1983) hat nachgewiesen, daß im Brutkasten konserviertes Gelée für die Aufzucht von Weiseln ungeeignet ist, da sich dessen Zucker auf dem Boden des Gefäßes absetzen; rührt man es jedoch sorgfältig um, bevor man es verteilt, erhält man Weiseln. Alle künstl. Ernährungsweisen, die man bei den Larven in vitro anwendete, erwiesen sich aber als ungeeignet, das Leben zu erhalten. Man versuchte u. a., Gelée royale mit versch. Lösungsmitteln abzubauen, bevor man es verfütterte. Erstaunlicherweise führte in Äther entfettetes Gelée royale zu dem gleichen Ergebnis wie normales Gelée; die Larven haben den gleichen Lipidgehalt. Also sind für die Lipidsynthese im Körper der Larven keine Lipide im Gelée notwendig. Trotzdem gelang es den mit entfettetem Gelée aufgezogenen Larven nicht, ihre letzte Häutung ↗ zu vollziehen, obwohl ihr Larvenwachstum normal war. – Werden einer künstl. Nahrung Pollenlipide od. nur deren in kaltem Stickstoff lösliche Fraktion beigemischt, erhöht sich die aufgenommene Nahrungsmenge; die in kaltem Stickstoff unlösliche Fraktion hingegen bewirkt einen Rückgang der Nahrungsaufnahme (ROBINSON u. NATION, 1979). Eine indirekte, aber auch unsichere Methode besteht darin, mit kleinen Völkern in geschlossenen Gefäßen zu operieren, denen man eine gut kontrollierte Nahrung verabreicht. Die Besonderheiten der Larvenzucht werden untersucht. Es ist erstaunlich, wenn man feststellt, wie unbestimmt die auf diese Weise gewonnenen Angaben sind. Das Einzige, was festzustehen scheint, ist die Tatsache, daß man den Bienen Pollen geben muß, um eine normale Aufzucht zu gewährleisten. Die versch. Ersatzstoffe für Pollen, die man ausprobiert hat (wie z. B. auf der Grundlage von Sojamehl), werden von den Bienen aufgenommen u. gespeichert. Die Larven hingegen, die doch eine reichl. Nahrung erhalten, gehen bald zugrunde.

Nahrungsstoffwechsel der älteren Biene. Der Kohlenhydratstoffwechsel ist mit versch. Techniken, vor allem dem Karussell, intensiv untersucht worden. Die Bienen werden mit dem Brustkorb an ein horizontales Rad gehängt, das sich um die eigene Achse dreht. Man dreht das Rad, u. die Bienen fliegen ununterbrochen. Nach der Absorption versch. Zucker durch die Biene kann man ihre Fluggeschwindigkeit messen u. die Länge der Zeit, in der sie den bes. aktiven Stoffwechsel beim Fliegen durchhalten. SOTAVOLTA (1954) ermittelte einen Zuckerverbrauch von 7,2 mg/h; die Verbrauchsrate von Glukose scheint proportional zur Leistung 1,4 des Körpergewichtes zu sein. Die Überlebenschance kann auch untersucht werden, wenn man Bienen, die nur Wasser bekommen, mit denen vergleicht, die versch. Zucker erhalten. Arbeiterinnen leben 4–7mal länger mit Glukose, Fruktose, Maltose u. Melezitose; dreimal länger mit Trehalose (ein Zucker, der doch so wichtig für ihren Stoffwechsel ist); knapp zweimal länger mit Laktose u. Galaktose. Mannose ist für die Biene u. alle Apiden (Apidae ↗) giftig. Schließl. besitzen die Bienen nur wenig Phosphormannose-Isomerase, aber viel Hexokinase, die die Mannose leichter phosphorylieren kann als die Fruktose u. Glukose (SOLS u. Mitarbeiter, 1960). Dies erklärt die Giftigkeit der Mannose u. in erster Linie die des Silberlindenhonigs. Die Zuckeraufnahme durch die Bienen hängt zunächst von der Attraktivität der versch. Zuckerarten ab. Die begehrtesten sind Saccharose, dann Glukose, Maltose u. Fruktose (letztere nicht von allen Autoren in diesem Zusammenhang anerkannt). Die Zuckeraufnahme hängt auch von der Temp. u. der Konzentration ab. Nicht zu vergessen wären die versch. Verhaltensfaktoren, die sehr vielschichtig sind, u. die es tiefgründiger zu untersuchen gilt. Die Biene nimmt z.B., bevor sie den Bienenstock verläßt, so viel Zucker mit auf die Reise, wie sie benötigt, um wieder zur Futterquelle zu gelangen. – Saccharose wird im Magen der Bienen invertiert. Die Drüsensekrete hydrolysieren auch solche Zucker wie Saccharose u. Maltose, jedoch ist ihr Hydrolysiervermögen nicht mit dem des Darms gleichzusetzen. Genauso werden die versch. Zucker nicht gleich gut assimiliert. Stärke wird vom Magen-Darm-Kanal der Biene nicht assimiliert, dafür aber die Stärke des Pollens im Enddarm, vielleicht aufgrund der dort vorhandenen symbiontischen Bakterien od. durch die Diastasetätigkeit des Pollens.

Nahrungsstoffwechsel der Bienenlarven. Aus Ernährungsgründen werden die Arbeiterinnenlarven sehr häufig von den Ammenbienen ↗ besucht, durchschnittl. 1 300mal am Tag. Es ist kaum möglich, daß eine vernachlässigt wird. Sie erhalten alle die gleiche Nahrungsmenge, u. deshalb ist es erstaunlich, daß so große Unterschiede im Wachstum der einzelnen Larven bestehen. An einem Tage schwanken die Wachstumsraten bei den einzelnen Individuen manchmal um mehr als 100% (NELSON, 1924). Die biochemische Zusammensetzung der Nahrung ist je nach Alter der Larve unterschiedl. Es ist bemerkenswert, daß in den ersten beiden Tagen der Nahrungsbrei für die Arbeiterinnenlarven mehr Stickstoff enthält als das an die Weisellarven verteilte Gelée royale ↗. Deswegen wachsen die Arbeiterinnenlarven anfangs schneller als die Weisellarven. Anschl. ist die Tendenz dann umgekehrt; die Larven werden nun nicht mehr mit einer Art Gelée royale ernährt, sondern mit einer Mischung aus Honig u. Pollen (Bienenbrot). Im Bienenbrot ist nicht sehr viel Pollen enthalten, u. die Bienen können eine gewisse Zeit die Larven völlig ohne Pollen u. nur mit dem Produkt ihrer Drüsen u. mit Honig aufziehen. Man kennt nicht die Wachstumskurve der Larven, die unter diesen Bedingungen mit einer weitaus größeren Stickstoffmenge als sie sie gewöhnl. erhalten, aufgezogen wurden. Auf alle Fälle enthält die Nahrung für ältere Larven wesentl. mehr Trockensubstanz als die der jüngeren, aber eindeutig weniger Eiweiße, Mineralsalze u. Vitamine (SHUEL u. DIXON, 1959; HAYDAK, 1961). – Die Drohnenlarve erhält während ihrer Entwicklung viel mehr Nahrung als die Arbeiterinnenlarve; ältere Larven bekommen bedeutend mehr Pollenkörner als Arbeiterinnenlarven. Es scheinen jedoch keine größeren qualitativen Unterschiede zw. den in der Nahrung der Drohnenlarven enthaltenen Proteinen u. denen der Nahrung der Arbeiterinnenlarven zu bestehen (PATEL, 1960). Die altersabhängigen Veränderungen in der Zusammensetzung sind ± vergleichbar mit denen, die man in der Nahrung der Arbeiterinnenlarven beobachtet. Die Nahrung der Weisellarven besteht aus Gelée royale. Die Ammenbienen lagern zwei Sekretarten in den Weiselzellen ab; ein milchig-undurchsichtiges u. ein klar-wäßriges. Das zweite Sekret wird im Gegensatz zum ersten von älteren Ammenbienen geliefert. LINGENS u. REMBOLDT (1959) haben einen bedeutenden Unterschied im Vitamingehalt der Nahrung für jüngere u. ältere Larven festgestellt. Das klar-wäßrige Sekret entspricht am ehesten dem Absonderungsprodukt der Hypopharynxdrüsen ↗, das milchig-durchsichtige dem der Mandibeldrüsen ↗. Die Mehrzahl der Untersuchungen über die Larvennahrung wurde vor 20 Jahren durchgeführt u. enthält viele Unsicherheitsfaktoren. Im Zusammenhang mit den großen Fortschritten in der Chemie wäre es sehr zu wünschen, diese Arbeiten wieder aufzunehmen u. zu präzisieren.

Nahrungssuche (Rund- u. Schwänzeltanz). Das Gedeihen eines Bienenvolkes hängt entscheidend von den jeweiligen Trachtverhältnissen ↗ ab. Die moderne Bienenzucht paßt sich diesen Bedingungen an, indem sie eine sog. Wanderimkerei betreibt: Man verschließt abends nach Sonnenuntergang das Flugloch, verlädt die Stöcke auf einen Lastwagen u. bringt sie in ein Gebiet, wo derzeit gute Tracht gemeldet wird – eine Obstplantage, die in Blüte steht, ein weites Rapsfeld, Heideblüte, Waldtracht ↗ sind u. a. begehrte Wandergebiete. Eine schnelle u. vollständige Ausbeute dieser Tracht durch die Bienen ist aber nur durch ein hochentwickeltes Alarm- u. Verständigungssystem möglich – von K. v. FRISCH ↗ entdeckt u. in mustergültiger Weise nach seinem Informationsgehalt untersucht –,

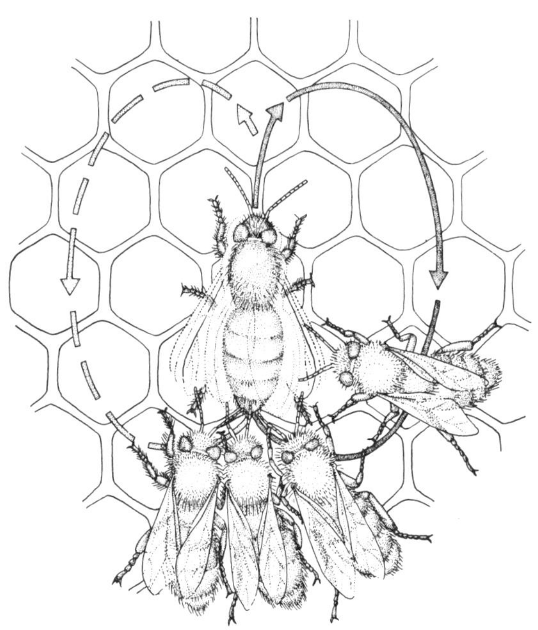

Der Schwänzeltanz mit vier nachfolgenden Bienen, die mit ihren Antennen engen Kontakt mit der Tänzerin halten und ihre Tanzfiguren entsprechend den zwei Halbbögen und dem mittleren Schwänzellauf mitverfolgen.

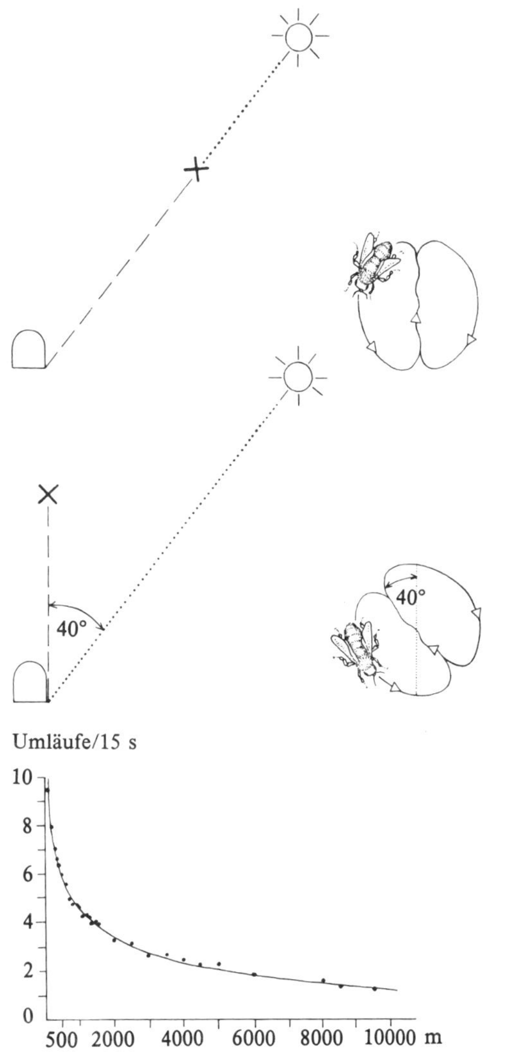

Richtungs- und Entfernungsweisung durch den Schwänzeltanz. Untere Kurve: Die Ordinate gibt die Zahl der Schwänzelläufe pro Viertelminute an; die Abszisse zeigt die Entfernung des Futterzieles. Es ergibt sich eine asymptotische Kurve, wobei für nahe Entfernungen das Tanztempo schnell abnimmt, ab 2000 m verflacht sich diese Kurve mehr und mehr. – Die beiden oberen Skizzen geben bei gleichem Futterplatz die Tanzrichtung bei verschiedenem Sonnenstand an. – Oben: Die Bienen fliegen vom Stock aus der Sonne entgegen, um zu ihrem Futterplatz zu kommen. Auf der vertikalen Wabe zeigt der Schwänzellauf direkt nach oben. – Untere Skizze: Die Sammlerinnen müssen sich 40° links vom momentanen Sonnenstand halten, um zum Ziel zu kommen. Der Schwänzellauf auf der vertikalen Wabe ist jetzt 40° links von der Lotrechten ausgerichtet.

den Rund- u. Schwänzeltanz. Bei sonnigem Wetter fliegen jeden Tag einige kundige Suchbienen aus, um neue Futterquellen ausfindig zu machen. Es handelt sich bei diesen Kundschaftern um Flugbienen in fortgeschrittenem Alter. Nur 3–4 % aller Flugbienen sind für diese schwierige u. gefahrenreiche Tätigkeit auserlesen; die Mehrzahl der Tiere bleibt zu Hause für den Fall, daß neue Futterquellen gefunden werden u. rasche Hilfe für deren Ausbeute nötig ist. *Der Rundtanz meldet eine ergiebige Futterstelle in nächster Nähe des Stockes.* Wenn eine Suchbiene eine aufblühende Tracht in der Nähe des Stockes entdeckt hat, dann kehrt sie mit Nektar od. Pollen beladen zurück u. alarmiert durch einen Rundtanz die beschäftigungslosen Genossinnen. Mit aufgeregten Trippelschritten läuft sie eine Art 8-Figur, wobei sie zuerst einen Kreisbogen nach der linken u. dann nach der rechten Seite macht; was bis zu 3 min dauern kann. In diesem Rundtanz – der einfachsten Form des Bienentanzes – stecken bereits vier wichtige Aussagen: 1. Die Tänzerin teilt mit, daß sie eine ergiebige Futterquelle entdeckt hat, u. sie fordert mit Erfolg die anderen Bienen auf, ihr bei der Ausbeute zu helfen. 2. Sie teilt die Art der Blüten mit, die besucht wurden; dies geschieht mit Hilfe von Duftproben, die sie in ihrem Haarkleid u. mit dem Nektar aus den Blüten mitgenommen hat. Während die Nachtänzerinnen sie mit ihren Fühlern betasten u. Futterproben erbetteln, nehmen sie diesen bes. Duft wahr. 3. Die Sammlerin gibt durch die Lebhaftigkeit des Tanzes genau über die Ergiebigkeit der Futterstelle Auskunft; sie alarmiert nur, wenn Nektar u. Pollen reichl. zur Verfügung stehen u. der Zuckergehalt des Nektars hoch ist. Dabei ist bes. bemerkenswert, daß sich die Beurteilung der Ergiebigkeit danach richtet, inwieweit andere Sammelgruppen bessere od. schlechtere Trachtgebiete gefunden haben. So lösen im Frühjahr zur Zeit der Haupttracht nur Nektarquellen mit hohem Zuckergehalt (60–80 %) Tänze aus. Im Herbst jedoch, wenn kaum noch Tracht zu finden ist, tanzen die Sammlerinnen immer noch mit der gleichen Lebhaftigkeit, wenn man den Nektar um das Zehnfache verdünnt. 4. Schließl. unterrichtet der Rundtanz im Groben noch über die Lage des Zieles; er verkündet im Gegensatz zum Schwänzeltanz allerdings nur, daß das Futterziel sich irgendwo in der Nähe des Stockes befindet. – *Der Schwänzeltanz beinhaltet genaue Informationen über Richtung u. Entfernung des Futterzieles.* Die Trachtbienen sammeln nicht nur in allernächster Nähe des Stockes; ihr Sammelbereich erstreckt sich gewöhnl. auf einen Umkreis von 2–3 km. Gelegentl. bringen Bienen sogar aus einer Entfernung von 6–10 km noch Nektar u. Pollen nach Hause. Diese entfernten Ziele werden durch einen Schwänzeltanz angezeigt, wobei durch eine genaue Richtungs- u. Entfernungsweisung die Lage des Zieles beschrieben wird. In einem Versuch versetzte man ein Futtertischchen von 10 m schrittweise auf 30, 50, 100, 200 u. 500 m Entfernung. Bei gleichzeitiger Beobachtung der Tänze im Stock stellte man fest, daß sich beim Übergang von etwa 80 auf 100 m die Form des Tanzes auffallend änderte. Zw. die beiden Kreisbogen der 8-Figur wird ein sog. Schwänzellauf eingeschaltet. Die Biene läuft ein Stück geradeaus u. schwänzelt heftig mit ihrem ganzen Körper nach beiden Seiten. Danach folgt wieder ein Kreisbogen nach links, ein erneuter Schwänzellauf, ein Kreisbogen nach rechts usw. Bietet man bes. hochwertiges Futter an, werden die Schwänzelbewegungen zusätzl. von Schnarrlauten begleitet, die man mit einem Sondenmikrofon hörbar machen kann, u. die etwa eine Frequenz von 280 Hz beinhalten. Die Entfernung zum Ziel wird durch einen veränderlichen Rhythmus des Schwänzeltanzes angezeigt. Richtet man die Futterstelle stufenweise bei versch. Entfernungen von 100–10000 m ein u. vergleicht die Schwänzeltänze der Sammlerinnen miteinander, so erhält man eine Beziehung des Tanzrhythmus zur Entfernung. Schon auf den ersten Blick ist ersichtlich, daß der Tanzrhythmus bei nahen Futterzielen viel schneller ist als bei ferner gelegenen. So zählt man bei 100 m zehn Schwänzelläufe pro Viertelminute, bei 200 m nur noch acht, bei 2000 m noch drei u. bei 10000 m nur noch einen einzigen Durchlauf in der gleichen Zeit. – Die einzelnen Rassen unserer Honigbiene, *Apis mellifera carnica, A. mellifera ligustica, A. mellifera nigra* weisen in ihrer Entfernungsweisung unterschiedl. «Dialekte» auf. Bei gleicher Entfernung des Futterzieles ist z. B. der Rhythmus des Schwänzeltanzes bei *Ligustica* langsamer als bei *Carnica.* Setzt man ein Mischvolk aus *Ligustica*- u. *Carnica*-Bienen zusammen, dann interpretieren die *Ligustica*-Bienen den *Carnica*-Dialekt nach ihrer genetischen Anlage, d.h., daß sie z.B. bei einem Futterplatz, den die *Carnica*-Bienen für 300 m anzeigen, nur 250 m fliegen; umgekehrt, die *Carnica*-Bienen deuten den *Ligustica*-Dialekt so, daß sie bei gleichem Futterziel zu weit vom Stock weg suchen. Um die Lage eines Zieles genau anzuzeigen, muß neben der Entfernung aber auch die Richtung mitgeteilt werden. Um das System der Richtungsweisung zu verstehen, ist es gut, die einfacheren Vorstufen bei den primitiven Indischen Bienen zu schildern: In

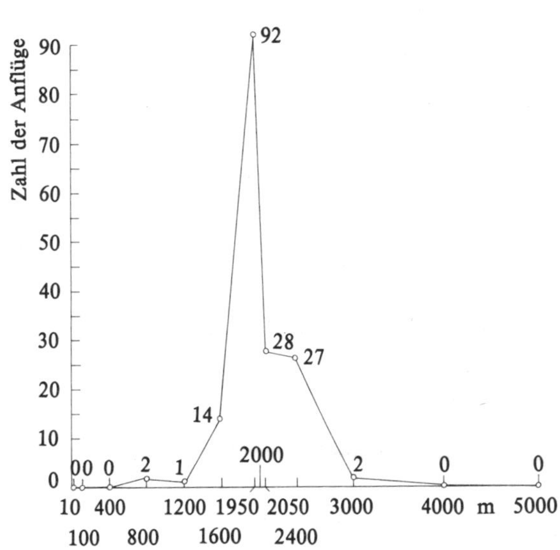

Das Ergebnis eines Stufenversuches. In 2000 m verkehren unsere Sammlerinnen; die alarmierten Neulinge suchen bevorzugt in der Nähe dieses Futterzieles.

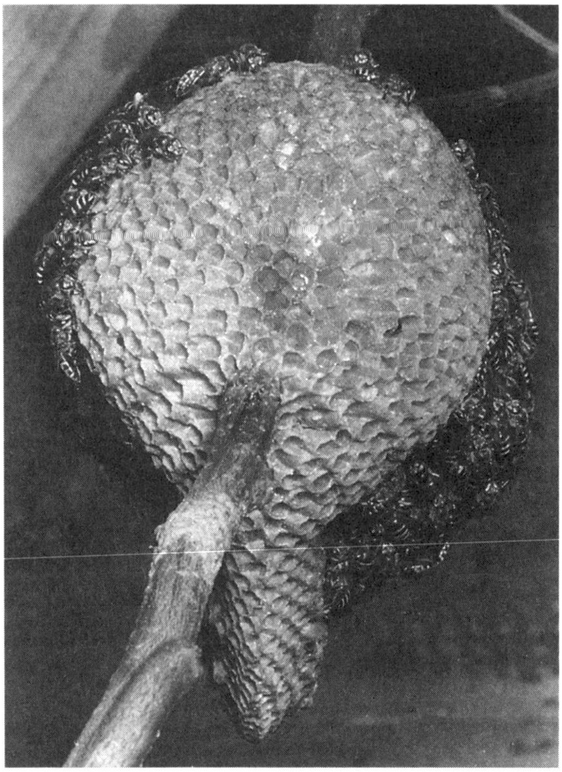

Der First der Wabe von *Apis florea* ist erweitert, um so den Tänzerinnen einen horizontalen Tanzboden zu bieten. Dadurch können die Sammelbienen die Richtung zum Ziel direkt anzeigen, indem sie den Schwänzellauf menotaktisch im gleichen Winkel zum Sonnenstand halten, wie beim Flug zum Futterziel.

SO-Asien lebt heute noch die Zwerghonigbiene *Apis florea*, die nicht in Höhlen nistet, sondern im Freien eine einzige Wabe baut. Diese Wabe zeigt oben am First eine horizontale Plattform, die als Tanzboden dient. Kommt eine Sammelbiene mit Nektar beladen zurück, dann gibt sie wie die europ. Bienen die Entfernung mit Hilfe des Rhythmus im Tanz an. Die Richtung zum Ziel wird wie folgt angezeigt: Jedesmal, wenn die Tänzerin zum Schwänzellauf ansetzt, stellt sie ihre Körperachse in der gleichen Position zur Sonne ein, wie sie dies beim Flug zum Ziel getan hatte; ihr Schwänzellauf weist also direkt zum Futterplatz. Die Nachtänzerinnen brauchen sich nur, wenn sie von der Wabe abfliegen, im gleichen Winkel zum jeweiligen Sonnenstand einzustellen, um zum Ziel zu gelangen – menotaktische Orientierung. Gelegentl. findet man diese primitive Richtungsweisung auch bei europ. Bienen, wenn sich z. B. an heißen Sommertagen vor dem Flugloch zahlreiche Stockbienen am Flugbrett aufhalten. Da gibt dann manchmal eine Sammelbiene ihren Nektar gleich am Flugbrett ab u. fängt hier zu tanzen an. Auch in diesem Fall zeigt ihr Schwänzellauf direkt zum Ziel, wobei sie wiederum die Schwänzelachse genau in den Winkel zur Sonne einstellt, wie während des Fluges zum Futterplatz. Normalerweise wird der Tanz aber im finsteren Stock auf der senkrechten Wabe ausgeführt. Auch hier nehmen die Tänzerinnen Bezug zum Sonnenstand. Dabei zeigen sie eine bewundernswerte Orientierungsleistung: Sie sind imstande, den optischen Winkel zw. Flugbahn u. Sonne winkeltreu in das Schwerefeld zu transponieren. Hierzu verwenden sie folgenden Code: Schwänzellauf nach oben bedeutet: «Ihr müßt genau der Sonne entgegenfliegen, dann kommt ihr zum Ziel.» Schwänzellauf nach unten bedeutet: «Futterplatz liegt entgegengesetzt zum momentanen Sonnenstand.», Schwänzellauf 80° nach links zeigt an, daß das Ziel 80° links von der Sonne zu finden ist, Schwänzellauf 60° nach rechts oben kündet einen Futterplatz 60° rechts vom Sonnenstand an usw. Bei gleichbleibendem Futterplatz ändert sich folgerichtig der Tanzwinkel auf der senkrechten Wabe entgegen dem Uhrzeigersinn genau mit der Winkelgeschwindigkeit, mit der die Sonne über das Himmelsgewölbe wandert. Als Beispiel: Es wurde ein Futterplatz in 500 m Abstand im Süden eingerichtet. Um 9 Uhr morgens werden sich die Sammlerinnen 80° rechts vom Sonnenstand halten, um zum Ziel zu kommen. Ihr Tanz auf der senkrechten Wabe zeigt einen Schwänzellauf, der entspr. 80° rechts von der Lotrechten weist; mittags um 12 Uhr fliegen die Bienen direkt der Sonne entgegen, ihr Schwänzellauf ist jetzt nach oben gerichtet; nachmittags um 16 Uhr müssen sie sich 80° links vom Sonnenstand halten, jetzt ist ihr Schwänzellauf 80° links zur Lotrechten ausgerichtet. Mit dieser äußerst präzisen Entfernungs- u. Richtungsangabe ist somit die Lage eines Fundortes mit erstaunlicher Genauigkeit beschrieben. Wie genau die Nachtänzerinnen die Entfernungs- u. Richtungsweisung befolgen, ist in einem Stufenversuch u. in einem Fächerversuch nachprüfbar. Beim Stufenversuch ist der künstl. Futterplatz bei 2 000 m eingerichtet, an dem eine kleine Schar von 20 Sammlerinnen, die individuell markiert sind, verkehrt. In versch. Entfernungen vom Stock werden am Boden Duftplatten ausgelegt, die den gleichen Duft tragen wie das Futtertischchen. Vier Stunden lang wird bei 2 000 m mit konzentriertem Zuckerwasser gefüttert. Die Beobachter an den leeren Duft-

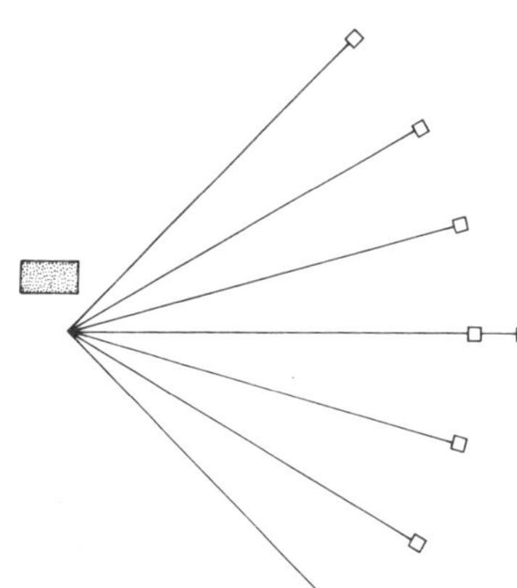

Den Erfolg der Richtungsweisung zeigt dieser Fächerversuch: Futterplatz in 600 m Entfernung im Osten; fächerförmig sind in jeweils 15° Abstand Duftplatten, mit dem gleichen Duft wie das Futtertischchen versehen, ausgelegt. Die Neulinge suchen bevorzugt in der angezeigten Zielrichtung.

Ausschnitt aus einer Wabe der Zwerghonigbiene *Apis florea*. Eine Kolonie baut nur eine einzige Wabe, die sie an einem Ast in einem Busch befestigt.

platten fangen alle abfliegenden Neulinge ab. Es werden vorwiegend die dem Futterziel nächstliegenden Kontrollplatten aufgesucht. Beim Fächerversuch verkehrt unsere Sammelschar bei 600 m öst. vom Stock. In einem Winkelabstand von 15° werden fächerförmig Duftplatten ausgelegt, die leer sind, aber ebenfalls wieder den gleichen Duft wie das Futtertischchen tragen. Die Zahlen in der Abb. geben an, wieviel Neulinge an den einzelnen Duftplatten abgefangen wurden. Die meisten alarmierten Bienen suchen in Richtung zum Futterziel im Osten.

Nährzapf → Geschlechtsorgane, ♀.

Nährzellen → Geschlechtsorgane, ♀.

Näpfchen → Zuchtstoff → Transport von Zuchtstoff.

Narkotika. Präparate, die eine vorübergehend lähmende Wirkung auf das Zentralnervensystem ausüben. Bei Bienen haben sich in der Laboratoriumspraxis Kohlendioxid u. bei Arbeiten am Bienenstand Lachgas ↗ bewährt.

Nassanoffsche Drüse, Duftdrüse. Aus 500–600 Ampullendrüsen bestehendes Organ am Vorderrand des siebenten Abdominaltergits (Abdomen ↗) der Arbeitsbienen. Seine cuticulare Oberfläche ist im vorderen Drittel hell, also schwach sklerotisiert, unbehaart u. normalerweise von der sechsten Rückenschuppe (Tergit) überdeckt. Hinter dem Vorderrand liegt eine rinnenförmige Vertiefung, auf die die Intersegmentalmembran folgt, die das siebente mit dem sechsten Tergit verbindet. Unter dem vorderen unbehaarten u. dem rinnenartig eingebuchteten proximalen Abschnitt des siebenten Tergits befinden sich die Drüsenzellen.

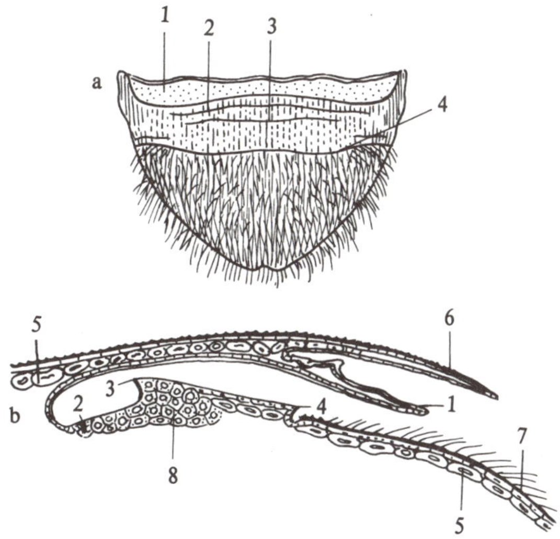

Nassanoffsche Drüse. a Aufsicht; b Längsschnitt durch das 6. und 7. Tergit. 1 Intersegmentalmembran, die Zahlen 2–4 markieren die Ausdehnung des Drüsenzellkomplexes, 5 Fettzellen, 6 6. Tergit, 7 7. Tergit, 8 Drüsenzellkomplex. Nach Snodgrass (1956)

Sie münden über feine Kanäle, die einzeln od. gruppenweise zur Cuticulaoberfläche ziehen u. einen hochwirksamen Duftstoff abgeben. Die Cuticulaoberfläche, auf der die N. D. ausmündet, wird bei der Duftstoffabgabe durch eine Streckbewegung des Hinterleibes frei; außerdem wird der nur schwach sklerotisierte rinnenförmige Vorderrand des siebenten Tergits nach außen umgekehrt u. dadurch die Verdunstungsoberfläche vergrößert. Die Arbeitsbienen fördern die Verteilung des Duftstoffes schließl. noch, indem sie ihren Hinterleib schräg nach oben strecken (sterzeln) u. mit den Flügeln Fächelbewegungen ausführen. Der Duftstoff der N. D. (Nassanoffpheromon) kann zur Markierung von Futterplätzen, bei Abgabe in Fluglochnähe aber auch als Orientierungshilfe für heimkehrende Sammlerinnen Verwendung finden. Ferner sorgt er für den Zusammenschluß der Schwarmtraube. Das Nassanoffpheromon besteht aus mehreren Terpenoiden (nach Free, Pickett, Ferguson, Simpkins u. Williams, 1983):

Terpenoide	*Anteile*
Geraniol	100
Nerolsäure	75
Geronsäure	12
(E)-Citral	1
(Z)-Citral	1
(E,E)-Farnesol	50
Nerol	1

Zu den wirksamsten Substanzen gehören die Geronsäure u. das (E)-Citral.

Natterkopf → *Echium vulgare* → Boraginaceae.

Naturbau. Von den Bienen ohne künstl. Mittelwand aufgeführter Wabenbau. Unbebrütete Arbeiterinnenzellen haben einen mittl. Durchmesser von 5,4 mm, Drohnenzellen einen von 6,9 mm. Die Tiefe der Zellen beträgt unbebrütet 12 mm. Die Zellen stehen zweiseitig auf der Mittelwand mit einer Neigung von 5° nach oben. Beim Verlängern der Honigzellen (Honigwabe ↗) kann der Neigungswinkel bis 20° ansteigen. Der Boden einer Zelle setzt sich aus drei rautenförmigen Flächen zusammen u. bildet, denkt man ihn sich isoliert, eine sechseckige, aber nur dreiseitige, flache Pyramide. Ein Zellboden auf der einen Seite der Mittelwand wird von je einem Drittel von drei Zellböden auf der anderen Seite gebildet, u. zwar so, daß der Mittelpunkt des Bodens einer Zelle der gemeinsame Eckpunkt von drei Zellen der anderen Wabenseite ist. Sowohl bei Arbeiterinnen- als auch bei Drohnenbau ist die Orientierung des sechseckigen Zellenquerschnitts bei N. variabel. Neben der meist als normal bezeichneten Stellung mit einer Spitze nach unten kommt es auch häufig vor, daß sich eine Fläche unten befindet. Dazwischen gibt es Übergänge, also Schrägstellung. Die Sechseckform u. die von einer gemeinsamen Mittelwand ausgehende zweiseitige Anordnung bietet max. Raumausnutzung u. Festigkeit bei minimalstem Materialeinsatz. Zum Beispiel wird mit 1 kg Wachs ein Raum umbaut, der 30 kg Honig aufnehmen kann. Zum N. gehören auch die in Form u. Größe abweichenden Weiselzellen. Bei Schwarmstimmung erscheinen sie meist an den unteren u. seitl. Rändern der Brutwaben. Die bei Verlust der Weisel angesetzten Nachschaffungszellen entstehen auf der Fläche der Waben durch Erweitern u. Vergrößern einer Arbeiterinnenzelle. Weiselzellen werden als ein nach unten offener Napf angelegt u. entspr. dem Wachstum der Larve jeweils nach unten verlängert.

Naturhistorisches Museum Bern, Schweiz. Enthält neben Dioramen u. den klassischen, systematischen Schausammlungen eine Bienenausstellung, die als thematische Lehrschau bezeichnet wird. Im Mittelpunkt stehen Bau, Lebensweise u. Umweltbedingungen der Honigbiene, wobei Ausblicke auf den Nutzen der Honigbiene für den Menschen, die Geschichte der Bienenhaltung u. die Bienenforschung das Thema abrunden. Die Ausstellung ist nicht auf die Praxis des Imkers bezogen, sondern auf ein breites Museumspublikum ausgerichtet (nach H. D. VOLKART).

Naturschutz → Landeskultur.

Nebenabteil. In einigen Beuten ein neben od. hinter dem Hauptbrutraum angeordneter Raum, z. B. in Kuntzsch-, Frauenberger Dickwaben- u. Schweierbeuten. Das N. kann entweder zur Erweiterung des Hauptbrutraumes od. zur Ablegerbildung genutzt werden. Die Wand zw. dem Hauptbrutraum u. dem N. kann aus einem Voll- od. Absperrschied (Schied ↗) bestehen u. fest eingebaut od. herausziehbar sein.

Nebenwirkungen. Ungewollte Begleitwirkungen bei der Anwendung von Pflanzenschutz-, Schädlingsbekämpfungs- u. Arzneimitteln, z. B. Bienenschäden ↗, Kontamination durch Rückstände, Schäden an den Kulturpflanzen.

Nektar. Durch florale od. extraflorale Nektarien (Blütenbau ↗) abgesondert. Für die Bienen sind die floralen Nektarien von größerer Bedeutung. N. stammt ursprüngl. aus dem Siebröhrensaft der Pflanzen u. wird nach einem Umwandlungsprozeß, der zu einem weiteren Zucker:Aminosäuren-Verhältnis (einem niedrigeren Aminosäurengehalt) führt, ausgeschieden. Die N.-Menge u. die Zuckerkonzentration des N.s (Bienenweidewert ↗) sind für die einzelnen Pflanzen-An charakteristisch, werden aber auch von versch. Umweltfaktoren, bes. der Bodenfeuchtigkeit u. der Lichtintensität, beeinflußt. Auch wiederholtes Abholen des N.s durch Insekten fördert die Sekretion. Im allgemeinen besteht die Regel, daß sich alle Faktoren, die der Pflanze zuträglich sind, auch auf die N.-Produktion günstig auswirken. Bei der Mehrzahl der Pflanzen bestehen Sekretionsrhythmen. Sowohl die N.-Menge als auch der Zuckergehalt können schwanken. Bei der Mehrzahl der Bienenweidepflanzen liegt die beste N.-Absonderung in den Vormittagsstunden, bei einigen (z. B. Linden – *Tilia* spec.) in den Nachmittagsstunden. Die Bienenbeflugstärke richtet sich nach diesen Zeiten. Chemisch besteht N. vor allem aus einer wäßrigen Lösung versch. Zucker. Der Anteil an Stickstoffverbindungen, Mineralstoffen, organischen Säuren, Vitaminen u. Aromastoffen ist gering. Der Zuckergehalt des N.s kann zw. 5 u. 80 % schwanken. Unter den Zuckerarten sind Saccharose (Rohrzucker), Glukose (Traubenzucker) u. Fruktose (Fruchtzucker) zu überwiegenden Anteilen vorhanden. Die Zusammensetzung ist häufig charakteristisch für die Pflanzen-Fn, -Gn od. -An. Manche N.-Arten enthalten mehr Fruktose als Glukose (z. B. Robinie ↗ u. Rotklee ↗), andere mehr Glukose (z. B. Raps ↗ u. Löwenzahn ↗), meist aber gleiche Anteile der beiden Monosaccharide. Der N. wird von der Biene mit dem Rüssel aufgenommen u. in der Honigblase in den Stock transportiert. Hier gibt sie ihn an eine Stockbiene weiter, die ihn, mit fermenthaltigem Speichel gemischt, wiederum weiterreicht. Die Anzahl der an der Honigbereitung beteiligten Bienen hängt von der Volkstärke u. der Trachtintensität ab. – Die Honigreifung geht in zwei Abschnitten vor sich. Zunächst bringt die Biene in einem mehrfach sich wiederholenden Vorgang den

Biene auf Nektarsuche

Rohstofftropfen aus der Honigblase hervor, breitet ihn auf dem ausgestülpten Rüssel aus u. nimmt ihn wieder auf. Nach 15–20 min sinkt der ursprüngl. hohe Wassergehalt auf 40–50 %. Dann wird der Rohstoff zur passiven Wasserverdunstung in eine Wabenzelle gebracht. Beeinflussende Faktoren für die Honigreife sind u. a. die Intensität des Luftstroms im Stock u. die Stocktemp. Nach 2–3 Tagen ist der Honig reif. Unter der Wirkung von Speichelenzymen der Bienen wird der im N. noch vorhandene Rohrzucker weitgehend invertiert. Andererseits werden neue Zucker aufgebaut. Die Wabenzellen werden mit dem reifen Honig aufgefüllt u. gedeckelt.

Nektarfließband → Trachtkalender.

Nektarien → Blütenbau.

Nektarmessung in den Blüten. Die Nektarproduktion wird meist als Menge (in mg) u. Zuckerkonzentration (in %) des jeweils in einem bestimmten Zeitraum (24 h) abgesonderten Nektars in einer gegen Insektenbesuch abgeschirmten Blüte angegeben, wobei dieser durch Absaugen mit Hilfe von Kapillarröhrchen gewonnen werden kann. Da sowohl die Menge als auch der Zuckergehalt des Nektars von vielen Faktoren abhängig ist, hat schon Beutler (1940) dem absoluten Zuckerwert bes. Bedeutung beigelegt; d. h. der von einer Blüte in 24 h ausgeschiedenen Zuckermenge (in mg). Dieser Wert ist weitgehend konstant für die versch. Pflanzen-An u. deshalb als Vergleichsbasis zw. unterschiedl. Nektarquellen bes. gut geeignet. Für Kulturpflanzen wird oft der Tracht- od. Honigwert angegeben, d. h. die aus dem Zuckerwert, der mittl. Blütenzahl an einer Pflanze u. der mittl. Blütenzahl je Flächeneinheit berechnete Zucker- (u. Honig-) Menge in kg, die von einem Hektar (ha) der betr. Kultur zu erwarten ist. Schon Beutler weist darauf hin, daß es nicht nur darauf ankommt, welchen Zuckerwert die einzelne Blüte erzeugt, sondern auch darauf, wieviel Blüten an einer Pflanze u. wieviel Blüten auf einer bestimmten Flächeneinheit zu finden sind. So besitzt die einzelne Blüte des Rapses nur einen mittl. Zuckerwert, aber auf einen Hektar kommen fast 13 Mio Blüten. Auch einige Klee-An, z. B. der Riesenhonigklee, die eindeutig hervorragende Trachtpflanzen sind, haben je Blüte nur geringe Zukkerwerte, aber dafür eine große Blütenfülle. So dient der Tracht- od. Honigwert als Grundlage für das Einstellen der richtigen Anzahl von Bienenvölkern bei der Wanderung u. erlaubt eine annähernde Einschätzung der zu erwartenden Honigernte. Die Nektar- u. Zuckerabsonderung ist einerseits z. B. von der Größe u. Innervierung der Nektarien, dem Alter der Blüte, ihrer Lage an der Pflanze u. andererseits von versch. Umweltbedingungen, z. B. Bodenbeschaffenheit, Boden- u. Luftfeuchtigkeit, Boden- u. Lufttemp., Tageslänge, Lichtintensität u. Düngung, abhängig. Vor allem Bodenfeuchtigkeit, Sonnenintensität u. Dauer der Sonnenbestrahlung sind für die Nektarabsonderung von Wichtigkeit. Nach Beutler (1953) u. Maurizio (1960) beeinflussen alle auf die Pflanze wirkenden positiven Einflüsse die Nektarabsonderung ebenfalls positiv. Steter Insektenbesuch, d. h. ein stetes Abernten des ausgeschiedenen Nektars, fördert die Nektarsekretion. Oft fällt die Bestzeit der Nektarabsonderung (Menge u. Zuckergehalt) auf die Vormittagsstunden

	Nektarmenge je Blüte in 24 h (mg)	*Zuckerkonzentration des Nektars (%)*	*Zuckerwert (mg)*
durchschnittl. Werte	1,5	39	0,6
Maximalwerte (Temp. > 25 °C, hohe Luftfeuchtigkeit)	2,7	48	1,0

(nach Maurizio u. Grafl)

(z. B. bei Sonnenblume, Salbei), manchmal wird sie erst am Nachmittag erreicht (Sommerlinde, Winterlinde). Die Nektarabsonderung ist also nur selten gleichmäßig über den ganzen Tag (u. die Nacht) verteilt; bei der Mehrzahl der Pflanzen-An existieren Sekretionsrhythmen. So ist z. B. für Borretsch u. Gamander eine konstante Nektarmenge meßbar, der Zuckergehalt jedoch Schwankungen unterworfen; während z. B. bei Salbei u. Weiderich die Nektarmenge bei konstantem Zuckergehalt schwankt u. bei der Sonnenblume wiederum die Maxima von Menge u. Zuckergehalt des Nektars zeitl. zusammenfallen, jedoch bei der Linde u. dem Weidenröschen getrennt liegen. – Normalerweise wird am Tag – hauptsächl. durch die geringere Luftfeuchtigkeit – mehr mit Zucker angereicherter Nektar ausgeschieden als in der Nacht (zukkerärmer). Der Bienenbesuch richtet sich nach dem Rhythmus der Nektarabsonderung. Der stärkste Bienenbesuch findet zur Bestzeit der Nektarabsonderung statt, d. h. zu der Zeit, in der der meiste u. süßeste Nektar zu finden ist. Hat eine Pflanze zwei Tagesbestzeiten, so gibt es auch zwei Gipfel der Beflugskurve durch die Bienen zu den gleichen Zeiten. Der Zuckerwert allein gibt keine Auskunft über die Attraktivität der Pflanzen auf die Bienen, da diese nicht nur vom prozentualen Zuckergehalt des Nektars, sondern auch von seinen Zuckerartenanteilen u. von seiner Erreichbarkeit beeinflußt werden bzw. abhängig sind. So ist die Blüte des Rotklees fast doppelt so nektarreich wie die des Weißklees, aber kommt wegen der längeren Blütenröhren meist nur dann in Betracht, wenn bei schwülwarmem Wetter mit leichter Gewitterneigung der Nektar in den langen Blütenröhren so steigt, daß er für die Bienen erreichbar wird. Die Heide dagegen verlangt warmes, klares Augustwetter; bei dauernden elektrischen Spannungen «verblitzt» sie, was dem Heideimker bekannt ist. Dieses «individuelle Reagieren» der versch. Pflanzen u. das unterschiedl. Verhalten derselben Pflanzen in versch. Gegenden kann deshalb nie zu einer vollkommenen mathematischen Übereinstimmung der N. i. d. B. führen, jedoch eine für die Praxis annehmbare Sicherheit gewährleisten, wenn wiederholte Messungen an möglichst versch. Standorten vorgenommen werden.

Nektarsekretion → Zeitsinn.

Nektartoxikose. Von einigen Pflanzen-An ist der von ihnen erzeugte Nektar für Bienen giftig, z. B. von versch. *Rhododendron*- u. auch Linden-An. S. Honigtautoxikose.

Neral → Geranial.

Nerol. Nebenkomponente des Sterzelduftes aus der Nassanoffschen Drüse ↗.

Nerolsäure. Einer der zwei sauren Anteile des Sterzelduftes aus der Nassanoffschen Drüse ↗.

Nervensystem. Bindeglied zw. den Sinnesorganen ↗, die äußere u. innere Signale (Stimuli) aufnehmen u. an die Erfolgsorgane, wie Muskeln, Drüsen u. a., weiterleiten. Deshalb koordiniert es alle Verhaltens- u. die Mehrheit physiologischer Reaktionen des Insektes. Außerdem regulieren einige sog. neurosekretorische Zellen ↗ die normale Entwicklung des Organismus. Das N. besteht aus einer Vielzahl von Neuronen u. neuroglialer Zellen. Erstere dienen der Leitung der Nervensignale, letztere erfüllen die Stütz- u.

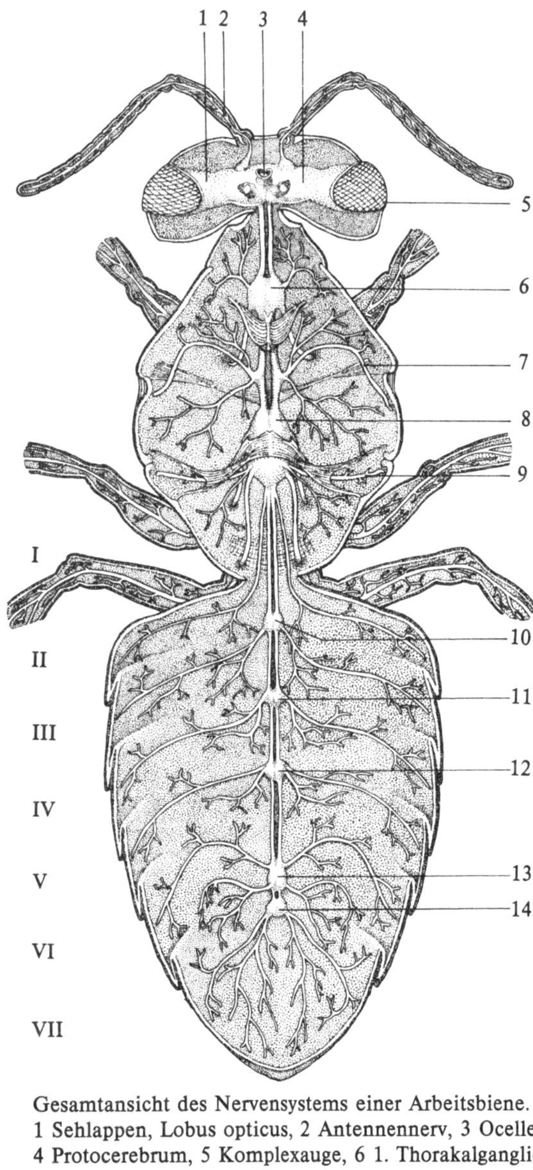

Gesamtansicht des Nervensystems einer Arbeitsbiene.
1 Sehlappen, Lobus opticus, 2 Antennennerv, 3 Ocellen, 4 Protocerebrum, 5 Komplexauge, 6 1. Thorakalganglion, 7 Flügelnerven, 8 2. Thorakalganglion, 9 Flügelnerven, 10–14 3.–7. Abdominalganglion; I–VII Abdominalsegmente

Nahrungsfunktion. Jedes Neuron besteht aus einem kompakten Zellkörper mit Fortsätzen, den kurzen verzweigten Dendriten u. einem od. einigen langen, mitunter auch verzweigten Axonen. Der Dendrit dient als Eingang für das Neuron, das Axon als Ausgang. Feine Zweige der Axone enden mit Erregungs- od. Hemmsynapsen, in die ein Transmitter abgesondert wird: Acetylcholin od. Adrenalin. Bei den Insekten ist die Glutaminsäure der neuromuskuläre Mediator. Die Axone der Insekten sind relativ fein u. ohne Myelinhülle; deshalb überschreitet die Leitungsgeschwindigkeit des Nervensignals selten 2–3 m/s, d. h. sie ist um ein Vielfaches geringer als bei den Wirbeltieren. Die niedrige Übertragungsgeschwindigkeit der Signale wird jedoch durch eine geringe Länge der Leitungswege kompensiert; infolgedessen ist das Reaktionsvermögen der Bienen u. vieler anderer Insekten nicht geringer als das der höheren Wirbeltiere. Morphologisch unterscheidet man mono-, di- u. multipolare Neuronen, funktionell sensorische (afferente), motorische (efferente) u. assoziative (interkalare); letztere nennt man auch Interneuronen. Axone gruppieren sich gewöhnl. zu Nervenfasern, die Körper der interkalaren u. motorischen Neuronen gemeinsam mit der Verflechtung einer Vielzahl von Fortsätzen der Dendriten u. Axone bilden die Ganglien. Insekten besitzen ein zentrales, viscerales (sympathisches) u. peripheres N., die eng miteinander verbunden sind.

– *Zentralnervensystem (ZNS).* Das ZNS der Bienen u. anderer Insekten besteht aus einer Serie paariger Ganglien, die in Querrichtung durch Kommissuren u. in Längsrichtung durch paarige Konnektive verbunden sind. So kommt die Form einer Strickleiter zustande. Es ist unterteilt in Gehirn (Oberschlundganglion), Unterschlundganglion u. ventrale Nervenstrickleiter. Das Gehirn stellt einen festgefügten Hauptteil des ZNS dar u. enthält bei einer Arbeitsbiene rund 10^6 Neuronen. Das Hirnvolumen einer Biene beträgt den $\frac{1}{174}$ Teil des Körpervolumens, bei anderen Insekten, z. B. bei *Dytiscus* (Gelbrandkäfer) nur $\frac{1}{4200}$. Das Gehirn unterteilt sich in drei morpho-funktionale Abschnitte: Proto-, Deuto- u. Tritocerebrum, die entwicklungsgeschichtlich zu versch. Segmenten des Kopfes (Caput ↗) gehören. Das Protocerebrum ist der größte u. bei den Bienen bes. massive Teil des Gehirns, der sich in der oberen Hälfte des Kopfes über dem Schlund u. der Speiseröhre befindet. Man nimmt an, daß es infolge der Verschmelzung von Ganglien des Acrons mit dem proantennalen u. dem Antennensegment entstand. Das Protocerebrum hat einen komplizierten Aufbau. Bes. Aufmerksamkeit lenken die symmetrischen Massen auf sich, die protocerebralen Lappen u. die größeren Sehlappen, die die Komplexaugen (Augen ↗) versorgen. Das Deutocerebrum besteht aus zwei birnenförmigen Riech- od. Antennenlappen. Aus jedem Lappen führen ein dickerer sensorischer Antennennerv u. ein dünner motorischer Nerv heraus, der die Antennenmuskulatur steuert. Das Tritocerebrum liegt unter dem Deutocerebrum; es ist das höhere Zentrum des sympathischen N. s. Es ist nicht groß u. kann nur am Austrittspunkt der Frontalkonnektive u. des Labralnerven identifiziert werden. Die Gehirne der drei Bienenwesen unterscheiden sich wesentl. nach Form u. Größe voneinander. Vom Volumen her besitzt der Drohn das größte Gehirn aufgrund größerer Ausmaße der Augen ↗ u. Sehlappen. Dagegen sind die Protocerebrallappen der Arbeitsbiene größer. Über die Anzahl der Neuronen in den versch. Hirnteilen der Biene gibt folgende Tabelle Auskunft (nach WITTHÖFT, 1967):

Hirnteil	*Arbeitsbiene*	*Drohn*
Sehlappen	432712	807658
Pilzförmige Körper	339488	295010
Restteil des Protocerebrums	38470	45539
Deutocerebrum	14702	16530
insges.	825372	1164737

Das Gehirn ist vor allem aus Verbindungsneuronen aufgebaut, die über Synapsen mit unzähligen Verzweigungen motorischer Fasern, die aus dem Unterschlundganglion u. den abdominalen Segmenten austreten, sowie mit sensorischen Fasern der Komplexaugen, der Ocellen u. der Antennen Kontakt haben. Proto- u. deutocerebrale Kommissuren liegen im Innern der Nervenmasse, die Kommissuren des Tritocerebrums jedoch treten nach außen u. umspannen die ventrale Fläche der Speiseröhre. Eine ausführliche Beschreibung erfordert vor allem das Protocerebrum mit seinen Protocerebral- u. Sehlappen als der am kompliziertesten aufgebaute Teil des ZNS. Die Protocerebrallappen sind mit dem medialen Kommissurensystem – dem Zentralkörper – verbunden, in dem Fasern aus versch. Teilen des Gehirns zusammentreffen. Vor dem Zentralkörper liegt ein zweites wichtiges Assoziationszentrum, die protocerebrale Brücke, an die sich frontal der intercerebrale Teil anschließt. Er enthält wichtige neurosekretorische Zellen, deren Sekret die Tätigkeit endokriner Drüsen aktiviert, sowie die Nervenzentren der drei Ocellen. Rechts u. links von der protocerebralen Brücke befinden sich die sehr großen pilzförmigen Körper, die aus globulärer Struktur aufgebaut sind. Sie stellen das höchste Assoziationszentrum des Insektengehirns dar. Jeder pilzförmige Körper besitzt dorsal zwei verbreiterte kelchartige Gebilde u. ventral einen Stiel mit zwei Wurzeln. Außerhalb des Kelches liegen die Interneuronen, ihre Fortsätze sind an der Bildung des Neuropils beteiligt. Hierbei bilden die Verzweigungen der Axone den Arm, die Verzweigungen der Dendriten die Kelche. Gerade in den Kelchbereichen werden die Hauptkontakte mit den Axonen, die aus anderen Teilen des Gehirns in den pilzförmigen Körper gelangen, realisiert. Die pilzförmigen Körper sind bes. eng mit den Geruchs- u. Sehlappen sowie mit dem Unterschlundganglion verbunden. Es existieren nicht weniger als 22 Nervenbahnen, die die Kelche u. den Stiel jedes pilzförmigen Körpers mit den genannten Teilen des Gehirns verbinden. Das Entwicklungsniveau der pilzförmigen Körper steht mit der Kompliziertheit des Verhaltens der Insekten in Wechselbeziehung. Diese Organe sind spez. bei den sozialen Insekten entwickelt. Das Volumenverhältnis zw. den pilzförmigen Körpern u. dem gesamten Gehirn beträgt 1:5 bei den Arbeitsbienen u. sogar 1:2 bei einigen Ameisen. Bei dem Drohn u. der Weisel ist dieses Verhältnis um ein Vielfaches gerin-

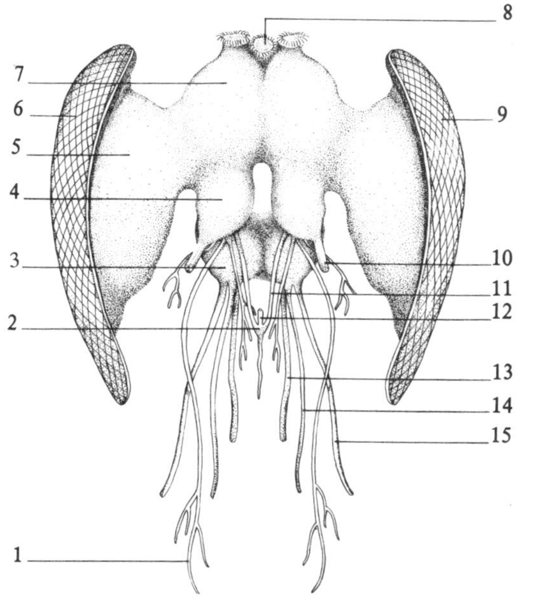

Ober- und Unterschlundganglion der Bienenarbeiterin.
1 Labialnerv, 2 Frontalganglion, 3 Unterschlundganglion, 4 Riechlappen (Deutocerebrum), 5 Sehlappen, 6 Komplexauge, 7 Protocerebrum des Oberschlundganglions, 8 Ocellus, 9 Komplexauge, 10 Antennennerv, 11 Frontalkonnektiv, 12 rücklaufender Nerv, 13 Labralnerv, 14 Maxillarnerv, 15 Mandibularnerv.
Nach SNODGRASS (1956)

ger. In den pilzförmigen Körpern schließen sich die wichtigsten bedingten Verbindungen, die als Hauptzentrum des Assoziationsgedächtnisses dienen. Die zweiseitige Zerstörung der pilzförmigen Körper bei der Biene führt zum Verlust der erworbenen Fertigkeiten, die angeborenen Reaktionen auf dieselben Stimuli bleiben jedoch erhalten. Jeder Sehlappen des Protocerebrums besteht aus drei Teilen: I.–III. Sehganglion, entspr. den Laminae, Medullae u. Lobuli. Das I. u. II. optische Ganglion sind durch das äußere Chiasma miteinander verbunden, das II. u. III. durch das innere Chiasma. Sie enthalten die Axone der Interneuronen. Man unterscheidet drei grundlegende Klassen von Interneuronen: perpendikulare u. tangentiale Neuronen sowie amakrine Zellen. Perpendikulare Neuronen sind monopolare Nervenzellen, deren Axone ± perpendikular zur Oberfläche des Ganglions angeordnet sind u. versch. Nervenmassen miteinander verbinden. Tangentiale Neurone verbinden in der Horizontalen parallele Reihen von perpendikularen Zellen. Amakrine Zellen sind Neurone mit einer Verzweigung, die nicht über die Grenzen eines Ganglions hinausgeht. Im distalen Teil der Lamina liegen die Sehpatronen. In jeder Sehpatrone, die einige (bis zu fünf) perpendikulare Neurone u. einige zentrifugale Fasern enthalten, treffen die kurzen Axone von sechs Sehzellen eines Ommatidiums zusammen. Folglich ist die Projektion der Ommatidien des Komplexauges der Biene auf die Lamina vollständig u. direkt. Auch vollständig, aber spiegelverkehrt in der vertikalen Ebene, ist die Projektion der Sehpatronen auf die parallelen

Reihen der säulenförmigen Struktur der Medulla. Die Verbindung der Lobuli mit der Medulla ist anders. In den Sehlappen wird die von den Komplexaugen eingehende Information über die Verteilung im Raum, über Intensität u. spektrale Zusammensetzung des Lichtes, seine Polarisation u. Veränderung in der Zeit verarbeitet. Auf der Basis dieser Informationen funktionieren die verschiedenartigen visualen Neuronen-Detektoren in den Sehlappen. Somit steuert das Gehirn der Biene das Verhalten, das sich auf die Information der Augen u. Antennen stützt, aber es leitet nicht sämtliche motorische Reaktionen. Ein großer Komplex von Operationen, wie beim Kriechen u. Fliegen, kann automatisch bei Insekten mit abgetrennten Köpfen vollzogen werden (unter Kontrolle der Thorakalganglien u. anderer sensorischer Eingänge). Das Unterschlundganglion innerviert den Mundapparat u. stellt verschmolzene Nervenknoten der drei Kiefersegmente des Kopfes dar. Es befindet sich im unteren Teil des Kopfes unmittelbar unter der Speiseröhre u. ist mit dem Oberschlundganglion durch kurze circumoesophagale Konnektive verbunden. Von diesem kleinen abgeplatteten Ganglion gehen drei Nervenpaare ab: Mandibular-, Maxillar- u. Labialnerv. Das Unterschlundganglion ist mit dem ersten Thorakalganglion durch mächtige Konnektive verbunden. In den Abdominalsegmenten einer ausgewachsenen Biene befinden sich sieben, bei den Larven elf isolierte Ganglien, die durch ± lange Konnektive in Verbindung stehen. Zwei Thorakalganglien kontrollieren die lokomotorischen Organe. Das erste von ihnen liegt in der Vorderbrust, u. seine Hauptnerven führen zu den Vorderbeinen. Das größere zweite Ganglion befindet sich über der Basis des mittl. Beinpaares. Das ist eine sehr komplizierte Nervenmasse, die aus dem Zusammenschluß von Nervenzentren zweier Thorakal- u. zweier Abdominalsegmente entstand. Von ihr führen Nerven zu beiden Flügelpaaren, zu den mittl. u. hinteren Beinen u. zur Muskulatur der Mittel- u. Hinterbrust des Propodeums u. des ersten eigentl. Abdominalsegmentes. Die übrigen fünf Ganglien des Bauchmarks, des ventralen Strickleiternervensystems, liegen im ventralen Bereich des Abdomens u. innervieren die Muskulatur seiner Segmente.

– *Peripheres N.* Gesamtheit von Nerven, die von Ganglien des zentralen u. des sympathischen Nervensystems abgehen.

– *Sympathisches N., viscerales N.* Besteht aus drei Teilen, dem stomatogastralen, ventralen u. caudalen. Der stomatogastrale Teil wird vom Frontalganglion, das mit dem Tritocerebrum durch paarige Konnektive verbunden ist, u. dem rücklaufenden Nerven mit dem hypocerebralen u. dem ventrikularen Ganglion gebildet. Vom Frontalganglion führen Nerven zum Schlund. Der rücklaufende Nerv mit dem genannten Ganglion innerviert den vorderen u. mittl. Darmabschnitt, das Herz u. die Aorta. Mit Hilfe paariger kardialer u. flügelartiger Körper, wobei in die ersteren auch Nerven aus dem Protocerebrum eintreten, ist der wichtigste Komplex neurohaemaler u. Drüsenorgane mit dem hypocerebralen Ganglion verbunden. Dieser Drüsenkomplex deponiert das Material neurosekretorischer Zellen ↗ des Gehirns u. produziert eigene Hormone, die den Stoffwechsel ↗, die Entwicklung ↗, Vermehrung ↗ u. das Verhalten der Biene kontrollieren. Das Hauptelement des ventralen Teils des sympathischen N. sind ein unpaarer Nerv u. seine Verzweigungen innerhalb der Thorakalganglien. Er innerviert das Tracheensystem ↗ u. einige andere innere Organe. Im Abdomen der Biene ist der unpaare Nerv anatomisch nicht ausgebildet. Den caudalen Teil des sympathischen N.s kennzeichnet man als die Gesamtheit visceraler Nerven, die aus dem letzten Abdominalganglion zum hinteren Darmabschnitt u. den Fortpflanzungsorganen austreten.

Nesselblättrige Glockenblume → *Campanula trachelium.*

Netzblättrige Berberitze → *Berberis dictyophylla* → Berberidaceae.

Netzplasma → Ei.

Netzweide → *Salix reticulata* → Salicaceae.

Neuaufbau von Völkern. Im Zusammenhang mit der Forderung nach einer harmonischen Entwicklung von Bienenvölkern u. einem ebensolchen Verhältnis zw. Weisel u. Bienen wird empfohlen, Wirtschaftsvölker nicht umzuweiseln, sondern zugunsten von Ablegern aufzulösen, die aus Kernvölkchen ↗ entwickelt worden sind. Für Völker in Magazinbeuten u. in Gegenden, in denen die Bienen eine intensive Honigtautracht nutzen, meist ohne od. mit wenig Pollen auskommen müssen u. nach der Tracht kaum Brut u. völlig abgearbeitete Bienen haben, ist das sicher richtig. Beim Arbeiten in Hinterbehandlungsbeuten u. bei fast nur Blütentracht u. normalerweise gesunden, starken Völkern nach der letzten Schleuderung ist das Auflösen dieser Völker nicht zu rechtfertigen.

neue Beuten. Fabrikneue B. sollten vor der Besiedlung mit Bienen einer eingehenden Inspektion unterzogen werden. Oft macht es sich erforderlich, Ecken u. Kanten des Beutenkörpers u. sonstiger Holzteile mit Sandpapier zu glätten. Dann sind n. B. innen u. außen mit Firnis od. Halböl zu tränken u. anschl. außen mit farblosem Lack, die Vorderseite bzw. das Wandergitter farbig (Farbanstrich der Beuten ↗) zu streichen. Um den Bienen n. B. geruchlich vertraut zu machen, können sie innen sowie alle Zubehörteile, die mit den Bienen in Berührung kommen, Holz u. Metall, mit Propolislösung ↗ gestrichen werden.

Neurohaemalorgan. Gesamtheit von neurosekretorischen Axonterminalen; mit dem Zirkulationssystem eines Tieres eng verbunden. Charakteristisch ist die Reduktion von Gliahüllen um neurosekretorische Fasern, die vom Haemecoel nur durch eine dünne Basalmembranschicht abgetrennt sind. Es ist Tatsache, daß bei Insekten meistenteils neurosekretorische Axonterminalen im N. mit anderen Nerven- u. Nichtnervengebilden anatomisch vereinigt sind: mit Nerven, Aortenwand u. den Corpora allata. Ein sehr wesentl. N. der Honigbiene sind die Corpora cardiaca.

neurosekretorische Zellen. Spez. Neuronen des Zentral- u. peripheren Nervensystems der Insekten, die fähig sind, bestimmte Stoffe zu synthetisieren u. freizusetzen. Sie besitzen Hormoneigenschaften u. werden deshalb als Neurohormone bezeichnet. Sie be-

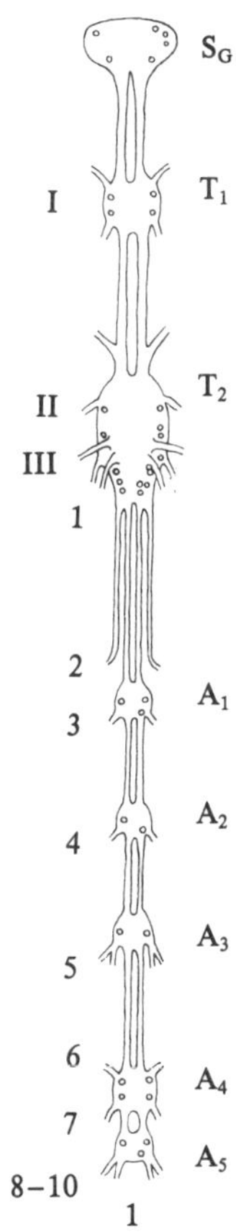

Die Verteilung von neurosekretorischen Zellen im Unterschlund- und Rumpfganglion der Honigbiene. SG Suboesophagealganglion, T_1, T_2 Thorakalganglien, A_1–A_5 Abdominalganglien, I, II, III Pro-, Meso- und Metathorakalteil, 1–10 Abdominalganglien mit der Position (Punkte) der neurosekretorischen Zellen. Nach BIEDERMANN (1964)

stehen bei den Insekten in allen bekannten Fällen aus Peptiden. Die peripheren n. n Z. können uni-, bi- u. multipolar sein, die Zentralzellen sind unipolar. In den n. n Z. ist der Apparat der Proteinsynthese normalerweise gut entwickelt. Im Kern gibt es gewöhnl. 1–3 Nucleoli, im Zytoplasma rauhwandiges endoplasmatisches Reticulum, der Golgi-Apparat ist gut sichtbar. Die Sekretsubstanz tritt im Lichtmikroskop im Zytoplasma als unterschiedl. große Granula u. Schollen auf, die sich mit einer Reihe von «neurosekretorischen» Färbetechniken färben lassen, die eine vorausgehende Oxydation mit Kaliumpermanganat fordern: Chromalaun-Haematoxylin mit Phloxin nach Gomori, Paraldehyd-Fuchsin, Resorzin-Fuchsin, Paraldehyd-Thionin, Alcianblau, Victoriablau u. a. m. Man unterscheidet versch. Arten von A-Zellsekret (A1, A2, A2'), die sich bei versch. *p*H-Wert mit basischen Farbstoffen färben lassen u. sich nach dem Verhältnis der stärkeren u. der schwächeren Säuregruppen unterscheiden, sowie B-Sekret, das auch nach der Oxydation die Affinität zu sauren Farbstoffen beibehält. Auf dem Niveau der Ultrastruktur entspr. den Sekretschollen Gruppen von elektronendichten Elementargranula mit einem Durchmesser von 150–300 µm. Die Freisetzung des Granulainhalts erfolgt normalerweise in Axonterminalen, die zu einem Neurohaemalorgan ↗ zusammengefaßt sind, mittels der Exozytose. Bei der Honigbiene sind die n. n. Z. in der Pars intercerebralis ↗ des Gehirns, im Unterschlundganglion (1–4 Zellen zu jeder Seite) sowie in allen Rumpfganglien gefunden worden. Zu jeder Seite fand man bei Arbeiterinnen im Prothorakalganglion zwei Zellen, im Mesothorakalganglion (zusammengeschmolzene 2. u. 3. Thorakal- u. 1. u. 2. Abdominalganglien) 5–8 Zellen, im 3. (1. freien) Abdominalganglion 1–2 Zellen, im 4. u. 5. Abdominalganglion je eine Zelle, in den zusammengeschmolzenen 6. u. 7. Abdominalganglien insges. zwei Zellen u. in den zusammengeschmolzenen 8.–10. Abdominalganglien 1–2 Zellen. Der Verlauf der Axone der neurosekretorischen Rumpfzellen ist ungeklärt. Die n. n Z. der Rumpfganglien enthalten wenig Sekret bei Jung- u. Altbienen, am meisten bei Trachtbienen, bei Weiseln sind sie spärlich u. mit noch weniger Sekret ausgefüllt.

Neutralisationstest → chronische Paralyse.

Niederschlag → Regenmesser.

Niestetaler Begattungskästchen → Begattungskästchen.

Nippon-Ahorn → *Acer mono.*

Niststätten. Die Honigbiene M-Europas war ursprüngl. eine reine Waldbewohnerin. Sie ist von Natur aus Höhlenbrüter u. lebte vornehmlich in hohlen Bäumen, aber auch in Felsspalten u. Erdlöchern. Schon damals wurde sie durch die Zunft der Zeidler (Waldbienenzucht) genutzt. Sehr früh hat der Mensch versucht, sie in künstl. Wohnungen in Nähe seiner Häuser zu halten, wie z. B. bereits vor 5000 Jahren die Ägypter in Tonröhren aus Nilschlamm. In M-Europa gab es schon frühzeitig eine Hausbienenzucht in hohlen Baumstümpfen (Klotzbeuten) u. Strohkörben. Dem Menschen kommt aber nicht das Verdienst zu, die Biene an Wohnräume gewöhnt zu haben. Alle künstl. Bienenwohnungen bis zu den heutigen, modernsten Beuten hin sind nichts weiter als Nachahmungen natürl. Nisthöhlen. Sie sind aus der sorgfältigen Beobachtung der Lebensgewohnheiten der Honigbiene entstanden u. ihnen angepaßt. Sie stellen nur einen technischen Rahmen um das unverändert gebliebene Bienenleben dar. Nicht bienengerechte Wohnungen werden von den Bienen einfach wieder verlassen. Im Gegensatz zu den Wespen u. stachellosen Bienen baut sie keine zusätzl. eigenen Hüllen um ihr Wabenwerk, sondern nimmt die Wände der gegebenen Hohlräume als Wandungen ihres Wohnraumes an, eine Eigenart, auf der u. a. ihre imkerische Nutzbarkeit beruht. Ihre Bauten sind Dauerbauten, Volk u. Wohnung bilden eine Einheit. Zweck der Bauten ist es, Brut u. Vorräte aufzunehmen, ferner dienen sie den Bienen als Schutz- u. Nachtquartier. – Größe der Wohnung u. Volkstärke stehen in einem bestimmten Verhältnis zueinander. Über die von den Bienen bevorzugten Eigenschaften einer N. geben uns die Schwarmbienen bei ihrer Wohnungssuche ↗ Auskunft. SEELY u. MORSE (1976) untersuchten 39 Bienennester in hohlen Bäumen. Diese Höhlen befanden sich im unteren Bereich von überwiegend noch lebenden Bäumen, waren zylindrisch langgestreckt mit einem Volumen von zumeist 30–60 l. Innen waren sie durchweg mit einer dünnen Kittharzbeschichtung versehen. In der Natur dient diese Beschichtung dem Schutz vor weiterem Pilzwachstum, durch das die Baumhöhle entstanden ist. Die Fluglöcher befanden sich fast immer am Grund der Höhle, von außen deutl. sichtbar u. zumeist nur 10–20 cm^2 groß. Große Fluglöcher sind gut für die Belüftung u. erleichtern die Eintragearbeit, bieten aber zu wenig Schutz gegen Witterungseinflüsse u. Feinde. – Nicht alle vier *Apis*-An brüten in Höhlen. Von den drei anderen Verwandten unserer Honigbiene, die in Indien leben, baut nur noch die indische Biene *Apis cerana* einen Satz von Waben in einen vorhandenen, schützenden Hohlraum. Sie wird wie die mitteleurop. Biene imkerisch genutzt, ist aber weniger seßhaft. Die beiden anderen, die indische Zwergbiene *Apis florea* sowie die indische Riesenbiene *Apis dorsata*, sind freilebend u. bauen nur eine einzige Wabe, die ungeschützt zumeist an Baumzweigen hängt. Die der Zwergbiene ist im allgemeinen nur handtellergroße u. hängt im lichten Gebüsch an einem horizontalen Ast, den sie oben wulstartig umschließt u. der beidseitig zum Schutz gegen Ameisen mit Leimringen versehen ist. Die Wabe der Riesenbiene kann über 1 m breit sein u. fast 1 m Länge erreichen. Durch Ablegerbildung entstehen ganze Bienenbäume, die der gemeinsamen Verteidigung dienen (Schwarm ↗). Freibauten sind nur in tropischen Klimazonen möglich. Nistet in M-Europa ein Schwarm im Freien, weil er keine Wohnung gefunden hat od. die Spurbienen keine Einigung darüber erzielen konnten, so kann er notfalls den Sommer überstehen, keinesfalls aber den Winter. Anders in tropischen Gebieten, wo das ganze Jahr über für Wärme u. Nahrung gesorgt ist. Dort sind Freibauten von Schwärmen überlebensfähig, sofern sie nicht Feinden zum Opfer fallen. Sie sind wie auch die Völker dort im allgemeinen nur von geringer Stärke. – Die ständig im Freien lebenden Riesenbienen u. Zwergbienen haben den Vorteil, jederzeit problemlos einen Nistplatz zu finden u. ihn beliebig – je nach Nahrungsangebot – auch wieder zu wechseln. Die europ. Honigbiene ist auf eine brauchbare, schützende Höhle in günstiger Lage u. mit einem Rauminhalt, der einem stärkeren Volk genügend Platz bietet u. die Speicherung eines größeren Futtervorrates ermöglicht, angewiesen. Sie ist somit auch zur Seßhaftigkeit gezwungen.

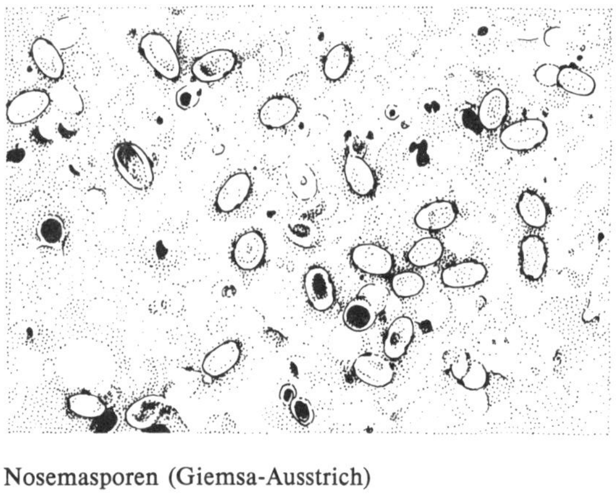

Nosemasporen (Giemsa-Ausstrich)

Normalmaß → Wabenrahmenmaße.

Nosema → Nosematose.

Nosema apis Zander. Zu den Mikrosporidien gehörendes Protozoon, Erreger der häufig auftretenden, ansteckenden Nosematose ↗ der Bienen. Die ovalen (6 µm bis 3 µm) großen, stark lichtbrechenden Sporen (Dauerformen) dieses gut angepaßten, in jedem Bienenvolk ubiquitär vorhandenen Parasiten besitzen eine dickwandige dreischichtige, sehr widerstandsfähige Sporenschale, die das Sporoplasma (Amöboidkeim), einen spiralig aufgerollten Polfaden u. den Polaroplasten schützend umschließt. Durch Aufnahme sporenhaltiger Nahrung, von Honig, sporeninfiziertem Tränkwasser u. Aufnahme von frischem od. an Rähmchen, Waben u. Innenwänden der Bienenwohnungen sowie vor dem Flugloch auf dem Flugbrett angetrocknetem Kot nosemakranker Bienen, gelangen die Sporen in die Honigblase u. von dort in den Mitteldarm von Arbeiterin, Weisel u. Drohn. Im Mitteldarm wird der Polfaden aus der Spore ausgestülpt u. durchwandert die peritrophischen Hüllen an offenen Stellen, wo er sich fermentativ auflöst u. das in seinem Inneren an das Ende gewanderte Sporoplasma bzw. die ersten Stadien des Parasiten freigibt. Diese teilweise bereits im Darmlumen freigesetzten Primärstadien teilen sich vielfach u. dringen durch das Flimmerepithel in meh-

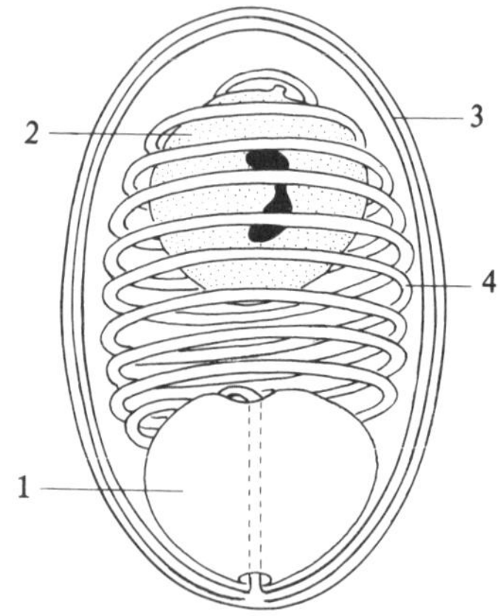

Schema einer Nosemaspore. 1 Polaroplast, 2 Sporoplasma, 3 Sporenschale, 4 Polfaden. Nach Weiss

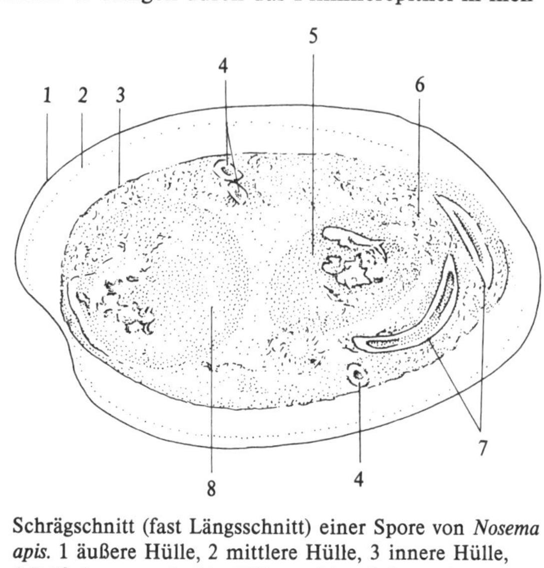

Schrägschnitt (fast Längsschnitt) einer Spore von *Nosema apis*. 1 äußere Hülle, 2 mittlere Hülle, 3 innere Hülle, 4 Polfadenquerschnitte, 5 Kerngebiet, 6 Sporoplasma, 7 Polfadenlängsschnitte, 8 Polaroplast

rere benachbarte Darmepithelzellen (Darmwandzellen) ein u. entwickeln sich dort zu größeren kugelförmigen Rundstadien (Kugelstadien). Die freigesetzten Primärstadien wandern auch in bereits infizierte Epithelzellen. In den Mitteldarmepithelzellen entwickeln sich die Sporenbildungsstadien im Parasitenentwicklungszyklus über Planonten u. Meronten sehr schnell. Die Nosemainfektion bewirkt eine deutl. Verminderung der RNA-Synthese in den Wirtszellen. Prall mit Entwicklungsstadien des Parasiten gefüllte Teile der Epithelzellen werden schließl. in das Darmlumen abgestoßen u. geben neugebildete Nosemasporen u. Entwicklungsstadien des Parasiten frei. Ein Teil dieser Sporen infiziert benachbarte, regenerierte, gesunde Epithelzellen, die anderen neugebildeten Sporen werden von den kranken Bienen mit dem Kot abgesetzt. Es kommt zu schweren Verdauungsstörungen. N. a.-Sporen – die durch mikroskopische Untersuchung von Nativpräparaten des Mitteldarmes od. des zerriebenen Hinterleibes verdächtiger flugunfähiger Bienen (Krabbler) od. des Kotes von Weiseln nachgewiesen werden – sind empfindlich gegen Essigsäure (Wabendesinfektion ↗), Ultraschall, Gammastrahlen u. Formalin, jedoch nicht gegen Fumagillin ↗. Gegen die Entwicklungsstadien von N. a. ist Fumagillin gut wirksam.

Nosemack → Nosematose.

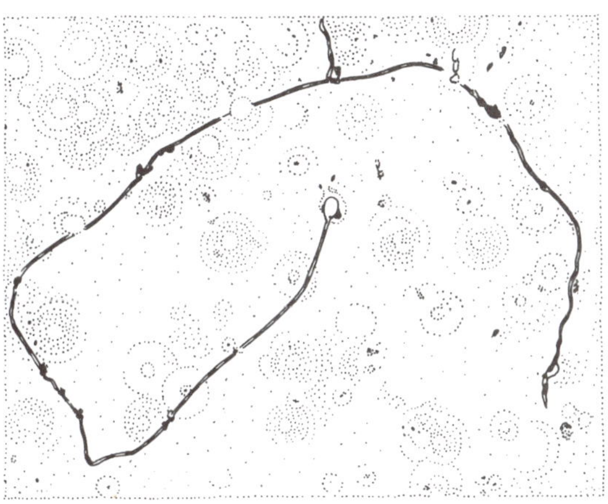

Nosemaspore mit ausgestülptem Polfaden (Nativpräparat). Vergr. 500:1

Nosemaseuche → Nosematose.

Nosematose, Nosema, Nosemaseuche, Darmseuche, Frühjahrsschwindsucht. Äußerst ansteckende, häufig auftretende, verlustreiche Darmerkrankung der ad. Bienen, durch die in den Darmepithelzellen parasitierende Mikrosporidie *Nosema apis* ↗ hervorgerufen. Die Bienen zeigen Flugunfähigkeit (Krabbler), Flügelzittern u. krampfartige Bewegungen infolge Entkräftung. Honig u. Pollen werden nicht mehr normal verdaut, obwohl bis zu 30 % mehr Nahrung aufgenommen wird. Die Biene vermag aus dem Pollen ihrer Nahrung keine neuen Eiweißstoffe u. Fett zu erzeugen. Nosemainfizierte Jungbienen sind wegen der zu geringen Entwicklung ihrer Futtersaftdrüsen als Pflegebienen untauglich. Im fortgeschrittenen Krankheitszustand koten die Bienen z. T. sehr stark, so daß Waben, Rähmchen, Innenwände der Bienenwohnungen ↗ u. Flugbretter mit dem sporenhaltigen Kot

Untersuchung von Bienen auf Nosematose. Anfertigung des Nativpräparates

verunreinigt werden. Kleine helle Kotspritzer an den äußeren Wabenzellrändern u. dünnflüssige, hellbraun bis milchig-gelbe Kotflecken auf dem Flugbrett u. am Flugloch sind sichere Hinweise für eine fortgeschrittene Erkrankung des Bienenvolkes. Nosemakranke Bienen sterben im allgemeinen schnell u. außerhalb der Bienenwohnung ab. Dies kann zur raschen Schwächung der befallenen Völker führen. Man findet bienenleere od. fast bienenleere Beuten mit relativ viel Brut bei plötzlichem Zusammenbrechen der Völker vor. Weiseln werden meist erst dann infiziert, wenn in den Völkern Waben u. Honig stark mit Nosemasporen verunreinigt sind u. die Völker hohe Befallsgrade zeigen. Nach Belastung durch längeren Postversand zeigen Weisel häufig starken Nosemabefall (Weiselerkrankungen). N. zieht als Faktorenkrankheit ↗ in manchen Jahren sehr schwere Verluste an Bienenvölkern nach sich. Viele leistungsfähige Ertragsvölker, ganze Bienenstände u. wertvolle Zuchtvölker gehen alljährl. über Winter u. bes. in den Monaten März bis Mai nach längeren Schlechtwetterperioden verloren.

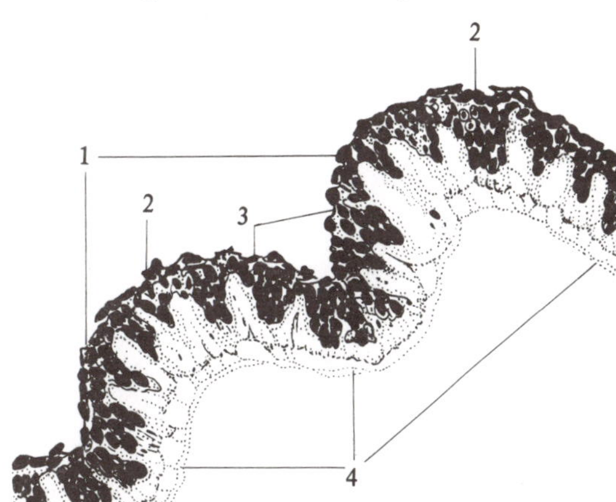

Längsschnitt durch die Wand des Mitteldarmes einer gesunden Honigbiene mit Ringmuskelschicht (1), Regenerationskrypten (2), Basalmembran (3) und aufliegender, peritrophischer Membran (4)

Sprühverfahren mit Fumagillin bei Nosematose. Besprühen der mit Bienen besetzten Waben

Trachtlosigkeit u. ungünstige Witterung im Spätsommer hindern die Bienen u. damit auch die Parasitenträger am Ausfliegen. Sie arbeiten sich nicht ab u. bleiben länger als normal als Ansteckungsquelle im Volk. Oft nimmt nach Vergiftung der Flugbienen durch Bekämpfungsmaßnahmen im Pflanzenschutz die Anzahl der nosemabefallenen Bienen in den Völkern stark zu. Nosemabegünstigend wirken feuchte u. zugige Standorte, Aufstellung der Bienenstände in Kaltluftseen, leichte Übertragungsmöglichkeiten bei massierter Aufstellung der Bienenvölker, Störung der Winterruhe, Weisellosigkeit u. Stocknässe. Nosemakranke Bienen, die sich scheinbar häufiger als gesunde Bienen verfliegen, gelangen als Parasitenträger in andere Standvölker. Räubernde Bienen u. infizierte Drohnen können Nosemasporen verschleppen. Da nosemakranke Bienen ihren Kot oft auf den Flugbrettern u. Tränkstellen absetzen, können sich gesunde Bienen leicht infizieren. Oft werden fälschlicherweise schwache nosemakranke Völker mit anderen, noch gesunden, vereinigt, so daß schließl. die vereinigten Völker ebenfalls stark infiziert sind. Der Imker kann unbewußt durch Wabenaustausch zur Nosemaverschleppung beitragen, indem er Waben infizierter Völker in gesunde zur Verstärkung einhängt u. Futter- bzw. Leerwaben aus kranken od. zugrunde gegangenen Völkern in gesunde bringt. N. wird auf andere Bienenvölker u. Bienenstände auch durch mit sporenhaltigem Kot beschmutzte Geräte, Futtergeschirre, Bienenwohnungen, nicht überdachte Tränken, Kauf u. Verkauf von Weiseln, Völkern, Schwärmen, Waben, Bienenwohnungen u. Honig aus infizierten Bienenständen verbr. Im Honig nosemakranker Völker sind viele Sporen enthalten. Im April u. Mai kommt es häufig zu Doppelinfektionen durch N. u. Amöbenkrankheit ↗ u. durch das Zusammenwirken beider Erreger zu Völkerverlusten. Wenn außer N. noch Dysenterie ↗ u. starkes Koten vorliegen, können ebenfalls große Verluste u. erhebliche N.-Verbr. eintreten. Das klinische Krankheitsbild der N. ähnelt weitgehend dem der Acarapidose ↗, der Amöbenkrankheit, der Varroatose ↗, den äußeren Erscheinungsformen der Mischinfektionen ↗ u. Brutkrankheiten ↗, der Schwarzsucht ↗, Paralyse ↗, Maikrankheit ↗ od. auch einer Vergiftung. Therapie: Brutablegerbildung bei noch erhaltungswürdigen, wenig geschwächten kranken Bienenvölkern; Behandlung u. Vorbeuge der N. mit Fumagillin ↗ od. mit Nosemack, einem Quecksilberpräparat. Die Anwendung dieser spezifischen N.-Heilmittel sollte nur zur Unterstützung imkerlicher Maßnahmen gegen N. bei Vorliegen eines positiven Untersuchungsbefundes erfolgen. Vorbeugende medikamentelle Behandlungen als dauernde Betriebsmaßnahme sind wenig sinnvoll u. unökonomisch. Bienen, die mit einer unbegatteten Weisel in einem Begattungskästchen zur Belegstation geschickt werden, sind infolge ungünstiger Witterungsverhältnisse u. langer Standzeiten bes. stark nosemagefährdet. Durch infizierte Bienen kann auch die Weisel sehr leicht angesteckt werden u. ihrerseits das Bienenvolk, dem sie zugesetzt wird, empfindlich gefährden. Durch Versorgung dieser Begattungsvölkchen mit Fumagillin-Futterteig gelingt es, eine Nosemainfektion zu verhindern bzw. wirkungsvoll zu bremsen u. Weiselverluste durch N. zu vermeiden. Bei infiziertem Wabenmaterial erfolgt Wabendesinfektion ↗. Die Bienenwohnungen u. Geräte werden wie bei Bösartiger Faulbrut ↗ gereinigt u. desinfiziert. Österreich gehört zu den wenigen Ländern, wo die Nosemaerkrankung bei seuchenartigem Auftreten zu den anzeigepflichtigen Bienenseuchen gezählt wird.

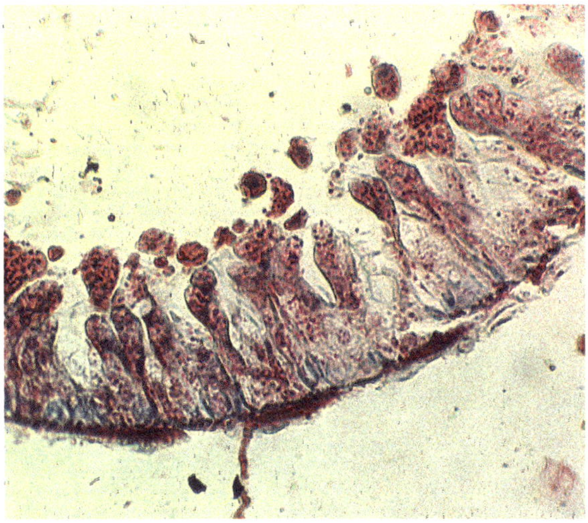

Längsschnitt durch die Wand des Mitteldarmes einer *Nosema apis* infizierte Biene. In den Epithelzellen zahlreiche Entwicklungsstadien des Parasiten.

Notfütterung → Futtermangel.

Notschwarm. Hat mit dem Vermehrungsschwarm nur das Ausziehen aus der Beute gemein. Notzustände wie Hunger, Überhitzung der Beute durch Sonneneinstrahlung, ständige Beunruhigung od. sonst nicht zusagende Bedingungen, z. B. der enge Raum eines EWK, können Bienen veranlassen, ihre Wohnung zu verlassen.

Nucleus → Begattungsvölkchen.

Nulltoleranz. Nahrungsmittel, für die vom Gesetzgeber eine N. gefordert wird, müssen frei von Rückständen sein. Die Schadstoffe werden entspr. ihren

Wirkungen in Toxizitätsgruppen eingestuft. Für jede Toxizitätsgruppe ist eine praktische N. festgelegt. Ein Lebensmittel, für das die Einhaltung der N. in bezug auf bestimmte Rückstände gefordert wird, gilt als rückstandsfrei, wenn die N. nicht überschritten wird. Für Bienenhonig sind bisher keine Toleranzwerte von Rückständen bekannt geworden, d.h., im Bienenhonig gilt für alle möglichen Rückstände die N.

Nutenreiniger. Werkzeug, das bei Hinterbehandlungsbeuten mit Querbau benötigt wird, um die Nuten u. Schienen auf bzw. in denen die Waben mit den Trageohren der Wabenrahmen hängen, von Wachs u. Propolis zu reinigen.

Nutzen der Ableger. Die Entnahme von Brut u. Bienen aus Völkern ist allein schon ein Gewinn, wenn dadurch ihr Schwärmen verhindert wird. Darüber hinaus stellen Ableger mit einer begatteten Jungweisel einen Wert dar. Sie können u. a. folgendermaßen eingesetzt werden: zum Aufbau von Wirtschaftsvölkern, um Völkerverluste auszugleichen od. den Stand zu vergrößern; zum Verstärken schwacher Völker; zum Umweiseln durch Vereinigung mit Wirtschaftsvölkern; zum Prüfen von Jungweiseln auf Legeleistung u. Vererbung; zum Verkauf.

Nymphe → Larvenentwicklung.

Nyssa aquatica Marsh., Tupelobaum. A der G *Nyssa* – mit sechs An, vier im öst. N-Amerika, zwei in Asien beheimatet – der F der Nyssaceae. In den öst. USA von Virginia sü. bis Florida, we. Grenze von Missouri bis Texas. An Sümpfen u. Moorrändern, wo die Wurzeln das Wasser erreichen. In der Heimat bis 40 m hoher Baum. In Europa in warmen Lagen in Parkanlagen, an feuchten See- u. Teichufern zu finden, aber bedeutend kleiner. Blüht im April. Die ♂♂ Blüten stehen in gestielten, wenigblütigen Büscheln, die ♀♀ Blüten einzeln od. zu zweit, an versch. Bäumen sitzend. Nektar- u. Pollenspender. Im nö. Florida die Haupt- u. nahezu einzige Trachtpflanze. Aus Mangel an Frühpollen wandern die dortigen Imker häufig in das benachbarte Georgia.

Nyssa sylvatica Marsh., Tupelobaum. A der G *Nyssa* der F der Nyssaceae. N-Amerika von Maine bis Ontario, nö., sü. bis Florida, we. Grenze Michigan bis Texas. An Flußufern u. an trockenen Gebirgshängen. In Europa in Park- u. Grünanlagen. Der 20–40 m hohe Baum blüht je nach Standort April/Mai, kurz nach den Blättern. Grünliche Blüten. Die ♂♂ Blüten stehen in 5–12blütigen, langgestielten, dichten Trauben, die ♀♀ Blüten meist in dreiblütigen Köpfchen, sitzend. Bevorzugt gute Böden, nicht von feuchter Lage abhängig. Nektar- u. Pollenspender. Reger Bienenbeflug beobachtet!

Obenflugloch → Flugloch.

Obenüberwinterung → Kuntzschbetriebsweise.

Oberbehandlungsbeute. Es gibt zwei prinzipiell unterschiedl. Typen der O. Die eine mit einem kastenförmigen Beutenkörper, der entweder Brut- u. Honigraum in einer Ebene enthält (Lagerbeute ↗) od. auch einen losen Honigraumaufsatz haben kann (Trogbeute ↗), u. die aus losen Einzelteilen bestehende Magazinbeute ↗. O.n sind nicht stapelbar.

Oberlippe → Caput.

Oberbehandlungsbeuten in der Dobrudscha

Obstanlagen. Plantagen-Obst, Feld- u. Wiesenobstbäume. Die Imker pflegen im allgemeinen nur von Obsthonig zu sprechen u. können in den meisten Fällen auch gar nicht die versch. Obst-An beim Honig auseinanderhalten, obwohl sich z. B. Apfel (*Malus sylvestris* ↗), Birne (*Pyrus domestica* ↗), Kirsche (*Prunus avium* ↗) u. Pflaume (*Prunus domestica* ↗) nicht nur in der Art ihres Nektars, sondern auch in der Stärke ihrer Nektarabsonderung unterscheiden. Nektarmessungen u. Imkererfahrungen stellen Apfel u. Kirsche an die Spitze, während die Birne weniger anziehend für die Bienen ist. Nach Zander berichtete Steche (1960) von dem Fall, daß in einer Birnenplantage aufgestellte Bienen meist nur eine 500 m entfernte Apfelplantage aufgesucht hätten. – In vielen Gegenden liefert das Obst nur eine – allerdings sehr wichtige – Entwicklungstracht. In ausgesprochenen Obstbaugebieten

Pollensammlerin auf Apfelblüte

Birne

können aber bei entspr. Betriebsweise auch beachtliche Honigmengen geerntet werden. Auch Beerenobst – vor allem Himbeeren u. Stachelbeeren – liefert eine gute Bienenweide, obwohl der Stachelbeerennektar wegen der frühen Blütezeit u. der geringen Zahl der Sträucher nur die Bedeutung eines – allerdings sehr wichtigen – Reiz- u. Entwicklungsfutters hat. Der Beginn der Blüte ist gewissermaßen eine Terminmarke für die Pflegemaßnahmen am Bienenvolk. Die Gartenbrombeeren scheinen nach ZANDER mehr von den Bienen besucht zu werden als die wilden Brombeer-An, doch da die Zahl der angepflanzten Sträucher gering ist, spielt sie nur eine unbedeutende Rolle als Trachtpflanze für M-Europa.

Obsttracht. Geographisch bedingt, aber nur dort möglich, wo Spätfröste die Blütenentwicklung nicht hemmen u. eine frühe Bienenvolksentwicklung stattfinden kann, um das Nektar- u. Pollenangebot zu nutzen.

Ochsenzunge, *Anchusa officinalis* → Boraginaceae.

Oenozyten. In der Larvalphase meist auffällig kuglige Zellen, die sich in der Leibeshöhle ↗ befinden. Sie bilden, ähnl. wie die Blutzellen (Haemolymphe ↗) kein zusammenhängendes Gewebe, sondern liegen bei Bienen-Larven ↗ zunächst gruppenweise in der Nähe der Tracheen (Tracheensystem ↗) od. auch einzeln verstreut im Fettkörper ↗. Die Zellkerne der O. nehmen ungefähr die Hälfte des gesamten Zelldurchmessers ein. Mit zunehmender Größe der Larven wachsen auch die O., ihre Zellkerne sind während dieser Wachstumsphase oft unregelmäßig geformt. Die larvalen O. gehen gegen Ende der Puppenphase zugrunde. Nun erscheinen die erheblich kleineren imaginalen O. in der Nähe der Epidermis ↗. Sie wandern alsbald in das Fettkörpergewebe, werden allmähl. größer u. nehmen eine gelbliche bis grünliche Farbe an. Ein Formwechsel im Verlauf des Lebens der ad. Biene wird als Sekretionszyklus gedeutet. O. u. Fettkörperzellen zeigen Übereinstimmungen in den morphologischen Veränderungen. Möglicherweise stellen die O. den Syntheseort für Enzyme dar, die dazu beitragen, die Funktion der Fettkörperzellen zu steuern. Auch mit den Häutungsvorgängen wird die Sekretionstätigkeit der O. in Zusammenhang gebracht, zumal eine Übereinstimmung zw. der für die Ontogeneseprozesse mitverantwortl. Aktivität der Corpora allata ↗ u. dem O.-Wachstum besteht. Die Anregung der Wachsdrüsentätigkeit wird ebenfalls mit der Produktion von O.-Sekreten in Verbindung gebracht.
Bei den drei Bienenwesen bestehen Unterschiede im O.-Durchmesser. Er beträgt im Durchschnitt bei Arbeiterinnen 70–80 µm, bei Drohnen 100 µm u. bei Weiseln 110 µm.

Oesophagus → Darmkanal.

Ohrweide → *Salix aurita* → Salicaceae.

Ohrwurm. Bes. Gemeiner O. *Forficula auricularia* aus der O der Dermaptera (Ohrwürmer). Harmloser Mitbewohner ↗, Nachttier, ca. 16 mm, greift Wachsmottenlarven an.

Okulierkäfig → Verschulen.

Ölbaumgewächse → Oleaceae.

Oleaceae, Ölbaumgewächse. Die F umfaßt 27 Gn mit ca. 600 An. Fehlen im pazifischen Florengebiet, sind in den gemäßigten, subtropischen u. tropischen Zonen – Hauptverbr.s-Gebiet Asien – weltweit vorkommend. Sträucher u. Bäume. Die Blütenstände bestehen überwiegend aus zusammengesetzten Trauben, seltener einfachen Trauben od. Ähren u. endständigen Dichasien. Die zwittrigen od. eingeschlechtigen Blüten besitzen meist kleine, glockige Kelche, die aus 4 (–15) Kelchblättern bestehen. Mit Ausnahme der windblütigen Esche *(Fraxinus)* sind O. Insektenblütler, die z. T. funktionsfähige Nektarien besitzen. Die G *Fraxinus* kommt mit 50–60 An in den nö. gemäßigten Gebieten vor, ist aber meist asiat. u. nordamerik. Ursprungs u. dringt auf beiden Hemisphären bis in die Tropen vor. Die unansehnlichen, zweihäusigen od. getrenntgeschlechtigen, weißen Blüten erscheinen entweder an den belaubten Zweigen (z. B. Mannaesche, *Fraxinus ornus* ↗) u. bestehen aus einem vierspaltigen Kelch, der auch fehlen kann, u. vier Kronblättern. U. a. bei der Gemeinen Esche (*Fraxinus excelsior* ↗) u. der Weißesche (*Fraxinus americana* L.) entwickeln sich die Blüten vor dem Laubaustrieb, u. die Kronblätter fehlen. Die Blütenstände sind Rispen od. Trauben, die aus den Achsel- od. Endknospen der vorjährigen Triebe hervorgehen. Der Fruchtknoten ist zwei- bis vierfächrig. – Sträucher u. kleine Bäume sind die An der G *Ligustrum*, die hauptsächl. in S- u. O-Asien, Malesien u. Australien verbr. ist. Der Gemeine Liguster (*Ligustrum vulgare* ↗) ist in Europa u. N-Afrika beheimatet. Einer der schönsten, aber in M-Europa nicht winterfesten Ligustersträucher ist *Liguster lucidum*, auf dem in China die Wachsschildläuse vorkommen. Die zwittrigen, kleinen, weißen Blüten der G stehen in großen, endständigen Rispen, u. es können auch Blütenstände in den Achseln der obersten Laubblätter bereits blühender Sprosse auftreten. Bei allen bisher untersuchten O. ist kein eigentl. Nektarium vorhanden, dafür ist die ganze äußere Wand des Fruchtknotens drüsig entwickelt u. kann Nektar sezernieren. Die an der Blatt-US befindlichen Nektarien (z. B. bei *Ligu-*

strum) werden von den Bienen nach bisherigen Beobachtungen nicht beachtet. – Obwohl die meisten Eschen Windblütler sind, werden sie doch von Bienen beflogen. Die Pollenproduktion wird für *Fraxinus* auf durchschnittl. 12000 Pollenkörner je Staubblatt, 25 000 je Blüte u. 1,6 Mio je Blütenstand geschätzt. Pollen von *Fraxinus ornus* findet sich vor allem in ital. Honigen. Ligusterbefunde sind dagegen in europ. Honigen (S-Europa, England) häufig, bleiben aber auf der Stufe des Einzelpollens.

OLEO-Präparate. Emulsionspräparate, die als Lösungsmittel höhere Kohlenwasserstoffe enthalten. Sie werden meist als Austriebsspritzmittel verwendet.

Ölkäfer. Auch Meloëkäfer, Ölmutter, Maiwurm, aus der F der Meloidae (Blasenkäfer). Bes. *Meloë proscarabaeus* (fälschlich als Gelbe Bienenlaus) u. *M. variegatus* (fälschlich als Schwarze Bienenlaus bezeichnet). Primärlarve Triunguline ist Innenschädling ↗, ca. 1,5 mm, drei Beinpaare, sitzt im Haarkleid der Bienen. Bei starkem Auftreten lästig, frißt Bieneneier. Sekundärlarve frißt Honig. Tertiärlarve überwintert in der Erde. Quartärlarve verpuppt sich.

Ölrauke → *Eruca sativa* → Cruciferae.

Ölweide → Schmalblättrige Ölweide.

Onagraceae, Nachtkerzengewächse. Die F umfaßt 20 Gn mit ca. 650 An. Vor allem gemäßigte u. subtropische Gebiete der Erde, bes. gemäßigtes N- u. S-Amerika. Meist Kräuter u. Stauden, selten Halbsträucher u. Sträucher. Die zwittrigen, meist strahligen, vierzähligen Blüten – oft auffallend gefärbt – haben einen über den unterständigen Fruchtknoten hinaus verlängerten, röhrenförmigen Blütenbecher, an dessen Rand die Staubblätter in zwei Kreisen angeordnet sind. Der Nektar wird an der OS des Fruchtknotens abgesondert. Bekannteste Vertreter der O. sind die G Weidenröschen, *Epilobium*, die mit ca. 200 An weltweit verbr. ist, u. a. in Laubwäldern, in der Ufer- u. Sumpfvegetation, u. an Quellstandorten zu finden ist. Nahe verwandt mit *Epilobium* u. früher dazu gerechnet ist die G *Chamaenerion*, die auf der nö. Hemisphäre weit verbr. ist. Bei den Imkern wegen der hohen Nektarproduktion der Blüten bes. beliebt ist das Schmalblättrige Weidenröschen (*Chamaenerion angustifolium* ↗). Weidenröschenbestände sind im Spätsommer u. Herbst wichtige Nektar- u. Pollenspender. Obwohl große Mengen Pollen von den Bienen geerntet werden können, ist es an der Honigernte aber nur als Begleittracht beteiligt, vor allem an Heidehonigen N-Europas. Gelegentl. findet man sie auch in bewaldeten Gegenden M-Europas (z. B. Luxemburg, Polen, Italien). Zu den Spät- u. Bergtrachtpflanzen ist auch die G Nachtkerzen, *Oenothera*, mit etwa 200 nord- u. südamerik. An zu rechnen. Die in Eurasien eingebürgerten An sind charakteristische Pflanzen von Bahndämmen, Straßenrändern u. anderen Ruderalstandorten. Die Blüten einiger An öffnen sich erst am Nachmittag, andere sind eindeutige Tagesblüher, so daß neben Nachtschmetterlingen auch Bienen u. Hummeln die Pflanzen – sind sie keine reinen Selbstbestäuber – bestäuben.

Onobrychis viciifolia Scop., Esparsette, Saatesparsette. A der G *Onobrychis* der F der Leguminosae ↗. Vor allem öst. Mittelmeergebiet, Vorder- u. Zentral-Asien, nicht in N-Amerika. Verwildert u. als Futterpflanze (in größerem Umfang vor allem in Spanien u. Frankreich kultiviert, liefert das beste u. nährstoffreichste Grün- u. Rauhfutter, aber mit geringer Ertragsmasse, u. ist deshalb – wo die Bodenverhältnisse es erlauben – von der Luzerne ↗ verdrängt worden) vorkommend. Die verwilderte Esparsette findet man auch an Wegrändern, Ufern, Eisenbahndämmen. Blüht Mai bis Juli. Rote Blüten in traubenförmigen Ständen. Bevorzugt trockene, kalkhaltige Böden mit genügend durchlässigem Untergrund. O. v. gehört zu den besten Bienengewächsen, weil die Blüten einerseits reichl. Nektar erzeugen u. andererseits der Schnitt – bei der kultivierten A – zu einem relativ späten Zeitpunkt bei voller Blüte erfolgt.

Opalith → Zeichnen der Weisel.

Ordnung u. Sauberkeit auf dem Bienenstand. Jede Imkerei, sofern aus ihr Honig zum Verkauf gelangt, ist als Lebensmittelbetrieb anzusehen. Es muß daher gefordert werden, daß ständig u. nicht nur unmittelbar bei der Honiggewinnung ↗ größtmögliche O. u. S. a. d. B. herrschen. Die Vielzahl der benötigten Werkzeuge, Geräte und Materialien auch auf einem kleinen Bienenstand u. die Schnelligkeit, mit der oft Arbeiten am offenen Volk erledigt werden müssen, lassen gelegentl. eine ungewollte Unordnung entstehen. Zw. der Bearbeitung einzelner Völker muß aber wieder eine geordnete Ausgangssituation für die weitere Arbeit geschaffen werden. Außer den griffbereit liegenden Werkzeugen, Geräten usw. sollten ständig einige saubere, nasse Lappen zur Hand sein. Verschüttetes Futter, Tropfen von Honig u. Futter sowie zertretene Bienen sind sofort feucht aufzuwischen. Nach Abschluß der Arbeit müssen die Werkzeuge usw. gesäubert u. immer auf dem gleichen Platz abgelegt werden. Wachs u. Propolis sind schon während der Arbeit in dafür vorgesehenen, verschließbaren Behältnissen zu sammeln; ausgeschnittenes Baurahmenwachs ist, sofern es Brut enthält, sofort zu verarbeiten (Sonnen- ↗, Dampfwachsschmelzer ↗); Waben, bes., wenn sie Honig- od. Futterreste enthalten, sind sofort bienendicht zu verwahren.

Orientierung. 1) *Sonnenkompaß.* Sowohl für die private O. als auch für die gegenseitige Verständigung im Bienentanz als höchstorganisiertes Verständigungssystem, das im Tierreich bekannt ist, wird die Sonne als Kompaß benutzt. Bei der Nahrungssuche ↗ wird beim Schwänzellauf auch im finsteren Stock die Richtung zum Futterziel unter Bezugnahme auf den jeweiligen Sonnenstand angezeigt. Der Winkel zw. Flugbahn u. Sonne wird auf der vertikalen Wabe in das Schwerefeld transponiert. Einen ersten Hinweis, daß Insekten die Sonne für ihre O. als Kompaß benutzen, hatte 1911 Santchi in einem einfachen Versuch bei Wüstenameisen nachgewiesen. Er verdeckte über einer heimkehrenden Ameise die Sonne u. zeigte sie mit einem Spiegel von der Gegenseite – prompt drehte das Tier um 180° u. lief in der Gegenrichtung weiter. Eine echte Sonnenkompaß-O. muß aber auch die scheinbare Wanderung der Sonne mit einberechnen. Diese Fähigkeit demonstrieren die Bienen (v. Frisch,

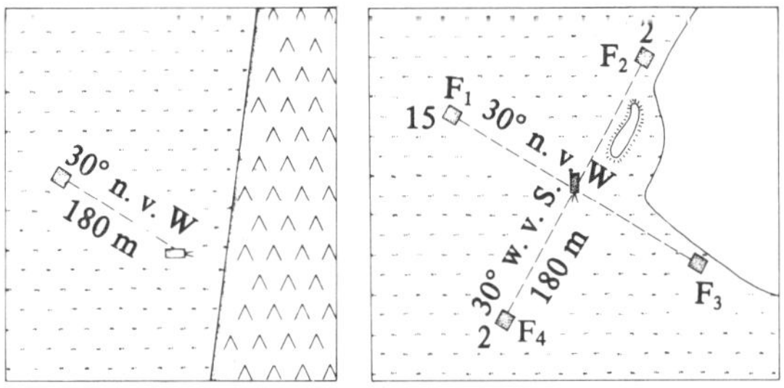

Grub 29. 6. 52 Dachau 30. 6. 52

Ein Bienenvolk wird in ein fremdes Gelände versetzt. Am Nachmittag wird eine Sammelschar von 20 Bienen an einem Futterplatz 180 m in NW gefüttert. Über Nacht wird das Volk mit den markierten Sammelbienen 40 km entfernt in ein anderes fremdes Gelände versetzt. Am Morgen wird das Flugloch geöffnet, es stehen 4 Futtertischchen zur Wahl; eines 180 m im Nordwesten, ferner 3 andere Futterplätze 180 m entfernt, aber im Südwesten, im Südosten und Nordosten. 15 von den markierten Bienen erscheinen im Nordwesten, jeweils 2 im Südwesten und Nordosten, 1 im Südosten. Diese Bienen konnten sich im fremden Gelände nur nach der Sonne orientiert haben. Sie mußten dabei die Wanderung der Sonne über Nacht einkalkuliert haben.

1953); im gleichen Jahr hatte Kramer auch Sonnenkompaß-O. bei Vögeln nachgewiesen. Folgender klassischer Versuch bei Bienen wurde durchgeführt: Man brachte um die Mittagszeit ein Bienenvolk in eine ihm fremde Landschaft u. dressierte eine Gruppe von etwa 20 Bienen 180 m nach NW. Die Bienen wurden individuell markiert u. durften bis Sonnenuntergang an dem nordwe. Futtertisch verkehren. Über Nacht verfrachtete man das Volk mitsamt den NW-dressierten Bienen in eine andere unbekannte Gegend, 40 km entfernt, u. öffnete bei Sonnenaufgang das Flugloch. Jetzt standen vier Futtertischchen zur Wahl: im NW, SW, SO u. N, alle in gleicher Entfernung wie am Vortag, also in 180 m. Die NW-dressierten Bienen kamen spontan nach NW, die übrigen Futtertischchen blieben unbeachtet. Damit ist eindeutig eine echte Sonnenkompaß-O. nachgewiesen, denn die Bienen haben die scheinbare Wanderung der Sonne mit einkalkuliert. Sie konnten sich nicht gemerkt haben, welchen menotaktischen Kurs sie am Vortag zur Position der Sonne gehalten hatten – am Nachmittag zuvor mußten sie sich mit zunehmendem Winkel links von der Sonne halten, jetzt am frühen Morgen rechts vom Sonnenstand, um ans Ziel zu kommen. Da die Landschaft ausgewechselt war, konnten sie auch nicht irdische Hilfsmarken als Bezugspunkt benutzen in der Weise, daß sie für jede Stunde eine auffällige Landmarke unterhalb des jeweiligen Sonnenstandes zuordnen. Die Leistungen dieser Sonnenkompaß-O. sind erstaunlich: Man kann die Bienenschar am nordwe. Futterplatz abfangen u. für einige Stunden in einen Käfig – ohne Sonnensicht – sperren. Nach der Freilassung tanzen sie im Stock mit korrekter Richtungsangabe, d. h. unter Einberechnung der tageszeitl. richtigen Sonnenwanderung. Man kann Bienen sogar stimulieren, zur Nachtzeit mit Tänzen im Stock ihren Futterplatz anzuzeigen, den sie am Tag besucht hatten. Auch in diesem Fall beziehen sie sich bei der Richtungsweisung auf den momentanen Sonnenstand, der jetzt unter der nö. Erdhalbkugel zu finden wäre u. den die Bienen nie gesehen haben. Das bedeutet, daß sie aus dem ihnen bekannten Sonnenbogen den fehlenden Sektor errechnen. Um zu erfahren, ob die Fähigkeit, die Sonnenwanderung einzuberechnen, angeboren ist od. erlernt werden muß, ließ man im Brutschrank aus gedeckelten Waben Jungbienen schlüpfen u. hielt sie dann drei Wochen lang ohne Sonnenlicht in einem künstl. beleuchteten Flugraum. Dann wurde das Volk zur Mittagszeit ins Freie gebracht u. eine Gruppe von 20 Bienen 180 m nach S dressiert. Am nächsten Morgen nach Versetzung in fremdes Gebiet flogen sie nicht den sü., sondern den öst. Futterplatz an, d. h., sie orientierten sich winkeltreu u. nicht kompaßtreu zur Sonne. Erst nach dreitägiger Dressur, wobei die Bienen Gelegenheit hatten, sich in etwa 500 Sammelflügen die Sonnenwanderung ortsgemäß einzuprägen, orientierten sie sich kompaßgerecht. Es genügt aber, den sonnenunerfahrenen Bienen nur die Nachmittagssonne zu zeigen, sie sind dann nach Versetzung auch am Vormittag kompaßorientiert, d. h., sie können aus einem Viertelbogen den gesamten Sonnenbogen ergänzen. – Es besteht jedoch kein Zweifel, daß die Bienen bei ihrem Trachtflug neben der Sonne auch Landmarken als O.s-Hilfe, als Zwischenziele benutzen: Die Bienen wurden wieder in einer fremden Gegend nach S dressiert, diesmal aber durften sie an einem Waldrand entlangfliegen. Nach Verfrachtung über Nacht fanden sie am nächsten Morgen eine ähnl. Landschaft, nur daß der Waldrand vom Stock aus gesehen nicht in N-S-Richtung, sondern in O-W-Richtung verlief. Jetzt ließen sie sich vom Waldrand in die falsche Richtung verleiten – 16 Bienen flogen die Futterplatte im W an, 1 im O, u. 5 folgten dem Sonnenkompaß nach S. Aber nur durchgehende Leitlinien wie ein Waldrand, eine Straße, ein Seeufer können mit dem Himmelskompaß konkurrie-

Eine Bienenschar wird wiederum in einem fremden Gelände am Nachmittag an ein Futtertischchen 180 m entfernt dressiert. Diesmal müssen die Bienen aber an einem Waldrand entlangfliegen. Über Nacht wird das Volk wiederum in ein fremdes Gelände versetzt und am Morgen an einem Waldrand aufgestellt, der nicht nord-süd-, sondern ostwestwärts verläuft. Diesmal folgen 16 der nord-süd-dressierten Bienen dem verlockenden Waldrand, nur 5 halten sich an den Sonnenkompaß und fliegen nach Süden.

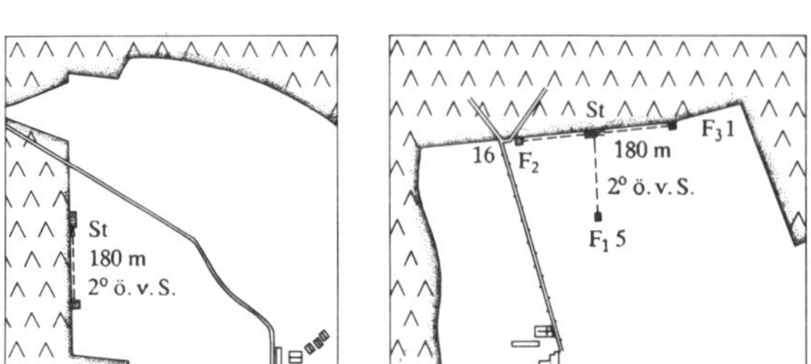

ren; ein auffälliger Baum in falscher Himmelsrichtung wird nicht beachtet (v. FRISCH u. LINDAUER, 1954).

2) *Polarisiertes Licht.* Die Sinnesorgane können nur einen winzigen Ausschnitt der realen physikalisch-chemischen Umwelt erfassen. Ihr Empfindlichkeitsbereich ist qualitativ u. quantitativ der Lebensweise jeder Tier-A angepaßt. Bienen sind z. B. rotblind, dafür können sie aber UV-Licht wahrnehmen. UV-Saftmale in den Blütenkronen erleichtern ihnen das Auffinden der Nektarien. Es war eine der großen Entdeckungen dieses Jh., als K. v. FRISCH nachweisen konnte, daß Bienen für polarisiertes Licht empfindlich sind u. sich nach dem Polarisationsmuster am Himmel orientieren können. Ausgangspunkt dieser Entdeckung war die Beobachtung, daß Bienen auch bei verdeckter Sonne

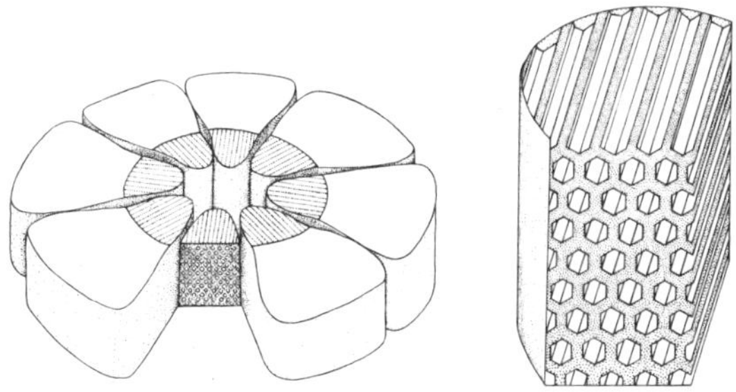

Querschnitt durch ein Ommatidium eines Bienenauges, das die Sehzellen mit ihren zentralen Rhabdomeren zeigt. Die Feinstruktur der Rhabdomere weist röhrchenförmige Mikrovilli auf.

in ihren Tänzen die Richtungsweisung nach dem jeweiligen Sonnenstand ausrichten. Voraussetzung hierfür war nur, daß jeweils ein kleiner blauer Fleck am Himmel für die Bienen sichtbar blieb. Das in der Atmosphäre durch feinste Partikel gestreute Sonnenlicht ist polarisiert, wobei die Richtung des e-Vektors an jeder Himmelsstelle gesetzmäßig um die Sonnenposition angeordnet ist. Neben der Polarisationsrichtung ist auch der Polarisationsgrad gesetzmäßig nach der Sonne ausgerichtet, u. dieses Polarisationsmuster wandert mit der Sonne mit. Um die O. nach polarisiertem Licht zu verstehen, muß man zunächst nach dem Analysator im Bienenauge ↗ suchen. Dieser ist durch die Feinstruktur der Rhabdomere gegeben, in denen Mikrovilli radiär angeordnet sind. In ihnen sind die Sehpigmentmoleküle als Dipole mit ihrer Längsachse parallel eingelagert. Das hat wiederum zur Folge, daß das polarisierte Licht, das senkrecht zu den Mikrovilli einfällt, max., solches, das parallel zu ihnen eintrifft, min. absorbiert wird. Somit sind die Sehstoffmoleküle selbst zum Analysator geworden: dichroitische Absorption. Im Gegensatz hierzu sind im Wirbeltierauge die Rhodopsinmoleküle in den Membran-Depots völlig ungerichtet eingelagert u. bieten also keinerlei Möglichkeit zu einer Wahrnehmung polarisierten Lichtes. Da nun die Sehzellen in einem Ommatidium radiär angeordnet sind, ergibt sich auch für die Ausrichtung der Mikrovilli u. der Sehpigmentmoleküle eine entspr. radiäre Einlagerung in die Makrostruktur des Bienenauges. Damit ist eine Analyse der Schwingungsrichtung des polarisierten Lichtes möglich, sofern die sich entspr. Rhabdomere in den optischen Ganglien sinngemäß verschaltet sind. Dies konnte durch Mikroskopuntersuchungen bestätigt werden. Durch Konvergenzschaltung sind demnach die in benachbarten Ommatidien gleichsinnig orientierten Mikrovilli zu einer Funktionseinheit zusammengeschlossen. Man kann mit einer sog. «Sternfolie» ein Modell des Bienenauges anfertigen, indem man dreieckige Stücke aus einer Polarisationsfolie ausschneidet u. diese sternförmig zusammensetzt. Der e-Vektor muß dabei parallel zur Außenkante der Dreiecksstücke verlaufen. Fotografiert man mit Hilfe dieser Sternfolie den blauen Himmel an versch. Stellen, ergibt sich ein unterschiedl. Polarisationsmuster. Ein simpler, aber genial ausgedachter Versuch von K. v. FRISCH bestätigt weiterhin, daß die Modellvorstellung der Sternfolie u. der dichroitischen Absorption richtig ist: Man zeigt einer Sammelbiene, die auf horizontaler Wabe tanzt, den blauen Himmel durch eine Polarisationsfolie. Wenn man diese Folie über der Biene während des Tanzes dreht u. somit das Polarisationsmuster am Himmel entspr. verändert, dann dreht sich die Biene in ihrem Schwänzellauf genau mit der Drehrichtung der Polarisationsfolie mit. Auch der erste Hinweis von K. v. FRISCH, daß die Wahrnehmung des polarisierten Lichtes nur im UV-Bereich möglich ist, wurde in jüngster Zeit bestätigt: WEHNER in Zürich fand, daß nur der dorsale Bereich des Bienenauges für die O. nach polarisiertem Licht in Frage kommt; in dieser dorsalen Augenregion sind die UV-Rezeptoren im wesentl. konzentriert. Das Bienenauge kann jedoch mit seinem Analysator nicht eindeutig aus einem blauen Himmelsfleck den Sonnenstand ohne zusätzl. Koordinaten aus der e-Vektor-Bestimmung errechnen, denn der gleiche e-Vektor ist ja an einem Großkreis durchgehend zu finden. Es ist nun denkbar, daß die Bienen als Hilfskoordinate den betr. Höhenkreis mit einbeziehen. In diesem Fall findet man den gleichen e-Vektor

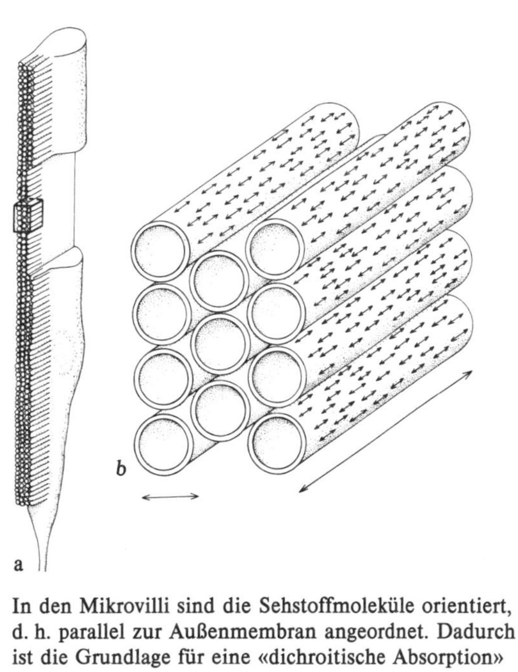

In den Mikrovilli sind die Sehstoffmoleküle orientiert, d. h. parallel zur Außenmembran angeordnet. Dadurch ist die Grundlage für eine «dichroitische Absorption» gegeben.

nur noch zweimal bei gegebener Höhe über dem Horizont; die O. müßte also immer noch doppeldeutig sein; dies ist nach Experimenten der Fall – sofern man nur der tanzenden Biene einen ganz kleinen Himmelsausschnitt zeigt. I. d. R. wird aber immer ein größerer Ausschnitt des blauen Himmels sichtbar sein, so daß neben der Schwingungsrichtung, dem Azimut u. der Höhe des betr. Himmelsausschnittes auch die Intensität der Polarisation zu Hilfe genommen werden kann. Im ganzen gesehen ist also die Strategie der Bienen in ihrer O. nach dem Polarisationsmuster des blauen Himmels denkbar einfach; es bleibt jedoch die Frage offen, ob sie die Kenntnis dieser Zusammenhänge erlernen müssen od. ob ihnen diese Information im Erbgut mitgegeben wird.

3) *Zeitsinn.* Die Tätigkeiten in einem Bienenstaat müssen zeitl. aufeinander abgestimmt sein, damit sie geordnet zu einem gemeinsamen Ziel führen. Dies gilt für den Jahreszyklus der Bruttätigkeit, der Vorratswirtschaft, der Volksvermehrung durch Schwärmen genauso wie für die tagesperiodischen Aktivitäten der Sammeltätigkeit. Die Erforschung der Biorhythmik hat in den letzten Jahrzehnten zunehmendes Interesse in der Biologie, Medizin u. Psychologie gefunden. Die entspr. Untersuchungen bei Bienen haben hier Pionierarbeit geleistet. Kaum bei einer anderen Tiergruppe ist ihr Zeitsinn, d. h. ihre O. nach der Zeit in

Mit einer «Sternfolie», in der Dreieckstücke einer Polarisationsfolie sternförmig zusammengesetzt sind, wobei die Moleküle parallel zur Außenkante verlaufen (oben), läßt sich der blaue Himmel nach seinem Polarisationsmuster (unten) absuchen. a Nord, b Nordost, c Ost, d Südost, e Süd, f Südwest, g West, h Nordwest

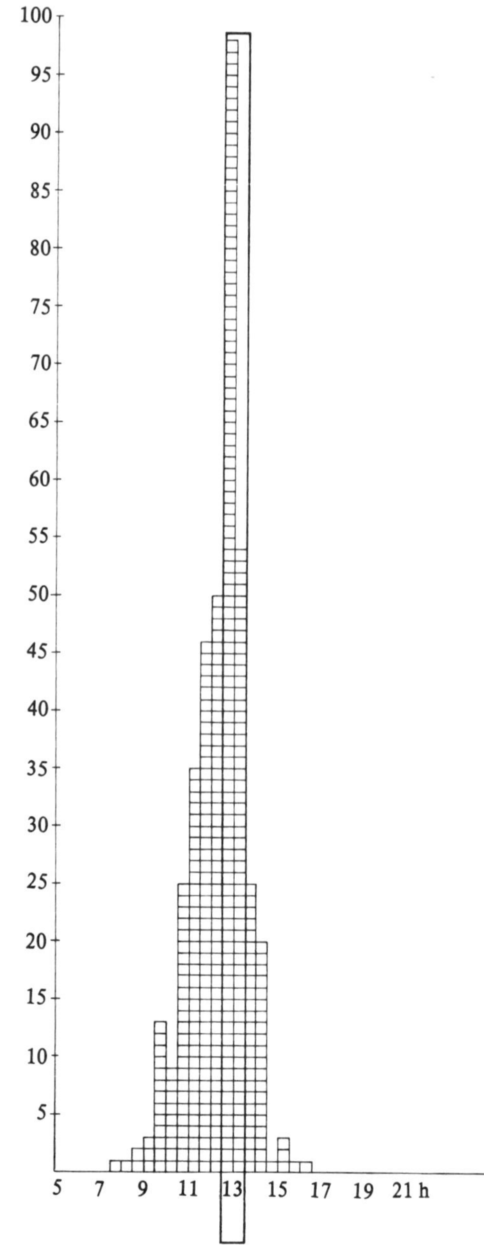

Ein weiteres Beispiel für eine Zeitdressur. Futterzeit war von 12.30–13.30 Uhr. Jedes Kästchen zeigt den spontanen Anflug am Testtag an.

seiner biologischen Bedeutung u. in seinen physiologischen Grundlagen so genau erforscht worden. Biologisch fällt dem Zeitsinn der Bienen vor allem die Aufgabe zu, den Trachtbienen die Tageszeit der Nektarse-

Eine Bienenschar mit numerierten Bienen wurde mehrere Tage lang von 16–18 Uhr gefüttert. Am Versuchstag war das Futtertischchen leer; die zeitdressierten Bienen erscheinen bevorzugt zur andressierten Futterzeit. Die Nummern in den Kästchen geben jeweils die Nummer der Biene an, die spontan das Futtertischchen aufsuchte.

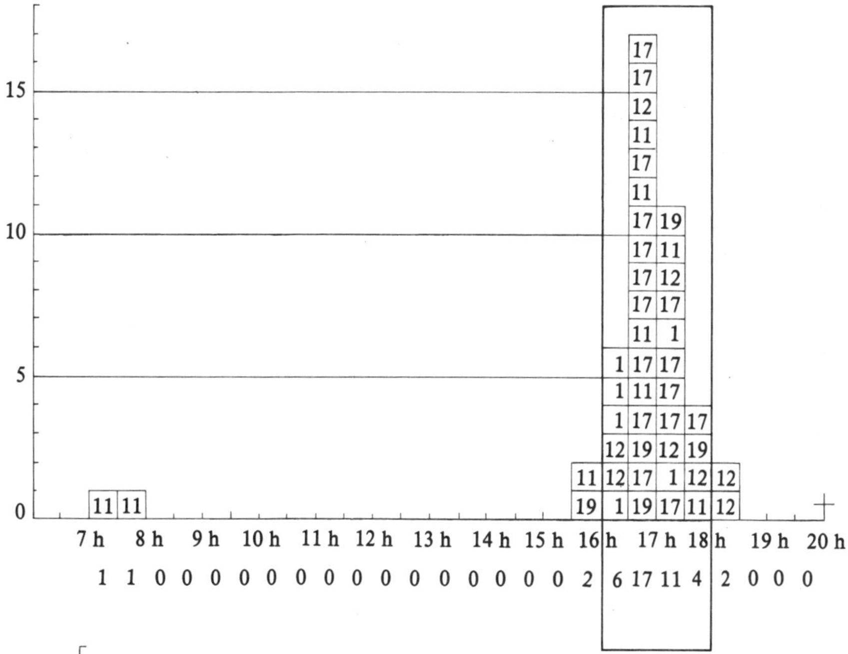

Eine Zeitdressur auf drei Fütterungszeiten ist ebenfalls möglich

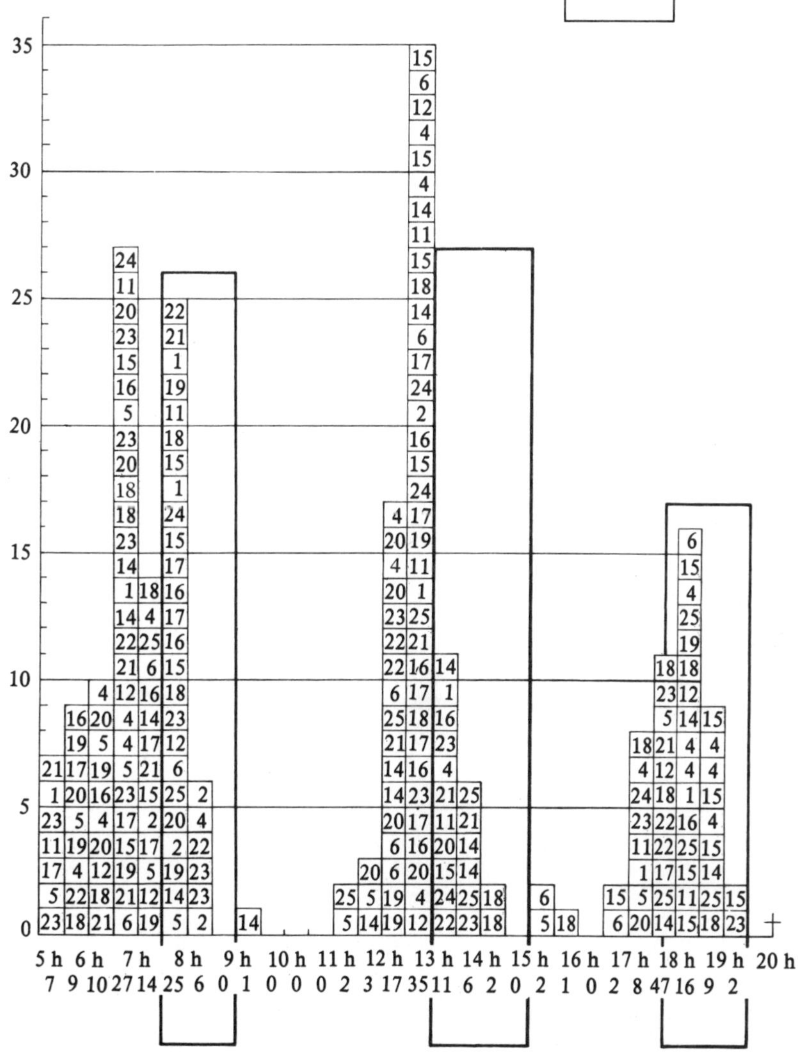

kretion der versch. Blüten-An anzuzeigen. Dies bedeutet einen ökonomischen Vorteil, weil dadurch die Sammelbienen nicht den ganzen Tag über auf Suche ausfliegen müssen, sondern ihre Tätigkeit auf bestimmte Stunden begrenzen können. Die Leistung ihres Zeitsinnes kann man in einfacher Weise in folgendem Versuch feststellen: Man füttert eine Bienenschar sechs Tage hindurch jeweils von 16–18 Uhr an einem künstl. Futterplatz mit hochkonzentriertem Zuckerwasser; am siebenten Tag bleibt der Futtertisch leer, u. man beobachtet von sechs Uhr morgens bis 20 Uhr abends, wann die zeitdressierten Bienen spontan ihren Futterplatz aufsuchen. Es ist feststellbar, daß sich die Bienen sehr genau an diese Futterzeit halten. Auch eine Dressur auf zwei od. drei Futterzeiten ist möglich. Sie merken sie sich, auch wenn man sie in einem abgeschlossenen Raum bei Dauerlicht, konstanter Temp. u. Luftfeuchtigkeit hält. Man hat aus diesen Ergebnissen auf eine «innere Uhr» der Bienen geschlossen. Diese sog. «free running period» hat man in der Zwischenzeit bei praktisch allen Pflanzen- u. Tier-An finden können, die in ihrer Aktivität eine 24-Stunden-Rhythmik od. auch eine Rhythmik nach dem Monatszyklus, andere nach einem Jahreszyklus, zeigen. Genauere Daten haben dann allerdings ergeben, daß diese sog. freilaufende Rhythmik von der 24-Stunden-Periode ein wenig abweicht – circadiane Rhythmik. Wie diese innere Uhr physiologisch gesteuert wird, ist aber noch völlig unklar. Da sie weitgehend temp.unabhängig ist, kann sie nicht dem Sanduhrprinzip entspr., d. h. einem biochemischen Ablauf zellulärer Vorgänge. Wichtig für das Verständnis der Biorhythmik ist, daß in jedem Organismus nicht nur eine, sondern viele Uhren, sog. Oszillatoren, tätig sind, von denen jeder seine eigene circadiane Rhythmik aufweist. Beim Menschen zählt man heute

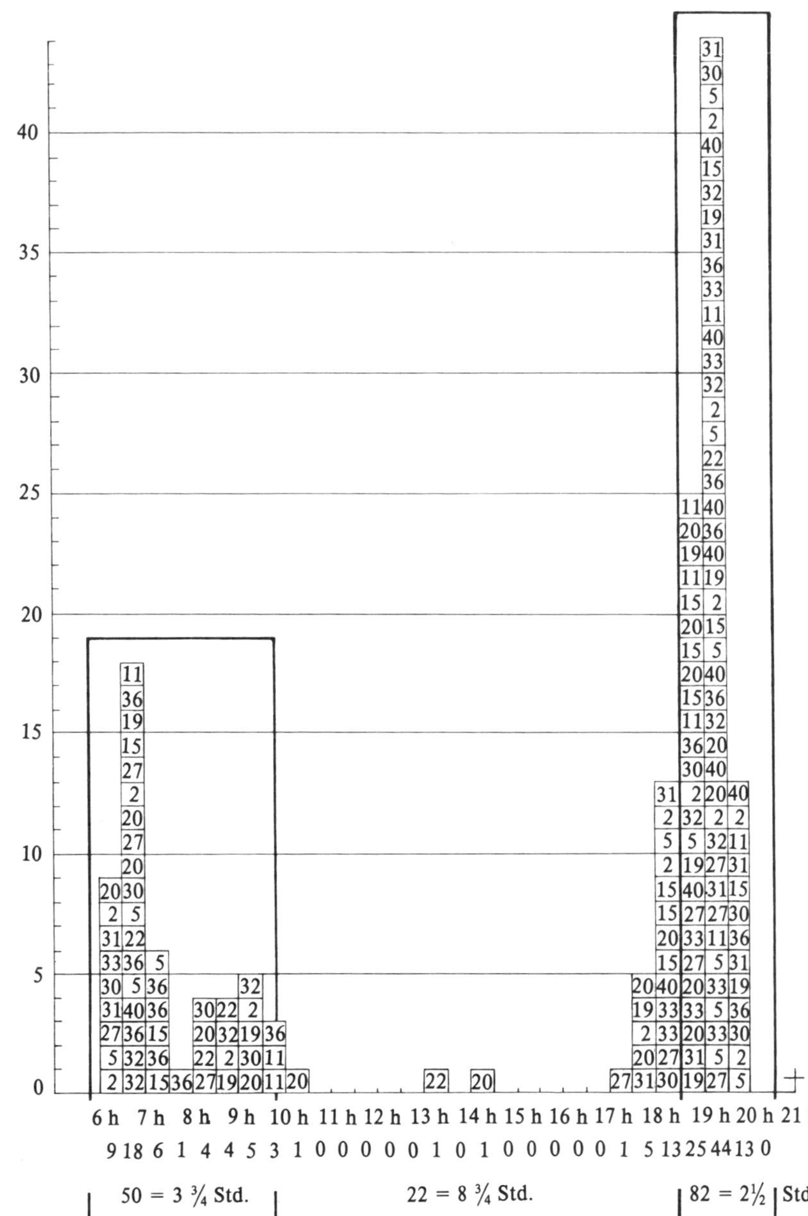

Auch eine Dressur auf zwei Futterzeiten bringt Erfolg.

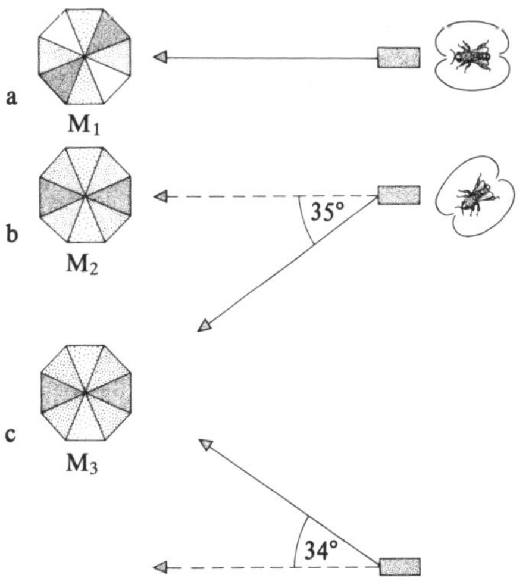

Eine Biene hat beim Flug zum Futterplatz das Polarisationsmuster M1 vor sich. Beim Tanz auf horizontaler Wabe stellte sie sich entsprechend diesem Muster ein (bei Ausschluß der Sonnensicht). Verändert man dieses Polarisationsmuster M1 durch Drehen einer Polarisationsfolie über der tanzenden Biene in das Muster M2, dann schwenkt die Tänzerin ihre Schwänzelachse um 36° nach Süden, um wieder das alte Muster vor sich zu haben. In der Tat findet man das Muster M2 34° nördlich am Himmel. Mit einem Fehler von −1° hat sich die Biene also wieder richtig auf das gewohnte Polarisationsmuster M1 eingestellt.

etwa 150 solche «private» Uhren, in der Niere allein sind es etwa 40. Da ist es nun lebenswichtig, daß diese einzelnen Oszillatoren synchronisiert werden. Das ist die Aufgabe der sog. Zeitgeber, geophysikalischer Faktoren, die allesamt mit der Erdumdrehung gekoppelt sind. Damit können sie alle Lebensabläufe dem Tag-Nacht-Rhythmus angleichen. Man denkt da natürl. zuallererst an Licht-Dunkel-Wechsel; aber Bienen lassen sich durchaus auch bei Dauerlicht in ihrer Aktivität synchronisieren. Man hat in Paris eine Bienenschar in einem geschlossenen Raum bei Dauerlicht auf eine Futterzeit von 9–10 Uhr dressiert; mit dem Flugzeug wurden sie nach New York verfrachtet u. kamen dort zur Pariser Zeit an. Welcher geophysikalische Faktor, den sie aus Paris mitgenommen haben, hat sie über die Uhrzeit informiert? Neueste Untersuchungen deuten darauf hin, daß das Erdmagnetfeld eine Rolle spielt, denn die tagesperiodischen Schwankungen weisen auf gleicher geographischer Seite gleichsinnige Perioden auf, u. damit kann man diesen periodischen Ablauf als Uhr benutzen.

4) *Magnetfeld-O.* Solange es lebende Organismen auf dieser Erde gibt, also seit etwa 2½ Milliarden Jahren, stehen diese unter dem Einfluß des Erdmagnetfeldes. In den letzten 20 Jahren mehren sich die Daten, wo-

Im kompensierten Magnetfeld sind die Tänze praktisch fehlerfrei, sie zeigen keine Tagesperiodik der Mißweisung.

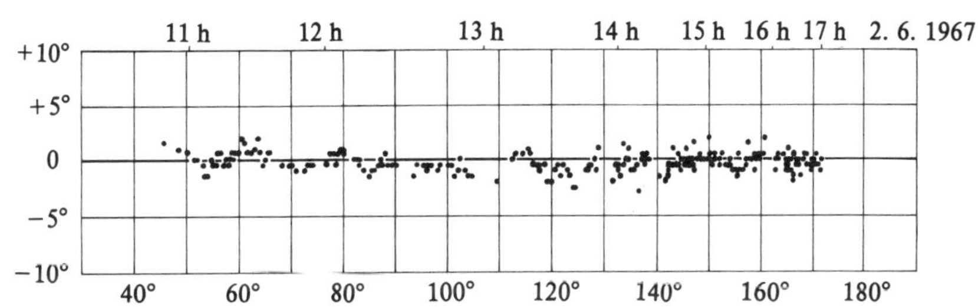

Eine Bienenschar verkehrt an einem Futterplatz im Osten. Je nach der Wabenstellung verläuft die Tagesperiodik der Mißweisung in anderem Sinne, wobei die Position der Schwänzelachse zur Inklination entscheidend ist. Jeder Punkt gibt die Meßwerte eines Tanzes als Mittelwert von 10 Schwänzelläufen an. Alle Punkte, die auf der Nullinie liegen, sind fehlerfrei. Plusabweichungen bedeuten, daß die Tanzrichtung dem Sonnenstand vorauseilt. Minusabweichung – die Tänze hinken der Sonnenwanderung nach.

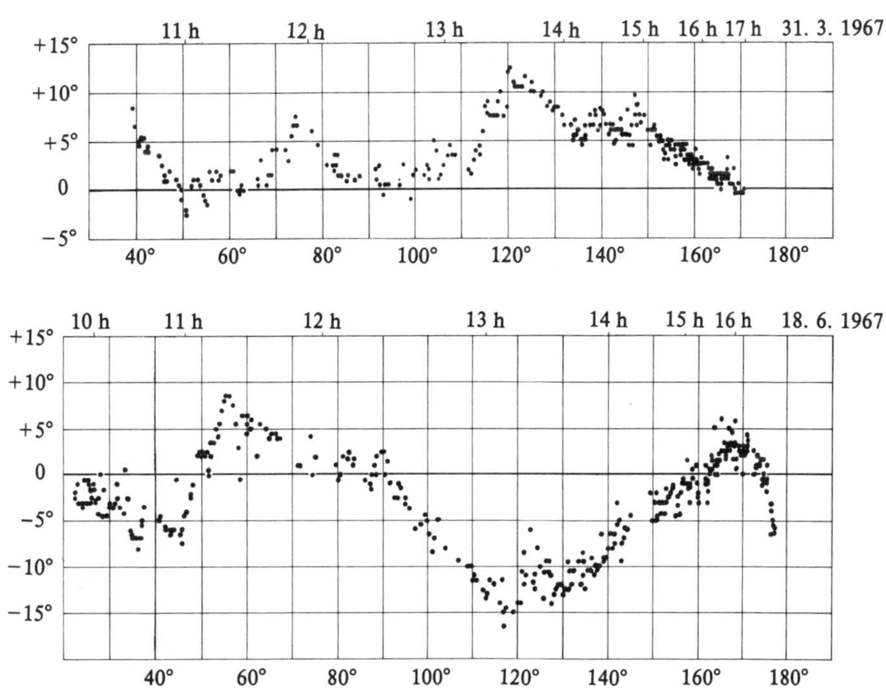

nach Individualentwicklung, Stoffwechsel, O., Biorhythmik von den Kraftfeldern des Erdmagnetfeldes beeinflußt werden. Das Erdmagnetfeld (EMF) wird aus zwei Quellen gespeist: Komplexe Induktionsströme im flüssigen Erdkern erzeugen zum einen ein konstantes Magnetfeld. Die Intensität dieses konstanten od. permanenten EMF ist am N- u. S-Pol 0,7 Oerstedt (Oe) u. nimmt stetig bis auf 0,2 Oe am magnetischen Äquator ab. Wichtig für unsere späteren Betrachtungen über die O. im Erdmagnetfeld ist, daß sowohl die Totalintensität als auch die Inklination u. Deklination für jeden geographischen Ort spezifisch sind; diese Parameter ließen sich also – entspr. Empfindlichkeit vorausgesetzt – für eine echte Navigation nutzen. – Das permanente Magnetfeld, das die Magnetosphäre der Erdoberfläche ausmacht, wird überlagert von der Aktivität der Sonne, des Mondes u. des interplanetaren Raumes. Sie bildet die Grundlage für die tagesperiodischen Schwankungen des Erdmagnetfeldes. Im wesentl. sind sie bedingt durch geschlossene Wirbelsysteme in der Ionosphäre, d. h. durch Ionisation seitens der Sonne in 100 bis 120 km Entfernung von der Erdoberfläche. Sie macht etwa 2 % des konstanten Erdmagnetfeldes aus; die durch den Mond verursachte Variation ist etwa 10 % der Sonnenvariation. Neben diesen gesetzmäßigen periodischen Schwankungen registrieren wir irreguläre «magnetische Stürme», bedingt durch die sog. Sonnenwende. Erste Hinweise über einen Einfluß des Erdmagnetfeldes auf die O. der Bienen erhielten wir durch die sog. Mißweisung: Transponieren die tanzenden Bienen den Winkel zw. Sonne u. Futterziel winkeltreu in das Schwerefeld auf der senkrechten Wabe, treten gesetzmäßige Fehler auf, die einen tagesperiodischen Gang zeigen. Diese «Mißweisung» ist durch die Stellung der Schwänzelachse zu den Kraftlinien des Erdmagnetfeldes bedingt. Verläuft die Schwänzelachse genau parallel zur Inklination, ist der Tanz fehlerfrei, ebenso wenn man mit Helmholtzspulen das Erdmagnetfeld kompensiert. Die Tageskurve der «Mißweisung» läßt sich mit dem Tagesgang der Variation des Erdmagnetfeldes in Korrelation bringen, es gilt die Funktion

$$\mathrm{Mi} = 3\mathrm{H}_2 \pm \frac{r}{2} \cdot (\mathrm{eH}_2 - \mathrm{eH}_1)^2 \cdot \lambda$$

Mi = Mißweisung
eH = Statische effektive Feldstärke = log $(\Delta F + \lambda)\ \mu \cdot \sin \alpha$
μ = Permeabilitätsfaktor
λ = Skalenfaktor
ΔF = Variation der totalen Intensität in der Zeiteinheit
r = Rayleigh-Konstante (körperspezifisch mit 0,2–0,4 einzusetzen)

Diese Befunde fordern eine bemerkenswert hohe Sensibilität der Bienen gegenüber periodischen Schwankungen des Erdmagnetfeldes. Sie liegen in einer Größenordnung von 2 γ/min. Die dynamischen Schwankungen während eines Tages betragen ja nicht mehr als 300 γ. Neueste Untersuchungen haben gezeigt, daß der vermeintlich störende Einfluß des Erdmagnetfeldes eine wichtige biologische Funktion hat, es wirkt stabilisierend gegenüber störenden Lichteinflüssen vom Flugloch her. Lediglich zur Zeit des Nulldurchganges, d. h. immer dann, wenn die Schwänzelachse genau parallel zur Inklination verläuft, ist der Tanz gegen Licht sehr störanfällig. Eine echte O. nach dem Erdmagnetfeld wurde inzwischen von vielen Autoren nachgewiesen. MERKEL, WILTSCHKO u. KEETON haben bei Rotkehlchen u. bei Brieftauben nachgewiesen, daß auch unter Ausschluß optischer O.s-Marken eine O. nach der festgelegten Zugrichtung bzw. nach dem Heimatschlag möglich ist. Auch nachts u. bei völlig

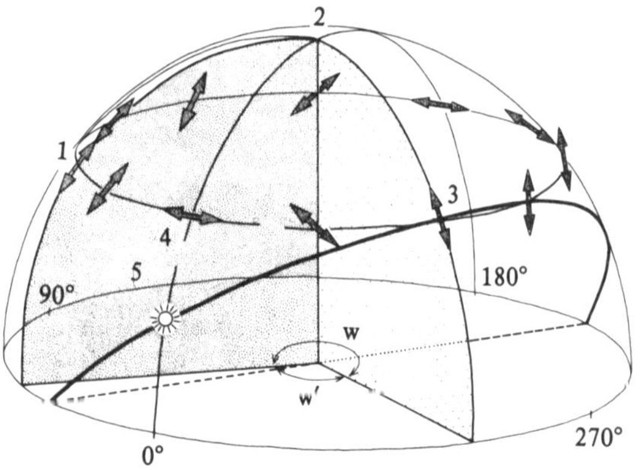

Die Polarisation des blauen Himmels von einem Beobachter von der Erde aus (vom Mittelpunkt des Kreises Omega) gesehen. ☼ Sonne, 2 Zenit, 3 Großkreis durch die Sonne, auf dem die Schwingungsrichtung des polarisierten Lichtes senkrecht steht; das gleiche gilt für den Großkreis 1; man beachte, daß die Schwingungsrichtung in 4 und 5 gleichsinnig ist; sofern also jeweils nur ein winziger Himmelsausschnitt frei bleibt, besteht Doppeldeutigkeit.

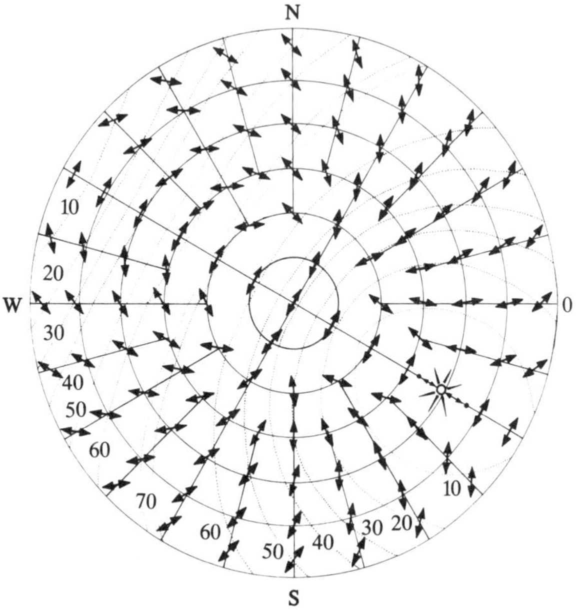

Das Polarisationsmuster des blauen Himmels; es ist gemäß der Schwingungsrichtung und der Intensität an den einzelnen Himmelsstellen gesetzmäßig um den jeweiligen Sonnenstand angeordnet und wandert mit der Sonne mit.

bedecktem Himmel ist ihre O. nicht gestört. WALCOTT u. GREEN haben Brieftauben winzige Helmholtzspulen über Kopf u. Hals gestülpt: Einer Gruppe wurde dabei Stromfluß im Uhrzeigersinn, der anderen entgegen dem Uhrzeigersinn geboten. Bei freiem Himmel waren beide Gruppen gleich gut orientiert, bei bedecktem Himmel kehrte die Gruppe mit Stromfluß im Uhrzeigersinn nach Hause, die andere flog in der Gegenrichtung ab. Eine echte O. im Erdmagnetfeld konnte man bei den Bienen in dem Sinne nachweisen, daß die tagesperiodischen Schwankungen der X-, Y-, Z-Komponenten des Erdmagnetfeldes von den Bienen als geophysikalische exogene Zeitgeber benutzt werden. Die Abb. zeigt in einem Hodograph diesen Tagesgang für die Horizontal- u. Vertikalkomponente der Totalintensität. Dieser Tagesgang ist ortsspezifisch u. bleibt von einem Tag auf den andern weitgehend gleich, sofern nicht Sonnenwinde eine radikale Störung verursachen. Auch im Laufe des siderischen Monats u. innerhalb eines Jahres ergeben sich gesetzmäßige Variationen. Im gestörten u. verstärkten Magnetfeld sind zeitdressierte Bienen desorientiert, sofern die übrigen exogenen Zeitgeber wie Licht-Dunkel-Wechsel, Temp.- u. Feuchteschwankungen wegfallen. Die Bienen sind auch desorientiert, wenn man sie von Würzburg an den Polarkreis, d. h. in eine andere geographische Breite, versetzt. Der dynamische Tagesgang der Horizontal- u. Vertikalkomponente ist je nach der geographischen Breite versch., u. die Bienen müssen sich erst innerhalb von zwei Wochen auf die neue Situation umstellen. Bei der Fülle des immer steigenden Datenmaterials über Einfluß des Erdmagnetfeldes auf Stoffwechsel u. O. der lebenden Organismen bleibt die wichtige Frage ungelöst: die nach dem Perzeptionsmechanismus. Bislang wurden keine spezifischen Magnetorezeptoren gefunden, aber einige Theorien, die die Biophysiker anbieten, seien hier als Anregung für weitere Untersuchungen angeführt:

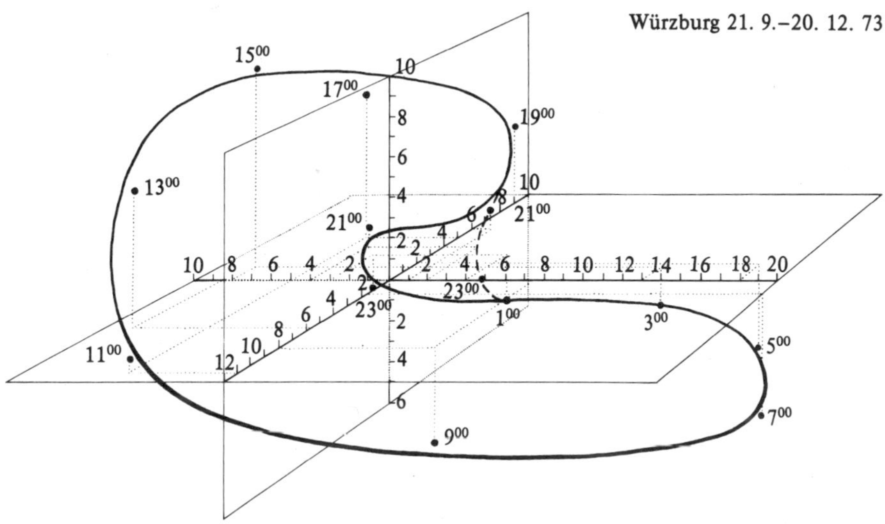

Ein Dreivektordiagramm, das die Tagesperiode der x-, y- und z-Komponente des Erdmagnetfeldes am Meßort Würzburg zeigt. Dieses Dreivektordiagramm ändert sich mit der geographischen Lage und mit der Jahreszeit.

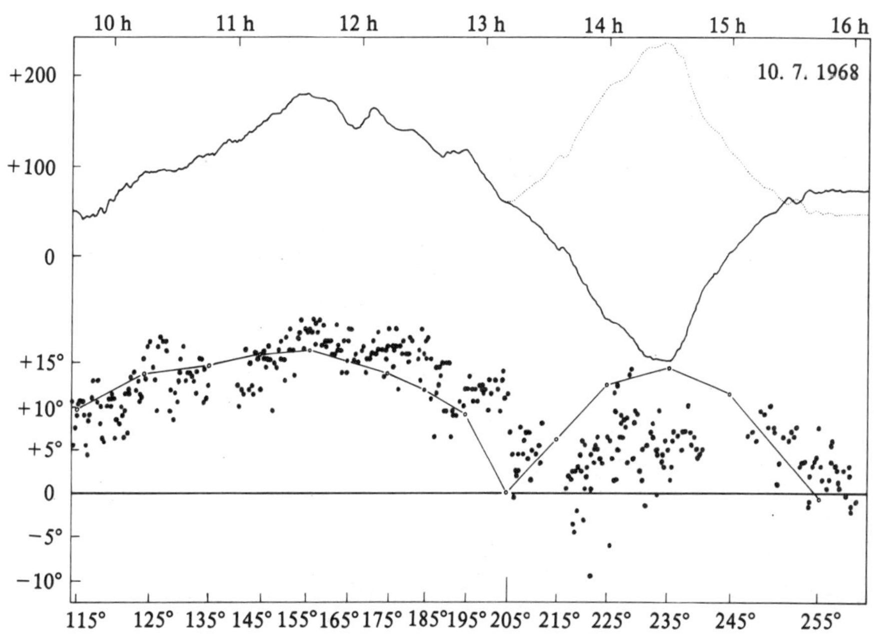

Gleichzeitig mit der Richtungsweisung im Schwänzeltanz wurde auch der Tagesgang des Erdmagnetfeldes entsprechend seiner Intensitätsänderung gemessen (obere Kurve). Die untere Kurve gibt die gemäß unserer empirischen Gleichung (s. Text) errechnete Mißweisung an. Die eingetragenen Punkte verlaufen weitgehend entlang dieser theoretischen Kurve.

RUSSO u. CALDWELL weisen darauf hin, daß Nervenfasern wie die Halbleiter für magnetische Induktion ansprechbar seien. Die Membran der Glia u. der neuronalen Faser zeigen geordnete Struktur aus flüssigen Kristallen, unterscheiden sich aber in ihren elektrischen Eigenschaften; eine Voraussetzung für Halbleitereigenschaften. Einiges Aufsehen hat in den letzten Jahren die Entdeckung von Magnetit Kristallen (FeO, FeO_3) im Abdomen ↗ der Honigbiene, in Bakterien, im Kopf der Brieftaube, in Schnecken erregt. Durch Induktion – wird gefolgert – sei eine O. im Erdmagnetfeld möglich, so bei Bakterien, bei denen der Gesamtorganismus als Ferromagnet «magnetotaktisch» reagieren könnte, ist dies durchaus einzusehen; bei den höheren Organismen vermißt man jedoch jede Verbindung zum Zentralnervensystem, wodurch erst eine geordnete O. möglich sein kann. Weitere Theorien beziehen paramagnetische u. diamagnetische Effekte ein; neuere Untersuchungen sind abzuwarten.

Origanum vulgare, Wilder Majoran, Echter Dost, Wilder Dost. A der G *Origanum* der F der Labiatae ↗. Europa. In Berg- u. Trockenwäldern, auf trockenen Hängen, Halbtrockenrasen, Äckern, in trockenen Gebüschen, Gärten, an Waldrändern, Wegrainen. Häufig. 30–60 cm hohe Staude, ausdauernd. Blüht von Juli bis Oktober. Die purpurroten Blüten stehen in rispig-trugdoldigen Blütenständen. Bevorzugt nährstoffreiche, kalkhaltige Böden. Wärmeliebend. Nektar- u. Pollenspender. Vor allem in Höhenlagen der Alpensüdtäler u. in Berglagen am Bergwiesenhonig, der aus Mischtracht von zahlreichen Wiesenpflanzen stammt, beteiligt.

Ornithogalum umbellatum L., Doldiger Milchstern. A der G *Ornithogalum* – mit 100 An in den gemäßigten, vorwiegend trockeneren Gebieten der Alten Welt bis S-Afrika verbr. – der F der Liliaceae ↗. Als Unkrautbestand auf Hackfruchtäckern, bes. in Weinbergen, seltener auch in Gebüschen; wird kultiviert. Kommt an seinen Standorten in Rudeln vor, aber insges. selten. 10–20 cm hohe Pflanze, ausdauernd. Blüht Mai bis Juni. Doldiger Blütenstand mit milchigweißen, meist grünstreifigen Blütensternen. Bevorzugt tiefgründige u. lockere Lehmböden. Nektar- u. Pollenspender, trägt aber wenig zur Honigernte bei.

Milchstern, auch «Stern von Bethlehelm» genannt

Ornithopus sativus BROT., Serradella, Großer Vogelfuß. A der G *Ornithopus* der F der Leguminosae ↗. Ursprüngl. Vorkommen atlantische Küstengebiete Spaniens u. Portugals; S-Frankreich, N-Afrika; vielerorts in W- u. M-Europa kultiviert als Futter-, vor allem als Zwischenfruchtpflanze. Aussaat auch als Stoppelfrucht mit Lupine, Senf, Buchweizen od. Phacelia. Einjährig. Blüht von Juni bis August. Rosafarbene Blüten. Für Sandböden in luftfeuchtem Klima bes. geeignet. Die O. s.-Erträge können durch Bieneneinsatz gesteigert werden. Nektar- u. Pollenspender. Innerhalb der Stoppelkleesparte (Anbau mit Rot-, Weiß- u. Inkarnatklee) nach ZANDER bienenvorteilhafteste Pflanze, da sie in den meisten Fällen zur Blüte kommt.

Österreichischer Imkerbund (ÖIB). Ein nach dem Vereinsgesetz registrierter Verein. Mitglieder sind die neun Landesverbände für Bienenzucht u. die «Vereinigung der Erwerbsimker Österreichs». Der Mitgliederstand betrug am 21. 12. 1985 insges. 29935. Die mittl. Betriebsgröße der Imkereibetriebe beträgt 17,2 Bienenvölker, der Gesamtbestand an Bienenvölkern 515000. Die organisatorische Leitung des ÖIB – Sitz Wien – obliegt dem Vorstand u. der Leitung. Der Vorstand besteht aus fünf Mitgliedern, die alle drei Jahre von der Bundesversammlung des ÖIB gewählt od. wiedergewählt werden. Die Leitung besteht aus dem Vorstand u. je einem Vertreter der Landesverbände. Ihre Aufgaben regeln die Satzungen. Aufgaben des ÖIB sind allgemein: Interessenvertretung auf der Bundesebene bei den Oberbehörden; Pflege u. Förderung der Bienenzucht in jeder Weise; Gutachten; Vorschläge u. Anträge in Rechts-, Wirtschafts-, Steuer-, Haftpflicht- u. Tariffragen; wirksamer Schutz gegen Bienenkrankheiten u. Bekämpfung derselben; Information, Aufklärung u. Ausbildung der Imker. Für die imkerliche Ausbildung stehen sechs Landesimkerschulen u. etwa 150 ausgebildete u. geprüfte Wanderlehrer zur Verfügung. – Als «verlängerter wirtschaftlicher Arm» der Fachorganisation wurde der «Verband der Österreichischen Imkergenossenschaften» gegründet. Dieser ist die Dachorganisation der sechs in den größeren Bundesländern eingerichteten Imkergenossenschaften. – In Österreich gibt es seit 1860 eine imkerliche Organisation. Als 1918 das Habsburgreich zerfiel, endete auch die Existenz des «Reichsvereins für die Bienenzucht in Österreich». 1923 wurde der ÖIB gegründet, der von 1938–1946 auf Eis gelegt, dann wieder zu neuem Leben erwachte. Das Sprachrohr des ÖIB ist der «Bienenvater» ↗.

Österreichisches Bienenzuchtmuseum Orth. Eine bienenkundliche Sammlung zeigt anhand von Lehrtafeln u. Zeichnungen die Biologie der Biene sowie die Geschichte der Bienenzucht. Versch. Korb- u. Beutenformen veranschaulichen die Entwicklung bis zur modernen Betriebsweise im Magazin. Neben geflochtenen Körben sind auch holzgeschnitzte Bienenwohnungen vorhanden. Diverse kombinierte Beuten,

Kärntner Bauernkasteln, Wiener Vereinsständer sowie moderne Bienenstöcke bis hin zur Plastikbeute vervollständigen die Sammlung. Versch. Formen von Honigschleudern u. Wachspressen verdeutlichen die Honig- u. Wachsgewinnung auch früherer Zeiten. Auch Imkereibehelfe, wie Schwarmtransportkisten, Weiselversandkäfige u. Schwarmfanggeräte sowie Weiselkästchen alter u. neuer Bauart aus Holz od. Kunststoff werden dem Besucher vorgestellt (nach W. LACK).

Östliche Honigbiene → *Apis cerana.*

Ovarien → Geschlechtsorgane.

Ovizide. Hauptsächl. auf Insekteneier wirkende Präparate mit insektizider Wirkung.

Oxo-Verbindungen. Oxydationsprodukte von phosphororganischen Verbindungen, z. B. von Thiophosphorsäureestern u. Methylparathion ↗.

Oxytetrazyklin. Antibiotikum, in einigen Ländern zur Bekämpfung der Gutartigen Faulbrut ↗ angewendet.

Paarung, kontrollierte → kontrollierte Paarung.

Paarungsvölkchen → Begattungsvölkchen.

Palynologie → Pollenanalyse.

Papaveraceae, Mohngewächse. Die F umfaßt etwa 47 Gn mit ca. 700 An. Gemäßigte u. subtropische Gebiete der nö. Hemisphäre. Krautige Pflanzen, Stauden, seltener Sträucher od. Bäume. Die zwittrigen Blüten haben einen 2–3blättrigen Kelch, 4–12 Kronblätter, 2–4 Staubblätter. Der meist einfächerige Fruchtknoten besteht i. d. R. aus zwei od. 3–5 bis 20 Fruchtblättern. Im pazifischen N-Amerika ist die G *Eschscholtzia* CHAM., von der einige An in Gärten kultiviert werden, verbr., u. auf der nö. Halbkugel findet man aus der G *Chelidonium* L. das Große Schöllkraut (*Chelidonium majus* L.) als Unkraut, beide gute Pollenspender, wobei die *Eschscholtzia*-An von Juli bis September Pollenlieferanten sind. Als Pollenspender spielt auch die im Vorderen Orient heimische G *Glaucium* MILL. eine Rolle, darunter der Rote Hornmohn (*Glaucium corniculatum* [L.] CURT.) mit orangeroten Blüten. Eine ungeheure Anziehungskraft auf Bienen hat der angebaute Schlafmohn (*Papaver somniferum* L.) aus der G *Papaver*, die mit ca. 100 An die gemäßigten Zonen der nö. Hemisphäre einschl. S-Afrika u. SO-Australien besiedelt u. aus nektarlosen Pollenpflanzen besteht, während der Feldmohn (*Papaver rhoeas* L.) nach ZANDER als Bienenpflanze keine Bedeutung hat, da sein Pollen auf Bienen lange nicht die Anziehungskraft ausübt wie der Schlafmohn. Angaben über den Jahresanteil von Mohnpollen an der Gesamtpollenernte von 8–12 % für *Papaver rhoeas* u. *P. orientale* in der Schweiz scheinen dem jedoch zu widersprechen. Das Max. der Mohntracht liegt in den Monaten Mai, Juni, wobei die Pollendarbietung mit der Blütenöffnung zw. 5–6 Uhr beginnt u. bis ca. 10 Uhr – danach ist der Pollenvorrat einer Blüte abgeerntet – anhält, mit einem Max. zw. 6–8 Uhr (60–80 % des Gesamtpollens; nach MAURIZIO u. GRAFL). Die G Lerchensporn, *Corydalis*, mit 280–300 An in N-Amerika u. Eurasien verbr., trifft man auch in mitteleurop. Buchen- u. Auenwäldern, an Gebüschen u. Hecken, z. B. den Hohlen Lerchensporn (*Corydalis cava* [L.] SCHWEIGG. et KÖRTE) u. den Gefingerten Lerchensporn (*C. solida* [L.] SWARTZ), die im zeitigen Frühjahr blaurote od. cremefarbige Blütenteppiche bilden können. Obwohl er ausgesprochene Hummelblüten hat, kann der Lerchensporn auch als Nektarspender für die Bienen wertvoll werden, wenn die Blütenröhren von den Erdhummeln *(Bombus terrestris)* angebissen worden sind. Ansonsten wird Pollen eingetragen.

Mohn wird von den Bienen gern als Pollenspender genutzt

Pappeln, *Populus* → Salicaceae.

Paradichlorbenzol. Wirkstoff mit insektiziden Eigenschaften, u. a. in Mottenbekämpfungsmitteln angewendet. Da dieser Wirkstoff in Bienenwachs gut löslich ist, sind P.-Präparate zur Bekämpfung von Wachsmotten nicht geeignet (Mottenpulver ↗).

Paralyse. Gruppe von Virusinfektionen der ad. Bienen, meist von Mai bis Ende Juli auftretend, z. T. schwere Verluste an Bienenvölkern hervorrufend. Das Krankheitsbild ist dem der Maikrankheit ↗ u. Schwarzsucht ↗ ähnl., es bestehen auch ätiologische Beziehungen zur Schwarzsucht u. zur sog. Waldtrachtkrankheit ↗. Kranke Bienen zeigen Lähmungserscheinungen, Flügelzittern, Flugunfähigkeit, erleiden stärkeren Haarverlust, besitzen einen aufgetriebenen Hinterleib u. sterben ab. Kranke Bienen mit Lähmungserscheinungen werden mitunter von gesunden Bienen auf dem Flugbrett angegriffen, benagt u. abgewiesen.

Blüte des Schlafmohns

Dabei können ihnen die Haare auf dem Hinterleib abgescheuert werden, so daß die kranken Bienen kahl, haarlos, schwarz u. scheinbar kleiner erscheinen. Solche Bienen werden dann oft auch als «schwarzsüchtig» bezeichnet. Der Zusammenhang dieser Krankheitssymptome mit der chronischen Paralyse ↗ gilt als erwiesen. BAILEY sieht die sog. Waldtrachtkrankheit u. die Schwarzsucht als zwei Typen der P. an, die beide durch das Virus der chronischen P. hervorgerufen werden. Wirksame P.-Heilmittel sind nicht bekannt. Gelegentl. wird von Behandlungserfolgen mit Biovetin u. Oxytetrazyklin berichtet. Mit züchterischen Maßnahmen war es möglich, nach 3–4 Generationen eine erhöhte Resistenz u. geringere Anfälligkeit der Bienenvölker gegenüber P. zu erreichen. Spez. Behandlungsmaßnahmen sind z. Z. nicht bekannt. S. auch akute Paralyse.

Paralyse, akute → akute Paralyse.

Paralyse, chronische → chronische Paralyse.

Parasit. Lebewesen, das sich vorübergehend od. dauernd auf od. in einem Wirtsorganismus aufhält u. sich von dessen Leibessubstanz od. Körpersäften ernährt: Endoparasit ↗, Ektoparasit ↗.

Parasitose. Krankheitsbezeichnung für einen Befall mit Parasiten ↗: Acarapidose ↗, Amöbiose ↗, Nosematose ↗, Varroatose ↗.

Parathion. Verbindung mit insektizider Wirkung, durch seine unterschiedl. funktionellen Gruppen können Wirkstoffe mit verschiedenartigen Wirkungen abgeleitet werden (Methylparathion ↗, E605 ↗).

Parathion-Äthyl (E605). Chemische Bezeichnung: 0,0-Diäthyl-0-(4-nitrophenyl)-thiophosphat

Parathion-Methyl. Chemische Bezeichnung: Thiophosphorsäure-0,0-dimethyl-0,4-nitrophenylester

Parathion-Methyl → Methylparathion.

Park- u. Grünanlagen. Hierzu werden neben der Parkbienenweide nach ZANDER noch die Stadt- u. Landstraßenbäume gerechnet. Es ist nicht entscheidend, wie groß die P. u. G. sind, sondern welche Pflanzen dort wachsen. KEGLER wies schon 1961 auf die Bedeutung der Großstadt als Bienenterritorium hin. Die zunehmende Urbanisierung wird auch zu einem Zunehmen der P. u. G. führen. Robinie (*Robinia pseudacacia* ↗), Sophore (*Sophora japonica* ↗), Roßkastanie *(Aesculus hippocastanum)* u. die versch. An der Linde, Sommerlinde (*Tilia platyphyllos* ↗), Winterlinde (*T. cordata* ↗), Silberlinde (*T. tomentosa* ↗), Holländische Linde (*T.* x *vulgaris* ↗), sind bienenfreundliche Baum-An u. werden ± gut von den Bienen – natürlich auch in Abhängigkeit von der Witterung – beflogen. Nähere Angaben über den Trachtwert s. einzelne

Rhododendron spec. Gartenform

Baum-An. Gute Honigpflanzen mit Zierwert sind Berg- (*Acer pseudoplatanus* ↗) u. Spitzahorn (*A. platanoides* ↗), der Götterbaum (*Ailanthus altissima* ↗), der Judasbaum (*Cercis siliquastrum* ↗), der Seidelbast (*Daphne mezereum* ↗), *Erica*-An, der Tulpenbaum (*Liriodendron tulipifera* ↗), die Trauerweide (*Salix alba* var. *vitellina pendula* ↗) usw. Die meisten angepflanzten Rhododendron-An u. auch Azaleen haben für die Bienenzucht keine Bedeutung. Von Juni bis September wird auch die Waldrebe (*Clematis vitalba* ↗) von den Bienen gern besucht, u. der Efeu (*Hedera helix* ↗), der erst in höherem Alter blüht, liefert wertvollen Herbstpollen. Auch an Hecken von Lebensbaum (*Thuja occidentalis*) beobachtete ZANDER des öfteren Beflug auf Tauhonig. Neben den frühblühenden Zwiebelgewächsen wie Schneeglöckchen (*Galanthus nivalis* ↗), Märzenbecher (*Leucojum vernum* ↗), Sternhyazynthe (*Scilla bifolia* ↗) u. Schneeglanz (*Chiohodoxa luciliae* ↗) sei noch von den Hahnenfußgewächsen der Winterling (*Eranthis hyemalis* ↗) genannt, die auch in Steingärten zu finden sind, u. a. neben dem Blaukissen (*Aubrieta deltoides* ↗), der Gänsekresse (*A. caucasica* WILLD.), den versch. Formen von *Thymus serpyllum* u. den Fetthennen-An *(Sedum)*, die ebenfalls für die Bienenzucht eine wichtige Rolle spielen, ebenso wie einige Stauden-An u. Zierhecken. In feuchten Parkanlagen findet man den Bärenlauch (*Allium ursinum* ↗) – auch in lichten Auenwäldern –, der recht gut beflogen ist.

Pars intercerebralis. Abteilung des Insektengehirns, die zw. den Protocerebralloben liegt, wo die Hauptmenge von neurosekretorischen Zellen ↗ des Gehirns angehäuft ist. Die Zellengruppen des P. i. bilden sich bei der Bienenlarve im Laufe des ersten u. des zweiten Stadiums als Ergebnis der Tätigkeit von Neuroblasten. Die Axone wachsen von den Zellkörpern der neurosekretorischen Zellen aus u. bilden innerhalb des Gehirns das Chiasma: bei Weisellarven am Ende des zweiten Stadiums od. am Anfang des dritten Stadiums, bei Arbeiterinnenlarven am Anfang des vierten Stadiums. Die färbbare neurosekretorische

Rhododendron spec. Gartenform

Substanz tritt bei Weisellarven einige Stunden nach der Häutung zum vierten Stadium auf u. bei Arbeiterinnenlarven ungefähr einen Tag später, d.h. am Ende des vierten Stadiums. Bei den Imagines (Imago ↗) bilden die neurosekretorischen Zellen der P. i. einen schmalen Gewebestreifen, der seitwärts zw. dem Neuropilem der Protocerebralloben u. von oben durch die inneren Becher der Pilzkörper zusammengepreßt ist. Die Axone der neurosekretorischen Zellen bilden ein einheitl. Bündel, das dorsal in zwei Wurzeln von Nervi corporis cardiaci geteilt wird. Die Anzahl u. die Größe der Zellen sind bei Individuen aller drei Bienenwesen ähnl., der Inhalt des neurosekretorischen Materials in den Zellen nimmt aber in der Reihe Arbeiterinnen – Weiseln – Drohnen ab. Bei Arbeiterinnen sind die neurosekretorischen Zellen der P. i. bei Trachtbienen max. mit Sekret gefüllt, bei Altbienen u. während der Winterzeit min. Die Überführung der Winterbienen in eine wärmere Umgebung ruft eine Steigerung des Sekretinhalts in den Zellen hervor. Bei Altweiseln erleiden die neurosekretorischen Zellen der P. i. eine amyloide Degeneration. Werden die Arbeiterinnen vereinzelt gehalten, nimmt die Sekretmenge in den Zellkörpern ab. Die Anwesenheit der Weisel unterdrückt die Aktivität der neurosekretorischen Zellen bei Arbeiterinnen, das exogene Juvenilhormon ↗ fördert ihre Tätigkeit. Man unterscheidet kleinere neurosekretorische Zellen vom A-Typ, die mit einer großen Menge des Neurosekrets angefüllt sind u. in der P. i. etwas ventraler liegen, sowie vier dor-

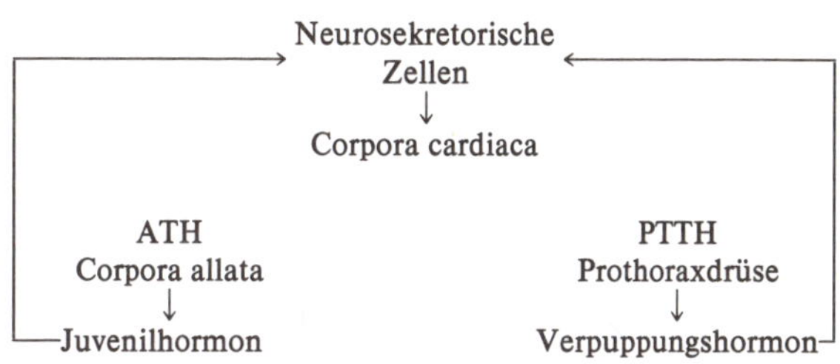

sale größere Zellen mit weniger Neurosekret. Die letzteren scheinen den M2-Zellen anderer holometaboler Insekten zu entsprechen. Die elektronenmikroskopische Aufnahme von neurosekretorischen Zellen der P. i. zeigt elektronendichte Granula mit einem durchschnittl. Durchmesser von 150 µm. Die P. i.-Zellen beteiligen sich anscheinend an der Bestimmung von Kastenmerkmalen, bei der Tätigkeit der Arbeiterinnen sowie an versch. metabolischen Vorgängen während der Entwicklung der Biene.

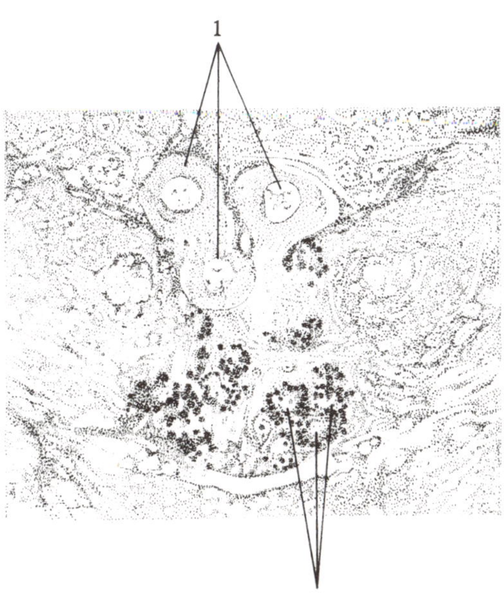

Neurosekretorische Zellen in der Pars intercerebralis einer in der Natur gefangenen Trachtbiene. 1 große neurosekretorische Zellen, 2 kleine neurosekretorische Zellen

Parthenocissus quinquefolia (L.) PLANCH., Wilder Wein. A der G *Parthenocissus* der F der Vitaceae ↗. In den öst. USA von New York, Ohio, Indiana, sü. bis Florida, we. bis Missouri u. Texas beheimatet, in Europa eingeführt u. als Ziergehölz gepflanzt. Zum Überziehen von Wandflächen, Zäunen gut geeignet. Der hoch kletternde Strauch blüht im Juli/August meist in großen, endständigen Rispen. Anspruchslos. Nektar- u. Pollenspender.

Parthenocissus tricuspidata (SIEB. et ZUCC.) PLANCH. A der G *Parthenocissus* der F der Vitaceae ↗. Aus Japan, M-China u. Korea stammend, viele Sorten auch in Europa in Kultur. Selbstklimmend, hält sich an Wänden, Felsen u. Bäumen vollkommen flach u. fest an. Meist winterhart, gute Wandbekleider für warme Wände u. etwas geschützte Lage. Blüht Juni/Juli. Grüne, unscheinbare Einzelblüten, vierzählig mit vier Nektarien, die als Verdickungen am unteren Teil des Fruchtknotens sitzen. Nektar- u. Pollenspender. Wird stark von Bienen beflogen. Die Nektarsekretion beträgt in 24 h pro Blüte 0,9–2 mg bei einer Nektarkonzentration von 29–67 % Zucker u. einem Zuckerwert von 0,5–0,6 mg (nach MAURIZIO u. GRAFL).

Parthenogenese. Jungfernzeugung. Die Entstehung von Drohnen aus unbefruchteten Eiern der Weisel,

Pestwurz. Riesengebirge

unabhängig von ihrer Belegung ↗, in weisellosen Situationen auch aus den von Arbeiterinnen (Drohnenmütterchen) abgelegten Eiern.

Paschkebeute. Eine in bes. Maße auf Wärmeisolierung u. Futterersparnis ausgerichtete Blätterbeute mit Doppelboden. In die Vorder- u. Seitenwände sind mehrere Lagen Aluminiumfolie eingesetzt (Wärmedämmung ↗). Die Wabenrahmen sind mit den auch für Querbau erforderlichen Abstandvorrichtungen versehen. Die P. wurde in Freudenstein- u. Normalmaß mit zehn od. zwölf Waben je Raum hergestellt. Als Baugelegenheit wird im Brut- u. Honigraum das hier zum ersten Mal eingesetzte Baurahmenfenster ↗ verwendet.

Paschkemeißel. Spez. für das Arbeiten mit Blätterbeuten entwickeltes, mit Griff etwa 60 cm langes Werkzeug. Mit dem P. lassen sich erforderlichenfalls durch die Wabengassen hindurch die Waben an der Vorderwand der Beute richten.

Passer. Individuen von zwei od. mehreren Linien, die miteinander eine nachgewiesene Kombinationseignung ↗ besitzen. Die Manifestation des spez. Zuchtwertes ↗ zweier Eltern (od. Linien) in ihren Nachkommen ↗ wird als P.-Effekt bezeichnet. Die Leistungsprüfung ↗ zur Ermittlung von P.n ist die P.-Kontrolle; die P.-Paarung ist die Paarung von P.n.

Pastinak, *Pastinaca sativa* → Umbelliferae.

Pericystis. Alte Bezeichnung für Ascosphaera ↗.

peripheres Nervensystem → Nervensystem.

Periplasma → Ei.

peritrophische Membranen → Darmkanal

Perizin – Systematisch (über Haemolymphe) wirkendes Varroamittel. Wirkstoff Coumaphos.

Persische Biene, *Apis mellifera persica* → Rassen der Westlichen Honigbiene im Mittl. Orient.

Pestilyzer. Automatisierte Einrichtung zur Bestimmung von Pestizid-Rückständen ↗.

Pestizide. Chemische Präparate gegen Schaderreger, dazu gehören alle Pflanzenschutzmittel ↗ u. Schädlingsbekämpfungsmittel ↗.

Petasites hybridus (L.) GAERTN., MEY. et SCHERB., Rote Pestwurz. A der G *Petasites* der F der Compositae ↗. Vor allem M-Europa. Bes. an Auenstandorten. Staude. Blüht März/April. Rote Blüte. Nektar- u. Pollenspender (Pollenhöschenfarbe weißlich).

Petersbart → *Geum reptans.*

Pfefferminze → *Mentha* x *piperita* → Labiatae.

Pferdebohne → *Vicia faba* → Leguminosae.

Pfirsich → *Prunus persica* → Rosaceae.

Pfirsichblättrige Glockenblume → *Campanula persicifolia.*

Pfirsichblättriger Knöterich, *Polygonum persiaca* → Polygonaceae.

Pflanzenschutzamt. In vielen Ländern staatliche Einrichtung zur Organisation des Pflanzenschutzes. Es werden Schaderregerüberwachungen durchgeführt, die Schaderregerprognosen erarbeitet u. Bekämpfungshinweise für die Anwender gegeben.

Pflanzenschutzgesetz. Gesetzliche Regelungen zur Organisation u. Durchführung von Pflanzenschutzmaßnahmen.

Pflanzenschutzmittel. Alle Präparate zur Bekämpfung tierischer, pilzlicher u. pflanzl. Schaderreger der Kulturpflanzen.

Pflanzenschutzmittelverzeichnis. Ständig aktualisiertes Verzeichnis aller Präparate, die zur Anwendung als Pflanzenschutz- u. Schädlingsbekämpfungsmittel, zur Steuerung biologischer Prozesse u. als Holzschutzmittel zugelassen sind. Haben in den meisten Ländern verbindlichen Charakter, d. h., die darin enthaltenen Angaben sind bei der Anwendung einzuhalten, damit die beabsichtigte Wirkung ohne schädigende Nebenwirkungen erzielt wird.

Pflaume → *Prunus domestica* → Rosaceae.

Pflegebienen → Pflegevolk.

Pflege- und Vorbeugemaßnahmen → bienenwirtschaftlich-imkerliche Maßnahmen.

Pflegevolk. Die Aufzucht der Weiselzellen erfolgt im P. Die Qualität der späteren Weiseln ist weitgehend von der Pflege abhängig. Nicht jedes P. ist für die Aufzucht von Weiseln geeignet; es muß gesund, brutfreudig, stark, in Pflege-(Zucht-)Stimmung sein u. viele Ammen-(Pflege- ↗)Bienen enthalten. Ein P. muß entspr. vorbereitet werden u. bei Zuchtbeginn auf jeden Fall zwei Räume mit je 10 Waben gut besetzen u. über mindestens 10 Brutwaben verfügen. Auch ein großer Sammelableger aus überschüssigen Brutwaben mit vielen Jungbienen eignet sich als P. Zu empfehlen ist eine Reizfütterung mit Honiglösung, vor allem, wenn ungünstige Trachtverhältnisse vorliegen. Völker in aufsteigender Entwicklung u. mit alten Weiseln pflegen besser als Völker mit jungen Weiseln u. solche, die bereits in Schwarmstimmung sind od. ihren Entwicklungshöhepunkt überschritten haben. Die Pflegestimmung u. die Anzahl der angenommenen Zellen ist auch genetisch bedingt. I. d. R. eignen sich Reinzuchtvölker weniger, dagegen sind vitale Wirtschaftsvölker mit standbegatteten Weiseln häufig gute Pfleger. In einigen Zuchtbetrieben wird mit schwarmlustigen Heidevölkern gearbeitet.

Phacelia tanacetifolia BENTH., Rainfarnblättriges Büschelschön. A der G *Phacelia* der F der Hydrophyllaceae ↗. Mitte vorigen Jh.s aus Kalifornien eingeführt. Früher nur Bienenweide, jetzt auch Futterpflanze. Kann als tagneutrale Pflanze zu allen Jahreszeiten bis Ende August ausgesät werden. Blüht je nach Aussaat Juni bis Ende September. Blauviolette Blüten in ährigen Wickeln. Anspruchslos, auf frischen, lehmigen Sandböden aber bes. gut gedeihend. Nektar- u. Pollenspender. Der Honigwert von P. t. wird auf 214–496 kg/ha geschätzt.

phänologische Beobachtungen. Die Phänologie beschäftigt sich mit den Zusammenhängen zw. der jährl. Entwicklung der Pflanzen u. der Witterung. Den Imker interessieren in dieser Hinsicht vornehmlich die Blühtermine u. die -dauer der Trachtpflanzen. Die jährl. Schwankungen in der Entwicklung der Pflanzen sind im Frühjahr am größten, nehmen zum Sommer hin ab u. zum Herbst hin wieder etwas zu. Für den Imker ist wichtig zu wissen, daß eingetretene Verzögerungen in der Entwicklung durch einen langanhaltenden Winter od. Kälteeinbrüche im Frühjahr die Pflanzen in Tagen aufholen, wozu die Bienen Wochen benötigen. Durch Beobachtungen u. Aufzeichnungen kommt man zu langjährigen Mitteln ↗. Da sich aus den aufgezeichneten Daten aber nicht ohne weiteres arithmetische Mittel bilden lassen, werden sie in Tage nach Jahresbeginn um- u. der erhaltene Mittelwert wieder in ein Datum zurückgerechnet. Bezieht man in die Beobachtung nicht nur die Tracht-, sondern auch andere im Umkreis des Bienenstandes blühende Pflanzen ein, kann man nach einigen Jahren aus den jeweils festgestellten Verfrühungen od. Verspätungen früher blühender Pflanzen ziemlich genau auf den voraussichtlichen Blühtermin einer Trachtpflanze schließen.

Phänotyp. Erscheinungsbild eines Individuums als Ergebnis des Zusammenwirkens genetischer u. nicht genetischer Faktoren. Somit hängt die Ausbildung des P.s vom Idiotyp ↗ u. der Umwelt ab, wobei der Idiotyp die Reaktionsnorm, die Umwelt die Position des Organismus innerhalb der Grenzen der Reaktionsnorm bestimmt. In der Bienenzüchtung spielt die Untersuchung des P.s der Körper- ↗ u. der versch. Leistungsmerkmale ↗ eine Rolle, wobei die Körpermerkmale weitgehend genotypisch bedingt, die Leistungsmerkmale stark umweltbeeinflußt sind.

Pharynx → Darmkanal.

Phazelie, *Phacelia* → Hydrophyllaceae.

Phellodendron amurense RUPR., Amurkorkbaum. A der G *Phellodendron* – mit 10 An im gemäßigten od. subtropischen Klima O-Asiens beheimatet – der F der Rutaceae ↗. N-Mandschurei, N-Mongolei, in den Stromniederungen u. Auenwäldern des Amurgebietes. Als Park- u. Straßenbaum geeignet. Der bis 15 m hohe Baum blüht Mitte Juni. Die kleinen Blüten stehen in behaarten, bis 12 cm langen Rispen. Liebt frischen Boden. Nektar- u. Pollenspender. Nach Untersuchungen von PROGUNKOW (1975) spielt P. a. als nektarliefernde Pflanze eine wichtige Rolle für Bienen im Fernen Osten. Sichert dort neben Linde, Ahorn u. einigen Weide-An den größten Nektarertrag von den höheren Nektarpflanzen. Auch ZANDER empfiehlt ihn zur Bienenweideverbesserung für mitteleurop. Park- u. Zieranlagen.

Pheromon. Stoffe, die von einem Individuum einer A produziert, in einem anderen Individuum der gleichen A einen Einfluß ausüben (nach KARLSON, BUTENANDT u. LÜSCHER, 1959). Wie bei Hormonen (die aber ihre Wirksamkeit innerhalb des produzierenden Individuums entfalten) handelt es sich um winzige Mengen. P.e werden nach ihrer Funktion unterschieden: *Sexual-P.e* verdunsten häufig nur langsam von der Körperoberfläche u. wirken meist über größere

Die Drüsen der Honigbiene (Fortsetzung nächste Seite)

Lage der Drüsen im:	*Bezeichnung der Drüsen*	*vorhanden bei: Weisel*	*Arbeiterin*	*Drohn*	*Aufgabe*
Kopf-Abschnitt	1. *Oberkieferdrüsen* (Mandibulardrüsen)	++	+	Rd.	Weisel: Königinnensubstanz (Pheromone I+II) Arbeiterin: Wachsverarbeitung
	2. *Futtersaftdrüsen* (Pharynx-/Schlund-/Milchdrüsen)	Rd.	++	±	Arbeiterin: Futtersäfte für die drei Bienenwesen/verschiedene Fermente
	3. Von den *Speicheldrüsen* (Labial-/Hinterkieferdrüsen) der Drüsenast im Kopf:				
	3. a) *Kopfspeicheldrüsen* (Postcerebraldrüsen)	+	++	++	Weisel: unbekannt Arbeiterin: fetthaltiges Sekret zu Bauzwecken Drohn: in Abklärung
	4. *Wangendrüsen* (Postgenaldrüsen)	?	+	?	Arbeiterin: unbekannt
Brust-Abschnitt	3. b) *Brustspeicheldrüsen* (Thorakaldrüsen)	+	++	+	Arbeiterin: wässeriges Sekret zur Auflösung von Honig und Bespeichelung der Brutzellen Weisel und Drohn: unbekannt
	5. *Arnhardtsche Fußdrüsen*	+	+	+	Weisel, Arbeiterin, Drohn: Vergrößerung des Haftvermögens/evtl. Fußabdruck-Pheromon

Strecken erregend; *Alarmierungs-P.e* (Gefahrenalarmierung ↗) erreichen vor allem den nahen Empfänger in kürzester Zeit u. sind, ist die Gefahr vorüber, schnell wieder verschwunden. Bei der Markierung vom Nesteingang, z. B. bei solitären Bienen, dürfen abgesetzte P.-Tröpfchen auch nur sehr langsam verdunsten, damit eine heimkehrende Biene ihr eigenes Nest wiederfindet. Bei der Königinnensubstanz ↗ findet eine Übertragung vor allem durch Berührung statt. Alle P.e werden von Hautdrüsen ↗ abgegeben.

Philanthus → Bienenwolf.

Phloemsaftzusammensetzung. Phloemsaft ist eine wäßrige, klare u. meist farblose Flüssigkeit mit einem Gehalt an Trockensubstanz von 5–30% (Mittel 15–25%), einem Aschengehalt von 1–3% des Trockengewichts u. einem *p*H-Wert von 7,3–8,7. Er fließt in den Siebröhren der Pflanzen entlang; bei den Nadelgehölzen besteht dieses Leitungssystem aus Siebzellen. Im Phloemsaft werden sowohl Assimilate aus den Blättern (bzw. Nadeln) abtransportiert als auch im Wasser gelöste Nahrungsstoffe in der Pflanze verteilt. Im Siebröhrensaft sind in erster Linie Kohlenhydrate, aber auch Stickstoffverbindungen, Fette, organische Säuren, Nucleinsäuren, Mineralstoffe, pflanzl. Hormone u. Fermente enthalten. *Kohlenhydrate:* Bis zu 90% der Trockensubstanz machen versch. Zuckerarten aus. Saccharose (Rohrzucker) ist die wichtigste Zuckerart, die höhermolekularen Zucker (Oligosaccharide) sind in geringerer Menge vorhanden, der Anteil der Einfachzucker (Fructose, Glucose) ist im allgemeinen niedrig. Je nach Jahreszeit treten zusätzl. Zuckerarten auf. *Stickstoffverbindungen:* Im Phloemsaft sind Eiweißstoffe (Proteine), Aminosäuren u. Amide (vor allem Glutaminsäure, Glutamin, Asparaginsäure, Asparagin) enthalten. Der Stickstoffgehalt (Gesamtstickstoff 0,03–0,27%) u. das Spektrum der Stickstoffverbindungen zeigen jahreszeitl. Schwankungen, der Stickstoffgehalt ist im Frühjahr u. Herbst am höchsten (Lachnidenentwicklung ↗). Bei Laubbäumen wurden im Phloemsaft Harnstoffderivate nachgewiesen. *Andere Verbindungen:* Regelmäßig sind organische Säuren (Zitronen-, Wein-, Oxal-, Fumar-, Apfel-, Glutarsäure), in geringeren Mengen Mineralstoffe (Kalium, Natrium, Magnesium), Phosphate (Adenosin-Triphosphat, ATP), Nitrate u. Spurenelemente enthalten. In Laubbäumen gelang der Nachweis von Fettstoffen u. Nucleinsäuren. Auch sind Vitamine (Thiamin, Nicotinsäure, Pantothensäure, myo-Inosit, Ascorbinsäure, Pyridoxin, Riboflavin, Biotin, Folsäure), bei Laubbäumen Phytohormone, Gibberillin sowie Cytokinin u. in Nadelbäumen saure Phosphatasen im Phloemsaft zu finden.

Phospholipase A_2 → Bienengift.

phosphororganische Verbindungen. Chemische Substanzen mit Phosphor als zentralem Atom, zum größten Teil biologisch wirksam u. in Pflanzenschutzmitteln genutzt. Werden in folgende Gruppen unterteilt: Phosphinester, Phosphonsäureester, Phosphorsäureester, Thiophosphorsäureester, Dithiophosphorsäureester ↗ u. Pyrophosphorsäureester.

Fortsetzung zu Drüsen der Honigbiene von vorhergehender Seite

Lage der Drüsen im:	*Bezeichnung der Drüsen*	*vorhanden bei:* Weisel	*Arbeiterin*	*Drohn*	*Aufgabe*
Hinterleibs-Abschnitt	6. *Rektaldrüsen*	+	+	+	Weisel, Arbeiterin, Drohn: Regulierung des Wasser- und Mineralstoffhaushaltes
	7. *Duftdrüsen:*				
	7. a) *Duftdrüsen der Arbeitsbienen* (Nassanoffsche Drüsen)	–	++	–	Arbeiterin: Markierungsduft (Pheromon)
	7. b) *Tergittaschendrüsen* (Dermal-/Rückenschuppendrüsen)	++	–	–	Weisel: Duftstoff während Brunst, vermutlich Aphrodisiakum
	7. c) *Stachelkammerdrüsen* (Koshevnikovsche- oder Plattendrüsen)	+	+	–	Weisel: Lockduft: für Arbeiterin in Schwarmphase; für Drohn auf Drohnensammelplatz Arbeiterin: unbekannt
	7. d) *Duftdrüsen der Drohnen*	–	–	+	Drohn: unbekannt
	8. *Wachsdrüsen*	–	++	–	Arbeiterin: Wachsproduktion
	9. *Giftdrüsen:*				
	a) große, saure Giftdrüse	+	+	–	Weisel: Stachelgift Arbeiterin: Stachelgift
	b) alkalische/Dufour-Drüse	+	+	–	Weisel und Arbeiterin: ungewiß
	c) Stachelscheidendrüsen	+	+	–	Weisel und Arbeiterin: ungewiß
	10. *Samenblasen- oder „Y"-Drüse* (Spermathekendrüse)	+	–	–	Weisel: Mobilisierung der Samenfäden
	11. *Schleimdrüsen*	–	–	+	Drohn: Schleimpfropf des Begattungszeichens

+ vorhanden ++ deutliche Entfaltung ± Vorhandensein der Drüse umstritten Rd. Rudiment einer Drüse ? noch nicht abgeklärt

Phosphorwasserstoff. Gasförmige Verbindung, wird zur Bekämpfung von Vorratsschädlingen u. von Schadnagern eingesetzt. Anwendung meist in Form von Aluminiumphosphidtabletten, die unter Einwirkung der Luftfeuchtigkeit P. abgeben. – Stark giftige Substanz, Anwendung nur mit bes. Erlaubnis.

Photoperiode, Tageslänge. Wechsel zw. Hell- u. Dunkelphase im tägl. 24-Stunden-Rhythmus. Bei > 12 Stunden Licht pro Tag herrscht Langtag, bei weniger als zwölf Stunden Kurztag. Die sich im Verlauf des Jahresganges mit astronomischer Präzision ändernde P. wirkt als Zeitgeber für spezifische tierische Verhaltensweisen u. physiologische Prozesse bei Tieren u. Pflanzen sowohl im Tages- als auch im Jahresrhythmus. Das Geschehen im Bienenvolk wird ebenfalls durch die P. beeinflußt. Die tägl. Wiederholung eines sich nur langsam ändernden Hell-Dunkel-Rhythmus führt z.B. zur Synchronisation von Nektarsekretion u. Sammelflügen. Auch greift die P. in die physiologische Steuerung beim Entstehen langlebiger Winterbienen ↗ ein. So vergrößert sich mit abnehmender P. im Spätsommer der Fettkörper ↗ bei Arbeitsbienen, u. sie ändern ihr Verhalten in Vorbereitung auf die Überwinterung ↗, was vor allem für die nö. Verbr.s-Gebiete der Honigbiene zuzutreffen scheint, in denen die Unterschiede zw. sommerlichem Langtag u. Kurztag im Winter bes. gut ausgeprägt sind. Die Entwicklung des Saisondimorphismus (Saisonvariabilität ↗) der Arbeitsbienen ist aber sicherlich nicht allein auf den jahreszeitl. Wechsel der P. zurückzuführen.

Phyteuma spicatum L., Ährige Teufelskralle, Ährige Rapunzel. A der G *Phyteuma* – Vorkommen auf Europa beschränkt – der F der Campanulaceae ↗. In Laub- u. Misch-, seltener Nadelwäldern, auf Bergwiesen. Häufig. 30–100 cm groß, hochwachsend, ausdauernd. Blüht Mai bis August. Die weißen od. blauen Blüten befinden sich in walzlichen Köpfchen. Bevorzugt lockeren, nährstoffreichen u. etwas feuchten Boden. Nektar- u. Pollenspender. Befunde von *Phyteuma*-(Rapunzel-)An sind in europ. Honigen häufig. Frühlingspollenspender der Bergtracht, z. B. in der Schweiz u. in Österreich.

pilzförmige Körper → Nervensystem.

Pimpernuß → Gemeine Pimpernuß.

Pisum sativum L., Erbse, Saaterbse. A der G *Pisum* der F der Leguminosae ↗. In den Kulturkreisen des Mittelmeergebietes u. des Vorderen Orients als Kulturpflanzen entwickelt, wild nicht bekannt. Heute über die ganze Erde verbr., Voraussetzung günstige Boden- u. Klimaverhältnisse. Nach der Kichererbse (*Cicer arietinum* L., ist außer in S-Europa u. M-Asien in größerem Umfang in Indien, Äthiopien u. Lateinamerika kultiviert) die größte Anbaufläche unter den Fabaceen einnehmend. Eine Vielzahl von Zucht- u. Landsorten ist verbr., die buntblütigen u. -samigen Formen, die Futtererbsen od. Peluschken (convar. *speciosum*) sind für die Tierernährung von Wichtigkeit, die Trockenspeiseerbsen (convar. *sativum*), die Zukker- (convar. *axiphium*) u. die Markerbsen (convar. *medullare*) sind wertvolle Nahrungspflanzen des Menschen. Nach ZANDER wird auf P. s. selten ein Bienenbeflug beobachtet.

Planont → *Nosema apis*.

Plantaginaceae, Wegerichgewächse. Die F umfaßt drei Gn mit ca. 265 An. Kosmopolitisch verbr., aber in vielen Tropenländern fehlend. Einjährige od. ausdauernde Kräuter, selten Halbsträucher. Die zwittrigen, höchstens 5 mm breiten Blüten haben herausragende Staubfäden, an denen die Staubbeutel – die sich bei Nässe schließen können – angeheftet sind. Wie bei anderen windbestäubten Pflanzen werden große Pollenmengen erzeugt. Etwa 260 An gehören zur G Wegerich, *Plantago*, die vor allem weltweit in den gemäßigten Breiten vertreten ist. *Plantago*-An gehören zu den häufigsten Pflanzen an u. auf Wegen, an Straßenrändern. Es wird geschätzt, daß in einem Staubblatt des Spitzwegerichs (*Plantago lanceolata* L.) 7700 u. in einem des Mittleren Wegerichs (*P. media* L.) 6000 Pollenkörner gebildet werden. Eine Blüte liefert im Mittel 1 mg Pollen. Der Anteil von *Plantago*-Pollen, die von Juni bis September eingetragen werden, an der Gesamtpollenernte beträgt in der Schweiz 10–12 %. Der Tagesanteil an Wegerichpollen kann im August u. September 80–90 % betragen, wobei die Pollendarbietung vormittags, mit einem Max. zw. 7 u. 10 Uhr, erfolgt. Der Stickstoffgehalt des Pollens beträgt 3,67 % (nach MAURIZIO u. GRAFL).

Plasmasaum → Ei.

Plasmavererbung. Vererbung, die vom Plasmon, der Gesamtheit aller extrachromosomalen Erbanlagen (Plasmagenen), gesteuert wird. Ein Kriterium der P. ist die matrokline Vererbung; das Plasma der Zellen entstammt überwiegend der mütterlichen Eizelle. Auch bei der Honigbiene gleichen die Nachkommen in einigen Anlagen mehr der Mutter als den Vätern (Maternaleffekt). Somit fallen auch reziproke Kreuzungen oft unterschiedl. aus. Auch die nichtmendelnde Vererbung, das Ausbleiben der gesetzmäßigen Aufspaltung nach Kreuzung (Mendelsche Regeln ↗) u. die Nichtkopplung zw. Kern- u. Plasmagenen sind Kriterien der P.

Plasmon → Plasmotyp.

Plasmotyp. Gesamtheit der Erbanlagen im Zytoplasma (Plasmavererbung ↗). Der P. setzt sich zusammen aus dem Plastom (Gesamtheit der Erbanlagen in den Plastiden), dem Chondriom (Gesamtheit der Erbanlagen in den Mitochondrien) u. dem Zytoplasmon (Gesamtheit der Erbanlagen im übrigen Zytoplasma).

Plasterähmchen → Plastematerial im Beutenbau.

Plastematerial im Beutenbau. Dem allgemeinen Trend folgend, wird auch im Beutenbau, vornehmlich für Klein- u. Ausrüstungsteile, P. eingesetzt, aber auch ganze Magazinbeuten ↗ werden z.B. aus Hartschaum hergestellt. Bes. interessante Artikel für den Einsatz von P. i. B. sind Wabenrahmen ↗, Mittelwände ↗ u. ganze Waben ↗. Wabenrahmen u. eine wachsbeschichtete Mittelwand aus P. scheinen für die Praxis Bedeutung zu erlangen.

Pleiotropie. Fähigkeit eines Gens, auf zwei od. mehrere Merkmale zu wirken. Die mehr- od. vielfache Wirkung eines Gens kann darauf zurückzuführen sein, daß das Gen in verschiedenartigen Geweben für die Ausbildung eines Stoffes verantwortl. ist, der dort

Pollen verschiedener Herkunft aus der Frühjahrstracht

zur Ausbildung spezifischer Merkmale führt (Autophänie als intrazelluläre Genwirkung). Auch ist es möglich, daß durch ein Gen in bestimmten Zellen ein Stoff produziert wird, der dann an anderen Stellen im Organismus zur Ausbildung spezifischer Merkmale führt (Allophänie als interzelluläre Genwirkung). Oft werden auch scheinbar völlig beziehungslose Eigenschaften od. Merkmale von einem Gen beeinflußt, z. B. Körperdecke u. Wachstum.

Pleura. Verbindungsstück zw. Tergit (Abdomen ↗) u. Sternit.

Pleuralkopf → Flügelgelenkung.

Plumbaginaceae, Bleiwurz- od. Strandnelkengewächse. Etwa 10–15 Gn mit 400–500 An. Weltweit verbr., bes. häufig aber in den Trockengebieten des Mittelmeergebietes, Vorder- u. Zentral-Asiens; Küstengebiete, Salzsteppen u. -wüsten; Wüsten u. Halbwüsten. Die G *Limonium* ist mit 150–300 An in den asiatischen Trockengebieten konzentriert, als Strandpflanzen findet man sie an den Küsten des Mittelmeeres, der Nordsee, des Atlantischen u. Pazifischen Ozeans verbr. Die Tatarische Strandnelke *(Limonium tataricum)* wird durch ihren Farbkontrast (Kelch weiß, Krone rubinrot) auch feldmäßig angebaut u. die südeurop. *Limonium sinnatum* wegen ihrer blauen Kelche u. gelben Kronen sehr häufig in Europa kultiviert. Ein starker Bienenbeflug ist jedoch nur von *Limonium vulgare* ↗, von Knuth u. a. auf der Insel Sylt beobachtet, bekannt. Die G *Armeria* ist mit etwa 50 An in Europa, an den Meeresküsten der N-Halbkugel u. in den sü. Anden beheimatet. Die G ist von bes. biologischem Interesse, da die Grasnelken zu den wenigen höheren Pflanzen gehören, die relativ starke Konzentrationen von Schwermetallverbindungen im Boden ertragen können. Eine häufige A der heimischen Flora ist die Gemeine Grasnelke (*Armeria maritima* ↗), die man in Rasen- u. Triftgesellschaften sandiger Böden sowie in lichten Kiefernwäldern antrifft. In den Küstengebieten von Schleswig (Bundesrepublik Deutschland), Holland, England u. Schottland, in welchen ausgedehnte Bestände von *Limonium* spec. u. *Armeria* spec. vorkommen, wird gelegentl. sog. «Halligkonig» geerntet, der z. T. aus diesen beiden Trachten stammt (Maurizio u. Grafl).

polarisiertes Licht → Orientierung.

Polaroplast → *Nosema apis.*

Polfaden → *Nosema apis.*

Pollen. Blütenstaub, der sich aus der Gesamtheit der P.-Körner von Blütenpflanzen zusammensetzt. Die P.-Körner sind einzellig u. durchlaufen bei ihrer Entstehung aus der P.-Mutterzelle eine Reduktionsteilung, sind also haploid. Bei anemogamen (windblütigen) Pflanzen ist der P. mehlig, die Oberfläche ist glatt u. trocken, die Körner trennen sich meist leicht voneinander. Bei den entomogamen (insektenblütigen) Pflanzen kleben die P.-Körner durch ölartige u. andere Stoffe aneinander. Es handelt sich dabei um den sog. P.-Kitt. Die Oberfläche der P.-Körner ist zudem rauh u. zeigt die verschiedensten Unebenheiten, die das Aneinanderhaften begünstigen. Die Bienen setzen beim Höseln noch Speichelsekrete zu, so daß die P.-Höschen kompakt zusammenhalten. Die von den Arbeiterinnen während des Sammelfluges den P. zugesetzten sauren Mandibel- od. Hypopharynxdrüsensekrete bewirken zugleich chemische Veränderungen im P. Ascorbinsäure z. B. u. Pyridoxin erwiesen sich als auffallend instabil hinsichtlich ihres Säurestatus bei einem Vergl. zw. frisch gesammeltem P. u. solchem nach Ablagerung in den Wabenzellen; Palmitin- u. Stearinsäure zeigten eine leichte Zunahme gegenüber Linol- u. Linolensäure. Im übrigen ist die artenmäßige Zusammensetzung der P.-Höschen bei versch. Rassen sehr unterschiedl. Nach der Ablagerung in den Wabenzellen (halbkreisförmig um das Brutnest herum) wird der P. festgestampft u. erhält einen Honigüberzug, der zur Konservierung dient. Die Zellen werden zu $\frac{3}{4}$ mit P. gefüllt. Auch hier kommt es zu wichtigen chemischen Umsetzungen, die sich auf Zukker, Eiweiß u. Fette beziehen. Es entsteht so das Bienenbrot, im eigentl. Sinne gespeicherter, aber in den

Vor das Flugloch gesetzte Pollenfalle

Zellcn bereits chemisch aufbereiteter P. Diese Aufbereitung bezieht sich z. B. auf den Mangel an Stärke, die im Natur-P. noch vorhanden ist, u. auf den pH-Wert, der im Bienenbrot ebenfalls geringer ist. – Das P.-Korn besitzt eine doppelte Zellwand, die sich aus der Exine u. der Intine zusammenfügt. Farbe u. Form der P.-Körner sind sehr unterschiedl. Die Farben schwanken vom hellen Grau bis zu fast schwarzer Farbe. Die Form behält auch im Honig ihre artspezifischen Kriterien, wenn auch die einzelnen P.-Körner in diesem Substrat aufquellen u. somit grundsätzlich anders aussehen als in trockenem Zustand. Das ist für die Untersuchungen zur P.-Analyse ↗ von großer Wichtigkeit. – Die Bienen sammeln den P. nicht bedingungslos von jeder Pflanze ein, sondern treffen eine Auswahl. Aus einem in Versuchen zur Auswahl gestellten P.-Angebot versch. Pflanzen (Weide, Brombeere, versch. Obst-An, Ahorn u. Steinklee) wählten nen äußern. Nach Untersuchungen von MAURIZIO (1954) u. WAHL (1963) führten P. von *Prunus* spec. zu sehr intensiver, solche von *Populus* spec. zu mäßiger u. P. von *Taraxacum* spec. zu gar keiner Bruttätigkeit. Man kann auch beobachten, daß bei gleichzeitigem weiteren P.-Angebot die Blüten von *Taraxacum* (z. B. *T. officinale* WIGGERS) keineswegs bevorzugt beflogen werden. – Ein Bienenvolk braucht pro Jahr etwa 55 kg P. Diese Menge ist abhängig vom Proteingehalt des P.s, so daß sich bei einem geringeren Proteingehalt der P.-Bedarf entspr. erhöht. Diese Erhöhung kann bis zu 50 % betragen. Als Beispiel gelte folgende Aufstellung: 48 g P. mit einem Rohproteingehalt von 30 % erbringen für die Bienen 10 g Protein; bei nur 20 % Rohpro-

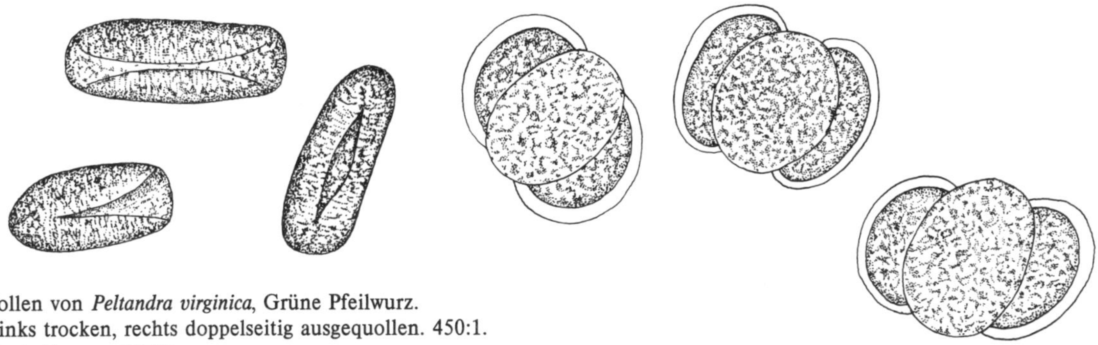

Pollen von *Peltandra virginica*, Grüne Pfeilwurz. Links trocken, rechts doppelseitig ausgequollen. 450:1. Nach ZANDER (1951)

die Bienen den vom Steinklee. Natürl. ist dieses Auswahlvermögen abhängig von jahreszeitl. Blühdaten der jeweiligen P.-Spender. Der je nach Pflanzen-A unterschiedl. Nährwert des P.s, bedingt durch wechselnden Eiweiß- u. Fettgehalt, läßt sich dahingehend charakterisieren, daß beispielsweise P. von Obst, Klee, Raps u. Heide bes. wertvoll ist im Gegensatz zu dem von Erle, Pappel u. Birke. Auch hier läßt sich die Auswahltätigkeit der Bienen ohne weiteres beobachten. In seiner Bedeutung für die Volksentwicklung ist der P. als individuelles Substrat zu beurteilen. Generell ist die Charakterisierung der positiven Beziehungen zw. Brutaufkommen u. P. z. B. während einer Tracht nicht immer gesichert. Es gibt Beispiele dafür, daß weniger nährstoffreicher P. keineswegs der Förderung einer guten Brutnestentwicklung dienlich ist. Es kann sich das evtl. als Folge einer unterschiedl. Überlebensrate der Eier, auch einer solchen bei Sommer- u. Winterbie- tein steigt der P.-Bedarf auf 72 g. Bei sinkendem Proteinspiegel, unter 27 %, wird sogar das Brutgeschäft eingestellt. – P. dient der Deckung des Eiweiß- u. Fettbedarfs. Er wird vornehmlich von Jungbienen gefressen. P.-Nahrung ist zudem für die Brutaufzucht absolut erforderlich, u. zwar für die Larven aller drei Bienenwesen (Arbeiterin, Drohn u. Weisel). Ursprüngl. Vorstellungen, daß Weisellarven nur mit spez. Futtersaft ernährt werden, konnten in den 30er Jahren im Dahlemer Institut für Bienenkunde ad absurdum geführt werden. Die Weisellarven erhalten ebenfalls P., wie sich bei histologischen Untersuchungen des Darmkanals nachweisen ließ. Im Herbst dient der P. dem Aufbau des Fett-Eiweiß-Polsters der Winterbienen. Er wirkt außerdem auf die Aktivität der Futtersaft- u. Wachsdrüsen ein. P.-Höschenfarbe: Je nach beflogener Tracht kommen die Bienen mit unterschiedl. gefärbten u. z. T. auch geformten P.-Höschen

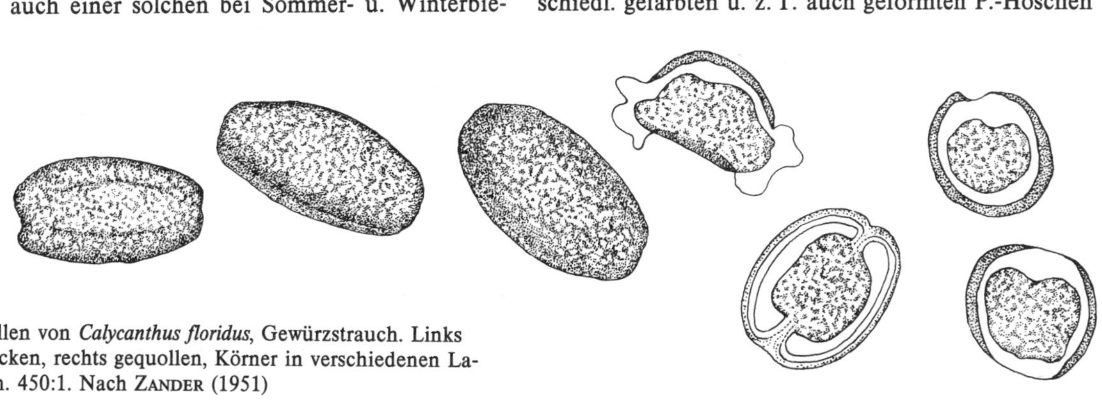

Pollen von *Calycanthus floridus*, Gewürzstrauch. Links trocken, rechts gequollen, Körner in verschiedenen Lagen. 450:1. Nach ZANDER (1951)

zum Stock zurück. (Zum Beispiel läßt sich Linden-P. oft schwer zu abgerundeten P.-Höschen formen u. hängt dann zottig an den Hinterbeinen.) Die Farbe der P.-Höschen ermöglicht es dem Imker in gewissem Grade, die Herkunft u. damit den Flug der Bienen auf die jeweilige Pflanzen-A zu bestimmen. Obwohl die Verteilung der Trachten auf die Monate stark standort- u. klimaabhängig ist, wird im folgenden eine gewisse Handhabe zum Bestimmen des P.s., nach Monaten geordnet, geboten. In den Monaten März u. April beginnen die Bienen den ersten P. von *Frühjahrsblühern* einzutragen:

Höschenfarbe:	*Herkunft:*
schwefelgelb	Haselnuß
orangerot	Schneeglöckchen
orangebelb	Crocus
blau	Meerzwiebel
blaßgelb	Stachelbeere, Johannisbeere, Ahorn
zitronengelb	alle Weidenarten
weißgelb	Leberblümchen, Apfel, Tulpe
braungelb	Kirschen, Mandelbaum
rotgelb	Löwenzahn, Huflattich, Birne
ockergelb	Schwarzerle
gelblichweiß	Buschwindröschen
hellgrau	Berg- u. Feldulme

Im Monat Mai tragen die Bienen große Mengen von P. ein. Die wichtigsten P.-Trachtpflanzen im Monat Mai sind:

schwefelgelb	Fichte, Kiefer, Hederich
blaßgelb	Bergahorn
zitronengelb	Raps
ziegelrot	Kastanie
hellgrau	Himbeere
schwarzbraun	Inkarnatklee
schwarz	Mohn
bräunlich	Weißdorn, Erdbeere, Kümmel
rotgelb	Ginster

Auch im Monat Juni ist das P.-Angebot noch sehr reichl., u. die Völker benötigen wegen des großen Brutansatzes viel P.

weißgelb	Sommerlinde, Schneebeere, Mais, Boretsch
zitronengelb	Gartenkresse, Hederich, Senf
graugelb	Luzerne
wachsgelb	Bokharaklee, Hauhechel, Akelei
rußgrau	Brombeere, Wicke
dunkelbraun	Rotklee, Weißklee
bläulich	Phazelia, Weidenröschen

Im Monat Juli geht die Tracht dem Ende zu, die Bienen holen noch P. aus der sog. Läppertracht.

Höschenfarbe:	Herkunft:
hellgelb	Winterlinde, wilder Wein
zitronengelb	Sommerrübsen, Sommerraps
goldgelb	Sonnenblume
bläulich	Kugeldistel, Weidenröschen
hochrot	Königskerze
graugelb	Wegwarte, Tabak

Im Herbst sind die P.-Spender bes. wichtig, da der eingetragene P. die Grundlage für die Entwicklung der Bienenvölker im kommenden Frühjahr darstellt (Bildung des Fett-Eiweiß-Polsters der Winterbienen). Zu den wertvollsten Herbstpollenspendern gehören:

goldgelb	Sonnenbraut, Goldrute, Sonnenblume
rotgelb	Astern, Dahlien
schwefelgelb	Efeu
weißgelb	Heide

Pollenanalyse, Palynologie. Methode zur Herkunftsbestimmung des Honigs, die vor allem von ZANDER auf- u. ausgebaut wurde u. durch zunehmende Verfeinerungen z. Z. einen hohen Stand von Verfahrenssicherheit aufweist. Beruht auf der Tatsache, daß jeder Naturhonig vor allem Pollenkörner der von den Bienen auf der Nektarsuche beflogenen Blüten enthält, deren Bestimmung – Form u. Größe der Pollenkörner, Zahl u. Gestaltung der Keimstellen, Bau u. Gestaltung der Außenwand – Rückschlüsse auf die Pflanzenwelt erlaubt, in welcher der Honig von den Bienen eingetragen wurde, u. gleichzeitig Aufschluß über die Zusammensetzung der Pollentracht gibt. Die ursprüngl. lichtmikroskopischen Untersuchungen können nicht mehr in allen Fällen genaue P.n-Ergebnisse sichern, wie z. B. bei der Unterscheidung der Pollenformen der Steinklee-An *Melilotus officinalis* (L.), Echter Steinklee, u. *Melilotus alba* MED., Bokharaklee. Hier bringen rasterelektronische Bilder entspr. Klarheit. Durch die hierbei gegebene starke Vergrößerung erscheinen bisher unbekannte Einzelheiten in der Ausbildung der Exine. Ähnl. Beobachtungen liegen für den Pollen von Rot- u. Weißklee vor (*Trifolium pratense* L. u. *Trifolium repens* L.). Diese Beispiele sind sicher noch erweiterungsfähig. Die Pollenreifung u. Pollendarbietung ist einem gewissen, für die einzelnen Pflanzen-An charakteristischen Rhythmus unterworfen, der nicht nur von Bau u. Wachstumserscheinungen an den Staubbeuteln, Staubfäden u. Griffeln der Pflanzen, sondern auch von äußeren Faktoren wie Wind, Temp. u. Luftfeuchtigkeit usw. beeinflußt wird. Es gibt Pflanzen-An, die ihren gesamten Pollenvorrat innerhalb weniger Stunden, manchmal innerhalb von 10–30 min, entleeren; bei anderen wieder findet die Pollenreife u. -entleerung allmähl. statt, z. B. auf der N-Halbkugel vor allem zw. 7 u. 17 Uhr. Es lassen sich ein Morgentypus, bei dem 60–90 % des Pollens vor dem Mittag dargeboten wird (z. B. Mohn, Raps, Löwenzahn), cin Ganztagstypus, bei dem die Pollendarbietung gleichmäßig über den ganzen Tag verteilt ist (z. B. Obstbäume, Himbeere, Brombeere), u. ein Nachmittagstypus, bei welchem der Pollen erst nach 12 Uhr reift (z. B. Ackerbohne), unterscheiden. Beim Kürbis erfolgt die Pollenreifung sogar während der Nacht. – Durch die Untersuchung der durch die Bienen eingetragenen u. durch die Pollenfalle ↗ gewonnenen Pollenhöschen kann man feststellen, daß sich die Beflugzeiten der Bienen nach der Pollendarbietungszeit richten. So finden sich orangegelbe Löwenzahn- od. Mohnhöschen nur in den Morgenstunden in der Falle, gelbe od. grünliche Apfel- u. Birnbaumhöschen dagegen über den ganzen Tag. Die zeitl. Übereinstimmung zw. der max. Pollendarbietung u. dem stärksten Bienenbesuch beruhen wahrscheinl. darauf, daß der frisch entleerte Pollen sich am besten zum Formen von Höschen eignet (aus Maurizio u. Grafl). – Seit etwa Anfang dieses Jh.s bemüht man sich, aus der Form u. den sonstigen Eigenarten des im Honig enthaltenen Pollens die Herkunft des Honigs zu ermitteln, indem man bei Mischhonigen z. B. den Anteil der versch. Trachtpflanzen prozentual aus kann die prozentuale Pollenbestimmung – durch Zentrifugieren des verdünnten Honigs u. Untersuchung des Sediments werden die gequollenen Pollen nach ihrer Form bestimmt u. prozentual ausgezählt – in dem zumeist gewonnenen Mischhonig zu Fehlschlüssen führen, wenn nicht der absolute Pollengehalt der reinen Sortenhonige (Pritsch 1956/1957) Berücksichtigung findet, der durch Auszählung einer Anzahl bedeutender Bienenweidepflanzen bekannt ist. Nur dann kann die P. zur Untersuchung der Trachtbedeutung herangezogen werden. Sind bei Untersuchungen von Honigproben nicht die absoluten Pollenzahlen, sondern nur die Prozentzahlen der versch. Pollenarten bekannt, so kann man nach Berner die realen Anteile der versch. Honige errechnen, wenn man die Pollencharakterzahl des in Betracht kommenden Honigs kennt. Wenn drei Pollenarten (A, B, C) in einer Honigprobe auftreten, gilt folgende Formel für den realen Prozentanteil des Honigs A:

$$\frac{\dfrac{\text{Prozentsatz des Pollens A}}{\text{Charakterzahl des Honigs A}} \cdot 100}{\dfrac{\text{Prozentsatz des Pollens A}}{\text{Charakterzahl des Honigs A}} + \dfrac{\text{Prozentsatz des Pollens B}}{\text{Charakterzahl des Honigs B}} + \dfrac{\text{Prozentsatz des Pollens C}}{\text{Charakterzahl des Honigs C}}}$$

Für die Berechnung des wahren Prozentsatzes der Honige B u. C sind entspr. im Hauptzähler die Buchstaben B bzw. C einzusetzen. Beispiel nach Berner: Ein untersuchter Honig hat drei Pollenarten, A Robinie in 10,4% (Charakterzahl ca. 10000), B Weißklee in 14,9% (Charakterzahl mit 50000 angenommen), C Edelkastanie in 74,6% (Charakterzahl mit 500000 angenommen):

$$\text{wahrer Anteil des Honigs A} = \frac{\dfrac{10{,}4}{10000} \cdot 100}{\dfrac{10{,}4}{10000} + \dfrac{14{,}9}{50000} + \dfrac{74{,}6}{500000}} = 70\,\%$$

$$\text{wahrer Anteil des Honigs B} = \frac{\dfrac{14{,}9}{50000} \cdot 100}{\dfrac{10{,}4}{10000} + \dfrac{14{,}9}{50000} + \dfrac{74{,}6}{500000}} = 20\,\%$$

$$\text{wahrer Anteil des Honigs C} = \frac{\dfrac{74{,}6}{500000} \cdot 100}{\dfrac{10{,}4}{10000} + \dfrac{14{,}9}{50000} + \dfrac{74{,}6}{500000}} = 10\,\%$$

dem Anteil der versch. Pollenkörnerarten ablesen zu können glaubte. Maurizio (1949) wies jedoch nach, daß bei Sortenhonigen, d. h. bei Honigen, die nach Farbe, Geschmack, Beschaffenheit usw. überwiegend von einer einzigen Trachtpflanze stammen, ausgesprochene Unterschiede in der absoluten Zahl der vorhandenen Pollenkörner vorhanden sind. Bei Robinien-Sortenhonig fand man in 10 cm^3 Honig um 10000 Pollenkörner, bei derselben Menge Edelkastanienhonig waren es mehrere Hunderttausend. Daraus wird ersichtlich, daß bei Mischungen die pollenarmen Honige bedeutend schlechter u. die pollenreichen zu gut abschneiden, denn Edelkastanien- u. Rapshonig gehören z. B. zu den pollenreichen u. Robinien-, Linden- u. Luzernenhonig zu den pollenarmen. Folglich

Es ist darauf hinzuweisen, daß nach Demianowicz (1966) in dem Honig derselben Pflanze sehr starke Unterschiede im Pollengehalt auftreten können, je nach dem versch. Anteil der Flug- u. Stockbienen im Volk. Demianowicz u. Warakomska (1977) wiesen nach, daß Honige, die von starken Völkern gesammelt werden, einen höheren Absolutgehalt an Pollen haben als die Honige aus schwachen Völkern. – Da die versch. Bienenvölker bestimmte Bienenweidepflanzen unterschiedl. bevorzugen, ist für die Honig-P. die Untersuchung der Honige mehrerer Völker eines Standes notwendig, um die Trachtbedeutung der Pflanzen so gut wie möglich zu ermitteln. Anders ausgedrückt: Da nicht alle Völker eines Standes zur gleichen Zeit die gleichen Nektarquellen befliegen, ist auch der Pollengehalt des insges. geernteten Honigs z.T. stark abweichend von den Ergebnissen der einzelnen Völker. Den Trachtwert der Pflanze kann man mit der P. nicht feststellen. Sie hat jedoch hervorragende Bedeutung bei der Feststellung der Herkunft der geprüften Honige. Tritt irgendeine Pollenart auf, die in dem angegebenen Herkunftsland des Honigs nicht vorkommt, so handelt es sich nicht um reinen, selbstgewonnenen Honig. Nur die P. kann letztlich dem Verbraucher garantieren, daß er die Sorte Honig erhält, die er auch wirklich wünscht. So hat der Deutsche Imkerbund eine neue Honiguntersuchungsstelle in Hessen (Bundesrepublik Deutschland) eingerichtet, die neben den vorhandenen Untersuchungsstellen in Celle u. Stuttgart unter dem Mikroskop – neben anderen Prüfungen – die arttypischen Pollen jeder Blüte erkennbar macht u. ihren Anteil an der jeweils untersuchten Honigprobe exakt feststellt. Bei der P. müssen über 1000 Blütenpollen ausgezählt werden, um die Honigart zu bestimmen. Das ist bes. bei Spezialitäten wie z. B. Klee- u. Akazienhonig wichtig.

Pollenersatzmittel. Ursprüngl. erhoffte man sich von der P.-Anwendung bes. Effekte im Hinblick auf die Entwicklung der Bienenvölker. P. können jedoch nicht einfach den Pollen ↗ ersetzen, sondern nur zeitweise, wenn es an Naturpollen mangelt, effektive Anwendung finden. Das aber kann über das ganze Jahr erfolgen, wenn der Polleneintrag regionalbedingt nur gering ist. Alleinige Fütterung mit P.n erzeugt Mangelerscheinungen. Das wurde frühzeitig erkannt. HÜSING (1952/53) zog bei seinen Untersuchungen mit noch aktiver Hefe, wie sie damals als P. im Handel war, zwergwüchsige Arbeiterinnen u. beobachtete tiefgreifende histologische Veränderungen im Oberschlundganglion im Bereich der pilzförmigen Körper ↗ (Corpora pedunculata). Von anderer Seite konnte auch gesichert werden, daß die Fütterung mit versch. P.n, wie Soja-Pollen-Silage, Hefe, Weizenmehl, Gemisch von Puderzucker mit Kasein, stets zu Schädigungen des Mitteldarmepithels führten. P. sind eiweißreiche Ersatzstoffe (z.B. Hefe, Sojamehl, Magermilch), denen aber die spezifische Aktivität u. Attraktivität des Pollens (als Phagostimulans, wobei es sich um neutrale Lipide, evtl. auch freie Fettsäuren handeln dürfte) fehlt, weshalb dieser grundsätzlich lieber, auch mengenmäßig beurteilt, angenommen wird. Weiterhin ist nachgewiesen, daß bei alleiniger Anwendung von P.n die Brutaufzucht zurückgeht. Damit ist gleichzeitig eine Minderung der Lebenskraft der Völker verbunden. Im Brutnestbereich wird Pollenersatz schneller angenommen u. verzehrt, wenn er Pollen ↗ enthält. Nur geringe Zusatzmengen von Pollen (1–2%) reichen aber nicht aus, um die Wirksamkeit von P.n wunschgemäß zu erbringen. Die entspr. Zusatzquote dürfte bei etwa 20–25% liegen. Beimengungen von P.n lassen sich auch im Honig nachweisen, vor allem, wenn die P. dem Futter beigemengt werden. Darum sollten sie, bes. im Frühjahr, nur im Freien zum Höseln dargeboten werden. – Z. Z. existiert also kein vollständiger Pollenersatz, der die Funktionen des Pollens in der Ernährung der Biene voll übernehmen könnte.

Pollenfalle. Entspricht in ihrer Anwendungsweise zwei Grundtypen: entweder mit horizontaler Abstreifvorrichtung, deren Sammelraum im Beutenboden angebracht ist, od. (meist) mit vertikaler Abstreifvorrichtung. Die Sammlung des Pollens erfolgt dann vor dem Flugloch. Letztere Methode ist vorteilhafter, da Verschmutzungs- u. andere Effekte entfallen. Auf diese Weise können je nach Tracht- u. Volksituation 8–10 kg in einer Saison geerntet werden. Es wurde beobachtet, daß unter ökologischen Zwangsbedingungen (vorausgegangene Schlechtwetterlagen) von den Bienenvölkern tägl. mehr als 54000 Pollenhöschen gesammelt wurden; das ist etwa 2–5mal mehr als unter normalen Voraussetzungen. Maßgebliche Einflüsse auf die Volksentwicklung u. den Honigertrag durch den Entzug des in den P.n abgestreiften u. dann anderweitig verwendeten Pollens sind bisher nicht nachgewiesen. Es wurde lediglich festgestellt, daß die Pollenentnahme auf den Eiweiß- u. Rohfettgehalt älterer Larven (5–6 Tage) leicht negativ einwirkt. Dabei handelt es sich um Werte, die noch unter 10% der Normalwerte verbleiben. Der mit der P. gesammelte Pollen muß gereinigt u. getrocknet werden (er enthält noch etwa 20% Wasser), die Trocknungstemp. soll nicht höher als 38–40 °C sein. Der Pollen kann auch 1:1 mit Kristallzucker vermischt u. dann in festschließende Gefäße gestampft werden. Der so präparierte Pollen wird dann mit einer 2 cm dicken Zuckerschicht überdeckt. Wie der Honig «altert», so verändert sich auch der gelagerte Pollen in seinem Nährwert. Vor allem nimmt der Gehalt an Ascorbinsäure in solchem Pollen ständig ab.

Polleninhaltsstoffe. Im Pollen sind etwa 20% Eiweiß mit allen grundlegenden Aminosäuren enthalten. Das sind in größeren Mengen Glutaminsäure, Glutamin, Asparaginsäure, Phenylanalin, Prolin u. Histidin. Weitere P. sind u.a. Serin, Valin, Lysin, Leuzin, Isoleuzin, Methionin u. Thyrosin sowie wertvolle Vitamine (B_1, B_2, B_6, C, gelegentl. auch E u. Provitamin D) u. Pantothensäure, Nikotinsäure, Biotin u. Folinsäure. Lipide, Sterolester, Phospholipide u. organische Säuren gehören ebenfalls zu den P.n. In Versuchen wurden 113 versch. Hefen isoliert, die im Pollen enthalten sind. Ihre hohe Anzahl geht nach Einlagerung in den Zellen zurück. Ebenso konnte festgestellt werden, daß die Hefen nicht immer gleichzeitig im Blütenpollen, in den Pollenhöschen u. im Bienenbrot vorhanden sind. – Die Vielfalt der Stoffe im Pollen – hier sind nur die wichtigsten aufgeführt – stellt die Grundlage für seine weithin beobachtete Wirksamkeit in medizinischer Hinsicht dar. Er gilt als Kräftigungsmittel u. wird von der pharmazeutischen Industrie bei versch. Krankheiten, auch in unterschiedl. medikamentöser Form angeboten. So soll sich Pollen bei Prostataerkrankungen hervorragend bewährt haben, sowohl prophylaktisch als auch bei Spontanerkrankungen. Rücksprache mit einem Arzt ist immer nötig.

Pollenkitt → Pollen.

Pollenkranz → Pollenwabe.

Pollenmilbe. Bes. *Tyroglyphus farinae, Glyciphagus domesticus* u. *Carpoglyphus passularum.* Innenschädling ↗, Vorratsschädling, frißt Pollen.

Pollensammelapparat → Extremitäten.

Pollenschimmel. Befall des Pollens mit dem Schimmelpilz *Ascosphaera alvei.* Der Pollen in den Zellen ist vom Schimmelpilz durchwachsen, hart u. wertlos. Dieser Pollen muß nach Möglichkeit sofort ausgeschnitten u. vernichtet werden.

Pollentoxikose. Erkrankung der Honigbienen, verursacht durch die Aufnahme von Pollen mit giftigen Inhaltsstoffen bzw. von stark quellendem Pollen. Es ist bekannt, daß z. B. Hahnenfuß-An wie *Ranunculus puberulus* das für Bienen giftige Anemonol enthalten. Dadurch verursachte Erkrankungen werden auch als Bettlacher-Krankheit bezeichnet. Eibenpollen quillt nach Aufnahme im Mitteldarm der Honigbienen stark auf u. führt so zu Verstopfungen.

Pollenwabe. Pollen wird in den Brutwaben seitl. u. über der Brut in einem ± breiten Gürtel abgelagert. Die das Brutnest abdeckenden Waben können bei guter Pollentracht ganz mit Pollen gefüllt sein u. werden dann als Pollenbretter bezeichnet (Brutnest ↗). In Zeiten großen Pollenüberschusses werden auch im Brutnest einzelne Waben mit Pollen gefüllt. Droht das Brutnest dadurch eingeengt zu werden, ist es ratsam, brutfreie P.n zu entnehmen, trocken aufzubewahren u. später in den Wintersitz zu geben (Herbstdurchsicht ↗). Der von den Bienen schon beim Sammeln mit Drüsensekret versetzte Pollen wird in Zellen abgelagert, festgestampft u. mit Honig überzogen. Unter Luftabschluß vollziehen sich in ihm chemische Umsetzungen, die ein Verderben verhindern. Das entstandene Produkt wird auch Bienenbrot genannt.

Pollenwert → Bienenweidewert.

Polygenie. Beteiligung versch. Gene ↗ an der Ausprägung eines Merkmals. Die Wechselwirkung zw. diesen Genen kann sehr verschiedenartig sein. Es wird unterschieden zw. selbständigen Genen, von denen jedes allein eine bestimmte Merkmalsausprägung bewirkt, u. unselbständigen Genen, die nur im Zusammenspiel mit anderen Genen wirksam werden. Die qualitative Wirkung eines Hauptgens (Oligogens) kann durch Neben- od. Modifikationsgene (Polygene) quantitativ verändert (verstärkt, abgeschwächt od. unterdrückt) werden. Zahlreiche P.-Erscheinungen beruhen auf Epistasie ↗. Charakteristisch für P. sind abgeänderte phänotypische Spaltungsverhältnisse. Bei der Honigbiene ist P. für die Körpermerkmale ↗ Rüssellänge, Cubitalindex u. Panzerfärbung nachgewiesen u. ist für alle Leistungsmerkmale als quantitative Merkmale anzunehmen.

Polygonaceae, Knöterichgewächse. Die F umfaßt etwa 40 Gn u. ca. 800 An. Weltweit, eines der Verbr.s-Zentren we. N-Amerika. Die eingeschlechtigen od. zwittrigen Blüten sind klein u. meist unscheinbar, jedoch zahlreich, normalerweise in recht ansehnlichen, zusammengesetzten Blütenständen angeordnet. Mehrere Gn der P. spielen für die Bienenzucht eine ± große Rolle als Nektar- u. Pollenspender. Die G Knöterich *(Polygonum)* besteht aus ca. 200 An u. ist kosmopolitisch verbr. Ihre Blüten bilden Scheintrauben od. Scheinähren, seltener blattachselständige Büschel. Die Einzelblüten – zwittrig od. ♀ – bestehen aus einem kronartigen weiß- od. rotgefärbten, meist fünfteiligen Perianth; die orange- od. gelbfarbenen Nektarien sitzen am Grunde der Staubfäden u. entspr. der

Honigbiene auf Rudbeckia-Blüte

Anzahl der Staubblätter – fünf, sechs od. acht – der einzelnen An. Auf feuchten Wiesen – im arktischen wie im gemäßigten Eurasien – ist häufig der Schlangenknöterich od. Ausdauernde Wiesenknöterich (*Polygonum bistorta* L.) anzutreffen, der sich durch dichte, zylinderförmige, blaßrote Blütenstände auszeichnet u. von Mai bis August blüht. Er ist ein guter Pollenspender u. trägt z. B. im Alpengebiet mit etwa 3 % zur Jahrespollenernte bei, wobei ein Blütenstand ca. 74 mg Pollen liefert (nach MAURIZIO u. GRAFL). In der Schweiz tritt er manchmal nicht nur als Einzel- od. Begleitpollen, sondern sogar als Leitpollen im Honigsediment auf. Meist bleiben jedoch Befunde von *Polygonum*-An, z. B. *P. persicaria* L., am Honigsediment auf der Stufe des Einzelpollens. In Norwegen u. Dänemark finden sich einzelne Pollenkörner, u. a. vom Gemeinen od. Pfirsichblättrigen Knöterich *(P. persicaria)*, im Heidehonigsediment. Nach ZANDER scheinen aber die häufig empfohlenen *Polygonum*-An (*P. aubertii* HENRY u. *P. baldschuanicum* REGEL), von Juli bis Oktober blühend, nur von geringer Anziehungskraft für die Bienen zu sein. Mit *Polygonum* ist die nur aus vier An bestehende G *Fagopyrum* verwandt, deren Heimatgebiet der zentralasiatische Raum ist. Der Echte Buchweizen (*Fagopyrum esculentum* ↗) ist vor allem eine gute Nektarquelle für Bienen, als Pollenspender wird er weniger genutzt. Die Pollendarbietung ist morgens am höchsten. Zw. 7–7.30 Uhr beträgt der Anteil des eingetragenen Pollens 85 % des Gesamtpollens, zw. 9 u. 9.30 Uhr noch 69 %. Die Verbr. des Buchweizenhonigs fällt mit seinen großen Anbaugebieten zusammen. Er wird vor allem in N-Amerika (Kalifornien, Kanada), in China, N-Indien, O- u. SO-Europa geerntet. Auch die G Ampfer, *Rumex* – verbr. in den gemäßigten Gebieten der Erde –, wird ab u. zu von den Bienen beflogen, der Anteil des *Rumex*-Pollens an der Pollengesamternte bleibt jedoch mit etwa 1,5 % niedrig.

Fingerkraut. Piringebirge

Polymerie. Form der Polygenie ↗. Abhängigkeit eines Merkmals von zahlreichen Genen, die gleichsinnig auf die Merkmalsausprägung einwirken u. sich dabei gegenseitig vertreten od. gegebenenfalls, wie bei der gleichsinnig-additiven Genwirkung ↗, sich in ihrer Wirkung ergänzen od. verstärken können.

Polymorphismus. Vielgestaltigkeit der Individuen einer A; kann als Geschlechtsdimorphismus, als Individual-P. nebeneinander existierender od. aufeinanderfolgender Generationen, aber auch als Sozial-P. bei kastenbildenden Insekten auftreten. P. i. w. S. ist entweder genetisch bedingt od. wird durch den Einfluß ökologischer Faktoren, z. B. der Photoperiode ↗, der Temp., des Gedrängefaktors od. der Nahrung ausgelöst. Während dem Geschlechtsdimorphismus der Honigbiene eine genetische Grundlage zukommt, hängt die Entstehung der beiden ♀♀ Erscheinungsformen allein von äußeren Faktoren ab. Maßgeblich für die Erzeugung einer der beiden ♀♀ Bienenwesen sind in der Nahrung enthaltene Substanzen, die offensichtl. über das Hormonsystem der Bienen-Larven ↗ zur Entwicklung von Arbeitsbienen od. Weiseln führen.

Population. Gewisser Tierbestand u. die Angehörigen einer Zuchtlinie ↗ od. einer Rasse ↗, die eine Fortpflanzungsgemeinschaft bilden u. der gleichen Selektionswirkung unterliegen. Die in bestimmten Gebieten ursprüngl. heimischen geographischen Bienenrassen sind natürl. P.en. In der Bienenzucht können der Völkerbestand eines Züchters, Zuchtbetriebes od. einer Zuchtgemeinschaft, aber auch die nach einem einheitl. Standard selektierten Bienenbestände einer Rasse eine P. darstellen.

Population, geschlossene → geschlossene Zucht.

Populationsgenetik. Teilgebiet der Genetik ↗, das sich mit den Vererbungsprozessen von Populationen ↗ befaßt u. nach den in ihnen wirkenden Evolutionsfaktoren forscht. Als die Genetik der quantitativen Merkmale ist sie, verbunden mit der Anwendung mathematisch-statistischer Methoden, für die züchterische Arbeit von großer Bedeutung.

Porree, *Allium porrum* → Liliaceae.

Potentilla tabernaemontani L., Frühlings-Fingerkraut. A der G *Potentilla* – mit über 300 An vorwiegend in der nö. gemäßigten Zone verbr., aber auch in den südamerik. Anden u. arktischen Regionen – der F der Rosaceae ↗. Vor allem nö. gemäßigte Breiten. Innerhalb der A zahlreiche Kleinrassen unterscheidbar. An Wegrainen, Mauern, auf Trocken- u. Halbtrockenrasen, seltener auf sandigem Gesteinsschutt od. Geröllhalden. 5–15 cm große Pflanze, ausdauernd. Blüht von März bis Mai. Hell- bis dunkelgelbe Blüten in Rispen. Bevorzugt kalkhaltige, lockere Böden, wärmeliebend. Nektarlose Pollenblume. Frühlingspollenspender.

Praepupalphase, Vorpuppenstadium (Praepupa). Letzte Entwicklungsetappe des fünften Larvenstadiums (Larve ↗), in dem sich die Puppengestalt unter der larvalen Cuticula (Chitincuticula ↗) herauszubilden beginnt.

Präparieren u. Untersuchen der Weisel auf Sperma. Zur sofortigen Feststellung des Erfolges einer künstl. Besamung (Besamungserfolg ↗) od. zur Diagnose eines Defektes, bei Unterbleiben der Eiablage, bei Drohnenbrütigkeit od. Krankheit ist die Weisel zu präparieren. Dabei kommt es auf die Feststellung von Sperma in den Eileitern (gelbe Zusammenballungen) u. von Infektionen (schwarze Flecken an versch. Organen) an. Die Spermatheca wird zur Untersuchung auf Spermien in einer Verdünnerlösung od. 0,9%iger Kochsalzlösung aufgestochen. Die herausquellenden Spermien sind unter dem Mikroskop auf Beweglichkeit zu untersuchen. Die Auszählung der Spermien wird nach Verteilung in einer bestimmten Flüssigkeitsmenge mit Hilfe einer Blutzählkammer vorgenommen.

Prävention. Schutzmaßnahme z. B. gegen Infektionen od. Vergiftungen.

Preiselbeere → *Vaccinium vitis-idaea* → Ericaceae.

Preßhonig. Honig, der durch Auspressen der Waben gewonnen wird. Bes. bei dem nur mit zusätzl. Aufwand zu gewinnenden Heidehonig ist das Auspressen eine Alternative zum Schleudern. Die aus den Rähmchen herausgeschnittenen Waben werden in Pressen mittels Spindel od. Hebeldruck ohne Anwendung von Wärme ausgepreßt. Wichtig ist, daß beim Preßvorgang zwar die Zellen weitgehend entleert, die Nymphenhäute aber nicht zerstört werden.

Preußbetriebsweise. Das Bestreben von PREUSS war, vom Reinigungsflug an die Entwicklung der Völker zu fördern. Durch eine Flugsperre verhinderte er unzeitgemäße Ausflüge u. damit Flugbienenverluste, gleichzeitig wurden die Völker in der Beute getränkt. Spätestens zehn Tage vor dem Beginn der Robinienblüte setzte er sämtliche Brutwaben, bis auf die mit der Weisel, in den Honigraum. Im Brutraum wurde ein neues Brutnest angelegt. Zur Schwarmverhinderung erfolgte eine Bruteinschränkung durch Absperren der Weisel auf zwei Waben hinter dem senkrechten Absperrschied. Unmittelbar nach Ende der Lindenblüte, also nach der Schwarmzeit, wurde die Weisel zur nochmaligen Anlage eines großen Brutnestes freigelassen (Preußbeute ↗). PREUSS hat durch ständige intensive Beobachtung der Bienen u. der Natur u. ständige Vergleiche eine für seine Trachtverhältnisse (Raum Berlin) u. den seinerzeitigen Wissensstand optimale Betriebsweise erarbeitet.

Preußbeute. Hinterbehandlungsbeute für Normalmaß-Hochwaben im Querbau mit zwölf Waben im Brut- u. Honigraum. Zur Realisierung der Preußbetriebsweise ↗ war die Beute mit einer Flugsperre, einer Einrichtung zur Stocktränke u. einem losen, senkrechten Absperrschied ausgerüstet. Die Flugsperre bestand aus einem flachen, die halbe Vorderwand einnehmenden Holzkasten, in den das Brutraumflugloch mündet u. der mit einem gazebespannten Rahmen verschlossen werden konnte.

Primärstadium →*Nosema apis.*

Produktivität (P). Zunahme der Biomasse einer Population (ΔB), hier die eines Bienenvolkes (Brut, Arbeitsbienen, Drohnen). Darüber hinaus gehört zur P. eines Bienenvolkes die Produktion organischer Substanzen wie Wachs (W), Exuvien (E), zuzüglich der Sammelprodukte Nektar, Honigtau, Pollen (S). Damit ist die P. eine Leistung der Sozialgemeinschaft u. läßt sich als Formel darstellen: $P = \Delta B + W + E + S$. Im einzelnen ist die P. ferner abhängig von der Volkstärke, der vorhandenen Wabenfläche, der Tracht, der Legeleistung der Weisel, dem Vorhandensein von Baubienen, der Jahreszeit, dem Sammeleifer u. abiotischen Faktoren (Witterung, Temp., Photoperiode ↗).

Prokopowitsch, Pjotr. Geb. 29. 6. 1775 in Baturin (Ukraine), gest. 22. 3. 1850 in Baturin. Gründete 1828 erste russ. Lehranstalt für Bienenzucht in Baturin. Hielt bis 2800 Bienenvölker auf 25 Ständen in je 6–8 km Entfernung. Benutzte dreietagige Hinterbehandlungsbeuten, Maße 50 × 30 cm, mit Rähmchen für Mobilbetrieb u. Wabenhonigproduktion. Erster mobiler Großimker. Gilt als Erfinder des Absperrgitters.

Prophylaxe. System von Maßnahmen, die geeignet sind, Erkrankungen u. Vergiftungen zu verhüten. Die Vergiftungs-P. für Honigbienen beinhaltet die gesamte Organisation von Pflanzenschutz- u. Schädlingsbekämpfungsmaßnahmen unter Berücksichtigung eines wirksamen Bienenschutzes ↗. Darunter werden verstanden die zeitliche u. örtliche Organisation der Maßnahmen, die Auswahl der anzuwendenden Präparate unter Beachtung der Bienengefährdung ↗, die Information der Imker u. die durch den Imker zu treffenden Schutzmaßnahmen.

Propolislösung für technische Zwecke. Die bei der Bearbeitung der Bienenvölker anfallende Propolis wird meist gesammelt u., wenn möglich, einer Verwendung zugeführt. Ein Anstrichmittel für alle in der Beute mit den Bienen in Berührung kommenden Teile kann sich der Imker auf folgende Weise selbst herstellen: In einem sauberen Glasgefäß (Konservenglas od. ä.) wird Propolis mit so viel vergälltem Alkohol (aus der Apotheke – kein Brennspiritus) übergossen, daß er etwas übersteht, u. bei tägl. Umrühren mit einem Holzstab 1–2 Wochen stehengelassen. In dieser Zeit löst der Alkohol die Propolis auf. Durch vorsichtiges Abgießen od. Abfiltrieren von den ungelösten Bestandteilen erhält man eine klare, dunkelbraune Flüssigkeit, die in einem Glasgefäß verschlossen aufbewahrt wird. Mit dieser Lösung gestrichene Holz- u. auch Metallteile behalten nach dem Verdunsten des Alkohols den typischen Propolisgeruch.

prothoracotropes Hormon → Insektenhormone.

Prothorakaldrüsen. Paarige endokrine Drüsen ektodermaler Herkunft, die das Häutungshormon Ekdyson ↗ produzieren, deswegen als Häutungsdrüsen bezeichnet. Nur die Larven haben solche Drüsen, die in der Mitte des Puppenstadiums degenerieren u. phagozytiert werden. Sie befinden sich vorwiegend in den Lateralanteilen von Meso- u. Metathorax (Thorax ↗) u. sehen wie kleine Zellhaufen u. sich verzweigende Zellstränge aus. Man unterscheidet den sog. Hauptanteil, der etwa 11–13 % vom Gesamtvolumen der Drüse ausmacht u. medial im Bereich der Mündung des Oesophagus in den Mitteldarm liegt, u. noch drei Zellstränge; den vorderen, der nahe am Corpus allatum (Inkretdrüsen ↗) endet, den hinteren u. den mittleren, der sich an die Hypodermis in der Zone der Vorderstigmen anheftet. In den zu vergleichenden Entwicklungsperioden beträgt das Verhältnis der P.-Größe bei Weiseln, Arbeiterinnen- u. Drohnenlarven 2,5:1:1. Die Größe der Einzelzelle der Drüse nimmt in der Reihe der Larven von Weisel – Arbeiterin – Drohne merklich ab. Es sind jedoch keine Unterschiede in der RNS-Synthese in den P.-Zellen bei Arbeiterinnen u. Weiseln festgestellt. Die Drüsenzellen vermehren sich mitotisch nicht in der Larvenperiode, sie erreichen bei ausgewachsenen Larven den Durchmesser von 20–25 µm, sind rundlich, mit einem elliptischen Kern. Vor jeder Häutung werden die Zellen mit Zytoplasma angereichert. Bes. stark nimmt das Drüsenvolumen 3–4 Tage vor der Puppenhäutung zu, was mit der Zeit der endokrinen Aktivität der Drüse zusammenfällt, schrumpft aber dann wieder unmittelbar vor der Häutung. Die Fütterung der Arbeiterinnenlarven

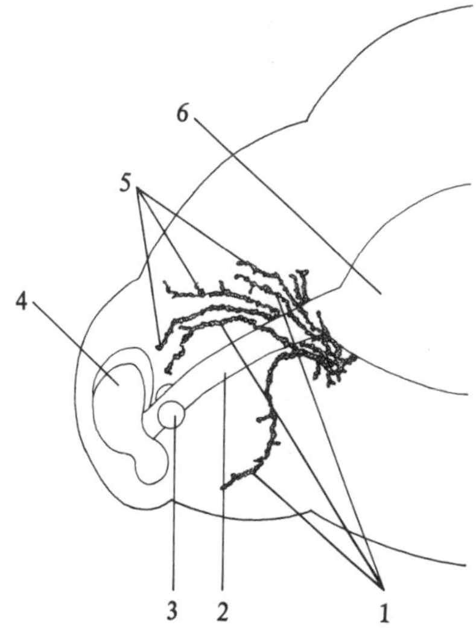

Schema der Struktur der Prothorakaldrüsen bei ausgewachsener Arbeiterinnenlarve, seitwärts. 1 linke Prothorakaldrüse, 2 Speiseröhre, 3 Corpus allatum, 4 Gehirn, 5 rechte Prothorakaldrüse, 6 Mitteldarm. Nach FORMIGONI (1956)

nur mit Arbeiterinnenfuttersaft führt zur Unterentwicklung der P. Sie entwickeln sich besser, wenn ihm Zucker beigefügt wird, wodurch die Zuführung von Nektar durch Ammenbienen zum Larvenfutter im Bienenstock ersetzt wird.

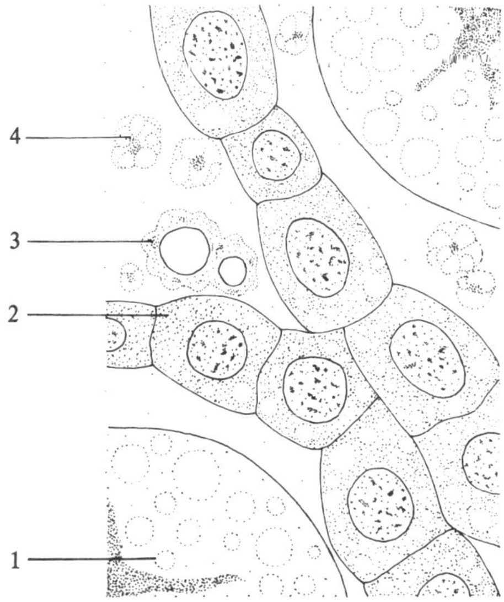

Schema der histologischen Struktur der larvalen Prothorakaldrüse der Honigbiene. 1 Zellen des Fettkörpers, 2 Prothorakaldrüse, 3 Trachee, 4 Haemozyt. Nach FORMIGONI (1956)

Prothoraxdrüse → Insektenhormone.

Protonymphe. Entwicklungsstadium der Milbe ↗, Varroatose ↗.

Protozoa. Urtierchen, einzellige Tiere, vielgestaltige Form. Dazu zählen *Nosema apis* ↗ u. Amöbe ↗.

Proventriculus → Darmkanal.

Prunus armeniaca L., Aprikose. A der G *Prunus* der F der Rosaceae ↗. Im Kaukasus, Transkaukasien u. N-China beheimatet. Von O-Asien über Indien bis N-Afrika, Europa für Fruchtzwecke angebaut u. verwildert. Bes. in S-Europa viel angepflanzt; es gibt mehrere Ziersorten. In günstigen Lagen bis 10 m hoch, in M-Europa meist Großstrauch. Blüht – vor den Blättern – im April. Erst rötliche, später weißliche Blüten, häufig einzeln stehend. Benötigt nicht zu schwere Böden u. warme, geschützte Lage. Nektar- u. Pollenspender, Honigtaulieferant. Abhängigkeit von Fremdbestäubung, sortenweise unterschiedl.

Prunus avium L., Süßkirsche. A der G *Prunus* der F der Rosaceae ↗. M- u. S-Europa, Kleinasien, vom Kaukasus bis O-Asien. Im Gebirge bis 1500 m ü. NN. In N-Amerika durch Verwilderung verbr. Meist keine echten Nachkommen, sondern häufig durch Kultur u. durch Aussaat von Eßkirschsorten entstanden, deshalb in Frucht- u. Blattform unterschiedl. Der bis höchstens 25 m hohe Baum blüht im April/Mai. Die weißen Blüten sind am vorjährigen Trieb zu 2–4, meist an Kurztrieben zu finden u. stehen in ungestielten Dolden. Benötigt mäßig feuchte, kalkhaltige Böden u. sonnige Lage. Nektar- u. Pollenspender, Honigtaulieferant. Erträge von Blütenbestäubung durch Honigbiene abhängig.

Prunus cerasus L., Sauerkirsche. A der G *Prunus* der F der Rosaceae ↗. In Mazedonien, Anatolien, Kaukasus u. N-Indien wild zu finden. In Europa, vor allem S-Europa, vielfach angebaut. Strauch für größere Anlagen. Bis 10 m hoher Baum od. großer Strauch. Blüht April/Mai. Die weißlichen Blüten erscheinen mit den Blättern bis zu viert in Büscheln, die am Grunde von den Knospenschuppen u. einem bis wenigen Blättern umgeben sind. Anspruchslos, gedeiht auch auf Sand- u. flachgründigen Böden. Nektar-, Pollen- u. Honigtaulieferant. Erträge nach neueren Untersuchungen weitgehend von Fremdbestäubung durch Bienen abhängig.

Prunus domestica L., Pflaume, Zwetschge. A der G *Prunus* der F der Rosaceae ↗. Stammt wahrscheinl. aus Vorderasien. Durch jahrhundertelange Kultur weit verbr. u. verwildert. Großer Strauch, in Kultur meist kleiner Baum. Blüht je nach Standort April/Mai, meist kurz vor dem Laubausbruch. Die weißen od. grünlichweißen Blüten befinden sich zu 1–3 an den Kurztrieben. Anspruchslos, bevorzugt nährstoffreiche, feuchte Böden in sonniger Lage. Nektar-, Pollen- u. Honigtaulieferant. Bieneneinsatz bei großen Kulturen empfehlenswert.

Prunus dulcis (MILL.) D. A. WEBB, Mandelbaum. A der G *Prunus* der F der Rosaceae ↗. Im mittl. u. süd. Kleinasien beheimatet, durch Kultur im ganzen Mittelmeergebiet u. weit nach O u. den USA stark verbr. u. verwildert. Der größte Teil von P. d. wird in den USA in Kalifornien angebaut. Versch. Sorten. Großer Strauch od. kleiner Baum. Blüht im April. Lebhaft rosa Blüten, meist zu zweit am vorjährigen Trieb; manchmal auch weißblühend. Benötigt warme, sonnige Lage. Vermehrung durch Aussaat, die Sorten durch Veredlung. Nektar- u. Pollenspender. Bieneneinsatz steigert maßgeblich die Erträge.

Prunus padus L., Traubenkirsche. A der G *Prunus* der F der Rosaceae ↗. In N-Asien öst. bis Sachalin, Korea, Japan, südwe. bis zum Kaukasus, in feuchten Wäldern, im Gebirge bis 1500 m ü. NN; in Europa in der Ebene bis in die spanischen, ital. u. bulgarischen Gebirge. Für Parkanlagen geeignet; als Unterholz, zur Deckbepflanzung als große, frei wachsende Hecken od. als Einzelgehölz verwendet. Bis 17 m hoher Baum, aber meist als großer Strauch vor-

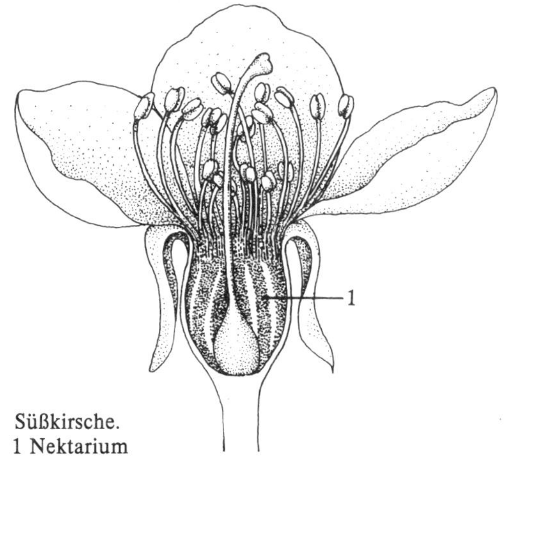

Süßkirsche.
1 Nektarium

Mandelblüten

kommend. Blüht nach den Blättern im April/Mai. Sehr zahlreiche, weiße Blüten zu 15–30 in lockeren, hängenden Trauben. Günstig für schattige, etwas feuchte Orte. Nektar-, Pollen- u. Honigtauspender.

Prunus persica (L.) Batsch, Pfirsich. A der G *Prunus* der F der Rosaceae ↗. Stammt wahrscheinl. aus China. Sowohl als Obstbaum weit verbr. u. in Kultur als auch als Ziergehölz verwendet. Der bis 10 m hohe Baum od. Großstrauch blüht April/Mai, meist vor den Blättern. Die rosafarbenen Blüten stehen einzeln od. zu zweit. Ohne bes. Ansprüche, aber kalkliebend, bevorzugt lockere, feuchte Böden u. geschützte Lage. Nektar-, Pollen- u. Honigtaulieferant. Bei manchen Sorten Bieneneinsatz zur Fremdbestäubung notwendig.

Prunus spinosa L., Schwarzdorn, Schlehdorn. A der G *Prunus* der F der Rosaceae ↗. Europa (außer hoher N), N-Afrika, Kleinasien. An trockenen, steinigen Orten, Waldrändern u. Hecken. Als Windschutzhecken, zur Dünenverbauung, zur Kippenbegrünung u. für Böschungen genutzt. Wertvolles Vogelschutzgehölz! Bis 4 m hoher Baum od. unterschiedl. gewachsener Strauch. Blüht März/April. Die weißen, in Massen auftretenden Blüten erscheinen meist vor od. mit dem Laubaustrieb, einzeln od. zu zweit. Für trockene, steinige, kalkhaltige Böden in freier, sonniger Lage geeignet. Nektar-, Pollen-, Honigtaulieferant. Gute Bienenpflanze.

Ptinus → Kräuterdieb.

Puderzucker → Futterteig.

Pulmonaria officinalis L., Lungenkraut. A der G *Pulmonaria* – mit etwa zwölf in Eurasien verbr. An der F der Boraginaceae ↗. Typische Pflanze der Bodenschicht mitteleurop. Laubwälder. Auch auf Wiesen, an Bachufern, in Gebüschen. Gehört zu den ersten blühenden Pflanzen (i.d.R. Ende März bis Ende April) u. bildet einen charakteristischen Bestandteil des Frühjahrsaspekts der Laubwälder. Blüten blau. Die Blütenfarbe wechselt je nach Entwicklungsstand von Rosa zu Blau. Ausdauernd. Nektar- u. Pollenspender (Pollenhöschenfarben hellgelb).

Puppe. Ruhestadium ohne Nahrungsaufnahme, das während der Individualentwicklung zw. Larve ↗ u. Imago ↗ eingeschaltet ist. Abgesehen von den noch nicht vollständig ausgebildeten Flügeln zeigt der P.n-Körper im übrigen alle äußeren Merkmale der ad. Biene, wie Kopfform, Fühler, Mundteile, Brustabschnitt, Extremitäten, Hinterleib u. Stachelapparat ↗. Die P.n-Farbe wird anfänglich noch durch die weißgelbe Farbe des Fettkörpers ↗ bestimmt, der durch die Cuticula ↗ hindurchscheint, da ihr zu Beginn der P.n-Phase noch dunkle Pigmente fehlen.

Puppenentwicklung. Die im letzten Larvenstadium ↗, der Vorpuppen- od. Nymphenphase, eingeleiteten inneren Umbildungsvorgänge finden nach der fünften Häutung im Ruhestadium der Puppe ↗ ihre Fortsetzung. Die endgültige Körperform der ausgewachsenen Biene wird ausgebildet, indem sich durch tiefe Einschnitte die drei Körperabschnitte (Tagmata) Kopf (Caput ↗), Brust (Thorax ↗) u. Hinterleib (Abdomen ↗) abgliedern. Dabei schließt sich das erste morphologische Abdomensegment als Mittelsegment eng an das dritte Thoraxsegment an. Zw. ihm u. dem zweiten Abdomensegment entsteht dann die «Wespentaille». Nun erfolgt die endgültige Differenzierung der Teile des Nervensystems, des Darmkanals u. des

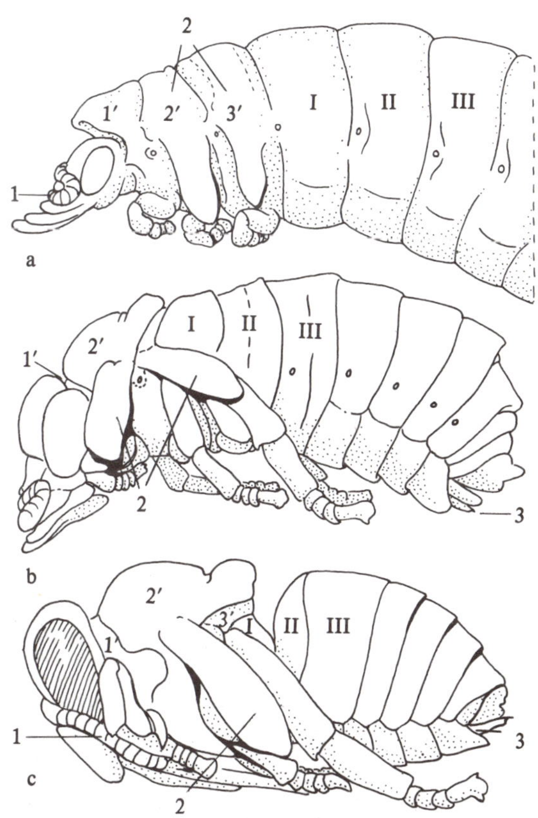

Äußerlich sichtbare Veränderungen während der Metamorphose. a und b zwei Entwicklungsstadien zur Zeit der Praepupalphase; c Puppe. 1 Antennenanlage, 2 Flügelanlage, 3 Stachelanlage; 1′, 2′, 3′ Thoraxsegmente; I, II, III erste Abdominalsegmente. Nach Snodgrass (1956)

Herzschlauchs, die sich den äußeren Gestaltsumwandlungen anpassen. Im Verlaufe der Puppenruhe wird der Hinterleibsstiel der Taille immer mehr eingeschnürt, bis er fast nur noch die Aorta, den Oesophagus und die Konnektive des Strickleiternervensystems in sich führen kann. Äußerl. werden am Kopf die

Arbeiterinnenpuppen, bei der rechten hat die Pigmentierung begonnen

Komplexaugen u. die drei Punktaugen (Stemmata) sowie die Mundgliedmaßen sichtbar. An den Thoraxsegmenten treten die Extremitäten u. die Flügelanlagen hervor. Erst kurz vor dem Schlüpfen werden die Flügel durch Einpressen von Haemolymphe u. Luft ausgestülpt u. damit die definitiven imaginalen Körperformen erreicht. Einem allmähl. fortschreitenden Prozeß unterliegt die ebenfalls äußerl. sichtbare Pigmentierung. In die Komplexaugen werden zur optischen Isolierung der einzelnen Ommatidien (Einzelaugen) Pigmente eingelagert, die einen Farbumschlag vom hellen Violettrosa bis zum dunklen Braun bewirken. Durch einen Prozeß, der eine Chinongerbung der Cuticula auslöst, wird in fortschreitendem Maße die Braunfärbung der Körperdecke, ihrer Anhänge u. Derivate herbeigeführt u. ihr damit die dem imaginalen

Voll ausgebildete Arbeiterinnen, schlupfbereit in der Zelle

Körper zukommende Festigkeit verliehen. Nach einer durchschnittl. Puppendauer (Entwicklungsdauer ↗) von neun (Arbeiterin), fünf (Weisel) u. etwa neun Tagen (Drohn) sind die Bienenwesen nach der sechsten Häutung in der Lage, mit ihren Mandibeln unter Zuhilfenahme eines wachs- u. kittharzlösenden Sekrets aus der Oberkiefer-(Mandibular-)Drüse die Zelldeckel zu öffnen u. als Imago zu schlüpfen.

Pütscher → Begattungskästchen.

Putztrieb. Hygienemaßnahme im Bienenvolk durch

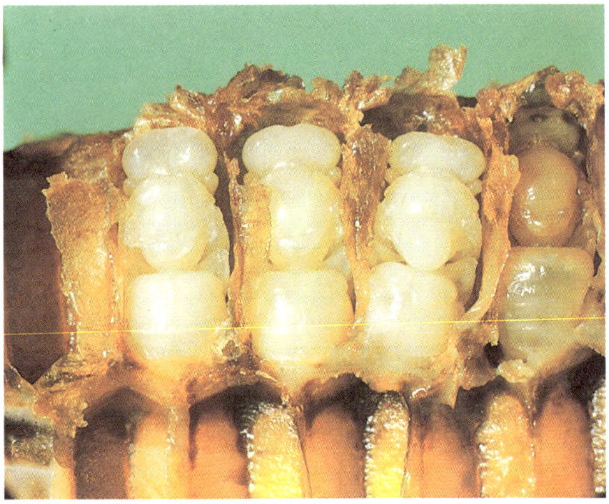

Augenpigmentierung und Sklerotisierung des Panzers

Putzen der Bienen. Bei Bienenvölkern versch. stark entwickelt, erblich bedingt. Schwacher Putztrieb bedeutet krankheitsanfällige Bienenvölker. Bei Krankheiten, z.B. bei Faktorenkrankheiten ↗, müssen Maßnahmen, die den P. fördern, durchgeführt werden, Reizfütterung ↗.

Pyrethrine. Insektizide Bestandteile von Pyrethrum, einem Präparat aus zermahlenen, getrockneten *Chrysanthemum*-Blüten. Es stellt ein Gemisch mehrerer insektizider Wirkstoffe ↗, der P., dar.

Pyrus communis L., Holzbirne, Birnbaum (*P. domestica* MEDIK. Kulturf.). A der G *Pyrus* der F der Rosaceae ↗. Europa (ohne hohen N), N-Afrika, Klein-

Schlüpfende Arbeiterin

asien. Wächst in Wäldern, Auen, auf steinigen Hängen bis in 1000 m ü. NN. Zu P. d. gehören alle Kultursorten des Birnbaums; auch als Deck- u. Windschutzgehölz genutzt. Der bis 20 m hohe Baum blüht im April/Mai. Die weißen Blüten stehen in Doldentrauben. P. c. selbst ist relativ anspruchslos, die kultivierten Sorten sind anspruchsvoller an Boden u. Klima. Nektar-, Pollen- u. Honigtaulieferant. Erträge weitgehendst von der Fremdbestäubung durch Insekten abhängig.

Geschlüpfte Arbeiterin mit langem Haarkleid («Müllerin»)

Querbau. Wabenstellung, bei der die Waben ↗ quer in der Beute ↗, d. h. parallel zur Beutenvorderwand hängen. In Kastenbeuten ↗ die ursprüngl. Wabenstellung. Sie hat den Nachteil, daß bei der Bearbeitung der Völker die Waben relativ zeitaufwendig einzeln entnommen werden müssen. Mit Ausziehvorrichtungen ↗ wird versucht, diesen Nachteil zu umgehen. Der Vorteil des Q.s ist, daß die Wabenanzahl problemlos der jeweiligen Stärke des Volkes angepaßt werden kann u. der bienenbesetzte Teil des Brut- u. Honigraumes durch einfaches Herausziehen der Beutenfenster an die letzte Wabe begrenzt wird.

Quercus petraea (Matt.) Liebl., Traubeneiche, Wintereiche. A der G *Quercus* der F der Fagaceae ↗. Europa bis Kleinasien. Hügelgelände u. Gebirge in trockenen, oft nährstoffarmen Böden. Schöner Park-, Straßen- u. Forstbaum, gutes Windschutzgehölz. Einhäusig. Windblütler. Blüht etwa 14 Tage später als die Stieleiche ↗. ♂♂ Blüten in lockeren, fadenförmigen, grünlichen Kätzchen. Auch für trockene, steinige, nährstoffarme Böden in Windlagen geeignet. Empfindlich gegen stauende Nässe. Honigtau- u. Pollenlieferant. Die Pollenproduktion von Q. p. wird auf 5000 Pollenkörner je Staubblatt, 41000 je Blüte u. 550000 je Blütenstand geschätzt. Man rechnet mit 3400–3600 Mio Pollenkörnern pro ha reinen Eichenwaldes (nach Maurizio u. Grafl).

Quercus robur L., Stieleiche, Sommereiche. A der G *Quercus* der F der Fagaceae ↗. Europa – hier nö. bis M-Norwegen –, N-Afrika, Kleinasien, Kaukasus, Transkaukasien. Meist in der Ebene, in Flußauen od. in hügeligem Gelände, im Gebirge nur bis 800 m ü. NN, selten höher. Eine der wertvollsten Eichen für die Holzgewinnung. Als Parkbaum (freistehend) kann er 500–700 Jahre alt werden. Seine Blühreife erreicht er mit 50 Jahren. Blüht im Juni, Anfang Juli. Einhäusig, unauffällig, ♂♂ u. ♀♀ Blüten in getrennten Blütenständen. Die ♂♂ Blüten bilden hängende, etwa 6 cm lange Kätzchen aus vorjährigen Knospen; die Einzelblüten bestehen aus einem 6–8teiligen, grünlichen Perianth u. 6–10 gestielten Staubblättern. Die ♀♀ Blüten stehen einzeln od. auch in zwei- bis vielblütigen, ährigen Blütenständen am Grund neuer Triebe u. bestehen aus einem kurzen Perianth u. einem dreifächerigen Fruchtknoten mit dreigelappter, roter Narbe. Ohne Nektarien. Bevorzugt frische, mineralische, tiefgründige Böden, stellt aber keine bes. Ansprüche. Pollen- u. Honigtauspender. Die grünlichgelben Pollenhöschen werden hauptsächl. in den Morgenstunden (ca. 50 % vor 10 Uhr, ca. 80 % bis 12 Uhr) eingetragen.

Quetschhahn. Absperrvorrichtung am Auslauf von Abfüllkübeln u. Honigschleudern. Mit einer neben od. über der Ausflußöffnung beweglich angebrachten Metallplatte mit Griff kann diese geöffnet bzw. geschlossen werden.

Quirlschildläuse. Deutsche Bezeichnung für die beiden an den Verzweigungsstellen der Fichte (z. T. auch an Tanne) saugenden, Honigtau liefernden Napfschildläuse *Physokermes piceae* Schrank, Große Fichtenquirlschildlaus, u. *Physokermes hemicryphus* Dalm., Kleine Fichtenquirlschildlaus. Die ältere verdeutschte Bezeichnung Lecanien ↗ ist bis heute ein fester Begriff geblieben.

Raas. Nicht mehr allgemein gebräuchl. Bezeichnung für den aus Wabenrahmen ausgeschnittenen bzw. aus Körben herausgebrochenen u. zum Einschmelzen vorgesehenen Wabenbau.

Radialschleuder → Honigschleuder.

Radius → Flügeladerung.

Rähmchen → Wabenrahmen.

Rähmchenlocher. Gerät, mit dem durch Hebelwirkung ein Stahlstift durch die Leisten der Wabenrahmen gedrückt wird, um die für das Drahten (Drahten der Rähmchen ↗) erforderlichen Löcher zu erzeugen. Besser erfolgt das Lochen mittels eines elektrisch betriebenen Einfach- od. Mehrfachbohrers.

Rähmchennagelform. Vorrichtung, in der die maßgerecht zugeschnittenen Einzelteile eines Wabenrahmens eingelegt u. rechtwinklig zusammengenagelt werden.

Rainfarn → Gemeiner Rainfarn.

Rainfarnblättriges Büschelschön → *Phacelia tanacetifolia* → Hydrophyllaceae.

Randvolkeffekt. Der R. äußert sich darin, daß das in einer Reihe als letztes in der Hauptwindrichtung stehende Volk oft das stärkste der Reihe ist bzw. den höchsten Ertrag bringt. Dies kommt dadurch zustande, daß die schwer beladenen heimkommenden Trachtbienen bei ungeschützter Flugfront ↗ vom Wind in Richtung auf die letzten Beuten getrieben werden, sich dort mit letzter Kraft festklammern u. dadurch, daß sie Pollen od. Nektar mitbringen, auch eingelassen werden. Zu einer ähnl. Erscheinung kommt es bei in mehreren Reihen hintereinander aufgestellten Magazinbeuten ↗. Hier werden die Völker, in der in Anflugrichtung vordersten Beutenreihe, durch die bei ungünstigen Bedingungen das nächste Flugloch aufsuchenden Bienen verstärkt.

Randwabe. Zu den R.n gehören bei Querbau die Stirn- u. Abschlußwabe, bei Längsbau die beiden äußeren Waben. Im Honigraum kommt ihnen keine bes. Funktion zu, im Brutraum sind sie die Deckwaben des Brutnestes. Entspr. der Brutnestordnung ↗ wird in ihnen vorzugsweise Pollen gespeichert. In pollenreichen Zeiten können sie total mit Pollen gefüllt sein u. werden dann als Pollenbretter bezeichnet. Bei Platzmangel u. bes. legetüchtigen Weiseln können sie auch mit Brut belegt werden.

Rangfolge. Einordnung von Tieren od. Tiergruppen nach der erbrachten Leistung od. dem Zuchtwert ↗. Auf der Grundlage der Leistungsprüfung ↗ von Bienenvölkern wird im Körverfahren (Körung ↗) die R. der zu körenden Völker unter den vergleichbaren Völkern festgelegt.

Rankmade. Larve der Kleinen Wachsmotte ↗, rankt an der Mittelwand entlang, um Nahrung aufzusuchen. R. zerstört Waben.

Ranunculaceae, Hahnenfußgewächse. Die F umfaßt 47 Gn mit ca. 2000 An, vor allem auf der nö. Hemisphäre. Meist Kräuter, aber auch Sippen mit halbstrauch- u. strauchartigem od. lianenartigem Charakter. Es gibt sowohl Wasser- als auch Hochgebirgspflanzen, Zierpflanzen, Unkräuter, Wiesenpflanzen; Frühjahrs-, Sommer- u. Herbstblüher. Die trugdoldig, traubig od. rispig angeordneten Blüten haben normalerweise eine einfache Blütenhülle, nur in seltenen Fällen läßt sich eine Gliederung in Kelch u. Blumenkrone erkennen. Versch. Sippen der R. bringen endständige Einzelblüten hervor. Sowohl die Blütenhüll- als auch die Staubblätter können in großer Anzahl auftreten u. sind wie die meisten zahlreichen Fruchtblätter ebenso frei entwickelt. Charakteristisch für R. ist das häufige Vorkommen von Nektarien, bei denen es sich um sehr unterschiedl. modifizierte Staubblätter handelt, die Nektar absondern. Einige Gn bilden zahlreiche Samen je Fruchtblatt aus (z. B. *Aquilegia*), andere nur je einen Samen, während die übrigen Samenanlagen frühzeitig verkümmern (z. B. *Clematis, Anemone*). Es gibt die teilweise zu beobachtende, enorme Streckung der Blütenachse (z. B. *Myosurus*) u. Formen mit stark verkürzter Blütenachse (*Ranunculus arvensis*). – Relativ lange, tütenförmige Honigblätter sieht man bei der von Europa bis Zentral-Asien verbr. G *Helleborus* (Verbr.s-Schwerpunkt Mittelmeergebiet, Kleinasien, Kaukasus). Eine der mitteleurop. An, die Schwarze Nieswurz (*Helleborus niger* ↗), ist als Gartenpflanze häufig anzutreffen. Tütenförmige Honigblätter kommen auch bei der in Europa u. Asien verbr. G *Eranthis* vor. Von dieser G wird in M-Europa der aus S-Europa stammende Winterling (*Eranthis hyemalis* ↗) kultiviert. Sehr stark ausgeprägte Honigblätter besitzt die G *Semiaquilegia* (O-Asien). Die Honigblätter – an ihrer Basis befinden sich in einer taschenförmigen Aussackung die Nektardrüsen – sind in ihrer Form den intensiv rot gefärbten Blütenblättern sehr ähnl. Die ausdauernde G *Aquilegia* – in lichten Laubwäldern, auf Wiesen, Geröllhängen, Kalkfelsen vorkommend – hat ebenfalls blumenblattartige Honigblätter, die jedoch noch eine lange, spornartige Aussackung besitzen. Die Sporne ragen an der US der Blütenhülle – Blüten blau bis blauviolett – heraus u. haben am Grunde die Nektardrüsen. Die Blüten der G *Caltha* (weltweit verbr.) besitzen dagegen keine Honigblätter. Die Sumpfdotterblume (*Caltha palustris* ↗) überdeckt mit ihren Blüten oft große Wiesenflächen. Ebenfalls nektarlose Blüten besitzt die G *Thalictrum* (Eurasien u. N-Amerika), die aus kleinen bis mittelhohen Stauden besteht. Ihre oft zahlreichen Blüten sind zu traubigen od. rispigen Blütenständen vereinigt. Die auffällige Färbung der Akelei-Wiesenraute (*Thalictrum aquilegifolium* ↗) schafft z. B. die Voraussetzung für den Besuch von pollenfressenden u. -sammelnden Insekten. Teilweise auch sehr auffällige od. große Blüten hat die G *Anemone*, von der in M-Europa neben dem im Frühjahr in den Laubwäldern häufigen Gelben Windröschen (*Anemone ranunculoides* L.) das Buschwindröschen (*A. nemorosa* ↗) u. das auf Kalkböden bes. verbr. Wald-Windröschen *(A. sylvestris)* zu nennen sind. In China u. Japan wegen ihrer schönen Blüten kultiviert ist *A. japonica* mit großen weißen bis rosafarbenen Blüten. – Die *Clematis*-An haben entweder eine vierblättrige, teils unscheinbare, teils auffällig gefärbte Hülle. Diese etwa 200 An umfassende G ist kosmopolitisch verbr., u. ihre An wachsen entweder als Stauden od. als windende Pflanzen. Eine oft in Auenwäldern zu beobachtende Liane ist *Clematis vitalba* ↗). Von den zahlreichen als Zierpflanzen kultivierten An findet man an Hauswänden bes. häufig *C. viticella* mit großen, dunkelblau od. rosa gefärbten Blüten. Die G Hahnenfuß *(Ranunculus)* – kosmopolitisch verbr. – ist ebenfalls häufig auf Wiesen u. in Wäldern zu finden.

Fraßgänge der Rankmade

Die Blüten haben eine unscheinbare, kelchartige Hülle u. blumenblattartige Honigblätter, die meist durch eine gelbe od. weiße Färbung auffallen. An ihrer Basis befindet sich je eine Nektardrüse, meist frei auf der Oberfläche des Honigblattes od. von einer Schuppe überdeckt. Auf Äckern u. Schuttplätzen ist der Acker-Hahnenfuß (*Ranunculus arvensis* L.), auf feuchten Naturwiesen der Scharfe Hahnenfuß (*R. acer* L.) häufig. Die F der R. insges. spielt im allgemeinen keine so wichtige Rolle als Nektarspender, da viele Vertreter der R. nektarlos sind u. nur als Pollenspender in Betracht kommen. Außerdem liegen insges. noch zu wenig Beobachtungen vor. Nach MAURIZIO u. GRAFL tragen bes. die frühblühenden R.-An wesentl. zur Pollenversorgung der Bienenvölker bei, z. B. das Buschwindröschen *(Anemone nemorosa)* in waldreichen Gebieten, die Christrose *(Helleborus niger)* in Österreich (Steiermark) u. die grünblütige Stinkende Nieswurz (*Helleborus foetidus* L.) in der Schweiz. Der Anteil der R. an der Pollenernte liegt zw. 1–8 %. Der Stickstoffgehalt des Hahnenfußpollens beträgt 2,8–3,1 %. Bei einseitiger Tracht kann es durch die *Ranunculus auricomus*-Gruppe u. vor allem *R. puperulus* KOCH zu Bienenvergiftungen kommen, da diese Pflanzen den für Bienen giftigen Wirkstoff Anemonol enthalten, in der Schweiz unter dem Begriff «Bettlacher Maikrankheit» bekannt. Diese Vergiftungen durch R.-An erfolgen jedoch nur bei massenhaftem Auftreten dieser Pflanzen u. auch nur dann, wenn in manchen Jahren eine Trachtlücke zw. der Weiden- u. der Kirschblüte entsteht u. die sonst kaum beachteten Hahnenfuß-An zeitweise zu Hauptpollenspendern werden. Die Vergiftung durch R.-An ist in der Schweiz nach Trockenlegung der Wiesen selten geworden. – *Ranunculus*-Befunde im Honig sind gelegentl. in ganz Europa zu beobachten, meist als Einzelpollen, seltener noch sind Befunde von *Anemone* od. *Clematis*. Pollen von *Thalictrum*, z. T. als Begleitpollen, wurde in Honigen aus China gefunden (nach MAURIZIO u. GRAFL).

Raphanus raphanistrum L., Hederich, Gemeiner Rettich. A der G *Raphanus* der F der Cruciferae ↗. Von den Mittelmeerländern bis 70° nö. Breite; von der Ebene bis 2000 m ü. NN. Gehört zu den verbreitetsten Samenunkräutern. Einjährige kalkmeidende Pflanze – blüht Juni, Juli – mit weißlichen, violett geäderten Blüten u. einer hellgelbblütigen Form, die mit dem Ackersenf ↗ verwechselt werden kann; dessen Blüte jedoch meist ein kräftigeres Gelb aufweist. Außerdem stehen bei R. r. die Kelchblätter aufrecht, während die vom Ackersenf gesenkt sind. Äcker ↗. Hederichblüten besitzen im Gegensatz zu anderen Kreuzblütlern nur zwei laterale Nektarien. R. r. ist Nektar- u. Pollenspender.

Raps → *Brassica napus* → Cruciferae.

Rasse. Gruppe von Individuen einer A, die sich in mindestens einem Merkmal (Körpermerkmale ↗) von anderen Individuengruppen unterscheiden u. diese Merkmalsvarianten vererben. Bienenrassen sind in erster Linie geographische Rassen. Die europ. Bienen-R.n sind: die über ganz W-, N- u. NO-Europa verbr. Mellifera-, Nord- od. Dunkle Biene *(Apis mellifera mellifera)*, die in SO-Europa beheimatete Carnica, Kärntner- od. Krainer Biene *(Apis mellifera carnica)*, die im Kaukasus-Gebiet heimische Caucasica- od. Kaukasische Biene *(Apis mellifera caucasica)* u. die von der Apenninen-Halbinsel stammende Ligustica-, Italiener od. Italienische Biene *(Apis mellifera ligustica)*.

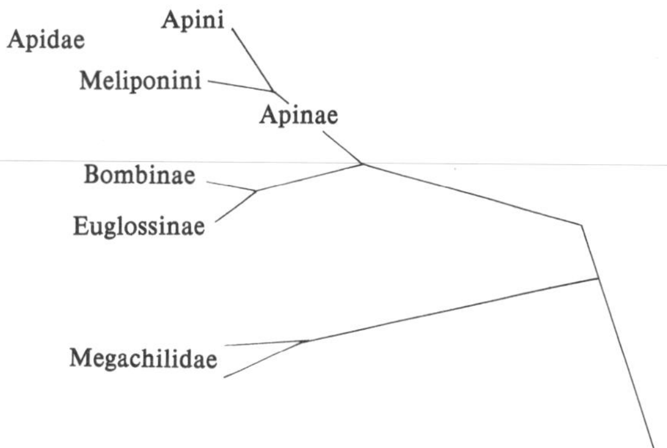

Ausschnittvergrößerung aus dem Cladogramm, das die phylogenetischen Beziehungen der Familien der Bienen (Apoidea) darstellt. Modifiziert von WILSON (1971) nach MICHENER (1964)

Rassebelegstelle → Belegstelle.

Rassemerkmale → Körpermerkmale.

Rassen der Westlichen Honigbiene im Mittl. Orient. Die in dieser Gruppe zusammengefaßten Bienen werden als Übergangsformen zw. der Afrikanischen ↗ u. der SO-Europ. Gruppe ↗ (Rassengruppen der Westlichen Honigbiene ↗) angesehen. Es gehören hierher sechs geographische Rassen: *Apis mellifera cypriaca* (POLLMANN, 1879), Cyprische Biene. Ähnl. der

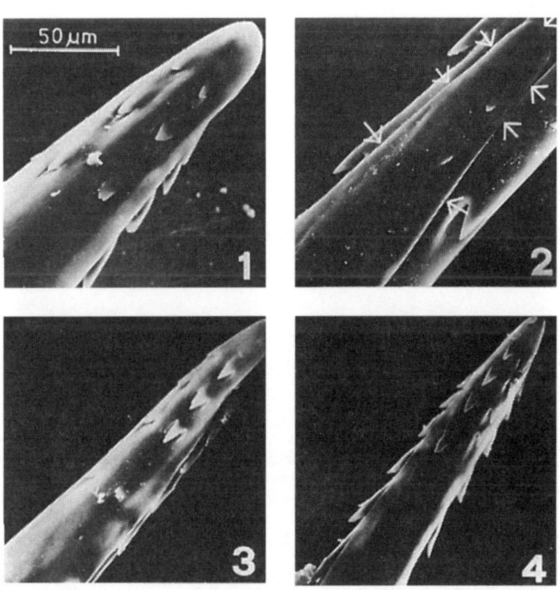

Rasterelektronenmikroskopische Aufnahmen der Stachelrinnenspitze (Dorsalansicht) der vier *Apis*-Arten.
Seitlich bzw. unter der Spitze der Stachelrinnen sind mehr oder weniger deutlich noch Teile der Stechborsten mit ihren Widerhaken zu erkennen. Bei 2 ist der Umriß der Stachelrinne durch Pfeile hervorgehoben.
1 *Apis dorsata*, 2 *A. mellifera*, 3 *A. cerana*, 4 *A. florea*.
Aus WEISS (1978)

Apis mellifera ligustica ↗, aber etwas kleiner; außerdem ist die gelbe Farbe der *A.m. ligustica* ein mehr ins rötliche od. karottenfarbene gehender Ton. Die kommerzielle Nutzung dieser Rasse od. Kreuzungen derselben war wegen ihrer Aggressivität u. ihrer mangelhaften Reaktion auf Rauch nicht erfolgreich, obwohl die

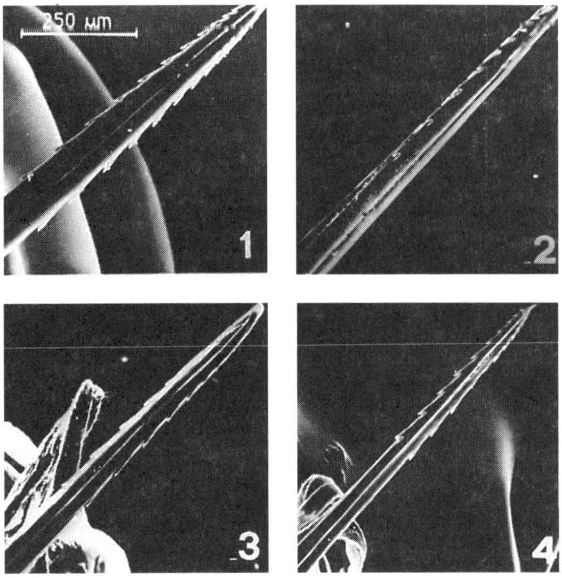

Rasterelektronenmikroskopische Abbildung der Stechborsten der vier *Apis*-Arten mit ihren Widerhaken.
1 *Apis dorsata*, 2 *A. mellifera*, 3 *A. cerana*, 4 *A. florea*.
Aus WEISS (1978)

Überwinterungsfähigkeit relativ gut ist. Man hat sie 1879 u. 1880 auch nach den USA eingeführt, dort aber wegen «unmanageable qualities» wieder aufgegeben. *Apis mellifera syriaca* (BUTTEL-REEPEN, 1906), Syrische Biene. Obwohl sie hervorragend an kaltes Klima angepaßt ist u. ihr Nest gegen Hornissen *(Vespa orientalis)* verteidigt, ist sie wegen ihres häufigen Schwärmens u. der Tendenz, viele Weiselzellen anzulegen, nicht günstig für die Bienenhaltung. Auch in den USA, wohin sie 1880 verbracht wurde, hat man sie bald wieder aufgegeben. *Apis mellifera anatolica* (BODENHEIMER, 1941), Anatolische Biene. Sehr klein, schmutzigorangefarben (das ventral u. an den hinteren Segmenten in Braun übergeht). Das Scutellum ist dunkelorange gefärbt. Wesentl. Nachteile sind die Tendenz, im Übermaß Wirrbau anzulegen u. sehr viel Propolis zu verwenden. ADAM (1964, 1977) hat sich intensiv mit dieser Rasse befaßt u. die klimatisch bedingten großen Unterschiede zw. west- u. zentralanatolischen Formen hervorgehoben. *Apis mellifera persica* (KHABEL JASIM, 1955), Persische Biene, u. *Apis mellifera armenica* (SKORIKOV, 1929), Armenische Biene, gehören ebenso wie die Kaukasische Biene *Apis mellifera caucasica* ↗ (GORBATSCHEV, 1916) zu dieser Gruppe. Infolge ihrer überragenden Bedeutung erfolgt für letztere Rasse eine genauere Darstellung.

Rassen der Westlichen Honigbiene in NW-Europa. Die Hauptausbreitungsrichtungen in der morphogenetischen Evolution der We. Honigbiene zeigen, daß ausgehend von den afrikan. Rassen *Apis mellifera intermissa* u. *Apis mellifera sahariensis* eine Ausbreitung in nordwe. Richtung über die Iberische Halbinsel erfolgte. Zu dieser Rassengruppe gehören: *Apis mellifera iberica* (GOETZE, 1964), *A. m. domestica* (JOHN RAY, 1663), *A. m. mellifera L.* 1758, *A. m. nigra* (KRAMER, 1898), *A.m. lehzeni* (BUTTEL-KEEPEN, 1906), *A.m. silvarum* (ALPATOV, 1935), *A.m. acervorum* (ALPATOV, 1935), *A.m. uralica* (DULKIN, 1953). Das ursprüngl. Heimatge-

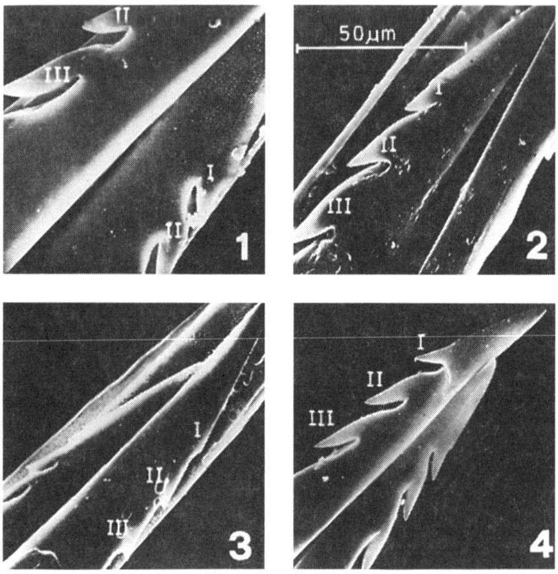

Rasterelektronenmikroskopische Aufnahme der Stechborstenspitze der vier *Apis*-Arten mit den Widerhaken I–III.
1 *Apis dorsata*, 2 *A. mellifera*, 3 *A. cerana*, 4 *A. florea*. Aus WEISS (1978)

biet dieser Bienen umfaßt ganz Europa we. u. nö. der Alpen u. die zentrale Sowjetunion. *Apis mellifera iberica*, die Dunkle Biene der Iberischen Halbinsel, ist das Verbindungsglied zw. afrikan. u. NW-europ. Bienen, sie ist der *Apis mellifera mellifera* sehr ähnl. Bei allen Bienen dieser Rassengruppe ist schwarz die vorherrschende Farbe, jedoch zeigen sich leichte Aufhellungen nach braun sowie leichte Andeutungen gelber Färbungselemente. Alle Bienen dieser Gruppe haben eine nervöse Disposition, u. recht häufig kommt es zum Abstechen der Weisel bei imkerlichen Manipulationen an der Kolonie. Die in England vorkommende *Apis mellifera domestica* ist sehr eng mit *A. m. mellifera* ↗ verwandt. Die einheitl. dunkle Heidebiene *A.m. lehzeni* wurde wahrscheinl. während der Jahrhundertwende durch andere Rassen absorbiert, jedoch finden sich nach GOETZE (1964) noch ähnl. Formen mit leicht gelben Zeichnungen in nö. Teilen der Bundesrepublik Deutschland sowie in Skandinavien. *A.m. nigra* ist eine in der Schweiz durch Selektion entwickelte Rasse mit vielen wünschenswerten Eigenschaften; jedoch verhindert ihre exzessive Schwarmlust eine Verwendbarkeit für die kommerzielle Honigproduktion.

Rassen der Westlichen Honigbiene in SO-Europa. Zu dieser Gruppe gehören die wirtschaftl. bedeutendsten Bienenrassen, wie *Apis mellifera ligustica* u. *Apis mellifera carnica* sowie die Griechische Biene *Apis mellifera cecropia* (KIESENWETTER, 1860). Sie ist mit Ausnahme ihres Heimatlandes nicht in größerem Maße wirtschaftl. genutzt. Aristoteles berichtete schon, daß die Bienen nicht einheitl. seien u. diejenigen mit gelben Zeichnungen als die besten angesehen würden. Sie ist zwar eine hervorragende Trachtbiene, ihre bemerkenswerten Vorzüge liegen jedoch in ihrer großen Volkstärke, ihrem guten Temperament u. ihrer geringen Schwarmneigung. Sie ähnelt sehr stark der Kaukasischen Biene ↗ in vielen Eigenschaften, etwa der starken Verwendung von Propolis u. ihrer Neigung zum Wirrbau. Wegen starker Akkumulation von Vorräten im Brutnestbereich kommt es häufig bereits Ende Juli zur weitgehenden Beendigung der Brutaufzucht.

Rassengruppen der Westlichen Honigbiene. Die morphogenetische Evolution der Rassen von *A. mellifera* ist von einem hypothetischen Ausgangszentrum in NO-Afrika in den drei Richtungen S, NO u. NW erfolgt. Nach Dietz (1982) teilt man die We. Honigbiene *A. mellifera* L. in vier Rassengruppen auf: die Afrikanische Gruppe, die Afrikanischen Rassen der Westlichen Honigbiene ↗, die Mittelost-Gruppe, die Rassen der Westlichen Honigbiene im Mittl. Orient ↗, die SO-europ. Gruppe, die Rassen der Westlichen Honigbiene in SO-Europa ↗, die NW-europ. Gruppe, die Rassen der Westlichen Honigbiene in NW-Europa ↗.

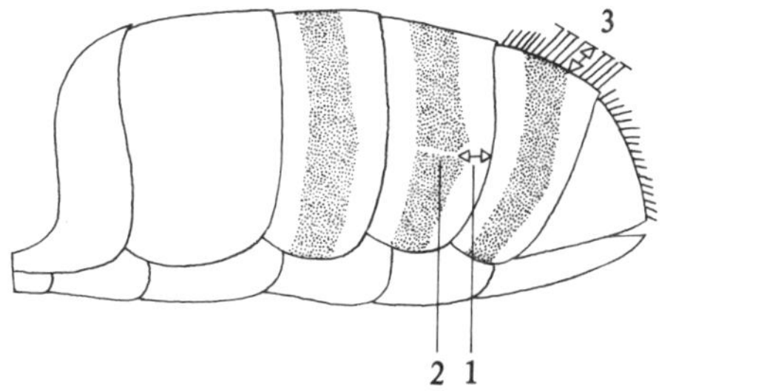

Meßgrößen zur morphologischen Charakterisierung und morphometrischen Unterscheidung der Rassen der Westlichen Honigbiene. A. Abdomen einer Arbeiterin in Seitenansicht. 1 Breite des weißen Streifens zwischen Tomentum und Hinterrand des Tergits 4, 2 Breite des Tomentums des Tergits 4, 3 Länge der Haare auf Tergit 5. Tomentum werden die Filzbinden genannt, die mit ihrer Breite den Bienen ein zur Unterscheidung der Rassen geeignetes Aussehen verleihen. Bei der offiziellen Merkmalsbeurteilung wird die mittlere, auf dem 4. Hinterleibsring gelegene Filzbinde bewertet. Extreme sind die «graue» *A. m. carnica* mit breiten Filzbinden und die «dunkle» *A. m. mellifera* mit sehr schmalen Filzbinden. *A. m. caucasica* und Bastarde liegen dazwischen.

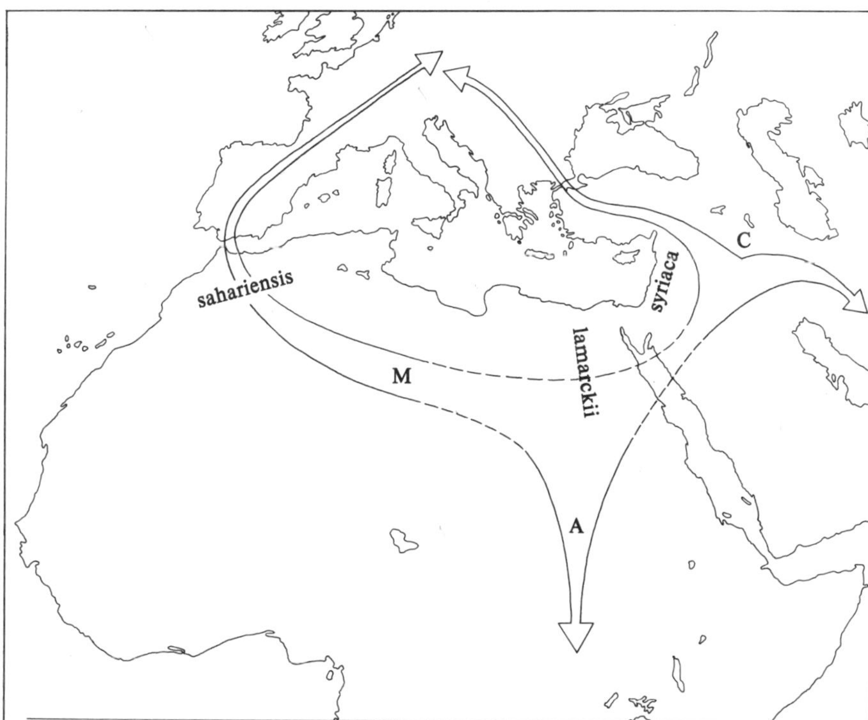

Die 3 Hauptausbreitungsrichtungen der morphogenetischen Evolution der Rassen von *A. mellifera*, ausgehend von einem hypothetischen Ausgangszentrum mit der Gruppe *sahariensis* – *lamarckii* – *syriaca* in Nordost-Afrika.
A: südliche Ausbreitung nach Zentral- und Süd-Afrika; C: nordostwärtige Ausbreitungsrichtung über iranische (östliche Richtung) und anatolische Bienen bis hin zur *carnica* im Donaugebiet bzw. *ligustica* in Italien; M: in nordwestlicher Richtung erfolgt die Ausbreitung über die Form *sahariensis* und *intermissa* (in der nordwestafrikanischen Küstenregion) zu *iberica* und *mellifera* im Nordwesten. Die Westliche Honigbiene hat somit in einem westlichen Zweig (*A. m. mellifera)* und östlichen Zweig *(A. m. carnica* und *A. m. ligustica*) ihr heutiges Verbreitungsgebiet in Europa (bzw. Eurasien) erreicht. Nach morphometrischen Untersuchungen von Ruttner, Tassencourt und Louveaux (1978) steht *A. m. caucasica* dem westlichen Zweig näher. Aus Ruttner, Tassencourt und Louveaux (1978)

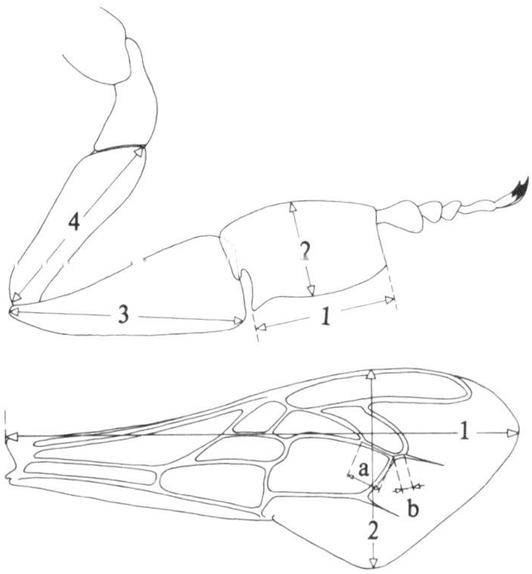

Oben Hinterbein einer Arbeiterin. 1 Länge des Metatarsus (= 1. Fußglied), 2 Breite des Metatarsus, 3 Länge der Tibia, 4 Länge des Femurs. Unten Vorderflügel einer Arbeiterin. 1 Flügel-Länge, 2 Flügel-Breite, a Cubitalader a, b Cubitalader b. Aus RUTTNER, TASSENCOURT und LOUVEAUX (1978)

Rassenkreuzung. Kreuzung von Individuen, die versch. Rassen ↗ angehören. Bei R.en ist Heterosis ↗ zu erwarten; jedoch muß auch mit Nachteilen, wie gesteigerte Stechlust (*Mellifera* × *Carnica* od. *Ligustica* × *Carnica*), Neigung zu Räuberei u. Verflug (*Ligustica*-Kreuzungen) od. Anfälligkeit gegenüber Nosematose (*Caucasica*-Kreuzungen) gerechnet werden. Versuche, Kombinationen versch. Rassen züchterisch zu festigen (Buckfast-Biene), brachten unterschiedl. Erfolge. In Reinzuchtgebieten ↗, Rassereservaten u. Ländern, in denen nur eine Rasse gehalten u. züchterisch bearbeitet wird, kann die Einfuhr fremder Rassen aufgrund der unkontrollierbaren natürl. Paarungen zu Störungen in der züchterischen Arbeit führen u. wird dort durch gesetzliche Bestimmungen, Standards od. Zuchtrichtlinien geregelt. Auf dem amerik. Kontinent, wo die Honigbiene ursprüngl. nicht heimisch ist, u. in Ländern mit großer geographischer Ausdehnung (Sowjetunion außerhalb von Rassereservaten) werden R.en häufig praktiziert.

Räuberei. Das Eindringen von Bienen in eine fremde Beute, meist in trachtloser Zeit, um die Honigbzw. Futterhonigvorräte als Trachtquelle zu nutzen. Die Ursachen von R. sind vielfältig; ihre Opfer werden meist Volkeinheiten, deren Abwehrkraft am Flugloch aus irgendeinem Grund geschwächt ist, z.B. weisellose Völker, od. die an sich schwach sind, wie Ableger u. Begattungsvölkchen. Auch einzelne Völker, die in trachtloser Zeit am Tage flüssiges Futter erhalten od. noch nicht aufgetragen haben od. denen nach dem Schleudern am Tage die ausgeschleuderten Waben zurückgegeben wurden od. Völker, bei denen aus einem undichten Futtergefäß Zuckerlösung aus dem Flugloch herausläuft, können Anlaß zu R. sein, weil fremde Bienen angelockt werden. Ist es erst einigen fremden Bienen gelungen, in ein Flugloch einzudringen, steigt die Invasion lawinenartig an. Die Wächter des beraubten Volkes leisten anfänglich Widerstand, geben ihn aber früher od. später auf. Zum Schluß zieht der Rest des beraubten Volkes aus der leeren Beute mit den Räubern in ihr Volk. Neben dieser aggressiven Form gibt es auch eine sog. stille R., die meist zw. Nachbarvölkern auftritt u. vom Imker kaum bemerkt wird. Die Ursachen der R. sind immer beim beraubten Volk od. Stand, nicht beim Räuber zu suchen. Allerdings kann der Imker durch Ausleckenlassen der geschleuderten Waben im Freien, durch versehentl. Offenlassen des Wabenschranks od.ä. in trachtloser Zeit die Völker so in Sammelstimmung versetzen, daß sie nach dem Versiegen der künstl. Tracht in wesentl. stärkerem Maße als vorher versuchen, eine neue Trachtquelle zu erschließen u. dabei mit Sicherheit evtl. vorhandene schwach besetzte Fluglöcher finden. Die Bekämpfung der R. richtet sich danach, wie weit sie schon fortgeschritten ist. Im Anfangsstadium, solange der Abwehrwille des bedrängten Volkes noch ausreicht, ist das Flugloch stark einzuengen, eine Glasscheibe schräg vor das Flugloch zu stellen u. die Scheibe u. die Umgebung des Fluglochs mit einem Wassersprüher ständig feucht zu halten. Es kann auch vor das Flugloch ein 10 cm langer, 1 cm hoher u. sich zum Flugloch auf 2 cm verengender Laufkanal gesetzt werden; er erleichtert dem angegriffenen Volk die Verteidigung. Diese Maßnahmen reichen oft aus, die Angreifer zu verunsichern u. abzuschrecken. Ist das räubernde Volk bekannt, kann man ihm irgendwelche stark riechende Substanzen unter die Waben schieben (Naphthalin, Kampfer, geriebene Zwiebel, gemahlenen Kaffee). Der Bienenkörper nimmt den Geruch an, u. das beraubte Volk erkennt dadurch die fremden Bienen besser. Ist die R. in vollem Gange u. zeigt das beraubte Volk kaum noch Abwehrreaktionen, ist aber weiselrichtig, kann folgendes Verfahren angewendet werden: Das Flugloch wird dicht verschlossen u. statt der Beutenfenster Gazerahmen (Wanderlüftung) eingesetzt u. für gute, möglichst abgedunkelte Belüftung sowie Kühlung durch Wassergaben mit einem Wassersprüher gesorgt. Nach einigen Stunden wird die Beute hinten geöffnet. Die Räuber u. ein Teil der Flugbienen fliegen dabei ab. Das Volk bleibt nun bei entspr. Versorgung so lange eingesperrt, bis sich am Flugloch keine Suchbienen mehr zeigen. Dann wird abends das Flugloch nur wenig geöffnet u. das Volk weiter beobachtet. Besteht die Möglichkeit, das beraubte Volk aus dem Flugbereich herauszubringen, sollte dies erfolgen. Ist es allerdings weisellos, wird es aufgelöst. Die leere Beute bleibt offen stehen, bzw. es wird eine leere an ihren Platz gestellt. Die räubernden Bienen stellen dann nach kurzer Zeit die Suche ein.

Raubfliege. Aus der F der Asilidae (Raubfliegen, Mordfliegen). Außenschädling, meist über 20 mm, gewandter Flieger, breiter Kopf, kräftige Brust, bunter Haarpelz, kurzer Hinterleib. R. erbeutet Insekten u. saugt sie aus.

Räuchermittel. Präparate, die akarizide od. insektizide Aerosole ↗ beim Verschwelen freisetzen. Sie werden im Fumigationsverfahren ↗ angewendet.

Rauchmaterial. Zur Raucherzeugung werden neben den im Fachhandel angebotenen spez. Räucherbriketts die unterschiedlichsten Materialien genutzt, u.a. faules Holz von Laubbäumen (bes. der sog. Weidenmulen), Rippentabak, Rainfarn, Obsttrester. Das R. muß trokken sein, sich gut entzünden lassen, lange Glut halten u. einen Rauch entwickeln, der dem Imker angenehm riecht, die Bienen aber wirksam abschreckt.

Rauhblattgewächse → Boraginaceae.

Rauhe Deutzie → *Deutzia scabra.*

Rauher Enzian, *Gentiana aspera* → Gentianaceae.

Rauhhaarige Alpenrose → *Rhododendron hirsutum* → Ericaceae.

Rauschbeere → *Vaccinium uliginosum* → Ericaceae.

Rebengewächse → Vitaceae.

Receptaculum seminis → Geschlechtsorgane.

Rectalpapillen → Darmkanal.

Regel der 40 Tage. Diese Regel geht davon aus, daß die Entwicklung einer Arbeitsbiene vom Ei bis zur Flugbiene 40 Tage dauert. Wird also die Weisel zu einem Zeitpunkt durch Reizfütterung od. Tracht zu vermehrter Eiablage veranlaßt, stehen frühestens 40 Tage danach vermehrt Flugbienen zur Verfügung (Regel der 77 Tage ↗).

Regel der 77 Tage. Diese Regel besagt, daß 77 Tage nach verstärktem Brutansatz im Frühjahr, meist durch die Pollentracht aus der Weidenblüte, ein Volk den Höhepunkt seiner Entwicklung erreicht hat. Diese 77 Tage summieren sich aus 3 Legegängen der Weisel, je 21 Tage, u. 14 Tagen für die durch gute Tracht von 3 auf 2 Wochen verkürzte Stockbienenzeit der letzten Generation. Bei einem langjährigen Mittel des Beginns der Weidenblüte am 1. April würde ab Mitte Juni eine Tracht max. ausgenutzt werden. Gleichzeitig ist aber auch der Eigenverbrauch u. die Schwarmgefahr am höchsten.

Regenmesser. Gerät in versch. Ausführung zum Messen der Niederschlagsmenge. Ein Trichter fängt den Regen auf u. leitet ihn in einen Sammelbehälter, der auch gleichzeitig als Meßgefäß ausgebildet sein kann. Tägl. um 7 Uhr wird die Regenmenge in Millimeter Regenhöhe bzw. in Liter pro Quadratmeter abgelesen (1 mm = 1 l/m^2). Schnee wird entweder auch im R. od. einer einfachen, möglichst tiefen Büchse mit der gleichen Öffnung wie der R. aufgefangen, geschmolzen u. wie Regen gemessen. Die tägl. Regenmengen werden zu Dekaden-, Monats- u. Jahresmengen addiert.

Reichtiefe. Selektionskriterium. Die R. wird zur Züchtung in Richtung einer großen Rüssellänge u. damit einer verbesserten Rotkleefähigkeit der Arbeitsbienen ermittelt; dazu wird den Bienen in mehreren kalibrierten Röhrchen von 2 mm Durchmesser (Glossometer) Zuckerlösung gereicht. An der Menge der entnommenen Lösung wird die R. von einer Biene je Röhrchen od. die größte R. mehrerer Bienen, die in einer bestimmten Zeit das Röhrchen aufgesucht haben, gemessen.

Reifweide → *Salix daphnoides* → Salicaceae.

Reinerbigkeit → Homozygotie.

Reinigungsausflug. Ein gravierendes Ereignis sowohl für die Bienen als auch für den Imker. Nach z.T. 4–5 Monaten haben die Bienen erstmals Gelegenheit, einen Ausflug zu halten. Hierbei werden die in der Kotblase ↗ angesammelten Verdauungsrückstände entleert. Die Hauptarbeit des Imkers liegt in der Vorbereitung des R.es. Er muß möglichst schon einige Tage vorher, falls erforderlich, den Schnee unmittelbar vor der Flugfront wegräumen. Wenn die Wettervorhersage einen Flugtag erwarten läßt, d.h. die Temp. gegen Mittag etwa 10 °C erreicht, die Sonne wenigstens zeitweise scheint u. es nicht zu windig ist, sollte der Imker, wenn er es einrichten kann, an diesem Tag auf dem Bienenstand anwesend sein.
Im Laufe des Vormittags sind vorsichtig die Windeln ↗ aus den Beuten zu ziehen u. das Wintergemüll ↗ auszuwerten. Weiterhin sind die Fluglochblenden ↗ abzunehmen u. evtl. Totenfall aus den Fluglochnischen u. dem Flugloch zu entfernen. Möchte sich der Imker einen Eindruck vom Ausmaß des Abkotens verschaffen, kann er in versch. Entfernung vom Bienenstand Zeitungspapierbogen auslegen. Setzt dann um die Mittagszeit der Flug ein, hat der Imker die Fluglöcher zu beobachten u. am Flug der einzelnen Völker ihren Zustand einzuschätzen. Beteiligen sich einzelne Völker nicht am R., ist die Ursache zu ermitteln. Enthielt das Wintergemüll keine Anzeichen eines krankhaften od. Notzustandes, kann es sein, daß das Volk den R. noch nicht nötig hat u. es sich später als vollkommen normal erweist. Auf keinen Fall sollte ohne gewichtigen Grund an diesem Tage eine Beute geöffnet werden. Weitere Maßnahmen richten sich nach dem Termin des R.es u. danach, ob an den nächsten Tagen evtl. auch Flugwetter herrschen wird (Frühjahrsentwicklung ↗).

Reinzucht. In der Tierzucht die Paarung von Individuen, die einer Rasse ↗ angehören, soweit die Paarungspartner nicht zu genetisch differenzierten Zuchtlinien ↗ gehören. R. ist ein Zuchtverfahren ↗ zur vorwiegenden Nutzung von additiven Genwirkungen ↗, das auch für den rationellen Einsatz von Mehrwegkreuzungen (Drei- u. Vierwegkreuzung ↗) eine große Rolle spielt. Wenn in einer geschlossenen Zucht ↗ die genotypische Varianz erschöpft ist (Plateaubildung), kann ein weiterer Zuchtfortschritt nur durch Einkreuzung von fremdem genetischem Material (Migration) erreicht werden.

Reinzuchtgebiet. Gebiet, in dem an den vorhandenen od. einwandernden Bienenständen nur das Zuchtmaterial einer Rasse ↗ geführt u., unterstützt durch künstl. Besamungen, rein erhalten wird. R.e werden meist in der Umgebung (Radius von mindestens 10 km) von Landbelegeinrichtungen zur Erhöhung der Paarungssicherheit gebildet. Auf der Grundlage von Zuchtprogrammen ↗ gehören die im R. um Belegeinrichtungen befindlichen Bienenvölker nicht nur einer Rasse, sondern darüber hinaus der Zuchtlinie der Belegeinrichtung an; dadurch wird der von dem gewünschten Zuchtmaterial ausgehende Drohnendruck erhöht.

Reinzuchtvolk → Zuchtvolk.

Reispapierbaum, *Tetrapanax papyriferum* → Araliaceae.

Reizfütterung. Die Eiablage der Weisel ist deutl. abhängig von der aktuellen Trachtsituation. Bei Trachtmangel wird die Eiablage eingeschränkt bzw.

sie bleibt auf einem niedrigen Niveau. Ein altes Imkersprichwort besagt, daß ein Volk bereits hungert, wenn nichts von draußen hereinkommt. Um die Bruttätigkeit in trachtloser Zeit anzuregen bzw. sie gar nicht erst zurückgehen zu lassen, muß daher den Bienen eine Tracht vorgetäuscht werden. Dies kann im Frühjahr mit einer R. im Freien erfolgen, später im Jahr dann mit regelmäßigen kleinen Gaben Flüssigfutter, Futterteig ↗ od. Feuchtzucker ↗ (Frühjahrsreizfütterung ↗, Nachttrachtfütterung ↗, Pflegevolk ↗).

rekurrente Selektion u. rekurrente reziproke Selektion. Diese Zuchtmethoden ↗ sind zwei Möglichkeiten, die Heterosis ↗ für die Selektion ↗ auf Kombinationseignung zu nutzen. Bei der r.n S. wird eine Anzahl von Weiseln einer Linie ↗ an eine konstante Prüfungslinie, den Tester, meist eine Inzuchtlinie, in der Bienenzucht an die Vatertierlinie einer Belegstelle ↗, angepaart. In Vorbereitung auf Passerprüfungen ist im Rahmen der Arbeit von Zuchtgemeinschaften auch die Paarung mehrerer Linien mit einem Tester möglich. Als Eltern (2a u. 4a) für die Aufzucht der nächsten Generation werden dann von Generation zu Generation immer wieder solche Tiere gewählt, die mit der Prüfungslinie die besten Kombinationen ergeben. Sie werden also nicht nach ihrem Phänotyp ↗ (Eigenleistung), sondern nach der Leistung der Nachkommenschaft ↗ selektiert. Die Vatertierlinie der Belegeinrichtung hingegen wird aufgrund ihrer Eigenleistungen selektiert. – Für die r.r.S. werden zwei Linien wechselseitig auf Kombinationseignung gezüchtet. Die Selektion wird in beiden Linien nach den Ergebnissen der Kreuzung ↗ vorgenommen. Beide Linien werden reziprok, also A-Weiseln × B-Drohnen u. A-Drohnen × B-Weiseln, miteinander gepaart. Im Ergebnis der Leistungsprüfung ↗ werden die besten Eltern selektiert u. innerhalb der Linie gepaart. Auch hier ist die Nachkommenprüfung eine wichtige Voraussetzung. Mit den Kreuzungsprodukten wird, wie

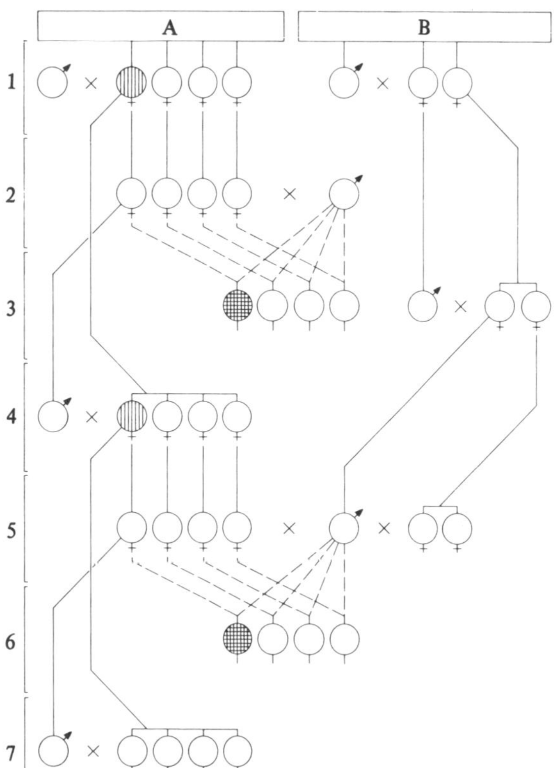

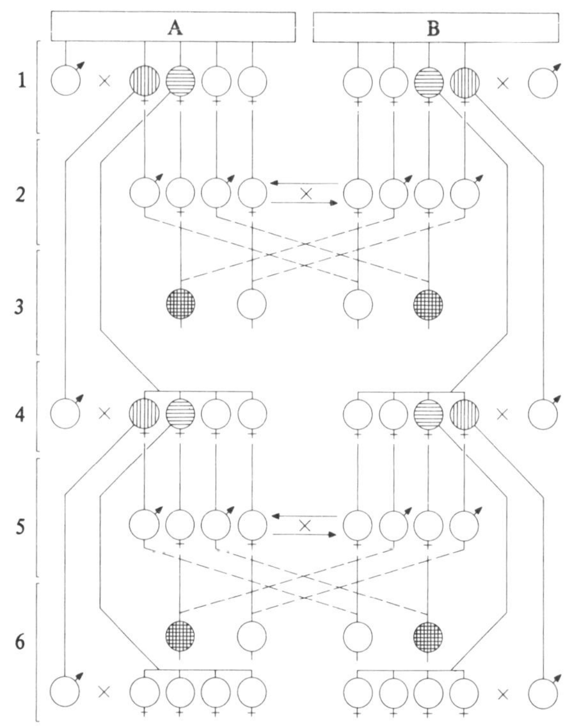

Mutter der Weiseln der besten Kreuzungsprodukte, beste (s) Kreuzungsprodukt(e) der Arbeitsbienen

Rekurrente Selektion. 1. Jahr: Linienreine Paarungen innerhalb der Zuchtlinie A (A) und der Testerlinie B (B); 2. Jahr: Anpaarung der Tester- an die Zuchtlinie; 3. Jahr: Einjährige Leistungsprüfung der Kreuzungsvölker und Ermittlung des Muttervolkes der besten Kreuzungsprodukte, Weiterführung der Testerlinie; 4. Jahr: Nachzucht aus dem Muttervolk der besten Kreuzungsprodukte und Paarung mit selektierten Partnern innerhalb der Linie; 5. Jahr: Anpaarung derTester- an die Zuchtlinie, Weiterführung der Testerlinie; 6. Jahr: Einjährige Leistungsprüfung der Kreuzungsvölker und Ermittlung des Muttervolkes der besten Kreuzungsprodukte; 7. Jahr: Nachzucht aus dem Muttervolk der besten Kreuzungsprodukte und Paarung mit selektierten Partnern innerhalb der Linie usw.

Reziproke rekurrente Selektion. 1. Jahr: Linienreine Paarungen innerhalb der Ausgangslinien A (A) und B (B); 2. Jahr: Reziproke Kreuzungen zwischen den Linien A und B; 3. Jahr: Einjährige Leistungsprüfung der Kreuzungsvölker und Ermittlung der Elternweiseln der besten Kreuzungsprodukte; 4. Jahr: Linienreine Nachzucht mit den Elternweiseln der besten Kreuzungsprodukte; 5. Jahr: Reziproke Kreuzungen zwischen den Linien A und B; 6. Jahr: Kurzleistungstest der Kreuzungsvölker und linienreine Nachzucht mit den Elternweiseln der besten Kreuzungsprodukte noch in demselben Jahr (Tante × Nichte-Paarung); 7. Jahr: Reziproke Kreuzungen usw.

auch bei der r. n. S., nicht weitergezüchtet. Um die erforderliche Anzahl von Vatertieren testen zu können, kann diese Methode nur im Zusammenhang mit der künstl. Besamung ↗ angewendet werden. Voraussetzung für eine erfolgreiche Nachkommenprüfung ist in der Bienenzüchtung die ausreichende Langlebigkeit der zu prüfenden Weiseln. Notfalls müssen Kurzleistungstests in der Frühtracht od. korrelierende Merkmale (Saugleistung von Jungbienen od. Entwicklung der Volkstärke) für die rechtzeitige Zuchtwertschätzung ↗ herangezogen werden. Im Hinblick auf den Zuchtfortschritt ist zu bedenken, daß bei der rückführenden Selektion nach der Leistung der Kreuzungsnachkommen im Vergl. zur Selektion nach Eigenleistung das Generationsintervall ↗ größer ist.

relative Luftfeuchtigkeit → Wasserhaushalt.

Repellents. Chemische Verbindungen, die zum Vertreiben u. a. von Insekten eingesetzt werden; sie wirken auf die Geruchsnerven. In der Imkerei angewandte R. sind Karbolsäure ↗, Essigsäure ↗, Propionsäureanhydrid, Benzaldehyd ↗. Zur Anwendung der R. wird ein entspr. großes Leinentuch od. anderer Stoff entweder lose od. auf einen leichten Holzrahmen gespannt u. mit dem Mittel od. einer entspr. Lösung davon getränkt od. beträufelt. Zum Zurücktreiben der Bienen legt man das Tuch od. den Rahmen auf die offene Beute. Die erforderliche Zeit hängt von der beabsichtigten Wirkung ab; sie ist Erfahrungssache u. muß jeweils ausprobiert werden. Beim Umgang mit R. ist zu beachten, daß sie bei unsachgemäßer Handhabung u. Anwendung sowohl Menschen als auch Bienen schädigen u. auch Spuren in den Honig eindringen können.

Resistenz. Widerstandskraft des Organismus gegenüber ungünstigen Umwelt- ↗Einflüssen, insbes. gegen Krankheitserreger. Die R.-Züchtung hat zum Ziel, auf selektivem Wege die Verbesserung des Gesundheitszustandes u. der Leistungsfähigkeit von Individuen u. Populationen ↗ zu erreichen, indem genetisch bedingte Unterschiede in der Widerstandshäufigkeit gegenüber bestimmten Stressoren genutzt werden. Die Züchtung resistenter Populationen ist um so bedeutender, je größer die Bedrohung durch den Umweltfaktor ist. Es kann vorausgesetzt werden, daß die Züchtung resistenter Linien ↗ mit der Selektion ↗ auch anderer Leistungsmerkmale ↗ komplex verläuft.

Restvolk. Nach dem Abgang eines od. mehrerer Schwärme in der Beute verbliebener Teil des Bienenvolks. Einige Tage nach dem Ausziehen des Vorschwarms schlüpft die erste Jungweisel. Die nachfolgenden heranreifenden Weiseln werden durch Pflegebienen am Verlassen ihrer Zelle gehindert. Sie werden durch einen Spalt an der Trennstelle des Zelldeckels gefüttert. Zw. der erstgeschlüpften u. den Weiseln in den Zellen gibt es eine akustische Verständigung. Erstere erzeugt einen Laut, der als «Tüten» bezeichnet wird, letztere antworten mit einem «Quaken». Diese Laute sind unter günstigen Bedingungen auch außerhalb der Beute wahrnehmbar. Beim Ausziehen des Nachschwarms verlassen auch die bisher am Schlüpfen gehinderten Weiseln die Zellen u. fliegen mit dem Schwarm aus. Soweit sollte es der Imker aber nicht kommen lassen. Spätestens nach dem Abgang des Vorschwarms sind alle Weiselzellen zu entfernen, um eine weitere Schwächung des Volks zu verhindern. Zur Kontrolle, ob keine Zelle übersehen wurde, hängt man eine Wabe mit jüngster Brut ein. Werden auf dieser wieder Weiselzellen angesetzt, ist sie zu entfernen, u. das R. kann mit einem Ableger, Begattungsvölkchen od. mit einer begatteten Weisel beweiselt werden (Umweiseln ↗, Beweiseln ↗). Noch günstiger ist es, den Vorschwarm zurückzugeben (Zurückgeben eines Schwarms ↗).

retrocerebraler Komplex. Gesamtheit von endokrinen Organen, bestehend aus zwei Corpora cardiaca u. zwei Corpora allata (Inkretdrüsen ↗), befindet sich in der Kopfkapsel hinter dem Gehirn u. ist mit diesem durch ein Paar von kurzen Nervi corporis cardiaci verbunden, von denen jeder aus Axonen von medialen u. lateralen neurosekretorischen Zellen ↗ besteht. Corpora cardiaca sind miteinander durch eine Brücke verbunden, die sich auf der Dorsalseite der Aortenwand befindet, u. bei der Imago auch durch zwei Kommissuren, von denen eine über der Speiseröhre u. die andere darunter verläuft. Corpora allata stehen mit entspr. Corpora cardiaca in Berührung, deshalb Nervi corporis allati äußerl. nicht ausgeprägt.

Rhamnaceae, Kreuzdorngewächse. Diese F umfaßt 58 Gn mit mehr als 900 An u. ist weltweit in tempe-

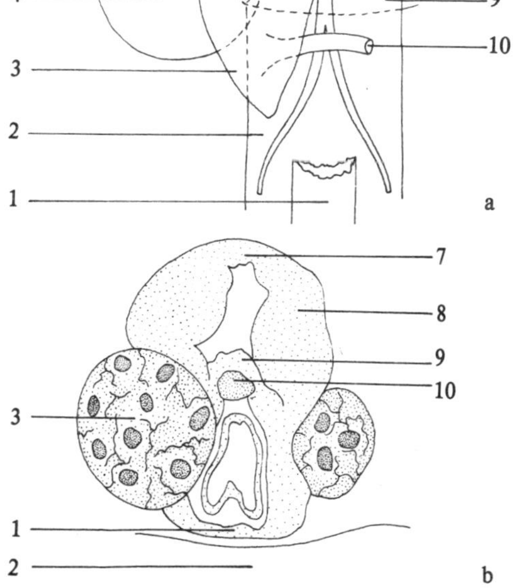

Schematischer Aufbau des retrocerebralen Komplexes der imaginalen Arbeiterin. a Ansicht von oben, mit entfernter rechter Komplexhälfte; b schräger Querschnitt auf dem Niveau der Corpora allata. 1 Aorta, 2 Speiseröhre, 3 Corpus allatum, 4 Corpus cardiacum, 5 Nervus corporis allati, 6 Gehirn, 7 Nervus recurrens, 8 obere Komissur, 9 untere Komissur, 10 Medialkomissur

Faulbaum

rierten, vor allem jedoch in subtropischen u. tropischen Gebieten verbr. Meist Bäume od. Sträucher. Die kleinen, unscheinbaren, überwiegend grünlichen od. gelblichen Blüten sind fünf-, selten vierzählig, zwittrig od. eingeschlechtig u. vielfach in Trugdolden, manchmal aber auch zu rispenartigen od. ährig-rispigen Blütenständen vereinigt. Die Blütenachse kann glockig, becherförmig, flachschalig od. zylindrisch sein. Der meist drei- od. zweifächerige Fruchtknoten ist frei od. seitl. mit dem Becher der Blütenachse teilweise od. völlig verwachsen. – Die etwa 155 An der G Kreuzdorn *(Rhamnus)* sind Sträucher u. kleine Bäume, meist der nö., gemäßigten Breiten, wenige in Brasilien u. S-Afrika (Faulbaum, *Rhamnus frangula* ↗; Immergrüner Kreuzdorn, *R. alaternus* ↗; Kreuzdorn, *R. catharticus* ↗). In O- u. S-Asien kommt die G *Hovenia* mit 5 An vor. Diese sommergrünen, kleinen Bäume od. Sträucher haben zwittrige Blüten, die in achsel- u. endständigen Trugdolden zusammenstehen. In Japan, Korea, N- u. M-China u. durch Inkulturnahme in ganz O-Asien ist *Hovenia dulcis* verbr. u. spielt dort als Bienenweidepflanze eine Rolle. – *Rhamnus*-Befunde im Honig sind in ganz Europa, i. d. R. auf der Stufe des Einzelpollens, häufig. Vermehrter *Rhamnus*-Anteil fand sich in Honigen aus der Bundesrepublik Deutschland (Rheinland, Oberbayern), der Schweiz (Berglagen), Spanien, Jugoslawien, den Küstengebieten des Mittelmeeres u. des Atlantiks, Frankreich u. China. In den W-Staaten N-Amerikas wird Honig von *Rhamnus purshianus* ↗ geerntet (nach MAURIZIO u. GRAFL).

Rhamnus alaternus L., Immergrüner Kreuzdorn. A der G *Rhamnus* der F der Rhamnaceae ↗. Charakterpflanze der mediterranen Macchien. Etwa 3 m hoher Strauch. Blüten in achselständigen, büscheligen Trauben vereint. Nektar- u. Pollenspender. Aus Italien wurde gemeldet, daß R.a. vorwiegend als Pollenquelle von der Honigbiene genutzt wird.

Rhamnus catharticus L., Gemeiner Kreuzdorn, Kreuzdorn. A der G *Rhamnus* der F der Rhamnaceae ↗. Nö. gemäßigte Zone. Nö. bis zum mittl. Norwegen, Schweden, von Leningrad öst. bis Kasan, sü. bis Mittelmeer, von da öst. bis Transkaukasien u. Altai. Meist auf Kalkböden, auch in nicht zu nassen Auenwäldern. Auch als Deckstrauch u. Windschutzgehölz genutzt. Dieser bis 8 m hohe Baum od. Großstrauch blüht im Mai/Juni. Unscheinbare, gelbgrüne, zweihäusige Blüten in gebündelten, 3–5blütigen, achselständigen Trugdolden. Anspruchslos, frosthart, liebt sonnige, steinige Orte, die nach S od. W liegen. Nektar- u. Pollenspender. Die Honigbiene sammelt vor allem Nektar.

Rhamnus frangula L., Gemeiner Faulbaum, Faulbaum. A der G *Rhamnus* der F der Rhamnaceae ↗. Europa, N-Afrika, Kleinasien, in die USA eingeführt, dort auf Long Island u. in New Jersey verwildert. Überall an feuchten, auch sumpfigen Stellen, in der Ebene u. im Gebirge (bis 1400 m ü. NN). Meist strauchig, bis 5 m hoch, vereinzelt auch kleiner Baum. Gut geeignet als Unterholz, auch für nasse u. anmoorige Stellen u. als Heckenbepflanzung (Amerika). Blüht Mai/Juni, vereinzelt bis September. Die grünlich- od. gelblichweißen, zwittrigen, fünfzähligen Blüten sind bis 20 in Büscheln. Am besten in schattiger od. halbschattiger Lage; verträgt auch trockene Standorte. Nektar- u. Pollenspender. Die Kelch-, Kron- u. Staubblätter stehen am Rande eines Achsenbechers, in dessen Mitte der oberständige Fruchtknoten liegt. Das Nektar absondernde Drüsengewebe kleidet die ganze Innenseite dieses Achsenbechers aus, so daß der Nektar auch von kurzrüsseligen Insekten erreicht wird. Die Honigbiene sammelt vor allem Nektar von R. f. Die mittl. tägl. Nektarsekretion je Blüte beträgt 1,8 mg, die mittl. Nektarkonzentration etwa 44 %, der Zuckerwert 0,76 mg.

Rhamnus purshianus DC. A der G *Rhamnus* der F der Rhamnaceae ↗. We. N-Amerika von British Columbia über Montana, Oregon bis Kalifornien, in Europa eingeführt. Bevorzugt Flußufer, aber auch in Nadelwäldern, als anspruchsloser Zier- u. Deckstrauch in Grünanlagen verwendet. In seiner Heimat mittelhoher Baum, in M-Europa 3–5 m hoher, dornenloser Strauch. Blüht im Juli. Gelbgrüne, zwittrige Blüten in vielblütigen Büscheln. Nektar- u. Pollenspender.

Rhododendron ferrugineum L., Rostblättrige od. Rostrote Alpenrose. A der G *Rhododendron* der F der Ericaceae ↗. Pyrenäen (in großen Flächen), Jura, Alpen, Apenninnen, W-Jugoslawien. Auf Rohhumus in subalpinen Wäldern (Fichte, Lärche, Zirbe) u. über der Waldgrenze in schneegeschützten Mulden (an N-Hängen). Bestände bildend, bes. über Silikatgestein, aber auch auf Dolomit u. Kalk in humusreichen Senken, auch auf Hochmooren. Bis 3000 m ü. NN, in schattigen Schluchten bis ins Tal herabsteigend (Tessin). In Steingärten in Torfmull enthaltendem Boden zu verwenden. Der Kleinstrauch – höchstens bis 1 m – kann bis 100 Jahre alt werden. Blüht je nach Standort Juni bis August, meist vor *R. hirsutum* ↗, in den Tälern der S-Alpen kann im Herbst noch eine zweite Blüte dazukommen. Dunkelpurpurrote bzw. leuchtendrote Blüten in endständigen, wenig dichten Doldentrauben, Krone glockenförmig, Saum ausgebreitet. Stark humusbildend, auf tiefgründigen u. sauren Böden. Nektar- u. Pollenspender. Die hochgelegenen R. f.-Bestände werden, soweit zugänglich, auch von den Talimkern bewandert.

Rhododendron hirsutum L., Rauhhaarige Alpenrose, Almenrausch, Behaarte Alpenrose, Almrausch. A der G *Rhododendron* der F der Ericaceae ↗. Kalkketten der O-Alpen, nach W bis zum Langen u. Genfer See, NW-Jugoslawien. Auf Kalkschutt u. -fels, bes. im Legföhrengebüsch der subalpinen Stufe. Auf Kalkböden beschränkt, etwas weniger häufig als *R. ferrugineum.* In Steingärten an sonnigen, warmen Orten sehr gut zu verwenden. Bis 1 m hoher Strauch. Blüht etwas später als *R. ferrugineum* od. je nach Standort gleichzeitig. Die Blüten sind heller u. leuchtender als bei *R. ferrugineum*, jedoch im Aufbau gleich, stehen zu 3–10 in Doldentrauben. Es gibt eine selten auftretende, weiße F. Nektar- u. Pollenspender. Ebenfalls wie *R. ferrugineum* von Talimkern bewandert.

Rhus typhina L., Hirschkolbensumach, Essigbaum. A der G *Rhus* – mit 110 An vor allem in N-Amerika u. den Subtropen, einige An in der gemäßigten Zone verbr. – der F der Anacardiaceae. Öst. N-Amerika: am Lorenzstrom, in Ontario, längs der Alleghenies, in Alabama u. Mississippi. Meist an Flußufern in humosen, etwas steinigen Böden. In M-Europa der sich am längsten in Kultur befindliche Sumach u. sehr weit verbr. Versch. Sorten. Meist Strauch, selten Baum. Blüht im Juni/Juli. Grüne Blüten, ♀♀ auch rötlich angelaufen; Blüten stehen in bis 20 cm langen, endständigen Rispen. Relativ anspruchslos, gedeiht noch auf schlechten, sandigen od. kiesigen Böden. Nektar- u. Pollenspender. Wird gern von den Bienen beflogen. Zur Bienenweideverbesserung u.a. in Europa geeignet.

Ribes alpinum L., Alpenjohannisbeere. A der G *Ribes* der F der Saxifragaceae ↗. Europa bis O-Sibirien bis nordwe. Afrika; in O-Asien in anderer Form. In Gebirgen, u. a. in den Alpen in halbschattigen Lagen der Schluchtwälder. Für niedrigere Pflanzungen u. kleine Hecken geeignet. Der 1–1,5 m große Strauch unterschiedl. Wuchsform blüht im April/Mai. Die gelblichgrünen, unvollständigen, zweihäusigen Blüten stehen in aufrechten Trauben, wobei die ♂♂ Trauben 10–30blütig u. die ♀♀ 2–5blütig (mit kleineren Kelchblättern) sind. Anspruchsloses, dauerhaftes Schattengehölz. Nektar- u. Pollenspender.

Ribes nigrum L., Schwarze Johannisbeere. A der G *Ribes* der F der Saxifragaceae ↗. In Europa, Turkmenische SSR, Sibirien u. Himalaja beheimatet. Wächst an feuchten Orten, meist in Auenwäldern od. an Ufern. Kaum als Zierstrauch angepflanzt, die gezüchteten Kultursorten sind Obstgehölze. Der höchstens 2 m hohe Strauch blüht im Mai. Die glockigen Blüten sind außen grünlich, innen drüsig punktiert u. rötlichweiß u. stehen in hängenden, bis zehnblütigen Trauben zusammen. Bevorzugt gute, ausreichend feuchte Böden in mäßig warmer, auch halbschattiger Lage. Nektar- u. Pollenspender. Abhängigkeit von Fremdbestäubung sortenweise unterschiedl. Bieneneinsatz steigert die Erträge.

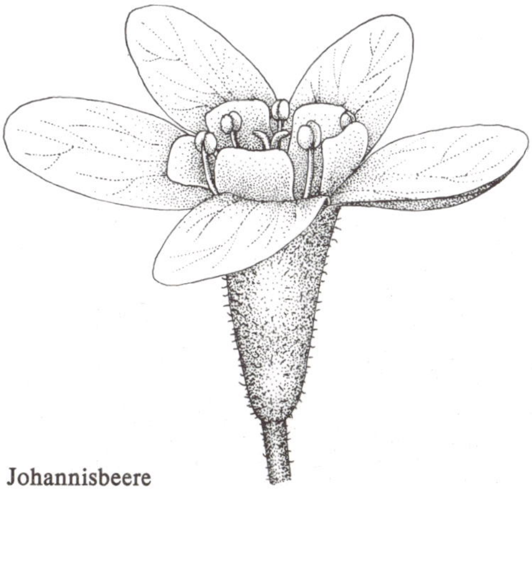
Johannisbeere

Stachelbeere

Ribes sanguineum PURSH, Blutjohannisbeere. A der G *Ribes* der F der Saxifragaceae ↗. Aus dem we. N-Amerika – Kalifornien über Colorado bis British Columbia – stammend, schöne Sorten auch in Europa in Kultur, während die A selbst kaum kultiviert wird. Meist 2,5 m hoher Strauch. Blüht im April/Mai in 8 cm langen, vielblütigen, erst aufrechten, dann hängenden Trauben. Die kurzen Kronblätter sind weiß od. rosa, Kelchröhre rosenrot. Nektar- u. Pollenspender. Von den zahlreichen Zier-*Ribes*-An ist nur diese als erstklassige Bienenweidepflanze zu empfehlen (nach ZANDER).

Ribes sylvestre (LAM.) MERT. et W.D.J. KOCH, Rote Johannisbeere (*R. rubrum* ssp. *vulgare* DOMIN). A der G *Ribes* der F der Saxifragaceae ↗. In W-Europa (Frankreich, Belgien, England) beheimatet. Von dieser A stammt in erster Linie die Gartenjohannisbeere ab, die auch im übrigen Europa kultiviert ist. Der etwa 2 m hohe Strauch blüht im April/Mai in hängenden Trauben. Die gelblichgrünen od. manchmal rötlichen Blüten haben am Griffel einen fünfeckigen Diskusring. Nektar- u. Pollenspender. Ertragssteigerung durch Bieneneinsatz.

Ribes uva-crispa L., Stachelbeere. A der G *Ribes* der F der Saxifragaceae ↗. In NO- u. M-Europa, N-Afrika u. im Kaukasus an steinigen, buschigen Orten. Versch. Standorte. Seit alters her in Kultur. Der niedrige, buschige Strauch blüht im April/Mai. Die grünlichen od. leicht rötlich überlaufenen Blüten stehen zu 1–3. Bevorzugt ausreichend feuchte Böden in mäßig warmer, auch halbschattiger Lage. Nektar- u. Pollenspender. Ertragssteigerungen durch Bieneneinsatz.

Richtungsplasma → Embryonalentwicklung.

Richtungsweisung → Nahrungssuche.

Riesenhonigbiene → *Apis dorsata.*

Rillrädchen → Einlöten der Mittelwände.

Robinia pseudacacia L., Robinie, Scheinakazie, Falsche Akazie. A der G *Robinia* der F der Leguminosae ↗. Ursprüngl. in den öst. USA von Pennsylvania bis Georgia, doch in N-Amerika – ebenso wie vor allem in M- u. S-Europa – durch Anpflanzung u. Verwilderung überall heimisch. Bildet in den Weinklimaten Frankreichs, Italiens, der S-Alpentäler sowie in Ungarn u. den Balkanländern ausgedehnte Bestände; typischer Waldbaum. Große Bedeutung vor allem bei der Sicherung von Böschungen u. Hanglagen sowie als Pioniergehölz bei der Wiederbegrünung von Unland, z. B. Kippen. Unempfindlich gegen Hitze u. verunreinigte Luft, dadurch bes. geeignet auch für die Anpflanzung in Städten, Industriegelände. Der 20–30 m hohe Baum – Blühreife mit etwa 20 Jahren – blüht i. d. R. Anfang Juni, in manchen Gebieten (z. B. in S-Europa) sogar Mitte Mai. Die weißen Blüten stehen in dichten, bis 20 cm langen Trauben. – Auf trockenen u. minderen Böden. – Die weite, glockige Form der R.p.-Blüten ermöglicht den Bienen den freien Zutritt zum Nektar, der auf der ganzen Fläche des Blütenbodens, zw. der Basis des Fruchtknotens u. den etwas höher eingesetzten Staubblättern abgesondert wird u. durch die Lücken zu beiden Seiten des freien Staubfadens zugänglich ist. Nach ZANDER ist die R.p. zwar ein hervorragender Bienenbaum, aber etwas launisch, denn durch die kurze Blütezeit – etwa 10 Tage – ist bei Regen od. trockenen, kalten Winden der Nektarfluß sehr ungünstig, während eine Blütezeit, verbunden mit gutem Wetter, große Ernten bringt. Auch spielt die unterschiedl. Bodenbeschaffenheit eine Rolle, was u. a. die Notwendigkeit der Errechnung des Zuckerwertes unter Beweis stellt:

Nektarmessung von R. p.

auf	*Nektarmenge je Blüte in 24 h (mg)*	*Zuckerkonzentration des Nektars (%)*	*Zuckerwert (mg)*
Sandboden	2,12	45	0,95
Marschboden	1,71	56,8	1,10

Im Vergl. dazu liegt die durchschnittl. in 24 h von einer Blüte ausgeschiedene Nektarmenge zw. 1,7–2,9 mg (max. 3,7 mg), die durchschnittl. Nektarkonzentration zw. 34–59 % (max. 67 %) u. der durchschnittl. Zuckerwert zw. 0,95–1,3 mg (max. 2,3 mg), wobei der Honigwert auf 0,22–0,44 kg je Baum geschätzt wird. Die Werte verdeutlichen noch einmal, daß die R.p. zu den nektar- u. zuckerreichsten Bienentrachtpflanzen gehört, wenn die Umweltbedingungen – vor allem höhere Temp.en – günstig sind. PERKIEWICZ (1964) berichtete von Robinien-Riesenhonigernten des Bienenaltmeisters SNOWADZKY in Poznań (Polen), wobei die Robinie mit der anschl. Linde eine Volltracht von Juni bis Juli ergab. – DEMIANOWICZ erhielt durch einseitige Blütenpflanzenkultur, gekäfigt mit einem Bienenvolk, einen reinen R.p.-Sortenhonig mit einem Pollengehalt für 1 g Honig von 112 Körnern, was bei 10 cm^3 Honig 1500 Pollenkörnern entspricht. Diese Angaben zeigen, daß R.p. neben der Linde ↗ zu den ausgesprochen pollenarmen Pflanzen gehört.

Robinia viscosa VENT., Klebrige Robinie. A der G *Robinia* der F der Leguminosae ↗. N-Amerika, aus den Gebirgen von Carolina. Durch Kultur weit verbr., an vielen Orten verwildert. Guter Parkbaum. Der bis 12 m hohe Baum blüht im Mai/Juni u. hat meist im August eine – jedoch spärlichere – Nachblüte. Die Trauben sind kurz, vielblütig, die rosafarbenen Blüten haben einen gelben Fleck an der Fahne. Nach ZANDER u. BERNER zeigt auch diese A einen guten Bienenbeflug, während an der Borstenrobinie (*R. hispida* L.) kaum Bienen beobachtet wurden. Nektar- u. für M-Europa bescheidener Pollenspender.

Robinie → *Robinia pseudacacia* → Leguminosae.

Röhrenbrut. Brutzelldeckel ragt über die normalen Deckel hinaus. Die Bienenbrut wurde durch Fraßgänge der Rankmade ↗ od. durch Varroatose ↗ hochgeschoben. Oft mit Kahlbrut ↗ verbunden.

Rosa canina L., Hundsrose, Heckenrose. A der G *Rosa* – mit 100–200 An vor allem nö. gemäßigte Zone, auf der S-Halbkugel fehlend – der F der Rosaceae ↗. In Europa in der Ebene u. im Gebirge, z. T. in W-Asien u. N-Afrika, im hohen N fehlend. An Waldrändern, in Gebüschen u. Hecken, in Laubwäldern, an Böschungen. Für Hecken u. Schutthalden u. in versch. Auslesen als Veredelungsunterlagen geeignet. Häufig. Bis 3 m hoher Strauch. Blüht im Juni. Blaßrote bis hellrosa od. weiße Blüten, selten rot. Blüten zu eins bis drei, weit offen, 4–5 cm breit. Bevorzugt lockere Böden, auch für arme u. trockene Böden geeignet. Pollenspender.

Rosaceae, Rosengewächse. Die F umfaßt etwa 100 Gn mit ca. 3000 An. Nahezu weltweit verbr., bevorzugt gemäßigte Gebiete mit Formenvielfalt auf der nö. Hemisphäre. Bäume, Sträucher od. ausdauernde,

Apfelrose

seltener nur einjährige Kräuter. Die strahligen, zwittrigen od. eingeschlechtigen Blüten sind zu Rispen, Scheindolden, Trauben, Ähren od. Köpfchen vereinigt. Der Kelch u. die Blütenkrone sind i. d. R. fünfzählig, gelegentl. 4–8zählig. Die am Grund verschmälerten od. kurz genagelten Kronblätter verwachsen nie miteinander, sind weiß od. gefärbt, aber niemals blau. Die Zahl der Staubblätter ist doppelt od. vierfach so groß wie die Zahl der Kelchblätter, od. es sind viele (bis zu 400). Die Fruchtblätter sind in der Anzahl den Kelchblättern gleich od. 2–3mal mehr od. bis über 150; selten sind es 1–4. Von den Staubblättern sind sie häufig durch einen drüsigen Diskusring getrennt; manchmal sind sie auch im Blütenbecher – ohne mit ihm verwachsen zu sein – verborgen. Die Befruchtung erfolgt meist durch Insekten, nur selten wird der Pollen durch den Wind verbr. (z.B. bei Wiesenknopf, *Sanguisorba* L.). Nektarlose Pollenblumen, z. B. das Mädesüß, *Filipendula* Mill. Emend. Adans., das Fingerkraut, *Potentilla* L., werden von den Bienen gern beflogen. Der Jahresanteil von *Filipendula*-Pollenhöschen liegt bei etwa 1 % der Gesamtpollenernte, der Tagesanteil kann aber – vor allem in sumpfiger Gegend – im Honigbefund bis zur Stufe des Leitpollens gehen, z. B. in Gebieten von Luxemburg, Belgien, Holland. – Die Obstbäume u. die Beerensträucher zählen jedoch zu den ausgiebigsten Nektarquellen u. Pollenspendern der Bienen, obwohl es zw. Gn u. An od. Kultursorten Unterschiede in der Nektarsekretion gibt, wie die Nektarmessung in Blüten zeigt:

Pflanzenname botanisch	*Pflanzenname deutsch*	*Nektarmenge je Blüte in 24 h (mg)*	*Zuckerkonzentration des Nektars (%)*	*Zuckerwert je Blüte in 24 h (mg)*
Malus sylvestris ↗	Apfel	2,0–6,0	30,0–65,0 (extrem 75–87)	1,0–3,0
Prunus avium ↗	Süßkirsche	–	–	0,1–1,5
Prunus cerasus ↗	Sauerkirsche	–	–	0,2–1,3
Prunus domestica ↗	Pflaume	1,4–6,5	19–35	0,1–1,5
Prunus persica ↗	Pfirsisch	–	12,0–42,0	0,3–1,4
Prunus armeniaca ↗	Aprikose	4,1–6,6	5–16	–
Pyrus communis ↗	Birne	0,5–2,0	14–21	0,1–0,3
Rubus fruticosus ↗	Brombeere	4 –6	12–49,0	1,9–3,4
Rubus idaeus ↗	Himbeere	17 –22 (extrem 1,4–67)	24–42 (extrem 21–70)	3 –7 (extrem 0,2–15,7)

Nach dem Bau der Blüten u. Lage u. Ausbildung der Nektarien unterscheidet man den *Pyrus-Typus* [Kernobst; mit Apfel, Birne, Quitte, Eberesche (*Sorbus aucuparia* ↗), Weißdorn (*Crataegus* L.)] u. den *Prunus-Typus* (Steinobst; mit z. B. Süß- u. Sauerkirsche, Aprikose, Pfirsich, Pflaume, Mandel, Traubenkirsche (*Prunus padus* ↗), Schwarzdorn (*Prunus spinosa* ↗). Beim *Pyrus-Typus* liegt das Drüsengewebe der Nektarien als flache Polster zw. den Verwachsungsstellen der Fruchtblätter mit dem Blütenboden u. den Staubblättern. Beim *Prunus-Typus* umgibt der kelchförmig erweiterte Blütenboden den mittelständigen, einfächerigen Fruchtknoten, wobei die ganze Innenseite des Blütenbechers drüsig entwickelt ist u. Nektar absondert. Der Nektar tritt generell durch Saftspalten aus, das Nektariengewebe wird von den Leitbündeln des Blütenbodens versorgt. Die Kirsche hat außer den Blütennektarien noch funktionsfähige, außerflorale Nektarien, die als grüne, manchmal rötlich gefärbte Drüsen am Blattstiel od. am Grunde der Blattfläche sitzen u. kleine Nektartröpfchen absondern, die vor allem von Ameisen, manchmal auch von Bienen besucht werden. – Während der Blütezeit der Obstbäume beträgt der Tagesanteil des Obstbaumpollens 40–70 % der von den Bienen eingebrachten Gesamtpollenernte, wobei die Pollendarbietung über den ganzen Tag hinweg verläuft. Der Obstbaumpollen gehört zu den stickstoffreichen Pollenarten (Stickstoffgehalt 4,5–4,9 %). Frühjahrsmischhonige mit ± hohem Obstbaumanteil sind sowohl in Europa als auch in N-Amerika häufig. Da zur Blütezeit der Obstbäume auch andere Trachten, wie z. B. Raps ↗, Löwenzahn ↗, Weidepflanzen, zur Verfügung stehen, sind die einseitigen Obst-Sortenhonige auf große Obstanbaugebiete beschränkt, wo auch Bienenvölker zu Bestäubungszwecken direkt «angeheuert» werden (nach Maurizio u. Grafl). – Bei den *Rubus*-Blüten liegt das Drüsengewebe des Nektariums ringförmig in der Rinne zw. dem in der Mitte erhöhten Blütenboden u. den Staubblättern. Die Nektarienfläche ist bei der Himbeere *(R. idaeus)* bedeutend größer u. sondert mehr Nektar ab als die Nektarienfläche der Brombeere *(R. fruticosus)*. Die *Rubus*-Blüten, staubblatt- u. pollenreich, sind – vor allem Himbeeren – bes. beliebte Pollen- u. Nektarspen-

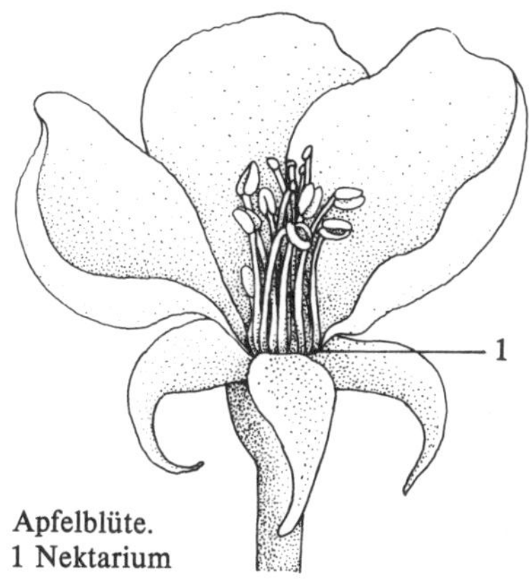

Apfelblüte.
1 Nektarium

der. Die Pollendarbietung dauert den ganzen Tag an. Der Anteil an der Gesamtpollenernte beträgt 1–2 %, mit Ausnahme von Gebieten, in denen große Kulturen od. wildwachsende Bestände vorkommen. *Rubus*-An findet man häufig anteilig in Frühjahrs- u. Sommerhonigen in Europa u. N-Amerika. Sortenhonige mit *Rubus*-Leitpollen sind u. a. von Holland, der DDR, der Bundesrepublik Deutschland, Norwegen, Schweden, der ČSSR, Kanada u. den USA gemeldet worden u. dort vor allem von wildwachsenden od. kultivierten Himbeerbeständen. In Schottland u. Skandinavien spielen neben Himbeeren u. Brombeeren auch noch andere *Rubus*-An eine Rolle. Die Himbeertracht soll durch Duftlenkung gesteigert werden (nach Maurizio u. Grafl). – Die *Sorbus*-An sind ebenfalls Nektar- u. Pollenspender, wobei der Anteil des Ebereschenpollens in der Schweiz (gebirgige Lage) etwa 8 % beträgt, aber reine Sortenhonige aus Europa nicht bekannt sind. Erwähnenswert ist noch die Walderdbeere (*Fragaria vesca* ↗), die für die Bienen ebenfalls eine gewisse Bedeutung als Nektar- u. Pollenspender hat.

Rosengewächse → Rosaceae.

Roßkastaniengewächse → Hippocastanaceae.

Rosmarin → *Rosmarinus officinalis* → Labiatae.

Rosmarinus officinalis L., Rosmarin. A der G *Rosmarinus* der F der Labiatae ↗. Im mediterranen Gebiet, einschl. Istrien, Dalmatien, Kleinasien. Wenig Bedeutung als Ziergehölz. Der oft nur bis 60 cm hohe Strauch blüht im Mai in wenigblütigen, achselständigen Trauben am vorjährigen Trieb. Blaue, selten weiße Blüten. Benötigt nahrhafte, durchlässige Böden u. sonnigen Standort. Stecklinge im Frühjahr; Aussaat möglich. Nektar- u. Pollenspender.

Roßminze, *Mentha longifolia* → Labiatae.

Roststäbe. Die Waben in Blätterbeuten ↗ stehen je Etage auf drei R. n. Als R. können entweder Rundeisen od. die von Paschke entwickelten, im Querschnitt bikonvexen Aluminiumstäbe benutzt werden.

Rotationskreuzung. Kontinuierliches Zuchtverfahren mit mindestens drei Linien zur Nutzung von additiven u. nicht additiven genetischen Wirkungen (genetische Wirkung, gleichsinnig additive). Bei der R. dienen nicht alle Kreuzungstiere nur der Produktion (zur Verwendung als Wirtschaftsvölker), sondern die besten ♀♀ Tiere (Völker) werden als Muttertiere zur Weiterzucht ausgewählt. An die ♀♀ Kreuzungstiere werden ♂♂ Tiere im rotierenden Wechsel jeweils der Linie angepaart, deren Genanteil in den Kreuzungstieren am geringsten vertreten ist, d. h., die Weiseln werden auf die Belegstelle ↗ der Linie geschickt, deren Anpaarung am weitesten zurückliegt. Die fortlaufende Anpaarung versch. Linien bewirkt eine wechselnde genotypische Zusammensetzung der Kreuzungstiere. Darunter kann die angestrebte Einheitlichkeit der Hybridtiere leiden. Auch trifft – bes. bei Verwendung nur weniger Linien u. damit schneller Wiederholung der Rotation – ein gewisser Anteil von Genen ↗ der ♂♂ Partner auf Gene derselben Linie in den Kreuzungstieren. Eine volle Ausnutzung der Heterosis ↗ zw. den beteiligten Linien ist deshalb ab Wiederanpaarung der Ausgangslinie nicht gegeben. Bes. ausgeprägt ist diese Erscheinung bei der Wechselkreuzung. Hier wird nur mit zwei Vatertierlinien gearbeitet, die an die ♀♀ Kreuzungstiere von Generation zu Generation im Wechsel angepaart werden.

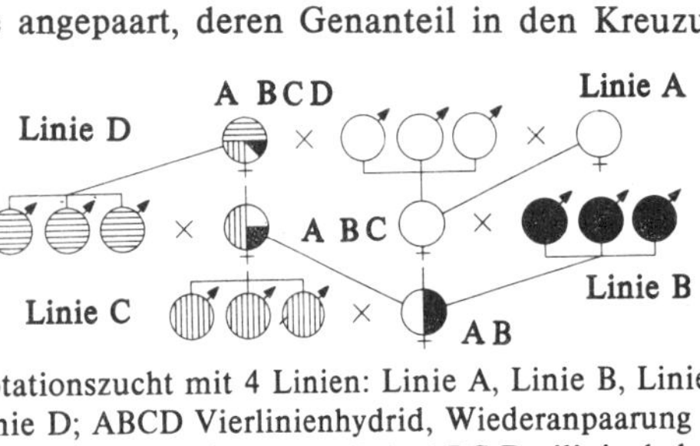

Rotationszucht mit 4 Linien: Linie A, Linie B, Linie C, Linie D; ABCD Vierlinienhydrid, Wiederanpaarung der Linie A bei 12,5 % Genanteil A, ABC Dreilinienhybrid, AB Zweilinienhybrid

Rotblühende Roßkastanie → *Aesculus* x *carnea* → Hippocastanaceae.

Rotbuche → *Fagus sylvatica* → Fagaceae.

Rote Johannisbeere → *Ribes sylvestre* → Saxifragaceae.

Rote Pestwurz → *Petasites hybridus* → Compositae.

Rote Roßkastanie → *Aesculus pavia* → Hippocastanaceae.

Rote Taubnessel, *Lamium purpureum* → Labiatae.

Rote Waldameise. Hinter dem im Volksmund verbr. Begriff R. W. verbirgt sich die Gruppe von Waldameisen, von denen die R. W. *Formica rufa* L., Kleine Waldameise *F. polyctena* Förster u. die Wiesenameise *F. pratensis* Retzius recht häufig sind; regional sind die Starkbeborstete Waldameise *F. lugubris* Zett., Schwarzbeborstete Waldameise *F. aquilonia* Yarrow, Strunkameise *F. truncorum* Fabricius u. Kerbameise *Coptoformica exsecta* Nyl. stärker verbr. Für die Honigtauwaldtracht ↗ von Bedeutung sind *Formica polyctena, F. lugubris, F. aquilonia* u. *F. pratensis.* Zur Unterscheidung der einzelnen An ist die genaue Betrachtung der Kopfform, der Beborstung des Kopfes, des Thorax u. der zwischen Brustabschnitt u. Hinterleibsende stehenden Schuppe notwendig. Neben ihrer Bedeutung als Vertilger von Schadinsekten sind einige Waldameisen-An eifrige Besucher der Lachniden ↗ u. Lecanien ↗. Im Frühjahr, Frühsommer u. Herbst stellt der Honigtau eine wichtige Energiequelle für die Ameisen dar. Die Beziehungen zwischen Ameisen u. Pflanzenläusen nennt man Trophobiose ↗. Im unmittelbaren Nestbereich von *F. polyctena* Förster kann die Besatzdichte der vom Ameisenbesuch abhängigen Lachniden (obligat) hundertmal höher sein als an nestfernen Baumgruppen. Die Erträge aus der Honigtauwaldtracht liegen daher je nach Lachniden-A in einem Ameisengebiet 42–58 % höher als im ameisenarmen Wald. So kann die R. W. örtl. zum Konkurrent für die Honigbiene werden. Diese findet jedoch außerhalb u. innerhalb des Ameisenreviers noch genügend Honigtau, da die Waldameise vor allem den Honigtau der am Stamm u. an den Ast-USn saugenden Fichten- u. Kiefernlachniden einsammelt. Ameisenreiche Standorte sind mit Sicherheit gute Lachnidenfundorte. Es ist daher notwendig, die Waldameise zu schützen u. zu hegen.

Rotklee → *Trifolium pratense* → Leguminosae.

Rübsen → *Brassica rapa* → Cruciferae.

Rubus fruticosus L., Gemeine Brombeere. A der G *Rubus* der F der Rosaceae ↗. Aus N-Amerika u. aus Europa stammend. Die Inkulturnahme von R. f. begann Mitte des vorigen Jh.s. Gut für Böschungen u. Abzäunungen geeignet. Der bis 2 m hohe Strauch blüht im Juni/Juli. Die weißen bis rosafarbenen Blüten stehen in großen, vielblütigen Doldentrauben zusammen. Anspruchslos. Nektar- u. Pollenspender. Bienenhaltung sichert gute Erträge.

Rubus idaeus L., Himbeere. A der G *Rubus* der F der Rosaceae ↗. In O- u. S-Asien, Europa, Sibirien u. N-Amerika heimisch. In der Ebene u. im Gebirge. In vielen natürl. Formen; seit etwa 400 Jahren in Kultur. Bis 2 m hoher, aufrecht wachsender Strauch. Blüht je nach Standort Ende April bis Juni aus letztjährigem Trieb. Die Blüten wachsen achsel- od. endständig, in kleinen, stacheligen Trauben. Liebt sandigen, frischen Boden; gedeiht auch im Halbschatten. Nektar- u. Pollenspender. Bienenbeflug wirkt ertragssteigernd.

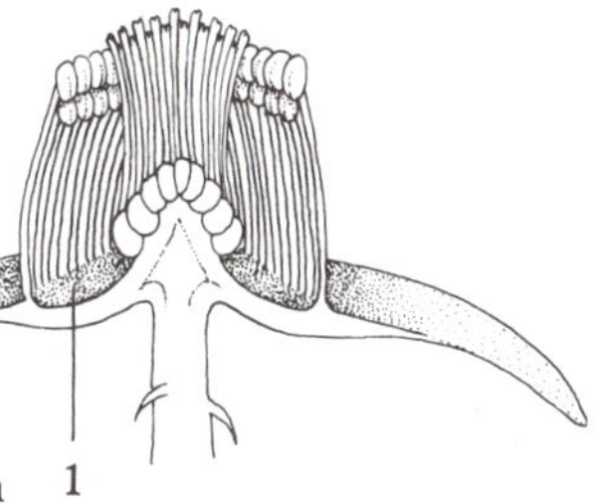

Himbeere.
1 Nektarium

Rückkreuzung. Paarung von F_1-Tieren mit Tieren einer der Elternpopulationen (Linien). In der Bienenzucht ist die Paarung einer F_1-Weisel aus der Kreuzung A × B auf der Belegstelle ↗ der Linie A, wo auch die Mutterweisel begattet wurde, eine R. auf die Vaterlinie. R. wird in der Hybridzucht (Hybride ↗) angewendet, wenn für eine Dreiwegkreuzung ↗ keine geeignete Linie zur Verfügung steht. Die Kreuzungsgenkombination u. damit die Heterosis ↗ geht bei der R. im Vergl. zur F_1 zwar um die Hälfte zurück, durch gesteigerte Fruchtbarkeitsleistung der ♀♀ Kreuzungstiere (F_1-Weisel) ist aber die R. einer einfachen Zweilinienkreuzung meist überlegen. R. wird in der Bienenzüchtung zur Rettung einer inzuchtgeschädigten Zuchtlinie ↗ nach Einkreuzung einer anderen, möglichst verwandten Linie zuweilen angewendet.

Rückstandsanalytik. Hat den Nachweis u. die Bestimmung von Rückständen (einschl. Metaboliten) im pflanzl. u. tierischen Material, im Boden, im Wasser u. in der Luft zum Gegenstand. Die Angabe von Rückstandsgehalten in Lebens- u. Futtermitteln erfolgt in mg/kg od. ppm (Dosisangabe für parts per million, Teilchen pro Million).

Rückstandstoxikologie. Befaßt sich mit der Beurteilung der Giftwirkung von Pflanzenschutzmittel- ↗, Schädlingsbekämpfungsmittel- ↗ u. Arzneimittelrückständen.

Ruhr → Dysenterie.

Rührstab. Zur Vermeidung des grobkörnigen Kandierens muß der Honig gerührt werden (Kandieren des Honigs ↗). Dies geschieht bei kleineren Mengen mit einem dreikantigen, unten zugespitzten, glatten Stab aus sauberem, festen Holz. Vor der Benutzung ist der Stab ohne Anwendung von Reinigungsmitteln zu reinigen, mehrmals mit kochendem Wasser zu übergießen bzw. direkt in kochendes Wasser zu tauchen u. anschl., vor Verunreinigung geschützt, zu trocknen. In größeren Imkereien sind Gefäße mit elektrisch- od. handgetriebenen Rührwerken in Gebrauch, die auch beheizbar sein können.

Rundblättrige Glockenblume → *Campanula rotundifolia* → Campanulaceae.

Rundlarve (-made) → Larvenentwicklung.

Rundtanz → Nahrungssuche.

Rüssel → Mundwerkzeuge.

Rüssellänge → Körpermerkmale.

Rutaceae, Rautengewächse. Die F umfaßt ca. 150 Gn mit 900 An u. ist ± kosmopolitisch vor allem in tropischen u. gemäßigten Gebieten der sü. Hemisphäre mit Schwerpunkten in S-Afrika u. Australien verbr. Meist Sträucher u. Bäume, gelegentl. auch Kräuter. Werden insbes. im Mittelmeergebiet, in den Südstaaten der USA, in Mexiko, S-Afrika u. Australien angepflanzt. Haben also in diesen Ländern auch eine wichtige wirtschaftliche Rolle, da sie z. B. die Zitrusfrüchte (*Citrus* ist die wichtigste G der F, die meisten ihrer 60 bekannten An sind in Kultur) des Handels – Zitronen, Apfelsinen, Mandarinen, Zangerinen, Limetten u. Grapefruits – liefern. Bienenwirtschaftlich spielen vor allem die Orangenblüten eine Rolle. Die von Insekten bestäubten grünlichgelben Blüten der G *Ruta*, die familientypisch ist, bestehen aus einem vier- od. fünfzipfligen, bleibenden Kelch u. vier od. fünf gezähnten od. (mit feinen Haaren od. Fortsätzen) bewimperten Kronblättern. Gegen innen folgen ein dicker Diskus aus 8–10 Nektardrüsen od. -gruben u. 8–10 Staubblätter. Der oberständige Fruchtknoten ist tief gelappt u. weist 5 od. 4 verwachsene Fruchtblätter auf, die vier od. fünf Fächer mit zahlreichen Samenanlagen bilden. – Die Orange od. Apfelsine *(Citrus sinensis)*, der schönste u. am wenigsten frostempfindliche Baum der F, kam vor minde-

Ruhrschorf am Zellgrund

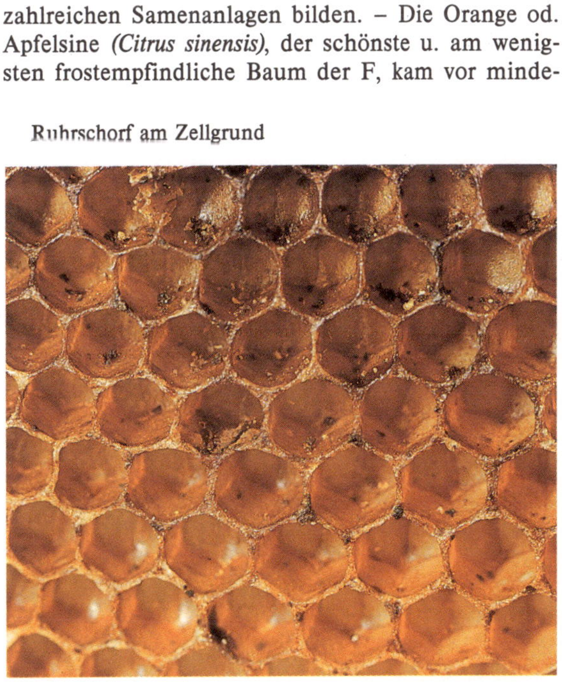

stens 1000 Jahren aus dem Fernen Osten nach Arabien. Schon bei einer Wintertemp. von 8–10 °C gedeiht ein Orangenbaum u. bildet Fruchtansatz. Die im Frühjahr erscheinenden Blüten sind weiß u. duften äußerst stark. Die Früchte reifen erst sehr spät, unter subtropischen Bedingungen werden sie im Winter geerntet, in kühleren Gegenden sind sie erst im folgenden Sommer reif, so daß Blüten u. Früchte gleichzeitig an einem Baum zu finden sind. Neuere Untersuchungen über den Einfluß der Bestäubung durch die Bienen auf die Ertragssteigerung liegen bisher nicht vor.

Saaterbse → *Pisum sativum* → Leguminosae.

Sackbrut. Ansteckende Erkrankung der Bienenbrut; bestuntersuchte virusbedingte Bienenkrankheit ↗. S. wird durch das RNA-Virus *Morator aetatulae* hervorgerufen. Am empfänglichsten sind 2–3tägige Larven, in deren Körpergewebe sich das Virus verbr. Das Virus vermehrt sich auch in den Hypopharynxdrüsen u. im Nervengewebe ad. Bienen, ohne diese deutl. zu schädigen. Dadurch ist die Kontinuität der Virusinfektion

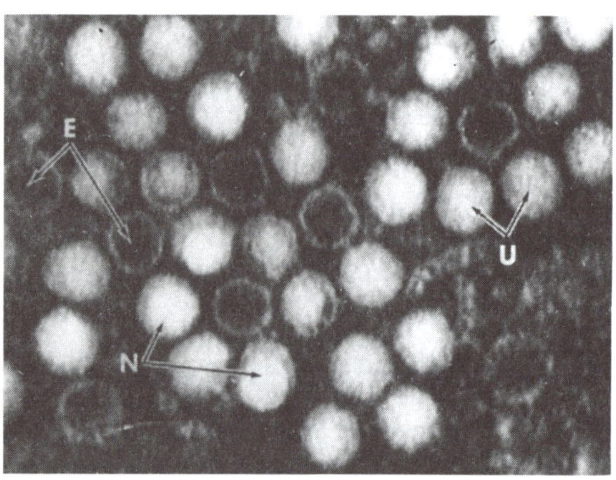

Elektronenmikroskopische Aufnahme von leeren (E), gleichmäßig dichten (U) und elektronendichten exozentrischen Kernpartikeln (N) des Sackbrutvirus. Vergrößert ca. 350000:1

von Jahr zu Jahr gewährleistet. Die mit virushaltigem Futtersaft infizierten Arbeiterinnen- u. Drohnenlarven sterben kurz vor od. während der Metamorphose im Streckmadenstadium nach Verdeckelung der Wabenzellen ab, infolge einer bei der letzten Häutung erlittenen Häutungs- u. Entwicklungsstörung. Eine tote Larve enthält etwa 10^{13} Viruspartikel. Zw. der äußeren Strecklarvenhaut u. der inneren Puppenhaut sammelt sich überreichl. Exuvialflüssigkeit. Die Haut dehnt sich bes. am Larvenhinterende zu einem transparenten, zunächst mit klarer, später bernsteinfarbener Häutungsflüssigkeit gefüllten Sack. Während die Körperhülle fest bleibt, wird der Nymphenkörper jauchig zersetzt u. kann sackförmig aus der Wabenzelle gezogen werden. Zuerst sind die Nymphen weiß bis gelb verfärbt, später tritt eine von vorn nach hinten fort-

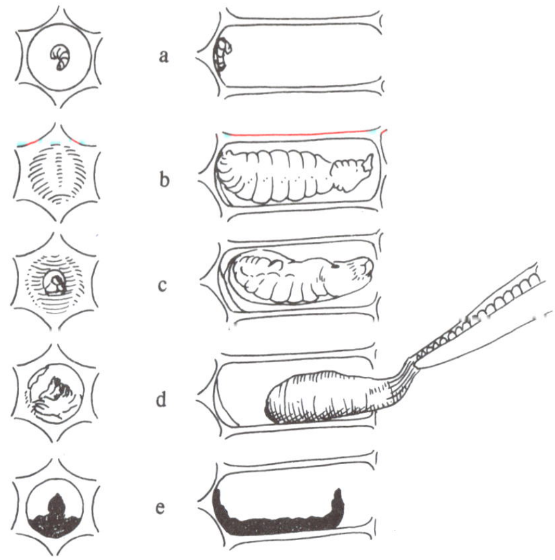

Krankheitsverlauf bei Sackbrut. a Ansteckungsstadium, b Strecklarve/Vorpuppe, c zwischen Strecklarvenhaut und Puppenhaut sammelt sich die Häutungsflüssigkeit, d sackförmige Larve, e leicht ablösbarer, kahnförmig gewölbter Schorf in der unteren Zellrinne. Nach Weiss

schreitende bräunliche Verfärbung infolge vorzeitiger Sklerotisierung u. imaginaler Differenzierung des Integumentes ein. Die Nymphen werden schlaff u. trocknen schließl. zu schwarzbraunen, etwas kahnförmig gewölbten («Schiffchenkrankheit»), nicht fest anhaftenden Schorfen in der unteren Zellrinne ein. Das Kopfende ist meist etwas nach oben aufgerichtet u. dunkelbraun verfärbt. Am Schorf ist oft noch die Segmentierung zu erkennen. Die Veränderungen der Zelldeckel u. das durch die stehengebliebenen Zellen entstehende Wabenbild ähnelt stark denen von Bösartiger Faulbrut u. von verkühlter Brut. Jungbienen nehmen S.-Viren bei der Fütterung u. Pflege kranker Brut auf u. übertragen die Erreger möglicherweise auch mit dem Drüsensekret. Nektar u. Pollen werden kontaminiert. Die S. kann in andere Völker u. Bienenstände

Sackbrut. Veränderte Strecklarve

nur durch frisches Material verschleppt werden. Eingetrocknete S.-Schorfe sind nicht mehr infektiös. Die gebietsweise im Frühjahr stark auftretende Erkrankung verläuft im allgemeinen harmlos u. verschwindet oft spontan im Sommer. Dann haben die Bienen die abgestorbenen Larven u. Schorfe entfernt u. die befallenen Waben selbst gereinigt. Nur bei ungünstigen Tracht- u. Witterungsverhältnissen können durch gänzlichen Brutverlust bei starkem Befall Schäden an den Völkern eintreten. In manchen Fällen wurden Mischinfektionen von S. u. Bösartiger Faulbrut beobachtet. Verdacht besteht bei veränderten Strecklarven, bei typisch geformten, leicht aus den Zellen zu entfernenden Schorfen u. Veränderungen der Zelldeckel. Die bakterioskopische u. bakteriologische Untersuchung verläuft negativ. Bei schwachem Befall sind befallene Einzelwaben zu entnehmen u. einzuschmelzen. Bei stärkerem Befall müssen die Völker eingeengt u. durch Reizfütterung der Putztrieb der Bienen angeregt werden, damit diese die abgestorbenen Larven u. Schorfe schneller aus den Zellen entfernen. Bei starkem Befall kann auch nach gründlicher Reinigung der Bienenwohnung das Kunstschwarmverfahren ↗ durchgeführt werden. 1–2 Wochen später muß eine Nachuntersuchung ↗ der behandelten Völker zur Kontrolle des Behandlungserfolges durchgeführt werden. Stark geschwächte Völker sollten abgetötet werden. Geeignete Heilmittel sind bis jetzt nicht bekannt geworden.

Saisonvariabilität. Äußert sich in der unterschiedl. Lebensdauer ↗ der Arbeiterinnen, die als Sommer- u. Winterbienen ↗ auftreten. S. läßt sich aber außerdem auch durch physiologische Unterschiede begründen (nach Wille, 1981):

physiologische Merkmale	*Sommerbienen (kurzlebig)*	*Winterbienen (langlebig)*
Juvenilhormon III-Titer	Anstieg bis zum 12. u. stärker bis zum 25. Tag	wochenlang sehr tiefer Titer, erst mit Brutbeginn Werte wie bei Sommerbienen
Futtersaftdrüsen ↗	nach Imaginalschlupf klein, max. Entwicklung zur Zeit der Brutpflege, danach Reduktion	schon in den ersten Lebenstagen gut entwickelt, chemische Zusammensetzung anders als bei Sommerbienen
Fettkörper ↗	schwach ausgebildet	stark entwickelt
Blutbild (Haemolymphe ↗)	veränderlich, je nach Tätigkeit, die meisten Blutzellen stoffwechselaktiv	«Winter»-Blutzellen in brutloser Zeit stoffwechselinaktiv. In der Brutperiode wie Sommerbienen

Wahrscheinl. spielen bei der Entstehung der Winterbienen Witterungs- u. Trachtfaktoren, der zurückgehende Brutumfang sowie die abnehmende Tageslänge (Photoperiode ↗) im Spätsommer eine Rolle. Ab August schlüpfen neben langlebigen Bienen, die noch im darauffolgenden Frühjahr im Volk zu finden sind, immer auch noch kurzlebige Arbeiterinnen, die schon während des Herbstes wieder aus den Völkern verschwinden.

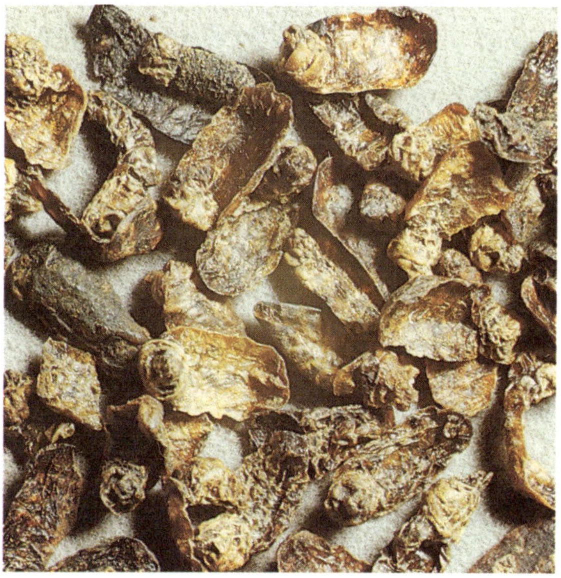

Sackbrutkrusten

Typische Verhaltensmerkmale (nach Wille, 1981) der

kurzlebigen	langlebigen (Nachsommer, Herbst)
Arbeiterinnen	
Durchführung üblicher Stockarbeiten, Brutpflege, Füttern der Weisel, Sammeltätigkeit	Inaktivität, kein Sammelflug, Pollenaufnahme

Salbei, *Salvia* → Labiatae.

Salicaceae, Weidengewächse. Die F umfaßt 2 Gn, die Pappeln *(Populus)* mit über 100 An u. die G Weide *(Salix)* mit 300–500 An. Während die G *Populus* vor allem in der nö. gemäßigten Zone vorkommt (wenig in das subarktische u. das subtropisch-tropische Gebiet vordringend), besitzt die G *Salix* ein größeres Areal mit Verbr.s-Schwerpunkten u. a. in Zentral-Europa, dem Himalaja, dem pazifischen N-Amerika. Einige An findet man in den Tropen u. Subtropen S-Amerikas, S-, O- u. W-Afrikas u. S- u. SO-Asien, andere dringen weit in die arktischen sowie in die oberhalb der Baumgrenzen gelegenen alpinen Gebiete vor. Auf den Südseeinseln, in Australien u. auf dem Malaiischen Archipel fehlen die S. völlig. Die An der G *Populus* kommen vor allem in Auenwäldern [Schwarzpappel (*Populus nigra* L.), Silberpappel (*P. alba* L.), Zitterpappel od. Espe (*P. tremula* L.)] vor, während man in Galeriewäldern der ariden Gebiete Vorder- bis Zentral-Asiens u. der Gehölzvegetation von Oasen vor allem Pappeln aus der Verwandtschaft der Euphrat-Pappel finden kann. Die Weiden-An – die durch das Auftreten von Bastarden zw. versch. An oft schwer zu bestimmen sind – haben eine größere ökologische Anpassungsfähigkeit als die Pappeln. Dadurch gibt es auch versch. Wuchsformen, wie Spalierweiden (z. B. Netzweide [*Salix reticulata* ↗]), Strauchformen (z. B. Ohrweide [*S. aurita* ↗]) u. Kriechweide (*S. repens* ↗). Die Silberweide (*S. alba* ↗) ist ein großer Baum, strauch- od. baumförmigen Wuchs hat die Salweide

(*S. caprea* ↗). Während die Weiden aufrechte Kätzchen mit ganzrandigen Tragblättern u. eine geringe Zahl von Staubblättern (meist 2, selten 3, 5 od. bis 12) besitzen – die ♀♀ Blüten haben ein häutiges Tragblatt u. einen Fruchtknoten mit zwei Narben, die ♂♂ Blüten ein Tragblatt u. 2–12 Staubblätter –, haben die Pappeln hängende Blütenkätzchen mit gezähnten od. zerschlitzten Tragblättern u. eine größere Anzahl von Staubblättern (in den ♂♂ Blüten meist 8–30). Die Pappeln haben außerdem krug-, teller- od. becherartige Diskusbildungen am Blütengrund, u. der Pollen wird stets vom Wind auf die ♀♀ Blüten übertragen, während die Weiden meist ein od. zwei Nektar absondernde Schüppchen – manchmal auch mehr, od. die Honigschuppen sind zu einem Ring verschmolzen – am Grunde der Blüten besitzen u. Insektenbestäubung – außer bei einigen arktischen Weiden – die Regel ist. Letztere zählen in Europa zu den wichtigsten Frühjahrsbienenweiden, da sie in bedeutendem Maße zur Frühjahrsentwicklung der Völker beitragen. – Die Nektarien der ♂♂ u. der ♀♀ Weiden-An sondern den ganzen Tag Nektar u. Pollen ab. Die Nektarmessung in Blüten von einigen *Salix*-An brachte folgende Ergebnisse (nach MAURIZIO u. GRAFL):

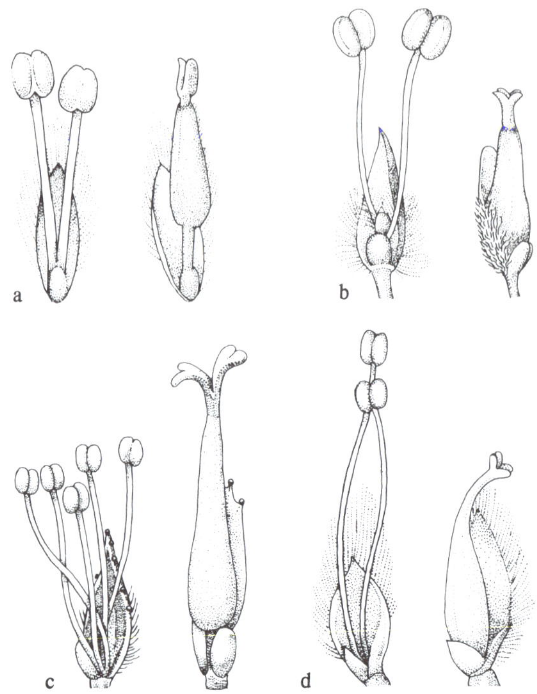

a, b, c, d verschiedene Weidearten u. ihr Blütenaufbau, links männlich, rechts weiblich

Pflanzenname botanisch	*Pflanzenname deutsch*	*Nektarsekretion pro 100 Blüten in 24 h (mg)*	*Zuckerkonzentration des Nektars (%)*	*Zuckerwert je 100 Blüten in 24 h (mg)*
Salix caprea L. (♀♀ Kätzchen)	Salweide	2,45–2,86	67–79	1,65–2,26
Salix caprea L. (♂♂ Kätzchen)	Salweide	2,9	66–69	1,9–2,1
Salix daphnoides ↗ (♂♂ Kätzchen)	Reifweide	3,0–5,5	48–63	1,8–2,6
Salix viminalis ↗	Hanfweide	1,0–1,6	53–78	0,5–1,3

I. d. R. treten die Weiden-An nur als Begleitformen der Haupttrachtpflanzen (z. B. Obstbäume) im Frühjahrshonig auf. Weiden-Sortenhonige sind u.a. aus der DDR, der ČSSR, Belgien, Holland, Schweden, Norwegen, der Schweiz u. den USA gemeldet, aus Gegenden, wo ausgedehnte Auen- u. Buschwälder als Fluß- u. Seenbegleiter fungieren. – Die ♂♂ Pappelkätzchen liefern den Bienen Pollen, wobei z.B. die Pollenproduktion der Kanada-Pappel (*Populus deltoides* BARTR. ex MARSH.) mit 5,8 Mio je Kätzchen u. 4400 Mio je ha reinen Bestandes angegeben wird. In den Berglagen spielt die Zitterpappel für die Pollenversorgung der Bienenvölker eine Rolle.

Biene an Weidekätzchen

Salix alba L., Weiß- od. Silberweide. A der G *Salix* der F der Salicaceae ↗. In Europa, N-Afrika, im Vorderen Orient über Iran bis Zentral-Asien weit verbr. u. in Kultur. An Flußufern, in Auen u. Gebirgstälern bis 1600 m ü. NN. Gut für Überschwemmungsgebiete u. als Gehölz für Teich- u. Bachränder in großen Anlagen geeignet. Der bis 30 m hohe Baum blüht Ende April. Die Kätzchen befinden sich an beblätterten Seitentrieben, Tragblätter grün. Nektar- u. Pollenspender.

Salix aurita L., Ohrweide. A der G *Salix* der F der Salicaceae ↗. Von den Alpen (bis 1600 m ü. NN) bis zum Eismeer, öst. bis Altai. An moorigen, leicht sumpfigen Stellen, auf feuchten Wiesen. Zur Böschungsbegrünung u. Autobahnbepflanzung verwendet. Der bis 3 m hohe Strauch blüht im April. Die ♂♂ Kätzchen sind eiförmig, die ♀♀ länglich. Sie sind meist klein, dichtblütig, entweder sitzend od. kurz gestielt. Bevorzugt kalkarme Böden. Nektar- u. Pollenspender.

Salix caprea L., Salweide. A der G *Salix* der F der Salicaceae ↗. Europa, Orient, Kaukasus, Sibirien bis Amurgebiet. In den Alpen bis 2000 m ü. NN. An Gräben, Gebüschen, im lichten Mischwald. Sorten u. Kreuzungen vorhanden. Pioniergehölz für trockene bis Überschwemmungsböden, für erosionsgefährdete Hänge u. als Ziergehölz geeignet. Entweder bis 6 m hoher Strauch od. bis 20 m hoher Baum. Die großen, goldgelben Kätzchen blühen vor den Blättern schon im März. Nektar- u. Pollenspender. Die Nektarien, die bei *Salix* i. d. R. einzeln zw. der Basis der Tragblätter u. der Kätzchenachse stehen, sind bei S. c. eiförmig od. abgestutzt. Eine der ersten Bienenweidepflanzen.

Salix daphnoides Vill., Reif- od. Schimmelweide. A der G *Salix* der F der Salicaceae ↗. Europa u. N-Asien bis Amurgebiet u. Kamtschatka. An Gewässern in schweren, kalkhaltigen Böden. Zur Dünen- u. Sandflächenbefestigung. Sehr großer Strauch od. bis 20 m hoher Baum. Blüht im März/April. Die großen Kätzchen haben feste, dunkelbraune Deckschuppen u. schwellen bei frostfreiem Wetter bereits im Winter, wobei sie sich silberweiß färben, im Verblühen werden sie rötlich. Nicht für saure Böden u. Überschwemmungsland geeignet. Nektar- u. Pollenspender. S. d. hat lange, lappenförmige, oben wulstige Nektarien. Vorzügliche Bienenweide.

Salix repens L., Kriechweide. A der G *Salix* der F der Salicaceae ↗. N- u. M-Europa, von N-Spanien über N-Italien, Balkan u. Orient bis Zentral-Asien u. Sibirien. In feuchten, sandigen Lagen u. auf Torf- u. Moorwiesen. Standortsformen u. Kreuzungen vorhanden. Für trockene Hänge, als Pioniergehölz u. zur Dünenbefestigung angepflanzt. Der Strauch blüht im April/Mai. Die ♂♂ u. ♀♀ Kätzchen – bis 1,5 cm lang – kommen mit den Blättern od. kurz vorher. Nektar- u. Pollenspender.

Salix reticulata L., Netzweide. A der G *Salix* der F der Salicaceae ↗. N- u. M-Europa, nö. bis Spitzbergen u. N-Amerika bis Labrador. Meist oberhalb der Baumgrenze an feuchten Orten auf humosen Rasen u. in Felsspalten, auch in Niederungen. Für Steingärten geeignet. Blüht im Juni/Juli. Die Kätzchen sind an den Zweigenden langgestielt. Bevorzugt kalkhaltigen Boden. Nektar- u. Pollenspender.

Salix viminalis L., Hanf- od. Korbweide. A der G *Salix* der F der Salicaceae ↗. Europa, NO-Asien, Himalajagebiet. Meist an Bach- u. Flußufern. Gute Windschutzpflanze, auch zur Ufersicherung geeignet. Der Strauch blüht im März/April. Die dichtblütigen Kätzchen erscheinen nur an den Enden der langen Triebe, fast sitzend. Die ♂♂ Blüten sind goldgelb, im Verblühen braun.

Salvia officinalis L., Edle, Echte od. Gartensalbei. A der G *Salvia* der F der Labiatae ↗. S-Europa. Auf trockenen Kalkhängen. In mehreren Sorten kultiviert, entweder in Gärten als Zierstrauch od. Gewürz- u. Heilpflanze (Salbeitee) od. feldmäßig; in M-Europa seit dem frühen Mittelalter angebaut. Der 30–80 cm große Halbstrauch blüht im Juni/Juli. Die meist hellvioletten (auch rosafarbenen, blauen od. weißen) Blüten befinden sich zu je 10–20 in entfernt stehenden Quirlen. Bevorzugt trockene, kalkhaltige Böden in sonniger, windgeschützter Lage. Vermehrung der A durch Aussaat. Mehr Nektar- als Pollenspender.

Blühende Weide. Eine der Frühtrachten, die erheblich zur Frühjahrsentwicklung der Völker beitragen

Salvia pratensis L., Wiesensalbei. A der G *Salvia* der F der Labiatae ↗. S- u. M-Europa. Auf Trockenwiesen u. an Bahn- u. Flußdämmen. Für Rabatten, Stein- u. Heidegärten. Blüht Juli bis Ende August, September. Blüten violett. Bevorzugt durchlässigen, kalkhaltigen Boden, sonnigen Standort. Nektar-, weniger Pollenspender. Die Blüten von S. p. sind innerhalb der Labiatae am stärksten an Fremdbestäubung angepaßt. Während bei den meisten Vertretern der F die Staubbeutel u. Narben über den Rand hinausreichen, tritt bei S. p. nur das Griffelende mit der Narbe aus der Blüte, während die Staubbeutel in der Oberlippe eingeschlossen sind. Das Verbindungsstück zw. den beiden Staubbeutelhälften (Konnektiv) – im Gegensatz zu anderen Gn stark entwickelt, so daß die Staubbeutelhälften weit auseinanderliegen – ist mit dem kur-

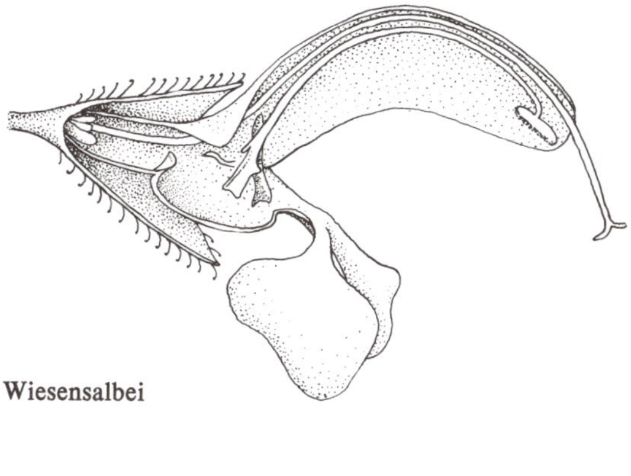

Wiesensalbei

Salbei

zen Staubfaden durch ein Drehgelenk verbunden. Die untere Staubbeutelhälfte ist mit dem dazugehörigen Konnektivteil löffelartig verbreitert u. unfruchtbar, die obere Staubbeutelhälfte auf dem verlängerten Konnektivteil ist fruchtbar. Die an der Spitze miteinander in Verbindung stehenden unteren Staubbeutelhälften der beiden fruchtbaren Staubblätter schließen sich zu einer «Druckplatte» zusammen u. versperren dadurch den Eingang zur Blütenkronröhre. Will eine Biene od. Hummel an den drüsig ausgebildeten Sockel des Fruchtknotens, das Nektarium, am Blütengrund gelangen, stößt sie an die «Druckplatte», wodurch die oberen Staubbeutelhälften aus der Oberlippe hervortreten u. den Blütenstaub auf den Rücken des Insektes abstreifen.

Salvolat. Eine von den Heideimkern angewendete Flüssigkeit, die mit Stampfhonig ↗ vermischt eine stark brutfördernde Wirkung hat. Die Anwendung von S. zur Reizfütterung in Zuckerlösung hat sich nicht allgemein durchgesetzt. Zusammensetzung: Salmiakgeist, 330 g; Weingeist, 90 %, 650 g; Zitronenöl, 5 g; Macisöl, 5 g; Majoranöl, 5 g; Nelkenöl, 5 g.

Salweide → *Salix caprea* → Salicaceae.

Sammelableger → Pflegevolk.

Sammelaktivität. Durch Volkstärke, Brutzustand u. Nahrungsvorräte des Volkes, Qualität u. Quantität des Nektarangebotes, Zugang zum Blütennektar, Entfernung zur Trachtquelle, Tageszeit, abiotische Faktoren wie Windstärke, Witterungsverhältnisse im allgemeinen u. Lichtintensität bestimmt. Bei < 500 lx lassen abends die Sammelflüge deutl. nach u. werden bei 10 lx ganz eingestellt. Die Häufigkeit der Ausflüge/Tag (Sammelfrequenz) zeigt individuelle, aber auch rassenspezifische Unterschiede. Die Sammelfrequenz der Wasserholer ist größer als diejenige der Nektarsammler. Bei Wasser eintragenden Arbeiterinnen wurden bis zu 100 Ausflüge/Tag u. Biene beobachtet. – Die Pollen-S. erfährt eine um so stärkere Anregung, je näher sich die Brutwaben dem Flugloch der Beute befinden. Pollen wird vor allem vormittags gesammelt. Die S. erreicht aber gewöhnl. auch in den frühen Nachmittagsstunden noch einmal einen Gipfel. – S. u. Sammelstrategie ↗ sind eng miteinander verbunden.

Sammelbereich → Nahrungssuche.

Sammelbiene → Arbeitsteilung.

Sammelbrutableger. Mit Brutwaben aus mehreren Völkern gebildeter Ableger. Auch wenn einem Volk mehrere Brutwaben entnommen wurden, die zur Bildung eines Ablegers ausreichen würden, ist es für die Beweiselung günstiger, wenn jede Wabe einem anderen Volk entstammt. Die Bienen in dem entstehenden Gemisch verhalten sich gegenüber einer zugesetzten Weisel od. einem Begattungsvölkchen defensiv.

Sammelschwarm. Beim gleichzeitigen Ausziehen mehrerer Schwärme kann es auf einem Bienenstand vorkommen, daß sie sich in der Luft vermischen u. sich dann als Riesenschwarm gemeinsam ansetzen.

Sammelstrategie. Komplex koordinierter Anpassungserscheinungen, die das Bienenvolk befähigen, energetisch günstige Lösungen beim Nahrungserwerb zu finden. Das ökologische Prinzip der S. besteht in einer gleichzeitigen Maximierung der individuellen Wirksamkeit jeder einzelnen Sammelbiene u. einer Optimierung des langzeitigen Energiegewinns für das Bienenvolk. Normalerweise stellen > 20 Tage alte Bienen die Gilde der Sammlerinnen. Bei reichl. Nektarangebot können u. U. aber auch junge, > 3 Tage alte Bienen als Sammlerinnen ausfliegen. Grundlage für die hoch effektiven Sammelflüge ist das im Bienenvolk durch die Bienentänze geschaffene Informationszentrum, in dem auch Blütenduft, der den Sammelbienen anhaftet, als Signalgeber für vorhandene Tracht eine Rolle spielt. Wenn möglich, werden nur attraktive Nahrungsquellen ausgebeutet. Läßt die Ergiebigkeit einer Trachtquelle nach u. finden sich lohnendere Nektarangebote, geht das Bienenvolk dazu über, dort zu sammeln. Auf diese Weise entstehen nur relativ niedrige energetische Kosten bei der Nahrungssuche. Der Sammelradius eines Volkes beträgt im Durchschnitt 1–2 km, kann in Einzelfällen aber auch größer sein u. sogar auf 6 km ausgedehnt werden. Im allgemeinen wächst er mit zunehmender Biomasse eines Volkes. Die während der Sammeltätigkeit von der Biene aufgenommene Nektarmenge ist je nach den vorhandenen Flug- u. Sammelbedingungen unterschiedl. groß. So nimmt die Honigblasenfüllung mit der Länge der Heimflugstrecke, aber auch mit steigender Zuckerkonzentration u. erhöhter Zuflußgeschwindigkeit des Nektars in der Blüte sowie mit ansteigender Temp. zu. Bei 15 °C liegt sie im Bereich von 30–40 µl u. wird bei > 20 °C auf > 60 µl erhöht. Auch Blütenform u. Anzahl der Blüten pro Trachtpflanze bleiben nicht ohne Einfluß auf die Honigblasenfüllung. Bekannt ist ferner, daß die Menge des in der Honigblase transportierten Nektars vom Füllungszustand der Kotblase (Darmkanal ↗) abhängt. Bei zunehmendem Kotblaseninhalt verringert sich die Menge des Sammelgutes in der Honigblase. Nektar wird nur dann von den Bienen als Kohlenhydratnahrung akzeptiert, wenn sein Zuckergehalt mindestens 10 % beträgt. Bei niedrigerem Zuckergehalt wären die energetischen Kosten für den Transport der relativ minderwertigen, weil sehr wasserreichen Nahrung u. für die Honigbereitung so groß, daß sich die Ausbeutung solcher Nahrungsquellen nicht lohnen würde u. deshalb unterbleibt. Auch eine stark eingedickte, für die Bienen verhältnismäßig schwer aufnehmbare Zuckerlösung wird bei einem Zuckergehalt von $>50\%$ häufig verschmäht, da die Verflüssigung u. das danach erst mögliche Aufsaugen der Nahrung ebenfalls einen unverhältnismäßig hohen Energieaufwand erfordert. Bei übermäßig hohem Energieverbrauch durch zu weite Flüge zw. den einzelnen Blüten einer Trachtpflanzen-A geben die Sammlerinnen bisweilen das Prinzip der Blütenstetigkeit auf, was aber aus Gründen der Effektivität nur dann geschieht, wenn die neu aufgesuchten Blüten einfach gebaut sind u. der Zugang zum Nektar ohne aufwendige Lernprozesse leicht erreichbar ist. Andererseits kann die einmal vorhandene Blütenstetigkeit auch dennoch eine Zeitlang beibehalten werden, wenn die Nektarsekretion abzunehmen beginnt. In solchen Fällen verlängert sich die «quellenspezifische Verweildauer» der Bienen auf den Blüten als Ausdruck einer gewissen Unsicherheit, bis schließl. ein Wechsel in der Wahl der Trachtquelle eintritt. Neben der Blütenstetigkeit trägt auch der gut ausgebildete Zeitsinn (Orientierung ↗) der Bienen zu einer hohen Effektivität der S. bei, da er es ihnen ermöglicht, sich die zu einer bestimmten Tageszeit erfolgende Nektarsekretion der Blüten zu «merken» u. die Sammelflüge danach vorzunehmen, wodurch unnötige Ausflüge vermieden werden. Zur S. gehört aber auch das Vermögen der Honigbienen, sich gewaltsam Zugang zum Blütennektar zu verschaffen, indem sie die Blütenkronen nahe der Nektarquelle mit vorgestrecktem Rüssel anstechen (Primäreinbruch). Diese Form des Nektarraubes erfolgt aber auch durch Sekundäreinbruch über schon vorhandene Öffnungen am Blütengrund, die meistens von Hummeln stammen. Die S. der Honigbiene läßt sich leicht mit ihrer Vermehrungsstrategie in Verbindung bringen. Das Bienenvolk ist als Superorganismus im Vergl. zu vielen anderen Insekten relativ langlebig. Die Vorteile der Langlebigkeit sind bemerkenswert. Die mit mancherlei Risiken behaftete Vermehrung der Bienenvölker braucht dadurch in nicht zu kurzen Zeitabständen zu erfolgen. Mit Unsicherheiten ist nicht nur die Wohnungssuche ↗ eines Schwarmes unter natürl. Bedingungen behaftet, auch die erfolgreiche Begattung der Jungweisel in Nachschwarm u. Restvolk ist mit vielerlei Gefahren verbunden. Langlebigkeit bedeutet Sicherheit für die Bienen. Zum Überleben im Winter gehört jedoch ein ausreichender Nahrungsvorrat, ohne ihn wäre die Langlebigkeit des Bienenvolkes als Superorganismus nicht denkbar. Nahrungsbeschaffung aber bedeutet für die Bienen, die zur Verfügung stehenden Nahrungsquellen so gut wie möglich auszubeuten. Die S. der Honigbiene bietet hierfür die entscheidenden Voraussetzungen.

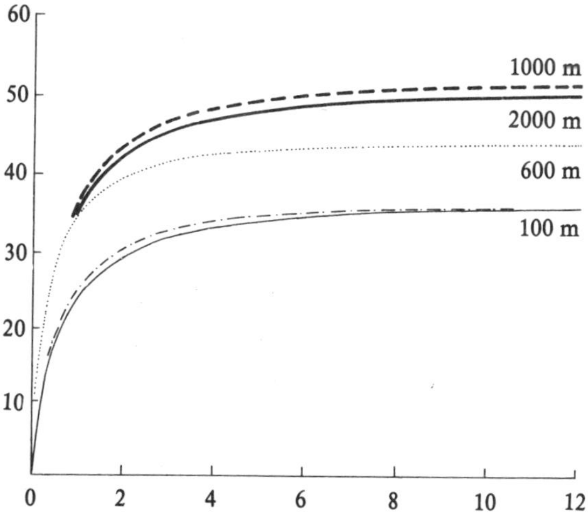

Menge des Honigblaseninhaltes der Sammelbienen in Abhängigkeit von der Trachtentfernung (m) und der Zuflußgeschwindigkeit der Zuckerlösung in µl/m. Ordinate µl, Abzisse s. Nach Nuñez (1982)

Samenzellen → Spermien.

Sandbirke → *Betula pendula* → Betulaceae.

Sandwicke → *Vicia villosa* → Leguminosae.

Sanftmut. Ein Bienenvolk verteidigt sein Nest u. dessen unmittelbare Umgebung, indem einzelne od. eine Vielzahl Bienen den tatsächl. od. vermeintlichen Feind stechen. Die Reizschwelle, die eine Einzelbiene od. ein Volk zum Verteidigungsangriff provoziert, ist einmal genetisch fixiert, zum anderen aber auch durch äußere Umstände, nicht zuletzt durch den Imker, zu beeinflussen. Ausgesprochen «sanftmütig» sind die Bienen der Rasse *Carnica.* Bastarde verlieren diese gute Eigenschaft ±, wobei von Volk zu Volk erhebliche Unterschiede bestehen können. Von den äußeren Faktoren führen zu erhöhter Stechbereitschaft u. a. schwüles Wetter, Gewitterstimmung, starker Wind, von den Trachten z. B. die Rapstracht, Räuberei, Weisellosigkeit, Vergiftungen, Notzustände. Der Imker kann durch zu häufige Störungen der Völker, durch grobes Hantieren an den Beuten u. mit den Waben sowie Störungen am Flugloch die Stechbereitschaft seiner Bienen wesentl. erhöhen. Das Verhalten von Imker u. Bienen gleicht sich einander an (Umgang mit Bienen ↗).

Saubohne → *Vicia faba* → Leguminosae.

Sauerbrut der Bienen → Gutartige Faulbrut.

Sauerdorn → *Berberis vulgaris* → Berberidaceae.

Sauergräser → Gramineae.

Sauerkirsche → *Prunus cerasus* → Rosaceae.

Sauerstoffverbrauch der Biene. Messungen des Atmungsstoffwechsels sind nicht sehr zahlreich u. ziemlich widersprüchlich, da die Biene ein soziales Insekt ist. Bei anderen Insekten-An kann man isolierte Individuen in Respirometerkammern bringen. Verfährt man mit der Biene so, ist das Ergebnis nicht verallgemeinernd zu werten. Die folgenden Ziffern werden also unter größten Vorbehalten genannt. – Der S. erhöht sich bei der ausgewachsenen Biene in den ersten 10 Tagen u. bleibt dann fast unverändert. Er beträgt dann 10 mm^3/g Körpergewicht u. Stunde. Bei den Larven ist der S. in den ersten zwei Tagen sehr hoch, nimmt bis zum 8. Tage rapide ab u. steigt anschl. wieder an. Am Ende des Puppenstadiums erreicht er 1 mm^3/g Körpergewicht u. Stunde. Diese Werte hat Allen (1959) mit Bienen erhalten, die er bei einer

Temp. von 20 °C in Zylindern aus Drahtgewebe isoliert hielt, in denen jegliche Bewegung unmöglich war. Aber gerade die Temp. beeinflußt ja stark die Bewegung u. damit auch die Atmung. Bei mehr als 10 Tage alten Bienen ist ein max. S. bei 17–20 °C festgestellt worden (15 mm³), ein deutl. Minimalwert bei 32 °C, der Temp. des Bienenstocks, mit kaum 5 mm³. Bei etwa 40 °C steigt der S. wieder an. Diese Werte zeigen, daß die Biene zu einer gewissen Wärmeregulierung fähig ist, vor allem in der Gruppe. Deshalb ist die Temp. im Bienenstock so bemerkenswert konstant. Bei sehr jungen Bienen besteht diese Möglichkeit der Wärmeregulierung noch nicht. SHOUTHWICK (1982) hat den S. im Inneren eines Bienenstocks gemessen. Dort ist er zehnmal niedriger als bei einer isolierten od. einer in Gruppen lebenden Biene. Das ist ein Beweis dafür, daß man mit Vorsicht an die Interpretation von Stoffwechselmessungen bei der Biene im Laboratorium herangehen muß.

Saxifragaceae, Steinbrechgewächse. Diese F umfaßt etwa 80 Gn mit 1200 An u. ist vorwiegend in der nö. gemäßigten Zone verbr.; ursprüngl. im öst. M-Asien u. in N-Amerika beheimatet. Meist Kräuter u. Sträucher, manchmal auch kleine Bäume u. Lianen. I. d. R. zwittrige, strahlige Blüten mit normalerweise fünf Kelch- u. fünf Kronblättern. Die Blüten sind in sehr unterschiedl. Blütenständen vereinigt. Es gibt Trauben, aus Trugdolden zusammengesetzte Trauben od. Rispen u. zymöse Blütenstände, die aber alle von Insekten bestäubt werden. Das drüsige Nektariengewebe bekleidet i. d. R. die Innenwände des Achsenbechers, ist aber bei der Johannisbeere in zwei ringförmige Zonen – durch einen nichtdrüsigen Wall zw. Fruchtknoten u. Staubblättern – geteilt. Als Nektar- u. Pollenspender kommen nicht nur die kultivierten Beerensträucher für Bienen in Betracht, sondern auch viele wildwachsende, z. B. die Alpenjohannisbeere (*Ribes alpinum* ↗), u. als Ziersträucher, z. B. die Blutjohannisbeere (*R. sanguineum* ↗), angepflanzte An. Die Nektarmessung in den Blüten ergab für einige kultivierte An folgendes Bild:

Pflanzenname botanisch	*Pflanzenname deutsch*	*Nektarmenge je Blüte in 24 h (mg)*	*Zuckerkonzentration des Nektars (%)*	*Zuckerwert je Blüte in 24 h (mg)*
Ribes uva-crispa ↗	Stachelbeere	3–22	16–32(–82)	0,7–5,4
Ribes sylvestre ↗	Rote Johannisbeere	2,1	16–32	0,04–0,7
Ribes nigrum ↗	Schwarze Johannisbeere	3,1–13,7	9–26	–

Die *Ribes*-An sondern zwar ziemliche Mengen Nektar ab, aber die Pollenproduktion mit 0,2–0,3 mg je Blüte ist gering. Die Pollentracht ist den Bienen im Verlaufe des ganzen Tages zugänglich. *Ribes*-Befunde im Honig sind vor allem von N-Europa (Dänemark, Finnland, Schweden) gemeldet, während in M-Europa der Nektar sofort von den Bienen verbraucht wird, da er hier eine wichtige Entwicklungstracht darstellt.

Schadenersatz. Entstehen z. B. durch Pflanzenschutzmaßnahmen Schäden an Bienenvölkern, ist der Verursacher nach den Bestimmungen der Zivilgesetzgebung verpflichtet, S. in Geld zu leisten in einer Höhe, als wäre das schädigende Ereignis nicht eingetreten. Bei Schäden an Bienenvölkern wird in direkte Schäden, das sind die Verluste an Bienenvölkern u. Teilen von ihnen, u. indirekte Schäden, das sind Ertragsausfälle u. Ausfälle für nichterfüllte Bestäubungsverträge, unterteilt.

Schadensersatzforderung. Wird in Schriftform gestellt u. muß überprüfbar sein. Sie beinhaltet die Forderungen durch direkte u. indirekte Schädigungen. Die Preise für Ertragsausfälle bzw. für Bienenvölker u. deren Teile müssen den gesetzlich fixierten Preisnormativen entsprechen.

Schadensfeststellung. Amtliche Feststellung eines Schadereignisses an einem Bienenbestand. Dabei ist von anderen Ursachen, wie Haltungsfehlern, erregerbedingten Erkrankungen, Witterungseinflüssen, abzugrenzen.

Schadenskommission. Zur Feststellung von Bienenschäden ↗ durch Vergiftungen gibt es in einigen Ländern S.en, die im Auftrage staatlicher Verwaltungen die Ursachen u. die Höhe von Bienenschäden ermitteln. In diesen Kommissionen arbeiten Vertreter der staatlichen Verwaltungen, der Pflanzenschutzinspektionen, der Interessenverbände der Imker, Bienenseuchensachverständige u. bei Verdacht auf Industrieimmissionen Mitarbeiter des Umweltschutzes mit. Von diesen Kommissionen wird geeignetes Untersuchungsmaterial (Bienenproben, Pflanzenproben u. ä.) entnommen u. der labordiagnostischen Untersuchung zugeführt. Mit dem S.s-Ergebnisbericht zu den Ursachen u. der Höhe des Schadens u. dem chemisch-toxikologischen Gutachten der Laboruntersuchung hat der betroffene Imker die erforderlichen Beweismittel für seine Schadensersatzforderungen ↗ in der Hand, die dann auch gerichtlich durchsetzbar sind.

Schädlingsbekämpfungsmittel. Präparate zur Bekämpfung von Hygiene- u. Gesundheitsschädlingen ↗. Alle Präparate gegen Parasiten an Mensch u. Tier sowie gegen Hausungeziefer.

Scharfe Fetthenne → *Sedum acre.*

Scharfer Hahnenfuß, *Ranunculus acer* → Ranunculaceae.

Scheibenhonig. S. od. Wabenhonig ist Honig in vollständig verdeckelten Waben, die die Bienen ohne Mittelwand gebaut haben (Jungfernbau ↗). Heidehonig nimmt insofern eine Sonderstellung ein, als er aufgrund seiner sulzigen Beschaffenheit aus angeschnittenen Zellen nicht ausläuft.

Scheinakazie → *Robinia pseudacacia.*

Schellack-Spiritus → Zeichnen der Weisel.

Schied. Ein in Beuten fest eingebautes od. bewegliches Teil, das in unterschiedl. Ausführung senkrecht od. waagerecht zur Trennung von Volksteilen bzw. Räumen benötigt wird. Als senkrechtes Voll-S. dient es u. a. in Blätter- u. Trogbeuten zur Trennung des Brut- od. Honigraumes z. B. zur Ablegerbildung. Als Absperr-S., bestehend aus einem Holzrahmen mit einem Absperrgittereinsatz, läßt sich die Weisel auf bestimmte Waben beschränken. Bewegliche S.e können entweder in Nuten od. Schienen laufen od. an beliebiger Stelle einschiebbar sein. Gelegentl. wird auch der Zwischenboden ↗, der in Hinterbehandlungsbeuten Brut- u. Honigraum trennt, als waagerechtes S. bezeichnet u. zw. Sommer-S. (mit Absperrgitter) u. Winter-S. (aus Brettchen bestehend) unterschieden. Wichtig für alle S.-Formen u. -Ausführungen ist, daß sie wirklich bienen- bzw. weiseldicht schließen müssen, wenn sie ihren Zweck erfüllen sollen.

Schiffchenkrankheit → Sackbrut.

Schildchen → Thorax.

Schimmelpilz. Pilz, der auf feuchtem, organischem Stoff Schimmel bildet. Die feuchtwarme Luft in der Beute sowie Honig u. Pollen in den Waben bieten günstige Entwicklungsbedingungen für S., bes. während des Winters u. Frühjahrs, wenn die Waben nicht ausreichend belagert werden. S. ist auch der Erreger der Hartbrut ↗ bei Bienen u. ist bei Pollenschimmel ↗ nachweisbar. S. besteht aus Hyphen ↗, die sich verzweigen u. miteinander gewebeartig zum Mycel ↗ verflechten, das auf der Oberfläche od. im Inneren des Substrates wuchert u. sich vermehrt.

Schimmelweide → *Salix daphnoides* → Salicaceae.

Schirach, Adam Gottlob. Geb. 5.9.1724 in Nostritz bei Löbau (Oberlausitz), gest. 3.4.1773 in Kleinbautzen. Studierte Theologie. Ab 1748 Pfarrer in Kleinbautzen. – Imkerte in Körben, hatte aber fundierte Kenntnisse in der Zeidlerei. Mitglied der Muskauer Zeidler-Genossenschaft. Gründete am 12.2.1766 die «Physikalisch-ökonomische Bienengesellschaft in Oberlausitz», Imkerorganisationen ↗. Schrieb in der gleichzeitig gegründeten Imkerzeitung «Abhandlungen und Erfahrungen der ökonomischen Bienengesellschaft in Oberlausitz», hielt Vorträge u. gab Lehrbücher über Waldbienenzucht, Ablegerbildung u. praktische Bienenhaltung heraus. Nutzte die SWAMMERDAMsche Erkenntnis, daß aus jedem befruchteten Ei eine Weisel werden kann u. machte Brutableger. Diese Methode galt noch sehr lange Zeit als «Schirachscher Betrug».

Schlafmohn, *Papaver somniferum* → Papaveraceae.

Schlagebene → Flügelkinematik → Flügelbahn → Flugsteuerung.

Schlangenknöterich, *Polygonum bistorta* → Polygonaceae.

Schlehdorn → *Prunus spinosa* → Rosaceae.

Schleuder → Honigschleuder.

Schleuderhonig. Aus brutfreien, schleuderreifen Waben mittels Honigschleudern ↗ gewonnener Honig. Bei sachgemäßer Ernte u. Pflege stellt der S. neben dem heute kaum noch gewonnenen Scheiben- u. Wabenhonig das hochwertigste Produkt der Imkerei dar.

Schleudern. Möglichst weitgehendes Entfernen des Honigs aus den Wabenzellen mit Hilfe der Zentrifugal- od. Fliehkraft. Zum S. sind spez. Honigschleudern ↗ entwickelt worden.

Schleuderraum. Zur Gewinnung u. teilweisen Behandlung des Honigs ist es erforderlich, einen bienendichten, sauberen Raum zur Verfügung zu haben. Viele Bienenhäuser ↗ u. Wanderwagen ↗ sind hierzu in einen Bienenarbeitsraum u. einen S. geteilt. Aber auch im Wohnhaus, wenn es sich in der Nähe des Bienenstandes befindet, kann ein entspr. hergerichteter Raum diesem Zweck dienen. Zur Ausstattung des S.es gehören neben den spez. Geräten zur Honiggewinnung ↗ ein Arbeitstisch u. eine Waschgelegenheit, möglichst mit fließendem Wasser, sowie ein Stromanschluß. Ständig offene Abflugmöglichkeiten für Bienen an den Fenstern sind nicht zweckmäßig, da die Bienen in trachtloser Zeit sehr schnell den Weg ins Innere des S.es finden. Um Lüftung zu ermöglichen, sind von außen Gazerahmen vor den Fensteröffnungen anzubringen.

Schleuderreife → Stoßprobe.

Schließrahmenbeute. Auf HUBER zurückgehende Konstruktion, in der Wabenrahmen u. Beutenkörper eine Einheit bilden. Die Beute besteht aus Holzrahmen, deren Seitenleisten 3,5 cm breit u. deren Ober- u. Unterleiste etwas schmaler sind, sowie zwei geschlossenen Abdeckplatten. Die Rahmen, in die je eine Wabe eingebaut ist, bilden, dicht aneinandergestellt, geschlossene Seitenwände, die den Bienen nur nach unten u. oben Durchschlupf gewähren. Der Rahmenblock steht auf einem flachen Kasten als Bodenbrett mit Flugloch. Nach oben hin werden die Schlitze zw. den Rahmen durch Brettchen abgedeckt od. ein in gleicher Weise zusammengesetzter flacher Honigraum aufgesetzt.

Schlitten. Ein Gerät, das dazu dient, die Waben des Brutnestes in ihrer Gesamtheit schnell aus der Beute herauszuziehen. Von KUNTZSCH ↗ für seine Beute, den Kuntzschzwilling ↗, in Drei- u. Sechswabenausführung entwickelt, hat der S. aufgrund versch. Nachteile bei der Anwendung keine weitere Verbr. erlangt. Bei der Neukonstruktion, dem Ganzmetallsenk-S., treten die Nachteile nicht mehr auf. Die Waben werden auf dem abgesenkten S. in den Brutraum eingeschoben u. durch einen Hebelmechanismus in die richtige Position angehoben. Vor dem Herausziehen erfolgt wiederum erst das Absenken der Waben, so daß evtl. vorhandener Zwischenbau ↗ abreißt u. dann beim Herausziehen zw. den Oberleisten der Wabenrahmen u. Zwischenboden keine Bienen gerollt werden können. Der Senk-S. wird auch für Normalmaßwaben hergestellt u. ist in der Standardbeute für Hinterbehandlung ↗ sowohl für die Kuntzschbetriebsweise ↗ in der Vier- u. Sechswabenausführung als auch für den Betrieb als Blätterstock in der Zehnwabenausführung anwendbar. In Verbindung mit einem Schlittentablett ↗ ist eine zeitsparende, intensive Überwachung der Völker möglich.

Schlittentablett. Zum rationellen Arbeiten mit dem Zehnwabenschlitten gehört die Möglichkeit, den aus der Beute herausgezogenen Schlitten ↗ sicher auf den Arbeitstisch zu bringen. Hierzu ist ein sog. S. geeignet. Es besteht aus 2 mm Eisenblech mit seitl. Griffen.

Auf der Brutraumklappe liegend ragt es mit einem angeschrägten Teil etwa 2 cm in die Beute hinein. Der abgesenkte Schlitten wird über die Abschrägung auf das Tablett gezogen. Dabei muß das Gewicht hinten etwas abgefangen werden, da die Brutraumklappe es sonst oft nicht tragen würde. Das S. mit dem Schlitten kann nun entspr. vorsichtig zur Durchsicht auf den Arbeitstisch gestellt werden.

Schlüpfen. Das Auskriechen des fertigen Insekts aus der Zelle, in der es sich entwickelt hat. Der Kokon, in den sich die Larve vor dem Verpuppen eingesponnen hat, u. der von den Bienen im Bereich der Zellöffnung darüber angebrachte poröse Deckel werden von der schlüpfenden Arbeitsbiene mit den Mandibeln zernagt, vom schlüpfenden Drohn u. der Weisel im ganzen ringsherum abgenagt.

Schlupfkäfig → Verschulen.

Schlupfkontrolle → Verschulen.

Schlüpftag → Zuchtplan → Verschulen.

Schlütergitter → Zusetzen von Weiseln.

Schmalblättrige Ölweide → *Elaeagnus angustifolia.*

Schmalblättriges Weidenröschen → *Chamaenerion angustifolium* → Onagraceae.

Schneeglöckchen → *Galanthus nivalis* → Amaryllidaceae.

Schneeheide → *Erica carnea* → Ericaceae.

Schneepestwurz, *Petasites paradoxus* → Compositae.

Schneerose → *Helleborus niger* → Ranunculaceae.

Schneidelade. Vorrichtung zum maßgerechten u. rechtwinkligen Zuschneiden der Einzelteile von Wabenrahmen ↗.

Schöpflöffel → Begattungsvölkchen.

Schorf. Eingetrocknetes Material; bekannt sind in der unteren Zellrinne der Wabenzellen fest anhaftende, eingetrocknete, schwarze S.e bei Bösartiger Faulbrut ↗, die massenhaft Sporen ↗ von *Bacillus larvae* ↗ enthalten. Leicht aus den Wabenzellen sind die kahnförmigen, schwarzen S.e bei Sackbrut ↗ zu entfernen. Die S.e bei diesen beiden Bienenkrankheiten ↗ reichen nicht bis zum Oberrand der Wabenzellen. Im Gegensatz dazu trocknet der von den Bienen bei Dysenterie ↗ überall angesetzte dunkelbraune bis schwarze Kot auf dem oberen Rand der Zellen u. auch in den Zellen zu S.en ein.

Schrankbeute. Eine bes. für die Ausstattung von Wanderwagen vorgesehene Konstruktion nach dem Grundprinzip der Standardbeute für Hinterbehandlung. In einem schrankartigen Beutenkörper sind fünf Räume übereinander u. 2–3 nebeneinander vereinigt. Die übereinanderliegenden Räume sind durch Zwischenböden, deren Deckbrettchen gegen Absperrgitter austauschbar sind, getrennt. Diese Konstruktion ist materialsparend u. ermöglicht eine variable Betriebsweise.

Schrifttum. A. *Monographien:* Kurze Belehrungen über Bienenhaltung findet man bereits in ägyptischen Hieroglyphensammlungen u. in babylonischen Keilschriften. Das erste literarische Werk über Bienen wurde von dem römischen Schriftsteller VERGIL ↗ (70–19 v. d. Z.) im Auftrag von Kaiser Augustus verfaßt. Im vierten Teil des landwirtschaftlichen Lehrgedichtes «Georgica» wird in 566 Versen (Hexameter) das Leben der Bienen beschrieben. VERGIL stützte sich dabei weitgehend auf die von ARISTOTELES (384–347 v. d. Z.) verfaßte «Tierkunde». – 1568 kam das erste in deutscher Sprache gedruckte bienenkund-

Aus dem «Bienen-Buch» von Johann Rudolph Schubarts, 1747, Leipzig

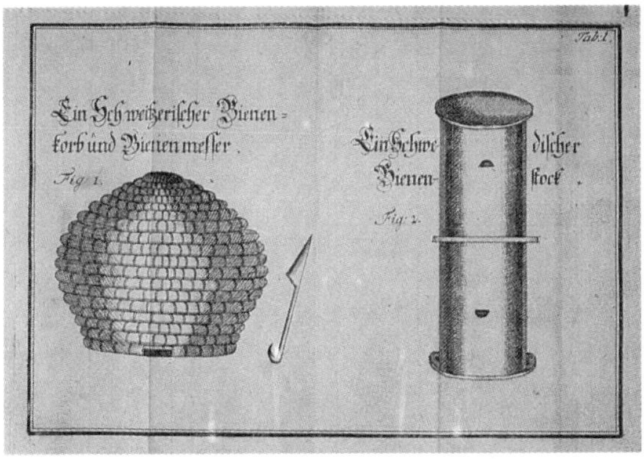

Aus dem «Bienen = Buch» von Johann Rudolph Schubart, 1747, Leipzig

liche Fachbuch heraus: «Gründlicher und nützlicher Unterricht in der Wartung der Bienen». Verfasser ist Nicol Jacob, den man den Vater des deutschen Bienenschrifttums nennt. Die Angaben über Leben u. Verhalten der Bienen sind z. T. noch von Aristoteles übernommen. – Mit der intensiven Erforschung des Bienenlebens nehmen im 19. u. 20. Jh. die Veröffentlichungen sprunghaft zu. Allein in deutscher Sprache gibt es bereits über 2000 monographische Publikationen einschl. Dissertations- u. Habilitationsschriften, die ausschl. die Bienen zum Inhalt haben. Dazu kommen zahlreiche Periodica. Das ältere S. ist sehr verstreut (kleine Auflagen, Kriegsverluste, häufig in Privatbesitz). Einige bedeutende bibliophile Imker haben ihre für einen bestimmten Zeitraum nahezu komplette Bienenbibliothek als geschlossene Sammlung einer Institution vermacht, z. B. Drory (Museum für Naturkunde Berlin), Manger (Theologische Hochschule Regensburg), Armbruster (Landesanstalt für Bienenkunde Stuttgart-Hohenheim). – Umfangreiche Handbibliotheken haben meist die Lehr- u. Forschungsanstalten für Bienenkunde (bienenwissenschaftliche Forschungsanstalten ↗). In der DDR haben die Landwirtschaftliche Zentralbibliothek der Akademie der Landwirtschaftswissenschaften in Berlin u. die Deutsche Bücherei in Leipzig das umfangreichste Bienenschrifttum. B. *Periodica*: Die erste Imkerzeitung, die, allerdings noch unregelmäßig, nur nach Bedarf seit 1766 erschien, nannte sich «Abhandlungen und Erfahrungen der Oekonomischen Bienengesellschaft in Oberlausitz». Es war das Organ der ersten deutschen Imkerorganisation ↗, der «Physikalisch-Ökonomischen Bienengesellschaft in Oberlausitz», gegründet 1766. 1770 folgten die «Abhandlungen und Erfahrungen der fränkisch-physikalisch-ökonomischen Bienengesellschaft Nürnberg» u. ähnl. unregelmäßig erscheinende Mitteilungsblätter. – Die erste periodisch erscheinende Imkerzeitung war das von A. Vitzthum 1838–1844 herausgegebene «Monatsblatt für die gesamte Bienenzucht». Es wurde nach Vitzthums Tod abgelöst von der auch internat. stark beachteten «Bienenzeitung», zeitweilig «Eichstädter-» od. «Nördlinger Bienenzeitung» genannt (1845–1898). Sie war das Organ des Wandervereins (Imkerorganisationen ↗) u. berichtete ausführlich über die Wanderversammlungen. – Im 19. Jh. wurden etwa 20, insges. etwa 200 Bienenzeitungen u. -zeit-

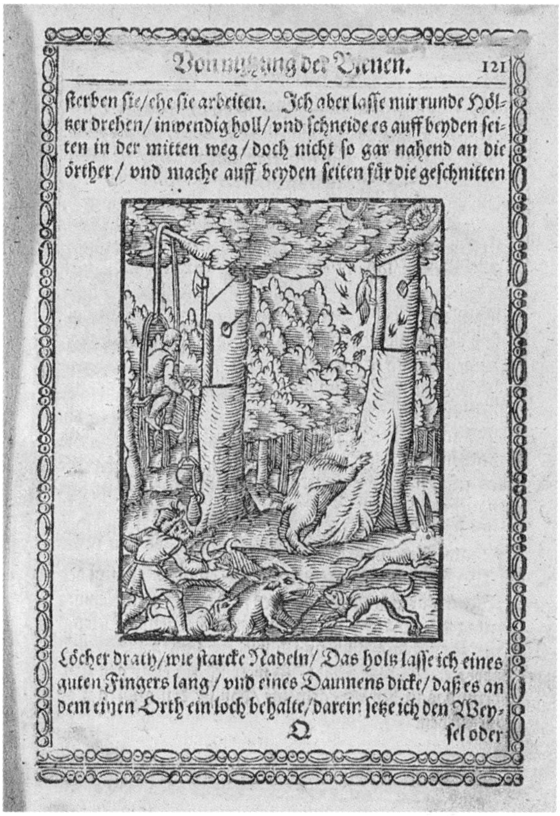
Von nutzung der Bienen. 121

sterben sie/ehe sie arbeiten. Ich aber lasse mir runde Hölzer drehen/ inwendig holl/ vnd schneide es auff beyden seiten in der mitten weg/ doch nicht so gar nahend an die örther/ vnd mache auff beyden seiten für die geschnitten

Löcher drath/wie starcke Nadeln/ Das holtz lasse ich eines guten Fingers lang/ vnd eines Daumens dicke/ daß es an dem einen Orth ein loch behalte/ darein setze ich den Weysel oder

Q

«Die rechte Bienenkunst» von N. Jacob, 1614, Leipzig

Von der Bienen natur. 73

Von Kästen an Bienstöcken.

NAch dem auch vnser Autor der Kasten gedencket/ so man von hinden an die Stöcke henget/ muß ich auch kürtzlich davon meldung thun. Man nimpt ein maß von der Vnterbeuten/ (oben macht man nit leichtlich Kasten an/ man lesset die Oberbeuthen

K

schriften allein in deutscher Sprache ins Leben gerufen. Viele gingen wieder ein, legten zusammen, wechselten die Namen. Einige haben längst ihr hundertjähriges Bestehen feiern können, z. B. 1949 die «Rheinische Bienenzeitung», 1962 «Die Biene», 1969 «Bienenvater» u. «Schweizerische Bienenzeitung», 1961 «American Bee Journal», 1966 «Tidsskrift for Biavl» (Dänemark), 1973 «British Bee Journal» u. «Gleanings in Apiculture» (USA). – Die in 42 Ländern herausgegebenen spez. Imkerzeitungen sind meist Organe größerer Organisationen u. regionaler Imkerverbände. Sie erscheinen i. allg. monatlich u. bringen Veröffentlichungen aus der Praxis, der Wissenschaft u. der betr. Organisation. Ausschl. wissenschaftl. Charakter haben die Zeitschriften «Apidologie» u. «Journal of Apicultural Research». – Um die Fülle der bienenkundlichen Literatur, spez. der unselbständigen (Zeitungen u. Zeitschriften), in der Welt besser überschaubar zu machen, wandelte L. ARMBRUSTER das von ihm 1918 gegründete «Archiv für Bienenkunde», das älteste ausschl. bienenwissenschaftl. Publikationsorgan, nach dem zweiten Weltkrieg zu einem Referateorgan um, das halbjährl. erschien. Der letzte Band umfaßt die Jahrgänge 1964–1966. – Seit 1950 steht eine wertvolle Referatesammlung in «Apicultural Abstracts» zur Verfügung. Sie wird seit 1950 von der «Bee Research Association» (Imkerorganisationen ↗) herausgegeben. – Eine weitere Sammlung von Referaten über bienenkundlich wichtige Beiträge aus Imkerzeitschriften ist der Teil Bienen im «agroselect» (bis 1984 «Landwirtschaftliches Zentralblatt») reihe 3, tierproduktion, gesondert als Referatekartei Bienen erhältlich, herausgegeben vom Institut für Landwirtschaftliche Informationen u. Dokumentation bei der ehem. Akademie der Landwirtschaftswissenschaften der DDR zu Berlin. – Referate aus dem praktischen Bereich gibt seit 1965 das Dokumentations- u. Austauschzentrum der APIMONDIA mit Sitz in Dol, Tschechien, in regelmäßigen Abständen heraus. – Die relativ schwer überschaubaren Arbeiten in russischer Sprache werden in der Referatezeitschrift «Entomologie» im Abschnitt «Honigbiene» referiert. Herausgeber ist der Russische Informationsdienst.

Schröpfen. Die Entnahme eines Teils der Brut u./od. Bienen eines Volkes. Das S. erfolgt bei starken Völkern. Es ist eine der Maßnahmen, die das Auftreten der Schwarmstimmung ↗ hinauszögern od. möglichst ganz verhindern sollen. S. kann durch Entnahme von Brutwaben mit od. ohne Bienen sowie nur von Bienen erfolgen. Das gewonnene Brut- od. Bienenmaterial wird benutzt, um Begattungsvölkchen ↗ u. Ableger ↗ zu bilden od. schwächere Völker u. Ableger zu verstärken. Magazinvölker werden durch Entnahme einer ganzen Brutzarge geschröpft (Ablegerbildung).

Schubladenbeute → Stapelbeute Schulze.

Schutzkasten → Begattungskästchen.

Schutzkleidung. Hat die Aufgabe, den Imker bei der Arbeit an den Bienen weitgehend vor Stichen zu schützen; sie gibt bes. dem Anfänger ein Gefühl der Sicherheit. Die Anforderungen an den Grad des Schutzes sind unterschiedl. Sie werden sich nach den persönl. Bedürfnissen des Imkers, nach dem Umfang der Arbeit u. a. richten. Die S. soll aber auch durch weiße od. möglichst helle Farbe u. glatte Oberfläche die Bienen nicht zum Stechen reizen (Umgang mit Bienen ↗). Zur S. gehören folgende Schutzmittel: Imkeranzug, bestehend aus Hose u. Bluse od. Kittel, Imkerhut u. -schleier sowie -handschuhe. Der Anzug sollte aus derbem, glatten, weißen Material bestehen, das sich gut waschen läßt. An Ärmeln, Hosenbeinen u. Taille soll er mit Gummizug versehen sein, damit Bienen nicht hineinkriechen können. Der Kittel sollte aus gleichem Material bestehen u. an den Ärmeln Gummizug haben. Der Imkerhut ist ein leichter, weißer od. heller, breitkrempiger Hut, der entweder allein getragen wird od. zum Halten des Schleiers dient. Dieser besteht aus Tüllgewebe mit einem möglichst großen, schwarzen Gazeeinsatz u. einem eingearbeiteten Ring, der den Schleier gleichmäßig weit vom Gesicht abhält. Der untere Abschluß des Schleiers sollte so gearbeitet sein, daß er dicht am Körper anliegt, damit Bienen nicht dahinter gelangen können. Die Imkerhandschuhe bestehen aus hellem, dünnen, aber festen Leder mit langen, in einem Gummizug endenden Stoffstulpen. Das Anlegen der S. ist, wenn z. B. nur ein kurzer Eingriff an einem Volk vorgenommen werden soll, verhältnismäßig aufwendig, ihr Tragen bei Temp.en von 30 °C u. mehr im Bienenhaus od. Wanderwagen eine Strapaze. So kommt es früher od. später, namentlich, wenn der Imker das Verhalten der zu bearbeitenden Völker u. sein eigenes erst richtig einschätzen kann, dazu, daß die S. nur z. T. angezogen od. ganz weggelassen wird (Umgang mit Bienen ↗).

Schutzpflanzungen → Landeskultur.

Schutzzyste → *Malpighamoeba mellificae.*

Schwänzellauf → Nahrungssuche.

Schwänzeltanz → Nahrungssuche.

Schwarm. Man unterscheidet Vermehrungs- u. Wander-S.e. Erstere entstehen durch Volksteilung u. dienen der Erhaltung der A. Sie sind die in den nö. Breiten übliche Form des Schwärmens. Sie sind im Normalfall Natur-S.e, also S.e. i.e.S., können aber auch durch imkerliche Maßnahmen erzeugt werden (sog. Kunst-S.e). Bei Vermehrungs-S.en unterscheidet man den Vor-S. (auch Erst-S.), der als erster S. mit der alten Weisel den Stock verläßt, sobald die älteste Weiselzelle gedeckelt ist. Er erscheint um die Mittagsstunden warmer sonniger Tage. In Abhängigkeit von der geminderten Flugleistung der Altweisel fliegt er weder weit noch hoch. Der Singer(vor)-S. ist ebenfalls der erste S. Aber durch vorhergegangenen Verlust der Altweisel zieht er nun mit der erstgeschlüpften (unbegatteten) Jungweisel aus. Seinen Namen erhielt er dadurch, daß man vor seinem Abgang, im Gegensatz zum echten Vor-S., die Weisel tüten (Muttervolk ↗) hören kann. Die Nach-S.e folgen dem Vor-S. mit einer unbegatteten Jungweisel (häufig auch mehreren inzwischen geschlüpften). Die Zahl der Nach-S.e ist abhängig von der Stärke u. S.-Lust des Volkes u. nach neueren Untersuchungen (WINSTON 1980) auch von der Menge der gedeckelten Brutzellen (nicht Weiselzellen). Sie können in Abständen von 1–3 Tagen fallen, fast den ganzen Tag über, auch bei nicht so gutem Wetter. Aufgeregt ist ihr Flug u. geht hoch u. weit. Von der Traube fliegen sie oft rasch wieder ab, wenn die Wohnungssuche ↗ schon vom Stock aus erfolgreich war. Nachteile gegenüber dem Vor-S. sind: Sie enthalten weniger Bienen (bes. die weiteren Nach-S.e) u. eine unbegattete Weisel. Das bedeutet Risiko durch Hochzeitsflug, Legebeginn erst nach 7–10 Tagen u. Schwächung des Volkes bis dahin durch natürl. Bienenabgang. Der Heide-S. wird im Juli von einem Vor- od. gar Nach-S. abgegeben u. ist typisch für das Heidegebiet mit seiner Spättracht. Der Jungfern-S. ist ganz selten, er kommt vom Heide-S., u. seine Weisel hat kaum mehr Aussicht auf Begattung, daher sein Name. Riesen-S.e entstehen durch Zusammenfliegen bei gleichzeitigem Schwärmen mehrerer Völker, sie enthalten stets mehrere Weiseln. Ein sog. Schein-S. hat nichts mit Volksvermehrung zu tun. Man spricht davon, wenn ein Teil der Arbeiterinnen der Weisel beim Hochzeitsflug folgt. Sie kehren alle wieder zurück. Interessante andere Arten von Vermehrungs-S.en finden wir bei den entfernteren Verwandten unserer Honigbiene; so erfolgt z.B. die Volksvermehrung der Riesenhonigbiene *(Apis dorsata)* zum einen durch direktes Abschwärmen, zum anderen durch Ablegerbildung, d.h. Abtrennung von Tochterkolonien, die ganz in der Nähe (ca. 1 m) des Muttervolkes bleiben u. zu den sog. «Bienenbäumen» führen. Sie dienen der gemeinsamen Verteidigung. Bei den Stachellosen Bienen (Meliponini) geht der S. dagegen nicht geschlossen ab, sondern der Umzug erfolgt allmähl. in genau festgelegter Reihenfolge, u. die Verbindung mit dem Muttervolk (Versorgung) bleibt noch lange bestehen. – Kunst-S.e werden vom Imker gebildet, entweder um den S. vorwegzunehmen od. den Volksbestand zu vermehren, z.B. auch zur Besiedlung von Begattungskästen ↗. Es gibt hierfür etliche Methoden u. Namen wie Fegling, Sammel-S., Freiluftkunst-S. (die eingekäfigte Weisel verbringt mit den ihr zugegebenen Bienen die Nacht als Traube im Freien), Naturkunst-S. (ebenfalls mit Traubenbildung im Freien) u. den Trommel-S. der Korbimker in der Heide, das sind die nach der Tracht abgestoßenen Völker, die als sog. «nackte Völker» verkauft werden. – Unter Wander-S.en versteht man den Ortswechsel ganzer Völker, um ungünstigen Nahrungs- od. Wohnbedingungen zu entgehen. Sie sind im allgemeinen auf wärmere Klimazonen mit langer Vegetationsperiode beschränkt, wo Wintervorräte u. -vorsorge nicht vonnöten sind. Das ermöglicht den Bienen eine große Bewegungsfreiheit (auch hohe Teilungsaktivität). Sie können jederzeit in ein günstigeres Trachtgebiet abwandern. Extrem einfach haben es freibrütende Formen, wie z.B. die indische Riesenhonigbiene, die regelmäßig weite Strecken (über 100 km) wandert u. im Jahr darauf wieder an ihren alten Platz zurückkehrt. In M-Europa gibt es Vergleichbares nur in den aus einer Notsituation entstehenden Hunger-S.en od. auch Flucht-S.en (z.B. aus Begattungskästen ↗), die hier aber dem Untergang entgegenfliegen.

Schwarmanzeichen. Versch., im Verlauf der Schwarmstimmung ↗ u. der Schwarmvorbereitungen ↗, bes. im Vergl. mit anderen Völkern des Standes immer deutlicher, gleichzeitig od. nacheinander

Bienenschwarm

hervortretende Merkmale u. Verhaltensweisen der Bienen lassen erkennen, daß ein Volk in Schwarmstimmung ist. Dies sind z.B. ein Zurückgehen der Legeleistung der Weisel; Mittelwände werden zwar ausgebaut, aber nicht bestiftet; Mittelwände werden nicht mehr ausgebaut; das Bauen im Baurahmen hört auf; an den Rändern des Drohnenbaus u. der Brutwaben werden Weiselnäpfe angesetzt; die Weiselnäpfe werden nacheinander bestiftet; die Weisel wird immer weniger gefüttert, sie verliert dadurch an Gewicht u. wird wieder flugfähig; in Hinterbehandlungsbeuten ist zu beobachten, daß trotz guten Flugwetters die Glasscheibe des Beutenfensters im Brutraum voller untätiger Bienen sitzt u. daß die Weiselzellen bis zum Verdeckeln gepflegt werden. In Magazinbeuten fehlt die Möglichkeit, den Zustand eines Volkes schon durch das Beutenfenster z. T. zu erkennen. Eine ausreichende Information erhält man, wenn von den meist vorhandenen zwei Brutzargen die obere angekippt wird. Mit einem Blick von unten in die Wabengassen erkennt man die hier vorzugsweise angesetzten Weiselnäpfe. Sind sie bestiftet od. werden schon Larven gepflegt, sind Maßnahmen zur Schwarmverhinderung ↗ durchzuführen.

Schwarmbienen. Der Schwarmakt bedeutet im allgemeinen eine annähernd gleichmäßige Teilung des Bienenvolkes, u. zwar in bezug auf die Anzahl der Bienen wie auch die Verteilung der einzelnen Altersgruppen auf Schwarm ↗ u. Restvolk (Muttervolk ↗). Lediglich die bis zu drei Tage alten, noch nicht voll flugfähigen Jungbienen fehlen dem Schwarm fast ganz. Ein Teil von ihnen stürzt zwar hinaus, bleibt dann aber ermattet in der Umgebung des Muttervolkes am Erdboden liegen. Von den Altbienen können sich später wieder einige zum Muttervolk zurück verfliegen, bes. dann, wenn der Schwarm sehr gestört wird, etwa beim Einfangen. Die altersmäßige Zusammensetzung eines normal starken Volkes am Schwarmtag u. seine Teilung wurde ermittelt durch tägl. Markierung von 100 frisch geschlüpften Jungbienen dieses Volkes über zwei Monate bis zum Schwarmtag. Nicht immer enthält der Schwarm etwa die Hälfte der Bienen des Volkes. Schwache Völker geben prozentual stärkere Schwärme ab. Das hängt offensichtl. auch damit zusammen, daß in kleinen Völkern verhältnismäßig mehr Arbeitsbienen von den Schwirrläufern erreicht werden u. das Signal zum Aufbruch erhalten. Bei den ausschwärmenden (Schwarm) wie zurückbleibenden (Restvolk) Bienen handelt es sich anscheinend nicht um vorbestimmte Individuen. Beide haben gleichermaßen in der Zeit der Schwarmvorbereitung (Schwarmvorgang ↗) ihre Honigblasen allmähl. gefüllt sowie Ovarien u. Fettkörper entwikkelt. Aus Völkern, denen man den Schwarm wieder zuführte, schwärmten das nächste Mal nicht Bienen in gleicher Zusammensetzung aus. – Ein Schwarm mit Weisel bleibt zusammen u. bildet eine neue Einheit. Von einem nicht weit verstellten Stock eines nicht schwärmenden Bienenvolkes kehren alle eingeflogenen Bienen an den alten Platz zurück. Von einem in der Nähe des Muttervolkes aufgestellten Schwarm hingegen fliegen sich die Bienen auf den neuen Platz ein, nur wenige kommen zurück. «Vergessen», wie vielfach angenommen wird, haben sie ihren alten Standort aber nicht, bei Verlust der Weisel fliegen sie wieder zum alten Bienenstock. Wenn ein Schwarm in seine neue Behausung eingezogen ist, muß er unter natürl. Verhältnissen, d. h. wenn der Imker ihn nicht unterstützt, in kurzer Zeit einen vollständigen Wabenbau ↗ errichten u. hat außerdem bald alle Aufgaben zu erfüllen, die auch einem normalen Bienenvolk obliegen. Er besteht nach einiger Zeit jedoch nur aus überalterten Arbeiterinnen, u. zwar so lange, bis die ersten Jungbienen schlüpfen. Die Wachsdrüsen ↗ der S. sind zunächst normal entwickelt mit einer durchschnittl. Höhe von 25 µm, viele tragen fertige Wachsschüppchen bei sich. Sobald der Schwarm seine neue Wohnung bezogen hat, setzt eine lebhafte Bautätigkeit ein. Die mitgebrachten Wachsschüppchen werden verarbeitet. Die Wachsdrüsen entwickeln sich in den folgenden 5–7 Tagen zu einer enormen Höhe von durchschnittl. 70 µm, gute 100 µm sind keine Seltenheit. Die Verteilung der Arbeiten unter den Bienen des sich neu einrichtenden Schwarmes ist trotz des Fehlens von Jungbienen wiederum dem Alter nach gestaffelt. Die jeweils ältesten Bienen des Volkes fliegen auf Tracht, während die relativ jüngsten, sie sind schließl. älter als 20 Tage, im Stock verbleiben. Mit dem Schlüpfen der ersten Jungbienen im Volk treten diese sogleich in die Arbeitskette ein, u. das Leben normalisiert sich allmähl. Ganz entspr. ist auch die Arbeitsteilung ↗ im überwinterten Bienenvolk ↗ bis zum Auftreten der ersten Jungbienen im Frühjahr.

Schwarmfangbeutel. Zum Einfangen hochsitzender, aber freihängender Schwärme wird ein auf einer entspr. langen Stange befestigter S. benutzt. Seine Öffnung ist mit einem durch Seilzug zu betätigenden Mechanismus zu verschließen.

Schwarmfangkasten → Feglingskasten.

schwarmfördernde Faktoren. Die wirklichen Schwarmauslöser sind bisher nicht bekannt. Folgende äußere u. innere Faktoren werden allgemein als schwarmfördernd angesehen: Trachtlosigkeit bzw. sog. Läppertracht; starke Entwicklung eines Bienenvolkes in einer zu kleinen Beute; eine mehr als einjährige Weisel; Rückgang der offenen Brut u. dadurch bedingte Überzahl von Pflegebienen u. Überproduktion von Futtersaft; Überhitzung in der Beute durch ungünstigen Standort; genetisch bedingte Schwarmfreudigkeit.

Schwarmlocker. Bes. Vorschwärme setzen sich gern in der Nähe des Bienenstandes an, wenn ihnen dazu Gelegenheit geboten wird. Ein od. mehrere, etwa 30 × 30 cm große, mit rauher Baumrinde benagelte Bretter, möglichst schattig od. durch ein Papp- od. Strohdach beschattet, etwa 3 m hoch aufgehängt, können Schwärme zum Ansetzen verlocken.

Schwarmmasse. Das durchschnittl. Gewicht eines Vorschwarms beträgt etwa 2 kg. Im Einzelfall kann er leichter sein, aber auch bis zum Doppelten wiegen. Nachschwärme sind meist leichter, bes., wenn ein Volk schon mehrere abgegeben hat, kann das Gewicht nur noch 100–200 g betragen. Die einzelne Schwarmbiene wiegt durch die max. Füllung der Honigblase etwa 140 mg (ohne Honigblasenfüllung etwa 100 mg). 1 kg Schwarmbienen enthält etwa 7000 Tiere.

Schwarmneigung. Genetisch bedingte ausgeprägte Veranlagung eines Bienenvolkes zur Bildung von Schwärmen. Gegensatz Schwarmträgheit ↗.

Schwarmreife. Der Zustand, den ein Bienenvolk auf dem Höhepunkt seiner jährl. Entwicklung erreicht. Die S. löst nicht zwangsläufig den Schwarmtrieb ↗ aus. Ein Volk, das trotz S. nicht in Schwarmstimmung ↗ kommt, bringt bei ungestörter Entwicklung den max. möglichen Ertrag.

Schwarmsiebkasten. Gerät, das sowohl zum Einfangen eines Schwarms als auch zum Aussieben ↗ der Weisel dient. Im Kasten befindet sich ein Absperrgittereinsatz, der auf einen eingefangenen Schwarm herabgelassen wird. Die Bienen ziehen sich durch das Absperrgitter nach oben, die Weisel od. Weiseln bleiben darunter u. können entnommen werden. Der S. wird auch zum Aussieben der Drohnen aus den Besiedelungsbienen für Begattungskästen benutzt.

Schwarmspritze. Im Fachhandel erhältliche spez. Form einer Handspritze mit drei versch. Düsen.

Schwarmstimmung. Stadium des Schwarmtriebs ↗. Auf dem Höhepunkt der jährl. Entwicklung kann der innere Zustand eines Bienenvolks vom Stadium der Schwarmreife ↗ in das der S. übergehen. Die Gründe dafür, daß dies in einem Volk geschieht, in einem anderen nicht, sind bisher noch unbekannt. Die S. äußert sich in ± deutl. wahrnehmbaren Schwarmanzeichen ↗. Der Zeitpunkt der Umstimmung liegt aber vermutlich weit vor dem Erkennbarwerden der Schwarmanzeichen. Damit die im Stadium der S. ablaufenden Schwarmvorbereitungen ↗ nicht zum Schwärmen führen, sind Maßnahmen zur Schwarmverhinderung ↗ durchzuführen. Auch natürl. Einflüsse, wie schlechtes Wetter u. gute Tracht, können die S. zum Abklingen bringen.

Schwarmträgheit. Genetisch bedingte geringe Neigung eines Bienenvolkes zur Bildung von Schwärmen.

Wichtiges Selektionskriterium ↗, da Voraussetzung für kontinuierlich großen Sammeleifer u. damit hohe Honigerträge eines Bienenvolkes während der Saison.

Schwarmtraube. Von den Schwarmbienen ↗ bald nach ihrem Auszug aus dem Stock (etwa 20–40 min) an einem Baumast, Hausvorsprung od. dgl. gebildet. Aus zunächst dicken Bienenketten entsteht eine geschlossene Traube, keine ungeordnete Anhäufung von Bienen, sondern ein wohlorganisiertes u. strukturiertes Gebilde. Die S. wird so den Aufgaben der Schwarmbienen gerecht: Suche nach einer neuen Behausung (Wohnungssuche ↗) u. Schutz der S. gegen Feinde sowie gegen mechanische u. Witterungseinflüsse. Innen ist die S. auffallend locker u. besteht aus vielfach sich berührenden u. verzweigten Bienenketten, auf denen Bienen in allen Richtungen verkehren. Nach außen bilden die Arbeiterinnen eine geschlossene dichte Hülle etwa in der Stärke dreier Bienendurchmesser. Die Hülle stellt eine elastische Wand um die S. dar u. ist mit den Ketten im Innern an mehreren Stellen verbunden. Nur an einer Stelle, dem «Flugloch», ist sie offen. Es ist bereits 1–2 h nach Festsetzen des Schwarmes ↗ deutl. ausgebildet u. stellt den Hauptverkehrspunkt der an- u. abfliegenden Bienen (Spurbienen) dar. Spurbienentänze auf der Traube kann man schon ¼ h nach ihrer Bildung beobachten. Entspr. der Organisation der S. findet auch eine Arbeitsteilung ↗ unter den Schwarmbienen statt. Sie ist, wie im Normalvolk, nach dem Alter der Bienen gestaffelt. Den inneren Bereich bilden in erster Linie die Stockbienen (bis etwa 18 Tage alt). Die Spurbienen u. jene Bienen, die sich im Bereich des «Flugloches» aufhalten, sind durchweg älter als 21 Tage (Trachtalter). Die meisten Hüllbienen sind 18–26 Tage alt. Mit dem Auftreten des «Flugloches» ist diese Arbeitsteilung bereits vorhanden u. prägt sich mit der Zeit immer stärker aus. Unter den Bienen der Schwarmhülle findet ein ständiger Platzwechsel statt, im Verlauf von etwa 10 min sind etwa ⅔ der äußeren Hüllbienen ausgetauscht. Organisation u. Arbeitsteilung der im Freien hängenden S. lassen einen interessanten Vergl. mit den Verhältnissen der auf nur einer großen Wabe ↗ ständig im Freien lebenden indischen Riesenhonigbiene, *Apis dorsata* ↗, zu. Die ebenfalls jüngsten Bienen halten sich auf der Wabe auf, wo das eigentl. Bienenleben stattfindet. Gegen äußere Einwirkungen ist sie geschützt durch eine dichte Bienenhülle, die von den Bienen mittl. Alters gebildet wird. Die ältesten fliegen auf Tracht ↗ u. sind vornehmlich an einer fluglochähnl. Stelle im unteren Bereich zu finden.

Vergleich der Arbeitsteilung der *Apis dorsata*- u. der *Apis mellifera*-Bienen (nach MEYER 1956):

	Apis dorsata nach ROEPKE	*Apis mellifera* Normalvolk nach RÖSCH	*Apis mellifera* Schwarmtraube
Jungbiene	auf der Wabe	Stockbiene (– ca. 21. Tag)	»Innenbiene« (– ca. 18. Tag)
———	Schutzbiene	———	»Hüllbiene« (Schutz) (ca. 18.–26. Tag)
Altbiene	Trachtbiene	Trachtbiene (ab 21. Tag)	Spurbiene (ab 21. Tag)

Die Hüllbienen der Riesenhonigbiene sitzen mit dem Kopf nach oben gerichtet dachziegelartig übereinander, genauso wie die Bienen der Schwarmhülle, wenn ein kräftiger Regen niederprasselt od. wenn es kalt ist. Dem Schutz gegen Witterungseinflüsse dient auch die Fähigkeit der Schwarmbienen, die Temp. der S. zu regulieren (BÜDEL 1958; BERND 1981). Im Innern herrscht konstant, unabhängig von der Größe des Schwarmes, Brutnesttemp. von 35 °C (Stoffwechselwärme, Wärmereservoir). Die Oberflächentemp. lehnt sich eng an die Umgebungstemp. an, sinkt aber nicht unter 17, höchstens 15 °C (= notwendige Betriebstemp.). Bei Temp.-Abfall im Innern erzeugen die äußeren Bienen (Hüllbienen) durch Muskelzittern Wärme u. geben sie nach innen ab, die S. schließt sich fester zusammen. Bei Wärmeüberschuß wird sie aufgelockert, um eine Ventilation zu ermöglichen. Vor Aufbruch des Schwarmes wärmen sich auch die äußeren Bienen auf, wodurch ein rascher gleichzeitiger Abflug aller Schwarmbienen zur neuen Niststätte gewährleistet ist. Die Erscheinung mehrzipfliger S.n erklärt sich aus dem Vorhandensein mehrerer Weiseln. Es kommt unter ihnen zum Kampf.

Schwarmtrieb. Unter natürl. Bedingungen ist Schwärmen die einzig mögliche Form der Vermehrung der Bienenvölker. Allein kann sich die Weisel nicht einmal auf Dauer ernähren u. erst recht keinen neuen Staat gründen, wie etwa Hummel- od. Wespenköniginnen. Sie ist auf die Pflege u. Mithilfe von Arbeitsbienen angewiesen, die mit ihr im Schwarm ↗ ziehen. Größe u. Anzahl der Schwärme sowie Schwarmzeit sind abhängig von den geographisch-klimatischen Gegebenheiten (Länge der Vegetationsperiode). In sü., tropischen Klimazonen ist das ganze Jahr über für Nahrung u. Wärme gesorgt. Die Bienenvölker sind kleiner, benötigen kaum Vorräte u. geben das ganze Jahr, zumindest über einen längeren Zeitraum, viele Klein- u. Kleinstschwärme ab, die unter den dortigen Bedingungen durchaus entwicklungsfähig sind. Diese starke Teilungsaktivität ist auch erforderlich, um die dort durch Feinde u. Räuberei sehr hohen Volksverluste auszugleichen. Eine andere Form der Anpassung ist der häufige Umzug ganzer Völker, sog. Wanderschwärme, die saisonale Unterschiede im Nektarangebot nutzen. In den nö. Breiten jedoch, wo ein deutl. Jahreszeitenwechsel die Lebensvorgänge bestimmt, können nur stärkere Völker mit reichl. Vorräten überleben. Dadurch sind sie auch zur Seßhaftigkeit gezwungen. Sie geben weniger, aber größere Schwärme (10–über 30000 Bienen) ab, die noch winterständig werden müssen. Die Schwarmzeit ist somit auch nur auf einen kurzen Abschnitt des Bienenjahres beschränkt, vornehmlich Mai/Anfang Juni, nur selten fällt ein Vorschwarm schon im April, erst im Juli (Ausnahme *Apis mellifera mellifera* ↗) od. gar im August. Die Schwarmzeit ist die Zeit der reichen Trachten. Die Völker erstarken, Honig u. Pollen können, sofern der Imker nicht eingreift, aus Platzmangel nicht mehr untergebracht werden. Einige der arbeitslos gewordenen Sammelbienen fliegen bereits wenige

Tage vor Auszug des Schwarmes als Spurbienen auf Wohnungssuche ↗. Schwärmen u. Nestgründung erfolgen somit zum günstigsten Zeitpunkt, d. h., wenn Nahrung im Überfluß vorhanden ist. Das Auftreten sog. Schwarmjahre hängt eng mit den Trachtverhältnissen zusammen. Auch werden in den Jahren unterschiedl. viel Weiselzellen angesetzt. Diese sind Voraussetzung für die Entstehung von Vermehrungsschwärmen (führen jedoch nicht in jedem Fall zum Schwarm). Ihre Zahl ist entspr. der geringeren Teilungsaktivität bei den nö. *Apis mellifera*-UAn niedriger als bei den sü. Während bei uns etwa 5–20 Weiselnäpfchen ↗ angeblasen werden, können es z. B. bei der Ägyptischen Biene 100–200 u. bei der Syrischen Biene 200–300 sein (v. Buttel-Reepen 1906). Den Ursachen, die zur Schwarmstimmung, zum Bau u. zur Pflege von Weiselzellen führen, liegt ein vielschichtiges Faktorengefüge zugrunde, das z. Z. trotz intensiver Forschungsarbeit noch viele Rätsel aufgibt. Genetische, physiologische u. Umweltfaktoren stehen im Zusammenspiel miteinander. Sehr wichtig ist die erbliche Veranlagung (genetische Disposition). Es gibt UAn mit sehr geringem (z. B. *Apis mellifera caucasica*, die Kaukasische Biene), mäßigem u. starkem S. Hieraus resultiert eine große Anzahl von Zuchtlinien, u. a. die schwarmfreudige, auf Spättracht selektierte Heidebiene *Apis mellifera mellifera.* Unter Ausnutzung des Heterosiseffektes züchtet man bes. schwarmträge Völker. Unkontrollierte Paarungen führen zuweilen zu den vom Imker wenig geschätzten «Schwarmteufeln». Umwelt- u. physiologische Faktoren als Schwarmursachen sind eng miteinander verbunden. Gefördert wird die Schwarmlust durch: Überhitzung u. schlechte Belüftung des Bienenstockes u. bes. auch sonnenbeschienene Flugfront; Enge durch Überfüllung im Stock ohne Ausdehnungsmöglichkeit; Mangel an Baugelegenheit; bestimmte Trachtverhältnisse, u. a. mäßige Honig- u. reiche Pollentrachten; viel gedeckelte u. Mangel an offener Brut, die Folge ist Überzahl an Pflegebienen; Überproduktion an Futtersaft. Überalterte, d. h. über zwei Jahre alte Weiseln u. eingeschränkte Legetätigkeit bewirken einen Mangel an Königinnensubstanz ↗ (Pheromon der Mandibeldrüsen). Mangelhafte Verteilung der Königinnensubstanz im Stock als Folge der Übervölkerung des Brutnestes durch die große Zahl der geschlüpften Jungbienen. Menge u. Verteilung der Königinnensubstanz spielen eine entscheidende Rolle für das Aufkommen von Schwarmstimmung. Ein hoher Pheromontiter im Bienenvolk hält den sozialen Verband zusammen, ein niedriger löst ihn auf. Letzteres bewirkt die Aufhebung der Sterilisierung eines Teiles der Arbeitsbienen, etwa 40–70 % entwickeln Eierstöcke, sie werden zu Drohnenmütterchen ↗ (Afterweiseln). Fettkörper u. Eierstöcke sind bereits 20 Tage vor dem Schwärmen um ca. 14 % schwerer als in Völkern, die nicht schwärmen. Die Folge ist der Bau von Weiselzellen, denen der Bau von Drohnenzellen vorausgegangen war. Offene Brut im Stock u. anhaltende Legetätigkeit der Weisel hemmen den S. Bei normal fließenden Pheromonen sind die Arbeitsbienen nicht in der Lage, Weiselzellen zu bauen. – Ein nützlicher S.-Melder für den Imker ist der Baurahmen ↗. Völker in Schwarmstimmung (Ausnahme: Zuchtlinien der *Carnica*) bauen nicht weiter, sondern setzen am Rand Weiselnäpfchen ↗ an. Rechtzeitig eingehängt u. regelmäßig ausgeschnitten, kann er auch als S.-Dämpfer dienen, indem er den Bienen reichl. Baugelegenheit gibt u. die dort herangezogenen Drohnenmaden gute Futterabnehmer sind.

Schwarmverhinderung. Die Wirtschaftlichkeit einer modernen Imkerei hängt wesentl. davon ab, wie es gelingt, den Schwarmtrieb zu lenken bzw. das Schwärmen zu verhindern. Die Gründe dafür sind vielfältig:
- Völker, die schwärmen wollen, machen viel Arbeit.
- Der Honigertrag von in Schwarmstimmung geratenen Völkern liegt meist unter dem Erreichbaren.
- Vorschwarm u. Restvolk zusammen bringen meist nicht den Ertrag, den ein nicht in Schwarmstimmung geratenes Volk gebracht hätte.
- Ausgezogene Schwärme können aus den verschiedensten Gründen oft nicht eingefangen werden, sind also absoluter Verlust.

Da bisher die wirklichen Schwarmursachen bzw. die Faktoren, die die Vorbereitungen zum Schwärmen auslösen, nicht bekannt sind, kann die S. auch nicht bei den Ursachen ansetzen, sondern muß versuchen, die Folgen in wirtschaftl. Bahnen zu lenken. Es wäre falsch, das Problem der S. damit lösen zu wollen, die Völker absichtlich so schwach zu halten, daß sie die Schwarmreife nicht erreichen u. somit auch nicht in Schwarmstimmung geraten können. Ziel muß es vielmehr sein, durch Zucht u. Auslese Völker zu erhalten, die trotz Schwarmreife nicht in Schwarmstimmung kommen od. deren Schwarmtrieb sich leicht unterdrücken bzw. lenken läßt. Die Maßnahmen zur S. richten sich u. a. danach, wie weit sich in einem Volk der Schwarmtrieb entwickelt hat u. wie die aktuelle Trachtsituation ist. Steht z. B. eine ergiebige Tracht unmittelbar bevor u. sind nur Eier od. jüngste Larven in den Weiselnäpfen, kann noch abgewartet werden; eine gute Tracht läßt oft die Schwarmstimmung erlöschen. Allgemein sollte aber mit Maßnahmen zur S. nicht gewartet werden; je schneller u. durchgreifender sie erfolgen, desto besser wird ihre Wirkung sein.

Im Stadium der Schwarmstimmung ↗ werden zur S. u. a. durchgeführt:
- Schröpfen ↗ durch Entnahme von meist verdeckelten Brutwaben u./od. Bienen;
- ein Brutwabentausch ↗;
- ausgebaute u. nicht bestiftete bzw. nicht ausgebaute Mittelwände sind zu entnehmen u. dafür ältere, möglichst honigfeuchte Waben zu geben.

Im Stadium der Schwarmvorbereitungen ↗ können zur S. u. a. durchgeführt werden:
- Bildung eines Zwischenablegers ↗;
- Vorwegnahme des Schwarms ↗;
- Entweiselung des Volks mit der Absicht, nach dem Abklingen der Schwarmstimmung eine junge begattete Weisel zuzusetzen (Umweiseln ↗).

Das einfache Ausbrechen der Weiselzellen, zumal der verdeckelten, ist keine Möglichkeit der S.; es zieht die Schwarmstimmung nur unnötig in die Länge. Eine

Maßnahme, die das Schwärmen zwar nicht verhindert, wohl aber den Verlust des Vorschwarms, ist das Stutzen eines Flügels aller Weiseln um etwa ein Drittel. Hierdurch werden sie flugunfähig u. fallen beim Verlassen der Beute zu Boden. Ein Schwarm sammelt sich dann entweder am Boden od. kehrt zurück zu seiner Beute, um nach einigen Tagen, wenn der Imker inzwischen nicht eingreift, mit einer od. mehreren Jungweiseln wieder auszuziehen (Singervorschwarm).

Schwarmvorbereitungen. Die S. werden durch den Schwarmtrieb ↗ ausgelöst. Sie beginnen schon, wenn nach dem Einsetzen der Bautätigkeit im Baurahmen statt Arbeiterinnen- Drohnenbau aufgeführt wird u. werden fortgesetzt, nachdem das Volk in Schwarmstimmung geraten ist. Das Stadium der unmittelbaren S. ist gekennzeichnet durch:
- Bruteinschränkung;
- Einstellen der Bautätigkeit;
- Bestiften der Weiselnäpfe im Abstand von 1 bis 1 ½ Tagen;
- Nachlassen der Sammeltätigkeit;
- Pflege der verdeckelten Weiselzellen;
- die äußerl. nicht erkennbare Aufteilung der Bienen in Schwarm u. Restvolk.

Die Weisel erhält in dieser Zeit immer weniger Futter, wodurch sich ihre Ovarien rückbilden u. sie leichter u. wieder flugfähig wird. Außerdem geht ihre Pheromonabgabe zurück. Die genannten S. laufen teils neben-, teils nacheinander ab. Die S. eines Volkes führen nicht zwangsläufig zum Schwarm. Äußere Einflüsse, wie länger anhaltendes schlechtes Wetter od. reichl. Tracht sowie innere, bisher nicht bekannte Faktoren, können zum Unterbrechen der S. führen.

schwarmvorbeugende Maßnahmen. Obwohl die eigentl. schwarmauslösenden Faktoren bisher nicht bekannt sind, werden doch allgemein einige Maßnahmen u. Voraussetzungen als wirksam für die Schwarmvorbeuge bzw. das Aufkommen der Schwarmstimmung verzögernd angesehen. Dies sind u. a. eine möglichst junge, keinesfalls über zwei Jahre alte Weisel; keine Bruteinschränkung zu irgendeiner Zeit des Jahres; Waben mit verdeckelter Brut sind aus dem Zentrum des Brutnestes an dessen Rand bzw. in den Honigraum zu bringen; viel Baugelegenheit (Mittelwände, Baurahmen); uneingeschränkte Entwicklungs-, d. h. Ausdehnungsmöglichkeit; rechtzeitig schleudern (nur wenn der Honig reif ist), leere Honigraumwaben regen zu verstärkter Sammeltätigkeit an.

Schwarmvorgang. Einer der am besten bekannten u. zugleich rätselhaftesten Vorgänge im Verhalten sozialer Insekten. ARISTOTELES beschrieb ihn bereits vor 2000 Jahren. Sein erfolgreicher Ablauf erfordert die sinnvolle Zusammenarbeit aller Bienen eines Volkes, denn in keiner anderen Situation ist das harmonische Zusammenleben in ihrem Staat so sehr einer Bewährungsprobe ausgesetzt. Grundvoraussetzung für das Schwärmen ist das Vorhandensein von mehreren Weiseln od. einer Weisel u. mindestens einer bestifteten Weiselzelle ↗. Ohne Weisel sind weder Schwarm ↗ noch Muttervolk ↗ entwicklungsfähig. Eingeleitet wird das Schwarmgeschehen somit durch den Bau u. die Pflege von Weiselzellen (vorausgegangen ist als erstes Schwarmvorzeichen der Bau von Drohnenzellen). Die dann folgenden Schwarmphasen sind: der Auszug des Schwarmes u. die damit verbundene Volksteilung (Schwarmbienen ↗); das Sammeln zur Schwarmtraube ↗; die Wohnungssuche ↗; u. -wahl; der Umzug in die neue Niststätte u. Volksgründung der Schwarmbienen. – Mit dem Vorhandensein von bestifteten Weiselzellen im Stock ändert sich auch das Verhalten der Bienen. Sie schränken ihre Arbeitstätigkeiten weitgehend ein u. betragen sich der Weisel gegenüber zunehmend aggressiv. Nur wenige Trachtbienen fliegen noch aus, einige schließl. als Spurbienen. Es wird im allgemeinen nicht mehr gebaut, u. auch Putz- u. Pflegetrieb nehmen ab. Die meisten Bienen sitzen untätig im Stock herum od. belagern das Flugbrett, wo sie dann als Bart od. Klumpen hängen, ein sicheres Zeichen für den baldigen Abgang des Schwarmes. Die Weisel wird immer weniger gefüttert, sie legt kaum noch Eier, ihre Eierstöcke bilden sich zurück, sie wird schlanker u. wieder flugfähig. Je näher der Tag des Ausschwärmens heranrückt, um so mehr wird sie von den Arbeiterinnen traktiert. Sie wird gestoßen u. über die Waben gehetzt. Einige besteigen ihren Rücken u. führen dort heftige dorsoventrale Rüttelbewegungen ihres Hinterleibes aus, zuletzt in Abständen von nur wenigen Sekunden. Der Zeitpunkt zum Auszug des Schwarmes ist gekommen, wenn die erste Weiselzelle gedeckelt ist (also etwa 8–9 Tage nach ihrer Bestiftung u. etwa sieben Tage vor dem Schlüpfen der Jungweisel) u. die Wetterverhältnisse günstig sind (sonnig, warm, wenig Wind), zumeist zw. 10 u. 15 Uhr. Nachschwärme sind weniger zeit- u. wetterabhängig. Verzögert sich der Auszug des Vorschwarmes durch eine Schlechtwetterperiode, so fallen dann am ersten schönen Tag bes. viel Schwärme, die zuweilen durch Mitfliegen inzwischen geschlüpfter Jungweiseln auch mehrere Weiseln enthalten können. Die Bienen des schwärmenden Volkes haben volle Honigblasen ↗. Sie haben sie in den zehn Tagen davor allmähl. bis auf 40–50 mg gefüllt mit einer durchschnittl. Erhöhung der Zuckerkonzentration von 40 auf 70 % (20–30 % der Schwarmmasse besteht aus Nahrungsreserven). Der Auszug von etlichen Tausend Bienen aus dem Stock erfordert rasches gemeinsames Handeln. Hierzu verfügen sie über ein wirkungsvolles Alarmsignal, den charakteristischen Schwirrlauf (LINDAUER, 1955). Die Alarmierung der einzelnen Bienen erfolgt dabei durch engen körperlichen Kontakt. Zunächst sind es nur 2–3 Bienen, die sich mit deutl. vernehmbarem Flügelschwirren (heller Ton) aufgeregt in ungerichtetem Zick-Zack-Lauf zw. ihre Stockgenossinnen zwängen, sie zur Seite rempeln u. dabei heftig mit dem Hinterleib zittern. Eine Minute später sind es bereits ein Dutzend, ihre Zahl wächst lawinenartig an. Auch die Weisel beginnt zu laufen. Das ganze Volk gerät in Aufregung. Die Flugbrettbienen sind durch heraus- u. wieder hereinstürzende Schwirrläufer alarmiert worden, während andere zeitweise den Stock umschwärmen. Der Bienenbart verschwindet im Innern, u. etwa 10 min später ist dann der Augenblick des Auszuges gekommen. Sturzbachartig verläßt ungefähr die Hälfte der Bienen (Schwarmbienen) in unaufhaltsamem Strom den Stock. Auch die Weisel wird mitgerissen, folgt sie nicht sogleich, jagen Schwirrläufer sie so lange, bis auch sie den Stock verläßt. In vielen Kreisbahnen durcheinanderwirbelnd erhebt sich eine hin- u. herwogende Schwarmwolke in die Luft, begleitet von einem recht weit vernehmbaren, außergewöhnl. Gesumm, dem sog. Schwarmton. Das ist keine bes. Lautäußerung der Bienen, sondern er setzt sich aus den Flugtönen der im Schwarm fliegenden Drohnen (ihre Zahl variiert sehr stark bis um 1000) u. Arbeiterinnen (mit voller Honigblase tieferer Flugton) zusammen u. wird noch gesteigert durch den Doppler-Effekt, daß Bienen mit großer Geschwindigkeit sich bald nähern u. bald entfernen. Die wohl gefährlichste Phase für die Existenz des Schwarmes ist der Auszug aus dem Stock bis zum Sammeln zur Schwarmtraube, denn ohne Weisel kann er nicht weiterleben. Wenn auch die Arbeitsbienen der allein aktive Teil im Schwarm sind, so ist es aber die Weisel, durch die er zusammengehalten wird. Durch das Pheromon ihrer Mandibeldrüsen (Königinnensubstanz ↗) sind die Bienen in der Lage, ihre Anwesenheit wahrzunehmen. Mit einer eingekäfigten Schwarmweisel kann man einen Schwarm in der Luft führen u. zur Traubenbildung bringen. Ein Schwarm ohne Weisel kehrt in den Stock zurück. Das Sammeln zur Schwarmtraube erfolgt im allgemeinen nicht weit vom Stock entfernt. Über die Eigenschaften, die einer Ansatzstelle den Vorrang geben, wird viel u. widersprüchliches berichtet. Oft wird Jahr für Jahr der gleiche Platz aufgesucht. Die Initiative geht dabei von den Arbeiterinnen aus. Die ersten setzen sich an, noch während die Weisel in der Luft ist. Sie locken diese u. die anderen Bienen durch eifriges Sterzeln an, wobei sie den Duft ihrer Nassanoffschen Drüsen verbreiten. Verstärkt wird diese Lockwirkung später durch die Königinnensubstanz der niedergegangenen Weisel. Nur durch die Anwesenheit der Weisel erhält die Traube Bestand, sie ist für die Stabilisierung der Schwarmtraube unerläßlich. Ist die Weisel von der Traube getrennt, so wird sie entweder mit Hilfe des Sterzelduftes dort hingeleitet od. die Traube, durch Schwirrläufer aufgelöst, sucht sie, um sich mit ihr erneut zu sammeln. Wenn sich die Spurbienen (Wohnungssuche ↗) der Schwarmtraube über einen neuen Nistplatz geeinigt haben, was Stunden od. auch Tage dauern kann, so erfolgt das Alarmsignal zum Aufbruch ebenfalls wieder durch Schwirrläufe. Die Traube löst sich in Sekundenschnelle auf u. zieht in einer langen zylindrischen Wolke, geleitet von einigen hundert Spurbienen, zum neuen Nistplatz. Dabei fliegen sie in rasantem Flug in der Schwarmwolke vorwärts u. langsam an ihrem Rand wieder zurück, bis die neue Wohnung erreicht ist, in die sie dann sterzelnd mit der Weisel einziehen. Hinflug u. Einzug erfolgen nur, wenn der Schwarm von der Weisel begleitet ist. Schwärme enthalten normalerweise etliche tausend Bienen. Im Experiment waren für einen geregelten Schwarmablauf mindestens 200–250 Bienen erforderlich. Bei noch kleineren Schwärmen verlieren die Bienen den Kontakt untereinander u. kommen dadurch nicht zur Traubenbildung (Martin, 1963). In kleinen Käfigen schließen sich bereits 50 Bienen zur Traube zusammen.

Schwarmweisel → Weisel.

Schwarmweiselzelle. Die im Zuge der Schwarmvorbereitungen in Mehrzahl angesetzten, bestifteten u. bis zum Verdeckeln gepflegten Weiselzellen, die im Abstand von 1–1½ Tagen schlüpfreif werden.

Schwarzdorn → *Prunus spinosa* → Rosaceae.

Schwarze Johannisbeere → *Ribes nigrum* → Saxifragaceae.

Schwarze Nieswurz → *Helleborus niger* → Ranunculaceae.

Schwarzerle → *Alnus glutinosa* → Betulaceae.

Schwarzlinde → *Tilia americana.*

Schwarzsucht. Haarlose, schwarze Bienen mit versch. Ursachen: Alterung, Abarbeitung, Eiweißmangel, Erbfehler, Gift, Melanose ↗, Räuberei ↗, Waldtrachtkrankheit ↗, Bakterien, Pilze, Viren.

Schwarzwurz → *Symphytum officinale* → Boraginaceae.

Schwedenklee → *Trifolium hybridum* → Leguminosae.

Schwefeln der Waben. Zur Bekämpfung der Wachsmotten u. deren Larven ist es erforderlich, den Wabenvorrat, bes. nach der letzten Schleuderung des Jahres, auch die zum Ausschneiden vorgesehenen Waben, dreimal im Abstand von zwei Wochen zu schwefeln. Das S. d. W. erfolgt durch Abbrennen von Schwefelschnitten od. -fäden, wobei sich Schwefeldioxid bildet, das zwar die Wachsmotten u. deren Larven, nicht aber die Eier abtötet, weshalb das Begasen mehrmals zu wiederholen ist. Der Schwefel wird in einem geeigneten Gefäß, z. B. Keramik, od. einem Schwefelofen ↗ über den Waben bzw. im oberen Teil des Wabenraumes abgebrannt. Schwefeldioxid ist schwerer als Luft, es sinkt nach unten u. verteilt sich dabei im gesamten Wabenraum. Um eine gute Wirksamkeit zu erzielen, muß der Wabenschrank od. sonstige Behälter möglichst dicht sein, damit kein Gas entweichen kann. Das S. d. W. hat unter Beachtung der damit verbundenen Brandgefahr zu erfolgen (Brandschutz auf dem Bienenstand ↗). Vom Schwefeln der honigfeucht aufzubewahrenden Waben wird gelegentl. abgeraten, da die sich dabei in Verbindung mit Wasser bildende schweflige Säure toxisch auf Bienen wirkt. Dies würde aber nur zutreffen, wenn die Waben unmittelbar nach dem Schwefeln den Bienen zugänglich wären. Schweflige Säure ist leicht flüchtig u. schon nach wenigen Tagen auch aus den Honigresten wieder entwichen.

Schwefelofen. Gerät zum sicheren Abbrennen von Schwefelfäden. Der S. besteht aus zwei ineinanderstehenden Blechzylindern mit unterschiedl. Durchmessern u. versetzt angeordneten Öffnungen zum Austritt des Schwefeldioxids; hat einen festen Boden u. einen losen Deckel.

Schweizer Umlarvlöffel → Zuchtstoff.

Schwertlilien, *Iris* → Iridaceae.

Schwertliliengewächse → Iridaceae.

Scilla bifolia L., Sternhyazinthe, Zweiblättriger Blaustern. A der G *Scilla* – mit 100 An in den gemäßigten Gebieten u. in den Gebirgen der Tropen der Alten Welt – der F der Liliaceae ↗. Gemäßigte Breiten

Zu den Frühtrachten zählt auch die Scilla, die von den Bienen gesammelten Pollenhöschen sind von blauer Farbe

der Alten Welt. In Auen-, Laub- u. Buchenwäldern, an Waldrändern, auf feuchten Wiesen, in Gebüschen. 10–20 cm hohe Pflanze, ausdauernd. Blüht März/April. Blaue Blütentraube zwei- bis achtblütig. Bevorzugt kalk- u. nährstoffreiche, humose, feuchte Böden. Trägt zur Frühjahrsentwicklung (Frühpollenspender) der Völker bei. Zur Bienenweideverbesserung in Gärten genutzt.

Scrophulariaceae, Braunwurzgewächse. Mit etwa 220 Gn u. über 3000 An. Bevorzugt in den gemäßigten u. subtropischen Breiten. Krautige Sippen u. Sträucher. Viele sind beliebte Zierpflanzen od. Heilkräuter (z. B. *Veronica*-An, Ehrenpreis; *Verbascum*-An, Fingerhut, Löwenmaul [*Antirrhinum majus*]). In den meist fünfzähligen Blüten kann man innerhalb der F versch. Anpassungsmechanismen an bes. Bestäubungstechniken erkennen. Bisweilen lassen sich nur vier Kelchblätter unterscheiden, u. auch die Anzahl der Blütenblätter kann gemindert sein. Die Blütenkrone weist einen sehr kurzen od. ungewöhnl. langen Schlund auf. Kurzröhrige Blüten, deren Nektar auch von kurzrüsseligen Bienen erreicht wird, sind z. B. *Veronica*- u. *Verbascum*-An; An mit langen, z. T. engen Kronröhren, in welchen der Nektar meist nur Hummeln zugänglich ist, sind Fingerhut, Leinkraut *(Linaria)*, Löwenmaul *(Antirrhinum)*. Nur selten kommen fünf Staubblätter (*Verbascum*, Königskerzen) vor, meist ist ihre Zahl auf vier od. sogar auf zwei *(Veronica)* reduziert. Am Grunde des Fruchtknotens findet man häufig einen ringförmigen od. gelappten Nektarienring. Alle S. sind Insektenblütler, die z. T. beträchtliche Mengen Nektar absondern. Im allgemeinen spielen die S. jedoch eine untergeordnete Rolle in der Ernährung der Honigbiene. Die G *Verbascum* umfaßt insges. ca. 350 An, die außerhalb der Tropen in Eurasien verbr. sind. Auf sonnigen, trockenen u. steinigen Gebieten findet man in Europa das Schwarze Wollkraut (*Verbascum nigrum* L.), das Mottenkraut (*V. blattaria* L.), das Filzige Wollkraut (*V. phlomoides* L.) u. a., von denen die Kleinblütige Königskerze (*Verbascum thapsus* L.) mit ihren Blütenkerzen eine Höhe von 2 m erreichen kann. Diese stattlichste der An ist in England, M- u. S-Europa bis W-Asien beheimatet. In einigen für das menschl. Auge gelb aussehenden Königskerzenblüten hat man an der Basis ein auf Bienen wirkendes Saftmal feststellen können, in dessen Bereich ultraviolettes Licht nicht reflektiert wird. An der Basis des Fruchtknotens ist zwar ein Ring angelegt, der jedoch nicht wie bei anderen Sippen Nektar absondert, so daß dort nur Pollen entnommen werden kann. Die Nektarien befinden sich an der Innenseite der Kronblätter. Die Blüten bieten also den Bienen Nektar- u. Pollentracht. Die von zehn Blüten produzierte Pollenmenge wird für *Verbascum phlomoides* mit 9,3 mg angegeben. Die Pollendarbietung findet vor allem in den Morgenstunden statt mit einer Bestzeit zw. 6 u. 10 Uhr. Die Pollenhöschenfarbe ist leuchtendorange. Als ausgiebige Pollenquelle für den Sommer u. den Herbst wird in den Abruzzen (Italien) *Verbascum thapsus* genannt. *Verbascum*-Befunde im Honig blieben bisher stets auf der Stufe des Einzelpollens u. sind in Honigen aus SO-Europa (Ungarn, Jugoslawien, Rumänien) u. aus der Steiermark gefunden worden (nach Maurizio u. Grafl), während sich Einzelbefunde von *Euphrasia* in Honigen bisher auch nur im Ennstal (Steiermark) feststellen ließen. – Zur G *Veronica* werden insges. etwa 150 An gerechnet, die alle auf der nö. Hemisphäre verbr. sind. Die meisten mitteleurop. An kommen auf trockenen, warmen Wiesen u. Äckern, in Ebenen, Hügelland u. Gebirge vor, z. B. der Ährige Ehrenpreis (*Veronica spicata* ↗), der Quendelblättrige Ehrenpreis (*V. serpyllifolia* L.), der Feldehrenpreis (*V. arvensis* L.). Frühlingsblüher auf Äckern sind der Dreilappige Ehrenpreis (*V. triphyllos* L.) u. der Efeu-Ehrenpreis (*V. hederifolia* L.). Diese einjährigen od. ausdauernden Pflanzen haben im allgemeinen zwittrige blaue Blüten. Das Nektarium liegt als Wulst rund um die Basis des Fruchtknotens. Die Kronröhre ist verhältnismäßig kurz, so daß auch kurzrüsselige

Mauerpfeffer. Wird in Park- und Grünanlagen zur Trachtverbesserung angepflanzt

Fette Henne

Bienen den Nektar erreichen können. Die Bestzeiten für Nektarmenge u. Zuckergehalt fallen bei *Veronica spicata* auf die zeitigen Morgenstunden (6–10 Uhr). Die Bienen sammeln neben Nektar auch Pollenhöschen, deren Anteil an der Pollenernte über 1 % liegt. Oft ist *Veronica*-Pollen an Mischhöschen mit anderen frühblühenden Unkräutern beteiligt. *Veronica*-Befunde in Honig sind bisher nicht sicher festgestellt (Maurizio u. Grafl). – Die *Rhinanthus*-An sind Halbschmarotzer, die vorwiegend von Hummeln bestäubt werden, da die Klappertopfblüten vor allem langrüsseligen Insekten (außer Hummeln, Faltern) zugänglich sind. Die Nektarien sitzen am Blütengrund unterhalb des oberständigen Fruchtknotens. Die Bienen sammeln neben weißlichem Pollen auch Nektar, den sie bei den großblütigen An durch das Vordringen zw. Kelch u. Krone erreichen. Die Pollenhöschen können in Berggebieten der Schweiz bis zu 3 % der Honigernte ausmachen. *Rhinanthus*-Befunde im Honigsediment sind auf die voralpine u. alpine Stufe der mitteleurop. Gebirge (Schweiz, Österreich) beschränkt, wo sie als Einzel- od. Begleitpollen in Bergwiesenhonigen vorkommen.

Sedum acre L., Scharfe Fetthenne, Mauerpfeffer. A der G *Sedum* der F der Crassulaceae. Nö. Halbkugel. Auf sandigen Rasen, Sanddünen, Kieswegen, Bahndämmen, in Felsspalten. 5–15 cm große Pflanze, ausdauernd. Blüht Juni bis August. Die goldgelben Blüten stehen in wenigblütigen Trugdolden. Nektar- u. Pollenspender.

Sedum telephium L., Große Fetthenne. A der G *Sedum* – mit ca. 500 An vor allem im Himalaja, in O-Asien, Mexiko verbr., davon in M-Europa etwa 15 An beheimatet – der F der Crassulaceae. Nö. Halbkugel. In trockenen Wäldern, auf sonnigen Hügeln u. Felsen, Geröllhalden, in Felsspalten, auf magerem Rasen. 20–50 cm hohe Pflanze, ausdauernd. Blüht von Juni bis September. Kleine, grüngelbe Blüten in großen Blütenständen (Blütenrispen) vereinigt. Nektar- u. Pollenspender (Pollenhöschenfarbe zitronengelb).

Segmente → Chitincuticula.

Seidelbastgewächse → Thymelaeaceae.

Seitenabteil → Nebenabteil.

Seitenwandfuttertrog. Langgestreckter Blechtrog mit Schwimmer, der in einen Kanal der seitl. Doppelwand eingeschoben wird. Zum Brutraum besteht eine Öffnung, durch die die Bienen in den S. gelangen.

Sektionsrähmchen. Mit Scheibenhonig ↗ gefüllt, stellen S. eine verkaufsfertige Packung dar. S. sind kleine, bes. sauber aus geglätteten Holzleisten hergestellte Rähmchen, von denen 3–4 in einen halbhohen Wabenrahmen des Standmaßes passen, mit denen der halbhohe Honigraum ausgestattet wird. Die S. sind mit einem dünnen Leitwachsstreifen versehen, u. bei guter Heidetracht führen die Bienen in ihnen Arbeiterinnenbau aus, tragen ihn voll Honig u. verdeckeln die Zellen. Das ist aber selbst bei guter Tracht nur zu erreichen, wenn die Völker sehr stark u. reich an Jungbienen sind.

Sekundärreaktion. Bei der Vergiftung von Honigbienen werden primär die Flugbienen von den Schadstoffen betroffen. Die Vergiftungserscheinungen bezeichnet man als Primärreaktionen. Das deutlichste Symptom ist das Absterben von Bienen infolge von Giftaufnahme. – Bei teilgeschädigten Bienenvölkern werden die Flugbienenverluste ausgeglichen, indem jüngere Bienenwesen bereits Funktionen der älteren Bienen übernehmen, z. B. Brutpflege u. Wasserversorgung. Diese Jungbienen werden dabei oft überfordert u. sterben vorzeitig ab. In diesem Totenfall sind keine Rückstände mehr nachweisbar. Dieses Absterben von Jungbienen wird als S. bei einem Bienenschaden ↗ bezeichnet.

Selbstherstellung von Beuten u. Geräten. Wird heute kaum noch praktiziert. Die industrie- bzw. handwerksmäßige Fertigung gewährleistet max. Maßhaltigkeit, die bei der Selbstherstellung kaum zu erreichen ist. Auch die geringeren Kosten sind heute kaum noch Anlaß für eine individuelle Fertigung. Einen Kompromiß stellen die sog. Bausätze dar. Die industriemäßig gefertigen Einzelteile u. die mitgelieferten Beschläge können auch vom Imker ohne spez. handwerkliche Fähigkeiten zusammengebaut werden.

Biene an Sedumblüte

Selbstwendeschleuder → Honigschleuder.

Selektion. Als natürl. S. wird die Auslese von Individuen als Reaktion auf die jeweils wirkenden Umwelt ↗-Faktoren bezeichnet, die Bienenvölker mit hoher Widerstandsfähigkeit u. Anpassungsfähigkeit unter entspr. Umweltbedingungen begünstigt. Durch natürl. S. sind die an die unterschiedl. Klimazonen angepaßten geographischen Rassen ↗ entstanden. Bei der künstl. S. wird durch den Züchter eine gelenkte Auslese entspr. den Parametern des Zuchtziels ↗ der Population ↗, dem das Bienenvolk angehört, vorgenommen. Hierbei werden Bienenvölker mit bestimmten Weiseln zur Weiterzucht ausgewählt (Körung ↗). Die nicht zur Zucht erwünschten Tiere (Bienenvölker) dienen als Wirtschaftsvölker u. werden spätestens in der nächsten Aufzuchtsaison umgeweiselt. Grundlage für den S.s-Entscheid sind die S.s-Kriterien ↗.

Selektionserfolg. Differenz zw. den Mittelwerten der Ausgangspopulation u. der Nachkommenschaft ↗ der selektierten Eltern, wobei gleichbleibende Umweltverhältnisse (Umwelt ↗) – in der Bienenzucht problematisch – vorausgesetzt werden. Die Schätzung des S.es je Generation erfolgt nach der Formel: $SE_g = h^2 \cdot SD$; h^2 = geschätzte Heritabilität ↗, SD = Selektionsdifferenz. Zur Ermittlung des S.es je Zeiteinheit ist der S. je Generation durch das Generationsintervall ↗ zu dividieren: $SE_z = \frac{SE_g}{G_i}$; G_i = Generationsintervall.

Selektionsindex. Ausdruck für die züchterische Gesamtbewertung eines Tieres, die – z. B. als Punktzahl – Grundlage für die Selektion ↗ gleichzeitig nach mehreren Merkmalen ist. Die einzelnen Selektionskriterien ↗ gehen gewichtet in den S. ein. Für die Körung von Bienenvölkern wurden in früheren Jahren S.es für die Körpermerkmale ↗ angewendet, die einzeln nach Punkten bewertet wurden (Formalismus ↗). Heute dient die Untersuchung der Körpermerkmale nur noch der Kontrolle der Einhaltung des Rassestandards. Im Hinblick auf die Leistung wäre die Anwendung von S.es unter Berücksichtigung mehrerer unmittelbarer (Honigertrag) u. mittelbarer (Bearbeitbarkeit, Gesundheit, Volkstärke) ökonomischer Merkmale möglich.

Selektionskriterium. Merkmal od. Kombination von Merkmalen als Grundlage für den Selektionsentscheid. In der Bienenzüchtung sind das die Leistungskriterien ↗, die Volkeigenschaften ↗ als Kriterien der allgemeinen Leistung u. bestimmte Körpermerkmale ↗ als Kriterien für die Rassezugehörigkeit.

Selektionsmerkmal → Selektionskriterium.

Selektivität. Wirkung eines Präparates nur auf die zu bekämpfenden Schaderreger unter Schonung der übrigen Fauna u. Flora.

Senecio vulgaris L., Gemeines Kreuzkraut, Gemeines Greiskraut. A der G *Senecio* – mit ca. 1500 An in allen gemäßigten Breiten einschl. Tropen u. Arktis verbr. – der F der Compositae ↗. Auf Äckern, Schuttplätzen, Kompostlagerstätten, in Gärten. Sehr häufig. 15–50 cm große Pflanze, einjährig. Blüht von Januar bis Dezember. Die weißen Röhrenblüten stehen in rispig angeordneten Körbchen. Auf unterschiedl. Böden, stickstoffliebend. Wichtiger Frühpollenspender, u. a. im Schweiz. Mittelland u. im Jura. Wird von den Bienen meist nur im Vorfrühling beflogen u. bildet so eine Ersatzpollenquelle in Zeiten großen Pollenbedarfs u. geringen Pollenangebots.

Senf → Weißer Senf → Ackersenf.

Senfkohl → *Eruca sativa* → Cruciferae.

Senkschlitten → Schlitten.

Serradella → *Ornithopus sativus* → Leguminosae.

Seuchenfreiheitsbescheinigung → Bienengesundheitsdienst.

Seuchenwachs → Bienengesundheitsdienst → Bösartige Faulbrut.

Sibirische Schwertlilie → *Iris sibirica* → Iridaceae.

Silberahorn → *Acer saccharinum* → Aceraceae.

Silberfischchen. Auch Zuckergast, *Lepisma saccharina*, aus der O der Thysanura (Borstenschwänze). Mitbewohner ↗, ca. 1 cm, mit silbrigen Schuppen bedeckt, liebt feuchtwarme, dunkle Plätze. S. ernährt sich von stärke- u. zuckerhaltigen Substanzen, schmarotzt im Gemüll. Harmlos, aber unhygienisch.

Silberlinde → *Tilia tomentosa* → Tiliaceae.

Silberweide → *Salix alba* → Salicaceae.

Siliciumtetrafluorid (SiF_4). Wird bei zahlreichen Industrieprozessen emittiert u. gelangt so als Schadstoff (gasförmige chemische Verbindung) in die Umwelt. Wirkt auf Bienen als Atemgift ↗ u. in Wasser gelöst als Fraßgift ↗.

Simaroubaceae, Bitterholzgewächse. Etwa 20 Gn mit ca. 100 An. Vor allem Tropen u. Subtropen. Sowohl in tropischen Regenwäldern als auch an trockeneren Standorten. – In M- u. O-Asien u. N-Australien ist die G *Ailanthus* mit 15 An beheimatet. Der aus O-Asien stammende Götterbaum (*Ailanthus altissima* ↗) ist die einzige A, die aus dieser F auch in M-Europa als Freilandziergehölz kultiviert wird. Da er sehr rasch wächst, anspruchslos ist u. auch auf schlechtem, trokkenem, steinigem Boden gedeiht, wird er gern in Großstädten, städtischen Neuanlagen, Park- u. Grünanlagen ↗ angepflanzt.

Sinapis alba L., Weißer Senf. A der G *Sinapis* der F der Cruciferae ↗. Ursprüngl. im öst. Mittelmeerraum beheimatet, jetzt in fast allen Ländern der gemäßigten Zone – Dänemark, England, Holland, Italien, Bundesrepublik Deutschland, DDR, Balkanländer – angebaut; weltweit verbr. Aufrecht wachsendes, einjähriges Kraut mit hellgelben Blüten, Langtagspflanze. Auf allen Böden mit neutraler u. alkalischer Reaktion außer leichten Sandböden. Die Bienen befliegen die Frühjahrssaat von S. a. – je nach Witterung – im Mai/Juni u. sammeln in dieser Zeit Pollen u. Nektar. Selbstbefruchtung ist möglich, Bieneneinsatz steigert nach PRITSCH (1985) die Erträge. Bei Aussaat im April beträgt die Vegetationszeit 95–105 Tage bis zur Ernte, die je nach Bodenverhältnissen einen Ertrag von 8–16 dt/ha Samen bringt. Neben der Nutzung als Futter-, Heil- u. Gewürzpflanze sichere Sommerölfrucht.

Sinapis arvensis L., Ackersenf, Wilder Senf. A der G *Sinapis* der F Cruciferae ↗. Ursprüngl. im Mittelmeergebiet verbr., jetzt eines der verbreitetsten, in Kultur- u. Ödland anzutreffenden einjährigen Unkräuter, da die Samenproduktion erheblich ist u. die Samen eine lange Lebensdauer besitzen. Vor allem im Sommergetreide vorkommend. Äcker ↗, auch auf Schutt. Die Blütezeit liegt im Juni, Juli. Die Blüten sind gelb. Sowohl Nektar- als auch Pollenspender.

Sinnesorgane, Rezeptoren. Dienen der Aufnahme äußerer u. innerer Reize u. der Weiterleitung der nervösen Signale über den Charakter der Reizung ins Zentralnervensystem (Nervensystem ↗). Die Energie des Impulses dient zur Auslösung von Prozessen, die zur Entstehung des nervösen Signals führen; gewöhnl. in Form von Entladungen diskreter di- od. monophasiger Zusammenschlüsse (Impulse), seltener in Form eines elektrischen Potentials. Alle Rezeptoren der Insekten sind primär sensibel, sie nehmen den Reiz auf u. erzeugen selbst das elektrische Signal. Die Rezeptoren sind gewöhnl. hoch spezialisiert, jeder reagiert nur auf einen bestimmten Reiz od. eine Auswahl von ihnen. Sie können phasisch sein, indem sie nur auf die Stimulationsänderung reagieren, od. tonisch, indem sie im Verlauf der ganzen Stimulationsperiode antworten. Erstere adaptieren sich gewöhnl. schnell, auf wiederholte Einwirkungen verringert sich ihre Reaktion allmähl., letztere adaptieren sich langsam od. überhaupt nicht. Das Grundelement eines Rezeptors ist das sensible Neuron, das i.d.R. mit zusätzl. Begleitzellen zu dem elementaren sensiblen Organ, der Sensille, zusammengeschlossen ist. Alle Sensillen, mit möglicher Ausnahme der Photorezeptoren, sind Homologe der Hautborste (Chaeta). Sie bestehen mindestens aus drei Zellen, der trichogenen, membranösen u. dem sensiblen Neuron, u. gerade die Modifikation u. die Anzahl der zusätzl. Zellen bestimmen die Mo-

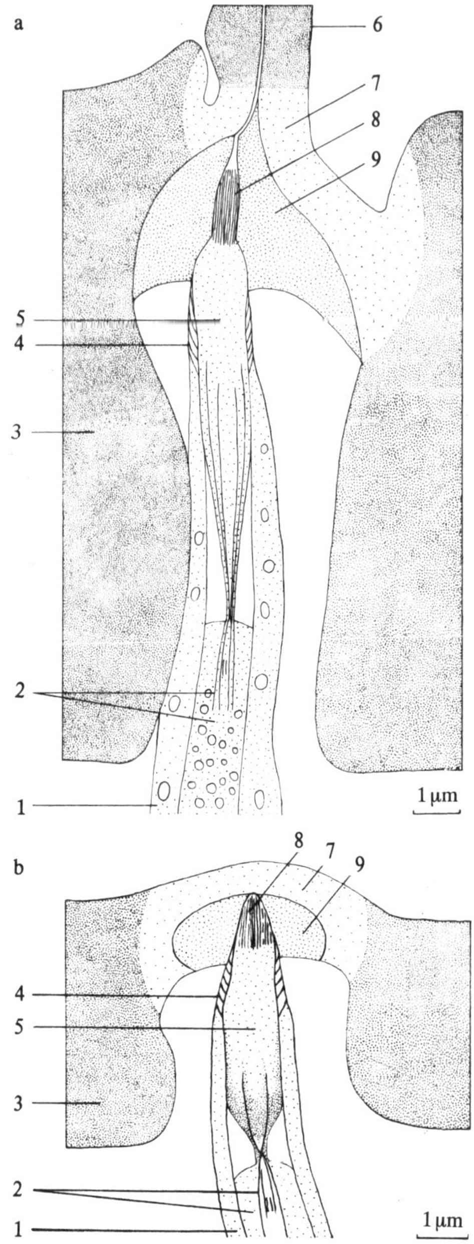

Mechanorezeptorische Sensillen der Honigbiene. a Sinneshaar; b Sinneskuppel. 1 trichogene Hülle, 2 Dendrit, 3 Cuticula, 4 Resilinscheide des Tubularkörpers (8), 5 Liliarteil, 6 Haar, 7 Gelenkmembran des Haares (a) bzw. der Kuppel (b), 8 Tubularkörper, 9 Resilinklappe. Nach KAESTNER (1972)

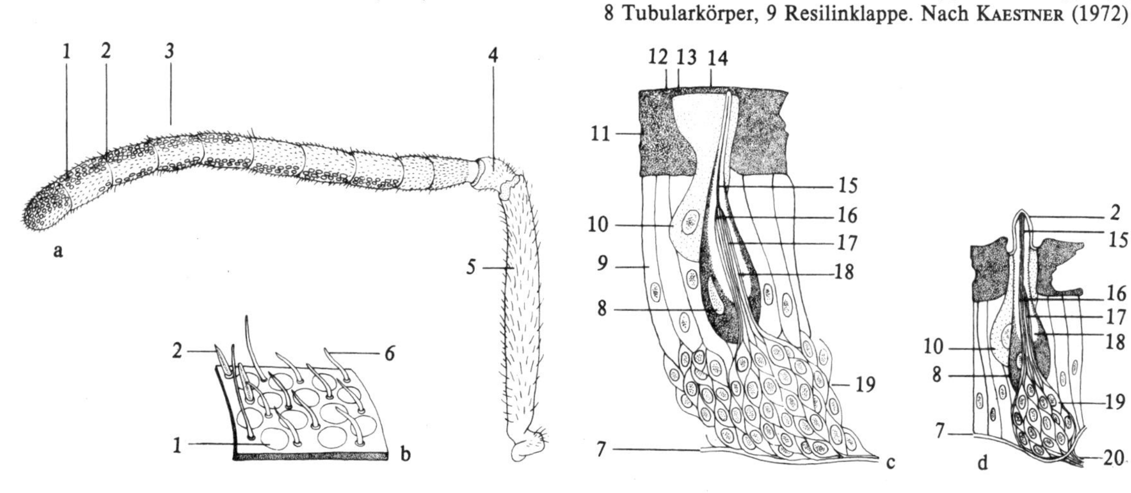

Sinnesorgane der Honigbiene. a Antenne; b Ausschnitt aus der Fühleroberfläche; c Sinnesplatte (Sensillum placodeum); d Sinneskegel (Sensillum basiconicum). 1 Sinnesplatte (Sensillum placodeum), 2 Sinneskegel (Sensillum basiconicum), 3 Geißel (Flagellum), 4 Wendeglied (Pedicellus), 5 Schaft (Scapus), 6 Sinneshaar (Sensillum trichodeum), 7 Basalmembran, 8 trichogene Zelle, 9 Epidermis, 10 Membranzelle, 11 Cuticula, 12 äußerer Ring, 13 innerer Ring, 14 cuticulare Platte, 15 Terminalfilamente, 16 Fibrillen, 17 Dendriten der Sinneszellen, 18 Vacuole, 19 Sinneszellen, 20 ableitender Nerv. Nach SNODGRASS (1956)

dalität der Sensille, die Aufnahme mechanischer, chemischer od. anderer Stimuli. Die Sensillen sind über den Körper vereinzelt verstreut, bilden Felder od. sind zu komplizierten Organen zusammengefügt, z. B. dem Johnstonschen Organ. Die Mehrzahl der Sensillenarten ist nach außen gerichtet. Das sind die Exterorezeptoren, die die äußeren Reize durch Kontakt aufnehmen (Mechano ↗-, Chemo ↗- od. andere Rezeptoren), od. (aus der Distanz) Geruchs-, Phono- u. andere Rezeptoren. Proprio- od. Interorezeptoren reagieren auf innere Reize, wie die Veränderung die Lage der Körperteile zueinander, die Ausdehnung, die Volumenänderung usw. Unter bestimmten Bedingungen können sich die Propriorezeptoren des Zentralnervensystems auch über äußere Reize orientieren, z. B. über die Richtung der Erdanziehungskraft mit Hilfe von Gebern, die die Ausdehnung u. die Lage der Körperteile zueinander registrieren. Spezifische Arten von Sensillen sichern der Biene die Mechano-, Thermo- ↗, Hygro- ↗, Chemo-, Phono- u. Photorezeption. Die Biene reagiert auch auf die Gravitation, magnetische u. elektrische Felder, aber entspr. spez. Rezeptoren sind bei ihr bisher nicht entdeckt worden. Unlängst sind im Körper der Biene u. anderer Insekten Mikrokristalle von Magnetit gefunden worden, Eisenverbindungen, die möglicherweise Beziehung zur Wahrnehmung des Magnetfeldes der Erde besitzen. Oberflächliche elektrostatische Ladungen kann die Biene durch Ablenkung der Antennen durch diese Ladungen in unterschiedl. Richtungen wahrnehmen (wie die Blättchen des Elektroskops). Für die Insekten sind sog. Detektoren charakteristisch, hoch spezialisierte Rezeptoren (Sensillen) od. Interneuronen, die nur für bestimmte Reize od. deren Parameter empfindlich sind, z. B. Detektoren für das ♀ Geschlechtspheromon, für Bewegungsrichtung von Objekten im Blickfeld, der Größe, der Farbe. Die Erregung eines Detektors ist ausreichend für das Auslösen der entspr. sinnvollen Bewegungsreaktion des Insektes.

Skabiosen-Flockenblume → *Centaurea scabiosa.*

Sklenar, Guido, Ökonomierat. Geb. 15. 7. 1871 in Carpano (Istrien), gest. 26. 5. 1953 in Mistelbach. Ein Spitzenvolk, Nr. 47, wurde Ausgangsvolk seiner Auswahlzucht (ohne Belegstelle). Da es nicht schwärmte, mußten Weiseln künstl. herangezogen werden. Wurde dadurch zum Bahnbrecher der österreichischen Weiselzucht u. zum Begründer des *Carnica*-Stammes 47, der Sklenarbiene. Gründete die erste Reinzuchtbelegstelle in Österreich. Empfahl Freiluftkunstschwarm für das Zusetzen der Weisel, unterstützte die Völkerentwicklung mit «Bienentee». Gründete 1922 die Zeitschrift «Mein Bienenmütterchen». Schrieb mehrere Lehrbücher. Hauptwerk: «Imkerpraxis». 1932 wurde ihm der Titel Ökonomierat verliehen.

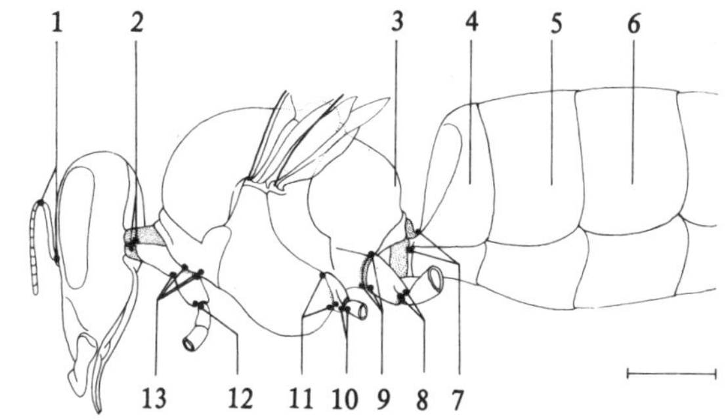

Insertionspunkte der Sinnesborstenfelder bei der Bienenarbeiterin. 1 Borstenfeld des Fühlers, 2 Borstenfeld des Halsgelenkes, 3–6 Tergite des 1.–4. Abdominalsegmentes, 7 Borstenfeld des Gelenkes zwischen 1. und 2. Abdominalsegment, 8, 10, 12 Borstenfeld des Trochanters (III-II), 9, 11, 13 Borstenfeld der Coxa (III-I). Nach Kaestner (1972)

Sklerit. Teil der Cuticula (Chitincuticula ↗), i. U. zu den dünnhäutigen, aber auch chitinisierten Membranen des cuticularisierten Außenskeletts der Honigbiene in Form fester, elastischer Chitinplatten.

Slow Bee Paralysis Virus. In Extrakten aus ad. Bienen nachgewiesenes, neu entdecktes, lebensverkürzendes Virus mit 30 nm Durchmesser. Künstl. infizierte Bienen sterben nach etwa zwölf Tagen; Paralyse ↗.

Smoker. Gerät zur Raucherzeugung. Der erforderliche Luftzug wird entweder mit einem Blasebalg od. mit einem Ventilator erzeugt, der von einem Federzug- od. Elektromotor angetrieben wird. Zur Inbetriebsetzung gibt man erst eine kleine Menge Glut in den Brennbehälter, füllt dann mit Rauchmaterial ↗ auf u. sorgt durch gelegentl. Blasen dafür, daß die Glut nicht erlischt u. der S. betriebsbereit bleibt. Der S. liefert Rauch für längeres Arbeiten u. ist für die Bearbeitung von Magazinbeuten im Freien, aber auch von Hinterbehandlungsbeuten das entspr. Gerät (Imkerpfeife ↗).

Sojamehl → Eiweißfütterung.

Sommerbienen → Saisonvariabilität.

Sommereiche → *Quercus robur* → Fagaceae.

Sommerlinde → *Tilia platyphyllos* → Tiliaceae.

Sommertracht. Oberbegriff für alle Trachtvorkommen, die, geographisch bedingt, jahreszeitl. versch. in den Monaten Juni bis August blühen.

Pflanze	*Biotop*	*Blütezeit*	*Nektarergiebigkeit*	*Pollenergiebigkeit*	*Blatthonigspende*
Baumarten					
Edelkastanie *(Castanea sativa)*	Kalkfreie, warme Lagen. Parks	Juni/Juli	gut	gut	möglich
Robinie *(Robinia pseudacacia)*	Mindere Böden. Parks. Pionierpflanze, da Stickstoffsammler.	Mai/Juni	gut	gering	–
Sommerlinde *(Tilia platyphyllos)*	Gute, nährstoffreiche Böden. Edellaubwälder. Städtische Bereiche.	Juni	gut	gering	möglich
Winterlinde *(Tilia cordata)*	Laubmischwälder. Alleen. Frische, anlehmige Böden.	Juli	sehr gut	gering	möglich

Die volle Nutzung der S. wird bes. durch in Schwarmstimmung geratene Völker beeinträchtigt (Schwarmverhinderung ↗).

Sonnenblumen, *Helianthus* → Compositae.

Sonnenkompaßorientierung → Orientierung.

Sonnenröschen, *Helianthemum* → Cistaceae.

Sonnenwachsschmelzer. Gerät zum Schmelzen von Wachs durch direkte Nutzung der Sonnenenergie. Der S. besteht aus einem flachen Kasten, in dem eine etwa 2 cm starke Schieferplatte eingebaut ist u. der mit einer doppelten Glasscheibe abgedeckt wird. Der S. muß drehbar u. so schräg aufgestellt sein, daß die Sonnenstrahlen in der Mittagszeit möglichst senkrecht auf die Schieferplatte treffen. Bei Sonnenschein erwärmt sich die Schieferplatte so weit, daß das aufgelegte Wachs schmilzt u. in die untergestellte Glaswanne tropft, in der sich etwas Wasser befindet. Zur vollen Ausnutzung der Sonnenenergie ist es erforderlich, den S. tägl. von Zeit zu Zeit zu drehen. Es gibt auch entspr. Antriebe, die das selbständig ausführen. Der S. ist geeignet, Baurahmenwachs u. Wachsabfälle sowie geringere Mengen Entdeckelungswachs zu schmelzen. Weniger geeignet dagegen ist er zum Ausschmelzen von Altwaben. Diese müssen entspr. der lichten Höhe des S.s in Streifen geschnitten u. mit der Mittelwand senkrecht eingestellt werden. Die im S. anfallenden Trester enthalten noch viel Wachs (Wachstrester ↗).

Fortsetzung Tabelle Sommertracht:

Pflanze	*Biotop*	*Blütezeit*	*Nektar-ergiebigkeit*	*Pollen-ergiebigkeit*	*Blatthonig-spende*
Futterpflanzen					
Esparsette *(Onobrychis sativa)*	Trockene, flachgründige, vor allem kalkhaltige Lagen.	Mai bis Juli	sehr gut	sehr gut	—
Saatluzerne *(Medicago sativa)*	Trockene Wiesen, ruderal beeinflußte Halbtrockenrasen. Meist kultiviert.	Juni bis September	gut	—	—
Steinklee *(Melilotus alba)*	Trockene Ruderalstellen. Auch auf Anbauflächen.	Juni bis September	sehr gut	gut	—
Weißer Senf *(Sinapis alba)*	Mäßig trockene Ruderalstellen. Kultiviert.	Mai	gut	gut	—
Weißklee *(Trifolium repens)*	Frische, nährstoffreiche Fettweiden, Wiesen, Äcker, Wegränder, Parkrasen.	Mai bis September	sehr gut	gut	—
Kräuter					
Gänsedistel *(Sonchus oleraceus)*	Mäßig trockene bis frische Ruderalstellen. Nährstoffreiche Äcker.	Juni bis Oktober	gut	mäßig	—
Wiesensalbei *(Salvia pratensis)*	Trocken- u. Halbtrockenrasen, warme Fettwiesen, Feldraine, Wegränder.	Mai bis August	gut	gering	—
Kulturpflanzen					
Borretsch *(Borago officinalis)*	Mäßig feuchte, kalkhaltige Böden. Kultiviert.	Juni/Juli	gut	mäßig	—
Gurke *(Cucumis sativus)*	Humoser Boden in sonniger Lage. Gärten u. Feldanbau.	Juni bis September	gut	mäßig	—
Kürbis *(Cucurbita pepo)*	Nährstoffreiche Böden in sonniger, feuchter Lage.	Juni bis September	mäßig	mäßig	—
Phazelie *(Phacelia tanacetifolia)*	Landwirtschaftl. Kulturen.	Juni bis Oktober	sehr gut	gering	—
Weinrebe *(Vitis vinifera)*	Kultiviert. Vollsonnige Lagen. Nicht zu schwerer Boden	Juni/Juli	gering	gering	möglich
Zottelwicke *(Vicia villosa)*	Wegränder, Schuttflächen, Äcker.	Mai/Juni	gut	mäßig	—
Sträucher					
Brombeere *(Rubus fruticosus)*	Gebüsche, Wegränder, Ödland, ausgeforstete Flächen. Böden ohne spezielle Kriterien. Hecken-Anbau.	Juni bis August	sehr gut	mäßig	—
Himbeere *(Rubus idaeus)*	Sandiger, frischer Boden. Krautreiche Laubwälder. Nadelholzforsten. Kultiviert.	Mai/Juni	sehr gut	gut	—
Liguster *(Ligustrum vulgare)*	Wälder, Hecken. Böden ohne spezifische Kriterien.	Juni/Juli	mäßig	gering	—
Preiselbeere *(Vaccinium vitis-idaea)*	Bodensaure Laubmischwälder. Heiden. Kalkfreie Böden. Halbschattige Lagen.	Mai bis August	mäßig	gering	—
Schneebeere *(Symphoricarpus rivolaris)*	Alle Bodenarten ohne spezifische Kriterien.	Juli bis September	sehr gut	—	—

Sonnenwachsschmelzer

Sophora japonica L., Japanischer Schnurbaum. A der G *Sophora* der F der Leguminosae ↗. In N-China häufig, Korea, in Japan nur durch Kultur eingeführt u. verwildert, in Europa als Park- u. Alleebaum kultiviert. Zur Anpflanzung in Städten u. Industriegebieten zu empfehlen, Verwendung auch für Waldränder, Windschutzhecken. Der 20–25 m hohe Baum blüht je nach Standort Ende Juli/August. Die gelblichweißen Blüten stehen in lockeren, bis 25 cm langen, endständigen Rispen, grüner Kelch. Bevorzugt nährstoffreiche, feuchte Böden, nimmt aber auch mit minderem Sandboden vorlieb. Kann Industrierauch, bes. Schwefeldioxid, gut vertragen, wird kaum durch Insektenfraß geschädigt. Das mehrschichtige, gelblichgrüne Nektarium liegt zw. der Ansatzstelle der Staubfäden u. der Basis des Fruchtknotens. Nach Untersuchungen in der ČSSR beginnt die Nektarsekretion schon vor dem Aufblühen in den Knospen u. ist in frisch entfalteten Blüten am stärksten. Sie ist von der Temp. u. der relativen Luftfeuchtigkeit abhängig, max. Werte wurden bei Temp.en über 25 °C u. hoher Luftfeuchtigkeit erreicht, wobei Menge u. Zuckergehalt des Nektars am höchsten in den Morgenstunden (bis 8 Uhr) u. am niedrigsten in den Mittagsstunden (12–13 Uhr) sind. Der Vergl. der durchschnittl. Werte mit den Maximalwerten zeigt die Abhängigkeit von den Umweltbedingungen:

	Nektarmenge je Blüte in 24 h (mg)	*Zuckerkonzentration des Nektars (%)*	*Zuckerwert (mg)*
durchschnittl. Werte	1,5	39	0,6
Maximalwerte (Temp. > 25 °C, hohe Luftfeuchtigkeit)	2,7	48	1,0

(nach Maurizio u. Grafl)

Vor allem Nektarspender. Nach Zander u. Berner ist der Nektar so ergiebig, daß sich die Bienen noch eifrig um die abgefallenen Blüten am Boden bemühen, möglicherweise auch bedingt durch die wertvolle späte Blütezeit u. den evtl. Mangel an anderen Trachtpflanzen.

Sorbaria sorbifolia (L.) A. Br., Ebereschenblättrige Fiederspiere. A der G *Sorbaria* – mit 7 An in O-Asien verbr. – der F der Rosaceae ↗. Vom Ural bis Kamtschatka, Sachalin, Japan; in M-Europa u. N-Amerika z. T. verwildert. Zur Flächenbegrünung. Der bis 2 m hohe Strauch blüht im Juni/Juli. Weiße Blüten in dichter, schmaler, langer Rispe. Nektar- u. Pollenspender. Für die Bienen des Fernen Ostens nach Progunkow (1975) als nektarliefernde Pflanze von großer Wichtigkeit.

Sorbus aucuparia L., Gemeine Eberesche, Vogelbeerbaum. A der G *Sorbus* der F der Rosaceae ↗. Vor allem N- u. M-Europa, vorwiegend im Gebirge bis 2000 m ü. NN heimisch; in Kleinasien u. Sibirien durch eine andere F vertreten. Viele natürl. u. verbr. Sorten; als Straßenbaum in gebirgigen Gegenden angepflanzt, auch für Schutzbepflanzungen u. Park- u. Grünanlagen geeignet. Der bis 15 m hohe Baum erreicht seine Blühreife mit 12–15 Jahren. Blüht im Mai/Juni in großen, bis 15 breiten, endständigen Doldenrispen. Die weißen Einzelblüten sind etwa 1 cm breit. Anspruchslos an Boden, Klima u. Licht. Nektar-, Pollen- u. Honigtaulieferant.

Sortenhonig. Ernte von S. ist nur aus den Haupttrachten ↗ möglich, weil dann der überwiegende Teil der Bienen eine einzige Trachtpflanzen-A befliegt. Zu Beginn der Tracht muß der Honigraum mit Leerwaben ausgestattet u. nach Ende der Tracht der Honig geschleudert werden. Ein wechselnder Anteil Honig aus vorangegangenen Trachten gelangt in den S., wenn der Honigraum nicht leer war od. wenn vor od. während der Tracht Brutwaben mit Honigkränzen in den Honigraum umgehängt worden sind.

Sortieren der Waben. Nach der letzten Schleuderung des Jahres sind der noch verbliebene Wabenvorrat ↗ sowie die den Beuten entnommenen Waben zu sortieren. Schlecht ausgebaute Mittelwände, unbebrütete Waben sowie nicht mehr verwendbare Altwaben ↗ sind auszusondern u. auszuschneiden. Honigfeuchte Waben sollten vorher nochmals den Bienen zugänglich gemacht werden (Ausleckenlassen der Waben ↗). Die rahmenlosen Waben können dann entweder vom Imker selbst weiterverarbeitet (Wachsgewinnung ↗) od. bes. die Altwaben gegen Mittelwände umgetauscht bzw. an einen wachsverarbeitenden Betrieb verkauft werden.

Spachtel. In bekannter, versch. breiter Ausführung wird der S. zum Abschaben od. Abstoßen von Propolis u. Zwischenbau von den Innenwänden der Beuten, von Geräten u. Zubehörteilen benötigt.

Spargel, *Asparagus* → Liliaceae.

Spätbrüter. Bienenvolk mit veranlagungsmäßig spätem Brutbeginn. Der S. ist geeignet für rauhe Lagen u. überwiegende Sommer- u. Spättracht. Die Spättracht kann je nach Art u. Ergiebigkeit die Reizfütterung zur Anlage eines großen Brutnestes im Nachsommer z. T. ersetzen od. sie wirkungsvoll unterstützen.

Spättracht. Oberbegriff für alle Trachtvorkommen, geographisch bedingt jahreszeitl. versch., bis in den Oktober hinein, z. B.:

Pflanze	*Biotop*	*Blütezeit*	*Nektarergiebigkeit*	*Pollenergiebigkeit*	*Blatthonigspende*
Fenchel (Foeniculum vulgare)	Als Gewürz- u. Arzneipflanze angebaut. Tiefgründige, nährstoffreiche Böden.	Juli bis September	gut	gering	–
Glockenheide *(Erica tetralix)*	Feuchtheiden, Moore, Feuchtwiesen. Kalkarme Böden.	Juli bis September	mäßig	mäßig	–
Gemeine Goldrute *(Solidago virgaurea)*	Trockene Böden, Heiden, Magerrasen, Wälder.	Juli bis Oktober	mäßig	mäßig	–
Heidekraut *(Calluna vulgaris)*	Nährstoffarme, kalkfreie Lehm-, Sand- u. Torfböden in sonniger Lage. Trockene Wälder.	August bis Oktober	gut	gut	–
Zwergstrauch Serradella *(Ornithopus sativa)*	Sandtrockenrasen. Leichte, sandige, nicht zu trockene Böden.	Juni bis August	mäßig	mäßig	–
Sonnenblume *(Helianthus annuus)*	Böden ohne spezifische Kriterien.	August bis Oktober	mäßig	mäßig	–

Spätzucht → Zuchtplan.

Speckkäfer. *Dermestes lardarius* aus der F der Dermestidae (Speck- u. Pelzkäfer). Innenschädling, Krankheitsüberträger, in der Beute Pollenverzehrer, Waben- u. Holzzerstörer. S. ist ca. 8,5 mm groß, schwarz mit graubraunen Querbinden auf den Flügeldecken.

Speicheldrüsen → Labialdrüsen.

Speisespargel, *Asparagus officinalis* → Liliaceae.

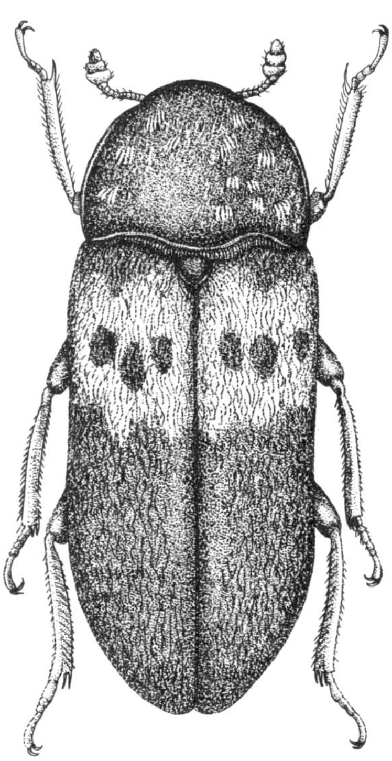

Speckkäfer

Spermakonservierung u. -transport od. -versand. TABER u. BLUM (1960) berichteten als erste, daß unverdünnt u. luftdicht in Glaskapillaren eingeschlossenes u. bei Zimmertemp. aufbewahrtes Sperma ohne Beimengungen von Schleim bis zu sechs Wochen am Leben erhalten werden kann. Nach Zentrifugieren des Spermas, um Luftblasen zu entfernen, Zusatz von Antibiotika, von Luft abgeschlossener Aufbewahrung bei 13–15 °C u. Dunkelheit gelang die Lagerung über acht Monate. Bewährt hat sich ein Verfahren der Spermaaufnahme mittels einer Kolbenspritze u. Aufbewahrung in abnehmbaren Spritzenspitzen, die mit Vaseline verschlossen u. dann zur Besamung wieder aufgesetzt werden. KAFTANOGLU u. PENG (1984) gelang die erfolgreiche Besamung mit Sperma, das bei −196 °C in flüssigem Stickstoff 359 Tage lang konserviert worden war. Selbst wenn die unkomplizierte, wenig aufwendige Spermaaufbewahrung zunächst nur für Wochen möglich ist, so bringt bereits die zeitl. u. räumliche Trennung der Aufnahme des Spermas von der Besamung u. damit die Möglichkeit des Transports u. Versands Vorteile mit sich. Ein weiterer Fortschritt wird die Speicherung des Spermas über mindestens ein Jahr sein, um nach erfolgter Nachkommenprüfung ↗ leistungsfähiges Vatertiermaterial ↗ gezielt einsetzen zu können.

Spermatogenese, Spermienentwicklung. Vollzieht sich in den Samenschläuchen od. Hodenfollikeln (Geschlechtsorgane, ♂ ↗). Ursamenzellen (Spermatogonien) vermehren sich zunächst durch 6–8 aufeinanderfolgende Teilungen. Daran schließen sich die Reifeteilungen (Meiose ↗) an. Dabei wird die Zahl der Chromosomen (Kernschleifen) normalerweise bei Tieren von einem doppelten (diploiden) auf einen einfachen (haploiden) Satz reduziert. Der diploide Satz besteht bei der Arbeiterin u. der Weisel aus 32 Chromosomen. Von diesen stammen 16 vom Drohn aus der ♂ Keimzelle, aus dem im Spermienkopf liegenden Kern, u. 16 aus dem Kern der von der Weisel gebildeten Eizelle. Da sich aber Drohnen aus unbefruchteten Eiern entwickeln, besitzen sie ursprüngl. in allen ihren Zellen nur den von der Mutter stammenden haploiden Chromosomensatz, also 16 Chromosomen. Schon während der Larvenentwicklung ↗ vermehrt sich in vielen Körperzellen die Chromosomenzahl ♂♂ Individuen durch innere Zellteilungen (Endomitose) wieder auf 32 Chromosomen. Die Spermatogonien enthalten von vornherein nur 16 Chromosomen. Deshalb bedarf es keiner Reduktion ihrer Chromosomenzahl. Interessanterweise wird jedoch im Zuge der zum Spermium führenden Reifeteilungen in Anlehnung an die Normalverhältnisse bei der Spermienbildung von den Ursamenzellen eine Plasmaknospe abgeschnürt, die aber kernlos ist u. demgemäß keine Chromosomen enthält. Nach dieser angedeuteten Reifeteilung vollziehen die Samenzellen ihre Umwandlung zum befruchtungsfähigen Spermium (Spermiogenese). An der zunächst rundlichen Zelle legt sich der Kern exzentrisch an den Zellrand u. wird zu einem zylindrischen Gebilde. Im gleichen Maße drängt sich das Zytoplasma zusammen u. zieht sich in die Länge, dabei die lange Spermiengeißel bildend. Im Übergangsbereich vom Kern, der die Masse des Spermienkopfes bildet, zur Geißel, im sog. Spermienmittelstück, ordnen sich Mitochondrien aus dem bisherigen Zellinventar um die Geißelansatzstelle an. Sie spielen eine wichtige Rolle bei der Energiebereitstellung für die späteren Bewegungen des Spermiums beim Aufsuchen u. Eindringen in die Eizelle.

Spermien, Samenzellen. Sind fadenförmig langgestreckt u. bestehen aus einem spindelartigen Kopfabschnitt u. einem Schwanzfaden, der als Geißel zur Fortbewegung der Samenzelle dient. Ein einzelnes S.

Spermien, Samenfäden. Links einzelnes Spermium. Nach Zander (1946); rechts Ringelsamen. Nach Fyg (1960)

ist durchschnittl. 0,27 mm lang, davon entfällt $\frac{1}{25}$ auf die Länge des Kopfteiles. Der Kopf enthält den Kern der Samenzelle. In den Hoden eines Drohns (Geschlechtsorgane ↗) werden über 11 Mio Samenfäden erzeugt. Die S.-Entwicklung (Spermiogenese) erfolgt in Hodenkanälchen, den Hodenfollikeln. Aus rosettenförmig angeordneten Zellen, die im Querschnitt nach innen keilförmig zugespitzt sind (Spermatogonien), gehen rundliche Zellen, die Spermatozyten, hervor, die sich zunächst zu noch unreifen Samenzellen, den Spermatiden, weiterentwickeln. Das Endprodukt der Entwicklung stellen schließl. die in Kopf- u. Schwanzteil gegliederten S. dar. Gelegentl. treten in der Samenblase der Weisel offensichtl. geschädigte S., sog. Ringelsamen, auf. Sie liegen in 12 µm weiten Ringen zw. normal gestreckten Samenfäden.

Spermienentwicklung → Spermatogenese.

Sperrbestimmungen → Bienengesundheitsdienst.

Spickkäfig. Einseitig offener Käfig aus etwa 5 cm langen, einseitig spitzen Stahlstiften von etwa 5 cm Durchmesser, der bei der Bearbeitung eines Volkes vorsichtig über die Weisel gehalten u. in die Wabe gesteckt wird, um sie zu sichern, wenn dies angebracht erscheint.

Spierstaude → *Filipendula ulmaria.*

Spinndrüsen → Labialdrüsen.

Spinne. Versch. Fn, bes. Kugelspinnen, Baldachinspinnen u. Radnetzspinnen. Außenschädling ↗. Gefährlich im u. in der Nähe des Bienenstandes u. an den Trachtpflanzen. In den Netzen fangen sich Bienen. Einige S.n der F Raubspinnen sitzen in den Blüten, wo sie die Bienen ergreifen u. töten.

Spitzahorn → *Acer saccharum* → Aceraceae.

Spitzmaus. Braune Waldspitzmaus, *Sorex araneus*; Graue Zwergspitzmaus, *S. minutus*, aus der O der Insectivora (Insektenfresser). Mausähnl., kleiner Insektenfresser, 50–60 mm, rote Zahnspitzen. S. kann im Winter in die Beute eindringen u. Bienen beunruhigen. Störung der Winterruhe u. meist Tod des Bienenvolkes. Zur Vorbeuge Einengen des Flugloches auf 5 mm Höhe. S. steht unter Naturschutz.

Splintringe → Beutenfenster.

Spore. Meist ungeschlechtlich entstandene, runde bis ovale Gebilde mit außerordentl. dichter Schale, bei niedrigen Pflanzen od. Tieren mit hoher Widerstandsfähigkeit gegenüber äußeren Einflüssen u. langer Lebensdauer. Meist Form der Krankheitsverbr. Faulbrut ↗, Nosematose ↗, Hartbrut ↗.

Sporoplasma → *Nosema apis.*

Sprengel, Christian Konrad. Geb. 22. 9. 1750 in Brandenburg (Havel), gest. 7. 4. 1816 in Berlin. Studierte Theologie u. Philosophie, 1780–1794 Rektor der Stadtschule Spandau. – Erkannte durch Beobachtungen der Bienen in der Buchweizentracht als erster, daß die Bienen die Blüten bestäuben. Gab 1793 sein Buch «Das entdeckte Geheimnis der Natur im Bau und. in der Befruchtung der Blumen» heraus, wurde deshalb heftig angegriffen u. verlor seine Stellung. 1811 veröffentlichte er «Die Nützlichkeit der Bienen und die Notwendigkeit der Bienenzucht von einer neuen Seite dargestellt», in dem er u. a. den Satz prägte: «Der Staat muß ein stehendes Heer von Bienen haben.».

Sprichwörter um die Biene. Der Bienenschwarm im Mai wird im allgemeinen sehr geschätzt, wovon die zwei folgenden Sprichwörter zeugen: «Wenn im Mai die Bienen schwärmen, soll man gleich vor Freude lärmen» u. «Ein Schwarm im Mai, ein Fuder Heu», u. weiter «Schwarm im Jun', gebratenes Huhn; Schwarm im Jul', ein Federspul». Die Beziehung zw. Landwirtschaft u. Imkerei zeigt sich auch mit «Hat der Bauer kein Heu, hat der Bienenzüchter keinen Honig» od. «Immen u. Schaf nähren im Schlaf» bzw. «Halt Immen u. Schaaf, leg di nieder u. schlaf». Deutl. zeigt sich auch die Beobachtungsgabe früherer Generationen an dem Sprichwort «Solange die Bienen fliegen, kein Winter». Sonst bekannte Sprichwörter beziehen sich meist nicht auf die Bienen, sondern auf den Menschen od. auf das Bienenprodukt, den Honig, wie «In der Bärenhöhle sucht man nicht nach Honig», «Auf der Zunge Honig, aber im Herzen Eis», «Wer den Honig liebt, darf den Stachel nicht scheuen», «Mistforke u. Honiglöffel sind aus gleichem Holz», «Wenn ein Armer zu Honig kommt, kommen die Fliegen sogar aus Bagdad zu ihm« bzw. «Der Stachel macht keine Biene», «Alte Bienen geben wenig Honig», «Dem, der Bienen hat, soll man nicht Honig verkaufen», «Wo Bienen sind, da ist auch Honig». Einige andere Sprichwörter bezeugen, daß im Umgang mit Bienen Erfahrungen gesammelt wurden u. auch wieder Gemeinsamkeiten mit den Menschen festgehalten werden, so u. a. «Jede Biene hat ihren Stachel», «Eine Biene macht noch keinen Schwarm», «Schwärmende Bienen stechen bald», «Wenn die Biene sticht, verliert sie den Stachel». Zu ergänzen wären noch «Allzuviel ist bitter, u. wär's auch lauter Honig», «Der Honig ist nicht weit vom Stachel», «Der Honig ist teuer, den man aus Dornen lecken muß», «Gibt's nicht Honig, gibt's doch Wachs», «Nicht alles, was süß ist, ist Honig», «Wäre der Honig nicht süß, man leckte ihn nicht», «Wer mit Honig umgeht, leckt auch einmal die Finger», «Wer sich zu Honig macht, den benaschen die Fliegen», «Wo es Honig gibt, da sammeln sich die Fliegen», «Honig ist der Mücke Tod». Auch andere Sprichwörter, die u. a. etwas über Schmeichelei u. Falschheit aussagen, sind bekannt, so z. B. «Honig im Munde, Galle im Schlunde», «Honig im Munde u. Galle im Herzen», «Im Munde den Honig, im Herzen den Stachel» od. «Wer kein Geld hat, muß Honig im Munde haben». Auch die Verwandten der Bienen, die Wespen u. Hummeln, findet man, auch wieder in bezug auf menschl. Eigenschaften, im Sprichwort: «Wenn die Hummeln schwärmen, da geht's nicht ohne Lärmen» od. «Wer in ein Wespennest sticht, bleibt nicht ungestochen». Auch das Schwärmen wird nicht vergessen: «Schwärmerei u. Schnupfen steckt an». Über das Wachs «Wer von Wachs ist, muß nicht zum Feuer kommen».

Springkraut, *Impatiens* → Balsaminaceae.

Springkrautgewächse → Balsaminaceae.

Sproßpilz → Hefe.

Stachelapparat. Liegt im hinteren Teil des Abdomens ↗ ♀♀ Bienen u. ist unter dem siebten Abdominalsegment verborgen. Der S. hat sich im Verlauf der Evolution aus einem Eilegeapparat entwickelt. In ihm sind Bestandteile des achten u. neunten Abdominalsegmentes enthalten. Er besteht aus einem zentralen, längsgestreckten Teil, der in den eigentl. Wehrstachel ausläuft, u. einem aus beweglichen Chitinplatten zusammengesetzten motorischen Apparat, der mit Hilfe mehrerer Muskelbündel die Funktion des Wehrstachels ermöglicht. Zum S. gehören drei Paar solcher Chitinplatten. Am auffälligsten sind die außen gelegenen, quadratischen Platten, umgewandelte Teile des neunten Tergits. Der dorsale, unter den Stigmenplatten verborgene Abschnitt der quadratischen Platten stellt ein Apodem (Cuticula ↗) dar, das bei den einzelnen Bienenrassen unterschiedl. große Angriffsflächen für die Muskulatur ↗ bietet. Im dorsal-proximalen Bereich sind die quadratischen Platten beweglich mit einem kleinen dreieckigen Plattenpaar, den Triangularplatten, verbunden. Die oblongen Platten münden distal in dünnwandige, langgestreckte Fortsätze, die Stachelscheiden. Über dem S. liegen als Chitinhäute die reduzierten Abdominalsegmente 8 u. 10. Das letztere trägt die Afteröffnung. Der Wehrstachel selbst setzt sich aus drei nadelförmigen Bestandteilen zusammen. Im Querschnitt ist ventral das Stechborstenpaar, dorsal die Stachelrinne zu erkennen, die basal eine bulbusförmige Erweiterung, den Stachelrinnenkolben, bildet. Am Grunde dieses Kolbens liegt ein chitiniger, gabelartiger Bestandteil, die Furcula, der durch die an ihr ansetzende Muskulatur ebenfalls für die Bewegung des Stachels eine Bedeutung zukommt. Die Dorsalkanten der Stechborsten sind furchenartig vertieft. In diese Furchen greifen schienenförmige Aufwölbungen der Stachelrinne ein. So kann bei der Funktion des Wehrstachels eine Gleitbewegung der Stechborsten erfolgen. Dabei bilden die drei Stachelelemente eine Kanüle, über die das Bienengift (Giftdrüse ↗) aus dem Stachelrinnenkolben in die

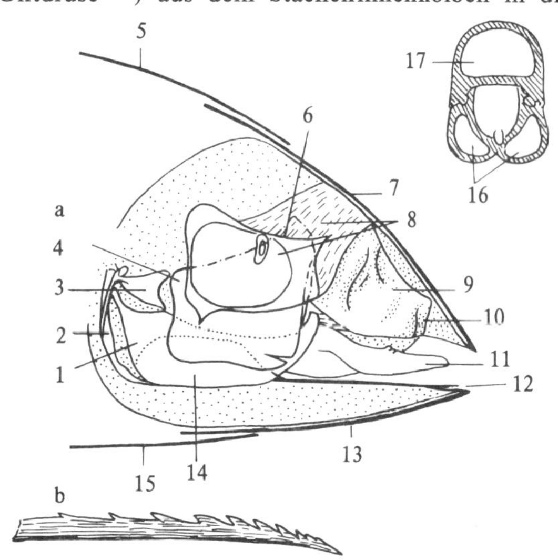

Stachelapparat der Arbeitsbiene. a Seitenansicht des Stachelapparates in der Stachelkammer des Abdomens; b Stachelspitze; c Querschnitt durch den Wehrstachel 1 6. Abdominaltergit; 2 Stigmenplatte, mit einem Stigma versehene Chitinplatte, die zum 8. Abdominalsegment (4) gehört; 3 7. Abdominaltergit; 4 8. Abdominalsegment; 5 reduziertes 10. Abdominalsegment; 6 Afteröffnung; 7 Stachelscheide, häutiger Fortsatz der oblongen Platte des Stachelapparates (12); 8 Wehrstachel; 9 7. Abdominalsternit; 10 6. Abdominalsternit; 11 Stachelrinnenkolben, seitlich von den paarigen oblongen Platten (12) flankiert; 12 oblange Platte; 13 Ramus, Bogenelement; 14 Triangularplatte; 15 quadratische Platte, die Plattenelemente 12–15 bilden zusammen mit dem Wehrstachel (8) und dem Stachelrinnenkolben (11) den Stachelapparat; 16 Stechborstenpaar; 17 Stachelrinne. Nach Snodgrass (1956)

Wichtigste Unterschiede am Stachel der Weisel und Arbeiterin

Elemente des Stachels	*Weisel*	*Arbeiterin*
Entwicklung des Stachels	kräftiger u. größer	kleiner u. schwächer
Stachelrinne	säbelförmig nach unten gebogen	speerförmig, gerade
Stechborsten	gebogen, mit *3–4* Widerhaken	gerade, mit *10* starken Widerhaken
Stachelscheiden	gebogen, kräftig, behaart	gerade, kleiner, wenig behaart
Stachelrinnenwulst	wenig entfaltet	lang, stark entwickelt, dicht behaart
Stigmenplatte	stark, mit den übrigen Teilen verbunden	kleiner, lose am Stachel hängend
Giftdrüse	groß, 40–50 mm lang, kurzer Stiel, lange Schenkel	klein, 20 mm, langer Stiel, kurze Schenkel

Stichstelle gelangt. Zur Verankerung der Stachelspitze in der Einstichstelle dienen elf Widerhaken, mit denen bei *Apis mellifera.*, *Apis dorsata* u. *Apis cerana* jede der beiden Stechborsten besetzt ist. Bei der Zwergbiene, *Apis florea,* treten an den Stechborstenspitzen nur zehn Widerhaken auf, die allerdings bes. gut entwickelt sind. Außerdem befinden sich bei der Zwergbiene auch noch an der Stachelrinne vier Paar Widerhaken. Durch den Winkel, den die Widerhaken zum Schaft der Stechborsten bilden, kann sich der Stachel fest in der Einstichstelle verankern. Daraus folgt, daß der S. nach einem Stich in die Haut eines Warmblütlers beim Abflug der Biene aus ihrem Körper herausgerissen wird, es tritt eine Autotomie ein. Sie wird noch dadurch begünstigt, daß die Muskulatur zw. S. u. den ihn umgebenden Chitinteilen des Abdomens reduziert ist. Da mit dem S. der letzte Nervenknoten der Bauchganglienkette, der für die Bewegung der Stechborsten sorgt, mit abgerissen wird, kommt es nach der Autotomie noch zu einem tieferen Eindringen des Stachels in die Stichwunde. Da von den Stechborsten ein Fortsatz in das Lumen des Stachelrinnenkolbens ragt u. sich derselbe beim Stich mit der Bewegung der Stechborsten ebenfalls hin- u. herbewegt, wird dadurch zusätzl. Gift aus dem Kolben in die Stachelkanüle befördert. Damit aber wird Raum für einen weiteren Giftzufluß aus der Giftblase in den Stachelrinnenkolben geschaffen. – An der Basis des Stachelapparates mündet außer der Giftblase noch die Dufoursche Drüse ↗. Ein zartes Drüsengewebe liegt außerdem zw. der Oberfläche der quadratischen Platten u. den über dem S. gelegenen Stigmenplatten, die Koshevnikovschen Drüsen. Wie die Arbeitsbiene besitzt auch die Weisel einen S., der sich vom S. der Arbeiterin durch den ventral eingebogenen Wehrstachel, eine geringere Anzahl von Widerhaken u. etwas andere Formen der den Stachel umgebenden Chitinplatten unterscheidet. Die bes. kräftigen Stachelscheiden der Weisel sind mit deutl. sichtbaren Härchen besetzt. Der S. der Weisel ist durch Muskulatur fester im Abdomen verankert als der S. der Arbeitsbiene.

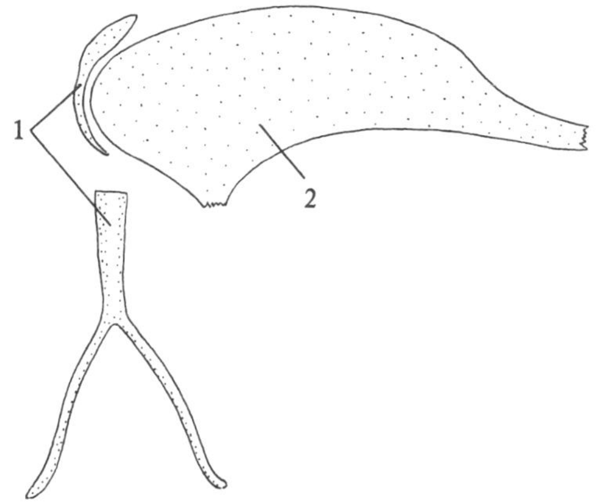

Stachelrinnekolben (2) mit Furcula (1)

Stachelbeere → *Ribes uva-crispa* → Saxifragaceae.

Stachelkraftwurz, *Acanthopanax* → *Acanthopanax senticosus.*

Stachellose Bienen → Meliponini.

Stamm → Zuchtstamm.

Stammbaum → Abstammungsschema.

Stammeszucht. Selektion u. Paarung der Bienenvölker bzw. Weiseln innerhalb eines Zuchtstammes ↗.

Stampfhonig. Bei der Heidebetriebsweise ↗ beim Ausschneiden der Körbe im Herbst anfallende Wabenstücke mit Pollen u. Honig werden in geeignete Gefäße eingestampft u. im Frühjahr, mit etwas Wasser verrührt, als Reizfutter verwendet.

Standardbeute für Hinterbehandlung. Sie ist einfachwandig, ohne Doppelboden u. mit abnehmbarem Wandervorsatz ausgerüstet. Es kann im Quer- u. Längsbau sowie im Brutraum mit Schlitten gearbeitet werden. Das Fassungsvermögen bei Querbau sind zwölf Waben je Raum, im Längsbau zehn Waben u. ein Füllschied; dahinter ist noch Platz für zwei Waben bzw. Baurahmen in Querstellung. Bei max. Raumausnutzung passen nach geringfügigen Änderungen im Querbau 14–15 Waben in jeden Raum (Max. Raumausnutzung von Hinterbehandlungsbeuten ↗).

Standbuch. Diarium, in dem für jedes Volk ein bis zwei Seiten vorgesehen werden u. in das auch allgemeine u. alle Völker betr. Eintragungen gemacht werden können (Aufzeichnungen ↗).

Stand der Bienenzucht. Die Bienenzucht ist heute weltweit verbr. Nach Crane sind die Formen der Bienenzucht in der Alten u. in der Neuen Welt sehr versch. In der Neuen Welt werden Bienen berufsmäßig zur Bestreitung des Lebensunterhaltes gehalten. So können die am stärksten mechanisierten Imker in Kalifornien pro Mann mehr als 1000 Völker betreuen. In der Alten Welt ist der Anteil der nebenberuflichen u. Hobbyimker bedeutend größer. Von diesen werden pro Mann 5, 10 od. bis 50 Völker bewirtschaftet u. eine Honigernte von 5–20 kg Honig pro Volk erzielt. Die durchschnittl. Honigerträge liegen jedoch in den meisten Ländern zw. 20–40 kg pro Volk u. in den besten Trachtgebieten bei 90, 140 od. 180 kg. In einigen sozialistischen Ländern O-Europas betreut ein staatlicher Bienenzüchter 100 Völker, in England findet man Berufsimker, die 200–250 Völker betreuen, in Australien sind es 300 od. mehr. – Während in der Neuen Welt meist Langstroth- u. Dadant-Beuten Verwendung finden, sind in Europa die Beuten nicht nur von Land zu Land versch., sondern es kommen oftmals innerhalb eines Landes noch unterschiedl. «Standardbeuten» zur Anwendung, die wiederum versch. Rahmen u. damit Mittelwände von versch. Größe u. Form u. versch. Abdeckbretter u. Absperrgitter benötigen. – In Österreich, der ČSSR, der Bundesrepublik Deutschland, in Holland u. der Schweiz entfallen ca. 12 Völker auf die Quadratmeile (2,6 Quadratkilometer), die Honigerträge gehören jedoch zu den niedrigsten Europas. Insges. gibt es in Europa (außer der UdSSR) etwa 12,5 Mio Völker, im Durchschnitt sechs pro Quadratmeile, der durchschnittl. Honigertrag liegt bei 10 kg pro Jahr. Dieser Ertrag ist höher als der in Afrika, wo die meisten Beuten sehr primitiv sind, od. der in Asien, wo die einheimische Biene einen geringen Ertrag liefert, ist im ganzen genommen jedoch nur halb so groß wie der Ertrag in der Neuen Welt, wobei in den USA (ohne Alaska u. Hawaii) aber nur 1,55 Völker auf die Quadratmeile kommen. Die Honigproduktion Europas (außer der UdSSR) wird auf ca. 110000 t pro Jahr geschätzt. – *UdSSR:* Im zweiten Weltkrieg ging mehr als die Hälfte aller dort lebenden Bienenvölker zugrunde, heute ist der Vorkriegsstand von 10 Mio Völkern fast wieder erreicht. Die Honigproduktion beläuft sich auf fast 100000 t pro Jahr (etwa 10 kg pro Volk). Zwei Drittel aller Bienenvölker werden auf genossenschaftlicher Basis mit staatlichen Direktiven verwaltet, wobei von einer Genossenschaft ca. 80 Völker bewirtschaftet werden. Es gibt aber auch spez. auf die Bienenzucht orientierte Genossenschaften, die zw. 6000–30000 Völker bewirtschaften. Da hier wie auch in anderen sozialistischen Ländern Pflanzenschutz u. Bienenhaltung staatlichen Regelungen unterworfen sind u. der Bienenzüchter Bienen zur Bestäubung als Pflichtleistung zur Verfügung stellt, kommt es zu keinen Konflikten zw. rivalisierenden Interessen. Während viele Honig produzierende Länder die Bienenwachsproduktion einschränken – ungefähr 2 % der Honigproduktion –, haben die sozialistischen Länder solche Methoden der Bienenhaltung entwickelt, die es jedem Bienenstand ermöglichen, einen Überschuß an Wachs u. an Honig zu erzielen. – *Asien* (außer UdSSR): Nach Schätzungen werden 4 Mio Bienenvölker in meist primitiven Beuten ohne mobile Rahmen angenommen, wobei ein beträchtlicher Teil des produzierten Honigs im tropischen S aus wilden Nestern der *Apis dorsata* gewonnen wird. Die durchschnittl. Ernte pro Volk beträgt ca. 7 kg u. der Honig-Gesamtertrag etwa 30000 t. Diese Erträge werden sich wahrscheinl. erhöhen, da die einheimischen, relativ unproduktiven Bienen nach u. nach durch europ. Stämme ersetzt werden. So hat China zw. 1949 u. 1959 in einer Provinz eine Erhöhung von 8000 auf 195000 Völker von europ. Bienen vorgenommen. – *Afrika:* Die Bienenhaltung an der N-Küste Afrikas unterscheidet sich wesentl. von der Bienenhaltung sü. der Wüste Sahara. Man findet hier insges. ca. 8 Mio Bienenvölker in Beuten, davon sind ¾ primitive Beuten, bes. in Tanganyika u. Angola, wo die Beuten hauptsächl. nur wegen des aus den ausgeschnittenen Waben gewonnenen Wachses gehalten werden. Honig wird nur als Nebenprodukt angesehen. Afrika ist die größte Wachsquelle der Welt u. spielt deshalb in der Bienenzucht eine einzigartige Rolle. Die gesamte Bienenwachsproduktion Afrikas beträgt ca. 3500 t u. stellt damit den größten Teil des auf dem Weltmarkt angebotenen Bienenwachses dar. Die Gesamtmenge des in Afrika aus Beuten geernteten Honigs beträgt etwa 45000 t. – Sü. der Wüste Sahara wird die Bienenhaltung unter Verwendung moderner Beuten betrieben. Während man im Innern Afrikas die einheimische Rasse *Apis mellifera adansonii* findet, lebt im äußersten S die Kapbiene *Apis mellifera capensis.* – *Amerika:* N-Amerika hat ca. 5,5 Mio Bienenvölker in Beuten mit einer durchschnittl. Produktion pro Volk von 20,9 kg in den USA u. 40 kg in Kanada. In den USA gibt es etwa 2 Bienenvölker pro Quadratmeile (2,6 Quadratkilometer) u. in Kanada weniger als ein Bienenvolk auf 10 Quadratmeilen, also ein Viertel bzw. ein Achtzigstel der durchschnittl. Bienendichte in Europa. Die Bienenzucht ist im allgemeinen ein Haupt- od. Nebenberuf bei Beständen bis zu mehreren tausend Völkern. In öst. Gebieten mit mehr europ. Klima sind die Honigerträge bedeutend geringer, u. wie in Europa gehört hier das größere Interesse den Bienen selbst. – In Zentral-Amerika gibt es 1,5 Mio Bienenvölker bei einer durchschnittl. Volksdichte von ca. zwei Völkern pro Quadratmeile. Dabei bleiben noch große Flächen von nektarlieferndem Land von Bienenzüchtern unbenutzt. Ungefähr 20000 t Honig werden jährl. erzeugt. Im tropischen Teil S-Amerikas, wo sich die Heimat vieler An der stachellosen Bienen befindet, werden einige davon zur Honigerzeugung gehalten. Der Durchschnittsertrag liegt bei ca. 18 kg pro Volk, wobei die gesamte Jahresproduktion von 1,5 Mio Völkern ca. 26000 t beträgt. Auch hier werden wie in Zentral-Amerika viele Gebiete nur ungenügend ausgebeutet. – *Australien:* Es existieren ca. 200000 Bienenvölker in Neuseeland, die etwa 6000 t Honig liefern. Auf die Quadratmeile kommen ungefähr zwei Völker mit einem Durchschnittsertrag von 30 kg pro Volk. Australien weist einige der höchsten Honigerträge der Welt auf. Der gesamte Landesdurchschnitt beträgt 36 kg, etwas niedriger als in Kanada. Im we. Australien beträgt der durchschnittl. Honigertrag jedoch 90,8 kg pro Volk. Der meiste Honig kommt von den versch. An des Eukalyptus u. wird durch extensive Wanderbienenzucht in die Standortgebiete gewonnen, welche nur einmal alle zwei, drei od. mehr Jahre blühen. Durch Abholzung nehmen die Honigerträge jedoch ab. Australien produziert ca. 15000 t Honig jährl. Es kommt etwa ein Volk auf sieben Quadratmeilen (nach E. Crane).

Ständerbeute. Mehrräumige Beute, bei der sich der Honigraum über dem Brutraum befindet; unabhängig davon, ob in einem Beutenkörper vereint od. mit losem Honigraum u. auch unabhängig von der Wabenform ↗. In der Hauptsache sind dies die Hinter- u.

Hinter/Oberbehandlungsbeuten sowie auch die Magazinbeuten (Lagerbeute ↗).

Standmaß. Das Rähmchenmaß der auf einem Bienenstand vorhandenen Beuten. Im Interesse eines rationellen Arbeitens ist es zweckmäßig, wenn nur ein Maß vorhanden ist.

Standortwahl. Ein Platz, der als Bienenstand ↗ genutzt werden soll, muß u. a. folgende Bedingungen erfüllen: Die Bienenhaltung muß grundsätzlich erlaubt sein. Zwar ist dies fast überall der Fall, doch sollte im konkreten Fall geprüft werden, ob dem nichts entgegensteht. Durch Konsultation evtl. schon in der Umgebung ansässiger Imker ist dies zu klären. – In der Nachbarschaft sollten keine Einrichtungen od. Betriebe vorhanden sein, die durch die Bienenhaltung gefährdet werden, z. B. Kindereinrichtungen, Autolakkierereien, od. die sich negativ auf die Bienenhaltung auswirken könnten, z. B. Hüttenwerke. – Die Aufstellung der Bienen muß so möglich sein, daß Nachbarn u. Passanten öffentlicher Wege u. Straßen nicht gefährdet sind u. nicht mehr als zumutbar belästigt werden. – Der Standort soll den Bienen ausreichende Tracht ↗ bieten. Dies ist abhängig von den vorhandenen Trachtpflanzen, aber auch von der Anzahl der eigenen u. den schon im Flugkreis ↗ vorhandenen Bienenvölkern (Bienenstand ↗). Trachtlücken können evtl. durch Wanderungen überbrückt werden. – Das Gelände sollte sich nicht in einer Frostlage ↗ u. nicht in windexponierter Lage befinden (Windschutz ↗). – Gute An- u. Abfahrt mit Kfz. (Wanderung ↗). – Möglichkeit des Anschlusses an das Strom- u. Wassernetz.

Stanniol → Zeichnen der Weisel.

Stapelbeute Schulze. Der Brutraum ist als zwölf Normalmaßwaben im Querbau fassender Schubkasten ausgebildet, der zur Bearbeitung der Waben von oben aus der Beute herausgezogen wird. Eine Bearbeitungsmöglichkeit von hinten ist außerdem gegeben. Der Honigraum ist für Längsstellung eingerichtet u. in einen Vier- u. Siebenwabenraum geteilt. Der Vierwabenraum soll schon früh im Jahr zur Heranzucht einer Weisel genutzt werden, um das Volk zur Schwarmverhinderung umweiseln zu können.

Staphylea pinnata L., Gemeine Pimpernuß. A der G *Staphylea* – mit 12 An in der nö. gemäßigten Zone verbr. – der F der Staphyleaceae. Von Frankreich über M- u. S-Europa bis Kaukasus u. Transkaukasien. In lichten Wäldern u. Gebüschen. Als Zierstrauch angepflanzt. Der bis 5 m hohe Strauch blüht im Mai/Juni. Die weißlichen Blüten – am Grund außen grünlich, an den Spitzen leicht gerötet – stehen in länglichen, hängenden, 5–12 cm langen Trauben, seltener Rispen. Anspruchslos, schattenverträglich. Nektar- u. Pollenspender. Zur Bienenweideverbesserung geeignet.

Stärke eines Bienenvolks. Die S. e. B. ist abhängig von der Jahreszeit, der Beutengröße ↗ u. der Betriebsweise ↗. Im Winter beträgt die Anzahl der Bienen eines mittelstarken Volkes etwa 8000. Anzustreben sind Überwinterungsstärken von 10000 – 15000 Bienen. Im Sommer beträgt die S. e. B. in Hinterbehandlungsbeuten mit Einraumüberwinterung etwa 30000–40000, in Magazinbeuten bei nicht eingeschränkter Ausdehnungsmöglichkeit bis zu 80000. In Hinterbehandlungsbeuten bei Doppelraumüberwinterung ↗ sowie max. Nutzung des Beutenraums u. ohne Bruteinschränkung dürfte eine Volkstärke ↗ erreicht werden, die zw. den genannten Zahlen liegt.

Start → Flugmanöver.

Starter → Aufzuchtverfahren.

Stäubemittel. Pflanzenschutz ↗- u. Schädlingsbekämpfungsmittel, staubförmig ausgebracht (Teilchengrößen zw. 20–60 µm). Für Bienen sehr gefährliche Formulierungsform, oft zusammen mit od. als Pollen eingetragen, führen zu schwerwiegenden Vergiftungen.

Staubpinseleffekt. Das Anhaften u. Anreichern von bienengefährlichen Stäuben an voluminösen Pollenträgern, z. B. an Weidenkätzchen.

Stechdornblättrige Mahonie → *Mahonia aquifolium* → Berberidaceae.

Stechlust → Körpertemperatur.

Stechwut. Überdurchschnittl. Stechbereitschaft wird als S., das Gegenteil als Sanftmut ↗ bezeichnet. Gelegentl. kommt es vor, daß Völker, die vorher in ihrer Stechbereitschaft nicht auffällig waren, plötzlich od. nach u. nach stechwütig werden. Meist sind diese Völker nicht anders behandelt worden als die übrigen eines Standes; die Gründe für die Verhaltensänderung sind also nicht erkennbar (Umgang mit Bienen ↗). In der Lit. wird u. a. berichtet, daß Völker nach dem Verstärken mit Brutwaben aus mehreren Völkern stechwütig geworden sind. Die Bearbeitung derartiger Völker ist schwierig, wenn nicht unmöglich. Radikalmittel wie das Betäuben mit Lachgas ↗ sind der letzte Ausweg. In vielen Fällen läßt eine Zeit völliger Ungestörtheit die S. wieder abklingen. Sollte das nicht helfen, sind stechwütige Völker zur Vermeidung von Unfällen abzutöten (Abschwefeln ↗).

Steinbrechgewächse → Saxifragaceae.

Steinbrut, auch Hartbrut ↗. Erreger: *Aspergillus flavus* ↗, befällt auch ad. Bienen. Brut wird vom Mycel ↗ des Pilzes durchwuchert u. mumifiziert. Pilzwachstum auf der ganzen Wabe, Mumien ↗ liegen fest in der Zelle. Befallene Völker vernichten u. Beuten desinfizieren. Vorsicht, Pilz ist für den Menschen gefährlich.

Steinklee → Weißer Steinklee.

Steinlinde → *Tilia cordata* → Tiliaceae.

Stellaria media (L.) VILL., Vogelmiere, Vogel-Sternmiere, Hühnerdarm. A der G *Stellaria* – mit über 100 An weltweit verbr. – der F der Caryophyllaceae. Kosmopolitisch verbr. Auf trockenen u. Bergwiesen, seltener in Unkrautbeständen auf Äckern. Sehr häufig. 8–60 cm große Pflanze, einjährig. Blüht von März bis Oktober. Weiße Blüten gabel- u. endständig. Stickstoffliebend. Wird von den Bienen als Frühpollenspender, z. B. im Schweiz. Mittelland u. Jura, genutzt u. meist nur im März/April – bei geringem Pollenangebot – u. später kaum noch beflogen.

Sterberate → Mortalität.

Sterndolde, *Astrantia* → Umbelliferae.

Sternhyazinthe → *Scilla bifolia.*

Sternite → Abdomen.

Sternschleuder → Honigschleuder.

Sterzeln. Zur Übermittlung einer durch Geruchsrezeptoren wahrnehmbaren Information, hauptsächl. an die Angehörigen des eigenen Volkes, sind die Arbeiterinnen in der Lage, mit Hilfe der Duftdrüsen (Nassanoffsche Drüse ↗) eine Duftspur od. eine Duftwolke zu erzeugen. Dazu nehmen sie eine typische Haltung ein; sie strecken den Hinterleib schräg nach oben u. drücken die letzte Rückenschuppe nach unten, wodurch die unter der vorletzten Rückenschuppe verborgene Duftdrüse herausgedruckt wird. Durch gleichzeitiges Fächeln ↗ entsteht ein nach hinten gerichteter, mit dem flüchtigen Sekret der Duftdrüse angereicherter Luftstrom. Die Duftspur dient u. a. der zusätzl. Orientierung der Weisel bei der Rückkehr vom Paarungsflug u. den Jungbienen bei ihren Orientierungsflügen (Einfliegen ↗), die Duftwolke zur Kennzeichnung u. Orientierung auf eine lohnende Tracht.

Stickstoff-Stoffwechsel u. Pollenverdauung. Pollen ist für die Biene die einzige Stickstoffquelle, aber die versch. Pollenarten enthalten bei weitem nicht die gleiche Stickstoffmenge. Der meiste u. auch stickstoffreichste Pollen wird im Frühjahr zusammengetragen. Es gibt enorme Unterschiede im Nährwert der versch. Pollen. Man mißt diesen Wert mit dem Entwicklungsstand der Drüsen. Der Stickstoffgehalt im Körper, der bei jungen Bienen stark ansteigt, ist ein guter Indikator für die Assimilierung versch. Stickstoffquellen. Der Stickstoffgehalt steigt nach dem Ausschlüpfen um mehr als 50%, der Magen-Darm-Kanal ist also mit Pollen vollgestopft. Das Einsperren in Käfigen, wie es sehr häufig in den Laboratorien praktiziert wird, scheint die Stickstoffassimilation sehr zu beeinträchtigen (Koening, 1953). Manche Autoren geben Unterschiede im Stickstoffgehalt in Abhängigkeit von der Jahreszeit an, andere verneinen das. Bei den alten Ammenbienen ↗ sinkt der Stickstoffgehalt, aber es scheint, daß man ihn in einem gewissen Maße durch eine stickstoffreiche Nahrung, die sie noch zu assimilieren vermögen, aufrechterhalten kann. De Groot (1950) hat versucht, den Pollen durch Mischungen mit Aminosäuren u. versch. Hydrolysaten zu ersetzen. Die Ergebnisse sind unexakt, wahrscheinl., weil die Bienen ungern diese ungewohnten Proteine aufnehmen. Das Kasein ist das einzige Protein, das gute Ergebnisse bringt. Die für das Anwachsen des Stickstoffgehaltes notwendigen Aminosäuren sind Arginin, Histidin, Tryptophan, Phenylalanin, Methionin, Threonin, Leuzin, Isoleuzin u. Valin. Ohne Methionin steigt der Stickstoffgehalt in den ersten sieben Tagen rapide an u. bleibt dann gleich. Ohne Threonin steigt der Stickstoffgehalt überhaupt nicht an. Der Stickstoffbedarf der Bienen ist nicht so wesentl. anders als bei anderen Insekten od. der Maus. Die Konzentrationen, die ein optimales Anwachsen des Stickstoffgehaltes bewirken, sind je nach der Aminosäure unterschiedl. Bei Leuzin, Isoleuzin u. Valin sind die Konzentrationen höher, bei Tryptophan, Methionin u. Histidin geringer (De Groot). Die «d»-Formen der Aminosäuren werden nicht verwendet.

Stieleiche → *Quercus robur* → Fagaceae.

Stift → Ei.

Stiften → Eiablage.

Stigmen → Atemorgane.

stille Räuberei → Räuberei.

stille Umweiselung. Eine Form der Weiselerneuerung, die bei einzelnen Völkern über mehrere Generationen auftreten kann. Hierzu werden im zweiten od. dritten Lebensjahr der Weisel 1–3 Weiselzellen angesetzt u. optimal gepflegt. Die alte Weisel bleibt mindestens bis zur Begattung der jungen, gelegentl. auch noch bis zum Herbst, im Volk. Die Neigung zur s.n U. wird allgemein als eine gute Eigenschaft angesehen, doch ist sie bei mehrmaliger Wiederholung möglicherweise auch ein Zeichen von Vitalitätsverlust.

Stinkender Nieswurz, *Helleborus foetidus* → Ranunculaceae.

Stockgeruch. Dem Flugloch sowie der geöffneten Beute entströmt in der Brut- u. Trachtzeit ein spezifischer, deutl. wahrnehmbarer Geruch. Ob dieser Geruch aber von Volk zu Volk unterschiedl. ist u. diese Unterschiede von den Bienen auch wahrgenommen werden, od. ob der S. eine davon völlig unabhängige Qualität hat, ist bisher fraglich. Wenn, wie oft vermutet wird, die heimkommenden Bienen von den Fluglochwachen am Geruch erkannt werden, müßte der volkspezifische Geruch jeder einzelnen Biene auch noch bei der Rückkehr, z.B. vom Trachtflug, anhaften.

Stockheizung → Beutenheizung → Heizleistung.

Stockkarte. In den Imkergerätehandlungen werden (spez.) vorgedruckte S.n angeboten, die jeweils für Eintragungen während eines Jahres ausreichen. Meist werden sie an der Beutentür befestigt (Standbuch ↗).

Stockklima. Es entsteht durch die im Beuteninnenraum herrschende Temp.- u. Feuchteverhältnisse sowie durch das Vermögen der Arbeitsbienen, die Wirkung beider Faktoren regulierend zu beeinflussen (Thermoregulation ↗). Außerdem wirken sich auf das S. Luftaustauschprozesse u. Turbulenzen ↗ aus.

Stockmeißel. Werkzeug mit vielseitiger Anwendungsmöglichkeit; in mehreren Ausführungen im Handel: z. B. kurze, lange Form, mit u. ohne Griff, Paschkemeißel ↗. Der S. dient u. a. zum Lösen der Zargen u. Waben, des Schiebebrettchens am Beutenfenster u. auch zum Abschaben von Propolis u. Zwischenbau.

Stocknässe. Die für die Aufrechterhaltung ihrer Lebensfunktionen im Winter erforderliche Temp. erzeugen die Bienen durch die Verdauung der im Futter enthaltenen Zucker, bei deren chemischer Umsetzung neben Energie Kohlendioxid u. Wasser entstehen. Aus 1 kg Futter entstehen 0,8–1 kg Wasser. Die Bienen können davon nur einen geringen Teil in der Kotblase ↗ speichern, der überwiegende Teil wird als Wasserdampf mit der Atemluft ausgeschieden. Der überschüssige Wassergehalt der Beutenluft schlägt sich bei ungenügender Lüftung an den kältesten Stellen der Beute als S. nieder u. führt zum Verquellen der Holzteile u. zum Verschimmeln der Waben. Der Imker hat dafür zu sorgen, daß das Flugloch im Winter max. geöffnet, u. daß es die kälteste Stelle der Beute ist. Das Öffnen eines zweiten Fluglochs bzw. eines Lüftungslochs im oberen Teil der Beute als Abzug für die feuchte Luft ist umstritten. Das Streben nach trockener Überwinterung sollte nicht übertrieben werden; S. schadet zwar der Beute u. den Waben, nicht aber den Bienen. S. auch Wasserhaushalt.

Stockrose, *Althaea rosea* → Malvaceae.

Stockwaage. Flache (etwa 12 cm hohe) Dezimalwaage mit Waagebalken u. Laufgewichten an der Schmal- od. Längsseite, spez. zum Untersetzen unter eine Beute (Waagstock ↗). Die S. kann auch mit einer Schreibeinrichtung ausgerüstet sein, die Masseänderungen selbständig registriert.

Stoffwechsel der Bienen in Abhängigkeit vom Alter. Schwankungen des Stickstoffgehaltes (Stickstoff-Stoffwechsel u. Pollenverdauung) sind bekannt. Aber das trifft nicht nur auf Stickstoff zu. Die junge Biene z.B. enthält im Gegensatz zur Altbiene nur sehr wenig Kohlenwasserstoff. Der Kohlenwasserstoff- u. Glykogengehalt liegt bei Ammenbienen ↗ höher, bes. im Darm u. in den Muskeln. Das Glykogen bildet 36 % der Kohlenwasserstoffreserven bei der voll entwickelten Biene u. bei der Winterbiene. Bei letzterer sind keine anderen Kohlenwasserstoffe vorhanden. Der Gehalt an Vitamin B ändert sich im Laufe des Lebens ebenfalls, Jungbienen haben mehr als Altbienen.

Stoffwechsel der Winterbienen. Der Stoffwechsel bei diesen Bienen ist ganz anders geprägt als bei den Sommerbienen. Dies äußert sich in der wesentl. längeren Lebensdauer dieser Bienen. Der Fettkörper ist mit Proteiden vollgestopft. Die Futtersaftdrüsen bleiben bei vielen Winterbienen unverständlicherweise funktionstüchtig. Die Drüsen der Winterbienen hydrolysieren den Zucker nicht so leicht.

Storchschnabel, *Geranium* → Geraniaceae.

Stoßprobe. Honig in nicht od. nicht ganz verdeckelten Waben ist vor dem Schleudern durch die S. auf Schleuderreife zu prüfen. Auf eine Rähmchenleiste der zu prüfenden Wabe wird mit der Hand ein kräftiger Schlag ausgeführt od. man stößt die waagerecht gehaltene Wabe ruckartig nach unten. Spritzt dabei kein Tropfen heraus, ist der Honig schleuderreif (Honigwabe ↗).

Strandaster → *Aster tripolium* → Compositae.

Strand-Grasnelke → *Armeria maritima.*

Strandnelkengewächse → Plumbaginaceae.

Strauchbirke → *Betula humilis* → Betulaceae.

Strauchpappel, *Lavatera* → Malvaceae.

Strecklarve (-made) → Larvenentwicklung.

Streichholzprobe. Bei Bösartiger Faulbrut sterben die Bienenlarven ab u. werden zu fadenziehender Masse. Bei der sog. S. wird je ein Streichholz in verdächtige Wabenzellen hineingetaucht, u. beim Herausziehen bleibt diese fadenziehende Masse daran haften.

Streptococcus apis → *Streptococcus faecalis.*

Streptococcus faecalis Andrewes et Horder, *Streptococcus apis,* NN. Gehört zu der Erregergruppe, die die ansteckende Gutartige Faulbrut (Sauerbrut) hervorruft. S. f. wächst aus krümeligen, säuerlichen Larvenresten, gelegentl. zusammen mit *Bacillus alvei* ↗ auf einfachen Nährböden; gegen versch. Antibiotika empfindlich.

Streptococcus pluton White. Gehört zu der Erregergruppe, die die ansteckende Gutartige Faulbrut hervorruft. Dieser grampositive lanzettförmige unbewegliche Kokkus bildet keine Sporen u. ist in Direktausstrichen vom Darm kranker od. verendeter Bienenlarven ↗, die noch nicht zersetzt sind, nachzuweisen. Oft kommt er vergesellschaftet mit *Achromobacter eurydice* ↗, *Bacillus alvei* ↗, *Streptococcus faecalis* ↗ u. *Bacillus laterosporus* ↗ vor. S. p. wächst nur auf Spezialnährböden, z. B. Bailey-Nährböden; empfindlich gegen versch. Antibiotika. Sulfonamide sind unwirksam.

Stufenversuch → Nahrungssuche.

Subalare → Flügelgelenkung.

Subcosta → Flügeladerung.

Suchbiene → Nahrungssuche.

Sulfathiazol-Heilverfahren → Bösartige Faulbrut.

Sulfathiazol-Natrium. Wirkstoff ↗ zur Bekämpfung der Bösartigen Faulbrut ↗.

Sumachgewächse → Anacardiaceae.

Sumpfbeere → *Vaccinium corymbosum* → Ericaceae.

Sumpfdistel, *Cirsium palustre* → Compositae.

Sumpfdotterblume → *Caltha palustris* → Ranunculaceae.

Sumpfmädesüß → *Filipendula ulmaria.*

Sumpfvergißmeinnicht → *Myosotis scorpioides* → Boraginaceae.

Superdominanz → Überdominanz.

Süßgräser → Gramineae.

Süßkirsche → *Prunus avium* → Rosaceae.

Swammerdam, Jan, Dr. Geb. 12.2.1637 in Amsterdam, gest. 15.2.1680 in Amsterdam. Studierte Medizin an der Universität in Leiden, errang 1667 die Doktorwürde, wollte nicht nur heilen, sondern die Ursache der Krankheiten ergründen. Nutzte das gerade erfundene Vergrößerungsglas u. studierte die Welt im Kleinen. Konstruierte erstes praktisch verwendbares Mikroskop. Beschrieb als erster Bau u. Entwicklung der Insekten, entdeckte die Metamorphose, stellte die Geschlechtsverhältnisse von Weisel, Drohn u. Arbeitsbiene fest, erkannte, daß aus jedem befruchteten Ei eine Weisel entstehen kann u. bildete als erster Ableger. Veröffentlichte unter großen finanziellen Opfern u. trotz starker Anfeindungen das «Buch der Natur», in späterer deutscher Übersetzung als «Bibel der Natur» herausgekommen.

Symbolik, Biene u. Bienenkorb. Schon vor dem 3. Jahrtausend v. u. Z. galt die Biene neben der Papyrusstaude als Symbol der Herrschaft über Unterägyp-

Wandemblem aus Holz, mit Schrift «Gott segne unsere Arbeit». 26 × 38 cm. Herkunft unbekannt.

ten, während Stier u. Uräusschlange das eigentl. Niltal u. damit die Herrschaft über Oberägypten bedeuten. Das geht aus archäologischen Funden hervor, wo Gefäße mit den Namen ägyptischer Könige, auf denen man auch eine Biene erkennen kann, deutl. auf die Zeit um 2900 v. u. Z. hinweisen. Auch eine mit Goldblech überzogene Tafel – aufbewahrt im Ägyptischen Museum in Kairo – enthält die Titulatur der Mutter des Pharaos Cheops (bekannt durch die Cheopspyramide), der um 2650 v. u. Z. regierte, u. weist sie durch Biene u. Papyrusstaude als Herrscherin über Unterägypten aus, während der abgebildete Geier die Mutterschaft u. die Uräusschlange wiederum die Herrschaft über Oberägypten bedeuten. Fast drei Jahrtausende wurde dieses Symbol in Ägypten verwendet, wovon ein Relieffragment im Medelhavsmuseet in Stockholm zeugt, welches aus der 30. Dynastie von 378–341 v. u. Z. stammt. Auf dem Stein erscheint die Biene im Titel eines königlichen Siegelbewahrers für Unterägypten. Als Zeichen königlicher Herrschaft ist die Biene fast bis in die Gegenwart in N-Afrika vertreten. In S-Äthiopien wurden z. B. die sakralen Könige, die nur kultische Aufgaben wahrzunehmen hatten, von Bienen erwählt. Nach einer Überlieferung bedeutete sie über 5000 Jahre königlichen Rang. Die Biene war für diese Dynastien das Symbol für das Verhältnis des Königtums zum Sonnengott Rê u. damit gleichzeitig mit der königlichen Oberhoheit über ein bestimmtes Gebiet verbunden. 1930 wurde in der Begräbnisstätte Chrysolakkos (Kreta) ein Bienenanhänger aus Gold gefunden, das Symbol der Stadt Mallia (etwa 1700 v. u. Z.), welches zwei unter einer Krone

Teil einer Stele. 19. Dynastie, 1300 v. u. Z.

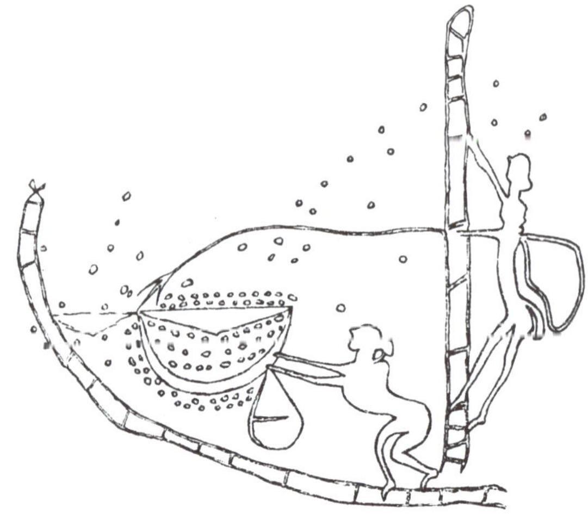

Älteste bildliche Bienendarstellung, Ägypten, 2400 v. u. Z.

vereinigte Bienen darstellt, die zw. ihren Beinen eine kreisrunde granulierte Scheibe – eine naturalistische Darstellung einer Wabe aus einer Tonröhre – halten. Dieses Schmuckstück wurde als Zeichen königlicher Würde getragen. – Auch der Frankenkönig Childerich, nach ihm Karl der Große u. nach diesem Napoleon Bonaparte haben auf ihren Krönungsmänteln goldene Bienen angebracht. Die Lilie der Bourbonen soll auch keine Lilie, sondern eine stilisierte Biene sein. – Der Hinduismus verehrt im Gott Vishnu den Allerhalter der Welt u. stellt ihn als blaue Biene – da sie aus dem blauen Äther stammt – ruhend im Kelch der Lotosblume – bedeutet in diesem Zusammenhang die Fruchtbarkeit des empfangenden Elementes – dar. – Die mythologische Entstehung der Bienen ohne Zeugung u. die Fruchtbarkeit des Bienenvolkes, das sich um seine Königin schart, die in der Antike als männliches Individuum galt, spiegelt sich auf den Münzen von Ephesos, dem benachbarten Chios in der Ägäis, Elyros, Julis auf Kreta u. dem thessalischen Melitaia wider. Die Biene galt als ein Symbol der Artemis, der «großen Mutter», die in Kleinasien viele Kultstätten besaß. Ihr Hoher Priester trug den Beinamen «Bienenkönig» u. die Priesterinnen den Beinamen «Bienen». Der Biene kam jedoch in der Antike nicht nur wegen der bedeutenden Rolle als Symbol der Artemis eine große Bedeutung zu, sondern auch, weil der Dichter Pindar die Hüterin des Orakels als «Biene von Delphos» pries. Das beruht darauf, daß der Sonnengott Apoll, dem diese als Priesterin diente, gleichzeitig auch der Beschützer der Bienen war. Es gab sogar an einem bestimmten Tag des Jahres in Delphi ein Fest, an dem Apoll als Bienengott gefeiert wurde. – Nach christlicher Überlieferung ist die Biene wegen des Sammelns von Honig, der als «mystische Nahrung» zum Symbol Christi wurde, wegen der nicht bekannten Fortpflanzung zu den Sinnbildern der Jungfräulichkeit geworden. Deshalb fand sie auch Eingang in das Exsultet, das Weihegebet für die aus Bienenwachs gemachte Osterkerze. Bienen, Bienenkorb u. Honig gelten auch als Symbol der Beredsamkeit. So wird der heilige Ambrosius, ein römischer Kirchenvater, meist als Bischof mit den Attributen Bienenkorb u. Kind in der Wiege (Bienen brachten nach der Legende Honig in den Mund des Kindes wie in einen Bienenkorb) abgebildet, ebenso wie der heilige Bernhard von Clairvaux u. der heilige Johannes Chrysostomos, deutsch Johannes Goldmund, die auch mit dem Attribut des Bienenkorbes als Symbol der Beredsamkeit dargestellt werden. Zum einen sollen die Bienen das unentwegte Sammeln von Wissen u. Forschen nach Neuem charakterisieren, u. zum anderen versinnbildlicht der Honig die Süße der Reden der gelehrten Kirchenväter. Der «Bienenstaat» ganz allgemein galt als Symbol für geordnetes Wesen im Kloster bzw. in der Kirche. – Die 1391 heiliggesprochene Birgitta von Schweden diktierte ihre Visionen von Christus, Maria u. den Heiligen ihrem Beichtvater. Ihre Vision von der Geburt Christi knüpfte an die Überzeugung der jungfräulichen Geburt der Bienen an, wonach Christus in einem Bienenkorb (entspricht ihrer Vision von Maria), als Biene genährt von dem Honig in den Waben, heranwuchs. – Sprichwörtlich ist der «Bienenfleiß», ebenfalls symbolisiert durch den Bienenkorb od. durch Bienen. Solche Darstellungen findet man auch in der Numismatik. Auch in der Heraldik sind Biene u. Bienenkorb zu Hause, meist bei Familien, die einen ähnl. Namen tragen, z. B. das fränkische Geschlecht Bien. Papst Urban der VIII. führte die Biene am Vatikan ein u. ließ u. a. Barberini-Wappen mit den drei Bienen überall anbringen.

Symbolschrift. Für die Aufzeichnungen, die unmittelbar nach der Bearbeitung eines Volkes auf der Stockkarte ↗ od. im Standbuch ↗ gemacht werden sollten, ist es aus Gründen der Zeitersparnis u. der Übersichtlichkeit zweckmäßig, eine S. sowie Abkürzungen zu benutzen, z. B.:

Vo	Volk
Abl	Ableger
Sch	Schwarm
▯	Wabe allgemein
▯⅃	geschleuderte Wabe
▯|	Fensterwabe
I	Mittelwand
⊤	Baurahmen
⌶	Drohnenrahmen
▥	Mittelwand ausgebaut
⁞▯⁞	Wabe mit ansitzenden Bienen
▯	Drohnenwabe verdeckelt
♀	Weisel
♀	Weisel unbegattet
♂	Drohn
♀	Arbeitsbiene
Bie	Bienen, 1 = Jungb., 2 = Baub., 3 = Flugb.
Br	Brut, 1 = jüngste Larven, 2 = ältere Larven, 3 = verdeckelte B., 4 = schlüpfende B.
⌒	Weiselbecher
⌒	Weiselbecher bestiftet
⌒	Weiselzelle mit Larve
∩	Weiselzelle verdeckelt
∩	Weiselzelle geschlüpft
||	Stifte, bestiftet
※♀	Arbeiterinnenbau
※♂	Drohnenbau
/	ausgeschnitten (Baurahmen, Weiselzellen)
⅂⅃	geschleudert
||	Längsbau
=	Querbau
↑	nach oben – in den Honigraum
↓	nach unten – in den Brutraum
BR	Brutraum
HR	Honigraum
⊙	gesehen, durchgesehen
○	nicht gesehen
∅	nicht vorhanden
+	zugegeben, zugehängt
—	weniger
→	entnommen, heraus
Ho	Honig
Po	Pollen
ZL	Zuckerlösung
Fz	Feuchtzucker (Maische)
T	Teig
└─	Schlitten
▭	Flugloch
⋮	Absperrgitter senkrecht
………	Absperrgitter waagerecht
‾‾‾	Absperrgitter abgedeckt
|	Vollschied senkrecht

Türförmige Holztafel. Zwei alte Barockbögen mit Schrift «Sich regen bringt Segen». 41,5 × 41 cm. Herkunft Niederbayern

sympathisches Nervensystem → Nervensystem.

Symphytum officinale L., Gemeine Wallwurz, Schwarzwurz, Echte Beinwell. A der G *Symphytum* – mit 15–20 An in Eurasien – der F der Boraginaceae ↗. In M-Europa auf nassen Wiesen, an Gräben, Ufern häufig. Blüht Juni bis August. Die Blüten sind zwar an sich den Bienen unzugänglich, doch werden die Bißlöcher der Hummeln manchmal recht lebhaft von den Bienen ausgenutzt (nach Zander u. Berner). Oft auf bescheidenen Flächen angebaut.

synthetische Insektizide. Alle Präparate mit insektizider Wirkung, die nicht natürl. vorkommen, z. B. aus Pflanzen gewonnen werden können. Folgende Wirkstoffgruppen werden unterschieden: Chlorkohlenwasserstoffinsektizide, Carbamate, Organophosphate, synthetische Pyrethroide, organische Nitroverbindungen. Nur wenige Präparate auf der Basis von s.n I.n, wie z. B. α-Chlorpinen (Toxaphen), Methoxychlor ↗ od. Endosulfan, sind bienenungefährlich ↗.

Syrische Biene, *Apis mellifera syriaca* → Rassen der Westlichen Honigbiene im Mittl. Orient.

Tage mit Niederschlag. Im langjährigen Mittel (Raum Berlin) werden während der Haupttrachtmonate 45 Tage mit Niederschlag registriert. In den einzelnen Monaten sind dies:

April 11 Mai 12 Juni 12 Juli 10

Obwohl Regentage gelegentl. Trachtperioden unterbrechen od. Trachten ganz ausfallen lassen können, gibt es keinen Zusammenhang zw. schlechten Honigjahren u. Jahren mit vielen Regentagen in der Trachtzeit.

Tageslänge → Photoperiode.

Tanacetum vulgare L., Gemeiner Rainfarn, Wurmkraut. A der G *Tanacetum* der F der Compositae ↗. Nö. Hemisphäre. An Weg- u. Waldrändern, Bahndämmen, auf Schuttplätzen. Häufig. 60–130 cm hohe

Rainfarn. Wird getrocknet und «qualmt in Imkers Pfeife»

Pflanze, ausdauernd. Blüht Juli bis September. Gelbe, röhrenförmige Blüten in trugdoldig angeordneten, halbkugeligen, kleinen Körbchen. Bevorzugt nährstoffreiche Lehmböden. Ab u. an von Bienen beflogen.

Tannenklee → *Anthyllis vulneraria* → Leguminosae.

Tannenlachniden → Lachniden.

Tanzrhythmus → Nahrungssuche.

Tanzwinkel → Nahrungssuche.

Taraxacum officinale WEB., Gemeiner Löwenzahn, Gemeine Kuhblume. A der G *Taraxacum* der F der Compositae ↗. Auf der nö. Hemisphäre weit verbr., in Frankreich feldmäßig angebaut. Auf nährstoffreichen Wiesen, Kleefeldern, an Wegrändern, auf Obstplantagen. Ausdauernd. Blüht April/Mai. Die Aussaat erfolgt März/April od. im Oktober. Die gelben, vielblütigen Blütenkörbchen bestehen ausschl. aus zweigeschlechtigen Zungenblüten. Nektar- u. Pollenspender (Pollenhöschenfarbe rotgelb). Das Nektariengewebe liegt als ringförmige Wulst am Grunde des Griffels. Die Kronröhre ist 4–5 mm lang, so daß der Nektar auch für kurzrüsselige Insekten zugänglich ist. Die T. o.-Blütenköpfe sind nur während weniger Stunden des Tages geöffnet – wahrscheinl. in Abhängigkeit von Sonneneinstrahlung u. geographischer Lage (in Schweden bei sonnigem Wetter zw. 5 u. 6 Uhr, in Österreich, der Schweiz u. der Sowjetunion zw. 7 u. 8 Uhr geöffnet; die Schließungszeit der Blüten liegt in Schweden bei 10 Uhr, in den anderen genannten Ländern bei 12–14 Uhr (nach MAURIZIO u. GRAFL). Der Insektenflug richtet sich nach dem Öffnungsrhythmus der Blüten, so daß Nektar u. Pollen vorrangig während des Vormittags gesammelt werden. Der Anteil von T. o.-Pollen an der Gesamtpollenernte der Völker liegt in Gebieten mit Löwenzahnwiesen zw. 10 u. 20 %; der tägl. Anteil kann bis 60 % betragen. Die Pollenproduktion eines Blütenkopfes wird mit 5–36 mg angegeben. Bei der morgendlichen Blütenöffnung ist schon der ganze Vorrat an Pollen reif u. wird innerhalb kürzester Zeit (10–15 min) von den Insekten geerntet, so daß schon über 50 % der Pollenhöschen zw. 9 u. 10 Uhr von den Bienen eingetragen werden. Da sich die Blütenköpfe jedoch in Abhängigkeit von der Besonnung ungleichmäßig öffnen (in Höhenlagen z. B. an Sonnen- u. Schattenhängen), ist die T. o.-Pollentracht bis in die Mittagsstunden aberntbar (nach MAURIZIO u. GRAFL).

Cinara pectinata. Vivipares Weibchen

Löwenzahn

Tarsaldrüse, auch Arnhardt-Drüse. Hautdrüse ↗, die sich am letzten Tarsusglied der Beine der Weisel, der Arbeiterin u. des Drohn befindet. Sie gibt ein Sekret ab u. hinterläßt dadurch eine Spur. Arbeitsbienen markieren z. B. den Nisteingang u. möglichst auch besuchte Blüten; die Weisel markiert die von ihr besuchten Waben. Die chemische Zusammensetzung dieser Sekrete ist noch unbekannt.

Taubnessel, *Lamium* → Labiatae.

Tauchtiefe → Reichtiefe.

Tausendschönchen → *Bellis perennis.*

Temperatur → Körpertemperatur.

Temperatur → Verschulen.

Temperatur-Tagesmittel. Aus den tägl. am Maximum-Minimum-Thermometer ↗ abgelesenen Extremwerten wird durch Addieren u. anschl. Dividieren durch 2 auf vereinfachte Weise die Tagesmitteltemp. errechnet, wenn beide Werte entweder über od. unter 0 °C liegen. Liegt dagegen ein Extremwert über, der andere unter 0 °C, ist die niedrigere Zahl von der höheren zu subtrahieren u. der Rest wieder durch 2 zu dividieren.

Tergalhebel → Flügelgelenkung.

Tergite → Abdomen.

Tergittaschendrüsen. Felder von Hautdrüsen ↗ am Hinterleib der Weisel, links u. rechts der Mitte der dorsalen Segmente 2, 3 u. 4. Das Sekret hat zwei Funktionen: Vor der Paarung riecht der Drohn durch Auflegen seiner Fühler die Weisel; im Volk führt das Sekret zum Erkennen der Weisel durch ihre Arbeiterinnen (Weiselsubstanzen). Eierlegende Arbeiterinnen ↗ besitzen diese Drüsen ebenfalls.

Terminplan → Zuchtplan.

Testmethoden. Prüfverfahren, die auf die zu bearbeitenden Fragestellungen abgestimmt sind, z. B. Fütterungsversuche, Kontaktversuche. Die Bienentoxizität von Pflanzenschutzmittelwirkstoffen wird z. B. durch Einzelfütterung von Honigbienen, durch Fütterungsversuche, bei denen kontaminiertes Futter ad libitum angeboten wird, durch Kontaktversuche mit topikaler Applikation, durch Kontaktversuche im Deposittest ermittelt.

Tetradifon. Wirkstoff mit akariziden Eigenschaften, der in Pflanzenschutz ↗- u. Schädlingsbekämpfungsmitteln ↗ angewendet wird. In einigen Präparaten zur Bekämpfung der Varroatose wird T. verwendet.

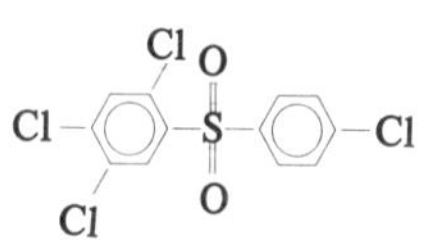

Tetradifon. Chemische Bezeichnung: 2,4,5,4′ Tetrachlordiphenylsulfon

Teucrium chamaedrys L., Gemeiner Gamander. A der G *Teucrium* der F der Labiatae ↗. W-, S-, M-Europa. Wächst vor allem auf Kalkhängen u. Ackerrainen. Gute Einfassungspflanze. Der bis 40 cm hohe Halbstrauch blüht im Juli bis September. Die purpurroten Blüten stehen in sechsblütigen Quirlen, traubig angeordnet. Nektar- u. Pollenspender. Die Nektarsekretion beträgt für T. c. bei 30 Blüten in 24 h 36 mg mit einem mittl. Zuckergehalt (Nektarkonzentration) von 61 %. Der Nektar wird den ganzen Tag abgegeben, die Bestzeit der Zuckerkonzentration liegt zw. 10 u. 14 Uhr.

Teucrium montanum L., Berggamander. A der G *Teucrium* der F der Labiatae ↗. Von Europa bis W-Asien, im südeurop. Gebirge bis 2200 m ü. NN. Vor allem auf trockenen Kalkbergen. Steingartenpflanze. Der bis 30 cm hohe Zwergstrauch blüht im Juni bis August. Die gelblichweißen Blüten stehen in Quirlen, die Köpfchen bilden. Benötigt kalkreichen Boden u. sonnigen Standort. Nektar- u. Pollenspender.

Thai Sacbrood Virus. 1982 in toten Larven von *Apis cerana* in Thailand entdeckt. Nahe mit dem Virus der Sackbrut ↗ von *Apis mellifera* verwandt. Kürzlich wurde es auch bei *Apis cerana* aus Indien u. aus Nepal nachgewiesen, wo es schwere Sackbrutausbrüche verursacht hat. Die Larven werden mit dem Futtersaft infiziert. Die schweren Krankheitsausbrüche in Nepal werden mit einer Beeinträchtigung der dortigen Bienenzucht durch mangelnde Tracht in Verbindung gebracht.

Thalictrum aquilegifolium L., Akelei-Wiesenraute. A der G *Thalictrum* der F der Ranunculaceae ↗. Europa über Sibirien bis Japan. Auf Wiesen, an Ufern u. Gebüschen, in Auenwäldern. Ausdauernde Staude. Blüht von Mai, Juni bis August. Die nektarlosen Blüten sind gelblichgrün in hochragenden, rispigen Blütenständen. Die unterhalb der Staubbeutel verdickten, violett gefärbten Staubbeutel wirken als Schauapparat. Pollenspender (Pollenhöschenfarbe gelblich).

Therapie. Gesamtheit aller Maßnahmen zur Heilung od. Linderung von Erkrankungen bzw. zur Wiederherstellung der Leistungsfähigkeit.

Thermoregulation. Fähigkeit der Arbeitsbienen in der Sozialgemeinschaft, die Temp. je nach den biologischen Erfordernissen bei geringen Schwankungen relativ konstant zu halten (soziale Homoiothermie). Damit bildet die T. die Grundlage für einen ausgeglichenen Wärmehaushalt. Sinkt die Umgebungstemp. z. B. im Herbst unter 14 °C, formieren sich die Bienen zur Bienentraube ↗. Das Wärmezentrum (> 30 °C) befindet sich im Traubenkern um die Weisel u. die noch vorhandene Brut. Nach außen nimmt die Wärme ab, unterschreitet aber nicht die für Honigbienen kritische Temp. von 7–8 °C, bei der sie bewegungsunfähig werden. Wärme wird durch die Bewegung der großen indirekten Flugmuskeln von den Arbeiterinnen im In-

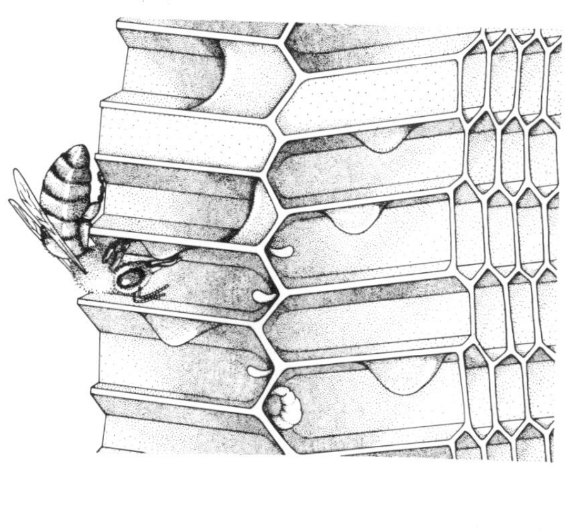

Bei Überhitzungsgefahr, d. h., wenn die Temperatur im Stock über 35 °C ansteigt, werden Wassertröpfchen in den Zellen, vor allem in den Brutzellen, abgelegt. Durch gleichzeitiges, intensives Fächeln wird die Wasserverdunstung verstärkt und damit eine wirksame Abkühlung bewirkt.

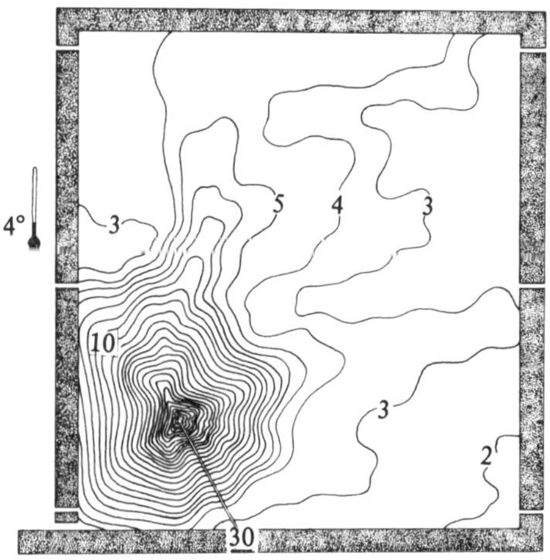

Temperaturverteilung in einem Bienenvolk im Winter. Nach BÜDEL und HEROLD (1960)

neren der Bienentraube erzeugt. Die Bienen des Traubenmantels (äußere Bereiche der Bienentraube) regulieren den Wärmeabfluß durch unterschiedl. engen Zusammenschluß. Sinkt die Umgebungstemp. der Traube in der Beute unter 10 °C, steigt parallel zur weiter zurückgehenden Temp. der Futterverbrauch der Bienen, um über zunehmende Energieerzeugung die erforderliche Innentemp. in der Traube aufrechterhalten zu können. Störungen der Wintertraube führen zu einem plötzlichen Temp.-Anstieg, der im allgemeinen erst nach mehr als zwei Tagen wieder abklingt. Die Temp.-Verteilung in der Bienenwohnung außerhalb des winterlichen Bienensitzes hängt hauptsächl. von Austauschvorgängen, der Wärmeleitung über leere u. gefüllte Waben sowie den Wärmetransport durch die Bienen ab. Die T. des Bienenvolkes im Winter kann durch den Imker günstig beeinflußt werden, indem er nicht besetzte Beutenteile mit Blindwaben ausfüllt, um das Entstehen von Kaltlufträumen zu verhindern. Mit Brutbeginn im Frühjahr steigt der Wärmebedarf u. damit auch die Temp. im Traubenzentrum auf 33–36 °C (Brutnesttemp.) an. Verdeckelte Brut löst eine bes. aktive T. aus. Zur Erhöhung der Temp. um 1 °C muß das Bienenvolk mit einer verdeckelten Brutwabe (1000 Zellen) 6 Joule/hg aufwenden u. damit 33 % mehr Energie freisetzen, als wenn keine Brut vorhanden wäre. Erfordern thermoregulatorische Gründe eine Verkleinerung des Brutnestes, wird sie i. d. R. auf Kosten der jüngeren Brut vorgenommen. Zu hohen Temp.en im Stockinneren begegnen die Bienen durch das Versprühen von Wasser (Rüsselschlagen), wobei die entstehende Verdunstungskälte eine Temp.-Senkung herbeiführt (Wasserhaushalt ↗). Zusätzl. kann durch Fächeln ein Luftaustausch vorgenommen werden. An heißen Sommertagen verläßt abends nach Rückkehr der Sammlerinnen mitunter ein Teil der Arbeitsbienen das Stockinnere zur Erleichterung der T. u. bildet am Flugbrett od. an der Beutenvorderwand sog. Bienenbärte. Die thermoregulatorischen Fähigkeiten der Schwarmtraube ähneln denjenigen der Wintertraube. Der Mantel der Schwarmtraube wird aus alten Bienen (Hüllbienen) gebildet. Die Dichte des Zusammenschlusses dieser Bienen trägt entscheidend zur T. im Traubeninneren bei. Die Temp. im Schwarmmantel sinkt selbst bei kühlem Wetter nicht unter 15 °C ab. Dadurch läßt sich die gesamte Schwarmtraube schnell auf ungefähr 30 °C erwärmen. Nur bei dieser Temp. ist ein rascher Abflug des Schwarmes möglich. Trotz der im diurnalen Rhythmus schwankenden Manteltemp. wird die Temp. im Inneren der Schwarmtraube ziemlich konstant gehalten u. beträgt bei 13–24 °C Umgebungstemp. in einem Schwarm von 600–3400 g ca. 35 °C. Bei einer Umgebungstemp. von < 10 °C schließen sich die Hüllbienen nicht nur bes. fest zusammen, sie gehen dann auch durch Flügelzittern – ein Einzeltier kann seinen Körper dadurch um $\frac{1}{10}$ °C aufheizen – zur aktiven Wärmeproduktion über. Bei Außen-

Temperaturverteilung an der Oberfläche (links) und im Innern eines Schwarmes (rechts). Nach BÜDEL und HEROLD (1960)

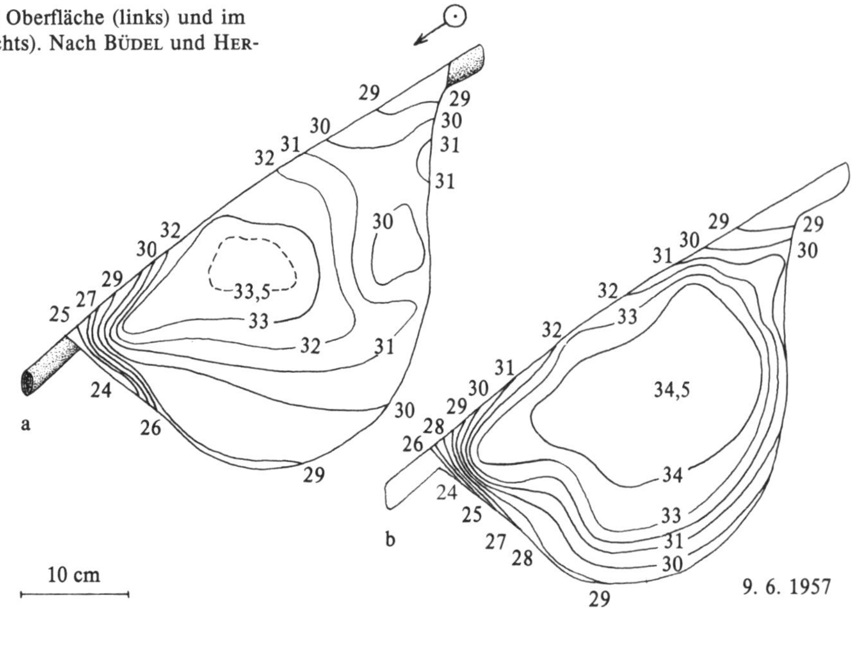

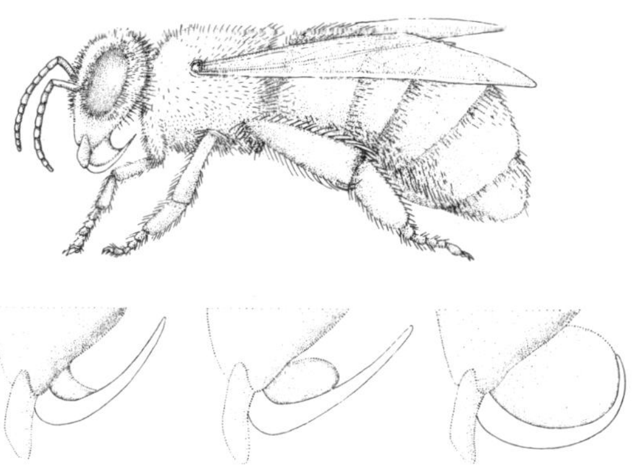

Die Wasserverdunstung wird noch erhöht, indem Tausende von Bienen ihren Rüssel aus- und einschlagen und dabei jeweils ein Wassertröpfchen aus dem Honigmagen auswürgen. Das Wassertröpfchen wird filmartig ausgezogen, so daß es in wenigen Sekunden voll verdunsten kann.

temp.en von >25 °C hingegen lockert sich die Schwarmtraube auf, ihre Oberfläche nimmt eine poröse Struktur an, u. das innerhalb der Traube stets vorhandene Gangsystem, durch das optimal erwärmte Bienen im Verteidigungsfall schnell von innen nach außen gelangen können, vergrößert sich. Dieses Gangsystem dient nicht nur der Wärmeregulation u. der Bewegungsmöglichkeit der Bienen im Schwarminneren, es findet außerdem auch für den Gasaustausch (z. B. für Sauerstoff, Kohlendioxid) Verwendung.

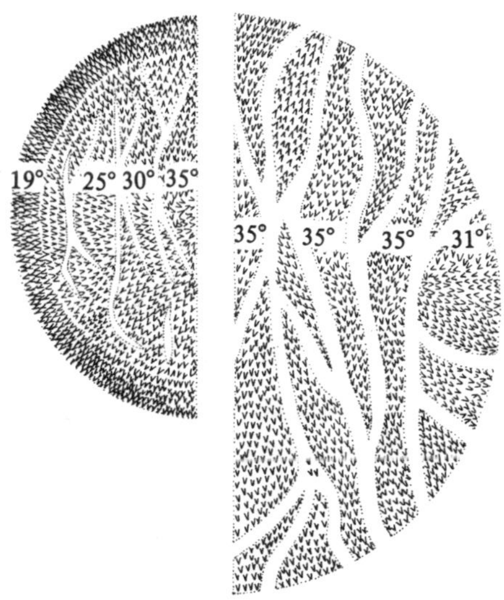

Struktur eines Bienenschwarmes bei niedrigen (links) und hohen Umgebungstemperaturen (rechts). Durch die Gangsysteme kann in unterschiedlichem Maße Wärme aus dem Schwarminnern nach außen abfließen. Nach Heinrich (1981)

Thermorezeptoren. Man unterscheidet Kälte- u. Wärmerezeptoren. Erstere antworten auf Temp.-Abfall mit vorübergehendem Ansteigen der Impulse, letztere auf Erwärmung mit dem Ansteigen der Impulse. Als T. der Bienen dienen Grubenkegel- u. Sinnesflaschensensillen. Die Besonderheit des Aufbaues dieser Sensillen besteht darin, daß ihre kleine konische Borste (od. der Kegel) vollständig in eine konusförmige od. flaschenartige Vertiefung der Cuticula ↗ eingesenkt ist. Der Kegel, zu dessen Spitze periphere Dendritenfortsätze von sensiblen Zellen herantreten, ist mit der Außenwelt durch einen schmalen Eingang in seine Cuticularhöhle verbunden. Die Grubenkegelsensillen sind nur an acht distalen Antennengliedern in kleineren Gruppen angeordnet, die Anzahl der Sinnesflaschensensillen (bis zu 236 an jeder Antenne) verringert sich allmähl. von den distalen zu den proximalen Gliedern. Die Bienen sind imstande, Temp.-Änderungen bis zu Zehntel Graden wahrzunehmen. Z. B. erhöhen die Kälterezeptoren bei Temp.-Abfall um 0,5 °C die Elektroantwort nur um eine Verbindungsstelle in der Sekunde. Hochspezialisierte Wärmerezeptoren sind bei der Biene bisher nicht entdeckt worden. Ihre Funktion erfüllen die Kohlendioxid-(CO_2)-Rezeptoren. Diese Rezeptoren erhöhen die Impulsanzahl sowohl bei Erwärmung als auch bei Konzentrationsanstieg des Kohlendioxids. Auf Veränderung des Sauerstoffgehalts in der Luft reagieren sie nicht. Die Information, die die T. u. CO_2-Rezeptoren geben, benötigen die Bienen vor allem für die Regulation des Mikroklimas innerhalb der Beute.

Thorax, Brustabschnitt. Zw. Kopf (Caput ↗) u. Hinterleib (Abdomen ↗) gelegener Körperabschnitt der Biene, der aus drei Segmenten (Chitincuticula ↗), dem Pro-, Meso- u. Meta-T., besteht. I. U. zu vielen anderen Insekten tritt bei der Honigbiene, wie auch bei den Verwandten der Biene, ein viertes Segment zum T. hinzu. Es handelt sich dabei um das erste Hinterleibssegment, das dem T. eng angeschlossen ist u. mit ihm eine Einheit bildet. Während der Larvalentwicklung u. auch noch in der Praepupalphase ↗ besteht der T. lediglich aus drei Segmenten. Erst im

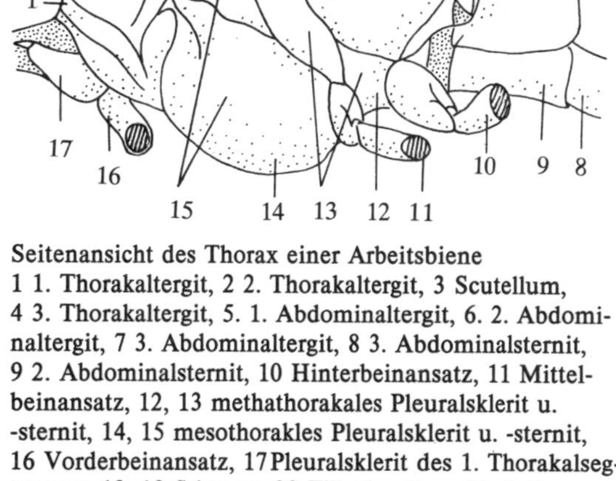

Seitenansicht des Thorax einer Arbeitsbiene
1 1. Thorakaltergit, 2 2. Thorakaltergit, 3 Scutellum, 4 3. Thorakaltergit, 5. 1. Abdominaltergit, 6. 2. Abdominaltergit, 7 3. Abdominaltergit, 8 3. Abdominalsternit, 9 2. Abdominalsternit, 10 Hinterbeinansatz, 11 Mittelbeinansatz, 12, 13 methathorakales Pleuralsklerit u. -sternit, 14, 15 mesothorakles Pleuralsklerit u. -sternit, 16 Vorderbeinansatz, 17 Pleuralsklerit des 1. Thorakalsegmentes, 18, 19 Stigmen, 20 Flügelansätze. Nach Snodgrass (1956)

Zuge der Metamorphose schließt sich das vorderste Abdominalsegment dem T. an, u. es formiert sich der kuglige Brustabschnitt. Die einzelnen T.-Segmente bestehen nicht allein aus Rücken- (Tergit) u. Bauchschuppen (Sternit), wie dies beim Abdomen ↗ der Fall ist. Zw. diese beiden Chitinteile schieben sich noch ebenfalls sklerotisierte Seitenplatten, die Pleuralsklerite, die weit auf die Ventralseite reichen. Diese Pleuralplatten sind in jedem der drei T.-Segmente unterschiedl. gestaltet. Die Beweglichkeit aller festen Chitinteile über Chitinmembranen ist gering. Infolgedessen erhöht sich die T.-Festigkeit. Im Gegensatz zum Bau der Abdominalsegmente sind die T.-Segmente uneinheitl. Das zweite Segment ist bes. groß. Sein Tergit überwölbt fast den gesamten T. Es endet hinten in einem Wulst, dem Schildchen (Scutellum). Auch ventral nimmt das zweite Segment mit seinem konvex geformten Sternit einen relativ breiten Raum ein. Das erste Segment ist demgegenüber von geringer Größe. Es bildet im hinteren tergalen Bereich einen Fortsatz aus, der das erste Bruststigma (Tracheensystem ↗) überdeckt. Erst wenn man den T. dehnt, wird es sichtbar. Das Sternit des vordersten T.-Segmentes liegt ventral zw. den ersten Pleuren. Von ihnen aus ziehen in der zw. Kopf u. T. gelegenen Chitinmembran paarige, stiftchenförmige Chitinfortsätze zum Hinterhauptsloch u. stellen damit eine cuticulare Verbindung zw. Kopf u. T. her. Der dorsale Teil des dritten T.-Segmentes befindet sich als schmaler Halbring hinter dem Schildchen. Am stärksten ist der sich wiederum bis zur Ventralseite erstreckende pleurale Teil ausgebildet, der dort in das dritte Sternit übergeht. Der rückwärtige Abschnitt des T. wird dorsal durch das verhältnismäßig große, deutl. gewölbte Tergit des ersten Abdominalsegmentes gebildet, auf dem sich ein gut sichtbares Stigma erkennen läßt. Das erste abdominale Sternit ist sehr klein u. wird bei seitl. Betrachtung durch die Ansätze des dritten Beinpaares verdeckt. So wie die Form der Thorakalsklerite uneinheitl. ist, entsprechen auch die Verbindungen zw. ihnen keiner einheitl. Regel. Neben den geringfügigen membranösen Verbindungen kommt es sogar zu Verwachsungen u. infolgedessen zu einer hohen T.-Stabilität. Sie ist für die Funktion der Fortbewegungsorgane (Extremitäten ↗, Flügel ↗) von Wichtigkeit. Die festen Verbindungen der Thorakalsklerite stellen nach außen z. T. rinnenförmige Vertiefungen dar, die bei Lupenvergrößerung sichtbar werden. Von hier aus ragen stellenweise Skelettleisten ins Innere des T. Dieses Innenskelett verstärkt die Stabilität des gesamten Körperabschnittes u. bildet darüber hinaus Ansatzflächen für die Muskulatur. Der T. stellt das Lokomotionszentrum der Biene dar. Er trägt als Körperanhänge die Extremitäten ↗ u. die Flügel ↗. Das erste Beinpaar ist am ersten Segment weit nach vorn verlagert u. durch einen großen Zwischenraum von den beiden folgenden Beinpaaren getrennt. Das zweite Beinpaar sitzt am Hinterrand des zweiten Segmentes, das dritte unmittelbar dahinter am schmalen dritten Segment. I. U. zum ersten Beinpaar, dessen Tarsen nach vorn zeigen, sind zumindest die Fußabschnitte der beiden anderen Beinpaare ± nach hinten gerichtet. Uneingeschränkt trifft dies für das dritte Beinpaar zu. Die beiden Flügelpaare sind über kompliziert gebaute Gelenkhöcker u. -gruben zw. den Tergiten u. Pleuralteilen am zweiten bzw. dritten T.-Segment befestigt.

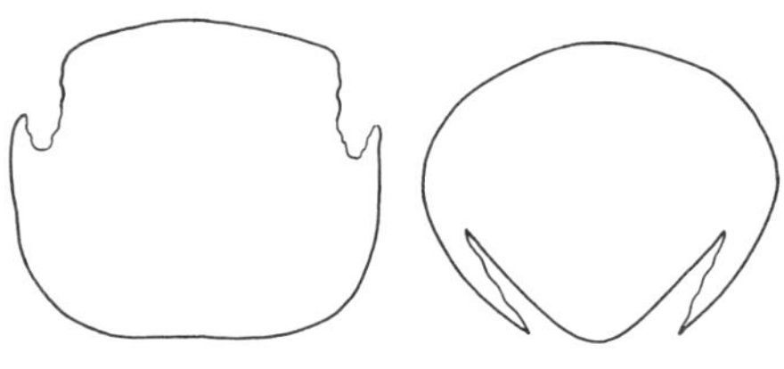

Vergleich schematischer Querschnitte durch Thorax (links) und Abdomen. Oberer Teil Tergit, unterer Sternit

Thüringer Futterballon. Ballonartige Flasche, in Verbindung mit dem Futterteller ein Gerät zur Flüssigfütterung von Oberbehandlungsbeuten. Der Futterteller wird in die Öffnung eines Deckbrettchens eingesetzt u. die gefüllte Flasche eingestülpt.

Thüringer Walze. Bienenwohnung, bestehend aus einem etwa 80 cm langen Rohr mit 3–5 cm starker Strohwandung u. einem Durchmesser von 25–30 cm. Die Enden sind mit Strohplatten verschlossen, in denen sich je ein Flugloch befindet, eines davon wird verschlossen. Ein eingeschlagener Schwarm baut die Röhre aus u. legt in der Nähe des Fluglochs das Brutnest an; im rückwärtigen Bereich wird der Honig abgelagert. Im Frühjahr kann der noch vorhandene Honig samt den Waben ausgeschnitten, die Walze umgedreht u. die Fluglöcher gewechselt werden. Die Bienen bauen den jetzt am Flugloch befindlichen leeren Raum aus, das Brutnest verlagert sich in Richtung auf das Flugloch, im bisherigen Brutbereich wird Honig abgelagert. Im folgenden Jahr wiederholt sich der Vorgang.

Thymelaeaceae, Seidelbastgewächse. Die F umfaßt 48 Gn mit 650 An u. ist – außer in polaren Gebieten – weltweit verbr. Verbr.s-Schwerpunkte asiat. Steppen, Mittelmeergebiet, subtropische Gebiete Afrikas u. Australiens. Meist strauchartiger, seltener baumartiger od. krautiger Wuchs. Die meist zu traubigen od. ährigen Blütenständen vereinigten, 4–5zähligen Blüten sind oft zwittrig od. auch eingeschlechtig, wobei die beiden Geschlechter entweder ein- od. zweihäusig verteilt sind. Als eine der ersten Bienenweiden spielt die G *Daphne*, mit etwa 50 An in Eurasien u. N-Afrika vertreten, bes. der Gemeine Seidelbast (*Daphne mezereum* ↗) u. der Alpenseidelbast (*D. alpina* ↗), eine Rolle.

Thymian, *Thymus* → Labiatae.

Thymus serpyllum L., Feldthymian. A der G *Thymus* der F der Labiatae ↗. In ganz Europa verbr. Besiedelt sonnige Hügel, Felsen, Mauern u. heideartige Triften, oft in Massen vorkommend. Versch. Formen. In Gärten u. Steingärten. Gewürz- u. Zierpflanze, auch Bodendecker. Blüht an sonnigen Stellen im Juli, August. Rosenrote Blüten. Anspruchslos. Vermehrung durch Teilung. Ziemlich gern beflogener Nektar- u. Pollenspender.

Thymian

Tierarzneimittel. Präparate, die zum Zwecke der Heilung von Krankheiten u. Schäden u. zur Wiederherstellung der Leistungsfähigkeit der Tiere bzw. deren Organen angewendet werden. T. können Elemente, Stoffe, pflanzl. Auszüge (Drogen) u. Arzneifertigwaren sein. Substanzen werden infolge des zielgerichteten Einsatzes durch den Anwender zu Arzneistoffen. Wenn z. B. ein Imker zur Bekämpfung von Varroa-Milben Nikotinbrühe od. Naphthalin einsetzt, dann ist das bereits eine Arzneimittelanwendung. Der Anwender unterliegt damit den Bestimmungen der Arzneimittelgesetzgebung u. haftet für alle aus dieser Anwendung entstehenden Folgen.

Tierseuchenverordnung → Meldepflicht → Bienengesundheitsdienst.

Tierseuchenversicherung → Bienengesundheitsdienst.

Tilia americana L., Amerikanische Linde, Schwarzlinde. A der G *Tilia* der F der Tiliaceae ↗. In den mittl. u. öst. USA häufig, in den nö. Gebieten auch waldbildend. Auch als Allee- u. Parkbaum in Europa zu finden. Der in seiner Heimat bis ca. 40 m hohe Baum blüht im Juli. Blüten jeweils 5–15 in hängenden Trugdolden mit fünf schmalen Nebenkronblättern umgeben. Nektar- u. Pollenspender.

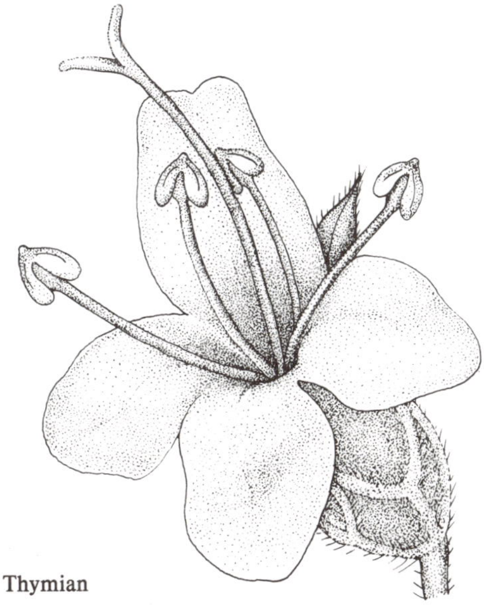

Thymian

Tiliaceae, Lindengewächse. Die F umfaßt etwa 50 Gn mit ca. 450 An u. ist vorrangig in den Tropen

Amerikanische Linde

verbr. Die G *Tilia* ist nur auf der N-Hemisphäre von der nö. gemäßigten Zone bis zu den Tropen mit etwa 20–30 An vertreten, am artenärmsten in Europa, am artenreichsten in Asien. Die An-Umgrenzung ist unterschiedl. angegeben, da sich viele Sippen nur schwer voneinander abgrenzen lassen. Meist Sträucher u. Bäume. Guter Allee- u. Parkbaum. Die Blütenstände der T.-An bilden hängende, blattachselständige, ge-

Lindenblüte

stielte Trugdolden. Die Blüten haben einen fünfblättrigen, abfallenden Kelch u. eine fünfblättrige, grünliche od. gelbliche Krone. Selten haben die zwittrigen Blüten 5–10 Staubblätter, fast immer sind es Staubblattbündel, die oft gemeinsam mit dem Fruchtknoten durch eine kurze Säule (Androgynophor) etwas emporgehoben werden. Im Frühsommer sind die T. eine wichtige Bienenweide. Die Nektarien, die am Grunde der Kelchblätter liegen, sind zw. den Blütenblättern zugängig. Damit wird ein längerer Aufenthalt der Biene erzwungen u. die Chance der Pollenübertragung erhöht. Durch die unterschiedl. Angaben der Imker in versch. Gebieten über die Schadenswirkung der Lindentracht od. honigende u. nicht honigende Linden gehören die T.-An zu den hinsichtlich Nektarsekretion u. Bienenbeflug am besten erforschten Trachtpflanzen. Beutler u. Wahl (1936) beschäftigten sich vor allem mit Nektarmessungen in den Blüten über mehrere Jahre. Die Nektarsekretion ist vor allem von Temp. u. Bodenfeuchtigkeit abhängig. So läßt z. B. schwül-warmes Wetter mit leichter Gewitterneigung den Nektar bes. fließen. Die Nektarsekretion erfolgt bes. in den Morgenstunden (vor 6 Uhr) u. gegen Abend (16–18 Uhr). Während der Morgennektar einen Zuckergehalt von nur 16–27% hat, weist der Abendnektar einen Zuckergehalt von 50–80% auf. Der Bienenbesuch an T.-An weist zwei Max. zw. 8 und 10 Uhr vormittags u. zw. 16 u. 18 Uhr nachmittags auf. Während der Mittagsstunden ist der Nektar oft so konzentriert, daß ihn die Bienen nicht aufnehmen können. Nektarerzeugung einiger T.-An:

Silberlindenblüten

Ödlandbegrünung sowie zur Windschutzpflanzung genutzt. Früher in Parks als hohe geschnittene Hecke od. in niedrigen Formen geschnitten verwendet. Dieser bis 30 m hohe Baum erreicht seine Blühreife mit 20–30 Jahren. Blüht Anfang Juli. Gelblichweiße Blüten teils in hängenden, teils in aufrechten, 5–11blütigen Trugdolden; überreich blühend. Benötigt tiefgründige, frische Böden; gedeiht auch in schattiger Lage. Empfindlich gegen schwefelhaltige Abgase; bei trockener Stadtluft oft Spinnmilbenbefall. Nektar- u. Pollenspender. Honigtaulieferant. Der Nektargehalt bei der Blüte der Sommerlinde ↗ ist stärker, dafür ist die Blütenzahl von T. c. größer.

Pflanzenname botanisch	*Pflanzenname deutsch*	*Nektarmenge je Blüte in 24 h (mg)*	*Zuckerkonzentration des Nektars (%)*	*Zuckerwert (mg)*
Tilia cordata ↗	Winterlinde	11,7	39,7	0,1–3,9
Tilia platyphyllos ↗	Sommerlinde	17,7	33,9	0,2–7,7
Tilia × euchlora ↗	Krimlinde	14,1	30,9	4,2
Tilia × vulgaris ↗	Holländische Linde	27,2	32,5	8,0
Tilia tomentosa ↗	Silberlinde	30,5	25,9	7,1

In den USA ist *Tilia americana* ↗ eine wichtige Bienenweidepflanze. – Außer Nektar sammeln die Bienen auch Pollen in den Lindenblüten, jedoch ist der Anteil an der Gesamtpollenernte in W- u. M-Europa im Durchschnitt gering. Lindennektar ist an vielen europ. Sommerhonigen beteiligt, jedoch auf Gebiete mit großen Park- u. Grünanlagen u. mit größeren Lindenbeständen beschränkt. Häufiger wird er in O- u. SO-Europa (z. B. Polen, Rumänien, Jugoslawien, Sowjetunion) u. in Asien (z.B. China) u. den USA geerntet. T.-An-Honige sind pollenarme Honige.

Tilia cordata Mill., Winter- od. Steinlinde. A der G *Tilia* der F der Tiliaceae ↗. Von W- u. N-Europa bis zum Ural, von M-Italien über den Balkan bis Krim u. Kaukasus verbr. Meist in den Ebenen u. Mittelgebirgen in tiefgründigen u. lockeren Böden; in den Alpen bis 1200 m ü. NN. Als Straßenbaum außerhalb der Städte, für Park- u. Grünanlagen, Autobahn- u.

Tilia mandshurica Rupr. et Maxim., Mandschurische Linde. A der G *Tilia* der F der Tiliaceae ↗. NO-Asien. Guter Parkbaum. Der 15–20 m hohe Baum blüht im Juli. Die zu 5–12 hängenden Blüten sind bräunlich-filzig. Nektar- u. Pollenspender. Nach Untersuchungen von Progunkow, 1975, spielt T. m. als nektarliefernde Pflanze für die Bienen im Fernen Osten eine sehr bedeutende Rolle, obwohl über 250 nektar- u. pollenliefernde Pflanzen-An im Amurgebiet u. Primorje wachsen. Sichert dort neben Ahorn, Amurkorkbaum u. einigen Weide-An den größten Nektarertrag von den höheren Nektarpflanzen. T. m. ist im Fernen Osten eine der Sommerhaupttrachten. Die durchschnittl. Honigproduktion einer T. m. (Baumstamm-Ø 32 cm) beträgt 3,5 kg.

Tilia platyphyllos Scop., Sommerlinde. A der G *Tilia* der F der Tiliaceae ↗. In M- u. S-Europa beheimatet. Der bis 40 m hohe Baum blüht Ende Juni, etwa 14

Tage früher als die Winterlinde ↗. Die gelblichweißen Blüten sind meist in dreiblütigen Ständen zusammengefaßt, ohne Nebenkrone. Eignet sich nicht als Alleebaum für Städte, verlangt besseren Boden u. höhere Luftfeuchtigkeit. Bevorzugt im Park od. in der Landschaft freien Stand. Nektar- u. Pollenspender. Honigtaulieferant.

Tilia tomentosa MOENCH, Silberlinde. A der G *Tilia* der F der Tiliaceae ↗. In Ungarn, der südwe. Sowjetunion u. Kleinasien beheimatet, z. T. waldbildend. Verwendet als Alleebaum in Städten, da gegen Schädlinge, Hitze, Rauch, Staub wenig empfindlich; verträgt selbst Straßen mit Teerdecken. Blüht im Juli. Große Blüten in 7 – 10blütigen, hängenden Trugdolden; mit Nebenkrone. Nektar u. Pollenspender. Bienengefährlichkeit des Nektars wegen angeblichen Manosegehalts nicht erwiesen. – Hummelsterben unter Winterlinden auf Schwächung der alternden Tiere bei vergeblicher Nahrungssuche zurückgeführt.

Tilia × euchlora K. KOCH (*T. cordata* × *T. dasystyla*), Krimlinde. A der G *Tilia* der F der Tiliaceae ↗. SO-Europa, aber u. a. auch in Europa eingebürgert. Der bis 20 m hohe Baum eignet sich vorzüglich für Park- u. Grünanlagen in Großstädten, da Hitze u. Staub vertragend. Blüht im Juni/Juli. Große Blüten zu 3 – 7 in hängenden Trugdolden, ohne Nebenkrone. Nektar- u. Pollenspender.

Tilia × vulgaris HAYNE (*T. cordata* × *T. platyphyllos*), Holländische Linde. A der G *Tilia* der F der Tiliaceae ↗. In Europa seit Jh.en in Kultur u. verbr. Ausgezeichneter Straßen- u. Parkbaum von etwa 40 m. Blüht im Juni/Juli in vielblütigen, hängenden Trugdolden; ohne Nebenkrone. Sehr gute Bienenweide. Nektar- u. Pollenspender. Wird leicht von Blattläusen befallen (Honigtau).

Toleranzwerte. In der Lebensmittelhygiene zulässige Maximaldosen von Rückständen zum Zeitpunkt des Verbrauchs der Lebensmittel, wobei Zeitpunkt des Verbrauchs bei pflanzl. Lebensmitteln identisch mit dem Erntezeitpunkt ist. Die T. sind in den meisten Ländern in Verzeichnissen für die max. zulässigen Rückstandswerte ↗ in bestimmten Lebensmitteln enthalten, werden ständig aktualisiert u. stellen verbindliche Vorschriften dar.

Toment → Unterhaar.

Tomentbinden → Behaarung.

Topinambur *(Helianthus tuberosus)* → Compositae.

Totenkopfschwärmer. *Acherontia atropos* aus der F der Sphingidae (Schwärmer). Innenschädling ↗, Honignäscher. Großer Schmetterling mit totenkopfähnl. Zeichnung auf der RS des Brustkorbes. T. dringt in die Beuten ein u. beunruhigt die Bienen. Raupe frißt an Nachtschattengewächsen, Verpuppung in der Erde. Falter überwintert im Mittelmeergebiet.

Toxaphen. Wirkstoff mit insektiziden Eigenschaften, der in Pflanzenschutzmitteln ↗ angewendet wird. Bienenungefährlich ↗. Bei T.-Präparaten ist eine repellente Wirkung auf Bienen, die zw. wenigen Stunden bis zu einigen Tagen anhalten kann, zu beobachten. Sehr fischgiftig, führt infolge seiner Persistenz bei unsachgemäßer Anwendung zu Gefährdungen der Umwelt.

Tracheenmilbe → *Acarapis woodi.*

Tracheensystem, Atemorgan. Besteht aus einem Geflecht weitverzweigter Röhren (Tracheen), die über Atemöffnungen (Stigmen) an der Körperoberfläche die Atemluft aufnehmen u. sie zu den einzelnen Organen im Körperinneren leiten. Die Tracheen sind aus einer der Epidermis ↗ entspr. Zellschicht aufgebaut, die nach innen eine Chitincuticula ↗ abscheidet. Bei jeder Häutung wird die Chitinauskleidung der Tracheen ebenfalls erneuert. Durch zehn Paar Stigmen ist das T. mit der Körperoberfläche verbunden. Je ein Paar Stigmen befindet sich am zweiten bzw. dritten Thorakalsegment, die übrigen liegen am Hinterleib (Abdomen ↗), in jedem der Segmente 1–8 ein Paar. Das erste, oval geformte Stigmenpaar mit einem Längsdurchmesser von 0,14 mm vor dem Vorderflügelansatz wird von einer Chitinklappe überdeckt, so daß er nicht frei sichtbar ist. Das zweite Stigmenpaar liegt in der Chitinmembran zw. zweitem u. drittem Thoraxsegment. Die abdominalen Stigmen befinden sich seitl. auf den Rückenschuppen (Abdomen ↗) u. sind mit einer Lupe gut zu erkennen. Die Stigmenplatten, die als Reste des achten Abdominalsegmentes unter dem siebenten verborgen liegen, enthalten das

Totenkopfschwärmer

Am Stockeingang abgefangener und abgestochener Totenkopfschwärmer. (Mallorea)

letzte Stigmenpaar. Während die Atemluft über die beiden vordersten Stigmen sofort in die Tracheen eindringen kann, ist hinter den folgenden Stigmen zunächst ein mit Härchen besetzter Vorhof (Atrium) ausgebildet. Von hier aus gelangt die Atemluft erst über eine stärkere Verengung in die sich anschl. Trachee. Bei niedrigen Temp.en können die Stigmen verengt bzw. sogar verschlossen werden, u. die Atemfrequenz sinkt. Die miteinander verbundenen Tracheen bilden in sämtlichen Körperbereichen Luftsäcke aus. Bei ihnen handelt es sich um Erweiterungen der Tracheenschläuche, die paarig angelegt sind. Die Luftsäcke erfüllen vor allem große Teile des Hinterleibes, treten aber auch im hinteren Teil des Brustabschnittes (Thorax ↗) u. im Kopf (Caput ↗) auf. Während die Tracheen mit spiralig verlaufenden Chitinversteifungen ausgekleidet sind, fehlen den Luftsäcken diese Wandverstärkungen. Die Tracheen verzweigen sich mehrfach u. münden schließl. in feinste, z.T. sternförmige Tracheenendzellen (Tracheolen). Auch ihnen fehlt die Chitinversteifung. Sie stellen den hauptsächl. Ort des Gasaustausches dar. Der respiratorische Austausch von Sauerstoff (O_2) u. Kohlendioxid (CO_2) verläuft vor allem über die Wandung der Tracheenendzellen, wenngleich bei den Insekten auch eine Sauerstoffpassage über die Wand der Tracheen bekannt geworden ist. Bes. groß ist die Permeabilität der Tracheolen in der Flugmuskulatur, in der während des Fluges reichl. Sauerstoff benötigt wird. Die Tracheolen legen sich teilweise um die Muskelfasern, dringen in sie ein u. verzweigen sich dort noch mehrfach, wodurch die Oberfläche der 0,1–0,2 µm langen u. 0,05–0,08 µm breiten Tracheolen noch erheblich vergrößert wird. Die Enden der Tracheolen reichen bis zw. die Mitochondrien der einzelnen Muskelzellen. Während Wirbeltiere aktiv einatmen, atmen die Honigbienen, wie sämtliche Insekten, aktiv aus. Durch die auf die Ausatmung folgende Dehnung der Atemorgane wird Atemluft in das T. eingesogen. Die Aufnahme der Atemluft verläuft bei aktiv tätigen Bienen, unterstützt durch Pumpbewegungen der elastisch gegeneinander verschiebbaren Abdominalsegmente, über das erste Thorakalstigma u. die Atemöffnungen des Hinterleibes. Ausgeatmet wird dabei nur über das erste Abdominalstigma (Propodealstigma). Inaktive Bienen atmen über das erste Thorakalstigmenpaar aus u. ein. Die im wesentl. auf Muskeltätigkeit beruhenden Atembewegungen werden durch die Elastizität des Chitinpanzers wirkungsvoll unterstützt. Eine ruhende Biene atmet 110–150 mal/min. Beim Fächeln erhöht sich die Atemfrequenz auf 170–220 Atembewegungen/min. Außerdem steigt die Atemintensität – festgestellt durch die Zunahme des Kohlendioxids in der ausgeatmeten Luft – an. Bei steigender Temp. wird die Atemfrequenz weiter erhöht. Bei Bienenlarven sind die Atemorgane einfacher gebaut als bei den ad. Bienen. Den regelmäßig im vorderen Bereich der Segmente gelegenen Stigmen fehlen Verschlußeinrichtungen. Auch die Luftsäcke sind noch nicht ausgebildet. Eine Hypothese geht davon aus, daß bei den Larven der Sauerstoff in dem Maße, in dem er in den Tracheolen verbraucht wird, kontinuierlich nachdiffundiert.

Löwenzahntracht

Tracht. Nutzbares Massenangebot an Bienenweide ↗. Man unterscheidet die T.en nach ihrer grundsätzlichen Herkunft (Blüten- od. Honigtau-T.); nach ihrer verallgemeinerten Herkunft (Wald-, Feld- od. Wiesen-T.); nach ihrer spez. Herkunft (bestimmte Pflanzen-Gn od. -An, wie Raps-, Robinien-, Linden- od. Rotklee-T., od. bestimmte Pflanzensauger, wie Lachniden- od. Lecanien-T.); nach der Jahreszeit (Früh-, Sommer- od. Spät-T.) od. nach ihrer Effektivität (Entwicklungs-T., Haupt-T., Voll-T., Massen-T. od. Läpper-T.). Dabei werden die Begriffe «Haupt-T.» im Zusammenhang mit bestimmten Bienenweidepflanzen, «Voll-T.» mit der Witterung, «Entwicklungs-T.» mit dem jahreszeitl. Entwicklungsrhythmus des Bienenvolkes, «Läpper-T.» u. «Massen-T.» mit der Häufigkeit des Vorkommens der Bienenweidepflanzen angewendet. Die T.-Bedeutung ergibt sich aus der Wechselwirkung der Häufigkeit des Vorkommens (Anzahl, Fläche) u. dem Bienenweidewert ↗ der vorhandenen Pflanzen nach der Formel: T.-Bedeutung = Vorkommen × Bienenweidewert. Die T.-Bedeutung bestimmter Pflanzen kann trotz hoher Nektarspende bei geringem Vorkommen niedrig sein, während An mit nur mäßigem Bienenweidewert, aber massenhaftem Vorkommen noch eine beachtl. T.-Bedeutung erlangen können. Das regelmäßige Ausbleiben von T.en zu einer bestimmten Zeit infolge Fehlens zu dieser Zeit blühender Bienenweidepflanzen (Trachtkalender ↗) wird als T.-Lücke bezeichnet. Eine in der Blütezeit vorhandener Bienenweide zu erwartende T. «versagt», wenn aufgrund von Umwelteinflüssen, wie Witterung, Boden od. Düngung, die Pflanzen nicht od. unbefriedigend zur Blütenausbildung od. Nektarabsonderung gelangen. Eine zwar unregelmäßig auftretende, aber doch erwartete Honigtau-T. «setzt ein» od. «bleibt aus», je nachdem, ob u. in welchem Umfange die Honigtauerzeuger zur Wirkung kommen. Die T.-Prognose u. der T.-Meldedienst über den Rundfunk beziehen sich auf dic Honigtau-T. Über die jeweilige T.-Situation können Waagstockbeobachtungsergebnisse Auskunft erteilen.

Trachtbedeutung → Tracht.

Trachtfließbandtabellen → Trachtkalender.

Trachtkalender. Die Bienenweidepflanzen sind nach der Reihenfolge ihrer Blütezeit (gültig für zentrales M-Europa) in Monatsspalten eingeordnet. Meist sind die Monate noch einmal in Halbmonate, Dekaden od. Wochen unterteilt. Die Angaben zur Blütezeit sind durch Verwendung von Wertzeichen od. -zahlen (4 = sehr gut, 3 = gut, 2 = mäßig, 1 = gering) mit den Angaben zum Nektarwert u. in einer weiteren Monatstabelle mit den Angaben zum Pollenwert kombiniert (Bienenweidewert ↗). Im T. werden die Bienenweidepflanzen im allgemeinen mit dem botanischen u. dem deutschen Namen angegeben. Zur Pflanze selbst können weitere Angaben gemacht werden, z. B. Staude, Einjahrespflanze, Gehölz, od. man stellt, wie in den folgenden Tabellen, für die einzelnen Kultur-An (landwirtschaftl. Nutzpflanzen, Wildkräuter, Gehölze, Stauden u. Einjahresblumen) getrennte T. zusammen.

Obstgehölze als Bienenweide

Pflanzenname deutsch	*botanisch*	*Nektar März*	*Apr.*	*Mai*	*Juni*	*Juli*	*Aug.*	*Sep.*	*Honigtau*	*Pollen März*	*Apr.*	*Mai*	*Juni*	*Juli*	*Aug.*	*Sep.*
Aprikose	*Prunus armeniaca*	1	1 1						B	1	1 1					
Stachelbeere	*Ribes uva-crispa*	3	3 3							1	1 1					
Gartenjohannisbeere	*Ribes* spec.		2 2	2							2 2	2				
Pfirsich	*Prunus persica*		2 2	2					B		3 3	3				
Süßkirsche	*Prunus avium*		4	4					B		4	4				
Sauerkirsche	*Prunus cerasus*		4	4					B		4	4				
Birne	*Pyrus domestica*		3	3 3					B		3	3 3				
Apfel	*Malus domestica*		4	4 4					B		4	4 4				
Pflaume	*Prunus domestica*		2	2 2					B		2	2 2				
Walßnuß	*Juglans regia*											2 2				
Quitte	*Cydonia oblonga*			2 2	2							2 2	2			
Himbeere	*Rubus idaeus*			4 4	4 4	4						3 3	3 3	3		
Brombeere	*Rubus fruticosus*			3	3 3	3 3						2	2 2	2 2		

Gartenblumen als Bienenweide

Pflanzenname deutsch	*botanisch*	*Nektar März*	*Apr.*	*Mai*	*Juni*	*Juli*	*Aug.*	*Sep.*	*Pollen März*	*Apr.*	*Mai*	*Juni*	*Juli*	*Aug.*	*Sep.*
Drachenkopf	*Dracocephalum* spec.				2 2	2 2						1 1	1 1		
Gurke	*Cucumis sativus*				3 3	3 3	3 3					2 2	2 2	2 2	
Borretsch	*Borago officinalis*				4 4	4 4	4 4	4				2 2	2 2	2 2	2
Hainblume	*Nemophila* spec.				3 3	3 3	3 3	3 3				1 1	1 1	1 1	1 1
Resede, Färber-Wau	*Reseda odorata* u. *luteola*				2 2	2 2	2 2	2 2				3 3	3 3	3 3	3 3
Salbei	*Salvia* spec.				3	3 3	3					1	1 1	1	
Meeresstrand-Steinkraut	*Lobularia maritima*				2	2 2	2 2					1	1 1	1 1	
Natterkopf	*Echium* spec.				3	3 3	3 3	3				1	1 1	1 1	1
Kürbis, Ölkürbis	*Cucurbita pepo*				2	2 2	2 2	2				1	1 1	1 1	1
Lobelie	*Lobelia erinus*				2	2 2	2 2	2 2				1	1 1	1 1	1 1
Marienglockenblume	*Campanula medium*					2 2	2 2						3 3	3 3	
Glockenphacelia	*Phacelia campanularia*					3 3	3 3						2 2	2 2	
Schwarzkümmel	*Nigella damascena*					3 3	3 3						2 2	2 2	
Königskerze	*Verbascum* spec.												3 3	3 3	
Malve	*Malva* spec.					3 3	3 3	3					1 1	1 1	1
Stockrose	*Alcea rosea*					3 3	3 3	3					1 1	1 1	1
Kornblume	*Centaurea* spec.					3 3	3 3	3					3 3	3 3	3
Majoran	*Origanum majorana*					3 3	3 3	3 3					2 2	2 2	2 2
Fenchel	*Foeniculum vulgare*					4	4 4						1	1 1	
Koriander	*Coriandrum sativum*					4	4 4						1	1 1	
Gartenskabiose	*Scabiosa* spec.					2	2 2	2					1	1 1	1
Schmuckkörbchen	*Cosmos bipinnatus*					2	2 2	2 2					2	2 2	2 2
Sonnenhut	*Rudbeckia bicolor* u. *hirta*						2 2	2 2						2 2	2 2
Dahlie	*Dahlia variabilis*						2 2	2 2						2 2	2 2

Gartenstauden als Bienenweide

Pflanzenname		*Nektar*							*Pollen*						
deutsch	*botanisch*	*März*	*Apr.*	*Mai*	*Juni*	*Juli*	*Aug.*	*Sep.*	*März*	*Apr.*	*Mai*	*Juni*	*Juli*	*Aug.*	*Sep.*
Winterling	*Eranthis hyemalis*	2 2	2						3 3	3					
Schneeglöckchen	*Galanthus nivalis*	2 2	2						2 2	2					
Christrose	*Helleborus niger*	2 2	2						3 3	3					
Märzbecher	*Leucojum vernum*	2 2	2						2 2	2					
Frühlingssafran	*Crocus vernus*	2 2	2						2 2	2					
Blaustern	*Scilla sibirica*	2 2	2						3 3	3					
Anemone	*Anemone* spec.														
Kuhschelle	*Pulsatilla* spec.	2	2 2						3	3 3					
Gänsekresse	*Arabis* spec.	3	3 3	3					2	2 2	2				
Lerchensporn	*Corydalis* spec.	3	3 3	3 3											
Blaukissen	*Aubrietia* spec.		2 2	2 2						2 2	2 2				
Günsel	*Ajuga reptans*		2 2	2 2						1 1	1 1				
Steinkraut	*Alyssum* spec.		3 3	3 3	3					1 1	1 1	1			
Bergenie	*Bergenia* spec.		2	2 2	2					2	2 2	2			
Steinsame	*Lithospermum purpurocaeruleum*			2 2	2 2						2 2	2 2			
Thymian	*Thymus serpyllum*			3	3 3	3 3	3 3	3			1	1 1	1 1	1 1	1
Storchschnabel	*Geranium* spec.			3	3 3	3 3	3 3	3			2	2 2	2 2	2 2	2
Himmelsleiter	*Polemonium coeruleum*			4	4 4	4					4	4 4	4		
Akelei	*Aquilegia* spec.				2 2	2						3 3	3		
Mohn	*Papaver* spec.											3 3	3 3		
Bärenklau	*Heracleum lanatum*				3 3	3 3						2 2	2 2		
Schafgarbe	*Achillea* spec.				2 2	2 2	2 2					2 2	2 2	2 2	
Fingerhut	*Digitalis* spec.				2 2	2 2	2 2					1 1	1 1	1 1	
Berufskraut od. Feinstrahl	*Erigeron* spec.				2 2	2 2	2 2					2 2	2 2	2 2	
Glockenblume	*Campanula* spec.				2 2	2 2	2 2					3 3	3 3	3 3	
Katzenminze	*Nepeta mussinii*				3 3	3 3	3 3					1 1	1 1	1 1	
Ehrenpreis	*Veronica spicata*				2 2	2 2	2 2					1 1	1 1	1 1	
Fettblatt	*Sedum* spec.				3 3	3 3	3 3					2 2	2 2	2 2	
Kaukasus-Skabiose	*Scabiosa caucasica*				2 2	2 2	2 2					1 1	1 1	1 1	
Mädchenauge	*Coreopsis* spec.				2 2	2 2	2 2	2 2				2 2	2 2	2 2	2 2
Sonnenröschen	*Helianthemum* spec.				2 2	2 2	2 2	2 2				2 2	2 2	2 2	2 2
Gelber (Stauden-) Steinklee	*Melilotus officinalis*				4	4 4	4 4					3	3 3	3 3	
Kugeldistel	*Echinops* spec.				3	3 3	3 3					2	2 2	2 2	
Pfefferminze	*Mentha piperita*					2 2	2 2								
Salbei	*Salvia* spec.					3 3	3 3								
Ziest	*Stachys* spec.					2 2	2 2						1 1	1 1	
Fettblatt	*Sedum* spec.					3 3	3 3						2 2	2 2	
Edeldistel	*Eryngium alpinum*					3 3	3 3						2 2	2 2	
Lavendel	*Lavandula angustifolia*					2 2	2 2						1 1	1 1	
Ysop	*Hyssopus officinalis*					4 4	4 4	4					1 1	1 1	1
Zitronenmelisse	*Melissa officinalis*					2 2	2 2	2					1 1	1 1	1
Löwenschwanz	*Leonorus* spec.					3 3	3 3	3					1 1	1 1	1
Knöterich	*Polygonum* spec.					3 3	3 3	3 3					2 2	2 2	2 2
Indianernessel	*Monarda* spec.					2 2	2 2	2 2					1 1	1 1	1 1
Seidenpflanze	*Asclepias* spec.					4 4	4 4	4 4					3 3	3 3	3 3
Etagen-Erika	*Physostegia virginiana*					2 2	2 2	2 2					1 1	1 1	1 1
Sonnenhut	*Rudbeckia* spec. u. *Echinacia* spec.					2 2	2 2	2 2					2 2	2 2	2 2
Braunelle	*Prunella incisa*					2 2	2 2	2 2					1 1	1 1	1 1
Sonnenbraut	*Helenium autumnale*					3 3	3 3	3 3					4 4	4 4	4 4
Spargel	*Asparagus officinalis*					3	3 3	3					3	3 3	3
Fettblatt	*Sedum spectabile* u. *telephium*						3 3	3 3						2 2	2 2
Goldrute	*Solidago* spec.						2 2	2 2						2 2	2 2
Herbstaster	*Aster* spec.						3 3	3 3						3 3	3 3

Gehölze als Bienenweide

Pflanzenname deutsch	botanisch	Nektar März	Apr.	Mai	Juni	Juli	Aug.	Sep.	Honig-tau	Pollen März	Apr.	Mai	Juni	Juli	Aug.	Sep.
Haselnuß	Corylus spec.								B	2 2	2					
Seidelbast	Daphne mezereum	2 2	2							2 2	2					
Schneeheide	Erica herbacea	4 4	4 4							2 2	2 2					
Eibe	Taxus baccata	2 2	2 2							3 3	3 3					
Kornelkirsche	Cornus mas	3	3							2	2					
Purpur- u. Reif-weide	Salix purpurea u. daphnoides	3	3						B	4	4					
Sal- u. Küblerweide	Salix caprea u. smithiana	4	4 4						B	4	4 4					
Silberahorn	Acer saccharinum	4	4 4						B	2	2 2					
Erle	Alnus															
Pappel	Populus															
Ulme	Ulmus spec.								B	3	3 3					
Stachelbeere	Ribes uva-crispa	3	3 3							1	1 1					
Buchsbaum	Buxus sempervirens	2	2 2							1	1 1					
Ohrweide	Salix aurita	2	2 2						B	2	2 2					
Grau-	Salix cinerea															
Weiß-	alba															
Schwarz-	nigricans															
Korb-	viminalis															
Persische	muscina															
Ägyptische	aegyptica															
Kaspische	acutifolia															
Weide	pendulifolia	3	3 3	3					B	3	3 3	3				
Eschenahorn	Acer negundo								B		2 2	2				
Schlehdorn	Prunus spinosa		2 2	2							3 3	3				
Alpen-, Gold-Blutjohannisbeere	Ribes alpinum, aureum sanguineum		2 2	2							1 1	1				
Schneeball	Viburnum spec.		1 1	1 1							1 1	1 1				
Felsenbirne	Amelanchier ovalis		2 2	2 2							1 1	1 1				
Vogelkirsche	Prunus avium		4 4	4 4					B		4 4	4 4				
Weichselkirsche	Prunus mahaleb		2 2	2 2							2 2	2 2				
Trauerweide	Salix babylonica		3 3	3 3							3 3	3 3				
Spitzahorn	Acer platanoides		3 3	3 3					B		2 2	2 2				
Mahonie	Mahonia aquifolium		2	2 2							2	2 2				
Kirschpflaume	Prunus cerasifera, sub-hirtella, tomentosa		2	2 2							2	2 2				
Japanische Quitte	Chaenomeles spec.		2	2 2							3	3 3				
Wild- u. Zierapfel	Malus spec.		2	2 2					B		2	2 2				
Rotbuche	Fagus sylvatica								B		2	2 2				
Geißklee	Cytisus spec.										2	2 2				
Esche	Fraxinus spec.								B		2	2 2	2			
Bergahorn	Acer pseudoplanutas			4 4					B			2 2				
Feld-, Fächerahorn	Acer campestre, palmatum			2 2								1 1				
Hundsrose	Rosa canina			1 1								1 1				
Weißdorn	Crataegus spec.			2 2	2 2							2 2	2 2			
Heckenkirsche	Lonicera cylosteum, tata-rica, spinosa, thibetica			2 2	2 2							2 2	2 2			
Kreuzdorn	Rhamnus catharticus			2 2	2 2							1 1	1 1			
Roßkastanie	Aesculus hippocastanum u. carnea			3 3	3 3							3 3	3 3			
Eberesche	Sorbus aucuparia			2 2	2 2							2 2	2 2			
Mehlbeere	Sorbus aria, latifolia, intermedia			2 2	2 2							2 2	2 2			
Elsbeere	Sorbus torminalis			2 2	2 2							1 1	1 1			
Sauerdorn	Berberis spec.			2 2	2 2							1 1	1 1			
Eiche	Quercus rubra, robur petraea								B			2	2			
Tamariske	Tamarix tetrandra			1	1							1	1			
Sandginster	Genista pilosa											2	2			

Gehölze als Bienenweide

Pflanzenname deutsch	*botanisch*	*Nektar März*	*Apr.*	*Mai*	*Juni*	*Juli*	*Aug.*	*Sep.*	*Honigtau*	*Pollen März*	*Apr.*	*Mai*	*Juni*	*Juli*	*Aug.*	*Sep.*
Erbsenstrauch	*Caragana arborescens*			2	2							2	2			
Goldregen	*Laburnum anagyroides*			2	2							2	2			
Felsenmispel	*Cotoneaster* spec.			4	4 4							3	3 3			
Spätblühende Traubenkirsche	*Prunus serotina* u. *virginiana*			2	2 2							1	1 1			
Tulpenbaum	*Liriodendron tulipifera*			2	2 2							3	3 3			
Faulbaum	*Rhamnus frangula*			3	3 3	3						2	2 2	2		
Himbeere	*Rubus idaeus*			4	4 4	4 4						3	3 3	3 3		
Rose	*Rosa* spec.			2	2 2	2 2	2 2					2	2 2	2 2	2 2	
Robinie	*Robinia pseudacacia*				4 4								1 1			
Klebrige Robinie	*Robinia viscosa*				2 2								1 1			
Lederhülsenbaum	*Gleditsia triacanthos*				4 4								1 1			
Blumenspiere	*Physocarpus opulifolius*				2 2								2 2			
Hopfenstrauch	*Ptelaea trifoliata*				3 3								3 3			
Echte Kastanie	*Castanea sativa*				3 3	3 3			B				3 3	3 3		
Götterbaum	*Ailanthus altissima*				3 3	3 3							2 2	2 2		
Essigbaum	*Rhus typhina*				2 2	2 2							1 1	1 1		
Brombeere	*Rubus fruticosus*				3 3	3 3	3 3						2 2	2 2	2 2	
Schneebeere	*Symphoricarpos rivalaris*				3 3	3 3	3 3	3 3								
Bocksdorn	*Lycium halimifolium*				2 2	2 2	2 2	2 2					2 2	2 2	2 2	2 2
Liguster	*Ligustrum vulgare*				2	2							2	2		
Korkbaum	*Phellodendron amurense*				2	2							2	2		
Sommerlinde u. Kaiserlinde	*Tilia platyphyllos* u. *pallida*				3	3							1	1		
Feuerdorn	*Pyracantha coccinea*				2	2 2							2	2 2		
Färberginster	*Genista tinctoria*												2	2 2		
Bastardindigo	*Amorpha fruticosa*				3	3 3	3						1	1 1	1	
Blasenstrauch	*Colutea arborescens*				3	3 3	3 3						2	2 2	2 2	
Tamariske	*Tamarix odessana* u. *pentandra*				1	1 1	1 1						1	1 1	1 1	
Fingerkraut	*Potentilla fruticosa*				2	2 2	2 2	2 2					2	2 2	2 2	2 2
Trompetenbaum	*Catalpa bignonioides*					3 3								2 2		
Holländische Linde	*Tilia europaea*					3 3			B					1 1		
Winterlinde	*Tilia cordata*					4 4			B					1 1		
Korallenbeere	*Symphoricarpos orbiculatus* u. *chenaultii*					3 3	3 3							1 1	1 1	
Stechpalme	*Ilex aquifolium*					2 2	2 2							2 2	2 2	
Rispige Kölreuterie	*Koelreuteria paniculata*					3 3	3 3							1 1	1 1	
Waldrebe	*Clematis* spec.					2 2	2 2	2						2 2	2 2	2
Wilder Wein	*Parthenocissus quinquefolia* u. *tricuspidata*					1 1	1 1	1 1						3 3	3 3	3 3
Krimlinde u. Silberlinde	*Tilia xeuchlora* u. *tomentosa*					3	3		B					1	1	
Japanischer Schnurbaum	*Sophora japonica*					4	4 4							2	2 2	
Stinkesche	*Euodia* spec.					4	4 4	4						3	3 3	3
Rankender Knöterich	*Polygonum aubertii* u. *baldschuanicum*					2	2 2	2 2						2	2 2	2 2
Bartblume	*Caryopteris* spec.						4 4	4 4							4 4	4 4
Heidekraut	*Calluna vulgaris*						3 3	3 3							3 3	3 3
Efeu	*Hedera helix*						2	2 2							2	2 2

Landwirtschaftliche Nutzpflanzen als Bienenweide

Pflanzenname deutsch	*botanisch*	*Nektar März*	*Apr.*	*Mai*	*Juni*	*Juli*	*Aug.*	*Sep.*	*Pollen März*	*Apr.*	*Mai*	*Juni*	*Juli*	*Aug.*	*Sep.*
Winterrübsen	*Brassica rapa var. sylvestris*		2	2						2	2				

Fortsetzung der Tabelle landwirtschaftliche Nutzpflanzen als Bienenweide

Pflanzenname deutsch	*botanisch*	*Nektar März*	*Apr.*	*Mai*	*Juni*	*Juli*	*Aug.*	*Sep.*	*Pollen März*	*Apr.*	*Mai*	*Juni*	*Juli*	*Aug.*	*Sep.*
Winterraps	*Brassica napus var. napus*			4 4							4 4				
Kohlrübe	*Brassica napus var. napobrassica*			2 2							2 2				
Sommerrübsen	*Brassica rapa var. sylvestris*			2 2							2 2				
Sommerraps	*Brassica napus var. napus*			4 4	4						4 4	4			
Inkarnatklee	*Trifolium incarnatum*			3 3	3 3						3 3	3 3			
Ölrettich	*Raphanus sativus oleiformis*			2	2 2	2					2	2 2	2		
Winterwicke	*Vicia villosa*			3	3 3	3 3					2	2 2	2 2		
Weißklee	*Trifolium repens*			4	4 4	4 4					3	3 3	3 3		
Weißer Senf	*Sinapis alba* (Frühjahrssaat)				3 3							3 3			
Schwedenklee	*Trifolium hybridum*				4 4	4 4						3 3	3 3		
Lupine	*Lupinus* spec.											2 2	2 2		
Phacelia (je nach Aussaatzeit 4–6 Wochen)	*Phacelia tanacetifolia*				4 4	4 4	4 4	4 4				3 3	3 3	3 3	3 3
Serradella	*Ornithopus sativus*				2 2	2 2	2 2					2 2	2 2	2 2	
Schlafmohn	*Papaver somniferum*											4	4 4		
Ackerbohne	*Vicia faba*				2	2 2	2					2	2 2	2	
Weißer Steinklee	*Melilotus alba*				4	4 4	4 4					3	3 3	3 3	
Buchweizen	*Fagopyrum esculentum*					4 4	4						3 3	3	
Sonnenblume	*Helianthus annuus*					2 2	2 2	2					2 2	2 2	2
Luzerne	*Medicago varia*					3 3	3 3	3					1 1	1 1	1
Rotklee	*Trifolium pratense*					3 3	3 3	3					3 3	3 3	3
Futtermalve	*Malva* spec.					2 2	2 2	2 2					1 1	1 1	1 1
Zichorie	*Cichorium intybus*					3	3 3	3					2	2 2	2
Hanf	*Cannabis sativa*													3 3	
Weißer Senf (Zwischenfrucht)	*Sinapis alba*						2	2 2						3	3 3

Wildkräuter als Bienenweide

Pflanzenname deutsch	*botanisch*	*Nektar März*	*Apr.*	*Mai*	*Juni*	*Juli*	*Aug.*	*Sep.*	*Pollen März*	*Apr.*	*Mai*	*Juni*	*Juli*	*Aug.*	*Sep.*
Schwarze Nieswurz	*Helleborus niger*	2 2	2						3 3	3					
Pestwurz	*Petasites* spec.	3 3	3 3						3 3	3 3					
Huflattich	*Tussilago farfara*	2 2	2 2	2					2 2	2 2	2				
Wiesenkuhschelle	*Pulsatilla pratensis*	1	1 1						3	3 3					
Lungenkraut	*Pulmonaria* spec.	2	2 2						2	2 2					
Buschwindröschen	*Anemone* spec.								2	2 2	2 2				
Lerchensporn	*Corydalis* spec.	2	2 2	2 2					2	2 2	2 2				
Sumpfdotterblume	*Caltha palustris*	2	2 2	2 2					2	2 2	2 2				
Vogelmiere	*Stellaria media*	2	2 2	2 2	2 2	2 2	2 2	2 2	1	1 1	1 1	1 1	1 1	1 1	1 1
Kreuzkraut	*Senecio* spec.	2	2 2	2 2	2 2	2 2	2 2	2 2	2	2 2	2 2	2 2	2 2	2 2	2 2
Löwenzahn	*Taraxacum officinale*		3 3	3 3						4 4	4 4				
Hahnenfuß	*Ranunculus* spec.		1 1	1 1	1 1	1 1	1 1	1 1		1 1	1 1	1 1	1 1	1 1	1 1
Wiesenschaumkraut	*Cardamine pratensis*		2 2	2 2	2					2 2	2 2	2			
Kerbel	*Anthriscus* spec.		2 2	2 2	2 2					2 2	2 2	2 2			
Taubnessel	*Lamium* spec.		2 2	2 2	2 2	2 2				1 1	1 1	1 1	1 1		
Heidelbeere	*Vaccinium vitis-idaea*		3	3 3						1	1 1				
Traubenhyazinthe	*Muscari botryoides*		2	2 2						1	1 1				
Günsel	*Ajuga* spec.		2	2 2	2					1	1 1	1			
Trollblume	*Trollius europaeus*		2	2 2	2					3	3 3	3			
Hauhechel	*Ononis* spec.		1	1 1	1					2	2 2	2			
Knöterich	*Polygonum* spec.			3 3	3 3	3 3	3				2 2	2 2	2 2	2	
Glockenblume	*Campanula* spec.			2 2	2 2	2 2	2				2 2	2 2	2 2	2	

Fortsetzung der Tabelle Wildkräuter als Bienenweide

Pflanzenname		*Nektar*							*Pollen*						
deutsch	*botanisch*	*März*	*Apr.*	*Mai*	*Juni*	*Juli*	*Aug.*	*Sep.*	*März*	*Apr.*	*Mai*	*Juni*	*Juli*	*Aug.*	*Sep.*
Wiesenraute	*Thalictrum* spec.										2 2	2 2	2 2	2	
Ampfer	*Rumex* spec.										2 2	2 2	2 2	2	
Ehrenpreis	*Veronica* spec.			2 2	2 2	2	2 2	2			1 1	1 1	1 1	1 1	1
Habichtskraut	*Hieracium* spec.			2 2	2 2	2 2	2 2	2			2 2	2 2	2 2	2 2	2
Wegerich	*Plantago* spec.										3 3	3 3	3 3	3 3	3 3
Hundszunge	*Cynoglossum* spec.			3	3 3						1	1 1			
Lichtnelke	*Lychnis* spec.			2	2 2						2	2 2			
Inkarnatklee	*Trifolium incarnatum*			3	3 3	3					3	3 3	3		
Esparsette	*Onobrychis viciifolia*			4	4 4	4					4	4 4	4		
Wundklee	*Anthyllis vulneraria*			2	2 2	2					2	2 2	2		
Klatschmohn	*Papaver* spec.										2	2 2	2 2		
Beinwell	*Symphytum* spec.			2	2 2	2 2	2 2				1	1 1	1 1	1 1	
Thymian	*Thymus* spec.			3	3 3	3 3	3 3	3			1	1 1	1 1	1 1	1
Weißklee	*Trifolium repens*			4	4 4	4 4	4 4	4			3	3 3	3 3	3 3	3
Schwedenklee	*Trifolium hybridum*			4	4 4	4 4	4 4	4			3	3 3	3 3	3 3	3
Hornklee	*Lotus corniculatus*			2	2 2	2 2	2 2	2			1	1 1	1 1	1 1	1
Gelbklee	*Medicago lupulina*			3	3 3	3 3	3 3	3			2	2 2	2 2	2 2	2
Salbei	*Salvia* spec.			3	3 3	3 3	3 3	3			1	1 1	1 1	1 1	1
Ochsenzunge	*Anchusa* spec.			3	3 3	3 3	3 3	3 3			1	1 1	1 1	1 1	1 1
Hederich	*Raphanus raphanistrum*				3 3	3						2 2	2		
Ackersenf	*Sinapis arvensis*				2 2	2 2						2 2	2 2		
Storchschnabel	*Geranium* spec.				2 2	2 2						2 2	2 2		
Weiderich	*Lythrum* spec.				3 3	3 3	3					2 2	2 2	2	
Fleckenblume	*Centaurea jacea*				3 3	3 3	3					2 2	2 2	2	
Rittersporn	*Delphinium* spec.				2 2	2 2	2					1 1	1 1	1	
Wicke	*Vicia* spec.				3 3	3 3	3 3					1 1	1 1	1 1	
Weidenröschen	*Epilobium* spec.				2 2	2 2	2 2					2 2	2 2	2 2	
Himmelsleiter	*Polemonium caoeruleum*				3	3 3						3	3 3		
Akelei	*Aquilegia* spec.				3	3 3						2	2 2		
Mauerpfeffer	*Sedum acre*				3	3 3						2	2 2		
Natterkopf	*Echium vulgare*				3	3 3	3					2	2 2	2	
Distel	*Cirsium* spec.				3	3 3	3 3					2	2 2	2 2	
Andorn	*Marrubium* spec.				3	3 3	3 3					1	1 1	1 1	
Nachtkerze	*Oenothera* spec.				1 1	1 1	1 1					2	2 2	2 2	
Vergißmeinnicht	*Myosotis* spec.				1	1 1	1 1					1	1 1	1 1	
Fingerhut	*Digitalis* spec.				2	2 2	2 2					1	1 1	1 1	
Baldrian	*Valeriana* spec.				2	2 2	2 2					1	1 1	1 1	
Platterbse	*Lathyrus* spec.				2	2 2	2 2	2				1	1 1	1	
Rotklee	*Trifolium pratense*				3	3 3	3 3	3				3	3 3	3 3	3
Steinklee	*Melilotus* spec.				4	4 4	4 4	4				3	3 3	3 3	3
Wilde Möhre	*Daucus carota*				2	2 2	2 2	2				1	1 1	1 1	1
Wiesen-Bärenklau	*Heracleum sphondylium*				3	3 3	3 3	3				2	2 2	2 2	2
Skabiose	*Scabiosa*				2	2 2	2 2	2				1	1 1	1 1	1
Grasnelke	*Armeria* spec.				2	2 2	2 2	2				1	1 1	1 1	1
Malve	*Malva* spec.				2	2 2	2 2	2				1	1 1	1 1	1
Katzenminze	*Nepeta* spec.				3	3 3	3 3	3				1	1 1	1 1	1
Springkraut	*Impatiens* spec.					2 2	2 2						2 2	2 2	
Wegewarte	*Cichorium intybus*					3 3	3 3	3					3 3	3 3	3
Minze	*Mentha* spec.					2 2	2 2	2 2					1 1	1 1	1 1
Ziest	*Stachys* spec.					3 3	3 3	3 3					1 1	1 1	1 1
Löwenschwanz	*Leonurus* spec.					3 3	3 3	3 3					2 2	2 2	2 2
Gamander	*Teucrium* spec.					3	3 3	3					1	1 1	1
Klette	*Arctium* spec.					2	2 2	2					2	2 2	2
Kohldistel	*Cirsium oleraceum*					3	3 3	3					2	2 2	2
Karde	*Dipsacus* spec.					3	3 3	3					2	2 2	2
Herbstlöwenzahn	*Leontodon* spec.					2	2 2	2 2					1	1 1	1 1
Wucherblume	*Chrysanthemum* spec.						2 2	2 2						2 2	2 2
Goldrute	*Solidago* spec.						2 2	2 2						2 2	2 2
Glockenheide	*Erica tetralix*						3 3	3 3						2 2	2 2
Besenheide	*Calluna vulgaris*						3 3	3 3						3 3	3 3

Trachtlückenfütterung. Vor allem die *Carnica*-Biene reagiert auf Trachtlosigkeit schnell mit Bruteinschränkung. Um dies zu verhindern, aber auch um die Völker vor Futtermangel zu bewahren, wird die T. angewendet. Die Verfütterung von Feuchtzukker ↗ u. Futterteig ↗ ist hierzu bes. geeignet. Die Geschwindigkeit der Aufnahme des Futters läßt sich durch die Wahl des Futtergerätes variieren. Die Abnahme ist etwa dem Verbrauch je nach Jahreszeit u. Volkstärke 100–300 g/Tag anzupassen, damit kein Zuckerfutter in den Honig gelangt. Beim Einsetzen von Tracht ist die Fütterung abzubrechen.

Trachtpflanzen → Bienenweide → Trachtkalender.

Trachtschaden. Bei Trachtbienen nach dem Befliegen giftiger Tracht. Nektarvergiftungen: Fingerhut, Silberlinde, Hahnenfuß, Kastanie, Seidelbast, Wolfsmilch u. a. Pollenvergiftungen: Eisenhut, Hahnenfuß, Nieswurz, Rittersporn. Meist Lähmung ↗, Ruhr ↗, Maikrankheit ↗, abnormes Verhalten od. Tod.

Tracht-Schwarmzeit. Für den Imker ist die T.-S. die arbeitsreichste Zeit des Jahres. Um das Schwärmen mit Sicherheit zu verhindern u. die Völker leistungsfähig zu halten, müssen sie jetzt wöchentl. durchgesehen bzw. auf Schwarmanzeichen ↗ kontrolliert werden. Je nach der Ausgangssituation nach dem Freigeben des Honigraums ↗ sind in Hinterbehandlungsbeuten jetzt wöchentl. die am meisten verdeckelten Brutwaben in den Honigraum zu bringen; sie sind nach 7–9 Tagen auf angesetzte Weiselzellen zu kontrollieren. In den Brutraum kommen dafür Mittelwände od. auch geschlüpfte Brutwaben aus dem Honigraum, solange sie nicht mit Honig gefüllt sind. Wichtig ist, daß die Weisel immer leere Zellen zum Bestiften vorfindet, damit in der Bruterzeugung keine Stockung eintritt. Bruteinschränkung sollte zu keiner Zeit absichtlich herbeigeführt werden. Zur Erneuerung des Wabenbaus sind je Volk mindestens 6–8 Mittelwände ausbauen zu lassen. Nach dem Ausbauen des ersten Baurahmens ist ein zweiter zu geben, die dann wechselweise auszuschneiden sind (Drohnenwabe ↗, Baurahmen ↗). Spätestens, wenn bei max. Raumausnutzung in Hinterbehandlungsbeuten ↗ keine Erweiterungsmöglichkeit mehr besteht, ist ein Volk zur Bildung von Ablegern zu schröpfen. Sobald begattete Weiseln aus eigener Zucht od. durch Kauf zur Verfügung stehen, sind die vorgesehenen Umweiselungen durchzuführen (Umweiseln ↗). Völker mit Jungweiseln schwärmen im laufenden Jahr meist nicht mehr. Werden bei den wöchentl. Durchsichten Schwarmweiselzellen ↗ festgestellt, sind Maßnahmen zur Schwarmverhinderung ↗ durchzuführen. Nach jedem Schleudern ↗ sind mehrere Brutwaben in den Honigraum zu hängen. Im Magazinbetrieb werden die genannten Maßnahmen analog durchgeführt. Nur wird hier meist nicht mit einzelnen Waben, sondern möglichst mit ganzen Zargen gearbeitet. Die Kontrolle auf Schwarmstimmung erfolgt durch Ankippen der Brutraumzargen. Die meist an den unteren Wabenrändern angesetzten Weiselnäpfe werden auf Eier od. Larven untersucht. Nach der letzten Tracht sollte nicht wie früher u. z.T. jetzt noch üblich der Honigraum abgenommen od. geschlossen, sondern das Volk auf Doppelraum umgestellt werden (Doppelraumüberwinterung ↗).

Bienentränke

Trachttage. Tage mit mindestens 100 g Zunahme (Waagstock ↗). Im langjährigen Mittel (Raum Berlin) sind dies 46 Tage im Jahr. Sie verteilen sich auf die Monate April (4), Mai (12), Juni (16), Juli (12) u. August (2). Extreme Abweichungen sind max. 63 (1975) u. min. 36 (1970) T.

Trachtverhältnisse. Um die z. Z. vorhandenen T. übersichtlich festzuhalten, wurde nach Zander folgende Einteilung in: Wald, Park- u. Grünanlagen ↗, Heide u. Moor ↗, Wiesen u. Weiden ↗, Äcker ↗ (mit der Unterteilung in Unkräuter; Ölfrüchte, Handelsgewächse u. Gewürzkräuter; Hülsenfrüchte u. Feldgemüse; Futter- und Gründüngungspflanzen), Obstanlagen ↗, Triften, Wegränder, Ufer u. Gehölze vorgenommen. Zusätzl. Informationen zu den Trachtpflanzen findet man unter den Begriffen Tracht ↗, Haupttracht ↗, Frühtracht ↗, Sommertracht ↗, Spättracht ↗, Waldtracht ↗, Wandertracht ↗. Pflanzen-Fn u. einzelne Pflanzen-An, die für die Bienen eine ± große Bedeutung haben, werden detailliert unter den lat. Namen abgehandelt. S. auch Bienenweide.

Trachtwert → Bienenweidewert.

Tragfläche → Flügel → Flugdynamik.

Trägheitskräfte → Flügeldynamik.

Tragschienen → Beutenbeschläge.

Tränke. Die Bienen benötigen Wasser für die Verdünnung des Honigs, die Verdauung des Pollens, die Bereitung des Brutfutters u. bei hoher Außentemp. zur Temp.-Regulierung in der Beute. Dieses Wasser müssen sie, da es sich nicht wie Honig u. Pollen bevorraten läßt, ständig frisch eintragen. Der Imker muß dafür sorgen, daß den Bienen vom ersten Flugtag im Frühjahr an in der Nähe des Standes, 5–10 m od. etwas weiter entfernt, eine T. zur Verfügung steht. Sie soll an sonniger, windgeschützter Stelle stehen, überdacht u. beheizbar sein. Damit die T. nicht zum Überträger von Krankheiten wird, sind bes. im Frühjahr alle Teile, die unmittelbar mit den Bienen in Berührung kommen, häufig zu reinigen. Um die Bienen möglichst lange an der aufgestellten od. eingerichteten T. zu halten, darf sie niemals versiegen. Wenn sie auch nur für wenige Stunden austrocknet, suchen sie sich eine andere Wasserstelle u. sind dann nur sehr schwer wieder umzugewöhnen. Befindet sich in der

Nähe des Bienenstandes eine den Bienen zusagende natürl. T., verlassen sie die vom Imker eingerichtete ohnehin sehr bald. Eine wichtige Rolle für die Attraktivität der T. spielt die Temp. des angebotenen Wassers. Damit die Bienen es sehr schnell aufnehmen können, sollte sie zw. 20 u. 30 °C liegen. Durch die Nähe der T. zum Bienenstand u. die hohe Temp. des Wassers verlieren die Wasserholerinnen wenig an Körpertemp., u. sie fliegen selbst bei 5 °C Lufttemp. noch nach Wasser.

Transportgestell → Begattungskästchen.

Transportkasten → Begattungskästchen.

Transportsicherung bei Wanderung. Wanderungen mit Bienen müssen unfallfrei u. sicher durchgeführt werden. Dazu gehören: Sicherung der Beuten gegen Absturz im Bienenwagen; Sicherung der Beuten gegen Verschieben u. Absturz auf anderen Transportmitteln; Montage des Wandervorsatzes ↗ je nach Beutetyp.

Transport von Zuchtstoff. Die meisten Imker haben selbst kein Volk am Stand, von dem sie nachzüchten können. Sie müssen sich Zuchtstoff ↗ über eine ± große Entfernung beschaffen. Wenn man Eistücke transportieren od. verschicken will, so sollten die Stifte (Eier) zw. 1½ u. 2½ Tage alt sein. Die Waben können bei normaler Temp. befördert werden, sollen aber vor direkter Sonnenbestrahlung geschützt werden. Es ist zu empfehlen, die Eier im Pflegevolk einen Tag durch ein Drahtgitter zu schützen. Mehr Erfolg bringt der T. v. Z. in Form jüngster Larven. In einem Ableger ↗ mit Bienen läßt sich eine Wabe mit jungen Larven 1–2 Tage ohne Schaden transportieren. Aber auch ohne Bienen kann man eine Zuchtstoffwabe 5–6 h außerhalb des Volkes halten. Man tut gut daran, sie in ein feuchtes Tuch einzuschlagen. Frisch belarvte Weiselnäpfchen ↗ können ohne nennenswerte Ausfälle etwa 1 h transportiert werden. Danach sinkt die Annahmequote. Bereits vorgebrütete Zellen können mehrere Stunden ohne Pflege sein, da sie bereits mit Futtersaft versorgt sind. Der Transport erfolgt ohne Bienen in kleinen, mit Bohrungen versehenen

Transportkasten mit Waben

Styroblock mit Bohrungen zum Transport von angepflegten Näpfchen oder verdeckelten Weiselzellen

Styroporblöcken. Sie halten Wärme u. Feuchtigkeit. Am sichersten ist der Transport von Larven im Vor- od. Anbrütekasten. Der Transport von gedeckelten Weiselzellen ist schwieriger. Relativ unempfindlich sind die Weiselzellen gleich nach dem Verdeckeln u. kurz vor dem Schlupf. Nur dann darf man sie bewegen, während der übrigen Zeit gibt es meistens hohe Ausfälle.

Traubeneiche → *Quercus petraea* → Fagaceae.

Traubenkirsche → *Prunus padus* → Rosaceae.

Traubenkrankheit → *Apis Iridescent* Virus.

Tremorphase. Stadium in der Vergiftungsphänologie ↗. Die Symptome äußern sich durch starkes Zittern bis zum Übergang zu heftigen konvulsivischen Zuckungen.

Trichlorfon. Wirkstoff mit insektiziden Eigenschaften. Findet in Pflanzenschutz-, Schädlingsbekämpfungs- u. Tierarzneimitteln ↗ Anwendung.

Trichodes → Buntkäfer.

Trifolium hybridum L., Schwedenklee, Bastardklee. A der G *Trifolium* der F der Leguminosae ↗. Subalpine Stufe der Gebirge, atlantisches Europa. Grünfutter- u. Weidepflanze; vor allem in Schweden u. Kanada angebaut. Meist zusammen mit Gelb- od. Weißklee ↗ angesät. Wild auf feuchten Wiesen, an Gräben, auch auf kalten Böden. Blüht von Mai bis September. Weiße bis rötliche Blüten in Köpfen. Die zweijährige Futterpflanze benötigt feuchten Boden in feuchten, rauhen Lagen. Nektar- u. Pollenspender. Von Zander u. Berner neben Weißklee ↗ als wichtigste Klee-A der Wiesen (feuchterer Standort als Weißklee) angesehen. Die Nektarabsonderung ist – generell wie bei allen Klee-An – von Temp. u. Luftfeuchtigkeit abhängig. T. h. gehört zu den besten Pollenquellen der Bienenvölker, ebenso wie die anderen Klee-An, bedingt durch ihre Verbr., die lange Blütezeit u. die biologische Wirksamkeit des Pollens.

Trifolium incarnatum L., Inkarnatklee. A der G *Trifolium* der F der Leguminosae ↗. Hauptsächl. in südlicheren Ländern angebaut, in den anderen Teilen Europas u. in den USA erst seit Mitte des vorigen Jh.s. Einjährig, schnellwüchsige Zwischenfutterpflanze. Aussaat Mitte bis Ende August, Samenreife im Juli des Folgejahres. Blüht etwas eher als der Rotklee ↗. Blüten rot in länglichen Köpfen. Für durchlässige, mittl., auch leichte Böden geeignet, wintermildes Klima. Nektar- u. Pollenspender. Spielt vor allem da als Trachtpflanze eine gewisse Rolle, wo er auf größeren Flächen angebaut wird, z. B. in Ungarn, Jugoslawien, Frankreich, Italien, u. im Honigsediment als Leitpollen auftreten kann.

Trifolium pratense L., Rotklee, Wiesenklee. A der G *Trifolium* der F der Leguminosae ↗. Eurasien u. N-Afrika, bis 2000 m ü. NN vorkommend. In regenbegünstigteren Lagen, vor allem in Gebirgsnähe, wichtigste Feldfutterpflanze in Europa – zweijährig. Eine ausdauernde Kulturform von regionaler Bedeutung ist der Massenklee in der Schweiz. Ausdauernd, auch auf Wiesen, an Wegrändern vorkommend. Aussaat Februar/März od. später bis August. Blüht je nach Aussaat von Juni bis September/Oktober. Nektar- u. Pollenspender. Die purpurrote T. p.-Blüte ist fast doppelt so nektarreich wie die des Weißklees ↗ (Ewert stellte für den wilden Rotklee sogar noch eine stärkere Nektarabsonderung als für die angebauten Formen fest. Er fand jedoch von den Bienen so gut wie keine Beachtung.), kommt aber wegen der längeren Blütenröhren weniger in Betracht. (Die Länge der Blütenröhre ist für die Samenproduktion von großer Wichtigkeit, weil sie den Insektenbeflug u. damit die Bestäubung u. den Samenansatz beeinflußt. Im allgemeinen ist eine Zunahme der Kronröhrenlänge für Europa vom S nach dem N festgestellt, in S- u. M-Europa liegt sie zw. 7,7–9,6 mm, in N-Europa zw. 8,5–10,4 mm; die kürzesten Blütenröhren besitzen die wilden Wiesen- od. Mattenkleesorten, die längsten die tetraploiden Zuchtsorten.) Je nach Kronröhrenlänge werden die T. p.-Sorten vorwiegend von Honigbienen (Dänemark, S-Schweden bis ~ 74 %) od. von Hummeln (N-Schweden zu 80–90 %) bestäubt. Ist jedoch schwül-warmes Wetter mit leichter Gewitterneigung vorhanden, d. h. feucht-schwüles Wetter, so sind das gute T. p.-Beflugsjahre. Bei solcher Witterung ist die Nektarabsonderung so stark, daß der Abstand zw. oberem Blütenrand u. Nektarspiegel so gering wird, daß die Bienen diesen erreichen können. Auch wird von relativ langrüsseligen Bienen wie der Kaukasischen, der Italiener od. der Krainer Biene ein etwas häufigerer Beflug von T. p. beobachtet. Von einer regelmäßigen Nektarausnutzung in M-Europa konnte bisher vor allem von der Insel Poel (DDR) von der dort von Lembcke herausgezüchteten Lembckeschen Rotkleerasse u. von der SW-Küste der Ostsee (Bundesrepublik Deutschland, Dänemark) berichtet werden. – Natürl. ist zu berücksichtigen, daß Rotklee zur Saatgewinnung zum vollen Abblühen kommt, während das beim Schnittrotklee nicht der Fall ist. – Drei Arten des Honigsammelns wurden beobachtet: bei den meisten Bienen der reguläre Zugang von oben, wobei die Röhren leicht zusammengedrückt werden; Ausnutzen von Hummel-Bißlöchern u. Schieben der Bienen zw. den Blütenröhren bis auf die Oberfläche des Blütenkopfes, um Sekrete von kleinen Blattläusen aufzunehmen. – Die Pollentracht beginnt bei T. p. Anfang Juli u. dauert bis in den Herbst. Der Pollen gehört zu den für Bienen biologisch wirksamsten Pollensorten u. hat einen hohen Stickstoffgehalt.

Trifolium repens L., Weißklee. A der G *Trifolium* der F der Leguminosae ↗. Auf artenarmen Weiden, trittfest, regenerationsfähig, stickstoffertragend, wichtigste Futterpflanze; auch auf Wiesen, an Wegrändern. Ausdauernd. Aussaat wie bei Rotklee ↗ im Februar/März, meist als Untersaat im Wintergetreide od. im Spätsommer zusammen mit der Deckfrucht. Blüht von Ende Mai bis September. Weiße Blüten in Köpfen. Benötigt kalkreichen, feuchten Boden, sonst anspruchslos. Nektar- u. Pollenspender. Von Zander u. Berner für M-Europa als die wichtigste Klee-A der Wiesen – neben Schwedenklee ↗ – bezeichnet. Ist weniger nektarreich als Rotklee, der Nektar kann aber von den Bienen bedeutend leichter erreicht werden. T. r. honigt in Europa in Gebieten mit hohem Grundwasserspiegel bes. ausgiebig. Die Pollentracht beginnt bei Weißklee Mitte Juni u. dauert bis in den Oktober.

Rotklee

Triften, Wegränder, Ufer. Die Breite dieser Flächen ist zwar oft gering, ihre Länge kann jedoch sehr beträchtlich sein. Ähneln in ihrer Vegetation den Wiesen u. Ackerweiden der Nachbarschaft. Man findet jedoch vor allem auch Pflanzen, die nur zu bestimmten Tageszeiten Nektar liefern, z. B. die Wegwarte (*Cichorium intybus*), deren Blüten nur von 6–11 Uhr geöffnet sind, od. Pflanzen, deren Blüte mit der Nektarabsonderung zu einem bestimmten Zeitpunkt aufhört. Der wilde Majoran (*Origanum vulgare* ↗) u. der Feldthymian (*Thymus serpyllum* ↗) werden nach Zander u. Berner gern beflogen u. liefern, wenn sie reichl. vorhanden sind, einen dunklen aromatischen Honig wie die meisten Lippenblütler ↗. Ebenfalls vielbesuchte Pflanzen sind der Natternkopf (*Echium vulgare* L.) u. das Weidenröschen (*Chamaenerion angustifolium* ↗), außerdem auch versch. Königskerzen-An, deren Gartenformen jedoch vermutlich (nach Zander) besser beflogen werden. Die Ehrenpreis-An (*Veronica*) erfreuen sich genau wie die verwilderte Esparsette (*Onobrychis viciifolia*), die Luzerne (*Medicago sativa*), die Gelbe Luzerne (*M. falcata*), der Weiße (*Melilotus alba* ↗) u. der Gelbe Steinklee (*Melilotus officinalis*) u. die Weiße (*Bryonia alba*) u. die Rote Zaunrübe (*Bryonia dioica* Jacq.) großen Zuspruchs. Von den an T., W.n, U.n auftretenden Holzgewächsen haben die

Weißdorn-An (*Crataegus oxyacantha* L. u. *C. monogyna* Jacq.) u. der Bocksdorn (*Lycium halimifolium* Mill.) Bedeutung für die Bienen. – An den Rändern von Bächen ist oft die Wiesenraute (*Thalictrum flavum* L.) zu finden. Von den Vergißmeinnicht-An wird nur manchmal etwas Pollen gesammelt, während der Wasserdost (*Eupatorium cannabinum* L.) – trotz Falterblüte – eine lokale Trachtbedeutung erlangen kann, da er oft als ausgedehnter Gürtel manchen See (z. B. in Mecklenburg, DDR) umzieht. An See-, Teich- u. Flußrändern ist auch der Wasserliesch (*Butomus umbellatus* L.) anzutreffen, u. an See- u. Flußufern, z. B. den Flußauen des Rheins od. der Donau u. der Wisła, gibt es ausgewilderte Goldruten (*Solidago*), deren Trachtwert jedoch unterschiedl. bewertet wird. Auch Weiden (*Salix*) werden gern von den Bienen beflogen. Gelegentl. von Bedeutung ist die Strandaster (*Aster tripolium* L.), die an der Küste lokal eine gute Spättracht liefern kann, wie u. a. aus Holland berichtet wurde. Von Juli bis September blüht an der Meeresküste auch der Widerstoß (*Limonium vulgare* Mill.) u. die Stranddistel od. Männertreu (*Eryngium maritimum* L.).

Triunguline → Ölkäfer.

Trockenzuckerfütterung. Die Bienen sind in der Lage, nachdem sie es gelernt haben, trockenen Kristallzucker durch Befeuchten mit Drüsensekreten aufzulösen. Die Praxis der T. ist schon alt. Es wird berichtet, daß schon im vergangenen Jh. die Heideimker ihre Völker in Notzeiten durch Unterschieben von angefeuchtetem Kandiszucker bzw. Stücken von Zuckerhüten vor dem Verhungern gerettet haben. Nach 1945 hat diese Praxis in Form von Verfütterung trockenen Kristallzuckers Eingang in die Kastenimkerei gefunden. Heute ist man weitgehend wieder davon abgekommen, da die Aufnahme nur langsam erfolgt u. die Beanspruchung der Bienen sehr hoch ist (Feuchtzukker ↗).

Trogbeute. Oberbehandlungsbeute, bestehend aus einem meist doppelwandigen, versch. langen Trog, in dem die meist großformatigen Waben in Querstellung hängen. Als Honigraum werden einige Waben durch ein senkrechtes Absperrgitter abgetrennt. Die Bienen lagern den Honig aber ungern in diesen weit vom Brutraum entfernten querstehenden Waben ab. Dem Brutraum wird deshalb noch ein meist halbhoher Honigraum aufgesetzt. T.n werden z. T. für Freiaufstellung gefertigt.

Trommelraum → Wandervorsatz.

Tropf-Leckhonig. Der aus zerkleinerten, brutfreien Waben, Baurahmen- od. Entdeckelungswachs in einem Sieb od. Gefäß mit durchlöchertem Boden ohne Anwendung von Wärme od. Druck abtropfende Honig. T.-L. ist bei sauberer Gewinnung u. Behandlung dem Schleuderhonig ↗ in der Qualität etwa gleich.

Tropftränke. Aus der Wasserleitung od. einem Vorratsgefäß tropft Wasser auf ein nach S gerichtetes, schräggestelltes Brett, in das eine zickzackförmige Rille eingearbeitet ist od. in gleicher Form Leisten aufgenagelt sind. Das Wasser soll so langsam laufen, daß es sich auf dem langen Weg erwärmt. Das Brett sollte überdacht sein u. häufig abgescheuert werden.

Trophallaxis. Nahrungsaustausch zw. einzelnen Bienen, der nicht allein eine gegenseitige Fütterung, sondern zugleich eine Form der Kommunikation u. damit einen Informationsaustausch darstellt (Nahrungsqualität, Wassergehalt des Nektars). Auf diese Weise werden gerichtete Tätigkeiten, wie Weiterreichen der Nahrung, Fütterung, Sammelflüge ausgelöst. So ist T. Bestandteil der sozialen Lebensweise bei Honigbienen, indem diese Form der Kommunikation dazu beiträgt, jeweils aktuelle Anforderungen an die für den Sozialverband notwendigen Tätigkeiten zu steuern.

Trophobiose. Bezeichnung für das Zusammenleben von zwei Tier-An, bei dem die eine A Nahrung bietet, während die zweite A dem Nahrungslieferanten Schutz gewährt. So lecken die Rote Waldameise ↗ (*Formica* spec.), die Roßameise (*Camponotus* spec.) u. andere kleinere Ameisen (*Lasius* spec., *Myrmica* spec.) den von zahlreichen Honigtauerzeugern ↗ abgeschiedenen Honigtau auf. Die Ameisen gewähren diesen Tieren einen gewissen Schutz gegen sich schnell bewegende Feinde (Lachnidenfeinde ↗), verhindern durch das Ablecken des Honigtaus das Verkleben der Rindenläuse in ihren Ausscheidungen u. wirken vermutl. der bei großen Lachniden ↗-Dichte entstehenden Unruhe (Crowding-Effekt) entgegen. Die trophobiotischen Beziehungen zw. Ameisen u. Honigtauerzeugern sind mitunter so eng, daß die Rindenläuse nur dann Honigtau abgeben, wenn sie von den Ameisen mit den Fühlern bestrichen (betrillert) werden. Der Fortbestand der Kolonien bestimmter Fichtenlachniden u. Kiefernlachniden ist nur bei Ameisenbesuch gesichert. Diese enge Kopplung zw. den sich vielfach von Insekten ernährenden Roten Waldameisen u. einigen Lachniden wird so erklärt, daß die Waldameise in der Silhouette des Hinterleibs der Lachniden u. deren Hinterbeinen visuell eine futteranbietende A-Genossin sieht. Dabei ähneln die beiden Siphonen auf dem Hinterleib des Pflanzensaugers u. dessen «Schwänzchen» (Cauda) durchaus den Mandibeln u. der Unterlippe einer Ameise. Im Laufe der Evolution wurden bei den Lachniden Siphonen u. Cauda stark verkürzt, die entstandene T. blieb erhal-

Bienentränke

Lasius niger beim Besuch von *Cinara pini*

ten. Hinzu kommen noch taktile Reize, denn die Rindenläuse bewegen beim Trillern der Waldameisen die Hinterbeine in einer Weise, die mit den Fühlbewegungen einer Futter anbietenden Ameise vergleichbar u. zugleich mit der Abgabe eines Honigtautröpfchens verbunden ist. Diese taktilen T.-Reize werden bei sehr eng mit Ameisen gekoppelten *Cinara*-An (obligat) durch Reduktion bes. lang ausgebildeter Tibienhaare erhöht. Das larvale Verhalten, den Kot mit den Hinterbeinen abzuschleudern, geht verloren. Die unbeweglichen, extremitätenlosen u. rundlichen ad. Lecanien ↗ scheiden aus diesem Schema aus. Vielleicht werden sie von den Waldameisen geschmacklich u. visuell als Nektarien od. als andere, einen süßen Saft abgebende Pflanzenteile genutzt. Es zeigte sich, daß bei der Kleinen Lecanie (Quirlschildläuse ↗) in Ameisennähe der Parasitierungsgrad durch Erzwespen (Lecanienfeinde ↗) geringer war als in ameisenfreien Beständen. Die Besatzdichte der Lecanien ist in Ameisennähe größer als in Ameisenferne. In Nestnähe der Kleinen Waldameise wurden bis zu 820 Große u. Kleine Lecanien/m² Zweigfläche u. im ameisenfreien Waldgebiet 5 Tiere/m² Zweigfläche ausgezählt.

Tulpenbaum → *Liriodendron tulipifera.*

Tupelobaum → *Nyssa aquatica* → *Nyssa sylvatica.*

Tüpfelhartheu → *Hypericum perforatum.*

Turbulenz. Unregelmäßige Bewegung kleiner Luftpartikel, deren Mikroklima von den Bienen in der Beute mitbestimmt wird. Bes. deutl. werden T.en bei wechselndem Mikroklima ↗ in unmittelbarer Nähe des Flugloches. Bei geringfügigen physikalischen Gegensätzen über kurze Entfernungen sind die T.-Vorgänge verhältnismäßig unbedeutend, z. B. in den von Bienen nicht besetzten Beutenteilen.

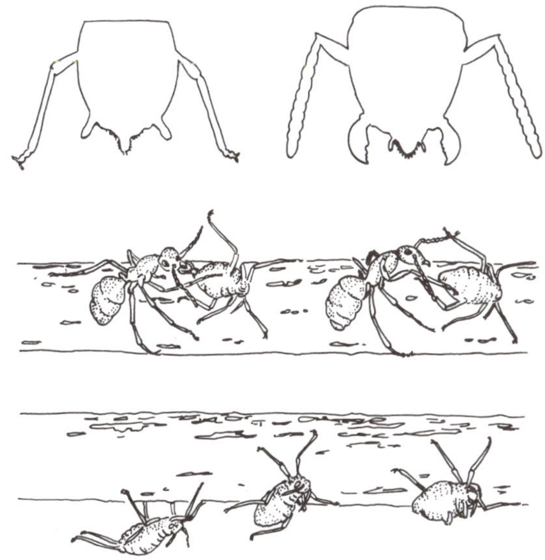

Habitueller Vergleich zwischen einem Aphidenabdomen und dem Kopf einer futteranbietenden Ameise (oben) und Verhalten der Eichenrindenlaus *Lachnus roboris* bei Ameisenbesuch (unten). Nach Kloft (1978)

Tussilago farfara L., Huflattich, Gemeiner Huflattich. A der G *Tussilago* der F der Compositae ↗. Nö. Eurasien. An Wegen, Dämmen, in Ruinen u. Steinbrüchen, auf Schuttplätzen u. an Bächen; bildet Unkrautbestände auf unbewachsenem Boden. Sehr häufig. 10–30 cm hohe Pflanze, ausdauernd. Blüht März/April, Mai u. hat zur Blütezeit keine Blätter, nur Blattschuppen am Stengel. Die weißen Blüten stehen in einem einzelnen Körbchen. Bevorzugt Ton- u. Lehmböden. Hat eigentümlichen Entwicklungsrhythmus: Im Vorfrühling treiben nur die mit bräunli-

Huflattich

chen Schuppenblättern besetzten Blütenschäfte aus, u. erst nach der Blüte erscheinen die großen, nierenförmigen Blätter. T. f. wird als Frühblüher, u. a. im Schweiz. Mittelland u. im Jura, als Frühpollenspender von den Bienen stark beflogen u. stellt – nicht nur dort – eine wichtige Pollenquelle dar.

Tüten → Muttervolk.

Überdominanz. Genetisch bedingte Leistungsüberlegenheit der bei Kreuzungen ↗ heterozygoten Allelkombination gegenüber den beiden homozygoten Allelkombinationen des Ausgangsmaterials. Ü. ist einer der Faktoren für das Auftreten von Heterosis ↗.

Übergangszelle → Haftzellen.

Überhaar. ± aufrechtstehende Behaarung, die das Umrißbild der Biene beeinflußt. Die Länge des Ü.es ist rassenspezifisch unterschiedl. u. wird deshalb bei der Arbeitsbiene als das Kriterium «Haarlänge» für die Beurteilung der Körpermerkmale ↗ im Rahmen der Körung ↗ herangezogen.

Überhitzung → Thermoregulation.

Überwinterung. Im September stellen die Bienenvölker die Bruttätigkeit mehr u. mehr ein. Im Oktober schlüpft die letzte Brut. Der November ist der erste eigentl. Wintermonat mit nur wenigen Flugtagen ↗. Wichtig ist, daß jetzt jede Störung vom Bienenstand ferngehalten wird. Der warmen Verpackung wird z. Z. nicht mehr die Bedeutung beigemessen wie noch vor einigen Jahren (Wärmedämmung ↗). Bei einer Außentemp. von 12 °C hört der Flug auf. Beim weiteren Absinken auf 10–6 °C schließen sich die Bienen, die Wabengassen u. leeren Zellen ausfüllend, zum kugelförmigen Wintersitz, der sog. Wintertraube, zusammen, die in ihren Randbereichen Anschluß an die Futtervorräte hat, sonst aber allseitig von leeren Zellen umgeben sein soll. Die Verteilung der Bienen in der Wintertraube ist nicht gleichmäßig. Im Außenbereich drängen sie sich dichter als im relativ lockeren Inneren, in dem sich auch die Weisel aufhält. Die Wintertraube wird durch die Bienen in Intervallen aufgeheizt. Sinkt die Temp. im Inneren auf 15 °C, erfolgt durch Kontraktion der Flugmuskulatur ein von der Außentemp. abhängiges Aufheizen auf 25–30 °C. Je niedriger die Außentemp. ist, um so stärker wird geheizt. Die Temp. der Randbereiche darf nicht unter 7–8 °C absinken. Bienen, die längere Zeit dieser Temp. ausgesetzt sind, sterben ab. Innerhalb der Wintertraube findet daher ständig eine systematische Umschichtung von außen nach innen statt. Im Verlauf des Winters rückt der Bienensitz den schwindenden Vorräten nach. Es ist wichtig, daß entweder vertikal od. horizontal lange Wabengassen u. somit Zehrwege im Winter keinen Wechsel über die Wabenränder erfordern. – Mit steigender Volkstärke wird das Verhältnis von Inhalt zu Oberfläche der Winterkugel immer günstiger. Hierdurch verbrauchen starke Völker nur unwesentl. mehr Futter als schwache, was auch eine geringere Belastung der Kotblase zur Folge hat. Das bei der Verdauung des Futters neben dem Wasser (Stocknässe ↗) entstehende Kohlendioxid (CO_2) scheint Bedeutung für die Ü. zu haben. Erhöhter CO_2-Gehalt in der Beutenluft verlangsamt die Lebensvorgänge u. damit den Futterverbrauch, zu hoher verzögert die Frühjahrsentwicklung u. fördert die physiologische Alterung der Bienen u. damit ihr früheres Absterben. Steigt die Temp. auf 6–10 °C an, löst sich die Wintertraube auf, u. ab 12 °C ist mit einem Reinigungsausflug ↗ zu rechnen.

Ulmaceae, Ulmengewächse. Die F ist mit 16 Gn u. ca. 200 An in den Tropen, den Subtropen u. den gemäßigten Zonen verbr. Bäume u. Sträucher. Die häufig zwittrigen Blüten sind in relativ einfachen, doppelwickligen Blütenständen vereinigt. Bei der G *Ulmus* entfalten sich wicklige Teilblütenstände an einer durchgängigen Hauptachse. Eine einfache Blütenhülle (3–7 Kronblätter) umgibt die gleiche Anzahl Staubblätter. Die U. werden durch den Wind bestäubt. Die Blüten sind zwar häufig ziemlich langgestielt, doch fehlen ausgeprägte Einrichtungen, die eine Pollenübertragung durch den Wind bes. fördern. Im Frühjahr ist ein reger Beflug von Bienen, die den Pollen sammeln, zu beobachten. Der Anteil des Ulmenpollens an der Jahrespollenernte beträgt 1–5 %. Er trägt als einer der ersten Pollen des Jahres zur Frühjahrsentwicklung der Völker bei, da die Blüten – je nach Witterung u. Standort – Ende März bis Mitte April erscheinen. Pollen- u. Honigtaulieferanten sind z. B. die Amerik. Ulme (*Ulmus americana* L.), ein bis 40 m hoher Baum – Heimat N-Amerika, an Flußufern od. in tiefgründigen, feuchten Böden –, eng verwandt mit der in M- u. SO-Europa vorkommenden Flatterulme (*U. laevis* PALL.), die 30 m erreicht u. auf tiefgründigen, fruchtbaren Auenwaldböden zu finden ist; die Bergulme (*U. glabra* HUDS.), die aus N- u. M-Europa sowie W-Asien stammt u. im Hügel- u. Bergland bis 1300 m ü. NN ihren Standort hat, u. die Feldulme (*U. minor* MILL.) – Europa bis Mittelmeer; N-Afrika u. W-Asien. Die Amerik. Ulme, die Bergulme u. die Flatterulme werden oft als Parkbäume angepflanzt, während sich die Feldulme durch ihre starke Wurzelbrut zur Hangbegrünung eignet.

Ulmengewächse → Ulmaceae.

Umbelliferae, Doldengewächse. Die F umfaßt etwa 300 Gn mit 3000 An. Überwiegend in den gemäßigten Gebieten der nö. Hemisphäre sowie in den nö. bis subtropischen u. sü. Florengebieten. Meistens Stauden od. Kräuter, selten baum- od. strauchartige Holzgewächse. Bes. als Steppen-, Wiesen- u. Sumpfpflanzen vorkommend. Die fünfzähligen, strahligen, meist zwittrigen Blüten sind klein u. meist weiß, der Kelch fast immer stark rückgebildet. Die Spitzen der Blütenblätter sind oft eingebogen, fünf Staubblätter. Der unterständige Fruchtknoten ist zweiblättrig u. hat zwei Fächer mit je einer Samenanlage. Seine zwei Griffel stehen auf einem als Nektarium dienenden Griffelpolster. In allen U.-Blüten liegt der Nektar offen u. ist allen Insekten zugänglich. Der Gehalt an ätherischen Ölen in Früchten, Blättern u. Wurzeln läßt viele An als Gewürz- od. Heilpflanzen Verwendung finden. – Einen großen Namen als Bienenpflanze hat der Bärenklau (*Heracleum sphondylium* ↗), obwohl unterschiedl. Beflug festgestellt wurde. Die Bienen sammeln in den U.-Blüten außer Nektar auch Pollen; jedoch beträgt der Anteil von Bärenklau u. Sterndoldenpollen (*Astrantia* L.) – letztere An kommen nur im Gebirge vor – nur 1–3% an der Jahresernte. – Wiesenkerbel-(*Anthriscus cerefolium* ↗)Tracht ist vor allem an vielen Frühjahrshonigen im Schweiz. Mittelland u. im S der Bundesrepublik Deutschland zu finden. In S-Bayern (BRD) u. der O-Schweiz wurden gelegentl. einseitige Kerbelhonige geerntet. Häufiger ist ein Anteil von Bärenklautracht in Sommerhonigen M-Europas. Reine Bärenklauhonige – nur in Gegenden mit Gras- u. Güllewirtschaft – wurden u.a. in Österreich (voralpine Stufe), im S der Bundesrepublik Deutschland u. im Schweiz. Mittelland geerntet. Häufiger sind jedoch Mischhonige aus Bärenklau (u. Klee) u. Honigtautracht. Die Möhre (*Daucus carota* L.) ist an vielen europ. Sommerhonigen beteiligt, einseitige Möhrenhonige sind aber auf Gegenden mit Samenanbau beschränkt (u. a. Dänemark, Kalifornien). Pastinak (*Pastinaca sativa* L.) ist in Honigen aus S-, SO- u. SW-Europa bekannt, in der Schweiz als Mischhonig mit Spargel (im M-Wallis), in der Bundesrepublik Deutschland als Mischhonig mit Bärenklau, Möhre u. Kratzdistel. Die Sterndolde ist bisher nur in der Schweiz u. in Österreich (Steiermark) mit größerem Anteil nachgewiesen worden. Fenchel-(*Foeniculum vulgare* MILL.)Honige kommen manchmal in der Bundesrepublik Deutschland zur Ernte, sind jedoch häufiger im Mediterrangebiet (z. B. Israel) anzutreffen (nach MAURIZIO u. GRAFL). Nach ZANDER scheinen die U. insges. gesehen für die Bienen eine relativ geringe Bedeutung zu haben, während sie nach MAURIZIO u. GRAFL reichl. Nektar absondern u. stark von Bienen besucht werden.

Umgang mit Bienen. Jeder, der nicht mit Bienen aufgewachsen ist, hat eine natürl. Furcht vor Bienen bzw. vor Bienenstichen. Der U. m. B. ist Gewohnheitssache u. muß wie alles erst erlernt werden. Es hat daher keinen Sinn, sich selbst od. gar jemand anders zu zwingen, ohne entspr. Schutzkleidung ↗ an den Bienen zu arbeiten od. dabei zuzusehen. Der Anfänger in der Imkerei sollte sich max. schützen. Das macht ihn frei von Angst, gibt ihm Sicherheit, u. er kann sich auf die Arbeit u. das Sehen konzentrieren. Mit zunehmender Vertrautheit legt sich die Furcht vor den Bienen, u. in gleichem Maße wird nach u. nach auf einzelne Schutzmittel verzichtet u. die Kleidung wird luftiger werden, was bes. bei Temp.en um od. über 30 °C im Bienenhaus od. Wanderwagen eine große Erleichterung ist. Trotz aller Gewöhnung u. Vertrautheit bleibt der U. m. B. immer eine gefährliche Angelegenheit u. darf niemals leichtfertig erfolgen. Sämtliche Schutzmittel müssen daher in mehrfacher Ausführung ständig griffbereit sein, u. sei es nur, um Besucher auf dem Bienenstand entspr. schützen zu können. – Der Anfänger in der Imkerei muß sich einige Grundforderungen des U. m. B. einprägen u. lernen, sich «bienengemäß» zu verhalten. Dazu einige Hinweise:

- Der angehende Imker muß sich das theoretische u. praktische Wissen aneignen, das ihn befähigt, den Zustand eines Volkes richtig zu erkennen.
- Alle Arbeiten an den Bienen müssen vorher durchdacht werden, d. h. der Zweck u. die Durchführung eines Eingriffs müssen genau feststehen, damit sie in möglichst kurzer Zeit erledigt werden können.
- Alle Arbeiten an den Bienen sind mit größter, auch innerer Ruhe, vielleicht sogar gefühlvoll, ohne hastige u. ruckartige Bewegungen u. ohne Erschütterungen zu verursachen, auszuführen.
- Zur Arbeit an den Bienen ist Schutzkleidung ↗ zu tragen, d. h. es darf niemals in dunkler, rauher Kleidung (Wolle) u. ohne Kopfbedeckung gearbeitet od. vor die Flugfront gegangen werden.
- Der Imker muß stark riechende Seifen u. Kosmetika vermeiden, da der Geruch die Bienen zum Stechen reizt, ebenso wie Alkohol- u. starker Körpergeruch.
- Man darf sich nicht unnötig vor der Flugfront sowie im Ein- u. Ausflugbereich der Bienen aufhalten.
- Hat man einmal einen Bienenstich ↗ erhalten, darf man nicht alles fallen lassen, sondern muß den begonnenen Handgriff weiter ruhig zu Ende führen, z. B. die gerade gehaltene Wabe ruhig abstellen u. dann erst den Stich behandeln (Behandlung von Bienenstichen ↗).
- Eine Biene, die sich im Haar verfangen u. noch nicht gestochen hat, ist mit einem beherzten Schlag zu töten. Befreit, würde sie sofort wieder versuchen zu stechen.

Beim U. m. B. verdienen die Imkerhandschuhe bes. Beachtung. So richtig ihre Benutzung durch den Anfänger ist, so schnell sollte sich der Fortgeschrittene angewöhnen, ohne sie zu arbeiten. Selbst in bester Ausführung macht ein Handschuh die arbeitende Hand unsensibel u. ungewollt grob, wodurch Bienen veranlaßt werden, ins Leder zu stechen. Da der Imker nun nicht wie bei einem Stich in die eigene Haut entspr. reagiert (Behandlung von Bienenstichen ↗), reizen die Stachel im Handschuh weitere Bienen zum Stechen. So wird zwar die eigene Haut ausreichend geschont, die bearbeiteten Völker aber mehr als nötig beunruhigt.

Umhängen. Das U. von Brutwaben vom Brutraum in den Honigraum od. umgekehrt. PREUSS u. KUNTZSCH ↗ machten das systematische U. zum Bestandteil ihrer Betriebsweisen. In Hinterbehandlungsbeuten, deren Brutraum eine max. Ausdehnung des Brutnestes nicht zuläßt, werden bei den wöchentl. Durchsichten ↗ die am meisten verdeckelten Brutwaben in den Honigraum gehängt bzw. gestellt, solange in ihm noch Platz ist. In den Brutraum gibt man dafür ausgebaute Waben od. Mittelwände. Die Brutwaben müssen im Honigraum möglichst über das Absperrgitter kommen, damit ein guter Kontakt zum Brutraum gewährleistet ist. Trotzdem werden, wenn sich noch offene Brut in den hochgehängten Waben befand, meist Weiselzellen angesetzt. Nach neun od. auch schon nach sieben Tagen ist daher auf Weiselzellenansatz zu kontrollieren. Im Magazinbetrieb erfolgt das U., indem ganze Zargen mit Brut über das Absperrgitter gestellt werden.

Umlarven → Zuchtstoff.

Umlarvlupe → Zuchtstoff.

Umlarvnadel → Zuchtstoff.

Umlarvtermin → Zuchtplan.

Umschalten der Flugbienen. Eine in spez. dazu eingerichteten Hinterbehandlungsbeuten u. mit allen Magazinbeuten durchführbare Maßnahme, die z. B. für die Ausnutzung der Frühtracht od. zur Schwarmverhinderung angewendet wird. Für die Ausnutzung der Frühtracht werden beispielsweise die Flugbienen eines in der gleichen Beute untergebrachten Ablegers in das Hauptvolk u. später zur Schwarmverhinderung vom Hauptvolk in den Ableger geleitet = umgeschaltet. Bei Magazinbeuten lassen sich die Flugbienen von zwei nebeneinanderstehenden Völkern auf eins leiten, indem eine Beute einen entfernteren Platz erhält, u. zur Schwarmverhinderung kann ein starkes, in Schwarmstimmung befindliches Volk mit einem schwachen od. mit einem Ableger vertauscht werden.

Umschaltkeil → Flugloch.

Umschneiden von Waben. Gelegentl. kann es erforderlich werden, Waben in eine Beute mit einem anderen Wabenmaß zu bringen. Solange die Waben bienenfrei sind od. die umzusetzenden Waben ohne Änderung in die neuen Rähmchen hineinpassen, gibt es keine Probleme. Handelt es sich aber darum, ein Volk in eine Beute mit kleinerem Wabenmaß umzuwohnen, kann wie folgt verfahren werden: Ein od. zwei Waben ohne Brut werden durch Zurückfegen bienenfrei gemacht. Am Innenrand eines aufgelegten leeren Rähmchens wird nun mit einem stabilen angewärmten u. schräg nach außen geführten Messer ein passendes Stück aus einer Wabe herausgeschnitten. Durch den schrägen Schnitt klemmt sich das nun heruntergedrückte leere Rähmchen von selbst fest. Sollte das Wabenstück im Rähmchen nicht festsitzen, wird das ganze einige Male mit weichem Heftgarn umwickelt, das die Bienen von selbst entfernen, od. es werden entspr. Metallklammern auf die Rähmchen gesteckt. Die ersten umgeschnittenen Waben werden nun in die leere Beute gebracht, von der nächsten die Bienen dazugefegt, diese Waben umgeschnitten usw. bis zur letzten. Abschl. müssen die Bienen aus dem wabenfreien Transportbehälter od. der Beute herausgefegt od. -geschüttet werden, nachdem sie etwas mit Wasser besprüht wurden.

Umweiseln. Das Austauschen der Weisel eines Wirtschaftsvolkes gegen eine andere. Das regelmäßige U. aller Völker, deren Weiseln älter als zwei Jahre sind, sowie auch der Völker mit einjährigen Weiseln, wenn sie in der Leistung unter dem Standdurchschnitt liegen, erfordert jährl. bei etwa Dreiviertel der Wirtschaftsvölker, die Weisel auszutauschen. Um das Verhältnis zw. Weisel u. Volk von Anfang an harmonisch zu gestalten, wird oft gefordert, Wirtschaftsvölker nicht umzuweiseln, sondern sie aufzulösen u. Jungvölker aus Kernvölkchen ↗ aufzubauen. Die Praxis, bes. bei Hinterbehandlungsbetrieb, in dem die Arbeit mit Ablegern nicht so einfach ist wie bei Magazinbetrieb, sieht aber doch so aus, daß die meisten Völker im Austauschverfahren umgeweiselt werden. Es werden zahlreiche Umweiselungsmethoden empfohlen, einfache u. aufwendige, von den Autoren meist als «sicher» bezeichnet. Trotzdem gehen viele Jungweiseln beim U. verloren, weil der Erfolg von sehr vielen Einzelfaktoren abhängt. Bes. Kleinimker überlassen daher, aus Furcht vor Verlusten, die Weiselerneuerung den Völkern selbst. Voraussetzung für das Gelingen der Umweiselung ist, daß sich das Volk in einer harmonischen Gesamtverfassung befindet; es muß insbes. frei von Schwarmstimmung sein, gut im Baurahmen bauen u. fleißig fliegen. Es darf sich auch nicht im Zustand der stillen Umweiselung befinden. Sind diese Voraussetzungen gegeben, kann eine Umweiselung erfolgen. Die alte Weisel wird entnommen u. sofort od. nach Eintritt der Entweiselungsunruhe, nach 2–3 h, eine junge nach einem bewährten Verfahren zugesetzt. Dabei ist zu beachten, daß eine legende Weisel nur gegen eine legende, niemals gegen eine unbegattete, ausgetauscht werden darf. Als Beispiel einer Schnellumweiselung das Zusetzen der Weisel mit der Papiertüte: Hierzu wird bei Eintritt der Dämmerung dem 2–3 h zuvor entweiselten Volk die zuzusetzende Weisel ohne Begleitbienen in einer, mit mehreren Nageldurchstichen u. einem erbsengroßen Stück Futterteig versehenen, kleinen Papiertüte (z. B. aus Schreibmaschinendurchschlagpapier) direkt über dem Flugloch befestigt. Die auch hier nach ihrer Weisel suchenden Bienen entdecken die fremde, möglicherweise ohne den Unterschied zu bemerken, u. belagern die Tüte nach kurzer Zeit. Während der Nacht wird, ausgehend von den Nageldurchstichen, die Tüte aufgenagt u. die Weisel befreit. Sie zieht, geleitet von den Bienen, in die Beute ein. Am Morgen kann zum Beweis der erfolgten Annahme die ± zernagte Tüte entfernt werden. Erste Nachschau nach zehn Tagen. Das Zusetzen einer Weisel allein sollte aber die Ausnahme sein. Günstiger ist in jedem Fall eine kleine Einheit, z. B. ein EWK od. besser ein DWK (BAUMBACH, STRÜMPEL u. a.) mit Brut u. Bienen, mit dem Wirtschaftsvolk zu vereinigen. Hierzu wird 2–3 h nach der Entweiselung das reichl. mit Futterteig versehene Begattungskästchen in Zeitungspapier eingeschlagen, in das von beiden Seiten mit einem Nagel etliche Löcher gestochen wurden, danach die vorher schon gelösten Scheiben vorsichtig nach oben herausgezogen, damit möglichst wenig Bienen abfliegen u. sodann fertig eingepackt. Das Papier, das auch das Lüftungsgitter mit abdecken muß, wird mit Reißzwecken od. Gummibändern gehalten. Das so vorbereitete Kästchen wird bei Längsbau direkt hinter die Waben des Brutnestes gestellt od. gelegt. Eine Portion Futterteig auf od. neben das eingesetzte Kästchen gelegt, fördert die Kontaktaufnahme, u. ausgehend von den eingestochenen Löchern wird von beiden Seiten das Papier zernagt. Die Vereinigung erfolgt bei gemeinsamer Arbeit friedlich. Die Weisel wechselt nach ein od. zwei Tagen in das Brutnest des Volkes über. Nach 5–6 Tagen wird das Kästchen entnommen u. die kleine Wabe od. die Waben in ein leeres Rähmchen geklammert. Frühestens nach zehn Tagen kann die erste Nachschau erfolgen. Völker in Schwarmstimmung werden entweiselt, nach neun Tagen sämtliche Weiselzellen ausgebrochen u. eine Wabe mit jüngster Brut aus einem anderen Volk zugegeben. Auf dieser Wabe werden wieder Weiselzellen angesetzt, u. nachdem das Volk zu bauen beginnt, kann es, nach dem erneuten Ausbrechen der Weiselzellen bzw. Entnehmen der zugegebenen Wabe, wie oben beschrieben, beweiselt werden. Begattete Weiseln, die durch die Post bezogen wurden, kann man nicht sofort in ein Wirtschaftsvolk einweiseln. Sie müssen erst in eine kleine Einheit, z. B. einen kleinen Kunstschwarm, in einem Begattungskästchen eingeweiselt werden u. hier wieder in Eilage gehen. Nach dem Vorhandensein von Brut in allen Stadien erfolgt die Vereinigung mit einem Wirtschaftsvolk.

Umwelt. Summe aller nichterblichen Einflüsse, denen ein Individuum ausgesetzt ist. Die U. prägt zusammen mit dem Genotyp den Phänotyp ↗.

Umweltfaktoren → Bienenweidewert.

Umweltgifte. Schadstoffe in der Umwelt. Für Honigbienen typische U. sind fluor- u. arsenhaltige Schadstoffe.

Umweltschutz. Gesamtheit aller Maßnahmen zum Schutz der Biosphäre vor schädigenden Einflüssen, insbes. vor Schadstoffbelastungen. Im Mittelpunkt stehen Maßnahmen zum Schutz vor Schadeinwirkungen auf die menschl. Gesundheit. – Der Bienenschutz ↗ ist als Teil des U.es zu verstehen u. in alle Maßnahmen zu integrieren.

Umwohnen. Verbringen eines Volkes od. Ablegers von einer in eine andere Bienenwohnung ↗ (Neue Beuten ↗).

Unilaterale Kommunikation → Arbeitsteilung.

Unterboden → Doppelboden.

Unterhaar. Dicht anliegende, filzartige Behaarung, die z. B. in den Filzbinden od. Tomenten der Arbeitsbienen bes. Färbung zeigt u. dort als das Kriterium «Filzbindenbreite» od. «Filzbindenindex» für die Beurteilung der Körpermerkmale ↗ im Rahmen der Körung ↗ herangezogen wird.

Unterkühlung. Obwohl die Bienen zur Thermoregulation ↗ befähigt sind, ist ihr Vermögen begrenzt, die Stocktemp. immer auf gleicher Höhe zu halten. Bei längerem Öffnen der Beute kann es daher zur U.

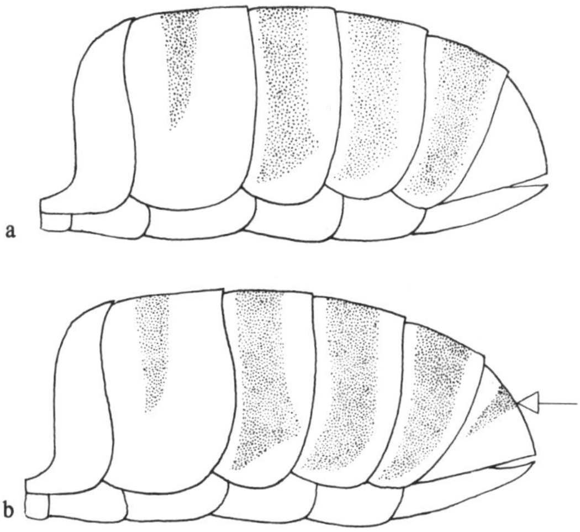

Abdomen von *Apis mellifera* (a) mit Filzbinden (Tomentum) auf Tergit 2–5 sowie von *A. cerana* (b), die ein zusätzliches Tomentum auf Tergit 6 (Pfeil) besitzt

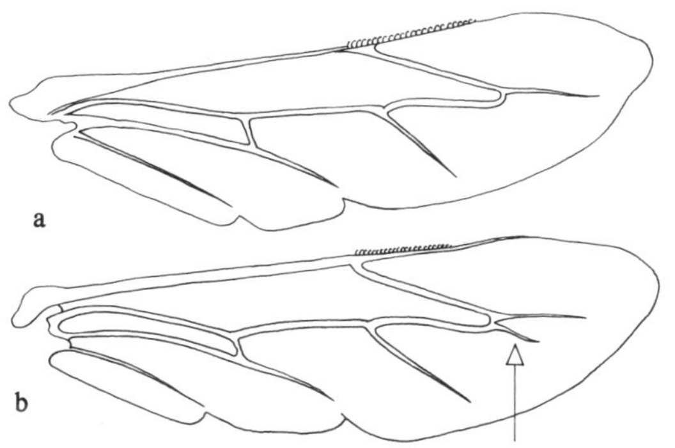

Vergleich des Hinterflügels von *Apis mellifera (adansonii)* (a) und *Apis aerana (indica)* (b). Man beachte das gegabelte Ende an der Medialader bei der Östlichen Honigbiene (Pfeil). S. Stichwort: Unterschiede zwischen Westlicher . . .

Verbreitung der Honigbiene (*A. mellifera* und *A. cerana*) in Afghanistan und Ostasien. Nach NOGGE (1974)

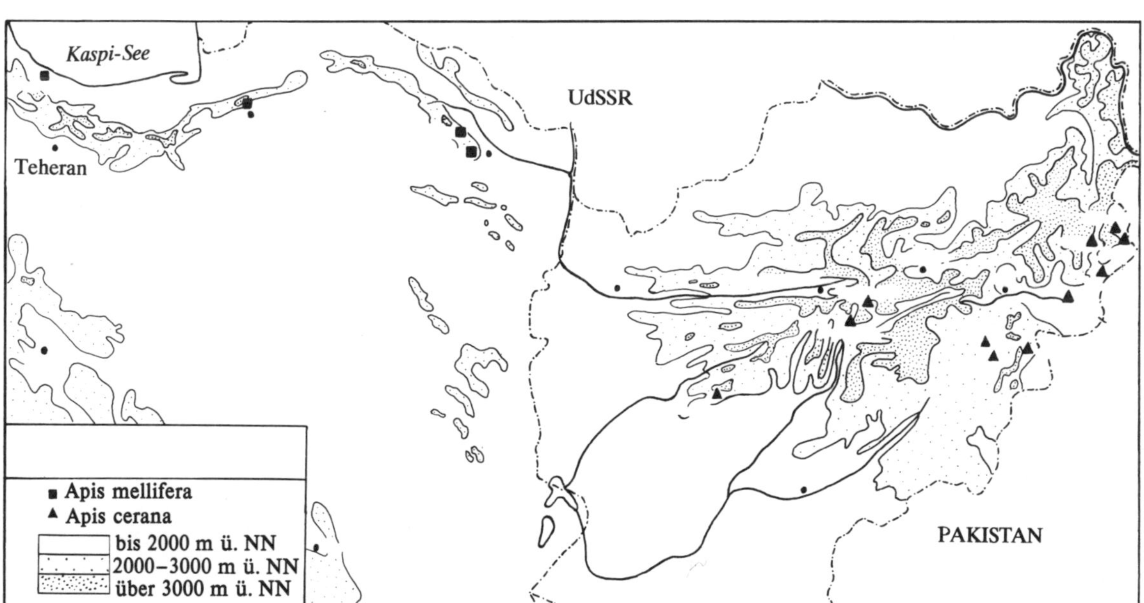

Die drei Bienenrassen Europas von links nach rechts: *Apis m. mellifera, A. m. ligustica, A. m. carnica*

der Brut kommen, wenn die Lufttemp. weniger als 15 °C beträgt. Brutwaben sollten deshalb auch nur bei höheren Außentemp.en u. wenn sie dicht mit Bienen besetzt sind, dem Stock entnommen werden.

Unterschiede zwischen Westlicher u. Östlicher Honigbiene. Die W. H. *(Apis mellifera)* ist größer (Flügellänge 8–9,5 mm, Rüssellänge 5,5–7,1 mm) als die Ö. H. *(Apis cerana)* (Flügellänge 7–9 mm, Rüssellänge 4,8–5,6 mm). Bei *A. mellifera* variiert die Körperfärbung zw. dunkelgrauschwarz u. intensivem Gelb, bei *A. cerana* zw. dunkelgrau u. rötlichgelb. Eindeutige morphologische Unterschiede gibt es beim Hinterflügel: *A. cerana* hat an der Medialader ein zusätzl. Ende, so daß eine Gabelung entsteht. Weiterhin findet sich bei der Ö. H. nicht nur ein Tomentum (= Filzhaarbinde) auf den Hinterleibstergiten 2–5, sondern zusätzl. auch auf Tergit 6. Nö. u. montane Vorkommen (Kaschmir!) der Ö. H. sind größer als südlichere, so daß man sich auch auf Größenunterschiede allein bei der Unterscheidung zw. Ö. H. u. W. H. nicht verlassen kann. Neben den beiden erwähnten Unterschieden an der Hinterflügeläderung u. dem zusätzl. Tomentum müssen dann auch Verhaltensunterschiede (Position der Bienen beim Fächeln) berücksichtigt werden. Die W. H. hat beim Fächeln den Kopf zum Flugloch, die Ö. H. umgekehrt die Hinterleibsspitze zum Flugloch ausgerichtet. Dieser Verhaltensunterschied kann ohne Lupe zur sofortigen A-Unterscheidung am Nest (an der Beute) herangezogen werden. In diesem Zusammenhang ist erwähnenswert, daß auch Arbeiterinnen der Stachellosen Biene *Melipona seminigra merillae* ähnl. wie *A. cerana* beim Fächeln den Kopf vom Flugloch abgewandt haben.

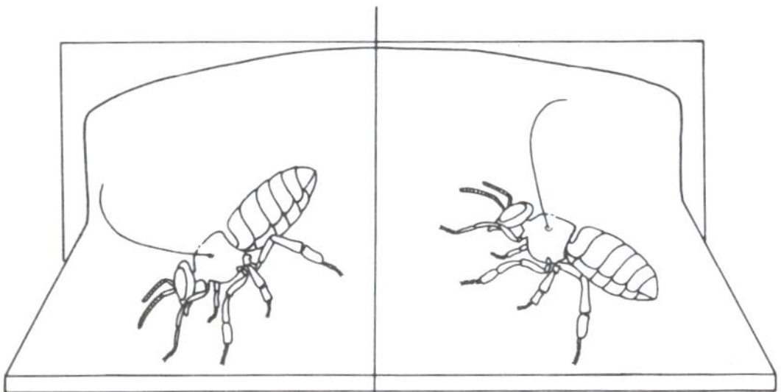

Position der Bienen beim Fächeln als einfache «Feldmethode» zur Unterscheidung der Arten. Links: Die Östliche Honigbiene *Apis cerana* fächelt mit dem Kopf vom Flugloch abgewandt. Rechts: Die Westliche Honigbiene *Apis mellifera* fächelt mit dem Kopf zum Flugloch gewandt. – Entsprechend müssen die Bienenflügel durch umgekehrtes Schwirren einen in das Innere der Beute gerichteten Luftstrom erzeugen.

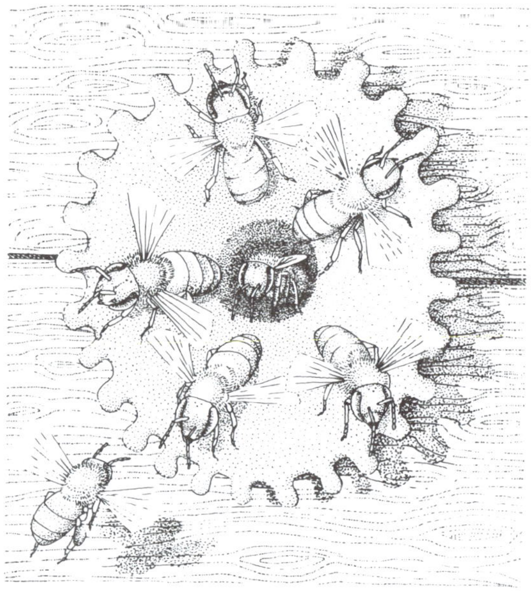

Position der Arbeiterinnen der Stachellosen Biene *Melipona seminigra merillae* beim Fächeln. (Nach CAMARGO, 1967)

Vaccinium corymbosum L., Sumpfbeere. A der G *Vaccinium* der F der Ericaceae ↗. Öst. USA von Maine bis Minnesota, sü. bis Florida. In M-Europa in Kultur. In feuchten Wäldern, sumpfigen Niederungen u. auf nassen Wiesen in Massen vorhanden. Hochständig, bis 4 m. Blüht im Mai. Blüten in kahlen, dichten Trauben, krugförmig, weiß bis hellrosa, Kelch bläulich bereift. Für feuchten Standort bes. geeignet. Nektar- u. Pollenspender.

Vaccinium myrtillus L., Heidelbeere, Blaubeere. A der G *Vaccinium* der F der Ericaceae ↗. In Europa (außer S-Spanien, S-Italien u. Griechenland) u. vom nö. Kleinasien über den Kaukasus bis N-Asien. Im Gebirge, z. B. in den Alpen u. im Kaukasus bis 2700 m ü. NN. Charakteristische Pflanzen des Unterwuchses, unter lichten Gehölzen, in Kiefern- od. Plenterwäldern, auf Heiden. Meist halbstrauchig wachsend, 60 cm selten überschreitend, breitet sich durch unterirdische Ausläufer aus u. bedeckt weite Flächen. Wegen ihrer frühen Blüte (normalerweise März bis Mai) u. wegen ihres oft abgelegenen Vorkommens nach ZANDER u. BERNER in der Bundesrepublik Deutschland meist nicht restlos von den Bienen ausgenutzt. Blüten achselständig, einzeln, an der US der Triebe hängend, breit, krugförmig, grünlich, meist rot überlaufen, bes. an sonnigen Orten; kleiner, grüner Kelch. Auf kalkfreien, feuchten, sauren Böden. In den Alpen wichtig als Bodenfestiger. Nektar- u. Pollenspender (Pollenhöschenfarbe nach PRITSCH rotgelb, nach MAURIZIO u. GRAFL Heidelbeerpollenhöschenfarbe weiß bis silbergrau, durch Beimischung von Pilzsporen *(Cladosporium)* dunkelgrau bis bräunlich).

Vaccinium oxycoccus L., Moosbeere. A der G *Vaccinium* der F der Ericaceae ↗. Hauptverbr.s-Gebiet in N-Europa – teilweise bis nach S-Frankreich vorstoßend –, N-Asien, N- u. M-Japan, vom arktischen N-Amerika sü. bis Pennsylvania u. Wisconsin. Hauptsächl. auf Torfmooren. Zwergstrauch mit fast 1 m langen Zweigen, die, dem Boden aufliegend, kriechen. Blüht – je nach Standort – von Mai bis Juli. Blüte einzeln od. bis zu vier in kleinen Büscheln, nickend. Krone hellpurpurn, tief vierspaltig, die schmalen Zipfel weit zurückgeschlagen, becherförmiger Kelch vierlappig. Liebhaberpflanze für feuchte, humose u. schattige Orte. Nektar- u. Pollenspender.

Vaccinium uliginosum L., Rausch- od. Moorbeere. A der G *Vaccinium* der F der Ericaceae ↗. Europa, N-Amerika, N-Asien. Auf Hochmooren u. Hochgebirgsheiden bis 3000 m ü. NN. Zwergstrauch, i. d. R. bis 50 cm, manchmal 1 m erreichend. Blüht im Mai, Juni in wenigblütigen Trauben. Blüten weiß bis rosa, krugförmig. Verlangt anmoorigen, feuchten Standort, wird selten angepflanzt. Nektar- u. Pollenspender.

Vaccinium vitis-idaea L., Preiselbeere. A der G *Vaccinium* der F der Ericaceae ↗. M-, W- u. N-Europa, nach O über Sibirien bis Japan u. im we. N-Amerika verbr. Wächst meist in lichten Kiefernwäldern od. im Gebirge in Gemeinschaft mit Knieholz *(Pinus mugo)*, auch auf Heiden u. Mooren. Höchstens 30 cm hoher Zwergstrauch mit unterirdischen Ausläufern, bodenbedeckend wachsend. Blüht im Mai, Juni, im Spätsommer oftmals Nachblüte, in kleinen, endständigen, mehrblütigen, hängenden Trauben. Krone glockig, weiß bis rosa, mit vier nicht umgebogenen Zipfeln, vierlappiger Kelch. Stellt geringen Anspruch an den Boden, liebt Halbschatten. Als Bodendecker unter Rhododendron u. lichten Baumbeständen geeignet. Vermehrung durch Teilung. Nektar- u. Pollenspender.

Varianz. Die phänotypische V. ist die Maßzahl für die Streuung der phänotypischen Merkmalswerte in der Population um das Populationsmittel. Die Wurzel aus der phänotypischen V. ist die phänotypische Standardabweichung, die häufig durch den Variationskoeffizienten in Prozent des Populationsmittels ausgedrückt wird:

$s_p\,\% = \frac{s_p}{\mu}$; $s_p\,\%$ = Variationskoeffizient, s_p = Standardabweichung, μ = Populationsmittel.

Die phänotypische V. eines Merkmals kann bedingt sein durch: additiv-genetische Wirkung ↗ (additiv-genetische Varianz ↗); epistatische Effekte (epistatische Varianz); Dominanz ↗ (Dominanzvarianz); Umwelt- ↗ Einflüsse (Umweltvarianz).

Varroa destructor, Milbe ↗. Erreger der Varroatose ↗, befällt Bienenbrut und ad. Bienen. ♀ queroval, 1,2 mm lang und 1,6 mm breit, braun, mit vier kurzen Beinpaaren unter dem Rückenschild. Knöpfchenartiger Kopf mit langen, stechenden Mundwerkzeugen. ♂ rund, 0,8 mm, nimmt keine Nahrung auf. Entwicklung an verdeckelter Bienenbrut. ♀ saugt Haemolymphe, um Eier legen zu können. Dadurch Brutschäden ↗, Kahlbrut ↗ u. Beunruhigung der Bienenvölker. Entwicklung schnell, 8–10 Tage über Ei, Protonymphe ↗, Deutonymphe ↗ zur Milbe. Meist Geschwisterpaarung in der Brutzelle. ♂♂ sterben nach der Begattung. V. j. besitzt lange Lebensdauer, gute Beweglichkeit u. eine hohe Vermehrungsrate.

Moosbeere

Varroatose, Befall eines Bienenvolkes mit *Varroa destructor* ↗. Ansteckende, verlustreiche, parasitäre Erkrankung der Bienenbrut u. der ad. Bienen. Ernste Be-

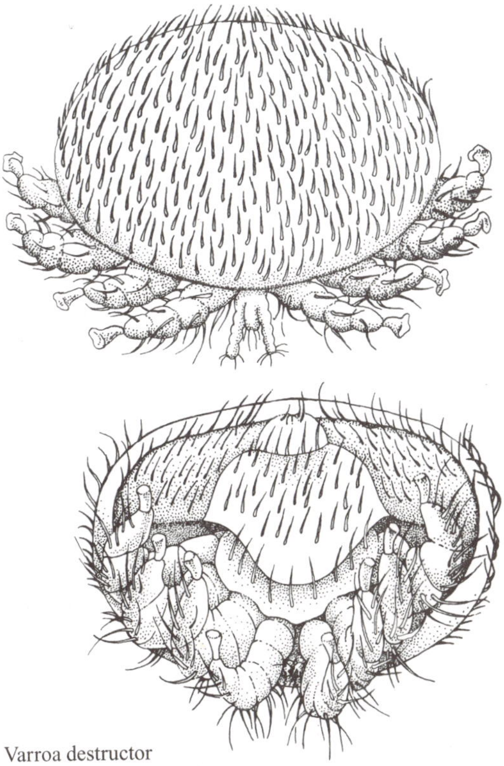

Varroa destructor

drohung für die Bienenwirtschaft durch Brutschäden ↗, Sekundärinfektionen u. Beunruhigung. V. kann bei geringem Befall unbemerkt 1–2 Jahre im Bienenvolk vorhanden sein, geringer Anfangsbefall wird häufig übersehen u. führt zur Unterschätzung der Gefährlichkeit. Kritische Zeit für die Bienenvölker ist der Herbst bei einem Befall mit über 10000 Milben/Volk, bes. im dritten Jahr des Befalls, Völker können zusammenbrechen. Schnelle Verbr. durch Räuberei ↗, Verfliegen, milbenbefallene Schwärme u. durch das Verlegen von Bienenvölkern bzw. Teile von diesen. Bekämpfung schwierig, nur wirkungsvoll bei Früherkennung des Parasitenbefalls, bei der Durchführung seuchenprophylaktischer Maßnahmen, bei rechtzeitigem u. gleichzeitigem Einsatz milbentötender Heilmittel u. bei Durchführung bienenwirtschaftlicher Maßnahmen durch alle Bienenhalter. Bienenwirtschaftliche Maßnahmen sind unter Berücksichtigung des Zustandes des Bienenvolkes, des Verseuchungsgrades, der Betriebsweise, der Haltungsbedingungen u. der Jahreszeit: Entnahme der verdeckelten Drohnenbrut, Bann- u. Fangwabenmethode, Schaffung varroafreier Nachwuchsvölker durch Bildung von Feglingen ↗, kombiniert mit der Anwendung eines milbentötenden Heilmittels als Verdunstungs- od. Räuchermittel. Behandlungsunwürdige Bienenvölker sind abzutöten.

Vatertiermaterial. Komplexe Bezeichnung für das Vatervolk ↗ u./od. die Drohnenvolksippe. Aus dem leistungsgeprüften Vatervolk (im Abstammungsschema ↗ das Volk mit der Weisel 4a) gehen die Tochterweiseln 1b (genetische Väter der Arbeitsbienen) hervor; diese sind die – wegen der Parthenogenese ↗ der Drohnen beliebig begatteten – Weiseln der auf der Belegeinrichtung als Drohnenspender od. als Spermalieferanten einzusetzenden Drohnenvölker ↗. In der F des Bienenvolkes ist das V. als Sperma der aus den 1b-Weiseln hervorgegangenen Drohnen in der Spermatheca der Weisel des Volkes vorhanden.

Vatervolk. Leistungsgeprüftes, bes. rassetypisches, gekörtes Bienenvolk, im Abstammungsschema ↗ das Volk mit der Weisel 4a, aus dem die Weiseln 1b (genetische Väter der Arbeitsbienen aus der Weisel 1a) für die Drohnenvölker ↗ der Belegstellen ↗ gezogen werden. «V.» wurde im imkerlichen Sprachgebrauch früher häufig auch für Drohnenvolk ↗ angewendet.

Veilchengewächse → Violaceae.

Vektor. Aktive Überträger von Parasiten, Bakterien od. Viren (z. B. Blattläuse als Überträger von pathogenen Viren der Kartoffeln).

Vektorenbekämpfung. Bekämpfung von Überträgern als Maßnahme gegen Erkrankungen. Blattläuse an Kartoffeln, Rüben u. Ackerbohnen werden nicht wegen ihrer Schadwirkung durch das Saugen von Pflanzensäften, sondern als Überträger von Virosen bekämpft. Diese Maßnahmen finden meist in Beständen statt, die keine Nektar- od. Pollenspender sind. Die Blattläuse können aber zum Zeitpunkt der Bekämpfung bereits soviel Sekrete abgesondert haben, daß diese als Honigtau für Bienen attraktiv werden. V.en führen daher zu Gefährdungen für die Bienen. Deshalb sind die zu behandelnden Bestände unmittelbar vor Beginn der Maßnahmen auf Zuflug von Bienen zu kontrollieren. Die erforderlichen Maßnahmen zum Schutz der Bienen sind einzuhalten.

Ventilation. Eine für die Biene charakteristische u. sehr bedeutungsvolle Erscheinung. PEOCH unterscheidet zwei Typen der V., mit u. ohne Einschaltung der Nassanoffschen Drüse ↗. Der erstgenannte V.s-Typ kann durch eine Vielzahl von Stimuli ausgelöst werden, selbst durch irgendeine plötzliche Veränderung in der Umgebung. Eine isolierte Biene betreibt keine V. Der V.s-Grad steht in Beziehung zur Bedeutung der Gruppe. Das Vorhandensein von Brut hemmt, genauso wie die Bienentraube im Ruhezustand, die V. (PEOCH, 1981, 1982).

Verbandswesen der organisierten Imker in Deutschland. Deutscher Imkerbund e. V. Zusammenschluß der Imkerverbände im Bundesgebiet. Sitz: D – 53343 Wachtberg (bei Bonn). Zweck des Deutschen Imkerbundes e. V. ist es, die Bienenhaltung zu fördern u. zu pflegen, damit durch die Bestäubungstätigkeit der Honigbiene an Wild- u. Kulturpflanzen eine artenreiche Kultur erhalten bleibt. Dieser Satzungszweck wird insbes. durch die Wahrnehmung u. Vertretung der Interessen der Imkerverbände u. deren Mitglieder, die Förderung einer zeitgemäßen Bienenzucht u. die Mitwirkung in Naturschutz u. in der Landschaftspflege verwirklicht. Der Deutsche Imkerbund e. V. wird nach außen u. innen durch einen Präsidenten, in dessen Verhinderungsfalle durch den 2. Bundesleiter, vertreten. Der Verband hat insges. als Mitglieder 20 Landesverbände, in denen 85 000 Imker organisiert sind. Der Deutsche Imkerbund e. V. ist Mitglied im Deutschen Bauernverband u. im Deutschen Naturschutzring. Imkerorganisationen ↗.

Verbauen → Verschulen.

Verdampfungspräparate. Mittel, bei deren Anwendung der Wirkstoff ↗ durch das Verdampfen freigesetzt wird. Z. B. wurden früher zur Bekämpfung der Acarapidose Verdampfungsmittel wie Mito A2 (Senfölpräparat) od. Benzylformiat angewendet. Zur Bekämpfung der Varroatose wird hochkonzentrierte Ameisensäure ↗ als V. eingesetzt.

Verdeckeln des Honigs. Mit reifem Honig gefüllte Zellen werden von den Bienen, solange Tracht herrscht, mit einem Wachsdeckel verschlossen, sie werden verdeckelt. Liegt der Wachsdeckel dem Honig auf, erscheint er dunkel, man spricht dann von nasser, befindet sich etwas Luft darunter, erscheint er hell, man spricht dann von trockener Verdeckelung. Die Art der Verdeckelung ist genetisch bei den Bienen fixiert, aber auch jahreszeitl. versch.

Verdrängungskreuzung → Verdrängungszucht.

Verdrängungszucht. Zuchtverfahren ↗, bei dem durch wiederholte Rückkreuzung ↗ die Gene ↗ einer Rasse ↗ fortschreitend durch die erwünschten Gene einer anderen Rasse ersetzt werden. In Deutschland wird seit den 40er Jahren die ursprüngl. heimische Nordrasse *(Apis mellifera mellifera)* durch Linien aus Österreich importierter Stämme der an Frühtrachtbedingungen angepaßten u. rotkleetüchtigen *Carnica*- od. Kärntner Rasse *(Apis mellifera carnica)* verdrängt. Die

Carnica-Biene wird durch gelenkte Paarung u. strenge Selektion ↗ auf rassetypische Körper- u. Leistungsmerkmale ↗ rein erhalten u. über Belegeinrichtungen ↗ od. Standpaarungen vermehrt.

Vereinigen von Bienenvölkern u. Ablegern konzentriert sich auf das Frühjahr u. den Spätsommer. Im Frühjahr werden schwach aus dem Winter kommende Völker, wenn sie gesund sind, aber nicht selbständig erhalten werden sollen od. können, od. Ableger mit starken Völkern vereinigt. Zwei Schwächlinge zu vereinigen hat keinen Zweck, da sie zusammen immer noch ein schwaches Volk ergeben. Das V. v. B. ist im Frühjahr meist problemlos. Die Weisel des schwächeren Volkes wird entfernt u. nach Entnahme der überzähligen Waben das Brutnest des entweiselten hinter od. über das Brutnest des weiselrichtigen Volkes gehängt od. gestellt. Zur Vorsicht können die Waben beider Völker mit Duftwasser ↗ besprüht werden, um den jeweiligen Eigengeruch zu überdecken. Anschl. Futtergabe fördert harmonische Weiterentwicklung.
Soll im Frühjahr ein scheinbar weiselloses Volk mit einem Ableger vereinigt werden, muß vorher durch eine Weiselprobe ↗ die Weisellosigkeit nachgewiesen werden. Zur Vereinigung selbst wird das weisellose Volk der Beute entnommen, sein Flugloch geschlossen, der Ableger ans Flugloch u. dahinter od. darüber das weisellose Volk gehängt od. gestellt. Duftausgleich u. Fütterung sollten wie oben beschrieben erfolgen. Nach etwa einer Stunde wird das Flugloch, vorerst mit kleiner Öffnung, wieder freigegeben. – Ein brut- u. weiselloses Volk kann, wenn die Bienen erhaltenswert sind, nach dem Schließen seines Fluglochs, nachdem die Bienen sich auf dem Wabenbock voll Futter gesaugt haben u. die Waben mit Wasser besprüht wurden, in einen Feglingskasten abgestoßen werden. Der Kasten wird vor ein zu verstärkendes Volk gestellt u. mit einem Brettchen eine Verbindung zu dessen Anflugklappe hergestellt. Nach kurzer Zeit ziehen die Bienen über das Brettchen in die Beute ein, wenn man sie anfänglich mit der Feder etwas leitet. Die abgeflogenen Bienen sammeln sich an der geschlossenen Beute, die man durch Vorhängen eines Tuches od. ähnl. möglichst unkenntlich gemacht hat, u. betteln sich nach einiger Zeit bei den Nachbarn ein. – Das V. v. B. mit einem Ableger im Spätsommer erfolgt meist zum Zweck der Umweiselung. Hierzu wird das Wirtschaftsvolk entweiselt, sein Honigraum geleert, das Absperrgitter mit einem von beiden Seiten mit einem Nagel mehrfach durchstochenen Bogen Zeitungspapier abgedeckt u. gegen Abend der Ableger eingesetzt. Das entweiselte Volk wird gefüttert. Ausgehend von den eingestochenen Löchern wird von beiden Seiten das Papier zernagt, u. bei gemeinsamer Arbeit findet eine friedliche Vereinigung statt. Nach einer Woche können die Brutnester, je nach der vorgesehenen Überwinterung, im Brut- od. Honigraum zusammengehängt werden. Im Magazinbetrieb wird die Zarge ↗ od. die Zargen mit dem entweiselten Volk mit durchlöchertem Zeitungspapier abgedeckt, der weiselrichtige Ableger aufgesetzt u. sonst wie beschrieben verfahren.

Vererbung des Geschlechts. In der Bienenzucht wird das Geschlecht nicht durch unterschiedl. Geschlechtschromosomen, sondern durch ein Geschlechtsgen od. Sexallel a bestimmt. Bei den Drohnen ist nur ein einfacher Chromosomensatz (Hemizygotie ↗), somit auch das Sexallel a nur einfach vorhanden. Bei Diploidie (befruchtete Eizelle) ist auch das Sexallel paarig, u. es entsteht ein ♀ Tier (Arbeitsbiene od. Weisel). Voraussetzung ist allerdings, daß das Sexallel von Ei- u. Samenzelle heterozygot ist. Nach bisherigen Erkenntnissen gibt es zwölf Typen a_1–a_{12} des Sexallels (multiple Allelie ↗). Bei Homozygotie entsteht wie bei Hemizygotie eine – jedoch diploide – Drohnenmade. Diese wird von den Bienen schon im jüngsten Madenstadium aufgefressen. Bei Inzucht können so bis zu 50 % Brutlücken entstehen. Dadurch wird, abgesehen von möglichen Inzuchtdepressionen, durch mangelnde Volkstärke die Leistungsfähigkeit eines Bienenvolkes stark eingeschränkt. Durch künstl. Ernährung der Drohnenmaden im Brutschrank gelang es Woyke (1963), diploide Drohnen ↗ mit diploidem Sperma heranzuziehen.

Vererbungsgesetze bei der Honigbiene. Bei der züchterischen Bearbeitung von Honigbienen sind einige genetische Besonderheiten zu berücksichtigen: a) Die Drohnen entstehen parthenogenetisch, sind also haploid u. in ihren Erbanlagen reinerbig; b) Die Weisel paart sich im freien Fluge außerhalb der Kontrolle des Züchters mehrmals, insges. mit etwa 8–10 Drohnen (genetische Verwandtschaftsverhältnisse bei der Honigbiene ↗). Das Sperma bleibt in der Samenblase der Weisel für die Dauer ihres Lebens erhalten; c) Bei der Befruchtung entsteht nur dann ein ♀ Tier, wenn sich am Geschlechtschromosom x das Gen od. Sexallel a bei Ei- u. Samenzelle unterscheidet (Vererbung des Geschlechts ↗); dadurch besteht zusätzl. Inzuchtempfindlichkeit.

Verfliegen. Bes. bei dicht zusammenstehenden, einfachwandigen Beuten haben die Fluglöcher nur geringen Abstand voneinander, wodurch es trotz des guten Orientierungsvermögens der Bienen zum V. kommt (Flugfront ↗). Ein V. zw. den Etagen ist seltener als innerhalb einer Etage. Verflogene Bienen werden in die fremden Völker meist eingelassen (Einbetteln ↗). Einer bes. Gefährdung sind vom Paarungsflug heimkehrende Weiseln ausgesetzt. Landen sie vor einem fremden Flugloch, werden sie sofort eingeknäuelt u. abgestochen. Bei Freiaufstellung von Beuten ↗ ist aufgrund des größeren Abstands das V. wesentl. geringer als bei einer geschlossenen Flugfront.

Verflüssigen des Honigs. Die meisten Honigsorten kandieren nach kürzerer od. längerer Zeit. Ist der Honig vor dem Kandieren nicht gerührt od. angeimpft worden, kann es vorkommen, daß er sehr hart wird. Zur Wiederverflüssigung ist der Honig im Wasserbad od. mit einem elektrisch beheizten Tauchwärmer auf 40 °C zu erwärmen. Damit sich der Inhalt eines Gefäßes gleichmäßig erwärmt, ist er mehrmals zu rühren. Ein gleichmäßig auf 40 °C erwärmter Honig kandiert nicht wieder so schnell, da die Kristallisationskerne, d. h. winzige Zuckerkristalle, mitgeschmolzen sind. Auch flüssiger, erntefrischer Honig kandiert nach Erwärmen nicht so schnell. Ein Erwärmen des Honigs über 40 °C ist nicht zulässig, da hierdurch ein Teil der wertvollen Inhaltsstoffe zerstört wird.

Vergiftungsphänologie → Insektizidphänologie.

Vergil, Publius Vergilius Maro. Geb. 15. 10. 70 v.d.Z. in Andes bei Mantua, gest. 21.9.19 v.d.Z. Römischer Schriftsteller. Schrieb im Auftrag von Kaiser Augustus ein Landwirtschaftliches Lehrgedicht, die «Georgica», eine Dichtung vom Landbau. Der vierte Teil befaßt sich in 566 Versen (Hexameter) mit den Bienen. Darin wurde zum erstenmal in der Weltliteratur in künstlerischer Form das Bienenleben dargestellt.

Vergißmeinnicht → Sumpfvergißmeinnicht → Waldvergißmeinnicht → Alpenvergißmeinnicht.

Verhonigen des Brutnestes. Bei reicher Tracht u. bes. bei Platzmangel im Honigraum lagern die Bienen Nektar u. auch reifen Honig in allen verfügbaren leeren Zellen ab. Sie benutzen dann auch im Brutnest durch Schlüpfen freiwerdende Zellen, das Brutnest «verhonigt». Hierdurch wird die Weisel in der Möglichkeit, Eier zu legen, eingeschränkt (Bruteinschränkung ↗).

Vermehrung. Das quantitative Wachsen des einzelnen Bienenvolks durch die V. der Anzahl der Arbeitsbienen sowie die Erzeugung von Drohnen u. Weiseln ist die Voraussetzung für die V. in einer neuen Qualität, d.h. die Teilung des Volks durch den natürl. Vorgang des Schwärmens (Schwarm ↗) od. die sog. künstl. V. durch Ableger ↗ in den unterschiedlichsten Formen.

Veronica spicata L., Ähriger Ehrenpreis. A der G *Veronica* der F der Scrophulariaceae ↗. Nö. Hemisphäre. Vor allem Ödland u. trockenere Wiesen, Wegränder. Für Park- u. Grünanlagen, wie auch andere *Veronica*-An, geeignet. Blüht ab Mai, Juni bis September. Blüten blau. Die anfliegenden Bienen halten sich an den beiden Staubblättern fest, die sich nach innen biegen u. die Bauchseite des Insekts mit Pollen bestäuben. Die abgesonderte Nektarmenge beträgt für V. s. 1,2 mg je Blüte pro 24 h, der Zuckergehalt 40 %. Die Bestzeiten für Nektarmenge u. Zuckergehalt fallen zusammen u. liegen in den Morgenstunden. Nektar- u. Pollenspender.

Verpackung → Wärmedämmung.

Verpuppungshormon(e). Leiten sich in ihrer chemischen Struktur vom Cholesterin, einem Steroid, ab. Die beiden homologen Substanzen kommen in unterschiedl. Verhältnis vor. Das biologisch aktive Homologe ist das 20-Hydroxy-ecdyson, welches aus Ecdyson als Vorstufe entsteht. Beide lassen sich chromatographisch trennen u. dann durch Radioimmuntest mengenmäßig bestimmen. – Bei der Honigbiene schwankt der Spiegel des Verpuppungshormons zw. 400 ng/g in L_4 u. weniger als 40 ng/g in L_5. Erst im Puppenstadium zeigen sich kastenspezifische Unterschiede. Im Vorpuppenstadium liegt der Titer bei 300 ng/g für die Weisel u. 30 ng/g für die Arbeiterin, um dann in beiden Fällen in unterschiedl. Geschwindigkeit auf ein Niveau von rund 1000 ng/g anzusteigen.

Versandkäfig → Versand von Weiseln.

Versand von Weiseln. Weiselversandkäfige müssen druckfest sein u. ein Abteil für Bienen u. eines für Futter haben. Der Durchgang muß so groß sein, daß mehrere Bienen gleichzeitig zum Futter gelangen können. Das Futter darf weder hart noch flüssig werden u. wird deshalb erst wenige Tage vor dem Versand eingefüllt. Versandkäfige gibt es aus Holz u. aus Kunststoff. Verwendet werden können auch Lockenwickler, deren eines Ende zur Aufnahme des Futters in Wachs getaucht wird. Als Begleitbienen werden 3–10 Tage alte Jungbienen verwendet, die seuchenfrei sein müssen. Zuerst werden die Bienen in den Käfig gegeben, dann die Weisel; zuletzt wird das Eingangsloch verschlossen. Bei Hitze u. für lange Transporte gibt man auf die Bienen einen Tropfen Wasser. Die Versandbeutel aus starkem Papier werden mit Löchern versehen u. bekommen außer der Anschrift einen Hinweis, daß die Sendung lebende Bienen enthält u. nicht in Räumen gelagert werden darf, die mit Insektiziden behandelt sind. Den Empfängern ist anzuraten, die Weiseln möglichst bald zu verwenden u. die Begleitbienen abzutöten.

Verschimmelte Waben. Bei ungenügender Lüftung u. damit verbundener Kondenswasserbildung in den am weitesten vom Flugloch entfernten Bereichen der Beute kann es während der Überwinterung ↗ zum Verschimmeln von Waben kommen. Diese Waben sind im Frühjahr zu entnehmen, in der Sonne zu trocknen u. später einzuschmelzen.

Verschränken der Brutwaben. Eine im Frühjahr anwendbare Methode des Anreizes zur beschleunigten Ausdehnung des Brutnestes. Voraussetzung für das V. d. B. sind Wabenrahmen mit symmetrischen Abstandvorrichtungen, wie Hoffmann-Rähmchen, Kreuzklemmen od. ähnl., od. Wabenrahmen, deren zwei übereinanderstehende Abstandbügel einmal nach vorn, einmal nach hinten zeigen. Durch das noch in den Waben vorhandene Winterfutter wird das Brutnest im Frühjahr oft einseitig, meist in der Nähe des Fluglochs, angelegt. Wird nun jede zweite Wabe um 180° gedreht, so kommen die Brutflächen zw. das Futter. Diese «Unordnung» versuchen die Bienen auszugleichen, indem sie das Futter umtragen, was eine Reizwirkung ausübt. Das Umtragen des Futters kann beschleunigt u. die Reizwirkung erhöht werden, indem verdeckeltes Futter entdeckelt wird. Die freiwerdenden Zellen werden mit Brut belegt, so daß daraus eine beschleunigte Vergrößerung der Brutflächen resultiert.

Verschulen, auch Käfigen od. Schützen der Weiselzellen. Vor dem Schlüpfen müssen die Weiselzellen in Käfigen isoliert werden; das geschieht entweder kurz nach dem Verdeckeln der Zellen (fünf Tage nach dem Umlarven; die Zellen sind nicht verbaut u. können später nicht wieder ausgefressen werden. Es kann auch kein Schaden entstehen, wenn einmal eine Weisel zu früh schlüpft.) od. 1–2 Tage vor dem Schlüpfen. Gekäfigt wird in Schlüpfkäfigen (z.B. Zander-Schlüpfkäfig, Okulierkäfig) od. in Lockenwicklern, in deren Öffnung die Stopfen mit den Zellen gut passen. Zellen, die ausgeschnitten werden müssen (z.B. aus Bogenschnittwaben), werden an Stöpseln angelötet, in Klemmstopfen untergebracht od. in einen Käfig mit einer Verschlußkappe gegeben. Durchgangskäfige, deren eine Seite

Verschulen der Weiselzellen in Schlüpfkäfige

mit einem Absperrgitter versehen ist, haben sich nicht bewährt. Alle Schlüpfkäfige müssen mit Futter versehen werden (Honig in einem Futternäpfchen od. in einer kleinen, seitl. Bohrung od. ein Kügelchen Zuckerteig). Lockenwickler dreht man in kandiertem Honig. Okulierkäfige, in denen man die Weisel mit etwa 20 Bienen zusammen schlüpfen läßt, müssen flüssiges Futter enthalten. – Die Zellen werden durch leichtes Drehen vorsichtig aus den Lochleistenrahmen genommen u. in die Käfige gesteckt. Sie dürfen nicht bis auf den Grund reichen, sonst kann die Weisel nicht ausschlüpfen. Verbaute Zellen müssen mit einem angewärmten Messer freigeschnitten werden. Bei der Bechermethode (nach Heinecke) wird die Weiselzelle mit den anhängenden Bienen in einem Becher gekäfigt. Die Schlüpfkäfige mit den Weiselzellen werden in einem Hürdenrahmen im Volk od. in einer Hürde im Brutschrank untergebracht. Für Lockenwickler verwendet man Holzleisten mit entspr. Bohrungen. Der Brutschrank muß auf eine konstante Temp. von 34–35 °C eingestellt sein u. durch aufgestellte Wasserschalen die nötige Luftfeuchtigkeit haben. Am Schlüpftag ist sowohl im Volk als im Brutschrank eine zweimalige Schlupfkontrolle notwendig, um die Zellen zu entnehmen u. ggf. das Futter zu erneuern. Die Weiseln sollen möglichst schnell in Begattungsvölkchen ↗ untergebracht werden. Ist das nicht möglich, gibt man ihnen Jungbienen zu. Die Käfige mit Bienen sollten aber im Brutschrank nur bei einer Temp. von 26–28 °C untergebracht werden.

Versetzungsversuch → Sonnenkompaß.

Verständigungssystem → Nahrungssuche.

Verstärken. Zugeben von Brut u./od. Bienen. Verstärkt werden im Frühjahr schwächere Völker u. überwinterte Ableger, um sie zu Wirtschaftsvölkern zu entwickeln, im Sommer die neugebildeten Ableger, um sie überwinterungsfähig zu machen. Das V. kann erfolgen durch Schröpfwaben u./od. Bienen aus starken Völkern od. aufgelösten Ablegern (Ausgleichen ↗, Schröpfen ↗) sowie durch Zugeben ganzer Ableger, wobei gleichzeitig eine Umweiselung erfolgen kann (Umweiseln ↗, Vereinigen ↗). – Im Magazinbetrieb werden die schwachen Völker im allgemeinen nicht verstärkt, sondern durch Vereinigen mit anderen aufgelöst.

Verstellen von einzelnen Bienenvölkern. Aus den verschiedensten Gründen kann es erforderlich werden, während der Flugperiode auf einem Bienenstand Völker mit der Beute umzustellen od. sie auf einen anderen Platz umzuwohnen (Umwohnen ↗), z.B. das Umsetzen von bisher abseits aufgestellten Ablegern in eine Beute des Bienenhauses. Meist ist es dabei erwünscht, daß die Flugbienen dem Volk wenigstens z. T. erhalten bleiben. Die Möglichkeit, eine Zwischenwanderung ↗ durchzuführen, besteht meist nicht, u. so ist es erforderlich, die Flugbienen zu veranlassen, sich auf den neuen Platz einzufliegen (Einfliegen ↗). Folgende Maßnahmen sollen dies veranlassen:

- Das Umstellen od. Umwohnen soll abends nach Einstellung des Fluges vorgenommen werden.
- Das Flugloch am neuen Platz ist mit Heu od. ähnl. lose zu verstopfen, damit sich die Bienen mühsam einen Weg ins Freie bahnen müssen.
- Am nächsten Morgen ist vor Beginn des Fluges eine Portion flüssiges Futter zu geben.
- Der bisherige Standplatz od. die Beute sind möglichst unkenntlich zu machen, z.B. durch Über- od. Vorhängen von Tüchern bzw. dadurch, daß der Platz des Ablegerkastens völlig frei ist.

Das V. v. e. B. mit der Beute während der Winterruhe ist möglich, wenn es entspr. vorsichtig erfolgt. Ob die Bienen sich danach auf den neuen Platz einfliegen, hängt von der Zeit seit dem letzten Ausflug ab.

Verwandlung, vollkommene → Entwicklung.

Verwandtschaftsverhältnisse, genetische → genetische Verwandtschaftsverhältnisse bei der Honigbiene.

Vespa → Wespe

Veterinärmedizinische Untersuchungseinrichtungen. In der Bundesrepublik Deutschland gibt es Staatliche Tierärztliche Untersuchungsämter in den einzelnen Bundesländern und Landesanstalten für Bienenkunde und Bienenzucht.

Die von den Mitarbeitern der veterinärmedizinischen Untersuchungseinrichtungen durchgeführten Gesundheitsdienste für Vatertiere, Rinder, Kälber, Schweine, Schafe, Geflügel, Pelztiere, Fische und Bienen bewirken eine zielstrebige, tierärztliche Einflußnahme auf die ständige Verbesserung der Hygiene und Tiergesundheit sowie eine Optimierung der Betreuung, Haltung und Pflege der Tiere (Bienengesundheitsdienst ↗).

Diese veterinärmedizinischen Untersuchungseinrichtungen führen unter anderem alle labordiagnostischen Untersuchungen von eingesandten Gemüll-, Bienen- und Wabenproben durch. Von verdächtigen Bienenvölkern werden Gemüll- und/oder Bienenproben luftdurchlässig in Streichholzschachteln verpackt und gut gekennzeichnet mit entsprechendem Begleitbericht vom Bienensachverständigen ↗ oder Imker eingeschickt. Bei Verdacht auf Brutkrankheiten ↗ werden

Brutwaben od. größere Wabenteile, welche die verdächtigen Veränderungen zeigen, drucksicher verpackt u. mit Begleitbericht eingesandt. Nach Abschluß der Untersuchungen sind diese v.n U. für die Diagnosestellung u. umgehende Befundmitteilung verantwortl. Die Befunde bilden die Basis für Leitungsentscheidungen des entspr. Tierarztes u. für die staatliche Feststellung meldepflichtiger Bienenkrankheiten. Von der zuständigen v.n U. werden Pläne zur Prophylaxe u. Bekämpfung von Bienenkrankheiten sowie Vorschläge über geeignete Bekämpfungsverfahren, über den Einsatz von Heilmitteln u. die Durchführung prophylaktischer Untersuchungen erarbeitet.

Veterinärzeugnis → Bienengesundheitsdienst.

Vicia faba L., Ackerbohne, Pferdebohne, Saubohne, Puffbohne. A der G *Vicia* der F der Leguminosae ↗. In Kultur in SW-, M- u. O-Europa, Teilen Amerikas u. Australiens. In S-Europa u. W-Asien noch heute wichtiges Nahrungsmittel für den Menschen, in M-Europa nur bis ins 17. Jh., jetzt vorwiegend Viehfutter. Einjährig. Aussaat im März. Von Mai bis Juni nach Zander u. Berner vorzügliche Bienenpflanze neben Saat- (*V. sativa* L.) u. Sandwicke (*V. villosa*). Auch die an den Nebenblättern befindlichen, extrafloralen Nektarien werden von den Bienen genutzt. Die Blütenröhre von V.f. ist für den Bienenrüssel eigentl. zu lang, doch der Nektar ist den Bienen zugänglich, da Fahne u. Flügel – mit einem schwarzen Fleck – der weißen Blüte nur locker zusammenschließen, so daß die Bienen seitwärts herankommen. Auch benutzen sie die Bißstellen von Erdhummeln. Bevorzugt tiefgründigen, kalkhaltigen, humosen Boden mit ausreichender Wasserversorgung (benötigt zur Blütezeit bes. viel Wasser) im luftfeuchten Küsten- u. Übergangsklima. Nektar- u. Pollenspender. Bieneneinsatz steigert V. f.-Erträge.

Vicia villosa Roth., Winterwicke, Zottelwicke, Sandwicke. A der G *Vicia* der F der Leguminosae ↗. Ursprüngl. Anbau im Mittelmeergebiet u. in Vorderasien, heute weiter ausgedehnt. Vor allem als Grün- u. Gemengefutter (mit Winterroggen, Weidelgras, Inkarnatklee, Winterweizen) in M-Europa gesät, in südlicheren Ländern auch als Körner- u. Gründüngungspflanze verbr. Aussaat August. Nach Zander u. Berner im Mai/Juni vorzügliche Honigpflanze. Violette Blüten traubig angeordnet. Anspruchslos, kalkliebend, winterfest, widerstandsfähig gegen Trockenheit, gedeiht auch auf leichten Böden. Nektar- u. Pollenspender. Bieneneinsatz steigert die Samenerträge.

Vieretager → Dreietager.

Vierweghybrid → Doppelhybrid.

Vierwegkreuzung. Zuchtverfahren ↗ zur Ausnutzung der Heterosis ↗ bei Verwendung von vier genetisch differenzierten Inzuchtlinien, Zuchtlinien ↗, Populationen ↗ od. Rassen ↗, wobei die aus je zwei Inzuchtlinien, Zuchtlinien, Populationen od. Rassen erzeugten F_1-Tiere als Eltern der Endprodukte benutzt werden. Für die Bienenzucht ist in Ländern od. Gebieten, in denen nur eine Rasse gehalten u. züchterisch bearbeitet wird, die Kombination von vier Linien derselben Rasse praktikabel. Diese hat gegenüber der Kreuzung von nur drei Linien den Vorteil, daß nicht nur die Weisel, sondern auch die Drohnenmutter bereits eine Hybride ↗ ist u. Heterosis zeigen kann.

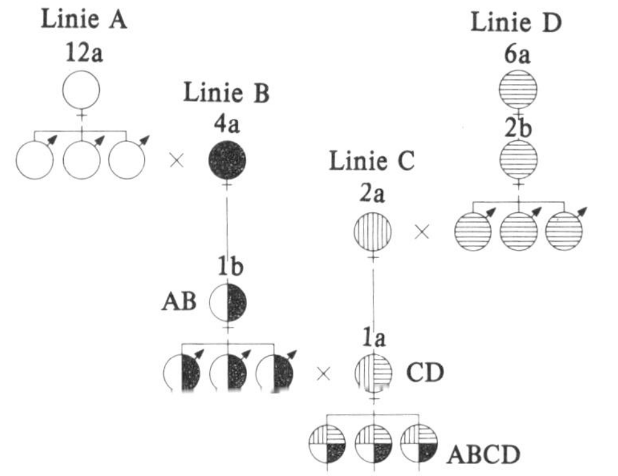

Vierwegkreuzung. Linie A, Linie B, Linie C, Linie D, Hybrid AB, Hybrid CD, Hybriden ABCD

Violaceae, Veilchengewächse. Die F umfaßt 16 Gn u. ca. 850 An. Vorwiegend Tropen u. Subtropen, aber auch temperierte u. arktische Gebiete. Ein- u. mehrjährige Kräuter, Halbsträucher, Sträucher, kleinere Bäume. Die radiär- od. zweiseitig-symmetrischen Blüten stehen meist in ährigen bis rispigen Blütenständen, erscheinen aber auch einzeln. Der einfache Staubblattkreis ist ebenfalls fünfzählig. Die Staubblätter können eine sehr verschiedenartige Ausbildung durch Konnektivanhängsel, Drüsenschuppen od. Sporne erhalten. Fünfblättriger Kelch u. Krone. – Mit 450 An ist die G *Viola*, die in den Tropen u. Subtropen, im N bis in die temperierte Zone, im S bis Feuerland, S-Afrika, Neuseeland vorkommt, die umfangreichste G der V. Die Blüten der G sind auch auf Insektenbestäubung eingerichtet, indem hier zwei lange, nektarerzeugende Fortsätze der Staubblätter, die in die spornartige Aussackung des unteren Blütenblattes hineinragen, gemeinsam mit einem auffällig gefärbten Saftmal zur Anlockung der Insekten beitragen. Die Staubblätter sind zu einem Kegel zusammengeneigt, in den der Pollen entleert wird, so daß die Insekten beim Auseinanderdrücken der Staubblätter mit Blütenstaub beladen werden. Das Spektrum der Blütenbesucher richtet sich nach der Spornlänge, die bei *Viola biflora* L. z. B. sehr gering ist u. bei *V. calcarata* L. bis zu 25 mm betragen kann. Das sowohl als Zierpflanze als auch verwildert vorkommende Märzveilchen (*Viola odorata* ↗) wird gern von Bienen beflogen. Auch von anderen wildwachsenden *Viola*-An u. Gartenformen werden von den Bienen Nektar u. Pollen gesammelt. Bes. häufig findet man in Berghonigen die großen, auffälligen Pollenkörner, aber stets auf der Stufe des Einzelpollens. Die Nektarsekretion beträgt beim Waldveilchen (*Viola sylvestris* Lam. emend. Rchb.) in 24 h je Blüte 0,14 mg, die Zuckerkonzentration des Nektars 23 %, der Zuckerwert 0,3 mg. Der Honigwert für einen reinen Bestand wird auf 0,13–1 kg/ha geschätzt.

Viola odorata L., Märzveilchen. A der G *Viola* – mit ca. 450 An in den Tropen u. Subtropen, im N bis temperierte Zone, im S bis Feuerland, S-Afrika u. Neuseeland – der F der Violaceae ↗. In S-Frankreich u. Italien zur Gewinnung eines Öls angebaut, das zur Herstellung von Pomade u. Parfüm verwendet wird.

An Wegen in Ortsnähe oft verwildert vorkommend, in trockenen Gebüschen, Hecken, Trockenwäldern, an Wegrainen. Zerstreut. Bis 10 cm hoch, ausdauernd. Blüht März/April. Dunkelviolette Blüten. Nach Beobachtungen von ZANDER u. BERNER recht gut von Bienen beflogen.

Viruskrankheiten. Man unterscheidet Virusinfektionen der Bienenbrut durch *Morator aetatulae* ↗, durch *Black Queen Cell* Virus ↗ u. *Thai Sacbrood* Virus ↗ sowie der ad. Bienen (Paralyse ↗, chronische Paralyse u. akute Paralyse ↗) u. durch *Apis Iridescent* Virus ↗, *Arkansas Bee* Virus ↗, *Bee* Virus X ↗, *Bee* Virus Y ↗, Cloudy Wing Particle ↗, *Egypt Bee* Virus ↗, *Filamentous* Virus ↗, *Kashmir Bee* Virus ↗ u. *Slow Bee Paralysis* Virus ↗.

Viruspartikel → *Morator aetatulae* → chronische Paralyse → akute Paralyse → *Filamentous* Virus → Cloudy Wing Particle →*Apis Iridescent* Virus.

Viruspräparate. Enthalten insektenpathogene Viren. Werden als Biopräparate zur Schaderregerbekämpfung eingesetzt.

Virus X → *Bee* Virus X.

Virus Y → *Bee* Virus Y.

viscerales Nervensystem → Nervensystem.

Vitaceae, Rebengewächse. Die F umfaßt 12 Gn mit ca. 700 An, die hauptsächl. in den Tropen u. Subtropen Amerikas, Afrikas u. Asiens verbr. sind, während Australien relativ artenarm ist. Meist Klettersträucher, oft sehr hoch kletternde Lianen, überwiegend an feuchten u. heißen Standorten, bes. in Laubwäldern, oft beträchtlichen Bestandteil der Lianenflora bildend. – Die vier- od. fünfgliedrigen, meist unansehnlichen, weißen, grünlichen od. gelblichen Blüten sind zwittrig, eingeschlechtig od. auch zweihäusig; nie einzelstehend, manchmal Blütenstände zu Rispen vereinigt od. ährenförmige Teilblütenstände zur Rispe zusammengefaßt. Kleiner, becherförmiger, am Rande schwach od. deutl. gelappter od. gezähnter Blütenkelch. Die Staubblätter stehen vor den klappigen Kronblättern, die manchmal an den nach innen umgebogenen Spitzen verwachsen sind u. zusammen als Haube abfallen können. Der zweifächerige Fruchtknoten ist stets oberständig. Die Blüten werden fast ausschl. von Insekten bestäubt. Neben der G Klimme, *Cissus,* die mit über 350 An in allen tropischen, aber selten subtropischen Gebieten vorkommt u. sich durch meist fast doldenartig an den blattgegenständichen Blütenständen angeordnete Blüten auszeichnet, muß vor allem die G Weinrebe, *Vitis,* genannt werden, der neben wirtschaftl. Bedeutung auch eine Rolle als Bienenweidepflanze zukommt. Die meisten An der G *Vitis,* z.B. die Fuchsrebe (*Vitis labrusca* ↗), findet man in N-Amerika, wenige in Asien (bes. China), nur die Echte Weinrebe (*V. vinifera* ↗) ist in den Laubwäldern der öst. Mittelmeerländer u. Vorderasiens verbr. u. dringt bis M-Europa vor. Von den ca. 15 An der Jungfernrebe, *Parthenocissus,* die hauptsächl. in den gemäßigten Gebieten O-Asiens u. N-Amerikas vorkommen, werden vor allem drei An in Europa (z. B. der Wilde Wein, *Parthenocissus quinquefolia* ↗ aus N-Amerika u. die selbstkletternde, aus O-Asien stammende *P. tricuspidata* ↗) angepflanzt. – *Vitis*-Befunde im Honig sind häufig in europ. Weinbaugebieten (z. B. Italien, Jugoslawien, Rumänien, Spanien, S-Frankreich, Österreich, Schweiz), bleiben jedoch auf der Stufe des Einzelpollens. Von der Schweiz (Tessin, Anbau von *Vitis labrusca*) u. den USA sind *Vitis*-Honigbefunde auf der Stufe des Begleit- od. Leitpollens gemeldet. Häufig sind auch die Befunde von *Parthenocissus* – in Europa u. den USA – im Honig.

Märzenveilchen

Vitellophagen → Embryonalentwicklung.

Vitis labrusca L., Fuchsrebe. A der G *Vitis* der F der Vitaceae ↗. In N-Amerika (in den öst. USA in den Alleghenies in Wäldern Dickichte bildend) wichtigste A (Stamm-A der amerik. Fruchtsorten) für die Weinkultur, nicht als Kulturrebe, sondern als Kreuzungspartner mit *V. vinifera* ↗. Starkwüchsiger Strauch, bei dem jeweils an mehreren aufeinanderfolgenden Knoten neue Ranken erscheinen. Zur Bekleidung von Wänden u. Pergolen genutzt. Blüht im Juni. Die grünlichgelben Blüten sind zu 5–10 cm langen, wenig verzweigten Rispen vereinigt. Anspruchslos. Nektar- u. Pollenspender. Zw. den fünf während des Aufblühens sich spreizenden Staubblättern liegen die fünf gelben, schuppenförmigen Nektarien. In den USA stellte man fest, daß die Nektarsekretion nur bei höheren Temp.en vor sich geht, obwohl in den Weinbergen M-Europas in manchen Jahren ein reger Bienenbeflug beobachtet wurde.

Vitis vinifera L., Echte Weinrebe, Edler Weinstock. A der G *Vitis* der F der Vitaceae ↗. In den öst. Mittelmeerländern u. Vorderasien beheimatet, in den Donauauen in Österreich, in den Rheinauen u. vom mediterranen Gebiet bis Transkaukasien wild od. verwildert vorkommend. Für Pergolen u. Spaliere in Gärten in vollsonniger Lage. Bis 20 m hoch kletternder Strauch – bei London sollen 1768 im Gewächshaus 45 m gemessen worden sein –, blüht im Juni/Juli in Rispen. Nektar- u. Pollenspender. Aus Italien ist bekannt, daß die Nektarsekretion von V. v. von der Temp. abhängig ist.

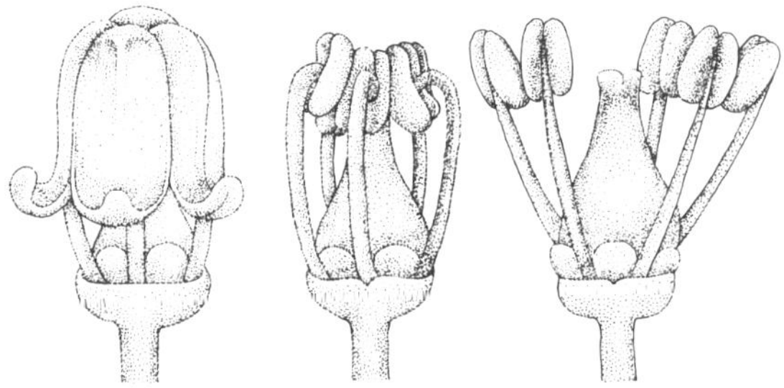

Links Blüte im Aufblühen, Mitte Krone wurde abgestoßen, rechts Blüte aufgeblüht

Vogel. Versch. Fn, Außenschädling, Bienenfresser ↗, z. B. Meisen u. Spechte, bes. im Winter, wenn sie am Flugloch picken u. das Bienenvolk stark beunruhigen. Die Wintertraube kann sich auflösen, das Volk bekommt Ruhr ↗, meist Tod des Volkes. Geringe Verluste von Flugbienen durch Schwalben, Grauschnäpper u. Rotschwänzchen, die die Bienen im Flug fangen. Weglocken der V. vom Bienenstand durch Anlegen von Futterstellen, im Winter evtl. vor die Beutenfront dünne Netze spannen.

Vogelbeerbaum → *Sorbus aucuparia* → Rosaceae.

Vogelmiere → *Stellaria media.*

Vogel-Sternmiere → *Stellaria media.*

Volkeigenschaften. Die auch als allgemeine Leistungen bezeichneten Verhaltenseigenschaften sind wichtige Merkmale für die Schätzung der Leistungsfähigkeit u. Bearbeitbarkeit eines Bienenvolkes. Zu den Zuchtzielen ↗ u. Selektionskriterien ↗ gehören deshalb die Forderungen nach einem ruhigen Wintersitz u. der Widerstandsfähigkeit gegenüber Witterungsschwankungen, Krankheiten u. Schädlingen. Guter Putztrieb ist Voraussetzung für die Fähigkeit des Selbstreinigens im Zusammenhang mit der Volkhygiene. Das Bienenvolk soll zügige Frühjahrsentwicklung zeigen u. die Fähigkeit zur Bildung einer zahlenmäßig großen Einheit besitzen. Gute Brutleistung auch im Spätsommer soll den Aufbau überwinterungsfähiger Bienenvölker sicherstellen. Das Bienenvolk soll bei geringer Schwarmneigung ↗ sanftmütig u. wabenstet sein u. sich somit gut bearbeiten lassen.

Volkstärke. Ein durchschnittl. starkes Bienenvolk besteht im Sommer aus 30000–40000 Arbeitsbienen, deren Zahl aber auch über 50000 ansteigen kann. Hinzu kommen einige hundert Drohnen. Während der Winterruhe geht die Anzahl der Bienen erheblich, u. U. auf weniger als 10000 zurück, so daß jahresrhythmische Schwankungen der V. entstehen. Außerdem ist die V. rassenspezifisch u. bringt damit zugleich die Anpassung der Honigbiene an unterschiedl. ökologisch-geographische Bedingungen zum Ausdruck. – Gemessen an der Gesamtbienenanzahl haben schwache Völker gegenüber starken mehr Brut. Es ist also ein relativ großer Anteil der Bienen mit der Brutpflege beschäftigt. Starke Völker werden daher nicht nur einen proportional, sondern darüber hinausgehend höheren Honigertrag bringen. Die große Anzahl Flugbienen bedingt aber andererseits auch einen hohen Eigenverbrauch, u. bei durchschnittl. nur 46 Trachttagen im Jahr (Raum Berlin) bringen überstarke Völker ein zusätzl. Risiko durch ihre erhöhte Schwarmbereitschaft mit sich (Stärke eines Bienenvolks ↗).

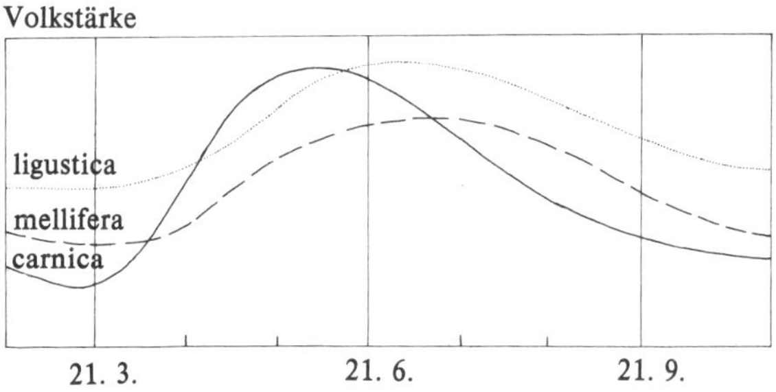

Kurvenverlauf der Volkstärke bei den drei europäischen Bienenrassen Carnica, Ligustica, Mellifera während eines Jahres. Nach Büdel und Herold (1960)

Vollkerf → Imago.

Vollschied → Schied.

Volltracht → Tracht.

Vorbau-Scheibe → Begattungskästchen.

Vorblütenbehandlung. Ausbringungsverfahren für Pflanzenschutzmittel ↗ im Obstbau zw. dem Mausohrstadium u. dem Blühbeginn. Diese Maßnahmen beinhalten infolge des nicht gleichzeitigen Blühbeginns Gefährdungen für Bienen.

Vorbrütekasten → Aufzuchtverfahren → Transport von Zuchtstoff.

Vorbrüter → Aufzuchtverfahren.

Vorfahrenleistung. Nachgewiesene Leistung der Vorfahren, in der Bienenzüchtung im allgemeinen bis zu den Großeltern. Nach den allgemein gültigen Zuchtrichtlinien od. Standards müssen als Voraussetzung für die Körung ↗ eines Bienenvolkes die im Abstammungsschema ↗ angeführten Vorfahren- u. Gattenvölker bis zu den Großeltern nach erfolgter Leistungsprüfung gekört sein. Eine Drohnenvolksippe ↗ kann gekört werden, wenn die im Abstammungsschema angeführten Vorfahren der zu körenden 1b-Weiseln gekört sind (Leistungskriterien ↗).

Vorkern → Embryonalentwicklung und Meiose.

Vorliegen. An warmen Tagen verlassen alle nicht mit der Brutpflege, der Temp.-Regulierung od. sonstigen Innenarbeiten beschäftigten Bienen die Beute. Nach dem abendlichen Einstellen des Fluges u. in trachtloser Zeit kommen noch die Flugbienen hinzu. An den Anflugklappen hängen dann sog. Bienenbärte, u. bes. in warmen Nächten kann bei starken Völkern die ganze Beutenvorderwand mit einem dicken Bienenpelz überzogen sein.

Vorpuppe → Larvenentwicklung.

Vorpuppenstadium → Praepupalphase.

Vorreiber → Beutenbeschläge.

Vorspiel → Einfliegen.

Vorwegnahme des Schwarms. Dazu kann man i. w. S. alle Maßnahmen rechnen, die durch Entnahme von Brut u./od. Bienen ein Volk so weit schwächen, daß es die Schwarmabsichten aufgibt. I. e. S. folgendes radikales Verfahren: Dem Brutraum werden sämtliche Waben entnommen. Sind vorher Brutwaben in den Honigraum gebracht worden, müssen sie verdeckelt sein

u. auf Weiselzellen kontrolliert werden. Der Brutraum wird mit den brutfreien Waben des Volks u. Leerwaben ausgestattet; dazu die Bienen von einigen Brutwaben u. die Weisel. Die entnommenen Brutwaben können zur Ablegerbildung (Zellenableger ↗) benutzt u., soweit sie bienenfrei sind, anderen Völkern zugegeben werden. Wenn das Volk wieder baut u. ein neues Brutnest angelegt hat, können ihm evtl. einige schlüpfende Brutwaben ohne Bienen zugegeben werden.

Vorzugstemperatur, Thermopräferendum. Vorzugsbereich einer A bzw. eines bestimmten Entwicklungsstadiums in einem Temp.-Gefälle. Die V. junger Arbeitsbienen (Stockbienen) liegt im Sommer bei 36–37,5 °C. Flugbienen hingegen bevorzugen im Sommer wie auch im Winter 32–33 °C. Die Bienen sind offensichtl. in der Lage, Temp.-Unterschiede von < 0,5 °C festzustellen.

Waagstock. Bezeichnung für eine Bienenbeute auf einer Stockwaage ↗. Der W. ist das wichtigste Instrument der imkerlichen Beobachtung ↗. Die regelmäßige Ablesung der Waage gibt Aufschluß über Zu- u. Abnahmen, z. B. bei vorhandener od. fehlender Tracht, sowie über die durch die Lebenstätigkeit des Bienenvolkes u. durch Feuchtigkeitsaufnahme des Beutenmaterials im Winter verursachte Masseänderungen. Die Waagbeute sollte mit einem normalstarken Bienenvolk besetzt sein, das in der gleichen Weise behandelt wird wie die übrigen Völker des Standes. Es sind überwiegend Hinterbehandlungsbeuten, die als Waagbeuten benutzt werden. Ihre Aufstellung erfolgt entweder in einem separaten Schutzhaus, das Beute u. Waage wetterfest umschließt, od. in ein Bienenhaus integriert nach allen Seiten freistehend. Beide Aufstellungsformen haben Vor- u. Nachteile. Durch das Fehlen der Wärmedämmung im Beutenstapel sollte eine einfachwandige Waagbeute mit einer zusätzl. Wärmedämmung versehen werden. – Für weitergehende Untersuchungen gibt es die Möglichkeit, mehrere nebeneinander-, aber freibeweglich stehende Beuten in einem Freistand od. Bienenhaus mit einer Stockwaage zu wiegen, indem die Waage auf Schienen nacheinander unter jede Beute geschoben u. durch eine Hebevorrichtung mit ihr verbunden wird. Abgelesen wird die Waage vom Reinigungsausflug an bis zum 30. Sept. tägl. mindestens einmal, in der Zwischenzeit in jeder Dekade einmal, solange Flug herrscht, entweder früh vor Flugbeginn od. abends nach Einstellung des Fluges, od. wenn das nicht möglich ist, zu jeder anderen, aber tägl. zur gleichen Zeit.

Waagstockpegel. Die nur durch das in der Waagbeute (Waagstock ↗) befindliche Bienenvolk verursachten tägl. bzw. dekadischen Masseänderungen addiert bzw. subtrahiert ergeben den W.; er kann positiv od. negativ sein. Alle durch den Imker verursachten Masseänderungen (z. B. Zugeben von Waben u. Mittelwänden, Entnahme von Honig) müssen rechnerisch eliminiert werden. Der W. beginnt mit dem Bienenjahr am 1. Okt. mit ±0 kg. Zur Vereinfachung wird der W. nur in Dekaden- od. Monatsschritten errechnet u. zur besseren Übersicht graphisch als W.-Kurve dargestellt. Beispiel: Masseänderung einer Waagbeute u. Waagpegel (in g) 1982/83, s. rechts oben:

Monat	*Abnahme*	*Zunahme*	*Waagpegel*
Oktober	900	–	– 900
November	900	–	– 1800
Dezember	600	–	– 2400
Januar	900	–	– 3300
Februar	1200	–	– 4500
März	2000	–	– 6500
April	2500	12700	+ 3700
Mai	4900	9100	+ 7900
Juni	2800	18600	+ 23700
Juli	2200	1600	+ 23100
August	3000	–	+ 20100
September	2600	–	+ 17500

Wabe. In der O der Hautflügler nehmen die W.n der Honigbienen eine ganz bes. Stellung ein. Es sind, im Gegensatz zu den horizontalen, einschichtigen, aus Zellen zusammengesetzten Papierwaben der Wespen z. B., senkrecht hängende Zellgefüge aus körpereigenem Wachs. Die Zellen beider Seiten haben eine gemeinsame Mittelwand u. stehen im Sechseckmuster. Sie dienen sowohl der Aufzucht der Brut wie auch der Vorratsspeicherung (Honig u. Pollen). – Geometrisch gesehen handelt es sich bei der idealen Bienenzelle um ein sechsseitiges Prisma, das am Boden von einer Pyramide aus drei kongruenten Rhomben (Maraldische Pyramide) abgeschlossen wird. Die Zellböden beider Wabenseiten sind entspr. ineinander verzahnt. Die Zellen weisen leicht nach oben, wodurch das Auslaufen des zähflüssigen Honigs verhindert wird. Diese Schrägstellung kann im oberen Wabenbereich, den Honigkranzpartien, max. 20° erreichen, während sie im unteren Teil etwa 5° beträgt. – Sechseckmuster u. pyramidenförmige Zellböden bedeuten größtmögliche Ersparnis von Raum u. Baumaterial u. damit auch Arbeitszeit u. -kraft. Jede Wand innerhalb einer W., auch eine Bodenfläche, ist Trennwand für zwei Zellen gleichzeitig. Letzteres ist auch bei vier (a, S. 366) od. gar dreieckigen Zellen so, doch wären diese nur schlecht der runden Form der Larve angepaßt, u. das Verhältnis von Flächeninhalt zu Um-

Schnitt durch eine vielbebrütete Wabe

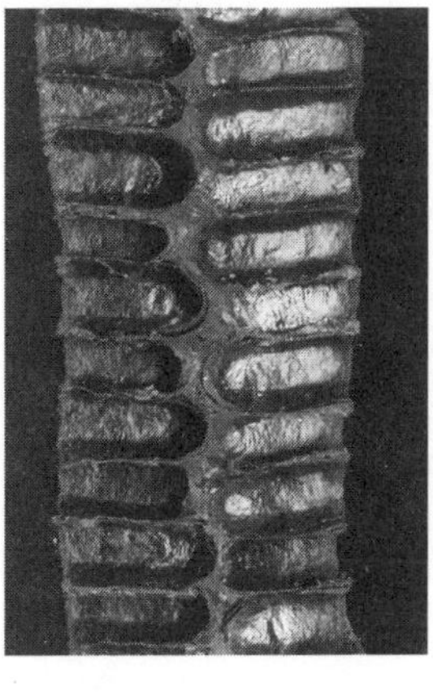

Dickwabe

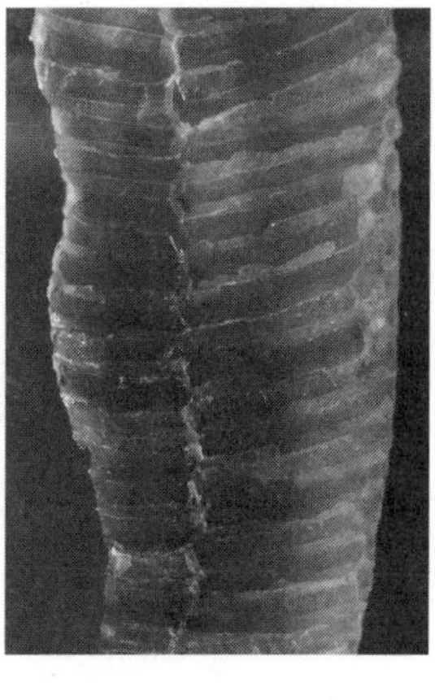

fang ist ebenfalls ungünstiger. Ganz runde Zellen (b, rechts) erfordern wiederum noch mehr Baustoff, da ungenutzte Räume zw. den Zellen frei blieben. Die Verdrängung gleichsam dieser Räume führt zum Sechseck (c). Auch der zugespitzte Zellboden entspricht der Form der Larve u. ermöglicht durch die Verzahnung mit den Zellböden der anderen W.n-Seite beste Raumausnutzung. Vom mathematischen Standpunkt aus kann man den gesamten Bienenbau als Raum von min. Oberfläche betrachten, was einen min. Wachsaufwand bedeutet. Die Genauigkeit der Bienenbauten wurde früher allerdings überbewertet.

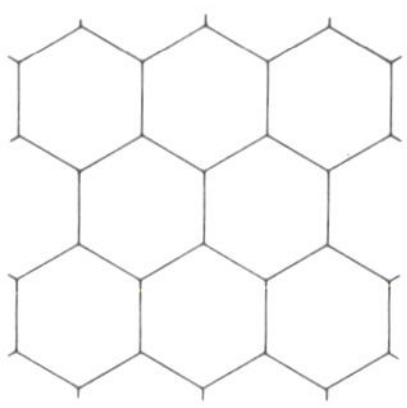
1

Zellstellung. 1 stehende Zellen,

Neben geringen Abweichungen kommen auch größere Unregelmäßigkeiten vor. – Vertikale W.n-Stellung sowie Form u. Verzahnung der Zellböden beider W.n-Seiten, wie auch die Schrägstellung der Zellen nach oben, sind Grundlage für die so erstaunlich große Stabilität u. Tragkraft der W. Eine Normalmaß-W. (40 g Wachs) kann mehr als 2 kg Honig aufnehmen, also das gut 50fache ihres Eigengewichtes. Die Stärke der Zellwände beträgt dabei nur 72 µm bzw. 95 µm bei

Wachspresse, 19. Jh.

den größeren Drohnenzellen. Der obere Rand der Zellen ist wulstartig verdickt, das verleiht ihr u. der W. eine größere Festigkeit, auch würden die Bienen beim Herüberlaufen die zarten Zellwände zertreten. Der Zellwulst ist außerdem notwendig zum Verlängern u. Verdeckeln der Zellen u. dient ferner als Baustoffre-

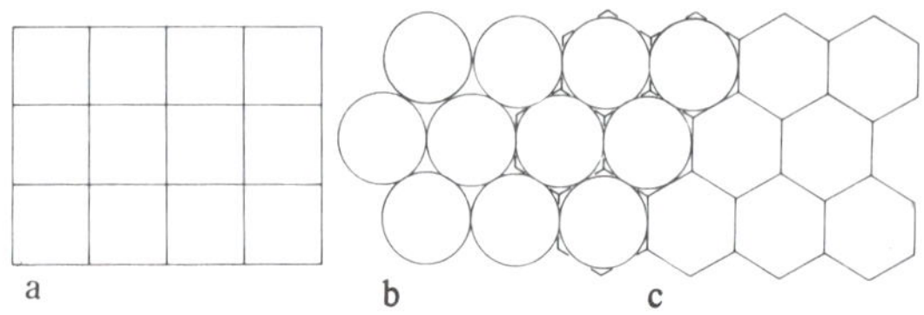
a b c

Ökonomie der Sechseckzelle. S. Stichwort: Wabe

serve (Bautechnik ↗, Kleinbauarbeiten ↗). – Bezüglich der Zellstellung finden sich alle Möglichkeiten verwirklicht. Am weitaus häufigsten jedoch sind stehende Zellen, die mit der Spitze nach unten weisen. Das ergibt sich aus der Bausituation (Wabenbau ↗). Aber auch Lernprozesse scheinen bei der Wahl der Zellstellung eine Rolle zu spielen. Die Bienen zeigen eine große Bereitschaft, das Zellmuster zu bauen, aus dem sie geschlüpft sind u. das sie belaufen haben (v. OELSEN u. RADEMACHER 1979). – Das Grundmuster der W., das Sechseckmuster, kommt in zwei Größen vor. Die kleineren sind die Arbeiterinnenzellen, sie sind Allzweckzellen u. bilden den W.n-Hauptanteil. In ihnen wird die Arbeiterinnenbrut aufgezogen sowie Honig u. Pollen gespeichert. Die Arbeiterinnenbrut befindet sich stets im Zentrum des W.n-Baues, der Honig wird vornehmlich im oberen u. äußeren Bereich abgelagert, der Pollen zw. Brut u. Honig. Die etwas größeren Drohnenzellen dienen der Aufzucht der Drohnenbrut u. nur selten der Honigspeicherung. Sie entstehen im Frühjahr z. Z. der aufsteigenden Volksentwicklung u. werden überall dort angelegt, wo noch Bauraum frei ist, also in den unteren u. äußeren Bezirken des Brutnestes als sog. Drohnenecken u. bes. natürl. am Baurahmen. Wenn kein Platz mehr für den Bau von Drohnenzellen frei ist, wird einfach Arbeiterinnenmuster in das größere Drohnenmuster umgebaut. – Abweichend in Form, Größe u. Lage sind die Weiselzellen, in denen die jungen Weiseln heranwachsen. Es gibt zwei versch. Formen, die Schwarmzellen u. die Nachschaffungszellen. Schwarmzellen, zur Schwarmzeit als sog. Weiselnäpfchen «angeblasen» u. nach Bestiftung mit zunehmendem Wachstum der Larve zu einem nach unten hängenden, 20–25 cm langen Zapfen ausgezogen, sind relativ dickwandig u. auf der Oberfläche mit einem ± deutl. W.n-Muster versehen. Sie befinden sich am unteren u. seitl. Rand der Brut-W.n (so auch am Baurahmen) u. sind von Anbeginn an zur königlichen Zelle bestimmt. Etwa 5–25 sind bei den *Apis-mellifera*-UAn üblich. Ihre Zahl ist versch., je nach Volk u. UA (Schwarmtrieb ↗). Nachschaffungszellen (2–10) entstehen bei Weisellosigkeit innerhalb des Brutnestes aus normalen Arbeiterinnenzellen, die junge ♀♀ Larven enthalten. Sie werden um diese herum zur sich nach unten gebogenen Weiselzelle erweitert u. ausgebaut. Entspr. entstehen Weiselzellen zur stillen Umweiselung (1–2). Weiselzellen werden nur einmal benutzt, die Weisel könnte den Boden der tiefen Zelle mit ihrem Hinterleib zur erneuten Bestiftung gar nicht erreichen, u. im allgemeinen wieder abgebaut. Auch Drohnenzellen können meist nach mehrmaliger Benutzung wieder abgebaut werden, während die Arbeiterinnenzellen das Dauermuster darstellen. – W.n-Zellen von unregelmäßiger Form befinden sich einmal als sog. Heftzellen an den oberen u. seitl. Befestigungsstellen der W., an den Wandungen der Bienenwohnung bzw. Rähmchenleisten. Es sind zumeist fünfeckige, halbe Zellprismen. Übergangszellen entstehen dort, wo zwei Wachszungen zusammengeschlossen werden, wie auch beim Übergang von Arbeiterinnen- in Drohnenmuster. Heft- u. Übergangszellen werden von der Weisel i. d. R. nicht bestiftet. – Größe von Arbeiterinnen- u. Drohnenzellen weisen rasseeigentümliche Unterschiede auf. Für den Naturbau der Honigbiene kann man folgende Durchschnittswerte angeben: Arbeiterinnenzellen Durchmesser (von Wand zu Wand) 5,3 mm, Tiefe 10–12 mm, W.n-Stärke 21,5–25,5 mm (je nach Zahl der Bebrütungen). Honigzellen sind tiefer u. Honig-W.n etwa 27–37 mm dick, im extremen Fall sog. Dick-W.n gut 40 mm. Drohnenzellen Durchmesser 6,9 mm, Zelltiefe 16 mm u. W.n-Stärke 30 mm.

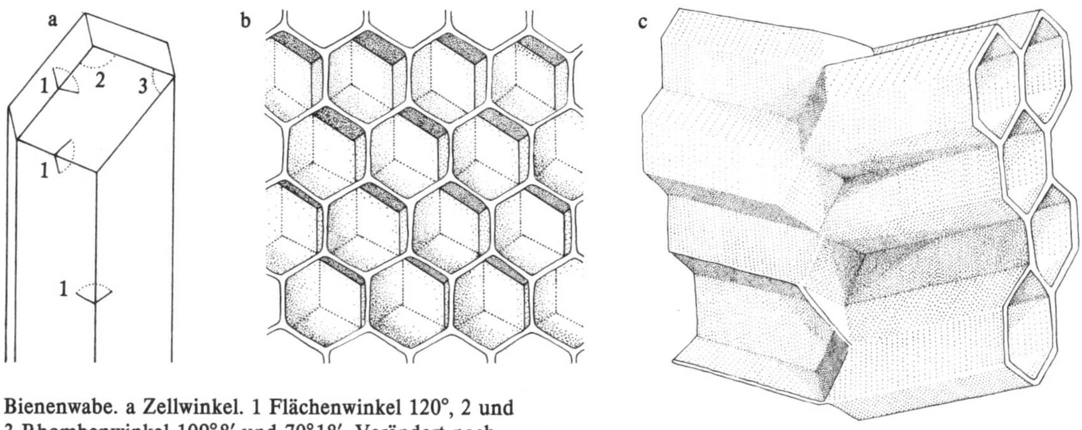

Bienenwabe. a Zellwinkel. 1 Flächenwinkel 120°, 2 und 3 Rhombenwinkel 109°8′ und 70°18′. Verändert nach Vogt; b Aufsicht; c Seitenansicht, Anschnitt, Verzahnung der Zellböden. b und c verändert nach von Frisch

Auf 1 dm² W. entfallen je Seite ca. 400 Arbeiterinnenzellen, also insges. ca. 800. W.n, die aus frisch geschwitztem Wachs hergestellt u. noch nicht bebrütet sind, haben eine helle Farbe u. sind durchscheinend (Jungfernbau ↗). Das gleiche gilt für noch unbebrütete, aus Mittelwänden ausgezogene W.n, doch sind sie im unteren Zellbereich durch den Verbau des Mittelwandwachses kräftiger gelb gefärbt. Mit der Häufigkeit der Bebrütung werden die Zellen der Brut-W.n enger, u. die W.n erscheinen dunkler. Jede schlüpfende Biene läßt ihre hauchdünne Puppenhülle als feine «Tapete» in der Zelle zurück. Am Zellgrund vornehmlich befindet sich darunter, hygienisch abgeschlossen, der Larvenkot. Das führt mit jeder neuen Generation zu einer weiteren Verkleinerung von Zelltiefe u. -durchmesser. Ersteres wird durch ständiges Verlängern der Zellen ausgeglichen, was aber zu einer Verengung der W.n-Gassen führt. Die W. wird schwerer, auch stabiler. Durch die Verringerung des Zelldurchmessers entstehen kleinere Bienen. Angaben zum «Altern der Brut-W.n»: Eine 30mal bebrütete W. wiegt das 18fache der unbebrüteten W. (Weippl 1941). Der Zelldurchmesser verringert sich nach 2maligem Bebrüten auf 5,26 mm, nach 6maligem Bebrüten auf 5,13 mm, nach 38maligem Bebrüten auf 4,99 mm, das Schlüpfgewicht der Bienen ist dabei von 125 mg auf 107 mg gesunken.

Wabenabstand → Innenabstände für Bienenwohnungen.

Wabenanzahl. Unter natürl. Bedingungen baut z. B. ein Schwarm bei freier Entfaltungsmöglichkeit nur etwa acht Waben. Je nach dem zur Verfügung stehenden Raum werden diese Waben in vertikaler od. horizontaler Richtung verlängert. Diese geringe Anzahl Waben ist für die Überwinterung bes. günstig, da das den schwindenden Vorräten nachrückende Volk nicht in andere Wabengassen überwechseln muß. Aus diesem Grund ist es daher auch günstig, die Honigraumwaben immer in der Verlängerung der Brutwaben anzuordnen, gleichgültig, ob zur Seite od. nach oben. Die Erhöhung der Anzahl der neben- bzw. hintereinanderstehenden Waben auf 10–12 wird von den Bienen ohne weiteres toleriert, die Honigablagerung in weiteren, dahinter angeordneten Waben erfolgt dann aber zögernder als in Richtung der Verlängerung der Waben. Die Verlängerung der Waben bei gleichbleibender Anzahl wird in der Magazinbeute in idealer Weise gelöst.

Wabenbau. Zum Bau einer Wabe sind zwar viele Bienen eines Volkes erforderlich, dennoch arbeitet jede von ihnen im Alleingang unabhängig von anderen (s. Baubienen). Die Wabe unserer Honigbienen entsteht nicht durch Aneinanderfügen einzelner Zellen, wie etwa die horizontale, einschichtige Wespenwabe, sondern sie ist ein Muster, das als solches angelegt wird u. «wächst». Gearbeitet wird in der Bautraube. Das ist eine ganz normale Bienentraube, bestehend aus miteinander verbundenen Bienenketten, in deren Zwischenräumen die bauenden Bienen tätig sind. Als Glieder dieser Ketten können Arbeiterinnen aller Tätigkeitsbereiche u. Altersstadien auftreten, d. h. keineswegs nur Baubienen (Lau 1959). Die Bautraube erfüllt auf jeden Fall eine wärmetechnische Aufgabe, denn zum W. ist eine Temp. von 35 °C erforderlich. Ob u. inwieweit ihr auch andere Funktionen zufallen, ist eine z. Z. noch offene Frage. – Der W. beginnt oben an der Decke der Bienenwohnung u. wird nach unten u. seitl. fortgeführt. Sein erster Anfang ist beim Naturbau, d.h. ohne Bauanleitung, stets gekennzeichnet durch eine große Anzahl anscheinend wahllos angesetzter kleiner Wachstupfen, wie sie jeder Imker bereits am Deckel seiner Schwarmfangkiste od. auch an der verlassenen Ansatzstelle eines einige Zeit dort gehangenen Schwarmes entdecken kann. In zunehmendem Maße wird neues Wachs an bereits vorhandene Tupfen angesetzt, u. schließl. konzentriert sich die Bautätigkeit auf eine eng begrenzte Stelle, die die Gestalt eines kurzen Kieles annimmt u. alsbald eine seitl. Vertiefung erhält, wodurch auf der anderen Seite eine Wölbung entsteht. Durch weiteres, beiderseitiges Kuhlen Rand an Rand gelangen die Bienen zum Mittelwandmuster, von dem dann die Zellen ausgezogen werden (Bautechnik ↗). Die entstehende Wabe wächst in der charakteristischen Form einer Zunge heran. Bei der Betrachtung solcher Zungen wird deutl., daß hier nicht Zellen aneinandergesetzt werden, sondern das Gefüge Wabe als Ganzes in Angriff genommen wird (Ulrich 1937). Wabenzungen «wachsen» in Länge, Breite u. Dicke. Die Randzellen sind am niedrigsten u. nach ganz außen hin nur erst als flache Kuhlen angedeutet, die in einen Randstreifen auslaufen, der mit einem Wulst abschließt, an den stets neues Wachs angeheftet wird u. der die Baugrundlage für das weitere Wachstum der Zunge bildet. Immer werden mehrere Zungen gleichzeitig angelegt u. bearbeitet. Wo dann zwei zusammentreffen, werden sie miteinander verbunden u. mit fortschreitendem Bau schließl. auch an den seitl. Wandungen der Bienenwohnung angeheftet. – In der imkerlichen Praxis bietet man den Bienen nicht nur Rähmchen an, sondern als Bauerleichterung Leitwachsstreifen od. künstl. Mittelwände aus Wachs mit vorgeprägtem Sechseckmuster. Beide Kunstprodukte werden von den Bienen angenommen u. weitergebaut, weil sie Phasen des natürl. Bauablaufes sind. Mit den Mittelwänden, die aus technischen Gründen verhältnismäßig dick sind, steuern wir den Bienen auch eine recht beachtl. Menge Wachs zum W. bei. Solange es ausreicht, bauen sie mit diesem, u. erst, wenn es verbraucht ist, verwenden sie eigenes, frisch geschwitztes Wachs. – Beim Ausziehen der Zellen werden die Zellwände gleichmäßig verdünnt bis zu einer Stärke von nur 72 µm bzw. 95 µm (Drohnenzellen)! – Um in der Dunkelheit des Bienenstockes die Stellung von Wabe u. Zellwänden (Wabe ↗) richtig zu erfassen, brauchen die Bienen einen Kontrollmechanismus, der sie über die Richtung der Schwerkraft informiert. Hierzu dient ihnen der eigene Kopf als Pendellot. Er ruht oberhalb seines Schwerpunktes auf zwei Chitinzapfen der Brust, die an ihren Spitzen mit hochempfindlichen Tastsinneszellen ausgestattet sind. Je nach Stellung der Biene wird nun der Kopf durch die Schwerkraft in eine bestimmte Richtung gezogen u. damit auch eine andere, bezeichnende Druckverteilung auf die Polster der Sinnesborsten ausgeübt. Auf diese Weise können die Bienen ihre eigene Körperstellung u. zugleich die Stellung von Wabe u. Zellen in bezug auf die Schwerkraft kontrollieren. Setzt man die Sinnesborsten dieses Nackenorganes durch Verkleben außer Funktion, so können die Bienen nicht bauen (Martin u. Lindauer 1966). Ein gleichartiges Sinnesorgan befindet sich zw. Brust u. Hinterleib (Lindauer u. Nedel 1959). – Daß die Bienen auch im reinen Naturbau ihre (vertikalen) Waben stets parallel zueinander bauen, beruht auf ihrer Fähigkeit, sich nach dem Magnetfeld der Erde zu orientieren (Orientierung ↗). Die Ausrichtung ihrer Waben entspricht der Wabenstellung ↗ des Muttervolkes ↗. Im letzten Stadium der Metamorphose werden in der Abdominalregion in bestimmten Zellbezirken unzählige, winzige Magnetit(Fe_3O_5)-Kristalle gebildet, die einen Permanentmagnetismus annehmen, der vom Erdfeld bestimmt wird, wie es eben der Richtung der Wabe entspricht, in der die Puppe unbeweglich liegt. Die Bienen bauen dann später ihre Waben wieder in dieser Orientierung u. gelangen so zu einem geordneten Bauwerk. Mit Hilfe eines Magneten kann man die Wabenbaurichtung beeinflussen. Läßt man z. B. einen solchen von der Stärke des Erdmagnetfeldes langsam um einen Zylinder kreisen, in den man einen Schwarm gegeben hat, so baut dieser seine Waben sogar in Spiralen. – Nicht immer wird die Parallelität der Waben eines bauenden Bienenvolkes im ersten Ansatz gleich vollständig erreicht, wie etwa durch die zuweilen etwas unterschiedl. Stellung der Wabenzungen. Solche Richtungsunterschiede werden von den Bienen sehr bald korrigiert. Ihre Bauinstinkte sind nicht starr, sondern in hohem Maße anpassungsfähig an die jeweils gegebenen Verhältnisse u. Bedürfnisse des Volkes. Auch abnorme Bausituationen werden gemeistert, wie z. B. Reparaturarbeiten. In Ausnahmefällen bauen sie auch mal von unten nach oben («mauern»), z.B., um einen freien Raum über bruthaltigen Waben zu füllen.

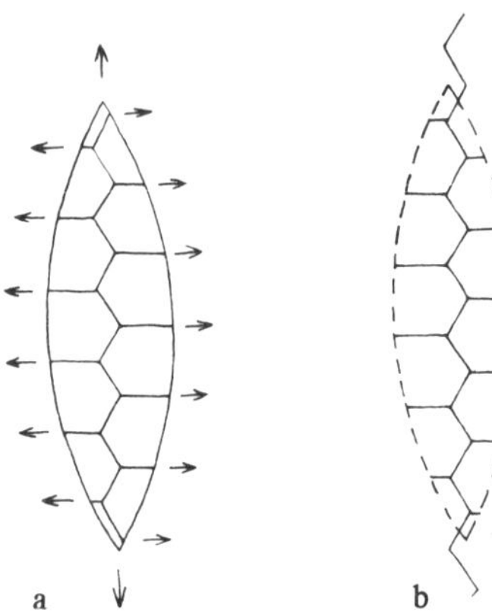

Wachstum einer Wabe. a Wachszunge; b Mittelwand. Nach Ulrich

Wabenbock. Gerät zum Abstellen der Waben während der Bearbeitung der Völker. Den W. gibt es in den verschiedensten Ausführungen: geschlossen, offen, zum Einhängen der Waben od. zum Abstellen ähnl. der Blätterbeute ↗ mit Abstandrechen ↗. Das Fassungsvermögen sollte 12–15 Waben betragen. Auch Geräte, die sonst in der Imkerei vorhanden sind, wie Schlitten ↗, Wabentransportkästen od. -gestelle ↗, können als W. genutzt werden.

Wabendesinfektion. Bei Nosematose ↗ u. Amöbenkrankheit ↗ werden die Waben in einem dichten Wabenturm od. -schrank mit 60%iger od. 80%iger, technisch reiner Essigsäure (2 ml/1 l Rauminhalt) 8–10 Tage lang behandelt. Die Sporen ↗ von *Nosema apis* u. die Zysten von *Malpighamoeba mellificae* werden durch Essigsäure abgetötet. Pollen u. offenes Futter werden nicht geschädigt. Bevor so behandelte Waben wieder in die Bienenvölker eingestellt werden können, müssen sie mehrere Tage gelüftet werden; Desinfektion ↗.

Wabenform. Die wenigsten Beuten sind für quadratische Wabenrahmen ↗ gebaut worden, so daß die Entscheidung für Hoch- ↗ od. Breitwabe ↗ früher eine große Rolle gespielt hat. Bes. GERSTUNG hat aufgrund der Brutnestordnung ↗ die Hochwabe als bienengemäß, andere Autoren haben mit der gleichen Begründung die Breitwabe ↗ propagiert. Die Anpassungsfähigkeit der Bienen erlaubt es, eine W. zu wählen, die für die Bearbeitung der Völker unter den jeweiligen Bedingungen die günstigste ist. Heute wird überwiegend die Breitwabe benutzt, wobei sowohl in Hinterbehandlungs- ↗ als auch vor allem in Magazinbeuten ↗ durch Übereinanderstellen od. -hängen von zwei od. mehr Waben zumindest zeitweilig eine große Hochwabe für max. Bruterzeugung gebildet wird. In der Magazinimkerei geht die Entwicklung in Richtung auf sog. Flachzargen mit Waben, die mehr als doppelt so breit wie hoch sind.

Wabengestell. Gestell aus Holzleisten, in dem Waben od. Wabenrahmen mit Mittelwänden hängen od. stehend transportiert werden können.

Wabenhonig → Scheibenhonig.

Wabenrahmen. Auch als Rähmchen bezeichneter Holzrahmen, in den die Bienen bei entspr. Vorbereitung die Waben ↗ einbauen, statt sie an die Wandungen der Beute ↗ od. einer anderen Behausung anzubauen. Der W. ist die Grundlage des Mobilbaus. Als Material werden vornehmlich Fichten-, Kiefern-, Linden- od. Pappelholz verwendet. Die gebräuchl. Rahmenleisten haben eine Breite von 25 mm u. eine Stärke von 8 mm. Für Blätterbeuten ↗ mit entspr. Abstandrechen ↗ werden W. auch mit abgeschrägten Seitenleisten hergestellt. Industriell gefertigte W. sind meist gezinkt, sie können fertig od. in Einzelteilen bezogen werden. Beim Zusammenbau u. bei Selbstherstellung aus Meterware ist auf Einhaltung der Maße u. Rechtwinkligkeit zu achten (Schneidelade ↗, Rähmchennagelform ↗). W. für Querbau- ↗ u. für Blätterbeuten ↗ ohne Abstandrechen müssen sog. Trageohren besitzen, an denen sie in der Beute in Nuten od. auf Trageschienen hängen bzw. der Abstand zur Vorderwand u. zum Fenster geregelt wird. Hierfür kann entweder die Rahmenoberleiste bis 12 mm weit überstehen, od. es können sog. Drahttrageohren eingeschlagen werden. Die überstehenden Enden der Rahmenoberleiste sollen spitz zulaufen, um möglichst wenig Auflage- bzw. Anstoßfläche zu haben, die von den Bienen verkittet werden kann. Um den erforderlichen Abstand von 10 mm von Wabe zu Wabe einzuhalten, werden die W. mit je vier Abstandvorrichtungen versehen. Die runden Abstandbügel aus Blech haben sich hierfür als universell einsetzbar u. zweckmäßig erwiesen. Für Waben in Hinterbehandlungsbeuten ↗ werden sie 40 mm von den Enden der Ober- u. Unterleiste, für Oberbehandlungsbeuten ↗ 15–20 mm von den Enden der Seitenleisten entfernt angebracht. Um beim Ein- u. Aushängen der Waben bei Querbau u. bei Oberbehandlung das Quetschen od. Rollen von Bienen zw. der Beutenwand u. den Seitenleisten der W. zu vermeiden, sind letztere am unteren Ende mit je einem 6 mm vorstehenden Abstandknopf zu versehen. Für Magazinbeuten werden sowohl Hoffmann-Rähmchen ↗ als auch W. mit aufsteckbaren sowie mit fest angebrachten Abstandsvorrichtungen benutzt. Die Ober- u. Unterleisten sollten etwas schmaler als 25 mm sein (Oberleiste etwa 20 mm, Unterleiste etwa 15 mm). Die schmalen Ober- u. Unterleisten werden von den Bienen z. T. überbaut, was den bei Magazinbeuten so wichtigen Übergang der Weisel von einer zur anderen Zarge erleichtert. An der schmaleren Unterleiste werden bevorzugt Weiselnäpfe u. -zellen angesetzt, die durch Hochkippen der einzelnen Zargen sehr gut von unten kontrolliert werden können.

Wabenrahmenmaße. Historisch bedingt ist eine Vielzahl von W.n entstanden, wovon nur wenige überregionale Bedeutung erlangt haben. Im deutschsprachigen Raum sind dies u. a. (Maße in cm): Normal 37 × 22,3; Kuntzsch 33 × 25; Freudenstein 33,8 × 20; Zander 42 × 22; Gerstung 41 × 26. Durch den zunehmenden Einsatz von Magazinbeuten gewinnt auch das Langstroth-Maß (44,8 × 23,2 cm) immer mehr an Bedeutung.

Wabenschimmel. Schimmelpilze ↗ auf Waben, bei schlechtem Temp.-Haushalt u. großer Stocknässe bes. Randwaben im Winter u. Frühjahr od. im Wabenschrank: Pilzmycel auf den Waben macht sie unbrauchbar bei: Pollenschimmel ↗, Hartbrut ↗, Mucor- u. Penicilliumschimmel.

Wabenschlitten → Schlitten.

Wabenschrank. Ein beliebiger od. spez. als W. gebauter Schrank im Arbeitsraum ↗, in dem die nicht in den Beuten benötigten Waben bienendicht aufbewahrt u. zur Abtötung von Wachsmotten u. -larven geschwefelt werden. Um den Platz möglichst max. nutzen zu können, ist der W. entspr. dem Wabenmaß mit Leisten versehen, auf denen die Waben in mehreren Etagen entweder in Querstellung hängen od. in Längsstellung stehen. Im letzteren Fall sind an der Schrankrückwand Abstandrechen ↗ zum Halten der Waben erforderlich. Der W. muß möglichst dicht schließen, einmal, um den Wachsmotten keinen Zugang zu ermöglichen, zum anderen, um beim Schwefeln der Waben ↗ das Entweichen des Schwefeldioxids zu verhindern. In der Magazinimkerei ist kein W. erforderlich. Die Reservewaben werden in leeren Zargen aufbewahrt u. auch geschwefelt.

Wabenstellung. Stellung der Waben in der Beute zum Flugloch ↗. Es werden Querbau ↗, früher als Warmbau, u. Längsbau ↗, früher als Kaltbau bezeichnet, unterschieden. Sowohl Quer- als auch Längsbau haben Vor- u. Nachteile. Freibauende Völker errichten keinen Querbau, sondern entweder direkten, meist aber einen etwas schräg zum Flugloch gerichteten

Längsbau. Die Stellung der Waben hat, bes. bei Hinterbehandlungsbeuten ↗, einen entscheidenden Einfluß auf die Bearbeitungsweise der Völker durch den Imker.

Wabenstetigkeit. Bienen auf den aus der Beute entnommenen Waben zeigen unterschiedl. Verhalten. Bleiben sie ruhig auf der Wabe sitzen, ohne sich in einer Ecke zusammenzuziehen od. gar die Wabe zu verlassen, spricht man von W. Diese für die Bearbeitung der Bienenvölker überaus günstige Eigenschaft ist meist mit Sanftmut ↗ gepaart. W. ist eine der guten Eigenschaften der Rasse *Carnica* ↗; Bastarden geht sie ± verloren.

Wabentasche. Gerät aus Plastmaterial zur Isolation einer Wabe in der Beute, jeweils für ein Rähmchenmaß passend. Mit Absperrgitter versehen, dient die W. zum Absperren der Weisel, z. B. zur Bruteinschränkung ↗ od. zur Gewinnung von Zuchtstoff ↗ sowie zum kontrollierten Schlüpfen von Drohnen zur Körung ↗. Die mit Lüftungsgitter versehene W. kann zum Zusetzen einer Weisel od. zum kontrollierten Schlüpfen von Arbeitsbienen zur Körung dienen.

Wabentransportkasten. Bienendicht verschließbarer, dünnwandiger Holzkasten mit stabilen, seitl. Griffen zur Aufnahme von etwa zwölf Waben. Der W. wird hauptsächl. zum Transport der Honigwaben zw. dem Arbeits- u. dem Schleuderraum benötigt. Er kann auch als Wabenbock ↗ benutzt werden.

Wabenturm. Besteht meist aus fünf einfachwandigen Zargen für je 9–11 Waben mit einem Boden u. Deckel. Er dient zum Aufbewahren von Waben wie ein Wabenschrank ↗.

Wabenverbindungsklammer. U-förmige Klammern aus Draht od. Bandeisen. Bei der Verwendung von Halbrähmchen od. bei der Doppelraumüberwinterung ↗ kann es erforderlich werden, zwei Waben übereinander zu verbinden. Je eine W. wird hierzu nahe den Seitenleisten von der einen u. der anderen Seite über die Rähmchenleisten geschoben.

Wabenvorrat. In jeder Imkerei muß ständig eine Reserve an hellen Leerwaben sowie auch an Futterwaben vorhanden sein. Der Umfang des W.es richtet sich nach der Standgröße u. der Betriebsweise. Bei Doppelraumüberwinterung befindet sich der größte Teil des Wabenbestandes, etwa 16–20, in den Beuten, u. eine geringe Reserve von 3–4 Waben wird ausreichen. Für einräumig überwinternde Völker ist ein Vorrat von etwa 8–10 Waben erforderlich. Für die Anzahl der erforderlichen Reservefutterwaben gibt es keine einheitl. Forderungen. Die Aufbewahrung der Waben, auch der zum Ausschneiden vorgesehenen, hat mottensicher, z. B. in einem gut schließenden Wabenschrank, Wabenturm od. in Magazinzargen so zu erfolgen, daß sie geschwefelt werden können (Schwefeln der Waben ↗). Außer den Waben sollten je Volk 2–3 Baurahmen sowie im Frühjahr mindestens 6–8 Mittelwände (Bauerneuerung ↗) bereitstehen.

Wabenwerk. Die Bienenwohnungen bestehen aus einem Satz mehrerer senkrechter, parallel nebeneinander hängender Waben ↗, 6–12, je nach Stärke des Volkes u. vorhandenem Raum. In Naturbauten in Baumhöhlen wurden acht u. mehr mit einer durchschnittl. Gesamtwabenfläche von 20000 cm^2 beobachtet. – Die Verteilung von Brut u. Futtervorräten erfolgt nach bestimmten Gesetzen. Zentral in Fluglochnähe befindet sich das Brutnest mit den Brutwaben. Umgeben ist es von einem glockenförmigen Mantel aus Pollenzellen, während der Honig je nach Raum darüber u. dahinter gelagert wird. Form u. Größe der Waben sind abhängig von der Gestalt des Wohnraumes. In den künstl. Bienenbeuten gibt es je nach Art der Rähmchen Hoch- u. Breitwaben. In Naturbauten sind größere Waben meist etwas gebogen u. die Räume dazwischen mit kleinen Waben ausgefüllt. Bei starkem Raummangel kann es z. B. in alten Bienenkörben zu regelrechten Wirrbauten kommen. Am regelmäßigsten ist der Wabenbau im Bereich der Brutzellen. – Im Naturbau ohne Rähmchen sind die Waben oben u. seitl. an den Wandungen des Wohnraumes befestigt, während unten stets einige Zentimeter

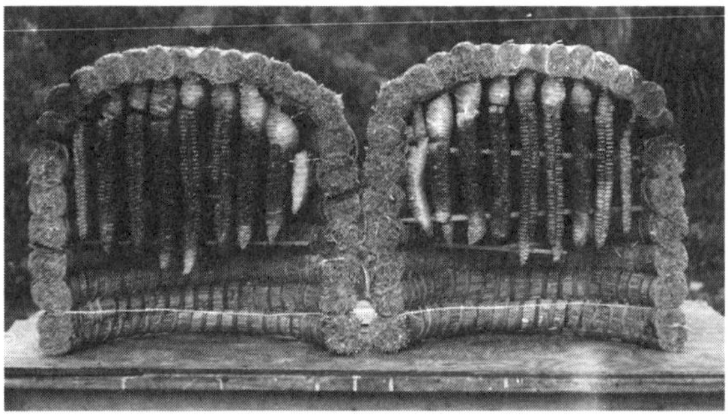

Schnitt durch einen Bienenkorb

freibleiben. Die oberen u. seitl. Befestigungen sind dabei vielfach unterbrochen u. geben kleine Durchgänge an den Wabenrändern frei. – Der Abstand von Wabenmitte zu Wabenmitte beträgt 3,5 cm. Das bedeutet, daß bei einer normalen Tiefe der Brutzellen von 1,0–1,2 cm die Gassen zw. den Waben 1 cm breit sind, das entspricht ungefähr drei Bienendurchmessern. Honigzellen werden fast immer über das übliche Maß hinaus verlängert, u. das ganz bes. bei reichl. Tracht. Die Gassen zw. solchen Dickwaben sind dann sehr eng, manchmal so eng, daß nur noch eine Biene hindurchschlüpfen kann. Um ganz bes. mächtige Dickwaben zu erhalten, vergrößert man in der imkerlichen Praxis durch allmähl. Auseinanderrücken der Rähmchen die Wabenabstände. Die indische Zwergbiene *Apis florea*, die nur eine Wabe im Freien baut, verlängert die oberen Honigzellen sogar auf das 2–3fache u. erhält dadurch eine Plattform für ihre richtungsweisenden Tänze. – Um trotz der längeren Drohnenzellen noch die für die Pflegebienen notwendige Wabengassenbreite zu erreichen, behelfen sich die Bienen, indem sie die gegenüberliegenden Waben bis fast auf den Zellgrund abnagen. Versch. langes Ausbauen der Zellen dient ebenfalls der Korrektur von zunächst nicht genau parallelen Waben u. zu kleinen od. großen Wabenabständen. Bei deutl. größerem Abstand entsteht Wildbau.

Wabenzange. Zur sicheren Entnahme von Waben aus Hinterbehandlungsbeuten erforderliches Gerät.

Für Blätterbeuten gibt es die Albertizange ↗, für Querbaubeuten die große abgewinkelte u. die kleine, sehr handliche, gebogene Kuntzschzange.

Wabenzieher. Bei der Bearbeitung von Blätterbeuten benötigtes Gerät zum Herausziehen einzelner Waben. Eine verbesserte Ausführung (KUCKENBURG) gestattet es, die Waben auch außerhalb der Beute in jeder Lage sicher zu halten.

Wachsblume → *Cerinthe minor.*

Wachsboden → Wachs klären.

Wachsbrücken. Werden von den Bienen überall dort gebaut, wo sich ein zu großer Zwischenraum ergibt (Innenabstände für Bienenwohnungen ↗), der von Bienen ständig überwunden werden muß. Z. B., wenn bei der Doppelraumüberwinterung ↗ der Zwischenraum zw. Brut- u. Honigraumwaben nicht irgendwie ausgefüllt wird, od. wenn vom Absperrgitter zu den Rähmchenleisten nach oben od. unten ein zu großer Abstand entsteht.

Wachsdrüsen. Bestehen aus spezialisierten Epidermiszellkomplexen u. befinden sich über den paarigen Wachsspiegeln der Abdominalsternite 4–7 (Abdomen ↗). Während sich im Verlauf der Metamorphose die Imaginalcuticula (Chitincuticula ↗) bildet, werden Größenunterschiede zw. den Zellkernen der späteren W.-Zellen u. der normalen Epidermiszellen deutl. Die W. enthalten nach Abschluß der Entwicklung relativ große Kerne. Offensichtl. laufen in den Kernen der W.-Zellen Endomitosen ↗ ab, die zu einer Polyploidisierung führen. Über den W. liegen größere Zellkomplexe, die aus Oenozyten ↗ u. Fettkörper ↗ bestehen. Je nach Funktionszustand ändert sich die Höhe der W.-Zellen. Bei frisch geschlüpften Arbeiterinnen beträgt sie lediglich 10–20 µm, nimmt aber dann im Baubienenalter deutl. zu u. kann im Durchschnitt 53 µm betragen, ja sogar auf 100 µm u. mehr anwachsen. Zur Flugbienenzeit schrumpfen die W. wieder auf Zellhöhen von ungefähr 19 µm bei 22 Tage alten Bienen, später sogar bis auf 3 µm. Die W. können bei älteren Arbeitsbienen ihre Funktionsfähigkeit aber auch noch einmal wiedererlangen. Selbst Winterbienen ↗ sind in der Lage, Wachs zu produzieren. Die Drüsenzellen erreichen dabei u. U. ihre optimale Größe. Funktionelle Beziehungen bestehen zw. Wachsproduktion u. Entwicklung der über den W. befindlichen Oenozyten. Diese Zellen vergrößern sich insbes. bei intensiver Wachsproduktion im Baubienenalter. Auch zw. Fettkörper u. W. besteht eine Verbindung, indem Produkte der Fettkörperzellen in die

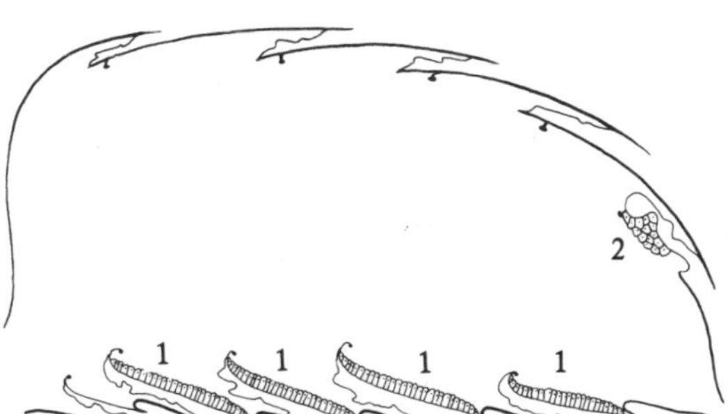

Schematischer Schnitt durch den Hinterleib der Arbeitsbiene. 1 Wachsdrüsen, 2 Duftorgan. Nach LEUENBERGER

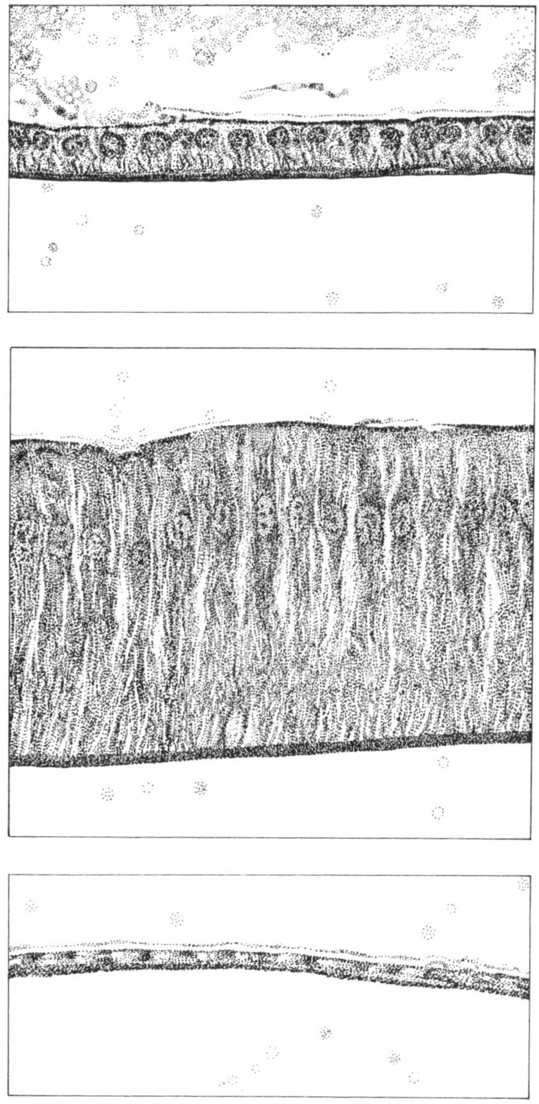

Verschiedene Entwicklungsstadien der Wachsdrüsen. Oben Jungbiene, Mitte Wachsbiene, unten Trachtbiene

W.-Zellen übertreten. Die Wachssekretion erfolgt über feine Porenkanäle durch die Cuticula der Wachsspiegel, von denen 30–50 mit je einer W.-Zelle in Verbindung stehen. Das durch die Cuticula hindurchtretende Wachs erstarrt außen zu den bekannten Wachsplättchen, die von den Bienen mit den Fersenbürsten der Hinterbeine (Extremitäten ↗) zw. den abdominalen Bauchschuppen hervorgezogen, von den Vorderbeinen abgenommen u. schließl. mit den Mandibeln (Mundwerkzeuge ↗) bearbeitet werden.

Wachserzeugung. Die Hauptzeit der W. ist das Frühjahr, die Zeit der reichen Nektartrachten (Bautrieb ↗). Zuckerstoffe liefern den wichtigsten Rohstoff für die Wachsproduktion. Durch reichl. Zuckerfütterung kann man Bienen, z. B. nackte Heidevölker, auch zur Unzeit, im Herbst, noch ohne weiteres dazu bringen, einen vollständigen Wabenbau zu errichten. Bei hinreichender Temp. gelingt das sogar im Winter mit

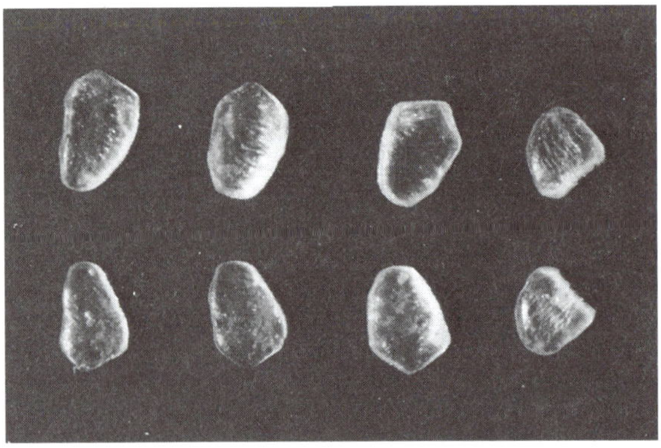

Verschiedene Wachspartikel

einem Kunstschwarm. Seit je hat man sich mit der Frage beschäftigt, welche Honig- bzw. Zuckermengen benötigt werden, um eine bestimmte Menge Wachs zu erzeugen. Die gewonnenen Werte liegen weit auseinander, was durch die versch. äußeren Umstände, z. B. Temp. u. Verfassung der Bienen bei den Versuchen, zu erklären ist. Die sog. Zucker-Wachs-Zahl (ZWZ) ist somit auch kein feststehender Wert u. liegt etwa zw. 3:1 u. 9:1. – Erzeugt wird das Wachs bei der Honigbiene in den Wachsdrüsen. Das sind wachsabscheidende Hautzellen, die zu bestimmten Zeiten, den Zeiten stärkster W., bes. mächtig ausgebildet sind. Man

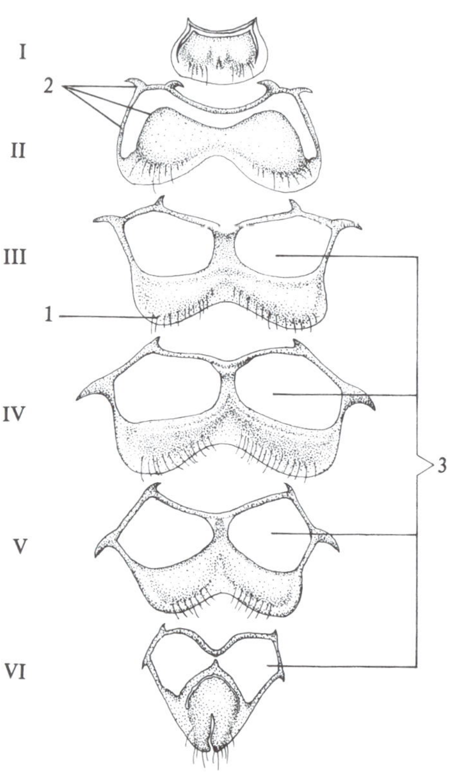

Wachsspiegel, Wachsschüppchen. Die sechs auseinandergezogenen Bauchplatten (I–VI) einer Bienenarbeiterin. 1 behaarter Teil der Bauchplatte, 2 Chitinleisten, 3 Wachsspiegel. Nach Dreyling und Hüsing

findet sie nur bei den Arbeitsbienen, jedoch nicht zu allen Lebenszeiten in gleichem Maße tätig u. entwikkelt, nicht aber bei der Weisel od. den Drohnen. Die Wachsdrüsen der Honigbiene befinden sich paarweise an der Bauchseite der letzten vier Hinterleibsringe. Bei den Hummeln u. stachellosen Bienen liegen sie auf der RS, hier schwitzen auch die ♂♂ Tiere Wachs aus. Die herauspräparierten, auseinandergelegten Bauchplatten einer Bienenarbeiterin zeigt die Abb. in der Ansicht von außen (unten). Die vier letzten Bauchplatten sind deutl. zweiteilig. Sie bestehen aus einem hinteren, stärkeren u. behaarten Teil u. einer zarteren, vorderen unbehaarten Partie, die zwei

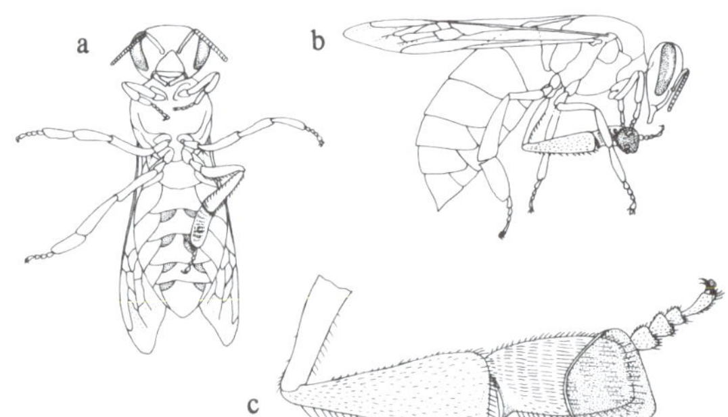

Abnahme eines Wachsschüppchens. a Hervorziehen aus der Bauchtasche; b Weiterreichen vom Hinterbein über die Vorderbeine an die Vorderkiefer; c Hinterbein mit aufgespießtem Wachsschüppchen am ersten vergrößerten Fußglied (Innenseite). Nach von Frisch, verändert nach Casteel

leicht eingesenkte spiegelglatte Flächen, die sog. Wachsspiegel, aufweist. Darunter liegen zum Körperinnern hin polsterförmig die Wachsdrüsenzellen. Auf den Spiegeln erscheint das ausgeschwitzte Wachs in Gestalt von Schüppchen. Die Bauchplatten (ebenso wie die Rückenplatten) greifen dachziegelartig übereinander, so daß nur die hinteren, behaarten Teile von außen sichtbar sind. Die Wachsspiegel sind also von der jeweils vorderen Bauchplatte überdeckt u. liegen

Biene mit Wachsschüppchen

so in nach hinten offenen Taschen, aus denen die Wachsschüppchen dann hervortreten. Um das Wachs verarbeiten zu können, streicht die Biene mit einem Hinterbein den Hinterleib hinab. Dadurch wird das Schüppchen auf die an der Innenseite des ersten Fußgliedes (Metatarsus) befindlichen Borsten gespießt. Dann wird es bis zu den Oberkiefern (Mandibeln) durchgegeben, wo es vor der Weiterverarbeitung (Bautechnik ↗) durchgekaut u. mit Sekreten von Speichel- u. Oberkieferdrüsen vermengt wird. – Die Wachsschüppchen einer Biene sind versch. gestaltet. Sie entsprechen in Form u. Größe – wobei Rassenunterschiede bestehen – den Wachsspiegeln, auf denen sie entstanden sind. Durch ihre feine Schieferung erinnern sie an kleine Glimmerplättchen. Aber nur auf der Innenseite sind sie glänzend, außen dagegen matt. Gut ausgebildet sind sie ½ mm stark, häufig auch dünner od. dicker. Nach Leuenberger wiegt eine Wachsschuppe durchschnittl. 0,0008 g, d. h., um 1 g Wachs zu erhalten, brauchte man 1250 u. für 1 kg Wachs 1250000 Schüppchen. Ihre Farbe ist weiß (Jungfernwachs), ausnahmsweise auch gelblich. Sie sind spröde u. zerbrechen leicht. – Die Wachsdrüsenzellen sind im Stadium ihrer höchsten Entfaltung sehr

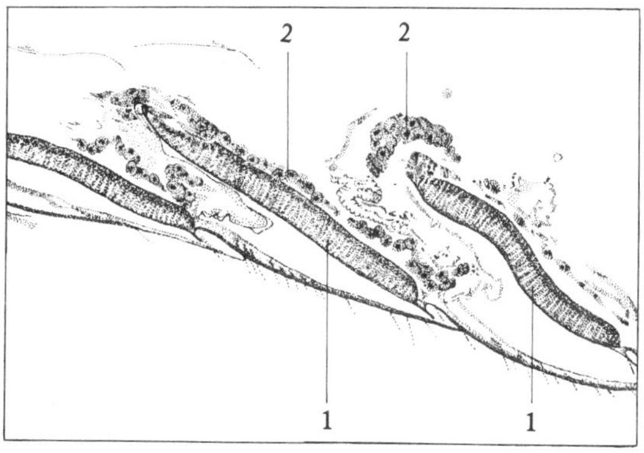

Stark entwickelte Wachsdrüsen (1), 2 Fettkörper

langgestreckt u. weisen eine nach beiden Enden hin etwas auseinanderweichende, feine Längsstreifung auf, der mittl., um den Kern gelegene Teil ist dichter, die Zellen sind hier bes. schmal u. die Zwischenräume am weitesten. Eine Wachsdrüse besteht aus 10000–20000 solcher Drüsenzellen. Die Wachsspiegel bestehen (elektronenmikroskopische Untersuchungen) aus mehreren Schichten, deren auffallendste eine Faserschicht ist, die aus nur wenigen Lagen allerfeinster Fasern besteht, durch die das Wachs in flüssiger Form hindurchgepreßt wird. Erst auf der Außenseite der Spiegel kommt es zur Erstarrung u. damit zur Bildung der festen Wachsplättchen. Die sehr dünne Wachsauflage auf den Spiegeln wird durch weitere Absonderungen u. Verschmelzungen allmähl. verdickt. Hierdurch erklärt sich auch die schieferige Struktur der fertigen Wachsschüppchen. – Ein Maß für die Aktivität der Wachsdrüse ist die Höhe der Drüsenzellen. Sie beträgt bei jungen, frisch geschlüpften Bienen ungefähr 10–20 µm. Die Zellen liegen eng aneinandergepreßt ohne Zwischenräume. Im Stadium größter Wachsproduktion können sie eine Höhe von gut 100 µm erreichen. Bienen mit extrem entwickelten Drüsen sind im Normalfall 12–18 Tage alt. Bei älteren Arbeiterinnen (Trachtbienen) werden die Wachsdrüsen wieder zurückgebildet, sie sind dann nicht einmal mehr 10 µm hoch, u. die Zellgrenzen sind geschwunden. Sie können jedoch im Bedarfsfall mit Hilfe des Fettkörpers wieder belebt werden. Nicht allein das Alter der Bienen, sondern auch Wärme u. Nahrungsangebot sowie der jeweilige Wachsbedarf im Bienenvolk (Bautrieb ↗) sind entscheidend für die Entfaltung der Wachsdrüsen. Ein Bienenschwarm, der sich in seiner neuen Behausung einrichtet, findet un-

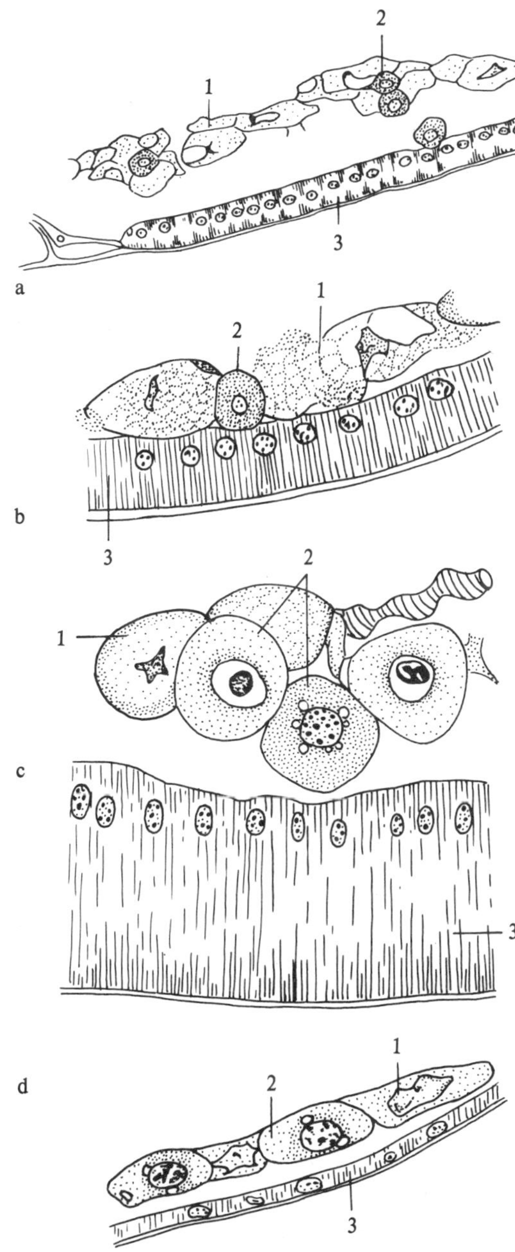

Wachsdrüsen- und Oenozytenentwicklung unterschiedlich alter Arbeitsbienen. a kurz nach dem Imaginalschlupf; b Ammenbiene; c Baubiene; d Flugbiene. 1 Fettkörperzellen, 2 Oenozyten, 3 Wachsdrüsenzellen. Nach Chauvin (1968)

ter natürl. Verhältnissen nur einen leeren Raum u. ist gezwungen, in allerkürzester Zeit einen vollständigen Wabenbau darin zu errichten (Schwarmbienen ↗). Dazu wird viel Wachs benötigt, Bienen aller Altersstadien beteiligen sich hier an der W. Die durchschnittl. Wachsdrüsenhöhe bei bauenden Schwarmbienen wurde mit 70 bis über 80 µm gegenüber 25 µm bei den Bienen der noch im Freien hängenden Schwarmtraube ermittelt. Bei einem Schwarm jedoch, der auf ausgebaute Waben gegeben wurde, nahm die Wachsdrüsenhöhe sogar ab (Hoffmann u. Werner-Meyer 1960). Im Experiment, z. B. durch wiederholtes Ausschneiden des Wabenbaues, gelingt es leicht, Bienen dazu zu bringen, ihre Wachsdrüsen weit über die durchschnittl. Normalzeit funktionstüchtig zu erhalten u. ebenso Jungbienen vorzeitig zur Wachsausscheidung zu veranlassen. Im winterlichen Bienenvolk besteht kein Bedarf an Wachs. Gleichwohl findet, wie die jedem Imker bekannten Wachsschüppchen im Wintergemüll zeigen, eine geringe Wachsproduktion statt, bei der die Drüsenzellen selbst aber niedrig bleiben. Zu allen Jahreszeiten kann es zuweilen auch zu abnormen Wachsabscheidungen kommen. Gelegentl. sieht man Arbeiterinnen, die anstelle der normalen Schüppchen außerordentl. starke Wachsbröckchen tragen. – Die Menge der W. bei der Honigbiene ist bei den einzelnen UAn versch.

Wachsgehalt der Waben. Ergibt sich aus dem Gewicht der Mittelwand u. der Wachsmenge, die die Bienen beim Ausbauen zur Wabe zugesetzt haben. Eine Mittelwand im Normalmaß wiegt z. B. je nach Stärke etwa 70 g. Dazu kommen nach Kettner (1959) etwa 20 g Eigenproduktion der Baubienen, so daß eine Wabe etwa 90 g Wachs enthält, unabhängig von ihrem späteren Gewicht als Altwabe.

Wachsgewinnung. Neben den Verfahren zur W., die sich mehr für kleinere Imkereien eignen, wie Dampfwachsschmelzer ↗ u. Elektrowachsschmelzer ↗, werden für größere Wabenmengen vom Imker selbst wohl nur noch gelegentl. Kochverfahren angewendet. Hierzu muß ein entspr. Raum, möglichst eine Waschküche, verfügbar sein. Die einzuschmelzenden Altwaben ↗ werden in einem emaillierten Waschkessel mit reichl. weichem Wasser (Wachs klären ↗) geschmolzen. Dabei ist darauf zu achten, daß die Masse, wenn überhaupt, nur leicht zum Sieden kommt, um ein Überkochen mit Sicherheit zu verhindern – Brandgefahr! Die heiße Schmelzmasse wird portionsweise in einen Preßbeutel gefüllt u. entweder mit einer Knüppel- od. einer Spindelwachspresse ausgepreßt. Das abfließende Wasser-Wachs-Gemisch wird in emaillierten od. Aluminiumgefäßen aufgefangen. Nach dem Erkalten kann man den Wachsboden vom Wasser abheben. Das so gewonnene Rohwachs muß noch geklärt werden. Industriell wird das Wachs durch Zentrifugieren der Schmelzmasse von den Trestern getrennt (Wachstrester ↗).

Wachs klären. Das bei der Wachsgewinnung anfallende Rohwachs wird zerkleinert u. in einem zweiten, auch als Umschmelzen bezeichneten Arbeitsgang von restl. Verunreinigungen befreit. Hierbei kann auch eine Vergleichmäßigung der gesamten Wachsernte erfolgen, indem das auf versch. Weise gewonnene u. im Aussehen unterschiedl. Wachs in jeder umzuschmelzenden Portion gemischt wird. In einem Aluminium- od. emaillierten, zylindrischen Kochtopf ohne eingezogenen Rand od. in einem spez. konischen Wachskochtopf werden etwa zwei Teile Wachs u. ein Teil weiches Wasser, die zusammen höchstens zwei Drittel des Topfes füllen, langsam erhitzt (am besten auf einer Gasflamme, da sie sich gut regulieren läßt). Ist alles Wachs geschmolzen, läßt man unter ständigem Rühren das Wasser leicht sieden. Nach 5–10 min wird der anfänglich dunkle Schaum allmähl. hellgelb. Nun kann der Topf zum Abkühlen zugedeckt u. auf einer gut wärmedämmenden Unterlage abgestellt werden. Nach dem Erkalten wird der unten am Wachsblock od. Wachsboden befindliche lose Schmutz abgekratzt u. die unterste, noch etwas Schmutz enthaltende Wachsschicht abgeschabt. So behandeltes Wachs hat ohne Zusatz von Bleich- od. sonstigen Mitteln eine hellbraune bis gelbe Farbe. Das Schmelzen von Wachs über offener Flamme hat unter strenger Beachtung der damit verbundenen Brandgefahr zu erfolgen! Als Wasser zum Wachsschmelzen ist Leitungswasser ungeeignet u. Regenwasser wegen der zunehmenden Luftverschmutzung meist bedenklich. Es sollte daher möglichst destilliertes od. mittels Ionenaustauscher deionisiertes bzw. enthärtetes Wasser verwendet werden.

Wachsleistung. Die W. eines Bienenvolkes errechnet sich
- aus dem Baurahmenwachs,
- dem Wachszusatz beim Ausbauen der Mittelwände,
- dem Entdeckelungswachs.

Nach Kettner (1959) wiegt 1 dm^2 Naturbau 9 g; beim Ausbauen eines dm^2 Mittelwand werden, abhängig von ihrer Stärke, etwa 2,6 g Wachs zugesetzt, u. je kg geschleuderten Honigs können rund 20 g Entdeckelungswachs gerechnet werden. Abhängig vom Verdekkelungsgrad schwankt dieser Wert etwa zw. 10 u. 30 g pro kg Honig. Für das Normalmaß ergibt dies je Baurahmen etwa 66 g u. je ausgebauter Mittelwand etwa 20 g Wachs. Als Beispiel ein Volk im Normalmaß:

8 ausgebaute Mittelwände	160 g Wachs
5 voll ausgebaute Baurahmen	330 g Wachs
20 kg Honig = Entdeckelungswachs	400 g
	890 g Wachs

Die W. eines normalstarken Volkes in einem guten Trachtjahr kann somit etwa 900 g betragen.

Wachsmotte, Große W., *Galleria mellonella*; Kleine W., *Achroea grisella,* aus der O der Lepidoptera (Schmetterlinge). Innenschädling ↗, Wachszerstörer ↗, Krankheitsüberträger. W. dringt in Bienenbeuten u. Wabenschränke ein, legt dort Eier. Entwicklung 5–17 Tage zu Larven (Rankmaden ↗), halten sich im Gemüll auf. Bei Temp.en unter +9 °C keine Entwicklung mehr. Rankmaden zerstören Waben u. verschmutzen sie. Unterschiedl. Fraßbilder: Röhrenbrut ↗, Kahlbrut bei der Kleinen W., Flächenfraß mit Gespinst u. viel Kot bei der Großen W. Dadurch auch Krankheitsübertragung, bes. Faulbrut. Vorbeugung: starke Bienenvölker mit ausreichendem Putztrieb,

Larve, Puppen u. Imago sowie Puppengespinste der Großen Wachsmotte

Wabenpflege durch den Bienenhalter, Schwefeln ↗ der Vorratswaben im Abstand von 3–4 Wochen.

Wachspiegel → Abdomen.

Wachstrester. Bezeichnung für bei der Wachsgewinnung ↗ anfallende Rückstände. Sie enthalten je nach dem angewendeten Wachsgewinnungsverfahren noch ± Wachs. Sie können daher an ein Wachsextraktionswerk verkauft werden. Feucht anfallende W. müssen vorher an der Luft getrocknet werden, da sie sonst schimmeln würden.

Wachstum → Entwicklung.

Wachstum. Wie bei allen Tieren mit Außenskelett kann das W. auch bei der Bienenlarve nur schrittweise erfolgen. Diesem Geschehen ist noch die Entstehung der ♀♀ Bienenwesen (Kastenentwicklung) überlagert. Die in der Weiselzelle aufwachsende Weisellarve beendet ihre Adultentwicklung in einem wesentl. kürzeren Zeitraum (13 Tage) als die Arbeiterin, welche vom Schlüpfen aus dem Ei bis zum fertigen Insekt nahezu 17 Tage benötigt. Bei einer genaueren Betrachtung der W.s-Geschwindigkeit von Arbeiterin u. Weisel fällt auf, daß erst im letzten, fünften Larvenstadium, u. auch da erst bei der Spinnlarve (LS), ein zeitl. Gangunterschied in der Entwicklungsgeschwindigkeit einsetzt. Dieser führt bei der weiteren Imaginalentwicklung zu einer Beschleunigung der Metamorphose bei der Weisel um etwa ein Drittel (acht Tage) im Vergl. zur Arbeiterin (zwölf Tage). Dieser Unterschied deutet auf eine Beteiligung des Hormonsystems hin, wie sie auch klar nachweisbar ist (Kastenentwicklung ↗). – Für die Unterscheidung der einzelnen Larvenstadien macht man sich die Tatsache zunutze, daß der Durchmesser der Kopfkapsel für jedes

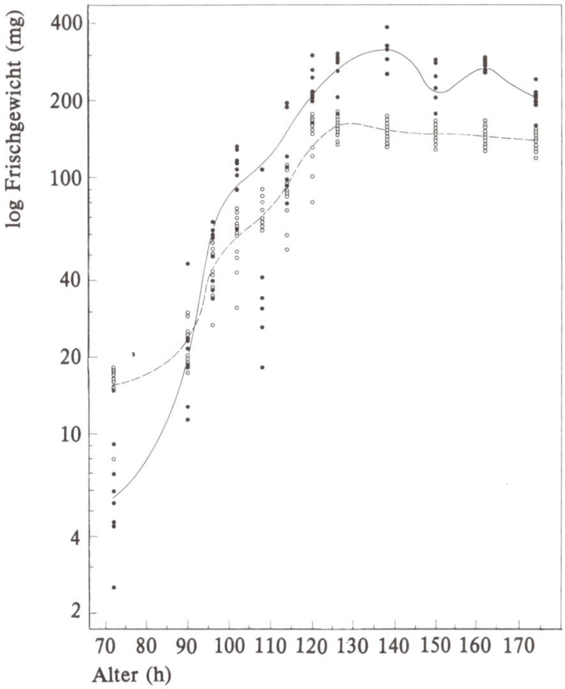

Regressionskurve für die Gewichtszunahme der Larvenstadien von Königin (●) und Arbeiterin (○) der Honigbiene. Nach Eder, Kremer, Rembold (1983)

Stadium konstant ist u. erst mit der nächsten Larvenhäutung sprunghaft ansteigt, s. Tabelle beim Stichwort Larvenentwicklung S. 211.

Daraus ist unschwer zu erkennen, daß sich die beiden ♀♀ Bienenwesen auch im Durchmesser der Kopfkapsel bis zum letzten Larvenstadium nur unwesentl. voneinander unterscheiden. – Deutlicher zeigt sich der Kastenunterschied in der Gewichtskurve der heranwachsenden ♀♀ Bienenlarven. Die eingezeichnete Regressionskurve basiert auf dem Mittelwert einer Vielzahl von Einzeltieren, die ebenfalls eingezeichnet sind. Da die Weisellarven durch Umweiseln von Arbeiterinnenlarven im ersten Stadium gewonnen sind, beginnt die Abszisse erst mit L_4 (Larvenalter 70 h) u. endet mit Erreichen des Vorpuppenstadiums (PP) durch

Wachsmotte

Von Larven der Großen Wachsmotte zerstörte Wabe. Diese haben sich am Rähmchenholz verpuppt.

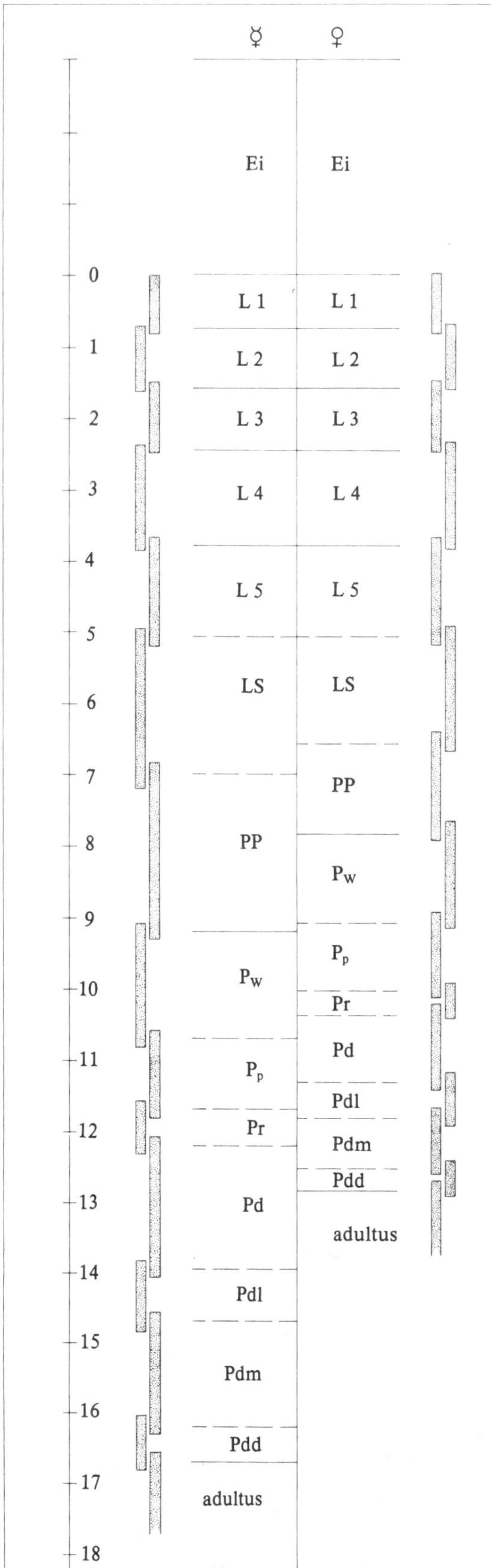

die Arbeiterin (170 h). Mit Erreichen des vierten Larvenstadiums setzt bei der Weisel ein ganz dramatischer W.s-Schub ein, der am Ende der Freßperiode mit einem Larvengewicht von etwa 300 mg endet, während die Arbeiterin als Vorpuppe nur etwa die Hälfte wiegt. Bemerkenswert ist, wie wesentl. homogener das Gewicht der Arbeiterin im Vergl. zur Königinnenlarve ist.

Wachsverfälschungen. Wegen seines verhältnismäßig hohen Preises ist Bienenwachs jederzeit in größerem Umfang verfälscht worden. Es wird z. B. durch Beimengung versch. mineralischer Stoffe, wie u. a. Gips u. Ton, beschwert od. durch Zusätze von Pflanzenwachsen, Stearin, Paraffin, Ceresin, Ozokeriet usw. gestreckt. Man erkennt solche Verfälschungen aufgrund ihrer abweichenden physikalischen u. chemischen Konstanten u. Kennzahlen (Bienenwachs ↗). Mittelwände mit Beimischungen von Fremdwachsen werden von den Bienen je nach Art der Fälschung nur zögernd od. gar nicht angenommen.

Wachsverwendung durch den Menschen. Die W. d. d. M. ist wahrscheinl. genauso alt wie die Honiggewinnung. Zu allen Zeiten galt Wachs als wichtiger Rohstoff von hohem Handelswert. Aus dem Altertum sind wächserne Schreibtafeln (Diptychen) aus den verschiedensten Kulturkreisen bekannt. Als Grabbeilagen finden wir u. a. Wachsfiguren u. -masken, Wachsblumen u. -bilder. Eine bedeutende Rolle spielte u. spielt Bienenwachs seit jeher für Beleuchtungszwecke, bes. im religiösen Bereich, wo Kerzen u. Wachsstöcke künstlerisch verarbeitet werden, früher zumeist aus reinem Bienenwachs hergestellt. In der Modellierkunst findet es auch heute noch vielseitige Verwendung. Wachsfarben erweisen sich von hoher Beständigkeit. Wachs dient zum Überziehen von Pflanzenteilen, zur Herstellung von Wachsblumen. Auch Batikarbeiten waren immer sehr begehrt, die Entwicklung der Batikkunst kommt aus dem indonesischen Raum. – Aufgrund seiner konservierenden Eigenschaften wurde Bienenwachs zum Einbalsamieren von Leichen verwendet. – Auch als Schutzüberzug, u. a. über Skulpturen u. ebenso für Bordwandisolierungen von Schiffen, wird es verwendet. Bereits im Altertum erkannte man seine Heilkraft u. stellte u. a. Wundpflaster u. Heilsalben her. Auch heute nimmt Wachs in der Medizin einen wichtigen Platz ein. Es zeichnet sich durch antibiotische Wirkung u. ein hohes Wasserhaltevermögen aus. So findet es auch in der Kosmetik für Hautpflegemittel Anwendung. – Die Verwendung von Bienenwachs in der modernen Industrie ist außerordentl. vielseitig, so daß die Wachsproduktion keineswegs zur Deckung des Bedarfes ausreicht. So dient Wachs u. a. zur Herstellung von Schuhcremes, Bohnermitteln, Möbelwichsen, Wachsbeizen u. -farben,

Dauer der larvalen und pupalen Entwicklung bei der Honigbiene. Die senkrechten Balken verbinden die maximal und minimal beobachteten Werte. L_1–L_5 = erstes bis fünftes Larvenstadium, letzteres weiter unterteilt in Freß- (L_5), Spinnperiode (LS) und Vorpuppenstadium (PP). Die Puppen-(P)Entwicklung ist unterteilt in zwei äußerlich leicht erkennbare Merkmale: die zuerst genannte Augenfarbe (w = weiß, p = rosa, r = rot, d = dunkel) und die anschließende Puppenfarbe (l = schwachgelb, m = mittelbraun, d = dunkelbraun). Nach REMBOLD, KREMER, ULRICH (1980)

ebenso für Wachszündhölzer, Wachskitt u. als Näh- u. Sattlerwachs. Textil- u. Papier-, Holz- u. Lederindustrie benötigen Wachs. Radio- u. Fernsehindustrie, ebenso wie Elektro- u. Fernsprechtechnik, verwenden es als Kabelwachs zur Isolierung. Aufgrund seiner Modellierbarkeit wird es als Bildhauerwachs, für Wachsabdrücke, zum Kopieren von Inschriften u. Skulpturen u. für Matrizen der Zahnersatzstücke benutzt. Ein großer Teil des gewonnenen Bienenwachses wird wieder zu künstl. Mittelwänden verarbeitet u. kehrt somit in die Bienenstöcke zurück.

Wachsvorkommen. Wachse können pflanzl., tierischen, mineralischen u. industriellen Ursprungs sein. Den lebenden Organismen dienen sie als Schutz gegen Austrocknung od. Wassereinwirkung sowie gegen chemische Einflüsse. Im Pflanzenreich bilden sie zumeist einen feinen Belag auf Stengeln, Blättern od. Früchten. Bekannt ist u. a. das Karnaubawachs der Palmen Brasiliens. Wachsabscheidung im Tierreich kommt an den verschiedensten Stellen vor. Man denkt dabei z. B. an das Wachs von Schildläusen, wie das berühmte chinesische Pelawachs u. Schellackwachs, Wachs von Zikaden u. Blattläusen od. auch den sog. Walrat vom Pottwal. Als Bienenwachs bezeichnet man im allgemeinen nur das Wachs der Honigbiene *Apis mellifera*, nicht aber das Wachs der indischen freibauenden Riesenbiene *Apis dorsata* u. der Zwergbiene *Apis florea*, das im Handel die Bezeichnung Gheddawachs trägt u. sich in seiner chemischen Zusammensetzung (Bienenwachs ↗) von dem europ. Bienenwachs unterscheidet. Das Wachs der ägyptischen Honigbienen wird unter dem Namen Belladiwachs gehandelt. Außer den Honigbienen erzeugen auch Hummeln u. stachellose Bienen Wachs, um es zu ihren Bauten zu verwenden, allerdings stark vermischt (Baustoffe der Bienen ↗). Das Wachs der ostafrikan. Trigonen wird auch als «Hummelwachs» bezeichnet.

Wachszerstörer. Innenschädling ↗, der in der Bienenbeute od. im Wabenschrank Waben vernichtet od. unbrauchbar macht: Rankmade ↗, Speckkäfer ↗.

Böhmer Wald

Wachtelweizen → Wald-Wachtelweizen → Wiesen-Wachtelweizen.

Wächterbienen → Arbeitsteilung.

Walderdbeere → *Fragaria vesca* → Rosaceae.

Waldrandbepflanzung → Landeskultur.

Waldschutzmantel → Landeskultur.

Waldtracht. Besteht aus der Nektar-Pollen-Tracht u. der Honigtauwaldtracht ↗. Nektar-Pollen-Tracht ist Voraussetzung für die Entwicklung leistungsstarker u. gesunder Bienenvölker. Als Pollen- u. Nektarspender des Waldes dienen im Frühjahr vor allem Hasel (*Corylus avellana* L.), Weiden (*Salix* spec.), Anemonen (*Anemona* spec.), Kornelkirsche (*Cornus mas* L.), Wildobstbäume (*Pirus* spec., *Prunus* spec.), im Frühsommer Himbeere (*Rubus idaeus* L.), Heidelbeere (*Vaccinium*

Pirin-Gebirge, SO-Europa

Robinienwälder stellen in Mitteleuropa wichtige Trachtquellen dar.

myrtillus L.), Besenginster (*Cytisus scoparius* (L.) LINK), Ahorn (*Acer* spec.), Linden (*Tilia* spec.), Robinien (*Robinia pseudacacia* L.), im Hochsommer Weidenröschen (*Epilobium* spec.), Brombeere (*Rubus caesius* L.), Faulbaum (*Rhamnus* spec.), Thymian (*Thymus* spec.) u. im Nachsommer Greiskräuter (*Senecio* spec.), Weißklee (*Trifolium repens* L.), Goldrute (*Solidago* spec.), Efeu (*Hedera helix* L.) u. Kratzdistel (*Cirsium* spec.). Die Grundlage der Honigtauwaldtracht ist der von den an Bäumen saugenden Insekten abgeschiedene Honigtau. Je nach dem Entstehungsort handelt es sich entweder um Honigtau der Pflanzensauger der Laubbäume (den daraus entstehenden Honig bezeichnet man als Blatthonig) od. um den von Cinarinen (Honigtauerzeuger ↗) u. Lecanien ↗ der Nadelbäume ausgeschiedenen Honigtau. Für den im Nadelwald häufig in großen Mengen anfallenden Honigtau hat sich vielfach schlechthin die Bezeichnung W. eingebürgert, u. der daraus entstehende Honig wird oft Waldhonig genannt. Neben den in den Tabellen ausgewiesenen Lachniden gibt es auch noch andere Honigtaulieferanten:

Eichenlachniden

Name	*Lachnus roboris* (L.) Braunschwarze Eichenrindenlaus	*Schizodryobius longirostris* (MORDV.) Schwarzglänzende Eichenrindenlaus	*Stomaphis quercus* L. Große Eichenborkenlaus
Färbung	dunkelbraun, nicht glänzend; Bauch mit heller Wachsbemehlung	dunkelbraun bis schwarz; leicht glänzend; Bauchseite ohne hellen Wachsbelag	schokoladenbraun
Größe	4,0–5,0 mm	3,0–4,0 mm	5,5–7,5 mm
Aufenthaltsort	ein- bis dreijährige Zweige	ein-bis mehrjährige Zweige, schattiger Kronenbereich	unter Borkenschuppen von Eichenstämmen, vom Erdboden bis in 1,5 m Höhe
Koloniegröße	100–300 Tiere	50–300 Tiere	2–15 Tiere
bes. Merkmale	Siphonen auf großen dunkelbraunen Höckern; Hinterschienen auffallend lang; Vorderflügel dunkel gebändert	Siphonen nur mit schmaler pigmentierter Zone; Hinterbeine in Kniegegend aufgehellt; Vorderflügel dunkel gebändert	Saugrüssel viel länger als der Körper
♂♂	geflügelt	ungeflügelt	
Wintereier	Massengelege an jüngeren Zweigen, z. T. mehrere 1000 Stück; zuerst gelbgrau, dann schwarz	in Gruppen von 3–4 Stück in Astlöchern, Rindenritzen, Höhlungen, Zweiggabeln	in Borkenschuppen u. Rissen
Ameisenbesuch	sehr stark	sehr stark	sehr stark

Fichtenlachniden

Name	*Cinara pilicornis* (HARTIG) Rotbraune Gepuderte Fichtenrindenlaus	*Cinara viridescens* (CHOLODK.) Grüngestreifte Fichtenrindenlaus	*Cinara pruinosa* (HARTIG) Graugrüngescheckte Fichten rindenlaus
Färbung	rotbraun od. graugrün, teilweise weißlich bepudert; Rücken meist mit zwei dunkleren Längsstreifen; Beine gelb bis hellbraun; Ovipare ♀♀ mit präanalem Wachsring	gelb bis rotbraun, z. T. braungrün; mit zwei grünlichen Rückenstreifen; junge Larven hellgelb; Schenkelbasis u. Schienenende oft dunkel; Ovipare ♀♀ mit weißem präanalem Wachsring	graugrüngescheckt; seitlich u. dorsal oft weißlich bepudert; Schenkel basal hell; Schinen der Mittel- u. Hinterbeine in der Mitte hell; Ovipare ♀♀ mit weißem präanalem Wachsring
Größe	3,0–4,0 mm	3,0–4,0 mm	2,8–4,0 mm
Aufenthaltsort	US vor- u. diesjähriger Triebe; nur bei Übervermehrung an mehrjährigen Trieben	US vor- u. mehrjähriger Zweige; Ast-US, Astansatz, oberes u. seltener mittl. Stammdrittel; bei Massenauftreten diesjährige Triebe	US mehrjähriger Zweige u. Triebe, Ast-US, Astansatz, oberes u. mittl. Stammdrittel; im Sommer an den Wurzeln
Koloniegröße	30–80 Tiere; bei starker Vermehrung 100–350 Tiere	mehrere 100 Tiere	mehrere 100 Tiere
bes. Merkmale	Antennenhaare 3–6mal so lang wie Antennendurchmesser; 2. Tarsalglied der Hinterbeine geborgen u. lang; Beine lang behaart	Antennenhaare 2,5mal so lang wie Antennendurchmesser; 2. Tarsalglied der Hinterbeine lang u. kaum gebogen; Beine nicht lang behaart	große deutl. Siphonen mit Sockel
♂♂	geflügelt	geflügelt u. ungeflügelt	ungeflügelt
Wintereier	Nadel-US vor allem diesjähriger Triebe; meistens einzeln; anfangs rotgelb, später schwarz, bläulich bereift	US dies- u. vorjähriger Triebe; häufig in dichter Folge; selten Eiketten; schwarz	dichte Gelege an Nadel-USn 1–3jähriger Triebe; selten Eiketten; schwarz.
Ameisenbesuch	vereinzelt im Frühjahr, fakultativ	sehr star, obligat	z. T. stark, fakultativ

Fichtenlachniden

Name	*Cinara costata* (Zett.) Stark Bemehlte Fichtenrindenlaus	*Cinara piceae* (Panz.) Große Schwarze Fichtenrindenlaus
Färbung	bronzefarben, olivgrün, z.T. metallisch; stark krümelig bewachst, oft nur Hinterleibsmitte ohne Wachswolle; Ovipaare ♀♀ mit weißem präanalem Wachsring; Flügel rauchig, trüb	schwarz bis tief flaschengrün, Kopf u. Brust schwarz glänzend; Körperrand wie «gesteppt» aussehend; Beine rötlichbraun bis gelb, distal schwärzlich; ovipare ♀♀ mit weißem präanalem Wachsring; Flügel grau, durchsichtig
Größe	2,5–3,5 mm	5,0–6,0 mm
Aufenthaltsort	US vor- u. mehrjähriger Zweige u. Triebe, Ast-USn, Astansatzstellen, dünne schwachwüchsige Zweige; selten diesjährige Triebe	Ast-US, mittl. u. oberes Stammdrittel, Astansatzstellen, seltener unteres Stammdrittel (Schonung); zur Eiablage an mehrjährigen Trieben u. Zweigen
Koloniegröße	30–60 Tiere	bis zu 10000 Tiere
bes. Merkmale	große, deutliche, breite Siphonen; Hinterleib fast dreieck wirkend; an Saugorten u. verlassenen Stellen viel Wachswolle, wie bepudert aussehend	Saugrüssel lang, bis zum Körperende reichend
♂♂	geflügelt	ungeflügelt
Wintereier	Nadel-US zwei- u. mehrjähriger Triebe, schwarz glänzend, häufig 2–5 Stück perschnurartig aneinandergereiht	dichte Gelege an Zweigen u. Trieben unterschiedl. Alters; grau-schwarz, teilweise in Eiketten; auch an der Rinde der Zweige
Ameisenbesuch	nur sehr vereinzelt, fakultativ	z. T. stark, fakultativ

Kiefernlachniden

Lachniden der Föhre, Gemeine Kiefer, *Pinus silvestris* L.:

Name	*Cinara pinea* (Mordv.) Große Braune Kiefernrindenlaus	*Cinara pini* L. Graugescheckte Kiefernrindenlaus	*Cinara nuda osa* (De Geer in Mordv.) Braune Stark Glänzende Kiefernrindenlaus
Färbung	graugrün bis bräunl., auch grünl.; seitl. oft bewachst	Rücken graugescheckt; Juv. matt bräunl.; US grau bewachst, sich auf die Körperseiten ausdehnend	braun bis dunkelbraun, stark glänzend; Bauchseite oft gepudert
Größe	3,2–4,8 mm	2,5–3,8 mm	3,5–4,5 mm
Aufenthaltsort	zwischen Nadeln an Rinde dies- u. vorjähriger Triebe, an Knospenbasis; seltener an Ast-US od. an Rinde mehrjähriger Zweige u. Triebe	Astverzweigungsstellen, Ast-US, obere Stammhälfte junger Bäume, oberes Stammdrittel des Hochwaldes, z. T. auch unbenadelte Zweigabschnitte; bei starker Vermehrung auch in die Maitriebe dringend	Stammütter (Lachnidenentwicklung↗) kurzzeitig an vor- u. diesjährigen Trieben; später an allen Stammregionen 1–5 m hoher Kiefern, im Hochwald vorwiegend oberes Stammdrittel
Koloniegröße	20–30 Tiere; im Frühsommer 200–350 Tiere	mehrere 100 Tiere	mehrere 100 Tiere
bes. Merkmale	Oberfläche mit vielen kleinen Plättchen (gleiche Größe wie Muskelplatten); stark behaart; Siphonen meist dunkel, erhaben; breit-oval	unbehaartes Höckerchen zwischen den Mittelbeinen (Lupe)	behaartes Höckerchen zwischen den Mittelbeinen; bei Berührung leicht fallend; ovipare ♀♀ mit schwachem weißl. präanalem Wachsring
♂♂	geflügelt	geflügelt, z. T. ungeflügelt	ungeflügelt
Wintereier	stark glänzend, 2–4 Stück perlschnurartig an Nadeln dies- u. vorjähriger Triebe; anfangs gelb, dann schwarz	dicht beieinanderliegend an Nadeln dies- u. vor-, z. T. auch mehrjähiger Triebe; anfangs gelb, dann schwarz	dicht gedrängt an Nadeln dies- u. vorjähriger Triebe; teilweise schwarz glänzend, anfangs gelb
Ameisenbesuch	Frühjahr u. Herbst häufig, Sommer vereinzelt; fakultativ	sehr stark; obligat	

Lärchenlachniden

Name	*Cinara cuneomaculata* (Del Guerico) Graubraune Lärchenrindenlaus	*Cinara kochiana* (Börner) Große Lärchenrindenlaus	*Cinara laricis* (Hartig) Gefleckte Warzig-Borstige Lärchenrindenlaus
Färbung	Rücken graubraun bis grauschwarz, z. T. bronzefarben; Bauch hell; Basis der Hinterschenkel oft heller	schwarz, graubraun; schmale gelbl. Rückenlinie; dunkle Vorderbeine; Schienen distal gelblichweiß	dunkelbraun mit auffallender Hell-Dunkel-Fleckung auf dem Rücken; Bauch hell; dunkle Beine an den Schenkeln hell

Lärchenlachniden

Größe	3,0–3,5 mm	5,5–7,2 mm	2,6–3,8 mm
Aufenthaltsort	glatte Rinde zwischen Kurztrieben, an deren Basis, auch zwischen Nadeln der Langtriebe	dicke Äste, in Rindenrissen, Stammbasis, z. T. an Wurzeln; nur Alate u. ovipare ♀♀ in Baumkronen	glatte Rinde vor- u. mehrjähriger Zweige, auch im Wipfelbereich
Koloniegröße	kaum 50 Tiere, meist kleiner, oft einzeln	mehrere 100 Tiere	Frühjahr 20–50 Tiere, im Sommer bis zu 1000, im Herbst bis zu 350 Tiere
bes. Merkmale	kurz beborstet; Rücken der Ad. oft hochgewölbt; ovipare ♀♀ ohne weißl. präanalen Wachsring	Rücken mit versch. großen schwarzen, behaarten Tuberkeln u. Puderflecken; ovipare ♀♀ ohne weißl. präanalen Wachsring; «Lärchenmanna»-Erzeuger	
♂♂	geflügelt	geflügelt	geflügelt
Wintereier	zerstreut an Rinde diesjähriger Langtriebe u. Kurztriebe; anfangs bräunl., später schwarz, oft bewachst	an ein- bis vierjährigen Zweigen, an Kurztrieben; anfangs hellbraun, später dunkel bis schwarz	2–12 Stück an der Kurztriebachse, auch an verholzten Trieben
Ameisenbesuch	mit u. ohne, fakultativ	stark; unklar, ob obligat	stark; unklar, obligat

Cinarinen an anderen Nadelbäumen: Wacholder, *Juniperus communis*: *Cinara juniperi*, Wacholder-Rindenlaus. 2,5 mm u. kleiner; oliv, hellbraun, rotbraun; bepudert; großer Siphonensockel (Ø länger als Hinterfüße); an jüngeren Zweigen, zwischen den Nadeln; Männchen geflügelt; Ameisenbesuch. – Lebensbaum, *Thuja occidentalis*: *Cinara juniperina*, Lebensbaum-Rindenlaus. 2,8–3,2 mm; rötlich bis zimtbraun; leicht bepudert; kleiner Siphonensockel (Ø höchstens so lang wie Hinterfüße); an Ästen u. älteren Zweigen

Tannenlachniden

Name	*Cinara pectinatae* (NÖRDL.) Grüne Tannenrindenlaus	*Cinara confinis* (KOCH) Große Schwarzbraune Tannenrindenlaus
Färbung	oliv, bräunlich, grün, dann mit 2 hellen silbrigen Längsstreifen; Mittelstreifen markiert Rückengefäßverlauf; Oberseite glänzend	schwarzbraun mit feinen Wachsflecken, dadurch gescheckt
Größe	3,0–4,0 mm	6,0–7,5 mm
Aufenthaltsort	zwischen den Nadeln ein- bis dreijähriger Triebe, Kopf an Rinde neben der Nadelbasis	ältere Zweige, Äste, Stamm, Wurzel, auch in der Baumkrone
Koloniegröße	meist einzeln sitzend, nur sehr selten bis zu 50 Tiere zusammen	bis zu 250 Tiere, vereinzelt auch mehr
bes. Merkmale	rote Augen; Oberfläche mit zahlreichen kleinen Flecken; US hell, z. T. silbrig	Beine braunschwarz; Hinterschienen geringelt; auf dem Rücken 2 Reihen dunkler höckerartiger Flecken
♂♂	geflügelt	geflügelt u. ungeflügelt
Wintereier	grün, an der US der Nadeln	auf der Nadel-OS bis zu 8 Stück hintereinander, z. T.auf der Rinde
Ameisenbesuch	vereinzelt, fakultativ	stark, obligat

An der Tanne kommen außerdem die kleine grünliche Weißtannentrieblaus (*Mindarus abietinus* KOCH) u. die beiden Quirlschildläuse ↗ der Fichte als Honigtau ↗ vor.

Waldtrachtkrankheit. Form der Schwarzsucht ↗. Eiweißmangel infolge einseitiger Nektar- od. Honigtautracht im Wald.

Waldveilchen, *Viola sylvestris* → Violaceae.

Waldvergißmeinnicht → *Myosotis sylvatica* → Boraginaceae.

Wald-Wachtelweizen → *Melampyrum sylvaticum.*

Waldwindröschen, *Anemone sylvestris* → Ranunculaceae.

Wandbelaginsektizide. Pflanzenschutz- u. Schädlingsbekämpfungsmittel ↗ mit langanhaltender Kontaktwirkung. – Anwendung zur Stechmückenbekämpfung in geschlossenen Räumen. In Räumen, in denen Futterstoffe für Bienen aufbewahrt werden, nicht anwendbar.

Wanderbeute. Bienenwohnung, mit der das Anwandern von Trachten mit Bienen ohne Schaden für diese während des Transportes durchgeführt werden kann. Um die Belüftung der Beuten (Wanderlüftung) zu sichern, werden sie mit einem Wandervorsatz ↗ versehen, der an der Fluglochseite befestigt wird, in den Lüftungsschlitze eingefräst sind u. der in Höhe des Brutraum- u. Honigraumflugloches eine Wanderklappe besitzt.

Wandergemeinschaft → Wanderung mit Bienen.

Wandergitter → Wanderbeute.

Wanderimker. Im Gegensatz zu dem Imker, dessen Bienen während des ganzen Jahres von einem Standort aus die Trachten anfliegen, gibt es W., die innerhalb des Bienenjahres mehrere Trachten anwandern. Diese Wanderungen gelten vornehmlich Früh-, Sommer- u. Spättrachten.

Wanderintensität. Begriff für das starke «Bewandern» bzw. «Anwandern» bestimmter Kulturen der

Landwirtschaft od. des Obstbaues. Raps (*Brassica napus* ↗) wird z. B. intensiv angewandert.

Wanderkiste. Behälter für Imkergerät u. Material, die für das Arbeiten mit Bienen erforderlich sind, wenn ohne Wanderwagen ↗ gewandert wird. Verbleibt während der Wanderung am Wanderstand ↗.

Wanderklappe → Wanderbeute.

Wanderlüftung → Wanderbeute.

Wanderplatz. Örtl. festgelegter Standort innerhalb einer bestimmten Kultur der Landwirtschaft od. des Obstbaues für das Aufstellen von Bienenvölkern. Die Bienen müssen weitgehend gegen Witterungsunbilden geschützt aufgestellt werden. Die Möglichkeit, Wasser zu erreichen, muß gesichert sein.

Wanderstand. Aufstellung von Bienenvölkern auf einem Wanderplatz innerhalb einer leicht montier- u. demontierbaren, überdachten Schutzkonstruktion für die Bienenbeuten.

Wandertracht. Kulturen der Landwirtschaft u. des Obstbaues od. der freien Natur, die zu bestimmten Blütezeiten vom Heimatstand aus nicht von den Bienen angeflogen werden können u. deshalb zur Ausnutzung des Nektar- od. Pollenangebotes mit den Bienenvölkern angewandert werden müssen.

Wandertrage. Transportgerät für zwei Personen zum Tragen von Bienenbeuten vom Transportmittel zum Wanderstand ↗ u. umgekehrt.

Wander- u. Bestäubungsanordnung. Sie ist in der DDR seit dem 1. Januar 1977 rechtswirksam. Sie löste die Wanderordnung aus dem Jahre 1957 u. die Bestäubungsordnung aus dem Jahre 1974 ab. In ihr sind geregelt: die staatliche Verantwortung für den Einsatz von Bienenvölkern; die Verpflichtung der Anbaubetriebe zum vertraglichen Einsatz von Bienenvölkern; die Mindestanforderung einzusetzender Bienenvölker in den einzelnen Kulturen; die Möglichkeit zum Abschluß von langfristigen Verträgen u. deren Bedingungen.

Wanderung mit Bienen. Erfolgt zwecks Nutzung eines Nektar- od. Pollenangebotes auf einem vom Heimatstand entfernten Standort. Durchgeführt wird die Wanderung einzeln od. in Wandergemeinschaften. Der Bienentransport erfolgt meist in Wanderwagen ↗. Bereits im Altertum wurde in Ägypten per Schiff auf dem Nil mit Bienen gewandert.

Wanderversammlungen → Imkerorganisationen.

Wandervölker. Bienenvölker, mit denen Trachten angewandert werden. Man unterscheidet zw. Wandervölkern für die Entwicklungstrachten, schwache Völker im Frühjahr; Wandervölkern für die Ertragstrachten, starke Völker bzw. Wirtschaftsvölker; Wandervölkern zur Entwicklung in der Nachtracht für die Überwinterung.

Wandervorsatz. Die Forderung, daß jede Beute ↗ wanderfähig sein soll, führte dazu, daß neue Beuten überwiegend mit einem W. geliefert werden. Bei Hinterbehandlungsbeuten ↗ handelt es sich hierbei um einen an den um 40–80 mm über die Beutenvorderwand hinaus verlängerten Boden, Decke u. Seitenwände, durch Vorreiber gehaltenen Rahmen, der nach außen mit einer geschlitzten Hartfaserplatte, 4–6 mm dahinter mit Lüftungsgitter ↗ versehen ist. In Höhe des Hauptfluglochs sowie der oberen Fluglöcher (Flugloch ↗) sind mit Anflugklappen ↗ verschließbare Öffnungen ausgespart. Der Raum zw. Beutenvorderwand u. W. wird Trommelraum genannt. Die Lüftung durch den W. hat den großen Vorteil, daß nach Schließen der Anflugklappen die Beuten wanderfertig sind. Dadurch, daß sich an der Luftzirkulation am Flugloch nichts ändert, werden die Völker durch die Wanderung nicht beunruhigt. Bienen, die die Beute verlassen, ketten sich im Trommelraum auf.

Wanderwagen. Während der Wanderung u. auf dem Heimatstand sind die Beuten dort ständig stationiert. Es gibt Einachs- u. Mehrachs-W. Die Beuten können beidseitig an den Längsfronten od. an der Vorder- u. Rückfront angeordnet werden. Die Mehrachs-W. sind meistens mit einem Schleuderraum ausgestattet.

Wankler, Wilhelm. Geb. 13. 2. 1855 in Heilbronn, gest. 18. 4. 1929 in Sulzburg. Uhrmacher. Beschäftigte sich mit Weiselzucht. Erfuhr von WEYGANDT von der Möglichkeit des Umlarvens, baute dann Umlarvgeräte, Weiselkäfige, Zuchtlatten usw. Erfand die künstl. aus Wachs hergestellte Weiselzelle (Weiselbecher), entwickelte ein Rüssellängenmeßgerät (Tauchtiefenmessung) u. konstruierte feine Spritzen, mit denen er versuchte, Weiseln künstl. zu besamen, hatte jedoch keinen Erfolg. Hauptwerk: «Die Königin».

Warmbau → Wabenstellung.

Wärmebedarf → Thermoregulation.

Wärmedämmung. Um den Bienen die Erhaltung der für ihre Lebensfunktionen erforderlichen Temp. im Brutnestbereich u. während der Überwinterung zu erleichtern, war es von jeher das Bestreben von Beutenherstellern u. Imkern, durch gute W. bes. des Brutraumes ↗ die Wärmeabstrahlung zu vermindern. Zu diesem Zweck wurden Bienenwohnungen entweder aus gut wärmedämmendem Material, wie z. B. Stroh, od. doppelwandig mit entspr. Füllungen hergestellt. Alle Leerräume in den Beuten wurden mit wärmedämmendem Material ausgefüllt. Die Ansichten über die Notwendigkeit u. Zweckmäßigkeit einer übertriebenen W. haben sich aufgrund von Erkenntnissen u. Erfahrungen im Laufe der Zeit gewandelt. Bei Hinterbehandlungsbeuten ↗ wird heute überwiegend nur noch die Vorderwand doppelwandig, u. Magazinbeuten ↗ werden z. T. schon ganz einfachwandig hergestellt. Trotzdem ist eine angemessene Unterstützung der Völker, bes. bei der Aufrechterhaltung der Brutnesttemp., angebracht, z. B. dadurch, daß gestapelte Hinterbehandlungsbeuten gegeneinander abgedichtet werden (Beutenstapel ↗) u. daß, solange in den Beuten noch Platz ist, ein Kissen eingestellt wird. Als Füllung für Beutendoppelwände wurden früher meist fest eingestampfte Hobelspäne, heute ausschl. synthetische Schaumstoffe verwendet. Eine Sonderform der W. wurde in der Paschkebeute ↗ angewendet: Aluminiumfolie auf Holzrahmen gespannt, paßte man in die Doppelwände so dicht ein, daß in den Seitenwänden drei, in der Vorderwand vier abgeschlossene Luftkammern entstanden. Zur Herstellung bzw. Füllung von Wärmekissen sind die unterschiedlichsten Materialien in Gebrauch, u. a. Stroh, Wellpappe, Zeitungspapier,

Papierwolle, Polsterwatte, Filz. Als ein sehr geeignetes Material hat sich in der Praxis Texotherm erwiesen; es ist leicht, flexibel u. nimmt keine Feuchtigkeit auf.

Wärmeerzeugung → Thermoregulation.

Wärmehaushalt → Thermoregulation.

Wärmeregulierung der Bienen und Atmungsstoffwechsel. Die Erzeugung von Wärme u. damit der Stoffwechsel der Bienen in Gruppen (ROTH, 1965) ist ausgesprochen paradox gerade bezüglich der Wärmeentwicklung. Bei einer Temp. von 20 °C bewegt sich eine Bienengruppe wenig od. überhaupt nicht, obwohl sie viel Wärme erzeugt. Bei 30 °C bewegt sie sich stark, während die Wärmeerzeugung u. der Sauerstoffverbrauch drei- od. viermal geringer sind. Außerdem wird die Wärme nicht gleichmäßig produziert, sondern stoßweise («pulsierende Wärme» nach ROTH, 1965). Ein anderes, ziemlich erstaunliches Phänomen ist, von ROTH beim Messen der Wärmeabgabe in eine Stickstoffatmosphäre beobachtet, daß diese Wärmeabgabe zwar gering, aber deutl. meßbar ist, obwohl jegliche Sauerstoffabsorption fehlt. Die Wärmeabgabe macht ein Drittel des Wertes aus, den man mit Sauerstoff erhält u. der bei 0,029 kcal pro Biene u. Minute liegt. Die Wärmeproduktionsrate bei enthaupteten Bienen ist sehr gering, die des isolierten Hinterleibs sehr hoch. Durch ROTH wurde der bedeutsame ökonomische Effekt der Bienengruppe (Gruppeneffekt) nachgewiesen. Die in Kalorimetern isolierten Bienen erzeugen viel mehr Wärme als die Bienen in einer Gruppe. Dabei ist feststellbar, daß die Bienen sich in einer Gruppe viel weniger bewegen. – Bei der Einwirkung versch. Gase ist die sehr große Widerstandskraft der Bienen bei der Anästhesie mit Kohlendioxid zu nennen. Die Anästhesie hält kaum vor, selbst wenn sie mit purer Kohlensäure hervorgerufen wird. Dies ist eine Besonderheit der Biene. Außerdem wurde von versch. Autoren im Bienenstock u. vor allem im Inneren der Wintertraube ein hoher CO_2-Gehalt festgestellt. – Es existiert noch ein 24-Stunden-Rhythmus. HEUSSNER u. ROTH zeigten, daß die isolierten Bienen am Tage gleichwarm u. nachts wechselwarm sind, d. h. daß sie tagsüber umso mehr Wärme entwickeln, je mehr die Außentemp. absinkt, u. in der Nacht ihren Stoffwechsel der Umgebungstemp. anpassen, wie das bei Insekten generell der Fall ist. Im Bienenstock, in dem die Temp. Tag u. Nacht konstant ist, tritt diese Erscheinung nicht auf.

Warnschild. In der näheren Umgebung von Bienenständen, bes. wenn sie, wie z. B. Wanderstände ↗, frei zugänglich sind, sollten ein od. mehrere W.er mit der Aufschrift «Vorsicht Bienen – Stechgefahr» aufgestellt werden.

Wasserbedarf eines Bienenvolks. Der W. e. B. resultiert aus der Menge für die Bereitung des Futters (Verdünnung des Honigs u. Verdauung des Pollens) sowie der Menge, die an warmen Tagen zur Regulierung der Innentemp. der Beute benötigt wird. In der Trachtzeit wird ein Teil des Wasserbedarfs für die Ernährung aus dem Nektar gedeckt. Tägl. Wasserbedarf:

März	~ 45 g pro Tag	
April	~ 65 g pro Tag	
Mai	~ 200 g pro Tag	
Juni	~ 300 g pro Tag	
Juli	~ 200 g pro Tag	
August	~ 120 g pro Tag	(nach BLOEDORN,
September	~ 75 g pro Tag	1971)

Wasserblattgewächse → Hydrophyllaceae.

Wasserdampfhaushalt → Wasserhaushalt.

Wasserhaushalt. *Einzelbiene:* Die Wasseraufnahme der Arbeiterin ist bei Temp.en zw. 10–30 °C gering. Bei höheren Temp.en (35–40 °C) trinken die Bienen allerdings reichl. Im übrigen gewinnen sie Wasser vor allem durch die Nektaraufnahme, welches über die Mitteldarmwand (Darmkanal ↗) in die Blutflüssigkeit (Haemolymphe ↗) gelangt. Das vom Mitteldarm nicht resorbierte Wasser wird in die Kotblase (Rectum, Darmkanal ↗) transportiert u. stellt hier eine Wasserreserve dar. Um den Wassergehalt der Blutflüssigkeit konstant zu halten, kann im Bedarfsfall Wasser über die Wand der Kotblase in die Leibeshöhle ↗ aufgenommen werden. Im Sommer, bei relativ hohen Temp.en, ist die Permeabilität der Rectalwand für Wasser geringer als während der Winterruhe bei niedrigen Umgebungstemp.en, da Corpora allata ↗-Hormone die Permeabilität der Rectalwand bei hohen Temp.en herabsetzen. Im Winter kann demnach leichter Wasser aus der Kotblase in die Blutflüssigkeit gelangen, womit die Kotblase als Speicherorgan für Verdauungsrückstände entlastet wird. Die Bienen verbrauchen Wasser für die Produktion von Sekreten u. Exkreten, auch gelangt es während der Atmung mit der ausgeatmeten Luft über das Tracheensystem ↗ nach außen u. geht auf diese Weise dem Körper verloren. *Bienengemeinschaft:* Der Wasserverbrauch des Bienenvolkes steigt mit zunehmender Temp. u. sinkt beim Anstieg der Luftfeuchtigkeit. Ein Bienenvolk verbraucht durchschnittl. 200 g Wasser/Tag. Durch Atmungsprozesse, aber auch über offenen Brut- u. Honigzellen, durch Stocknässe u. feuchte Luft, die durch das Flugloch einströmen kann, kommt es zur Wasserdampfbildung im Beuteninneren. Eine verstärkte Abgabe von Wasserdampf über die Atemluft der Bienen erfolgt bei Anstieg des Kohlendioxid-Gehaltes der Stockatmosphäre durch erhöhte Atemtätigkeit. Die vom Wasserdampfgehalt u. der Temp. in der Bienenwohnung abhängige relative Luftfeuchtigkeit weist in den Wabengassen des Brutnestes verhältnismäßig konstante Werte um 40 % auf. Schwankungen sind durch örtl. Steigerungen des Dampfdruckes mit der Verlagerung von Kleinstluftkörpern od. durch Wasserverdunstung bei ansteigender Temp. möglich. Bei einer Tagestemp. von 18 °C u. 60 % relativer Luftfeuchte zur Herbstzeit in unmittelbarer Umgebung der Bienenvölker wurden in den Beuten Temp.en von 20–25 °C u. eine relative Luftfeuchte von 40–60 % gemessen. Bei nächtl. Außentemp.en um 13 °C u. einer relativen Feuchte von 96 % herrschten dann in der Beute 17,5 °C u. im Inneren der Bienentraube ↗ 20–30 °C sowie eine relative Feuchte von 70–90 %. Ein übermäßiger Anstieg der Luftfeuchtigkeit in der Beute wird von den Bienen mit Fächeln beantwortet. Unbesetzte u. dann im Winterhalbjahr kalte Beutenteile sind vor allem bei Brutbeginn im Vorfrühling durch erhöhte Wasserdampfbildung auch feucht. Durch Verdunstung des Kondenswassers wird eine weitere Abkühlung bewirkt. Am wärmsten ist es demzufolge in den trockensten Bereichen der Beute. Nach BÜDEL verhindern zusätzl. Öffnungen der Beute nicht die Bildung von Stocknässe. Sie fördern nur die Verdunstung des Niederschlagswassers u. damit die Abkühlung. Die Höchstmenge an Wasserdampf, die die Beutenluft aufnehmen kann, hängt von der Innentemp. des Bienenstockes ab (nach BÜDEL u. HEROLD, 1960):

Lufttemp. in °C	−10	0	10	20	35
Wasserdampfhöchstmenge, mg je l Luft	2	5	9	23	40

Grundregeln für den Wasserdampfhaushalt im Bienenvolk (nach BÜDEL):

1. Im Brutnest ist die relative Feuchte weitgehend konstant.
2. Je kälter ein Bezirk in der Beute ist, um so höher ist dort auch die relative Luftfeuchte.
3. Der Wasserdampfgehalt einer gut besetzten Beute ist überall ungefähr gleich groß.

Im Bedarfsfall können die Bienen die Wasserverdunstung durch Eintragen u. Versprühen von Wasser erhöhen od. sie durch Fächeln herabsetzen. Eine solche Feuchteregulation setzt im Frühjahr mit Brutbeginn ein. Der Taupunkt liegt dann erfahrungsgemäß bei 15 °C. Wird er unterschritten, kommt es zur Nässebildung (Stocknässe). Die Feuchtigkeit selbst stellt für das Bienenvolk kein Problem dar, wenn das Volk nur stark genug ist, auch die für die Verdunstung der überschüssigen Feuchte erforderliche Wärme zu produzieren. Der kälteste Bezirk einer Beute sollte sich in Fluglochnähe befinden, da der Feuchteniederschlag von hier aus am ehesten über den Weg der Verdunstung als Wasserdampf aus der Beute entweichen kann.

Wasserholer. Flugbienen, die das für die Bereitung u. Verdauung des Futters u. die Temp.-Regulierung an warmen Tagen benötigte Wasser in ihrer Honigblase eintragen. W. sind wie Trachtbienen daran zu erkennen, daß sie bei der Landung geradezu auf die Anflugklappe fallen u. durch die meist max. Füllung der Honigblase ihr Hinterleib wie aufgetrieben erscheint, was beim Einlaufen in die Beute deutl. zu erkennen ist. Da Wasser in der Beute nicht gespeichert wird, muß es immer dem momentanen Bedarf entsprechend, auch bei widrigem Wetter, eingetragen werden (Innentränke ↗). Da die W. das eingetragene Wasser nicht selbst verbrauchen, sondern es an Stockbienen weitergeben, bedarf es einer Verständigung über den Bedarf. Der Regelmechanismus für das Wassereintragen ist die Intensität, mit der die Stockbienen den W.n ihre Fracht abnehmen. Werden sie schon am Flugloch erwartet u. um Wasser angebettelt, fliegen sie sofort nach Entleerung der Honigblase wieder aus. Müssen sie dagegen das Wasser in der Beute immer wieder anbieten, bis es ihnen abgenommen wird, stellen sie das Wasserholen ein bzw. fliegen erst nach längerer Zeit wieder aus.

Wassermangel → Thermoregulation.

Wasserminze, *Mentha aquatica* → Labiatae.

Wasserstoffwechsel der Bienen. Erhöht sich mit der Temp. Das Trockengewicht steigt im Laufe des Lebens an. Es verändert sich auch mit der Jahreszeit u. erhöht sich vor allem dann, wenn die Pollenerträge max. sind. Das Trockengewicht ist in einem schwachen Volke geringer als in einem starken.

Wasserwabe. Wasser wird in der Beute nicht gespeichert; es muß bei Bedarf immer frisch eingetragen werden. Volkteilen, die offene Brut zu versorgen haben, aber keine Flugbienen besitzen, muß Wasser gereicht werden; dies kann durch eine W. erfolgen. In die Zellen einer etwas schräg gehaltenen leeren Wabe wird unter der Wasserleitung od. aus einem Gefäß Wasser gegossen (Innentränke ↗).

Wasserzerstäuber. Gerät zum Versprühen von Wasser. Bei der Behandlung der Bienenvölker wird neben Rauch auch fein versprühtes Wasser eingesetzt; es schränkt die Bewegungsfähigkeit der Bienen ein u. erschwert ihnen das Abfliegen; vor nassen Flächen schrecken sie zurück. Für bestimmte Zwecke wird Wasser mit Zusätzen verwendet. W. sind in den verschiedensten Ausführungen im Handel.

Wechselblättriger Hartriegel → *Cornus alternifolia* → Cornaceae.

Wechselkreuzung → Rotationskreuzung.

Wegerich, *Plantago* → Plantaginaceae.

Wegerichgewächse → Plantaginaceae.

Wehrstachel → Stachelapparat.

Weiden, *Salix* → Salicaceae.

Weidengewächse → Salicaceae.

Weidenröschen, *Epilobium* → Onagraceae.

Weiderich → *Lythrum salicaria.*

Weißbirke → *Betula pendula* → Betulaceae.

Weißdorn, *Crataegus* → Rosaceae.

Weisel, Königin. Körperlänge normalerweise 20–25 mm; Gewicht etwa 0,23 g. Sie allein erreicht eine Lebensdauer von 2–3 Jahren (ausnahmsweise 4–5 Jahren) u. kann durch Ablage von befruchteten Eiern für den Fortbestand des Volkes sorgen. Während der W.-Entwicklungszeit, die 16–17 Tage (drei Tage Ei-, fünf Tage Larven-, acht Tage Puppenzeit)

Weisel

dauert, erhält sie nur Futtersaft. Etwa fünf Tage nach dem Schlüpfen ist die W. zur Paarung reif. Die Paarungen erfolgen außerhalb des Stockes, meist auf mehreren Paarungsflügen, i. d. R. bei Temp.en über 20 °C. Die Flugweite beträgt im Durchschnitt etwa 2 km (bis 5 km). Die W. kehrt – wenn sie es nicht unterwegs verliert – mit einem Begattungszeichen zurück. Eine ausreichend begattete W. geht schon einen Tag später in Eiablage. Ihre Samenblase ist dann mit 4–7 Mio Samenfäden gefüllt. Sie kann am Tag 2000 Eier legen. Wenn sie nach 4–6 Wochen nicht begattet ist, legt sie unbefruchtete Eier, aus denen Drohnen hervorgehen. – Nach Art der Entstehung unterscheidet man Schwarm-, Nachschaffungs- u. Zucht-W.n. Schwarm-W.n entwickeln sich aus einem befruchteten Ei, das in ein W.-Näpfchen gelegt wurde, ebenso W.n der stillen Umweiselung. Nachschaffungs-W.n stammen aus befruchteten Eiern in Arbeiterinnenzellen, die zu Weiselzellen (Nachschaffungszellen) umgeformt wurden. Zucht-W.n werden auf künstl. Wege aus Larven im Alter bis zu 1½ Tagen aufgezogen. Die Qualität einer W. hängt von der Herkunft, der Pflege während der Entwicklungszeit, dem Larvenalter u. den Paarungsbedingungen ab.

Weiselableger. Meist ein Brutableger ↗ mit der Weisel des Volks, dem die Brutwaben entnommen wurden (Zwischenableger). Soll die Weisel dem Volk nicht zurückgegeben werden u. nur zu ihrer Aufbewahrung od. zur Erzeugung einiger Brutwaben dienen, kann der W. relativ schwach, evtl. nur mit einer Brutwabe, gebildet werden (Brutableger ↗).

Weiselfänger. Gerät zum Abfangen der Weisel von der Wabe. In Form der Abfangzange ↗ od. als Glasgerät in Gebrauch. Wird letzteres über die Weisel gehalten, läuft sie selbständig hinein u. kann u. a. auf körperl. Fehler untersucht werden.

Weiselfuttersaft → Zuchtstoff → Aufzuchtverfahren.

Weiselhalter → Besamungsapparat.

Weiselhaltung für die künstliche Besamung. Für die Aufbewahrung der künstl. zu besamenden sowie der besamten Weiseln bis zum Beginn der Eiablage werden versch. Methoden empfohlen. a) Die W. f. d. k. B. in kleinen Käfigen mit wenigen Bienen im Brutschrank bei ca. 25 °C erfordert regelmäßiges Füttern u. Tränken. Zur Verhinderung einer Nosemainfektion sind Antibiotikazusätze zum Futter u. häufiger Austausch der Pflegebienen erforderlich. b) Bei der W. f. d. k. B. in weisellosen Pflegevölkern – «queen banks» – befinden sich bis zu 20 Weiseln in Käfigen aus Drahtgaze in einem sehr starken Volk zw. Waben offener Brut, die aus anderen Völkern kontinuierlich eingehängt werden. Vorteile sind leichte Erreichbarkeit der Weiseln, keine Ausflugversuche der brünstigen Weiseln u. die Einsparung von Bienen bis zur Einweiselung. c) Einweiselung im 3–5-Wabenableger mit einer ausreichenden Anzahl von Jungbienen u. gedeckelter Brut od. Einweiselung in Begattungskästen ↗ mit zahlreichen Jungbienen. Die Annahme von Jungweiseln durch Jungbienen bis zum Alter von sieben Tagen ist bedeutend besser als bei älteren Arbeitsbienen. Der Ausflug der Weisel zur natürl. Paarung muß auf jeden Fall verhindert werden. Deshalb ist ein Flügel der Weisel zu beschneiden. Da manche Weiseln trotzdem fliegen können, ist darüber hinaus ein Absperrgitter am Flugloch anzubringen. Das Verstopfen der Flugöffnungen durch Drohnen ist zu vermeiden. Die Besamung der nicht in Käfigen gehaltenen Weiseln sollte am 5.–6. Lebenstag vorgenommen werden, da ältere – brünstige – Weiseln versuchen, sich durch das Absperrgitter zu zwängen u. sich dabei verletzen können. Die W. f. d. k. B. im Ableger od. Begattungskasten in einem kleinen bienenfreien Käfig ist weniger günstig als ihr freies Umherlaufen, da dieses offenbar die Eireifung stimuliert. Wenn doch erforderlich – bei Verzögerung der Besamung –, muß der Käfig inmitten des Bienensitzes in die Waben eingeschnitten werden. Am Tag der Besamung sind Weiseln im Alter ab fünf Tagen morgens vor 10 Uhr od. nachmittags nach 16 Uhr herauszufangen, da sie in der Zeit der Paarungsflüge leicht entweichen können. Das gilt auch für das zweite Herausfangen nach der ersten Besamung od. Begasung. Man beläßt sie bis zur Besamung in einem Käfig mit Begleitbienen im Ableger, um das Völkchen zusammenzuhalten. Weiseln, die längere Zeit gekäfigt waren, sollen vor der Besamung zum Abkoten am Fenster des Besamungslabors einige Zeit fliegen. Die besamten Weiseln kann man im betäubten Zustand in eine Wabengasse fallen lassen. Andernfalls setzt man sie unter leichtem Futterteigverschluß wieder zu. Der Drang zum Paarungsflug bleibt auch nach der Besamung bis zum Beginn der Eiablage ↗ bestehen. Die Weisel benötigt zum Einwandern der Spermien in die Spermatheca ca. 34 °C Wärme. Soeben in Eiablage gegangene Weiseln sollten nicht in starke Völker eingeweiselt werden, denen kurz zuvor eine Weisel in voller Legeleistung entnommen wurde. Weiseln, die – im Rahmen von Versuchen – mit nur wenig Sperma, z. B. nur eines Drohnen, besamt wurden, sollten in einem Ableger gehalten werden. Bei angemessenem Raummangel wird die Weisel an intensiver Eiablage gehindert u. dadurch ihr Leben verlängert.

weiselloses Volk. Bienenvolk od. eine andere selbständige Einheit ohne Weisel. Plötzliche Weisellosigkeit kann entstehen, wenn eine Weisel im Volk stirbt, vom Paarungsflug nicht zurückkehrt, bei der Bearbeitung eines Volkes gequetscht wird od. anders zu Schaden kommt bzw. verlorengeht. Das Volk reagiert darauf nach 1–2 h mit der sog. Entweiselungsunruhe. Sie äußert sich in einer allgemeinen Unruhe, am Flugloch u. der Beutenvorderwand laufen zahlreiche Bienen umher. Ist im Volk jüngere Brut vorhanden, werden einige Larven bes. reichl. mit Futtersaft versorgt u. nach 1–2 Tagen diese Zellen in Weiselzellen umgearbeitet (Nachschaffungsableger ↗). Ist ein Volk hoffnungslos weisellos, d. h., hat es keine Brut, aus der es sich eine Weisel nachschaffen kann, gibt es nach einer od. wenigen Stunden einen als «Heulen» bezeichneten Ton von sich. Nach einigen Tagen od. Wochen entwickeln sich bei einigen Arbeitsbienen die Eierstöcke soweit, daß sie Eier zu legen beginnen, aus denen sich jedoch nur Drohnen entwickeln (Buckelbrut ↗). S. auch Weiselprobe ↗.

Weiselnäpfchen → Zuchtstoff → Transport von Zuchtstoff.

Weiselprobe. Ist ein Volk nicht mit Sicherheit weisellos od. hat es längere Zeit keine Brut gepflegt, ist durch Zugabe einer Wabe mit jüngster Brut zu prüfen, ob nach zwei Tagen Weiselzellen angesetzt sind. Ist dies der Fall, haben die Bienen damit angezeigt, daß sie sich weisellos fühlen. Die Brutwabe kann nun wieder entnommen u. das Volk beweiselt werden (Beweiseln ↗, Umweiseln ↗).

Weiselversandkäfig → Versand von Weiseln.

Weiselzeichen → Zeichnen der Weisel.

Wieselzellen-Futtersaft (Rembold)

Wieselzucht. Beinhaltet die Zuchtauslese und auch die Aufzucht von Weiseln (Nachschaffungszucht). Ihre Qualität wird durch Zuchtauslese (genetische Eigenschaften) und durch die Bedingungen während der Aufzucht u. Paarung (Umwelteinflüsse) bestimmt. Deshalb kommt der Technik bei der Aufzucht bes. Bedeutung zu. Die planmäßige Aufzucht u. Erneuerung von Weiseln gehört zu den wichtigsten Aufgaben der Imkerei.

Weißer Hartriegel → *Cornus stolonifera* → Cornaceae.

Weißerle → *Alnus incana* → Betulaceae.

Weißer Senf → *Sinapis alba* → Cruciferae.

Weißer Steinklee → *Melilotus albus* → Leguminosae.

Weiße Waldrebe → *Clematis vitalba* → Ranunculaceae.

Weißklee → *Trifolium repens* → Leguminosae.

Weißweide → *Salix alba* → Salicaceae.

Wespe. Bes. Deutsche W., *Paravespula germanica*, u. Gemeine W., *P. vulgaris*, aus der UO der Aculeata (Soziale Faltenwespen, Stechwespen). Außen- u. Innenschädling ↗, Krankheitsüberträger. W. ist gesellig lebender Hautflügler, bei dem nur einzelne begattete Mütter den Winter überleben, braucht zur Brutfütterung Fleischnahrung, fängt dafür Insekten od. dringt in schwache Bienenvölker ein. Auch als Honignäscher Unruhe u. Plage im Bienenvolk, bes. während der Einfütterung der Bienen. Bekämpfung durch Fangflaschen, bes. im Frühjahr.

Westliche Honigbiene → *Apis mellifera.*

Wetterfahne. Zur Vervollständigung der meteorologischen Beobachtungen können noch die an der W. ablesbaren Windrichtungen u. -stärken vermerkt werden. Zahlreiche Trachtpflanzen reagieren empfindlich auf den Wechsel der Windrichtung. Die meist mit höherer Luftfeuchtigkeit verbundenen S- bis W-Winde bewirken eine höhere Nektarsekretion als die meist trockeneren Winde aus öst. Richtungen.

Widerstoß → *Limonium vulgare.*

Wiesenflockenblume → *Centaurea jacea* → Compositae.

Wiesenkerbel → *Anthriscus cerefolium* → Umbelliferae.

Wiesenklee → *Trifolium pratense* → Leguminosae.

Wiesenknopf, *Sanguisorba* → Rosaceae.

Wiesenkönigin → *Filipendula ulmaria.*

Wiesenplatterbse → *Lathyrus pratensis* → Leguminosae.

Wiesensalbei → *Salvia pratensis* → Labiatae.

Wiesenstorchschnabel, *Geranium pratense* → Geraniaceae.

Wegwarte, eine oft zu findende Pflanze auf Wiesen u. Weiden und an Wegrändern

Wiesen u. Weiden. Wiesen sind mit Gräsern, Klee-An u. Kräutern bestandene Flächen, die i. U. zur Weide nicht durch Abweiden – z. B. die Almen der Hochgebirge –, sondern durch Mahd genutzt werden. Man unterscheidet zw. sauren Wiesen, die sich durch Kräuter mit erheblichem Trachtwert auszeichnen können, u. Süßgraswiesen, die durch starken Kleeanteil eine sehr ergiebige Tracht liefern. Als Frühtrachtpflanzen haben der Huflattich (*Tussilago farfara* ↗) u. die Pestwurz (*Petasites hybridus* ↗) eine Bedeutung für die Entwicklung der Bienenvölker. In den Alpen u. ihrem Vorland ist anstelle der Pestwurz der etwas später blühende Schneepestwurz (*Petasites paradoxus*) anzutreffen. Der Gemeine Löwenzahn (*Taraxacum offici-*

Sommerwiese

nale ↗) ist nach ZANDER u. BERNER nur eine Entwicklungstracht, kann aber in Gemeinschaft mit anderen Frühblühern erheblich zur Honigernte beitragen. Das Veilchen (*Viola odorata* ↗) – auch in lichten Wäldern, an Hängen u. in der Nähe von Büschen u. Hecken zu finden – u. die Ehrenpreis-An (bes. *Veronica spicata* ↗) werden von den Bienen genauso gern beflogen wie die Kohldistel (*Cirsium oleraceum* ↗), Minze (*Mentha aquatica* ↗), Wiesensalbei (*Salvia pratensis* ↗) u. Bärenklau (*Heracleum spondylium* ↗). Weißklee (*Trifolium repens* ↗), Schwedenklee (*T. hybridum*) u. Hornschotenklee (*Lotus corniculatus* ↗) sind nur einige gute Trachtpflanzen, andere in den Gebirgslagen vorkommende *Trifolium*-An werden auch gern beflogen. Auch Zaun- (*Vicia sepium*) u. Vogelwicke (*V. cracca*) werden im Gegensatz zum Wiesenschaumkraut (*Cardamine pratensis*) u. dem Blutweiderich (*Lythrum salicaria* ↗), der nur bei schwül-warmem Wetter Beachtung findet, gern beflogen.

Wiesen-Wachtelweizen → *Melampyrum pratense.*

Wildbienennutzung, Australien. Vor der Einfuhr der europ. Honigbiene (*Apis mellifera* L. u. *A. m. ligustica* SPIN.) im frühen 19. Jh. beschränkte sich der Bienenbestand Australiens auf mehrere An stachelloser Bienen (Meliponini ↗) der G *Trigona* auf dem austral. Festland in der unter Monsuneinfluß stehenden nö. Savannenzone sowie in den von pazifischen Passatwinden bestrichenen Küsten- u. Gebirgsländern Queenslands u. im N von Neusüdwales. Die Blüten vieler An von *Eucalyptus*- bzw. *Acacia* spec. sind in dem annähernd die Hälfte des Kontinents deckenden Verbr.-Gebiet die hauptsächl. Nektarquelle. Die etwa hausfliegengroße austral. Vertreter der G haben eine den europ. Honigbienen ähnl. «staatliche» Organisation in ihren Nestern, die sie entweder (was meistens der Fall ist) in hohlen Bäumen od. (seltener) in Felsspalten zu ebener Erde anlegen. Die Waben sind jedoch kunstloser gebaut u. bestehen lediglich aus einem asymmetrischen Klumpen von Wachszellen unregelmäßiger Form u. Größe. – Obwohl die Ureinwohner Australiens als schweifende Sammler u. Jäger i. U. zu seßhaften Völkern S- u. M-Amerikas keinerlei Ansätze zu einer «Domestikation» der heimischen Meliponen zeigten, waren die sog. «Zuckerbeutel», wie die Honigwaben der austral. Wildbienen im Buschjargon bezeichnet werden, zusammen mit den zentralaustral. Honigameisen (*Melophorus* spec.) u. einer südostaustral. Manna-A die mit Abstand wichtigste Zuckerquelle ihrer Ernährung. Alle ethnographischen Beobachtungen, die sich auf die wirtschaftl. u. ernährungsphysiologische Bedeutung des *Trigona*-Honigs für die austral. Ureinwohner beziehen, stimmen darin überein, daß er zu ihren hervorragendsten Nahrungsquellen zu rechnen ist. Wohl am wertvollsten war der Honig für die Bewohner der wildarmen Gebirgswälder in der Kordillere von Neusüdwales, über die R. DAWSON 1830 berichtete: «Unter allen Naturprodukten des Waldes gibt es nichts, auf das sie so versessen wären wie auf den wilden Honig.» Durch seinen hohen Nährwert war der wilde Honig sehr geeignet, den Ureinwohnern Zeiten des Nahrungsmangels überbrükken zu helfen. Zudem hatte er als Baby- u. Kleinkindnahrung erstrangige Bedeutung, wie z. B. im Kimberley-Gebiet (NW-Australiens), wo zu diesem Zwecke aus dem trockenen, pulverisierten Fruchtfleisch der Boab- od. Flaschenbaum«nüsse» (*Adansonia gregorii*), *Trigona*-Honig u. Wasser ein nahrhafter Brei angerührt wurde. Weiterhin ist mehrfach beobachtet worden, daß Ureinwohnergruppen tagelang nur od. fast nur von Honig lebten. Auch die fast sofortige Steigerung des körperl. Wohlbefindens durch das Essen von «Zuckerbeuteln» ist sicher verbürgt. Längere Zeit u. in einem ertragreichen Jahr in größeren Mengen genossen, führte die Honigdiät nach dem Zeugnis anderer Beobachter zu einer merklichen Verbesserung der physischen Konstitution der Ureinwohner. Eine überall im Verbr.s-Gebiet der austral. *Trigona*-Bienen von den Ureinwohnern geübte Form des Honiggenusses war die Zubereitung eines Getränkes durch die Verdünnung mit Wasser. Frühen Nachrichten von der N-Küste von Neusüdwales ist zu entnehmen, daß mit den vergorenen Honigwaben verlassener Nester eine Art Met angesetzt wurde. Der in den Waben der austral. *Trigona*-Bienen enthaltene Honig ist dunkler, flüssiger u. schärfer als der europ. Obwohl diese Merkmale generelle Gültigkeit haben, gibt es doch beträchtliche Unterschiede in der Konsistenz u. im Geschmack des wilden austral. Honigs, die von einer Anzahl natürl. Faktoren abhängen. So ist von zwei in Queensland heimischen Species der Honig der einen sehr dünn, während die andere einen dem europ. ähnl. Honig erzeugt. Ebenfalls artbedingt ist im Kimberley-Gebiet der Unterschied zw. dem sehr scharf schmekkenden Honig einer in Felsspalten nistenden *Trigona* u. dem in Baumhöhlen zu findenden Honig einer anderen Vertreterin der G, der diesen unangenehmen Beigeschmack vermissen läßt. Natürl. sind auch die Blüten-An, deren Nektar zu Honig verarbeitet wird, für dessen Geschmack entscheidend, was in den Sprachen der Ureinwohner darin zum Ausdruck kam, daß z. B. auf der Kap-York-Halbinsel (Queensland) eine Anzahl durch bestimmte Nektarspender verursachte Geschmacksrichtungen des wilden Honigs durch bes. Namen unterschieden wurden. Schließl. beeinträchtigte auch die Unsauberkeit des Honigs seinen Geschmack, denn er wurde häufig in Form eines süßen Gemenges gegessen, zu dessen Ingredienzien Wachs, Pollen, Eier, Larven u. lebendige Bienen gehörten. Trotz genannter Unterschiede u. Mängel reichen die Aussagen über die Qualität u. den Geschmack des *Trigona*-Honigs, die sich auf die verschiedensten Gegenden seines austral. Verbr.s-Gebietes beziehen, von «recht gut» u. «recht schmackhaft» über «sehr gut» u. «ausgezeichnet» bis zu Feststellungen wie «süß u. schmackhaft wie der Honig der ligurischen Biene» u. «viel besser als europäischer Honig». – Die Honigmenge, die einem «Stock» entnommen werden konnte, war von der Bienen-A abhängig. So ist seit langem von zwei in Queensland häufigen An bekannt, daß die eine, von den lokalen Ureinwohnern «karb» od. «keelar» genannte (wahrscheinl. *T. carbonaria* SMITH) höchstens 2 kg in ihre Nester einbrachte. In denen der «kootchar» (*T. cassiae* LOCK.) soll jedoch gelegentl. die zehnfache Menge gefunden worden sein. Aus dem Kimberley-Gebiet NW-Australiens werden ½–1½ l als die in einem Nest enthaltene Honigmenge angegeben, die noch dazu mit Pollen, Wachs u. jungen Bienen vermischt ist. – Trotz der im allgemeinen verhältnismäßig geringen Ausbeute, die ein einzelnes Nest der austral. *Trigona*-Bienen erbrachte, war die Gesamtmenge des Honigs, die von den Ureinwohnern zu bestimmten Jahreszeiten in bestimmten Arealen ihrer Stammesterritorien gewonnen werden konnte, außerordentl. groß, da es innerhalb des Hauptverbr.s-Gebietes der austral. Wildbienen begrenzte Landstriche gab, in denen Massen von Bienen auf relativ engem Raum lebten. Solche von den Bienen bevorzugte Plätze waren im Bereich der Kordillere des O die offenen Eukalyptuswälder am Fuße der Gebirgsplateaus, auf den Ebenen des Inneren die ebenfalls mit Eukalypten (vor allem *Eucalyptus bloodwood, E. corymbosa*) bestandenen Ufer u. Niederungen der Creeks. Die Konzentration der *Trigona*-Nester u. damit der «Zuckerbeutel» auf bestimmte Areale wird zudem durch das geringe Flugvermögen der Weiseln dieser Wildbienen-G bewirkt. Dadurch kann ein *Trigona*-Volk nie sehr weit schwärmen, u. der neue «Staat» wird stets in der Nähe des alten gegründet. Die Honigsaison lag in der Baumsavanne N-Australiens vom Kimberley-Gebiet im W bis zur we. Kap-York-Halbinsel im O im Frühling u. Frühsommer bis zum Einsetzen der Monsunregen. Auf Groote Eylandt fiel ihr Beginn mit der Blüte des Papierrindenbaumes (*Melaleuca* spec.) zusammen. Für den tropischen Urwald NO-Queenslands wird hingegen die Trockenzeit generell als die Zeit des Honigsammelns angegeben. – Der durch kein anderes Nahrungsmittel zu ersetzende Wert, den die Ureinwohner Australiens dem *Trigona*-Honig beimaßen, äußerte sich u. a. im Aufwand an technischen Hilfsmitteln, der zu seiner Gewinnung erbracht wurde. So dienten von dem bescheidenen Inventar an Werkzeugen u. sonstigen Arbeitsmitteln, über das dieses steinzeitliche Volk von Sammlern u. Jägern verfügte, drei – das aus einem Geröllstein mit geschliffener Schneidekante gefertigte Beil mit Zweigschlingenschäftung sowie das Kletterseil u. die Honigquaste – ausschl. diesem Zwecke. Auf Wanderungen durch den Busch war das Auge der Ureinwohner stets nach den Kronen der Bäume gerichtet, wobei viele Meter hoch in den Stämmen od. Ästen die kaum bleistiftstarken Einschlupflöcher der Bienen erspäht wurden, da sie sich durch Spuren von weißem Wachs verrieten. Auch durch die Verfolgung des Fluges einer einzelnen Biene wurde der Eingang zu einem Nest entdeckt, u. selbst die feinen Exkremente am Fuße eines Baumes verrieten manchmal dessen Lage. Die Eingeborenen der O-Küste u. der Kordillere erleichterten sich die Suche nach Bienennestern, indem sie eine Biene fingen, ihren Hinterleib mit Harz, Wachs, Fett od. etwas Yams-Masse beschmierten u. daran eine leichte Daunenfeder klebten. Die derart präparierte Biene wurde wieder freigelassen u. strebte, in ihrem Fluge behindert u. leichter sichtbar, ihrem Neste zu u. diente somit den Honigsammlern als Lotse. Häufig suchten die Ureinwohner auch die bienenträchtigen Areale ihrer Jagd- u. Sammelgründe Baum für Baum nach Hohlräumen ab. – Mit keinem anderen Werkzeug als dem Steinbeil mußten, um an die Honigwaben der Nester heranzukommen, entweder ganze Bäume gefällt u. gespalten werden, was nur mit schlanken Bäumen möglich war, od. oben im Baum mußte der ein Bienennest bergende Ast abgeschlagen werden (das Erklettern der Bäume geschah ebenfalls mit Hilfe des Beils, mit dem als Halt für die Zehen Kerben in den Stamm gehauen wurden), od. es wurde bis zu 15 m über der Erde ein Loch in den Stamm od. Ast geschlagen, damit die Waben mit der Hand herausgelangt werden konnten. I. U. zu den Stämmen der nordaustral. Baumsavanne hatten die eingeborenen Bewohner der Gebirgs- u. Regenwaldgebiete der Kordillere u. der Küste von Queensland u. Neusüdwales zum Besteigen der mächtigen Bäume dieser Wälder ein bes. Gerät entwickelt, das Kletterseil (etwa 5 m lang u. 1 cm breit) aus einer Rottang-Gerte. Die Stämme von der W-Küste des N-Territoriums hatten ein ausschl. der Honiggewinnung dienendes, kombiniertes Spezialgerät, die Honigquaste, entwickelt, die sich aus einer Saug- u. Filtervorrichtung von weichem Gras od. Bast u. aus einem einfachen Stecken zusammensetzte, der für sich allein nur zum Austasten von Baumhöhlen od. Felsspalten auf deren evtl. Inhalt (Honig) benutzt wurde. Mit der Funktion dieses einfachen Prüfsteckens wurde in besagtem Gebiet die typischste u. verbreitetste Methode des Honiggenusses, das Aufsaugen des Inhalts der Bienennester mit bes. präparierten Pflanzenteilen, kombiniert. – Viele Sorten des wilden Honigs, die die Ureinwohner von Oenpelli u. Yirrkala (Arnhem Land, N-Territorium) unterschieden, gehörten zu den Totems der beiden exogamen Stammeshälften, während nach den Vorstellungen der Bewohner von Groote Eylandt (Carpentaria-Golf) eine F von Wildhonigahnen *(ilaukwa)* während der mythischen Schöpfungs- od. «Traumzeit» ständig im NW der Insel (Ilaukwa madja) gelebt haben soll. Diese Familie «traumzeitlicher» Totemvorfahren, bestehend aus einem Vater, einer Mutter, vier Söhnen u. einer Tochter, sind heute große Steine im Geist- od. Totemzentrum von Ilaukwa-madja, wo bis in die jüngste Vergangenheit alljährl. zur entspr. Jahreszeit eine sog. Vermehrungszeremonie, in der die Schöpferkraft der Totemahnen rituell reaktiviert werden soll, veranstaltet wurde.

Wilde Malve, *Malva sylvestris* → Malvaceae.

Wilde Möhre → *Daucus carota.*

Wilder Wein → *Parthenocissus quinquefolia* → Vitaceae.

Windel, auch Bodeneinlage. Wasserfeste Platte, die nach der Einfütterung od. während der Behandlung gegen die Varroatose ↗ in die Beuten unter die Waben geschoben wird. Dient vor allem der Bekämpfungskontrolle u. als Visitenkarte des Bienenvolkes im Winter, da sich darauf das Wintergemüll ↗ u. Wintertotenfall ↗ befinden. Entfernung vor dem Reinigungsausflug u. Gemülluntersuchung ↗ notwendig! Bei der Behandlung mit Medikamenten ist es besser, die W. mit Gaze abzudecken, damit die Bienen mit den herabgefallenen Milben nicht in Berührung kommen.

Windschutz. Dem Wind ist bei der Einrichtung einer Bienenhaltung bes. Aufmerksamkeit zu schenken. Vor allem die mit Nektar od. Pollen bzw. Wasser schwerbeladen zurückkehrenden Bienen werden durch quer zur Flugfront ↗ wehenden Wind leicht von der angesteuerten Beute abgedrängt (Randvolkeffekt ↗). Der Anflug der Bienen sollte daher möglichst in einer windberuhigten Zone erfolgen können. Gleichermaßen ungünstig wirkt sich Wind aus, wenn er, wie bei Wanderwagen u. Beuten in Freiaufstellung (Magazinbeuten ↗, provisorische Wanderstände), unter den Beuten hindurchwehen kann. Hierdurch werden die heimkommenden Bienen unter die Anflugklappe ↗ u. auf den Boden gedrückt, wo sie nicht selten verklammen. Zur Vermeidung dieses für die Bienen belastenden u. sich u. U. ertragsmindernd auswirkenden Zustandes ist dafür zu sorgen, daß der Wind möglichst nicht ungebremst quer zur Flugfront wehen kann. Dies kann durch Nutzung vorhandener od. Neuanpflanzung von Sträuchern u. Bäumen erreicht werden. Darüber hinaus sollte vor der Flugfront des Bienenhauses je nach ihrer Länge durch seitl. 50–150 cm vorspringende Blenden eine windberuhigte Zone geschaffen werden. Gegen das Unterwehen freistehender Beuten sind bis auf den Boden reichende, möglichst schräg angestellte Windblenden anzubringen. Diese können massiv aus Holz od. auch nur aus bespannten Holzrahmen bestehen.

Windschutzhecken → Landeskultur.

Windschutzpflanzungen → Landeskultur.

Windschutzstreifen → Landeskultur.

Winterarbeiten. Während der Zeit der Winterruhe ↗ auf dem Bienenstand hat der Imker einige Arbeiten zu erledigen, die einmal den Abschluß des Bienenjahres bilden, andererseits aber schon der Vorbereitung des neuen dienen. Hierzu gehören:

- Ausschneiden der aussortierten Waben
- Aufarbeiten ↗ der leergewordenen Wabenrahmen zur Wiederverwendung
- Wachsarbeiten
- Beschaffen der Mittelwände
- Säubern der Begattungskästen u. sonstiger Zuchtgeräte sowie deren Vorbereitung für die neue Saison
- Herstellen von Futterteig.

Neben diesen handwerklichen Arbeiten sollte der Imker auch seine Aufzeichnungen, wie z.B. die Stockkarten ↗, das Standbuch ↗ u. Beobachtungsergebnisse, auswerten u. sich einen Arbeitsplan für das neue Bienenjahr erarbeiten. Auch eine ökonomische Bilanz ist zu ziehen, in die alle Einnahmen u. Ausgaben des Jahres eingehen müssen (Rentabilität der Imkerei ↗).

Winterbienen → Saisonvariabilität.

Wintereiche → *Quercus petraea* → Fagaceae.

Winterfutter → Futtervorrat.

Wintergemüll. Sammelbegriff für die sich während der Überwinterung ↗ auf der Windel ↗ sammelnden Abgänge des Bienenvolks. Das W. besteht in der Hauptsache aus toten Bienen (Wintertotenfall ↗) u. abgeschroteten Wachsdeckeln der Futterzellen. Außerdem findet man Zuckerkristalle aus z.T. kristallisiertem Futter; Wachsschuppen, die die ersten Jungbienen fallen lassen, solange nicht gebaut wird; Eier, wenn die Weisel mehr ablegt als z.Z. in Pflege genommen werden; u. Larven der Wachsmotte. Bei der Durchsicht des W.s ist auf Anzeichen von Bienenkrankheiten ↗ zu achten.

Winterlauch, → *Allium porrum* → Liliaceae.

Winterlinde → *Tilia cordata.*

Winterling → *Eranthis hyemalis* → Ranunculaceae.

Winterruhe → Überwinterung.

Wintersitz → Überwinterung.

Wintertotenfall. Die im Wintergemüll ↗ gefundenen toten Bienen sind nicht der gesamte W. eines Volkes. Eine unbestimmte Anzahl Bienen verläßt vor dem Absterben die Beute. Um eine genaue Übersicht über den tatsächl. W. zu erhalten, müssen diese Bienen am Verlassen der Beute durch Schließen der Wandervorsätze od. der Fluglochnischen gehindert werden. Die Luftzirkulation durch das Flugloch darf dadurch aber nicht behindert werden. Zur Feststellung der Anzahl der toten Bienen genügt es, das Volumen des W.s zu messen, 100 ml enthalten 250–300 Bienen. Vor dem ersten Reinigungsausflug im Frühjahr werden vom Imker die Bodeneinlagen mit dem W. zum Nachweis der Tracheenmilbe *Acarapis woodi* u. mit dem Gemüll zur Untersuchung auf *Varroa jacobsonii* aus den Bienenvölkern entnommen.

Zur Wintertraube zusammengeschlossenes Volk in der Magazinbeute nach Abheben des Deckbrettes

Wintertraube → Bienentraube.

Winterwicke → *Vicia villosa* → Leguminosae.

Winterzehrung. In der brutlosen bzw. fast brutlosen Zeit von Oktober bis Februar werden von einem im Doppelraum überwinternden Bienenvolk einer Hinterbehandlungsbeute (Raum Berlin) im mehrjährigen Mittel 5 kg Futter verbraucht; das entspricht 33 g/Tag. Im März sind es 2 kg = 65 g/Tag u. im April 3 kg = 100 g/Tag. Insges. werden somit bis zum Anschluß an die Tracht im Durchschnitt etwa 10 kg Futter verbraucht (Nachtrachtfütterung ↗).

Wirbeldost, *Satureja vulgaris* → Labiatae.

Wirkstoff. Biologisch aktive Komponente eines Präparates zum Pflanzenschutz, zur Schädlingsbekämpfung od. eines Arzneimittels.

Wirtschaftsvolk. Bienenvolk, das für die Honigproduktion, für die Erzeugung sonstiger Bienenprodukte od. zur Blütenbestäubung wirtschaftl. genutzt wird.

Wohlgemuthkäfig → Zusetzen von Weiseln.

Wohnungssuche. Die Verständigung durch Rund- u. Schwänzeltanz (Nahrungssuche ↗) dient nicht nur dem Nahrungserwerb, sondern auch der W. Zieht ein Bienenschwarm aus dem Mutterstock aus, sammelt er sich zunächst als Traube in der Nähe des Stockes. Ist der Imker nicht gleich zur Stelle – Bienen gibt es ja schon viele Millionen Jahre –, ziehen einige Dutzend Spurbienen aus, um die Umgebung nach günstigen Niststätten abzusuchen. Spurbienen rekrutieren sich zur Schwarmzeit aus den geländekundigen Sammelbienen. Die Umstellung von der Sammelbiene in eine Spurbiene erfolgt vor Auszug eines Schwarmes im Muttervolk, wenn Sammelbienen zum Müßiggang verurteilt sind, weil ihnen das eingetragene Futter nicht mehr od. nur noch zögernd abgenommen wird. Daraufhin gehen sie auf W., i. d. R. bereits einige Tage vor Auszug des Schwarmes. Dabei ist bemerkenswert, daß für sie als Spurbienen die genetische Information voll u. ganz zur Verfügung steht. Im Gegensatz zu Sammelbienen haben sie ja jetzt ganz andere Parameter eines Zieles zu begutachten; statt Duft, Farbe, Blütenmuster sind es jetzt die geschützte Lage, die Raumverhältnisse usw. Dabei ist bedenkenswert, daß oft Generationen von Bienen einander ablösen, ohne daß Spurbienen benötigt werden. Zieht aber der Schwarm aus, sind sie mit ihrem völlig anders gearteten Orientierungssystem zur Stelle. Diejenigen unter ihnen, die eine passende Höhle in einem alten Baum, in einer

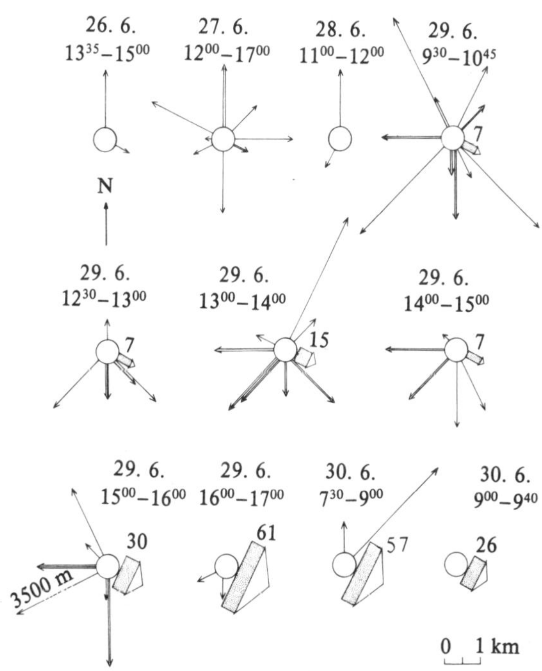

Originalprotokoll über die Meldung der Spurbienen, die auf der Schwarmtraube geeignete Nistplätze ankündigen. Jeder Pfeil gibt maßstabgerecht Entfernung und Richtung des angekündigten Nistplatzes an. Erst nach mehreren Tagen einigt sich die Gruppe der Spurbienen auf den Nistplatz 300 m Ost-Süd-Ost. Nachdem die übrigen Spurbienen «umgestimmt» waren und damit eine volle Einigung erfolgt war, zog der Schwarm am 30. 6., 9.40 Uhr, in die neue Wohnung um. Es war eine Mauerhöhle in einer Ruine in der Sophienstraße in München, wo wir den Schwarm noch vor seinem Einzug erwarteten.

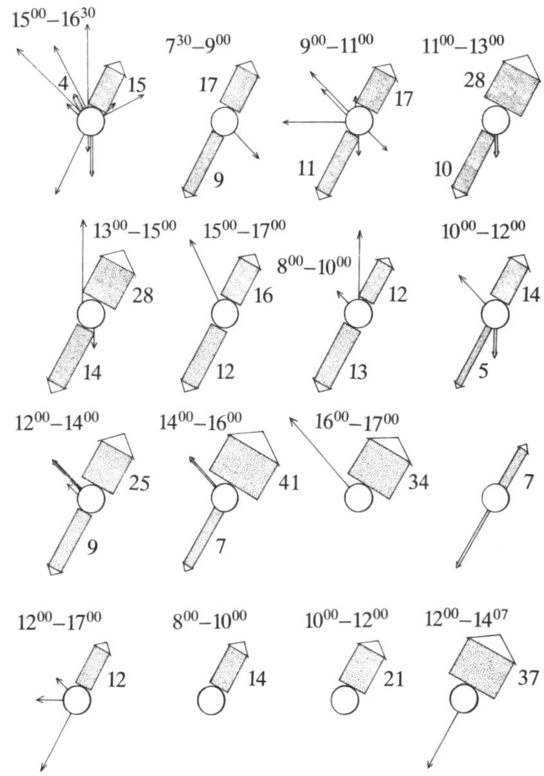

Wenn zwei gleichwertige Nistplätze zur Wahl stehen, macht die Einigung Schwierigkeit. Aber auch hier zieht der Schwarm erst um, nachdem die Konkurrenz ihre Werbung aufgegeben hat.

Ruine od. in einem leeren Fuchsbau gefunden haben, fliegen zur Traube zurück u. zeigen die Fundstelle durch einen Schwänzeltanz an, der in gleicher Weise die Richtung u. Entfernung des Zieles angibt wie der Tanz der Sammelbienen. Die alarmierten Bienen fliegen dann ab u. prüfen die gemeldete Niststätte. Sofern sie auch ihnen als neuer Wohnsitz geeignet erscheint, werben sie weitere «Prüfer» an. Bei solchen Versuchen wurden die tanzenden Spurbienen mit Farbtupfen gekennzeichnet (Prof. Lindauer) u. in ein Meßtischblatt die angekündigten Niststätten eingezeichnet; in einigen Fällen ist es gelungen, den Nistplatz aufzufinden, ehe der Schwarm eingezogen war. Es gibt wohl keinen besseren Beweis dafür, daß der Mensch wirklich die «Sprache» der Bienen verstehen u. richtig deuten kann. Bei diesen Untersuchungen tauchte aber unverhofft ein schwieriges Problem auf: Auf der Traube wird nicht nur ein einziger Nistplatz gemeldet, sondern es treffen mehrere Meldungen hintereinander aus versch. Richtungen u. Entfernungen ein. Das bedeutet nichts anderes, als daß mehrere potentielle Nistplätze zu gleicher Zeit angeboten werden. In einem Fall waren es nicht weniger als 21 versch. Möglichkeiten, die von den Spurbienen zur Wahl gestellt wurden. Wie einigen sich die Schwarmbienen untereinander, welchen von den vielen angebotenen Nistplätzen sie auswählen sollen? Der Schwarm mitsamt seiner Weisel muß ja zusammenbleiben, er kann sich nicht in kleine Gruppen aufteilen, denn nur mit einer Weisel ist er lebensfähig. Zunächst wurde festgestellt (LINDAUER), daß der Schwarm nicht nur einen Tag an seiner ersten Sammelstelle verblieb, sondern die ganze Nacht über, oft mehrere Tage, ja sogar 1–2 Wochen. Dann erst flog er auf, um in die neue Niststätte umzuziehen. Das war auch nicht anders, wenn am Abend ein Gewitter aufzog u. in der Nacht ein Regen auf die Schwarmtraube prasselte. Die Bienen halfen sich dann dadurch, daß jene, die sich gerade am First aufhielten, sich wie Dachziegel übereinanderlegten u. die Regentropfen über die Flügel abrinnen ließen. Es mußte offenbar eine Einigung im Schwarm erreicht werden, bevor man in die neue Behausung umzog. Registriert man mit Winkelmesser u. Stoppuhr die Tänze Tag für Tag, stellt man fest, daß nach u. nach eine Konzentrierung der versch. Tänze auf eine bestimmte Richtung u. Entfernung erfolgt. Tänze mit anders orientierter Schwänzelrichtung nehmen mehr u. mehr ab. So ergibt sich ein sehr merkwürdiges Bild, das man bei Sammelbienen kaum einmal beobachtet: Dutzende von Spurbienen zeigen in ihren Tänzen zur gleichen Zeit die gleiche Richtung u. Entfernung; andere Tänze werden eingestellt. Es ist ein Schauspiel, das jeden eingeweihten Biologen faszinieren muß. Es ist der Beweis, daß man sich in der großen Gemeinschaft von einigen tausend Bienen einig geworden ist. Jetzt erst wird das Zeichen zum Aufbruch gegeben; der Schwarm fliegt auf u. zieht in der angemeldeten Richtung; unfehlbar zum besten der aufgefundenen Nistplätze. Damit sich die Spurbienen aber untereinander verständigen können, wo der beste Platz liegt, teilt jede nicht nur die Lage, sondern auch die Güte der entdeckten Wohnung mit. Handelt es sich um erstrangige Nistplätze, wird äußerst lebhaft u. ausdauernd, stundenlang u. sogar nächtelang durchgetanzt, während ein minderwertiges Quartier nur zaghaft durch einen kurzen, matten Tanz von wenigen Minuten Dauer angemeldet wird. Das hat zur Folge, daß von Anfang an mehr Neulinge für den erstrangigen Nistplatz geworben werden. Die auf diese Weise verständigten Bienen besichtigen die versch. «Angebote» u. werben nach ihrer Rückkehr weitere Neulinge für die jeweils beste Wohnung an. Entscheidend aber ist, daß auch diejenigen Spurbienen, die zunächst mittelmäßige Nistplätze angezeigt hatten, sich für die Meldungen ihrer Kolleginnen interessieren, die anderen Plätze prüfen u. durch Vergl. von sich aus für den besten unter ihnen werben. Das ist für die Ausbreitung u. die Erhaltung der Bienenvölker von größter Bedeutung. Hier unterscheiden sich die Schwarmbienen grundsätzlich von den Sammelbienen, die ja stets so lange bei ihrer Sammelgruppe bleiben, bis der Nektar versiegt, u. sich so lange nicht für die Tänze anderer Gruppen interessieren. Die Einigung auf der Schwarmtraube ist dann schwierig, wenn zwei etwa gleichwertige Nistplätze zur Verfügung stehen. Dann dauert es bes. lange, bis eine der Gruppen nachgibt; in jedem Fall muß aber auch hier eine Einigung erfolgen, ehe der Schwarm umziehen kann. Die Qualität eines Nistplatzes wird von den Spurbienen nach versch. Kriterien beurteilt. Einige davon sind: windgeschützte Lage, Schutz vor Nässe u. vor Ameisen, passende Raummaße (etwa 200 l Rauminhalt ist ein Idealmaß), Wärmeisolierung. Ökologisch bedeutsam ist, daß auch die Entfernung des neuen Nistplatzes zum Mutterstock eine Rolle bei der Beurteilung spielt. Allzu nahe gelegene Quartiere werden vermieden, dadurch macht sich der Schwarm ↗ nicht zu dicht am Muttervolk ↗ ansässig, u. die Trachtgebiete werden nicht zu eng besiedelt.

Wundklee → *Anthyllis vulneraria* → Leguminosae.

Wurmkraut → *Tanacetum vulgare.*

Zacher-Effekt. Insektenabtötung durch oberflächenaktive (inerte) Stäube. Bei Honigbienen ist dieser Effekt sehr häufig zu beobachten, wenn sie mit solchen Substanzen wie freilagerndem Zement, Holzmehl u.a. in Berührung kommen u. diese Stoffe zu höseln versuchen.

Zander, Enoch, Prof. Dr. Geb. 19.6.1873 in Zirzow bei Neubrandenburg, gest. 15. 6. 1957 in Erlangen (Bundesrepublik Deutschland). Studierte Zoologie, kam als Privatdozent nach Erlangen, wurde Leiter der wissenschaftl. Abteilung der 1907 gegründeten Königlichen Anstalt (seit 1927 Bayerische Landesanstalt) für Bienenzucht, seit 1910 ihr Direktor. Leistete Pionierarbeit auf dem Gebiet der Auslese u. Zucht, entdeckte 1909 den Erreger der Nosematose. Entwickelte die Zanderbeute, zuerst als Lagerbeute, später als Magazin (Rähmchenmaß 42 × 22 cm). Von den über 500 Veröffentlichungen aus nahezu allen Gebieten der Bienenkunde sind vor allem das siebenbändige «Handbuch der Bienenkunde in Einzeldarstellungen» u. das fünfbändige Pollenwerk «Beiträge zur Herkunftsbestimmung bei Honig» zu nennen.

Zanderbeute. Ursprüngl. als Oberbehandlungsbeute mit Honigraumaufsatz entwickelte, später als Magazinbeute mit neun Waben je Zarge herausgebrachte Beute mit eigenem Rähmchenmaß. Das Zandermaß ist für Magazinbeuten bes. geeignet u. wird deshalb in versch. Konstruktionen benutzt.

Zander-Schlüpfkäfig → Verschulen.

Zander-Zusetzkäfig → Zusetzen der Weisel.

Zarge. Doppel- od. einfachwandig gearbeiteter Teil der Magazinbeute ↗, der die Waben, meist in Längsbau ↗, aufnimmt. Z.n können mit Falz od. auch glatt aufeinander stehen. Im letzteren Fall müssen entspr. Arretierungsvorrichtungen angebracht sein, um sie in ihrer Position zu halten. Außen sind an den Z.n meist Leisten od. Griffmulden zur besseren Handhabung angebracht.

Zeichenfarbe → Zeichnen der Weisel.

Zeichenlack → Zeichnen der Weisel.

Zeichennetz → Zeichnen der Weisel.

Zeichenröhrchen → Zeichnen der Weisel.

Zeichnen der Weisel. Zum schnellen Auffinden im Bienenvolk, zur Information über das Alter u. – vor allem bei Zuchttieren – über die Identität wird der jungen Weisel bald nach dem Schlupf auf das Rückenschild ein aus Plast bestehendes Zeichen, das möglichst eine Nummer od. einen Buchstaben trägt, dauerhaft geklebt. Die Plättchen sind in bestimmten, internat. weitgehend einheitl. Jahresfarben ausgeführt:

Jahresendzahl	*Zeichenfarbe*
1 u. 6	weiß
2 u. 7	gelb
3 u. 8	rot
4 u. 9	grün
5 u. 0	blau

In der Schweiz werden nur die ersten vier Farben verwendet.
Zuweilen wird die Weisel auch nur mit einem Farbtupfen versehen. Das Z. d. W. wird freihändig vorgenommen, indem man die Weisel am Bruststück zw. Daumen u. Zeigefinger festhält, od. es wird ein Zeichennetz verwendet, mit dem die Weisel auf eine Schaumstoffunterlage gedrückt u. auf diese Weise festgelegt wird. Das Z. d. W. geschieht hier durch die Maschen des Netzes.

Zeitsinn → Orientierung.

Zelldeckel. Die Verdeckelung der Brut- u. Honigzellen erfolgt entspr. ihren versch. Aufgaben durch zwei versch. gestaltete Z. (Kleinbauarbeiten ↗). – Brutzellen werden verdeckelt, wenn die Arbeiterinnenlarve sechs Tage alt ist. Sie streckt sich danach u. spinnt unter dem Deckelchen einen feinen Kokon. Zwölf Tage später nagt ein fertig ausgebildetes Bienenwesen das Deckelchen von innen wieder auf u. schlüpft aus der Zelle. Die überaus rasche Herstellung des Brutdeckelteiles bringt es mit sich, daß die angehefteten Baustoffkrümchen nur roh verarbeitet werden u. der Brutzelldeckel dadurch seine poröse, luftdurchlässige Struktur erhält, außerdem wird im Laufe der zwölf Tage eine beträchtliche Menge Deckelbaustoff wieder abgetragen u. für neue Deckelbauten verwendet. Ein frisch hergestellter Brut-Z. (4 mm Durchmesser) wiegt im allgemeinen 2,7 mg, nach fünf Tagen nur noch 1,6 mg u. am zwölften Tag 1,1 mg. Bei stärkerer Vergrößerung zeigen die Brut-Z. mit zunehmendem Alter mehr u.

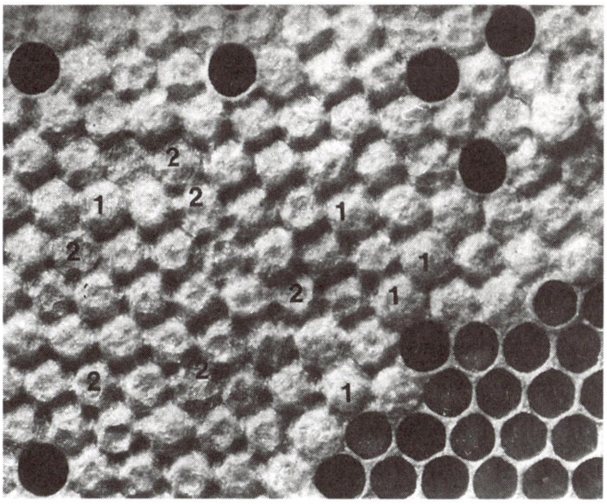

Brutzelldeckel, Aufsicht. Oberfläche, junge Deckel (1) mit gewölbter Kappe, ältere (2) eingesunken

größere Löcher, durch die das Gespinst der Larve zu sehen ist. Mit bloßem Auge schon erkennt man ältere Brut-Z. an ihrer flachen, runzligen Oberfläche, während junge Deckel eine aufgewölbte, glatte Kuppe besitzen. Die Deckel der Weiselzellen werden häufig noch vor dem Schlüpfen der Weisel völlig abgetragen, so daß dann nur noch eine kahle Gespinstkuppe zu sehen ist. Wachsen Drohnen in Arbeiterinnenzellen heran, erhalten diese einen hochgewölbten Deckel, die sog. «Buckelbrut». Bei der indischen Honigbiene *Apis cerana* haben die Drohnendeckel ein ganz charakteristisches Lüftungsloch. Arbeiterinnen-Z. werden beim Schlüpfen meist von der Mitte aus aufgenagt, Drohnen u. Weisel befreien sich durch einen Ringschnitt. – Honigzellen werden verdeckelt, wenn ihr Inhalt «reif» ist, d. h. der Honig nur noch etwa 20 % Wasser enthält. Aufgabe des Honig-Z.s ist es, die Zelle annähernd luftdicht zu verschließen. Das erreichen die Arbeiterinnen durch Polieren der Oberfläche. Sie schieben ihre halbgeöffneten Oberkiefer solange über alle Unebenheiten

Kennzeichnen der Weisel

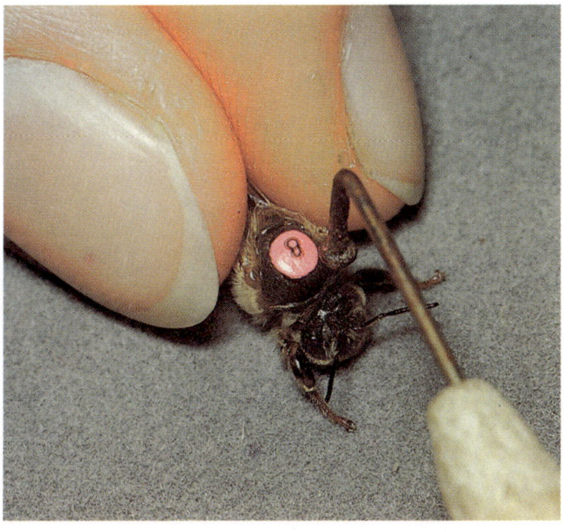

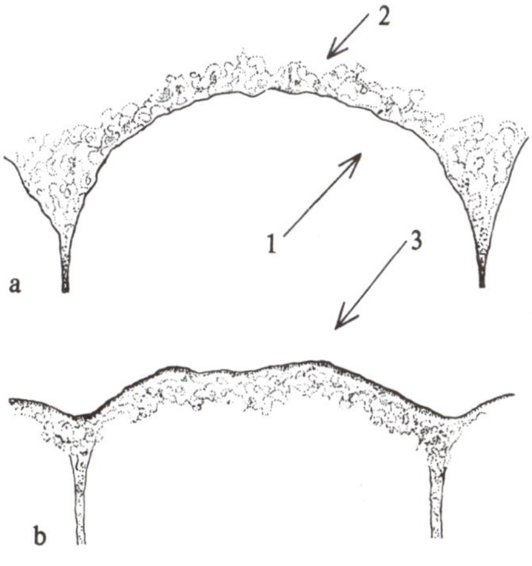

a Brutzelldeckel, Schnitt. 1 Larvengespinst, 2 lockere, luftdurchlässige Oberfläche; b Honigzelldeckel, Schnitt. 3 dichte Polierschicht

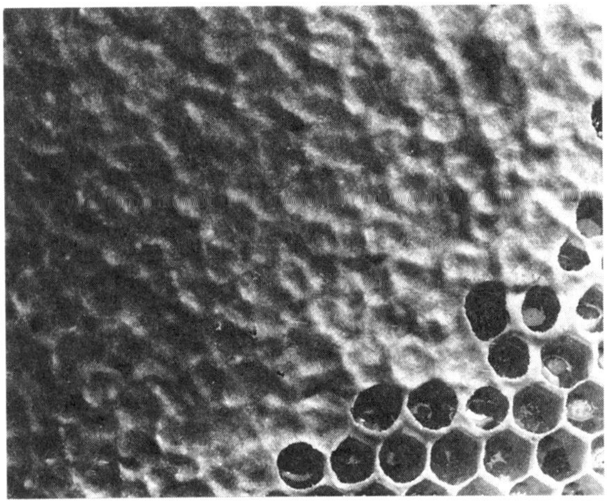

Honigzelldeckel, Aufsicht. Glatt polierte Oberfläche

der Honigdeckelfläche, bis diese ganz glatt u. damit auch nahezu luftundurchlässig geworden ist. Es wird auch kein Baustoff wieder vorzeitig abgetragen, sondern die Honig-Z. werden im Gegenteil nachträglich noch durch ± dicke Wachsauflagen verstärkt, die dann auch stets wieder überpoliert werden. Sein Gewicht kann sich dadurch verdoppeln. Das feuchtglänzende Aussehen der Honigdeckel der Kaukasischen Biene bedeutet kein Fehlen der Wachsauflage, sondern es befindet sich hier, im Gegensatz zu unserer Biene, keine Luftschicht zw. Honig u. Z., so daß dieser von innen teilweise durchtränkt ist.

Zelleinschlüsse. In versch. Bereichen des Darmepithels (Darmkanal ↗) u. in den Epithelien der ♀♀ Geschlechtsorgane ↗ finden sich Z. von Glykogen, Amyloid od. Kalk. In der Muskulatur der Scheidenklappe (Valvula vaginalis), die vom Boden des unpaaren Eileiters in dessen Lumen hineinragt, ließen sich mit zunehmendem Alter der Weiseln in steigendem Maße Inkrustierungen nachweisen, die als Kalkkonkremente gedeutet werden. Von einer organischen Hüllschicht umgebene Kalkkörperchen sind auch in Mitteldarmzellen vorhanden. Diese Z. kommen bei Weiseln u. Drohnen seltener, bei Arbeitsbienen hingegen relativ häufig vor. Den Bienenlarven fehlen sie ganz. Glykogen tritt sowohl im Epithel der Valvula cardiaca wie auch der Valvula pylorica des Darmkanales auf. Die Zellen der Valvula cardiaca enthalten soviel Glykogen, daß man von einem Glykogendepot sprechen kann. Es wird offensichtl. schon frühzeitig in der Imaginalphase aller drei Bienenwesen angelegt. Bei Weiseln enthalten die Pyloruszellen am Anfang des Dünndarmes ziemlich viel Glykogen, woraus geschlossen wird, daß sich dieser Darmabschnitt, wie auch der Cardiaca-Bereich, am Glykogenstoffwechsel beteiligt. In das Pylorusepithel sind außerdem kohlenhydrathaltige Eiweißkörper (Amyloid) eingeschlossen, deren Menge mit dem Alter der Weiseln zunimmt. Amyloid ist auch im Samenblasenepithel im ersten Lebensjahr der Weiseln in Form von 3–6 µm großen, rundlichen Körperchen, die zunächst in Zellkernnähe liegen, vorhanden. Sie werden zunehmend größer u. stellen im zweiten bzw. im dritten Lebensjahr der Weiseln polymorphe Agglomerationen dar, die 7–11 µm groß werden können. Möglicherweise besteht ein Zusammenhang zw. altersbedingter Drohnenbrütigkeit ↗ der Weiseln u. der Zunahme des Amyloids im Samenblasenepithel. Denn diese Form der Drohnenbrütigkeit entsteht trotz noch vorhandener Spermien in der Samenblase. Die Samenfäden zeigen allerdings z. T. abnorme Veränderungen, Ringelsamen (Spermien ↗) treten auf.

Zellenableger. Die bei der Vorwegnahme des Schwarms ↗ anfallenden Brutwaben mit Weiselzellen können entweder insges. nach dem Entfernen der Weiselzellen bis auf eine als Ableger aufgestellt od. beliebig so aufgeteilt werden, daß jede Einheit eine Weiselzelle erhält. Dazu kommen, je nach Stärke des Z.s, eine od. mehrere Futterwaben u. Bienen von soviel Brutwaben, wie er selbst hat. Da der Z. in der ersten Zeit keine Flugbienen, aber evtl. noch Reste offener Brut zu pflegen hat, muß er getränkt werden (Stocktränke ↗). Außerdem ist das Flugloch stark einzuengen. Nach einigen Tagen überzeugt man sich vom Vorhandensein einer geschlüpften Weiselzelle; die Weisel selbst sollte nicht gesucht werden. Nach etwa zwei Wochen kann eine Kontrolle auf Brut erfolgen.

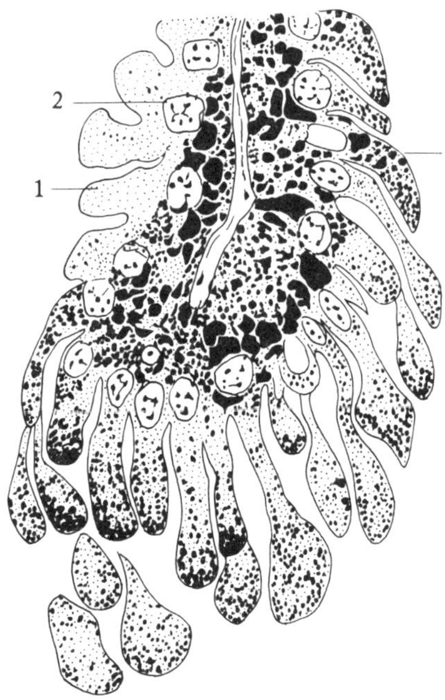

Längsschnitt durch das untere Ende der Valvula cardiaca einer jungen Weisel mit Glykogeneinlagerungen (schwarz). 1 inneres Epithel, 2 Zellkern, 3 äußeres Epithel. Nach Fyg (1961)

Zellenschneiden → Zuchtstoff.
Zellenstanze → Zuchtstoff.
Zellenstreifen → Zuchtstoff.
Zentralnervensystem → Nervensystem.
Zentrifugalkräfte → Flügeldynamik.
Zierliche Deutzie → *Deutzia gracilis.*
Ziest, *Stachys* → Labiatae.
Zitral. Neral ↗- u. Geranial ↗-Gemisch.
Zitronenmelisse → *Melissa officinalis* → Labiatae.
Zottelwicke → *Vicia villosa* → Leguminosae.

Zucht → Weisel → Weiselhaltung für die Künstliche Besamung → Zuchtstoff.

Zucht aus dem Ei → Zuchtstoff.

Zuchtauslese → Selektion.

Zuchtbuch. Vom Züchter geführte Dokumentation über die gezüchtete Weisel. Das Z. enthält Angaben über Z.-Nummer ↗, Zeichen der Weisel (Zeichnen der Weisel ↗), Abstammung ↗, Anpaarung u. Verwendung (Einsatz). Bei gleichzeitiger Verwendung des Z.es als Leistungsbuch werden auch die Leistungen des Volkes der Weisel eingetragen. Für das Z. werden meist bestimmte Vordrucke verwendet.

Zuchtbuchnummer. Jährl. od. über mehrere Jahre hinweg laufende Nummer bei der Eintragung einer Weisel ins Zuchtbuch ↗. Die Z. wird – bei den versch. Züchtern unterschiedl. – häufig mit Zusatzvermerken, z. B. die Initialen des Züchters od. der Linie ↗ u. die Jahresendzahlen, versehen.

Zuchtbuch, zentrales → Herdbuch.

Züchten. Ausnutzung erblicher Variabilität durch Selektion ↗ u. Elternkombination zur Steigerung der Leistungserwartung von Haustieren in erwünschter Richtung. Das planmäßige Z. der Honigbiene ist erst aufgrund der noch jungen Erkenntnisse über die gelenkte u. kontrollierte Paarung möglich.

Zuchtfolge. Anzahl der bei dem letzten Züchter nachweislich gekörten Generationen der mütterlichen Vorfahren einer Weisel. Die Z. wird im Abstammungsnachweis ↗, Körbericht ↗ u. Körschein im allgemeinen zusammen mit der Ahnenfolge ↗ der Weisel des zu körenden Volkes angegeben.

Zucht, geschlossene → geschlossene Zucht.

Zucht im weisellosen Volk → Aufzuchtverfahren.

Zucht im weiselrichtigen Volk → Aufzuchtverfahren.

Zuchtkalender → Zuchtplan.

Zuchtlatte → Aufzuchtverfahren → Zuchtstoff.

Zuchtlinie. Geschlossene Teilpopulation innerhalb der Rasse ↗ od. Population ↗. Die Z. wird unter Vermeidung enger Inzucht ↗ durch Selektion ↗ zur Nutzung nicht additiver Geneffekte (Heterosis ↗) vorbereitet. Im Verlaufe des Züchtungsprozesses nimmt die

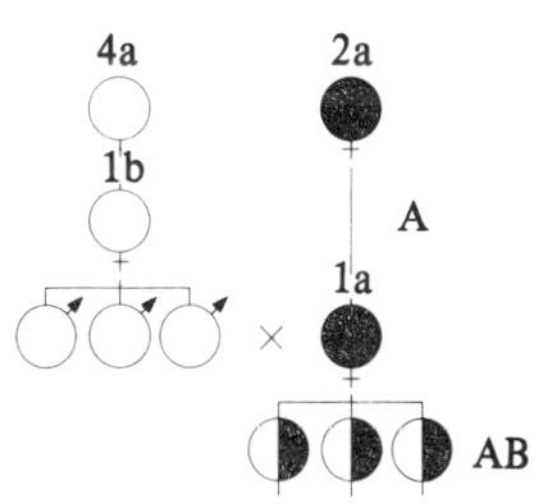

Zweiwegkreuzung. Links Linie A, rechts Linie B. Es entstehen die Zweilinienhybriden AB. Der Buchstabe A steht für Leistungsprüfung.

Verwandtschaft der Angehörigen der Linie zu, während sie zw. den versch. Linien abnimmt. Bei einer mäßigen Inzucht ist es möglich, durch Selektion die Inzuchtdepressionen zu kompensieren, der Homozygotie ↗ (Nachlassen der Fruchtbarkeit) entgegenzuwirken u. darüber hinaus auf additiv genetischer Basis (gleichsinnig-additive Genwirkung ↗) noch einen Zuchtfortschritt zu erzielen.

Zuchtmaterial → Zuchtvolk.

Zuchtmethode. Elternkombination nach der phänotypischen od. genetischen Ähnlichkeit od. Unähnlichkeit der Individuen.

Zuchtplan. Vor der Zuchtzeit wird anhand eines Kalenders der Z. (Terminplan) aufgestellt. Man geht

1.5		
2.		
3.		
4.		
5.		
6.		
7.		
8.		
9.		
10.		
11.		
12.		
13.		
14.		
15.		
16.	1.	♀ absperren
17.	2.	
18.	3.	
19.	4.	
20.	5.	
21.	6.	
22.	7.	Eistück
23.	8.	
24.	9.	
25.	10.	umlarven
26.	11.	
27.	12.	
28.	13.	
29.	14.	
30.	15.	
31.	16.	
1.6	17.	
2.	18.	
3.	19.	
4.	20.	käfigen
5.	21.	
6.	22.	♀♀ schlüpfen
7.	23.	Völkchen bilden
8.	24.	
9.	25.	
10.		Belegstelle
11.		
12.		
13.		
14.		
15.		

Zuchtkalender

vom Schlüpftag der Weiseln aus. Zu diesem Zeitpunkt müssen ausreichend begattungsfähige Drohnen vorhanden, bzw. die zu beschickende Belegstelle ↗ geöffnet sein. Die günstigste Zuchtzeit ist die Schwarmzeit. Frühzuchten können nur in klimatisch günstigen Gegenden erfolgreich durchgeführt werden, während Spätzuchten überall möglich sind. Grundlage für sämtliche Aufzuchtverfahren ↗ ist die Entwicklungszeit der Weisel ↗. Im Z. müssen alle Arbeiten an Pflege ↗- u. Zuchtvölkern ↗ enthalten sein. Die wichtigsten Termine sind auf dem vorstehenden Zuchtkalender vermerkt. Für bes. Aufzuchtverfahren muß der Kalender entspr. erweitert werden.

Zuchtprogramm. Für die Züchtung von Haustieren ± verbindliche, zentrale Festlegung der Zuchtarbeit zur Realisierung der Produktions- u. Zuchtziele mit komplexer Darstellung der planmäßigen züchterischen u. zuchtorganisatorischen Maßnahmen. In der DDR ist ein zentrales Bienen-Z. auf der Grundlage des Standards Bienenzucht für die Züchtung des Vatertiermaterials ↗ der staatlich anerkannten Belegstellen ↗ verbindlich. Dieses gibt auch Empfehlungen für Zuchtverfahren ↗ zur Nutzung von Heterosis ↗. Darauf aufbauend, werden in territorialen Z.en u. in Z.en von Züchtergemeinschaften erfahrungsgemäß günstige Zuchtverfahren festgelegt od. empfohlen.

Zuchtrahmen → Aufzuchtverfahren.

Zuchtrichter. Züchterisch erfahrener, in Lehrgängen mit Abschlußprüfung ausgebildeter Imker, der – im allgemeinen als Verbandsfunktionär – an Bienenständen von Züchtern auf der Grundlage von festgelegten Voraussetzungen (Zuchtstandard ↗) die Zuchtwürdigkeit (Erbwert ↗) von Bienenvölkern beurteilt u. die Körung ↗ einleitet.

Zuchtrichtlinien → Zuchtstandard.

Zuchtstamm. Züchterisch bearbeitete Nachkommenschaft eines hervorragenden Bienenvolkes od. mehrerer verwandter bewährter Bienenvölker eines Ur- od. Stammzüchters. Die Namen verbr. Z.e der österreichischen *Carnica*-Biene sind z. B. Troiseck, Sklenar u. Peschetz. Von ihnen leiten sich zahlreiche Zuchtlinien ↗ ab. Viele noch als Angehörige von Z.en bezeichnete Zuchtweiseln ↗ haben infolge weitgehender Verkreuzungen oft nur äußerst geringe Verwandtschaft mit ihren ursprüngl. Stammzuchten aufzuweisen u. sollten deshalb wirklichkeitsnähere Herkunftsbezeichnungen erhalten.

Zuchtstandard. Zentral (staatlich od. auf Verbandsebene) bestätigte, verbindliche Festlegungen über die Terminologie des Züchtens ↗ u. über die Durchführung der Zuchtarbeit (Zuchtprogramm ↗). Beispiele: Zuchtordnung des Deutschen Imkerbundes (Bundesrepublik Deutschland) od. Fachbereichstandard Bienenzucht u. Terminologie der Bienenzucht (Deutsche Demokratische Republik).

Zuchtstoff. Ausgangsmaterial für die Heranzucht von Weiseln: Eier od. junge Larven bis zu einem Höchstalter von 1½ Tagen. Die Annahme von Eiern im Pflegevolk ist problematisch. Die Eier müssen zw. 1½ u. 2½ Tage alt sein. Um sie genau datiert zu bekommen, kann die Weisel des Zuchtvolkes in eine Wabentasche gesperrt werden. Auf die Eilage allein kann man sich nicht verlassen. Geschnittene Einzelzellen mit Eiern werden nicht angenommen. Dagegen kann man Zellnester od. Zellstreifen mit Eiern (Eistreifen) verwenden. Diese werden im Zuchtrahmen angelötet od. zw. zwei Leisten (Klemmleisten) befestigt. Eine andere Möglichkeit ist das Übertragen der Eier mit dem Zellboden in Weiselbecher (nach Ö. PÀL). Dazu wird eine Eistanze verwendet. Die entspr. Eiwabe muß unbebrütet sein. Einen Tag vor dem Umbetten der Eier müssen die vorgesehenen Weiselbecher belarvt werden. Die angepflegten Larven werden entfernt. Der Zellboden mit dem Ei wird auf den Futtersaft gelegt. Wesentl. leichter werden junge Larven vom Pflegevolk ↗ angenommen. Das einfachste Verfahren ist der Bogenschnitt. Man benötigt dazu eine wenig bebrütete Wabe mit eben geschlüpften Larven. Durch diese Wabe wird ein bogenförmiger Schnitt geführt, wobei die äußeren Zellen etwas gekürzt werden. Mit einem Streichholz wird ein Teil der Larven entfernt, so daß die später über den verbleibenden Larven errichteten Weiselzellen nicht aneinander gebaut werden. Ein ebenfalls einfaches Verfahren ist die Arbeit mit der Horizontalwabe. Hier wird die Wabe mit dem Z. im Abstand von 3–4 cm horizontal über die Waben des Pflegevolkes gelegt. Die Zellen der unteren Seite mit dem Z. werden um ca. ⅓ eingekürzt. Das Verfahren eignet sich naturgemäß bes. für Oberbehandlungsbeuten. Etwas sparsamer beim Umgang mit dem Z. u. einfacher im Hinblick auf das spätere Verschulen ↗ der Zellen ist das Zellenschneiden. Hier werden entweder Zellstreifen od. Einzelzellen geschnitten u. eingekürzt. Braucht man nur wenige Zellen, kann auch eine Zellenstanze verwendet werden. Zellstreifen werden mit der langen Seite im Zuchtrahmen angelötet od. zw. zwei Leisten festgeklemmt (Klemmleiste). Einzelzellen können an Zuchtstopfen angelötet, an Klemmstopfen od. an Federleisten im Zuchtrahmen befestigt werden. Einzelzellen können auch mittels Dreispitz in Brutwaben gegeben werden. Am wirtschaftlichsten u. am weitesten verbr. ist das Umlarvverfahren. Es beruht auf dem Umbetten jüngster Larven in vorgefertigte Weiselnäpfchen. Diese Näpfchen od. Becher kann man aus Wachs mittels eines Formholzes (Ø 9 mm) leicht herstellen. Im Handel befinden sich auch Näpfchen aus Kunststoff. Sie werden mit Wachs am Zuchtstopfen aus Holz od. Kunststoff angelötet. Die Zuchtstopfen gibt man in die Lochleisten des Zuchtrahmens. Die jungen Larven werden mit einer Umlarvnadel od. einem Umlarvlöffel in die Näpfchen übertragen. Bes. bewährt hat sich der knieförmig gebogene Schweizer Umlarvlöffel. Geübte Züchter kommen aber auch mit einem angespitzten Streichholz, Federkiel od. Pinsel aus. Früher wurde das feuchte Umlarven empfohlen, wobei zuvor Weiselfuttersaft ↗ in das Näpfchen übertragen wurde. Doppeltes Umlarven, bei dem die Zuchtlarve auf den Futtersaft (Weiselfuttersaft) einer vorgebrüteten u. wieder entfernten Larve beliebiger Herkunft abgelegt wird, hat sich nicht bewährt. Beim Umlarven sind gutes Licht u. ein scharfes Auge erforderlich. Gut bewährt haben sich die an der Nadel befestigte Umlarvlupe od.

Stirnlupe. Schnell arbeiten läßt sich auch mit dem Larvensauger. Hier werden die jungen Larven mit lauwarmem Wasser aus der Z.-Wabe ausgespült u. auf einen mit Gaze bespannten Rahmen geschüttet. Mit einem dünnen, mit Gaze bespannten Plastikschlauch werden die Larven angesaugt u. in die Näpfchen übertragen. Der Zuchtrahmen mit den belarvten Näpfchen wird in das Pflegevolk ↗ gegeben. Die erste Kontrolle kann bereits nach einigen Stunden erfolgen. Nicht in Pflege genommene Zellen können nachbelarvt werden. Wenn viel Z. benötigt wird, empfiehlt es sich, die Weisel des Zuchtvolkes eine Woche vor dem Umlarvtermin auf junge Waben in den Honigraum zu geben. Lange Zeit war in Fachkreisen umstritten, ob die Weiseln aus dem Ei (Eiweiseln) denen aus jungen Larven überlegen sind. Die Praxis hat gezeigt, daß dies nicht der Fall ist; trotz größerem Aufwand bei der Zucht aus dem Ei erhält man keine besseren Weiseln.

Zuchtverfahren. Durch den Menschen geplantes Zusammenwirken von Selektion ↗, Elternkombination u. Reproduktion in Populationen ↗ zur Erzielung von genetischem Fortschritt. S. auch Aufzuchtverfahren.

Zuchtvolk (Muttervolk ↗). Das Z. liefert den Zuchtstoff ↗, die Eier od. Larven, aus denen man Weiseln heranziehen will. Z.er werden einer strengen Auslese unterzogen u. sollten gekört sein. Die Ermittlung des Zuchtwertes erstreckt sich dabei auf Volksleistung, Vorfahrenleistung, Geschwisterleistung, Eigenschaften u. Körpermerkmale. Bei einer strengen Auslese bleiben nur wenige Völker, die den Anforderungen als Z. genügen. Von ihnen soll wegen ihres hohen Erbwertes in großem Umfang vermehrt werden. Deshalb werden sie häufig zentral, auf sog. Muttertierstationen, untergebracht. Hier kann sich jeder Imker zu den vorgegebenen Umlarvterminen Zuchtstoff beschaffen.

Zuchtweisel. Aus einem gekörten Bienenvolk (Körung ↗) gezogene u. auf einer anerkannten Belegstelle ↗ begattete od. künstl. besamte Weisel.

Zuchtwert. Mittl. genotypisch bedingte Leistung der unmittelbaren Nachkommen eines Tieres. Die Z.-Schätzung erfolgt aufgrund der Nachkommenprüfung ↗. Man unterscheidet den allgemeinen Z. aufgrund von zufälligen Anpaarungen u. den spez. Z. aufgrund von gezielten Anpaarungen des zu beurteilenden Partners an bestimmte Linien.

Zuchtzeit → Zuchtplan.

Zuchtziele. Festlegungen über die Gesamtheit der gewünschten Eigenschaften, die durch Züchtung ↗ erreicht werden sollen, als Richtschnur für die Selektion ↗ u. Anpaarung (Zuchtstandard ↗). Allgemein angestrebte ökonomische Z. in der Bienenzüchtung sind hohe Honigleistung, einhergehend mit Bestäubungstüchtigkeit ↗, u. gute Wachsleistung sowie die durch Sanftmut ↗, Wabenstetigkeit ↗ u. Schwarmträgheit ↗ gewährleistete gute Bearbeitbarkeit eines Bienenvolkes; erwünscht sind ferner eine hohe Winter- u. Wetterfestigkeit, die zügige Frühjahrsentwicklung u. Durchhaltefähigkeit bezüglich der Brutleistung bis zum Spätsommer, schließl. die Widerstandsfähigkeit gegenüber Krankheiten u. Schädlingen. Zu den Z.n zählen ferner rassetypische Körpermerkmale ↗.

Zuckerfütterung. Freudenstein ↗ propagierte die Überwinterung der Bienenvölker auf Zuckerfütterungshonig ↗. Die in der Vergangenheit oft eingetretenen Völkerverluste durch Überwinterung auf ungeeigneten, ballaststoffreichen Honigen können damit weitgehend vermieden werden. Außerdem erhöht der Austausch Honig gegen Zucker die Rentabilität der Imkerei. Die verfütterte Zuckerlösung ↗ wird von den Bienen ähnl. wie Blütennektar od. Honigtau verarbeitet. Bei der Aufnahme geben sie zuckerspaltende Enzyme ↗ zu, die in der in Zellen abgelagerten Lösung den Rohr- od. Rübenzucker in für die Bienen leicht verdaulichen Frucht ↗- u. Traubenzucker ↗ spalten. Durch Verdunstung des überschüssigen Wassers entsteht der Zuckerfütterungshonig ↗ mit 20% Wassergehalt. Bei der Aufnahme von Futterteig u. Feuchtzukker sind die Vorgänge die gleichen, nur daß die Bienen selbst durch Auflösen des festen Futters erst eine Zuckerlösung herstellen müssen.

Zuckerfütterungshonig. Von den Bienen aus eingefütterter Zuckerlösung, Futterteig ↗ od. Feuchtzukker ↗ bereitetes honigähnl. Produkt, das durch seine Armut an un- od. schwerverdaulichen Bestandteilen eine gute Überwinterung gewährleistet. Im Frühjahr entnommene überschüssige, nicht anderweitig verwendbare Futterwaben können ausgeschleudert werden. Der gewonnene Z. läßt sich für die Herstellung von Futterteig, Feuchtzucker od. als Zusatz zur Zukkerlösung verwenden. Z. darf nicht in den zum Verkauf bestimmten Honig gelangen.

Zuckerlösung. Durch Auflösen von sauberem, trokkenem Zucker (Rohr- od. Rübenzucker) in sauberem Wasser hergestellte Lösung zum Füttern der Bienen. Folgende Konzentrationen kommen hauptsächl. zur Anwendung (Zucker:Wasser): 1:4 = 20% für die Außenreizfütterung im Frühjahr; 1:1 = 50%, die zur frühen Einfütterung anzuwendende Lösung; 3:2 = 60%, diese Lösung ist ein Kompromiß zw. 1:1 u. 2:1; 2:1 = 66,6%, nur geeignet für späte Fütterung. Durch Untersuchungen von Genrikh u. Simpson wurde nachgewiesen, daß bei Aufnahme von Lösungen mit über 50% Zucker sich der Wassergehalt im Honigblaseninhalt erhöht, die Lösung somit verdünnt, bei Lösungen mit unter 50% Zucker sich der Wassergehalt dagegen erniedrigt, d.h. die Lösung eingedickt wird. Die Bienen scheinen auf eine Zuckerkonzentration von 50% eingestellt zu sein. Alle Lösungen mit davon abweichendem Gehalt werden bei der Aufnahme in Richtung auf 50% verändert. Lösungen mit höherem Zuckergehalt werden also erst verdünnt u. anschl. wieder eingedickt. Um den Bienen diesen zusätzl. Aufwand zu ersparen, sollte hauptsächl. die Lösung 1:1, bei späterer Fütterung allenfalls 3:2 zur Anwendung kommen. Die zur Herstellung der versch. Zuckerlösungen benötigten Zucker- u. Wasser- sowie die resultierenden Futtermengen sind der auf S. 396 aufgenommenen Tabelle zu entnehmen.

Zuckerteig → Futterteig.

Zuckerwert → Bienenweidewert.

rensaft aufgenommenen Zuckern finden sich im Honigtau auch andere Zucker, deren Bildung durch die Tätigkeit der Verdauungsfermente der Pflanzensauger erfolgt. Saccharose, Fructose, Glukose, Raffinose

	Lösung 1:1			Lösung 3:2			Lösung 2:1		
Zucker	*Wasser*	*Lösung*	*Futter*	*Wasser*	*Lösung*	*Futter*	*Wasser*	*Lösung*	*Futter*
kg	*l*	*l*	*kg*	*l*	*l*	*kg*	*l*	*l*	*kg*
1	1	1,7	1	0,7	1,3	1,1	0,5	1,2	1,2
2	2	3,3	2	1,3	2,6	2,2	1,0	2,3	2,4
3	3	5,0	3	2,0	4,0	3,3	1,5	3,5	3,5
4	4	6,6	4	2,7	5,3	4,5	2,0	4,6	4,7
5	5	8,3	5	3,3	6,6	5,6	2,5	5,8	5,9
6	6	10,0	6	4,0	7,9	6,7	3,0	6,9	7,1
7	7	11,6	7	4,7	9,2	7,8	3,5	8,1	8,2
8	8	13,2	8	5,3	10,6	8,9	4,0	9,2	9,4
9	9	14,9	9	6,0	11,9	10,0	4,5	10,4	10,6
10	10	16,5	10	6,7	13,2	11,1	5,0	11,5	11,8

Berechnung der für einige Lösungs- u. Futtermengen benötigten Zucker- u. Wassermengen (nach Vanicek, verändert).

Zulassung von Tierarzneimitteln. Tierarzneimittel, auch die Präparate von Bienenkrankheiten, unterliegen in den meisten Ländern der Zulassungspflicht. Die Zulassung erfolgt nach Bewertung der pharmazeutischen, toxikologischen u. klinischen Gutachten durch einen berufenen Gutachterausschuß u. die entspr. Fachministerien (Gesundheitswesen). Mit der Zulassung erfolgt die Aufnahme in das jeweils gültige Arzneimittelregister. Erst danach dürfen Arzneimittel angewendet u. produziert werden.

Zunge → Mundwerkzeuge.

Zusammensetzung des Honigtaus. Der von den Honigtauerzeugern ↗ abgeschiedene Honigtau ist eine wasserklare Flüssigkeit mit einem mittl. Gehalt an Trockensubstanz von 5–18%. Durch Verdunstung kann der Gehalt an Trockensubstanz auf 35–50% u. mehr ansteigen. Während der Darmpassage u. noch nach der Honigtauabgabe ↗ verändert sich die Zusammensetzung des Phloemsaftes (Phloemsaftzusammensetzung ↗).
Stickstoffverbindung: Der Gesamtstickstoffgehalt beträgt 0,2–1,8% der Trockensubstanz. Stickstoff liegt zu 70–95% in Form von Aminosäuren u. Amiden vor, 22 Aminosäuren u. Amide wurden im Honigtau versch. Pflanzensauger nachgewiesen (am häufigsten: Asparaginsäure, Asparagin, Glutaminsäure, Glutamin, Cystin, Serfin, Glycin, Threonin, Alanin, Tyrosin, Valin, Leucin, Isoleucin, Phenylalanin, Histidin, Lysin, Prolin). H. steht im direkten Zusammenhang mit der Zusammensetzung des aufgenommenen Phloemsaftes. Ernährungszustand der Wirtspflanze u. jahreszeitl. Schwankungen des Aminosäureanteils im Siebröhrensaft spiegeln sich in den Stickstoffanteilen des Honigtaus wider. Ein großer Teil der Stickstoffverbindungen des Honigtaus stammt mit großer Wahrscheinlichkeit aus den Stickstoffüberschüssen des von den Pflanzensaugern aufgenommenen Siebröhrensaftes. *Kohlenhydrate:* 90–95% der Honigtautrockensubstanz bestehen aus Kohlenhydraten, Zucker spielen eine vorrangige Rolle. Neben den über den Siebröhrensaft aufgenommenen Zuckern finden sich im Honigtau auch andere Zucker, deren Bildung durch die Tätigkeit der Verdauungsfermente der Pflanzensauger erfolgt. Saccharose, Fructose, Glukose, Raffinose stammen vermutl. direkt aus dem Siebröhrensaft, Trehalose, Melezitose u. Fructomaltose entstehen während des Verdauungsweges durch das Darmsystem der Honigtauerzeuger. Die im Honigtau regelmäßig vorkommende Trehalose wird als «Blutzucker» der Insekten bezeichnet. Auch kommen im Honigtau gelegentl. Maltose, Melibiose, Turanose, Galactose, Mannose, Rhamnose u. Stachyose sowie eine Gruppe von Oligosachariden vor. Das Honigtau-Zuckerspektrum ist bei zahlreichen Lachniden ↗ u. anderen Honigtauerzeugern artspezifisch u. ± konstant; es treten deutl. Unterschiede sowohl zwischen den einzelnen An als auch zwischen den Entwicklungsstadien, zwischen Geflügelten u. Ungeflügelten ein u. derselben Art auf. Auch ergeben sich im Zuckerspektrum des Honigtaus, der zu versch. Tageszeiten od. unter veränderten meteorologischen Bedingungen abgeschieden wurde, Schwankungen. Da das Zuckerspektrum der entscheidende Faktor für die Attraktivität des Honigtaus für die Bienen ist, sind derartige Abweichungen vielfach die Ursache dafür, daß der Honigtau zu bestimmten Zeiten nicht von den Bienen eingetragen wird (Honigtauwaldtracht ↗). Im Honigtau sind außerdem organische Säuren (Zitronen-, Apfel-, Bernstein-, Fumarsäure), Kalium, Magnesium, Phosphate u. Chloride enthalten; in Spuren sind Kupfer, Eisen, Mangan, Zink, Kobalt u. Molybdän sowie im Verdauungssystem der Pflanzensauger gebildete Karbohydrasen u. Peptidase nachweisbar. Mögliche enthaltene Vitamine sind Thiamin, Pyridoxin, Niacin, Ascorbinsäure, Pantothensäure, Biotin, Folsäure, myo-Inosit, Riboflavin. Sie stammen alle aus dem aufgenommenen Phloemsaft.

Zusätze zum Tränkwasser. Die Empfehlungen über Z. z. T. sind ähnl. vielfältig wie die über Zusätze zum Winterfutter ↗. Bienentee ↗, Kochsalz, Ammoniak, Eichenrindenextrakt, Torf u. Moor werden empfohlen u. ihnen eine positive Wirkung auf die Entwicklung der Bienen u. bes. auf die Verhinderung der Erkrankung an Nosematose ↗ zugeschrieben. Meist werden die Empfehlungen verbunden mit Mitteilungen über Beobachtungen in der Natur, wo Bienen Wasser mit genannten Zusätzen bzw. an entspr. Stellen aufgenommen haben. Allgemein haben sich bisher Z. z. T. nicht durchgesetzt.

Zusätze zum Winterfutter. Seit der Einführung der Zuckerfütterung ↗ wird versucht, die an Aroma- u. Wirkstoffen freie Zuckerlösung durch Zusätze dem Nektar ähnl. u. damit für die Bienen attraktiver zu machen, ihr aber darüber hinaus auch heilende od. Krankheiten vorbeugende Wirkung zu geben. Als Träger von Aromastoffen hat sich ein Teeaufguß aus versch. einheimischen Pflanzen bewährt (Bienentee ↗). Wirkstoffe, bes. zur Verhinderung des Auftretens von Nosematose ↗, sollen Knoblauch enthalten. Ein Zusatz von 3 g auf 20 l Zuckerlösung wird daher empfohlen. In die gleiche Richtung zielt ein Zusatz von Essigsäure (0,3 ml konzentrierte Essigsäure/kg Zucker); er soll außerdem eine brutfördernde Wirkung im Frühjahr haben. Auch ein Zusatz von Milch sowie Magermilchpulver zum Feuchtzucker (50 g/kg Zukker) ist gelegentl. empfohlen worden. Diese Z. z. W. sollen sowohl im Herbst als auch im Frühjahr die Brutentwicklung fördern. Allgemein ist festzustellen, daß bisher die Überwinterung der Bienen auf reinem Zucker, d. h. auf aus Zuckerlösung u. Feuchtzucker ohne Zusätze von den Bienen bereitetem Zuckerfütterungshonig, keine erkennbaren Nachteile gebracht hat. Die Anwendung von Z. z. W. sollte daher immer erst versuchsweise bei wenigen Völkern erfolgen. Ohne jede Einschränkung kann empfohlen werden, dem Winterfutter eine geringe Menge von Blüten (außer Heideblüten) zuzusetzen od. mit Zuckerfütterungshonig zu ergänzen.

Zusetzen von Weiseln. Folgende Faktoren spielen dabei eine Rolle: Jahreszeit, Zustand des zu beweiselnden Volkes, Zustand der einzuweiselnden Weisel, Rassezugehörigkeit. Im zeitigen Frühjahr (März bis Mai) sowie im Herbst u. bei Volltracht gelingt das Z. v. W. einfacher als im Sommer. Starke Völker mit viel Brut sind schwieriger umzuweiseln als schwächere. Vermeintlich weisellose Völker haben häufig doch eine Weisel, die vom Imker übersehen wurde (Weiselprobe). Völker mit alten Weiseln sind problematischer als solche mit jungen. Unbegattete Weiseln in Ableger od. Völker einzuweiseln ist schwierig u. gelingt in den meisten Fällen nicht. Bei der Umweiselung von Völkern ist darauf zu achten, daß die neue Weisel etwa das gleiche Verhalten aufweist wie die alte. Junge u. noch flinke Weiseln, die erst kurze Zeit in Eiablage sind, eignen sich meist nicht für den Austausch alter, voll in Eiablage befindlicher Weiseln. Die Rassezugehörigkeit ist ebenfalls von Bedeutung. Sind die zuzusetzende Weisel u. Bienen von unterschiedl. Rasse, kommt es häufig noch nach Wochen zur Disharmonie im Volk. Die junge Weisel wird abgestochen. Um eine zugesetzte Weisel auch nach einem evtl. Verlust des Zeichens später identifizieren zu können, ist es ratsam, einen Flügel zu stutzen. – Unter Umweiselung versteht man das Austauschen von Weiseln. Es wird meist angewandt, wenn die Stockmutter zu alt ist, nicht mehr befriedigt od. unerwünschte Eigenschaften vererbt. Es gibt eine Vielzahl von Verfahren, von denen nur einige erläutert werden sollen:

A) Wohlgemuth-Verfahren. Es wurde von dem früheren Leiter des Celler Bieneninstituts Dr. E. WOHLGEMUTH, entwickelt. Man geht dabei wie folgt vor: 1) Die alte Weisel eines Volkes wird entnommen u. in der Mitte des Brutnestes eine Wabengasse geschaffen. Hier sammeln sich die Jungbienen. 2) Einige Stunden nach der Entweiselung wird ein leeres Rähmchen, an dem der Zusetzkäfig (Wohlgemuth-Käfig) befestigt ist u. in dem sich die junge Weisel unter Futterteigverschluß befindet, eingeschoben. 3) Am nächsten Tag kann das Verhalten der Bienen an dem Käfig überprüft werden. Haben sie bereits eine herzförmige Wabe gebaut, ist alles in Ordnung. Die Bienen sind der neuen Weisel wohlgesonnen. 4) Die Kontrolle auf Annahme der Weisel erfolgt nach neun Tagen.

B) Schlütergitter (Aufsteckkäfig). Dieses Verfahren wurde von Imkermeister SCHLÜTER, Illertissen, entwikkelt. Es beruht darauf, daß die junge Weisel unter einem Aufsteckgitter über junger, schlüpfender Brut dem zuvor entweiselten Volk zugesetzt wird. Die junge Weisel kommt dabei zunächst nur mit Jungbienen in Berührung, erst allmähl. wird sie unter dem Gitter freigefressen. Folgendes ist bei diesem Verfahren zu beachten: 1) Das ca. 10 × 15 cm große Gitter soll eine Maschenweite von 2,5 mm haben. 2) Im Bereich des Gitters dürfen von der Wabenrückseite keine Durchgänge sein. 3) Neben schlüpfender Brut müssen sich unter dem Gitter auch einige Zellen mit Futter befinden. 4) Die erste Nachschau erfolgt frühestens nach neun Tagen.

C) Alkoholmethode. Dieses Verfahren wurde 1967 von BAUER (Schüler von HÜSING) entwickelt. Es beruht auf einem Überdecken des spezifischen Stockgeruchs durch Alkoholdämpfe. Man geht dabei wie folgt vor: 1) Die alte Stockmutter wird aus dem Volk entfernt. Im gleichen Arbeitsgang wird die neue Weisel ohne Begleitbienen in einem Zusetzkäfig (Wohlgemuth-, Zander- od. Einhängkäfig) bei geringem Teigverschluß in einer Wabengasse möglichst im Zentrum zugesetzt. Diese Methode ist von HÜSING verfeinert worden, u. dabei hat sich nachstehende Rezeptur ergeben. Die zu verwendende Alkoholmenge ist abhängig von der Größe des Bienenraumes. Dabei spielt das evtl. Vorhandensein eines Honigraumes keine Rolle. Bezogen auf das Freudensteinmaß sind bei einem Beuten- bzw. Wabenraum von sechs Freudensteinwaben 4 ccm Alkohol, bei 9–10 Waben 7 ccm Alkohol u. bei über zehn Waben 8 ccm Alkohol nötig. Geht man für das Freudensteinmaß von einer einseitigen Wabenfläche von 592 cm^2 aus, so kann man leicht die für andere Maße notwendige Menge errechnen. Der Alkohol (in einem Schälchen od. auf einem Bierfilz) darf nicht unmittelbar unter die zuzusetzende Weisel eingeschoben werden. Es ist gleichgültig, in welchem physiologischen Zustand sich die Weisel befindet, ob sie jung, alt (also mehrjährig), begattet od. unbegattet ist. Die Nachschau kann schon am nächsten Tage erfolgen. In Versuchen wurden die Weiseln häufig schon nach 4 h überprüft, u. sie befanden sich bereits bei der Eiablage, waren also vom Volk voll akzeptiert worden, auch wenn noch sämtliche Brutstadien von ihrer Vorgängerin in dem betr. Volke vorhanden waren. Der Imker möge diesen Hinweis als Kriterium für die Sicherheit des Verfahrens betrachten. – Sollen Weiseln fremder Linien zugesetzt werden, was erfahrungsgemäß Risiken in sich birgt, so wird man sie mit dieser Methode am sichersten mit einem kleinen Kernvolk ihrer eigenen Linie dem betr. Volke zusetzen.

D) Zusetzen im neun Tage weisellosem Volk. Bei diesem Verfahren wird die neue Weisel erst neun Tage nach Entfernen der alten zugegeben. Das geht dann relativ sicher, weil die Brut gedeckelt ist u. die Bienen keine Möglichkeit haben, über eigener Brut Weiselzellen anzulegen. Die bis dahin angesetzten Weiselzellen müssen jedoch allesamt entfernt werden. Nur eine übersehene Zelle kann zum Abstechen der neuen Weisel führen. Weniger Zellen werden angesetzt, wenn man die alte Weisel bis kurz vor dem Zusetzen der neuen in einem Käfig in Fluglochnähe im Volk beläßt. Ferner ist es ratsam, die neue Weisel 1–2 Tage zur Angewöhnung unter festem Verschluß zu belassen, bevor man sie unter Zuckerteigverschluß freifressen läßt. Auch bei diesem Verfahren erfolgt die erste Nachschau frühestens nach neun Tagen. Wenn man wertvolle Weiseln, wie z. B. Inselweiseln od. instrumentell besamte Weiseln, sicher zusetzen will, wird man auch folgende Verfahren anwenden:

E) Kunstschwarmverfahren (nach Sklenar). Sinn des Kunstschwarmverfahrens ist es, daß der gebildete Kunstschwarm keine Nachschaffungsmöglichkeit hat u. gezwungen ist, die junge Weisel anzunehmen. Kunstschwärme sollen in der Zeit von Anfang Juni bis spätestens Ende Juli erstellt werden. Für die Kunstschwarmbildung sind spez. Kästen mit Trichter u. Absperrgitter (um ein Zufegen von Weiseln zu vermeiden), wie z. B. der Marburger od. der Grinzinger Feglingskasten, entwickelt worden. Man kommt aber auch ohne diese Kästen aus. Bei der Bildung des Kunstschwarms ist wie folgt vorzugehen: 1) Der Käfig mit Weisel u. ohne Begleitbienen wird im Kunstschwarmkasten befestigt od. eingelegt. 2) Von 6–8 Brutwaben eines od. mehrerer Völker werden möglichst Jungbienen (1,5–2,0 kg) in den Kasten zu der Weisel gefegt, wobei darauf zu achten ist, daß keine Weisel zu den Bienen gelangt. 3) Der Kasten mit dem Kunstschwarm kommt für 1–2 Tage an einen kühlen Ort u. wird gefüttert. Ein offener Kunstschwarmkasten kann aber auch in einen Baum gehängt werden (Freiluftkunstschwarm). 4) Am nächsten od. übernächsten Tag wird der Kunstschwarm wie ein natürl. Schwarm (auf Mittelwände u. Leerwaben, je nach Jahreszeit u. Stärke) eingeschlagen. Der Käfig mit der Weisel (unter Zuckerteigverschluß) wird in eine Wabegasse eingehängt. 5) Nach weiteren 2–3 Tagen wird gefüttert. 6) Die erste Kontrolle erfolgt neun Tage nach Einschlagen des Schwarmes.

F) Brutableger mit Bienen. Die Weisel wird in einen vorwiegend aus Jungbienen bestehenden Ableger gebracht, der über keine offene Brut verfügt u. somit gezwungen ist, die neue Weisel anzunehmen. Dabei ist folgendes zu beachten: 1) Brutableger können von Ende Mai bis Ende Juli erstellt werden. Später gebildete Ableger müssen zum Herbst verstärkt werden. 2) Brutableger sollen bei gutem Wetter gebildet werden, damit möglichst nur Jungbienen auf den Waben verbleiben. 3) Neben Brutwaben ist für ausreichend Futter (Futter- u. Pollenwaben) sowie Wasser zu sorgen. 4) Die Weisel wird ohne Begleitbienen in einem Käfig bei Futterteigverschluß zugesetzt. 5) Wegen der Gefahr der Räuberei sollte der Ableger auf einen anderen Stand verbracht werden. 6) Die erste Kontrolle erfolgt nach neun Tagen.

G) Brutableger ohne Bienen. Dieses Verfahren ist auf die Magazinbetriebsweise zugeschnitten. Es beruht darauf, die junge Weisel nur bei schlüpfender Brut ohne Bienen zuzusetzen, wobei die erforderliche Wärme aus dem unter dem Brutableger befindlichen Volk stammt. Es wird wie folgt vorgegangen: 1) Über ein starkes Magazinvolk wird eine Gaze gelegt. Eine Leerzarge wird aufgesetzt. Ein Flugloch ist nicht erforderlich. 2) In die Leerzarge gibt man 4–5 Waben mit schlüpfender Brut sowie einige Futterwaben. Die Weisel kommt in einem offenen Käfig auf die Waben. Die Zarge wird abgedeckt. 3) Die Kontrolle erfolgt nach neun Tagen. Der Ableger, in dem sich mittlerweile etliche Bienen befinden, wird vom Volk heruntergenommen u. mit einem gesonderten Bodenbrett mit Flugloch am Stand aufgestellt.

Zusetzkäfig → Zusetzen von Weiseln.

Zweiblättriger Blaustern → *Scilla bifolia.*

Zweifarbiger Buschklee → *Lespedeza bicolor.*

Zweiwabenkästchen → Begattungskästchen.

Zwerghonigbiene → *Apis florea.*

Zwergmispel → Kleinblättrige Zwergmispel → Fächerzwergmispel.

Zwiebel, *Allium cepa* → Liliaceae.

Zwillingsbeute → Doppelbeute.

Zwischenableger. Der Z. ist eine Methode der Schwarmverhinderung. Dem Volk, das schon größere Larven od. verdeckelte Weiselzellen pflegt, wird das gesamte Brutnest mit der Weisel entnommen. In den Brutraum kommen Leerwaben u. eine Wabe mit jüngster Brut ohne Weiselzellen. Die Flugbienen können auf der Brutwabe Weiselzellen ansetzen u. bis zum Verdeckeln pflegen. Der verstellte Brutrauminhalt verliert alle Flugbienen u. muß getränkt werden (Stocktränke ↗). Die angesetzten Weiselzellen werden nicht weitergepflegt od. auch abgetragen. Damit dem Volk nach der Wiedervereinigung die Flugbienen des Z.s erhalten bleiben, ist es zweckmäßig, ihn im bienendicht abgetrennten Honigraum mit eigenem Flugloch unterzubringen. Die Honigraumwaben kommen dann in den Brutraum. Nach neun Tagen ist die Wabe mit den verdeckelten Weiselzellen zu entnehmen u., wenn noch nicht wieder gebaut wird, nochmals eine Wabe mit jüngster Brut einzuhängen. Spätestens nach dem Verdeckeln ist diese Wabe wieder zu entnehmen u. die Rückvereinigung von Volk u. Z. durchzuführen. – Bei Magazinbeuten sind zur Bildung der Z. nur Brut- u. Honigraum zu vertauschen u. bienendicht voneinander zu trennen. In den nun unten stehenden Honigraum kommt eine Wabe mit jüngster Brut. Nach neun od. zweimal neun Tagen erfolgt nach Entnahme der verdeckelten Weiselzellen die Rückvereinigung; vorsichtshalber kann ein Bogen durchlöchertes Zeitungspapier zwischengelegt werden.

Zwischenbau. Bes. während starker Tracht ↗ wird von den Bienen jeder freie Raum, auch wenn die Abstände in der Beute (Innenabstände ↗) eingehalten sind, mit Z. ausgefüllt u. in den Zellen Honig gespeichert. Die Neigung, Z. auszuführen, ist bei den einzelnen Völkern unterschiedl. stark ausgeprägt. Im allgemeinen sind es aber starke Völker, die auf diese Weise Raummangel anzeigen. Für die Bearbeitung der Völker ist Z. sehr hinderlich u. zeitraubend, außerdem können Bienen gerollt u. gequetscht werden. Zur Vermeidung von Z. ist ständig für ausreichende Baugelegenheit zu sorgen, es ist notwendig, daß bei jeder Bearbeitung der Völker vorhandener Z., sowohl an den Wabenrahmen als auch in der Beute, entfernt wird.

Zwischenboden. In Hinterbehandlungsbeuten die Trennung zw. Brut- u. Honigraum ↗, gelegentl. auch als waagerechtes Schied ↗ bezeichnet. Der Z. kann fest eingebaut sein u. nur eine Öffnung für das Absperrgitter haben od. auch aus losen, auf Tragschienen ruhenden Deckbrettchen bestehen, die teilweise od. ganz gegen Absperrgitter ↗ ausgetauscht werden können. Bei Magazinbeuten ↗ ist der Z. eine selbständige Einheit, die, zw. zwei Zargen ↗ gesetzt, der unteren als Deckel ↗, der darüberstehenden als Boden dient. Er hat ein Flugloch ↗ u. wird für die Ablegerbildung ↗ benötigt.

Zwischenwanderung. Bienenvölker auf kurze Entfernung zu verstellen, ist nicht ohne weiteres möglich, da die Flugbienen auf den Standort ihrer Beute eingeflogen sind u. bei dessen Veränderung innerhalb des Flugkreises auf den bisherigen Platz zurückfliegen. Um dies zu verhindern, müssen die Völker aus dem bisherigen Flugkreis mindestens 3–4 km hinausgebracht werden u. dort 2–3 Wochen verbleiben. In dieser Zeit ist der größte Teil der alten Flugbienen abgestorben, u. die Völker können nun innerhalb des früheren Flugkreises auf einen neuen Platz gestellt werden. Einzelne Völker kann man mit einem entspr. Aufwand veranlassen, sich ohne Z. auf einen veränderten Standort zu orientieren (Verstellen von einzelnen Bienenvölkern ↗).

zytopathogener Effekt → *Morator aetatulae.*

Bildnachweis

Engler/Thiesler 53, 348 r.
Fritzsch 42, 80, 298
Ganttz 69, 171, 179, 253 o.
Grambow 7, 9 l., 10, 12, 13, 14, 15, 16, 20, 21, 22, 24, 25, 31 r., 32 l., 33 l., 34 r., 35, 36, 43, 44 r. o., 47 l., 50, 51, 54, 55, 58 r., 59, 61, 62 u., 63, 73, 75, 76, 77, 79, 85, 88, 92, 94, 95, 97, 98, 106, 107, 113, 115, 116, 117, 118, 122, 132, 133, 134, 139, 144, 145, 149, 150, 157, 163, 164, 165, 169, 170, 172 l., 177, 178,, 187, 195, 197, 200, 209, 210, 211, 213, 216, 217, 219, 221, 222, 225, 226, 229, 230, 244, 254, 265, 266, 267, 268, 272, 277, 278, 282, 283, 284, 292, 293, 294, 297, 299, 300, 301, 302, 306, 307, 315,316, 321, 329, 330, 337, 338, 340, 347, 348 l., 349, 350, 351 r., 357, 361, 363, 366, 375 l. u., 377, 383, 385, 391 l. u.
Kloft 26, 29, 285, 356
Lindauer 31 l., 242, 243
Nitschmann 24 u., 57, 58, 62 o., 70, 72, 78, 84, 87 o., 121, 129, 132 u., 147, 152, 191, 217, 251, 252, 253 u., 264, 265, 281, 309, 339 u., 357, 372, 375 l. o., 375r. u., 377 u. r., 388
Rudloff 9 r., 23, 32 r., 44 r.u., 47 r., 58 l., 114, 121, 171
Scheurer 172 r.u., 173, 190, 204, 205, 206, 207, 208, 351 l.,
Werner-Meyer 27 l.o., 45, 70, 201, 365, 370, 372, 391 r.o., 392
ZEFA 27 r.